山东科技年鉴 2023

SHANDONG SCIENCE & TECHNOLOGY YEARBOOK

山东省科学技术厅 编

科学技术文献出版社
SCIENTIFIC AND TECHNICAL DOCUMENTATION PRESS
·北京·

图书在版编目（CIP）数据

山东科技年鉴 = SHANDONG SCIENCE & TECHNOLOGY YEARBOOK. 2023 / 山东省科学技术厅编 . -- 北京：科学技术文献出版社，2023.12
ISBN 978-7-5235-1359-0

Ⅰ . ①山… Ⅱ . ①山… Ⅲ . ①科学研究事业 – 山东 – 2023 – 年鉴 Ⅳ . ① G322.752-54

中国国家版本馆 CIP 数据核字（2024）第 095651 号

山东科技年鉴2023

| 策划编辑：周国臻 | 责任编辑：李 鑫 | 责任校对：王瑞瑞 | 责任出版：张志平 |

出 版 者	科学技术文献出版社
地 址	北京市复兴路 15 号　邮编 100038
出 版 部	（010）58882941，58882087（传真）
发 行 部	（010）58882868，58882870（传真）
官方网址	www.stdp.com.cn
发 行 者	科学技术文献出版社发行　全国各地新华书店经销
印 刷 者	山东盛欣丰彩国际文化传播有限公司
版 次	2023 年 12 月第 1 版　2023 年 12 月第 1 次印刷
开 本	889×1194　1/16
字 数	1127 千
印 张	30.75　彩插 12 面
书 号	ISBN 978-7-5235-1359-0
定 价	300.00 元

版权所有　违法必究

购买本社图书，凡字迹不清、缺页、倒页、脱页者，本社发行部负责调换

《山东科技年鉴（2023）》编纂委员会

主　　任　孙海生

副 主 任　王红梅　于洪文　潘　军　刘　峰　梁恺龙　孙高祚　易　凡
　　　　　　吴立新　戴彩丽　杨美红　张占军　刘开昌　鲁　杰　蒋景春

委　　员（以姓氏笔画为序）
　　　　　　于　浩　于炳基　王　文　王　婷　王宝立　王相东　王钟伟
　　　　　　王洪国　王晓东　井为民　田和友　朱中华　刘　哲　刘　斌
　　　　　　刘卫忠　汲进梅　孙运国　苏学锋　杜广选　李　杰　李　涛
　　　　　　李　强　李天传　李百东　李连文　李树俊　张延诚　张兴旺
　　　　　　张建军　张晓慧　陈西武　陈成华　陈安彪　陈忠奇　孟　霄
　　　　　　赵中国　赵文君　赵继鹏　柳桂敏　宫　权　祝世峰　祝恩元
　　　　　　姚书华　秦飞龙　袁清昌　夏　平　徐　静　徐文明　高光雨
　　　　　　郭怀芳　梅延良　龚　标　崔宪奎　韩绍华　谭远国　熊　欣

主　　编　孙海生

副 主 编　潘　军

编　　审　苏学锋　张春杰　徐文东　刘凡子

编　　辑　田小元　姜常梅　李绮斌　张玉华　董芙蓉　李瑞兰　许　青

编辑说明

一、《山东科技年鉴》是山东省科学技术厅主办、山东省科学技术情报研究院承办的地方专业年鉴,是一本逐年编纂、连续出版、公开发行的资料工具书。

二、《山东科技年鉴》坚持以马克思列宁主义、毛泽东思想、邓小平理论、"三个代表"重要思想、科学发展观、习近平新时代中国特色社会主义思想为指导,坚持辩证唯物主义和历史唯物主义的立场观点方法,按照省委、省政府部署,紧紧围绕全省科技中心工作,全面客观记载全省各地区、各行业、各部门科技领域的重大活动、重要事项,以及科技成就和创新发展情况,力求做到观点正确、框架科学、资料翔实、记述准确、编写规范、特色鲜明。

三、《山东科技年鉴(2023)》是自2004年创刊以来的第20卷年鉴,起止时间为2022年1月1日至2022年12月31日。为保证内容的完整性,记述时间适当上溯或下延。

四、本卷年鉴的主体内容分为类目、分目、条目3个层次。类目设8个,分别是科技管理、行业科技进步、高新技术产业开发区科技发展、高校科技发展、科研院所科技发展、区域科技发展、科技成果和奖励、科技统计。

五、按照文责自负的原则,条目后均署名供稿单位和撰稿人员。

六、本卷年鉴用记叙文体和说明文体,以第三人称的视角呈现给读者。标点符号、数字用法、计量单位和各种专业术语等均执行国家相关规定。

七、本卷年鉴的统计资料由山东省科学技术厅提供,正文中的数据由各供稿单位提供,主要数据以统计部门公布的为准。

八、本卷年鉴配备双重检索系统,在卷首提供详细目录,卷尾设有索引和英文目录。

九、《山东科技年鉴》编辑部向多年来一直支持年鉴编纂工作的供稿单位和撰稿人员表示诚挚感谢。同时恳请广大读者一如既往地支持年鉴工作,并对本卷年鉴的不足之处给予批评指正。

《山东科技年鉴》编辑部

2023年9月

重要事件和活动

2022年6月22日,山东省科技创新大会在济南召开。省委书记李干杰出席会议并讲话,省委副书记、省长周乃翔主持。

省委书记李干杰为山东省科学技术最高奖获得者颁奖

省委副书记、省长周乃翔主持会议

2022年1月19日,省科技厅召开党史学习教育总结会议。

2022年1月20日,2022年全省科技工作会议在济南召开。

重要事件和活动

2022年6月29日,省科技厅召开庆祝建党101周年暨"两优一先"表彰大会。

2022年8月16日,黄河流域协同科技创新合作座谈交流会在济南召开。

2022年8月20日，2022山东科技活动周启动仪式在威海蓝贝海洋科学中心举行。

2022年9月20日，2022中德科技创新合作大会在山东大厦成功举办。

2022年9月24日，全省科研单位人才工作推进会议在济南召开。

重要事件和活动

2022年2月,首台由我国自主研发制造的中国重汽智能雪蜡车亮相2022年北京冬奥会赛场。

2022年5月20日,全球首艘10万吨级智慧渔业大型养殖工船"国信1号"交付使用。

2022年7月27日,世界首颗量子微纳卫星"济南一号"在酒泉卫星发射中心搭载"力箭一号"运载火箭成功发射。

2022年10月,世界首个电磁推进地面超高速试验"电磁橇"设施在山东济南成功运行。实现吨级以上物体最高推进速度可达1030km/h,创造了新的世界纪录。

目 录

特 载

奋战新征程　建功新时代　全力推进全省科技创新工作求突破走在前
　　——在 2022 年全省科技工作会议上的报告 ……………………………………………… 3

在山东省科学技术厅 2022 年上半年工作总结暨模范机关建设推进会议上的讲话 …………… 10

2022 年全省科技工作综述

全省科技工作概况 …………………… 13		创新创业环境 …………………… 14
创新型省份建设 …………………… 13		科技体制改革 …………………… 14
践行黄河战略 …………………… 13		科技合作与人才队伍建设 …………………… 14
关键核心技术突破 …………………… 13		科技奖励 …………………… 15
创新平台建设 …………………… 14			

科技管理

高新技术及其产业

概述 …………………………………… 19
高新科学技术 ………………………… 19
高新领域科技创新平台建设 ………… 20
科技型企业培育 ……………………… 20
高新技术产业发展 …………………… 20
实施高新领域国家科技计划项目情况 … 20
高新技术产业开发区 ………………… 20

农村科技工作

概述 …………………………………… 21
农业领域技术创新平台建设 ………… 21
农业领域省级科技计划 ……………… 21
农业科技园区体系建设 ……………… 22
科技特派员工作 ……………………… 22
科技创新强县工作 …………………… 22
科技对口支援 ………………………… 22
实施农村领域国家科技计划项目情况 … 22

社会发展科技工作

概述 …………………………………… 23
社会发展科学技术 …………………… 23
社发领域科技创新平台建设 ………… 23
人口与健康工作 ……………………… 23

环境保护科技工作…… 24
文化和科技融合工作…… 24
公共安全科技工作…… 24
可持续发展实验区和可持续发展议程创新示范区
　建设…… 25
实施社发领域国家科技计划项目情况…… 25

海洋科技工作

概述…… 25
海洋科学技术…… 26
海洋领域科技创新平台建设…… 27
海洋科技成果和知识产权管理…… 28
实施涉海科技计划项目情况…… 28

科技创新资源与能力

概述…… 29
科技计划及投入…… 29
软科学研究计划…… 29
科技规划…… 29
基础科学研究…… 30
省重大科技创新工程项目…… 30
科技创新平台基地建设…… 31
科技创新服务平台建设…… 32
科技金融…… 36

科技合作与交流

概述…… 37
国际科技合作与交流…… 37
国内科技合作与交流…… 37
科技合作平台建设…… 37
实施科技合作与交流领域国家科技计划项目
　情况…… 38

知识产权工作

概述…… 38
专利申请和授权…… 38
知识产权战略…… 38

知识产权保护…… 38
完善知识产权保护体系建设…… 38
知识产权管理与服务…… 39
知识产权宣传与培训…… 40
知识产权运用…… 40

科技人才工作

概述…… 41
科技人才队伍建设…… 41
科技人才激励政策…… 41
科技人才平台建设…… 41
全省科技系统职称评聘工作…… 41
人才智力引进工作…… 42
专业技术人才队伍建设…… 42
技能人才队伍建设…… 42
人才智力引进工作…… 42
职称制度改革…… 43

外国专家工作

概述…… 43
外国专家引进计划…… 43
外国专家管理服务…… 43
外国专家活动…… 43

政策法规与环境建设

概述…… 44
科技政策和法规…… 44
科技体制改革…… 44
创新体系建设…… 44
科技成果转移转化…… 45
科技系统党的建设和党风廉政建设工作…… 45

科学技术普及

概述…… 47
山东省科协工作…… 47
科技活动周、科技下乡活动等…… 49

行业科技进步

农业科技
- 概述 … 53
- 全国文化科技卫生"三下乡"山东省集中示范 … 53
- 第二十三届中国（寿光）国际蔬菜科技博览会 … 53
- 冬小麦"科技壮苗"专项行动 … 53
- 山东省农业关键核心技术攻关实施方案 … 53
- 山东省现代农业产业技术体系 … 53
- 农技推广体系建设 … 53
- 高素质农民培育 … 54
- 盐碱地农业科技创新 … 54
- 农业标准化 … 54

林业科技
- 重大科技进展 … 54
- 重要科技成果与奖励 … 54
- 科技体制改革与创新 … 54
- 科技成果推广与转化 … 55
- 人才队伍建设 … 55

畜牧科技
- 概述 … 55
- 科技创新 … 55
- 平台建设 … 55
- 科技成果 … 55
- 体系建设与技术推广 … 55

渔业科技
- 概述 … 56
- 水产种业 … 56
- 健康养殖 … 56
- 海洋牧场建设 … 56
- 深远海养殖 … 56
- 涉外渔业 … 56
- 水生生物资源养护 … 56

水利科技
- 科技项目 … 57
- 成果转化与技术推广 … 57
- 科技成果与奖励 … 57
- 水利科普 … 57
- 创新服务与国际合作交流 … 57
- 省农业农村专家顾问团水利分团 … 57

黄河科技
- 概述 … 58
- 科技创新项目 … 58
- 科技成果与奖励 … 58
- 科技体制改革与创新 … 58
- 科技成果推介活动 … 58
- 信息化建设 … 59
- 学术交流与科技合作 … 59

工业科技
- 概述 … 59
- 高标准建设国家和省级制造业创新中心，打造产业链协同创新平台 … 60
- 扎实实施省级企业技术创新项目计划，推广应用新技术、新产品、新工艺 … 60
- 着力打造一批国家和省级科技创新标杆，推动行业学标杆、做标杆、超标杆 … 60
- 全力推动产学研融合创新，破解产业界、科技界、学术界融合难题 … 60
- 大力促进人工智能创新发展，积极发挥人工智能赋能作用 … 60

能源科技
- 概述 … 61
- 高起点系统谋划能源转型发展 … 61
- 重大科技成果 … 61

智慧能源建设 …… 61
新业态新模式 …… 61
重大科技项目 …… 62
创新平台建设 …… 62

电力科技

概述 …… 62
创新机制 …… 62
创新能力 …… 63
创新成果 …… 63
知识产权 …… 63
成果转化推广 …… 63
技术标准 …… 63

冶金科技

概述 …… 64
经营情况 …… 64
科技成果与奖励 …… 64
成果选介 …… 64

卫生健康科技

概述 …… 66
科技创新平台建设 …… 66
医学科研成果 …… 66
医学科研计划 …… 66
临床研究规范管理 …… 67
新冠药物研发 …… 67

中医药科技

概述 …… 67
中医药科研平台 …… 67
省自然基金中医药联合基金 …… 68
省中医药科技项目 …… 68
中医药项目管理 …… 68
中医药科技成果评价 …… 68
中医药防治新冠感染临床科研一体化 …… 68
中医药特色疗法推广 …… 68

医药科技

概述 …… 68
生产经营状况 …… 68
科技创新 …… 69

油田科技

概述 …… 69
科技成果与奖励 …… 69
勘探开发重点科技项目进展 …… 69
攻关安全环保、新能源技术 …… 71
加快油田智能化升级 …… 71
加快专利实施项目转化 …… 72
科技体制机制建设 …… 72

汽车工业科技

概述 …… 73
整体生产经营情况 …… 73
主要企业生产经营状况 …… 73
研发与创新 …… 74
重点项目 …… 75

电子信息科技

概述 …… 76
重点领域 …… 76

交通科技

概述 …… 77
推进智慧交通重点实验室建设 …… 77
组织重点科技研发 …… 77
强化示范引领 …… 77
做好行业科普工作 …… 77
加强科研项目管理和成果总结提升工作 …… 77
创新科技服务 …… 77

广播电视科技

概述 …… 78
重大科技进展 …… 78
重要科技成果 …… 78
创新型企业建设 …… 79

科技成果推广与转化 …………………… 79
传统媒体与新媒体融合技术应用 ………… 79

市场监管科技

概述 ……………………………………… 80
标准化工作 ……………………………… 80
计量工作 ………………………………… 80
检验检测与认证认可工作 ………………… 81
质量发展工作 …………………………… 81
重要科技成果选介 ………………………… 82

药品监督科技

概述 ……………………………………… 83
重大科技进展 …………………………… 83
重要科技成果 …………………………… 83
科研平台建设 …………………………… 84
科技成果转移转化 ……………………… 84
科技咨询与服务 ………………………… 84
科技人才队伍建设 ……………………… 84
标准研究工作 …………………………… 84

粮食科技

概述 ……………………………………… 85
政策引领，落实创新发展战略 …………… 85
聚焦重点，搭建科技创新平台 …………… 85
质效双优，科技创新持续活跃 …………… 85
产研融合，加快推动成果运用 …………… 85

邮政科技

概述 ……………………………………… 86
邮政错分邮件处理系统 ………………… 86
菜鸟多模态及因果AI的城市物流计算系统 … 86

建设科技

概述 ……………………………………… 86
科技计划与成果 ………………………… 86
绿色建筑 ………………………………… 86
建筑节能 ………………………………… 87
建造方式革新 …………………………… 87

住建信息化 ……………………………… 87

测绘科技

重大科技进展 …………………………… 87
重要科技成果 …………………………… 88
行业科技政策 …………………………… 88
科技成果推广与转化 …………………… 88
人才队伍建设 …………………………… 88

环保科技

技术成果转化 …………………………… 89
创新平台建设 …………………………… 89
生态环境科普 …………………………… 89
科技创新交流 …………………………… 89
生态环保产业 …………………………… 89

应急管理科技

概述 ……………………………………… 89
应急管理科技 …………………………… 89
应急管理信息化 ………………………… 90
应急管理专家管理 ……………………… 90

气象科技

概述 ……………………………………… 90
重大科技进展 …………………………… 91
科技成果及选介 ………………………… 91
科技计划 ………………………………… 92
知识产权 ………………………………… 92
科技交流合作 …………………………… 92
科技人才队伍建设 ……………………… 92
科学普及 ………………………………… 92

防震减灾科技

概述 ……………………………………… 93
科研项目及管理 ………………………… 93
人才队伍建设 …………………………… 93
科技成果 ………………………………… 93
科技服务 ………………………………… 93
合作交流 ………………………………… 94

高新技术产业开发区科技发展

济南高新技术产业开发区
概述……99
科技计划项目与经费……99
科技成果与奖励……99
知识产权管理……99
科技合作与交流……100
科技改革与管理……100
战略性高新技术产业发展……100
创新型科技园区建设……101
创新创业共同体建设……101
创新型企业培育……101
技术创新服务平台建设……101
重大项目进展选介……101
科技人才服务……102

青岛高新技术产业开发区
概述……102
科技计划项目与经费……102
科技成果与奖励……103
知识产权管理……103
科技合作与交流……103
科技改革与管理……103
战略性高新技术产业发展……104
创新型科技园区建设……104
创新型（试点）企业培育……104
技术创新服务平台建设……105
重大项目进展选介……105
科技人才管理……105

淄博高新技术产业开发区
概述……106
科技计划项目与经费……106
科技成果与奖励……106
知识产权管理……106

科技合作与交流……106
科技改革与管理……107
高新技术产业……107
创新型科技园区建设……107
创新型企业培育……107
技术创新服务平台建设……107
重大项目进展选介……107
科技人才管理……108

枣庄高新技术产业开发区
概述……108
科技计划项目与经费……108
科技成果与奖励……108
知识产权管理……109
科技合作与交流……109
科技改革与管理……109
战略性高新技术产业发展……110
创新型科技园区建设……110
产业技术创新战略联盟构建……110
创新型（试点）企业培育……111
技术创新服务平台建设……111
重大项目进展选介……111
科技人才管理……112

山东省黄河三角洲农业高新技术产业示范区
概述……112
科技创新平台建设……112
科技人才管理……113
科技项目管理……113
科技型企业培育……113

烟台高新技术产业开发区
概述……114
科技计划项目与经费……114

科技成果与奖励……………………114
知识产权管理……………………114
科技合作与交流……………………114
科技改革与管理……………………114
战略性高新技术产业发展……………………114
创新型科技园区建设……………………115
创新型（试点）企业培育……………………115
技术创新服务平台建设……………………115
科技人才管理……………………115

潍坊高新技术产业开发区

概述……………………115
科技计划项目与经费……………………115
科技成果与奖励……………………115
知识产权管理……………………116
科技合作与交流……………………116
科技改革与管理……………………116
战略性高新技术产业发展……………………116
创新型（试点）企业培育……………………116
创新技术服务平台建设……………………116
科技人才管理……………………116
重点项目选介……………………116

济宁高新技术产业开发区

概述……………………117
科技计划项目与经费……………………117
科技成果与奖励……………………117
知识产权管理……………………117
科技合作与交流……………………117
科技改革与管理……………………118
战略性高新技术产业发展……………………118
创新型科技园区建设……………………118
产业技术创新战略联盟构建……………………118
创新型（试点）企业培育……………………118
技术创新服务平台建设……………………118
重大项目进展选介……………………118
科技人才管理……………………119

泰安高新技术产业开发区

概述……………………119
科技计划项目与经费……………………119
科技成果与奖励……………………119
知识产权管理……………………119
科技合作与交流……………………119
战略性高新技术产业发展……………………120
创新型科技园区建设……………………120
产业技术创新战略联盟构建……………………120
创新型（试点）企业培育……………………120
技术创新服务平台建设……………………120
重大项目进展选介……………………120
科技人才管理……………………120

威海火炬高技术产业开发区

概述……………………120
科技计划项目与经费……………………120
科技成果与奖励……………………121
知识产权管理……………………121
科技合作与交流……………………121
科技改革与管理……………………121
战略性高新技术产业发展……………………121
创新型科技园区建设……………………122
产业技术创新战略联盟构建……………………122
创新型（试点）企业培育……………………123
技术创新服务平台建设……………………123
重大项目进展选介……………………123
科技人才管理（含创新人才和创新团队的培育和引进）……………………123

莱芜高新技术产业开发区

概述……………………124
科技计划项目与经费……………………124
科技成果与奖励……………………124
知识产权管理……………………124
科技合作与交流……………………124
科技改革与管理……………………125
战略性高新技术产业发展……………………125

创新型科技园区建设 ……………………125
创新型（试点）企业培育 ……………………125
技术创新服务平台建设 ……………………126
重大项目进展选介 ……………………126
科技人才管理（含创新人才和创新团队的培育和引进） ……………………126
亮点工作 ……………………127

临沂高新技术产业开发区
概述 ……………………127
科技计划项目与经费 ……………………127
科技成果与奖励 ……………………127
知识产权管理 ……………………127
科技合作与交流 ……………………127
战略性高新技术产业发展 ……………………128
创新型企业培育 ……………………128
技术创新服务平台建设 ……………………128
重大项目进展选介 ……………………128
科技人才管理 ……………………128

德州高新技术产业开发区
概述 ……………………129
科技计划项目与经费 ……………………129
科技成果与奖励 ……………………129
知识产权管理 ……………………129
科技合作与交流 ……………………129
科技改革与管理 ……………………129
战略性高新技术产业发展 ……………………129
战略性高新技术产业联盟 ……………………130
创新型企业培育 ……………………130
技术创新服务平台建设 ……………………130
科技人才管理 ……………………130

东营高新技术产业开发区
概述 ……………………130
科技计划项目与经费 ……………………130
科技成果与奖励 ……………………131
知识产权管理与服务 ……………………131
科技合作与交流 ……………………131

科技改革与管理 ……………………131
油地协同创新发展 ……………………131
创新型科技园区建设 ……………………132
创新型（试点）企业培育 ……………………132
技术创新服务平台建设 ……………………132
重大项目进展选介 ……………………132
科技人才管理 ……………………132

日照高新技术产业开发区
概述 ……………………133
科技计划项目与经费 ……………………133
科技成果与奖励 ……………………133
科技合作与交流 ……………………133
科技改革与管理 ……………………133
科技创新平台与技术服务平台建设 ……………………133
战略性高新技术产业发展 ……………………133
创新型科技园区建设 ……………………134
重大项目进展选介 ……………………134
科技人才管理 ……………………134

聊城高新技术产业开发区
概述 ……………………134
科技计划项目与经费 ……………………134
科技成果与奖励 ……………………135
知识产权管理 ……………………135
科技合作与交流 ……………………135
体制机制改革 ……………………135
创新型（试点）企业培育 ……………………136
技术创新服务平台建设 ……………………136
重大项目进展选介 ……………………136
科技人才管理 ……………………136

滨州高新技术产业开发区
概述 ……………………137
创建国家高新区 ……………………137
科技计划项目与经费 ……………………137
高新技术企业培育 ……………………137
科技合作与交流 ……………………137
科技成果与奖励 ……………………138

知识产权管理	138	**青岛蓝谷高新技术产业开发区**	
全社会研发投入	138	概述	141
技术创新服务平台建设	138	体制机制	141
创新型企业培育	138	产业发展	141
科技人才管理	138	科技创新	141
重点项目选介	138	人才集聚	142
		科技成果转化	142

菏泽鲁西新区

概述	139	**潍坊（寿光）高新技术产业开发区**	
科技计划项目与经费	139	概述	142
科技成果与奖励	139	科技成果与奖励	142
知识产权管理	139	科技合作与交流	143
科技合作与交流	139	战略性高新技术产业发展	143
科技改革与管理	140	创新型科技园区建设	143
主导产业发展	140	创新型（试点）企业培育	143
高新技术企业发展及科技型中小企业培育	140	重大项目进展选介	143
技术创新服务平台建设	140	科技人才管理	143
重大项目进展	140		
科技人才管理	140		

高校科技发展

高校科技发展综述

概述	147	科技创新平台建设	149
科技人员	147	学科建设	150
科技项目与经费	147	大学科技园建设	150
科技成果	147	科技人才培养与队伍建设	150
重点学科建设	147	科技合作与交流	153
科研创新平台建设	147		

山东大学

		中国海洋大学	
概述	148	概述	153
科技项目与经费	148	科技项目与经费	154
科技成果	148	科技成果	154
基础研究	149	一流学科建设	154
应用研究与高技术研究	149	科研成果转化	154
科技成果转化	149	科技创新平台建设	155
		科技人才培养与队伍建设	155
		科技合作与交流	155

中国石油大学（华东）

概述……………………………………………156
科研项目与经费………………………………156
科技成果………………………………………156
一流学科建设…………………………………156
科技成果转化…………………………………156
科技创新平台建设……………………………156
学科建设………………………………………157
大学科技园建设………………………………157
人才培养与队伍建设…………………………157
科技合作与交流………………………………157

山东师范大学

概述……………………………………………158
科技项目与经费………………………………158
科技成果………………………………………158
科技成果转化…………………………………158
科研创新平台团队建设………………………158
科技人才培养与队伍建设……………………159

山东农业大学

概述……………………………………………159
科技项目与经费………………………………160
科技成果………………………………………160
重点成果选介…………………………………160
基础研究………………………………………160
应用研究与高技术研究………………………160
一流学科建设…………………………………160
科技成果转化…………………………………160
科技创新平台建设……………………………160
科技人才与队伍建设…………………………160

曲阜师范大学

概述……………………………………………161
科研项目与经费………………………………161
科技成果………………………………………161
应用研究与高技术研究………………………161

重点成果选介…………………………………155

平台建设………………………………………162
科技人才与队伍建设…………………………163
科技合作与交流………………………………163

山东中医药大学

概述……………………………………………163
科研项目与经费………………………………163
科研成果与选介………………………………163
科研管理………………………………………164
重点学科与科研创新平台建设………………164
科研队伍建设…………………………………165

山东理工大学

概述……………………………………………166
科研项目与经费………………………………166
科研成果与奖励………………………………166
科研条件和科研基地建设……………………166
科技人才与队伍建设…………………………166
科研成果转化与推广…………………………166
重点学科建设…………………………………166
科技合作与交流………………………………167

山东建筑大学

概述……………………………………………167
科技项目与经费………………………………168
科技成果（含重点成果推介）………………168
基础研究………………………………………168
应用研究与高技术研究………………………169
科技成果转化…………………………………169
科技创新平台建设……………………………169
学科建设………………………………………169
科技人才培养与队伍建设……………………169
科技交流与合作………………………………169

山东科技大学

概述……………………………………………170
科技计划项目与经费…………………………170
科技成果………………………………………170
平台建设………………………………………171

科技成果转化……171
学科工作……171
国家大学科技园建设……172

山东交通学院
概述……172
科技项目与经费……173
科研成果……173
科技成果转化与社会服务……173
科研平台与智库建设……173
学科与专业建设……173
科技人才培养与队伍……173
科技交流活动……173

济南大学
概述……173
科技项目与经费……174
科技成果（含重点成果）选介……174
基础研究……175
应用研究与高技术研究……175
一流学科建设……176
科技成果转化……176
科技创新平台建设……176
大学科技园建设……177
科技人才培养与队伍建设……177
科技合作与交流……177

青岛大学
概述……177
科技项目与经费……178
重点科技项目选介……178
科技合作与交流……178
科技成果与转化……178
重大科技成果选介……179
科技创新平台建设……179
大学科技园建设……179
产业技术研究院建设……179
科技人才培养与队伍建设……180
学科建设……180

烟台大学
概述……180
科技项目与经费……180
科技成果……181
重点成果选介……181
一流学科建设……181
科技成果转化……181
科技创新平台建设……181
学科建设……181
大学科技园建设……181
科技人才培养和队伍建设……181
科技合作与交流……182

潍坊学院
概述……182
科技项目与科技成果……182
基础研究……182
应用研究与高技术研究……183
科技成果转化……183
科技创新平台建设……183
学科建设……183
科技合作与交流……183

聊城大学
概述……184
科技项目与经费……184
科技成果及选介……184
学科建设……185
科技创新平台建设……185
科技人才培养与队伍建设……185
科技成果转化……185
学术交流……185

临沂大学
概述……185
科研项目与经费……186
科技成果……186
科技成果转化……186
高水平学科建设……186

科技创新平台建设……186
学科建设……186
大学科技园建设……186
科技人才与队伍建设……186
科技合作与交流……186

滨州学院
概述……187
科技项目与经费……187
科技成果与转化……187
学术交流……187
学科建设……187
科技创新平台与创新团队……187

济宁学院
概述……187
科研项目与经费……188
学科平台建设……188
科技成果……188
人才培养与队伍建设……188
服务地方……189

泰山学院
概述……189
学科与平台建设……190
科研项目与成果……190
科技合作与服务……190
学术交流……190

青岛农业大学
概述……190
科技项目与经费……191
科研成果及选介……191
科技成果转化……191
科研平台建设……192
学科建设……192
科技人才培养与队伍建设……193
科技合作与交流……193

青岛理工大学
概述……194
科技项目与经费……194
科研成果……194
应用研究与高技术研究……194
一流学科建设……195
科技成果转化……195
科技创新平台建设……196
学科建设……196
大学科技园建设……196
科技人才培养与队伍建设……196
科技合作与交流……196

鲁东大学
概述……197
科技管理政策……197
科技项目与经费……197
科技成果及选介……197
科技创新平台团队建设……198
科技成果转移转化……198

齐鲁工业大学（山东省科学院）
概述……198
科研重点与计划……198
科研成果……198
基础性研究……198
应用研究与高技术研究……199
学科建设……199
科研成果转化及产业化……199
科研平台建设……199
科技人才培养与队伍建设……199
大学科技园建设……199
科技合作与交流……199
科研成果选介……200

山东第一医科大学（山东省医学科学院）
概述……201
科技项目与经费……201
科技成果……202

重点成果选介	202
基础研究	202
应用研究与高技术研究	202
科技成果转化	202
科技创新平台建设	203
学科建设	203
科技人才培养与队伍建设	203
科技合作与交流	203

哈尔滨工业大学（威海）

概述	204
科技项目与经费	204
科技成果	205
基础研究	205
应用研究与技术研究	205
科技创新平台建设	206
科技成果转化	206
科技人才队伍建设	206
科技合作与交流	206

德州学院

概述	206
科技项目与经费	207
科技成果及选介	207
科技创新平台建设	207
学科建设	207
科技人才培养与队伍建设	207
科技合作与交流	208

菏泽学院

概述	208
科技项目与经费	208
科技成果	209
应用研究与高技术研究	209
科技创新平台建设	209
科技人才培养与队伍建设	209
学术交流	209

科研院所科技发展

中国科学院海洋研究所

概述	213
科研重点与计划	213
科研成果	213
科技合作与成果转化	213
科技人才培养与队伍建设	214
科研平台建设	214
国际交流与合作	215

中国科学院青岛生物能源与过程研究所

概述	216
科研创新平台	216
科技人才培养	216
科研成果	216
科研成果转化	217
国际交流与合作	217

中国科学院烟台海岸带研究所

概述	217
科研重点与计划	217
科研项目与科研成果	217
科研成果选介	218
科研平台建设	218
科技合作与交流	218
科技人才培养与队伍建设	218

中国农业科学院烟草研究所

概述	219
科技创新	219
科研立项	219

科技成果……………………………220
创新平台……………………………220
成果转化……………………………220
人才培养……………………………220
合作交流……………………………220

中国水产科学研究院黄海水产研究所
概述…………………………………220
科研成果……………………………221
科研平台……………………………221
国际合作与交流……………………221
科研成果转化………………………221
科技人才培养………………………221
海洋渔业生物种质资源库…………222

山东省农业科学院
概述…………………………………222
科研项目与经费……………………222
科技成果与奖励……………………222
学术交流……………………………223
科研平台建设………………………223
重点成果选介………………………223
科技人才引进与队伍建设…………223
科技成果转化………………………223
国际与国内合作……………………223

山东省科学技术情报研究院
概述…………………………………224
科研重点与计划……………………224
科研成果……………………………224
科研改革与体制管理………………224
科技情报服务………………………224
科技文献服务………………………224
科技档案管理………………………224
科技报告工作………………………224
科技鉴志编纂………………………224
科技宣传服务………………………225
人才支撑服务………………………225
科技计划项目过程管理……………225

社会公益服务………………………225

山东省海洋资源与环境研究院
概述…………………………………225
科研重点与计划……………………225
科研成果（含重点成果）选介……226
科研管理与体制改革………………227
科研平台建设………………………227
科技人才培养与队伍建设…………227
科技咨询与服务……………………227
科技合作与交流……………………228

山东省水利科学研究院
概述…………………………………228
科技项目……………………………228
科技成果……………………………229
技术服务……………………………229
科技人才培养和队伍建设…………229

山东省海洋科学研究院
概述…………………………………229
科研重点与计划……………………230
科研成果……………………………230
基础研究……………………………230
应用研究与高技术研究……………230
科研成果转化及产业化……………230
科研管理与体制改革………………231
科研平台建设………………………231
科技人才培养与队伍建设…………231
科技咨询与服务……………………231
科技合作与交流……………………232

山东省淡水渔业研究院
科技项目……………………………232
科技成果及选介……………………232
科技平台建设………………………233
科技支撑与服务……………………233
产学研结合…………………………233

山东省中医药研究院

概述	233
科研重点与计划	234
科研成果	234
国家继续教育	234
研究生教育	234
学术交流	234
科研人才队伍建设	234
科技咨询与服务	234
重点平台建设	234

山东省计量科学研究院

概述	235
计量业务	235
科研项目	235
科技成果	235
科技平台建设	236
学术交流	236
计量科普	236

山东省科学院生物研究所

概述	238
科教融合	238
科研项目及成果	238
科研平台	238
科技人才	238
科技成果转化	238
科技交流与合作	238

山东省食品发酵工业研究设计院

概述	239
科研重点与计划	239
科研成果	239
科技奖励与重点成果选介	239
科研成果产业化	240
科研平台建设	240
科技人才培养与队伍建设	240

山东省农业科学院作物研究所

概述	240
科研项目与经费	240
科研成果	241
科研平台建设	241
科技成果转化与推广	241
科技人才队伍建设	241
科技交流与国际合作	241
公益科普	241

山东省产品质量检验研究院

概述	242
科研重点与计划	242
科研成果及选介	242
科研管理	242
科研平台建设	243
科技人才队伍建设	243
科技合作与交流	243

山东省海洋化工科学研究院

概述	244
科技项目	244
科技成果	244
科技成果转化及产业化	244
科技创新平台建设	245
科技人才培养与队伍建设	245
技术咨询与服务	246
科技合作与交流	246

山东省红十字会备灾救护中心

概述	246
"关爱生命　救在身边"活动	246
培训基地与师资队伍建设	247
应急救护师资教学技能大赛	247
全国红十字应急救护大赛	247
"最美红十字救护员"评选	247
备灾仓储管理	247

区域科技发展

济南市

概述……251
高新技术及其产业……251
科技计划……251
科技创新资源与能力建设……251
农业与社会发展……252
科技成果与奖励……252
政策法规与环境建设……252
民营科技企业发展……252
科技合作与交流……252
科普工作……253

青岛市

概述……253
高新技术及其产业……253
科技计划……254
科技金融服务……254
科技创新资源与能力建设……254
农业与社会发展……254
科技成果与奖励……256
科技成果转化……256
政策法规与环境建设……256
民营科技企业发展……256
科技人才支撑……256
科技合作与交流……257
海洋科技平台建设……257
海洋科技攻关……257
海洋科技成果转化……258

淄博市

概述……258
区域创新……258
政策体系……258
科技型企业……258

高新技术产业……259
关键核心技术……259
研发投入……259
创新平台……259
科技人才……259
孵化载体……259
科技战略咨询……259
企业创新能力评价体系……259
科技金融……259
产学研合作……259
科技示范工程……259
技术服务……259
农业科技……259

枣庄市

概述……260
科技创新发展形成新格局……260
科技创新综合实力稳步提升……260
国家示范区建设取得重大突破……260
科技创新支撑能力逐步增强……260
企业创新主体地位大力提升……261
科技服务民生措施更加有力……261
科技创新平台体系日臻完善……261
科技人才创新环境逐步优化……261

东营市

概述……262
高新技术及其产业……262
科技计划……262
科技创新资源与能力建设……262
农业与社会发展……262
科技成果与奖励……263
政策法规与环境建设……263
科技合作与交流……263

烟台市

| 绿色低碳发展 | 263 |

概述……263
高新技术及其产业……263
科技计划……263
科技创新资源与能力建设……264
农业与社会发展……264
科技成果与奖励……264
政策法规与环境建设……264
民营科技企业发展……264
科技合作与交流……265
科普工作……265
海洋科技……265

潍坊市

概述……265
高新技术及其产业……265
科技计划……265
创新平台建设……265
农业与社会发展……266
科技成果与奖励……266
知识产权……266
政策法规与环境建设……266
民营科技企业发展……266
科技合作交流……267
科普工作……267
海洋科技……267

济宁市

概述……267
高新技术及其产业……267
农村社会发展科技工作……268
成果转化与区域创新……268
科技规划与资源配置……268
科技合作与交流……268
科技人才工作……268
政策法规与环境建设……268

泰安市

概述……269
高新技术及其产业……269
科技计划……269
科技创新资源与能力建设……269
农业与社会发展……269
科技成果与奖励……269
政策法规与环境建设……269
民营科技企业发展……269
科技合作与交流……270
科普工作……270

威海市

概述……270
科技计划……270
高新技术及其产业……270
创新载体……271
创新链体系建设……271
科技人才……272
创新服务……272
科技成果与奖励……272
科技合作与交流……272

日照市

概述……273
科技专项……273
研发投入……273
高新技术产业……273
科技型企业……273
农业科技……273
海洋科技……274
创新平台……274
科技合作与招商……274
科技人才……274
科技奖励……275
科技服务……275
科技金融……275
技术合同认定登记……275
山东黄海科技创新研究院……275

临沂市

概述	276
高新技术及其产业	276
科技计划	276
科技创新资源与能力建设	276
农业与社会发展	277
科技成果与奖励	277
知识产权	277
政策法规与环境建设	278
产学研合作	278
科技人才队伍建设	278
科普工作	278

德州市

概述	279
高新技术及其产业	279
科技计划	279
科技创新资源与能力建设	279
农业与社会发展	280
科技成果与奖励	280
科技合作与交流	280

聊城市

概述	280
高新技术及其产业	280
科技计划	281
科技创新资源与能力建设	281
农业与社会发展	281
科技成果与奖励	281
知识产权	281
政策法规与环境建设	282
民营科技企业发展	282
科技合作与交流	282
科普工作	282

滨州市

概述	283
高新技术产业	283
科技人才	283
科技成果	283
农业科技	283
社会科技	283
创新平台建设	284
科技合作交流	284
技术转移转化	284
科技服务	284

菏泽市

概述	284
高新技术及其产业	285
科技创新体系逐步完善	285
高新技术企业加快培育	285
科技人才合作深入开展	286
科技支撑乡村振兴力度加大	286
社会科技全面提升	286

科技成果和奖励

2022年度山东省科学技术奖励情况

概述	289
授奖项目特点	289
奖励改革措施	289
山东省科学技术最高奖	290
山东省科学技术青年奖	290
山东省国际科学技术合作奖	292
山东省自然科学奖	293
山东省技术发明奖	294
山东省科学技术进步奖	296
科技管理系统先进集体和先进个人	304

科技统计

表1　2022年山东省科学研究和技术服务业事业单位机构、人员和经费概况……307

表2　2022年山东省科学研究和技术服务业事业单位人员概况……314

表3　2022年山东省科学研究和技术服务业事业单位从业人员按工作性质分……321

表4　2022年山东省科学研究和技术服务业事业单位科技活动人员按学历和职称分……328

表5　2022年山东省科学研究和技术服务业事业单位经费收入……335

表6　2022年山东省科学研究和技术服务业事业单位经费支出……342

表7　2022年山东省科学研究和技术服务业事业单位科研基建与固定资产……352

表8　2022年山东省科学研究和技术服务业事业单位科学仪器设备……358

表9　2022年山东省科学研究和技术服务业事业单位课题概况……364

表10　2022年山东省科学研究和技术服务业事业单位课题经费内部支出按活动类型分……375

表11　2022年山东省科学研究和技术服务业事业单位R&D人员……385

表12　2022年山东省科学研究和技术服务业事业单位R&D人员折合全时工作量……391

表13　2022年山东省科学研究和技术服务业事业单位R&D经费内部支出按活动类型和经费来源分……397

表14　2022年山东省科学研究和技术服务业事业单位R&D经费内部支出按经费类别分……403

表15　2022年山东省科学研究和技术服务业事业单位R&D经费外部支出……409

表16　2022年山东省科学研究和技术服务业事业单位专利……412

表17　2022年山东省科学研究和技术服务业事业单位论文、著作及其他科技产出……418

科技大事记

2022年山东省科技大事记……427

附　录

山东省科学技术厅（山东省外国专家局）内设机构及主要领导名单……435

山东省市、县科技局领导名单……436

2022年山东省出台的重要科技政策和法规……440
　山东省人民政府关于支持黄河三角洲国家农业高新技术产业示范区高质量发展的意见……440

山东省人民政府办公厅关于完善科技成果评价
　　机制的实施意见……………………………442
山东省人民政府关于印发山东省高新技术产业
　　开发区管理办法的通知……………………444
山东省人民政府办公厅印发关于支持枣庄市建设
　　国家可持续发展议程创新示范区的若干政策的
　　通知…………………………………………446
山东省人民政府关于加快推进新时代科技强省
　　建设的实施意见……………………………449

索　引

关键词索引……………………………………………………………………………………455

特 载
TEZAI

奋战新征程　建功新时代
全力推进全省科技创新工作求突破走在前

——在2022年全省科技工作会议上的报告

（2022年1月20日）

唐　波

同志们：

汇聚磅礴力，奋进再出发。这次会议是经省政府同意召开的。主要任务是，以习近平新时代中国特色社会主义思想为指导，全面贯彻党的十九大和十九届历次全会精神，深入落实习近平总书记关于科技创新的重要论述和对山东工作的重要指示要求，学习贯彻中央经济工作会议、中央人才工作会议、全国科技工作会议、省委十一届十四次全会、省委经济工作会议和省委人才工作会议精神，总结2021年工作，分析当前形势，交流分享经验，部署2022年重点任务，全面推进全省科技创新工作走在前。

省委、省政府对科技创新的重视程度之高、改革决心之大、推动力度之强前所未有，省委十一届十四次全会提出"十二个着力"重点任务，把"推进科技自立自强"放在首位。省委经济工作会议提出"要在强化科技创新上下更大功夫"。在财政压力较大的情况下，2022年省级科技经费在2021年132亿元的基础上再增长10%，达到145亿元，充分体现了省委、省政府聚力突破科技创新的信心和决心。刚才，书良同志传达了全国科技工作会议精神和凌文副省长对科技工作的批示要求。凌文副省长对2021年全省科技工作给予充分肯定，要求全省科技系统准确把握科技创新面临的新形势、新任务、新要求，勇于担当、主动作为，加快实现高水平科技自立自强，全面推进山东省科技创新工作走在前。对省委、省政府和科技部的部署要求，我们一定要认真学习领会，结合实际抓好贯彻落实。

下面，我代表山东省科学技术厅作工作报告。

一、2021年科技创新主要成就

硕果盈枝，汗水鎏金。2021年是极不平凡的一年，是山东科技发展史上浓墨重彩的一年，面对错综复杂的国际形势和新冠疫情，面对经济需求收缩、供给冲击、预期转弱三重压力，面对困难和矛盾的交织叠加，全省科技系统带领广大科技工作者顽强拼搏、负重前行，一路披荆斩棘、爬坡过坎、奋勇争先，实现了"十四五"良好开局，交出了一份精彩的答卷。

这一年，我们坚持以史明智、砥砺前行。把深入学习习近平新时代中国特色社会主义思想作为主题主线，深入开展党史学习教育，组织开展了一系列专题学习活动，在荣成市郭永怀事迹陈列馆建设了党性教育基地，举办了"科技为民办实事"系列活动，推动党史学习教育常态化、长效化，不断从党的百年历史中汲取智慧和力量。

这一年，我们坚持系统推进、重点突破。在2021年全省科技工作会议上，我们提出了"系统推进、重点突破、全面提升"的工作思路和"高标准开启高水平创新型省份建设新征程"的总目标，回头检视，我们全面完成了既定的各项任务，多项目标超额完成，比如高新技术企业达到17000家的目标，我们实际突破了2万家，新增5500多家，是历史上最多的一年。全社会研发投入、平台建设、人才引进等目标全部超额完成。

这一年，我们坚持事争一流、唯旗是夺。我们牢固树立走在前列的强势思维，奋力争先、勇争第一，有多项工作走在了全国前列。

——承接科技部"氢进万家""北斗星动能"重大科技示范工程，是全国首批唯一示范省份。

——国家燃料电池技术创新中心获准批复，领域类技术创新中心达到2家，并列全国第一。

——科技部公布新一批25个创新型城市，山东省5个城市入选，数量居全国第一。

——8家高新区获批企业创新积分制试点，新增数量居全国第一。

——4个产业集群入选国家创新型产业集群试点，新增数量居全国第一。

——新增2家国家农业科技园区，总量达到21家，居全国第一。

——2个1类新药上市，新药获批数量居全国第三；2个中药新药获批上市，中药新药获批数量居全国第一。

——山东绿色技术银行纳入科技部布局试点建设，全国两个试点地区之一。

——4名长期在鲁工作外国专家荣获中国政府友谊奖，新增数量居全国第一。

——全国科技奖励制度改革唯一试点省。

——全国科技人才分类评价改革三个试点省之一。

——全国科技成果评价改革四个试点省之一。

通过这一年的努力，科技创新质量和效益全面提升：

科技创新高位推进的力度更大了。 高规格成立省委科技创新委员会，省委书记、省长任双组长，为全省科技创新提供强力政治保障。高层次召开全省科技创新大会，省委、省政府主要领导出席会议，科技部部长王志刚出席大会并作报告，极大地鼓舞了全省创新热情。高质量召开黄河流域协同科技创新大会，建立了沿黄9省区及新疆9+1科技创新合作新模式，迈出了沿黄地区协同创新的关键一步，展现了践行黄河战略的山东担当。高标准编制"十四五"科技创新规划和新一轮中长期科技发展规划，明确了未来一个时期高水平创新型省份和科技强省建设目标，吹响了科技强省新突破的号角。

科技支撑引领经济社会发展的能力更强了。 坚持抓创新，首先抓投入。2021年省级科技创新发展资金达到132亿元，集中财力支持重大科技创新，全社会研发投入和研发投入强度实现双提升。坚持抓攻关，首先抓需求。聚焦全省重点产业技术需求，分析凝练出774项关键核心技术攻关动态清单，组织实施150项重大科技创新工程项目，一批关键核心技术实现重大突破。世界首套时速600公里高速磁浮交通系统下线，全球首款"国密算法物联网安全芯片"面世，国内首套水下采油树系统海试成功，超纯海藻酸钠正式上市打破国外垄断，燃料电池智能雪蜡车亮相冬奥会，助推智慧交通、量子通信、云计算、海工装备、氢能源等20多个领域跨越式发展。坚持抓产业、首先抓园区。通过优化布局、集成政策、集聚资源、改革体制等措施，大力促进高新区高质量发展，省级以上高新区预计实现总产值12500亿元，同比增长20%。全省规模以上高新技术产业产值占规模以上工业产值比重预计达到46.8%，增长约1.7个百分点。在"2021中国高新区创新能力百强"榜单中，山东省10家高新区上榜，数量居全国第二位。前50强中山东省9家高新区上榜，居全国第一位。

科技企业创新主体地位更高了。 为了壮大科技企业队伍，我们完善科技型企业梯次培育体系。已培育200家科技领军企业，8家企业在科创板上市，总数达到17家，入库科技型中小企业达2.89万家，增长超过50%，高新技术企业总数突破2万家，同比增长超过38%。为了有效降低企业创新成本，我们全面落实优惠政策。为2000余家企业发放科技成果转化贷款超过100亿元，落实企业研发投入财政补助、中小微企业升级高企财政补助资金达12.6亿元，惠及企业9200余家，落实研发费用税前加计扣除政策，加计额达980亿元，惠及企业2.8万家。为了提升企业创新能力，我们大力支持企业创新。规模以上工业企业有研发活动企业占比达到39.2%，首次超过全国平均水平。150项重大科技创新工程项目中，企业牵头承担的有73项。299项省级科技奖励中，企业作为第一完成单位的有121项，企业已经成为科技创新的"主角"。

科技服务保障民生的措施更实了。 我们坚持以人民为中心，围绕生命健康、种业创新、绿色发展等方面，持续加大创新支持，让人民群众切实提升科技创新获得感。聚焦医养健康，布局建设3家省级临床医学研究中心，启动实施重特大疾病防治科技示范工程，重点攻克"卡脖子"技术和国产化替代产品，全省首个自主研发的人用狂犬病疫苗获批上市，4个新药获批上市，实现较大突破。聚焦粮食安全和乡村振兴，坚持从农村最需要的技术支持入手，选派9952名科技特派员，遍布全省每一个乡镇，开展现场和线上服务20万余次，推广应用农业科技成果6000余项。集中科研力量突破种业创新，成功培育出我国首个携带抗赤霉病基因的小麦新品种"山农48"，11个玉米自交系获"全国杰出贡献玉米自交系"，耐盐碱马铃薯亩产超过4600kg，育成6个红肉苹果新品种填补了国内空白，小型白羽肉鸡新品种"益生909"打破了国外垄断，全省主要农作物良种覆盖率达到98%，农业科技进步贡献率达65.18%，高于全国平均水平4个百分点。聚焦绿色技术创新，启动实施碳达峰、碳中和专项，着力破解绿色低碳技术、能源利用等方面的技术难题。积极开展氢能技术示范应用，为推动氢能终端规模化推广应用提供了山东样板。依托黄三角国家农高区先行先试，突破16项盐碱地综合利用技术难题，辐射带动10万亩盐碱地变为"吨良田"，盐碱地绿色开发技术水平全面提升。

科技创新资源厚植的根基更稳了。 为了筑牢创新根基，提升原始创新能力，我们加快布局国家实验室、国家重点实验室、省实验室、省重点实验室"1313"四级实验室体系，已建设海洋试点国家实验室1家，国家重点实验室21家，省实验室6家，省重点实验室260家，在加强基础研究、应用基础研究等方面发挥重要作用。为了支撑"十强"产业转型升级，我们新建国家技术创新中心1家，布局建设省技术创新中心40家，关键领域技术创新供给能力不断增强。为了培育新的创新点和经济增长点，我们大力发展新型研发机构，全面建成"1+30+N"创新创业共同体创新体系，以山东产业技术研究院、山东高等技术研究院、山东能源研究院为代表的新型研发机构逐渐发力，31家创新创业共同体共突破关键技术391项，解决技术难题282个，制定国际、国家或行业标准86个，实现增加值超过513亿元，新增利税32亿元。

*科技体制机制改革的步伐更快了。*承接科技部科技奖励制度改革试点、科技人才分类评价改革试点、科技成果评价改革试点，青岛市获批科技部监督评估和诚信管理改革试点，为全国深化科技体制改革蹚出新路径、创造新经验。创新科研项目管理模式，省重大科技创新工程项目全部采用揭榜制方式组织。探索推进项目技术成熟度评价，提高项目管理精细化水平。加快推行省级财政科研项目经费"包干制"试点，省自然科学基金项目实行"包干制"覆盖率达到95%以上。改革项目评审方式，建立科研项目评审管理服务市场化机制，变"定期评审"为"动态评审"，及时满足重点产业领域技术创新需求。建立科技活动分类评价机制，强化标志性成果的质量、贡献和影响的导向，科技评价中"唯论文"不良导向逐步破除，"三评"改革经验做法在全国宣传推广。

*科研人员的创新环境更优了。*出台首个省级青年科技人才培养规划，对青年人才来鲁创新创业，直接给予基金项目支持；出台《外国人来山东工作便利化服务若干措施》，提出15项创新措施，对外国人才的吸引力不断增强。持续推进赋予科研人员职务科技成果所有权、长期使用权、二级事业单位正职领导持股改革等改革试点，赋予科研人员更大自主权，有效调动了科技人员成果转化积极性；开展减轻科研人员负担和激发创新活力专项行动，从减少报表、精简"牌子"、弱化"帽子"等11个方面，为科研人员减负担、增服务，全面释放科技创新活力。31项科技成果获得国家科技奖励，持续位居全国前列。

这些成绩的取得，来源于我们从百年党史中汲取智慧和力量，来源于我们始终践行习近平总书记关于科技创新的重要论述和对山东工作的重要指示要求，来源于省委、省政府的正确领导，来源于各级各有关部门的团结协作和大力支持，来源于全省广大科技工作者和科技系统干部职工担当作为、奋勇争先。在此，我代表山东省科学技术厅，向大家表示崇高的敬意和衷心的感谢！

回顾2021年工作，深刻体会到以下四个方面的认识：一是党的领导是做好科技工作的根本保障，只有坚持党对科技工作的全面领导，坚决拥护"两个确立"，坚决做到"两个维护"，坚持用习近平新时代中国特色社会主义思想武装头脑，才能更好地指导科技创新工作实践；二是科技自立自强是引领发展的必然要求，只有迅速突破掌握一批关键核心技术，下好先手棋、打好主动仗，推动关键核心技术自主可控，才能赢得发展主动，塑造发展新优势；三是"以人民为中心"是做好科技工作的行动指南，坚持以人民为中心，是我们党的成功之道，是我们一切工作的出发点，科技创新必须坚持以人民为中心，以惠民、利民、富民、改善民生为目标，最大限度满足人民美好生活需要；四是深化改革是释放创新活力的关键举措，要按照"抓战略、抓改革、抓规划、抓服务"的定位，加快政府职能转变，减少简单地分钱、分物、定项目，强化政策引导，给予科研单位更多自主权，才能更好激发创新活力。

二、深刻认识科技工作面临新形势新任务

党的十九大以来，特别是党的十九届五中、六中全会以来，以习近平同志为核心的党中央全面分析国际竞争态势，深入研判国内外发展形势，坚持把科技创新摆在国家发展全局的核心位置，把科技自立自强作为国家发展的战略支撑，科学技术从来没有像今天这样深刻影响着国家前途命运，从来没有像今天这样深刻影响着人民生活福祉。我们要深刻研判科技创新趋势，始终保持战略定力，立足发展实际，抓住"牛鼻子"，下好"先手棋"。

——*要察大势、抢先机。*当前，世界百年未有之大变局加速演进，新冠疫情影响广泛深远，全球产业链供应链面临冲击，气候变化、能源资源安全等挑战不断加剧，科技创新成为国际战略博弈的主要战场，已经成为重塑国际格局的关键力量。全球前沿科技加速推进，学科交叉融合进一步加深，健康经济、数字经济、智能经济加速形成，人工智能、前沿生物技术等颠覆式创新不断涌现，对全球产业体系、经济发展方式等产生深刻影响，带来更大的不确定性，也给了我们更多"变道超车"的机会。科技自立自强是抓住重大战略机遇、应对风险挑战的必然选择，是促进发展大局的根本支撑，只有牢牢把握住科技革命和产业变革的机会窗口，准确研判科技发展动向，跟对科技发展的趋势，凝聚创新资源，加快战略布局，山东才能在未来发展中抢抓机遇，后来居上。

——*要明危机、识差距。*环视周边，区域发展竞争日趋激烈。向北，京津冀协同发展势头强劲，雄安新区横空出世，未来发展不可限量。向南，长江经济带生机勃勃，其龙头上海正快速建设国际科创中心，将引领长江经济带进入发展新阶段。向西，中原经济区异军突起，郑州航空港经济综合实验区、郑洛新国家自主创新示范区快速发展，区域发展地位迅猛提升。在区域创新能力上，山东省与苏、浙、粤等第一梯队的差距有进一步拉大的可能。全社会研发投入仍然不足，2020年广东、江苏的研发投入总量分别达到3479.9亿元、3005.9亿元，是山东省的2.07倍和1.79倍。从研发投入强度看，山东省仅为2.4%，尚未达到全国平均水平，与广东（3.14%）、江

苏（2.93%）、浙江（2.88%）相比还有较大差距。其中规上工业企业研发经费仅占广东、江苏的1/2，低于浙江近20亿元。规上工业企业设立研发机构的仅占13.39%，低于全国平均水平10个百分点。从研发人员来看，苏浙粤的规上工业企业研发人员是我们的2.11倍、1.88倍和2.74倍。山东省重点领域关键核心技术受制于人的问题依然比较突出，高水平的创新领军企业数量还不够多、竞争力还不够强，高层次人才供给不足，创新创业环境还需进一步优化。这些矛盾和问题需要我们系统谋划、综合施策，逐步加以解决。

——要固优势，开新局。习近平总书记亲临山东视察，为山东发展精准把脉定向，提出"三个走在前"要求，为我们提供了总遵循、总定位、总航标。新一届省委、省政府高度重视科技创新工作，在国内外形势复杂严峻、市场疲软、经济下行压力加大、部分产业链面临断供风险的背景下，强调要在强化科技创新上下更大功夫，推动"技术—平台—企业—人才"一体化推进，加快实现创新链与产业链双向融合发展，为新旧动能转换提供动力和支撑。多年来，山东形成了比较完备的产业体系，制造业门类齐全，在产业韧性、营商环境、创新生态等各方面拥有整体优势，为科技创新的加速突破提供了坚实基础和广阔空间。全省科技系统要抢抓黄河流域生态保护和高质量发展等重大战略契机，充分巩固好自身发展优势，立足当前，着眼长远，系统强化科技创新前瞻性谋划和战略性布局，紧扣产业链、供应链部署创新链，切实加大科技投入，加快推进供给侧结构性改革，主动适应需求、创造需求、引领需求，提前为未来经济高质量发展布局，打好关键核心技术攻坚战，以科技创新带动全面创新，以全面创新重塑发展新优势，努力开创高水平创新型省份建设新局面。

三、2022年科技工作的总体思路和重点任务

2022年是党的二十大召开之年，是全面实施"十四五"规划、加快实现高水平科技自立自强的关键之年，也是新旧动能转换"五年取得突破"决战决胜之年。2022年全省科技工作的总体思路是：以习近平新时代中国特色社会主义思想为指导，全面贯彻党的十九大和十九届历次全会精神，弘扬伟大建党精神，深入落实习近平总书记对山东工作的重要指示要求，增强"四个意识"、坚定"四个自信"、做到"两个维护"，锚定"走在前列、全面开创""三个走在前"总遵循、总定位、总航标，立足新发展阶段、贯彻新发展理念、融入新发展格局、推动高质量发展，树牢"保五争三奔第一"的争先意识，践行"严真细实快"的工作作风，深入实施创新驱动发展战略，以实现高水平科技自立自强为目标，以狠抓科技政策落实为主线，以深化科技体制改革为动力，全力推动山东省科技创新工作走在前，以优异成绩迎接党的二十大胜利召开。

做好2022年全省科技工作，我强调四个方面，概括起来就是"一个核心目标，三个必须坚持，六个求突破走在前，五个优良作风"。

（一）聚焦"一个核心目标"

目标是行动的先导，目标明确，脚步才能坚定。省委提出，到2025年，要基本建成高水平创新型省份；到2035年，要建成高水平创新型省份和科教强省、人才强省。致力于实现上述中长期目标，2022年我们的总目标是："全力推进全省科技创新工作求突破走在前"。全社会研发经费投入增长10%；科技型中小企业达到3万家，高新技术企业达到2.3万家，科技领军企业200家；规模以上工业企业有研发活动的企业占比达到43%；每万名就业人员中研发人员数达到68人年；规模以上高新技术产业产值占规模以上工业总产值的比重提高2个百分点左右；技术合同交易额达到3000亿元。大家要把这些目标任务牢记于心，攻坚克难，务必完成。

（二）做到"三个必须坚持"

做好新形势下的科技创新工作，实现2022年各项目标任务，努力实现新突破，要做到"三个必须坚持"。

一是必须坚持全球视野、世界眼光。面向科技前沿和未来产业布局，需要我们以更开放的胸怀，更高的视野，在更高的起点上推进自主创新。要提高战略思维能力，立足山东，又要跳出山东，定位全国，更要放眼全球，科学谋划全省科技工作。要面对全球科技竞争的严峻挑战，积极融入全球创新网络，要准确掌握全球创新情况、摸清创新优质资源分布情况，更有针对性地开展国际科技合作，超前布局，抢占未来科技制高点，赢得发展主动权。

二是必须坚持先行先试、勇争第一。实现科技工作"保五争三奔第一"走在前的目标，必须坚决贯彻新发展理念，努力提升适应新发展要求必备的能力。必须加快进位赶超的步伐，各项工作奔着第一去谋划、去部署、去落实，为推进科教强省建设注入强大的动力和活力。必须勇于先行先试，不断探索创新发展的新模式、新路径、新方法，注重创新成效，让科技资金发挥最大效益，推进重大科技创新成果不断涌现，支撑引领经济社会高质量发展。

三是必须坚持系统观念，形成合力。科技创新是全局性和系统性的，需要政府、市场与社会机制协同发挥作用。我们要顺应创新主体多元、形式多样、路径多变的新趋势，健全协同创新机制，营造全社会创新、创新全社会的良好环境。省、市、县科技部门要上下贯通、步调一致，要坚持项目、平台、人才、企业一体化发展，促进企业、高校、科研院所协同创新，动员社会各界力量，构建更加系统、高效的创新体系，形成全省一盘棋的工作

合力。

（三）聚力"六个求突破走在前"

充分发挥科技创新的引领支撑作用，突出重点，在强引领、促发展、筑平台、惠民生、聚人才、优环境等六个方面聚力求突破走在前。

一是聚力在完善现代化科技创新治理体系上求突破走在前。坚持和加强党对科技工作的全面领导，强化统筹协调，加强政治保障，建立落实机制，形成全社会共同推动科技创新的新格局。要进一步强化党建引领。巩固党史学习教育成果，在学懂弄通做实习近平新时代中国特色社会主义思想上下功夫，深刻学习领会"两个确立"，坚定不移做到"两个维护"。深化党建业务融合，深耕"1+3+N"党建模式，实施科技服务提升工程，鼓励与科研院所、高校、企业等开展党建联建，形成活动联办、阵地联用、品牌联创的党建特色。要进一步强化组织协调。在省委科技创新委员会的统筹领导下，进一步完善党委统一领导、科技部门牵头抓总、职能部门各司其职、密切配合的工作机制，系统部署好全省各领域科技创新工作，为全省科技创新工作提供坚实组织保障。要进一步强化政策保障。制定新时代科技强省建设的实施意见，修订《山东省科学技术进步条例》，进一步完善科技政策体系，为高水平创新型省份建设提供有效政策保障。要进一步强化规划落实。围绕抓好山东省新一轮中长期科技发展规划和"十四五"科技创新规划落实，制定出台"十强"产业、乡村振兴五年行动方案、科技人才、科技园区等15个专项科技规划，完善任务落实机制，分解制定年度目标和重点任务，跟进督促检查，让蓝图成为现实。要进一步强化区域协同创新。充分发挥黄河科创联盟作用，建设黄河流域技术转移中心，设立黄河流域协同科技创新专项，推动高质量科技成果在黄河流域落地转化。立足省会、胶东和鲁南三大经济圈发展需求，打造三圈协同创新联合体，促进协同创新和成果转化。支持济青创建综合性科学中心，打造区域创新高地。

二是聚力在科技引领高质量发展上求突破走在前。围绕解决基础研究难点、创新链条堵点、企业成长痛点，努力在基础研究、关键核心技术攻关、科技型企业培育等方面求突破，为全省经济高质量发展打造新的增长点。聚焦基础研究和原始创新。省级财政用于基础研究的投入今年再增长10%，持之以恒强化基础研究。适当放宽企业申报省自然科学基金项目的条件，鼓励企业参与基础研究。以基础研究引领应用研究，以应用研究倒逼基础研究，加快制定省基础研究十年行动方案，布局建设一批基础科学研究中心，启动实施重大基础研究项目，着力解决产业创新中基础理论难题和技术原理难点，为"十强"产业创新补链、强链、延链提供支撑。聚焦关键核心技术攻关。围绕产业链部署创新链，围绕创新链布局产业链，紧扣产业发展中的重点、难点、堵点问题，集中资源力量，以揭榜制、组阁制、赛马制、定向委托等方式，高效组织实施100项左右重大科技创新工程项目，力争再突破一批产业"卡脖子"技术。聚焦科技示范引领。积极推进"氢进万家""北斗星动能"等重大科技示范工程实施，实现创新链赋能产业链。对突破"卡脖子"技术并可以实现大规模产业化的项目，进行全要素支撑，在管道安全、家电芯片等领域组织实施新一批科技示范工程，培育具有牵引性、支柱性的重大产品和装备，打造特色产业集群。聚焦科技型企业培育。调整优化政策体系，打造科技型企业梯次培育升级版，力争科技型中小企业达到3万家，高新技术企业达到2.3万家。培育评选200家科技小巨人企业、200家科技领军企业，树立企业创新标杆和典范。深入实施中小企业创新能力提升工程，支持2000家左右科技型中小企业加速科技成果转化。探索众创空间、科技孵化器、大学科技园、科技产业加速器等链式孵化载体体系建设试点，新建一批开放式大学科技园，培育高能级孵化载体。通过科技信贷、股权投资、科技增信评价等措施，提升科技金融服务企业研发水平。聚焦海洋科技创新。坚持陆海统筹，布局建设海洋领域省实验室、技术创新中心、创新创业共同体等各类创新平台，启动建设海洋高新技术产业示范区。高标准建设海洋科技成果转移转化中心，打造"品牌型"海洋科技专业孵化器，加快海洋领域科技成果产出。

三是聚力在打造战略科技力量上求突破走在前。坚持"统筹规划、科学定位、重点推进、注重绩效"的原则，推动平台、人才、项目、企业一体化发展，筑牢创新根基，不断提升山东省创新平台建设效能。要加速实验室体系重塑。整合多方资源，加快创建2家省部共建国家重点实验室，争取早日获批。制定支持省实验室建设发展的若干措施，探索建立使命驱动、任务导向的省实验室管理支持机制，建设10家省实验室，助力成长为国家实验室基地和国家重点实验室。优化整合农业、生物、医药卫生等领域省重点实验室，在前沿交叉学科新建20家省重点实验室。要优化产业技术平台供给。积极争创国家盐碱地综合利用、高端体育装备技术创新中心，充分发挥高速列车、燃料电池国家技术创新中心作用，抢占产业技术创新制高点，带动一批科技型中小企业成长壮大，尽快形成发展潜力大、带动作用强的创新型产业集群。聚焦"十强"产业，新布局10～15家省级技术创新中心，加快提升重点产业竞争力。要强化新型研发机构示范带动。高水平建设31家省级创新创业共同体，新建3～5家省级创新创业共同体，省级备案新型研发机构达到400家左右。进一步强化山东产业技术研究院、山东高等技术研究院、山东能源研究院规范管理和绩效评价，带动新型研发机构规范建设，集聚一批高层次人才，催生一批重大科研成果。

四是聚力在科技惠民生上求突破走在前。"人民的需要和呼唤,是科技进步和创新时代的声音",总书记的指示为我们指明了方向,我们要以人民需求为导向,大力发展民生科技,"让科技造福民众""让科技改变生活",不断提升人民群众对科技创新的获得感。面向人民对美好生态环境的向往。加快编制碳达峰碳中和科技创新行动方案,启动实施"碳中和"科技示范工程,促进经济社会全面绿色转型。加快建设绿色技术银行,探索绿色技术银行实体化运营,实施推广更多的绿色技术,让人民群众的生活环境越来越美好。面向人民群众的生命安全和身体健康。实施创新药物与高端医疗器械引领行动计划,引导全省和医药企业加快新药研发,今年争取再获批1个以上国产1类新药上市。面向相关疾病防治需求,新布局2～3家省级临床医学研究中心,力争国家临床医学研究中心实现"零"的突破。积极应对疫情防控需要,凝练实施一批疫情防控重大关键技术研究与应用项目,开展新冠疫苗和抗体药物研发,为人民的生命健康和公共安全提供坚实保障。面向乡村振兴和粮食安全。瞄准种业"卡脖子"问题,以培育高产优质、绿色高效、耐盐碱新品种为重点,组织实施农业良种工程,探索建立以企业为主体,市场为导向、产学研协同、育繁推一体化的种业创新体系。实施乡村振兴科技创新提振行动,加快科技特派员创新创业共同体建设,通过市场化机制激发农业科技创新的内生动力。

五是聚力在打造人才集聚高地上求突破走在前。广开进贤之路、广纳天下英才。不断完善开放协同创新体系,在开放合作中提升科技创新能力,努力打造具有全球竞争力的人才高地。强化国内外科技合作。探索在省自然科学基金设立面向全球的科学研究基金,吸引更多海外优秀青年人才来鲁创新创业。充分发挥国际科技合作创新创业共同体、中乌技术创新研究院等平台载体作用,积极举办国际科技交流合作活动,促进科技协作和创新成果转化。持续举办"科技合作名校直通车"等活动,促进与重点高校院所及央企创新合作,吸引更多创新主体来山东省设立研发机构,创办企业。强化科技人才引育。通过重大科技任务发现和培养战略科学家,形成符合山东省实际的战略科学家梯队。实施新一期泰山学者、泰山产业领军人才工程。探索建立基础研究青年人才的发现培育新机制,引育具有国际竞争力和发展潜力的青年人才400名以上。强化人才载体建设。启动建设1～2家国际顶尖科学家工作室,支持用人单位引进掌握前沿引领技术及颠覆性技术的国际顶尖科学家。增强院士工作站集聚高层次人才、组织关键技术研发和推动科技成果转化能力,推动院士工作站提质增效。

六是聚力在营造良好科技创新生态上求突破走在前。持续深化科技体制改革,充分激发创新活力,重点做到四个"深化"。深化国家试点改革。做好科技成果评价改革试点,要制定科技成果评价指标体系和科技成果分类评价标准,出台科技成果分类评价工作指引和深化科技成果评价指导意见,树立正确的评价导向。做好科技奖励改革试点,要进一步修订《山东省科学技术奖励办法》,改革科技奖励评奖周期、规模和方式,优化奖励结构,提高奖励质量。做好科技人才分类评价改革试点,要突出品德、能力、业绩导向,按照基础研究、应用研究和技术开发、社会公益研究等类型,构建新型科技人才评价体系。深化科技计划管理改革。完善科技计划体系,打造基础研究、技术研发、科技示范、成果转化有机衔接的科技计划体系。大力实施"揭榜挂帅"升级版,全面推行技术总师负责制,试行"赛马"制,探索建立关键核心技术攻关新型举国体制的山东路径。深化科技成果转化体系改革。加快推进省属高校及科研院所专业化技术转移机构建设,加强国家、省级技术转移人才培养基地建设,培育壮大技术经纪人队伍。鼓励高校以市场为导向,建立"概念验证中心",建设一批中试示范基地。推进省技术成果交易中心实体化运营,加强线上平台建设,打造技术要素市场生态服务体系。深入推进科技园区管理体制改革。出台促进全省高新区高质量发展的实施意见、高新区管理办法和绩效评价办法,引导高新区向"高""新"方向迈进。实施农业科技园区建设2.0工程,制定农业科技园区管理办法,实行"有进有退"动态管理,推进农业科技园区高质量发展。

(四)践行五个优良作风

目标和重点任务已经确立,确保目标任务实现,必须大力倡导"严真细实快"的工作作风。

践行"严",就要严明纪律规矩、严格工作标准,坚决反对松垮散漫、纪律松弛。习近平总书记强调"严以修身、严以用权、严以律己",从严是我们做好一切工作的重要保障。我们要坚持严字当头,对待工作要严肃,工作标准要严格,工作流程要严谨。科技工作尤其要突出标准要严,要瞄准"走在前",紧盯苏浙粤,与最优者"对标"、与最强者比拼、与最快者赛跑。唯旗是夺、有先必争,推进各项工作全力冲刺全国第一方阵。

践行"真",就要掌握真情况、解决真问题,坚决反对弄虚作假,欺上瞒下。念好"真"字经,就是要有求真的精神、认真的态度和较真的劲头。要把倾听群众和科研一线的呼声,解决人民所需和科研人员难题作为科技工作的出发点,要把解决"卡脖子"难题,攻克关建核心技术作为科技工作的发力点,要把优化创新环境,激发创新活力作为科技工作的落脚点。要常调研、真调研,把问题症结搞透彻,真抓真干真下功夫,真刀真枪真解决问题。

践行"细",就要注重细节、精细研究,坚决反对粗枝大叶、敷衍应付。"天下大事,必作于细。"科技管理是一个系统的工程,要取得实效,研究要细、谋划要细、政策要细、落实要细。科技工作头绪多、任务重,这更要求我们要高效细致，推进工作要坚持精细化设计，制定详细推进方案，明确具体步骤、具体方法、具体措施，把目标分解成细节，把"路线图"变成"施工图"，把"时间表"变成"计程表"。只有做到足够细，才能干出精品，打造样板。

践行"实"，就要说实话、办实事、求实效，坚决反对脱离实际、脱离群众。实干兴邦，实干富民。习近平总书记强调"谋事要实、创业要实、做人要实"。做到"实"，是党员、干部的修身之本、为政之道、成事之要。实就要务实扎实，面对艰巨繁重的发展任务，唯有脚踏实地，才能行稳致远。在全国科技工作会议上，王志刚部长强调，2022年是全国科技政策落实年，我们要准确把握科技政策扎实落地的要求。做到落地有声，产出更多具有重要影响力的原创成果；做到落地生根，引导科研人员聚焦生产实践中的重大科技问题，真正把论文写到大地上；做到落地见效，在提升产业链供应链安全性和竞争力上见实效，在增强人民群众科技获得感、幸福感、满足感上见实效。

践行"快"，就要立说立干、干就干好，坚决反对推诿扯皮，拖沓懒散。加快节奏、提高效率，是确保各项工作走在前、作表率的基本要求。快就是高效快捷，要把"马上干"落实到具体行动上，让"高效率"在各项工作中蔚然成风。要牢记"今天再晚也是早，明天再早也是晚"，做到事不过夜、案无积卷。在重大项目实施、重大平台建设、科技企业培育、人才引进、改革试点等重点工作上尤其要强化时间观念、效率意识，从启动之时就进入倒计时，全力推动工作提速提质提效。

同志们，我们科技部门是科研单位、科研人员的娘家。如果说科研单位、科研人员是一棵又一棵的大树，那我们科技部门就是沃土，科研单位、科研人员锐意进取、勇攀高峰，很不容易。他们在流汗、在拼搏，科技部门必须当好最强依靠、最强后盾，尊重他们、爱护他们、支持他们，让他们放手去干、放心去闯、放胆去拼。山东省科学技术厅代表全省科技部门做出四个承诺：一是做到科技部门与科研单位、科研人员之间沟通"零距离"。在线上，优化"科技云平台"和门户网站，确保科研单位、科研人员反映的问题，科技部门都能第一时间听得到、看得到。在线下，增强服务广泛性，拓展网格化的服务触角，不断扩大服务范围。二是做到解决问题"零停滞"。围绕科研单位、科研人员反映的问题，做到第一时间了解情况、第一时间研究措施、第一时间解决问题，让科研单位、科研人员安心、舒心、放心地开展学术研究。三是做到落实科技政策"零障碍"。全面加强政策解读、科普宣传，切实提升科技政策传播力。充分使用大数据手段，主动推送政策给符合条件的科研单位，确保科技政策应享尽享。深入开展科技政策落实情况评估，对政策落实不到位的一律从严惩处。四是做到对科技不端行为"零容忍"。大力弘扬科学精神，切实加强科研诚信管理，对于剽窃、抄袭、侵占他人学术成果，伪造试验数据，套取财政经费等不端行为，将加大行政处罚力度，依法予以严惩，努力营造风清气正的科研环境。

百尺竿头再进步，勇攀科技更高峰。同志们，加快高水平创新型省份建设，任务艰巨、使命光荣、意义重大。让我们更加紧密团结在以习近平同志为核心的党中央周围，坚持以习近平新时代中国特色社会主义思想为指导，在省委、省政府的坚强领导下，坚定信心、攻坚克难，在引领支撑新时代现代化强省建设新征程中展现更大作为、作出更大贡献，以优异成绩迎接党的二十大胜利召开。

在山东省科学技术厅 2022 年上半年工作总结暨模范机关建设推进会议上的讲话

（2022 年 8 月 16 日）

唐 波

同志们：

今天，我们召开上半年工作总结暨模范机关建设推进会议，主要是听取各处室、单位半年工作完成情况，分析存在问题，加快推进下半年重点工作。刚才，各处室、各单位主要负责同志进行了述职。从整体情况来看，上半年大家聚焦"全力推进全省科技创新工作求突破走在前"的总体目标，强化担当，主动作为，做了大量卓有成效的工作，成绩可圈可点，达到了预期目标。下面，我讲几点意见：

一、充分肯定上半年工作成绩

从半年工作情况看，各项工作进展顺利，主要表现在以下几个方面：

（一）党对科技事业的统领全面加强。一是充分发挥省委科创委作用，推动召开省委科创委第二次全体会议，印发了省委科创委 2021 年工作总结和 2022 年工作要点，省直各部门间协同推动科技创新机制进一步完善。二是胜利召开全省科技创新大会，李干杰书记出席大会并讲话，周乃翔省长主持，表彰先进，系统部署今后一个时期全省科技创新工作，会议社会反响强烈，全省上下高度重视科技创新的氛围日趋浓厚。三是规划体系日益完善。全面解读全省"十四五"科技创新规划，高标准编制完成 11 个专项规划，规划体系进一步完善。四是科技经费投入继续加大。科技经费投入连年增加，今年省级财政更是安排科技资金 145 亿元，较上年再增长 10%。这不仅体现的是省委对科技创新工作的高度重视和支持，更体现的是对我们科技创新工作的充分肯定和更高期望。

（二）在对上争取方面，取得多项重大突破。积极争创国家级创新资源，我们奋勇争先、唯旗是夺。青岛海洋（试点）国家实验室成功获批国家实验室，拟于近期揭牌，全省 22 年的期待终于在今年圆梦，为山东省在全国海洋科技创新领域抢得了先机、赢得了主动。枣庄市成功获批国家可持续发展议程创新示范区，为科技创新引领全省乡村可持续发展提供了宝贵机遇。山东省作为实施创新驱动发展战略成效明显的地方，再次获得国务院督察激励，排名居全国第二位。争取中央引导地方科技发展资金，金额实现翻番，增幅居全国第一位。

（三）在重点工作方面，多项工作再创新佳绩。在全面从严治党方面，召开了全厅党风廉政建设大会、干部作风纪律建设会议，一体推进不敢腐、不能腐、不想腐，集中整治形式主义、官僚主义，推动管党治党主体责任层层传导，开展了作风能力提升专项行动，全厅"担当作为、狠抓落实"的风气更加浓厚，为创建全国文明单位、省直模范机关提供坚强保证。在关键核心技术攻关方面，全球首艘 10 万吨级养殖工船"国信 1 号"交付使用；航空技术创新基地研发的首台国产化 30 兆瓦燃气发生器成功试车；高性能氧化铝陶瓷纤维实现产业化生产，打破了美国 3M、日本三菱等的技术垄断；"海洋与气候无缝预报系统"入选联合国"海洋十年"大科学计划。又有 2 个 1 类新药获批上市，"十四五"以来，山东省已有 6 款 1 类创新药物获批上市，获批数量位居全国第二位（和上海并列），其中一类中药获批 3 款，获批数量位居全国第一位。在科技示范工程方面，陆续启动"济南国家新一代人工智能创新发展试验区""盐碱地草牧业""绿色宜居""基于铝基的交通轻量化""药＋食"健康产业高质量发展等一批省级科技创新示范工程，以"技术攻关＋产业化应用"为驱动，推动重大集成性创新。在疫情防控应急攻关方面，启动实施"新冠病毒核酸精准快速检测试剂和高通量装备的研发与产业化"应急攻关专项，着力提升核酸检测速度和效率。康华生物研发的新冠病毒抗原检测试剂盒成功上市，积极为全国疫情防控贡献山东力量。在推动黄河流域协同科技创新方面，研究出台《山东省黄河流域生态保护和高质量发展科技创新规划》和《关于支持黄河三角洲国家农业高新技术产业示范区高质量发展的意见》等文件，盐碱地综合利用技术创新中心纳入科技部优先支持建设名单,为充分发挥山东半岛城市群龙头作用,推动黄河流域生态保护和高质量发展走在前奠定坚实基础。在科技型企业培育方面,高能级孵化载体数量不断增加,6家孵化器和26家众创空间升级为国家级,国家级孵化器数量达到105家,国家备案众创空间达到245家,居全国前列。不断完善科技型企业支持政策体系,支持科技型企业快速发展。截至6月底,全省入库国家科技型中小企业达18046家,同比增长26.6%。在科技人才引育方面,研究制定《关于加强新时代科技人才队伍建设的若干措施》《高端创新资源服务山东计划实施方案》,科技人才政策体系日益完善。今年国家火炬计划申报人数达470人,是去年的2.2倍,数量位居全国第二位。获批国家外国专家项目87项,居全国第三位。在科技体制改革方面,我们出台了《贯彻落实〈科技体制改革三年攻坚方案〉具体措施(2021—2023年)》,在全省改革工作推进会上作典型发言,这是我们连续第三年作典型发言,是全省各部门包括各市唯一一个单位。承接科技部三项改革试点均顺利推进,印发《山东省科学技术奖定向奖励实施办法》,在全国率先开展定向奖励评审机制,直接提名奖励真正作出创造性贡献的科学家和一线科技人员,得到科技部充分肯定。在转变工作作风方面,通过深入开展党史学习教育和"作风能力提升"等专项行动,全厅干部的工作作风持续向好,在全省科技创新大会、配合巡视、审计等系列急难险重的工作中,相关同志勇于担当,认真负责,展现了我厅干部真抓实干,担当作为的良好作风。特别是我们常驻巡视工作前线的几位同志,为了工作持续坚守一线、加班加点、任劳任怨,得到了巡视组高度评价。在内部干部队伍建设方面,1名干部晋升一级巡视员、4名干部提拔担任副厅级领导职务,5名优秀副处级干部提任正处级领导职务,11名优秀干部提任副处级领导职务。全厅干部队伍结构不断优化,鼓舞了全厅干部职工干事创业热情。

二、坚持问题导向,正视问题不足

今年以来,我厅先后迎接了多次审计,目前省委专项巡视组正在对黄河流域生态保护和高质量发展进行巡视,通过审计和巡视反馈的问题,结合大家的日常表现,我们的工作仍然存在不少问题,概括起来,主要表现在以下几个方面。

一是科技创新改革推进力度需要进一步加大。改革创新是我们科技系统的立身之本,是我们科技工作的灵魂。当前,山东省科技创新改革工作更多是在扮演"跟跑者"的角色,重大原创性的改革举措较少,在全国叫得响的特色、亮点和品牌较少。在科技体制改革、技术转移机构、科技成果转化等方面还存在许多制度性堵点。比如,深化科技改革攻坚措施落实缓慢;支持培育技术转移服务机构相关政策存在漏洞、科技成果转化贷款贴息政策出台时间较晚、科技政策体系还不够健全完善;等等。

二是绩效评价体系还不够健全。当前科技创新资金逐年增加,今年已达到145亿元,如此大额的财政资金,必定是审计和巡视长期关注的重点和焦点,这就要求我们要高度重视项目绩效评价工作,确保财政资金发挥应有效益。通过前期审计发现,有的项目存在绩效目标设置不实、虚报;有的项目未履行变更报备程序,随意改变资金用途;有的项目规矩意识不强,挪用专项资金用于运行经费;还有的项目存在资金超范围使用问题,这些问题暴露出我们的绩效评价工作体系和监督体系还不够健全,不能做到及时跟踪指导,实时监测资金使用情况。

三是担当作为的严实作风还不过硬。近年来,我们大力倡树"严真细实快"的工作作风,机关作风有了一定改善,但工作作风不严不实的问题依然存在。比如,厅党组会、厅长办公会决策事项落实不到位,会上强调得很明确,纪要写得很清楚,却迟迟无人落实。有的同志抓落实不是不干,是拖着干、磨洋工,推一步、动一步,脚踩西瓜皮,滑到哪里算哪里;有的同志喜欢做"甩手掌柜""二传手",厅领导布置的工作,只会批示"请某某同志阅处";有的同志对材料不审核、不把关,直接推到分管领导那里修改;还有的同志把说了当成做了、把做了当成做完了、把做完了当成做好了,口号喊得震天响、行动起来轻飘飘;等等。

以上这些问题,大家要认真对照,有则改之、无则加勉。同时,我们必须清醒地看到,与"高水平创新型省份"的战略定位相比,与江苏、浙江、广东、上海等科技创新先进省市相比,我们在科技队伍建设、科技工作管理水平、科技创新实力等很多方面还存在不小的差距。

三、坚持系统思维,不断完善工作体系

科技创新是系统性工程,过去几年,我们围绕加强、优化、转变政府科技管理职能,对创新全过程管理进行系统设计,进一步加强宏观管理和统筹协调,建立了包含科技项目、平台、人才、企业、成果转化、园区、金融、合作与科技安全、绩效标准、干部人才队伍相互衔接配套的科技创新"十大体系"。今年年初,我们明确了"抓改革、抓绩效、抓落实"的工作思路,强调要形成政策体系、标准体系、工作体系,不是在十大体系的基础上再增加三个体系,而是要打好三者之间组合拳,成体系的系统推进落实十大体系。下面,围绕如何做好"三抓",我谈几点意见。

第一,抓改革,要紧紧围绕一个"新"字,不断完善政策体系,向改革要活力。习近平总书记强调"惟改革者进,惟创新者强,惟改革创新者胜。"改革永远在路上,只有逗号,没有句号。抓改革,首先要弄明白我们为什么要抓改革?改革是对社会制度中陈旧的、不合理的、不适应社会发展的部分进行改造,使之适应社会发展、

适应社会进步。改革的本身就是创新,革除旧的,创造新的。我们科技部门抓改革的目的是革除制约科技创新发展的制度障碍,解决科技创新发展过程中的痛点、难点、堵点,激发创新活力。抓改革,要树立正确的政策导向。各项政策的落脚点要落在服务经济社会发展上,而不是单纯为了应对考核,要正确引导各地市,不能仅仅为了完成考核指标而跑项目、要平台、假引才,要紧紧围绕创新型省份建设、区域综合创新实力提升、新旧动能转换,统筹布局平台、安排项目、引育人才,要推动"人才+项目+平台+企业"一体化发展格局,让人才在我们搭建的平台上,通过我们支持的项目,带动我们的企业发展,进而推动整个产业发展,真正为地方经济社会发展作出应有的贡献。抓改革,要坚持"放"与"管"结合,持续推动职能转变。要完善事业单位承接处室工作机制,进一步界定清楚业务处室和事业单位的职责,强化业务处室在科技发展战略、政策、规划、布局等方面的职责和能力,探索事业单位参与科技计划过程管理,以委托或购买服务的方式,鼓励、引导事业单位按照专业机构模式,独立开展科技计划过程管理工作。在"放"的同时,要健全管理与监督制度体系,重点加强专家遴选、项目验收、经费审计、现场监督、评审信息保密等关键环节的规则制定和监督实施,加强科技计划信息管理系统建设,建立科技计划信息大数据库,对各类计划进行全流程痕迹管理。抓改革,要做好"加法"和"减法","加减法"并用。做加法,就是要对照"十四五"中长期发展规划、创新型省份建设和科技改革三年行动方案等要求,全面梳理十大体系中哪些政策还不完善,该新建的新建,该修订的修订,尽快形成完整的政策体系。做减法,就是要减去不必要的条条框框,把束缚科技人员手脚的体制机制障碍"减"下去,让那些想干事、能干事、干成事的科技人才不受束缚、轻装上阵。抓改革,要坚持政策创新,形成政策集成的效果。政策创新,要勇于先行先试,敢于做第一个吃螃蟹的人,敢于率先出台原创性政策。要着力解决政策碎片化的问题,不断提升政策的系统性、相关性、创新性、实效性、先进性,形成政策合力,达到政策集成的效果。我们的十大体系各类政策都要形成政策包,要学习先进地区的经验做法,搜索某一类政策,各项政策都能检索到,让查询的人员一目了然,便于掌握,便于落实。

第二,抓绩效,要紧紧围绕一个"效"字,不断完善标准体系,向资金要效益。绩效管理是科技管理的重要手段,绩效管理的好与坏,直接决定了科技创新资金能否发挥应有作用。抓绩效,要扩大绩效管理的覆盖面。要对照"保五争三奔第一"的总目标,围绕十大体系系统梳理哪些体系已经建立了绩效指标体系,哪些体系还没有建立需要尽快补充,哪些体系的绩效指标体系还不够科学,需要进一步修改完善,要和改革结合,和上级的新要求结合,动态更新。要把绩效理念和方法深入融入整个"十大体系",覆盖所有财政资金,不断完善预算安排、绩效目标、资金使用效果挂钩的激励约束机制,有效化解绩效与预算两张皮的问题。抓绩效,要建立科学的绩效评价指标体系。科学设置绩效评价指标体系,能量化的尽量量化、不能量化的要尽量细化,定性指标要设定阶段性成果目标,通过绩效评价指标,测算预算资金,使资金安排与绩效目标相匹配,要重点突出对经济社会发展的贡献,更多体现给企业增加了多少营收、给当地政府提升了多少税收这类硬指标,要让我们的科技资金发挥的效益看得见、摸得着。抓绩效,要强化过程管理。绩效管理是全过程管理,要不断完善信息化评价系统,做到能够对整个绩效完成情况实时监控。在定期做好项目绩效考核的基础上,对各类计划及项目绩效指标进展情况采取实时全程监控,通过云平台绩效监控系统,对指标完成进度缓慢或异常情况,实时预警并及时处理。探索建立省市县三级快速联动机制,出现问题,第一时间到现场核查,及时反馈处理,确保财政资金使用安全。

第三,抓落实,要紧紧围绕一个"快"字,不断完善工作体系,向落实要效率。为政之要,贵在落实;落实之要,贵在执行。习近平总书记反复强调要狠抓落实,"如果不沉下心来抓落实,再好的目标,再好的蓝图,也只是镜中花、水中月。"抓落实,核心在于一个"快"字。落实党中央和省委、省政府的重要决策部署,要快字当头,时不我待、只争朝夕。具体讲就是要增强时间观念,加快工作节奏,突出工作的"早"和"快"。对工作要早谋划、早安排,快启动、快落实。我反复强调,9月底前,年度重点工作任务完成率要达到90%以上,就是强调这个"快"字。我们的年度重点工作,比如说出台一项政策,1月出台与12月出台,效果上整整差了一年。我记得,近两年我们有一些议题,拖到12月31日党组会研究,任务拖到最后的时间节点才完成,今年若是再出现类似情况,议题汇报之前先说明情况,若是因为工作拖沓,一律给予严肃批评。抓落实,要求我们不断提升各种能力。在新起点上,能否实现更高水平的发展,关键看我们是否具备适应新形势、新任务的能力素质。科技工作要走在前,我们科技系统干部的能力素质、担当作为情况就成了决定因素。要强化教育培训和监督管理,不断增强科技干部的战略眼光、系统思维、国际视野,提升政治能力、调查研究能力、科学决策能力、改革攻坚能力、应急处突能力、群众工作能力、抓落实能力等七种能力。只有能力具备了,工作才能落实好。抓落实,就要一抓到底,常抓不懈。坚持将督办落实摆在更加突出的位置,树立抓落实是本职、不抓落实是失职、抓不好落实是不称职的理念,把工作任务细化到人,分工负责,让人人肩上有担子,个个都是负责人,层层传递压力,激发动力。以前是"火车跑得快,全靠车头带",现在的动车组是"节节有动力",理念的创新和高度的配合成就了动车组的高标准高速度。我们也要借鉴这一理念,让人人都是落实主体,都要发力给力,共同形成动车组。全厅上下务必充分认识抓落实的极端重要性，坚持事事抓落实、时时抓落实，使抓落实成为一种追求、一种自觉、一种习惯，成为一种一以贯之的工作作风，以"不达目的决不罢休"的韧劲和"抓铁有痕、踏石留印"的劲头，扑下身子、真抓实干，确保各项工作扎实推进、见到成效。

最后，我再强调一点，系统思维是我们推进事业发展必须遵循的理念，构建体系必须统筹兼顾、整体谋划、突出实效，要特别注重系统性、整体性、实效性。法规处牵头负责"政策体系"，资配处牵头负责"标准体系"，规划处牵头负责"工作体系"，这三个体系之间不是孤立的，三个体系之间相互作用、相互叠加、相互促进，形成一个总的工作推进体系。同时，办公室、人事处、机关党委要通过党建、督办、宣传、考核等手段，监督和推进三个体系落实，共同形成"3+10+3"工作推进机制，系统推动全省科技创新工作走在前。

同志们，党的二十大即将召开，这是党和国家政治生活中的一件大事。全厅上下要锚定"争当国家高水平科技自立自强排头兵"的奋斗目标，保持"保五争三奔第一"的昂扬斗志和工作干劲，树牢"严真细实快"的工作作风，砥砺奋进，勇攀高峰，以做好全省科技创新工作的优异成绩，迎接党的二十大胜利召开。

2022年全省科技工作综述

【全省科技工作概况】 2022年，山东省科学技术厅坚持以习近平新时代中国特色社会主义思想为指导，全面贯彻党的二十大精神，认真落实习近平总书记关于科技创新的重要论述和视察山东重要指示要求，坚持科技创新核心地位，加快实现科技自立自强，全力推动全省科技创新工作实现新突破，科技创新质量和效益进一步提升，山东省作为实施创新驱动发展战略成效明显的地方，再次获得国务院督察激励，居全国第二位。

【创新型省份建设】 党对科技创新的领导不断增强。连续三年高规格召开全省科技创新大会，系统部署全省科技创新工作。科技创新投入再创新高，中央引导地方资金较2021年翻一番，增幅居全国第一位，省级科技创新发展资金再增长10%，达到145亿元。出台《关于加快推进新时代科技强省建设的实施意见》，制定9个方面27条硬措施，强化教育、科技、人才的战略支撑作用，全面推进科技强省建设开启新征程。

科技创新统筹谋划精准有力。充分发挥省委科创委办公室统筹协调作用，推动各部门协同推动科技创新的工作。编制印发12个专项规划，规划体系进一步健全。坚持系统思维，抓改革、抓绩效、抓落实，全面推进科技计划、平台、人才、企业、园区、金融、要素市场、开放合作、绩效标准、科技管理队伍等十大科技管理体系建设，科技创新体系化能力不断提升。

【践行黄河战略】 落实黄河战略迈出坚实步伐。争创鲁豫国家区域科技创新中心工作进展顺利。出台《山东省黄河流域生态保护和高质量发展科技创新规划》《关于支持黄河三角洲国家农业高新技术产业示范区高质量发展的意见》，科技引领黄河流域生态保护和高质量发展政策体系日益完善。实施科技对口支援和东西部协作项目68项，实施鲁甘、鲁渝协作项目41项，推动科技对口支援和东西部协作工作走深走实。积极发挥黄河科创联盟作用，建设黄河技术转移中心，设立黄河流域协同科技创新专项，实施协同攻关项目37个，推动112项高质量成果在黄河流域落地转化。

【关键核心技术突破】 一批关键核心技术取得重大突破。积极探索"技术攻关＋产业化应用"的新模式，"氢进万家""北斗星动能"2个国家级科技示范工程顺利实施，"服务器高端芯片""核动未来"等11个省级科技示范工程启动建设，带动引领重点产业链条式、集群式发展。组织实施121项重大科技创新工程项目，一批关键核心技术取得重大突破。3个1类新药成功获批上市，获批新药总数居全国第二位；"济南一号""泉城一号"成功发射；首台国产化30兆瓦燃气发生器成功试车；全球首艘10万吨级养殖工船"国信1号"交付使用；世界上首个"电磁橇"设施成功运行；240马力CVT智能拖拉机、高性能氧化铝陶瓷纤维等一批新产品实现量产，打破国外技术垄断；育成小麦新品种"鲁研1403"、玉米新品种"鲁单510"等农业良种22个，全省主要农作物良种覆盖率达到98%，农业科技进步贡献率达65.8%，高于全国平均水平4.3个百分点。

【创新平台建设】 基础平台加快重塑,目前建有国家实验室1家,国家重点实验室11家,省实验室9家,省重点实验室277家,"1313"四级实验室体系逐步完善。产业创新平台成效明显。国家盐碱地综合利用技术创新中心成功获批,领域类国家技术创新中心达到3家,总量居全国第二。枣庄市成功获批国家可持续发展议程创新示范区。新建31家省技术创新中心,总量已达136家。大力发展新型研发机构,36家省级创新创业共同体带动建设市级共同体112家,备案省级新型研发机构419家,帮助企业解决技术难题245个,带动企业新增研发投入34.36亿元,实现增加值超过610亿元,新增利税33亿元。

园区创新平台持续发力。出台促进全省高新区高质量发展的实施意见、高新区管理办法和绩效评价办法,探索出台海洋高新区建设工作指引,推动高新区向"高""新""专"方向发展。已建有省级以上高新区20家,国家级高新区13家,2022年预计实现地区生产总值13000亿元,同比增长12%。已创建国家农业科技园区21个,总量居全国首位。2022年省级以上农业科技园区预计实现总产值4600亿元以上。省级农高区蓬勃发展,数量达22个,累计授权国家发明专利436项,培育科技型中小企业565家,示范推广应用科技成果764项。

【创新创业环境】 科技型企业培育量质双升。新创建国家级科技企业孵化器6家、众创空间26家,国家级孵化载体总数达到348家,居全国第三位。落实中小微企业升级高企财政补助资金约5亿元,惠及企业4856家,落实研发费用税前加计扣除政策,加计额达1600亿元,同比增长63.3%,惠及企业4万家。评选200家科技领军企业和600家科技小巨人企业,入库科技型中小企业3.54万家,同比增长22.3%,高新技术企业总数达到2.67万家,新增超过6000家,新增数量创历史新高。全省规上高新技术产业产值占规上工业产值比重达48.26%,较上年增长1.5个百分点。

科技金融政策体系效能凸显。围绕企业"成长链"和"创新链",积极探索具有山东特色的金融支持创新路径,形成了以科技信贷、风险补偿、股权投资、上市培育为主的科技金融服务体系。全国首创建设"金融增信平台",通过"产业信任+科技增信"模式,破解了科技型中小企业无担保无质押融资难题。27家项目企业获得股权投资5亿元,同比增长25%,4家企业登陆科创板,总数达到21家。支持3164家企业获得科技成果转化贷款185.89亿元,落实454家科技型中小企业贷款贴息3456.5万元,拉动贷款21.6亿元,降低企业融资成本40%,带动项目总投入81.56亿元。

【科技体制改革】 改革试点工作顺利推进。深入推进科技成果评价机制改革、科技奖励改革和人才评价改革三项国家级改革试点工作,科技成果评价体系、科技奖励制度和人才评价体系不断完善。以省委科创委名义印发《贯彻落实〈科技体制改革三年攻坚方案〉具体措施》,细化30项改革任务。率先建立定向奖励评审机制,对完成重大科技任务,解决经济社会发展重大需求的科技人员和团队定向增加奖励名额。

项目管理改革成效显著。聚焦"十强"产业领域关键核心技术需求,全年动态征集关键核心技术攻关动态清单,创新重大科技项目实施方式,采用"揭榜制"组织项目申报,广发"英雄帖",面向全球公开张榜,不论资质、不设门槛,寻找最有能力解决问题的人才"挂帅",探索重大项目技术成熟度评价,开展科技计划项目标准化绩效评价,提高项目精细化管理水平和实施绩效。"科技项目管理组织模式积极探索'揭榜挂帅',推动产业链与创新链深度融合发展的做法",在《人民日报》头版头条刊发。

重点领域改革持续深化。省科技示范工程项目全面推行技术总师负责制,充分赋予技术总师经费分配权、团队组建权、考核激励权和资源支配权,真正实现人尽其才。选取21家高校院所作为新一轮试点单位,深入开展赋予科研人员职务科技成果所有权、长期使用权等改革试点,技术成果转化激励和权益分享机制不断健全。持续减轻科研人员负担,建立科研诚信建设联席会议制度,科技创新环境持续优化。5个城市入选国家创新型城市,新增数量居全国第一。青岛入选魅力中国——外国专家眼中最具吸引力十大城市,济南、烟台入选最具潜力十大城市。

【科技合作与人才队伍建设】 国内外科技合作不断增强。持续深化与国内外知名高校院所合作交流,加快建设"一带一路"联合实验室、中日产业技术研究院、离岸创新创业基地等各类合作载体,举办中日民间科技创新高端论坛、2022中德科技创新合作大会、第十九届中欧膜产业技术创新合作大会等大型科技交流活动等活动,举办人才技术对接50余场次,150余项合作项目签约落地。15家"中科系"院所落地中国科学院济南科创城,集聚高层次人才近2000人。

人才集聚效应加速显现。出台省"十四五"科技人才发展规划、加强科技人才队伍建设21项措施,建立战略科学家发现使用、科技领军人才和创新团队遴选支持机制,制定加强青年科技人才培养引进使用若干措施,在全国率先出台省级创业类人才项目股权投资政策。加强国际顶尖科学家工作室布局,实行院士团队稳定支持、

"筑峰计划"人选精准支持机制，全省住鲁两院院士和海外学术机构院士达121人。新增国家级科技领军人才135人，同比增长72.6%；获批国家外国专家项目87个，居全国第三位。遴选新一期泰山系列人才222人，引进海外青年人才300多人，资助海外工程师100名，山东省对海外人才吸引力不断提升。

【**科技奖励**】 2022年度山东省科学技术奖励共计授奖213项（人），其中，授予中国海洋大学包振民、歌尔股份有限公司姜滨省科学技术最高奖；授予山东财经大学李娜等10人省科学技术青年奖；授予"太平洋西边界流"成果省自然科学奖一等奖，"高压下富氮含能材料及奇异电子特性研究"等35项成果省自然科学奖二等奖；授予"全新全氟磺酸聚合物合成及增强网络与高性能氢燃料电池质子膜制备"等2项成果省技术发明奖特等奖，"耐深腐蚀光刻胶（DeePR）的研发与产业化"等6项成果省技术发明奖一等奖，"过程监测感知驱动的复杂产品装配维修可视化诱导技术及应用"等11项成果省技术发明奖二等奖；授予"氯化氢催化氧化制氯成套技术及其产业化"成果省科学技术进步奖特等奖，"12μm小像元、高性能红外焦平面芯片及器件关键技术与应用"等36项成果省科学技术进步奖一等奖，"空间站机械臂高可靠伺服系统"等105项成果省科学技术进步奖二等奖；授予艾瑞克·莫斯卡瓦等4名外国专家省国际科学技术合作奖。

（山东省科学技术厅办公室 徐文东）
责任编校：李绮斌

科技管理
KEJI GUANLI

高新技术及其产业

【概述】 2022年全省规模以上高新技术产业产值同比增长4.08%,占规模以上工业产值比重为48.26%;全省高新技术产业固定资产投资累计占工业固定资产投资的比重为49.9%。从各市情况来看,枣庄、淄博、菏泽、德州、泰安、东营、滨州、烟台、青岛、潍坊、临沂11市规模以上高新技术产业产值增速超过全省平均水平;威海、烟台、青岛、泰安、潍坊、济南、聊城7市规模以上高新技术产业产值占规模以上工业产值比重超过50%,分别达到69.05%、62.89%、62.18%、61.18%、57.31%、56.41%、51.96%;烟台、威海、淄博、青岛、滨州、枣庄、德州、菏泽8市高新技术产业固定资产投资累计占工业固定投资的比重超过50%,分别达到63.0%、62.0%、59.6%、55.8%、54.4%、53.0%、51.1%、50.6%。2022年全省及各市高新技术产业主要指标详见表1。

表1 2022年全省及各市高新技术产业主要指标(2022年12月)

地区	高新技术产业产值同比增长(%)	累计占规模以上工业产值比重(%)	高新技术产业固定资产投资累计占工业固定资产投资的比重(%)
全省	4.08	48.26	49.9
济南	−10.48	56.41	47.7
青岛	6.10	62.18	55.8
淄博	9.33	48.42	59.6
枣庄	13.20	47.04	53.0
东营	7.44	38.07	44.6
烟台	6.89	62.89	63.0
潍坊	5.94	57.31	41.2
济宁	2.88	41.20	41.4
泰安	7.58	61.18	41.1
威海	−12.43	69.05	62.0
日照	−1.49	28.50	41.8
临沂	4.45	43.37	30.5
德州	7.81	47.39	51.1
聊城	3.65	51.96	40.2
滨州	7.35	40.88	54.4
菏泽	8.85	35.81	50.6

【高新科学技术】 围绕服务器、新型显示、元宇宙、核能、安全等新兴领域发展战略需求,充分发挥浪潮、海信、歌尔等"链主"及骨干企业引领作用,会同有关市组织实施"服务器强基""国芯万屏""核动未来""虚拟现实""安惠万家""烯烃新材"等科技示范工程,开展重大集成性创新,打造高新技术产业发展新增长极。全面推进"氢进万家""北斗星动能""服务器高端芯片"等5个科技示范工程顺利实施。其中,

"氢进万家"围绕高速、港口、园区以及副产氢纯化供氢加氢站打造了多个全国第一,初步探索形成了可复制、可推广的氢能综合利用"山东模式"。"北斗星动能"整合120余座北斗地基站和20余颗遥感卫星数据,完成北斗精准导航与高分遥感综合集成服务平台原型系统建设,具备全省厘米级精准时空和亚米级遥感影像服务能力,研发了系列面向无人拖拉机、无人船、物流车等导航终端装备。

【高新领域科技创新平台建设】 加强对上争取,依托海尔推动"工业大脑国家新一代人工智能开放创新平台"正式获批,标志着工业大脑领域首家国家新一代人工智能开放创新平台落户山东。统筹项目、平台、人才等创新要素,积极推动高速列车、燃料电池领域国家技术创新中心创新能力提升建设。其中,高速列车中心开发的悬浮架托臂和电气ASG箱体薄壁长大铸铝部件成功装车应用时速600公里高速磁悬浮列车,填补了国内制造空白。围绕先进核能、半导体激光、工业软件、光电传感、芳纶等方向,推动布局一批省级技术创新中心和重点实验室。积极发挥秘书处作用,推动山东能源研究院加快建设,能源院聘用编内工作人员83人、院编博士后109人;与10余家龙头企业达成20余项合作意向。积极推进文化和科技融合,新建12家省级文化和科技融合示范基地,总数达到25家。

【科技型企业培育】 扎实推进科技型企业梯次培育工作,打造推动经济高质量发展主力军。一是持续优化惠企政策体系。出台《山东省科技型中小企业创新能力提升工程项目实施办法》,组织实施科技型中小企业创新能力提升工程,扶持985家科技型企业开展产学研协同创新,提升核心竞争力。修订《山东省企业研究开发财政补助实施办法》,建立"多投多奖、免审即享"企业研发投入补助机制,2022年共为1.1万家科技型企业落实研发投入后补助,有效降低企业创新成本。二是狠抓科技惠企政策快速落地。创新政策宣讲方式,开设科技云讲堂,通过直播、录播等方式,推出"科技惠企政策十讲"活动专题,吸引基层及企业一线超过100万人次参与。积极推进惠企奖补政策快速落地,联合财税部门为近4万家企业落实2021年度研发费用加计扣除政策加计额近1600亿元,为160家企业落实中小微企业创新竞技行动奖补资金3000万元,为4856家企业(载体)落实中小微企业升级高企补助资金近5亿元,推动94家孵化载体享受2021年度免征房产税、增值税等3600万元。三是积极组织承办"三个"国家级赛事。创新中国创新创业大赛山东赛区省中小微企业创新竞技行动举办机制,在国赛基础上,增加数字经济强基和黄河流域生态保护两个特色专题。2022年吸引近1500个单位(团队)报名参赛,创历史新高。推动东营、枣庄、日照、临沂、聊城等5市围绕特色产业,承办创新挑战赛黄河流域生态保护专题赛和4产业领域赛,促进区域发展。积极承办全国首届颠覆性技术创新大赛领域赛,16个项目获得优胜者项目(其中10个晋级总决赛),居全国前列。四是实施科技型中小企业精准服务行动。在全国率先启动2022年科技型中小企业评价服务工作,鼓励支持符合条件的科技型中小企业尽快入库,2022年全省国家科技型中小企业入库数量达到3.54万家,同比增长22.5%。实施企业科技特派员行动,选派780名科研人员为536家企业(载体)提供精准研发服务,其中吸引中科大、南开、北航、大连理工、中国科学院等省外知名高校科研院所的113名科研人员。五是实施高新技术企业质效提升行动。快速发放7200多份高企证书,推动落实高企2021年度所得税优惠约230亿元。会同省财税部门联合新华网、山东新闻联播、海报新闻等媒体,采取直播的方式,召开2022年度全省高企认定动员暨政策宣讲会,56万余人次在线观看,提升政策影响力。召开全省高新技术企业高质量发展座谈会,科学制定16市高新技术企业培育目标任务,建立高新技术企业培育快报制度,形成省市县培育合力,培育企业总数超2.67万家,创历史新高。六是实施科技领军企业精准培育行动。从创新投入、创新产出、创新绩效等角度,通过大数据手段开展高新技术企业绩效评价工作,遴选出200家科技领军企业和600家科技小巨人企业,一企一策,精准推动人才、技术、成果、服务等各类创新资源向领军企业加速集聚,推动其在高质量发展中发挥更强示范引领作用。加快培育科技领军企业和科技小巨人企业,引领全省科技型企业高质量发展。

【高新技术产业发展】 加强高新技术产业化基地、特色产业基地和创新型产业集群建设,新创建烟台黄渤海新区先进聚合物特色产业基地和淄博临淄精细化工特色产业基地2家国家火炬特色产业基地,支撑全省高新技术产业实现平稳发展。

【实施高新领域国家科技计划项目情况】 组织申报推荐科技部高新领域指南,"极高渗透率分布式光伏发电自适应并网与主动同步关键技术""兆瓦级电解水制氢质子交换膜电解堆技术""轮胎内嵌集成传感器阵列及路面状态感知应用"3个项目获批立项,共获取中央财政资助额度7790.71万元。

(山东省科学技术厅高新技术发展及产业化处)

【高新技术产业开发区】 全力推动高新技术产业开发区建设与发展,高新区高质量发展态势强劲。截至2022年底,山东省有省级以上高新区20家,其中国家高新区13家。①高新区经济效益持续向好。2022

年，省级以上高新区合计新增注册企业53843家，完成一般公共预算收入836.7亿元，实现规模以上工业总产值13525.6亿元，同比增长7.6%，固定资产投资同比增长11.5%，高于全省5.4个百分点，上市挂牌企业达到125家。高新区生物医药、智能制造、新材料、数字经济等产业发展迅速，已布局建设14个国家级创新型产业集群，占全省总数的93.3%。济南高新区新一代信息技术产业、青岛高新区机器人产业、东营高新区高端石油装备等产业规模突破千亿元。②高新区创新能力不断增强。2022年，省级以上高新区培育高新技术企业总量达到5700家，科技型中小企业7216家，拥有发明专利39400余件，高新技术产业产值占规模以上工业总产值比重达到65.2%。获批建设全国首家海洋领域国家实验室——崂山实验室，获批组建高端服务器系统全国重点实验室等6家全国重点实验室，形成完备的前端基础研究支撑；创建3家国家技术创新中心，建设29家省技术创新中心，成为产业技术革命的核心力量，有力促进了科技成果的转移转化。③高新区提质增效成绩显著。2022年全国高新区综合发展水平评价中，济南高新区、青岛高新区分列第12位、第13位，潍坊高新区、威海高新区、淄博高新区进入前50位。在赛迪顾问发布的中国"2022园区高质量发展百强"榜单中，济南高新区、青岛高新区进入前30强。

加快推进山东半岛国家自主创新示范区建设。坚持"以蓝色经济引领转型升级的自主创新示范区"定位，在全省区域创新发展中起到带头引领作用。2022年实现营业总收入2.52万亿元，工业增加值2360亿元；截至2022年底，拥有国家级工程技术研究中心26家，主板上市挂牌企业77家。印发《山东半岛国家自主创新示范区自主创新行动方案（2023—2025年）》，明确了自创区的发展目标、未来三年优先支持创新发展产业目录，推动自创区加速成为全国绿色低碳高质量发展样板区、创新驱动发展引领区、区域创新一体化先行区。

（山东省科学技术厅成果转化与区域创新处）

农村科技工作

【概述】 2022年，山东省农村科技工作紧紧围绕学习贯彻党的二十大精神，深入贯彻落实习近平总书记"给农业插上科技的翅膀""下决心把民族种业搞上去""打造乡村振兴齐鲁样板"等关于"三农"工作的重要论述和对山东工作的重要指示要求，瞄准现代高效农业关键核心技术和"卡脖子"难题，强化农业领域创新研发能力建设，打造农业科技创新独特优势，推动农业科技创新工作持续走在全国前列。一批农业新品种和关键核心技术实现突破，育成加工和营养品质兼备的超强筋特优小麦新品种"鲁研1403"，高产、耐密、多抗的玉米新品种"鲁单510"，选育的刺参新品种"鲁海2号"，有效解决了因种质退化导致的生长缓慢、抗逆性差等问题。突破了高效节能柴油发动机、新型电液悬挂、自动驾驶等核心技术，研制的240马力CVT智能拖拉机实现商业化量产，打破了国外技术垄断；突破了畜禽重要病原监测预警与防控关键技术，研制了快速检测技术与关键设备、新型中兽药制剂、微生态制剂、新型疫苗等系列防控产品，提高了山东省畜牧业绿色健康发展水平。2022年，农业科技进步贡献率达66.3%，高出全国平均水平3.9个百分点。

【农业领域技术创新平台建设】 2022年，国家盐碱地综合利用技术创新中心成功获批，成为全国农业领域第5家国家技术创新中心。新建动物疫苗、绿色农药、奶牛种业等7个省技术创新中心，农业领域省技术创新中心达到26家，为进一步完善现代农业技术创新体系、强化"政产学研金服用"协同打下了良好基础。

【农业领域省级科技计划】

农业良种工程 2022年，立足山东省种业发展实际，聚焦粮食安全需求，深入实施农业良种工程，不断强化种业创新体系建设。一是印发《山东省"十四五"现代农业科技创新规划》《山东省"十四五"种业科技创新行动计划》，切实为"十四五"种业科技创新工作谋好局、定准位。二是组织实施农业良种工程项目。重点围绕种质资源精准鉴定和创新利用，粮油作物、大宗果蔬、畜禽水产、耐盐碱植物等新品种培育，布局24个重点项目，将培育一批优质特色、绿色高效、高附加值的动植物新品种，助推农业产业发展。三是实施种业企业创新能力提升行动。立项支持培优，扶持23家种业企业打造科技领军企业和"隐形冠军"企业，对18家自主培育新品种且推广应用效果好的种业企业给予后补助资金支持，不断提高种业整体竞争力。

现代高效农业领域重大科技创新工程 2022年，以填空白、补弱项、提质量为着力点，围绕智慧农业与智能农机装备研发、农产品精深加工、绿色投入品研发、健康养殖等方向，布局实施24个重大科技创新工程项目，开展重大关键技术攻关。重点突破粮经作物精深加工、农机装备智能化、病虫害绿色防控等关键核心技术，创制一批具有自主知识产权的农用机械手、大型采棉机等智能专用机械装备，研制一批RNA干扰生物农药、高效安全动物疫苗等绿色投入品，为全省农业绿色低碳发展提供有力科技支撑。

农业领域科技示范工程 2022年，针对国家高端智能农机产业发展短板、土壤健康问题，以"技术攻关＋产业化应用"模式，组织实施大型智能农机装备、绿色肥料与新型土壤健康产品2个重大科技示范工程，吸引省外院士等顶尖专家和11家科研单位参与联合攻关，探索有组织科研活动举国体制。重点突破智能农机装备共性关键技术和精量播种、水肥药精准管理、高效低损收获关键技术，肥料绿色稳定生产工艺、智能生产工艺等关键技术；创制高端智能耕、种、管、收农机装备，绿色智能缓控释肥、高效复合专用肥等新型肥料，推动大型智能农机装备和绿色肥料的示范推广应用，全面推进农业智慧化和绿色低碳发展。

乡村振兴科技创新提振行动计划 2022年，贯彻落实中央和省委、省政府关于乡村振兴工作部署，印发《山东省科技支撑乡村振兴工作指引（2021—2025年）》，进一步完善乡村振兴科技支撑体系，提升农业农村科技创新供给能力。围绕区域农业特色产业高质量发展需求，继续组织实施乡村振兴科技创新提振行动，依托农业园区，以科技型企业为主体，聚焦海洋农业、果业畜禽智能化种养等10个方向布局项目45项，开展关键技术集成创新和转化应用示范，推动农业全产业链条创新，不断完善乡村振兴科技支撑体系。

【农业科技园区体系建设】 2022年，全省农业科技园区四级体系建设得到进一步完善。一是推动加快黄河三角洲国家农业高新技术产业示范区建设，提请省政府印发《关于支持黄河三角洲国家农业高新技术产业示范区高质量发展的意见》，整合全省要素资源，全方位支持推进黄三角国家农高区高质量发展。二是印发《山东省农业科技园管理办法》，完善绩效评价体系，加快推进农业科技园区高质量发展。三是围绕设施蔬菜、牡丹、食药用菌、苹果等优势特色产业，提请省政府新批复建设莘县、牡丹、邹城、栖霞4个山东省农业高新技术产业开发区（以下简称省级农高区）。

【科技特派员工作】 2022年，深入贯彻习近平总书记关于科技特派员工作的重要指示精神，创新科技特派员组织形式，推动服务效能进一步提升。一是新组建科技特派员产业服务团80个，涵盖了全省农业84个产业方向，实现了全省120多个涉农县（市、区）服务、重点农业产业全覆盖。据统计，产业服务团共组织开展活动516场次，举办农业科技培训班922期，提供技术指导5625人次，解决产业发展难题793项，示范农业科技成果660项，带动全省地方产业增收达2亿多元。二是联合省委组织部、省人力资源和社会保障厅对379名绩效评价结果优秀的科技特派员给予通报表扬，有效激发了科技特派员在基层创新创业的积极性和主动性。

【科技创新强县工作】 2022年，联合山东省财政厅印发《山东省科技创新强县财政激励政策实施方案》。山东省科学技术厅会同省财政厅等部门，按照科技创新强县评价指标体系及测算方法，对相关部门提供的各县（市、区）2021年度评价指标数据进行测算，择优确定济南市章丘区，青岛市黄岛区、崂山区，淄博市张店区、周村区，烟台市福山区、莱山区，泰安市岱岳区，威海市环翠区，日照市五莲县等10个科技创新强区（县），给予每个科技创新强区（县）1000万元的资金支持，用于科技创新活动，持续增强全省县域科技创新能力。

（山东省科学技术厅农村科技处）

【科技对口支援】 深入实施智力援助。聚焦服务"十四五"东西部科技合作和山东省对口支援、扶贫协作等部署，面向西藏、新疆、重庆及省内济宁、临沂等地实施智力援助项目6个，采取"集中授课＋现场教学"模式，累计培训各类人才2500余名，解决各类技术问题150余个，服务企业30多家，带动增收近1000万元。

（山东省科学技术厅引进智力与出国培训管理处）

【实施农村领域国家科技计划项目情况】 2022年，积极组织省内优势单位牵头申报国家重点研发计划项目。成功组织潍柴雷沃智慧农业科技股份有限公司、山东农业大学等创新主体分别牵头实施"玉米生产全程无人化作业技术装备创制与应用""水稻和小麦超高产性状形成的分子基础"等项目6项，获批国拨经费7070.24万元。支持山农省农业科学院、山东农业大学分别牵头实施的"黄淮玉米大豆复合种植丰产增效技术研发与集成示范""作物耐盐碱高效高产基因资源挖掘与利用"部省联动项目获得科技部立项批复，获批国拨经费4000万元，省级配套财政资金1900万元，有力推动了全省农业科技创新能力持续提升。

（山东省科学技术厅农村科技处）

社会发展科技工作

【概述】 2022年，山东社会发展科技工作严格按照省委、省政府安排部署，锚定"走在前、开新局"，大力实施创新驱动发展战略，围绕人口健康、环境保护、公共安全、可持续发展、文化科技融合、政法科技创新等社会发展重点领域和关键环节，优化创新创业环境，支持共性关键技术研究和转化应用，不断推进人才、项目、平台一体化发展，为科技赋能民生建设提供了有力支撑。加强政策引领，印发实施了《山东省创新药物与高端医疗器械引领行动计划（2023—2025年）》《关于加强山东省临床医学研究中心建设的实施意见》，修订了《山东省临床医学研究中心管理办法》，编制起草了《山东省科技支撑碳达峰工作方案》等一系列政策文件。强化技术攻关，在医养健康、生态环保、生物技术与工程、公共安全、可持续发展等领域组织实施了一批省重大科技创新工程和科技示范工程项目，突破了一批关键共性技术，获批医药新产品132个，其中一类创新药3个，占全国1/6，保持在全国第2位。推进绿色发展，枣庄市创建国家可持续发展议程创新示范区成功获国务院批复同意，牵头起草的《关于支持枣庄市建设国家可持续发展议程创新示范区的若干政策》以省政府办公厅名义印发实施。

【社会发展科学技术】 全省社会发展科技工作按照"统筹规划、重点突破、全面提升"的工作思路，聚焦十强产业，坚持问题导向、目标导向、结果导向，统筹各类科技计划开展重大科技攻关，科技创新工作取得了重大突破。①深入实施省重大创新工程。在重大新药创制、高端医疗装备等领域立项支持了"抗肿瘤一类新药双激酶抑制剂WXFL390的临床研究和产业化""便携式腹腔镜机器人研发与应用""中药制造全过程质量控制关键技术及中药智能制造产业化示范"等一批省重大科技创新工程项目，2022年，获批上市了3个1类创新药（罗欣药业的1类化学新药"替戈拉生片"、绿叶制药的1类化学新药"盐酸托鲁地文拉法辛缓释片"、山东珅诺基药业的1类中药新药"淫羊藿素"原料药），获批数量居全国第2位，仅次于上海（4个）。②加快推进科技示范工程实施。针对绿色发展、医养健康、合成生物等产业高质量发展重大科技需求，加快推进社发领域科技示范工程实施。会同临沂市政府、菏泽市政府、枣庄市政府、省卫健委、东营市政府实施"绿色宜居""'药＋食'健康产业高质量发展""创新引领乡村可持续发展""重特大疾病'防诊控治康'""合成生物"等一批科技示范工程。"绿色宜居"科技示范工程实施以来，成功攻克了"可饰面胶合板连续化生产"关键技术难题，研发的新技术新工艺水平国际领先。"重特大疾病'防诊控治康'"科技示范工程，山东大学齐鲁医院张运院士团队在国际上首次提出并验证了可成功校正多普勒超声心动图参数生理性变异的多变量非等距优化模型，填补了多普勒超声心动图生理性变异校正的方法学空白。③应急启动重大科技创新工程。面对省内外疫情紧急需求，"一事一议"应急启动了"新冠病毒核酸精准快速检测试剂和高通量装备研发及产业化"重大科技创新工程，着力支持快速高通量核酸检测试剂及成套装备研发，提高科学精准防控水平。

（山东省科学技术厅社会发展科技处 李连文）

【社发领域科技创新平台建设】 2022年，为提升社会发展领域自主创新能力，强化战略科技力量，在社发领域布局建设了技术创新中心、重点实验室、临床医学研究中心等一批创新平台。在特色优势领域，建设了山东省儿童药物技术创新中心、山东省黄河流域土壤修复技术创新中心、山东省数字化义齿技术创新中心、山东省烟气污染物智控装备技术创新中心等4家省级技术创新中心；山东省零磁医学重点实验室、山东省碳捕集利用与封存重点实验室、山东省口腔材料重点实验室、山东省检验医学创新技术重点实验室等4家省重点实验室；山东省消化系统疾病临床医学研究中心、山东省口腔疾病临床医学研究中心、山东省精神心理疾病临床医学研究中心等3家省级临床医学研究中心，为全省社会发展科技创新工作提供了坚实的平台支撑。

【人口与健康工作】 2022年，山东省科学技术厅高度重视医养健康产业科技创新工作。①强化生物医药产业政策引领。接续制定了《山东省创新药物与高端医疗器械引领行动计划（2023—2025年）》（以下简称《行动计划》），于2022年12月以省委科创委办公室名义印发实施。《行动计划》针对山东省高科技含量产品不多、企业自主创新能力不强、临床试验研究支撑不足、创新政策支持力度不大等突出问题，遵循药物和医疗器械研发规律，在加强基础研究、强化临床试验、构建高水平平台、培育创新主体、强化要素配置等8个方面提出18条具体举措，着力健全"研发＋临床＋应用＋服务"全链条的创新发展政策支持体系，为医养健康产业高质量发展注入强劲动力。②强化医养健康领域关键技术攻关。紧扣医养健康产业发展需求，围绕产业链部署创新链，组织实施省重大科技创新工程、示范工程，聚力攻克"卡脖子"关键核心技术。在重大新药创制、高端医疗器械、精准医疗、新冠疫情防控、中医药现代化等领域共立项实施"新冠病毒VLP疫苗LYB001的研究与开发""双特异性治疗眼科疾病1类生物新药RC28-E研发核心关键技术攻关及临床研究""高端智能医用氧舱研发与产业化示范""中药制造全过程质量控制关键技术及中药智能制造产业化示范"等重大科技创新工程项目26项，投入省财政经费2.54亿元，助推医养健康产业高质量发展。③强化临床医学研究中心建设。组织开展了省临床中心年度绩效评价工作，各临床中心在重大疾病防治领域不断创新突破，涌现出一批疾病预防、诊断、控制、治疗、康复的新技术新方法，在临床研究产出、创新成果应用、生物资源库建设、争取国家项目等方面取得了显著成效。修订完善了《山东省临床医学研究中心管理办法》，以国家临床中心建设要求为指引，确立了"需求引导、择优遴选、绩效考核、分类管理、动态调整"的原则，为临床中心建设运行和医药创新产品研发提供了更坚实的制度保障。国家临床医学研究中心创建工作稳步推进，新增备案感染性疾病、消化系统疾病、口腔疾病等3个国家临床医学研究中心分中心；省临床医学研究中心领域布局进一步完善，批复建设了消化系统疾病、口腔疾病、精神心理疾病等3个省临床医学研究中心，在诊疗技术提升及医养健康产业高质量发展中发挥着越来越重要的支撑作用。同时，完善了省临床中心专家咨询委员会，增加了药物研发、医疗大数据、慢性病流行与防控等领域的高层次专家，形成由27人组成的第二届山东省临床医学研究中心专家咨询委员会，为争创国家临床中心提供战略咨询和指导。④加强人类遗传资源管理工作。根据科技部统一部署，对济南市中心医院等8家单位共94项人类遗传资源获批行政许可项目进行了监督抽查。举办了全省人类遗传资源管理线上培训班，组织全省地市科技部门、相关高校院所、医疗机构、医药企业100余人参加培训。

（山东省科学技术厅社会发展科技处　陈　亮）

【环境保护科技工作】　2022年，认真贯彻落实山东省委、省政府关于加快推动绿色低碳发展的重大部署，着力推进环境保护领域关键共性技术攻关和先进成果推广应用，积极为山东省绿色低碳高质量发展提供科技支撑。①积极加强政策规划引领。印发实施了《2022年度推动黄河流域生态保护和高质量发展科技创新行动方案》，细化工作任务台账，切实推动黄河重大国家战略落地落实。研究编制了《山东省科技支撑碳达峰碳中和工作方案（2022—2030年）》，按照省委、省政府关于建立"1+1+N"碳达峰、碳中和政策体系的工作部署，立足山东发展实际，明确了绿色低碳技术创新近远期目标，提出了实施"双碳"十大行动任务。②强化关键共性技术攻关。坚持问题导向、需求导向、目标导向，围绕水污染防治、固体废弃物资源化利用等方向，组织实施了"固体废物综合整治和资源化循环利用关键技术研发与应用""多功能移动式水污染应急处置成套装备研发与应用示范"等重大科技创新工程项目3项，投入省财政经费2375万元，加快突破生态环境保护领域关键技术瓶颈，有效提升山东省生态环境保护领域科技创新水平。③促进先进成果转移转化。山东省科学技术厅会同省生态环境厅征集、遴选并发布了《山东省绿色低碳技术成果目录（2022年）》，收录了节能、低碳和大气、水、土壤污染防治等领域先进技术成果63项，面向全社会公开发布，有效促进了绿色低碳技术成果的转移转化，为构建市场导向的绿色技术创新体系、培育绿色制造业和低排放领域新的增长动能提供了有力科技支撑。④推进绿色技术银行创建。组织召开山东绿色技术银行创建工作领导小组专题会议，就组建运营主体和筹建实体银行进行了研究，并加快推进建设。

【文化和科技融合工作】　2022年，山东省科学技术厅着力推动文化和科技深度融合，促进文化产业高质量发展。①批准筹建"山东省数字与数据融合出版传媒重点实验室"，聚焦文化数字化应用基础研究和共性关键技术研究，加快推进数字技术与文化产业深度融合。②部署实施"虚拟现实"科技示范工程，推动虚拟现实光学技术等关键技术攻关，在文化旅游等产业开展示范应用，提升科技赋能传统文化产业高质量发展。③会同省委宣传部组织开展了第五批国家文化和科技融合示范基地申报推荐工作，推荐曲阜国家级文化产业示范园、世纪开元智印互联科技集团股份有限公司等4家单位申报国家文化和科技融合示范基地。④圆满完成第三届中国国际文化旅游博览会省科技创新馆参展布展工作，以"文化数字化　数字产业化"为主题，汇聚推介了一批具有代表性的科技赋能文化数字化的企业，展现了AI人工智能、虚拟仿真、全息科技等文旅与科技融合发展的最新成果。

【公共安全科技工作】　2022年，持续加强协同联动，①签署了"科技兴警"合作协议。为高水平建设"平安山东"，与省公安厅签署了"科技兴警"协同工作机制合作协议，协同提升全省治理体系和治理能力现代化水平。②签署了"科技强安"合作协议。围绕深化科技研发、强化成果转化、突出能力建设、营造创新环境等方面，与省应急厅签署了"科技强安"协同工作机制合作协议，协同推进应急管理体系和能力现代化建设。围绕生物医疗、监测预警等重点方向，重大科技创新工程立项实施"数字化低温储运成套装备及智能化系统的研发与产业化""深度融合式GIS组合电器安全监测系统研究及产业化"2项重大科技创新工程项目，省级财政投入资金1766万元，持续推动公共安全领域的先进技术研发、成果转化及示范应用，为公共安全提供有力科技支撑。

【可持续发展实验区和可持续发展议程创新示范区建设】 2022年7月10日，国务院印发《关于同意枣庄市建设国家可持续发展议程创新示范区的批复》（国函〔2022〕71号），同意枣庄市以"创新引领乡村可持续发展"为主题，建设国家可持续发展议程创新示范区（以下简称创新示范区）。相较于其他城市，枣庄市建设主题更加凸显"创新引领"，并在全国首次聚焦于乡村可持续发展。牵头起草《关于支持枣庄市建设国家可持续发展议程创新示范区的若干政策》，经省政府第171次常务会议审议通过，并于12月8日以省政府办公厅名义印发实施，为加快推进创新示范区建设，实现创新示范区建设目标任务，提供政策支撑。

（山东省科学技术厅社会发展科技处 尹晓东）

【实施社发领域国家科技计划项目情况】 2022年，全省社会发展领域10个项目获得国家重点研发计划立项支持，分属"诊疗装备与生物医用材料"等7个重点专项。其中，"诊疗装备与生物医用材料"2项，分别为"碳纤维/聚醚醚酮复合骨科植入材料及器械研发与产业化""动脉粥样硬化多模态精准诊疗一体化技术研究及样机研制"；"生育健康及妇女儿童健康保障"2项，分别为"中国女性早绝经的风险预测及临床应用研究""遗传病胚胎植入前遗传学诊断新技术及规范化研究"；"中医药现代化"2项，分别为"基于临床—基础—临床多维特征谱的中药安全风险发现、评价、控制策略及关键技术研究""经络的特异性表征及其与脏腑的关联机制和诊治规律研究"；"常见多发病防治研究"1项，为"痛风性关节病早期诊断、科学分型和精准治疗的临床研究"；"大气与土壤、地下水污染综合治理"重点专项1项，为"碳基VOCs吸附材料提质增效、结构优化与再生资源化关键技术及应用"；"社会治理与智慧社会科技支撑"1项，为"智慧司法可信协同支撑环境关键技术研究"；"重大自然灾害防控与公共安全"1项，为"地下空间多视域立体化灾情侦测与衍生灾害应急处置关键技术与装备"。

（山东省科学技术厅社会发展科技处 王雅文）

海洋科技工作

【概述】 2022年，山东省科学技术厅不断强化统筹协调、规划引领和要素保障，以创建国家实验室为引领，以服务支撑海洋高质量发展为目标，坚持"项目、平台、人才、企业"一体化发展，全力构建协同、开放、高效的海洋科技创新体系。一是深入推进专项规划落地实施。会同省海洋局印发《山东省"十四五"海洋科技创新规划》，成为全国首个省级海洋科技创新规划，全面绘制了山东省"十四五"海洋科技发展蓝图和路线图，提出强化海洋战略科技力量、增强原始创新策源能力、提升产业高水平科技供给能力、优化陆海统筹科技创新布局、融入全球海洋科技创新网络、建设世界海洋人才高地等六大重点任务。二是建设海洋战略科技力量取得重大突破。崂山实验室正式获批组建，全面转入高质量发展阶段。2家海洋领域全国重点实验室获批，全省海洋领域国家战略科技力量领先优势进一步巩固。三是加快海洋领域关键核心技术攻关和示范应用。2022年省财政经费共投入16.31亿元，支持海洋科技创新，组织实施省重大科技创新工程项目16项、省自然科学基金项目222项、驻鲁部属高校"十四五"服务山东重点建设专项2项、省重点研发计划（竞争性平台项目）9项、住鲁院士支持项目7项，加快海洋领域关键核心技术攻关。持续深入实施"智慧港口""深远海设施渔业"科技示范工程，会同烟台市政府、省交通厅，分别成立深远海设施渔业、智慧港口科技示范工程领导小组并召开启动会，加强项目实施督导，强化"技术攻关＋产业化应用"，赋能战略性新兴产业和未来产业发展壮大。四是强化高水平海洋人才队伍建设。坚持"引""育"并举，加速汇聚海洋高端人才。崂山实验室、中科院海洋大科学研究中心、中国海洋工程研究院（青岛）等重大创新平台发挥人才磁吸效应，聚焦国家重大战略任务和产业发展需求，通过双聘制、柔性引进等多种方式面向全球聚集了一批活跃在国际学术前沿、满足国家重大战略需求的顶尖人才、学科领军人才和创新团队。毛相朝、陈朝晖、陈旭光3位科学家入选国家杰青，全省海洋领域国家杰青43名，居全国首位。住鲁海洋界院士20人，约占全国33%，国家级、省级领军人才突破4500名。五是重大海洋科技创新成果不断涌现。17项海洋研究成果获得2022年度山东省科学技术奖励。免疫抗肿瘤一类海洋新药BG-136进入临床研究阶段，成为国内首个进入临床试验的抗肿瘤海洋药物。全球首艘10万吨级智慧渔业养殖工船"国信1号"正式交付运营，全球第一座全潜式深海渔业养殖装备"深蓝1号"网箱收获我国首批深远海大西洋鲑。六是完善省级创新平台建设。2022年，新增海卤水资源高效利用、高端远洋渔船、牡蛎种业、海洋食品高质化利用等省级技术创新中心4家；新建海洋工程装备及材料、船舶产业、海水养殖等省级创新创业共同体3家；新增深海矿产资源开发、智慧海洋牧场等省重点实验室2家。七是印发了《山东省海洋高新技术产业开发区建设工作指引》。旨在立足地区资源禀赋和产业特色优势，加快聚集各类创新要素，打造优势互补、错位发展的海洋经济引领区。

【海洋科学技术】

人工智能技术在海洋学研究和气候模式发展方面取得突破性进展。中国科学院海洋研究所研究团队全面总结了运用人工智能技术开展海洋学研究的最新进展，阐明了人工智能技术为海洋科学的快速发展做出贡献的巨大潜力。该团队设计了国际首个物理约束下基于深度学习的海洋垂向混合参数化方案，并成功应用到海气耦合模式中，显著提升了热带太平洋海温模拟性能。2022年，相关研究成果出版领域内国际首部专著 Artificial Intelligence Oceanography，并在 National Science Review（《国家科学评论》）发表。

海洋微生物独特的代谢过程与环境适应的分子机制研究取得突破。中国海洋大学研究团队揭示了海洋弧菌胶原酶识别和降解胶原蛋白的分子机制，为设计新型抗弧菌感染药物提供依据。发现了海洋细菌中几丁质氧化降解利用新通路，表明氧化降解途径在海洋几丁质循环中发挥重要作用。首次系统阐明海洋细菌合成有机硫二甲基巯基丙酸内盐关键步骤的分子机制，揭示了蓝细菌固定二氧化碳羧酶体中二磷酸核酮糖羧化酶的结构和组装机制，解释了蓝细菌光合膜的天然超分子结构及极端环境适应机制，揭示了光合紫细菌光合复合物超分子结构的多样性、模块化组装的精细过程以及发挥光合作用功能的分子机理。

"南海立体观测网"的构建与信息保障应用取得重要突破。中国海洋大学研究团队以40套自主研发的实时与自容深海潜标为主体，整合我国海洋系列天基遥感卫星，以及国产长航程水下滑翔机等多样化观测装备，构建了国际上规模最大、海地空天一体化的区域海洋观测系统——"南海立体观测网"，实现了南海复杂多变的海洋环境全天候、全海域长期连续实时观测，保障南海重大演训任务水下环境安全及亚洲第一深水导管架平台"海基一号"安装施工。2022年4月，习近平总书记视察中国海洋大学三亚海洋研究院，听取了工作汇报，相关情况得到新华社、新闻联播等中央媒体的集中报道。

首次发现贝类分泌内源性红霉素构筑免疫屏障。中国科学院海洋研究所研究团队首次发现并证实埋栖贝类文蛤能在体内特定粘液细胞中合成、储存、分泌内源性的红霉素，阐明了化学防御结合粘液屏障是埋栖贝类适应环境与抵御微生物侵染的重要策略。该发现打破了只有放线菌能合成红霉素的已有认知，为理解无脊椎动物的环境适应和免疫防御机制提供了新视角，是该领域的标志性创新成果，受到国内外媒体高度关注。研究成果在 Proceedings of the National Academy of Sciences (PNAS,《美国科学院院报》)发表，Science（《自然》）和 Chemistry World（《化学世界》）进行了专题报道。

国际首套全海深海底沉积物力学特性原位测试装置研制成功。中国海洋大学、山东拓普液压气动有限公司、自然资源部第一海洋研究所、国家深海基地管理中心、青岛海洋地质研究所联合国内优势团队攻克了深海环境条件下传感器静水压力自平衡滤除、多量程探头智能组合施测、同步传动行程放大贯入、声学正交频分复用和超短基线万米通信定位技术等系列"卡脖子"技术，研发了国际首套全海深海底沉积物力学特性原位测试装置，实现了万米深海沉积物土力学性质原位精准测试。实际应用于中国大洋多金属结核矿区、稀土矿区、海斗深渊区海底土力学测试，使中国成为首个具有全海深土力学原位测试能力的国家。

海洋亚中尺度涡旋的气候效应研究领域取得重要进展。中国海洋大学、海洋试点国家实验室研究团队基于高分辨率（海洋10km、大气25km）地球系统模式模拟结果，首次揭示了赤道太平洋亚中尺度涡旋对大尺度气候波动厄尔尼诺与南方涛动（ENSO）发展所起的重要抑制作用，给出了明确的动力学解释。研究发现在厄尔尼诺期间，太平洋"冷舌"边缘处的锋面减弱，抑制了锋生和混合层不稳定过程，从而导致亚中尺度涡旋引起的由次表层向表层输送的热量减少，进而阻碍了"冷舌"区域海面温度（SST）的升高。研究同时表明在拉尼娜期间，结果相反。随着海洋模式分辨率从100km提升到10km，ENSO振幅呈现出明显减弱的趋势，进一步证实了亚中尺度涡旋对ENSO发展所起的重要抑制作用。该研究在国际上首次阐明了亚中尺度涡旋对于大尺度气候模态——ENSO的重要调控作用，相关研究成果在 Nature Geoscience（《自然·地球科学》）在线发表。

山东省牵头发起的联合国"海洋十年"大科学计划成功获批。自然资源部第一海洋研究所团队领衔，联合全球25个国家的34家海洋与气候科研机构、3个国际组织共同发起的"海洋与气候无缝预报系统"

(Ocean to climate Seamless Forecasting system, OSF)大科学计划正式由"联合国海洋科学促进可持续发展十年"(简称"海洋十年")通过。中国海洋大学和海洋试点国家实验室研究团队联合日本国家海洋地球科学技术局(JAMSTEC)等8个国家、16家政府和研究机构在政府间海洋学委员会西太分委会共同发起的"第二次黑潮及周边海域国际合作研究"(CSK-2),以联合国计划(UN24)的形式正式注册为"海洋十年"大科学计划。

南极磷虾基因组学研究取得重大突破。黄海水产研究所研究团队利用新一代测序技术对南极磷虾开展了高深度的基因组测序、组装和分析,构建了迄今为止地球上最大的已测序动物基因组,其大小为48Gb,重复序列含量高达92.45%。研究团队完善了南极磷虾生物钟的双反馈回路,通过与果蝇和哺乳动物比较发现,双反馈回路中的关键基因没有缺失,而部分基因(CRY1、CLK、NEMO和PDP1)在夏季(白昼时间长)和冬季(黑夜时间长)显示出不同的表达水平,表明南极磷虾已经进化出由昼夜节律系统控制的身体适应和行为模式。相关研究成果在 Cell(《细胞》)在线发表。

北冰洋中全新世海冰融化新机制的发现。北冰洋海冰变化既显著影响全球变化,又对全球变化的响应异常敏感。自然资源部第一海洋研究所团队通过中俄合作,基于对大量古气候和现代观测资料的分析,首次发现中全新世北冰洋海冰融化的新机制,即增强的泛北极地区河流热能排放入海促进海冰融化。研究表明,全新世中期相对较高的夏季太阳辐射强度导致俄罗斯泛北极地区河流入海热通量增加,从而直接融化北冰洋陆架海冰,这一过程同时也降低海冰对太阳辐射的反射率,从而扩大夏季太阳辐射对海冰融化的影响力。该研究结果暗示,在全球变暖背景下,泛北极地区河流热量排放的增加可能加剧夏季北冰洋海冰融化,从而加速北极地区的快速气候变化。研究成果在 Nature Communications(《自然·通讯》)上发表。

【海洋领域科技创新平台建设】

青岛海洋科学与技术试点国家实验室建设。2022年,在省委、省政府的坚强领导下,聚焦"入列"第一要务,全面、快速、高效贯彻落实省创建国家实验室领导小组的任务部署,全力争创海洋领域国家实验室。一是积极争取国家领导和有关部委单位的指导支持。研究起草了省政府恳请科技部支持国家实验室组建的有关报告。筹备时任国务院发展研究中心党组书记马建堂一行对试点国家实验室的现场考察。分管省领导多次主持召开专题会议,加快推动创建工作。二是持续加强人才队伍建设。通过项目牵引,凝聚国内外优势研究力量,不断加快引育海洋科技顶尖人才、领军人才、青年人才,初步构建了包括45位院士在内的2200余人的梯队合理、结构完善、富有活力、国际领先的高端海洋科技人才队伍。三是加快标志性重大科研成果产出。Argo浮标、波浪滑翔器等部分海洋仪器装备实现国产化。"蓝色药库"开发计划深入实施,海洋来源免疫抗肿瘤药物BG136获准进入临床研究;抗肿瘤药物MBL211、抗乙肝药物MBW1905正在推进系统性临床前研究。四是加快推进一批海洋大科学装置建设。建成全球领先的超算大科学装置;建成全球最大规模的深远海科考船队,集合全国13家单位37艘科考船及"蛟龙号"等800多台套船载设备,累计共享船时超5000天;国家海洋综合试验场(威海)建设稳步推进、超高速高压水动力平台预研深入推进,海底深部探测与开发平台、海洋装备智能演进平台、山东大学海洋环境模拟实验装置等平台加快整合,持续完善各平台组织架构,深入实施平台建设关键技术攻关预研项目,加快打造国际一流的海洋大科学设施集群。五是引领国内海洋国际大科学计划布局。牵头实施2项联合国"海洋十年"大科学计划"海洋与气候无缝预报系统""第二次黑潮及周边海域国际合作研究";在美澳等国建设(含筹建)了4个海外研究中心,发起了"南大洋观测与变化"等10余项国际合作计划;获得每十年一次的"第四届世界海洋观测大会"举办权。六是崂山实验室获批建设。崂山实验室正式获批,山东省在国家战略科技力量建设工作上取得历史性突破,崂山实验室转入高质量建设阶段。根据有关要求,强化组织领导,完成省相关议事协调机构转建工作。

中国科学院海洋大科学研究中心建设取得阶段性进展。2022年,中科院海洋大科学研究中心紧抓海洋强国、生态文明、海洋"双碳"、黄河流域生态保护和高质量发展国家战略,聚焦主责主业,持续发挥"1(重大科技基础设施集群)+X(核心科学家团队)+N(重大科技任务)"组织模式的创新优势,围绕落实三方共建协议内容,聚焦三大核心研究方向和七大交叉研发集群,开展从基础研究到产业化全链条大团队协同攻关,攻坚克难,真抓实干,各项工作取得新成效。一是稳步推进先进科研平台与条件建设。高质量建设运行中科院海洋科考船队,2022年完成在西太平洋、南海、黄海等29个共享航次,海上作业224天,航程2万余海里,新增国际共享海洋数据资源153.7TB,共享发布数据产品／数据集320个。不断完善海洋样品全基质测试平台,运行效率达到85%以上。"十四五"科教基础设施"深远海资源保藏与环境模拟研究中心"项目获国家发展改革委立项。建成海洋人工智能与大数据协同创新、水下探测设备研发等4个重大科技创新平台并高质量运行,其中,自主研发高分辨率二次离子质谱仪研制项目取得重要进展,突破了离子源、稳定磁铁和多接收器核心部件的"卡脖子"技术,实现高分辨率二次离子质谱仪关键部件国产化,并获得国家重大仪器专项支持;开展海洋生态系统智能模拟设施关键技术攻关,突破模拟设施智能控制系统和实验生态模拟系统部分关键技术，进行海洋系统模拟设施原理样机预研和试制，形成项目建议方案。"科教产创"融合发展的中科院青岛科教园基本建设完成并交付。二是重大任务实施成果丰硕。继续组织实施中科院战略性先导科技专项、科技部重点研发计划、基金委重大研究计划、山东省重大专项等，产出一批重大原创科技成果。2022年，共发表高水平SCI论文904篇，出版专著11部，授权专利118项，获批水产新品种2个。获山东省自然科学奖一等奖、科学技术进步奖一等奖、海洋科学技术奖特等奖等科技奖项16项。三是国际协同创新深入实施。牵头实施"印太交汇区多圈层相互作用国际大科学计划（I³PCC）"，参与"海洋负排放国际大科学计划（ONCE）"。签署中国印尼副总理级高级别对话合作机制首次会议海上合作项目《印尼海洋生态牧场建设项目实施方案》，建成中国印尼海洋科学联合实验室。"海上丝绸之路联合航次"获"一带一路"国际科学组织联盟（ANSO）支持，作为创始成员加入中国与葡语国家海洋研究联盟、全球水产养殖可持续发展联盟。四是科技成果转化链条畅通。扎实推动科技成果转移转化和示范推广，签订各类科技创新服务合同201项，小型可视化可控长柱状取样系统、凡纳滨对虾"广泰1号"新品种等科技成果实现转移转化。落实国家区域创新战略，不断深化与山东、辽宁、福建、广西等地方政府和国家电投、前沿种业等行业龙头企业的合作关系。获批"科创中国"产学研合作基地。

中国海洋工程研究院（青岛）与崂山实验室融合发展。一是崂山实验室与清华大学签署战略合作协议。双方在深化合作机制、细化合作任务、强化合作平台、实化合作成果等方面加强对接合作，实现互补发展、协同发展、共赢发展。二是联合共建崂山实验室北京研究院。崂山实验室负责顶层设计和运行管理，清华大学负责具体科研工作推进，以中国海洋工程研究院（青岛）北京研发基地为依托，崂山实验室北京研究院围绕"透明海洋"总目标，推动关键核心技术攻坚战。三是共同开展重大科研任务攻关。按照"青（青岛）—清（清华）结合发展海洋高端装备，青岛—北京两地统筹实现优势互补"的发展思路，中国海洋工程研究院（青岛）全程参与了崂山实验室运行体制机制、重大科研任务等顶层设计，并依托"问海计划"，设立"海洋新能源动力关键技术"等项目，围绕超大型海上风电作业平台一体化、深海新能源动力之铝水制氢、海上能源互联制氢系统集成等方向开展科研攻关，取得了系列阶段性突破。

省级科技创新平台加快布局建设。为加强现代海洋产业关键核心技术研发、提升技术创新能力和水平、推动科研成果转移转化与产业化、促进相关产业向高端迈进，2022年，山东加快布局建设了一批省级科技创新平台，为现代海洋产业实现高质量发展提供有力支撑。一是围绕海洋渔业、海水综合利用、食品加工等方向布局建设山东省海卤水资源高效利用技术创新中心、山东省牡蛎种业技术创新中心、山东省高端远洋渔船技术创新中心、山东省海洋食品高质化利用技术创新中心等4家省级技术创新中心。二是围绕海洋工程装备和海洋渔业，组建山东省海洋工程装备及材料创新创业共同体、山东省船舶产业创新创业共同体、山东省海洋养殖创新创业共同体等3家省级创新创业共同体，加快重点海洋领域产学研深度融合发展。三是围绕海洋牧场和海洋矿产等方向，布局筹建山东省智慧海洋牧场省重点实验室、山东省深海矿产资源开发重点实验室等2家省重点实验室，强化重点产业关键核心技术研发和成果供给。

【海洋科技成果和知识产权管理】

据不完全统计，2022年山东海洋领域共有58项成果（个人）获得省部级及以上科技奖励。全省海洋领域授权专利3694件，新申请专利1412件。

省部级奖励共58项，其中17项海洋科技成果（个人）获2022年度山东省科学技术奖励，包括科学技术最高奖1项，自然科学一等奖1项，科学技术进步奖一等奖7项，自然科学二等奖4项，技术发明二等奖1项，科学技术进步奖二等奖3项。

专利申请和授权海洋领域获授权专利3694件，其中发明专利1986件，实用新型专利1574件，外观设计134件；新申请专利1412件，其中发明专利970件，实用新型专利438件，外观设计4件。

【实施涉海科技计划项目情况】

据不完全统计，2022年全省涉海科技项目（课题）共630项，合同经费总额21.05亿元。其中，国家科技项目（课题）218项，合同国拨经费4.15亿元；省市级科技项目412项，合同国拨经费16.9亿元。

国家科技计划项目　山东牵头承担国家项目共218项，经费共计4.15亿元。其中，承担国家重点研发计划涉海项目19项、课题16项，总经费2.66亿元；承担科技部科技基础资源调查专项2项，总经费929.60万元；承担外交部亚洲合作基金项目1项，总经费864.00万元；承担国家自然科学基金涉海项目179项，总经费1.31亿元，其中创新群体、重点、专项项目等18项，面上项目87项。

省市科技计划项目　山东实施的省级科技计划项目中，海洋项目有323项，经费16.31亿元；市级科技计划项目89项，经费5894.22万元。

（说明：数据由13家涉海高校和科研机构及7个沿海市科技局报送数据统计得出。基本覆盖了主要承担单位和地区，能够反映海洋科技项目的基本情况。限于统计范围，难免有些单位承担的海洋科技项目未能统计。）

（山东省科学技术厅海洋科技处）

科技创新资源与能力

【概述】 2022年，全省深入学习贯彻党的二十大精神，认真落实习近平总书记关于科技创新的重要论述和视察山东重要指示要求，加快实施创新驱动发展战略，着力推动科技自立自强，科技创新各项工作取得显著成效。山东作为实施创新驱动发展战略成效明显的地方，再次获得国务院督察激励。

【科技计划及投入】 山东省科学技术厅持续深化科技计划改革，制定印发《省级科技创新平台立项论证工作流程（试行）》，指导和规范省级科技创新平台建设工作；系统总结科技计划管理改革经验，山东省"揭榜挂帅"做法被科技部刊发各省市及相关部委，为探索科技攻关新型举国体制提供山东路径。加强科技云平台建设，围绕科技计划管理改革需求，完成微信小程序、风险预警系统、研发项目备案系统等开发，科技云平台功能进一步完善；制定科技云平台管理办法，与开发方签署服务合作协议和保密协议，科技云平台信息安全的技术保障进一步强化。

（山东省科学技术厅战略规划处）

2022年，为加快实现高水平科技自立自强，省科创新发展资金整合了科技、发展改革、工业和信息化、市场监管等部门管理的科技创新类资金、农业科技资金、省属科研机构发展资金、科学技术普及资金和中央科技资金，预算资金145亿元，较2021年增长10%。其中省委、省政府重大任务落实35.113亿元，占比24.18%；省委、省政府重大政策落实68.7413亿元，占比47.34%；普惠政策补助37.6663亿元，占比25.94%；稳定性支出3.6794亿元，占比2.53%。资金重点支持了重大关键技术攻关、科技创新平台、重大原始创新、技术改造及产业升级、科技型企业培育等，通过不断丰富资金支持方式，优化资金拨付程序，推动创新资源布局优化和运行效率提升，全力推动全省科技工作实现新突破，科技创新质量和效益进一步提升，财政资金"集中力量办大事"的作用得到了充分发挥，有效促进了创新链、产业链、人才链、资金链"四链"深度融合。

（山东省科学技术厅资源配置与管理处）

【软科学研究计划】 按照项目、平台、人才一体化推进的工作思路，持续优化软科学研究管理方式，提升软科学研究管理服务。一是系统编制2022年度软科学研究项目指南。聚焦省委、省政府密切关注、对山东省发展具有战略意义的重大问题，面向部分山东省科创委成员单位及省委、省政府有关决策咨询部门，山东省科学技术厅各处室单位，科技智库及社会优秀科研团队征集凝练形成一批具有战略性、前瞻性、全局性、能上升为省委、省政府决策的项目指南。二是认真做好2022年度软科学项目立项组织。2022年度山东省重点研发计划（软科学）共安排项目187项，其中重大项目26项、重点项目56项、一般项目105项，本批计划共安排补助经费600万元。三是用足用好社会智库力量。对前期设立的5家软科学研究基地给予稳定的经费支持，优选科学技术部科技人才交流开发服务中心、中国科学技术发展战略研究院等高层次智库团队定向开展研究，不断推动山东省相关决策成果走向国家层面。

（山东省科学技术厅政策法规与创新体系建设处）

【科技规划】 为全面贯彻落实党的二十大精神，加快推进科技强省建设，努力将山东打造成为全国重要的区域创新高地和科技创新策源地，为建设科技强国贡献力量，在深入调研、广泛征求国家部委、省直部门、地方及各创新主体意见的基础上，山东省科学技术厅牵头起草了《关于加快推进新时代科技强省建设的实施意见》（以下简称《实施意见》），经省政府常务会议审议通过，以省政府文件印发实施。

《实施意见》提出，要强化科技创新体系建设，积极探索构建关键核心技术攻关新型举国体制的山东路径，不断提升科技治理体系和治理能力现代化水平，到2027年全省高新技术企业突破4万家，力争达到5万家；国家科技型中小企业信息库入库企业突破5万家，力争达到6万家。规模以上高新技术产业产值占规模以上工业产值的比重达到53%左右，全社会研发经费投入强度达到2.8%，在黄河流域率先建成区域科技创新中心，打造成为全国重要的创新高地和科技创新策源地。

《实施意见》围绕争当国家高水平科技自立自强"排头兵"的战略目标定位，明确了9个方面、27条重点任务。一是搭建高水平创新平台，培育国家战略科技力量。提出要建立使命驱动、任务导向的实验室体系，推动产业创新平台提质升级，加快重大科技基础设施布局建设。二是打好关键核心技术攻坚战，提高创新链整体效能。提出要加强应用导向的基础研究，强化关键核心技术攻关，创新重大科研任务组织方式。三是强化科技创新战略支撑，加快绿色低碳高质量发展先行区建设。聚焦黄河流域生态保护和高质量发展、乡村振兴、经略海洋等国家战略，明确科技支撑路径。四是强化企业科技创新主体地位，壮大创新创造生力军。提出要强化科技型企业梯次培育，开展企业技术创新能力提升行动，推动国有企业创新示范。五是激发人才创新活力，打造高水平人才集聚高地。提出要强化科技人才梯次培育，实施科教协同育人计划，大力吸引海外高层次人才，持续优化人才服务保障。六是强化区域协同创新，构筑具有全国影响力的科技创新中心。提出要创建国家区域科技创新中心，打造黄河流域原创策源地。同时，对科技开放合作、区域创新体系建设做出部署。七是强化技术要素市场化配置，加速推动科技成果转移转化。进一步突出市场在科技创新中的作用，从构建市场化成果转化体系、推动创业投资发展、创新科技金融模式3个方面提出若干措施。八是深化科技创新治理改革，持续优化全过程创新生态。从深化科技评价综合改革、深化科研经费管理改革、强化科普宣传教育等方面进行了重点部署。九是强化创新支撑保障，加快科技政策落地见效。从强化组织领导、统筹协调、要素保障等方面进行了重点布局。

（山东省科学技术厅战略规划处）

【基础科学研究】

国家自然科学基金 2022年，山东省共获国家自然科学基金资助立项2297项，直接经费12.68亿元，获得的资助项目、资金数量较2021年均有所增加，其中获得全省国家自然科学基金杰出青年基金资助项目共计12项，较2021年增加4项，首次突破2位数，创山东省历史最好成绩。

国家自然科学基金委—山东联合基金项目 2022年度山东省加入国家自然科学基金区域创新发展联合基金，最终确定立项项目61项，直接经费总额为15569万元，省内单位牵头或作为合作单位承担项目共计59项，其中牵头承担25项，作为合作单位承担项目34项。

山东省自然科学基金 2022年，山东省自然科学基金（以下简称省基金）按照青年基金、省优青、省杰青、面上、重大基础研究、自然科学联合基金项目类别对省内优秀科研人员进行资助。共资助各类项目3326项，安排总经费58690万元。

强化对青年科技人才的支持和梯次培育，按照青年基金、省优青、省杰青等资助项目类别，对青年科研人员实施稳定支持，持续提升资助比例和数量。①青年基金共资助项目1722项，总经费25659万元。②省优青共资助项目76项，总经费3800万元。③省杰青共资助项目34项，总经费3400万元。

坚持"四个面向"，坚持目标导向和自由探索相结合，突出服务支撑作用。支持科研人员及团队围绕山东省新旧动能转换、新兴产业培育以及民生问题解决等事关经济社会发展的重大需求提炼科学问题，组织开展应用基础研究。①面上项目共资助项目1347项，总经费13451万元。②重大基础研究项目共资助项目39项，总经费6000万元。

构建多元化的基础研究投入机制，引导更多社会力量参与基础研究。推进实施省自然科学基金联合基金，与联合资助方共同出资支持应用基础研究课题，强化应用导向的基础研究。省自然科学联合基金共资助项目108项，总经费6380万元。

（山东省科学技术厅基础研究处）

【省重大科技创新工程项目】 2022年，共立项支持重大科技创新项目147项，安排经费28.521亿元。其中，重大科技创新工程项目121项，经费总额13.6896亿元；科技示范工程项目20项，经费总额8.8497亿元；国家级重大创新平台配套项目2项，经费总额1.573亿元；驻鲁部属高校"十四五"服务山东重点建设项目4项，经费总额4.4087亿元。

2022年重大科技创新项目立项情况

年度	项目数（项）	立项经费（万元）	备注
2022年	147	285210	重大科技创新工程项目121项，经费136896万元
			科技示范工程项目20项，经费88497万元
			国家级重大创新平台配套项目2项，经费15730万元
			驻鲁部属高校"十四五"服务山东重点建设项目4项，经费44087万元

采取的管理措施 ①广泛征集重大关键技术项目指南建议。按照"由下而上"的要求，坚持需求导向、问题导向，聚焦"十强"产业重点领域，以重大共性关键技术突破、重大创新产品研发和重大创新成果转化示范为重点，面向全社会发布两批征集2022年省重大关键技术攻关项目指南建议的通知，充分发挥职能部门、管理部门、科研单位和科研人员的作用，汇总梳理各市、省直部门及企业、高校、科研院所技术创新需求，共征集建议4316项。②凝练"卡脖子"技术动态清单。围绕如何解决"卡脖子"技术难题，深入

调研技术需求和产业发展情况，摸清家底、找准堵点，对标国家关键核心技术，聚焦十强产业关键性领域，梳理形成了"十强"产业关键核心技术攻关动态清单（2022年10月版），共梳理凝练关键核心技术144项，为编制项目指南提供参考依据。③组织实施重大关键核心技术攻关。适应科研发展需要，统筹重大科技创新工程、科技示范工程、农业良种工程、重大基础研究、国家级重大创新平台配套、驻鲁部属高校"十四五"服务山东重点建设、乡村振兴科技创新提振行动计划、竞争性平台等8类项目评审一体化分类评价，立项下达重大科技创新工程、科技示范工程、国家级重大创新平台配套、驻鲁部属高校"十四五"服务山东重点建设等5批次项目147项，省财政支持经费总额28.521亿元，其中2022年安排经费20.71716亿元。

2022年绩效评价情况 按照"花钱必问效，无效必问责"要求，持续完善重大项目管理，健全符合科研活动规律的制度，确保重大项目实施成效。①好科技示范工程项目管理。制定印发了《山东省重点研发计划（科技示范工程）项目管理暂行办法》《山东省重点研发计划（科技示范工程）项目组织实施细则》，从外部和内部规范山东省重点研发计划（科技示范工程）组织实施。制定《山东省重点研发计划（科技示范工程）项目启动会建议方案》，有序组织2021年立项的13个科技示范工程召开项目启动会，明确领导小组、技术总师等责任主体的职责任务，保障科技示范工程在推进产业发展中的引领示范作用。②强化项目实施绩效管理。依托"山东省科技云平台－标准化绩效管理系统"，对在研的645项目重大项目启动了年度绩效评价工作，对重大变更事项进行了调整，及时拨付重大科技创新工程项目结转经费，涉及项目96项、补助经费60483万元。组织开展了264个到期重大项目综合绩效评价工作，面向社会公开了综合绩效评价结果，推动项目按期完成任务目标。③加强重大项目宣传推介。加大宣传力度，编印《山东省重大科技创新工程工作简报》31期，择优向网络、报刊、电视台等宣传媒体推送，并通过政务信息、专报等形式向省委、省政府呈报，持续系统有效地反映重大项目实施成效，提高全社会关注度认知度。《人民日报》、山东新闻等媒体对我省"揭榜挂帅"等改革成效进行报道。

聚力推动深化改革情况 按照习近平总书记"科技攻关要坚持问题导向，奔着最紧急、最紧迫的问题去""创新不问出身，英雄不论出处"的指示要求，进一步提高"揭榜挂帅"改革的质量和效益，深入推进重大科技攻关"揭榜挂帅"升级版（2.0版）。①项目布局向"双链融合"转变。在继续强化布局重大科技创新工程、农业良种产业化工程等"围绕产业链部署创新链"项目基础上，进一步强化超前谋划、前瞻布局，围绕创新链布局产业链，布局了一批重大基础研究项目，蓄势新动能，推动创新链与产业链深度融合。②完善项目申报常态化机制。改革重大关键技术攻关项目组织工作，由原来一年组织完成一次指南征集、指南遴选、项目申报、综合评审、下达经费等全流程工作，调整为根据需要随时申报，以期缩短关键核心技术突破和关键产品、部件的国产化替代进程，努力保障产业链供应链自主可控、安全高效。建立了项目指南建议备选库，根据重大决策部署和年度资金预算从备选库中遴选项目出库，实现项目指南建议随时入库、择优出库，提高指南的实用性。③探索实施"军令状"制度。改变以往单一采用签订项目任务书的"责任制"方式，在此基础上，增设"军令状"制度，进一步规范省科技厅、主管部门、承担单位、项目负责人四方责任及义务，明确各方承诺事项，确定惩戒措施，强化攻克"卡脖子"技术决心，提升突破关键核心技术的责任感使命感。

（山东省科学技术厅重大专项办公室）

【科技创新平台基地建设】

实验室 为筑牢创新型省份建设根基，提升原始创新能力，打造战略科技力量，山东省加快布局基础研究实验室平台体系，到2025年，争取建设1个国家实验室、30个左右国家重点实验室、10个左右山东省实验室、300个以内山东省重点实验室，形成具有山东特色、接续联动、梯次衔接的"1313"基础研究平台布局。

国家实验室作为国家级战略科技力量，发挥对全省源头创新的核心引领作用；全国重点实验室是国家创新体系的重要组成部分，作为山东省融入国家创新体系、参与国家创新任务的重要力量；省实验室发挥承上启下的作用，既是基础研究和应用基础研究的战略力量，也是组建国家实验室的预备队；山东省重点实验室是聚集和培养优秀学术带头人、创新团队，培育优势学科和专业，突破行业和产业"卡脖子"问题，开展基础科学研究的重要载体以及培育国家重点实验室的后备力量。截至2022年底，2022年国家重点实验室重组，首批11家全国重点实验室成功获批；新建3家山东省实验室，总数达到9家；新建22家省重点实验室，总数达到277家。实验室在推动源头创新，加快创新型省份建设中发挥了重要作用。

（山东省科学技术厅基础研究处）

技术创新中心 3月，因疫情原因，采取先书面评审、后线上答辩的方式对2021年8月10日前批建的87家省技术创新中心进行了绩效评估，17家评为"优"、6家评为"差"。3月，启动2022年度省技术创新中心申报工作，采取主管部门推荐、业务处室初步论证、牵头处室综合论证的方式，批建第一批山东省半导体激光技术创新中心等25家中心。5月，批建山东省先进核能技术创新中心。10月，印发《关于山东省技术创新中心常态化推荐申报的通知》，改集中申报为常态化推荐，由主管部门按照建设布局、重点领域和方向，结合自身创新发展实际推荐指导龙头企业建设省技术创新中心。12月，批建第二批海洋领域山东省海洋食品高质化利用技术创新中心等5家中心。至此，全省省技术创新中心总数达到136家。12月底，国家盐碱地综合利用技术创新中心获得批复，全省国家技术创新中心总数达到3家。

（山东省科学技术厅成果转化与区域创新处）

大型科学仪器开放共享暨创新券 山东省大型科学仪器设备协作共用网成为集聚大型科研仪器资源、服务科技创新的重要载体。根据山东省政务服务"一窗受理""一网通办"要求，山东省大型科学仪器设备协作共用网在山东省科技云平台新建系统，与省政务服务网进行数据对接。截至2022年底，加入山东省仪器设备网的科研仪器原值10万元以上的共15597台（套），设备原值119.14亿元；50万以上的共5491台（套），设备原值93.94亿元；入网会员单位达到24619家，其中中小微企业22671家。2022年仪器设施供给单位对外服务次数6987次，全省共有968家中小微企业预约共享科学仪器设备，预约金额4377.09万元，获得审核通过创新券5089单，补贴1984.64万元，科研仪器开放共享工作尤其是创新券工作，极大调动了高校、科研院所等仪器拥有单位开放服务的积极性，有力支撑了全省科技创新特别是中小微企业的科技创新。

2022年全省创新券使用取得新进展，实现企业数量、使用张数、预约金额、补助金额"四增长"，即全省15个市（不含青岛）使用创新券的中小微企业数量为968家，比上年的883家增加85家，增长9.63个百分点；使用创新券的张数为5089张，比上年的4899张增加190张，增长3.88个百分点；中小微企业使用科研仪器预约金额4377.0911万元，比上年的3496.1382万元增加880.9528万元，增长25.20个百分点；获补助金额为1984.6445万元，比上年的1666.5571万元增加318.0874万元，增长19.09个百分点。

实验动物管理 2022年，按照国家实验动物的法律、法规和标准，实行实验动物许可证管理办法，不断提高实验动物等级质量和应用水平，提高从业人员素质，全年共受理行政许可申请和换证39项（全程网办），通过网上材料审核，进入专家（质量监督员）现场验收环节39项；新发放39份实验动物生产、使用许可证，办理许可证信息变更5家，且均在"双公示"法定时限内予以公示。本年度内，先后组织专家对全省16家单位开展实验动物行政许可监督检查，对124家许可单位进行许可证年检，排查隐患，推进问题整改。2022年，指导山东省实验动物中心对全省60个批次的实验动物质量进行检测，以确保实验动物质量；对全省实验动物环境设施进行检测，共66家次，以确保实验动物环境设施质量。为提高全省实验动物从业人员的专业技术水平，保障实验动物从业人员素质，省实验动物学会组织举办了7期实验动物从业人员培训班，共有495人次参加培训并取得合格证。全年未发生实验动物传染病和公共卫生事件；实验动物环境设施规模逐年扩大，2022年有半数左右被许可单位从业人员持证上岗率达到100%。

（山东省科学技术厅基础研究处）

图书情报服务 2022年，山东省科学技术情报研究院（以下简称省情报院）加强信息资源建设，围绕贯彻落实黄河战略，在省文献共享平台开设"黄河流域生态保护和高质量发展文献信息专栏"，组织编写《习近平总书记关于黄河战略系列讲话汇编》，探讨"黄河流域礼制文化数字化重点实验室"共建和"黄河流域协同创新指数"研究工作。围绕贯彻国家科技报告制度，持续向科技部汇交科技报告，数量累计居全国第二，省级科技报告工作成效明显，共享数量居全国第三。围绕贯彻国家科学数据重大部署，设立科学数据中心专门机构，完成科学数据管理系统建设方案编制和科学数据汇交标准规范编写。围绕落实"数字山东"行动方案，牵头制定《省科技厅科技档案数字化工作方案》，全年完成4500个省级计划项目的数字化归档。

2022年，省情报院着力夯实情报公益服务基础，优化省文献共享平台和科技报告服务系统资源结构，开展资源利用分析研究，开展全省科技文献与科技报告线上讲座，培训科研人员8000余人次，科技档案数字化加工如期开展，科技鉴志编纂和研究取得重大进展，科技文献＋科技档案＋科技报告＋科学数据＋科技鉴志"五位一体"资源体系完成重构。着力提升科技情报研究和服务能力，组建六支研究团队，建立全员研究机制，改进服务系统功能，增强服务手段，情报专业智库打造初见成效。

科技报告 2022年，省情报院进一步优化科技报告采集加工管理系统，受理审核科技报告4700篇，向国家汇交1200篇，向科技部汇交数量累计居全国第二，省级科技报告共享数量居全国第三；完成科技报告服务系统优化升级，首次编制完成《科技计划科技报告呈交与服务分析报告（2014—2021）》；组织召开全省科技文献与科技报告线上培训会，8000余人参训。持续运行科技报告电子证书，线上发放提高效率，减轻基层科研人员负担。

（山东省科学技术情报研究院　董振宇）

【科技创新服务平台建设】

孵化载体链条和品牌建设。 围绕打造链条式、专业化孵化载体，明确加速器建设内涵，开展"众创空间—孵化器—加速器"全周期孵化链条试点建设工作，探索建立"众创—孵化—加速"链条式孵化体系，将孵化服务向前端和后端扩展，为科技型中小企业源头培育夯实基础。通过举办孵化载体服务能力培训班等，提升孵化载体建设水平，新创建国家级科技企业孵化器6家、国家备案众创空间26家。

品牌孵化载体绩效评价。 加强孵化载体绩效动态管理，依托孵化绩效大数据，开展品牌孵化载体评选工作，共评选30家品牌孵化器和50家品牌众创空间，树立示范标杆。

开放式大学科技园建设。突出开放式建设理念，修订印发《山东省大学科技园管理办法》，鼓励产业功能区联合高校院所，按照"产业＋学科"模式，探索大学科技园建设新路径，对绩效优秀的日照开放式大学科技园的产学研合作、科技成果转化等相关研发活动给予扶持。依托青岛、临沂、潍坊、聊城高新区以及济南起步区建设5家开放式省级大学科技园。

（山东省科学技术厅高新技术发展及产业化处）

技术市场

①**总体情况** 2022年，全省技术市场认真贯彻落实《中共中央 国务院关于构建更加完善的要素市场化配置体制机制的意见》《山东省人民政府关于加快全省技术转移体系建设的意见》等文件精神，聚焦打造高水平技术市场，科技创新质量和效益显著提升，有力支撑全省经济社会高质量发展。全年登记技术合同55680项，技术合同成交额3256.04亿元，居全国第5位。

一是技术交易质量与规模明显提升。2022年全省技术合同成交额3256.04亿元，同比增长26.95%，技术交易规模实现快速增长；平均每项技术合同成交额为584.78万元，同比增长10.05%，技术交易质量稳步提升。

二是科技创新和服务能力显著增强。技术开发和技术服务是全省技术交易的主要类型，2022年技术开发、技术服务合同成交额分别达到1438.46亿元、1360.77亿元，分别同比增长24.81%、43.01%，占全省技术合同成交总额的85.97%，新技术、新产品的研发能力增强，全省科技服务能力快速提升。

三是"十强"产业重点领域加速发展。在输出技术领域方面，技术合同成交额居前5位的领域依次为先进制造、新材料及其应用、新能源与高效节能、城市建设与社会发展、电子信息，成交额分别为1088.46亿元、373.63亿元、332.06亿元、330.12亿元、304.19亿元，累计占比75.14%；在吸纳技术领域方面，先进制造、城市建设与社会发展、现代交通、新材料及其应用、新能源与高效节能依次位居前五，技术合同成交额分别达到898.13亿元、541.37亿元、410.55亿元、375.75亿元、303.17亿元，累计占比75.00%，技术市场的不断壮大，为"十强"产业做优做强持续增添创新活力。

四是企业技术创新主导作用明显。企业技术交易双向主体地位稳固，共输出技术合同42815项，成交额3053.38亿元，同比增长30.62%；共吸纳技术合同47083项，成交额2560.37亿元，同比增长23.07%。企业技术创新和科技成果转化能力显著提升，为推动产学研深度融合提供不竭动力。

五是区域科技创新布局稳步形成。济青烟国家科技成果转移转化示范区持续发挥引领作用，三地共输出技术合同26323项，成交额1289.10亿元，同比增长34.63%；共吸纳技术合同22090项，成交额1278.25亿元，同比增长28.39%，分别占全省输出、吸纳技术合同成交总额的39.89%、37.91%。省会经济圈输出技术合同和吸纳技术合同成交额分别为1503.54亿元和1533.53亿元，分别同比增长33.42%和35.37%；胶东经济圈输出技术合同成交额1162.11亿元，吸纳技术合同成交额1193.51亿元，分别同比增长26.26%和39.83%；鲁南经济圈输出技术合同成交额566.19亿元，吸纳技术合同成交额644.71亿元，分别同比增长31.53%和11.57%。科技创新融合发展势头良好，区域联动发展为技术交易注入活力。

2022年度山东省各市技术合同登记情况

城市	合同项数（项）	成交额（亿元）	成交额增长率（%）	排名
济南市	16220	613.64	29.60	1
青岛市	6292	395.25	23.47	2
淄博市	1534	305.41	21.38	3
烟台市	3907	295.84	25.39	4
潍坊市	4605	201.84	26.58	5
济宁市	2768	182.42	27.34	6
威海市	2529	169.62	26.61	7
临沂市	3167	156.58	49.01	8
聊城市	829	147.36	26.76	9
滨州市	1367	141.60	31.23	10
枣庄市	2970	130.02	24.96	11
东营市	1017	125.43	20.93	12

续表

城市	合同项数（项）	成交额（亿元）	成交额增长率（%）	排名
日照市	2067	116.30	23.20	13
菏泽市	662	98.52	22.09	14
泰安市	2882	88.61	27.09	15
德州市	2864	87.58	34.20	16
合计	55680	3256.04	26.95	

②技术转移服务机构　技术转移服务机构在成果转化和技术转移中起着关键作用，通过沟通大学、科研机构和企业，促进技术要素在各主体间流动，实现创新资源的优化配置和有效整合。开展省级技术转移服务机构2021年度绩效评价工作，共对32家评价优秀、良好的服务机构给予1520万元经费支持。截至2022年底，全省共有27家国家技术转移机构和57家省级技术转移服务机构，有效促进技术要素流动和科技成果转移转化。

山东省国家技术转移机构目录

序号	国家技术转移机构名称
1	水煤浆气化及煤化工国家工程研究中心
2	山东百诺医药股份有限公司
3	山东省建筑科学研究院科技开发中心
4	济宁市技术市场
5	鲁南技术产权交易中心
6	山东大学技术转移中心
7	齐鲁工业大学技术转移中心
8	山东省科学院生产力促进中心（白俄罗斯国家科学院济南技术转移中心）
9	济南市产学研协作管理服务中心
10	中国科学院山东综合技术转化中心
11	山东省医学科学院药物研究所
12	山东省药学科学院
13	山东力创科技有限公司
14	光阳工程技术有限公司
15	潍坊高新技术产业开发区技术交易服务中心
16	青岛科大都市科技园集团有限公司
17	青岛中石大科技创业有限公司
18	青岛华慧泽知识产权代理有限公司
19	中国海洋大学科学技术处
20	青岛市科技创业服务中心（青岛技术交易市场）
21	青岛连城创新技术开发服务有限责任公司
22	青岛胶科邦信技术服务有限公司
23	中国科学院青岛产业技术创新与育成中心
24	青岛中天智诚科技服务平台有限公司
25	山东科技大学科技园管理有限公司

序号	国家技术转移机构名称
26	青岛技术产权交易所有限责任公司
27	青岛海大新星计算机工程中心

山东省省级技术转移服务机构名单

序号	省级技术转移服务机构名称
1	中国石油大学（华东）技术转移中心
2	齐鲁工业大学（山东省科学院）知识产权运营管理处
3	山东科技大学技术转移研究院
4	山东省交通科学研究院生产经营部
5	山东大学技术转移中心
6	济南大学科技成果转化办公室
7	鲁东大学科技成果转移转化中心
8	山东理工大学科学技术处
9	中国海洋大学科技处
10	潍坊学院科研处
11	山东建筑大学科研处
12	烟台大学科技处
13	青岛科技大学合作发展处
14	中国水产科学研究院黄海水产研究所成果转化处
15	青岛大学科研成果转化中心
16	山东省药学科学院科技成果转化办公室
17	临沂大学科学技术处
18	枣庄学院科技处
19	哈尔滨工业大学（威海）技术转移中心
20	山东省农业科技成果转移转化中心
21	青岛理工大学成果转化办公室
22	曲阜师范大学技术转移中心
23	中国科学院烟台海岸带研究所科技处
24	山东省煤田地质规划勘察研究院科技成果转化中心
25	中国科学院青岛生物能源与过程研究所（山东能源研究院）知识产权与成果转化处
26	滨州学院科研处
27	山东省食品药品检验研究院科技成果转化服务中心
28	山东惠知诚远知识产权运营服务股份有限公司
29	山东科苑校企合作技术股份有限公司
30	山东理工大学科技园有限公司
31	山东韵升科技股份有限公司
32	威海瞪羚科技服务有限公司

续表

序号	省级技术转移服务机构名称
33	浙江大学山东工业技术研究院科技合作部
34	聊城市融川科技咨询有限公司
35	潍坊创高信息科技有限公司
36	山东睿德科技成果转化有限公司
37	山东省科学院高新技术产业（中试）基地
38	山东鲁中技术市场服务中心
39	山东领潮科技服务有限公司
40	淄博路加信息科技有限公司
41	山东吉宇技术转移有限公司
42	鲁果技术转移（山东）有限公司
43	山东省科院易达科技咨询有限公司
44	东营市领客转移转化科技咨询服务有限公司
45	济南盈讯科技有限公司
46	山东博远科技服务有限公司
47	山东中全信息技术咨询有限公司
48	山东辰华科技信息有限公司
49	山东卓苒生物科技有限公司
50	山东建研科技发展有限公司
51	济南航晨生物科技有限公司
52	威海市环翠区首高科技转移中心
53	山东北斗科技信息咨询有限公司
54	大连理工大学科技园有限公司威海分公司
55	济南迪亚实业有限责任公司
56	国咨（山东）科技服务有限公司
57	东营奇凡信息科技有限公司

（山东省创新发展研究院　刘　越）

【科技金融】 2022年，山东省科技金融体系更加完善，支持创新效果更加明显。一是完善普惠科技信贷服务。综合运用风险补偿与贷款贴息形成政策合力，完善银行"敢贷""愿贷"长效机制，提高银行支持企业创积极性，降低企业创新成本。全年全省发放科技成果转化贷款185.89亿元，再创历史新高。2017年以来累计发放473.7亿元，服务科技型中小企业超过5000家，有效缓解企业融资难题；为450余家科技型企业提供3450余万元利息补贴，带动项目总投入181.56亿元，支持相关专利3300余项，有效降低了企业创新成本。二是扩大科技股权投资试点。创新财政科技资金支持方式，发挥财政资金引领放大作用。遴选27家优质科技企业，提供股权投资支持近5亿元，支持企业重大科技成果转化和产业化。截至2022年底，共安排省级财政科技资金近13亿元，支持61家科技型企业，带动约20家社会资本跟投近20亿元，其中6家投资企业已进入省证监局上市辅导。三是加强科技企业上市培育。在全省遴选140余家科技型企业参加上市培育辅导，实现科创板上市培育库高质量扩容。截至2022年底，全省已有21家科技型企业上市科创板，居全国第6位。举办"科技创新企业借势北交所快速发展资本市场大会"，筛选出重点企业11家、优质企业30家，持续跟进服务企业100余家，进一步强化科技创新多层次资本市场支持。

（山东省科学技术厅资源配置与管理处）

科技合作与交流

【概述】 2022年，山东省科学技术厅认真贯彻落实全国和全省科技工作会议精神，围绕全省科技创新中心工作，深化国内外科技合作交流，着力提升科技合作集聚各类创新资源能力，不断推进高端人才集聚、关键核心技术攻关、优秀科技成果在山东省落地转化，为全省科技创新"走在前、开新局"贡献力量。不断加强顶层设计，出台《山东省"十四五"科技创新合作规划》。举办各类国际国内科技合作交流活动30余场。支持院士工作站、国际科技合作基地等重要科技合作载体建设，院士工作站总数达到475家，下发《关于加强国合基地管理服务的通知》，修订《山东省国际科技合作基地管理办法》。加大重大科技合作项目申报，组织实施2022年度山东—以色列科技合作项目，5个项目给予立项、支持经费336万元，争取获批科技部政府间国际科技创新合作重点专项5项，国拨经费1150万元。

【国际科技合作与交流】 一是高标准筹备重大国际交流活动。参与筹备迪拜世博会中国馆山东活动周、跨国公司领导人青岛峰会等重大活动，举办2022世界激光产业大会、2022中德科技创新合作大会等10余场高水平国际科技活动，30余位国内外院士、高水平行业专家和企业代表进行最新技术成果分享和技术发布，促成项目合作30余项。二是高水平推进港澳合作。厅主要领导、分管领导分别带队赴澳门开展科技合作交流，组织齐鲁工业大学、省药科院、鲁南制药等实地考察对接中药质量研究等4个国家重点实验室，签署共建山东省科技交流合作联络站等协议，拟开展10余个项目联合研发，推进12种中药产品澳门备案，共建联合实验室。三是继续拓展国际合作领域。与俄罗斯科学院西伯利亚分院、乌克兰国家农业科学院等近30家机构进行深入交流，促成一批人才、技术合作，谋划中俄牵头，联合建设"一带一路"国际合作产学研联盟。主动与以色列魏兹曼科学研究所及耶达公司进行了对接，目前确定在药物发现和临床试验等领域开展合作，推动省立医院临床试验中心、海尔集团等单位尽快与以方达成合作意向，争取魏兹曼科学研究所在山东省设立研发机构。

【国内科技合作与交流】 一是深化与"两院"务实合作。做好3月李干杰书记带队走访中国科学院有关工作，抓好济南新旧动能转换起步区等4个会商事项推进落实，中国科学院济南科创城等落地项目建设取得重大突破；加强与中科院发局、工程院三局等单位在项目合作、人才交流、咨询服务等方面合作交流，向工程院推荐6项重点院省合作需求。二是拓展知名高校科技合作。组织实施"科技合作名校直通车活动"，指导各市举办区域性科技合作交流活动20余场，达成合作意向150余项，促成项目合作50余个；加强与中国材料研究学会合作，联合举办首届中国"双碳"大会暨第四届山东省创新驱动发展大会。三是组织院士专家专题对接活动。制定"院士专家论坛暨科技合作专题对接活动方案"，已在青岛、烟台、日照等市围绕现代海洋、信息技术、新材料等领域举办5场院士专家科技合作专题对接会，促成智能水下机器人等20余个重点合作项目签约落地。

【科技合作平台建设】 一是优化国合基地建设管理。下发《关于加强国合基地管理服务的通知》，修订《山东省国际科技合作基地管理办法》，将国合基地细分为国际联合实验室、国际创新园、国际示范基地、国际技术转移中心等类型，分类细化职能任务、申报条件和绩效指标，促进国际人才交流、技术对接和成果转化。二是推动"一带一路"联合实验室建设。支持中国—泰国轨道交通"一带一路"联合实验室、中国—沙特石油能源"一带一路"联合实验室加快实体建设、机制建设、项目合作、人才培养、资源集聚，加强与泰国科学技术研究院、沙特阿卜杜勒·阿齐兹国王科技城（KACST）等开展合作，扩大在相关领域的国际影响力。三是优化提升院士工作站。下发《关于做好院士工作站管理服务工作的通知》，进一步规范了院士工作站备案范围，新备案院士工作站31家，总数475家；开展院士工作站绩效评价，推荐院士工作站承担省创新平台项目，择优对11家院士工作站给予项目支持。四是推进济青烟科创高地建设。将中国科学院济南科创城纳入中国科学院支持的重大事项，已实施高速大推力电磁驱动等10余项关键技术研究，新吸引集聚科研人才300多人，建成世界首个电磁橇设施并成功运行，最大推进速度达到1030公里。推进山东（烟台）中日产业技术研究院、青岛中日科学城、济南中日高科技产业园等中日合作重大载体建设，转化落地科技成果140余项，孵化科技企业10家。五是做强中国工程院服务山东战略支点。指导山东研究院规范项目资金管理，上半年启动实施陆海统筹、医疗器械等领域第一批咨询研究项目14个；下半年牵头指导省创发院、省海科院谋划第二批咨询研究项目选题方向和指南建议，11个项目完成立项。有3个重大项目获得工程院立项支持，4个成果获省领导批示。六是支持国际科技合作创新创业共同体发挥作用。指导共同体专业化、市场化运转，积极对接海外资源，畅通合作渠道，建设科技合作信息平台，打造对外科技合作交流新平台、新窗口。

【**实施科技合作与交流领域国家科技计划项目情况**】一是启动实施科技合作项目。联合以色列创新署组织实施2022年度山东—以色列科技合作项目，在新一代信息技术、新能源、医养健康等重点产业领域，择优对5个项目给予立项、支持经费336万元。二是加强科技部国合专项申报。组织国家级国合项目申报线上培训会，详细解读申报重点和注意事项，争取获批科技部政府间国际科技创新合作重点专项5项，国拨经费1150万元。

（山东省科学技术厅科技合作处）

知识产权工作

【**概述**】 2022年以来，山东知识产权工作深入学习贯彻习近平总书记在十九届中央政治局第二十五次集体学习时的重要讲话精神，认真落实国家知识产权局及山东省委、省政府工作要求，聚焦"两个转变"、把握"五个关系"、落实"六项指示"，深入推进知识产权领域改革创新，全面提升知识产权创造质量、运用效益、管理水平和服务能力，知识产权强省建设稳中有进、成效明显。

【**专利申请和授权**】 2022年，全省获得授权的发明专利为48696件，同比增长34.0%；全省PCT国际专利申请3380件，同比增长4.2%。全省有效发明专利拥有量达到189383件，同比增长25.6%。万人发明专利有效量达到18.65件，比上年增长3.8。全省高价值发明专利拥有量66145件，每万人口高价值发明专利拥有量达到6.5件，同比增长40.1%。

【**知识产权战略**】 省委、省政府高度重视知识产权强省建设工作，印发了《山东省知识产权强省建设纲要（2021—2035年）》（以下简称《纲要》），颁布实施了《山东省知识产权保护和促进条例》，召开了全省知识产权保护工作会议，将知识产权工作纳入省委督查激励计划、高质量发展考核评价体系，高位推动、支持有力的知识产权工作机制逐步完善。《纲要》明确提出到2025年，高质量知识产权数量大幅增长，支撑和促进科技创新的基础更加坚实，每万人口高价值发明专利拥有量达到10件，专利密集型产业增加值占GDP比重达到12%，版权产业增加值占GDP比重达到6.5%。到2035年，知识产权创新要素高度集聚，知识产权环境全面优化，知识产权文化自觉基本形成，建成制度完善、创新活跃、保护严格、运用高效、服务便捷的知识产权强省。

【**知识产权保护**】 加强知识产权监管执法。组织开展全省知识产权行政保护、打击商标恶意抢注、地理标志保护、奥林匹克标志保护及"华润"字号保护等专项行动，全省累计开展护航冬奥会、冬残奥会奥林匹克标志专项检查7036次，处置案件线索322条，查处侵犯奥林匹克标志案件132件，罚没款26.76万元。全面推进以信用为基础的分级分类监管工作，依法依规开展知识产权领域严重违法失信行为惩戒工作，50余家市场主体被列入知识产权领域严重违法失信名单。开展2022年全省奥林匹克标志使用行为以及专利真实性"双随机、一公开"监督抽查，累计对1866家企业、2185家个体经营户进行检查。开展建立地理标志清单监管机制，在各市推荐基础上确定首批全省重点地理标志82件。专利行政裁决国家试点工作取得积极成效，2022年全省办理专利纠纷案件1887件，同比增长271%，其中作出行政裁决决定的案件270余件，办案数量和质量均显著提升。推荐报送泰安市行政裁决三级联动处置机制典型经验做法，被国家知识产权局和司法部在全国推广。

【**完善知识产权保护体系建设**】 2022年7月，青岛西海岸新区快维中心获国家知识产权局批复成立。目前，全省已布局建设国家级保护中心7家，快维中心3家，总量居全国前列。其中，潍坊、烟台2家保护中心在2021年度全国考核中位列优秀等次。淄博、德州知识产权保护中心通过国家知识产权局的正式验收。申请国家知识产权局调整扩充了3家保护中心的预审分类号，调整了1家快维中心的专利预审服务领域。山东省以及济南市、烟台市、潍坊市获国家知识产权局批复依托保护中心开展知识产权纠纷快速处理试点工作。省保护中心、烟台保护中心获国家知识产权局批复开展专利复审无效案件多模式审理试点建设。组织召开全省知识产权快速协同保护调度会。完善诉调对接等协同配合机制，加强知识产权纠纷人民调解组织建设，66个知识产权调解组织、381名调解员入驻"人民法院调解平台"，受理调解案件3000余件。在全省开展知识产权纠纷行政调解司法确认工作，完成行政调解司法确认30余件。各市实现知识产权仲裁机构全覆盖，开展知识产权仲裁业务340余件。

强化知识产权跨区域跨部门协作。举办十二省市知识产权行政保护协作活动，加强省际执法互助、监管互动、信息互通，现场公布了十二省市重点商标保护名录550余条，移交涉嫌侵权违法线索196条。在前期签订《黄河生态经济带知识产权保护合作协议》的基础上，举办黄河生态经济带知识产权保护合作活动暨沿黄9省（区）地理标志联合保护行动启动仪式，现场发布了地理标志重点监管名录285条，移交地理标志案件线索78条。与公安部门行刑衔接机制运行通畅，联合查办一批有影响力的案件。与省检察院联合印发关于强化知识产权协同保护的实施意见，深化知识产权保护合作。

强化重点领域关键环节保护。实施拟上市企业风险防控项目，目前共确定项目企业75家。与省财政厅联合印发知识产权保护工作站实施细则，在全省建立知识产权保护工作站30个。开展知识产权保护规范化电商平台培育行动，确定培育规范化电商平台10个，指导电商平台贯彻实施国家标准。实施知识产权侵权假冒线索智能检测项目，检索并向各市分发奥林匹克标志、地理标志、商标线索800余条。获批国家地理标志保护示范区2家，确定省级地理标志产品保护示范区7家。建立知识产权保护重点关注市场名录，做好国家级知识产权保护规范化市场续延及监管工作。

加强涉外知识产权保护。完善涉外风险防控体系，加强涉外知识产权纠纷应对机制建设，将涉外知识产权保护纳入省对市高质量发展考核。围绕全省重点产业企业，开展海外知识产权侵权风险防控项目，确定了知识产权海外侵权风险防控项目2批共30个。支持100余家社会组织为企业处理重大涉外知识产权纠纷诉求，建立海外风险防控体系。开展知识产权保险保费补贴项目，已服务投保企业350家，为4401件专利提供约7.2亿元的保额。完善海外知识产权纠纷应对指导工作体系，组织申报国家海外知识产权纠纷应对指导中心地方分中心，充分发挥分中心便捷、高效的海外知识产权维权服务作用。开展国际交流合作，成功举办"第三届跨国公司领导人青岛峰会——知识产权保护论坛"和闭门会，举办中法地理标志保护与发展论坛。

【知识产权管理与服务】

创新知识产权金融服务。一是开展知识产权质押融资服务"入园惠企"活动。组织银企对接等系列活动470多场，覆盖各类园区260多家、参与银行310多家、惠及企业1.05万户，知识产权融资工作影响和政策惠及面持续扩大。二是构建知识产权质押融资服务生态。大力推广专利价值评价规范地方标准及质押融资贴息、保险、风险补偿政策"组合拳"，持续扩大知识产权质押分险增信政策知晓面、惠及面，全省普惠性知识产权质押融资提质增速见成效。2022年全省完成专利质押登记3912项、金额398.48亿元，分别同比增长87.3%和81.4%。其中，主要面向中小企业的普惠性专利质押登记3153项、金额166.08亿元，居全国首位。三是创新知识产权金融服务产品。实施拟上市企业风险防控项目75个。支持保险公司推出专利执行险、被侵权损失险与海外侵权责任险，为350家企业、4400多件专利转化实施提供总金额7.2亿元的保障。烟台发行"以发明专利独占许可为基础、以专利质押为保障"的知识产权证券化产品2单、总规模13亿元。

加强知识产权代理服务。一是实施专利代理申请质量提升行动。加强代理机构高质量发展政策宣讲、业务培训，推动代理机构加强内部质量管控、签名责任管理及诚信合规经营承诺。建立重点关注代理机构名录，加强约谈指导。二是强化代理机构监管。实施以信用为基础的知识产权领域分级分类监管，实现知识产权信用风险等级自动评价与知识产权代理行为"双随机、一公开"监管的深度融合，对1255家知识产权代理机构开展"双随机、一公开"检查。组织开展知识产权代理机构"蓝天行动"，依法查处非正常专利代理、无资质代理等违法行为7起，罚没款27.9万元。三是推动非正常专利申请核查。建立非正常专利申请重点关注代理机构名录，强化部门协同配合，严控非正常专利申请外溢，暂停18家申请主体专利优先审查和快速预审申请，4~6批非正常申请撤回率达98%。

优化知识产权公共服务。一是完善知识产权公共服务体系建设。截至2022年底，已建设国家高校知识产权信息服务中心7家，TISC机构6家，国家级知识产权信息公共服务网点5家、省级网点12家。维权援助组织设立知识产权维权援助工作站53家，维权援助组织实现16市全覆盖。二是首次发布《山东省知识产权公共服务事项清单》，确定了378项知识产权公共服务事项，对"清单"进行动态调整管理，实现全省知识产权公共服务事项规范化管理。三是持续优化营商环境。争取国家知识产权局数据知识产权地方试点，推动数据要素流通利用。实施知识产权公共服务提升工程，建设国家知识产权业务受理窗口14个、专利代办站14个，实现知识产权业务受理设区市全覆盖。创建强国建设试点示范市、县、园区40家，培育拥有自主知识产权、具有行业引领作用的国家知识产权优势企业563家、示范企业116家，均居全国前列。

强化知识产权运营服务。一是建成黄河流域知识产权大数据中心，2022年12月成功举办上线启动仪式，并发起成立黄河流域知识产权高质量发展联盟，为社会提供更加高效、更加多元、更加优质的知识产权公共服务。二是建成山东知识产权运营中心。3月完成了向国家知识产权局的备案工作。11月，山东省市场监督管理局、山东省国资委、齐鲁工业大学（省科学院）三方共建山东知识产权运营中心协议顺利签署，"政府引导+公共服务+市场化运营"的基本架构已建设完成。三是出版《"好品山东"地理标志产品》图册。图册收集了山东省政府发布的首批"好品山东"区域类产品中的25个地理标志产品，通过图、文、音并茂的形式对产品概况、产品特色、自然环境、人文特征、产业发展5个方面做了全面展示。

【知识产权宣传与培训】

提高知识产权人才培养工作格局。省委人才工作领导小组首次将省知识产权局列入成员单位，将知识产权激励创新创造有关工作举措纳入省委人才工作体系，将知识产权高质量发展研修班列为省委人才办专家人才研修培训重点班次，并予以充分保障。连续3年开展知识产权进党校活动，培训全省领导干部和业务骨干2000余人。指导山东省知识产权服务业协会探索建设人才企业上市服务子联盟，精准提供各类知识产权服务。

优化知识产权人文环境。举办知识产权宣传周活动，国家知识产权局副局长卢鹏起发表视频致辞，山东省副省长李猛出席活动。会上，发布2022年第一批知识产权运营成果，组织知识产权运营成交项目集中签约，启动第三届"新高赛"，中国知识产权报、大众日报、齐鲁网、山东卫视等多家新闻媒体广泛报道。常态化开展知识产权保护法律法规宣传工作，通过召开新闻发布会、发布知识产权发展与保护状况白皮书、知识产权行政保护十大典型案例和知识产权保护公益广告大赛等形式，不断厚植全社会尊重创新、保护创新的文化理念。

加强知识产权人才培训。依托山东干部网络学院举办知识产权保护能力提升暨强国建设纲要网络培训班，培训全省领导干部和业务骨干近1200人。举办全省知识产权监管执法能力提升培训班，培训市、县基层执法人员1500余人。举办全省奥林匹克标志知识产权行政保护线上线下培训班。优化全省知识产权远程教育体系，已建设7家分站和1个站点。宣贯地方标准《知识产权人才培训及能力素质要求》，开展远程教育培训班58个，培训规模超过30万人次。采取线下和线上结合的方式，围绕加强全省涉外企业海外知识产权纠纷应对能力培养，重点对"一带一路"沿线国家、RCEP区域、美日韩等相关国家的知识产权进行培训，加强对知识产权维权调解、涉外知识产权保护等专门人才的培养。举办线下知识产权维权援助与纠纷调解业务培训班、线上组织调解实务工作系列培训10期；举办线上线下涉外企业培训班5个，来自全省16市知识产权管理部门、涉外企业、涉外服务机构2800余人参加培训。

【知识产权运用】

推动创新主体知识产权能力提升。一是实施高价值专利培育工程。实施高价值专利综合奖补，省财政安排专项资金1亿元资金，统筹用于高价值专利培育、运用、服务等重点工作。组织开展第三届新旧动能转换高价值专利培育大赛，"以赛代评"决出高价值专利获奖项目66项，其中19项为专精特新企业。二是组织开展专精特新中小企业专利赋能创新发展行动。推出公益性专利信息利用、高价值专利培育、企业上市知识产权辅导和审查员驻企帮扶等"八大举措"，提升企业知识产权创造质和量。三是推动标准与专利融合创新。推动日照市率先开展专利标准战略融合创新城市试点，支持济宁市依托国家高新技术产业标准化示范区率先开展专利标准奖励制度试点。

活跃知识产权交易许可。一是实施专利转化专项计划。聚焦黄河流域重大国家战略、新旧动能转换"十强产业"转型升级，遴选高校院所、产业园区、服务机构等所属重点项目35个、知识产权运营服务重点支撑项目15个。省新旧动能转换重点产业专利库吸纳国内外最新专利技术5.3万件、向企业精准推送专利技术1万余件。二是实施专利开放许可试点。印发试点工作方案，搭建专利开放许可声明信息发布平台，登记开放许可专利488项，匹配推送中小企业231家，达成许可专利28项，其中免费许可21项，进一步解决高校院所专利技术转化难、中小企业专利技术获取难"两难"问题。三是完善市场化、多元化知识产权运营服务体系。坚持政府引导、市场化运作，建设山东知识产权运营中心及一批产业运营中心，依托山东金融资产交易中心建设全省性知识产权交易平台，通过"揭榜挂帅"方式建设重点产业知识产权运营机构11家，省市校企多点布局、优势互补、高效协同的工作机制和运营体系逐步形成，促成394项知识产权成果达成转让意向，转让金额1.6亿元。

知识产权服务高质量发展。一是实施专利导航工程。制定专利导航服务基地建设实施方案，围绕重点产业、企业、园区布局建成省级专利导航服务基地26家，支持开展各类导航项目240多个，其中省级专利导航项目60个。二是有序推进专利奖励评审。评审第四届山东省专利奖100项、优秀发明家10人，省政府予以通报表彰，全省知识产权保护工作会议对获奖单位、个人进行了表彰。新增第二十三届中国专利奖58项，其中金奖3项、银奖7项、优秀奖48项。三是加强地理标志运用和商标品牌建设。实施地理标志运用促进工程，建设国家、省级重点项目共20项，形成了专利导航、保险赋能、母子品牌建设等典型经验。支持重点产业、园区建立商标品牌（知识产权）指导站496家。

（山东省市场监督管理局　知识产权局）

科技人才工作

【概述】 2022年，山东省科学技术厅全面贯彻落实中央和省委人才工作会议部署，深入实施科教强鲁人才兴鲁战略，深化人才、项目、平台一体化配置，在人才引进、培育、激励、服务等方面持续精准发力，不断完善科技人才引育体系，加快人才发展体制机制改革，加大人才平台建设力度，优化人才发展生态，加强战略科学家、科技领军人才及创新团队、青年科技人才梯队建设，全力推动科技人才工作走在前、开新局。

【科技人才队伍建设】 山东坚持"人才是干出来的，不是评出来的"，不断优化科技人才政策体系，着力构建在重大科研任务中发现、培养、使用科技人才工作机制，大力集聚各类高水平创新人才。

一是聚焦战略科技人才。通过"一事一议""一人一策"等方式，在新材料、环保等领域引进5名顶尖人才。住鲁两院院士和海外学术机构院士达到121名，其中全职住鲁海洋领域院士数量位居全国第一。

二是聚焦科技领军人才。聚焦山东省重点领域，梳理确定了开展"卡脖子"技术攻关的科技领军人才及团队名单。广泛发动国家级实验室和省级实验室体系、高校院所及16市，全力做好国家级人才申报。高标准组织新一期泰山人才工程遴选，共吸引930人申报或参赛，新遴选泰山学者78名和泰山产业领军人才144名，坚持"人才＋用人单位"一体化支持，对重大创新平台、新当选院士及"筑峰计划"人选给予泰山人才工程配额和自主遴选认定名额，2022年以来，通过"配额制""自主遴选认定制"引进泰山系列人才31人，占全省新入选人数的14%。在国内率先出台省级创业类人才项目股权投资实施细则，给予15名创业人才股权投资1亿元。

三是聚焦青年科技人才。全力打造山东省科技菁英计划，支持更多青年科技人才挑大梁、当主角，加大省自然科学基金青年人才支持比例，33人入选国家杰青、优青，创历史最好成绩。9个省科技示范工程全部设立"技术副总师"，重点培养45岁以下青年科技领军人才。启动2022年省海外优青常态化遴选，共认定150名海外优秀青年人才，对海外青年人才吸引力大幅提升。对全球TOP200高校院所青年博士，直接给予省青年基金支持，并将瑞士、美国等创新强国的179所高校博士毕业生纳入支持范围，共给予890名优秀青年人才青年基金支持。在省科学技术奖中设立青年科学技术奖，评选省科学技术青年奖10人。

【科技人才激励政策】 系统推进全国科技人才评价改革试点任务，突出"四个面向"，聚焦"评什么、谁来评、怎么评、怎么用"，坚持"破四唯"和"立新标"并举，深化"三评"改革联动，通过边试点、边总结、边提升，逐步建立体现国家和省重大战略需求导向的评价指标和评价方式，切实构建以创新价值、能力、贡献为导向的科技人才评价体系，努力形成一批在全国可复制可推广的典型经验和制度成果。

【科技人才平台建设】
一是基础科研平台加快重塑。深入开展实验室体系重塑攻坚行动，海洋领域国家实验室获批建设，11家全国重点实验室获批组建（列全国第2位），在建省实验室增至9家，省重点实验室达到277家，"1313"实验室体系成型起势，战略科技人才力量加速集聚。

二是产业科创平台快速布局。大力推进中国科学院济南科创城、中国科学院海洋大科学研究中心等重大科技创新平台载体建设，在全国率先打造"1+30+N"创新创业共同体体系，新布局省级创新创业共同体5家，总数达到36家，备案新型研发机构总数增至419家，数量居全国第3位，成为集聚高层次人才"生力军"。获批高速列车和燃料电池2家国家级技术创新中心，国家盐碱地综合利用技术创新中心获批建设，新建省技术创新中心31家，总量已达136家。

三是推动济青平台建设。发挥济青在海洋、农业、先进制造业等领域优势，加大国家和省重大科技任务、创新平台、人才工程等倾斜支持，打造特色鲜明的人才集聚"小高地"为支撑，形成"2+N"人才集聚雁阵格局，带动全省人才集聚能力提升。

（山东省科学技术厅引进智力与出国培训管理处）

【全省科技系统职称评聘工作】 根据省人力资源和社

会保障厅《关于做好2022年度职称评审工作的公告》和《山东省人力资源和社会保障厅关于印发山东省职称评审管理服务实施办法的通知》（鲁人社规〔2021〕1号）文件要求，山东省科技厅制定了2022年度山东省自然科学研究高级专业技术职务资格评审工作方案，对评审范围、报送程序、报送材料及要求等做了部署。共收到申报自然科学研究高级专业技术职务资格合格材料256份，其中申报研究员职务资格87人（正常申报86人，破格申报1人）；申报副研究员职务资格169人（正常申报168人，破格申报1人）。经过高级职称评审专家委员会评审、网上公示等环节，上报省人力资源和社会保障厅批准，最终研究员通过53人，副研究员通过108人。

（山东省科学技术厅人事处）

【**人才智力引进工作**】 会同省委组织部、省人社厅共同举办第二届人才创新发展大会暨第十二届中国·山东海内外高端人才交流项目洽谈会，邀请中国工程院党组书记、院长李晓红参会。发动各部门单位踊跃参加第二十届海内外高端人才交流项目洽谈网络会议，全省网上虚拟展厅面积达820平方米，与广东并列各省份第一，并通过"张榜揭"发布人才项目需求600多条。

（山东省科学技术厅引进智力与出国培训管理处）

【**专业技术人才队伍建设**】

加强青年创新人才队伍建设。修订出台《山东省博士后工作管理办法》，创新完善符合博士后研究人员特点的管理制度。印发《山东博士后科学基金管理办法》，设立山东博士后科学基金。稳步扩大博士后创新资助规模，支持200余人入选国家级、省级创新项目资助。通过"政策找人"为近600名博士（后）青年人才兑现生活补助3400余万元。举办省博士后创新创业大赛，吸引1230名海内外博士后报名参赛，落地项目86个。全年新引进博士后1700余人，同比增长17.4%，年度招收人数创历史新高；全省在站博士后近6000人，累计招收博士后总量突破15000人，居全国第3位；拥有博士后科研流动站153个、科研工作站393个，设站数量居全国前列。

组织实施国家级、省级高级研修项目。立足特色优势产业、战略性新兴产业，克服疫情影响等各种困难，采取"线上+线下"等多种方式，按时举办各期高级研修项目。2022年共组织实施国家级、省级高级研修项目105项。其中，国家级项目7项，省级项目98项，培养培训高层次专业技术人才和经营管理人才3000余名，助力打造创新领军人才队伍。

【**技能人才队伍建设**】

强化技能人才培养选拔。开展技能领军人才评选，产生泰山产业技能领军人才30名。实施"技能兴鲁"百万工匠人才培育行动，新增高技能人才21.8万人，技师以上3.6万人，高技能人才突破370万人。实施万名技能领军人才培育行动，开展齐鲁首席技师和山东省技术技能大师选拔认定工作，认定齐鲁首席技师146名，山东省技术技能大师99名，545人获得"山东省技术能手"称号。推荐的王树军等6名高技能领军人才获得"中华技能大奖""全国技术能手"等荣誉称号。

大力发展技工教育。全力做好技工院校招生工作，全省技工院校全日制招生16.4万人，完成人力资源社会保障部下达计划的113%，在校生超过40万人。技工院校校企深度合作集团化办学模式改革取得成功经验，人力资源社会保障部在济宁召开全国技工教育集团化发展调研座谈会，对山东省做法给予充分肯定。开展技工教育优质校和优质专业评选，遴选建设技工教育优质校7个、优质专业16个。

【**人才智力引进工作**】

成功举办第十二届中国·山东海内外高端人才交流项目洽谈会。为强化人才引育创新，省委人才工作领导小组主办第二届山东人才创新发展大会暨第十二届中国·山东海内外高端人才交流项目洽谈会，山东省委组织部、山东省人力资源和社会保障厅、山东省科学技术厅承办。大会于6月20日启动，历时5个月，统筹全省资源举办特色人才节会活动180余场，累计引进国家级省级领军人才1400余人，签订高层次人才合作项目4000余个，是全省近年来人才活动中层次最高、规模最大、成效最显著的。11月21日，集中展示大会在济南举行，近200位专家学者在主会场参加大会，同步举办了高端论坛、人才引育创新成果展等活动。

扎实推进青年人才引育创新。深入开展"万名博士、十万硕士、百万大学生创业齐鲁计划"（2021—2022），组织开展2022届高校毕业生就业促进周与"百日冲刺促就业"活动，举办"创业齐鲁"第六届"山东大学生创业之星"竞赛活动，省市联动举办"山东—名校人才直通车"线上线下引才活动1000余场，组织5000余家用人单位、200多所省内外高校参与"百校千企"人才对接活动，持续加强活动招引和政策支持，接续推进"青年人才集聚齐鲁行动计划"，全年吸引集聚青年人才80余万人，其中博士近8900人，同比增长13.6%。

海外留学人才引进成效显著。深入实施"海外英才汇聚计划"，征集留学人才岗位需求24890个并依托海外"双百渠道"进行常态化推介。创新开展2022年"海聚山东"线上引才系列活动，增加用人单位软硬件环境实景介绍及新进入职海外名校博士、硕士"现身说法"环节，打造360度无死角"沉浸式求职体验"，举办活动67场，浪潮、重汽、山大等200余家企事业单位参与"直播带岗"招聘。探索"海聚山东"与"山东—名校人才直通车"合作引才模式，举办英国兰考斯特大学线下专场和日韩高校线上专场活动，吸引4500余人参加。组织开展第八次山东省留学人员回国创业奖评选，省政府表彰20位留学回国人员，在第十二届中国·山东海内外高端人才交流项目洽谈会上邀请省领导为获奖代表颁奖。2022年全省引进留学人员5600余人。

引导各类人才服务基层。聚焦服务黄河流域生态保护和高质量发展重大战略，新增64家省级（乡村振兴）专家服务基地，构建"产业+人才""平台+生态""技术+赋能"基地集群。发挥基地柔性引才平台作用，依托"省专家服务基层一体化信息平台"，建立产业需求征集、专家技术指导、项目成果转化的服务基层常态机制。会同黄河流域9省区邀请1000余位高端专家组建专家库，在省内沿黄9市开展11场"省级专家服务黄河流域生态保护和高质量发展基层行"活动，解决生态保护、产业发展技术难题400余个。全年开展省级专家服务基层示范活动36场，带动全省开展各类活动710场，组织专家人数超过9300人，为基层发展赋能助力。

优化事业单位公开招聘方式。适应新形势新任务要求，印发《山东省事业单位公开招聘实施办法》《山东省事业单位公开招聘工作人员笔试工作规程（试行）》，进一步健全公开招聘政策体系。落实《山东省事业单位高层次急需紧缺人才特聘办法》，加快高层次人才引进。2022年，省属事业单位公开招聘工作人员7804人，其中博士3054人；省属事业单位通过特聘方式引进高层次急需紧缺人才80人。

【职称制度改革】 创新推进职称制度改革。创新专精特新企业职称评审机制，出台《创新专精特新中小企业和制造业单项冠军企业职称评审机制若干措施》，在全国率先探索实行企业职称申报董事长"举荐制"，具有突出技术创新能力、取得原创性科技成果以及为企业作出重大贡献的优秀人才，经董事长署名举荐，可直接申报高级职称。聚焦新一代信息技术、现代高效农业等"十强"优势产业链，加大新职业、新职称设置力度，打造"一链一策"专属职称，增设安全工程、物流工程等6个新职业职称。修订文物博物、美术、群众文化、艺术等17个职称评价标准，推行代表性成果制度，明确不同系列职称评审所考察的代表作类型，将技术创新、专利发明、成果转化等维度的指标纳入评价标准，评价标准的科学性、针对性进一步提升。

完善科普人才职称评价方式。瞄准经济社会发展需求，在群众文化传播方向增设科学传播专业，制定科学、可操作的评价标准，搭建科普人才职称晋升"新赛道"。

（山东省人力资源和社会保障厅）

外国专家工作

【概述】 以加快建设全国重要人才中心和创新高地为主要任务，以促进外国专家工作与科技创新深度融合为手段，以推进政策制度创新和扎实落地为保障，充分发挥市场和用人单位主体作用，以高质量外国专家服务工作支撑山东省高水平科技自立自强。

【外国专家引进计划】 积极构建以国际顶尖人才为引领、高层次外国专家和优秀青年人才为重点、海外工程师为基础、离岸创新人才为补充的全覆盖的海外人才队伍。继续实施海外工程师支持计划，突出市场化评价人才导向，积极引进掌握核心技术、关键工艺、先进方法的外籍专业人才。

【外国专家管理服务】 2022年，青岛荣获"魅力中国—外国专家眼中最具吸引力的中国城市"、济南和烟台荣获"魅力中国—外国专家眼中最具潜力的中国城市"；山东省首批外国专家书屋获中宣部对外推广局、科技部国外人才研究中心支持建设；联合省人力资源和社会保障厅、省公安厅，开展外国人来华工作许可规范检查工作。

【外国专家活动】 举办首届山东省海外工程师创新合作大会，打造山东省外国人才创新合作大会品牌；组织高层次外国专家齐鲁行系列活动；举办庆中秋外国专家茶话会；用七国语言发布"致外国专家新年贺信"。

（山东省科学技术厅外国专家服务处）

政策法规与环境建设

【概述】 2022年，山东科技系统坚持以习近平新时代中国特色社会主义思想为指导，全面贯彻党的二十大精神，认真落实习近平总书记关于科技创新的重要论述和视察山东重要指示要求，紧紧围绕科技部有关科技政策法规和体制改革工作部署，坚持科技创新核心地位，纵深推进重点领域和关键环节科技体制改革，科技创新体系整体效能显著提升，为世界科技强国和新时代现代化强省建设提供强有力支撑。

【科技政策和法规】 系统推进科技创新治理，持续健全制度体系，保障新时代科技强省建设加快推进。加强科技工作统筹谋划，出台《关于加快推进新时代科技强省建设的实施意见》，制定9个方面27条硬措施，强化教育、科技、人才的战略支撑作用。编制印发12个专项规划，规划体系进一步健全。扎实推进法治政府建设。制订省科技厅2022年法治政府建设工作计划，将法治政府建设与科技创新工作同推动、同落实。启动《山东省科学技术进步条例》修订工作，印发《山东省科学技术奖定向奖励实施办法（试行）》，着力健全科技创新法规体系。深入推进依法行政。出台规范性文件管理实施细则，健全规范性文件审查机制，共审查备案15件规范性文件。制定出台《省科技厅合同（协议）管理细则》，进一步规范合同（协议）工作制度和流程。制定《加强科技管理活动全流程管理工作分工方案》，出台《科技评审活动现场监督工作规程》《科技评审专家遴选管理工作规程》，加强关键环节、关键领域的监督，探索建立决策权、执行权、监督权相互制约协调的权力结构和运行机制，保障科技评审活动的科学性、合理性和公正性。

【科技体制改革】 山东科技系统纵深推进科技体制机制改革，扎实推动科技政策落实落地，着力提升区域创新体系整体效能，区域创新能力保持全国前列，为实现高水平科技自立自强和现代化强省建设作出积极贡献。2021年全社会研发投入达到1944.7亿元，投入强度提高到2.34%。高新技术企业新增数量再创历史新高，总数达2.6万家。我省作为实施创新驱动发展战略成效明显的地方，再次获得国务院督察激励。

改革试点工作顺利推进。扎实开展国家赋予的科技成果评价改革、科技奖励制度改革和科技人才分类评价改革，加快树立以科技创新质量、绩效、贡献为核心的评价导向，更好激发科技人员产出更多高质量成果。成果评价方面，在全国率先制定科技成果"五元"价值评价体系，实施成果分类评价改革。奖励评价方面，增设科学技术青年奖，新设特等奖，取消三等奖，率先实施定向奖励评审机制，奖励真正作出创造性贡献的科学家和一线科研人员。人才评价方面，系统谋划全省科技人才引进、培养和使用，实施山东省科技菁英计划，国家火炬计划入选数量位居全国第二，"人才是干出来的，不是评出来的"理念更加深入人心。项目管理改革成效显著。聚焦"十强"产业领域关键核心技术需求，全年动态征集关键核心技术攻关动态清单。创新重大科技项目实施方式，采用"揭榜制"组织项目申报，广发"英雄帖"，面向全球公开张榜，不论资质、不设门槛，寻找最有能力解决问题的人才"挂帅"。探索重大项目技术成熟度评价，开展科技计划项目标准化绩效评价，提高项目精细化管理水平和实施绩效。《人民日报》头版头条刊发文章《山东大力推动产业链与创新链深度融合发展》，文章提到，"山东科技项目管理组织模式积极探索'揭榜挂帅'，推动产业链与创新链深度融合发展"。重点领域改革持续深化。省科技示范工程项目全面推行技术总师负责制，充分赋予技术总师经费分配权、团队组建权、考核激励权和资源支配权，真正实现人尽其才。选取21家高校院所作为新一轮试点单位，深入开展赋予科研人员职务科技成果所有权、长期使用权等改革试点，技术成果转化激励和权益分享机制不断健全。持续减轻科研人员负担，建立科研诚信建设联席会议制度，科技创新环境持续优化。"放管服"改革持续推进。推进行政审批制度改革。编制并指导市县编制科技部门行政许可事项清单、行政许可实施规范，做好下放后省级行政权力对接工作。加强全链条全领域监管。实验动物行政许可单位监督检查和外国人来华工作许可规范检查均通过"双随机、一公开"监管工作平台开展，实现检查事项全覆盖。持续优化科技营商环境。发挥好"包容普惠创新领域"牵头单位作用，制定《营商环境创新2022年行动计划》（包容普惠创新领域任务落实方案），扎实推进9项任务落实，创新创业活力持续迸发。

（山东省科学技术厅政策法规与创新体系建设处）

【创新体系建设】 2022年，全省科技系统按照省委关于争当全国高水平科技自立自强"排头兵"的工作部署，纵深推进"卡脖子"技术攻关、高能级创新平台建设、创新企业培育、创新人才引育等重点工作，科技创新体系效能大幅提升，高水平创新型省份建设全面起势。一是科技创新投入再创新高。省级科技创新发展资金较2021年增长10%，达到145亿元，集中财力支持重大科技创新，带动全社会研发投入和研发投入强度连续两年实现双提升。二是关键核心技术攻关能力持续增强。组织实施重大科技创新工程项目121项，作为唯一示范省顺利实施"氢进万家""北斗星动能"国家级重大科技示范工程，启动"合成生物""核动未来"等省级科技示范工程，一批关键核心技术实现重大突破。全球首艘10万吨级养殖工船"国信1号"交付使用；世界首个电磁推进地面超高速试验"电磁橇"设施成功运行；世界首颗量子微纳卫星"济南一号"成功发射；成功制备高性能氧化铝陶瓷纤维并实现量产，打破了国外技术垄断；3个1类新药成功获批上市，数量居全国第2位。三是创新平台建设加速推进。崂山实验室正式挂牌组建，首批11家全国重点实验室成功获批，新建3家省实验室、22家省重点实验室，"1313"实验室体系初具雏形；国家盐碱地综合利用技术创新中心成功获批，领域类国家技术创新中心达到3家，居全国第2位，新建31家省技术创新中心，省级创新创业共同体发展到36家，备案省级新型研发机构达到419家，产业创新平台日趋完善。四是企业创新主体地位不断提升。全省国家级孵化载体总数达到348家，居全国第3位；入库科技型中小企业3.54万家，居全国第4位；高新技术企业总数突破2.67万家，居全国第5位；培育科技领军企业200家、科技小巨人企业600家，科创板上市企业达到21家，带动全省高新技术产业产值持续增长，占规模以上工业产值比重达到48.3%，较去年提高1.5个百分点。五是创新人才高地加快隆起。持续优化人才政策，组织举办高层次人才创业大赛等系列人才活动，高层次科技人才数量快速提升。住鲁两院院士和海外学术机构院士达121人，国家级、省级领军人才达5500余人。

（山东省科学技术厅战略规划处）

【科技成果转移转化】 深入推进省属高校、科研院所成果转化综合试点。组织8家试点单位召开了年度任务协同推进会，针对9项试点任务梳理总结25个典型案例，印发了《2021年度省属高等学校、科研院所科技成果转化综合试点典型案例汇编》，下发至各省属公办高校院所。向试点单位下发《关于加快推进省属高校、科研院所科技成果转化综合试点相关工作的通知》，固化推广试点成果，推进试点工作深化落实。下发《关于扩大科技成果转化综合改革试点范围的通知》，选取21家高校院所作为新一轮科技成果转化综合改革试点单位。

完善科技成果转化服务体系。出台了《山东省科技成果转化中试示范基地备案管理办法（试行）》，备案15家省科技成果转化中试示范基地。修订印发《山东省支持培育技术转移服务机构管理办法》，备案省级技术转移服务机构18家，完成省级技术转移服务机构2021年度绩效评价工作，对绩效评价优秀、良好的服务机构给予资金补助1520万元。下发《关于进一步加快省属高校院所专业化技术转移机构建设的通知》，加快推进省属高校院所技术转移服务机构全覆盖。印发《2022年度山东省技术转移先进县（市、区）绩效评价方案》，完成技术转移先进县（市、区）2022年度绩效评价和创建工作，新建10家技术转移先进县。完成年度可转化重大科技成果的征集及推介发布，推介发布重大科技成果100项。

开展技术经纪人引育使用专项行动。深入贯彻落实省委人才工作会议精神，成立由山东省科技厅牵头，山东省委组织部、山东省教育厅、山东省人才发展集团参加的专项行动专班，研究制定了技术经纪人专项行动方案。积极与省人才集团对接，组建山东省技术经纪服务联盟，充分发挥技术经纪人作用，促进更多成果在山东省转化落地。指导省级以上技术转移人才培养基地大力培育市场化技术经纪人，2022年7家基地共组织培训技术经纪人2456人次。完成省级以上技术转移人才培养基地2022年度绩效评价工作，对获得优秀、良好等次的基地共给予180万元资金补助。修订印发《山东省技术转移人才培养基地管理办法》，加快培养一支高水平专业化的技术转移人才队伍。

全力打造区域成果转化平台。在积极推进黄河流域科创联盟实体化运营的基础上，加快推动三大经济圈科创联盟提质增效。组织召开了科创联盟年度工作会议，研究部署年度重点任务，指导联盟评选出2021年度十大优秀技术经纪人，组织了"百名专家进高新区""成果推介短视频征集""校企云上对接会""技术要素市场与科技成果转化专题云讲堂"等多场次多形式活动。推动省技术成果交易中心实体化公司山东国赢技术产权交易有限公司成立，指导省技术成果交易中心完成综合性技术交易平台建设，年度挂牌成交成果转化245宗，成交金额4.51亿元。

积极配合开展科技成果评价改革试点相关工作。贯彻落实《关于组织开展科技成果评价改革试点工作的通知》，指导省生产力促进中心制定《山东省科技成果评价技术规范》地方标准，成立山东省科技成果评价第三方机构联盟，以地方标准、行业管理来引导规范科技成果第三方评价。下发《关于做好2022年度科技成果登记工作的通知》，审核登记科技成果3000余项。依托国家技术转移人才培养基地完成科技成果评价（科技评估师）培训，共培训科技成果评估师104人。

（山东省科学技术厅成果转化与区域创新处）

【科技系统党的建设和党风廉政建设工作】 2022年，山东省科学技术厅直属机关党委在厅党组坚强领导下，按照"抓改革、抓绩效、抓落实"的总要求，务实奋进、开拓创新，努力推动机关党建工作迈上新台阶，多项党建工作成果获得省委省直机关工委表扬，山东省科学技术厅先后获评书香机关、学习好的部门单位、理论教育工作先进单位等，机关纪委获得省直机关先进纪检组织。

聚焦政治引领，凝心聚力铸魂

①坚持政治机关定位。主动强化政治机关意识，充分发挥党组示范带动作用和领导干部"关键少数"形成的"头雁效应"，部署工作始终将党的政治建设摆在首位，坚持将传达学习习近平总书记重要讲话、重要指示批示精神作为厅党组会议"第一议题"，带头学懂弄通做实习近平新时代中国特色社会主义思想，带头贯彻落实习近平总书记系列重要讲话和指示批示精神，引领党员干部从讲政治的高度领会决策意图，不断强化践行"两个维护"的思想自觉、政治自觉、行动自觉。

②深入学习宣传贯彻党的二十大精神。把深入学习宣传贯彻党的二十大精神作为首要政治任务，精心制定学习宣传贯彻党的二十大精神工作方案，第一时间召开理论学习中心组和党组会议专题学习研讨，开展全员党的二十大精神培训。班子成员带头在全省科技系统宣讲，并深入高校、科研院所、企业宣讲调研，与一线科研人员和基层党员群众座谈交流，有序推进主题宣讲、读书班、网络课程、党务纪检干部培训等10余项具体工作安排，持续掀起学习宣传贯彻热潮，做到党员干部培训全覆盖，推动党的二十大精神在科技系统落地落实。

③严肃党内政治生活。认真落实"三会一课"、民主生活会、领导干部双重组织生活、民主评议党员、谈心谈话等制度，加强经常性教育、管理、监督。加强思想教育和理论武装，健全以理论学习中心组为龙头、处级干部为重点、党支部和青年理论学习小组为基础的理论学习体系。全年组织中心组学习13次，交流发言45人次；青年理论学习小组学习20余次，编发学习材料20余套，推动各级党组织、群团组织、青年理论学习小组学习走深走实。学习做法在省直机关党建工作会作典型经验交流，《大众日报》《机关党建》专栏刊发。用好郭永怀事迹陈列馆等红色资源，积极开展党史学习教育、保密警示教育等活动。

聚焦组织引领，建强战斗堡垒

①完善党组织建设。充分发挥党员先锋队和基层组织战斗堡垒作用，优化调整党组织设置，高标准完成支部换届任务，配齐配强支部班子，做到应建尽建、应换尽换、应补尽补，实现党的组织领导全覆盖。组织支部书记、党务干部和党员教育培训，培养入党积极分子2名，转正党员1名。落实党费收缴两条线，党费收缴实现规范化管理。继续实施支部标准化提升工程，推进过硬支部建设、评星定级管理，搭建结对共建平台，先进、过硬党支部达到80%。

②深化党建联络指导制度。紧紧扭住基层党建责任制这个"牛鼻子"，强化厅党组班子成员的"一岗双责"，完善班子成员联系基层党支部工作制度，参加支部开展的重要事务和重大活动，及时掌握支部党建工作动态。直属机关党委委员、机关纪委委员分工联系指导处室、单位，经常性深入支部"面对面"指导督查，拓展党建思路、创新党建业务融合方法、解决实际困难。

③打造特色品牌。创新"1+3+N"党建模式，制定《关于开展"'走在前列、全面开创''三个走在前'我在行动"主题活动推进模范机关建设工作方案》，推进党建、文明创建、模范机关建设与科技创新业务融合发展，厅基层党组织获得"省直机关创建模范机关先进集体""党支部建设示范点"。擦亮科技特色党建品牌，创树党建品牌30余个，各党支部与各市科技局、科研院所开展办实事、主题党日等结对共建活动220余次。

聚焦正风肃纪，营造良好生态

①落实全面从严治党主体责任。制定全面从严治党、党风廉政建设和反腐败工作要点、纪检工作要点、加强新时代廉洁文化建设工作措施等，层层签订党风廉政建设责任书，推动各级党组织共同落实全面从严治党主体责任。召开全厅党风廉政建设大会、全面从严治党工作推进会议等，听取党组成员履行全面从严治党主体责任述职，组织支部书记述职评议考核，层层推动基层党建工作责任落实、工作落实。

②狠抓作风建设。扎紧全面从严治党"制度笼子"，严格落实中央八项规定精神，制定"酒杯中的奢靡之风"、三类"四风""科技云平台监督"等方案，建立纪律作风建设例会制度，持续整治形式主义、官僚主义突出问题，深入开展"严真细实快"干部作风大提升行动，以作风建设提升推动科技创新工作。梳理汇总处室单位廉政风险点143个，明确解决措施、责任处室和完成时限，切实为基层、为科技人员、为企业松绑减负。

③强化廉政教育和日常监督。组织参观廉政教育基地、观看警示教育片、开展警示谈心谈话、发放廉洁自律提示卡，编发年轻干部违纪违法案例汇编，对项目平台人才全流程监督等，增强廉政意识，强化风险防控，精准运用监督执纪"四种形态"特别是"第一种形态"，以严的基调推进全面从严治党向纵深发展、向基层延伸。

聚焦服务大局，实干创新笃行

①持续深化"我为群众办实事"。成立乡村振兴、企业科技、科技成果转化、科技人才、科技平台五支科技志愿服务队，选派9900余名科技特派员，组建448支科技特派员服务队，深入全省每一个乡镇助力乡村振兴。全省主要农作物良种覆盖率达98%，农业科技贡献率达65.81%，高于全国平均水平4个百分点。聚焦一线科研人员所急所盼，开设山东科技创新云讲堂，持续开展科研人员"减负"行动，让科技创新成果不断惠及人民群众。

②持续深化科技领域改革。出台科技体制改革30条攻坚措施，扎实开展科技部赋予的科技成果评价、科技奖励、科技人才分类评价3项国家改革试点，加快树立以创新质量、绩效、贡献为核心的科技评价导向，为科技体制机制改革贡献"山东经验"。

③加快推进高水平科技自立自强。山东省作为实施创新驱动发展战略成效明显的地方，再次获得国务院督察激励；山东省上榜"2022年科研助理岗位落实工作作出较大贡献的地区"，获得科技部通报表扬；崂山实验室揭牌建设，有力支撑海洋强国建设；枣庄市成功获批国家可持续发展议程创新示范区，着力打造乡村可持续发展山东样板；"海洋与气候无缝预报系统"入选联合国"海洋十年"大科学计划；首台国产化30兆瓦燃气发生器、高性能氧化铝陶瓷纤维等一批关键核心技术实现突破，为产业发展提供有力支撑。

（山东省科学技术厅直属机关党委）

科学技术普及

【概述】 2022年，山东省科技厅深入贯彻落实党的二十大有关科普工作精神，深刻认识习近平总书记"科技创新、科学普及是实现创新发展的两翼"的重要指示要求，将新时代科普工作与科技创新紧密结合，积极配合全国人大常委会执法检查组来鲁开展科普法执法检查，举办2022年山东科技活动周、第二届科普讲解大赛等具有山东特色的科普活动，不断丰富科普工作内涵，拓宽科普工作渠道，创新科普工作形式，夯实科普社会根基，科普工作取得了一定的成效。

（山东省科学技术厅引进智力与出国培训管理处）

【山东省科协工作】

科普工作 扎实做好全国人大常委会《中华人民共和国科学技术普及法》执法检查迎查工作，获得全国人大常委会执法检查组的高度肯定，指出"山东省认真贯彻落实科普法，科普事业发展取得明显成效"。

发挥省全民科学素质工作牵头单位作用，组织召开全省全民科学素质工作领导小组会议，副省长、省全民科学素质工作领导小组组长凌文主持会议并讲话。

开展全国科普示范县（市、区）推荐工作，25个县（市、区）获评2021—2025年度第二批全国科普示范县（市、区），入选数量居全国前列，全省全国科普示范县（市、区）数量增至28个。

加强科普设施体系建设，新增4个科技馆列入免费开放补助范围，全省列入免费开放补助范围的科技馆达到34个。面积达8万平方米的省科技馆新馆顺利建成并具备开馆条件。

实施基层科普行动计划和科普示范工程，支持培育科普社区、农村专业技术协会、科普教育基地等225个，整合科普团队、科普阵地和科普资源项目类别，支持科普专家工作室、户外科普设施、科普宣传资源等155个项目建设。

加强科普活动品牌化建设，全国科普日期间，全省科协系统联合开展各类活动4.4万余项，是2021年的5倍多，数量居全国科协系统第1位。创新科普传播形式，在全国科普日山东省主场发布优秀科普人物、优秀科普作品，与山东广播电视台合作进行网络直播，集中宣传全省各地全国科普日活动盛况。

联合省应急管理厅、省市场监督管理局、省地震局等省有关部门单位，组织实施乡村振兴科普行动、主题科普联合行动、沼气煤气安全使用科普专项行动，举办"5G赋能创新密码护航发展""全民数字素养与技能提升""食品安全""双碳"等科普展览活动。

搭建"每日科普"等科普公共信息服务平台，阅读量超过260万人次。联合山东交通广播策划科普节目《你知道吗？》，连续播出360余天。联合山东广播电视台少儿频道，制作播出50期《科普总动员》，受众1200万人次。联合山东电视台推出"科学云讲堂"系列直播节目，持续扩大常态化科普宣传覆盖面。

科技服务 省政府将"支持枣庄市创建科创中国试点城市""支持黄河三角洲国家农业高新技术产业示范区创建科创中国试点园区"分别纳入《山东省人民政府办公厅印发关于支持枣庄市建设国家可持续发展议程创新示范区的若干政策》和《山东省人民政府关于支持黄河三角洲国家农业高新技术产业示范区高质量发展的意见》。

加大"科创中国"试点城市支持指导力度，《人民日报》刊登试点工作经验。山东第一医科大学附属省立医院等13个单位入选首批"科创中国"创新基地，入选数量居全国第3位。山东科技咨询协会"企业科协组织有效融入'科创中国'建设的机制研究"等3项课题入选"科创中国"研究课题项目，入选数量居全国第1位。1399个企业科协和45个园区科协在中国科协平台注册，注册数量居全国第1位。

组织开展"金桥行动"6次，30多位专家对接服务菏泽市、济宁市、聊城市、临沂市等地企业。加大海外专利信息资源应用推广力度，开展宣传推广活动76场次，培训专利应用工程师4700余人次，年内新注册企业2544个，被国家知识产权局评选备案为2022年度国家知识产权信息公共服务网点。

实施省级学会创新发展工程，推动25项科技成果转化，发布15项团体标准，累计形成技术解决方案68份，解决技术难题16项，助力20个协同创新基地，助推1个基地企业入选山东省专精特新中小企业。

举办山东省第十四届大学生科技节，参与大学生28.3万人次，参与企业292个，覆盖省内院校130余所、省外院校270余所。举办山东省创新方法大赛，选拔9个项目参加全国创新方法大赛总决赛，荣获一等奖1项，总得分排名居第1位；山东赛区荣获优秀组织奖。

实施乡村振兴科普行动，加大科普资源供给，推动成立滨州棉麻专业委员会，鱼台县、惠民县新型农技协联合会。邀请农业专家开展科技志愿服务，惠及群众2万余人。开展"山东省科协乡村振兴科普行动——流动科普巡展活动"，行程5000余公里，惠及群众1万余人。

加强省智库高端人才队伍建设，智库专家规模扩大至400人。发挥智库在服务黄河重大国家战略中的作用，加强黄河国家战略研究院建设，开展"黄河三角洲湿地保护"等9个课题研究，举办黄河发展论坛暨中国区域经济50人论坛，发布《黄河流域生态保护和高质量发展年度报告（2021）》，提出的"支持德州建设黄河流域（山东）现代农业科学城"纳入《山东省黄河流域生态保护和高质量发展规划》。

围绕全省重大战略布局和重点产业发展，开展五大方向创新力提升研究，形成50万字研究报告，组织智库专家承接13项社科课题研究，举办9期新旧动能转换创新论坛，150余名院士专家参与交流。

畅通智库专家资政建言渠道，扩大《院士专家建议直通车》影响力，报送决策咨询建议20期，省领导批示11期，有效服务党和政府科学决策。

学术交流 省科协与中国国际科技交流中心、烟台市人民政府联合主办2022年中日韩工程技术大会，大会以"科创助力 协同发展"为主题，共组织7场系列活动，有4位外籍院士、30余位中日韩高层次专家参加会议交流，1.5万余人进行线上观看，6个项目线上签约。

省科协与菏泽市人民政府共同主办第十四届山东省科协年会开幕式，年会以"科技引领 协同创新"为主题，设置开幕式暨大会主论坛、3个专业分论坛、5个系列专题活动、2个专项会议以及山东省创新方法推广等活动。年会签订7个战略合作协议、20个项目合作协议，建立12个国家级和省级学会服务站、4个国家级和省级学会科技成果转化中心。

省科协共举办泰山科技论坛102期，累计邀请79名中外院士、575名专家学者做报告，100万余名科技工作者通过线上线下形式参与论坛交流，参与论坛的高层次专家和论坛影响范围均创历年新高。

人才与建家 举办2022年"全国科技工作者日"座谈会，省委常委、组织部部长王宇燕出席并讲话，为第十二届山东省青年科技奖获得者颁奖，为"科学家精神教育基地"代表授牌。举办"5·30全国科技工作者日"系列活动，全省开展线上线下各类活动5726场次，参与人数300余万人次。

积极融入全省人才工作大局，山东省科协与山东省委组织部、山东省科技厅共同牵头实施"战略科学家引育行动"，推荐6人入选山东省战略科学家。参与科技领军人才及创新团队培育专项行动，推荐33人入选山东省科技领军人才。提出的14项顶尖人才培育措施被省委采纳。开展卓越工程师培育专项行动，评选卓越工程师19人、杰出工程师37人、青年优秀工程师41人、杰出工程师团队21个。

强化科技人才举荐表彰，7人入选中国青年科技奖，入选人数居全国第4位；3人入选中国青年女科学家奖，入选人数居全国第2位。推荐102人进入中国科协评审专家库，22人成为中国科协海智特聘专家，7人纳入中国科协国际组织任职支撑服务系统。联合省委组织部开展第十二届山东青年科技奖评选表彰，60人入选。

举办院士专家山东行活动，邀请20位院士专家参加，组织21场对接活动，促成10余项合作意向，省委副书记、青岛市委书记陆治原对活动成果给予批示肯定。

山东省科协与山东省委宣传部、山东省科技厅联合举办2022年"齐鲁最美科技工作者"选树宣传活动，评选出10名。与大众网、闪电新闻等媒体联合开设"强国复兴有我——新时代科技筑梦人""齐鲁科研潮头的后浪"等专题专栏，宣传科技工作者400余人次，视频点击量566万人次。

大力弘扬科学家精神，郭永怀事迹陈列馆等6个单位入选"科学家精神教育基地"。开展"党领导下的科学家"主题展巡展，举办线上线下科学家精神宣讲报告，开设"'春风化雨'科学家学术成长成就微展播"，累计参与人数50余万人次。

山东省科协联合青海省"两弹一星"理想信念教育学院、北京大学马克思主义学院举办山东省青年科技领军人才国情研修班，邀请钱七虎、高德利、孙蚌珠等专家，围绕学习贯彻党的二十大精神、弘扬科学家精神等主题做报告，250余名青年科技领军人才参加，王宇燕同志对研修情况作出肯定性批示。

联合山东省科技厅承办第一届中国科技青年论坛国家重大需求专题分论坛，1500余名国内优秀青年科技人才参加，被中国科协评为优秀组织单位。

举办12期青年科学家沙龙活动，79位优秀青年专家做专题报告，1万余名青年科技人才参与。实施青年科技人才托举工程，托举32岁以下青年科技人才成长。

广泛联系凝聚海外科技人才，推荐申报1个国家级海智基地，新设立9个海外驿站，引进海外人才企业19个、海外人才110余名。

自身建设 完成《山东省科学技术协会条例》修订工作并颁布实施，成为全国科协系统首部贯彻新时代要求的科协条例，全国人大常委会副委员长艾力更·依明巴海对条例修订工作给予批示肯定。

开展改革品牌遴选工作，采用"揭榜制"方式，遴选 34 个改革品牌项目，以点代面形成示范带动作用，推动改革向基层延伸。1 个项目入选全国科协系统深化改革试点示范与研究项目。

发挥党建统领作用，制定党建与业务工作深度融合意见。强化党建带群建，深化党支部标准化规范化建设提升工程，加强模范机关建设。夯实省级学会党建，扎实推进党建强会，"党建入章"任务全部完成，21 个省级学会在理事会层面新成立党建工作小组，总数达到 58 个。

加强学会能力建设，实施学会能力建设"头雁工程"，新增 10 个学会获评 5A 等级，7 个学会入选首批省社会组织标杆名单。分类推进学会"两化"建设，55 个学会实现秘书长专职化，69 个学会实现秘书处实体化。提升学会服务能力，3 个学会列入科技成果评价首批试点单位，23 个学会完成社会力量设奖备案，4 个学会制订 12 项团体标准。

积极推进基层科协换届工作，选优配强各级科协组织领导班子。深化提升基层科协组织力"3+1"工作，积极吸纳"三长"、科技型企业家等进入基层科协领导机构。

扎实扛牢全面从严治党政治责任，制定全面从严治党清单，专题研究全面从严治党工作。加强党风廉政建设，严格执行中央八项规定及其实施细则精神，严格落实意识形态工作责任制，制定整治形式主义为基层减负工作要点，不断提升机关工作效能。

加强科协干部队伍，注重在实践一线培养锻炼干部，建立青年干部代表列席理论学习中心组学习制度，实施青年理论学习提升工程，举办科学讲座 20 余期次，不断提升科协干部政治素养和专业化能力。

（山东省科学技术协会　郝美想　鲍　鹏）

【**科技活动周、科技下乡活动等**】　在威海开展"走进科技，你我同行"为主题的全省科技活动周，高规格启动第二届科普讲解大赛，打造山东科普特色品牌，共有来自全省各行各业 152 人报名参加，是去年的 2 倍，大众网全程直播，活动当天点击量达 40 万次。

（山东省科学技术厅引进智力与出国培训管理处）
责任编辑　李绮斌

行业科技进步
HANGYE KEJI JINBU

农业科技

【概述】 据统计，2022年，山东省农林牧渔业总产值达到1.2万亿元，是全国率先突破万亿元的省份。一产增加值达到6298.6亿元、增速达到4.3%，均居全国首位。全省粮食总产量1108.8亿斤、占全国1/12，连续两年突破1100亿斤。蔬菜总产量9045.8万吨、占全国1/9，产量全国第一；肉蛋奶总产量1580万吨、占全国1/10，稳居全国首位；水果总产量3095.6万吨、占全国1/10，水产品总产量882.8万吨、占全国1/8，均居全国前列。全省农业科技进步贡献率达到66.32%，主要农作物良种覆盖率达到98%以上，设施蔬菜自主品种占比超过80%。农机总动力1.15亿千瓦时、居全国首位。

【全国文化科技卫生"三下乡"山东省集中示范】 2022年2月14日，全国文化科技卫生"三下乡"山东省集中示范活动在禹城举行。农业农村部副部长张桃林、山东省副省长凌文参加活动。"三下乡"是中宣部、农业农村部等15个部委组织开展的服务基层、服务"三农"的重要品牌活动，也是推动人才、文化、科技、卫生、法律等服务乡村振兴的重要载体。省农业农村厅坚持科学筹划，突出迎接党的二十大这条主线，着眼乡村振兴战略实施，把"三下乡"活动与开展冬小麦"科技壮苗"行动结合起来；坚持多方协调，积极动员省直有关部门出项目、捐物资，累计捐助经费达到129万元；坚持活动实效，现场为农民群众送上了精彩的文艺演出，提供农业科普讲座、普法宣传、专家义诊等服务，专家走向田间地头帮助解决冬小麦管理技术难题，现场示范大豆玉米带状复合种植机械技术。农民群众喜闻乐见，听得懂、学得会。坚持精心保障，严格落实疫情防控措施，周密组织代表食宿、接送站保障工作，确保活动安全顺利。

【第二十三届中国（寿光）国际蔬菜科技博览会】 2022年4月20日至5月30日，第二十三届中国（寿光）国际蔬菜科技博览会在山东省寿光市蔬菜高科技示范园（寿光国际会展中心）举办。展会采取线下布展，线上参观，邀请新华社、中央电视台、山东卫视等新闻媒体，通过抖音、微信视频等全景直播菜博会。线上参观人次达到800多万人次，媒体总曝光量达6.3亿人次，实现协议、意向投资额200多亿元、贸易额6.5亿元。

【冬小麦"科技壮苗"专项行动】 2022年，受2021年严重秋汛影响，全省小麦播种期平均推迟15～30天，晚播面积超过80%，冬前麦田弱苗比例较高，"一根针""土里捂"等多种情况并存。为推动"弱苗转壮"，省农业农村厅在全省开展冬小麦"科技壮苗"专项行动。省级层面组建8个专家指导组，采取分片包干的方式，广泛深入16地市，巡回开展苗情考察，助力解决生产中存在的困难和问题。全省农业科教系统积极响应，接续奋战，累计10万人次奔波齐鲁大地，到麦田、到农户、到地头，指导落实落细田管各个环节，采取线上线下相结合的方式为新型生产经营主体、种植大户提供科技服务，累计培训500余万人次，为确保全省夏粮丰收奠定了扎实基础。

【山东省农业关键核心技术攻关实施方案】 由省农业农村厅、省科技厅、省财政厅、省自然资源厅、省海洋局、省畜牧兽医局等联合起草，以省政府办公厅名义印发，重点围绕9个传统优势育种领域、10个"卡脖子"关键种源、10项重大关键技术与装备，规定攻关目标、重点任务、实施路径、保障措施等，为引领全省农业科技创新工作提供了重要指导。

【山东省现代农业产业技术体系】 2022年，为进一步优化提升省现代农业产业技术体系人才梯队，增强体系创新进取、干事创业的动力和活力，省农业农村厅采取个人申报、单位推荐、专家评审等步骤，为现有27个体系各遴选补充了1名副首席专家。推荐7名专家入选国家产业技术体系综合试验站站长。

【农技推广体系建设】 2022年，围绕打造"一主多元"农技推广体系，争取中央资金1.7亿元，在110县实施基层农技推广补助项目，重点围绕深化体系建设、提高农技队伍能力、培育科技示范主体、建设示范基地、实施特聘计划等任务，强化组织推动，加强督促指导，全年预计建设农业科技示范展示基地500个以上，农业主推技术到位率达到95%以上。2021年度补助项目在农业农村部绩效考评中获得优秀。围绕构建农技推广新机制，争取资金2000万元，探索实施农业重大技术协同推广计划项目，整合农技推广、科研教学、农业经营服务组织等方面力量，组建了28个协同推广团队，吸纳各级专业技术人才500余名，加速推动高质高效、绿色环保农业重大技术落地见效。组织全省1/3以上在编在岗基层农技人员开展知识更新培训；扎实做好公费农科生定向培养，认真组织开展需求计划征集、招生录取、岗位安排、待遇落实等服务工作。新招录公费农科生335名，为2022届毕业公费农科生落实定向就业岗位，2018年来累计培养公费农科生2042名。探索实施农业技术推广成果优选计划，遴选优秀农业技术推广项目61个，推荐7个推广机构、4个服务组织分别入选全国星级基层农技推广机构和星级农业科技社会化服务组织。

【**高素质农民培育**】 2022年，聚焦乡村全面振兴和农业农村现代化人才需求，完成高素质农民培育近4万人，超额完成农业农村部下达山东省3.1万人的培训任务。制定印发《2022年高素质农民培育实施方案》《2022年高素质农民培育绩效考核指标体系》，明确重点任务和工作要求。遴选一批基础设施完备、培育管理规范、培育模式先进、跟踪服务优质的培训基地，其中，综合类基地30个、专业类基地50个、农民田间学校100个。进一步提升高素质农民培育能力，形成了"互动式""情景模拟式"教学方式和"两阶段"培训模式。在创新发展上，组织制定高素质农民培训"团队代班""师傅带徒"两个项目管理办法，成立了农产品加工类、营销类、管理类、农业服务类4个专题6个讲师团队，探索加强农民培训师资团队建设路径。遴选出80名高素质农民大师。

【**盐碱地农业科技创新**】 2022年，争取农业农村部在黄三角农高区设立国家盐碱地生物农业试验示范区，推动黄三角农高区加快建设国家农业科学东营观测实验站、黄河三角洲盐碱地农业综合科研试验基地，指导黄三角农高区发起成立国家盐碱地农业科技创新联盟。

【**农业标准化**】 2022年，积极发挥部省共建全国蔬菜质量标准中心引领作用，突破蔬菜品质认证、加快设施蔬菜全产业链标准示范推广、全力搭建优质蔬菜产销对接平台，开展全国蔬菜质量标准中心试验示范基地培育工作，开发"一乡一业"标准体系库，实现农业标准与生产需求的紧密衔接。部署实施15个国家地理标志农产品保护工程项目。启动建设国家地理标志农产品馆山东展区，组织山东省优势地标产品入驻，扩大山东省优质农产品影响力。组织各地积极申报国家现代农业全产业链标准化示范基地，省级召开专家评审会，择优推荐第一批国家现代农业全产业链标准化示范创建基地8个。

（山东省农业农村厅　李月圆）

林业科技

【**重大科技进展**】 2022年，山东省自然资源厅获批立项"大片刨花尺寸精准控制技术"等国家重点研发计划（子课题）5项，完成验收"盐诱导的钙调素结合转录因子FvCAMTA1调控绒毛白蜡耐盐分子设计研究"等5项省重点研发计划项目。在山东黄泛平原区欧美杨大径级工业资源材精准高效培育技术研究、黄河流域高质量人工林科学营造技术推广、核桃炭疽病发生流行规律及绿色防控技术示范和日本松干蚧危害精准测报与微生物及诱导防控关键技术研究等方面取得突破性进展。

【**重要科技成果与奖励**】 2022年，科技成果方面，"杨树优异种质资源挖掘与新品种选育及应用"获山东省科学技术进步奖二等奖；"一种杨树育种装置及其使用方法"获山东省专利奖三等奖。多篇调研报告获全省自然资源系统优秀调研成果，其中"国有林场改革发展调研报告"获一等奖，"关于加快推进山东省花卉产业提档升级的调研报告"等6篇报告获二等奖。"基于多源异构时空遥感和GIS数据驱动的森林草地火险预报"和"山东省林业保护和发展服务中心森林防火'一张图'检测预警"分获山东省"数遥杯"自然资源数字赋能创新应用大赛二等奖和三等奖。多项成果获2022年度全省农林水牧气象系统"乡村振兴杯"和"建设绿色安澜黄河"优秀成果，其中"'1+6'党建品牌体系建设"获工作创新一等奖，"森林文化体系构建及品牌宣传推广"获工作创新二等奖，"瘠薄山地榛子丰产栽培技术研究"获技术创新一等奖，"肥城桃品质提升'三增三控一适'技术研究与示范推广"等3项成果获技术创新二等奖。

【**科技体制改革与创新**】 2022年，根据《中共自然资源部党组关于激励科技创新人才的若干措施》（自然资党发〔2019〕2号）、《关于事业单位科研人员职务科技成果转化现金奖励纳入绩效工资管理有关问题的通知》(人社部发〔2021〕14号)等有关文件精神,制定了《山东省林科院科技奖励奖金管理办法》,激励科技创新,助力林业事业高质量发展。

枣庄市林业和绿化局大力推动由枣庄学院牵头,联合峄城区石榴研究院等国内科研院所、企业申报"国家林业和草原石榴工程技术研究中心"。

【科技成果推广与转化】 2022年,林业领域共承担"黄河流域高质量人工林科学营造技术示范推广""榛子标准化示范区建设"等中央财政林业改革发展资金林业科技推广项目15项,涵盖潍坊、滨州、泰安、枣庄、聊城、烟台等6个地市及省属单位,共获批支持资金992万元。林业科技成果的推广示范,加强了山东省造林绿化、经济林、花卉等优良品种与高效栽培配套技术应用宣传推广力度,加快创新成果向现实生产力转化,有效推动山东省林业产业向更高质量发展。

【人才队伍建设】 2022年,林业领域1人获山东省五一劳动奖章,1人获泰山产业领军人才,1人获国家林草局"最美林草科技推广员"称号,6位同志被认定为省级高层次人才并获颁"山东惠才卡",1人入选省科普专家工作室,1人被国家林草局推荐为中国青年女科学家奖候选人。

(山东省自然资源厅 沈天翔)

畜牧科技

【概述】 2022年,山东省畜牧科技工作坚持以习近平新时代中国特色社会主义思想为指导,围绕山东省打造全国现代畜牧业齐鲁样板的目标任务,努力推动畜牧业科技支撑作用不断增强。

【科技创新】 2022年,省畜牧局依托省现代农业产业技术体系以及省重点研发计划、省农业良种工程等科技项目,加强畜牧兽医领域关键技术攻关。肉鸡育种创新再次实现突破,"东禽1号"麻鸡配套系顺利通过国家畜禽遗传资源委员会审定。畜牧兽医领域20余项获省重点研发计划(重大科技创新工程、农业良种工程、竞争性创新平台、乡村振兴科技创新提振行动计划)、省农业良种工程种业企业创新能力提升项目等支持。

【平台建设】 2022年,省畜牧局通过省农业良种工程、重大研发计划等重大科技项目和国家、省现代农业产业技术体系实施,将不同的科技资源进行整合,着力推动科技创新平台建设。鼓励畜牧业企业进一步发挥创新主体作用,强化科技平台支撑,不断探索畜牧业科技创新新模式。山东省奶牛种业技术创新中心、山东省动物疫苗技术创新中心、山东省蛋鸡技术创新中心获批筹建。山东蛋禽精准营养技术创新中心成立,"山东现代蛋鸡产业研究院"经省民政厅批准正式成立。高能级创新平台建设,为畜牧业发展注入源头活水。

【科技成果】 2022年,省畜牧局在肉羊规模化育肥与优质肥羔生产技术示范推广、"粮改饲"高产高效模式与关键技术的研究与应用、猪用玉米全株青贮生产与产业化应用项目获2019—2021年度全国农牧渔业丰收奖农业技术推广成果奖二等奖,山东省畜牧总站张淑二获2019—2021年度全国农牧渔业丰收奖农业技术推广贡献奖。

奶牛乳房炎绿色防治体系构建与应用、猪用玉米全株青贮生产与产业化应用被评为2022年度山东省农业技术推广成果优选计划单项类优选计划一等;生猪呼吸道疾病综合防控技术的推广、畜禽无害化处理产物再利用安全性评估技术被评为2022年度山东省农业技术推广成果优选计划单项类优选计划二等;兽药新制剂研究与推广应用等6个项目被评为2022年度山东省农业技术推广成果优选计划单项类优选计划三等。

【体系建设与技术推广】 2022年,省畜牧局依托基层农技推广体系改革与建设任务实施,提升基层畜牧兽医技术推广队伍素质能力,不断加强畜牧兽医技术推广服务。遴选发布2022年山东省畜牧业主推技术20项,推动畜牧业先进适用技术推广应用。

(山东省畜牧兽医局 卢 宁)

渔业科技

【概述】 2022年，山东省农业农村厅全年水产品总产量879.2万吨，同比增长2.9%。全省渔业经济总产值4500.4亿元，同比增长11.1%，渔业经济一二三产占比为40.4∶31.5∶28.1，与2021年的42.8∶33.0∶24.2相比，一、二产占比降低，三产占比提高。渔民人均纯收入26385元，同比增长4.8%。

【水产种业】 2022年，省农业农村厅完成全省水产养殖种质资源普查审核上报，承接国家北方5省水产养殖种质资源基本情况普查审查；启动水产种质资源系统调查，完成国家水产种质资源库山东分库立项建设项目招投标。对国家级水产种质资源保护区主要保护物种开展调查。国家公布通过审定的水产新品种26个，其中山东12个；国家公布水产种业阵型企业121家，其中山东入选19家；均占全国首位。通过农业农村部认定国家级水产原良种场3家，新认定7处省级水产原良种场。实施种业企业扶优行动，安排3.5亿元专项扶持资金提升选种、育种设施；遴选了26家省级水产种业领军企业，明确"1+N+N"（1个领军企业+N个专家团队+N个育苗企业）联合育种模式，逐步健全以企业为主体的商业化育种体系。

【健康养殖】 2022年3月28日，省农业农村厅印发《关于开展2022年国家级水产健康养殖和生态养殖示范区创建示范和年度考核工作的通知》，新创建10处国家级水产健康养殖和生态养殖示范区。5月18日，联合省财政厅印发《山东省渔业绿色循环发展试点方案》，安排4.9万亩渔业绿色循环发展试点任务。编印《水产养殖高质量发展投入品使用指导手册》5000份，提升养殖水产品质量安全水平。7月27日，印发《关于鼓励发展乡村坑塘渔业的通知》，提炼池塘生态养殖、池塘工程化循环水养殖、圆筒式养殖、渔藕综合种养和休闲渔业等适宜山东省推广的5个模式。10月12日，农业农村部渔业渔政管理局向全国推广山东省典型案例。11月8日，山东省在全国水生动物疫病防控工作会议上做典型发言。

【海洋牧场建设】 2022年7月7日，省农业农村厅组织山东省现代化海洋牧场建设专家咨询委员会对省现代化海洋牧场建设综合试点取得成效进行全面评估，形成《山东省现代化海洋牧场综合试点成效评估报告》《山东省现代化海洋牧场综合试点经验总结报告》。完成第六批3处国家级海洋牧场示范区人工鱼礁建设项目实施方案编制、专家评审和批复实施。山东省海洋牧场综合管理平台项目建设顺利，平台主体建设基本完成，进入系统试运行阶段。新创建8处国家级海洋牧场示范区。

【深远海养殖】 2022年3月10日，农业农村部等部委批复山东省全球首艘10万吨级智慧渔业大型养殖工船"国信1号"开展深远海养殖运营试点。5月20日，"国信1号"正式交付运营并开赴东海海域开展养殖作业。"深蓝1号"网箱共投放养殖大西洋鲑10万条，6月成功收鱼，标志着我国首次深远海规模化养殖三文鱼（大西洋鲑）取得成功。经农业农村部同意，7月22日批复烟台开展深远海养殖试点，经海系列大型智能化深水网箱陆续下水运营。

【涉外渔业】 2022年11月24—27日，省农业农村厅成功举办2022中国（海南）国际海洋产业博览会山东省远洋渔业专场推介活动。12月11日，省政府办公厅印发《促进远洋渔业高质量发展的意见》，在优化产业布局、扩大产业规模、拓展产业链条、加强产品推介等方面给予一揽子政策扶持。

2022年，全省有44家远洋渔业企业获得农业农村部远洋渔业企业资格，企业数量居全国首位。远洋渔船数量553艘，实施9个公海大洋性项目和14个过洋性项目，作业海域遍及太平洋、大西洋、印度洋公海及加纳、摩洛哥、阿根廷等近20个国家专属经济区，实现产量35.3万吨、产值53.1亿元，同比增长4.75%、7.49%，分别居全国第3位、第2位。

【水生生物资源养护】 2022年4月2日，省农业农村厅印发《2022年度全省"测水配方"工作方案》《关于做好2022年度全省"测水配方"应用试验工作的通知》，将东平湖设立为项目省级核心试验点，持续优化"测水配方"技术。5月19日，联合省财政厅印发《全省水生生物增殖放流工作指导意见》，科学确定增殖放流物种，合理规划放流水域，完善项目监管和品牌引导机制，持续提升增殖放流效果。组织开展水生生物经济物种增殖放流苗种供应单位遴选工作，推选194家增殖放流苗种供应单位。联合农业农村部渔业渔政管理局、潍坊市政府举办6月6日全国"放鱼日"山东主会场启动仪式。联合农业农村部渔业渔政管理局、山东省互联网传媒集团开展了2022年"碧水责任·云放鱼"平台线上发布活动，引导社会公众规范放流、定点放流。全年全省超额完成2022年度增殖放流70亿单位目标任务。

（山东省农业农村厅　李月圆）

水利科技

【科技项目】 2022年，山东省水利厅有6项省级以上科技项目获批立项，包括国家区域创新发展联合基金项目"高质量发展背景下的黄河下游灌区水盐过程模拟与调控"、水利部重大科技项目"地埋式渗灌关键技术研究、装备系统开发及示范推广""设施农业绿色高效雨水集蓄利用新技术研究与应用"、省重大关键技术攻关项目"大型喷灌装备关键技术研发与应用"、省自然科学基金项目"莱州湾南岸寿光北部平原咸水入侵区地下水微生物群落特征研究"、省重点研发计划（软科学）项目"山东省'数字黄河'建设研究"。国家重点研发计划项目"滨海城市海水淡化综合利用技术研究及应用"通过了科技部组织的综合绩效评价，省自然科学基金项目"城市化进程中济南泉域岩溶地下水水文地球化学演化特征及其水环境响应"通过了省科技厅组织的结题验收。组织验收10项省级水利科研与技术推广项目，推荐提报7项省重大关键技术攻关项目指南建议、3项省重大科技创新农业装备指南建议、1项中国工程科技发展战略山东研究院咨询研究项目选题建议。

【成果转化与技术推广】 2022年，省水利厅围绕山东省水利重点工作，编制印发了《山东成熟适用水利科技成果推广目录》（鲁水科外函字〔2022〕2号），组织开展了1次线上技术推介会。征集并向水利部提报6项水利科技成果需求，我厅推荐的"果树水肥一体化高效节水集成技术""基于便携激光扫描仪的生产建设项目水土流失监测技术"2项成果入选《2022年水利部先进实用技术重点推广目录》。

【科技成果与奖励】 省水利厅组织完成了2022年度山东省科学技术进步奖提名工作，共计提名"智慧水利关键技术及应用"等5项项目。"一种涂塑复合钢管的连接结构及其连接方法"被授予第四届山东省专利奖三等奖。组织14项成果完成科技成果登记。

【水利科普】 2022年，省水利厅开发创作3个水利科普宣传微视频，征集24个水利科普讲解视频，开设水利科普网络专栏加强水利科普宣传。组织开展的水利科普联合行动作为2022年全国科普日山东省主场活动之一，获评中国科协评选的2022年全国科普日优秀活动。山东省水利科学研究院获评山东省2022年全国科普日主场活动优秀组织单位。"山东省水利科学研究院饮用水安全科普工作室"被认定命名为首批省级科普专家工作室。积极组织参加科普讲解大赛，纪雪梅、田亚男两名选手荣获全国水利科普讲解大赛优秀奖，张琳雁、苏诗雅两名选手荣获山东省科普讲解大赛优秀奖。

【创新服务与国际合作交流】 2022年6月20—24日，省水利厅在济南市莱芜区举办了水利高层次专业技术人才研讨班。组织参加中丹地下水专题视频研讨会，学习借鉴国内外在地下水管理领域的先进理念和经验做法。

【省农业农村专家顾问团水利分团】 2022年，省水利厅组织省农业农村专家顾问团水利分团专家深入开展调研，向总团提报《关于黄河三角洲东营市发展灌区改良盐碱地的建议》等9篇调研报告。

（山东省水利厅　成　侠）

黄河科技

【概述】 2022年，黄河水利委员会山东黄河河务局1项科技项目获2022年度水利部重大科技项目立项，8项科技成果通过黄河水利委员会年度集中评审（评价）。170项科技创新成果获得奖励，其中8项获黄河水利委员会科学技术进步奖，42项获山东黄河河务局科学技术进步奖。山东黄河河务局积极推进"智慧山东黄河"建设，加强3个"全覆盖"应用，借助"齐鲁黄河讲堂"等学术平台广泛开展学术交流活动，在科技成果与奖励、"数字孪生"山东黄河建设、网络安全、成果推广应用、科技体制改革与创新、学术交流与科技合作等方面再迈新台阶。

【科技创新项目】 2022年，山东黄河河务局组织2项科技项目申报水利部重大科技项目，其中"'励智'智能高精度根石探测无人艇研制"项目获水利部重大科技项目立项，"生态补水对刁口河流路湿地生态的影响研究"项目入选黄河水利委员会优秀青年人才科技项目。安排资金400余万元开展"根石走失监测预警关键技术""大汶河洪水预报及东平湖（老湖）调度模式研究""山东黄河堤防薄弱段现场检测与应对方案研究"等3个试点项目研究，均已完成年度任务。"高水位条件下黄河下游引黄涵闸安全引水研究""黄河下游引黄水闸基坑防渗和钢闸门防腐关键技术研究""山东黄河重点河段根石监测预警关键技术研究""基于多源固废协同互补技术的黄河防汛石料研发及应用""典型河段生产堤对防洪安全影响分析""下游河势演变及发展趋势研究"等6项治黄关键技术研究列入山东黄河河务局非财政拨款预算，预投资金500万元。3月，召开创新团队建设推进工作会议，指导重点创新团队确定8项科研项目，在根石探测与河道监测、水旱灾害防御与工程监管、"数字孪生"模型与智慧化建设等方面，开展技术攻关试点研发。7月，开展"揭榜挂帅"专项攻关活动，召开评审会对46个揭榜项目审查评议，确定33个中榜项目，印发《关于发布"揭榜挂帅"专项攻关中榜项目的通知》（鲁黄科〔2022〕5号），对下一步开展科研攻关作出安排部署。

【科技成果与奖励】 2022年，山东黄河河务局获各类奖励科技创新成果170项。8项获黄河水利委员会科学技术进步奖，其中二等奖4项："山东黄河超标洪水应对及堵口措施研究""基于多源数据的河势演变分析技术及应用""钛石膏复合材料道路基层抗裂技术研究及应用""山东黄河档案信息管理一体化系统关键技术及应用"，三等奖4项："水下钢筋笼切割机研制与应用""ZG-1200型起垄栽植一体机研制与应用""生态枯萎与凋落物再利用关键技术与设备研究""黄河冰凌钻探取冰机"。42项获山东黄河河务局科技进步奖，其中一等奖7项，二等奖15项，三等奖20项。120项成果获得山东黄河河务局科技火花奖，其中一等奖54项，二等奖66项。

8项科技成果通过黄河水利委员会年度科技成果集中评审（评价），其中，"山东黄河超标洪水应对及堵口措施研究"等2项达到国际先进水平，"山东黄河档案信息管理一体化系统关键技术及应用"等6项达到国内领先水平。93项科技成果通过山东黄河河务局评审验收。

推荐423项成果参加黄河水利委员会"新技术、新方法、新材料及其推广应用成果认定"，129项通过认定，通过率30.5%。

【科技体制改革与创新】 2022年，省黄河河务局为加强创新团队建设、激发科技创新活力，印发了《山东黄河创新团队建设方案》，组建领军、拔尖、重点和基础等4个不同层级的15支创新团队，构建"1248"创新团队体系，形成团队建设良性推促和科技项目研发的新机制。创新科技项目立项和管理方式，进一步优化科技项目备案机制，完善备案流程，推动报评奖方式革新，由传统的申报、评审方式变为网上申报、评审，其成效在山东黄河河务局科技进步奖、火花奖评审中得以体现。

【科技成果推介活动】 2022年，"基于NB-IoT窄带物联网技术的节水一体化智慧监管平台""智慧水利档案信息管理一体化系统""黄河冰凌钻探取冰机""二氧化碳静态引爆施工技术""具有融冰功能自密封减冲小型水利设施闸门""堤坝边坡多功能监测仪"等6项科技创新成果入选水利部《2022年水利先进实用技术重点推广指导目录》。

加强水利科普 2022年5月，省黄河河务局发动全局各级广泛开展科技活动周系列活动，包括科普进社区、进校园、进工地，以及专题科普讲座、科普答题、科技成果展、科普推文等；11月，向黄河研究会推荐了31名优秀科技科普专家和工作者，全部入库。

【信息化建设】

"智慧山东黄河"建设取得阶段性进展 2022年,省黄河河务局编制完成《山东黄河治理保护信息化平台优化升级项目实施方案》,进一步完善"数字孪生"山东黄河建设,推动治黄工作数字化、网络化、智能化。3月,印发《2022年山东河务局网络安全责任人名录》,明确网络安全责任人,强化监督检查和责任追究,开展网络安全检查并督促整改落实,党的二十大等重要会议和活动期间执行网络安全"零报告"制度,全年没有发生网络安全事件。加强网络安全宣传,开展网络安全宣传周活动,制作网络安全知识宣传展板,举办网络安全专题讲座,开展网络安全答题活动。4月,出台《山东黄河视频监控系统运行管理办法(试行)》《山东黄河无人机使用管理办法(试行)》和《山东黄河视频会议系统管理办法(试行)》3个办法,持续推进视频监控、无人机和视频会议"三个全覆盖"功能优化和系统应用,促进工作模式和业务流程创新。5月,出台《山东黄河河务局"三个全覆盖"应用指导意见(试行)》(鲁黄办〔2022〕14号),有效推动"三个全覆盖"成果与业务融合应用落实落地。编制完成《山东黄河河务局数字孪生流域建设先行先试实施方案》,建设多场景"数字孪生"平台。推动建设"天空地河"一体化信息感知网,加强算据、算法、算力建设,优化提升数据中心和云平台。升级山东黄河一张图,构建L2、L3级数据底板,研发干流预报等模型。强化网信各项制度的落实和重要项目的监管,督导做好信息系统的运维工作,为服务主业提供有力保障。开展水利信息系统运行维护绩效评价,提升信息系统适用性、可靠性。

【学术交流与科技合作】

2022年,山东黄河河务局力促学术交流,开展治黄优秀论文评选活动。利用"齐鲁黄河讲堂"学术平台,组织开展4期讲座,内容包括作风建设、河南郑州"7·20"特大暴雨、网络安全、科技成果申报等主题。11月,组织完成2022年度山东黄河治理优秀论文评选活动,征集论文632篇,其中66篇获奖,327篇在全局范围内进行了交流。印发《山东黄河》4期。

积极建设高能级创新平台 2022年,山东黄河河务局深化同中国科学院空天信息创新研究院、山东省科学技术协会、山东大学、华北水利水电大学、华为技术有限公司、浪潮集团有限公司、山东华特控股集团有限公司等对接合作,推进创建"黄河战略""数字孪生"等高能级科创平台。与山东大学签订战略合作协议,同山东大学、山东华特控股集团有限公司三方签署共建"山东黄河水沙研究中心",在水沙关系、防汛材料替代等方面联合研究;与中国科学院空天信息创新研究院联建"遥感卫星应用国家工程研究中心产业发展基地(黄河流域)""黄河空天数据应用研究中心",在典型河段四维模型场景构建和河口遥感数据分析等方面开展科研;继续推进与华北水利水电大学合作,共研"水利工程智慧监管技术与应用"项目全面完成,根石走失监测预警、大汶河洪水演进模型等项目形成初步成果;加强与山东省科学技术厅、山东省科学技术协会联系对接,搭建沟通协调合作机制、构建黄河科普与科技人才培养交流平台,打通局地科技交流合作通道;与华为技术有限公司、浪潮集团有限公司签署合作协议,同中国联通、中国电信开展交流,规划智慧黄河具体合研课题;拓展与系统内单位协同创新,同水利部科技推广中心达成成果推广应用合作意向;与黄河水利科学研究院联申的"堤坝致灾数字孪生模型与防控"项目已立项研究;与黄河勘测规划设计研究院有限公司联建的坝道医院已挂牌成立。

(山东黄河河务局 匡佳丽)

工业科技

【概述】

2022年,山东省工业和信息化厅深入实施创新驱动发展战略,按照"打造创新平台、实施创新项目、树立科创标杆、开展产学研合作、人工智能赋能"的逻辑主线集中发力精准发力,扎实提升企业创新能力和核心竞争力,为制造强省和数字强省建设提供有效支撑。成功创建了国家虚拟现实创新中心(青岛),推动全省国家制造业创新中心建设走在全国前列。新增7家省级制造业创新中心,累计达到29家。组织实施3059项企业技术创新项目;4家企业入选2022年国家技术创新示范企业,总数达到67家,数量保持全国第一。新认定103家省级技术创新示范企业,总数达到421家。新认定221家省"一企一技术"研发中心,累计达到1917家,同时推广发布了560项关键技术。8项企业质量提升典型经验入选工业和信息化部、中国质量协会全国质量标杆,累计达到54项,数量保持全国第一。105项典型质量管理经验入选全省质量标杆,累计达到195项。会同省教育厅、省科技厅出台《山东省标志性产业链产学研协同创新行动工作方案》(鲁工信技〔2022〕203号),全力推动产学研融合创新,破解产业界、科技界、学术界融合难题。高水平举办第二届山东省人工智能创新创业大赛、山东省"技能兴鲁"职业技能大赛—2022年山东省人工智能融合创新职业技能竞赛,搭建人工智能创新应用新平台,以人工智能高水平应用促进经济高质量发展。

【高标准建设国家和省级制造业创新中心,打造产业链协同创新平台】

高标准建设国家先进印染技术创新中心、国家高端智能化家用电器创新中心 2022年,省工信厅指导两家中心按照建设方案要求完成年度绩效评价工作,推动落实技术开发、测试验证、中试孵化、成果转化等方面基础设施条件。

成功获批国家虚拟现实创新中心(青岛) 2022年,推动创建单位按照工业和信息化部要求不断完善股权结构、股东构成、专家委员会、基础设施等软硬件条件。2022年10月26日,工业和信息化部正式批复南昌虚拟现实研究院有限公司牵头并联合青岛虚拟现实研究院有限公司共建国家虚拟现实创新中心。11月12日,省政府在济南召开国家虚拟现实创新中心(青岛)建设工作推进会,徐晓兰副部长、凌文副省长、谢少锋司长、张海波厅长为国家虚拟现实创新中心(青岛)揭牌。

加速省级制造业创新中心建设 省工信厅组织开展了2022年度省级制造业创新中心培育认定工作,面向国家制造业创新中心建设领域总体布局、全省"十强"现代优势产业集群和重点产业链,特别鼓励战略性新兴产业中具备条件的企业、优势产业集群龙头企业、重点产业链"链主"企业等牵头建设省级制造业创新中心。共认定山东省微纳传感技术与智能应用制造业创新中心、山东省智慧医疗制造业创新中心等7家省级中心,总数达到29家。新培育21家省制造业创新中心,累计达到30家。

【扎实实施省级企业技术创新项目计划,推广应用新技术、新产品、新工艺】 省工信厅组织实施2022年省级企业技术创新项目计划,鼓励高端装备、新材料、新一代信息技术、高端化工、医药、轻工、纺织等产业链企业开展关键核心技术攻关,提高自主创新能力和核心竞争力。共计发布3059项创新项目,较2021年增长4.2%。预计带动研发新技术1696项、新产品1985项、新工艺1579项,拟研究与制定标准359项。

【着力打造一批国家和省级科技创新标杆,推动行业学标杆、做标杆、超标杆】

大力培育国家和省级技术创新示范企业 2022年,省工信厅按照工业和信息化部通知要求,组织开展了国家和省级技术创新示范企业培育认定工作,4家企业入选2022年国家技术创新示范企业,总数达到67家,数量保持全国第一。新认定103家省级技术创新示范企业,总数达到421家。

组织开展山东省"一企一技术"研发中心认定工作 2022年,认定济南联合制罐有限公司等221家企业研发机构为2022年省"一企一技术"研发中心,同时推广发布了560项关键技术,涵盖了新一代信息技术、装备、医药、化工、新材料等领域。全省"一企一技术"研发中心累计达到1917家。

组织开展全国及全省质量标杆推荐遴选工作 2022年,省工信厅挖掘提炼推广一批典型经验和质量管理方法,其中,8项企业质量提升典型经验入选工业和信息化部、中国质量协会全国质量标杆,累计达到54项,数量保持全国第一。山东天岳先进科技股份有限公司等的105项典型质量管理经验入选全省质量标杆,累计达到195项。

【全力推动产学研融合创新,破解产业界、科技界、学术界融合难题】

产学研精准对接和新技术新产品推介活动 2022年,省工信厅会同省教育厅、省科技厅出台《山东省标志性产业链产学研协同创新行动工作方案》(鲁工信技〔2022〕203号),从2022年11月开始,每两个月围绕一条标志性产业链举办一次产学研精准对接和新技术新产品推介活动。聚焦前期准备、活动开展、平台搭建和跟踪服务等6个方面重点工作,明确各单位职责分工,拉出任务清单,确保各环节运行流畅、序时推进。

聚焦重点领域,搭建产学研合作对接平台 2022年,省工信厅为促进供给侧、需求侧两端信息精准匹配,4月22日,发布《关于征集人工智能领域产学研合作对接供需信息的通知》,共征集全省人工智能领域产学研合作对接需求54项、服务75项。8月17日,联合省教育厅组织召开山东省人工智能领域产学研合作线上对接会,聚焦人工智能领域企业需求,转化科技创新成果,携手共建创新载体,培育高层次创新团队,联合攻克关键前沿技术,来自省内外30余所高校的40多位专家、100多位企业代表出席,500余人通过网络直播参会。

【大力促进人工智能创新发展,积极发挥人工智能赋能作用】

高质量推动人工智能技术应用落地 2022年,省工信厅通过对山东省人工智能平台及2022—2025年度重点项目进行摸底,共有人工智能平台80家、重点项目103个,人工智能产业规模持续壮大,与行业融合应用不断深入。

高标准推动先导区建设成势见效 2022年,省工信厅面向济南—青岛国家人工智能创新应用先导区征集了40个人工智能典型应用场景,召开先导区建设工作座谈会、济青先导区"AI融齐鲁行"系列活动——人工智能测试验证平台助力行业规范发展沙龙等，切实发挥先导区引领作用。

高水平举办相关赛事活动 2022年，省工信厅积极推荐优秀人工智能企业参加"兴智杯"全国人工智能创新应用大赛，高水平举办第二届山东省人工智能创新创业大赛、山东省"技能兴鲁"职业技能大赛—2022年山东省人工智能融合创新职业技能竞赛，以人工智能高水平应用促进经济高质量发展。

（山东省工业和信息化厅　杨肖方）

能源科技

【概述】 2022年，山东省能源局全面贯彻"四个革命，一个合作"能源安全新战略和创新驱动发展战略，认真落实国务院《关于支持山东深化新旧动能转换　推动绿色低碳高质量发展的意见》战略部署，聚焦"双碳"重大战略决策，围绕加快规划建设现代能源体系，以推动能源绿色低碳高质量发展为主题，面向世界能源科技前沿，锚定全省能源结构"四增两减一提升"优化调整目标，始终把创新作为推动能源发展变革的第一动力，加快能源核心技术研发和成果转化，煤炭、电力、油气、新能源等领域一批关键技术、核心装备相继取得重要突破。

【高起点系统谋划能源转型发展】 2022年，省能源局围绕能源供应保障，出台《山东省能源保障网建设行动计划》，明确以绿色低碳发展为重点，以重大项目建设为支撑，加快构建绿色低碳的电力供应链、内外协同的煤炭供应链、海陆兼备的油气供应链、安全可靠的能源储备体系、管控有力的安全生产体系"三链两体系"。聚焦能源绿色低碳转型，发布海上风电、海上光伏、核能、蓄电池产业等能源转型发展"九大工程"行动方案，深入推动能源消费革命、供给革命、技术革命、体制革命。

【重大科技成果】 2022年，"AP1000核燃料组件"等3项技术装备，被列为国家能源领域首台（套）重大技术装备，"电力物联网终端安全检测平台"等8项技术装备申报2022年度国家能源领域首台（套）重大技术装备。印发《山东省能源领域新技术、新产品和新设备目录（2022年度）》，新能源、传统能源、能源数字化等6个领域共57个项目入选，部分已达到国内国际领先水平。"山东省域5G电力专网赋能新型电力系统建设""国和一号5G智慧工地"项目入选2022年度国家能源领域5G应用优秀案例。

【智慧能源建设】

煤矿智能化建设 2022年，省能源局组织开展煤矿智能化建设提升年活动，全面推进煤矿"系统智能化、智能系统化"建设，生产能力90万吨/年以上煤矿实现智能化生产。截至2022年底，全省74处煤矿开展智能化建设，占全省煤矿总数的81.3%。建成智能化采煤工作面100个。鲍店、东滩、付村等国家级首批智能化示范建设煤矿已基本建成。赵楼、郭屯煤矿已通过省级验收，建设效果均达到Ⅱ类二级智能化示范煤矿，配套选煤厂均达到二级智能化选煤厂。

电网智能化建设 2022年，全省110千伏及以上线路本体自主巡检和通道可视化全覆盖；10千伏线路智能终端覆盖率、地市级新一代配电主站覆盖率、配电自动化覆盖率、35千伏及以上公用变电站光缆覆盖率均已达到100%。完善"互联网+"充电设施建设，实现全省电动汽车充电"一张网"，新建联网公共充电桩12000台。

油气管道智能化建设 2022年，建成全省油气管道综合管理信息平台二期工程及全省油气管道数字地图。统筹推进新建管道智能化建设和在运管道数字化提升，建成中俄东线（山东段）、山东天然气环网南干线等智能化管道；加大全省人员密集型高后果区智能化管控力度，视频监控安装率达到100%。

【新业态新模式】

开辟核能供暖"山东模式" 2022年，全国首个核能供暖商用示范工程全面建成，实现海阳城区500万平方米居民核能清洁供暖全覆盖，打造了全国首个核能"零碳"供暖城市。世界最大的单台机组抽汽供热项目，海阳核电二期900兆瓦远距离跨区域核能供热工程项目开工建设，建成投运后新增供暖能力达3000万平方米。

培育氢能产业"山东典范" 2022年，深入实施科技部"氢进万家"科技示范工程，成功研发首辆自主知识产权氢燃料电池雪蜡车并服务于北京冬奥会，建成投运全国首座港口加氢站。推广应用成效显著，截至2022年底，全省累计建成加氢站30座，累计推广燃料电池汽车1200余辆，开通氢能公交专线40余条。产业链条日益完善,基本建立起"制储运加用"氢能全产业链,成为全国氢能产业链最完整省份之一。

树立新型储能"山东样板" 2022年,省能源局围绕破解清洁能源消纳瓶颈制约,加快新型储能规模化发展。开创性提出促进山东省新型储能示范项目高质量健康发展的12条措施。制定出台风电、光伏发电项目并网保障指导意见,按照"储能优先"思路,加大集中式风电、光伏发电项目的储能配置力度,平均配置比例近40%。

打造农村用能"山东特色" 2022年,省能源局开展了整县分布式光伏规模化开发、"百乡千村"绿色能源发展行动。70个县纳入国家整县分布式光伏规模化开发试点,规模超3000万千瓦,数量、规模均居全国首位。因地制宜推进太阳能、生物质能、地热能等可再生能源开发,打造集用电、炊事、采暖等于一体的农村清洁用能新模式。

【重大科技项目】

可再生能源领域 2022年,半岛南3号、4号海上风电示范项目稳定运行满一年,累计发电超17亿千瓦时。在国内率先启动首批平价海上风电项目开发建设,建成山东能源渤中A、B1,国家电投半岛南Ⅴ等5个项目、总规模200万千瓦,年度并网规模占全国总规模的40%,居沿海各省第一。启动海上光伏规模化开发,完成首批10个场址、1125万千瓦桩基固定式海上光伏项目竞争配置,并全面启动项目开发建设。

核电领域 2022年,国家重大科技专项荣成高温气冷堆项目实现双堆初始满功率运行,成为全球首座具有第四代先进核能系统特征的球床模块式高温气冷堆示范电站;海阳核电二期工程3、4号机组相继开工建设,成为三代非能动核电技术消化吸收的标志性项目;国和一号示范工程1号机组完成冷试试验,石岛湾扩建工程一期、招远核电一期前期工作深入开展。

储能领域 2022年,建成国内首座商业化运行的盐穴压缩空气储能调峰电站。遴选锂电池类项目26个、新技术类项目4个,总规模319.5万千瓦,作为2022年新型储能示范项目。公布市场化并网项目名单,优选风电、光伏项目54个、总规模693万千瓦,计划配置储能设施270万千瓦。截至2022年底,在运新型储能项目58个、规模155万千瓦,居全国首位。

油气领域 2022年,打造千万吨级沿海LNG接卸基地,加快青岛董家口三期、烟台西港区等4个百万吨级LNG接收站建设。构建"一网双环"输气格局,加快山东天然气环网、济青双线联络线等建设。国内首个百万吨级CCUS项目"齐鲁石化——胜利油田百万吨级CCUS项目"正式注气运行,成为国内最大二氧化碳捕集利用封存全产业链示范基地。中国石化胜利济阳页岩油国家级示范区揭牌,这是我国首个陆相断陷湖盆页岩油国家示范区。

【创新平台建设】 2022年,国家燃料电池技术创新中心、国家电投核能总部、上海核工院北方分院正式落户山东省并实体化运作;成立山东先进核能技术创新中心,推动关键共性技术突破、科研成果转化、科研条件平台与研发体系建设;清华大学荣成先进核能技术科研基地获教育部批复;建设山东省新型电力系统技术标准创新中心、山东省电力装备技术标准创新中心,加快推动科技创新与标准化互动发展。

(山东省能源局 伍剑锋)

电力科技

【概述】 2022年,在"双碳"目标引导下,电网作为能源转换利用和输送配置的枢纽平台,其功能、结构和形态将随着新能源发展规模持续增大发生深刻变化,构建新型电力系统,迫切需要打造科技创新策源地,依托科技创新带动电网转型升级,更好地服务清洁低碳、安全高效的能源体系建设。以习近平总书记关于科技创新的重要论述为指导,2022年电力科技工作围绕"双碳"目标和新型电力系统构建,持续加大高水平科技攻关和高质量成果供给,聚力打造科技创新策源地,强化硬核成果专业制高点,在科技支撑能力、技术供给能力、价值创造能力、能源互联网技术水平方面实现了全面提升,为山东省清洁低碳、安全高效的现代能源体系建设提供了强大的科技支撑。

【创新机制】 2022年,国网电力实施"科技兴企"和"人才强企"行动方案,落实国网八大战略工程,打造科技创新和人才发展新高地,奋力推进科技创新实现技术攻坚、机制改革、创新体系、人才培养、党建统领"五个新跨越"。完善创新体系,形成以专业部门为引领,以"两院三公司一中心"等科研单位为支撑,以市县公司为应用主体的三维管理机制,构建了层次清晰、定位科学、产研协同、运转高效的科技创新组织架构。围绕支撑"双碳"目标和新型电力系统构建，拓展实施新能源主动支撑、多元资源主动协调控制等新型电力系统长线框架方向，累计开展17个方向研究，部署56个项目，提升重大成果首创能力。

【创新能力】 2022年，国网电力聚焦优势资源，加强大电网安全控制、输变电智能运检、新能源并网及储能、有源配用电等重点领域攻关力度，提升电网业务全链条支撑、双碳目标政策研究、物联网和大数据分析、人工智能实用产品、终端高效用能等领域研发和技术支撑能力。新增山东省电能智慧应用技术创新中心和综合能源工程研究中心。

牵头国家重点研发计划"极高渗透率分布式光伏发电自适应并网与主动同步关键技术"获批立项，获批参与"海量电力用户多参量广域感知量测关键技术""区块链链上链下数据可信交互关键技术"等2022年国家重点研发计划专项项目4项、"面向新型电力系统的配电网二次系统规划设计关键技术研究""支撑新型电力系统的负荷精准评估、调控技术研究及应用"等国家电网公司新型电力系统攻关计划5项。高质量完成电力机器人国重项目研发并实现示范应用。在大规模新能源并网控制、配电网与分布式电源、输变电设备运维、电工新材料、用电能效与综合能源等领域牵头新立项国网总部科技项目26项，创历史新高。

建成青岛中德生态园多能互补综合能源示范工程，自主研发"储能系统动态成组技术""分布式电源控制系统即插即用技术、自治调控技术"等五大创新技术、"区域综合能源优化调度系统"等7个国内首台（套）装备，多能互补综合功能技术实现整体国际领先。承担"响应驱动的大电网稳定性智能增强分析控制示范工程""35～1000千伏电压等级变电站基于自主芯片的二次系统工程示范"等国家重点研发配套示范8项，"青岛城市能源互联网零碳演进综合示范"等国网新型电力系统重大科技攻关计划专项示范2项。

【创新成果】 2022年，国网电力牵头荣获省部级及以上科技奖励24项，其中中国专利银奖1项、山东省科学技术进步奖一等奖1项（"输变电设备状态智能感知与大数据评估技术及规模化应用"荣获2022年度山东省科学技术进步奖一等奖）。项目攻克了大电网复杂工况下的设备状态智能感知、数据集成挖掘、实时评估等关键技术难题，首创了输变电设备状态大数据评估系统，实现了设备的全寿命周期状态信息全覆盖以及设备状态的差异化评价、故障预测和负载能力动态预测，实现了设备状态评估技术的重大突破，填补了行业空白，成为国家智能电网建设的标志性成果。项目成果在全国31个省（自治区、直辖市）大规模深度应用，并出口至俄罗斯、巴西等"一带一路"国家，同时避免了百余起设备故障和停电事故，为交直流混联大电网高质量可靠供电做出重要贡献。

"一种用于输电线路无人机巡检的图像智能采集系统及方法"荣获第二十三届中国专利奖银奖，项目首创输电线路设备目标精准实时识别技术，发明了多参数配准闭环动态控制方法，研制了输电线路巡检图像全自主采集系统，提出了双视场云台采集作业策略，解决了单一长焦相机频繁变焦作业响应耗时长问题，降低了撞杆坠机风险。基于该专利的成果前期准备工作少、自动化程度高、图像采集更精准，作业效率较图像采集系统提高3倍以上，图像采集有效率提高了9%，每百千米巡检可节约大量人工成本。成果应用推动了输电巡检由"人机协同"到"全自主作业"的巡检模式转变，以及输电单一巡检向输变配融合巡检的管理模式的转变。

【知识产权】 2022年，取得发明专利授权1600项、申请2398项，发明专利增量、拥有量持续保持国家电网有限公司首位。畅通知识产权运营渠道，常态化开展知识产权运营，实施专利运营110项，专利交易数量居各省电力公司首位。

【成果转化推广】 2022年，国网电力推进8个双创分基地和100个创客团队建设，优化双创资源布局。双创典型经验"科技成果价值后评估管理体系及应用"荣获国网软科学成果二等奖。"轻量型分布式光伏多功能AGC场站控制器""分布式电缆隧道激光气体检测装置研究与开发"等4项成果获批国网双创孵化培育资金支持。年度成果转化收益突破1800万元。建立成果转化推广激励机制，高质量完成国网公司赋予知识产权人收益试点，对47个项目团队实施精准激励。

【技术标准】 2022年，ITU标准提案《基于物联网的电力通信网络需求》获得通过，牵头发布国家标准2项、行业标准12项，获批全国首个省级新型电力系统技术标准创新中心。省委书记李干杰和国家标准委主任田世宏为IEC/TC129技术委员会揭牌。作为唯一省公司入选国网科研与技术标准互动发展综合试点并顺利通过验收，荣获中电联标准化管理先进会员企业称号。

（国网山东电力　李　笋）

冶金科技

【概述】 2022年,山东省冶金工业总公司累计生产生铁、粗钢、钢材分别为7371.30万吨、7600.30万吨和10529.10万吨,与2022年同期比分别下降2.03%、下降0.64%、下降1.30%;累计生产铁矿石3797.60万吨,与2022年同期比增长54.83%;电解铜、铜材分别为64.10万吨、89.50万吨,与2022年同期比分别下降26.99%、增长29.15%;氧化铝、电解铝、铝材累计生产分别为2785.20万吨、778.20万吨和1343万吨,与2022年同期比分别增长1.32%、下降1.48%和增长0.12%。2022年山钢集团累计生产生铁、粗钢、钢材分别为2658.99万吨、2824.98万吨和2856.43万吨,与2022年同期比分别下降8.47%、下降9.21%、下降7.57%;累计生产铁矿石528.95万吨,与2022年同期比增长8.55%。

【经营情况】 2022年,山东钢铁集团累计工业销售产值为1518.29亿元,与2022年同期比下降5.96%;累计实现销售收入为1815.40亿元,与2022年同期比下降31.51%;累计实现利润为4.01亿元,与2022年同期比下降97.39%。

【科技成果与奖励】 2021—2022年度,省冶金工业公司评价科技成果176项,其中,技术评价147项、产品评价29项;国际先进水平以上85项,占评价总数的48.3%;国内领先水平69项,占评价总数的39.2%;国内先进水平22项,占评价总数的12.5%。年创经济效益约63.9亿元。申报2021—2022年度省冶金科学技术进步奖成果176项,160项获奖,其中,一等奖36项、二等奖56项、三等奖68项。

【成果选介】

基于超薄近终形异型坯的高强韧海工H型钢关键工艺技术研究与应用 海洋工程装备制造业是国家实施海洋强国战略的重要基础和支撑。近年来,随着海洋工程产业升级发展,为满足复杂工作环境下海工结构服役安全性,海工热轧H型钢需具备大规格、高强韧、易焊接的优良性能,但是,超大规格耐低温H型钢、屈服强度500MPa高强韧H型钢国内均无法生产。

山钢集团以超薄近终形异型坯生产H型钢,是H型钢绿色生产的重大创新,契合绿色低碳发展新方向。项目通过系统理论研究、实验室模拟研究和工业化应用技术开发,基于超薄近终形异型坯,实现了高强韧、大规格热轧H型钢关键工艺技术研发与应用:

(1)首次开发超薄近终形异型坯单点非对称全保护浇注工艺及"非对称布流+非对称冷却"控制技术,研制了超薄异型坯单点非对称全保护浇铸装备,突破了超薄近终形异型坯Al脱氧工艺批量稳定生产高品质铸坯的行业共性技术难题:水口寿命由90min提高至400min,连铸工序增氮量控制在3ppm以内,全氧含量降低至0.0015%以下。

(2)采用Nb-VN-Cr-Ni多元合金化合金成分体系设计,通过组织细化和第二相纳米粒子析出沉淀强化协调控制,解决了超薄近终形异型坯制备H型钢复杂截面的组织均匀化控制难题,首次开发出500MPa级热轧高强韧耐低温H型钢关键制备技术。

(3)基于超薄近终形异型坯首次开发H1000超大规格耐低温H型钢产品,研制了差温渗透轧制工艺,通过表面、芯部温度控制,实现变形渗透传导,组织协同细化,突破超大规格厚壁H型钢不均匀变形、非一致温度的技术难点,解决了超大规格厚壁H型钢组织、性能均质化控制的行业难题。

所开发Q500ME热轧H型钢,屈服强度51~5540MPa、抗拉强度615~653MPa、延伸率≥25.0%,-40℃冲击功104~187J,屈强比≤0.85;系列化开发国标、欧标、俄标(355~390)MPa大规格耐低温H型钢,屈服强度(393~437)MPa、抗拉强度(495~540)MPa、延伸率≥25.0%,-50℃冲击功127~269J,屈强比≤0.85。

本项目授权发明专利14项,公开发明专利1项,制定国家、行业标准各1项,所开发的耐低温H型钢在Yamal、北极LNG2等重大海洋工程中得到规模应用,2019—2021年,累计创效32379.58万元,产品推广应用前景广阔,经济效益和社会效益显著。本项目的实施引领了国内外型钢先进技术发展,为大力发展海洋战略和开发海洋资源提供了先进钢铁材料支撑,对推动我国海洋强国建设、提升我国能源战略安全有着重要意义。该成果整体技术达到了国际先进水平,其中超薄近终形异型坯单点非对称全保护浇注技术达到国际领先水平。

炼钢全过程吹氩冶金关键工艺技术开发与应用 钢水洁净度和可浇性对钢的质量和材料性能有重大影响,是国内外冶金界重点研究课题,是炼钢工艺控制的重点和难点。吹氩是国内外提高钢水洁净度和可浇性常用炉外精炼手段，而LF炉精炼周期长已成为炼钢高效生产的瓶颈，夹杂物控制水平受限一直是高端产品研发的"卡脖子"问题，吹氩冶金新技术亟待突破。

项目历经10余年产学研用合作，创建和依托"夹杂物分析与控制实验室"，系统开展了炼钢全流程吹氩冶金技术研究，开创了LF精炼静态单工序吹氩向动态多工序吹氩冶金技术变革，实现了品种、质量升级和效能提升，取得以下技术创新成果：

（1）开发了LF钢包狭缝型与弥散型透气砖非对称底吹、连铸回转台待浇位与浇注位组合软吹新工艺，研制了钢包全程吹氩自动对接、自动吹扫、自适应控制设备，破解了LF精炼周期长、软吹夹杂物去除率低的行业难题，LF精炼周期缩短7～12 min，钢中大颗粒夹杂物去除率提高60%～70%，弥散型透气砖使用寿命大于40炉次。

（2）阐明了中间包弥散环透气上水口座砖吹氩冶金机理，开发了连铸中间包透气上水口座砖吹氩冶金关键技术，攻克了超低碳铝镇静钢水口结瘤的炼钢共性难题，完全取代透气上水口与塞棒吹氩，单包连浇达到12炉。

（3）发明了连铸中间包弥散式环形气幕挡墙，消除了现有技术条形气幕挡墙两端三角形气泡盲区，提高了夹杂物去除率，实现了迭代升级，氩气消耗同比降低53%，铸坯中非金属夹杂物数量同比减少51%。

（4）整合开发和拓展利用炼钢全过程吹氩冶金关键工艺技术，系统优化炼钢生产工艺，搭建低成本洁净钢生产技术平台，实现了精炼时间的柔性控制和低碳绿色生产。

2022年12月，中国金属学会组织召开了科技成果评价会，评价委员会认为该成果总体达到国际先进水平，其中连铸大包回转台待浇位与浇注位组合软吹去除夹杂物技术达到国际领先水平。项目已获授权发明专利24件、实用新型专利15件，在审发明专利8件，发表论文12篇。

2018年开始，项目技术在莱芜钢铁集团银山型钢有限公司、上海梅山钢铁股份有限公司、山东钢铁集团有限公司等企业推广应用，带动了行业技术进步，2020—2022年新增利润2.22亿元，经济效益和社会效益显著。

2019年4月，项目组依托和创建的夹杂物分析与控制实验室被山东省发展和改革委员会认定为山东省洁净钢工艺开发工程实验室，成功搭建洁净钢工艺开发与生产平台，推动了我国洁净钢技术的发展，对推动钢铁绿色低碳技术进步具有示范和引领作用。

极限薄规格钢板生产关键技术开发及产业化推广应用 材料轻量化应用已是工程机械、交通运输、能源环保、船舶工业等行业发展的必然趋势，轻量化发展需求对薄宽规格钢板的产品综合性能提出更高的要求，厚度精度控制、板型控制、强韧匹配、性能均质化成为钢铁行业四大关键共性重大难题。

山钢集团日照有限公司开展3500 mm炉卷产线工艺装备技术研究和高品质产品自主开发，实现了薄宽规格中厚钢板高精度、高质量生产，开发了一套极薄宽、窄公差、高平直度、高韧性、高表面系列钢板生产关键技术。首创了"卷轧—预矫—冷却—双辊系热矫"、卷轧＋预矫＋水冷、低残余应力控制工艺，开发了CVCplus窜辊、弯辊与工作辊热凸度微区温控相耦合的高精度板形控制技术，薄宽钢板高表面生产关键技术，炉卷轧机"温控—形变"耦合控制技术，解决了"厚度精度控制、板型控制、强韧匹配、性能均质化"难题，突破了设备极限，实现了3.5 mm钢板和卷轧长度达360 m生产；实现了薄规格桥梁钢、蒙皮钢、9 Ni钢等高附加值产品的节约型减量化TMCP工艺生产；实现了公差带0～0.1 mm邮轮用钢板批量稳定生产，实物指标达到国际领先水平，完成大型邮轮材料国产化；实现了高均质化薄规格8 mm L485M钢板高质量稳定生产，同板性能波动在30 MPa以内。

本项目打破国外技术壁垒，突破4 mm设计极限，攻克4项行业共性关键难题，取得两项唯一，实现中厚钢板炉卷轧线核心工艺高精度控制和系列化产品开发，整体技术达到国际领先水平。在公司3500 mm产线推广应用，2020—2022年薄规格钢板生产销售72.88万吨，新增贡献7.137亿元，新增利润4.74亿元；产品在马达加斯加泥浆管道项目、山—陕天然气项目、沧州渤海新区油品输送管线工程、浙能温州80万立方米天然气（LNG）全包容储罐、天津港液化天然气（LNG）全容储罐、亚洲最大铁路枢纽站—北京丰台站、京九铁路黄河特大桥、滨州黄河特大桥、京岚线黄河特大桥等几十个重大工程得到应用。另外，以绿色、高效为目标的极限薄规格钢板生产关键技术开发及产业化推广应用，可以大幅提高产品成材率，减少资源和能源消耗，符合国家建设资源节约型、环境友好型绿色材料工业的总体要求，有利于实现"十四五"国家低碳环保的可持续发展战略。

高端制造装备用高品质稀土特殊钢关键技术研究及产业化 高品质稀土特殊钢是钢铁材料中的高技术含量产品，是重大装备制造和国家重点工程建设所需的关键基础材料。开展高品质稀土特殊钢研究，可推进形成中国特色的特殊钢体系，是发展中国高端装备制造业的基础保障。山东钢铁股份有限公司实施的"高端制造装备用高品质稀土特殊钢关键技术研究及产业化"项目通过开发钢水洁净、稀土纯净的"双纯净"控制技术，采取低氧纯净化冶炼、创新稀土加入工艺、控氧自动化浇注、低偏析微缺陷控制等手段实现了全流程低氧钢水纯净度控制，在连铸工艺下实现了稀土钢生产顺行和性能稳定，制备出了具备优良疲劳寿命的超高洁净度亚微米夹杂物的稀土特殊钢。该项目实施过程申请专利20件，已授权发明专利6件、实用新型专利7件；发表学术论文5篇、SCI收录3篇；制定团体标准2项；在山东省科技厅组织的项目综合绩效评价中被评价为优秀；经山东省冶金工业总公司科技成果评价，整体技术达到国际领先水平。

该项目开发的高品质稀土齿轮钢、稀土轴承钢、稀土模具钢等特殊钢，在国内率先实现了连铸稀土特殊钢工业化生产与产业化应用，为我国高品质特殊钢实现整体质量提升做出了有意义的探索。

利用发电锅炉协同治理焦化VOCs废气技术的研究和应用 该项目由石横特钢集团有限公司完成。该项目充分利用长流程钢铁联合企业既有焦化工序又有燃气发电工序的优势，对现有焦化VOCs废气治理系统进行改造，建设收集管道和配套设施，将焦化VOCs废气送入现有燃气发电锅炉作为助燃风燃烧，研发出一种新型"油洗＋酸洗＋碱洗＋蒸汽加热＋锅炉燃烧"废气处理工艺方法，利用"吸收＋锅炉燃烧"有效处置VOCs废气，实现焦化VOCs废气的彻底治理和稳定达标排放。该项目的实施降低了焚烧炉系统的投资成本约700万元，并取消了原治理系统的活性炭吸附环节，每年节约活性炭消耗24t，运行费用19.2万元，实现了节能降碳。该项目解决了原焦化VOCs废气系统运行不稳定的难题，排放指标低于山东省《挥发性有机物排放标准 第6部分：有机化工行业》和《山东省火电厂大气污染物排放标准》（DB37/664—2019），实现了焦化VOCs废气超低排放，为同行业提供了一种可供借鉴的高效、安全可靠的焦化VOCs废气治理思路和方案。项目技术工艺成熟、运行稳定，具有良好的推广价值和经济效益和社会效益。

智能透明化技术在炼铁生产过程中的研究与应用 为实现炼铁厂生产过程的智能透明，助力落实部分业务透明、数据透明、决策透明，进行生产管理优化和能源管理优化，从而实现提质增效的目的。山东莱钢永锋钢铁有限公司研发集成了炼铁工序的自动化、数字化与信息化等方面的多项技术，实现了炼铁生产的智能与透明。提出并开发了基于自动化控制系统的远程诊断方法和平台，实现了控制系统运行情况实时查看和远程故障诊断；通过入炉焦炭成分准确跟踪和原燃料精准配料，保证了铁水的质量；开发了烧结混合料水分自动控制系统，在无水分检测仪表的情况下通过推理、计算和水量调控，实现了水分的精准控制；发明了返回烧结除尘灰的碳足迹跟踪方法，实现了除尘器灰仓存灰量及吸灰过程全过程透明化管理。本项目技术先进，在数字化车间和透明化工厂建设方面效果明显，市场前景广阔，经济效益和社会效益明显。

该项目经山东省冶金工业总公司组织鉴定，鉴定委员会认为项目智能化技术在炼铁应用方面处于国际领先水平。项目中的关键技术已授权专利7项，其中发明专利1项、实用新型专利6项，另有5项发明专利处于公示阶段。该项目每年为公司创造经济效益1162.91万元，社会效益显著，具有极高的推广应用价值。

（山东省冶金工业总公司 满 强 王洪利）

卫生健康科技

【概述】 2022年，山东省卫生健康委员会深入学习贯彻党的十九届历次全会和二十大精神，紧紧围绕年度重点工作和全省医疗卫生事业改革发展中心任务，坚持需求导向和问题导向，着力提高卫生健康科技支撑保障能力，推动卫生健康科技创新工作取得新的成效。

【科技创新平台建设】

聚力实现国家临床医学研究中心创建"零"的突破 2022年，省卫健委积极配合省科技厅组建国家临床医学研究中心建设工作专班，指导省肿瘤医院、齐鲁医院、省立医院等6家国家临床医学研究中心创建单位做好科研平台、生物样本库建设等，积极争创国家临床医学研究中心。

完善省级临床医学研究中心布局 省卫健委配合省科技厅，对已布局的16家省级临床医学研究中心开展绩效评价；同时，在精神心理疾病、消化系统疾病、口腔疾病等领域新布局3家省级临床医学研究中心。截至2022年，省级临床研究中心达到19家。

完善省卫生健康委医药卫生科研平台 2022年，印发《山东省卫生健康委员会医药卫生重点学科、重点实验室建设方案》，积极搭建行业科研平台，首批布局101个重点学科、40个重点实验室，充分发挥科研服务临床、学科引领专科作用。

【医学科研成果】 2022年，卫生健康领域获得省自然基金支持804项。获得2022年度山东省自然科学奖二等奖1项，山东省科学技术进步奖一等奖9项、二等奖17项，山东省技术发明奖一等奖1项。

【医学科研计划】

继续实施"防诊控治康"重大科技示范工程 2022年，省卫健委在重大心血管疾病、公共卫生、重大创伤与修复、恶性肿瘤等4个领域开展关键技术攻关，加强资源优化配置与整合，协同谋划并配合推进重大科技工程，推进卫生健康领域科技创新体系建设。

积极争取重大科技创新专项　2022年，省卫健委指导各单位积极申报重大科技创新工程等项目，获批2项山东省重点研发计划（重大科技创新工程）："全自动一体化多重病原核酸检测系统研究及产业化""类器官构建及器件化融合功能关键技术研究与应用"，完成了15项山东省重大科技创新工程项目年度绩效评价和68项山东省重点研发计划（公益类）项目验收。

积极开展山东省医药卫生科技发展计划项目　2022年，为提高山东省卫生健康科技创新能力，搭建中青年科技人才创新平台，助力全省卫生健康事业高质量发展，2022年遴选确定516项山东省医药卫生科技发展项目。

持续推广山东省适宜卫生技术　2022年，省卫健委遴选公布23项第十四批山东省适宜卫生技术推广项目，列为省级继续医学教育培训项目，对相关医疗卫生机构专业技术人员进行培训，促进适宜卫生技术在农村和城市社区推广应用。

【临床研究规范管理】　2022年，作为国家卫生健康委临床研究规范管理第二批试点省份，制定《山东省医疗卫生机构临床研究规范管理试点工作实施方案（试行）》，建立健全省级行政监督和技术支撑体系，摸底调查全省临床研究项目情况，开展医疗卫生机构临床研究规范管理试点工作中期评估，指导各医疗卫生机构健全学术委员会、伦理委员会等内部监督管理体系。通过开展临床研究规范管理试点，进一步强化了全省医疗卫生机构临床研究规范管理、提升了医学科研诚信建设水平、促进了临床研究规范有序高质量发展，为试点工作在全国推广积累了经验。

【新冠药物研发】

开展新冠病毒疫苗研发　2022年，省卫健委邀请中国科学院院士高福、国家蛋白质研究中心主任魏开华等高水平专家对绿叶投资集团研发的VLP新冠病毒疫苗进行技术评估，为省政府支持疫苗研发提供了决策依据。积极争取国务院联防联控机制科研攻关组疫苗研发专班支持，绿叶投资集团研发的VLP新冠病毒疫苗已完成临床前研究工作，获得国外临床试验和国内临床试验批件，进入III期临床试验阶段。

开展新冠病毒感染治疗药物研发　2022年，齐鲁制药集团与山东大学、齐鲁医院联合申报2022年科技部新冠病毒药物研发应急项目获批立项。齐鲁制药集团研发的小分子新冠病毒感染治疗药物QLS1188完成I期临床试验，正在国内四十余家医疗机构开展II期临床试验。

开展体外诊断技术研发　2022年，山东省体外检测试剂研究取得巨大进展。山东康华生物&青岛汉唐生物研发的新冠病毒抗原检测试剂盒于2022年3月获得国家药监局批准（注册编号：国械注准20223400379），正式上市；山东博科诊断科技有限公司自主研发的新冠病毒抗原检测试剂盒（胶体金法）于2022年4月获国家药监局批准（注册编号：国械注准20223400430），正式上市。

（山东省卫生健康委员会　姚凡喜　解仲伯　毛　新）

中医药科技

【概述】　2022年，山东省中医药科技工作以传承创新为动力，不断推进中医药科研平台建设和科技项目改革，不断提升中医药科研管理水平。

【中医药科研平台】

成功推荐国家中医药传承创新中心建设单位　2022年4月，经省卫生健康委员会与省发展改革委联合推荐，山东中医药大学附属医院成功入选国家中医药传承创新中心项目储备库，并成功获得省财政厅专项债券经费支持。中心支持的趵突泉院区惠民楼已正式启用，二期建设已获得省发展改革委立项；生物样本库成功获得科技部人类遗传资源保藏行政许可；实施各类人才培育工程，新增国医大师1名、全国名中医3名、青年岐黄学者4名。

成功获批全国儿童青少年近视防控示范区　2022年1月，教育部同意在山东省设立全国儿童青少年近视防控省级改革示范区。示范区将传统中医经穴理论与电刺激理论相结合，研发出用于儿童青少年近视防控的"眼周经穴电脉冲治疗仪"，成果转化企业已获二类医疗器械注册证及医疗器械生产许可证。

推荐获批山东省工程研究中心　2022年，根据省发展改革委相关要求和管理办法，省卫健委成功推荐山东省中医药研究院"传统中医芳疗的现代化研究与开发山东省工程研究中心"和山东中医药大学附属眼科医院"中西医结合眼科与视光山东省工程研究中心"获批。

【省自然基金中医药联合基金】 2022年，省卫健委围绕中医药理论传承创新、中医优势病种临床诊疗水平提升、中药产业高质量发展、中医药现代化等4个领域，继续在省自然科学基金中设立中医药联合基金，将指南研究方向由27个深度凝练为17个，优势力量由6家省属单位向全省16市辐射，培育项目着重支持中青年中医药科研人才，经专家评审，本年度立项29项。

【省中医药科技项目】 2022年，通过将山东省中医药科技项目资金实行"先集中后拨付"的方式，解决了项目长期无资、匹配科研经费不计入医院绩效考核成绩的问题，同时，优化项目管理系统，实现专家线上评审，提高评审效率。对项目"扩面提质"，完成立项516项，较2021年增加102项，青年项目、面上项目和重点项目数量均有大幅提升。

【中医药项目管理】 2022年，省卫健委组织开展省重大创新工程项目年度绩效评价3项、综合绩效评价4项，审核中央引导地方科技发展资金申报项目5项、省重点研发计划（软科学）申报项目37项、省重点研发计划（公益类）项目验收4项，完成中医药科技成果登记38项；审核国家中医药管理局"中医药循证能力建设"验收项目3项；实行山东省中医药科技项目分批次结题，2022年完成两批次结题，共计456项。

【中医药科技成果评价】 2022年，遵循中医药规律，建立中医药科技项目评价标准，深化和完善中医药科技成果评价机制，对中医药类项目实行分类评价，并将其作为《山东省国家中医药综合改革示范区建设方案》的改革重点任务。在省科学技术奖励评选中，继续对中医药类项目采用独立标准予以评价，获奖11项（其中省科技青年奖1项，省科学技术进步奖一等奖3项、二等奖7项），占授奖总数的5.16%，获奖比例从2020年逐年上升，较2020年度翻一番。

【中医药防治新冠感染临床科研一体化】 2022年，面对3月局部突发的新冠疫情，第一时间组织国家中医疫病防治基地和国家中医药传承创新中心启动科研紧急立项，建立应急科研联络机制，组建省级临床科研应急攻关专家组，对11个市1321名患者进行跟踪研究，形成中医药救治专家共识和防治方案，提出中药制剂、身心调适和非药物疗法等综合干预方法，中医药治疗有效率达到90%以上。有效组织开展临床科研一体化工作，新冠病毒感染相关课题获得国家中医药管理局应急专项课题和省自然基金中医药联合基金项目各1项。

【中医药特色疗法推广】 2022年，省卫健委进行了中医药特色疗法推广：一是持续开展中医药特色疗法挖掘整理推广工作，完善工作机制，形成《山东省中医药特色疗法挖掘整理项目工作手册》；二是着力做好2021年度入选项目推广工作，赴淄博、枣庄、曲阜、泰安等4市开展推广工作调研，赴省文化和旅游厅（省文化馆）、省财政厅、省国资委、省科技厅等4家省级单位开展体验活动，在省级中医药继续教育项目和省中医药科技项目中设立特色疗法专项，分别立项18项和17项；三是创新建立"你身边的名中医"山东省名中医健康服务云平台，总访问量15万余人次，访问人数2.26万余人；四是联合文化和旅游厅，完成2022年度中医药特色疗法挖掘整理项目评审工作，确定入选项目70项。

（山东省卫生健康委员会　姚凡喜　解仲伯　毛　新）

医药科技

【概述】 2022年，是新冠疫情暴发流行的第三年，从全国联防联控到防疫政策全面放开，医药医疗行业经受了疫情的严峻考验。山东省医药行业紧紧围绕国家和省委、省政府系列工作部署，立足新发展阶段，贯彻新发展理念，构建新发展格局，积极应对复杂多变的国际环境和新冠疫情等多重不利因素冲击，攻坚克难、砥砺前行，扎实推动产业结构调整和发展方式转变，实现了医药产业平稳健康发展。

【生产经营状况】 2022年，全省医药工业规模以上企业数量795家，累计实现营业收入3495.9亿元、实现利润总额504.8亿元，分别占到全省工业的3.2%、11.3%。医疗器械子行业企业数量变化最明显，共增加16家，化药、中药各增加10家，生物制品减少5家。全省医药各子行业营业收入增幅表现差别较大，中药加工业营业收入同比增长14.6%，是本年度增幅最高的子行业；化药工业同比增长10.5%；生物制品同比增长8.5%；卫生材料及医药用品制造同比增长

4.6%；药辅包材同比增长4.4%；印刷、制药、日化及日用品生产专用设备制造同比减少12.2%；医疗器械同比增长4.2%。

【科技创新】

药械创新步伐加快，支撑能力不断提升 2021年获批新产品114个，由全国第6位跃升至第2位；2022年获批新产品132个，保持全国第2位，与江苏的差距不断缩小，一类创新药3个，占全国一类创新药的1/6。拥有国家级医药创新平台21个、国家药监局重点实验室10个（全国第三）、药物非临床安全评价研究中心6家、药物临床试验机构75家。

化学药优势突出，中药发展迅速，生物药、海洋药物顺势兴起 2022年，传统优势产业化学原料药和制剂规模以上企业收入1232.4亿元，占比35%。中药材种类1500多种，规模以上企业收入676.4亿元，占比19%。2个中药一类创新药填补全球空白。3个生物一类创新药获批上市。海洋药物规模占全国50%以上，增加值连续3年居全国第1位，全球16个海洋创新药物中我国有2个，均为山东原创。

（山东省医药行业协会 曹萌萌）

油田科技

【概述】

2022年，按照胜利油田集团公司和油田统一部署，围绕油田"五大战略、三大目标"，油田科技工作聚焦价值引领、创新驱动，坚持问题、效益导向，强化顶层设计，加大科研投入，深化基础研究和技术攻关，加大成果转化、协同创新，引领行业发展，不断完善科技创新管理体系，有力支撑了油田勘探开发、生产经营、安全绿色发展。

【科技成果与奖励】

2022年，胜利油田获中国专利优秀奖1项、省部级奖励23项，其中，集团公司级奖励19项（技术发明奖一等奖1项、三等奖1项，科学技术进步奖一等奖2项、二等奖7项、三等奖8项），山东省奖励4项（技术发明奖二等奖2项，科学技术进步奖二等奖2项）。完成专利申请量为777件（其中发明专利530件），发明专利申请率为68.21%，专利授权数量539件（其中发明专利授权197件），境外专利授权1件。

【勘探开发重点科技项目进展】

2022年，油田组织实施各类项目605项，其中，国家项目（课题）3项、中石化项目164项、油田项目434项、山东省自然科学基金项目4项；重大项目有国家重点研发计划1项、国家自然科学基金2项、中石化"十条龙"项目4项。

国家科技重大项目

2022年，在研国家重点研发计划1项，国家自然科学基金2项，所取得的成果得到了专家的认可，为油田油气产量稳定和国家能源安全提供了重要支撑。

"稠油化学复合驱冷采工业示范应用"课题 该项目研发稠油化学降黏复合驱技术，丰富和发展了稠油致黏机理，创新研发解聚乳化降黏驱油体系，深化了稠油热采开发后储层孔喉孔隙变化规律，基于不同油藏特点，攻关形成了多轮次吞吐稠油油藏"降黏+堵调"、敏感性稠油油藏"降黏+泡沫"、低效水驱稠油油藏"降黏+引驱"等提高采收率技术系列，实现高效挖掘井间剩余油潜力，实现均衡驱替。

"难采稠油多元热复合开发矿场试验"课题 该项目研究了多轮次吞吐后剩余油分布规律，描述了多元热复合开发对油藏动态非均质的影响规律，深化了多元热复合协同作用驱油机理；开展了排609极浅层超稠油、排612浅层特稠油、郑364深层普通稠油等试验区建设，配套蒸汽分配控制装置与堵调体系、分布式光纤监测系统及解释等关键采油工程技术；郑364块与排612块各开展4个井组的多元热复合驱，排609块完钻短半径水平井23口并投产。

中国石化"十条龙"科技攻关项目

以集团公司"十条龙"为依托，加快核心技术攻关，油田牵头承担的4项"十条龙"项目"全节点高密度地震技术研究及应用""准噶尔盆地胜利探区勘探开发关键技术研究与应用""济阳页岩油效益勘探开发关键技术攻关及示范应用""胜利油田高温高盐油藏化学驱提高采收率技术"均进展顺利。

全节点高密度地震技术研究及应用 该项目摆脱了完全依赖引进的地震仪及数量庞大的线缆等设备，实现了高密度地震从有缆到无缆的更新换代，推动了地震资料处理和解释技术的变革发展；研发了5G智能节点仪和独立激发系统，开发了覆盖全节点采集业务的软件平台，实现了高密度地震采集从软件到硬件、从激发到接收的完全独立自主；研发了基于稀疏智能节点的质控技术，实现了节点采集数据的高效质控；建立了"全时间、全空间"检域处理流程，形成了面向不同地质目标的高密度地震解释技术；在中石化东部、西部及南方实现了快速推广，实施全节点项目7块，采集日效提升50%以上，充分展现了节点地震技术高效、便利和更强的解决地质问题的能力。

准噶尔盆地胜利探区勘探开发关键技术研究与应用　该项目创新发展了地震采集处理技术，提高了复杂目标地震分辨能力及成像精度；迭代提升了复杂领域钻完井技术，实现了超浅层水平井、深层—超深层优快钻完井及超深层体积压裂提液提产；创新了超深层源、储发育演化认识，下组合获重大突破，深化了准西北缘油气富集规律新认识，落实2个规模增储新阵地，明确了永进产能影响因素，落实了增储建产方向；创新了稠油、特超稠油稳产增产技术，基本建成1个产能示范区。

济阳页岩油效益勘探开发关键技术攻关及示范应用　该项目形成了"源储一体、高压封闭、二元富集"成藏模式，建立了页岩含油性定量识别方法和井位目标评价规范；创建了济阳页岩油开发甜点分级评价标准，形成了济阳页岩油三元储渗理论认识和多层楼立体开发优化设计技术，完善了长井段水平井钻井提速提效技术，发展了水平井密切割组合缝网全支撑压裂技术；胜利济阳页岩油国家级示范区建设稳步推进，多洼、多层、多类型取得了重大突破。

胜利油田高温高盐油藏化学驱提高采收率技术　该项目深化了非均相复合驱油机理，明晰了新一代无碱二元复合驱油机理，阐明了聚合物耐温抗盐机制，认识了化学驱剩余油动用机制；攻关形成了高黏高盐油藏复合驱、高黏高盐油藏降黏化学驱、Ⅲ类油藏非均相复合驱、特高温高盐油藏化学驱等提高采收率技术系列；配套全密闭集约化撬装化配注、高导长效防砂、负压助力提效举升、双管长效分注等化学驱关键工艺技术；已实施13个项目。

中国石化及油田重点项目

聚焦制约高效勘探、效益开发等领域的瓶颈难题，以集团公司和油田重点项目等为依托，加快"卡脖子"技术攻关，加快成熟技术的规模化应用，加强新技术的集成配套及工业化推广，加快产学研成果转化，打造科技创新强大动能。

东部老区高密度地震技术升级与推广应用　该项目从采集、处理、解释全链条上丰富发展了高密度地震技术内涵，完善了相应的理论方法，深化了高密度地震的实践认识；攻关形成了复杂地表区高密度采集、压缩感知地震随机采集处理、陆地地震多次波压制与成像、高密度地震深度域合成记录标定与反演等技术系列，建立了高密度采集技术规范，提高了高密度地震处理和解释精度。

济阳坳陷太古界潜山油气成藏条件及目标评价　该项目基于压缩感知理论重构内幕成像方法有效提高了覆盖区太古界内幕断裂识别的精度，发现了规模内幕构造圈闭；开展了鲁西露头区地质调查与分析，厘定了露头区主要岩石及储集类型，初步明确了潜山风化壳与内幕储层发育模式，有效指导了覆盖区太古界储层发育模式研究，在以上成果指导下采纳部署探井2口，钻探显著提升了对太古界的地质认识。

普通稠油微生物复合驱油技术研究　该项目创建了微生物驱油技术体系，满足不同类型稠油油藏开发需求；针对水驱高含水稠油油藏建立了内源微生物驱+生物场调控技术，孤岛中二区南Ng1+2累增油2.48万吨，阶段提高采收率4.9%；针对水驱中低含水稠油油藏建立了外源菌强化+段塞驱技术，在尚一区、林东等区块开展成功应用，累增油1.05万吨，采油速度提高0.2%。

低渗致密油藏地质工程一体化开发关键技术研究　该项目攻关低渗致密油藏地球物理精细动态建模技术，滩坝砂、砂砾岩、西部超深层等不同类型低渗致密油藏井网缝网适配优化技术，地质工程一体化优快钻井技术，组合缝网压裂全过程优化技术，创建了胜利特色地质工程一体化油藏全生命周期开发技术系列，形成低渗致密油藏地质工程一体化标准工作流程，搭建多专业协同决策、多维度优化、动态更新的一体化协同决策平台。

海上油田三次采油提高采收率技术　该项目成功实现了化学驱技术从陆地走向海洋，有力拓展了胜利油田三次采油资源阵地；针对海上油田平台空间受限，注采井距大等难点，建立了海上驱油用聚合物技术标准，设计了海上高效驱油体系，明确了海上油田三次采油技术政策界限，22F平台三次采油先导试验取得了明显降水增油效果，34口油井出现含水下降、日油上升，含水下降12.7%，预计提高采收率11.6%。

百万吨CO_2驱油封存示范应用技术研究　该项目创新发展了CO_2高压混相驱油与封存开发理论认识，攻关形成了高压压力场重构技术和全域全程高压混相驱油封存技术，建立了注气提压优化技术、压驱提压优化技术、注采耦合保压技术、应力物源井网设计、气水交替保压技术等不同类型深层低渗油藏全域全程高压混相技术体系；同时配套了地质安全性评价、CO_2驱前缘预测、CO_2高压注入管柱、高气液比腐蚀防护举升、低温密闭注入系列装备、高压密相注入设备及环境监测体系等系列技术。

碳纤维抽油杆超深井技术研究及其应用　该项目攻关形成了耐高温高压的树脂体系、耐高温杆体成型工艺，建立了深井举升优化及差异化应用设计技术，提出碳杆结构改进措施，提升了杆体耐高温、耐高压、耐水解性能，完善了深井举升优化配套技术，实现了碳纤维连续抽油杆深井/超深井举升。确定了碳杆老化疲劳影响因素，形成了碳纤维抽油杆回收循环再利用技术，实现了报废杆体碳纤维的回收再利用，降低了碳纤维连续抽油杆综合利用成本。成果应用增产

7万余吨，节电446万度。

碳纤维复合材料输变电设施研究与应用技术　该项目基于碳纤维复合材料的高强、绝缘、防腐、无磁特性，开发了碳纤维复合材料电杆、配网新型复合针式绝缘子、小截面配网碳纤维芯复合导线等设施及配套金具。形成了回收复合废料快装电杆基础、导线无损放线、导线碳纤维芯增强接续、复合配网一体化绝缘与防雷等配套施工技术，建立基于剩余寿命预测技术的复合电力设施检测评价体系，编写运维与检测等国家标准1项、胜利油田企业标准3项。在胜利油田电网及国网东营供电区域建成6～110kV试验线路46条，示范区两个。

耐温抗盐型生物杂多糖提高采收率技术　该项目针对胜利油田高温高盐油藏水驱效率低、非均质性强，优选了产新型微生物杂多糖菌株，建立了新型微生物杂多糖生产发酵工艺，确定最佳发酵工艺参数，明确了微生物杂多糖的油藏适应条件及驱油潜力，形成了高温高盐油藏微生物杂多糖驱油体系，开展2个区块及相应单井现场应用，累计增油超过2.63万吨。

多环芳烃微生物降解机制研究　该项目揭示了多环芳烃和稠油胶质沥青质微生物降解分子机制，建立稠油微生物降解降黏调控方法，构建共代谢途径、复合生物表面活性剂强化、多菌协同3种稠油微生物降解降黏调控方法，强化微生物降解降黏效率，稠油降解降黏效率提升57.6%，稠油黏度适用范围扩展到20000mPa·s。项目研究成果在新春、滨南和现河等采油厂开展现场应用50余口井，累计增油2.6万吨。

CO_2驱油注采耦合扩大波及机理研究　该项目建立了基于声电信号识别的CO_2驱混相带及前缘识别方法，揭示了CO_2驱注采耦合的前缘运移规律及混相带演化规律；深化了CO_2驱注采耦合理论认识，阐明了不同类型CO_2驱注采耦合的油气耦合机制和能场耦合机制，明晰了扩大波及机理；攻关形成了CO_2驱注采耦合开发技术，并建立相应的技术政策界限。成果应用于高899、高89-1、商853等区块开发技术政策优化及方案设计，累计增油1.35万吨。

碳/玻纤维复合储罐、管道材料老化表征技术　该项目完善了碳/玻纤维复合储罐、管道材料剩余寿命表征手段，深化了碳/玻纤维复合储罐、管道材料老化机理认识。攻关构建了复合材料多因素老化影响关联模型和性能劣化本构模型，形成了人工加速老化试验方法及表征技术体系，建立了油田用复合储罐、管材基于老化损伤的剩余强度预测技术，为复合材料耐候性防护、老化性能预测提供依据。成果应用于14条在役复合材料管道、2座复合材料储罐，可为复合材料制品设计、开发、应用安全提供技术支撑。优选有代表性的3～4个项目。

【攻关安全环保、新能源技术】　2022年，围绕油田安全生产和绿色企业创建总体目标，以新工艺、新产品、新材料、新能源开发应用及质量标准提升为突破口，加快安全环保、绿色低碳关键技术攻关，实现提质提效、节能降耗，全力支撑油田安全绿色发展。

油田作业过程安全风险智能分析与管控技术　该项目建立了高风险作业样本库及智能扩充相关方法，形成了复杂场景的高效图像处理方法、高风险作业下的违章行为精准识别算法以及安全风险的闭环管控模式，研发了9种高风险作业场景和32种违章行为算法。在胜利油田推广应用以来，高风险作业现场风险识别覆盖率100%，作业违章行为管控模式由事中检查改为事前预警、事中监控、事后研判，实现了作业现场自动监控、作业风险分级预警和违章行为实时告警，算法在线准确率和召回率均大于85%。

油田注汽锅炉及单井加热炉绿色达标排放技术　该项目建立了天然气燃料氮氧化物生成规律模型，形成了天然气燃料低氮燃烧控制方法，研发了国产化超低氮燃烧装备系列，形成了配套低氮燃烧装置的燃料净化工艺方法。注汽锅炉低氮燃烧技术在胜利油田注汽技术服务中心72台锅炉、385个注汽现场应用进行推广应用，燃烧效率达99%、锅炉热效率提升至98.53%，燃料单耗降低0.3Nm³/t，烟气氮氧化物含量25～28mg/m³，油井单井加热炉应用低氮燃烧器658套，实现了658台加热炉的烟气达标排放。

采出水注汽锅炉资源化利用技术　该项目筛选获得降解石油烃和COD的高效菌株，建立了生化单元菌群调控方法；攻关了低成本精细过滤＋高产水率反渗透处理工艺；污水利用率达到95%。在滨南单14注水站建立的200m³/d的中试装置，已经稳定运行4年，已在滨南采油厂稠油首站建设了2000m³/d的试验工程，并开展了3000m³/d的方案设计。

【加快油田智能化升级】　2022年，加大两化融合力度，推进大数据、人工智能、区块链等创新技术与油田业务的两化融合，以信息化、自动化支撑生产组织、运行方式变革，放大两化融合的叠加效应，推进两化融合技术走在前，加快油田智能化升级。

基于AI地震资料自动化处理技术研究　该项目基于AI地震资料自动化处理技术，提高了多次波压制效果，减少了海量数据速度拾取环节的人工交互工作量，大幅缩短了叠前数据插值处理周期；攻关形成了由基于组卷积、跳跃连接和自注意力机制的快速智能叠前数据插值技术、基于CAE-GAN双网络对抗的数据驱动多次波压制技术、基于长短期记忆神经网络和深度学习回归的地震速度自动分析技术等地震资料自动化处理技术系列；配套研发了三款智能处理软件，并在胜利油田东部和西部多个探区推广应用。

人工智能油藏地球物理技术研究　该项目创新发展了油藏地球物理描述方法，研发了多级约束的储层智能建模技术,实现了大数据剩余油智能数值模拟;攻关形成了多任务神经网络智能地层对比、半监督学习的井震联合孔隙度预测、条件递推储层精细建模、局部弹性变形的构造格架更新、大数据驱动的油藏动态模拟等一体化智能技术系列;地层对比效率提高了11倍,物性预测精度提高了10%,数值模拟效率提高了近20倍。

智能长效分层注采关键技术研究 该项目研发了阀片式测控一体化配水器,研究形成了锚定补偿智能分注、软锚定防蠕动智能分注、分层防砂智能分注3种长寿命智能分注技术,分层防砂智能分注一体化技术在海上试验2井次;攻关形成了整体式实时测控分层采油技术、抽油机自适应控制技术。研究形成了注采动态优化决策方法和井组智能分层注采优化方法;建立滨2、滨8智能注采示范区,推进精细流线调整工作,提升油藏经营创效能力,实施水井调配46井次,油井换层17井次,累计增注8.22万方米。

大数据技术在油田开发中的应用研究 该项目攻关形成油田开发大数据样本库构建方法,编写数据处理企业标准2项;建立断层智能解释、储层智能预测、岩性智能识别技术;形成注采响应分析、注采流线评价、井位层位注采联合优化技术;创新采油井工况诊断、举升系统设计优化等采油工程智能诊断技术;搭建高效计算、高度整合、智能协同大数据平台,提供统一数据服务、统一高性能运算。开展集成应用示范测试,完成沉积模式约束下的人工智能地层对比、精细地质模型建立、注采调控优化等应用,矿场测试表明在保证80%以上精度条件下,研究工作周期缩短1/4~1/3。

【**加快专利实施项目转化**】 2022年,开展专利实施项目13项、创意创新项目16项,新领域培育项目取得新进展,气体辅助化学降黏、水驱油藏注采联动耦合调控等技术推广应用取得良好效果。

气体辅助化学降黏开发技术 该项目明确了气体辅助降黏技术作用机理,利用分子动力学模拟技术揭示 CO_2 在稠油的胶质-沥青质缔合体内的微观分布形态。完善了新型油溶性降黏体系,与 CO_2 协同降黏率达到98%以上,压力20MPa以下均可增加 CO_2 溶解量35%。形成了气体辅助降黏工艺优化技术,基于不同稠油类型的主要矛盾,建立了敏感性稠油、多轮次吞吐后普通稠油、边底水稠油油藏气体辅助化学降黏工艺技术参数优选模板,直接指导现场生产。年推广应用500井次以上,增油15万吨。

均匀射流解堵充填一体化技术 该项目优化完善了工艺管柱及关键工具,提高了工艺安全性。形成了裸眼水平井射流解堵充填防砂一体化管柱的系列化,满足7in、in、in井筒使用,配套优化了环保型解堵液和泡沫酸解堵液体系,建立了堵塞井渗流模型及水平井分段解堵模型。共开展74井次的现场试验,措施后日液较同区块提升45.6%,日油提升66.5%。

水驱油藏注采联动耦合调控技术 该项目建立了基于井间注采数据的水驱动态分析描述模型,高效利用注采开发生产实时数据,动态分析生成多套分层注采方案,实现注采参数及时优化与开发效果预测评价,形成了多层油藏注采动态分层解析及决策技术。累计实施油水井注采参数优化64井次,增油6986.2吨。通过实施注采优化调整与决策调控,改善水驱开发效果,实现了注采联动耦合实施,为水驱油藏的提质提效开发提供技术支撑。

稠油水平井变强度堵水方法 该项目优化形成了适应不同温度、不同压差,成胶时间可控的长效变强度堵剂配方,显著提高堵剂在高温条件下的成胶强度至H级,建立了水平井堵剂用量计算模型和计算方法,优化了不同含水阶段的堵水半径,提高了波及效率。在进一步优化堵剂注入施工参数的基础上,形成了"测井找水+变强度分段堵水+错位注汽"一体化技术模式,在草20、草13等边水水侵的稠油油藏推广应用32井次,排水期缩短7天,平均综合含水下降5.5%,累计增油1.8万吨。

水力压裂用减阻携砂一体化压裂液技术 该项目明晰了聚合物湍流抑制旋涡的减阻原理和机械降解失效机理,揭示了滑溜水压裂液携砂和摩阻影响的主控因素,研究形成了温控、抗盐、减阻携砂一体化压裂液技术,配套集约化、智能化压裂液实时混配系统,支撑了致密油、页岩油压裂工程,实现了致密油、页岩油高效开发。累计推广实施300井次,成功率在99%以上。

【**科技体制机制建设**】

打造项目化管理运行机制 2022年,集团强化顶层设计,梳理确定"卡脖子"关键核心技术清单,建立基础前瞻研究中长期规划,编制发布科技立项指南,统筹指导科研立项;建立科技投入持续增长机制,科技投入年增长率达10%以上,2022年研发经费直接投入11.88亿元,有力支撑了油田创新创效;强化制度保障,落实项目长负责制,修订实施科技项目、经费等11项管理办法,出台科研外协费用管控及考核指导意见,推进项目规范、高效运行。

完善科研激励考核机制 2022年,落实集团公司科技创新激励保障机制建设要求,与党委组织部共同制定油田科技创新激励保障机制建设试行意见,完善中长期激励机制,制定薪酬激励措施;修订奖励管理办法,按贡献大小精准激励,加大向青年及直接研发人员和生产一线人员倾斜,重奖突出贡献人员,增加前瞻性基础性研究奖励,设立重大成果奖,精准岗贴激励,2022年油田对优秀科技创新团队、科技英才等进行奖励,每个优秀科技创新团队奖励金额50

万～100万元，奖励总金额达1200余万元，推行"项目＋人才＋团队"模式，着力培养青年和高端人才，充分激发创新创造活力。

打造3个平台，提升创新能力建设 2022年，集团打造高层次实验平台，加强页岩油等重点实验室建设，2022年山东省碳捕集利用与封存重点实验室获批建设，形成以15个省部级及以上重点实验室为引领，16个局级重点实验室为支撑的创新平台体系，依托创新平台，2022年设立中石化重点实验室课题8项，2023年申报中石化实验室课题8项，通过加强页岩油等基础理论研究、室内实验及矿场配套工艺攻关，加大设备自主研发和引进力度，有力地支撑了济阳页岩油国家级示范区和国内首个百万吨级CCUS全产业链示范基地的建设，实验平台支撑保障能力显著增强。打造高水平开放合作平台，建立"揭榜挂帅"运行机制，设立专项经费近2000万元，针对页岩油、CCUS、西部超深层等关键核心技术，梳理明确6项"揭榜挂帅"项目，面向北京大学、中国科学院等23个知名高校及研究院所发榜，北京大学等单位的6个团队成功"揭榜"，实现高水平开放共享。打造成果转化推广平台，初步构建基于效益导向的项目跟踪及专利评价2个系统，建立项目分级分类评价指标，完善知识产权管理体系，建立内部转化、技术许可、孵化器等多渠道成果转化方式，初步梳理科技成果转化清单，加快把成果转化为现实生产力；近三年推广实施专利技术721项，开展自由运作权分析9件，签订技术许可合同17件，持续推进科技孵化器建设，2019年油田首次设立创意创新项目，共培育项目30余项；2019年成功申报中国石化首批新领域培育项目，3年来培育项目6项，转化动力不断提升。

（胜利油田　冯　斌　梁　栋　韩世春）

汽车工业科技

【概述】 2022年，山东省汽车行业协会统计：山东省共有汽车及零部件企业1340余家，其中整车30家，专用车284家，零部件企业1000余家。2022年完成营业收入92899.9亿元。

【整体生产经营情况】 2022年，全省汽车产销分别为129.48万辆和134.46万辆，同比分别下降23.78%和23.45%，占全国总产销量的4.80%和5.01%，同比下降1.71%和1.68%。其中，乘用车产销分别完成52.52万辆和52.69万辆，分别同比增长14.90%和15.22%，占全国总产销量的2.20%和2.24%，分别同比下降0.03%和0.11%；商用车产销76.95万辆和81.78万辆，分别同比下降38.02%和37.06%，占全国总产销量的24.16%和24.78%，分别同比下降2.4%和2.33%。新能源汽车产销完成25.92万辆和25.68万辆，分别同比增长42.69%和40.97%，占全国总产销量的3.67%和3.73%，分别同比下降了1.46%和1.44%。

【主要企业生产经营状况】

中国重汽集团 2022年，生产整车23.10万辆，其中重型汽车15.12万辆；销售整车24.85万辆，其中重型汽车15.88万辆。实现营业收入1214.4亿元，利税99.9亿元；累计出口重卡7.99万辆，出口交货值316亿元。

上汽通用东岳 2022年，生产整车26.2万辆、发动机20万台、变速箱49.5万台，实现产值393亿元，上缴税金24亿元；出口整车12.4万辆，出口产值125亿元。主要产品为昂科威PLUS、昂科威S、昂科拉GX、新科沃兹等。

北汽福田诸城汽车厂 2022年，生产整车25.5万辆，销售整车28.1万辆。实现产值196.4亿元，主营业务收入211.8亿元，利税7.7亿元，上缴税金3.1亿元。出口整车4.8万辆，出口产值27亿元。

一汽解放青岛汽车有限公司 2022年，生产整车9.26万辆，销售整车10.82万辆，主营业务收入1756722万元，实现工业总产值1963265万元，累计出口100多个国家和地区中重轻型商用车15905台，同比增长39%，再创历史新高。出口额约303029万元。主要出口新大威、JH6、悍V2.0、JK6、虎VH、虎VR等产品。

山东凯马汽车制造有限公司 2022年生产各类载货汽车52058辆，销售汽车54101辆。实现销售收入232516万元，上缴税金2688万元；全年出口汽车1920辆，实现出口交货值1518万美元，为2023年扩大市场奠定了坚实基础。

潍柴动力 2022年实现营业收入1751.58亿元，利润58.34亿元，发动机产销57.3万台，同比减少43.79%；商用车销售8万辆，同比减少46.59%；变速器销售59万台，同比减少48.81%。

【研发与创新】

中国重汽集团 2022年，中国重汽集团拥有国家工程技术研究中心、国家企业技术中心、联合工程实验室等国家级创新平台6个，省重点实验室、省技术创新中心、省工程技术研究中心等省级创新平台5个，拥有研发、工程技术研究等科研人员7608人。2022年技术研发经费投入28.6亿元，占营业总收入的4.32%，为集团科技发展取得新突破提供了强劲动力。全年完成申报专利1210项，同比提升91%，其中发明专利509项，同比增长125%；在专利授权方面，全年获得授权专利679项，其中发明专利107项，较上一年度均实现大幅提升。秉承竞合理念，致力于构建开放协同的全球链合创体系，与上海交通大学、西安交通大学等11所世界知名高校，顶级科研院所建立战略合作关系，开展了16项对外技术合作项目。以完全自主研发的全系列电驱桥技术和混动系统技术为核心，全面布局纯电动、混合动力、氢燃料电池三大技术路线，多技术路径全面发力新能源。仅清洁技术研发费投入就近3亿元，豪沃纯电系列、混动系列产品快速上市，丰富了产品布局，构建起完整的纯电科技生态体系。完成国家重点研发计划"提高中载及重载卡车能效关键技术中美联合研究"，"新型16档斜齿双中间轴锁环式同步器变速箱"获得山东省政府颁发的山东省专利奖一等奖；"商用车无忧换挡关键技术研究与应用""蠕墨铸铁缸体缸盖批量制造技术研究及应用"获得中国机械工业联合会与中国机械工程学会联合颁发的科学技术进步奖三等奖；"重型汽车关键基础性能集成研究与应用"获得中国科技产业化促进会组织的科技创新奖一等奖，"北京冬奥会雪蜡专用车关键技术"获得中国汽车工程学会科学技术进步奖三等奖。荣获"2021年度智能制造优秀场景"国家级荣誉，荣登"2021年山东省智能工厂""2021年省级智能制造标杆企业"省级榜单。实现近十年来首次重卡销量和市占率"双第一"。

上汽通用东岳汽车有限公司 2022年，上汽通用东岳汽车有限公司（基地）与上汽通用汽车资源共享，实行一体化管理，研发由泛亚汽车技术中心有限公司（上汽通用汽车工程技术中心）统一承担，该中心具有国家认定企业技术中心、高新技术企业、上海市工程研究中心等资质，累计有4000余项专利。2022年度凯迪拉克E2QL车型项目在进行设备安装调试，预计2023年上半年投产，将进一步带动产业链上下游企业转型升级、协同发展，推动烟台千亿级汽车产业集群迈向高端。CSS发动机项目2022年已建成投产，采用模块化架构开发和集成，可根据不同车型的匹配需求提供差异版本。上汽通用东岳汽车有限公司居2022山东企业100强第95位、工业企业100强第71位。

一汽解放青岛汽车有限公司 2022年，一汽解放青岛汽车有限公司持续践行"产品为王"理念，加大产品创新力度，加快研发能力提升。现有中重卡、轻卡、新能源及出口四大核心业务。形成鹰途、JH6、天V、悍V、JK6、龙V 六大中重卡产品平台和领途、J6F、虎V 三大轻型车产品平台。在整车轻量化、家居化、混动节油、清洁能源、电动化等方面形成核心竞争力。高端鹰途成功上市，JH6持续提升，悍V 子母车持续热销，NG产品行业第一优势巩固，JK6布局不断完善。轻型车加速产品迭代，推出领途、虎V、JH6西南版。狠抓IPD变革，青岛中重型和轻型车两条生产线成功落地，大力降本减费，实现降本金额14.91亿元。为加快制造技术创新升级，冲焊扩建项目完成年度建设目标，焊装线设备完成调试优化，冲压线设备预制完成。二期新能源轻卡基地转产运营，总投资10亿元，建筑面积11.5万平方米，应用内外表面全自动喷漆、干式漆雾捕集、底盘自动翻转、机器人、AGV物流车和智能立体库等技术智能制造能力成熟度达到3级，生产工艺、智能制造水平行业领先。搭建产学研创新平台，培育智能化系统自主开发能力，MOM系统顺利切替MES系统，制造数智化取得积极成效；启用ESB数据总线和IAM身份平台，新搭建OA审批流程55个，助力管理效率提升；安全态势感知平台和IPS入侵防御系统上线，整体安全防护能力持续加强。获得2021青岛企业100强第四名、2022年青岛汽车产业最具影响力商用车企业等荣誉。

北汽福田诸城汽车厂 2022年，北汽福田诸城汽车厂持续加大研发资金投入，全年投入研发资金达77363万元，新增研发人员200余人，推出新产品108款，年度新产品推出总量同比增长2.9%。其中，大力优化拓展领航S1小卡产品组合，将领航S1小卡的产品力优势进一步放大，全年销量3.39万台，占有率达到19.6%，跃居行业第1位。针对蓝牌新规，瑞沃品牌迅速调整产品结构，及时引导市场需求，由"蓝牌"向"黄牌"转化，使全年瑞沃黄牌产品市场占有率同比增长4.8%。抢占新能源汽车赛道，将发展新能源汽车确定为未来首要战略和重要增长点，重点推进纯电动、增程、混动等产品开发投入，到2026年，实现销量8.5万台。时代技术研究院成立新能源汽车开发所，组建29人研发队伍，现已推出6款新能源汽车产品，共交付纯电动微卡、氢燃料轻卡、换电重卡等新能源产品超2700辆。全新W1新能源产品，计划于2023年上半年上市。依托诸城专用车基地建设，成立了专用车底盘销售公司，并设立了独立的专用车技术中心，将传统区域负责制销售管理模式调整为以行业为单元、以客户需求为导向的服务技术型组织，快速高效满足客户定制化需求，2022年，诸城区专用车底盘实现销量1.4万台。加大厂区工艺技改投入，对领航S1焊接线，总装线等进行了工艺升级，采取"跨岗位、厂区协同作业"生产模式，实现人员柔性化管理，解决缺员问题。

山东凯马汽车制造有限公司 2022年，山东凯马汽车制造有限公司拥有山东省企业技术中心、山东省工业设计中心、高新技术企业。2022年又被省工信厅任命为2022年省级工业互联网平台、山东省轻型载货汽车工业设计中心、潍坊市轻型载货汽车工程实验室等。2022年技术研发总投入5655万元，根据政策法规变化，快速调整国六产品研发策略，重点在轻量化、合规化上下功夫，为国六市场博弈做好充分产品储备。一是轻卡以凯捷为重点，推出了搭载锡柴4DB1、全柴Q23创业板新车型、云内D20等减重降本车型；二是微卡以锐航为重点，完成了内饰升级，推出东安1.6L、柳机2.0L增强动力车型；三是中卡以18～25t大黄牌车型为重点，推出了中卡之星系列产品；四是加快新能源产品研发，完成了骏航电动四轮、六轮微卡、ES7加长型电动微面的开发；五是与吉林大学汽车工程学院联合成立了产学研联合研发基地；六是深化与东风股份战略合作。全年产销各类载货车52058辆和54101辆，实现销售收入232516万元，实缴税金2688万元。产品出口1920辆，主要出口越南、泰国、菲律宾等30多个国家和地区，实现出口交货值1518万美元。

潍柴动力股份有限公司 2022年，潍柴动力股份有限公司高度重视科技创新和投资合作。拥有内燃机与动力系统全国重点实验室，国家燃料电池技术创新中心等研究基地，建有国家智能制造示范基地。在潍坊、上海、西安、重庆、扬州等地建立研发中心，并在全球多个国家设立前沿技术创新中心，确保企业技术水平始终紧跟世界前沿。持续增加研发投入，始终保持研发高标准、大投入，试验能力居国际领先水平。发动机业务近十年累计投入超200亿元。内燃机与动力系统国家重点实验室，定位节能、清洁、高可靠的内燃机与动力系统前沿技术重点攻关，将能量高效转化及清洁利用技术、动力系统一体化与智能化技术、动力系统可靠性与寿命提升为重点研究任务。现有固定人员601人，其中院士、博士享受国务院政府特殊津贴5人，入选国家级人才工程专家10人、高级专业职称326人，还有百余位访问学者参与实验室研究工作，为我国内燃机与动力系统产业高质量发展提供技术支撑。国家燃料电池技术创新中心获科技部批准建设，拥有近300人组成的科研团队，成立了由院士、专家组成的专家委员会。形成了覆盖燃料电池基础材料、膜电极、电堆、发动机系统、氢能系统等研发、试制及试验测试能力。2022年，"重型柴油机高热效率关键技术研究"获机械工业技术发明奖特等奖，"重型商用车燃气发动机关键技术及应用"获山东省科学技术进步奖一等奖，"新能源商用车高效动力系统与电控安全关键技术及大规模整车应用""大功率中速船用发动机关键技术开发及产业化"获山东省科学技术进步奖二等奖。11月20日，全球首款本体热效率52.28%商业化柴油机和54.16%商业化天然气发动机的发布，再一次创造了全球新纪录，是对内燃机行业的一次革命性颠覆，天然气发动机热效率首次超过柴油机，成为热效率最高的热力机械。

【重点项目】

2022年1月12日，中国重汽集团与招商旗下中国外运、招商港口、招商轮船在深圳签订战略合作协议，在国内国际"双循环"新格局发展下，共同致力于全球范围内的多领域深化合作。招商局集团有限公司董事长缪建民、山东重工集团有限公司党委书记、董事长谭旭光进行了会谈交流并见证签约。

2022年1月14日，中国重汽、上海交大、潍柴动力、未来商用车创新联合研究中心签约揭牌仪式在济南举行。中国工程院院士、上海交通大学校长林忠钦、中国工程院院士、上海交通大学智慧能源研究院院长黄震及山东重工集团有限公司党委书记、董事长谭旭光出席座谈会并见证签约。

2022年3月，全球首台无忧换挡智能渣土车在中国重汽泰安五岳公司下线，标志着首次实现手动换挡和AMT自动换挡的中国重汽S-AMT16全新豪沃TX渣土车实现量产。

2022年6月15日，中国重汽、潍柴动力在"腾飞吧！山东高端装备制造业"山东重工新科技成果展上联合发布全国首台商业化氢内燃机重卡，标志着双方在推进多元化能源转型，助力我国"双碳"战略目标实现中又取得了里程碑式的重大科技突破。

2022年10月31日，"中国重汽与世界共赢——国内首家单月出口重卡突破10000辆"活动在山东大厦举办。这是中国重卡贯彻党的二十大精神，落实稳住经济大盘的具体行动，为坚定迈向世界一流，打造中国商业全球的亮丽名片与合作伙伴共享机遇、共谋发展、共赢未来打下良好基础。

2022年2月21日，一汽解放青岛汽车有限公司召开IPD变革项目启动会，IPD变革项目正式启动。7月26日，举行了解放鹰途上市发布暨品鉴大会，高端重卡鹰途产品上市发布。

2022年9月30日，一汽解放青岛汽车有限公司举行一汽解放青岛基地研发能力提升项目开工仪式，园区占地面积10.2万平方米，本期拟建成7万平方米，总投资12亿元，预计2024年3月建成入驻。公司还建立了青岛、柳州两大生产基地布局，规划产能22万辆。

2022年1月8日，潍柴动力全球首款本体热效率51.09%柴油机发布暨国家燃料电池技术创新中心和"氢进万家"科技示范工程运行情况座谈会在济南举行。

2022年2月22日，潍柴集团列入国务院国资委发布的"国有企业公司治理示范企业"名单。标志着潍柴国有企业公司治理改革走在了全国前列，也是潍柴在国企改革三年行动中取得显著成效的体现。

2022年3月9日，潍柴动力新能源试验中心获得中国合格评定国家认可委员会（CNAS）颁发的实验室认可证书，成为行业首个同时通过氢燃料电池和固态氧化物燃料电池产品试验检测认可的实验室，具备氢燃料电池和固态氧化物燃料电池产品全技术链研发与测试能力。

2022年3月31日，潍柴集团旗下意大利法拉帝集团香港上市挂牌仪式在济南、香港联交所、意大利萨尔尼科视频连线举行。此次法拉帝在港挂牌，是近十年来唯一在港股上市的意大利企业。

2022年5月19日，第"23个世界计量日"到来之际，潍柴动力申请筹建的国家内燃机产业计量测试中心通过审批并举行揭牌仪式。这是全国内燃机产业唯一一家国家级产业计量中心，对引领内燃机行业高质量发展具有重要意义。

（山东省汽车行业协会　郭金娜）

电子信息科技

【概述】 2022年，山东省电子信息制造业增加值同比增长17.9%，高于全国10.3个百分点，其中集成电路制造业增加值同比增长38.6%。打印机、手机和彩电产量分别为1114.8万台、454.1万部和2545.6万台，分别同比增长23.7%、64.6%和28.1%。拥有规模以上企业1146家，其中，海尔、海信、浪潮、歌尔、九阳5家龙头企业入选全国电子百强，分列第3、第8、第15、第18、第78位；38家企业获"全国电子信息行业优秀企业"，数量居全国前列。

【重点领域】

虚拟现实产业能级大幅跃升　2022年，山东省工信厅以"六个一"举措做大做强虚拟现实产业，2022年主营业务收入同比增长超过20%。印发实施《山东省推动虚拟现实产业高质量发展三年行动计划（2022—2024年）》，加快形成以青岛为中心，济南、潍坊、烟台、威海四市联动，其他市协同的"1+4+N"虚拟现实产业区域布局，打造国内一流、具有国际竞争力的千亿级虚拟现实产业高地。出台虚拟现实公共应用体验中心建设财政补助政策，支持奥斯福集团有限公司党史教育文化体验基地等首批10家体验中心加快建设。持续征集并发布58项虚拟现实优秀解决方案，打造虚拟现实技术在制造、教育、文旅、健康、智慧城市等重点行业和特色领域的应用样板。举行"2022国际虚拟现实创新大会"，国家虚拟现实创新中心（青岛）正式揭牌成立，抖音Pico、虚拟现实制造业创新中心等31项项目签约落地，103家单位成立虚拟现实产业联盟。

集成电路领域补齐短板　2022年，省工信厅开展集成电路财政奖补，视频编解码、红外成像、温湿传感等芯片完成流片，部分芯片工艺制程已达12nm，扎实推动封装测试公共服务平台建设，加快培育形成集成电路产业生态圈。济南比亚迪半导体、青岛芯恩集成电路、富士康半导体高端封测、德州有研集成电路用大硅片产业化等项目投产扩规增效，全年集成电路制造业增加值增长38.6%。举办2022中国（德州）集成电路产业峰会，17个项目在现场完成集中签约。

卫星产业加快布局应用　2022年，山东省北斗综合应用示范项目正式实施，搭建山东省数字基础设施北斗示范系统，在深海养殖与远洋监测、特种货物跨部门联网智能管理及北斗山东自贸区供应链管理与运输服务、防欺骗授时钟联网等4个领域推广示范，2022年，安装部署北斗终端数量2.3万台（套）。巩固发挥济南、青岛、烟台三核优势，三市产业规模占比超过80%。济南初步形成卫星上中下游产业链，国家北斗导航位置服务数据中心山东分中心已接入北斗终端86万余台。青岛在卫星制造、地面基站及终端、卫星运营服务等领域取得阶段性发展，中国电子科技集团第二十二研究所积极参与电磁星等卫星载荷研发，青岛光电工程技术研究院的太阳敏感器和监视相机已应用于卫星制造。烟台东方航天港已具备保障机制健全的商业航天综合能力，航天科技集团五院513所拥有卫星研发、设计、总装、测试、试验等全流程产业体系。

服务器制造业保持领先优势　济南是服务器制造业的主要集聚区，产能主要集中在浪潮集团，浪潮集团是山东省服务器行业龙头企业。2022年浪潮通用服务器以10.3%的市场占有率跃身全球第二，中国市场占有率稳居第一；人工智能服务器全球市场占有率连续三年居全球第一。浪潮M6服务器打破305项国际性能测试世界纪录，代表了全球服务器设计最高水平。浪潮AI服务器成功搭载国产GPU芯片厂商壁仞科技自研的高端通用GPU，在BERT和ResNet50两项重要任务中取得了8卡和4卡整机的全球最佳性能，取得了历史性突破。

智能终端上下游产业蓬勃发展　智能家电产业链

是山东省重点培育的重点产业链之一，2022年山东省实现电冰箱、家用冷柜、空调、洗衣机、彩电等智能家电总产量6064万台，占全国总产量的9.8%，同比增长8.17%。拥有海尔、海信、歌尔等一批知名企业，处于国内第一梯队，国际影响力和竞争力日益增强。依托高端智能家电国家制造业创新中心、超高清视频省级制造业创新中心开展关键技术研究，实现物联网模组设计、Wi-Fi模组设计等23项关键技术突破。发布山东省23项智能家电优秀产品推广目录，其中包含海尔机械师空调等14个整机类优秀产品，以及美林电子二极管、整流桥、IGBT等9个基础零部件和元器件类优秀产品，有效提升智能家电品牌知名度。海信集团发布ULED X显示技术平台，在7个核心技术方向取得重大突破，13项技术指标行业领先，电视全球出货量首次跃居年度全球第二，国内市场份额连续19年位列第一。海尔集团自主变频控制技术达到国际领先水平，数据合规治理平台填补行业空白，入选工业和信息化部2022年新一代信息技术与制造业融合发展试点示范、数字领航企业方向名单，连续14年蝉联全球大型家电第一品牌。智能传感器，发布烟台艾睿光电科技有限公司"低成本高性能智能红外探测器"等24项智能传感器领域应用示范项目，为行业应用树立标杆。歌尔瞄准元宇宙等前沿领域加大布局，微电子声学传感器出货量持续居全球前列。激光打印机，威海打印机基地集聚了富泰华、惠普、捷普、联想、华为、富士等"世界500强"企业，加快培育壮大本地配套企业约150家，形成年产打印机1300万台、智能终端设备600万台、热敏打印头3600万支、接触式图像传感器500万支的生产能力。

（山东省工业和信息化厅　孙　宇）

交通科技

【概述】　2022年，山东交通运输科技创新工作成绩显著，得到了交通运输部的充分肯定，在2022年11月15日召开的全国交通运输科技创新大会上，山东省交通运输厅作为省级交通运输主管部门唯一代表做典型发言。

【推进智慧交通重点实验室建设】　2022年，省交通运输厅按计划推进智慧交通重点实验室建设；"济南天桥至淄博淄川分拨中心干线物流自动驾驶先导应用试点""沿海集装箱船智能航运先导应用试点"入选全国第一批18个智能交通先导应用试点项目；长深高速公路等3个交通基础设施长期性能科学观测点入选全国第一批19个试点名单；启动了山东省交通基础设施长期性能科学观测网建设工作，认定了8个省公路路基路面观测试点。

【组织重点科技研发】　2022年，省交通运输厅联合省科技厅正式启动山东省"智慧港口"科技示范工程。山东高速集团"省属特大型国有企业服务山东省区域协调发展战略的作用探究"成功申请2022年度山东省重点研发计划（软科学）项目；下达了2022年度全省交通运输科技计划119项，涵盖综合交通运输各领域，安全、环保、智慧、高效的理念在科研项目立项工作中充分体现；31项项目入选2022年度全国交通运输行业重点科技项目清单。

【强化示范引领】　2022年，省交通运输厅组织开展了山东省交通运输科技示范工程和科技成果推广目录认定个工作，发布了26项推广成果和第一批6个科技示范工程。

【做好行业科普工作】　省交通运输厅成功组织了2022年度科技活动周活动和优秀科普作品展评活动。山东港口青岛港全自动化集装箱码头科普基地被交通运输部、科技部联合认定为国家交通运输科普基地。省交通运输厅荣获2022年交通运输科普讲解大赛优秀组织奖。

【加强科研项目管理和成果总结提升工作】　交通运输厅组织做好2022年度省科学技术奖推荐工作，根据公示结果，省交通运输领域项目获省科学技术进步奖一等奖1项；强化项目管理，2022年共组织验收省厅立项科研项目75项，全省交通运输行业48项科研成果进行了专家评价，其中5项达到国际领先水平。

【创新科技服务】　2022年，交通运输厅指导成立山东省交通运输研究会，协助省厅更好开展行业科技服务。指导港口集团筹划成立现代港航产业研究院。

（山东省交通运输厅　杜洪涛）

广播电视科技

【概述】 2022年，山东省广播电视局紧紧围绕重点任务，扎实开展各项工作，率先提出打造"四全"应急广播体系，加快广电5G一体化发展，全力推进广电5G网络建设，努力打造创新引领、充满活力、切合实际的智慧广电"山东模式"。

【重大科技进展】 2022年，省广电局率先提出打造"全媒体发布、全平台管控、全天候响应、全终端覆盖""四全"应急广播体系，切实提升"平战结合"中的应急能力，做到"人无我有、人断我通"。一是以深度融合实现全媒体发布。在利用广播电视资源发布的基础上，打通省应急广播平台与省融媒体技术平台的连接，实现省级应急消息通过全省136家区县融媒体平台向当地电视、广播、微信、微博、APP等发布，扩大了应急广播的覆盖面。二是以互联互通实现全平台管控。创新性地在省、市、县三级平台配备视频指挥调度系统，上级平台可随时掌握下级广播平台的运行情况，及时准确处置相关事件。省、市、县三级平台全部通过适配器对接，横向与广播电播出系统、有线、无线等平台对接；纵向平台下管两级，上级平台作为下级平台的备份，增强了平台网络的安全性和连接可靠性。三是以协调联动实现全天候响应。与公安、应急、地震、气象等部门建立高效协同的应急信息发布机制，确保应急信息24小时无障碍发布。综合利用有线、无线、卫星等多种方式互为备份，确保信息传输链路可靠，接收终端支持中波、调频、DTMB等多种模式输入，可接收本地和上级台信号输入。接收终端适当部署不间断电源和太阳能电池，确保应急广播在断网、断电等极端情况下的可用性，逐步达到全天候响应。四是以精准高效实现全终端覆盖。在实现收音机、电视机、音柱、大喇叭、户外大屏等终端覆盖的基础上，进行"精准覆盖"，将终端部署向灾害易发区、人口密集区、救灾避难场所、公交车站、社区广场、重要经济目标及毗邻区、防空地下室、高速公路隧道等重点区域渗透。

省广电局积极配合国家广播电视总局和中国广播电视网络集团有限公司有序推进700兆赫广播电视频率迁移工作，加大广电5G发展一体化工作推进力度，全力推进广电5G网络建设。一是完成700兆赫广播电视频率迁移工作，印发《山东省广播电视局关于开展地面数字电视700兆赫频率迁移工程有关工作的通知》（鲁广电字〔2022〕283号），组织各台站继续做好地面数字电视700兆赫频率迁移单频网的组网效果测试、运行调试优化、项目验收等相关工作，信号传输保障更加优质高效，国家广电总局给予表扬。二是持续优化无线网络，进一步加快4G/5G基站可挂和优化进度，建成在网络覆盖和客户感知跟其他运营商基本一致的4G/5G网络。三是提升技术协同能力，建立和完善网优客响中心与省市协同、广电移动省市协同常态化工作机制。四是研发广电4G/5G网络测试分析工具，提高无线网络优化效率。五是持续推进中国广电山东网络有限公司县级基础传输网建设，加强与地方协同合作，充分利用传统同轴网络保障广电5G业务有序发展。

省广电局联合省委宣传部、省委网信办印发《山东省"智慧广电"发展行动计划（2022—2025年）》，按照"2022—2023年创新探索，2023年择优试点，2024—2025年总结推广"的步骤，分阶段实施"十项工程"，到"十四五"末，基本形成涵盖内容生产、全媒体传播、安全监管和产业生态"四大体系"的智慧广电协同发展新局面。开展智慧广电和安全播出指挥调度大厅建设，按照省政府《数字山东发展规划（2018—2022年）》"建设整体高效数字政府""创新数字社会治理模式"的有关要求，汇聚各类平台界面和系统信号，实现现有平台的迁移整合，实现整体展示、高效指挥，并兼顾业务发展需求，留出可扩展接口，做到"应汇尽汇"，初步实现"一屏观广电、一屏管广电"，有效保障了安全播出和智慧广电工作需求。

【重要科技成果】

基于4K应用的流媒体聚合分发平台 该平台以实时流媒体编转码调度系统为核心，可接收SDI、SDI Over IP、NDI和主流IP协议信号，经过编转码处理后，输出IP流，最终以TS Over UDP、HLS、RTMP、RTP、SRT、NDI等方式一次性输出到后端系统，满足电视、电脑、平板、手机等多终端视频直播的技术需求。系统支持高清和4K超高清格式编码，支持MPEG2、H.264、H.265等视频编码格式。该平台可聚合高密度、全兼容、IP化、高安全的直播流，满足融媒体安全切换和智能调度的业务需求，为4K超高清电视播出系统和新媒体在线直播提供一站式的流媒体转码分发解决方案。

基于5G的流媒体多屏分现系统 该项目研究运

用先进的5G高速度的优势,利用高达1Gbps的上下行速度,对多路超高清直播流进行集中汇聚,使用移动端APP对超高清直播流进行在线编辑整合后,再推送至平台侧,最终通过CDN分发至用户。平台大规模运用人工智能技术,使用AI审核技术对视频内容进行全方位审核,以保证内容生产的安全性;使用AI智能推荐技术根据用户的喜好进行全方位推。对外输出的终端包括但不限于IPTV(电视大屏幕)终端、手机端、PAD端、VR终端、户外大屏、社区中屏等,打造跨平台、跨媒体、跨终端、跨渠道的超级媒体平台。该项目应用于网络视听新媒体注重前沿技术研究与实际业务相结合,实现了"5G+超高清视频+人工智能"在IPTV领域的创新落地,整体技术处于国内领先水平。依托山东广播电视台强大的节目制作能力,媒体素材覆盖文化、旅游、体育、教育等各类行业,培养了一批高质量的视频创作者。IPTV面向终端用户,拥有海量的IPTV用户收视行为轨迹与画像,通过与5G相结合,能够及时感知、洞察、理解用户需求,进而提升用户体验。5G+超高清视频,形成以客厅为中心,围绕用户生活场景,为广大家庭用户提供更便捷、更智能、更精彩的家庭娱乐方式,推动智慧家庭与智慧社区的建设和发展。

【创新型企业建设】

广电5G赋能黄河口滩羊产业园 5G大数据中心建设项目为脱贫攻坚、乡村振兴赋能,中国广电山东网络有限公司积极汇入服务乡村振兴大潮,充分发挥自身优势,将广电5G·700MHz应用于黄河口滩羊产业园,打造了全国首座5G智能化健康养殖示范基地,取得了可喜的成绩。广电5G赋能黄河口滩羊产业园5G大数据中心建设项目成功入选国家广播电视总局"全国智慧广电网络新服务"智慧乡村创新应用案例。项目组在园区试点羊棚探索实施了4个方面的5G+智慧畜牧场景化应用。一是通过5G+POE光网络交换机,实现母羊繁殖羊舍视频监控数据回传,实现VR全景画面实施展现。二是通过5G+Wi-Fi6,实现养殖管理数据实时通信。三是通过5G+Wi-Fi6+定位基站,实现羊只定位信息、体温信息等精细化管理信息实时回传。四是通过5G+智能轨道机器人,实现自动喂养。

【科技成果推广与转化】

青岛5G高新视频实验园区建设 一是成功举办2022山东省高新视频创新大赛。为吸引更多具备国际影响力、产品技术竞争能力强、具备良好发展前景的知名企业落地山东,联合省科技厅、工信厅、教育厅举办2022山东省高新视频创新大赛,8月在青岛举办了启动仪式,通过广泛宣传,大赛征集作品共计900余件,起到了引导更多高新视频领域优质人才进行应用创新、进一步助力高新视频应用和产业发展的积极作用。二是整合优质资源,助推园区建设。争取省科技厅政策支持,以园区为主体授牌成立"山东省5G高新视频创新创业共同体",科技厅将分3年投入5000万元,为园区引入的优质企业提供政策和资金支持。争取工信厅政策支持,将园区纳入省级数字经济园区,对园区建设进行奖补。争取省教育厅支持,形成高校、园区、企业各要素互动的人才培养格局。四是争取总局政策支持,将园区纳入国家广播电视和网络视听产业基地(园区)管理框架和总局实验室管理框架,进一步加强对园区建设发展的服务指导和统筹协调。三是引入优质企业,带动园区产业集聚。引入优质科研资源构建产业转化平台,5家重点实验室等科研及创新平台落地园区。创新示范助推产业成果创新,园区企业推出的文旅、教育、工业、党建、文娱等多项创新成果在总局新视频创新应用大赛中屡屡获奖。

【传统媒体与新媒体融合技术应用】 "强国TV"是中宣部"学习强国"向有线电视TV端的延伸,是学习强国平台品牌一体化、功能全面化宣传矩阵的重要组成部分。"强国TV"基于大屏用户操作习惯与页面展现特色,同步手机端APP的内容与功能,实现了用户打通、媒资打通和积分打通,大屏小屏一体化的沉浸式体验,极大地满足了广大党员干部和人民群众多样化、自主化、便捷化的学习需求。"强国TV"落地建设要求极高,中国广电山东网络有限公司(简称山东有线)积极主动对接,并在省委宣传部的统筹支持下,完成山东节点的落地建设,于2022年4月12日在享TV平台上线,确保山东成为国内首批上线"强国TV"项目的省份之一。"强国TV"对推动"学习强国"更好走进基层、走进家庭、走进群众具有重要意义,上线后获得了省委领导的高度好评。

系统架构及技术特点 "强国TV"落地集群采用双机房"1+1"部署架构,系统资源全冗余,灾备设计,同时要求分别从主备节点A、B机房通过两条专线链路与"强国TV"中心平台数据交互,实现系统高可用、高安全,确保"强国TV"业务稳定可靠,安全运行。系统采用扁平化架构,通过WEB外部控制台统一管理平台,可以同时实现物理设备管理、虚拟化资源管理、存储资源管理、网络配置管理,简化管理达70%以上。平台的计算节点和存储节点按业务需求单独扩容,性能线性增长,系统具备弹性、健壮、开放特性。

特色功能 "强国TV"充分利用大屏特性,主页面采用"T字结构+瀑布流+组件化+主题TAB分类"模式,主流层级结构分明,实现了内容层级简化与内容前置,多信息模块呈现扩大了页面容积,适合观看和阅读。游客模式、集体学习、护眼换肤、字号

调节等电视端独有功能，为用户提供便于学、乐于学的全新学习环境。"强国TV"首次开放游客模式，降低用户观看门槛。用户不用注册即可直接浏览各个版块内容，模块更清晰，导览更直观，全民学习无门槛。集体学习功能是大屏端共同学习、共获积分的学习新场景探索，可实现150人同时学习。一台电视、一人发起、多人扫码、共同观看的情况下，每人均可获得积分。护眼换肤功能秉承保护用户视力的理念，在现有红色背景模式上增加深夜背景切换模式，充分考虑用户观看习惯。不仅如此，新版"强国TV"还开放了字号调节功能，在当前的标准字号下新增特大字号，提升更多老年用户的阅读体验。

实际应用效果 "强国TV"与"学习强国"电脑端、手机移动端共同组成学习平台矩阵，进一步扩大了"学习强国"学习平台覆盖范围，有效丰富了学习场景、提升了学习体验，更好地满足了广大党员干部和人民群众多样化、自主化、便捷化的学习需求，截至2022年末，全省累计下载安装终端数达62.67万户，对推进学习型社会建设具有重要作用。

（山东省广播电视局　刘　昕）

市场监管科技

【概述】 2022年，山东省市场监管广大科技工作者立足新发展阶段，贯彻新发展理念，重点围绕标准、计量、检验检测与认证认可等市场监管优势领域，推动科技创新发展，高水平科技成果不断涌现。

【标准化工作】 2022年，山东深入贯彻《国家标准化发展纲要》，着眼实施更高水平标准化战略，率先提出开展国家标准化创新发展试点。4月18日，省政府印发《关于贯彻〈国家标准化发展纲要〉推进标准化创新发展的实施意见》，明确建设"1+4+N"标准化创新发展格局任务目标（"1"是"一高地"：打造贯彻国家标准化发展纲要，服务国家标准化战略，引领标准化创新发展的战略高地；"4"是"四新区"：打造科技创新标准化先行区、动能转换标准化带动区、新发展格局标准化引领区、促进共同富裕进程的标准化实践区；"N"是"全域发展"：构建推动经济社会发展创新力增强，满足经济繁荣、功能完善、社会文明、生态宜居、人民幸福需求的全域标准体系，形成需求导向、创新驱动、项目支撑、协同高效的标准化工作体系）。8月22日，国家标准委函复山东省政府，同意山东首批开展国家标准化创新发展试点。9月13日，省委、省政府召开全省标准化创新发展工作会议，对试点工作进行全面部署。

全省标准化创新发展试点工作在创新工作机制、建设标准创新项目、构建高质量标准体系方面取得新突破，为山东建设绿色低碳高质量发展先行区提供标准支撑。建立服务重点战略标准体系。服务黄河流域生态保护和高质量发展、新旧动能转换、乡村振兴、海洋强省等重大战略任务，印发《关于加快推进山东省数字乡村标准化建设的指导意见》等政策文件，整体布局标准化创新发展项目259项。部署开展标准化城市试点建设。支持济南、青岛等8个城市、5个县（市、区）开展标准化城市试点，加快推进科技创新与标准化协同发展、标准与专利融合发展、标准国际化进程。搭建标准创新平台。IEC电力机器人国际标准化技术委员会、ISO城市和社区可持续发展技术委员会可持续流动与交通分委会国内技术对口单位和全国磁悬浮动力技术基础与应用标准化工作组落户山东，标准创新力显著增强。聚焦全省重点产业链，首批布局32个省级技术标准创新中心，实现突破性技术的专利创造、标准制定、产业推广一体化。实施一批省级标准化战略性重点项目。围绕提升全省"十强"产业核心竞争力，部署实施30项战略性重点项目，实现关键共性技术和"卡脖子"技术的标准转化和国际标准突破，我国牵头制定的全球首项工业互联网系统功能架构国际标准发布。突出抓好国家级标准化项目建设。积极承接国家标准化建设任务，2022年，全省新增获批国家标准化试点示范项目48项；验收通过的各类国家级标准化试点31项。实施人才引育创新机制。结合山东重点产业发展需求，成立山东省标准化高端专家咨询委员会，首批聘请院士和标准化领域高层次专家12人，为全省标准化创新发展提供智力支撑。截至2022年底，全省单位共主导和参与制定国际标准276项、国家标准9715项、行业标准13200项，发布有效地方标准3316项；承担国际、国家专业标准化技术组织63个，建设国家级标准化试点示范项目676项。

【计量工作】 2022年，全省已建立法定计量检定机构128家，国家计量器具型式评价实验室19个，社会公用计量标准5387项，制修订地方计量技术规范64项，计量服务能力居全国前列。加快建立碳达峰碳中和计量体系，发布《企业碳排放计量器具配备及管理技术规范》等4项"双碳"领域计量技术规范，制定"两高"行业计量器具配备"1+8"规范体系，完成1507

家用能单位的能源计量审查，助力绿色低碳发展。聚焦高端装备制造、新能源新材料等重点产业链，获批筹建国家内燃机产业计量测试中心，批准筹建山东省水表、氢能源新材料和紧固件产业计量测试中心，已建设国家级和省级产业计量测试中心17家，建立国家级和省级产业计量测试联盟10个，为高质量发展提供了有力支撑。牵头建立沿黄9省区域计量协同服务平台，组建黄河流域产业计量创新共同体，批准筹建山东省黄河流域高质量发展区域计量测试中心，推进黄河流域计量协调发展。山东东华水泥有限公司等5个重点用能行业企业被工业和信息化部、市场监管总局确定为重点用能行业能效"领跑者"，山东省计量科学研究院入选首批全国计量文化和科普资源创新基地，"大气环境应急监测设备和溯源技术研究"等3个案例入选市场监管总局"计量测试促进产业创新发展"优秀案例，发布"智慧计量引领产业创新发展"等全省十大计量创新典型案例，强化示范带动效应，推广计量先进理念。

【检验检测与认证认可工作】

全省认证检测行业现状　截至2022年底，全省有各类认证证书24.36万张，占全国各类认证证书总数的7.42%，居全国第4位。其中，管理体系认证证书13.45万张，占全国的7.47%，居全国第4位；强制性产品认证证书2.66万张，占全国的6.02%，居全国第4位；自愿性工业产品认证证书7.47万张，占全国的8.28%，居全国第4位；食品农产品认证证书9498张，占全国的7.33%，居全国第2位；服务认证证书3059张，占全国的5.15%，居全国第5位；全省质量管理体系认证证书43471张，占全国的7.01%，居全国第4位。

截至2021年底，全省通过资质认定的检验检测机构有3948家，同比增长4.33%；全年实现营业收入212.03亿元，同比增长11.27%；从业人员11.03万人，同比增长5.05%；共拥有各类仪器设备69.48万台（套），同比增长12.94%；仪器设备资产原值316.65亿元，同比增长18.47%；全年共出具检验检测报告4237.12万份，同比增长6.14%。机构数量列全国第2位，产业规模、从业人数均位居全国前列。山东省在济南高新区、青岛崂山区、济宁高新区创建了3个国家级检验检测认证公共服务平台示范区，数量位居全国第一。

认证检测监管工作情况　一是加强认证活动监管，依法维护认证市场秩序。省市场监管局组织开展自愿性认证活动监督检查，在质量管理体系认证、环境管理体系认证、有机产品认证等12个领域抽查91家获证组织，向执法稽查部门移交13家认证机构立案处理，创历年新高；组织开展强制性产品认证活动监督检查，在家用燃气器具、电动自行车、电线电缆等12个领域抽查198家获证组织，创历年新高；经市场监管总局授权，组织开展强制性产品认证有效性抽查，抽查50个批次机动车产品和29个批次机动车轮胎产品；组织对80家CCC免办企业进行现场检。全省各市局坚持问题导向，扎实开展认证活动监督检查，共检查自愿性认证获证组织981家，检查强制性产品认证获证组织1067家，检查CCC产品销售单位1.25万家，全省共查办认证违法案件143起，罚没款517万元。二是加强检验检测机构监管，净化检验检测市场。针对机动车检验、食品、建材等重点领域，省市场监管局会同省公安厅、省生态环境厅、省交通运输厅等部门对信用风险等级较高和群众投诉举报较多的400家检验检测机构实施"双随机、一公开"检查。省市县各级共同开展检验检测市场专项整治，全省共检查3371家，查处违法违规案件761起，罚没款680万元，注销撤销42家。通过对违法违规机构予以严惩重处，起到了"查处一案，警示一片"的作用，规范和净化了检验检测市场。

【质量发展工作】

深入推进质量强省和品牌战略实施　组织实施质量提升"七大创新工程"。质量提升领域由农产品、食品药品等八大领域，逐步拓展延伸至数字赋能增效、绿色低碳转型等十五大领域，有力推动产业链、供应链质量联动提升。截至2022年底，全省42条重点产业链确定的112家"链主"企业，各类政府质量奖获奖企业达60家，占比53.6%，新一代信息技术、高端装备、高端化工、食品、医药等产业链向中高端迈进。深化落实企业首席质量官制度。省市场监管局等十部门联合印发《关于深化落实企业首席质量官的意见》，在全国率先建立省、市、县三级企业首席质量官培训机制及首席质量官动态管理机制，广泛开展企业首席质量官典型选树，有机融合人力资源、培训、质量服务、创新研发等各类社会机构资源，共同参与全省企业首席质量官制度建设。持续增强"好品山东"影响力。制定印发《"好品山东"区域公共品牌培育评价管理办法》等5个配套执行文件，公开发布形象标识，系统制定"好品山东"品牌体系评价标准，将二十二大类2.27万个品牌纳入"好品山东"培育体系，遴选产生首批223个"好品山东"品牌。建立"好品山东"产品"一品一码"防伪数据库，完善"好品山东"动态管理机制，会同省委宣传部在北京举办"好客山东·好品山东"宣传推介活动，省委、省政府主要领导亲自推介"好品山东"品牌，引起国内外广泛关注。"好品山东"经验做法入选30个2021年度山东省改革品牌，在全省改革创新方面走在了前列。

全域构建质量基础设施协同服务体系　聚力完善政策保障体系，构建"1234+N"质量基础设施（NQI）协同服务体系发展目标，将NQI"一站式"服务情况纳入市级政府质量工作评议指标体系、质量强县创建评价指标体系，引导督促"一站式"服务在基层落地生根。聚力拓展服务平台体系，在全省推广"市场主导、政府引导、区域集约"型服务模式，全省16市共建各类服务平台84个，累计投入建设资金超10亿元。聚力总结推广服务典型，青岛、烟台NQI"一站式"服务做法入选市场监管总局组织评选的全国质量基础设施"一站式"服务二十大典型案例，烟台做法入选山东省政府"中国（山东）自由贸易试验区制度创新成果推广"最佳实践案例。实施质量基础设施"一站式"服务"惠百城助万企"行动，制定35项具体措施助企纾困，累计服务企业26.1万余家（次），为企业减免费用1.1亿余元，解决技术难题3820个。

【重要科技成果选介】

重点产品质量快速检测技术创新 省产品质量检验研究院以打造全国领先的产品质量快速检测技术输出平台推动市场监管模式创新为切入点，在国内首次攻克了成品油、车用尿素、电线电缆等产品快速检测技术瓶颈，创新引入了大数据智能对比识别方法，建立了"1+N"快速检测技术开发模式、重点产品关键质量指标和禁限用物质体系，研制了车载移动实验室，推动山东以快速检测支撑靶向监管的创新模式走在全国前列。项目获得了2项国家标准、10项地方标准和21项团体标准，在全国完成了5万余批次的快速检测标准应用，并在第二轮中央环保督察、第三届中国国际进口博览会及2022年冬奥会期间发挥了重要的技术保障作用，并获得2022年度省科学技术进步奖二等奖。

家用环境净化产品关键性能及安全性检测技术研究项目 该项目由省产品质量检验研究牵头研究，作为国家重点研发计划NQI重点专项针对社会和市场监管重点关注的家用空气净化产品和净水产品，从"材料—部件—整机"全链条开展卫生安全性、可靠耐久性和净化性的性能研究。建立了全产品链、全使用周期的8项卫生安全检测技术，形成覆盖全面、针对性强的13项性能评价方法，设计研制6套具有自主知识产权的检测配套辅助设备；形成7项标准、2套认证规范，建立了家用环保产品NQI质量提升解决方案并应用推广，同时立项发布IEC国际标准1项。项目成果在多家检测机构和企业转化应用，助力行业产品质量提升带来显著间接经济效益。

离子色谱创新技术体系的国产应用替代及系列标准建立 该项目由省计量科学研究院牵头研究，创建了自主可控的离子色谱分析技术体系；创建多种离子色谱应用技术和先进检测方法，解决了系列检测难点、热点、焦点问题；以离子色谱分析创新技术体系为基础，健全了仪器标准体系，制定了系列方法标准；培养了一支专业队伍，形成了我国离子化合物分析检测领域的产学研基地，推动了我国离子色谱行业的发展。项目授权专利51项（其中发明38项），制定标准44项、颁布实施28项，其中正在制定ISO标准2项，发表科技论文121篇。项目产业化设备已销售至全球60个国家和地区，近三年销售额近3亿元，该项成果获2022年度山东省科学技术进步奖二等奖（第三名）。

《食品安全国家标准 食品中叶酸的测定》关键技术创新与应用 该标准2022年6月发布，牵头研制单位为山东省食品药品检验研究院。针对食品中叶酸成分高效、精准检测技术瓶颈，通过开展国内外食品及相关产品水溶性维生素检测方法的差异性分析，对比不同检测方法适用范围、培养测定过程、数据稳定性等关键指标，首次提出了利用微孔板代替常规试管对测定液进行培养，使用酶标仪进行检测的快速检测方法，实现食品中叶酸成分的高效检测，同时可大幅降低检测成本、减少人员操作对检测过程的影响，有效提高对婴幼儿配方乳粉、特殊医学配方食品等强化叶酸食品质量监管能力，促进产业健康发展，接轨国际标准化体系。

食品中痕量成分精准检测关键技术创新与应用 该成果由省食品药品检验研究院和中国科学院大连化学物理研究所联合完成，主要针对食品中痕量成分精准检测瓶颈，通过材料化学、食品检验学、化学计量学等多学科交叉应用，研发新型分离材料，建立净化技术多指标综合评价模型，完善复杂样品净化技术体系，发展目标物高效识别与控制技术，攻克食品中痕量成分精准检测分离、净化、形态控制等关键技术难题，实现食品中痕量成分的高精准、高灵敏和高效检测，全面提升食品中痕量成分检测技术水平。共获得发明专利授权13项、发表论文73篇，其中SCI收录论文19篇，被授予2022年度山东省科学技术进步奖二等奖。

畜禽肉中多种兽药残留快速检测技术研究与应用 随着生活水平的提高，畜禽肉在我国居民消费中占比逐年上升。兽药残留是当前畜禽肉中主要的安全风险，除了传统的实验室检测，快检技术和快检产品应用越来越广泛，但现有的快检方法对不同兽药需分别提取、逐一检测，严重制约监管效能。该成果由省食品药品检验研究院牵头，针对畜禽肉中高风险兽药残留品种，研究了统一的制备方法和流程，只需一次前处理，即可满足多种兽药残留快速检测的需要，实现了与主流商品化兽药残留快检产品的无缝衔接，显著提高了食品快检现场执法的效率和准确度。基于该技术水平及在全国的广泛推广应用，获批国家市场监管总局食品快速检测方法标准项目2项。

省产品质量检验研究院获批市场监管总局科技成果转化基地 经国家市场监管总局广泛征集、专家评审、现场复核，省产品质量检验研究院被认定为市场监管总局科技成果转化基地。该基地是由市场监管总局设立、依托市场监管部门技术机构建设，以服务市场监管事业和国家经济社会发展需求为导向的科技成果转移转化公共服务平台。省产品质量检验研究院坚持"创新驱动能力提升、科技赋能成果转化、转化带动服务升级",在成品油快速检测、家用环境净化产品关键评价、生态塑料安全评价等方面签订技术服务合同1200余份,取得了较好的社会效益和经济效益,为市场高效监管、产业提档升级和民生安全消费提供了有力的技术支撑。

省计量科学研究院入选首批"全国计量文化和科普资源创新基地" 2022年10月,国家市场监管总局公布了首批"全国计量文化和科普资源创新基地"名单,省计量科学研究院成功入选,且在全国省级计量技术机构入选的两家中排名第一。此次入选,是继取得"科普双百工程—三星级山东省科普教育基地""中国计量测试学会科普教育基地""全国科普教育基地"等称号后,省计量科学研究院再获计量科普工作的殊荣。下一步,省计量科学研究院将以建设新园区计量文化科普展厅为契机,持续加强科普基地创新发展,拓展计量文化和科普资源创新发展空间,搭建计量文化及科普长廊,创新计量文化及科普人才培养模式,确保计量文化建设和科普宣传工作更加广泛深入、扎实有效地开展。

电能计量装置可靠性评价山东省工程研究中心 2022年,省计量科学研究院牵头申报的"电能计量装置可靠性评价山东省工程研究中心"被省发展改革委认定为山东省工程研究中心。该中心主要针对国产仪器仪表可靠性较低的现状,开展电能计量装置可靠性评价和失效分析,促进设计和工艺改进,提升电能计量装置的可靠性,推动电能计量装置产业的高质量发展。中心通过认定,进一步丰富了省计量科学研究院科技创新平台类型,创新体系进一步完善。下一步,该中心将围绕创新链产业链深度融合开展核心技术攻关、关键工艺试验、重大装备研制、标准制定、人才培养、成果转化等研发活动,切实提升创新服务能力。

(山东省市场监管局 姜志勇)

药品监督科技

【概述】 2022年,山东省药监局按照省委、省政府和国家药监局关于加强药品监管和支持科技创新的工作部署,组织指导省食品药品检验研究院、省医疗器械产品质量检验中心、省药品不良反应监测中心、省食品药品审评认证中心等直属单位坚持以科技服务监管、以监管支持创新,严格落实药品安全"四个最严"要求,大力提升药品监管领域科技创新能力,加快推进药品监管体系和监管能力现代化,全方位服务药品医疗器械化妆品科技创新,助力山东省医药产业高质量发展。

【重大科技进展】 2022年,整合全省10家国家药监局重点实验室成立山东省国家药监局重点实验室联盟,建立联盟工作机制,为加强监管科学研究合作、助力监管效能提升和产业高质量发展打下了良好基础,是全国药监系统的首创。"新型骨科生物医用材料及产品安全性和有效性评价技术研究""应用纳米材料医疗器械的生物相容性与毒理学研究""组织工程医疗器械产品长期组织相容性和生物安全性评价技术研究""医疗器械中应用的纳米材料理化性质的质量控制研究""应用纳米材料医疗器械的风险评价关键技术及其标准化研究""软组织缺损修复组织工程医疗器械产品评价技术研究"等6项项目获批"十四五"国家重点研发计划项目。

【重要科技成果】 2022年,省药监局组织指导直属单位积极牵头或参与国家自然科学基金、国家药监局、国家药典委、中国药学会、山东省重点研发计划等科技课题。先后获得山东省科学技术进步奖二等奖3项、第四届山东省专利奖二等奖1项、第十七届中国药学会科学技术奖三等奖1项、全国商业科学技术进步奖一等、二等、三等奖各1项、山东省药学会科学技术奖一等、二等、三等奖各1项、山东生物医学工程学会科学技术奖二等奖1项、三等奖2项。

药品 2022年,"中药制剂上市后质量再评价关键技术创新与应用"项目获批国家药品标准23项、省级标准276项、国家药品补充检验方法18项,发表论文62篇,获授权发明专利11项、计算机软件著作权8项,建立的标准与方法已推广应用到全国药品检验机构、中药生产企业及医疗机构。"化学药品杂质检测关键技术体系构建及应用"项目制定国际药典标准2项,起草并修订国家药品标准8项,获药品批件4项,申报专利12项、授权专利8项,发表论文11篇。"一种马和骡共有特征性多肽"获国内发明专利项目,建立了阿胶中马、骡源性成分的检测方法。参与国家自然科学基金面上项目"多黏菌素S2通过对细菌内膜的强效作用呈现优异抗革兰氏阴性菌活性的机制研究"、山东省重点研发计划项目"鲽鱼类新种创制、高效养殖及其全产业链资源高值化"。

医疗器械　2022年，新增成立全国医用防护器械标准化工作组，与山东省冶金科学研究院有限公司共同新建国家新材料测试评价平台（山东中心），新建山东省博士后创新实践基地，医疗器械领域第一个GLP实验室通过复评审，与山东第一医科大学建立动物实验实践基地，牵头或参与国家药监局第二批监管科学行动计划项目22项。获山东省药学会科学技术奖三等奖2项，山东省生物医学工程学会科学技术奖一等奖1项、三等奖6项，发表学术论文21篇。授权专利25项，其中发明专利6项，获得软件著作权6项，作为主编参与编写《塑料输血器材》著作1部。制作的科普动画视频获得国家卫健委等四部委联合主办的"健康知识普及行动—2022年新时代健康科普作品征集大赛"动漫类优秀作品。

【科研平台建设】　2022年，继续积极配合推进国家（山东）暨山东自贸试验区（济南）食品药品创新和监管服务大平台建设，着力打造一流检验检测平台、创新服务平台、高水平监管平台、高质量发展引领平台，建成后将为全省医药、食品、医疗器械产业创新发展提供坚强技术支撑。中药配方颗粒共性技术山东省工程研究中心获得山东省发展改革委、山东省工程研究中心认定，是自《山东省工程研究中心管理办法》发布以来的首批认定名单。参与申报的"化妆品研发与功效评价山东省工程研究中心"获得认定。参与山东福瑞达生物股份有限公司、山东中医药大学附属医院、山东中医药大学申报的"特色植物资源化妆品济南市工程研究中心"获得济南市科技局认定。获批山东省数据开放创新应用实验室（第一批），该实验室由山东省大数据局设立。

【科技成果转移转化】　2022年，省药监局积极支持药品医疗器械化妆品科技研究和成果推广转化。药品方面，省食品药品检验研究院获批山东省科技厅科技成果转化综合试点单位，省食品药品检验研究院科技成果转化服务中心获批省科技厅省级技术转移服务机构备案，登记技术服务合同92项，合同金额1387万元，参与中国药学会牵头的"科创中国药学创新专业服务团"项目，签订技术服务合同300万元。医疗器械方面，省医疗器械和药品包装检验研究院成立放射性医学影像设备性能及安全性研究科技成果转化服务平台、无菌医疗器械包装货架有效期验证研究科技成果转化服务平台等，科技成果转化103项，技术成交金额1007万元。

【科技咨询与服务】　2022年，山东省食品药品审评查验中心创建"服务面对面，发展手牵手"服务品牌，深入实施"企业公众开放日""审评下沉，服务上门"等活动，创新开展"审评检查＋帮扶"模式，服务企业171家次。梳理企业疑难问题，组织专家编制"百问百答""问题解答"等26篇，解决审评检查相关问题900余个。持续开展柔性援疆援藏工作，遴选技术骨干4名参与"组团式"援疆援藏，修订技术标准3项，开展专项检查123家次，完成边疆疫情期间中药汤剂的应急备案和指导申报。省医疗器械和药品包装检验研究先后与10余家黄河流域重点企业签订服务框架协议，派出30多人次技术骨干主动下厂与企业沟通交流，帮助解决企业研发和生产中技术难题。助推12个二类创新医疗器械产品、3个三类创新医疗器械获批上市。

【科技人才队伍建设】　2022年，省药监局依托重大课题、重点实验室和职业检查员建设工作，加强直属单位科研学术团队建设。联合中国药品监督管理研究会、山东大学、临沂市人民政府举办了第二届药品监管科学协同创新大会大会以"监管科学与新时代中药"为主题，充分发挥药品监管科学平台资源聚合协同创新优势，聚焦"中医药守正创新、传承发展"，推进了药品监管科学热点难点研究。组织举办第八届山东省药品检验检测技能竞赛化药组竞赛，全省2000余名药品检验检测人员参加竞赛，58名进入决赛，掀起了学知识、钻业务、比技能、争先进的热潮，达到了以赛促学、以赛促练、内强素质、外树形象的目的。省食药审评查验中心大力推进"卓越计划"人才培优工程，开展各类培训、研讨100余场，1000余人次参加；编制培训教材28本，组建400多名专家师资库，新增国家级检查员33名，检查组长63名。组织山东省"技能兴鲁"首届检查员职业技能竞赛，来自全省的23支队伍共计1867人参加，第一名被授予"山东省技术能手"称号，激励全省检查员队伍比学赶超、创优争先。创新人才评估模式，联合山东大学药品监管科学研究学院，开展核心能力评价课题研究，构建了能力评估的三级指标评定体系，为全国检查员队伍能力评价提供借鉴。省医疗器械和药品包装检验研究18人被国家级及省级专业技术机构聘为专家，4人被聘为山东大学合作硕士导师，1人获颁"山东惠才卡"，1人获得"全国商业科技创新人物"称号。

【标准研究工作】　2022年，药品、化妆品方面，完成药品标准提高起草品种13个、复核品种95个，补充检验方法起草3项、复核2项；化妆品主持立项2项国家标准，参与起草国家标准4项、补充检验方法2项，承担标准研究任务数据位居全国第二。医疗器械方面，牵头制修订的医疗器械国家、行业标准20项，主导制定的国际标准文件ISO/TS 8536-15：2022《医用输液器　第15部分：一次性使用避光输液器》已发布，归口制修订的标准发布24项（国家标准10项、行业标准14项）"贴敷类医疗器械中17种化学药物识别及含量测定补充检验方法"获国家药监局批准发布。

（山东省药监局　鲁益琳）

粮食科技

【概述】 2022年，山东省粮食和储备局按照省委、省政府科技创新工作有关部署要求，立足行业实际，深入推进科技兴粮兴储，不断加快科技创新步伐，打造粮食和物资储备高质量发展新引擎。

【政策引领，落实创新发展战略】 2022年，围绕全省粮食和物资储备高质量发展需要，指导各地按照全省《关于大力推进科技兴粮和人才兴粮的实施意见》（鲁粮发〔2018〕12号）、"十四五"粮食流通和物资储备行业科技创新有关规划，系统指导粮食储藏、加工等领域科研工作，激发各类科技主体创造活力。全省各地细化落实制度措施，持续优化创新环境，全国粮食全产业链节粮减损科技创新峰会在滨州市召开，为粮食安全插上科技的"翅膀"；临沂市加快科技创新步伐，重点粮油加工企业产品研发投入5.97亿元，同比增长228%；滨州市粮食和储备局印发《建立企业科研交流机制促进产学研合作对接的实施方案》，组织召开国家小麦、玉米、大豆三大产业技术创新中心对接会议，形成"季度调度与日常沟通相结合"常态化对接方式。

【聚焦重点，搭建科技创新平台】

抓协同，完善创新体系 充分发挥高校、科研院所作用，山东商务职业学院深化产教融合，1人成功当选第十六届全国技术能手；省粮油检测中心参与制修订国家标准3项，牵头制定行业标准6项，牵头制定并发布实施2项团体标准，标准引领保障粮食质量安全。

抓项目，注重典型带动 充分发挥85家省级以上科创平台尤其是小麦、玉米、大豆、高油酸花生油四大技术创新中心作用，抓好项目科研。金胜集团建成国内花生精深加工技术创新基地；滨州十里香芝麻公司顺利通过"科技助力经济2020"重点专项项目综合绩效评价；兴泉集团粮油高品质花生油项目获批中国粮油学会科学技术奖一等奖。

抓活动，加大宣传力度 积极组织参加全国粮食和物资储备科技周，举办全省粮食和物资储备科技周，做好科技成果、科研团队、科研机构与企业需求"三对接"，促进政产学研用深度融通，服务粮食安全、产业升级，累计提供咨询2600余人次。

【质效双优，科技创新持续活跃】 2022年，全省粮油科技项目共计228个，同比增长70.1%，主要集中在粮食加工领域。基础类成果95个，其中共获得专利89项，中裕集团获评山东省小麦加工技术标准创新中心，西王糖业主持修订的国家标准《淀粉糖质量要求 第3部分：结晶果糖、固体果葡糖》已正式发布实施；应用类成果133个，其中，新产品成果34个，新技术成果45个，新工艺成果54个，产学研用一体化加快。鲁粮集团"三个储粮"管理创新成果荣获第三十六届山东省企业管理现代化创新成果评选一等奖，集团权属企业齐河粮库和军粮库参与国家重点专项"食品腐败变质以及霉变智能化实时监控与报警、溯源技术应用示范"项目合作研发，成绩显著。

【产研融合，加快推动成果运用】

科技赋能节粮减损链条 开展绿色仓储提升行动，支持地方政策性储备粮库绿色仓储升级改造和新建扩建仓容47.2亿斤。不断强化体系创新、技术创新和管理创新，积极推进"标准仓、规范库"建设，持续优化完善节粮减损各项措施，鲁粮集团2022年粮食储存周期综合损失率仅为0.38%，远低于全行业1%的平均水平。

科技赋能产业发展链条 推进优质粮食工程省级示范项目建设，大力推进"三链协同"，深入实施"五优联动"，打造优质粮食工程升级版。支持有条件的企业向上游延伸建设原料基地，向下游延伸发展精深加工，发展粮油副产物循环、全值和梯次利用，推动精深循环发展。西王集团玉米原料综合利用率达98%以上；香驰集团每年从废水中提取7种产品，年经济效益3000万元，中裕食品利用废弃物液态酒糟，成功研发纯粮液态饲料，年可节约粮食2万吨以上。科技创新助力企业走上高质量发展"快车道"。

（山东省粮食和物资储备局 吴高峻 张宗慧）

邮政科技

【概述】 2022年，山东省邮政快递业不断加大投入力度，积极实施科技赋能，不断提高服务的高效性、便捷性、安全性，努力满足人民群众日益增长的美好用邮需求。

【邮政错分邮件处理系统】 2022年，邮政错分邮件处理系统是由山东省邮政公司自主研发的以低操作量实现高识别率和低错分率的高效系统工具。该系统基于GIS地图、大数据、RPA、深度学习和移动化开发等技术，搭建妥投库、拒绝库等，通过多角度、多阶段识别错分邮件，挖掘机构人员的业务经验知识，自动化对接新一代寄递平台，实现邮件认领信息实时同步，完成分拣码信息纠正。同时，该系统可以支持电脑、手机多平台操作，支持机构人员多场景办公，提高处理效率，同时满足高纠正率和低处理量的要求，提高投递时效和服务质量，降低企业成本。在前期开展试点应用的基础上，于2023年2月在全省邮政企业推广。使用该系统全省邮政企业日均纠正3万多个错分邮件，通过5%的邮件操作量纠正了70%以上的错分邮件，与之前人工全量处理相比错转邮件比例降幅超40%，系统应用效果明显。

【菜鸟多模态及因果AI的城市物流计算系统】 2022年，菜鸟多模态及因果AI的城市物流计算系统是基于多模态及因果AI的城市物流计算系统对城市内物流，乃至实体企业的数智化改造均可解决行业核心问题，具备极高的降本增效业务价值，集成自研的技术方法为菜鸟公司首创，能够面向全行业开放系统能力，助力整个城市的物流智能化升级。该项目在菜鸟丹鸟末端派送（天猫超市等配送场景）、裹裹揽收、菜鸟驿站送货上门这3个核心场景上落地，可支持城市内日均超亿件的常态化包裹揽派，并通过系统应用提升数百万快递员的工作效率，使更多的消费者获得更好的用邮服务体验。

（山东省邮政管理局 孙 阳 李 冬）

建设科技

【概述】 2022年，山东省住房和城乡建设厅认真落实碳达峰碳中和重大战略决策、黄河流域生态保护和高质量发展重大国家战略，聚焦城乡建设绿色低碳发展，在推动绿色建筑、建筑节能、新型建筑工业化、信息化建设等各项工作取得新成效。全省建成节能建筑1.8亿平方米，新增绿色建筑1.79亿平方米，新开工装配式建筑5596.84万平方米，完成既有居住建筑改造1341.85万平方米，公共建筑节能改造169.23万平方米，推广可再生能源建筑应用1.13亿平方米。

【科技计划与成果】 2022年，公布山东省住房和城乡建设科技计划项目98项，其中7项入选部科技计划项目。发布《关于做好山东省住房和城乡建设科技计划项目结题验收工作的通知》，完成227项省科技计划项目验收。"既有建筑地下增层关键技术"获省技术发明奖二等奖，"超低能耗建筑全产业链技术体系构建与规模化应用"获省科学技术进步奖二等奖。

【绿色建筑】 2022年5月，省政府办公厅印发《关于推动城乡建设绿色发展若干措施的通知》（鲁政办发〔2022〕7号），并配套制定责任分工方案。会同有关部门，印发《山东省"十四五"绿色建筑与建筑节能发展规划》。落实省政府与住建部签署的《共同推动城乡建设绿色低碳发展合作框架协议》，印发分工方案及年度计划，推进合作重点任务取得新进展。城镇新建民用建筑全面执行绿色建筑标准，政府投资或以政府投资为主的公共建筑以及其他大型公共建筑执行高星级绿色建筑标准。组建省级绿色建筑标识专家库，举办全省绿色建筑标识管理培训班，公布二星级绿色建筑标识项目4项。会同人民银行济南分行、山东银保监局，组建绿色金融支持城乡建设绿色低碳发展储备项目库，征集入库项目133项。指导青岛市做好全国首个绿色城市建设发展试点创建工作，配合住建部、人民银行、银保监会，完成试点工作中期评估。落实省委常委会确定事项，会同济南市政府，推荐济南新旧动能转换起步区申请国家绿色低碳相关试点，支持指导起步区健全城乡建设绿色低碳发展政策、制度、标准等体系，启动建设一批高星级绿色建筑、零碳社区、绿色超低能耗厂房等项目。

【建筑节能】 2022年，省住建厅加强建筑节能全过程闭合监管，严格执行居住建筑节能75%、公共建筑节能72.5%标准，在节能设计中增加碳排放核算要求。修订完成《居住建筑节能设计标准》，能效水平提升到83%。结合冬季清洁取暖改造，稳步开展既有居住建筑节能改造。指导济南、青岛、济宁、聊城通过国家公共建筑能效提升重点城市总结评估。支持70个县（市）列入国家整县屋顶分布式光伏规模化开发试点。支持指导济南、青岛等市开展超低能耗与近零能耗建筑、低碳与零碳建筑（社区）试点建设。

【建造方式革新】 2022年，省住建厅联合省发展改革委等11部门印发《山东省新型建筑工业化全产业链发展规划（2022—2030）》。组织开展绿色建材推广应用情况调研，形成专题报告，制定发布《山东省绿色建材推广应用三年行动方案（2022—2025年）》。组织编制《山东省装配式建筑管理工作导则（试行）》。编制发布《装配式混凝土结构地下车库技术标准》《装配式钢结构住宅现场检测标准》等6项地方标准，装配式建筑标准体系进一步完善。开展智能建造试点，推动青岛市获批国家智能建造试点城市，批准淄博、济宁、日照、德州4市开始省级智能建造试点城市建设，积极探索形成可复制可推广的智能建造政策体系、发展路径和监管模式。开展政府采购支持绿色建材试点，配合省财政厅等部门，支持济南、青岛、淄博、枣庄、烟台、济宁、德州、菏泽8市纳入国家政府采购支持绿色建材促进建筑品质提升政策实施范围，数量居全国首位。配合省工信厅等部门，启动"绿色建材下乡"活动。组织创建产业基地，推荐国舜绿建科技有限公司等16家企业申报第三批国家装配式建筑生产基地，组织开展省级新型建筑工业化产业基地创建。开展绿色建造示范，完成编制省级绿色建造示范工程创建技术指标体系，积极推动绿色发展理念贯彻到工程建造全过程。

【住建信息化】 2022年，省住建厅推动与省政府签订数字变革创新重点任务攻坚责任书，制定《2022年数字强省建设及数字变革创新重点任务分工方案》，分解落实数字强省建设、数字政府建设、数字变革创新重点任务。印发实施《山东省"十四五"住房城乡建设信息化发展规划》，制定《智慧住建平台框架方案》，推动全省房屋建筑和市政实施安全管理信息系统立项建设。指导济南市住建一张图、青岛城市信息模型研究课题等行业信息化项目申报列入省部科技计划项目。联合省工业信息化厅印发《关于做好数字家庭建设试点工作的通知》，指导编制《山东省智慧住区评价标准》《工程建设项目与建筑市场数据标准》，向住房城乡建设部推荐青岛市城阳区获批首批国家数字家庭试点。

（山东省住房和城乡建设厅　杜洪岭　郭　磊）

测绘科技

【重大科技进展】

实施一批国家试点　2022年，山东省自然资源厅做优做强新型基础测绘体系建设、新一代地理信息公共服务平台、公众版测绘成果加工和编制、山东省耕地种植属性监测等4项国家试点，在技术创新、场景创设、经验创造等方面走在全国行业前列。特别是新型基础测绘体系国家试点系统化设立和推动地理实体转换、三维模型单体化处理、无级化地图表达产品制作、多源异构地理实体及场景分布式存储与管理等13项关键技术研究取得重大突破。

不断提升遥感获取处理与应用能力　2022年，省自然资源厅建立遥感影像统筹获取、快速处理和智能解译工作体系，实现0.2米影像首次全省覆盖、0.5米影像季度覆盖、2米影像月度覆盖、实时影像每周发布。构建"4+12+N"常态化遥感监测体系和"一体化监测、多场景应用"机制。

加快推进实景三维山东建设　2022年，省自然资源厅在全国率先启动全省域实景三维建设，构建首版高精度实景三维山东，搭建实景三维服务平台，推进自然资源三维立体"一张图"建设，实现空间服务由二维向三维升级转变，广泛应用于黄河重大国家战略以及自然资源确权登记、耕地保护动态监管、森林防火和应急管理等领域。

【重要科技成果】

加大重大科技成果攻关 2022年，省自然资源厅依据《山东省"十四五"基础测绘规划》，推动实施测绘地理信息强基工程，以重大基础测绘项目为驱动，开展关键技术攻关，相关科技创新成果共获得各类省部级科学技术进步奖13项、工程奖10项。

取得一批高水平标志性创新成果 2022年，"自主可控的自然资源智能精准监测关键技术研究与应用""一体化智慧审计时空大数据平台研究与应用"2项关键技术研究荣获2022年度山东省科学技术进步奖二等奖，"SWDC新一代航摄仪关键技术及应用"荣获2022年中国测绘学会测绘科学技术奖特等奖。

取得一批应用型科技成果 "省级森林防火三维平台关键技术研究与应用"项目获得2022年中国地理信息产业协会地理信息科学技术进步奖二等奖。"山东省'十三五'地理空间框架数据更新工程"获得2022年中国地理信息产业优秀工程奖金奖。"自然资源资产审计一体化治理与智能分析关键技术及应用"等4个项目科技鉴定结果均为国内领先。另有7个项目获得2022年度山东省自然资源科学技术奖一等奖。

【行业科技政策】

加强科技创新平台建设 2022年，近年来先后获批设立的山东省空间信息与大数据应用工程技术研究中心、周成虎院士工作室、中国测绘科学研究院山东分院、省自然资源卫星应用技术中心、国家测绘工程技术研究中心山东中心等科研创新平台建设建强，充分发挥平台聚合创新资源优势。

实施重大基础测绘项目引领 2022年，在组织重大基础测绘项目实施时，将关键技术研究和科技创新融入技术设计、实施、验收全过程，注重引进、消化、吸收最新前沿技术提升基础测绘生产和服务效能。省自然资源厅会同省财政厅出台《山东省省级基础测绘生产成本定额》，将科技贡献率作为重要因素合理评估确定省级基础测绘生产成本。

积极构建创新矩阵 2022年，充分发挥省测绘学会、省测绘地理信息行业协会作用，引导产业联盟发展，积极吸引测绘行业单位、地理信息产业企业、科研院所和高校越来越多地参与到基础测绘项目，与主要牵头单位优势互补，联合开展科技攻关。

【科技成果推广与转化】

推动遥感影像智能解译技术转化应用 2022年，全力支撑全省违建清查整治及复核、补充耕地项目核查、增减挂钩核查、农村乱占耕地建房核查等工作，研发多个应用系统，提取疑似违建和农村乱建7万余处，分析补充耕地疑似图斑6万余个，审核耕地流出疑似图斑50余万个。完成卫片执法8.43万图斑、21.93万次集中审核任务以及12万图斑常态化审核工作，季审通过率全国领先。

推广应用实景三维 2022年，开展实景三维十大典型应用案例评选，打造黄河流域（山东段）实景三维"一张图"，服务黄河流域生态保护和高质量发展重大国家战略实施。探索在森林防火、房屋安全监管等领域开展示范应用。

做好现代测绘基准实时定位服务 2022年，全省北斗导航定位基准站"一张网"全年保持7×24小时不间断运行，为30多个行业、5000多个终端提供高精度导航定位服务，服务成效和社会美誉度不断提升。

持续抓好省地理信息公共服务平台（天地图·山东）应用 2022年，通过提供实时在线地理信息服务，支撑了全省50多个领域、4000多个系统，成为数字山东重要的空间基础设施，社会影响力持续提升。

加大智慧城市时空大数据平台应用力度 2022年，青岛基于实景三维构建了上合示范区城市信息模型基础平台，赋能示范区规划建设、招商引资和项目落地。东营市制作了疫情防控专题地图，服务疫情防控。无棣县推进数字"智"融，搭建智慧国土高点视频监控平台和田长制综合管理平台，助力耕地保护。济南、烟台、潍坊、滨州、临沂等地发挥平台数据资源优势，积极拓展应用领域，在政府科学决策、社会治理、公共服务等方面发挥了重要作用。

【人才队伍建设】

发挥科技项目带动作用 2022年，依托重大测绘地理信息工程和科研专项，打造高水平科技人才梯队，构建多元化人才发展环境，结合重大科技创新工程实施、重大测绘项目科技攻关，发掘具有前瞻视野、科研组织能力突出的科技人才。

加强高层次人才培养 2022年，通过院士工作站等积极引智，在高新技术引进、吸收、消化过程中锻造高层次科技队伍和创新团队，积极推荐优秀技术人才参加国家百千万人才工程、"泰山""齐鲁"系列人才工程、省有突出贡献的中青年专家等高层次人才评审。

加大青年科技人才培养力度 2022年，围绕地理信息、遥感应用、大数据分析等技术领域，加大青年人才支持力度，在各项选树评比活动中扩大青年人才支持比例和规模，省自然资源专家库测绘类专家的人员中，80后占比接近半数。

（山东省自然资源厅　沈天翔）

环保科技

【技术成果转化】 2022年，山东省生态环境厅推进生态环境科技成果转移转化基地建设，把相关工作纳入省政府2022年"稳中求进"高质量发展政策清单支持范围，命名日照城投集团有限公司、临沂大学等7家单位为第一批生态环境科技成果转移转化基地建设试点单位，推进相关试点工作。加快建设生态环境科技成果转化和环保产业发展综合服务平台，拓展生态环境领域技术成果转化应用渠道。省科技厅、省生态环境厅联合发布《2022年山东省绿色低碳技术成果目录》，促进先进适用技术推广应用。积极对接国家生态环境科技成果转化综合服务平台开通科技帮扶山东专区，推进部省科技帮扶协调联动。

【创新平台建设】 2022年，省生态环境厅推进国家级生态环境科技创新平台建设，申报创建的国家环境保护陆海统筹生态治理与系统调控重点实验室、国家环境保护生活垃圾处置新污染物检测与控制工程技术中心顺利通过生态环境部专家论证。

【生态环境科普】 2022年，修订印发《山东省省级生态环境科普基地管理办法》，组织4个单位申报国家级生态环境科普基地，其中亚太森博生态环境科普基地通过生态环境部组织的专家考察。认真落实生态环境部关于开展年度生态环境主题科普活动的通知要求，充分利用科技活动周、六五环境日、低碳日等时机开展丰富多彩主题科普活动，全省20个国家和省级生态环境科普基地全年总计开放4000多天，线下接待量达100余万人次，线上访问量60余万次。在2022年全国生态环境科普竞赛活动，省生态环境厅选送的4件科普作品、4名科普讲解员全部获奖，省生态环境厅连续第三年获得年度十佳组织单位奖。

【科技创新交流】 2022年，依托省生态环境保护专家委员会组织开展10余次生态环境专题调研和专家咨询，有力发挥专家委员会智力支撑和决策咨询作用。加强高层次人才队伍建设，生态环境领域3名专家入选省委决策咨询委员会委员，10名专家新增入选省级高端人才智库。

【生态环保产业】 2022年，省生态环境厅组织开展年度生态环保产业统计调查，印发《关于进一步推进生态环保产业高质量发展的通知》，推动实施生态环保产业高质量发展"311"工程。配合省国资委组织成立山东省环保发展集团有限公司，为全省生态环保产业发展提供新动力。建立省环保金融项目库，大力推行金融辅导制度，累计为有融资需求的环保企业融资237亿元以上。深入推进生态环境导向的开发（EOD）模式试点，5个国家级EOD模式试点在山东落地，创新开展11个省级试点项目，项目总投资600亿元以上。

（山东省生态环境厅 单晓良 吴渊 高丽娟）

应急管理科技

【概述】 2022年，山东省应急厅在省委、省政府坚强领导下，坚持人民至上、生命至上，团结一心、奋力拼搏、攻坚克难，全力以赴防风险、遏事故、化危机、保安全，坚决守牢安全发展底线，各项工作取得积极成效。全省生产安全事故起数和死亡人数分别同比下降28.9%和26.8%，下降幅度均高于全国平均水平，年度事故死亡人数首次下降到1000人以下，较大事故同比减少6起、28人，未发生重大及以上生产安全责任事故。全省平稳安全度汛，实现高火险之年"无重大森林火灾、无人员伤亡"，安全生产和自然灾害防治形势总体稳定向好。山东省安全生产和应急管理工作得到国务院充分肯定，多次在全国有关会议上做典型发言，安全生产应急管理工作总体走在全国前列。

【应急管理科技】

科技创新基础不断夯实 2022年，省应急厅与省科技厅签订战略合作协议，发布应急管理领域重点实验室、技术研究中心、科普基地管理办法，开展应急学科、集团化安全体系等工作创新研究，征集并发布61项科技创新项目，加快新技术、新材料、新设备及新一代信息技术在应急领域研发步伐。继续整合资源，推动产业集群发展，济宁高新区、日照高新区、高密经开区纳入国家安全应急产业示范基地。

推动"机械化换人、自动化减人、智能化无人" 2022年，省应急厅坚持需求导向，强化精准保障，改造提升非煤矿山、危险化学品、冶金有色等行业企业生产机械化、自动化、智能化水平，实现本质安全。危化领域从15个方面制定36项工作任务及措施清单，推动10家"工业互联网＋危化安全生产"试点企业和3家化工园区试点建设。非煤矿山领域制定14个指导方案，加快推进通风、提升、排水地表远程系统改造速度。工贸领域，组织实施粉尘涉爆、深井铸造安全风险监测预警试点项目，接入重点数据监测报警信号和重点场所视频监控。

开展首届山东省科普教育基地（应急管理）认定工作 2022年，省应急厅为挖掘和整合社会应急科普资源，联合省科协组织开展全省科普教育基地（应急管理）申报工作。此项活动为全国省级应急部门首创，获得社会广泛关注，共收到92家申报单位，经初评、现场审核和公示，认定8家基地为山东省科普教育基地（应急管理）。

【应急管理信息化】

提升监测预警能力 2022年，省应急厅推动实施"工业互联网＋安全生产"行动计划，完成全省1190家重大危险源企业、784个装卸栈台、4210个重大危险源的感知数据和报警信息接入。实时汇聚203家非煤矿山企业安全管理、监测预警信息。利用600余个高点监控点位，实现了对部分化工园区、危化品、非煤矿山企业重大危险源视频监控覆盖。建设自然灾害综合监测预警系统，汇聚气象、农业农村、水利、住建等8个涉灾涉险部门监测预警信息系统数据和海洋、地质、交通等9个领域自然灾害普查数据，提升多灾种和灾害链综合风险监测、风险早期识别和预报预警能力。

提升指挥决策能力 2022年，省应急厅持续完善省应急指挥中心功能，累计接入涉灾涉险领域信息系统37个、视频监控系统45个、174万路，各类数据资源2200余万条。建设"山东应急一键通"，省、市、县、镇、村、企业六级应用，实现一线人员与指挥中心的实时多媒体通信。建设物资管理系统，完成各部门1689种、2436万件应急物资基础数据模板制定和数据采集。结合数字化战场体系建设，研究应急通信专项预案，逐步贴近实战要求。

提升监管执法能力 2022年，省应急厅创新开展安全生产隐患大数据分析工作，探索构建隐患分析模型，为安全风险防范提供智力支撑。升级"学习强安"教育云平台，制作安全生产"八抓20条"创新措施等通用课程，统一下达学习、考试任务，平台累计注册企业7万余家、近30万人。持续推进安全生产移动执法系统在全省深度应用，累计归集安全生产违法行为120余万条，有效提升了监管执法的精准化、智能化水平。

【应急管理专家管理】 2022年，省应急厅加强专家队伍建设管理，提升专家服务质效，充分发挥智力和技术支撑作用。全省专家数量达到5561人（其中省级1711人、市级3850人）。建设重大突发事件应急处置专家库，与外省协调共享专家信息1489名。

（山东省应急管理厅 云霄鹏 纪兆云）

气象科技

【概述】 2022年，山东省气象局继续坚持创新驱动，人才优先，坚持问题导向，强化科技创新管理，不断激发科技人才创新活力，有效推动山东省气象科技创新能效。加强顶层设计，强化气象科技创新体系建设，围绕省级气象科学研究所综合实力提升要求，按照中国气象局部署，稳步推进山东省气象科研所改革试点工作；围绕与科研院所、高校的合作交流，积极参加与中国气象科学研究院、青岛海洋大学等共建的青岛海洋气象研究院各项科研工作；围绕高层次气象科技创新平台建设，与烟台市政府签署共建长岛国家气候观象台战略合作协议，并在全国率先设立观象台开放基金，印发《长岛国家气候观象台开放基金管理办法（试行）》；围绕强化科技创新团队建设，召开了创新团队工作推进会，对成立的精细化预报技术创新攻关团队和现代农业气象服务、海洋气象、人工影响天气3个应用创新团队进行了指导调度，团队取得了丰富的科研成果，培养了一批科技人才并为山东省气象业务提供了有力的科技支撑；围绕完善气象科技机制建设，为科学评价气象科技成果的质量、绩效和贡献，发挥科技成果评价在气象科技活动中的指挥棒作用，制定了《山东省气象局气象科技成果评价实施细则（试行）》并实施评价。

【重大科技进展】

科技支撑山东省气象精密监测水平不断提升　2022年，省气象局与烟台市政府签署战略合作协议，推进长岛国家气候观象台建设。开展环渤海陆海气综合观测区国家大气本底站选址并启动前期工作。建设市级计量实验室1个、雨量实验室15个。创新气象装备保障技术方法，开展国家地面天气站和区域站远程保障和"三雨量"观测实验，自主研发大型蒸发自动上水控制装置。完成观测元数据的规范、统一，观测业务质量保持在先进行列。2022年山东省气象观测质量管理体系绩效评价总分列全国第5位。

科技支撑山东省气象精准预报水平不断提升　2022年，省气象局开展精准预报能力提升专项行动，推进山东省强对流（大风）、暴雨、高温等监测预报预警能力建设，优化短时强降水和雷暴大风客观预报技术。建立精细到1千米网格的乡镇客观预警模型，达到1千米分辨率、10分钟更新频次。建立逐半小时循环短临模式系统，研发了气温、降水、大风等多种客观预报方法，山东省短临预报预警服务平台投入业务运行。山东省预报预测质量保持全国前列，全年暴雨格点预报准确率、暴雨预警信号准确率、气候预测降水质量、24小时晴雨格点预报质量分别排名全国第二、第二、第四、第五，强对流天气预警时间提前至70分钟。"台风'梅花'及暴雨""2021.11.3—11.10寒潮"分别获预报员联盟优秀预报案例一等奖和三等奖。

科技支撑山东省气象精细服务水平不断提升　2022年，省气象局研发逐小时滚动更新降水量预报产品，开展南四湖、大汶河、泗河等流域区域降水量预报服务。研发海洋5×5km智能网格图形预报产品，升级石岛海洋气象广播电台，预警信号发射稳定率提升15%。整合建设全省高速公路5km分辨率的实景天气监测网，建立交通能见度时空聚合预报模型，研发恶劣天气交通管控风险预警客观订正释用技术，预报服务产品直接对接交通部门业务系统。研发逐小时气温预报订正方法，建立分钟级实况数据集，提高电力负荷气象服务精准化水平。研发风能、太阳能预报技术。自主研发的"锄禾问天"APP对接融入省政务系统"爱山东"。"山东天气"融媒体矩阵浏览总量16.4亿次，粉丝总量达120万人，较2022年提升10.8%，其中短视频在全国气象短视频影响力排行榜中保持前列。

科技助力山东省气象信息支撑能力不断增强　2022年，省气象局构建"云+端"新型业务，完成气象大数据云平台升级，新增61种气象数据服务，新建2个省级业务系统，9个业务系统纳入"天镜"统一管理。开发了省级、市级气象高质量发展动态评估与智能管理系统。加快融入数字山东，与浪潮集团、国家超级计算济南中心签署战略合作协议，推动气象数据融合应用和与企业的联合创新。

【科技成果及选介】　2022年，山东省形成了一批气象科研成果。完成1项省自然科学基金项目、5项中国气象局创新发展专项子项目、2项环渤海区域海洋气象科技协同创新基金项目及其他36项省局科研项目研究任务，多项实现业务化应用；组织科技成果业务准入，其中2项成果试运行期满通过省局准入评审；对"山东农业生产气象保障技术体系创建与应用"等52项成果进行了科技成果登记。实施《山东省气象局气象科技成果评价实施细则（试行）》，组织全省气象科技成果评价31项，获中国气象局"十三五"以来气象科技成果评价优秀等级1项、良好等级3项。

开展黄河下游龙卷风环境特征和潜势预报技术研究　2022年，省气象局针对近年来黄淮气旋、台风等在黄河下游产生的龙卷群开展研究，建立了山东龙卷个例库，获得了山东龙卷的气候特征，揭示了山东台风龙卷、温带气旋龙卷的形成机理，初步搭建了龙卷概率预报模型，开发了24小时龙卷潜势客观预报产品。

开展气候变化对黄河三角洲生态系统的动态影响评估　2022年，省气象局基于多源卫星数据和气象大数据，结合遥感地面校准样方观测资料，加强黄河三角洲等重点生态功能区生态保护和修复监测评估技术研究，构建了黄河三角洲、泰山、沂蒙山、东平湖和南四湖等湿地和植被生态质量变化气象监测评估模型以及遥感生态气候数据集，建立了气候变化背景下适用于山东地区的生态质量气象监测评估指标体系。

开展北上台风定量降水客观预报技术方法研究　2022年，省气象局选取2018年以来5次影响北方的台风暴雨个例，建立降水格点实况、雷达三维拼图AI训练集，研发了适用于山东省的基于深度学习的雷达和降水短时临近预报关键技术；应用中国气象局、上海区域数值预报等模式降水量产品，采用深度学习方法，开展适用于山东省的基于深度学习的多模式集成降水预报订正研究。

开展基于FY-4卫星资料的山东沿海夜间海雾反演适用性分析研究　2022年，省气象局利用我国近海沿岸站点2016年1月至2020年12月的海雾观测资料，统计了不同季节和海区海雾夜间发生的频次。基于FY-4A卫星数据，利用岸基和海基海雾观测资料，评估了3种经典夜间海雾反演模型在山东沿海的监测效果，并对不同海区的时空适用性进行了月尺度分析；开展了影响海雾遥感反演结果准确率的气象因素分析。通过对大量数据的处理，对比不同判识标准，基于FY-4卫星给出了夜间反演的适用性分析结果，为科研人员使用FY-4卫星数据进行夜间大雾监测提供了坚实可信的依据，为预报员进行大雾预警发布提供参考。

开展翻斗式雨量传感器省市一体化计量检定系统研发 2022年，省气象局针对雨量检定设备配套检定软件兼容性差，无法开展集中批量检定控制、数据无法统一管理的问题，从省、市两级降水实验室检定自动化运行和数据云端存储的需求出发，设计了1款可采集8路开关量信号的采集模块，模块采用RS232方式与主机通信，多个雨量传感器的计数值可实时在主机端显示，开发了一款可兼容765、865、876等多型号雨量标准器的雨量检定系统，实现雨量传感器检定过程自动化运行，可对多台雨量标准器集中控制，改变原有单独一对一的串行操作模式，有效提高翻斗式雨量传感器的检定效率。

【科技计划】 2022年，省气象局加强科技规划，积极争取国家、地方和行业科技资源的支持，积极申报山东省科学技术厅、中国气象局等有关科技计划：年内获省自然科学基金资助项目7项；获批中国气象局创新发展专项2项、环渤海联合基金项目3项；发布省气象局"揭榜挂帅"项目榜单11项。山东省气象局2022年立项科研课题80项（其中重点项目14项、面上项目15项、青年项目20项、重大天气过程专项8项、雷达专项2项、引导类项目21项）。

【知识产权】 山东省气象局2022年（统计年度数据）共发布地方标准3项；共获得专利35项，其中发明专利6项、实用新型专利27项、外观专利2项；登记软件著作权46项；全年发表论文281篇，其中SCI（SCI-E）、EI收录论文18篇，核心期刊论文56篇。

【科技交流合作】 2022年，省气象局强化协同创新，开展合作交流，搭建科技创新平台，打造科技创新新生态。

共建黄河三角洲人工影响天气试验基地 2022年，滨州市人民政府与山东省气象局、中国气象局人工影响天气中心、中国科学院大气物理研究所签订共建黄河三角洲人工影响天气试验基地战略合作框架协议，依托滨州黄河三角洲气象保障中心，共同建设全国一流的黄河三角洲人工影响天气试验基地，计划利用5年时间，显著提升黄河三角洲地区人工影响天气科技创新能力，提高强对流综合监测和预警预报能力、人工增雨防雹作业和催化评估能力及雷电灾害防护能力，不断强化防灾减灾救灾、助力乡村振兴和服务生态文明建设中的保障作用。

联合中国海洋大学组织学术交流年会 学术交流年会于2022年9月25—26日在济南召开，同期举办泰山科技论坛，以"加快科技创新，推动气象高质量发展"为主题，内容涵盖黄河生态、海洋气象、农业气象、卫星遥感、灾害天气、数值预报等。会议通过线上线下结合的方式举办，来自省内外100余位科技工作者参加了会议。来自国家气象中心、气象科学研究院、中国海洋大学、青岛海洋气象研究院、北京城市气象研究院、沈阳大气环境研究所等的21位专家做大会报告，50余位投稿论文作者进行分会场交流，评选了优秀论文，表彰了山东气象学会第三届优秀青年气象科技工作者。

积极推进局院、局校、省气象部门间等交流合作 2022年，省气象局与中国气象科学研究院共建青岛海洋气象研究院，组织科研骨干人员参与海洋院学术活动；推荐山东省气象科研骨干加入中国局"东北冷涡科研业务能力提升攻关团队"；参与区域协同攻关，开展与华东区域、环渤海区域内各省气象部门等协同创新科技攻关。

积极推动局企合作 2022年，省气象局赴国家超级计算济南中心、浪潮集团开展调研，就深化部门合作进行交流座谈，双方依托气象数据资源、浪潮基础设施、应用技术和超算平台、算法研发等，在气象数据产品开发、人工智能创新应用、数据中心运维保障等领域开展深度合作，充分发挥气象科研业务优势和算力存储资源优势进行协同创新。

【科技人才队伍建设】 2022年，省气象局加强气象科技人才队伍建设，组织编制气象人才发展规划，3人入选中国气象局气象"十百千"人才计划。开展山东气象高层次人才计划遴选，选拔领军人才2名、首席专家7名、青年英才10名。召开山东省气象部门创新团队工作推进会，推荐科研骨干加入中国气象局东北冷涡科研业务能力提升攻关团队和青岛海洋气象院研究团队。举办第十三届全省气象行业职业技能竞赛，强化岗位练兵，提升业务技能。

【科学普及】 2022年，省气象局围绕世界气象日、防灾减灾日、全国科普日、气象科技周等主题，认真组织系列气象科普活动，常态化举办气象科普系列报告会46场；组建气象科普创作团队并在省科协"每日科普"栏目刊出作品5篇；参加气象出版社"我来说气象"科普征文活动，1篇文章获得优秀奖；组织参加中国气象学会举办的"小e气象"校园巅峰赛，6支队伍获奖；在《山东科技报》发表科普文章1篇；气象科普专家团队被省科协评为"山东省科普示范团队"。对接山东省广播电视台少儿频道栏目组，从"科普＋生态研学基地""科普＋观测装备培训基地"等多角度拓展创新科普形式；与第一书记帮扶村签订气象科技服务站共建协议，建设气象科普宣传栏；与济南市经五路小学、陡沟街道小庄村等单位携手共建"经五桃李农场"劳动实践基地。

（山东省气象局　杨璐瑛）

防震减灾科技

【概述】 2022年，山东省地震局认真践行防震减灾根本宗旨，坚持防震减灾与经济社会融合发展，以《国家地震科技发展规划（2021—2035年）》为指引，全面贯彻落实全国地震科技工作会议精神和《山东省人民政府关于加快推进新时代科技强省建设的实施意见》，持续推进《山东省防震减灾科学和技术发展规划（2021—2035年）》各项任务，加快实施国家级和省级防震减灾重点工程项目，不断提升科学技术在新时代防震减灾事业现代化建设中的引领和支撑能力，更好地服务全省经济社会发展。

【科研项目及管理】 2022年，省地震局积极争取高等级科研项目，获得中国地震局地震监测预测科研三结合课题、震情跟踪和地震预测开放基金等各类科研项目共16项。在研国家自然科学基金项目1项，省自然科学基金项目2项，地震科技星火计划项目3项，地震监测预测科研三结合课题6项，地震预测开放基金项目2项，地震应急与信息青年重点任务2项，震情跟踪课题5项。

国家自然科学基金课题"安丘—莒县断裂现今分段运动特征及强震风险的GPS精化研究"等国家级和省部级项目进展顺利。6项地震监测预测科研三结合课题、2项地震应急与信息青年重点任务和5项震情跟踪课题年内立项年内完成，顺利通过验收。

省地震局持续加大对地震科技工作的支持力度，自筹资金设立两类科研项目共资助30项项目。科学编制省地震局科研项目申报指南，加强防震减灾科学研究与核心业务领域深度融合，促进核心业务提质增效。

【人才队伍建设】 2022年，省地震局注重高层次人才的引进和培养，截至2022年底，共有山东省有突出贡献的中青年专家6人、中国地震局"新世纪百人计划"人选3人，5人入选中国地震局优秀人才库，8人入选山东省高级人才专家库，5人入选地震科技青年骨干人才培养项目出国深造，先后有13位专家获批享受国务院政府特殊津贴，在职研究员12人、博士13人，其中35岁以下博士2人。出台柔性引才制度，签约石耀霖院士、高孟潭研究员，联合何满潮院士开展郯庐断裂带牛顿力监测点项目攻关。

【科技成果】 2022年，省地震局登记地方标准1项、发明专利1项、新型实用专利10项，软件著作权17项、论著1部，发表中文核心期刊以上论文19篇，其中SCI收录论文11篇，EI收录论文6篇。评选出山东省地震局防震减灾优秀成果8项，其中二等奖2项、三等奖6项。

【科技服务】

加快推进防震减灾重点项目实施，积极拓展监测预测预警社会服务 2022年，地震预警和烈度速报工程山东子项目进展顺利，对全省站点建设质量进行了全面检查，出台管理制度14项，规范化内部试运行3个月，联合多部门印发《山东省应急信息播发管理办法》，打通预警信息发布"最后一公里"。全面推进国家"一带一路"地震监测台网山东项目实施，完成5个综合台、1个重力台和77个地震科学台阵的土建任务。一是统筹推进年度震情跟踪工作任务。制定并落实年度震情监视跟踪与应急准备工作方案，完善优化短临预测指标体系和震情短临跟踪研判技术方案，编制并执行2022年度震情短临跟踪和会商研判技术方案，加强震前应对准备，规范震后处置流程，编制并实施震后会商工作方案和震后会商技术方案。与省应急管理厅建立了会商联动机制，同时加强对各市震情趋势研判工作管理和业务指导，各市地震工作机构每周定期开展震情会商，会商意见和宏微观异常零报告及时汇总上报。加强会商交流，各市在年中、年度全省地震趋势会商会上做震情趋势研判工作汇报。坚持开门办会商，邀请山东大学、中国地震局地震预测委员会和省应急管理厅有关领导专家现场交流研讨全省震情趋势。主动向地方党委政府报告震情信息，每月以震情简报的形式定期向省委、省政府报告月度震情趋势；每月向省减灾委报送地震灾害综合风险评估报告。二是夯实地震监测工作基础。落实全国地震监测站网规划，编制《山东省地震监测站网建设规划（2021—2030年）》，印发实施《山东省地震监测站网运维保障工作管理办法》，推动建立省级业务统筹、监测中心站技术支撑、属地处置为主的运维工作机制，强化地震监测站网运维属地责任落实。组织完成一体化监控运维平台功能拓展和分级部署，开展观测数据质量在线评估系统试用，每月面向各市地震部门通报监测预报预警业务运行情况。三是做好重要时段地震安全保障工作。圆满完成春节、全国两会、冬奥会、冬残奥会、党的二十大和省党代会、高考、汛期等重要时段的地震安全保障工作；为把握好潍坊市青州3.4级、2.5级等地震的震后趋势，全省地震系统于5月6—20日，进入震情跟踪强化时段，强化开展了震情跟踪任务落实、加密观测、每日异常零报告、加密震情会商、工作联动、强化值班值守、应急准备等工作；推动完成东滩、李楼、新巨龙等煤矿专用地震监测台网建设，实现观测数据的实时接入，特定区域非天然地震动监测能力进一步提升。四是持续提升防震减灾信息化水平。基本完成防震减灾公共服务信息系统山东试点建设项目主体建设任务，完成系统部署和测试环境搭建，进入测试优化阶段。该系统向上整合全媒体发布渠道，向下打通垂直业务系统，对内整合数据资源，再造业务流程，对外面向政府、公众、行业提供特色服务，建成了全国首个省级综合性防震减灾公共服务平台，支撑"防震减灾+"的服务理念落地见效。

强化震害防御，提高全社会地震灾害防治能力　一是推进基础业务体系构建，印发了《进一步加强新时代山东省地震灾害防御基础业务工作方案》，明确了探查、区划、评估建设内容。二是推进地震灾害风险普查，建设了全省地震致灾与承灾体数据库，开展了承灾体隐患等级评定，产出了不同超越概率地震作用下房屋破坏导致直接经济损失、人口死亡风险评估结果。编制地震灾害风险防治区划，率先完成省级震灾风险评估。三是持续推进地震易发区房屋设施加固工程，省级数据管理平台建设工作进展顺利，开展了加固工程自评估数据复核和年度房屋设施抗震设防信息采集。四是推动地震灾害风险探查，威海市活断层探测与地震危险性评价纳入到地方防震减灾规划，实施方案通过审查。临沂市国际生态城、济南市莱芜区钢城区活动断裂探测与活动性评价项目多个专题通过验收。依据探测成果，编制了全省1∶25万地震构造图、填图地区1∶5万活动断层分布图。五是开展重大基础设施抗震设防摸排，针对重大基础设施设防参数、活动断层分布、高震级潜在震源区分布等情况进行了对比分析，编制了工作报告，提出了风险评估工作建议。六是服务规划与工程建设，指导开发区、工业园区开展区域性地震安全性评价，推动评价成果服务园区建设。推广探查成果应用，对全省综合交通运输规划、多个历史文化名镇名村保护规划、县区"两规"一致性方案中防震减灾部分提出工作建议，对京沪高铁二通道、济南有轨电车、招远海阳新建核电等重大项目抗震设防提出建议。

不断提升面向政府和社会的地震应急响应服务能力　2022年，省地震局加强与省应急管理厅等部门的协同联动，联合印发《2022年全省防震减灾救灾工作要点》，推动印发《山东省人民政府办公厅关于印发山东省地震应急预案的通知》，细化实化应急响应职责任务。以全省地震应急工作检查为抓手，大力推进全省16市以地震应急准备工作为重点的防震减灾全面工作，在开展自查的基础上，对济南、淄博两市开展现场抽查并提出整改要求。与省应急厅、省消防总队、德州市政府共同举办了山东省自然灾害综合应急救援演练。督导鲁东、鲁中南、鲁西地震应急协作区落实联席会议制度，各协作区召开了联席会议，开展了形式多样的地震应急演练。

进一步加强地震应急准备　2022年，省地震局修订了地震应急服务响应等级和震后12小时地震应急服务响应行动清单，编制了地震应急指挥调度参考手册。制度化常态化多样化开展地震应急演练，组织开展了地震应急演练桌面推演和应急知识答题测试，全年开展了多次综合和专项演练。完成了元旦、春节、五一、国庆等节假日以及党的二十大、全国两会、高考等重要时段地震应急值守。常态化组织检查应急车辆、装备、通信等应急准备工作。编制了《山东省地震局地震应急服务响应后评估工作细则》。制定专项预案，明确疫情防控期间应急人员，全力做好特殊时期地震应急各项准备工作。一是做好地震应急响应处置。妥善处置青州3.4级地震、蓬莱3.1级地震、垦利2.4级地震等多次显著性地震事件，全面总结青州3.4级地震应急处置工作并完成问题整改。印发《关于进一步加强震后应急响应工作的通知》，督促各工作组和部门单位落实责任。二是提高地震应急服务和支撑能力。推进地震应急一体化信息平台建设，进一步完善各业务系统，定期对部署到省应急指挥中心的平台进行巡检及技术对接。设立科技专项，提升震后指挥调度信息化和技术支持水平。指导济南、淄博等市推进地震应急避难场所建设。三是持续推进地震应急救援培训。筹集700余万元推动公众地震逃生避险与自救互救实训基地试点建设，开展实训1期培训38人。高质量完成应急救援技术培训12期726人，培训省委党校主体班次13期600余人。

强化社会服务，创新开展科普宣传　2022年，省地震局扎实开展"地震科普　携手同行"主题活动，争取社会资金20万元支持省外活动，累计捐赠图书2.8万册。组织大学生科普作品创作大赛等活动，打造贯穿全年的科普工作链条。省防震减灾科普馆入选首批全国科普教育基地，新获评国家级防震减灾科普示范学校9所。"地震人"融媒体运维团队日趋成熟，全省"1+7+N"融媒体格局基本形成。

【合作交流】　2022年，省地震局深入开展国际国内科技交流与合作。积极参与"一带一路"地震监测台网项目建设，圆满完成赴老挝援建国家地震监测台网项目驻场任务和中韩合作地震监测台网运行维护工作。邀请中国地震局地球物理研究所高孟潭研究员、中国地震台网中心晏锐研究员、中国地震局第二监测中心郝明研究员等专家进行学术交流。与辽宁大学、科岳科技（山东）集团有限公司签订合作协议，共同推进矿山安全与非天然地震灾害风险治理研究，发挥服务民生的最大合力。积极扶持培育科技创新团队开展科学研究，有效推动地震灾害风险评估与应急服务、信息化建设与智能服务等重要业务领域关键核心应用技术攻关和应用。通过举办学术交流会、学术走基层、视频报告会、团队学术沙龙等形式组织开展科技交流。

（山东省地震局　孙海龙）

责任编辑：许　青

高新技术产业开发区科技发展

GAO-XIN JISHU CHANYE KAIFAQU KEJI FAZHAN

济南高新技术产业开发区

【概述】 2022年,济南高新技术产业开发区(以下简称济南高新区)作为济南经济社会发展的主引擎、主阵地、主力军,在高新区、自贸区、综保区、起步区、科创金融改革试验区"五区叠加"优势下,高新区高质量发展态势更加稳固,2018—2021连续四年荣获济南市经济社会发展综合考核一等奖。2022年,全国首个科创金融改革试验区落地济南,济南高新区承担中央科创区(CTD)建设任务。高新技术企业总量突破2000家,近三年平均增长率近30%,超山东省高新区及济南市高企总量的1/3;省级以上研发机构突破280家,居全市各区县及全省开发区首位,其中,培育建设了39家省级新型研发机构,约占全省1/10;技术合同登记额184亿元,近三年平均增长率超50%,占济南市比重近1/3。全年GDP实现1619.3亿元,增长3.3%,一般公共预算收入实现150.5亿元、同口径增长6.8%,增速居全市"百亿区"首位;固定资产投资增长14%,其中工业投资增长36.1%,均为近三年最高增速。工业增加值增长2.5%、总量占全市21.1%,规模以上服务业营业收入增长6.7%、总量占全市28.9%,进出口总额增长10.8%、总量占全市51.6%,限额以上贸易单位销售额增长26%、总量占全市21.6%,实际到账外资占全市1/3,以上5项主要经济指标总量均居济南市第1位。

【科技计划项目与经费】 2022年,济南高新区共实施省市科技计划项目近400项,引导企业投入研发经费逾20亿元,获批财政经费扶持逾3.7亿元。其中,组织龙头企业围绕新一代信息技术、医养健康、高端装备、现代高效农业共计4个领域,联合20余家高校院所、龙头企业,获批实施省科技示范工程、省重大科技创新工程、省农业良种项目共计12项,获批财政资金逾2亿元,占全市比重近1/2,力争在一批产业"卡脖子"关键核心技术方面实现重大突破。2022年,列入省级科技计划项目215项,获批资金达到33593万元;山东省科技型中小企业创新能力提升工程项目由山东诚创蓝海医药科技有限公司等149家单位共获批资金3770万元;山东省各类自然科学基金项目由济南国科医工科技发展有限公司等38家单位共获批资金1920万元。列入市级科技计划项目172项,获批资金达到3872万元。其中,济南市2022年度科技型中小企业创新能力提升工程项目由山东国力生物科技有限公司等159家单位共获批资金3720万元;济南市2022年度科技创新发展计划(社会民生专项)项目由齐鲁制药有限公司等9家单位承担,资助方式为后补助;济南市2022年度科技创新发展资金(揭榜挂帅)项目由山东中科先进技术有限公司等4家单位共获批资金152万元。

【科技成果与奖励】 2022年,济南高新区共有12个项目获得山东省科学技术奖,其中,济南高新区单位牵头完成科技成果获山东省科学技术奖6项。国网智能科技股份有限公司承担的"架空输电线路全程自主巡检机器人关键技术及应用"项目获山东省技术发明奖二等奖;山东众阳健康科技集团有限公司承担的"智能化医养融合服务平台关键技术及应用"项目和浪潮电子信息产业股份有限公司承担的"面向云数智关键应用的分布式融合存储"项目均获山东省科学技术进步奖一等奖;山东福瑞达生物股份有限公司承担的"生物活性物研发及功能美妆产品产业化"项目、山东省食品药品检验研究院承担的"中药制剂上市后质量再评价关键技术创新与应用"项目和"化学药品杂质检测关键技术体系构建及应用"项目均获山东省科学技术进步奖二等奖。

【知识产权管理】 济南高新区成功入选国家级知识产权强国建设示范园区、首批国家级专利导航服务基地。获批首批"山东省专利导航基地",为济南市唯一获批区县、开发区。获批"山东省专利转移转化实施单位"。2022年,新增国家知识产权示范企业1家、优势企业14家。山东量子科学技术研究院有限公司、国网智能科技股份有限公司获评第二十三届中国专利银奖预获奖项目。山东省食品药品检验研究院、华熙生物科技股份有限公司、山东优宝特智能机器人有限公司获第四届山东省技术发明专利奖二等奖。山东博科知识产权、齐鲁知识产权交易中心等4家单位入选"济南市专利导航服务基地"。打造"5+N"多层次一体服务模式,设立园区知识产权工作站(商标品牌工作站)和特色化知识产权工作站服务站点。在济南市创新开展"知识产权入库培优工程",首批筛选83家优质企业入库。优化山东自贸区营商环境,济南、青岛、烟台三片区市场监管部门共同签署知识产权跨域协同保护合作协议,建立知识产权跨域协同保护机制。

推进"济南三价融智知识产权运营基金"运作。2022年，知识产权基金已完成项目投放10个，占资金总额的80%，储备项目3个。2021—2022年，累计完成质押笔数255笔，占全市质押总笔数33.4%，累计知识产权融资额13.98亿元，占全市融资总额32.3%，综合排名及质押总笔数、总金额、质押专利数3个单项排名连续两年均列全市首位。

【**科技合作与交流**】 济南高新区强化科技合作与交流，加强核心技术攻关，聚焦科技金融高效融合，与高端科研院所开展深度合作，构建和推广全要素、闭环生态的"科创经纪人"成果转化模式，有效打通科技成果转化痛点堵点。①打造"硬科技"方面。中国科学院电工研究所设计建设的世界首个电磁推进地面超高速试验设施成功运行，创造世界纪录；世界首颗量子微纳卫星"济南一号"成功发射，实现国家信息安全和信息技术水平跨越提升；富视智通推出新一代8K编码器"视耀T1+5G"，系全球最小超高清实时编码器；华天软件发布的国内首款基于云架构的高端三维CAD平台——CrownCAD，为中国高端制造实现安全自主奠定基础。②构建"科创经纪人"成果转化模式方面。济南高新区在推广的"科创经纪人"模式正在实现科研项目和金融赋能深度匹配融合中发挥着不可忽视的作用。山东中科先进技术研究院有限公司（以下简称山东中科）依托中国科学院深圳先进技术研究院丰富的科技成果资源，积极探索"占股增信，投贷联动"的创新发展模式，推动金融资源向科技创新领域倾斜。山东中科利用金融手段，增大财务杠杆，已取得包括中国银行、中国农业银行、中国工商银行、中国建设银行等11家银行的授信金额2.68亿元；中国科学院苏州生物医学工程研究所山东工程技术研究室解决"卡脖子"技术，推动高端医疗器械领域从"济南制造"步入"济南创造"。济南高新区与中国科学院苏州生物医学工程技术研究所签署战略合作协议，将用3～5年时间研发和转化50～100个成熟产品；北京理工大学前沿技术研究院揭牌两年以来，与100余家企事业单位形成实质合作，其中，与山东高速、浪潮、华为等全国知名企业签署横向技术服务合同42项，引进或孵化22家高科技成长型企业落地高新区，2023年预计打造3家规模以上企业。③国际合作方面。济南高新区以国家级国合基地、省级国合基地为依托，2020年以来，实施国际合作项目10项，开展引才交流、成果对接活动36场次，参与人数近1.5万人，合作国别包括日本、法国、美国、德国等共计12个国家和地区，与美国耶鲁大学干细胞研究中心等超过40个国际机构、企业达成合作。2022年，极限人工智能有限公司实施的"一种腹腔内窥镜夹持及移动控制装置的国产化"项目和山东正晨科技股份有限公司实施的"高速公路场景下车联网C-V2X通信安全关键技术及其应用"项目分别获得山东-以色列科技合作项目批复，项目总投资近3000万元。

【**科技改革与管理**】 制定出台《济南高新区人才工作"三年突破"实施方案》，升级出台史上最优、力度最大、扶持最全、系统性最强的"济高人才计划"2.0政策，实施九大行动、五大计划、九大要素支持和12项制度，对顶尖人才和创新团队，给予最高3000万元综合资助，实现对人才发展生命周期全覆盖，引领发展的"人才红利"加速释放，全年新增市级以上高层次人才112人。组织兑现《济南高新区加快创新创业发展 助力新旧动能转换的若干政策（试行）》，分别从鼓励企业做大做强、加快创新创业主体培育、鼓励企业创新发展、鼓励企业信息化建设、加强创新创业载体建设、推进创新成果转化、支持重大推介交流共7个方面支持引导企业实现高质量发展。

【**战略性高新技术产业发展**】 济南高新区深入实施创新驱动发展战略，践行生态赋能发展模式，深刻把握产业发展趋势，发挥产业集聚优势，以提升主导产业核心竞争力和大力发展新经济新赛道为目标，基本形成以新一代电子信息、智能装备、生物医药为主导，以现代服务业为强点，以量子科技、区块链、商业航天等为前瞻布局的产业体系。①电子信息产业实力雄厚，大数据与云计算服务处全国领先地位。浪潮集团作为产业龙头，浪潮服务器、政务云、高性能计算机、存储产品连续多年市场占有率全国第一。齐鲁软件园培养出了中孚信息、瀚高软件、华翼微电子等一批优秀企业，形成了以互联网与云计算大数据服务、高性能计算机设备、软件和信息技术服务为引领，集成电路、人工智能、信创应用等领域创新发展的产业格局。②装备制造业已成规模，成为实体经济重要支撑。激光装备领域，集聚了邦德激光、金威刻、森峰科技等企业，成功获批山东省第一批创新创业共同体。交通装备领域，集聚了中国重汽、临工重机、吉利汽车等一批高端制造企业。机器人领域，涌现出鲁能智能、翼菲自动化、奥太电气等重点企业，在机器人本体、工业机器人、特种机器人领域研发制造实力突出。电力装备领域，山东输变电是世界上单厂单产能最大的变压器及电抗压器生产制造基地。新能源装备领域，美核电气自主研发的核级流量计等产品成功实现国产替代，已形成以激光装备、智能交通装备为引领，机器人、智能电网装备与新能源装备突破发展的产业格局。③生物医药产业形成特色，实力位居全国前列。济南高新区在国家高新区生物医药产业综合竞争力排名中位列前五、中国生物医药园区创新药物潜力指数前十强。集聚生物医药企业超过4000家，产业主营业务收入超过千亿元，在医药研发、药品制造、医疗器械、医疗服务、医药流通领域成体系发展，已形成特色鲜明、成效显著、综合优势明显的产业集群。④现代服务业发展迅速，成为经济增长新引擎。现代金融领域企业近2000家，覆盖银行、证券、保险、集团财务公司、融资租赁、私募基金等领域，拥有招商银行济南分行等总部机构以及山东省金融资产管理股份有限公司等骨干企业，电子商务领域，集聚以世纪开元、丰信等品牌企业为代表的电商企业1000多家。现代物流领域，依托综合保税区搭建物流分拨中心，已集聚普洛斯、山东苏宁物流、越海物流等重点物流企业，初步形成龙头企业集聚的供应链格局。⑤前沿科技产业创新发展，成为产业发展新赛道。量子科技产业组建了全国量子计算与测量标准化委员会，集聚了山东量子、国迅量子芯、国科量子、国耀量子等企业，初步形成从核心元器件研制、整机制造、系统集成到运营服务的产业链条。围绕区块链与网络空间安全、商业航天等前沿领域，落地山东省密码技术与网络安全技术转化中心、国科中心等项目，推动园区前沿产业领先发展。

【创新型科技园区建设】 2021年11月25日，济南成为全国首个科创金融改革试点城市。作为科创金融改革试验区的重要组成部分，济南高新区着力构建"数字赋能、服务实体、募多退畅、双向开放"的全周期全链条服务体系，推动科技创新与金融创新良性互动、高新技术产业跨越式发展与金融业可持续发展相互协同。济南高新区将规划建设中央科创区（Centre Technology District，CTD），在以舜华路为中轴线，北起会展中心、南至华奥路、东至开拓路和凤凰路、西至崇华路和浪潮路约6平方公里的范围内，布局建设"一谷两园"。

【创新创业共同体建设】 2022年，山东省激光装备加速集聚创新要素，开展重大技术攻关项目，通过产业链解决"卡脖子"技术，针对量子级联激光器技术研发、高光束质量双波长纳秒激光系统关键技术研发、激光落料折弯焊接自动化技术研究等16个项目进行了关键技术攻关，获得高价值发明专利24项，发表高水平论文16篇，突破"卡脖子"技术8个。共同体通过多模式开展人才引进及高端人才培养，吸引了高层次人才的聚集，引进海外高层次人才阿格耶夫教授团队、切格尔·沃洛迪米尔、隋展、高建波、姜东升等8人。共同体带动产业集群增加值50亿元，共同体增加值达2.9亿元，共同体新增利税达到8237万元。山东省生物诊断分析产业创新创业共同体推进生物诊断领域产业链、创新链、资金链与人才链的深度融合，开展重点技术攻关项目8项，包括省重点研发计划、省科小创新能力提升工程等；促进科技成果转化30项，实现医用荧光定量PCR仪、新冠抗原检测试剂盒、肺功能检测仪等产品落地；吸引高层次人才集聚，引进檀国大学金光振教授并成功立项2022年度产业领军人才支持计划；此外共同体成立济南领投股权投资基金合伙企业（有限合伙）公司，发行产业基金5000万元，为生物诊断领域企业发展提供支持。

【创新型企业培育】 济南高新区持续推动高新技术企业壮大规模，注重提升发展质量，培育壮大科技型中小企业和高新技术企业，夯实高质量发展的微观基础，持续优化高新区创新生态，推动高水平创业就业。①深入实施高新技术企业梯次培育攻坚行动，提高企业创新主体地位。进一步落实高企服务"三全四进"（服务全流程、全周期、全天候、培训进园区、进机构、进载体、进企业）工作方案，累计专题培训30场、参训人数3000余人次。高企申报量首次破千家，高企总量突破2000家，居全省开发区和全市各区县首位。②完善科技型中小企业服务链条，全力打造双创孵化载体。海博众创空间、智谷（国际）·众创空间、健康创吧3家众创空间成功备案国家众创空间，占全市比重的60%。济南6家获得国家级科技企业孵化器年度绩效评价"优秀"的单位全部来自济南高新区。③深化"科技+金融"服务模式，助力科技企业创新发展。聚焦企业融资贵、融资难的问题，探索政银合作新机制。搭建了企业创新积分系统，完成了《济南高新区企业创新积分制试点工作实施方案（征求意见稿）》印发，实现了创新积分制参评企业超千家目标。结合火炬中心"十百千万"和"一体两翼"试点工作，与中国银行、工商银行对接，为区内科技企业提供精准金融服务。

【技术创新服务平台建设】 2022年，济南高新区新增3家省企业重点实验室，其中，依托齐鲁中科光物理与工程技术研究院筹建山东省固体激光重点实验室，依托浪潮智能终端有限公司筹建山东省新型智慧媒体重点实验室。新增3家省技术创新中心，分别是依托山东华光光电子股份有限公司筹建的山东省半导体激光技术创新中心，依托浪潮通用软件有限公司筹建的山东省工业软件技术创新中心，依托山东奥太电气有限公司筹建的山东省焊接装备技术创新中心。

【重大项目进展选介】

济南弗迪产业园建设 该项目总投资100亿元，占地1150亩，分两期建设，项目属新能源装备产业。项目已于2021年10月开工建设，计划2024年竣工投运。该项目全部达产后预计年总产能达30GW·h，将打造成刀片电池的主要生产基地，并为全球客户提供动力电池系列解决方案。

济南吉利智慧新能源整车 该项目总投资42亿元，占地725亩，项目属智能制造与高端装备产业。项目已于2021年8月开工建设，计划2024年3月竣工投运。该项目基于吉利换电及纯电动架构,采用换电模式、车电分离,降低消费者购车成本。

齐鲁制药生物药超大规模制备技术产业化 该项目总投资25.99亿元,占地92.7亩,项目属生物医药产业。项目已于2023年1月开工建设,计划2024年12月竣工投运。项目突破国际单罐体2万升超大规模细胞培养产业化关键技术,填补国内空白。

世界透明质酸谷 该项目总投资240亿元,规划占地约2900亩,分多期建设,打造集生产、研发、终端产品制造与生态康养于一体的产业基地。其中,占地30亩的产业示范区已于2022年6月开工建设。占地204亩的一期启动区项目总投资17.8亿元,项目属生物医药产业,项目计划于2023年6月开工建设,计划2025年6月竣工投运。该项目的亮点是项目以华熙生物科技股份有限公司为龙头,打造集研发、中试、生产、销售、应用、学术交流、高峰论坛、会展、物流及行业动态、发展策略等全方位的产业上下游相关配套于一体的透明质酸产业聚集区。

【科技人才服务】 优化人才发展生态,做优"全链条"人才服务体系,持续提升人才服务保障水平,全方位务实推进人才服务保障模式创新和转型升级,为释放科技人才发展活力提供坚强保障。①强化人才服务硬保障。升级出台"济高人才计划"2.0政策,创新出台《济南高新区人才工作"三年突破"实施方案》,通过政策叠加,为科技人才干事创业解除后顾之忧。强化数字赋能,上线运行济高人才综合服务平台,持续完善拓展人才服务应用场景,推动实现科技人才公共服务一窗办理、一站办结。②优化人才服务软环境。搭建校地人才交流渠道,与驻济高校深化人才引进战略合作,推动科技人才共育共享,为科技人才交流合作提供广阔平台。依托"济高人才大讲堂",向千余家企业开展专题宣讲,持续提升科技人才政策知晓度和获得感。依托70余家市场化服务机构,完善申报辅导、创业咨询等领域全链条服务,对科技人才后备力量进行人才工程常态化跟踪申报辅导,惠及各类科技人才240余人。③推动人才服务更贴心。聚焦科技人才医疗保障需求,组织177名科技人才完成健康体检工作,同时高标准推进高新区人民医院试运营,统筹高新区东区医院等医院项目建设,推动全区健康服务水平切实提升。强化人才住房供给保障,加快完善涵盖专家公寓、人才公寓等多层次、广覆盖的人才安居体系,新选址布局30套专家公寓,核发高层次人才购房补贴661户、6700余万元,核发数量和金额均居全市首位。截至2022年底,济南高新区人才总量突破33.6万人,集聚市级及以上高层次人才1.4万余人。

(济南高新技术产业开发区 刘瑞彬)

青岛高新技术产业开发区

【概述】 2022年,青岛高新技术产业开发区(以下简称青岛高新区)"一区多园"实现营业收入5806亿元、增长11%;工业总产值3865亿元、增速7.5%;出口总额995.5亿元、增速9.01%;实际利用外资57.5亿元、增速11.9%;固定资产投资671.2亿元、增速7.8%,主要经济指标增速领先全市优势明显。连续两年承办全国颠覆性技术创新大赛领域赛,探索构建颠覆性技术"发现—遴选—推荐"全周期工作机制,山东省科学技术厅主要领导为活动致辞,青岛高新区在2022年度全国颠覆性技术创新大赛工作启动会做典型交流。国家高新区综合评价居第13位,新获批轨道交通创新型产业集群,机器人创新型产业集群在全国147家创新型产业集群评价中居第5位。2022年5月7日,《青岛国家高新区分园区(培育)实施方案(试行)》印发实施。2022年10月,经专家评议和青岛市高新区专委会审批,正式将胶州市装备制造园区、平度市智能家电和现代农业园区、莱西市新能源汽车园区等6个园区认定为青岛高新区培育分园区,建立青岛国家高新区"一区多园"梯次培育体系,实现青岛高新区全域覆盖和提质扩容发展。

【科技计划项目与经费】 2022年,青岛高新区围绕主导产业、提升自主创新能力,海信、歌尔等企业承担"国芯万屏"科技示范工程、获资金近2亿元,是近年省科技经费支持额度最大项目。"虚拟现实"科技示范工程正式立项,争取省级资金总额近1亿元,总投资达6.18亿元。青岛玄道科技有限公司的高频高速覆铜板专用固化剂关键技术研发与应用、青岛诺安百特生物技术有限公司的噬菌体与抗菌物质的联合使用技术研发及在养禽业中的应用等22个项目获青岛市科技计划园区培育计划项目立项支持、资金4800万元。胶州湾北部主园区共获批上级科技资金6925.5万元,拨付区级科技创新资金2.3亿元;承担省级科技计划13项、市级科技计划68项。其中,软控股份有限公司"露天矿用新型巨型子午胎成型技术及其关键工艺开发"、青岛智腾微电子有限公司"海上无人设备惯导系统研发及产业化"、青岛高测股份有限公司"半导体金刚线切片、研磨装备及工具的研制"列入山东省重点研发计划项目；青岛中瑞泰软控科技股份有限公司"基于运载平台的营养盐原位分析关键技术研究及分析仪研制"、青岛瑞思德生物科技有限公司"干细胞和免疫细胞制备关键技术攻关及产业化"等列入山东省科技型中小企业创新能力提升工程项目；青岛汉唐生物科技有限公司"新型冠状病毒抗原快速检测产品研发及产业化"、青岛简码基因科技有限公司"自动化新型冠状病毒核酸快速检测产品开发"等6个项目获青岛市科技惠民示范专项（生命健康领域）应急攻关立项；青岛通产智能科技股份有限公司"基于多线激光雷达的智能机器人建图导航系统研发及应用"等6个项目获批青岛市高新技术企业上市培育库在库企业技术创新项目。

【科技成果与奖励】 青岛高新区坚持"四个面向"，加快创新链和产业链融合，国家高速列车技术创新中心下一代列车轻量化关键技术研究突破轨道交通核心技术，世界首套时速600公里高速磁浮交通系统下线，填补高铁和航空速度空白。全球首艘10万吨级大型养殖工船"国信1号"交付使用，开启海洋渔业深远海智能化养殖新时代。一类新药"注射用BG136"成为国际首个进入临床试验的抗肿瘤海洋多糖类药物，"蓝色药库"开发有望进入新阶段。海卓科技100%国产化的氢燃料电池发动机一级零部件关键指标国际领先，北辰先进循环科技（青岛）有限公司解决退役锂电池循环利用过程中环保、安全等行业"卡脖子"问题，赛轮集团首发液体黄金轮胎乘用车系列轮胎产品，磐维科技新一代金属基多孔超硬磨具填补国内空白，海尔生物自主创新 −196℃～ 8℃全温域全场景覆盖核心技术打破国外垄断，汉唐生物研发全省首家获批上市抗原快速自测试剂盒，恒业生物乙型脑炎灭活疫苗有望成为全省首家计划免疫疫苗。青岛海信模具有限公司"轻量化高性能构件微孔发泡成型关键技术与装备开发及应用"项目获山东省技术发明奖一等奖，青岛海关技术中心"离子色谱创新技术体系的国产应用替代及系列标准建立"、青岛易邦生物工程有限公司"禽脑脊髓炎、鸡痘二联活疫苗的开发与应用"获山东省科学技术进步奖二等奖；软控股份有限公司"青岛科技大学科技成果转化卓越贡献团队"、青岛智能产业技术研究院"联盟智能动态决策关键技术研发及产业化"项目获青岛市科学技术进步奖一等奖，青岛易邦生物工程有限公司"鸡新城疫、禽流感（H9亚型）、禽腺病毒病（Ⅰ群4型）三联灭活疫苗（La Sota株+YBF13株+YBAV-4株）的创制及产业化"、青岛海关技术中心"机电产品安全保障关键技术和装备的研发与应用"项目获青岛市科学技术进步奖二等奖。

【知识产权管理】 2022年，青岛高新区全面落实青岛市《关于强化知识产权保护的实施意见》《青岛市创建国家知识产权强市建设示范城市工作方案（2022—2025年）》《胶东经济圈知识产权行政保护一体化协作协议》，集聚知识产权服务机构244家，知识产权（运营）公共服务平台实现专利政务服务"一网通办"，获批建设国家智慧家庭产业知识产权运营中心。青岛高新区2022年度申请专利2.75万件，增长16.59%；授权专利1.67万件，增长20.03%；拥有有效专利8.45万件，其中，发明专利2.12万件、增长32.2%，拥有著作权3.22万件，增长35.79%；累计形成国际标准93个，国家或行业标准1406个、增长18.15%。

【科技合作与交流】 加快产学研协同创新，与西安交通大学共建的青岛空天动力结构安全研究所揭牌，李华军院士与青岛中加特电气股份有限公司共建院士工作站解决海洋施工作业装备关键部件"卡脖子"短板。青岛国家大学科技园依托中国海洋大学等高校资源，共建5个创新创业实践基地，推动高校面向青岛高新区开放共享主导产业相关重点研发平台30余个、仪器设备300余套、科技成果2000余项，校企成果对接平台发布企业创新需求信息200余项；实施科技攻关"揭榜挂帅"专项行动，开展"进高校""进园区""进载体"等常态化"三进"活动，完成科技成果转化33项，其中，海大生物与中国海洋大学共建国家级绿藻研究及应用技术中心，联合开发项目填补我国海藻源无抗添加剂领域研究和产业化空白。深度链接国际创新资源，中国—上海合作组织技术转移中心引进中国区域首家俄罗斯国家博物馆虚拟分馆，海外协同中心哈萨克斯坦中心揭牌落地，引进24家优质企业。青岛以色列国际客厅与海创汇联手打造"中以跨境双核创新孵化器"，举办跨境活动19场，130家以色列企业参加路演，促成跨境项目合作20个。自然资源部海洋一所牵头发起的"海洋与气候无缝预报系统"入选联合国"海洋十年"大科学计划。中国—泰国轨道交通"一带一路"联合实验室与中泰9家高校机构签署高铁教学计划备忘录，中国—沙特石油能源"一带一路"联合实验室与全球最大石油企业沙特阿拉伯石油公司开展项目合作。

【科技改革与管理】 青岛高新区出台实施《青岛高新区关于聚焦创新引领加快企业雁阵培育推动高质量发展的试行意见》《青岛高新区关于振兴实体经济促进医疗医药产业集聚发展的若干政策》《青岛高新区关于振兴实体经济促进新一代信息技术产业集聚发展的若干政策》《青岛高新区关于振兴实体经济 促进高端装备制造产业集聚发展的若干政策》《青岛高新区关于振兴

实体经济促进服务业高质量发展的若干政策实施细节》《青岛高新区关于振兴实体经济鼓励先进制造业高质量发展的若干政策》《青岛高新区关于振兴实体经济进一步推动"人才特区"建设的若干政策》等政策，在聚集培育高端创新资源、强化企业创新主体地位、促进双创载体健康发展和加强企业精准培育等方面加大扶持力度，营造良好创新环境。青岛高新区采取购买服务方式委托专业机构参与科技项目管理，强化"事前规范、事中检查、事后监管"工作模式，不断完善科技项目管理方式。委托政府采购代理机构开展"青岛高新区科技管理服务项目"招标工作，并于青岛市政府采购网发布公开招标公告，开展公开招标专家评审、中标公示等工作，最终确定青岛麦迪科孵化器有限公司为中标单位，并签订服务合同。

【**战略性高新技术产业发展**】 机器人领域集聚青岛全市80%以上的机器人企业，全球机器人"四大家族"齐聚，全球排名前十的机器人企业入驻6家，科捷机器人、宝佳自动化、通产智能、海德马克等本土机器人企业发展壮大，海克斯康、软控等关联企业带动效应明显，在本体制造、系统集成、配套服务等机器人产业链细分环节加快发展，集群工业总产值过千亿元；轨道交通装备入选国家先进制造业集群，汇聚中车青岛四方机车车辆股份有限公司、青岛四方庞巴迪铁路运输设备有限公司等龙头企业和一批核心配套企业，生产全国60%的运营动车组、25%的地铁车辆；现代海洋产业方面集聚"蛟龙号""海燕号"等"国之重器"，在现代海洋渔业、船舶海工业、海洋生物医药业、海洋交通运输业等方面优势明显，2022年，青岛海洋生产总值增长7.5%左右，总量超过5000亿元，稳居沿海同类城市首位。未来产业培育方面，以"海洋立体智联网"为主要技术路线，开展"感、传、存、算、用"全链条技术攻关和业态培育，积极创建国家海洋智联未来产业创新试验区。胶州湾北部主园区加快构建以生物医药及医疗器械为核心、新一代信息技术和智能制造为支柱、现代服务业为支撑的"1+2+1"现代产业体系。挂牌启用生物医药及医疗器械、精密仪器仪表两大市级专业园区，生物医药及医疗器械产业园发挥国内医学装备行业唯一4A级协会、全国工商联医药业商会总部等平台优势，吸引阿斯利康、国药科技城、威高医疗等龙头项目纷纷落子，集聚了青岛全市医疗医药产业1/3的市场主体，贡献了该产业全市1/4的营业收入，累计获批全市1/4以上的二类、三类医疗器械证，正依托康复大学打造"中国康湾"。

【**创新型科技园区建设**】 青岛高新区借鉴苏州生物医药产业园、南京"硅巷"等专业科技园区建设范例，印发实施《青岛市科技创新产业园区实施细则（试行）》，计划3年内在青岛高新区"一区多园"范围内建设10个左右青岛市科技创新产业园区（以下简称园中园）。2022年，认定崂山区青岛国际创新园、高新区康复产业园、青岛蓝谷海洋技术装备产业园、市南区现代都市数字经济产业创新园等4家青岛市第一批科技创新产业园区。园中园分为都市科技创新园和专业科技产业园两类园区，都市科技创新园主要聚焦1~2个主导产业，加速科技成果转化，优化区域产业结构，打造高新技术产业创新街区。专业科技产业园主要聚焦1个主导产业，由园区龙头企业发挥引领辐射作用，带动上下游产业链企业组团发展，实现产业链补链、延链、强链。获批建设青岛山东省大学科技园，以青岛国家大学科技园为核心区，以促进大学、科技、经济融通创新为主线，构建开放、融合、共享的创新创业服务生态；配合"一核""一廊""四区"的"核心功能区+辐射带动区"的整体孵化空间布局，通过科技成果转化、科技企业孵化、创新创业人才培养、集聚辐射带动等核心功能，推动"人才+项目+平台+企业"高效协同培育特色创新型产业集群，打造联合开发、利益共享、风险共担的创新创业共同体，促进高水平大学学科和青岛产业的深度融合，赋能地方创新型产业高质量发展。青岛山东省大学科技园在2022年度省级大学科技园绩效评价中获评"优秀"等次。胶州湾北部主园区全力打造生物医药及医疗器械产业园、精密仪器仪表两个产业园。其中，生物医药及医疗器械产业园占地4600余亩，分为医药器械片区和康复医疗片区，累计引进阿斯利康、国药科技城、威高、海尔大健康等一批重点项目，全球唯一一所康复大学即将招生，产业园以"突出康复特色，医药器械并重，两大片区协同，增量存量联动"为原则，全面助力青岛市成为康复产业地标；精密仪器仪表产业园总占地2900余亩，分为核心区和拓展区两片区，产业园聚焦工业测控系统与装置、实验分析仪器、传感器及核心元器件三大重点领域，已集聚包含海克斯康、艾普智能、智腾微电子、鹏晟海工等在内的一大批产业链上下游重点企业，将着力打造"北方仪器仪表产业总部基地"和"全国仪器仪表创新示范窗口"。

【**创新型（试点）企业培育**】 青岛高新区实施"沃土计划"，集聚国家科技型中小企业2274家、高新技术企业1974家，数量均占全市三成。支持企业建设研发机构，全国首创"云端研发"模式，胶州湾北部主园区规模以上工业企业研发机构覆盖率达到85%。聚焦加快链接创新要素，举办2022青岛·全球创投风投大会、蓝贝国际创新创业大赛、科技创新大会等活动，承办2022年度全国颠覆性技术创新大赛领域赛（青岛）、中国创新挑战赛（青岛）、火炬科技成果直通车等活动，常态化开展蓝贝·创享汇等品牌活动，创新创业氛围进一步浓厚。建成"众创空间—孵化器—加速器—特色产业园"全链条孵化模式，其中，投入运营孵化器90余家，总面积466万平方米，在孵企业4200余家。实施科技金融三年行动计划，建成青岛高新区科技金融创新服务中心，全国首单"数字人民币＋数字融资租赁"业务落地，全国首创无抵押、纯信用贷款"高新贷"为50家科技型企业提供贷款1.85亿元，主园区新设立3亿元天使母基金和10亿元的产业发展基金，参股子基金突破40亿元、增长33%。出台实施《青岛高新区营商环境优化提升三年行动方案》，全省首创"承诺即开工"，全市率先实行施工许可"零材料"申报，实施"区域规划环评＋告知承诺审批""多测合一""分段验收""不动产登记告知承诺"等创新改革措施；对企业和个体户刻章实行全免费，全市率先实现市场主体全覆盖"零成本"开办；建立高新区优化营商环境巡回审判工作室，设立办问协同服务中心、产业载体政务服务帮办中心，推出优化破产案件财产解封处置机制，推行电子驾照、电子营业执照等创新举措。

【**技术创新服务平台建设**】 布局国家战略科技力量，全国海洋领域唯一国家实验室崂山实验室挂牌，透明海洋、蓝色粮仓、蓝色药库等一批大科学计划加快实施，国家深海基因库、国家深海大数据中心、国家深海标本样品馆等深海"三大平台"启动建设，国科大健康海洋、海洋多圈层与地球系统等领域国家重点实验室加快筹建，吸气式发动机热物理试验装置等大科学装置加快推进，国家高分辨率对地观测中心等协同创新平台相继落成，"科学号"科考船完成十年十次跨赤道海洋科考，海尔获批建设工业大脑国家新一代人工智能开放创新平台，新能源山东省实验室成立燃料电池工程研究中心、泛能源大数据中心等平台，"国字号"康复大学校园建设进入收尾阶段。胶州湾北部主园区2022年度获批建设重组蛋白质新药研发重点实验室、高精密智能测量技术重点实验室等市级重点实验室12家，获批建设动物疫苗技术创新中心、新一代宽谱定量飞行时间质谱技术创新中心等省、市级技术创新中心21家，获批建设山东中医药大学青岛中医药科学院、青岛度享智能科技有限公司等市级新型研发机构6家。声学检测技术平台投入使用、车路协同测试场技术服务平台通过市级评审。

【**重大项目进展选介**】

阿斯利康吸入气雾剂生产基地 国内营收规模最大的跨国药企阿斯利康投资建设，为世界500强跨国药企在山东建设生产类的首个项目，项目总投资31亿元，占地80亩。主要生产"倍择瑞®令畅®"（通用名：布地格福吸入气雾剂）等呼吸类疾病治疗药物。项目已正式签约落地，将实现跨国药企在山东生产项目"零"的突破。

国药科技城及智造园 由全球营收规模最大的药企国药集团投资建设，项目总投资35亿元以上，固定资产投资20亿元以上，其中，首开区约152亩工业用地，总投资15亿元以上，引进国药集团各级参、控股业务单元，国药集团上下游产业链优质企业、国家级重点实验室、医学装备创新成果转化公共服务平台，大健康产业优质上市公司北方分部及独角兽企业等。项目已完成土地招拍挂，达产后年营业收入15亿元以上，年缴纳增值税和企业所得税7902万元以上。

威高（青岛）国际医疗健康产业总部 由全国最大国产医疗器械企业威高集团投资建设，项目总投资50亿元，占地91亩。主要建设洁净车间、研发场地、青岛大学威高研究院、生产厂房、产品展厅、体验中心和附属设施等，打造系统化的研发平台，致力于解决"卡脖子"问题，攻克技术壁垒，多种产品实现国产替代，达产后，预计年产值50亿元，税收2.4亿元。

海尔大健康（盈康一生）医疗器械数智产业园 项目总投资30亿元，占地100亩。主要建设大型医疗设备生产车间等，从事伽玛刀、热疗机、质子刀等整机及零部件的研发、生产，具备国际领先优势。项目将发挥自身优势，整合产业链上下游资源，为高新区引进医疗器械（含零部件）、生物医药、医疗服务等市场主体，助力高新区打造医疗医药产业新高地，一期达产后预计年产值9亿元、税收5000万元。

易邦动物疫苗国家产业创新基地 项目总投资7.5亿元，占地128.8亩。主要建设动物基因工程疫苗国家重点实验室、国家级企业技术中心（动物疫苗）、院士工作站、博士后工作站、新型疫苗智造车间、高等级灭活疫苗智能车间等，建设山东省规模最大、实验种类最多的生物安全三级实验室（P3实验室），可开展禽流感等防治研究，将作为全省共享的区域高级别生物安全实验平台，有力提升全省乃至全国重大疫病和新发病的防控技术研发和转化效率，项目达产后，产值约10.5亿元，实现税收约1.16亿元，解决500人就业。

【**科技人才管理**】 青岛高新区胶州湾北部主园区锚定"三年集聚10万人"工作目标，努力打造海内外人才集聚高地，累计引进院士35名，海内外高层次专家160余人，自主培养国家级人才9人、省部级人才33人、市级人才66人，人才流入实现爆发式增长，户籍人口连续三年增速在50%以上。

（青岛高新技术产业开发区　罗文进　李　杰　于蒙琦）

淄博高新技术产业开发区

【概述】 淄博高新技术产业开发区（以下简称淄博高新区）是1992年11月经国务院批准设立的首批国家级高新区，代管淄博综合保税区、淄博先进制造业创新示范区，辖区面积225.06平方千米，常住人口50万人。重点发展新能源制造、智能微系统、大健康、新材料及金融科技"4+1"主导产业。先后获批建设了先进陶瓷、功能玻璃、聚氨酯、生物医药等4个国家火炬特色产业基地。5个国家级孵化器在历年火炬中心对国家级科技企业孵化器考核评价中均获评优秀（A类）。成功举办首届国家高新区科学城交流研讨会，淄博高新区被推选为副主席兼秘书长单位，淄博科学城跻身全国"领跑者"方阵。2022年度国家级高新区考核居38位，名次比2021年提升4个位次。

【科技计划项目与经费】 2022年，淄博高新区87家企业获批省级"小升高"财政补助资金870万元，5家企业获批省"中小微企业创新竞技行动"资金53.28万元，28家企业获省科技型中小企业创新能力提升工程省级立项支持金额1005万元、市级立项支持金额940万元，254家企业获批2022年山东省研究开发财政补助资金2472万元。山东工业陶瓷研究设计院有限公司JMRH项目获得省科技厅2022年度山东省重点研发计划立项支持，获得省级财政专项资金400万元。淄博高新区华科大高效节能电机技术研发中心申报的青年基金项目获得2022年度省自然科学基金立项支持。组织智洋创新科技股份有限公司等11家企业完成省重大科技创新工程项目绩效评价工作，其中5项项目通过验收，绩效评价获评优秀。山东工业陶瓷研究设计院有限公司、淄博产业技术研究院、山东中科际联光电集成技术研究院有限公司、淄博禾丰种业科学研究院4家新型研发机构获批2022年度省级新型研发机构备案，淄博星澳新材料研究院有限公司、淄博高新技术产业开发区生物医药研究院在2022年度省级新型研发机构绩效评价工作获评优秀，获得省财政100万元专项扶持。山东省先进陶瓷创新创业共同体收到省级拨付的建设资金800万元，合计收到省级资金4000万元。山东新华制药股份有限公司、山东新华医疗器械股份有限公司、智洋创新科技股份有限公司、山东鸿创医疗器械科技有限公司、山东新华普阳生物技术有限公司、山东奥尔多环境科技有限公司、山东中科际联光电集成技术研究院有限公司等7家企业获批山东省中央引导地方科技发展资金项目，获得省级财政620万资金支持。

【科技成果与奖励】 2022年，德国莱茵科斯特有限公司的艾瑞克·莫斯卡瓦获得山东省国际科学技术合作奖。2022年，淄博高新区共登记科技成果16项，占淄博市总登记科技成果的29%。

【知识产权管理】 推进知识产权战略，高标准开展知识产权工作。2022年8月，淄博高新区被国家知识产权局确定为首批国家级知识产权强国建设试点园区。截至2022年底，淄博高新区拥有有效发明专利3193件，同比增长13%；新授权发明专利740件，同比增长48%。着力开展贯彻知识产权管理规范标准的推广，山东新华制药股份有限公司等6家企业被确定为淄博市2022年度知识产权优势培育试点企业，有41家企业开展了知识产权贯标，拥有国家知识产权示范企业4家、国家知识产权优势企业6家。大力实施高价值专利培育工程，拥有高价值专利1121件，占全市总量的24%，鲁泰纺织股份有限公司、山东一诺威聚氨酯股份有限公司两家企业的专利项目获评山东省专利奖三等奖，山东洲星天然物提取智能设备有限公司提报的"微粉连续浸出器"项目获"2022中国·山东新旧动能转换高价值专利培育大赛"优胜奖。山东新华医疗器械股份有限公司等11家单位的专利项目被确定为2022年度淄博市高价值专利项目。通过知识产权质押融资缓解企业融资难题，2022年，质押融资额2.5亿元，惠及24家企业。充分利用专利信息提升自主创新能力，淄博高新区市场监管局承担的产业类导航"智能制造装备产业专利导航"和山东信通电子股份有限公司承担的企业类导航"工业物联网智能终端及运维系统专利导航"被确定为省级专利导航项目。完善大协同保护体系，优化知识产权服务，2022年，被山东省国家知识产权保护中心授权挂牌为省首批"快速维权工作站"。

【科技合作与交流】 2022年，淄博高新区积极对接国内外高校院所，组织区内企业积极参加与华中科技大学、山东大学、哈尔滨工业大学、四川大学、西南交通大学、吉林大学等10余家重点科研院所的产学研对接活动10余次，对接合作意向30余项。接待来自山东大学、武汉理工大学、山东产业技术研究院、山东理工大学等专家20余次。组织淄博高新区近20家企业组分别参加了中国科学院"双百"工程产业链、新能源汽车产业链四场线上调研会，就企业发展现状、技术难题、人才需求等情况进行交流。征集首届"双碳"大会暨第四届山东省创新驱动发展恳谈会科技合作情况及需求，广泛挖掘企业与高校的科技合作项目，征集到相关校企合作项目25个。完成了淄博高新区管委会与高等教育学会的补充协议、武汉理工大学研究生基地协议等协议的签署。

【科技改革与管理】 2022年，重新修订了《关于进一步加快山东半岛国家自主创新示范区（淄博）建设发展的若干政策》。2022年7月，淄博高新技术产业开发区科技工业和信息化局进行拆分，将原科技局、创业中心独立出来，新成立科学技术发展中心，承担科技创新、孵化器管理等相关职能。

【高新技术产业】 淄博高新区围绕主导产业，从创新链和产业链出发，谋划建设了生物医药、先进陶瓷、功能玻璃和聚氨酯4个国家火炬特色产业基地。截至2022年底，4个基地聚集企业291家，其中，高新技术企业173家、上市挂牌企业19家、收入超10亿元企业23家，基地从业人员7.19万人，实现工业总产值987亿元，净利润84.6亿元，上缴税费45.7亿元，基地企业研发投入40亿元，授权专利1292项，其中，发明专利322项，拥有省级以上研发平台71家。2022年，淄博高新区高新技术企业总数达409家，较2021年增幅23.94%。高新技术产业产值占规模以上工业总产值比重为达63.19%。2021年，获批生物医药国家创新型产业集群试点（培育），2022年，集群内共集聚企业124家，其中，高新技术企业58家，营业收入超过10亿元企业8家，营收超1亿元企业38家。2022年，集群实现营业收入399.1亿元，实现出口75.6亿元，集群从业人员3.98万人。2022年度形成标准数45项，国家级孵化器和国家备案众创空间数3家，创新服务机构24个，研发机构数35个，产业联盟组织数3个，金融服务机构数21个。高新技术产业蓬勃发展，新材料领域，山东工业陶瓷研究设计院有限公司的"高催化剂负载性能的低阻力除尘脱硝高温纤维膜材料制备技术"、中材高新氮化物陶瓷有限公司的"氮化硅陶瓷轴承球热等静压（HIP）关键技术"打破国际垄断。生物与新医药领域，新华医疗的"基于多模式引导的高能医用电子直线加速器核心技术""85cm的大孔径CT"、新马制药的"固体制剂设备"，成功打破了国外垄断。电子信息与智能制造领域，新恒汇电子股份有限公司的"LDI直写曝光技术"、伟航敏芯的"溅射薄膜工艺压力传感器"、山东中科际联光电集成技术研究院有限公司的窄线宽激光器、低RIN高功率激光器、高速光模块等微波光子类产品打破国际垄断。

【创新型科技园区建设】 2022年，山东大学淄博生物医药研究院、创业梦工厂众创空间成功备案国家众创空间。政府建设的5个国家科技企业孵化器在火炬中心组织的年度考核评价中获得优异成绩。淄博高新技术产业开发区电子信息产业创新园管理办公室等3家科技企业孵化器获评"2022年度山东省品牌科技企业孵化器"称号，山东大学生物医药研究院众创空间等4家众创空间获评"2022年度山东省品牌众创空间"称号。依托淄博高新区生物医药研究院建设的"山东省生物医药科技企业孵化链条"入选省首批科技企业孵化链条试点建设单位。2022年，挖掘、培育众创空间5家、科技企业加速器3家，淄博高新区各类孵化载体数量达到35家。生物医药、无机非金属、高分子与精细化工三大公共技术服务平台当年为园区企业提供30000余次技术服务。落地园区的"甲骨文（淄博）人才实训基地"累计招引和培育软件开发人员近500名，对缓解淄博市信息技术专业人才紧缺的状况发挥了一定作用。孵化载体建设呈多样化趋势，区内孵化生态体系日益完善，研究院、公共技术服务平台的运行质量、服务效果进一步提升。大健康、智能微系统、新材料等淄博高新区主导产业已经形成"孵化—加速—产业化"贯通一体发展模式。

【创新型企业培育】 构建科技型企业梯度培育体系，制定了《淄博高新区高新技术企业培育工作方案》，2022年，淄博高新区认定科技型中小企业577家，推荐申报高新技术企业195家，150家申报高新技术企业的单位列入公示名单，通过率达76.9%。截至2022年底，淄博高新区高新技术企业总数达409家，较上年增幅23.94%。

【技术创新服务平台建设】 2022年，持续挖掘资源，跟进院士在淄博高新区备案院士工作站的情况，及时解决院士创办企业和省级院士工作站备案中遇到的困难和问题，备案省级院士工作站1家。山东省先进陶瓷技术创新中心通过2022年度山东省技术创新中心绩效评价，成绩良好。

【重大项目进展选介】 2022年，山东大学淄博生物医药研究院优化团队结构，全面增强组织技术服务能力。引进第三世界科学院院士、国际知名分子生物学专家Shakoopi Abdul Rauf院士团队。引进南京德锐咨询全面开展"研究院人才战略咨询"项目，全面优化提升研究院人才发展体系。2022年，累计组织175次内外部技术能力、质量体系、业务配合、组织文化、人才队伍等方面的线上线下培训课程，全力打造学习型团队。山东大学淄博生物医药研究院获得 DCMM 二级认证单位，成为全国医药 CRO 领域首家 DCMM 2级（受管理级）认证单位。这标志着山东大学淄博生物医药研究院在数据战略、数据治理、数据架构、数据应用、数据安全、数据质量、数据标准和数据生存周期等 8 个能力域通过了来自国家标准的检验，达到了国内先进水平，是山东大学淄博生物医药研究院继 LIMS/CSS 数字化管理与服务体系、计算机化系统管理与验证体系、备份与恢复容灾体系建设完善之后，在 IT 治理体系建设的又一里程碑事件。

【**科技人才管理**】 2022 年，淄博高新区新引进外国专家 19 人、海外留学生 56 人，入选省外专双百人才项目 1 人、省海外工程师支持计划 2 人、泰山系列人才 7 人、山东省"创新榜样"2 人。累计拥有国家重点人才工程人选 49 人、泰山系列人才工程人选 70 人、自创区"蓝色汇智双百人才"18 人。

（淄博高新技术产业开发区　宋维强）

枣庄高新技术产业开发区

【**概述**】 2022 年，枣庄高新技术产业开发区（以下简称枣庄高新区）GDP 增长 6.3%；固定资产投资增长 16.1%；规模以上工业增加值增长 15.3%；完成一般公共预算收入 12.48 亿元，增长 15.7%；外贸进出口 153 亿元，增长 63.3%；实际利用外资 2.05 亿美元，增长 50.44%。高新技术产业产值与规模以上工业总产值占比达到 76.20%，超过全市平均 29.16 个百分点。

【**科技计划项目与经费**】

科技计划立项　2022 年，获批枣庄市自主创新及成果转化计划项目立项 6 项，科技补助资金共计 720 万元，省级小微企业升高企 23 家、新认定高新技术企业 33 家、国家科技型中小企业入库 168 家、省企业研究开发财政补助 47 家、省科技型中小企业创新能力提升工程项目 1 家、第十一届中国创新创业大赛山东赛区暨 2022 年度"建行创业者港湾"山东省中小微企业创新竞技行动计划优胜企业 2 家，获批省企业研究开发财政补助企业 47 家，获补助资金 301 万元；新通过认定国家级高新技术企业 33 家，重新认定 11 家，山东飞羊科技发展股份有限公司、山东热眸智能科技有限公司获得 2022 年度第十一届中国创新创业大赛山东赛区新一代信息技术领域优秀企业奖。

创新平台建设　互联网小镇成功获批国家级科技企业孵化器，互联网小镇获批山东省首批科技企业孵化链条试点建设单位；4 家孵化平台获批市级众创空间。诺依曼（山东）物联网研究院有限公司获批省级新型研发机构；15 家企业获批市级重点实验室。山东吉利欣旺达动力电池有限公司成功创建山东省唯一的省级锂电产业创新创业共同体。

【**科技成果与奖励**】

科技创新奖励　15 家企业获批枣庄市级重点实验室，补助资金共计 150 万元；诺依曼（山东）物联网研究院有限公司获批省级新型研发机构，获得奖励 50 万元；山东智普信息科技股份有限公司等 47 家企业，获批山东省企业研究开发财政补助资金共计 310 万元；山东阳光博士太阳能工程有限公司获省级科技型中小企业创新能力提升工程项目立项，获省厅补助 50 万元；山东智普信息科技股份有限公司等 23 家企业获省级小微企业升高企补助 230 万元、市级小微企业升高企补助 460 万元；山东鸿卓新能源科技股份有限公司获得省、市"科创贷"贴息共计 4.2 万元。

项目绩效评价　省重大专项项目，通过枣庄市科技局组织的专家组专家中期绩效评价：山东智光通信科技有限公司承担的省厅市联合"年产 2400 万芯公里光纤拉丝"项目，已获省级补助 400 万元；浙江大学山东工业技术研究院（以下简称浙大山东工研院）承担的省重点研发计划重大科技创新工程"慢病生化指标现场快速检测技术和设备研发"项目，已获省级补助 200 万元；库仑核孔膜科技（枣庄）有限公司承担的省重点研发计划重大科技创新工程"重离子微孔膜精密过滤技术研究与产业化"项目，已获省级补助 696 万元；市级科技计划项目，通过枣庄市科技局组织的专家组绩效评价：山东金普分析仪器有限公司承担的"人体呼出气检测仪"项目、山东益源环保科技有限公司承担的"污泥深度处理技术及药剂的开发应用"项目、交大智邦（枣庄）数字科技有限公司承担的"柔性制造装备与数字化工厂关键技术开发及应用示范"项目、山东天瀚新能源科技有限公司承担的"高比能、高安全无钴锂电池成果转化项目"项目、枣庄睿诺电子科技有限公司承担的"新型 OLED 高透高平导电基板"项目。所有项目完成任务书阶段目标，中期绩效评价得分均获优秀。

【知识产权管理】 2022年，枣庄高新区专利授权量792件，其中发明专利授权总量165件。有效发明专利567件，比2021年底增加143件，同比增长33.72%；每万人口发明专利拥有量达到52.55件，高价值专利拥有量为145件；每万人口高价值专利拥有量为13.43件。成功注册马德里国际商标12件，PCT国际专利授权1件；19家企业通过《企业知识产权管理工作规范》认证。与工行、农行、建行、枣庄银行、日照银行和日照农商行对接，以专利权质押，协助鸿卓新能源科技有限公司、山东阳光博士太阳能工程有限公司、威智百科药业有限公司获批贷款4650余万元。山东省市场监督管理局批准枣庄常大技术推广服务有限公司为山东省专利技术转移转化实施单位，获得省级奖补资金50万元。枣庄互联网小镇管理有限公司和枣庄市知识产权服务业协会获批省级知识产权保护工作站，并获得资金补助各10万元。国家级知识产权试点园区通过国家局验收，国家局知识产权规范化市场通过国家局延审。

【科技合作与交流】 2022年，枣庄高新区柔性精准引才引智，推动产学研用合作。人才引育工作实现新突破。自主培育外籍院士1人，入选国家重点人才工程2人，省级重点人才工程2人；与区人才办联合推荐的两个项目获市创业大赛一等奖和二等奖；为6人办理外国人来华工作许可证；为企业招聘任"科技副总"1人；浙大山东工研院当选省黄河科创联盟副秘书长单位；精准支持企业对接创新人才、加速创新发展，充分对接亿恩科天润新能源材料（山东）有限公司等5家企业6名特派员申报省级科技特派员备案工作，获得省科学技术厅备案。"揭榜挂帅"发布重大技术攻关需求9项、榜单金额1680万元；创业人才作用发挥涉及3家企业的平均利税率17.62%。科技成果转移转化再创佳绩。完成成交额33368.68万元，其中，技术交易额2750万元，同比增长59.42%；入选省级绿色低碳技术成果推广目录1项；中央引导地方科技发展资金项目2项；申报黄河流域协同科技创新专项项目1项。

【科技改革与管理】 2022年，枣庄高新区在全市"工业强市、产业兴市"重点项目建设现场观摩评比中排名第一。

聚焦产业发展全链条，在倾力打造"北方锂都"的新征程中行稳致远　着力招大引强、培优扶强，投资200亿元的欣旺达30GW·h动力电池及配套生产基地、50亿元的吉利欣旺达年产80万套动力电池、100亿元的欣旺达"源网荷储"一体化、160亿元的海王健康产业生产基地、150亿元的龙电华鑫综合锂电产业园等一批高端引领产业项目全速推进，锂电产业核心基地初步形成。着力提升产业链集成化水平，"建链索企"集聚一批关联配套项目，总投资100亿元的国吉年产15万辆新能源专用车、20亿元的科达利精密结构件、10亿元的速博达新能源等一批产业配套、终端应用项目加速聚集。承办中国（枣庄）锂电产业展览会，新签约亿元以上项目91项、投资1410亿元，"龙头引领、多点发力"的产业格局塑成优势。

聚焦重点项目再攻坚，在持续刷新"高新速度"的新赛道中阔步前行　动态实施总投资855.5亿元的94项省市区三级重点项目，实行全生命周期服务和"红黄蓝"亮牌管理，人民电器智能制造、屋联智控等30余项项目顺利建成，宝昕电子等10项项目投产运营，天润新能源与韩国亿恩科合作提高电解液产能至13万吨。选取50家高成长型企业实行"一企一策、集中帮促"，华润三九入选国家级智能制造优秀场景，天瀚新能源、东滕阿胶等10家企业获批省级专精特新企业，精工电子入围山东省民营企业行业领军十强。全年新增"四上"企业82家，累计在库规模以上企业322家，"越跑越快、越干越好"的高新速度持续刷新。

聚焦科技研发快突破，在大力推动创新创造的新蓝图中继往开来　国家级企业创新积分制试点区建设深入推进，新增高新技术企业33家，入库科技型中小企业155家。大力推行"揭榜挂帅"，持续推动光纤棒、飞秒激光、精密坐标镗、Micro OLED、SFC480超级快充等关键核心技术研发，交大智邦动力总成入选省重大科技创新工程，精工电子获批筹建省储能电池技术创新中心，诺依曼物联网研究院获批省级新型研发机构，吉利欣旺达牵头申报省级"政产学研金服用"创新创业共同体，九洲双创入选全国首批"科创中国"创新基地，互联网小镇获批国家级科技企业孵化器，我区成功入选科技部"十百千万"首批实施单位，"先行先试、变中求新"的创造基因加速释放。

聚焦产城融合大发展，在全面铺开城市画卷的新格局中写意挥洒　推进精致高新建设，实施总投资100亿元的"两河三廊两校五大片区"重点工程，井字岭、南石东西村等市行政中心周边城中村拆迁圆满完成，东谷山棚改项目顺利上房，新南石大集具备回迁条件，鸿鑫润景、云溪御园、紫金东郡等品质住宅成为枣庄商住"新样板"。大连路东延建成通车，科技路、华信路、国兴路、凤凰路等交通路网工程全线贯通，光明路、燕山路、匡山路雨污水管网改造全部完成。凤凰绿道、人才公园、武夷山路游园成为市民休闲新去处，科创绿廊获得第十二届园冶杯市政园林公园奖金奖，蟠龙河南支改造提升完成，"融城带乡、功能配套"的城市建设走在前列。

聚焦党建引领强改革，在持续增强民生福祉的新使命中履职尽责　开展"五比五看"系列活动，开展营商环境领域形式主义、官僚主义等19项专项整治，全市首创"高兴办·企业服务工作室"，首推新建商品房"交房即办证"，创新实施"锂电一件事"审批模式，高新投资集团成为全市首家获得双AA+主体信用评级的国有企业，财金集团获得AA信用评级。20项民生实事办到了群众"心坎上"，社区治理"520"工作法被《人民日报》刊登推广，党的二十大安保维稳、文明城市创建、"平安高新"建设等圆满完成，"保障有力、福祉跃升"的发展底板有力夯实。

【战略性高新技术产业发展】 "以锂电为龙头，以光电、医药健康、智能制造、大数据为重点，以现代服务业为配套"的"1+4+1"现代特色产业体系完成布局，加快编制产业发展规划，精准定位产业发展，力争到2025年主营业务收入突破500亿元。

【创新型科技园区建设】 入选国家级锂电产业创新型产业集群试点，实现市内"零"的突破。依托锂电产业集群，按照全市锂电产业发展"1+3+3"的产业布局、枣庄高新区"1+4+1"现代化产业体系，放大锂电产业在轻动力电池、动力电池、绿色出行等的产业基础优势，不断延链补链强链优链，构筑形成了从正极材料、电解液、精密结构件到单体电池、电池模组、PACK组装，再延伸到新能源专用车、检验检测、锂电池智能设备制造等较为完整的产业链，涵盖了动力电池、储能电池、消费电池全领域，助力枣庄打造"北方锂电之都"。

强化集群集聚，全力打造锂电产业地标区 围绕"锂光医智大"特色主导产业图谱，按图索骥、延链补链，举办2022中国（枣庄）国际锂电产业展览会，2022年，新签约亿元以上项目79项，总投资1260亿元，质量效益创历史新高。突出链式集成。着力提升产业链集成化水平，"建链索企"聚集一批关联配套产业项目，总投资100亿元的年产15万辆新能源专用车、20亿元的科达利精密结构件、10亿元的速博达新能源等一批产业配套、终端应用项目加速聚集；天润新能源与韩国亿恩科合作提高电解液产能至13万吨，精工5GW·h PACK、小蚁新能源、遥米2GW·h PACK等一批优质锂电项目投产运营，锂电产业生态加快塑成。

高点定位谋创新，科研成果促转化 以创新成果引领产业快速突围，持续强化企业创新主体地位，大力推行"揭榜挂帅""悬赏制"，着力在固态锂电池、光纤棒、飞秒激光、精密坐标镗、Micro OLED、SFC480超级快充等关键核心技术领域取得突破，创新能级显著提升。以平台支撑助推研发提质增效，以山东吉利欣旺达动力电池有限公司为主体创建的锂电产业创新创业共同体获批省级"政产学研金服用"创新创业共同体，精工电子获批筹建省储能电池技术创新中心，高质新能源获批省博士后创新实践基地，诺依曼物联网研究院获批省级新型研发机构，九洲双创科技园入选全国首批"科创中国"创新基地，互联网小镇获批国家级科技企业孵化器。以创新积分激励企业加速成长，深入实施企业创新积分制试点区建设，大力开展"积分贷""科创贷"等，开发落实科研助理岗350个，高新技术企业达86家，累计入库科技型中小企业155家；交大智邦动力总成入选省重大科技创新工程，益源环保入选省大数据创新服务机构，更多具有"硬科技""硬实力"的企业脱颖而出，枣庄高新区成功入选科技部"十百千万"转型行动首批实施单位。

协调发展抓建管，产城融合展新颜 对标雄安新区、天府新区，按照未来社区理念，提高城市建设、运营水平，统筹实施总投资100亿元的"两河三廊两校五大片区"重点工程，城市框架塑成规模。持续提升城市颜值，威能片区建设加快推进，光明路、长白山路等重点城市片区开发建设全面启动。持续优化功能配套，蟠龙河南支改造完工，人才公园、科创绿廊、凤凰绿道、武夷山路游园等城市绿廊景观提升改造完成；大连路西延工程全速推进，大连路东延工程建成通车，科技路、华信路、国兴路、中兴路等交通路网工程全线贯通。依托鲁南大数据中心政府主导、三线接入、互联网一级主干节点城市优势，加速推进云溪科创数字经济产业园和鲁南大数据中心二期建设，推广智慧安防、供应链平台等11个"智慧高新"应用场景，全区重点地区外来人员筛查系统入选2022中国互联网大会"互联网助力经济社会数字化转型"案例，加快构建"平台通、数据通、应用通"的智慧城市体系。

【产业技术创新战略联盟构建】

省锂电产业创新创业共同体 2022年12月，山东吉利欣旺达动力电池有限公司牵头申报山东省锂电产业创新创业共同体，经山东省人民政府同意批准建设。强化协同创新机制，高质量打造锂电共同体，加强对上沟通，协同各部门形成合力支持锂电共同体建设，实现"政产学研金服用"等要素充分融合，形成以产业化需求为牵引、各参与主体共治共享为纽带的协同创新机制。建立并完善共同体及运营机构的组织架构、管理章程；建设任务书和项目库征集等相关工作。首批备案登记项目库项目4项、签订共建协议32家；聚焦核心任务，组织科技攻关与人才培育，不断完善产业链。着眼于品牌打造，加强紧密合作，共同建设、共同发展、共同受益，成员企业共同努力，推动产学研更加高效地结合，研发和产业化更加精准对接，从而带动整个锂电产业链向上走，助力枣庄"北方锂电之都"。

鲁南科创联盟 发挥高校技术创新人才优势，集聚社会资源，为成果转化提供科技创新资源保障。组织策划专项产学研对接活动，为成果转化落地提供平台，助推科技成果再鲁南转化落地。走访企业300余家，累计走访高校院所40余家，累计梳理创新需求

280余项，收集科研成果1700余项，与400余名专家达成入库专家意向，开展线上、线下对接会。结合四市重点产业发展，参与筹备组织召开"优秀科技创新项目征集评选活动""科技人才进园区首期活动""科技合作名校直通车鲁南经济圈高端新材料科技成果对接会"等活动20余次，深入对接项目50个。

【创新型（试点）企业培育】 2022年，高新技术企业实现量质齐升，44家企业认定为高新技术企业（含11家重新认定），入库备案全国科技型中小企业168家。落实全市"工业强市、产业兴市"三年攻坚突破行动，组织申办高新区首次国家级赛事"第七届中国创新挑战赛"，发动企业56家，精准调研挖掘41家企业技术需求，收集有效技术需求40份，征集30位挑战者提交解决方案34份，遴选10个解决方案晋级现场赛，通过线上线下相结合的方式，为企业技术创新需求解决方案"揭榜比拼"，评选挑战赛优胜奖和优秀奖各5名，优秀解决方案奖9名，激发全国优秀科技成果落地枣庄高新区。

【技术创新服务平台建设】 以企业孵化为核心，打造苗圃—孵化器—加速器—产业园的孵化链条。互联网小镇正式获批国家级科技企业孵化器，同时获批山东省首批科技企业孵化链条试点建设单位；新增4家市级备案众创空间。培育推荐九洲双创科技园、山东科盛科技企业众创孵化园已申报省级孵化平台；现有市级及以上孵化平台18家，其中，国家级科技企业孵化器2家、省级科技企业孵化器2家、市级科技企业孵化器7家；国家级众创空间1家、省级众创空间2家，在孵企业近500家，2022年度新增在孵企业近100家。

【重大项目进展选介】

山东吉利欣旺达动力电池项目 山东吉利欣旺达动力电池有限公司总投资50亿元，建设规模年产混合动力电池80万套，产品用于吉利打造全新的拥有全部自主知识产权的第二代HEV油电混合系统，可广泛应用于领克、吉利、沃尔沃等多款车型，具有低油耗、低排放、高性能等特点。项目达产正常年产值502500.00万元、增值税49389.79万元、税金及附加6648.67万元、年利润总额95322.09万元、所得税23830.52万元、年税后利润71491.57万元，项目税前财务内部收益率16.43%，投资回收期为5.72年（不含2年建设期）。建成投产后年产值60亿元，年利税5亿元，带动就业人数2000人。

欣旺达30GW·h动力电池项目 该项目由欣旺达电动汽车电池有限公司出资成立，占地1312.9亩，总建筑面积100万平方米，项目产品锂离子动力电池系统，可以用于新能源乘用车、新能源专用车、新能源大巴等新能源车辆上。开发高能量密度的方壳模组及动力电池系统产品，量产电芯能量密度已达210Wh/kg，可满足纯电动乘用车一次充满电行驶（600～800）km，基本满足日常行驶要求，已经与北汽福田、东风雷诺、吉利、东风柳汽、陕西通家等众多著名的汽车厂商建立了战略合作伙伴关系。

海王健康产业园项目 该项目由枣庄海王健康产业有限公司投资建设，项目占地103.99亩，总建筑面积12.57万平方米，建设高标准厂房6栋、智能高架仓库1栋、办公楼1栋，新上全自动粉剂连续生产线3条，购置设备500台（套）；项目充分发挥母公司海王集团的技术优势，搭建全新的粉剂全自动连续生产线，将彻底解决海王大健康平台产能不足的顾虑，同时依托品牌＋渠道＋批文＋产能的坚实基础，将保健品回归价格本源，让保健品成为消费者的日常生活必需品；项目还将带动枣庄当地配套经济，促进枣庄蛋白粉全产业链发展，面向营养保健新消费领域进行战略布局，打造一个为百姓健康服务的新模式。

九洲双创科技园（三期）项目 该项目用地面积126亩，建筑面积17万平方米，九洲双创作为创业创新服务平台及孵化建设，具备产品展示、信息交流、投资对接、创业孵化等服务功能，努力探索科技企业"创新链、创业链、产业链"服务＋"社区链"服务体系，融合资源共享、投资驱动、创业孵化、联合办公、多元服务、产业协同等要素，构建"全要素、低成本、便利化、多元化、开放式"的平台。通过整合高新技术、科技创新等双创要素，实现卡座创客、小微孵化、助推发展的进阶式孵化模式，打造一个集创业信息平台、创新培训平台、创客孵化平台、创投服务平台于一体的创业创新园中园，未来会有300多家优质企业入驻，提供2000多个就业岗位，可实现年产值20亿元，争取税务创收5亿元。

人民控股集团（山东）智能制造产业园项目 该项目由人民控股集团山东有限公司投资30亿元建设，规划占地约1000亩，建筑面积约52万平方米，是集实体经济先进制造业、2025工业智造、科技研发、网络经济、电商、物联网及现代物流等于一体的综合园区，涵盖智能电器生产、智能电网设备及各种智能产品的生产与研发等，全部建成后，预计销售额将超150亿元，年贡献税收将超7.5亿元，同时解决就业逾3000人。

人民电器双创园项目 该项目位于枣庄高新区张范街道光明大道北侧，企兴路西侧，靖江路南侧，拟用地约112亩，项目共分两期进行建设，项目建成将推动高新技术产业的发展，促进科技成果转化，孵化和培育科技型企业，振兴区域经济，培养枣庄高新区新的经济增长点，助力枣庄高新区产业升级，实现跨越式发展。

高性能磷酸铁锂储能电池产业化项目 该项目

占地38.1亩，总建筑面积3.16万平方米，建设厂房及配套设施，新上1万吨锂离子电池正极材料生产线1条、高性能磷酸铁锂储能电池生产线2条。项目全部建成达产后，可实现销售收入15亿元，利税2.5亿元。

华光科技光芯棒项目　该厂房及配套设施建设用地面积44000平方米，总投资10亿元，占地66亩。项目购置进口生产设备共92台（套）、进口测试设备8台，形成年产光芯棒400吨生产能力，产品包括低水峰G652D光芯棒、弯曲不敏感G657光芯棒（G657.A1、G657.A2）及其他特种光芯棒（PMF光芯棒、半导体用高纯石英）等。项目达产后，预计年产值约20亿元，利税4亿元，可实现年产400吨光芯棒的产能。围绕光通信上下游配套发展，重磅打造光通信一体化产业链条，加快枣庄培育新兴产业的步伐，致力于建设枣庄新一代信息技术产业示范区和创新先导区，打造光通信特色标杆产业链。

高性能超级电容器研发及产业化项目　该项目占地114亩，建筑面积约13万平方米，建设生产厂房、研发中心和综合办公楼，新上生产线3条、购置涂布、烘烤、订卷、分切、点焊、装配等设备200台（套）年产扣式超级电容器1亿支、高性能干法极片100万平方米、高性能圆柱超级电容器1亿支，并配套建设超级电容器及干法极片制备技术研发测试中心。项目全部建成达产后，可实现销售收入15亿元，利税2.5亿元。建成后将成为国内第一家实现电容生产全自动化制造的生产厂家，并具备双电层电容器（EDLC）、赝电容器和混合型超级电容器的生产技术和产能。生产的超级电容器具有充放电速度快、使用寿命长、适用温度范围宽、安全可靠性高等特点，使其在诸多领域具备明显优势，在汽车、轨道交通、工业AGV、电网及电力设备、仪器仪表和传感器、数码电子、工程机械、船舶、航天军工等领域得到广泛应用。

【科技人才管理】　畅通引才渠道，集聚壮大人才队伍，聚焦1+4主导产业需求，柔性引进高层次人才19人；建立全方位引才机制，引进外国专家及海外留学人员19人；承办市级创业大赛，吸引95项项目报名参赛，19项项目进入复赛，9项项目进入总决赛，获一等、二等、三等奖项目3个，优秀奖项目6个，获奖比例占新能源锂电组的47.4%，位列枣庄市第一，成功落地动力电池后市场关键技术研究及产业化项目、大功率无线充电系统的研发及产业化项目，形成了以人才带项目、以项目聚人才的良性循环。联合薛城区培育技能人才1674人、高技能人才1467人；全职引进博士4人、硕士60人，与薛城区共同招引大学生3580人；累计培养农村实用人才299人，各类人才队伍建设成效显著。优化营商环境，打造最优人才生态，优化提升人才新政"黄金六条"，设立"人才项目专项资金"，助推人才项目加速落地。坚持政策惠才，累计发放各类奖补资金916.5万元，同比增长率32.36%；及时足额为1860人次本硕博毕业生发放人才津贴641.3万元，同比增长139.3%，发放率100%；解决企业用工难题35个，办理高层次人才子女入学2人。精准把握企业融资需求，成功申报国家级科技金融创新服务"十百千万"专项行动试点，锂电产业获批50亿元专项贷款额度；为益源环保、高质新能源等企业发放"人才贷"2750万元，加速推进企业科技成果转化和技术迭代升级。聚力打造人才安居乐业"生态圈"，投资2000余万元建设智能化、数字化、园林式人才公寓200套，投资30万元开发"人才管理信息系统"，人才居住品质持续提升；立足"以人为本"大格局，着力打造枣庄市首个人才主题公园，实现活力空间再造，提升城市美誉度、人才幸福感。

（枣庄高新技术产业开发区　陈　君　蒋莉娜　刘　强
蔡　青　李长伟　马　莉）

山东省黄河三角洲农业高新技术产业示范区

【概述】　2022年，黄河三角洲农业高新技术产业示范区（以下简称黄三角农高区）实现地区生产总值67.7亿元，同比增长7%；规模以上工业增加值同比增长10%；完成固定资产投资8.8亿元，同比增长25%，区级组织的一般公共预算收入完成3.6亿元。

【科技创新平台建设】　黄三角农高区已建成能相对完备的盐碱地创新平台集群，包括获得农业农村部批复的国家盐碱地生物农业试验示范区、国家农作物品种展示评价基地、盐碱地智能农机装备重点实验室3个国家级平台，落户山东省盐碱地改良利用技术创新中心、山东省生物技术与制造创新创业共同体、山东省海外高层次人才工作站、黄三角农高区山东省大学科技园、山东中科智能农业机械装备技术创新中心、山东东方健康生物科技研究院、山东中科益虫资源综合利用技术创新中心、东营青岛农业大学盐碱地高效农业技术产业研究院、山东省高校盐碱地智能农机装备重点实验室、山东省新旧动能转换公共实训基地 10 个省级平台，完善及新建了耐盐碱作物种质资源库、盐碱地农田生态系统观测研究站、生物产业技术中试研发平台、黄三角生物遗传与精准分子育种实验室等 10 多个科研平台，设施面积 16.6 万平方米，将中国科学院、中国农业科学院等成熟的技术成果，汇聚到平台上进行熟化转化，推动产业化应用。建设了 1.5 万亩高标准盐碱地农业试验示范基地，并在东营市域建设示范基地 5 万亩，具备了开展田间科研试验项目充足的物理空间。2022 年 12 月 30 日，科技部正式批复依托黄三角国家农高区建设国家盐碱地综合利用技术创新中心，由省人民政府、中国农业科学院共同组织，由中国农业科学院农业资源与农业区划研究所、黄三角国家农高区、山东省农业科学院总牵头，联合中国农业大学、中国科学院遗传与发育研究所等 18 家国内优势高校、科研院所、企业共建，为全国农业领域第 5 家国家技术创新中心。

【科技人才管理】 山东省委组织部、省委编办安排 150 名高层次人才周转编制，专门支持黄三角农高区引进高层次人才。东营市将黄三角农高区纳入全市人才政策支持范围，黄三角农高区出台"招才引智"政策措施，人才工作进入"快车道"。

引进科技领军人才和创新团队 国家盐碱地农业科技创新联盟落户黄三角农高区。中国科学院、中国农业科学院、山东省农业科学院、青岛农业大学等 48 家高校院所、98 个研发团队、976 名科研人员进驻黄三角农高区，开展科研创新活动。

青年专业人才引育载体建设 与青岛农业大学合作共建盐碱地农业研究生培养基地，首批师生入驻。获批山东省智能农机装备现代产业学院，有效拓展青年人才招引和培育渠道。

盐碱地职业农民培训 联合青岛农业大学国家科技特派员创业培训基地、国家农民专业合作社人才培养实训基地，对接东营职业学院、蓝海职业学校，整合教育、科研、实训等优势资源，举办高职学员实习实训、高素质农民培训、农作物种植观摩、农机现场作业展示等活动，打造盐碱地高素质技能人才"一站式"培训平台。

【科技项目管理】 新增山东省科技型中小企业创新能力提升工程项目 5 项，山东省重点研发计划（乡村振兴科技创新提振行动计划）项目 1 项，东营市科技型中小企业创新能力提升工程项目 4 项，项目资金总额 675.5 万元。编制《山东省省级科技创新发展专项资金使用管理暂行办法》，用好 2022 年度省级科技创新发展专项资金 1 亿元，立项支持创新平台建设类项目 11 项、人才培育引进类项目 37 项、科研项目实施类项目 1 项。

实施山东省盐碱地草牧业科技示范工程 "主要草—畜分子育种与新品种培育"项目，建设盐碱地牧草特色种质资源圃 1 个，完善三级育种体系，研制肉羊基因检测芯片，研发肉质基因检测与快速繁育技术 3 套；"牧草种植加工养畜关键技术集成创新"项目，研发牧草耐盐高效栽培技术，建立盐碱耕地质量监测与健康诊断平台 1 个，建成有害生物监测预警与阻控系统 1 套，研制全程智能农机及配套农机具 10 种（套），开发优质干草、青贮饲料、微生物发酵饲料、奶牛肉羊专用型饲料、功能饲料，较传统配方日增重提升 10% 以上，饲料转化率提升 15% 以上；"盐碱地草牧业全产业链发展模式构建与集成示范"项目，打造盐碱地水稻－牧草轮作产业示范场景 10000 亩、牧草规模化种植示范场景 10000 亩，较传统生产模式，能源消耗降低 20%、生产效率提高 15% 以上、生产效益提高 10%，示范养殖奶牛 10000 头、肉羊 10000 只，构建盐碱地草牧业示范产业链 2 条。

实施省重大科技创新工程"盐碱地现代农业综合解决方案及关键技术集成示范"项目 在苜蓿种植示范基地开展无人农业装备割草、搂草测试，在部分示范基地进行灌溉设施智能化升级改造，构建了基础的 GIS 和高清影像本底数据，研制了"鸿鹄 T150"拖拉机 2 台，基于北斗 +5G 建立了土壤传感器系统，构建了针对项目的"七个一"智能农业大数据应用平台。

【科技型企业培育】 2022 年，新增高新技术企业 5 家，高新技术企业总数达到 12 家。科技型中小企业入库备案 26 家。组织区内科技型企业参加山东科技云讲堂"科技型中小企业评价政策宣讲""高新技术企业认定政策解读培训会""科技惠企政策十讲"等线上培训活动 9 次；印制《科技政策汇编》，广泛宣传推介，使企业全面了解科技政策，提前做好政策项目资金争取准备；邀请科技政策、科技金融、知识产权等领域专家，举办黄三角农高区"科技政策培训会"，27 家科技型企业 52 人参加培训；开展"大走访、大调研"活动，深入科技型企业调研，为企业送政策、出主意，对具备高新技术企业和科技型中小企业申报条件的企业开展"一对一"辅导；组织企业参加创新创业大赛。康伯伦生态农业（山东）有限公司获得第十一届中国创新创业大赛山东赛区暨 2022 年"建行创业者港湾"山东省中小微企业创新竞技行动计划优秀创新创业企业、东营市第三届油地校融合创新创业大赛一等奖。

（黄河三角洲农业高新技术产业示范区 鞠 敏）

烟台高新技术产业开发区

【概述】 2022年，烟台高新技术产业开发区（以下简称烟台高新区）实现GDP 78.5亿元、增长6%，一般公共预算收入增长14.3%，规模以上工业增加值增长11.5%，固定资产投资增长13%，外贸进出口40.3亿元、增长48%，实际使用外资12488万美元、增长44.6%，主要指标增幅保持全市前列。

【科技计划项目与经费】 2022年，烟台高新区实施创新驱动发展战略，持续强化科技政策激励引导，为315家企业发放科技政策扶持资金2458万元，积极助推企业高质量发展，有效激发了全区创新创业创造活力。

【科技成果与奖励】 山东航天电子技术研究所"光/电传感一体化航天结构健康监测系统与应用"和东方蓝天钛金科技有限公司"高性能钛基复合材料短流程制备及其高端紧固件智能制造关键技术"2项项目荣获山东省科学技术进步奖二等奖，烟台屹海新材料科技有限公司"新型功能粉体材料制备关键技术及应用"荣获山东省科学技术进步奖三等奖。山东航天电子技术研究所2项科技成果获国防科学技术进步奖一等奖。山东绿叶制药有限公司1类创新药盐酸托鲁地文拉法辛缓释（商品名：若欣林）获批中国上市。中集海洋工程研究院牵头申建的"山东省海洋工程装备及材料创新创业共同体"获批建设。2022年度完成免税技术交易额3.1亿元，技术合同登记136项，合同成交金额13.8亿元。

【知识产权管理】 依托烟台高新区知识产权巡回法庭、检察院知识产权维权中心，完善知识产权保护网络体系，加强市场监管、公安、检察院、法院等职能部门联动协作，完善打击侵犯知识产权长效机制。获批国家级知识产权强国建设试点园区、山东省专利技术转移转化试点园区并获批100万元省级资金支持。中集海洋工程研究院和山东航天电子技术研究所参加中国专利奖评选并获优秀奖，山东绿叶制药有限公司荣获山东省专利奖二等奖。山东省工业设计研究院获批全国唯一智能制造领域国家工业设计研究院，研究院先后承接了海上火箭发射竖起装置研发、2022年北京冬奥会雪蜡车整体布局设计及核心部件的研发制造、中车新一代高铁座椅研发制造等重大专项，获得100多项国内外知识产权与专利。

【科技合作与交流】 依托山东（烟台）中日产业技术研究院，整合中日优势科技创新资源，已建成日中科学技术创新中心中国事务所落户烟台，在日本东京建立山东首家日本东京离岸育成中心。联合公安部第一研究所共建公共安全（山东）大数据产业技术研究院。加大中韩、中乌、中俄、中白等国际合作交流，已建成山东中乌巴顿国际创新中心、山东中白创新科教中心等国际创新平台5个。依托烟台中科网络技术研究所，与山东工商学院建立黄河文化与生态保护数字智能技术协同创新中心、新一代信息技术专精特新产业学院；与烟台大学、鲁东大学等高校建立教学实习暨创新实践基地；与中科天玑、中集海工院等建立良好的技术合作关系。

【科技改革与管理】 烟台高新区按照省委和烟台市委开发区体制机制改革总体部署，成立由区工委管委主要负责同志任组长的烟台高新区改革创新领导小组，精心谋划、高位推进体制机制改革各项工作，顺利完成省委规定的17项改革任务。通过深化开发区体制机制改革，有效激发高质量发展活力动力。深化"管委会+科研"体制改革，"管委会+"改革经验做法在科技部《科技工作情况》刊发，并被《山东政务信息》采用。荣获国家级表彰3个、省级表彰2个。2022年度全省开发区综合发展水平评价结果，烟台高新区在全省160个参评园区中排名第11位，较2021年度前进87位，取得历史最好成绩。

【战略性高新技术产业发展】 大力开展链条招商、以商招商、资本招商、平台招商。生物医药产业，建立以山东绿叶制药有限公司、艾多美（中国）有限公司等龙头企业为核心的上下游企业常态合作机制，带动一批具有活力的创新创业主体，产业竞争实力不断提升。高新区已集聚各类生物医药市场主体600家。其中，山东博安生物技术股份有限公司自行开发了超过13款创新药物和生物类似药，2022年12月30日，正式在香港联合交易所主板挂牌上市。航空航天产业，以山东航天电子技术研究所、东方蓝天钛金科技有限公司等龙头骨干企业为牵引，规划烟台高新区航空航天产业园"1+N"空间体系发展布局，实施"对外招引"和"对内培育"双轮驱动战略，初步构建"五个一"的发展基础，具备了国内唯一部组件到系统集成的产业实现能力，形成了具有高新区鲜明特色，以卫星电子技术、部件产品制造及应用服务为发展优势的航空航天产业全链条发展集群，2022年度产值突破50亿元。工业设计产业，锚定创建"世界设计之都"目标，高标准规划建设工业设计小镇和世界设计公园，打造智能制造、总部经济和电子信息三大产业园。引进工业设计协会，建成全国唯一的国家智能制造工业设计研究院，为省、市300多家企业提供工业设计服务，自主研发的冬奥会雪蜡车获中国优秀工业设计金奖。

【创新型科技园区建设】 出台国有孵化器考核办法和民营孵化器管理办法，用好中关村·烟台协同创新中心、韩国海外孵化器，加强与小米谷仓合作，为在孵企业提供全链条、全生命周期服务。烟台市大学生创业园众创空间成功备案国家级众创空间，山东国际生物科技园获批省双创示范基地，北航科技园获批省级小微企业双创示范基地和五一劳动奖。全区各孵化载体新增注册企业200余家，启动"送智赋能　创享未来"2022年度烟台高新区创业企业能力提升工程，举办各类创业辅导活动40余场。兑现孵化器专项资金890万元，惠及区内8家孵化载体、16家高成长性在孵企业及138家初创期科技企业。

【创新型（试点）企业培育】 落实好企业服务专员制度，出台"突破发展工业经济、鼓励发展总部经济、培育市场主体"及科技创新、升规纳统、人才招引等"4+N"一揽子全覆盖惠企政策，大力实施骨干企业倍增计划，真心实意帮助企业纾困解难，新增"四上"企业35家以上，新增市级以上制造业单项冠军、小巨人、瞪羚、专精特新等企业10家以上，技改投资达到8亿元、增长10%以上。

【技术创新服务平台建设】 由中国科学院上海药物所和烟台市政府共建的中科环渤海（烟台）药物高等研究院，获批建设烟台新药创制山东省实验室，并召开了第一届理事会，依托省实验室打造的"博士后创新实践基地"成功备案。绿叶制药联合浙江大学、山东第一医科大学推进先进药物递释系统全国重点实验室重组并获得实质性进展。中集海洋工程研究院获批牵建省海洋工程装备及材料创新创业共同体，汽车轻量化中心牵建的省轻量化成形技术与装备制造业创新中心入选省级培育名单，山东正元数字城市建设有限公司获批省文化和科技融合示范基地，全区新增省级新型研发机构、工程研究中心、一企一技术研发中心等创新平台9家。

【科技人才管理】 对标国际领先、国内最好，实施"智汇高新"行动，新增全职国内外高端人才数量列全省开发区第1位。加快释放人才政策红利，兑现人才项目资金1.2亿元。新增硕士以上人才700人，新增国家级、省级、市级高端人才20人，总数达到241人、占全市高端人才总数的1/3。开发科研助理岗位近600个、吸纳应届毕业生近400人，得到科技部来信表扬。

（烟台高新技术产业开发区　张　康）

潍坊高新技术产业开发区

【概述】 2022年，潍坊高新技术产业开发区（以下简称潍坊高新区）完成地区生产总值（GDP）646.46亿元，同比增长3.8%；规模以上工业总产值1308亿元；进出口总额658.4亿元，比上年增长48%；一般公共预算收入62.9亿元。在山东省160个开发区考核中排名第四、山东省高新区排名第二。

【科技计划项目与经费】 2022年，争取市级以上各类科技项目331项，获批资金2.08亿元，居全市首位。其中，"氢能动力与供能系统关键技术集成及多场景应用示范"项目获批国家重点研发计划，获批资金3725万元；获批省重大科技创新工程项目4项，获批资金4116万元，获山东省技术创新引导计划（企业研究开发财政补助）196项，获批资金2403万元；获批高新技术企业省级补助87项，获批资金870万元；获批科技型中小企业创新能力提升工程21项，获批资金730万元；获批孵化载体培育高新技术企业补助8项，获批资金210万元；6家企业入列省创新竞技行动计划优胜企业，获批资金137.88万元，均居潍坊市首位。

【科技成果与奖励】 2022年，潍坊高新区各单位、个人获山东省科学技术奖6项，其中，歌尔股份有限公司姜滨获山东省科学技术最高奖；歌尔股份有限公司饶轶、潍柴动力股份有限公司陈文淼获省科学技术青年奖；潍坊星泰克微电子材料有限公司承担的"耐深腐蚀光刻胶（DeePR）的研发与产业化"项目获山东省技术发明奖一等奖；潍柴动力股份有限公司承担的"重型商用车燃气发动机关键技术及应用"项目获山东省科学技术进步奖一等奖；山东赛马力发电设备有限公司获山东省国际科学技术合作奖。全区共完成科技成果登记44项，技术合同成交额达17.8亿元。潍坊创高信息获批备案省级技术转移服务机构。潍柴发布全球首款本体热效率52.28%商业化柴油机和全球首款本体热效率54.16%商业化天然气发动机，创造了柴油机和天然气发动机两个本体热效率世界第一。

【知识产权管理】 截至2022年底，取得专利授权6369件，发明专利授权1804件；有效发明专利量7394件，约占全市总量的一半。每万人有效发明专利拥有量达到189.54件，是潍坊市平均水平的11倍、山东省平均水平的10倍；维持10年以上有效发明专利拥有量475件，占全市总量的1/3。指导和鼓励企业进行海外专利布局，2022年，PCT国际专利申请240件，占潍坊市PCT国际专利申请量的90%以上。办理专利权质押融资57笔，质押金额3.96亿元。新增国家知识产权优势企业3家，山东省知识产权优势企业5家。3件专利获第二十三届中国专利奖优秀奖；6件专利荣获2022年度山东省专利奖，其中一等奖2项；17件专利获2022年度潍坊市专利奖，其中一等奖3项，居潍坊市首位。

【科技合作与交流】 潍坊高新区强化"招院引所"力度，提前谋划、精准对接，采用专班专员制度，对潜在院所合作项目给予"点对点"指导服务，提升合作层次，合作成果丰硕。2022年，组织参加"名校直通车"系列科技合作对接活动，引进中国农业科学院饲料研究所、青岛农业大学等高校院所联合共建科研院所合作平台。

【科技改革与管理】 落实"放管服"要求，推进实施科技项目"揭榜挂帅"制，盛瑞传动等8家企业的项目入选2022年度潍坊市重大科技创新"揭榜挂帅"科技人才项目，榜单金额3600万元。

【战略性高新技术产业发展】 扎实做好优存量、扩增量"两篇文章"，产业发展实现量质双升。主导产业持续壮大。装备制造内燃机产业基地连续3年获评五星级国家新型工业化产业示范基地、全省唯一；新一代信息技术产业产值逆势增长20%以上；生物医药产业入选省级战略性新兴产业集群、全市唯一。歌尔集团、海王医药、昌大集团、潍百集团4家企业入选省民营企业100强，万声信息、力创科技等8家企业入选全省首批总部企业。49家企业新获批市级以上专精特新、瞪羚和单项冠军，总数达到190家、居全市第1位。新兴产业加速起势。氢动力、元宇宙、磁技术、储能等新产业赛道实现突破发展，产值均增长30%以上。潍柴集团签订1000辆氢燃料电池商用车大单，建成全球最大的年产2万台氢燃料电池发动机研发制造基地。歌尔集团中高端虚拟现实产品出货量占全球的80%以上，建成元宇宙未来创新谷，构建起"科技苗圃—孵化—加速—产业化"全链条产业生态。天瑞重工获批成立全国磁悬浮动力技术与基础应用标准化工作组。国内首套盐酸基全钒液流储能电池实现产业化，华电制氢加氢一体站入选全省首批储能示范项目。

【创新型（试点）企业培育】 在科技企业创立之初就给予专门帮扶指导，帮助企业用好研发费用加计扣除、大型仪器设备共享等政策工具，将自主创新能力强、发展潜力大的科技企业纳入省科技型中小企业库，培养了阵容强大的创新后备军。2022年，全区科技型中小企业入库数量达到438家，比2021年度增加7.9%，占全市总数的17.3%，居全市第1位。在高新技术企业培育方面，加强政策宣讲、培训辅导，充分发挥产业园区、国有企业、科技服务机构等各类主体的优势，构建完善"发现—培育—申报—认定"并联推进的高企梯队培育体系，全区高新技术企业数量突破400家，占全市高新技术企业总数的近1/4，达到历史最高水平。潍柴动力等4家企业入选科技领军企业，占全市科技领军企业的16%；歌尔光学等10家企业入选科技小巨人企业，占全市科技小巨人企业的21%，均居潍坊市首位。

【创新技术服务平台建设】 内燃机与动力系统全国重点实验室重组成功，获批筹建山东省虚拟现实重点实验室。1个园区入选全省首批科技企业孵化链条试点，3个园区入选省级品牌科技企业孵化器，获批建设潍坊山东省大学科技园、潍坊市唯一。

【科技人才管理】 靶向引才，围绕动力装备、新一代信息技术等主导产业，实施"十百千万"引才行动，出台2项人才精准扶持政策，新入选省以上重点人才22名，引进海外高端人才135名、硕博人才1380名，均居潍坊市首位。产才共育，打造"省部共建"留创园"人才会客厅"，建成全国磁悬浮标准化工作组等省级以上人才创新平台11个，启用潍柴动力科学技术研究总院，柴油机热效率三刷世界纪录。塑优生态，办好税学房医等人才关心大事、关键小事，姜滨获省科学技术最高奖，李永胜获山东省优秀发明奖，双双当选全国人大代表。潍坊高新区8次获评山东省人才工作表现突出单位。

【重点项目选介】

潍坊兴茂科技创业园项目 该项目由杭州载德产业发展有限公司投资建设，总投资约7亿元，占地约23亩，主要建设65000平方米的综合性产业孵化器、总部基地及10000平方米的高端酒店，打造产业聚集平台，招引并培育符合潍坊市"双招双引"激励政策分类目录中新一代信息技术、现代服务业、科技研发、生产型服务业及其他符合国家产业政策的产业的创新创业团队、项目、总部、科研中心等。项目预计于2026年建成启用，启用后可提供超过2000人的就业岗位，实现年销售收入35亿元、年税收3亿元。

2GW全钒液流电池生产线项目 该项目由液流储能科技有限公司投资建设，总投资6.68亿元，位于动力装备国际配套产业园内，使用4个厂房，建设年产500MW全钒液流电池自动化验证线及储能电站，建设储能研发中心、数字化生产车间等，全部建成后具备系统集成、源网荷储一体化、EPC项目总包和运维服务能力，达到年产14000套液流电池电堆及1000套储能集成系统的生产能力，可提供储能电站一站式终身服务。

水生态治理高端装备项目 该项目由山东巨龙智能科技有限公司投资建设，总投资3.75亿元，位于昌平街以南、朝阳路以西，占地100亩，主要建设无人船、水陆机器人等水生态治理高端装备生产基地。项目分两期建成，一期建设年产50台水生态治理高端装备产能，包括轻量化两栖作业船、无人保洁作业船等，配套研发办公楼、数字化展厅；二期新增年产50台产能，同步提升智能化车间，同时通过与中国海洋大学、院士团队合作，推动海洋高端装备发展。项目建成投产后，可实现年产值2.5亿元以上、上缴税金1500万元以上。

（潍坊高新技术产业开发区　闫　晨）

济宁高新技术产业开发区

【概述】 2022年，济宁高新技术产业开发区（以下简称济宁高新区）生产总值554.2亿元，增长4.7%，一般公共预算收入43.1亿元、增长0.2%，固定资产投资增长7.1%，规模以上工业增加值增长7.4%，城乡居民人均可支配收入增长4.9%。连续3年获济宁市综合考核一等奖，连续5年获济宁市开发区考核一类第1名，在全省169个开发区中排名第16位。在2022年度国家高新区综合评价中，济宁高新区列第65名，较2021年度上升2个位次，实现五年连续前进42个位次。

【科技计划项目与经费】 2022年，为企业争取各级各类计划项目256项，辰欣药业股份有限公司的"抗肿瘤一类新药双激酶抑制剂WXFL390的临床研究和产业化"项目，获本年度山东省重大关键技术攻关项目（第一批）立项支持。山东铭德机械有限公司的"MC-150IS履带反击式移动破碎站"项目，列入山东省中小微企业创新竞技行动计划。济宁环聚医药科技有限公司的"多肽产品全生命周期绿色生产工艺技术研发"、山东乐得仕软木发展有限公司的"高弹性无醛防护材料关键技术研发与应用"等6项项目，列入山东省科技型中小企业创新能力提升工程。

【科技成果与奖励】 艾美科健、胜利生物、山东省科学院激光研究所、铭德机械、泰丰智控荣获山东省科学技术进步奖6项，其中，泰丰智控的"重大技术装备用超高压大流量电液比例伺服二通插装阀的开发及应用"、山东省科院激光所的"高性能分布式光纤陆海智慧勘察系统关键技术、装备及应用"成功获批山东省科学技进步奖二等奖。山东鲁抗医药股份有限公司获得第九届淮海科学技术奖二等奖。

【知识产权管理】 2022年，新增授权发明专利235件，稳居济宁市第1位；新增高价值发明专利160件，总量达434件，每万人发明专利拥有量（12.97件）、增量（4.78件）和增长率（58.39%）均保持济宁市第1位。山东省科学院激光研究所、山东源根石油化工有限公司分别荣获第四届山东省专利奖一等奖和三等奖，山东省共同体工程机械有限公司、山东铭德机械有限公司和山东源根石油化工有限公司成功申报产业规划类和企业经营类市级专利导航项目，资金合计20万元。

【科技合作与交流】 2022年，围绕七大主导产业，先后与国内外120余家院校紧密合作，引进电子科技大学、中国矿业大学等高校院所5家，114家助企攀登企业高层次产学研合作覆盖率达89.4%。与济宁市产业技术研究院共建"中科科创园"，打造"基金＋园区＋项目"的运营模式，引进中国科学院上海硅酸盐所的生物活性皮肤创面敷料产业化、中国科学院烟台海岸带研究所的膳食纤维功能食品和特医食品等5个"中科系"项目。先后组织举办山东省高端装备产业创新发展论坛暨济宁市"1＋N"创新体系建设推进会、2022年济宁市科技活动周暨齐鲁工业大学（山东省科学院）专家行启动仪式、第十一届中国创新创业大赛山东赛区现场晋级活动等市级及以上系列活动，落地产学研合作项目15项。

【科技改革与管理】 2022年，承接"电子营业执照+移动入网"、工程建设项目"一码通"2项国家级、4项省级试点，工程建设项目审批"一码通"典型工作经验被国务院《全国优化营商环境简报》刊登推广。推出"3651"服务项目新模式，企业全链条申报材料减少到97项，压减率26.61%。对重点工程项目做到即到即办，完成各类公共资源交易项目310项。济宁科技馆获批中国科协"'科创筑梦'助力'双减'科普行动"试点。探索全产业链科技服务相关做法，被济宁市委改革办作为典型案例推广。

【战略性高新技术产业发展】 2022年，高新技术企业数量同比增长44.3%，增量和总量均居济宁市第1位；高新技术产业产值占比72.06%，高于济宁市平均水平33个百分点，居济宁市第1位。智能制造装备被评为全省首批战略性新兴产业集群，一体化道路机械智能制造获评省级特色产业集群，获评全省唯一国家安全应急产业示范基地。新增"四上"企业213家，新增国家级专精特新"小巨人"企业7家、国家级制造业单项冠军产品1个，省市级专精特新、瞪羚、单项冠军企业96家，总量居济宁市首位。

【创新型科技园区建设】

中科科创园 济宁中科科创园是济宁高新区联合济宁市产业研究院（以下简称济宁市产研院）共同打造的高科技园区项目，采用"基金+项目+园区"的运作模式，济宁高新区与济宁市产研院共同设立总规模为1亿元的产业引导基金，旨在吸引以中国科学院系统为主的先进技术成果在济宁高新区转化落地。

开放式大学科技园 济宁开放大学科技园按照"产业+学科"的模式，依托济宁高新区政策优势、产业优势和丰富的创新资源，聚焦创新资源集聚、科技成果转化、科技企业孵化、双创人才培养及开放协同发展五大核心功能，构建众创空间、孵化器、加速器、产业园全链条生态体系，推动大学科技园高质量、可持续发展，有效统筹教育、科技、人才资源，加速吸引高校智力资源、吸纳高校科技成果、促进成果转化孵化。

航空航天产业城 济宁航空航天产业城是结合济宁高新区现有产业基础，以瑞城宇航为中心，结合新材料新能源产业，与知名央企、高校联手，带动产业链条延链扩链、补链强链。济宁航空航天产业城围绕航天新材料、关键装备等领域，启动一批"技术攻关+产业化应用"科技研发项目突破"卡脖子"技术并转向规模产业化，争创国家先进制造业集群，与高端装备产业城遥相呼应，形成"一区两城、双城聚核"的大产业发展格局。

【产业技术创新战略联盟构建】 济宁高新区搭建山东省工程机械智能装备创新创业共同体，围绕工程机械产业"政产学研金服用"七要素创新资源，联合省内外工程机械规模企业、政府部门、高校科研院所、创新创业服务机构、金融投资机构等29家单位，共同组建成立的新型产业技术创新体系和平台，已在工程机械智慧施工服务平台建设、新能源智能化工程机械产品研制及产业化、高强耐磨钢材料研发等方面取得了重大突破。

【创新型（试点）企业培育】 依托创新积分制试点，建设创新积分信息平台，打通多部门、多领域数据共享渠道，精准量化扶持科技企业成长，构建"种子高企、准高企、申报高企"梯次培育机制。2022年，高新技术企业数量同比增长44.3%，新增高企数量居济宁市第1名，实现"六连冠"。

【技术创新服务平台建设】 以高能创新平台为科技创新核心支撑，聚力推进省重大科技创新工程、省新型研发机构等省级科技平台，同时聚焦主导产业领域，构建"众创空间—孵化器—加速器"孵化链条，打造全产业链孵化集群。中科智能科技获批济宁市唯一一家省级科技成果转化中试示范基地；济宁文化创意园入选山东省科技与文化示范基地；利特纳米获得2022年度省级新型研发机构备案，居济宁市并列第一；与济宁市产研院联手打造中科科创园，设立1亿元产业引导基金，落地"中科系"项目5个。科技部公布的国家级科技企业孵化器评价中，济宁高新技术创业服务中心、山东高新创达科技创业服务有限公司、济宁高新软件园服务有限公司、济宁高新文化创意园服务有限公司4家国家级孵化器全部评为优秀，获评优秀数量在全省国家级高新区中排名第三，优秀数量占济宁市优秀数量的80%。4家科技企业孵化器荣登山东省品牌孵化器榜单，数量居全省县市区第1位。

【重大项目进展选介】

小松全球智能制造产业基地项目 该项目总投资约106亿元，占地约2000亩。项目一期总投资约85亿元，占地约1300亩，生产产品包括最新国四排放标准的挖掘机、机械传动重卡，以及为上述两个主机产品配套的油缸、主泵、马达、厚薄钣金、底盘等核心零部件。其中挖掘机为全球技术最领先的型号。该基地定位为小松液压挖掘机、重卡和零部件的全球生产供应基地，将打造成为全球工程机械行业"标杆工厂"，逐步打造小松全球首个大中小挖掘机整机和零部件上下游产业链协同联动的产业集群基地。

航天宏图遥感卫星项目　该项目总投资20亿元，作为济宁高新区航空航天产业碳纤维复合材料下游卫星应用延链项目，由科创板首批上市企业——航天宏图信息技术股份有限公司（以下简称航天宏图）牵头建设。结合航天宏图技术优势，为济宁卫星遥感在自然资源、生态环境、应急管理、水利应用、智慧城市应用等场景应用提供业务服务，打造全国领先的卫星遥感应用示范标杆，从而带动济宁遥感卫星项目快速发展壮大。

辰欣药业全营养特医食品项目　该总投资20亿元，总建筑面积20万平方米，一期建设研发中心、运营中心、检验中心、全营养特医食品生产线；二期建设7万平方米高端制剂智能化生产车间，新上无菌输液生产线4条、无菌注射剂生产线2条、医用配方食品3条、口服固体制剂生产线2条。一期研发中心、运营中心和二期检验中心、全营养特医食品生产线已建成投入使用，高端制剂智能化生产车间即将开工。

【科技人才管理】　建立精准引育机制，依托济宁创新谷科技云平台，开辟科技人才信息库，对重点人才绘制"画像"，深挖外专人才资源，实施精准跟踪培育，建立起人才精准引育机制。2022年度获批中国科协海智工作基地，利用中国科协海外科技团体资源，集合济宁高新区特有资源，发挥山东省、济宁市科协在科技交流、项目评审、项目引进和与国内外团体广泛联系的经验特长及优势，打造引进海智人才和高科技项目、开展高端的海外科技交流合作活动、聚才纳贤的引智平台。全年组织开展国家火炬计划、泰山产业领军人才、海外工程师等省级以上科技人才和外国专家项目申报16项，累计推荐人选60余人，9人获批省级以上重点人才项目。

（济宁高新技术产业开发区　王荣盛）

泰安高新技术产业开发区

【概述】　2022年，泰安高新技术产业开发区（以下简称泰安高新区）实现地区生产总值（GDP）同比增长5%左右；规模工业增加值同比增长13.6%；固定资产投资同比增长21.3%；实际使用外资1.2亿美元，同比增长42%；外贸进出口74.1亿元，同比增长35.5%；一般公共预算收入16.19亿元，同口径增长5.89%，其中税收收入15.13亿元，同口径增长8.72%。

【科技计划项目与经费】　获批1项省重大创新工程项目，2项省中央引导地方科技发展资金项目，11项省科技型中小企业创新能力提升工程项目，获得省拨配套资金支持1587.64万元；获批9项市重点产业链"揭榜挂帅"项目，6项市科技型中小企业创新能力提升工程项目，共获得市拨配套资金支持1190万元。

【科技成果与奖励】　1人被评为省科学技术青年奖，1项项目获得省科学技术进步奖二等奖；获得泰安市科学技术进步奖一等奖1项、三等奖2项；获得第十一届中国市场协会金桥奖突出贡献个人奖1人、优秀项目奖2项。泰安高新区被科技部火炬中心评为火炬统计工作先进单位。

【知识产权管理】　2022年，泰安高新区发明专利企业授权专利122件，有效发明专利拥有量累计达到1414件。组织开展"世界知识产权日"集中宣传活动，设置现场宣传咨询点，发放手册、报刊，悬挂宣传标语，向群众宣传知识产权基础知识。联合开展知识产权赋能会7次，办理知识产权质押贷款29件，质押专利222件，质押金额24952万元。组织40余家企业申报山东省知识产权中心专利优先审查注册。2家企业被国家知识产权局评为国家知识产权优势企业；1家企业被评为国家知识产权示范企业，成为泰安市首家国家知识产权示范企业。

【科技合作与交流】　依托齐鲁工业大学（山东省科学院）泰安成果转化中心，推动省科学院与高新区共同出资成立资金规模1000万元的"协同创新基金"，开展4批申报活动，支持11项项目，支持金额合计373万元。举办齐鲁工业大学（山东省科学院）"千名专家进企业—泰安行"活动，光电科学与技术学部、机械工程学部、电子电气与控制学部分别与山东泰开自动化有限公司等签约。持续推动与山东大学的深入合作，组织企业参加山东大学与泰安市人民政府战略合作签约暨山东大学科技成果直通车（泰安站）活动，签约共建山东大学－山东仁康医疗监测技术研发中心产学研合作项目等合作协议3项。立足高新区实际，推动泰山智能制造产业研究院在高新区设立分中心，为区内企业提升智能制造水平提质增效。搭建与中国科学院研究机构合作桥梁，赴中国科学院自动化研究所、理化技术研究所、纳米能源与系统研究所等机构拜访对接。

【战略性高新技术产业发展】 2022年，高端装备制造产业实现营业收入269.2亿元，同比增长10%；新能源新材料产业实现营业收入65.1亿元，同比增长8.3%；生物医药产业实现营业收入45.1亿元，同比增长22.2%。"十强产业"营业收入达到454.5亿元以上，同比增长9.5%；高新技术产业产值占比达到69.8%；高技术产业投资占比达到17.2%，同比增长68.6%。机电与矿山装备产业集群列入省产业"雁阵形"集群培育支持名单，争取专项激励资金70万元。

【创新型科技园区建设】 截至2022年底，各级孵化器累计孵化企业1500余家，现有在孵企业242家，在孵企业当年申请专利数308件，授权专利数239件，其中申请发明专利43件。2022年，高创中心被科技部火炬中心评为优秀国家级科技企业孵化器，泰山创客空间成功入选山东省50家品牌众创空间；泰山科技有限公司申报的国家科技企业孵化器经山东省科技厅推荐至科技部火炬中心，同时获批山东省首批科技企业孵化链条试点建设单位。

【产业技术创新战略联盟构建】 打造了校（院）地企战略联盟，以企业创新需求为导向，以政府搭建桥梁、政策引导为保障，建立了校（院）地企合作常态化对接、交流、服务机制，战略联盟实施以来，已与30余所高校建立合作，引进高端人才117人，推荐博士创业项目17个，获评省级以上高层次人才7人。动态汇总20家企业44项"卡脖子"技术难题，定向推送联盟高校，28所高校的50名博士与17家企业开展技术攻坚。

【创新型（试点）企业培育】 发挥高新技术企业认定联动机制作用，多渠道挖掘、培育潜力企业，协助企业补齐短板，加强审核跟踪，努力提升高新技术企业认定成功率，2022年，高新技术企业净增49家，总数突破180家，新增数量创历史新高；247家企业通过国家级科技型中小企业认定；12家企业入选泰安市科技创新型企业50强。

【技术创新服务平台建设】 获批16个市级重点实验室和26个市技术创新中心；在泰安市科技局成功备案36家规模以上工业企业研发机构。10家企业入选泰安市"一企一技术"研发中心，15家企业入选泰安市首批市级工业设计中心，新增省级绿色工厂1家、省级技术创新示范企业2家、省级工程研究中心2家，全区累计有国家级平台13个、省级平台116个。

【重大项目进展选介】 引进项目48个，合同签约额262.7亿元，外资合同签约额2.15亿美元，其中投资10亿元以上项目10个。项目建设方面，实现新开工项目34个，竣工投产项目31个，在建项目38个，主要包括智能智造、新一代信息技术、新能源、新材料、生物医药、出版印刷等产业，项目总投资126亿元，重点推动了晶优3GW高效光伏组件、英大配网智能自动化、泰通生物融合蛋白、路德高性能碳纤维土工格栅等项目的建设，对全区科技创新、产业升级、结构优化等将发挥重要的引领带动作用。

【科技人才管理】 加大科技人才挖掘和培育力度，鼓励企业、人才积极参加创新创业大赛。4名人才获得省高层次人才创新创业大赛优胜奖，3名人才入选泰山产业领军人才，3人获得"齐鲁友谊奖"。开发落实科研助理岗位380个，完成预期目标的127%，获得科技部致信感谢。

（泰安高新技术产业开发区　李肖璇）

威海火炬高技术产业开发区

【概述】 2022年，威海火炬高技术产业开发区（以下简称威海高新区）实现地区生产总值547.8亿元。规模以上工业增加值占全市的47%；工业营业收入984.2亿元，总量占全市的35%；工业利润131亿元，总量占全市的55%。实际到账外资2.44亿美元。完成财政总收入50亿元，其中制造业税收28.4亿元；一般公共预算收入27.5亿元，其中，税收占比93.2%，主体税收占比63.3%以上。在威海市招商引资和项目建设观摩督导中蝉联第一、实现七连冠；在全国169家国家高新区中综合排名居第36位；在全省160家省级以上开发区中综合排名居第6位，创历史最好成绩。

【科技计划项目与经费】 指导企业做好科技项目筛选凝练，争取各级各类科技项目，引入"揭榜制"等竞争性项目组织方式，以项目实施赋能企业产业高质量发展。全程跟踪管理28个市级以上重点科技创新项目，累计授权专利140件，引进人才153人，形成新产品60个，实现经济效益6.4亿元。福瑞机器人、久宏智能的"冷冻鱿鱼食品包装机的研制及产业化"和"路亚仿真饵自动化涂装流水线"2项项目获威海市海洋自动化装备领域"揭榜挂帅"项目立项支持；天特智能、艾佳医疗、北洋孵化器、药食学院众创空间4项项目获2022年度山东省中央引导地方科技发展资金项目支持，获得专项资金380万元；"颅内血管狭窄球囊扩张导管研发"等14项项目获山东省高端医疗器械创新创业共同体2022年度创新项目支持，获资金支持700万元。威高集团、未来机器人、福瑞机器人3家企业，获2022年度山东省重大关键技术攻关项目支持，获专项资金2721万元；发动企业申报2022年度省重大关键技术攻关项目（第二批）指南建议10项。累计为企业争取各类专项科技资金1.36亿元，惠及科技企业近千家，为区域经济高质量发展助力赋能。组织283家符合条件企业申报2022年度省企业研究开发财政补助，共补助资金2000余万元。全社会研发投入达27.6亿元，占全市总投入的1/3，同比增长14.1%；研发投入强度达5.08%；规模以上工业企业中有研发活动的企业占比达61.5%；每万名就业人员中研发人员达319人。

【科技成果与奖励】 2022年，威海高新区推动企业与高校院所等签订产学研合作项目33个，完成登记技术合同310项，累计技术合同成交额35亿元。威高集团的"纳米可控高通量血液透析膜制备及其滤器产业化（威高）"项目入选迪拜世博会中国馆山东周科技成果展。1人获得山东省"齐鲁友谊奖"；2人获得省留学人员回国创业奖；1人获得"齐鲁巾帼科技创新之星"称号。

【知识产权管理】 2022年，威海高新区新增专利授权3175件，同比增长7.9%，其中，发明专利新增授权643件，同比增长58.3%；累计有效发明专利2419件，万人有效发明专利拥有量高达68件；新增高价值专利1095件，同比增长20.3%。获得中国专利奖优秀奖2项，山东省专利奖三等奖1项，新增国家知识产权优势企业1家，获批首批国家级知识产权强国建设试点示范园区，年内新增通过知识产权贯标企业13家。

【科技合作与交流】 2022年，先后到哈工大创新创业园、北洋孵化器及部分孵化企业进行走访调研，了解园区、企业发展及产学研合作情况，给园区和企业送政策、送服务。组织哈尔滨理工大学、吉林大学智能仿生中心、德国弗劳恩霍夫应用研究促进协会等高校、科研院所到克莱特风机、联桥新材料、万丰镁业、北洋光电等企业开展产学研对接。组织2022年度企业技术需求调研工作，采取多种方式对企业技术需求情况进行摸排、整理，对青年创新创业联盟企业技术需求情况进行补充。对各高校的技术、项目储备情况在去年的基础上进行对接、补充、完善。克服疫情影响，参加中关村"火花"行动、2022浦江创新论坛——全球技术转移大会、名校直通车——走进哈工大暨威海市科技创新合作大会、第10届中国—东盟技术转移与创新合作大会、科技创新政策和检验检测应用技术培训等30余场科技交流活动。

【科技改革与管理】 推进医疗器械国家创新型产业集群试点建设，动态监测医疗器械产业的研发创新、产品服务等发展情况，年内产业产值提升10%以上；统筹推进企业创新积分制试点与科技金融创新服务"十百千万"专项行动试点，年内"威海高新区创新积分信息系统"上线运行，升级银企对接服务平台，累计帮助115家企业实现了融资需求，发放了174笔贷款，融资金额共计7.9亿元，为企业节省抵押财产资金2930余万元、担保费用约1657余万元，科技金融赋能效果明显。开展东西部开发区合作共建，与德州临邑经开区签订《合作共建协议》，围绕产业合作、招商引资、人才交流等方面，引导企业到对方投资，推进合作项目落地。

【战略性高新技术产业发展】

医疗器械及生物医药产业 以威高集团有限公司、山东吉威医疗制品有限公司、山东大正医疗器械股份有限公司等为龙头，重点打造医疗装备、血液净化、骨科材料、生物疫苗、心内耗材等产品，汇聚了高性能医疗器械创新中心、山东省医疗器械产品质量检验中心等创新平台，血站用品、预充注射器、骨科植入物、药物涂层支架系统等实现国内同类产品市场占有率第一。形成国内医用耗材及制品市场规模大、心脏支架与骨科材料市场占有率高、血液净化与医疗设备技术基础好、产业配套企业集聚发展及产业创新合作网络初步显现的医疗器械产业集群，市场占有率超过25%，全国第一，全国三级医院覆盖率达81.3%，血站覆盖率达77.2%，拥有中国驰名商标3个、山东省品牌产品8个，远销欧洲、东南亚、非洲、中东等60多个国家和地区。

电子信息产业 依托美国惠普公司、美国捷普公司、威海北洋电气集团股份有限公司、威海新北洋信息技术股份有限公司、一诺仪器（中国）有限公司等重点企业，重点发展新一代信息技术。2022年，打印机领域已集聚惠普、捷普、富士康、联想、华为、富士6家世界500强企业，亿和、帝吉可等120多家供应链企业，整机企业达到9家，核心零部件本地配套率达到90%以上，随着国内外知名品牌逐步落地，关键配套部件企业正加快聚集，产业配套能力不断增强，在全球打印机领域形成了较高的国际知名度。截至2022年底，打印机产业链产量突破1200万台，总产值突破400亿元，千亿级打印机产业集群正在加速崛起。

时尚设计制造产业　以迪尚集团有限公司、威海市金猴集团有限责任公司、威海联桥国际合作集团有限公司等为主体，拥有生产及配套企业50多家，通过实施品牌战略，大力优化产品和产业结构，实现传统产业转型升级。其中，威海市金猴集团有限责任公司居中国轻工业百强企业和皮革行业十强企业第1位；迪尚集团有限公司通过"互联网+"培育发展新动能，运用大数据平台创造出集产品市场反馈、设计、生产和销售为一体的新型产业链，出口产品95%以上属于自主品牌，已在40多个国家注册商标，营销网络遍布亚欧美等地。

新材料及制品产业　拥有威海光威集团有限责任公司（以下简称光威集团）、威海中复西港船艇有限公司、威海万丰镁业科技发展有限公司、威海云山科技有限公司等近20家规模以上高新技术企业。重点推进高性能碳纤维复合材料、医用高分子材料、镁合金材料、石墨烯材料等领域技术和产品开发。其中，光威集团在研发的碳纤维系列渔具及其他制品在国产碳纤维织物、风机叶片用碳纤维预浸料、碳纤维汽车零部件等的产业化进程中有较大突破，光威集团荣获第四届中国质量奖提名奖；光威复材形成了从原丝开始的碳纤维、织物、树脂、高性能预浸材料，到复合材料制品的完整产业链布局，是国内碳纤维行业生产品种最全、生产技术最先进、产业链最完整的龙头企业之一。

智能装备产业　以山东海富光子科技股份有限公司、山东未来机器人有限公司、威海福瑞机器人有限公司、威海信诺威电子设备有限公司、威海远航科技发展股份有限公司等20多家高新技术企业为依托，不断提升工业机器人及系统、潜水机器人、飞行器、智能仪表控制系统、食品原料前处理设备、光纤激光器、3D打印机等领域的研发能力和制造水平，已经形成了高功率激光器、工业机器人、水下机器人等多种高端智能设备的制造基地，实现年收入过亿元。

【创新型科技园区建设】　推进"一城三园"建设。"一城"，即统筹双岛湾科技城和初村科技新城，打造总面积63平方千米的科技创新城，作为全市"西展"新核心；"三园"，即科技创新城内医疗器械与生物医药产业园、电子信息与智能制造产业园、科技创新园，是全区创新驱动的新高地。

医疗器械与生物医药产业园　园区规划占地面积18平方千米，现已形成以高端医用材料为核心产业的特色园区，威海最重要的高科技产业带，未来将成为山东省的重要经济增长极。已经形成以医用材料为基础的高值耗材为特色的园区。2022年，园区工业总产值达到500.3亿元，营业收入640.1亿元，净利润达到78.2亿元，实际上缴利税总额65.1亿元，同比增长22.6%；高端医疗器械创新型产业集群实现了高质量发展，为打好疫情防控阻击战和实现区域经济快速发展提供了强有力的支撑。截至2022年底，园区内拥有各类服务机构81家，其中，创新服务机构23家，研发机构33家，金融服务机构8家，其他服务机构17家；从业人员总数达到6.4万人，其中，具有大专及以上学历的人员达到1.31万人，研发人员近4100人；研究开发费用支出合计达到16.4亿元，拥有有效发明专利2170件，拥有境外授权专利222件，拥有威高集团、柏新医疗、纽普生物、科举药业、华迈医疗、天辰生物、皓铭生物等各类科技企业总数达到157家，其中高新技术企业61家，高新技术企业占比达到38.9%，营业收入超过10亿元的企业9家，制定国家或行业标准12项。

电子信息与智能制造产业园　园区位于双岛湾科技城南部，是五星级国家新型工业化产业示范基地、山东省首批示范数字经济园区、山东省海洋特色产业园，总规划面积10平方千米，规划总建筑面积400万平方米，现已建成200万平方米，主要发展办公自动化、电子信息、智能制造和海工装备等高技术产业，分建设发展区和重点拓展区两个区域。园区集聚了一批龙头企业和威海市产业技术研究院、工业和信息化部电子信息技术综合研究中心等一批高端研发平台。建设发展区内聚集新北洋、海富光子、远航科技、信诺威等企业40多家，产业规模达到150亿元，在信息安全、大功率光纤激光器、磁惯导AGV等领域进入全国乃至世界前列；OA电子科技产业园（原北洋电子产业园）腾笼换鸟，签约入驻立之达、创瑞电子、菱江新材料等新项目，总投资15亿元。

科技创新园　总面积10平方千米，汇聚威海职业学院、山东交通学院、山东药品食品职业学院等高校。36万平方米的国家（威海）创新中心已完成建设并部分投入使用，24万平方米的工业和信息化部电子信息技术综合研究中心投入使用，建有国内最先进的电子信息产品实验检测中心。

【产业技术创新战略联盟构建】　2022年，全区建有碳纤维及复合材料、医疗器械、纺织服装新材料3个产业技术创新战略联盟。"1+4+N"区域协同创新体系进一步完善，以威海市产业技术研究院（威海郭永怀高等技术研究院）为龙头，建立市场化运营的实体公司，设立10亿元专项基金，成立2支子基金，推动区域创新体系建设。整合工业和信息化部电子信息技术综合研究中心、哈工大威海创新创业园、山东大学威海工业技术研究院、高端医疗器械技术创新中心四大平台资源。截至2022年底，"1+4+N"创新平台体系共纳入平台25家，延伸设立各类创新机构157家，其中，与企业共建研发中心43家，17家入选省级新型研发机构，占全市入选省级新型研发机构数的57%，全市9家省级优秀新型研发机构均来自"1+4+N"创新平台体系，每家获得100万元绩效奖励。建立健全"技术需求、平台成果、人才专家、共享仪器"4个数据库，汇集企业技术需求212项、平台科技成果313项，专家人才库精准纳入细分领域专家79人，在公共服务平台发布共享设备仪器115台，为企业科技创新做好服务支撑。推动产研精准对接，以产业发展所急所需为导向，聚焦企业需求"点"，常态化、精准化开展平台走进企业、企业走进平台"双走进"活动600余次，促成合作35项。聚焦重点产业集群，深化打造省高端医疗器械创新创业共同体，新争取省级专项扶持资金800万元。共同体吸纳行业企业99家，汇聚公共创新服务平台12个，孵化企业22家，梳理制约产业发展关键技术77项，组织开展关键核心技术攻关63项，其中，21个项目实现产业化，10多种产品打破国外垄断。

【创新型（试点）企业培育】 2022年，累计入库国家科技型中小企业507家，同比增长近30%；推荐156家企业申报高企，其中，首次申报134家，年内净增高新技术企业80家，总量突破330家，2019年以来，年均增长55%以上；入围科技领军企业6家、科技小巨人企业11家，入围总数占全市1/3；5个项目入选省科技型中小企业创新能力提升工程；77家企业参加省中小微企业创新竞技行动计划，4家企业入围国赛。全区现有国家制造业单项冠军15家、省级瞪羚企业18家、省级专精特新企业65家。

【技术创新服务平台建设】 威海先进医用材料与高端医疗器械山东省实验室获批并落户威海高新区；获批市级重点实验室8家、市级工程技术研究中心8家；哈工大（威海）创新创业园、山东大学威海工业技术研究院（以下简称山大威海工研院）、工业和信息化部威海电子信息技术综合研究中心获评省级优秀新型研发机构；蓝海工业互联网平台入选国家级"双跨"平台；威海神舟信息技术研究院获批国家中小企业公共服务示范平台。截至2022年底，全区拥有工程实验室、企业技术中心、工业设计中心、工程技术研究中心等国家级研发创新平台9家、省级研发创新平台102家、市级研发创新平台153家。强化创新创业政策服务，引育优质科技企业，为高企培育提供源头活水，年内华田智能装备孵化器获批国家级科技企业孵化器，累计建成国家级孵化载体9家，总孵化面积突破100万平方米，在孵企业超过1000家。

【重大项目进展选介】

哈工大（威海）创新创业园 由威海市人民政府、威海火炬高技术产业开发区管委、哈尔滨工业大学（简称哈工大）共同创办，依托哈工大"一校三区"人才与科技创新优势，聚焦山东省海洋强省和威海市精致城市建设，着重发展信息技术、海洋工程、装备制造、新材料、新能源、海洋生物及环境化工等技术产业领域，成立了以院士和首席科学家为核心的产业技术研究院11家，孵化高科技公司和创客团队40余家，促进130多个技术领先的产品投入市场，2022年，企业合同额达11.12亿元。累计获得山东省科技企业孵化器、山东省大学科技园、山东省新型研发机构、国家科技型中小企业、山东省创客之家、山东省科普教育基地等20余个称号。园区新培育省级研发平台1家、市级研发平台5家，4家省级新型研发机构获评优秀等次；园区拥有省级研发平台9家、市级平台15家，集聚各类人才600多名，其中，吸引6名院士、3名国家杰青等加盟，9名入选泰山领军人才。

山东大学威海工业技术研究院 由威海市人民政府、威海火炬高技术产业开发区管委与山东大学（威海）共同创办，自成立以来，坚持"立足威海、服务山东、面向全国"原则，全面构建"1平台+1基金+N中心+N实体公司"科研布局，不断提升平台服务能力，推动科技成果转化落地。"1平台"以新材料、智能制造和电子信息三大板块为主攻方向，以项目需求为牵引，形成"储备技术服务企业—成果研发—成果转移转化—成果产业化"的"四步走"模式，打造"基础研究、应用研究、工程化和产业化"一条龙式科技服务平台。"1基金"为推动高新技术项目快速孵化成科技企业，实现科技成果产业化，对接海内外优秀投资基金，采取市场化运作手段，充分引进社会资本，建设政府产业引导基金，放大政府引导基金效应，提高成果转化效率。"N中心"成立山东医疗器械工程技术研究中心，军民结合创新工程技术研究中心等11个工程中心，推动山东大学优势资源向威海七大产业集群集聚，为产业链"延链、补链、强链"提供人才、技术支撑。"N实体公司"以山大威海工研院为依托，推动优质项目产业化，聚焦新材料、智能制造和电子信息3大产业板块，累计引进院士2人，国家级、省级领军人才12人，硕士以上人才88人，孵化科技企业17家，签订技术开发及技术服务项目48项。

【科技人才管理（含创新人才和创新团队的培育和引进）】 2022年，新增国家级科技人才8人、泰山系列人才9人，创历史最好成绩。截至2022年底，威海高新区拥有市级以上重点人才工程专家272人，包括全职国家级特聘专家9人、齐鲁杰出人才提名奖获得者2人、泰山系列人才52人、威海市产业工程特聘专家38人、国家省市级有突出贡献中青年专家33人、山东省海外工程师9人。

（威海火炬高技术产业开发区　闫庆波）

莱芜高新技术产业开发区

【概述】 莱芜高新技术产业开发区（以下简称莱芜高新区），2020年9月，组建了新的莱芜高新区，整合重组后莱芜高新区规划面积和实际管辖面积均为116平方千米，人口30万人，不再代管街道（乡镇）。莱芜高新区坚持"生态立区、工业强区、创新兴区"不动摇，集聚形成以高端装备与智能制造、不锈钢先进材料、生物医药为主导的现代产业体系，着力打造两个千亿级、一个百亿级产业集群。其中，智能装备制造产业入选全国43个创新型产业集群试点（培育），成为全省4个入选产业集群之一。莱芜高新区初步形成了以科技创新为引领，智能制造与高端装备、生物医药、先进材料三大产业为支柱的"1+3"产业体系。规模以上工业企业193家、高新技术企业221家，培育国家级专精特新"小巨人"企业7家，获评省级以上专精特新企业52家、省瞪羚企业21家，2家企业上榜"2022中国企业500强"，山东朗进科技股份有限公司（以下简称朗进科技）在深交所创业板上市。2022年，实现高新技术产业产值105.39亿元，占规模以上工业总产值的20.15%。

【科技计划项目与经费】 莱芜高新区加大省重大关键技术攻关项目摸排力度，先后多次召开培训会议宣讲科技项目申报政策，累计征集35个重大关键技术攻关项目需求。国家级层面，5家企业获批中央引导地方科技发展资金项目，争取资金500万元。省级层面，7家企业入围省创新竞技行动大赛；23家企业立项科技型中小企业创新能力提升工程项目，争取资金1190万元；深入推进不锈钢产业链发展，《济南日报》对此给予专题报道，先进材料（不锈钢）高端装备智能制造产业园一期项目和水发华烨集团的不锈钢管道及智能供水系统研发应用项目入选山东省新旧动能转换优选项目。市级层面，2家企业项目需求入选济南市揭榜挂帅项目榜单，争取资金200万元（全市共14个）；1家企业获批社会民生领域项目；5家企业获批市重大创新产品备案。

【科技成果与奖励】

高新技术企业集群 2022年，实施高企"倍增计划"，按照"小升高""规升高"梯队，分类指导、梯度培育。共调研摸排了企业110余家申报高企，多次举办高企申报培训会、专家预评审会，建立专家预审机制，全面提升高企申报质量。引导鼓励企业加大科技研发投入，加强自主创新，提升核心竞争力，高新技术企业总数达到221家，国家科技型中小企业实现入库255家。

研发平台 引导企业与高校院所开展科技合作，山东济世药业有限公司省级院士工作站成功备案，山东金铸基药业有限公司顺利通过济南市院士工作备案；重点推进宏葵医学检验实验室、一品农业、泰钢集团等企业申报省级创新平台，经现场评价、实地调研等程序，一品农业被认定为省级技术创新中心，宏葵医学检验实验室被认定为省级新型研发机构，2022年，新增省级科技创新平台2家；全区新增市级重点实验室5家。帮助汶河新材料等12家企业知识产权质押融资约4亿元；泰钢集团、朗进科技等2家企业新入选国家知识产权优势企业，汇金股份、黑旋风锯业等4家企业顺利通过国家知识产权优势企业复审；新甫冠龙"一件土工膜喷糙设备及喷头"被评为山东省专利奖二等奖。

【知识产权管理】 2022年，企业有效发明专利拥有量达到750件，较去年增长59.2%；汇金股份一种耐低温冲击高强度铸态球墨铸铁及其生产方法获得国际发明专利授权；企业主导制定国际标准继续取得新突破，花王集团主导制定的《烟花爆竹 特定化学物质的检测方法 第11部分：磷含量测定 电感耦合等离子体原子发射光谱法》国际标准已于2022年7月13日发布；汇金股份、泰山钢铁等4企业参与制定国家标准5项，山东莱芜煤矿机械有限公司、山东莱威新材料有限公司主导参与制定行业标准3项，均已发布实施。通过调查问卷及实地调研的方式，对园区内150家企业的知识产权、标准、实验室等工作进行了解，及时掌握企业在专利保护运用、标准参与制定、实验室申报验收等工作中的困难及诉求，形成调研台账，进行分析研判，提出解决方案。对企业反映的共性问题，开展线上线下各类培训，通过专家授课、案例解析、交流互动的方式，让企业充分了解知识产权质押融资、高价值发明专利挖掘、专利快审、标准体系建立、标准化工作改革修订等方面的业务。2022年，举办知识产权、标准化专题培训8次，培训企业260余家次。

【科技合作与交流】 发挥科技孵化器（众创空间）功

能特色、龙头企业科技创新主体作用，推动各类创新平台建设，济南广播电视台专题报道了有关做法。加快创新平台建设。省级层面，新增省级创新平台6家，完成目标任务的600%，其中山东一品农产集团申报的山东省调味蔬菜技术创新中心成功获批建设山东省技术创新中心，全市仅有5家企业获批建设，实现历史性突破。市级层面，新增市级众创空间1家、市级重点实验室6家；推荐禾宝药业设立济南市中植国方中药研究院。区级层面，批准莱威新材料成立莱芜新材料研究院。加强涉农平台建设。推动山东一品农产集团与山东农业大学共建校企合作育人基地；指导7家特派员示范基地顺利通过验收，新增科技特派员示范基地1家。新备案省级院士工作站1家，吸引高校科研院所在我区设立研发和成果转移转化机构1家，成功推荐2家企业申报山东省科学技术进步奖。

【科技改革与管理】 出台了《莱芜高新区关于促进科技创新发展的若干措施》《关于加快推进高层次人才引育工作的若干措施（试行）》等政策，强化科技自主创新，搭建创新平台，引进培育高层次人才。区内现有高新技术企业221家，国家级科技企业孵化器1家、国家级众创空间1家，其中，众创空间已入驻孵化山东池源网络科技公司、山东禹锡燎原信息科技有限公司、上海昊讯网络科技公司等苗圃创客项目21个；现有院士工作站4家；省级以上企业技术中心、重点实验室、工程技术研究中心等创新平台76个；市级创新平台193个。有市级以上高层次人才105人，其中，院士9人、省级重点人才工程专家33人；高新区被认定为省级专家服务基地，成功入选全国第二批46家国家高新区创新积分制试点单位。

【战略性高新技术产业发展】 莱芜高新区构建了以科技创新为引领，高端装备智能制造、医药化工和先进材料等三大主导产业的"1+3"现代产业体系。全区现有规模以上工业企业169家，市级以上专精特新企业91家、国家级专精特新"小巨人"8家，市级以上瞪羚企业24家，省单项冠军企业6家，国家级单项冠军企业2家，朗进科技在深交板上市，"新三板"和齐鲁股权交易中心上市挂牌企业18家。

智能制造与高端装备产业 集群入选全国2021年度创新型产业集群试点（培育），成为全省4个入选产业集群之一。该产业已集聚规模以上企业48家，其中，专精特新企业26家，瞪羚企业12家，"一企一技术"研发中心企业19家，单项冠军5家，企业技术中心21家，工程实验室13家，工程研究中心12家，工业设计中心17家，重点实验室3家。拥有中国重汽、凯傲叉车、朗进科技、泰莱电气、威马泵业、奔速电梯、九佳紧固件、力创科技、朗进科技等众多骨干企业。

生物医药化工产业 是全市"双核引领、双谷呼应"产业格局的重要组成部分，已集聚企业30家，拥有专精特新企业8家，瞪羚企业5家，"一企一技术"研发中心企业6家，企业技术中心5家，工程实验室5家，工程研究中心4家，重点实验室1家。珅诺基药业研发的阿可拉定获批上市，实现全市一类创新药"零"的突破；济世药业研发的国家原创一类新药丹酚酸A片，已进入二期临床；泰禾生化柠檬酸产品出口80个国家和地区，占领欧洲70%的市场份额。

先进材料产业 主要包括不锈钢、特种纤维、粉末冶金等先进材料，拥有泰山钢铁、莱威新材料、爱地高分子等规模以上工业企业6家。泰山钢铁蝉联"中国企业500强"，泰钢不锈钢制品产业基地启动建设，400系不锈钢占据全国25%的市场份额，口镇化工助剂产业园是全市3个化工专业园区之一，莱威新材料超高分子量聚乙烯纤维制造技术打破国外技术垄断。

【创新型科技园区建设】 增强园区平台创新力，实现特色优势产业跨越式发展。高创中心于2016年12月、2019年10月分别被认定为国家级科技企业孵化器和泉城市级科技企业孵化器，2022年12月28日，科技部火炬中心公布的国家级科技企业孵化器评价结果中，高创中心连续两年获评良好（B类）等级。中心成立以来把高企培育摆在突出的位置，按照"小微企业—科技型中小企业—高新技术企业"梯次培育机制，形成了"储备一批、培育一批、申报一批"的良好态势。注重小微企业储备。强化"创新幼苗"企业培训，加强知识产权申报辅导，截至2022年底，56家在孵企业中拥有自主知识产权的企业33家，各类知识产权共计374项，为培育科技型中小企业储备后备力量。提高入库占比。持续强化服务力度，不断拓宽科技型中小企业成长渠道，全力促进29家中小企业申报入库，入库占比由31%提高至49%，为高企培育奠定坚实基础。精准培育高企。按照"定目标""定专人""定时间""定任务"的四定原则，对成长性较好的科技型中小企业进行精准培育，累计培育高企19家，其中，近三年新增高企10家（2020年1家，2021年6家，2022年3家）；通过优化完善科技创新链条，莱芜高新区逐步形成了"众创空间—孵化器—加速器—产业园区"的孵化体系，众创空间给孵化器提供好"种源"。莱芜高新区众创空间自运营以来，入驻并成功孵化了山东脚印网络科技股份有限公司、山东池源网络科技有限公司等项目21个，举办风投路演、创业导师服务等各类活动60余次。孵化器为高新园区输送好"项目"。高创中心自运营至今，已累计毕业30家企业，其中包含15家高新技术企业。

【创新型（试点）企业培育】 山东金铸基药业有限公

司分公司莱芜高新区广元药业科技有限公司凭借"噬菌体基因"项目,荣获2022年度全国颠覆性技术创新大赛领域赛优胜奖和2022年度全国颠覆性技术创新大赛总决赛优胜奖。项目"噬菌体基因编辑及其协同防治超级细菌感染新技术",针对超级细菌的流行暴发、溶原性噬菌体介导致病性、抗药性"菌变而药不变且种类有限"的本质缺陷,抓住噬菌体既能以溶原性噬菌体寄生病原菌稳定遗传致病,也能直接裂解病原菌这一生态优势,以病原菌的天敌噬菌体破解病原菌这一颠覆性思路,强化流行病学监测追踪超级细菌,着力系统挖掘、改进噬菌体活体药物,以噬菌体联合抗生素、疫苗、中药协同抗菌,减少抗生素使用量,降低抗药性,进而变革动物保健品格局缺陷和静态化管理对生物医药的不适应性,该项技术为推动企业减抗、降抗新产品研究开发具有重要引领作用,对畜禽养殖行业的绿色健康发展也具有重要意义。

【技术创新服务平台建设】 推进各类科技创业服务平台建设,将科技服务业纳入"十四五"发展规划,不断完善全区科技创业服务功能,努力提升服务水平和服务质量。截至2022年底,全区拥有各类科技型服务企业27家,为全区企业提供高企申报、创新平台建设、知识产权转让等各类科技服务。积极为企业提供咨询、培训服务。科技服务企业为全区中小型科技企业提供技术支撑和产品检测、标准制定等服务,同时高新区也通过服务企业邀请专家为相关企业开展高新技术企业申报、科技型中小企业申报及各类创新平台的培训。已累计帮助培育高企50余家、科技中小企业70余家,帮助开展申报各类创新平台5个,为提升我区科技创新水平做出了贡献。推动数字化转型工作。通过沟通、配合与扶持,用好科技服务企业,与企业间的通力合作。例如,组织黑旋风锯业申报智能制造试点项目,为促进经济社会科技事业发展起到支撑作用。自主创新,促进科技兴企。以知识产权工作为抓手,以提高专利申请量为目标,促进企业自主创新能力的增强;加强产学研结合,引进中介服务机构。与高等院校、科研院所建立合作关系,在扶持科技型企业方面提供强大的人才、技术、项目支持;加大企业与高等院校、科研院所产学研合作力度,整合各项资源,建立产学研相结合的创新平台,实现优势互补、良性互动;构筑以市场为导向、企业为主体、产学研结合的技术创新体系。

【重大项目进展选介】

山东重工绿色智造产业城建设 发挥省市对山东重工(济南莱芜)绿色智造产业城项目的支持力度,加强项目工作对接和信息沟通,促进项目顺利推进。依托山东重工、德国凯傲集团等龙头企业,重点推动智能网联(新能源)重卡项目一期生产线和二期物流中心、智能叉车项目、大型挖掘机项目等引领性项目建设。加快推进国内和国际配套园区等项目建设,促进常州曙光车业、江苏环球洪浩车业等首批16家签约配套企业落地。开展共享中心、智能网联试验场、职工公寓等基础设施配套建设,完善水、电、气、暖、路、美化、亮化、绿化等公共服务配套,逐步健全完善商务、文化、休闲等服务功能,打造"产业、科技、城市、生态、人文"和谐共生的现代化新城。中国重汽智能网联重卡项目由中国重汽集团投资建设,总占地面积3106亩,计划总投资87亿元,全部建成达产后,预计年生产重型卡车16万辆,年实现销售收入570亿元,缴纳税金16亿元。其中,一期项目占地面积1369亩。德国凯傲集团智能叉车项目由世界领先的仓储物流领域整体解决方案提供商、世界第二的工业叉车制造商德国凯傲集团投资建设,项目占地328亩,计划投资2亿欧元,建成达产后,预计年产高端新能源叉车4万台,年实现销售收入35亿元。已完成建设,实现生产各型叉车2000余辆。

中关村信息谷智能制造产业园建设 推进智能制造产业园一期工业厂房、综合配套楼建设。依托中关村信息谷公司,围绕入驻企业发展生命周期,构建涵盖基础服务、增值服务、技术服务等领域的产业园区运营服务体系。与中关村信息谷创新示范基地协作,承接优质企业和项目资源,吸引其入驻产业园进行孵化和加速。围绕入驻企业创新发展需求,联合相关服务机构搭建智能制造公共技术服务平台,为园区企业提供共性技术攻关、检验检测、人员培训等公共服务,打造成集研发、办公、孵化、生产、培训、展示于一体、国内领先的智能制造产业聚集区。中关村信息谷创新示范基地项目总用地面积约466亩,建筑面积24万平方米,总投资额13.5亿元。一期为智能制造产业园项目,占地227.3亩。项目总体计划引进不少于70家高端智能制造项目落地,达产后可实现年产值不少于50亿元,利税5亿元。依托中关村信息谷公司,广泛连接京津地区企业、优质项目和人才团队,打造莱芜高新区连接京津优质资源的前哨站。推进山东金孚瑞供热工程项目、华驰动能飞轮储能项目、山东首嘉智能装备制造项目、山东浩歌智能脉冲强光杀菌机器人及智能透药设备研发生产项目、宫城师——智能制造装备研制与服务平台项目等项目落地投产。以中关村信息谷公司为依托,围绕入驻企业发展生命周期,构建涵盖政务服务、金融服务、人才服务、推广服务、科技服务等领域的产业园区运营服务体系。

【科技人才管理(含创新人才和创新团队的培育和引进)】 聚焦"急需紧缺"全力"引"。围绕本地产业发展,探索采取技术入股、外专项目申报、技术合作开发等多种灵活方式,想方设法让更多高素质人才到高新区发展,以人才的"智高点"抢占产业"制高点"，全年力争引进外国专家5名，科技人才创办企业实现新突破。聚焦"提升才干"重点"育"。省级以上层面，组织企业提前做好项目储备，加强与企业的联系，及时跟进服务，攻坚高层次人才申报，力争全年获批2名省级以上人才。市级层面，调研5年内的优秀创业企业，对其从知识产权、股权架构、财务数据、社会贡献等方面进行综合性辅导，同时鼓励区内重点企业加强科技研发、成果转化，组建创新团队，争取全年获批"海右名家"产业领军人才2人以上。区级层面，吸引和帮助参加济南市各项创业大赛的获奖项目落地高新区，通过区级人才政策扶持，培育企业发展，成长为泉城创业企业。

【亮点工作】 企业创新积分制试点工作成效显著，自2021年11月莱芜高新区成功入选全国企业创新积分制第二批试点单位以来，结合高新区实际情况，策划企业创新积分制指标体系，《莱芜高新区企业创新积分制试点工作方案》经科技部火炬中心政策协调处审核通过，制定实施《莱芜高新区企业创新积分管理实施办法（试行）》；完成莱芜高新区企业创新积分制信息平台（1.0版）设计，2020年度和2021年度区内企业积分数据录入，652家积分企业中，60分及以上企业共11家，40～59分企业共40家，20～39分企业共142家，根据企业得分画像进行针对性指导提升；与建行签订"建行惠懂你"合作协议，建设"创业者港湾"项目，累计为60家科创企业发放贷款近1.1亿元。

（莱芜高新技术产业开发区 张伟杰）

临沂高新技术产业开发区

【概述】 2022年，临沂高新技术产业开发区（以下简称临沂高新区）实现地区生产总值252亿元、增幅7%，实现工业总产值975亿元、增幅5%，全社会研发经费占比2.95%，净增高企55家、总量达到204家，科技创新助推经济社会高质量发展的战略支撑能力显著提升。

【科技计划项目与经费】 2022年，临沂高新区共申报市级以上科技计划项目50余项，获得立项23项，其中，省级17项、市级6项，获资金扶持7400余万元。2家企业获批省科技股权投资项目，6个单位获批中央引导地方科技发展资金项目，9家企业获批科技型中小企业创新能力提升工程项目，6家企业获批市级重点研发计划项目。3家企业获批省级创新券补助34.25万元，49家企业获批省中小微企业升级高新技术企业财政补助资金490万元，66家企业获批省企业研究开发财政补助资金686.38万元。12家企业获得科技成果转化贷款6790万元。

【科技成果与奖励】 2022年，临沂高新区有41项成果通过市级科技成果评价；临沂技术市场协会申报并获批"临沂市技术人才基地""临沂市科技成果评价试点单位"；组织全区两批10人次参加全市技术经纪人培训，并顺利完成全部培训内容，获培训合格证书，为培育高水平的科技成果转移转化服务队伍，加快完善我区技术转移体系建设增添动力。做好技术合同登记服务工作，累计备案技术合同67项，合同成交额2.15亿元，技术交易额3329.31万元，技术合同成交额及交易额均创历年新高。

【知识产权管理】 2022年，新增发明专利1296件，累计发明专利拥有量为2596件，同比增长99.69%，每万人有效发明专利拥有量为21.1件。临沂科技创业园成功申报2021年度省级专利转移转化项目、2022年度省级专利导航项目，龙湖软件园成功申报2022年度省级知识产权保护站项目，中拓生物有限公司等6家企业成功申报2022年度临沂市专利奖，山东春光磁电科技有限公司成功申报2022年度临沂市专利导航项目，35家企业获2021年度临沂市高价值专利创造资助奖励；通过建立政府、银行、企业三方联动工作机制，合力推进高价值专利培育工作，先后与建设银行高新支行、工商银行罗庄支行、罗庄农商行等多家银行建立对接沟通机制，7家企业成功申报知识产权质押融资，融资金额共3680万元；开展"4·26"世界知识产权宣传周活动，通过悬挂主题条幅、现场咨询问答、发放知识产权宣传手册等形式开展知识产权宣传；开展知识产权培训活动，宣传知识产权申请、质押融资等政策，切实提高企业对知识产权创造、运用、管理、保护意识。

【科技合作与交流】 2022年，临沂高新区先后与上海印刷高等专科学校、临沂科技职业学院建立战略合作关系；定期征集企业技术需求，建立企业技术需求库，通过组织产学研对接活动、面向社会征集攻关单位、

"揭榜挂帅"等方式，搭建企业、高校、院所"连心桥"，有效破解企业技术难题；征集企业技术需求27项，发布山东大学、山东师范大学、天津大学、江苏大学等10余所高校科技成果，促成企业、高校、院所签订产学研合作协议28项，转化科技成果41项，突破关键技术难题14项；山东卫康生物科技有限公司与中国科学院海洋研究所、山东龙立电子有限公司与西北机电工程研究所、临沂欧科节能有限公司与北京大学、临沂高新区鸿图电子有限公司与山东省科学院自动化研究所等在成果转化、项目研发方面开展合作。

【战略性高新技术产业发展】 围绕主导产业"建链、补链、延链、强链"，先后引进创维、金域医学、中科天问等科技项目50余个，壮大提升了主导产业的集群规模和发展质量。电子元器件产业，获批国家级创新型产业集群试点、国家级电子元器件火炬特色产业基地，入选省"十强"产业"雁阵形"集群、省级战略性新兴产业集群，集聚了100余家磁性材料及电子元器件研发制造企业，拥有57个市级以上创新平台，约占全区平台总量的1/4，年产值达到60亿元。医养健康产业，现有企业48家，包括化学西药、生物制药、中药饮片、医疗器械、保健食品等产品，建有山东省医用诊断试剂技术创新中心、山东省壳寡糖工程技术研究中心等医养健康创新平台33个，其中省级以上平台9个、市级平台24个。行业实现销售收入40.3亿元，税收6100万元。其中，山东爱舒乐卫生用品有限公司是全球一流的成人失禁卫生护理用品、成人一次性卫生护理用品研发、制造商，企业实现产值7.6亿元，税收1473万元。信息技术产业作为临沂高新区特色产业，拥有相关企业216家，拥有省级数字经济园区2家，累计培育出高新技术企业41家，科技中小企业入库企业76家，拥有市级以上各类创新平台39个，各类涉软知识产权12000余件，市级以上大数据重点企业占全市70%以上，相继培育阿帕数字技术有限公司、山东慧创信息科技有限公司等大数据应用骨干企业14家，构建起较为完整的软件和信息技术服务产业链条。

【创新型企业培育】 建立"科技型中小企业—高新技术企业—科技领军企业"链式培育路线，区级高新技术企业培育库入库企业76家，净增高新技术企业55家，总量达到204家，居全市第2位；2022年，国家入库科技型中小企业净增15家，总数达到216家，居全市第2位；获专精特新"小巨人"企业2家，总量达到5家，获批省瞪羚企业5家；新增省级专精特新企业17家，总量达到29家。山东中瑞电子股份有限公司获批市2022年度工业互联网标杆企业，山东龙湖信息产业集团、阿帕数字技术有限公司项目入选省数字经济重点项目。

【技术创新服务平台建设】 2022年，临沂高新区获批市级以上创新平台26个，其中，国家级2个、省级14个、市级13个。龙湖软件园升级为国家级科技企业孵化器、获批国家小型微型企业创业创新示范基地，"临沂科技创业园科技企业孵化链条"获得首批省级科技企业孵化链条试点建设。临沂高新区获批建设临沂山东省大学科技园。依托山东春光磁电科技有限公司获批建设山东省磁性材料技术创新中心，阿帕数字技术有限公司省级新型研发机构获评优秀等级。全年共获批省级"一企一技术"研发中心2家、省级工业设计中心2家、省级企业技术中心2家。

【重大项目进展选介】

创维高清智能显示终端项目 创维新一代信息技术高清智能显示终端项目，由深圳创维智慧科技有限公司投资建设。2021年4月29日，在深圳签约，总投资12亿元，项目分两期建设，一期投资5亿元，使用标准化车间1.75万平方米，主要开发生产高清显示屏、会议一体机、智慧教学屏等超高清智能终端产品，项目引进行业最先进的日本雅马哈全自动贴片机、韩国美陆光学检测仪等设备，采用业界最先进的SMT表面贴装、无尘LED背光、5G+智能视觉检测技术，生产工艺国内领先。一期全部投产后，可年产各类超高清终端产品10万台，年产值8亿元，年税收3000万元。二期计划投资7亿元，占地约200亩，主要建设研发智造中心、物流配送中心、区域结算中心和售后服务中心，打造创维北方生产基地。

中科天问光伏组件项目 该项目由中科天问（临沂）科技有限公司投资建设，于2022年9月7日签约，9月15日开工建设，计划总投资18亿元，规划建设2400MW（兆瓦）以上太阳能组件全自动化生产线、太阳能光伏发电组件及配套原材料生产线。其中一期工程计划投资5.18亿元，建设2条600MW光伏组件生产线，设计总产能1200MW/年，预计2023年2月上旬投入生产，预计完成产值8亿元，税收3200万元，提供就业岗位200余个。二期项目计划征地300亩，建设光伏智能制造产业园，计划于2023年下半年启动，主要是建设边框型材、线盒注塑、玻璃、支架、逆变器等部件成套组装及配套原材料生产线。

【科技人才管理】 2022年，新增硕士、大学生等就业人员超3500人，入选市级以上人才17人，自主培育国家级重点人才1人、省重点人才工程4人；推进省大学科技园"产业＋学科"合作，与5家高校一批专家资源建立联系；依托省磁性材料技术创新中心，与中国计量大学等5家高校合作，引进高层次人才12人；依托博士后平台，与青岛科技大学等4所高校联合培养博士后4人，开发科研助理岗位和引进应届毕业生379人、任务完成率126%，壮大了专业技术人才队伍，育才、用才、留才工作始终稳居临沂市第一方阵。举办中国创新挑战赛（山东临沂）。以"揭榜比拼"方式，面向社会发布技术需求142项，匹配专家500人次，对接专家200人次，征集解决方案60余项，开展40余场企业专场对接活动，达成产学研意向合作46项，意向合作金额1亿余元。成立人才协会信息通信技术产业专委会，与青岛理工大学临沂校区、临沂大学物理与电子工程学院签约，依托省技术创新中心，与中国计量大学、电子科技大学等开展产学研合作，引进产业人才37人。依托博士后工作站平台，与电子科技大学、哈尔滨理工大学等联合培养博士后3人。与临沂职业学院共建龙湖软件学院、与临沂科技职业学院共建教学科研实践基地，与华夏源细胞集团共建诺贝尔工作站，与临沂大学举办"书圣故里 群贤毕至"高层次人才云端论坛，举办各类人才交流活动10余场。

（临沂高新技术产业开发区　唐信胜）

德州高新技术产业开发区

【概述】 德州高新技术产业开发区（以下简称德州高新区），2022年11月，获批建设省级生态工业园区；2022年，德州高新区实现地区生产总值78.49亿元，同比增长6.3%；工业总产值274.3亿元，同比增长5.2%；高新技术产业产值占规模以上工业总产值的比重为52.45%。

【科技计划项目与经费】 2022年，争取国家省市各级各类科技计划项目9项，到位各类科技奖补资金共3083万元。其中，国家重点研发计划2项——百龙创园"大宗油料加工副产物综合利用关键技术及新产品创制"项目，禹王生态"食品关键配料生物制造技术研究及应用示范"项目；中央引导地方资金项目2项；省级重点科研项目5项——省重大科技创新工程项目1项（禹王生态"大豆蛋白加工关键技术研发及新产品创制"项目）、省科技型企业创新能力提升工程项目4项。百龙创园高品质功能糖制备与功能食品产业化开发项目入选省新旧动能转换重大产业攻关项目。前期获批的9项省重大创新工程项目均通过2021年度绩效评价。

【科技成果与奖励】 2022年，通裕重工入选先进制造与自动化技术领域省科技领军企业；保龄宝生物入选生物与新医药技术领域省科技领军企业；禹王生态食业"大豆蛋白高效增值制造关键技术创新与应用"项目获省科学技术进步奖二等奖；福航环保、禹王制药、禹王生态、迈特力重机、兴达化工入选省首批科技"小巨人"企业。技术合同登记额达到8.2亿元，享受免退税额达5985万元。

【知识产权管理】 2022年，新增有效发明专利337件，累计拥有发明专利总量达到648件；注册商标总量稳步提升，商标申请1100件、注册1080件，有效商标注册量6728件，增长18.4%。新增国家知识产权示范企业1家、国家知识产权优势企业3家，累计拥有现有国家知识产权示范企业2家，国家知识产权优势企业9家。知识产权质押融资达3.52亿元，其中，专利质押融资1.72亿元、商标质押融资1.8亿元。全年获省市奖补资金近200万元。

【科技合作与交流】 举办第三届创新创业大赛，放宽青年人才参赛条件，支持省农科院青年获奖人才在禹转化成果。举办第十届职业技能大赛，遴选24名优秀青年技能人才进行重点培育。与山东大学签订《共建山东大学国家大学科技园禹城分园深化合作协议》，建成山东大学禹城热电节能降碳技术联合实验室、山东大学与山东微焓科技有限公司共建的飞行器热控制智能仿真及新能源技术联合实验室等实体平台。与吉林大学汽车工程学院共建新能源汽车产业技术研究院，完善整车产业链、协同创新链、高端价值链。

【科技改革与管理】 实施创新驱动发展战略，配合起草《关于打造科技创新"升级版"，促进高质量发展的实施意见》，重点对高新区、高新技术企业、新型研发机构、人才飞地、科技奖励补助等5个方面进行了修改完善。召开科技人才工作大会，发放奖补资金近3000万元。

【战略性高新技术产业发展】 德州高新区聚焦医养健康、高端装备、新能源新材料三大主导产业及绿色化工、电子信息、现代物流等其他战略性新兴产业，发展形成"3+X"产业体系。立足打造全域园区体系、融入区域发展战略、推进重点项目建设三大主线，以强有力的产业链招商推动产业集聚。

医养健康产业　重点依托保龄宝生物股份有限公司、山东百龙创园生物科技股份有限公司、山东禹王生态食业有限公司、东君乳业（禹城）有限公司、山东艾兰药业有限公司，形成功能糖、大豆蛋白、海洋保健品、食品馅料、健康调味料、绿色食品六大特色营养健康产业，拥有玉米深加工、豆类深加工、乳制品加工全产业链。

高端装备产业　以通裕重工股份有限公司、山东迈特力重机有限公司、山东德州恒特重工有限公司、山东福航新能源环保股份有限公司等为龙头，以高效节能及环保装备制造为发展方向，大力发展节能环保产业，初步形成了风电装备、环保装备、大重型锻压机械产品及大型数控机床、球墨铸铁管及大型铸造件、农用机械、停车设备等高端装备制造产业集群。

新能源新材料产业　以山东军钛金属材料有限公司、山东国晶新材料有限公司、禹城市惠福新能源有限公司为依托，含生物质、污泥、垃圾、风力、光伏、沼气六大绿色供能板块及硬质合金、钛合金、航天用高温涂层材料等，涵盖太阳能、生物质能、新能源汽车、高端金属结构材料、高性能复合材料、先进高分子材料、特种金属功能材料、前沿新材料、木材深加工等领域。

【战略性高新技术产业联盟】　为大力发展大豆产业，成立国家大豆产业技术体系协办的国家大豆精深加工产业科技创新联盟。联盟由山东禹王生态食业有限公司牵头筹建，中国农业科学院农产品加工研究所、中国农业科学院作物研究所、中国农业大学食品科学与营养工程学院、江南大学食品学院、北大荒农垦集团黑龙江尖山农场有限公司、山东嘉华生物科技股份有限公司等45家龙头企业和科研机构共同创立。联盟以"中国大豆"民族品牌为旗帜，秉承"凝聚整合全球、全国资源，振兴中国大豆产业"的宗旨，紧密围绕国家乡村产业振兴战略需求和市场需要，致力于以全链条科技创新推动产业发展。

【创新型企业培育】　实施科技型中小企业创新能力提升工程，开展高企一对一服务，完善高企梯次培育库，2022年，认定科技型中小企业90家，推荐申报高新技术企业39家，31家申报高新技术企业的单位列入公示名单，通过率近80%，年度新增申报并获批高新技术企业23家。截至2022年底，高新技术企业总数达60家。

【技术创新服务平台建设】　2022年，德州高新区获批国家级博士后科研工作站1家；认定省博士后创新实践基地1家；省一企一技术研发中心、工业设计中心2家；市级企业技术中心、工程研究中心、一企一技术研发中心、工业设计中心9家。

【科技人才管理】　面向全国推广大豆玉米带状复合种植"禹城模式"，组建四川农业大学、山东农业大学、德州农科院3个专家团队，带动培养一批农业领域青年科技人才，让人才把"论文"写到了大地上；新建山东大学禹城热电节能降碳技术联合实验室、山东大学—微焓科技联合实验室、济南大学智能材料与工程研究院禹城分院等创新平台，吸引山东大学热科学与工程研究中心等高校专家开展项目攻关；建成科技创新创业园、广博生物孵化器等孵化平台，累计培育创业类泰山产业领军人才5人、新型研发机构4家、高新技术企业5家。

（德州高新技术产业开发区　纪战军）

东营高新技术产业开发区

【概述】　2022年，东营高新技术产业开发区（以下简称东营高新区）实现地区生产总值763.7亿元、规模以上工业企业营业收入1278.14亿元、规模以上工业总产值1359.38亿元。完成固定资产投资59.76亿元，高新技术产业产值占规模以上工业总产值的比重在90%以上。

【科技计划项目与经费】　2022年，承担省级以上科技计划项目7项，德仕能源科技集团股份有限公司、胜利油田胜利泵业有限责任公司获批2022年度山东省重大科技创新工程项目立项，获资金支持1578万元；中石化胜利石油工程有限公司、山东万邦石油科技股份有限公司、山东科瑞油气装备有限公司获批中央引导地方科技发展资金项目立项，获资金支持350万元；东营市三和石油装备有限公司、山东万邦石油科技股份有限公司获批山东省科技型中小企业创新能力提升工程项目立项，获资金支持65万元。威飞海洋装备有限公司、山东科瑞机械制造有限公司、德仕能源科技集团股份有限公司、东营恒鑫机械有限公司4个省重大创新工程项目通过年度绩效评价；47家企业获山东省企业研究开发财政补助资金331万元；20家企业获2022年度中小微企业升级高新技术企业财政补助资金200万元。

【科技成果与奖励】 中石化胜利石油工程有限公司钻井工艺研究院作为第二完成人，参与的"临海油气管道安全保障关键技术研究与应用"项目获2022年度山东省技术发明奖二等奖。中国石油化工股份有限公司胜利油田分公司勘探开发研究院作为第一完成人，参与的"地质模式约束的深层砂砾岩体储层智能预测与高效勘探"项目获2022年度山东省科学技术进步奖二等奖。中国石油化工股份有限公司胜利油田分公司物探研究院作为第一完成人，参与的"陆相复杂油气藏高精度三维动态表征关键技术及软件平台"项目获2022年度山东省科学技术进步奖二等奖。实施科技成果评价15项，其中，国际先进水平6项、国际领先水平1项、国内先进水平2项、国内领先水平6项。制定科技型中小企业贷款风险补偿备案审批标准及流程，推荐27家企业申请科技成果转化贷款2.5亿元，山东省科学技术厅备案1.4亿元。

【知识产权管理与服务】 2022年，新增发明专利817件，同比增长100.25%，有效发明专利达1627件。东营天东制药有限公司1项发明专利获第二十三届中国专利奖优秀奖。开展知识产权宣传培训。进行知识产权政策宣讲服务"上门精准服务"，实地走访企业80余家。举办了政策宣讲会、银企专场对接活动5场次，百家企业200余人次参加培训。推进知识产权保护关口前移。在龙工场成立了东营市首个跨境电商商标品牌（知识产权）指导站，东营领智科技服务有限公司获批省级知识产权保护工作站。组织园区企业向知识产权保护中心申请主体备案，享受专利申请快速通道服务，新增备案企业20家，总备案企业120家。"石油技术服务与装备产业专利导航"项目成功入选省专利导航项目，获得省补助资金20万元。发挥政策激励作用。21件发明获得市级高价值专利补助资金6.7万元。8家企业获得省知识产权质押融资贴息资金81.36万元。组织东营金丰正阳科技发展有限公司、山东万海电气科技有限公司、东营市福利德石油科技开发有限责任公司3家企业参加"2022中国·山东省新旧动能转换高价值专利培育大赛"。胜利油田胜机石油装备有限公司成功获批2022年度国家知识产权优势企业。山东广域科技有限责任公司、德仕能源科技集团股份有限公司2家企业被评为2022年度山东省知识产权优势企业。强化知识产权转化运用。建设知识产权质押融资项目库，择优向金融机构推荐，现已入库项目30余项。东营市南方电器有限责任公司、山东博赛特石油技术有限公司等6家企业完成知识产权管理规范认证。全年完成专利质押融资登记项目共32项，融资金额2.6亿元。东营市领客转移转化科技咨询服务有限公司获评2022年度山东省专利技术转移转化专项计划试点单位，获补助资金50万元。

【科技合作与交流】

积极承接科技部"南北互动""东西部科技合作"结对发展任务 联合大庆、克拉玛依高新区两个发展轨迹相近、产业互补性强的石油产业优势园区，依托东北石油大学、西南石油大学等石油院校，探索总结南北、东西两个跨区域的"1+1+1"园区间合作发展和国家高新区创建新模式。

搭建产学研合作平台 东营区人民政府、胜利油田分公司、东莞先进陶瓷与复合材料研究院三方合作共建松山湖（东营）先进节能技术与材料研究院，促进油地产业、人才、技术融合发展，引进"多孔介质燃烧系统""往复式蓄热燃烧VOCs处理装备""亚氧化钛电极和水处理设备""薄膜沉积与功能涂层制备技术"等研发及产业化项目。

广泛开展产学研合作 德仕能源科技集团股份有限公司联合中国石油大学（华东）、中国科学院上海高等研究院、天津市滨海新区环境创新研究院共同开展的"二氧化碳驱油提采关键技术研究及产业化"项目入选2022年度省重大科技创新工程项目。胜利油田胜利泵业有限责任公司联合山东大学、山东省科学院自动化研究所、中国石油化工股份有限公司胜利油田分公司海洋采油厂共同承担的"高性能大功率潜油永磁直驱电泵系统研发及工程化应用"项目入选2022年度省重大科技创新工程项目。山东万邦石油科技股份有限公司依托东营石油技术与装备产业研究院与东北石油大学合作的"聚结旋流耦合强化分离公益装备研究与应用"项目成功申报2022年度山东省中央引导地方科技发展资金项目。

【科技改革与管理】 实施科技创新券制度，创新政策扶持方式，对《东营经济技术开发区科技创新券管理暂行办法》进行修订完善。2022年，发放科技创新券1290万元，惠及企业222家。完成2021年度科技创新券资金兑付工作，共涉及中介服务机构35家，惠及企业59家，总金额200万元。兑现支持企业高质量发展奖励资金569万元，《促进企业创新发展实施办法》支持资金204.6万元。备案科技服务机构48家，其中在高新区注册落地12家。

【油地协同创新发展】 油地共同实施油地人才"金桥工程"，搭建油田专家库、企业需求库，实现油地人才双向流动。2022年，促成19名油田专家与地方企业开展合作，67名专家、53项技术"入库"，线上共享平台上线专家113人、发布科技成果625项。油地联合开展供应链招商，新落地油田供应链项目12项。推动油田以特色服务和关键技术与地方企业合作，山东省海洋油气钻采关键装备技术创新中心、松山湖（东营）先进节能技术与材料研究院等油地共建科研机构，以及中石化胜利石油工程公司党委党校、胜利泵业等油地融合项目顺利落地实施。

【创新型科技园区建设】 2022年，东营高新区创建国家高新区取得重大突破。完成核准面积调整。抢抓调整"窗口期"，编制可行性研究报告、产业和发展战略规划等申报资料，用时66天，成为山东省首个完成核准面积调整的开发区。调整后，核准面积由5.9平方公里扩大到14.97平方公里，采用"一区两园"模式，产业集聚和资源整合功能实现大幅提升，发展空间进一步优化。全力争取国务院激励指标。挖掘亮点特色，塑造独特比较优势、发展潜力，完成市政府申请上报、科技部成果与区域司汇报、省科技厅研究决策、省政府上报等环节。省政府正式发函科技部，函请将国务院创建国家高新区优先激励指标给予东营高新区，实现了在全国创建序列中的大幅进位。积极提升创建竞争力。推进与大庆、克拉玛依高新区"南北互动""东西合作"，探索跨区域科技创新合作新机制。联合胜利油田推进高能级平台共建、高科技成果共享、高层次人才共育，探索实施"央企+地方政府"的国家高新区创建模式。

【创新型（试点）企业培育】 构建了高新技术企业储备库、科技型企业储备库与科技中介服务机构、企业联系专员组成的"2库+2队伍"工作体系，完善高企梯次培育库，形成重新认定、新认定、重点培育3张清单。高企数达到114家，较2021年增长44.3%，占全区总量的65.9%。备案国家科技型中小企业151家，较2021年增长33.6%。新备案东营市科技型企业10家。有国家级专精特新"小巨人"企业11家、国家级制造业单项冠军企业1家、省级专精特新企业28家、单项冠军企业11家、瞪羚企业9家、创新型中小企业47家。

【技术创新服务平台建设】 推进山东省海洋油气钻采关键装备技术创新中心建设，成立了涵盖油地双方领导的创新中心建设领导小组与管理委员会，完成车间建设和布局优化，开展的天然气水合物船载在线检测设备、全电驱智能控压钻井装备、水下油气生产系统关键技术与装备等一批核心关键技术项目相继取得重要突破，申报的山东省海洋高端石油装备产业化中试示范基地成功获批。年内新增重点实验室等市级以上创新平台34家，各级创新创业平台总量达到194家，实现了规模以上工业企业研发平台全覆盖，其中市级以上平台覆盖率达到68%。胜利大学生创业园成功获批国家级科技企业孵化器，高新区能源信息港获批山东省版权示范园区（基地）、市级科技企业孵化器、市级小型微型企业创业创新示范基地。

【重大项目进展选介】 德仕能源科技集团股份有限公司二氧化碳驱油提采关键技术研究及产业化 该项目总预算7995万元，2022年，获山东省重大创新工程项目立项支持，已完成吸收剂化学结构与二氧化碳吸收－解吸性能关系的规律探究以及行二氧化碳发泡剂、助溶剂和稳定剂的优选与二氧化碳泡沫体系的构建。

胜利油田胜利泵业有限责任公司高性能大功率潜油永磁直驱电泵系统研发及工程化应用 该项目总预算4000万元，2022年，获山东省重大创新工程项目立项支持，已确定高性能大功率潜油电泵用永磁同步电机整体结构设计和关键参数选取方案、定高性能大功率潜油电泵控制器硬件设计方案，完成驱动控制器硬件系统构建。

威飞海洋装备有限公司海洋水下采油树系统关键技术研究与工程化应用 该项目总投资12577.51万元，2021年，获山东省重大创新工程项目立项支持，已完成海洋水下采油树系统零部件加工制造工作、海洋水下采油树系统FAT、EFAT、SIT测试等方面工作。

【科技人才管理】 聚焦产业需求引才。因人施策、一人一策做好东营市第二届"创业东营、共赢未来"高层次人才创业大赛获奖人才项目落地工作，6个获奖项目落户东营高新区。发挥企业科技特派员、科技服务专业人员"两支队伍"作用，挖掘企业紧缺人才。2022年，开展人才对接活动20次，引进高层次人才（团队）20人（个）、青年人才300余人，开发科研助理岗位213个。聚焦人才工程育才。推荐国家重点人才工程申报人选8人，入选4人；推荐泰山产业领军人才申报人选9人，其中，进入答辩4人，入选1人；新增2021年度黄河三角洲产业领军人才2人。市级以上人才工程专家突破百人。聚焦人才服务留才。打造"人才驿站"7处，在推动科创小镇人才公寓工程建设和科创园二期人才公寓运营招商工作的同时，发挥现有80套领客人才公寓作用，规范完善公寓入住管理，2022年，累计服务各类人才110人次，企业50余家，入住率达到100%。

（东营高新技术产业开发区　刘燕红）

日照高新技术产业开发区

【概述】 2022年,日照高新技术产业开发区(以下简称日照高新区)高新技术产业产值681亿元,占园区生产总值的比重为50.2%,拥有规模以上工业企业320家、高新技术企业248家、科技型中小企业339家。

【科技计划项目与经费】 2022年,日照高新区科技项目攻关承担15项省级以上科技计划项目,其中,取得3项山东省重大关键技术攻关项目,包括山东迈尔医疗科技有限公司(以下简称迈尔医疗)的"口腔数字化医疗技术和平台系统的研发应用"项目,山东沪鸽口腔材料股份有限公司(以下简称沪鸽口腔)与山东大学、山东大学口腔医院、北京大学口腔医学院等联合申报的"口腔医用多功能复合材料研发与应用"项目等;8项山东省科技型中小企业创新能力提升工程项目、4项山东省重点研发计划(竞争性平台)项目、1项省科技股权投资项目等,累计获得省财政资金2988万元。

【科技成果与奖励】 加大研发经费投入,企业累计投入研发经费27.5亿元,占日照市研发经费投入比重的40.2%。获得省部级科技奖项3项,分别为山东美佳集团有限公司被山东省人民政府授予科学技术进步奖二等奖;山东五征集团有限公司王爱传被山东省人民政府授予技术发明奖二等奖;海大机器人获第四届"省长杯"工业设计大赛金奖,实现日照市"零"的突破。

【科技合作与交流】 2022年,日照高新区持续鼓励企业加强产学研合作与交流,与近20所高等院校、科研院所开展产学研项目。其中,山东领信信息科技股份有限公司(以下简称领信股份)与武汉大学、曲阜师范大学、武汉大学日照智能制造研究院就区块链跨域数据高效安全共享平台与产业化展开合作;山东大学日照智能制造研究院、山东大学与日照阿米精控科技有限公司(以下简称阿米精控)合作申报"面向微纳制造的精密光机伺服系统关键技术研发及纳米测控成套装备产业化"项目;日照三奇医疗卫生用品有限公司与同济大学李昂教授合作研发"小型自动化POCT化学发光免疫分析仪及配套试剂用关键原料"项目。

【科技改革与管理】 不断完善科技创新政策体系,出台《日照高新区科技创新扶持政策》,鼓励和引导企业加强研发创新,推动高新技术产业快速发展。不断探索科技金融体系,加强科技创新资金投入,设立1亿元高鑫二号投贷联动基金,为坤泽科技等7项项目投资7000万元,撬动银行贷款3.68亿元;成立1亿元的科创子基金和5000万元的人才创业基金,对日照阿米精控科技有限公司、倍合瑞(日照)新材料有限责任公司等多项项目进行了投资,有效地解决了科技型企业融资难的问题。深入开发科研助理岗,千方百计保就业促创业,发动区内企事业单位、社会组织、政府投资项目、科研项目等开发设立科研助理岗与实习见习岗位,并通过"政策找企"、新闻宣传等方式加强落实,完成科研助理岗60人。

【科技创新平台与技术服务平台建设】 卓力实现国家级平台新突破,山东荣信水产食品集团股份有限公司国家博士后科研工作站成功备案,日照高新区被认定为国家级安全应急产业创建单位,为山东省唯一一个综合类创建单位。持续打造高能级平台,新增省级科技创新平台10个,其中,沪鸽口腔与山东大学共建的山东省口腔材料重点实验室、迈尔医疗创建的山东省数字化义齿技术创新中心、三三智能(日照)科技有限公司(以下简称三三智能)联合韩国国家科学技术翰林院洪金植院士申报的院士工作站,实现了科技高能级平台"零"的突破。探索建设开放式大学科技园,日照山东省大学科技园被评为省级优秀大学科技园,优化校地企产学研创新生态,共建共享大学科技园成果,推动区域创新工作,促使三三智能、阿米精控等4家企业的产学研项目获得省重大专项立项支持,逐步形成"园区+大学"创新发展生态,一批高校技术成果正在区内注册落地。

【战略性高新技术产业发展】 深化科技型中小企业入库评价,主动对接服务,充分利用专题辅导、网络、电话、信息推送等多种方式进行政策解读和评价工作动员,引导中小企业"应评尽评",全年科技型中小企业入库数量较往年增长37%;全面推进高新技术企业发展,挖掘创新基础好、发展潜力大的科技型企业,对照高新技术企业评审标准列出问题清单,实行一企一策,加强部门协同,针对知识产权、科技成果转化、研发组织管理等关键指标量身定制每家企业培育方案，形成"发现一批、服务一批、申报一批、认定一批"全面推进的培育体系，助力更多的企业成长为高新技术企业，全年高企数量同比增长65%。

【创新型科技园区建设】 创新主体渐次成势，梯度培养更多专精特新"小巨人"、单项冠军、瞪羚企业和科技领军企业，新增省级以上专精特新企业19家、达到37家；新增省级瞪羚企业3家、达到12家，国家级专精特新"小巨人"企业6家。企业上市稳步推进，将加快企业上市作为高质量发展的重中之重，创新政策前置和全流程扶持模式，滚动建立20家拟上市金种子企业库，为企业化解历史遗留问题等，打通上市堵点。其中，日照兴业汽车配件股份有限公司完成第二次法律问询，沪鸽口腔、领信股份已进入上市辅导程序，新增3家公司完成股改、5家公司启动上市或新三板挂牌，上市企业梯队日益壮大。

【重大项目进展选介】 山东沪鸽口腔材料股份有限公司 专业从事口腔医疗器械产品的研发、生产、销售和服务，致力于在口腔材料及数字化口腔领域为客户提供高质量、创新、经济的整体解决方案。该公司是省内首家生产无托槽隐形正畸矫治器产品的企业，其自主研发的无托槽隐形正畸矫治产品拥有发明专利11件、实用新型20件、软件著作权12件，产品销往世界100多个国家和地区，义齿材料连续三年在国内市场占有率居第1位。2022年实现产值2.29亿元，同比增长5.7%。

日照中兴汽车有限公司 是日照市第一家汽车整车制造厂，是由日照市人民政府与河北中兴汽车制造有限公司合资成立的企业，整车项目计划总投资约40亿元，规划设计产能30万辆/年。主要建设总装、焊装、涂装和冲压四大车间及公用配套设施，采用新能源、新材料、新工艺，生产商用车及乘用车。2022年，实现产值8.7亿元，同比增长43.1%。

日照超流信息技术有限公司 核心团队成员来自中国科技大学少年班，注册资本1000万元，积累了分布式加密存储、分布式算力、云边协同计算架构等自有技术，结合量子安全和量子计算的专业技术优势，致力于为政府、高校院所工业、医疗、生物制药、材料及金融等产业的企业用户提供高度国产化且行业领先的人工智能计算相关软硬件产品、基础设施建设及运维等服务，能够将AI业务的总体成本节约20%以上，形成了示范性集群，实现对经典－量子混合计算集群的验证性工作，以及相关生物制药管线、量子安全工业数据云平台的验证工作和实际应用。全面建成后，将运行在日照电信等机房，实现对超过10家用户计算需求的支持，实现年产值1000万元以上。

【科技人才管理】 聚力实施"英才工程"，引进科技领军人才、创新人才，创新支撑作用不断增强，先后引进培育国家级高层次人才26人、省级高层次人才45人、创新创业人才团队109个、创新人才752人。构建高层次人才"引育留"全链条闭环服务体系，通过深挖需求、精准匹配、全面辅导、用心联系等全方位服务。申报国家级人才项目高达11项，其中进入建议人选名单2名；申报省级人才项目29项，其中，泰山产业领军人才新增企业类2名、项目类4名，达成历年最好成绩。打好青年人才引进的"精准牌"，日照高新区先后组织开展"云端相聚助成长，高新同行向未来""智汇高新，多彩云招聘"等线上招聘活动，提供1000余个岗位，招引青年人才1600余人。

（日照高新技术产业开发区　庞　晓）

聊城高新技术产业开发区

【概述】 2022年，聊城高新技术产业开发区（以下简称聊城高新区）完成地区生产总值149亿元，不变价增速增长5%，一般公共预算收入累计完成20.6亿元，同比增长12.3%；固定资产投资完成91亿元，同比增长17%；规模以上工业总产值实现486亿元。37家企业通过高新技术企业认定，新增24家，总数达到93家，科技型中小企业入库163家，高新技术产业产值占规模以上工业总产值的比重达94%，研发投入占GDP达7.21%，规模以上工业企业中有研发活动企业占比为67.8%，每万人就业人员中研发人员数167.9人。截至2022年底，有发明专利1532件，新增500件，每万人高价值发明专利拥有量达9.2件，每万人发明专利拥有量达90件。

【科技计划项目与经费】 组织实施一批重大科技创新项目，申报省级以上科技项目10项，其中，聊城高新生物技术有限公司承担的"洛匹那韦/利托那韦复方片的技术开发和产业化"项目，获批中央引导地方科技发展资金项目，财政支持资金100万元；聊城阿华制药股份有限公司和山东博奥克生物科技有限公司申报的项目，获批"科技助力经济2020"重点专项项目，每家企业获批财政支持资金50万元；诺伯特智能装备（山东）有限公司、山东产研强远激光科技有限公司等7家企业获批省级科技型中小企业创新能力提升工程7项，财政支持资金350万元。日发纺机、龙普太阳能获批市级重点研发计划，财政支持资金90万元；诺伯特、强远激光获批市级中小企业攀登计划，财政支持资金100万元。初步统计，获得资助的4项项目，预计带动新增投资2.5亿元，销售9.47亿元，缴税7000万元，利润1亿元；同时新申请发明专利50件，获授权发明专利15件。

【科技成果与奖励】 引导企业联合高校院所开展协同攻关，凝练申报省级和国家级奖项。2021年12月，授予鲁西集团"夏玉米丰产抗逆高效关键技术创建与应用"项目山东省科学技术进步奖一等奖；2022年7月，授予山东省农业技术推广成果单项类优选计划一等奖；2022年9月，授予农业农村部农业技术推广成果奖二等奖，2022年12月，获"全国农牧渔业丰收奖"二等奖。

【知识产权管理】 聚焦创新，为战略性产业获取自主知识产权提供支撑。扎实开展中小微企业知识产权托管工作，助推企业挖掘和申报专利；开展专利申请快速预审备案，压缩专利授权时限，完成快速预审备案企业101家，新增发明专利500余件，累计拥有发明专利1544件、高价值发明专利179件、PCT 5件，获第二十三届中国专利奖优秀奖1项，聊城高新区创造创新能力显著提高。2022年5月，全市知识产权工作推进现场会暨"知识产权服务万里行"启动仪式在高新区成功召开。聚焦试点，专利技术转移转化工作成效明显。作为山东省第一批专利技术转移转化试点园区，高新区积极搭建高校、科研院所和企业的合作平台，先后和69家中小企业签订服务协议113项，征集企业需求62条，对接高校15家，受让国企、高校发明专利33件，专利许可21件，30家企业完成知识产权管理体系认证。《聊城高新区四项举措加快专利技术转移转化试点》的案例得到山东省市场监督管理局发文推广。指导财金知产信息科技（山东）有限公司顺利入选为山东省专利转化专项计划项目承担单位，获批100万元资金扶持，属聊城市唯一。聚焦服务，强化知识产权运用。开展知识产权管理体系贯标培育工作，新增知识产权贯标认证企业达22家，累计38家企业通过贯标认证；深入开展知识产权优势示范企业培育，新增2家国家知识产权优势企业，占全市新增总量的40%。开展入园惠企活动4次，办理质押融资6笔，帮助企业融资5200余万元。

【科技合作与交流】 聊城高新区围绕重点领域，与山东大学、济南大学、聊城大学、聊城产业技术研究院、中关村高企协、黑马学院、58科创、启迪之星等国内知名企业、高校院所对接合作，吸引科研院所的成果和人才项目来本区落地。13家企业聘聊城大学20余名高层次人才任"科技副总"，在各县市区中人数最多。建设聊城山东省大学科技园，构建"一核＋三园＋多区"为一体的区域开放共享空间布局，打造集"产、学、研、用、创"于一体的产教深度融合平台，推动科研技术和市场需求精准对接和产学研深度融合。对接共建高校科研院所10余所、入驻项目34个，联系科研院所项目团队68个，组织路演项目52项，召开研讨会研讨项目36项，组织产业学术交流活动18次，对接创新创业产业基金4支，服务企业120余次。2022年11月16日，山东省首家政府主导的技术转移概念验证平台——聊城概念验证中心在聊城大学科技园落地揭牌，12月23日，聊城·大学科技园获批省级大学科技园。

【体制机制改革】 聚焦产业发展，探索"党工委（管委会）＋产业专班＋公司"模式。通过"党工委（管委会）＋产业专班＋公司"的模式，横向上，做实做强产业专班，使其拓展为高新区产业招商、人才引进、企业服务、项目推进、指标完成对的新引擎；纵向上，发挥产业专班的带头作用，延伸产业服务链条，设立产业招商小分队、组建产业联盟，积极招引上下游企业，培育产业聚集。成立高新控股集团、人才发展集团，探索开发运营与行政管理职能分离的实现形式。打造党工委领导下，以产业专班为抓手、以国有平台为载体的创新发展模式，实现了回归本位、聚焦主业、重塑优势，激发了高质量发展的体制活力。推进职能整合，实现管委会瘦身强体。按照"大部门、扁平化"的思路，采取整合、撤销、划转等方式，依照"人随事走"与"自愿选择"相结合的原则，将管委会内设机构相关职责、领导职数、人员予以整合，实现了部门职能综合化、岗位职责清单化，提升工作效率。选优配强领导班子，推行全员聘任制。出台《聊城高新技术产业开发区全员岗位聘任制实施细则（试行）》，实行全员聘任制。差异化考核，实行绩效工资制度。统筹制定产业专班、集团公司、管委会各部门、分支机构差异化绩效考核评价办法，以考核增量、考核实绩、考核高质量发展为导向，制定关键业绩指标和权重，设置差异化考核指标，实行分级、分类考核，根据考核结果发放绩效薪酬。优化区域布局，加快产业集聚。争取聊城山东省大学科技园，打造千亿级鲁西化工园区，高标准建设医养健康产业园、智能装备产业园、阿里云智汇谷双创园、启迪之星双创园、人力资源服务产业园、留学人员创业园等多个园区，形成特色产业集群，设立产业发展基金，推进产业集群化、园区化、基地化、高端化。

【创新型（试点）企业培育】 聊城高新区与聊城大学联合共建生物技术研发中心、山东省抗体制药协同中心、山东省纳米药物与释药系统工程研究中心等，打造了独具地方特色的产学研和成果转化平台；山东省产业技术研究院聊城分院和山东省激光所合作，引进强远激光入驻聊城高新区，强远激光运营一年以来，牵头制定两项航天领域团体标准，填补了国内标准体系在航天领域的空白；荣获"维科杯"OFweek2022年度精密激光设备/仪器创新奖，是山东省唯一一家荣获该奖项类型企业；先后入库国家科技型中小企业，获批山东省创新型中小企业、国家级高新技术企业、聊城市新型研发机构，批准牵头建设聊城市先进激光技术创新中心。

【技术创新服务平台建设】 研发平台建设能力持续增强。围绕企业技术创新和产业共性技术服务需求，培育和建设了一批国家级、省级创新创业平台，初步构建了以企业为主体、市场为导向、产学研结合的科技创新服务体系。围绕重点领域，与山东大学、济南大学、聊城大学等高校院所对接合作，推进规模以上工业企业研发机构全覆盖，鼓励企业成立各类市级研发平台，争创省级、国家级研发平台。拥有省级以上研发机构18家，其中，国家企业技术中心1家、国家地方联合工程实验室1家、省级新型研发机构3家、省级企业技术中心4家。"双创"载体建设深入推进。构建"众创空间—孵化器—加速器"完整孵化链条和"孵化+创投"的创业模式，围绕主导产业发展建立一批高质量、高水平的众创空间、科技企业孵化器等创新创业载体，拥有国家高新技术创业服务中心1家国家级孵化器，聊城金正数字创意工场、九州梦创客空间、聊城市大学生众创基地等国家级众创空间3家，省级科技企业孵化器2家，省级众创空间1家，总孵化面积达46万平方米，孵化培育出龙普太阳能、科尔仪表等科技型中小企业。省级以上创业服务机构达到8家，高新区荣获唯一省级双创示范基地，拥有聊城产业技术研究院、启迪之星、人力资源产业园等创新载体，集聚了58科创、科金中心等创新资源。各类孵化器、众创空间新招引企58家、团队18个，组织各类创新创业活动50余场。

【重大项目进展选介】

鲁西化工集团股份有限公司100万吨/年有机硅项目 该项目是落实《山东省高端化工产业发展规划》中鲁西集团建设新材料转型示范区的重点支撑项目，通过对已有产业化装置持续优化和脱瓶颈改造，单套装置规模逐步提升，消耗和成本逐步下降，形成了自有知识产权技术，积累了丰富的运行管理经验，为后期做强做大有机硅产业奠定了良好基础。属于山东省"十强"产业中的新能源新材料产业，项目仍采用自有技术，单位产品消耗和产品质量均可达到国内先进水平，能够为下游硅树脂、硅橡胶等高端有机硅化学品提供原料保障，建成后有机硅化工新材料产品生产能力可达到国内前列，其中单套有机硅装置规模为国内第一。项目总投资64亿元，其中一期工程投资33亿元，项目已进入土建施工收尾和工程安装阶段。

聊城鲁西甲胺化工有限公司甲胺/DMF改扩建项目 为发挥山东省碳一化工产业链链主企业领航作用，做强公司有机胺产品，提升产品竞争力和市场控制力，手握完全自主知识产权项目核心技术，产品消耗、质量均达到国内先进水平，项目的单套装置规模达到全球最大，总投资6.56亿元，占地仅15亩，亩均投资强度显著高于行业平均水平；项目设计、设备制造和工程安装全部自行承担；采用高品质材料建设精品工程，是打造做"百年企业"的示范项目；整个装置废水全部回用，符合绿色发展的要求。项目建成后可保障企业有机胺规模实现国内前三，市场竞争力显著增强，有力带动行业技术进步。

山东阿华制药股份有限公司年产2.2万吨药用辅料项目 实现高性能药用微晶纤维素全系列、全产业链自主生产，打破欧美及日本国外同类产品的垄断，拓宽本国药用微晶纤维素全系列市场，项目公司近两年共攻关技术课题14项并完成科技成果转化7项，取得发明专利6项和实用新型专利8项。项目正联合聊城大学药学院、齐鲁工业大学（山东省科学院）生物基材料与绿色造纸国家重点实验室，拟开发纤维素助渗透技术、纤维素定向酸水解技术、研究MCC结构设计与构效关系、MCC形态结构与性能调控等关键技术。总投资5亿元的项目建成后，形成羧甲基纤维素钠、三硅酸镁、二氧化硅等15个系列产品22600吨/年药用辅料总生产能力，建成达产后，实现年产药用辅料4.2万吨，销售收入10亿元，税收0.6亿元。

山东聊城科维达电子设备有限公司商用车、船机发动机连杆研发项目 为更好适应市场需求，凭借自主研发的自动化精加工工艺等优秀技术，实现400万件连杆的年产量，该项目公司已与邯钢、莱钢签订了圆钢采购合同，同时产品畅销全国30多个省（自治区、直辖市），并出口东南亚、中东、俄罗斯、欧美等国际市场，该项目的引入不仅可提高高新区连杆生产水平，推动高新区发动机整机性能和水平的提升，还有利于带动本地发动机制造及其上下游产业的发展，逐步完善高端智能装备产业链条。完全投产后，可实现年销售收入30000万元，年利润2500万元，年税收1000万元。

【科技人才管理】 实施人才优先发展计划，高新人才集团实体化运营，引进和培养国家级人才5人、省级

5人，多渠道引进各类别各层次人才2600名。将科研助理岗位开发作为重点工作，仅用一个月时间就完成了52个科研助理岗位开发任务，引导20余家企业发布科研助理岗位，增强了科研人才储备力量，壮大了青年科研队伍，提升了企业创新能力。优化政策供给机制。契合聊城市人才新政35条，重点针对高端人才、青年人才、在外人才、创业人才、技能人才等实施人才队伍提升"八项行动"。成功引进青年人才1480人，高端人才230人；引进海外留学人才24人，数量居聊城市前列。聚焦产才融合精准培育。围绕"3+1"主导产业方向，制定重点产业人才需求目录，建立重点工业企业人才"一对一"双向联系服务机制，以"内育外引"为手段，着力打造"产业+科技+人才"的产才融合模式，先后举办企业用才对接恳谈会32场，建立人才与项目互通机制，搭建高效便捷的用工信息桥梁，增强人才与现有产业的匹配度，做强公司平台。成立聊城高新人才发展集团，配强工作力量，打造招才引智和招商引资双轮驱动，实现人才、科技、资本、孵化全链条耦合，提供人才服务领域全产业链、全产品线、全生命周期的专业化解决方案，先后被邀请加入山东省高层次人才服务联盟、山东省人才基金联盟。公司累计服务人才项目、企业100余项（家），实现营收1200余万元，较2021年同期增长123%。做优服务平台。打造人才"归谷"新概念人才社区品牌，新推出高标准拎包入住人才公寓176套，新购置在建人才公寓400余套，人才住房工作位列聊城市第一，人才住房典型经验做法被省住建厅通报表扬。搭建人才一站式服务平台，再造人才工作流程，先后在资金补助、子女入学、住房等方面出台16项扶持政策，设立人才服务专员，开展一对一帮扶，实现"你助我发展、我伴你成长"。

（聊城高新技术产业开发区　邵雪红）

滨州高新技术产业开发区

【**概述**】　2022年，滨州高新技术产业开发区（以下简称滨州高新区）实现地区生产总值48.34亿元，比上年增长4.0%，其中：第一产业增加值4.10亿元，增长4.2%；第二产业增加值23.60亿元，增长4.7%；第三产业增加值20.64亿元，增长3.1%。全年实现进出口总额47.13亿元，其中，出口总额45.72亿元，增长20.9%。规模以上工业增加值增长3.2%，增速居全市第5位，实现总产值174.12亿元，同比增长8.7%；利润总额2.44亿元，同比增长32.4%。高新技术产业产值占规模以上工业总产值的比重为56.02%。完成一般公共预算收入6.62亿元，其中税收收入5.48亿元。生产领域总体稳定，市场需求不断恢复，发展动力持续增强，市场运转平稳有序，经济总体延续稳定恢复态势。

【**创建国家高新区**】　2022年度收集全市产业发展、创新平台、高端人才等情况，以及渤海科创城、滨州工业园、沾化大高航空产业园、阳信电子信息产业园、惠民高效经济区的经济社会发展情况，更新完善《滨州高新区发展战略规划》《滨州高新区产业发展规划》和以升促建背景及近期工作情况等升级资料。按照科技部做好稳增长工作要求，动员企业开发科研助理岗位，发布科研助理招聘岗位71个，成功签约19人，完成任务目标的3.8倍。

【**科技计划项目与经费**】　愉悦家纺有限公司"高端纺织品绿色智能制造关键技术研发及产业化示范工程"项目获批2022年度山东省中央引导地方科技发展资金项目立项，争取资金100万元。山东微研生物科技有限公司的"生物法制造高端动保产品的研发及产业化"项目、山东奥纳尔制冷科技有限公司的"低耗智能隧道式连续冻结速冻设备关键技术"项目和山东金盛新材料科技有限责任公司的"储能材料用聚甘油及优级聚甘油酯"项目获2022年度省科技型中小企业创新能力提升工程项目立项，分别获批40万元、40万元、30万元。山东海润新材料科技有限公司等6家企业获省级"小升高"奖补资金60万元，山东黄河三角洲纺织科技研究院有限公司等18家企业获得研究开发补助资金145万元，滨州市华美农业发展有限公司等10家企业获得省级创新券补贴资金3.42万元。

【**高新技术企业培育**】　6家企业完成市高企培育库备案，11家企业（其中新申报8家、复审3家）申报高新技术企业通过省市审核，科技部火炬中心备案认定8家（其中新申报5家、复审3家），完成了市局下达的任务目标。入库科技型中小企业36家，超额完成市下达的任务目标。

【**科技合作与交流**】　对接渤海先进技术研究院并签订产学研合作协议，邀请北京大学光华管理学院博士团队到山东奥纳尔制冷科技有限公司、山东鸿星新材料科技股份有限公司开展助企服务对接交流。向全区企业征集技术需求8项，其中征集"揭榜挂帅"技术需求4项。组织企业参加"渤海科创汇"产学研对接活动2次，申报滨州市渤海科技创新券（产学研合作"揭榜挂帅"项目）发布榜单3项、备案2项、获批1项，争取补贴资金24万元，完成产学研协议15项。登记技术合同成交额1340万元，同比增长91.43%；认定同步技术交易额640万元，同比增长60%。

【科技成果与奖励】 愉悦家纺有限公司"棉织物印染废水深度处理与强碱和水的再生利用技术"项目，获得中国纺织工业联合会科学技术进步奖一等奖。刘尊东获2021年度滨州市科学技术奖青年奖。山东鸿星新材料科技股份有限公司"新型金属面复合装饰板系统的研发"项目完成成果登记。滨州市华康梦之缘生物科技有限公司等4家企业办理科技成果转化贷款1500万元。

【知识产权管理】 2022年，滨州高新区成功入选山东省第二批专利技术转移转化项目实施单位，全年新增专利519件，其中，新增发明专利263件、实用新型专利229件。实施高价值发明专利培育工程，全年新增高价值发明专利16件。14件发明专利办理专利权质押融资登记4笔，融资额7600万元。持续推进非正常专利申请核查工作，累计撤回非正常专利申请线索32件，撤回率达100%。山东科伦药业有限公司等3家企业成功申报2021年度滨州市专利奖；山东鸿星新材料科技股份有限公司申报2022年度专利导航项目获批立项，愉悦家纺有限公司成功通过省级核心专利群项目验收。

【全社会研发投入】 印发《关于进一步加强全社会研发投入统计工作的通知》，落实规模以上工业企业研发项目备案制度，按照统计规范归集研发投入数据。2022年，组织召开研发项目备案及研发投入统计培训会、调度会、座谈会，组建高新区研发投入统计交流群，到38家规模以上工业企业进行现场对接，督导企业做好研发投入统计工作。全社会研发投入占GDP比重达到7.67%，连续八年位居全市第一；每万名就业人员中研发人员全时当量为284.93人年，增长43.97人年；规模以上工业企业中有研发活动企业占比达54.55%，同比提高11.21%。

【技术创新服务平台建设】 山东省医疗健康纺织材料重点实验室在医疗纺织材料、卫生保健纺织材料、防护纺织材料方面开展研发创新，制作了不同管径的人造血管，开发出纳米纤维静电纺丝楔形连续喷丝电极，并与山东中医药大学签订了合作协议。山东欣悦健康科技有限公司获批山东省文化和科技融合示范基地。山东鸿星新材料科技股份有限公司、山东科伦药业有限公司2家企业获批山东省工业设计中心。山东京博装备制造安装有限公司获批山东省企业技术中心分中心。

【创新型企业培育】 山东金毅设备有限公司获批国家级专精特新"小巨人"企业，中节能六合天融（山东）催化剂有限公司、山东赛恩吉新材料有限公司、山东滨州金盛新材料科技有限责任公司、山东科伦药业有限公司等获批省级专精特新中小企业。山东滨瑞精密机械有限公司、滨州市华康梦之缘生物科技有限公司、滨州市通联电器有限公司、山东康普锦威新材料科技有限公司、山东龙鼎自动化设备有限公司等5家企业获批省创新型中小企业，山东欣悦健康科技有限公司获批省级瞪羚企业。愉悦家纺有限公司获批省级绿色工厂。

【科技人才管理】 2022年，滨州高新区有效申报泰山产业领军人才3人，荣获省技术技能大师1人，引进海外留学归国人员13人，完成青年人才引进272人，"三进"工程引进科技领军人才8人，本科及以上大学生646人，其中，博士5人、硕士56人。

【重点项目选介】

棉织物印染废水深度处理与强碱和水的再生利用项目 该项目由愉悦家纺有限公司实施。为解决棉织物退浆煮炼废水黏度大、碱性强，丝光淡碱杂质含量高等问题，公司投资1400余万元，通过研究不同膜材质、孔径、通量、厚度等对退浆煮炼废水中胶体、COD的去除效率，分析了膜层结构设计对膜寿命的影响，首次开发出退浆煮炼强碱性废水专用高韧性、列管式、单通道、湍流抗污染钢/钛复合膜系统，烧碱回收利用率达到75%，实现了烧碱的高值化循环利用，降低了企业的运行成本，项目成果荣获2022年度中国纺织工业联合会科学技术进步奖一等奖。

年产100万平方米新型净化材料及装备项目 该项目由山东鸿星新材料科技股份有限公司承建。自主研发的净化产品采用循环可利用的面板及芯材，产品结构设计新颖、尺寸精度高，具有良好的隔热、防火、降噪功能，符合较高的实验室洁净度要求，有效节约了生产成本和装配时间，可广泛应用于医疗机构、科研院所实验室等各类无菌环境。

高端装备智造基地项目 该项目由山东京博装备制造安装有限公司投资建设。可年产2万吨保障装备，并输出高效绕管换热装备、特种材料设备、精细化工精馏装备、成套固废制新材料装备、桥架新材料、新型金属储氢容器、成套撬装精密装备等高新装备。一期已建成并投产，产能增量150%。该项目依托"智慧交期系统+智能安环系统"实现单工序效率提升10%，存货周转率提升5%，项目管理成本降低5%。2022年12月，该项目的智造车间获评滨州市数字化车间。

（滨州高新技术开发区　焦立立）

菏泽鲁西新区

【概述】 2022年9月2日，菏泽鲁西新区（以下简称鲁西新区）正式揭牌成立，完成了对菏泽经济开发区和菏泽高新技术产业开发区2个省级开发区的整合，设有12个内设机构、3个公益类事业单位，代管7个镇街。菏泽鲁西新区是山东省4个省级新区之一，位于菏泽市核心区，规划面积497.48平方千米（起步区97平方千米），空间范围涉及13个镇街，常住人口71万人，功能定位为黄河下游生态保护和高质量发展示范区、中原城市群对接合作先行区、鲁西崛起战略引擎。2022年，完成地区生产总值651.2亿元，同比增长4.4%；实现一般公共预算收入46.5亿元，同比增长17.8%；规模以上工业营业收入1161.3亿元，同比增长18.6%，工业增加值同比增长9%；完成固定资产投资235.5亿元，同比增长18.6%；实现进出口总额54.5亿元，同比增长14.8%。主要经济指标总量居菏泽市首位，增幅居菏泽市前列。

【科技计划项目与经费】 2022年，鲁西新区组织申报国家级、省级、市级科技项目37项，其中，科源种业获批省农业良种工程项目，获批资金300万元，实现了该类项目申报获批"零"的突破。太辉包装获批菏泽市科技创新突破计划项目，骏达农业、龙灯农业获批菏泽市科技特派员项目，天中陈集山药、国花酒业获批菏泽市乡村振兴示范点项目，中原技术市场获批市科技创新重点工作项目，德通新材料、高端化工研究院中食都庆等企业分别获批市级重点研发平台项目，获批市级科技创新资金230万元。

【科技成果与奖励】 2022年，鲁西新区科技创新服务中心共筛选推荐了12家企业14个项目参与评选，山东天久实业集团有限公司张钊荣获中国牡丹之都科技创新贡献奖；山东步长制药股份有限公司的"宣肺败毒颗粒研究及产业化应用"项目、山东中杰特种装备股份有限公司的"深冷容器PAW-GTAW复合焊应变强化关键技术研究及产业化"项目荣获市科学技术进步奖一等奖；山东高端化工研究院有限公司的"高性能聚丙烯树脂合成工程化技术研究"项目、菏泽金正大生态工程有限公司的"基于磷石膏综合利用的酸性土壤调理剂关键技术开发与应用"项目荣获市科学技术进步奖二等奖；山东沃特管业股份有限公司的"圆形多仓预制成型地下综合管廊的研发"项目、山东大树达孚特膳食品有限公司的"高生物利用度姜黄素用于肿瘤全营养配方食品的研究"项目、山东同阳新能源科技股份有限公司的"超导热纳米黑瓷复合铝板太阳能集热系统研发与应用"项目、菏泽市华丹种业有限公司的"菏研系列大白菜新品种选育及高质高效栽培技术研究"项目荣获市科学技术进步奖三等奖。

【知识产权管理】 成功申报山东省专利技术转移转化专项计划试点项目，协调山东步长制药股份有限公司申报2022年度山东省重点产业知识产权海外侵权风险防控项目，组织企业完成国家知识产权局审查员实践（山东）基地实践点汇编编制工作，指导大树达孚特膳食品有限公司完成省级专利导航项目验收，成功推荐了山东大树达孚特膳食品有限公司完成市级专利导航基地项目申报。协调山东步长制药股份有限公司做好山东省高价值专利培育计划项目的验收工作；以市高价值专利培育项目为抓手，协调新征程工业与代理机构开展合作，布局申报战略性新兴产业相关的发明专利。2022年4月20—26日知识产权周期间，以"全面开启知识产权强国建设新征程"为主题，开展了系列知识产权宣传活动，联合启迪之星孵化器举行了知识产权周活动启动仪式，邀请辅导机构向企业讲解了高企认定中的知识产权申报相关事项。2022年，帮助企业共完成知识产权质押融资11笔，累计获得专利质押融资1.26亿元。

【科技合作与交流】 鲁西新区与西安交通大学成立技术转移中心，已签订战略合作协议。联合双创街组织召开了牡丹产业发展交流会。中花生物、康普生物、天草药业等企业与齐鲁工业大学牡丹特色产业进行了交流与对接。德通新材料与山东省科学院菏泽分院进行了人才合作，企业科技特派员尹延超博士4次到菏泽，与德通新材料科技人员进行技术交流，查看样件的生产过程，验证产品的生产工艺，指导技术人员编制对应的生产和检验文件。结合山东对接长三角专家成果及项目线上推介会，筛选区内对应企业，对接山东产业技术研究院、山东产研先进材料研究院、启迪控股东北亚总部、山东产研启迪孵化器联合举办的山东产研先进材料研究院创新项目成果线上发布会，推动区内新材料创新项目的应用。根据省市开展的"千名专家进企业（齐鲁行）""一企一博士"等活动，推动区内企业与齐鲁工业大学（山东省科学院）科技成果需求对接，有3家企业（康普生物、天宝牡丹、鼎新仪器）完成对接。2022年11月，与晶锐医药（山东）有限公司腾讯视频会议在线交流后，举办项目落地促进会、座谈会与推进会，就晶锐医药（山东）有限公司项目签约、运营及下步发展等进行了交流洽谈，达成了项目进度相关工作计划。山东沃特管业股份有限公司和院士团队合作，将UHMWPE管材挤出速度提高10倍以上、比能耗降低超过30%。菏泽博爱医院院士工作站运行良好，院士专家团队通过线上指导开展科教研学项目，各项工作有序推进。在研国家卫生部手功能重点实验室、上海市周围神经显微外科重点实验室科研课题"超级显微外科结合快速康复外科理念提高离断肢体共鞘的临床研究"进行结题工作。

【科技改革与管理】 鲁西新区坚持核心引领、轴带展开、融合互动，推动各功能片区合理分工、功能互补、协同发展，构建"一核集聚、双轴统领、三区联动、多点支撑"的总体布局。一核即在新区主要建设用地空间建设公共服务核心区；双轴即产业创新发展轴和现代服务业发展轴；三区即西部高新科创产业片区、中部产城融合片区、东部高铁及现代产业片区；多点即若干个生产性和生活性服务节点。立足总体发展布局和现有产业基础，按照产城融合发展、突出产业带动的思路，高标准规划和建设了生物医药产业园、新一代信息技术产业园、临港智能制造产业园、外向型经济和综合物流产业园、空港产业园、大学科创产业园、总部经济产业园、医疗康养产业园、高铁商务区、公共服务区等十大功能板块，形成了多层次、多元化、互补式现代化产业发展格局。

【主导产业发展】 生物医药产业为全市"231"特色产业体系中的核心产业，也是鲁西新区首位发展的主导产业，汇聚了现代医药港、步长生物医药产业园、了未元大健康产业园等发展平台和重点项目，入选山东省第二批战略性新兴产业集群，2022年，产值突破500亿元，同比增长24%，占全市生物医药产业总产值的60%以上。高端装备制造产业现有开发区装备制造产业园、智能装备产业园两个智能制造产业聚集区，精进电动新能源汽车动力总成产业化基地、康沃绿色环保发动机生产基地、嘉泰高铁座椅、德通刹车片等重点项目入驻，全年实现产值80.1亿元，同比增长42.61%。新一代信息技术产业聚集了鲁西南大数据中心、大唐5G网络山东生产运营总部基地、辉耀智佳电子等一批高新技术项目，具备了良好的发展基础。

【高新技术企业发展及科技型中小企业培育】 2022年，确定高企复审企业库、新培育企业库、继续培育企业库"三库培育"名单，填报了菏泽市高企"出入库"信息表。按照"定目标""定专人""定时间""定任务"的四定原则进行精准培育，形成"储备一批、培育一批、申报一批、认定一批、成长一批"的良好态势。2022年，推荐申报成功高新技术企业49家，居全市前列。以各孵化器、加速器、产业园入孵企业为"科小入库"工作重点，符合条件的企业"应入库尽入库"，全年入库科技型中小企业131家。

【技术创新服务平台建设】 2022年，新区申报了41个省市级平台，通过38家，其中，26个市级重点实验室、11个市级技术创新中心、1个院士协同创新平台（市级）、1个新型研发机构（省级）。对接大树达孚特膳食品有限公司在苏州建立菏泽医养健康产业（苏州）离岸研发中心，协助做好前期准备工作。协同启迪孵化器、山东产研先进材料研究院联合举办了山东产研先进材料研究院创新项目成果线上发布会，促进启迪孵化器和山东产研先进材料研究院签订山东产研成果转化基地合作协议书。督促区内有研发设备的企业注册入网，实现仪器设备共享，已有63家企业或实验室在山东省大型科学仪器设备协作共用网注册，16家企业成为仪器供给方，有25家平台入网，实现179个仪器设备入网。

【重大项目进展】
山东步长制药股份有限公司"药+食"健康产业高质量发展科技示范工程项目——医药工业伴生资源综合开发与循环利用 项目以"循环、优质、高效、和谐"为总体目标，以综合利用的模式全力打造绿色低碳工业园，该项目已整体进入高质量运行阶段，6条自动化生产线已实现满负荷运行，效率较试运行时提高了3倍，累计生产稳心颗粒超过2.5亿袋。

国内规模较大的基于DCS的自动化控制系统 提取生产线年提取中药材3.85万吨，累计生产宣肺败毒颗粒超过2000万袋，基本完成中药渣等生物质废弃物能源化利用。

建设废水处理沼气富集、利用设施一套 建设调试完成雨水回收示范系统一套，排水调蓄效果良好。

【科技人才管理】 加强人才储备，吸引、聚集更多高层次科技人才创新创业，集聚院士、首席科学家等高端人才50余人，引进、培育科技类泰山领军人才13人、市级以上创业人才35人，均居菏泽市前列。列入国家火炬计划项目1项，合作专家入选科技部人才工程。

（菏泽鲁西新区 刘全涌）

青岛蓝谷高新技术产业开发区

【概述】 2022年,青岛蓝谷高新技术产业开发区(以下简称青岛蓝谷高新区)完成规模上工业总产值273亿元,"四上"企业达到52家,高新技术企业57家,青岛市级企业技术中心1个,院士工作站1个,经青岛市工信局认定的智能化工厂2个、自动化生产线(数字化车间)企业2个。2022年,围绕高新区要高新起来,通用机场要建起来、飞起来、火起来,产业兴起来,综合保税区要发展起来"三条主线",加快推动"通航新城、保税智港"高质量发展。

【体制机制】 加快推动瘦身强体 按照"一加强、两剥离、两整合"的要求,迅速整合资源、优化配置,组建了职责明确、精简高效的青岛蓝谷高新区党工委和管委会,行使对园区的党建和经济发展等相关管理权,将原先承担的社会管理职能剥离给灵山街道,将开发运营职能剥离给青岛华航通达等国有平台公司。科学设置6个内设机构,撤销原高新区管委所属7个事业单位。

选优配强干事创业团队 按照"全体起立、重新上岗、择优选配、统筹安排"原则,面向社会公开选聘优秀干部,选优配强工作团队。管委共有工作人员30名,89%的工作人员具有大学学历,28%的工作人员具有研究生学历,干部队伍年龄结构、学历层次不断优化,后续将新聘用工作人员13人,届时工作人员将达到43名,人员力量得到进一步充实。

深化人事和薪酬制度改革 围绕深化人事和薪酬制度改革,创新差异化绩效考核评价办法,研究制定《青岛蓝谷高新区薪酬管理办法》《青岛蓝谷高新区绩效考核办法》等制度文件;围绕经济发展相关方面,出台《关于加快青岛即墨综合保税区开放发展的意见》等文件,配合区自然资源局完善"标准地"出让试点方案,制定《青岛蓝谷高新区工业用地"标准地"出让制度》等文件。围绕日常管理方面,出台《青岛蓝谷高新区工作人员行为规范》《青岛蓝谷高新区考勤和请销假制度》等17个规章制度。

【产业发展】 通用航空产业 作为青岛市通航产业综合示范区核心区,主要发展航空总装、配套制造、通航运营业,紧盯直升机、无人机、大飞机、电动飞机4个主攻方向,打造"18个一"通用航空产业链。龙头企业空中客车直升机(青岛)有限公司的空客H135直升机项目于2019年4月投产运营,开启空客直升机"中国·青岛造",已累计交付直升机27架。在龙头企业带动下,已相继吸引佳诚和航空维修、赛峰发动机、欧森无人机等配套项目签约落户,涵盖直升机、无人机等航空器总装、部件制造、维修改装、通航运营、飞行员培训、融资租赁等多个领域。除了已签约落户的项目外,还有20余个通用航空项目正在洽谈中。作为青岛第二个通用机场的即墨通用机场(A1级),将于2023年上半年建成并投入使用,随着即墨综合保税区的开关运行,未来也将与机场优势互补,对加快航空产业集聚发展,提高通航产业配套水平和构建"区场一体、互联互通"独具特色的通用航空产业发展模式起到重要推动作用。

综合保税产业 即墨综合保税区于2021年4月28日正式开关运作,依托这一国家级平台优势,加快打造即墨对外开放新高地。做强产业载体。加快搭建跨境电商综合服务平台、国际能源供应链交易平台等,推动3个保税物流仓库和智能制造产业园等载体正式投入使用,现已引进企业10余家。扩大外贸规模。依托浦源、科沃饲生物科技等项目,促进综保区存量企业进出口,引进新加坡东方石油、新亿海能源等28项项目,保税企业主体累计达到80余家。培育创新业态。深入贯彻落实国务院关于综保区21条政策要求,结合项目储备,合理布局9610、9710、9810等多模式集聚发展。2022年9月,正式获批国家税务总局一般纳税人资格试点,有效解决区内企业进项税额无法抵扣等问题。

高端制造产业 打造集汽车制造、电子信息、精密器械、新型材料、安全产业于一体的高端制造产业基地。一汽解放青岛汽车有限公司继续发挥汽车产业龙头带动作用,吸引汽车类项目百余个;投资130亿元的奇瑞青岛乘用车基地项目,占地约893亩,主要生产T2X平台系列乘用车,已于2022年11月18日整车(星途瑶光车型)下线,创造了奇瑞汽车全国13个整车工厂建设的最快速度;由国家发展改革委立项、应急管理部投资的危险化学品重大事故防控技术支撑中心项目,总投资30亿元,主体施工完毕,计划2023年9月前投入使用。

【科技创新】 出台科技创新政策。通过政策引导和激励，在引进支撑优势产业发展新型研发机构、支持创新孵化载体提质增效、支持科技成果就地产业化、梯度精准培育高新技术企业、助力企业研发创新、鼓励企业建设创新平台、集聚高层次科技创业人才等8个方面政策发力，切实发挥科技创新对蓝谷高新区经济社会发展的支撑引领作用。加快培育重点平台，重点扶持推进牧远孵化器和汉格斯特智能制造产业园项目。孵化器规划建筑面积不低于5000平方米，产业定位新能源新材料与精密制造，计划5年内培育（引进）高新技术企业不低于50家，引进硕士以上高端人才不低于50人，新授权或受让发明专利不低于100个，力争5年内培育认定为国家级孵化器。产业园项目依托由青岛理工大学发展总公司、汉格斯特（青岛）新能源有限公司联合成立的青岛理工智能与洁净精密制造研究院，由7位国家级、省市级高层次人才组成的专家团队，由汉格斯特（青岛）新能源有限公司运营，联合青岛尧远投资运营有限公司、中信银行青岛即墨支行以及多家科技服务机构打造政、产、学、研、金、服、用"七位一体"的创新服务体系，将打造培育成为青岛市高端的新能源新材料与精密机械智能制造科技产业园区。

【人才集聚】 围绕创新政策聚人才、拓宽渠道聚人才、优化生态聚人才等工作，打好招才引智'组合拳'，实现政策"引才"、平台"聚才"、产业"兴才"、环境"留才"，凝心聚力加大人才引进力度和做好人才引进服务。夯实企业的创新主体地位，新入库科技型中小企业入库量连年攀升，已认定高新技术企业数量同比增长54%，企业拥有发明专利数量同比增长76.3%；新引育硕士及以上各类人才百余人，新引进博士及以上人才8人。获国务院批复成为国家双创示范基地，蓝谷创业中心获科技部批复成为国家级孵化器，实现"零"的突破。

【科技成果转化】 围绕"有技术"和"要技术"两个群体完善服务体系，多管齐下推动科技成果转化，提升科技成果本地转化效率，累计实现成果交易额12亿元。强化创新企业在成果转化中的主体地位，推动园区重点企业与园区外重点院所产学研深度融合发展，辖区内青岛义和钢构有限公司、青岛格瑞特表面处理有限公司等多家公司相继与青岛理工大学、青岛科技大学等多家青岛知名高等院校强强联合，由高等院校为工业企业提供智力和技术支持，助力区域工业实体经济高质量发展。院所产业化能力逐步提升，通过"研究院＋产业平台公司＋成果转化公司"模式，各研究院孵化公司累计超过20家，开展成果孵化收效明显。成果转化平台服务能力凸显，发挥多平台互联优势，依托青岛海洋科技创新创业联盟和国家海洋技术转移中心，联动半岛科创联盟、柠檬豆、卡奥斯等平台，借力万链·青科信指数联合实验室大数据处理能力，充分挖掘本地产业需求，精准匹配资源，搭建全链条生态。

（青岛蓝谷高新技术产业开发区 刘 佳）

潍坊（寿光）高新技术产业开发区

【概述】 潍坊（寿光）高新技术产业开发区（以下简称寿光高新区）面积36.56平方千米，形成生物医药产业园、蔬菜高科产业园、现代物流产业园"一区三园"发展格局。秉承创新基因，持续推动项目集聚、产业升级，初步构建了以蔬菜育种产业为核心，生物基新材料产业、动力装备制造产业协同发展的"1+2"特色产业体系，先后"荣获山东省高端装备制造产业园、2022年中国省级开发区高质量发展百强"等称号。巨能金玉米、联盟化工、晨鸣纸业、凯马汽车、墨龙石油机械、康跃科技、鲁丽集团、同成医药、玉马遮阳、富康制药、航天威能、三洋木制品、天力药业等国内外知名企业入区。

【科技成果与奖励】 构建"搭建一个平台，带动一个产业"的发展模式，在蔬菜育种、生物基新材料领域布局了山东省设施蔬菜分子育种重点实验室、山东省淀粉生物基材料与绿色制造重点实验室2家省级重点实验室，山东省设施蔬菜技术创新中心、山东省溴系列药物技术创新中心、山东省西甜瓜技术创新中心3家省级技术创新中心，成为推动重大基础研究成果产业化，引领产业高质量发展的重要创新载体。另外，通过与中国科学院、中国农业科学院、山东大学、荷兰瓦格宁根大学等国内外知名科研院校的产学研合作，建立了省级工程技术研究中心14家、省重点实验室1家、专家工作站、院士工作站8家、新型研发机构4家。

【科技合作与交流】 以蔬菜育种、生物基新材料、动力装备制造三大主导产业为引领，实行产业链创新链"双链包靠"融合发展。蔬菜育种领域，通过聚合国内外农业高校、科研院所和种业龙头等优质资源，探索出一条集种质、研发、成果、繁育和市场于一体的新模式，建立起以设施蔬菜技术创新中心、种质资源保护中心、育种基地、工厂化育苗中心为核心的育种体系，已培育拥有自主知识产权的品种140个，年育苗能力达到17亿株。生物基新材料领域，建成巨能金玉米年产两万吨乳酸、聚乳酸、丙交酯项目，上药信谊富康药物研究院项目等延链补链项目，建立了淀粉到淀粉基热塑复合材料和双氰胺到盐酸二甲双胍的两条完整产业链，实现了"从一颗玉米到一粒生物基可降解材料""从一块石头到一粒药片"的全产业链发展。动力装备制造领域，航天威能二期"军用支援特种装备研发及产业化"项目，已完成整体工程建设进度的60%，该项目是一期项目的延伸和提升，建成后可实现航天科工集团西安、深圳、成都等研发中心科研成果在寿光高新区落地转化，提升高端军用装备生产能力。

【战略性高新技术产业发展】 围绕"做大总量、优化结构、提升能力"持续发力，建立龙头企业引领支撑、高新技术企业、科技型中小企业为重点，中小微企业积极参与的企业创新联合体，支持企业深耕细分领域提升综合竞争力。实施高新技术企业"育苗造林"行动，依托国家科技型中小企业库建立高新技术企业培育库，对培育库内企业实行"一对一"精准培育。强化政策引导，针对高新技术企业认定、科技型中小企业评价及相关优惠政策进行专题培育，培育出潍科软件、联盟特种装备等高新技术企业112家，推荐29家企业申报省中小微企业升级高新技术企业财政补助资金，组织符合条件的66家科技型中小企业纳入国家科技型中小企业库。

【创新型科技园区建设】 寿光高新区科技创新产业园规划占地面积1000亩，总投资22亿元。高标准建设多层厂房及配套中心，重点安置科技型、创业类优质轻资产项目。园区采取政府引导，企业化运作的模式，厂房可租、可买、可定制、可办理独立产权。项目一期占地100亩，建筑面积7万平方米，建设标准车间9座，为多层框架结构，车间一层高8米，二层高4.5米，三层高3.9米，每个车间可拆分为2~3个独立空间。一期车间已全部建成，并投入使用。项目二期占地300亩，规划14个高标准车间，4个双层标准车间正在建设，车间一层高8米，二层高6米，其余10个车间正按照入园项目的需求进行个性化定制设计。园区按照"高端、创新、融合、共赢"的发展理念，引导新材料、高端装备、生物医药、新一代信息技术等产业的科技型企业向园区聚集，建设集研发、生产、生活、休闲于一体，具备"科技、生态、现代"等特点的智慧园区。园区坚持高标准招商，严把项目入园关，已落户项目10个，总投资18亿元。

【创新型（试点）企业培育】 深圳索理德科技股份有限公司投资建设的硅碳负极材料项目，总投资1.2亿元，落户本区科创园1期，建设高首效锂电池硅碳复合负极材料生产线10条，购置碳包覆CVD设备、锂盐复合系统、激光粒度等主要设备94台（套）。项目达产后，形成年产1万吨高首效锂电池硅碳复合负极材料。产品性能达到了行业领先水平。

【重大项目进展选介】

山东恒邦中科生物工程有限公司高含量美洛昔康等新型高端兽药制剂产业化 该项目计划总投资1.5亿元，建设高标准GMP车间及配套设施20432平方米，新购置注射液剂、口服溶液剂、颗粒剂、中药提取及动物用卵黄抗体等8套GMP生产线及动物疫病诊断检测实验室。研发团队经过11年的试验创新，现已掌握26款兽药字号产品核心技术，主要产品有：美洛昔康注射液、硫酸头孢喹肟注射液、氟尼辛葡甲胺注射液、恩诺沙星溶液、氟苯尼考溶液、板青颗粒、清瘟解毒口服液、鸭肝炎病毒卵黄抗体、小鹅瘟病毒卵黄抗体、法氏囊病毒卵黄抗体等。

国发高分子完全生物降解填充材料和完全降解塑料袋、膜生产 该项目总投资1.3亿元，建设完全生物降解填充材料和全降解塑料袋、膜生产线。通过科研自主研发的自有助剂，在不改变完全生物降解、材料力学性能的情况下，使降解材料价格降低50%。降解过程不产生任何污染，且性能优异。该项目属于0913其他高性能树脂的PBS/PBAT/PBSA聚酯类可降解塑料，是国家重点发展的领域。

【科技人才管理】 开展产业链招才引智，先后组织10余家企业到深圳、上海、北京、大连等地开展科技对接活动3次。推动巨能金玉米、富康制药、玉马遮阳等企业与山东大学、上海交通大学、中国科学院等高校院所共建合作平台17个，先后引进中国工程院院士、中国石油大学教授等一大批高层次人才。建设了金玉米生物技术领军人才产业基地、鲁寿种业蔬菜选育技术省级引智成果示范基地等创新创业平台，采取"研究院+孵化器"模式，为创新创业人才提供办公场所、研发实验室、中试设备、后勤保障、基础设施、建设用地等全方位要素保障。

[潍坊（寿光）高新技术产业开发区 桑 岩]

高校科技发展

GAOXIAO KEJI FAZHAN

高校科技发展综述

【概述】 2022年，山东省有普通高等学校153所，其中，普通本科66所（其中45所公办学校、21所民办），独立学院4所，普通专科8所，高职75所（含民办2所，成人高校11所）。山东大学、中国海洋大学和中国石油大学为国家"双一流"重点建设高校3所。

【科技人员】 2022年，山东省高校共有科技人员98365人，其中，教授8563人，副教授18502人，其他技术职务系列高级人员2722人。人文社科活动人员60358人，其中，教授5035人，副教授15196人。

【科技项目与经费】 2022年，山东省高校共承担科技课题51434项，其中，科技部重大专项34项，国家重点研发计划项目1041项，国家自然科学基金项目8761项，企事业单位委托科技项目19277项，国际合作项目24项；承担人文社科课题40208项，其中国家社科基金项目1858项，教育部人文社科研究项目1212项。2022年度拨入科技经费1652345.4万元，人文社科经费190551.8万元。

【科技成果】 2022年，山东省高校出版科技著作340部，发表科技学术论文76874篇，被SCI、EI、ISTP三大检索系统分别收录论文37137、13959、804篇；获省部级科技奖励218项。出版人文社科著作1402部，发表论文15424篇，获得省部级以上奖励142项。2022年，山东省高校签订技术转让合同2099项，合同金额57086.8万元，本年实际收入49982.1万元。申请专利22000件，其中，发明专利14926件，实用新型5847件；授权专利19287件，其中，发明专利12521件，实用新型5703件。

【重点学科建设】 为贯彻落实省委、省政府关于推进全省高等教育高质量发展的决策部署，根据《山东省人民政府办公厅关于印发〈山东省高水平大学建设实施方案〉的通知》（鲁政办字〔2020〕79号）《山东省教育厅 山东省财政厅关于印发山东省高等学校高水平学科建设实施方案的通知》（鲁教高发〔2020〕1号）精神，结合山东省产业发展需求，印发《山东省教育厅关于公布山东省高水平大学和高等学校高水平学科建设名单的通知》（鲁教高字〔2020〕3号），确定省属高校"高水平大学"建设单位15个，参照省属高校学科建设标准，从驻鲁部属高校和省委党校中，确定"高水平学科"建设项目51个。2022年，指导各高校制定高水平大学和高水平学科建设方案，进一步加强学科建设，优化学科结构，提升学科整体实力。

【科研创新平台建设】

强化战略科技力量重构山东省高校实验室体系 整合本省高校战略科技力量，建立了同国家和省实验室体系相融合、具有山东高校特色、体系完整、层次分明、方向凝练、领域广泛、文理全覆盖、使命导向突出的高校实验室体系，为有组织科研提供重要的平台依托。认定建设了62个山东省高等学校实验室、100个山东省高等学校重点实验室、104个山东省高等学校特色实验室、81个山东省高等学校文科实验室。

布局黄河流域协同创新中心 围绕黄河流域生态保护和高质量发展重大战略，指导山东省高校协同西安交通大学、郑州大学、中国科学院西北生态环境资源研究院等黄河流域8省区的730余家单位，立项建设山东大学黄河流域急危重症医学高质量发展协同创新中心等106个服务黄河流域生态保护和高质量发展协同创新中心，开展学科建设、人才培养、文化传承、产学研合作，不断汇聚创新要素，激发创新活力，推动教育链、人才链、创新链、产业链深度合作，增加更多高质量科技供给，助力黄河流域生态保护和高质量发展。

新认定一批高校工程研究中心 做好山东省省属高校工程研究中心建设，引导高校面向世界科技前沿、面向经济主战场、面向国家重大需求、面向人民生命健康，开展关键核心技术、前沿引领技术、现代工程技术、颠覆性技术的攻关创新，更好服务山东省区域发展战略和经济社会发展，在省属本科高校认定了66个山东省高等学校工程研究中心。组织高校服务山东省主导产业、战略性新兴产业发展和"十强"现代优势产业集群需求，深化同产业园区、行业企业的产学研合作，提升应用技术研发和成果转化能力，产出一批具有自主知识产权和良好市场前景的重大科技成果，为本省绿色低碳高质量发展做出更大贡献。

开展高校新技术研发中心建设 为全面贯彻习近平总书记对山东工作"三个走在前"重要指示精神，深入落实《教育部 山东省人民政府关于整省推进提质培优建设职业教育创新发展高地的意见》(鲁政发〔2020〕3号)要求,发挥山东省高等职业院校人才和资源优势,对接山东省新旧动能转换重大工程和"十强"现代优势产业集群需求,促进新技术应用研发推广,在山东省高等职业院校认定高等学校新技术研发中心126个,为山东省职业教育高质量发展提供有力平台支撑。

加强科技成果转化平台建设 打造一批示范性科技成果转化平台,印发《山东省教育厅关于公布第二批山东省高等学校科技成果转化和技术转移基地名单的通知》(鲁教科字〔2022〕3号),认定了青岛农业大学等18个高等学校科技成果转化和技术转移基地;印发《山东省教育厅关于公布第三批山东省高等学校科技成果转化和技术转移基地名单的通知》(鲁教科函〔2022〕80号),认定了山东农业大学等14个高等学校科技成果转化和技术转移基地。山东理工大学获批高校国家知识产权信息服务中心,山东省中心总数达到7个。

(山东省教育厅 王 勇 王龙升)

山东大学

【概述】 山东大学占地面积8000余亩,形成了一校三地(济南、威海、青岛)的办学格局,是中国学科门类最齐全的大学之一,在综合性大学中具有代表性,拥有博士学位授权一级学科44个,博士学位授权二级学科1个,硕士学位授权一级学科51个,本科招生专业93个,博士后科研流动站42个,涵盖除军事学以外的所有学科门类。学校现有在校生近7万人,专任教师4600余人,其中,中国科学院和中国工程院院士(含双聘)21人,长江学者特聘教授42人,长江青年13人,国家杰出青年科学基金获得者55人,优秀青年科学基金获得者42人,国家特支计划领军人才32人、青年拔尖人才16人,国家百千万人才工程入选者39人;国家级各类平台基地26个,教育部人文社会科学重点研究基地4个,部委级平台51个,另有大批省级重点实验室和工程技术研究中心;拥有多家直属附属医院;与30多个国家和地区的200余所学校签署了校际合作协议。中国特色社会主义进入新时代以来,学校的整体实力和国际影响力明显增强,加快"由大到强"的历史性转变,18个学科的学术影响力和贡献能力进入ESI世界排名前1%,5个学科进入ESI前1‰,金融数学、晶体材料、凝聚态物理、胶体界面化学、微生物、机械、材料学、心脑血管功能修复、新药制造、中国古典哲学等学科均达到国内一流水平,有些方向和领域已处在世界水平,家国情怀、担当精神、崇实品格、创新素养的"山大基因"广受赞誉。

【科技项目与经费】 2022年度,山东大学自然科学竞争性实到科研经费237019.47万元。其中,各类科学基金实到经费58524.87万元,国家各级政府高新技术实到经费98190.68万元,科技开发实到经费74142.84万元。

【科技成果】

科技奖励 2022年,山东大学获山东省科学技术奖共计36项(含参与获奖12项),其中,山东大学作为第一完成单位获一等奖6项、二等奖16项,一等奖获奖数量及占比均实现增长;山东大学第二医院崔琳琳教授获科学技术青年奖,山东大学齐鲁医院特聘教授曹义海院士获国际科学技术合作奖;山东大学作为参与单位获一等奖1项、二等奖11项。另外,山东大学作为参与单位获得其他省级科学技术奖共计5项。2022年,根据《教育部科学技术与信息化司关于2022年度高等学校科学研究优秀成果奖(科学技术)会议评审结果公示的通知》,山东大学作为第一完成单位拟获奖12项,其中,建议授予一等奖6项、二等奖6项,一等奖获奖数量和获奖总数均取得重大突破。

科技论文 2022年,10名教授入选科睿唯安2022年度全球高被引科学家,53名教授入选爱思唯尔2021年度中国高被引学者。一批科研成果相继在国际顶级期刊上发表。据中国科学技术信息研究所统计数据,山东大学共发表科学引文索引扩展版(SCIE)收录(2021年度发表)论文6324篇,在全国高校排名中列第10位。在SCIE收录论文中,中国卓越科技论文3627篇,在全国高校排名中列第16位。学科影响因子前1/10的期刊收录论文1557篇,在全国高校排名中列第11位;作为第一作者国际合著论文收录1064篇,在全国高校排名中列第16位。工程索引核心部分(EI)收录期刊论文3361篇,在全国高校排名中列第20位。科技会议录引文索引(CPCI-S)收录论文222篇,在全国高校排名中列第25位。

Structural basis for the tethered peptide activation of adhesion GPCRs 和 *Tethered peptide activation mechanism of the adhesion GPCR ADGRG2 and ADGRG4* 山东大学基础

医学院教授团队在 Nature 上分别以 Structural basis for the tethered peptide activation of adhesion GPCRs 和 Tethered peptide activation mechanism of the adhesion GPCR ADGRG2 and ADGRG4 为题，背靠背发表两篇关于黏附类G蛋白偶联受体（adhesion GPCR，aGPCR）的研究成果，阐明aGPCR自激活及对机械力感知的机制，提出aGPCR激活的"手指模型"，并创新性构思出通用多肽配体拮抗剂的开发方案。

Translatome and transcriptome co-profiling reveals a role of TPRXs in human zygotic genome activation 山东大学生殖医学研究中心教授团队联手清华大学教授团队，发现了人类早期胚胎翻译调控新机制，以长文（article）形式在 Science 发表题为 Translatome and transcriptome co-profiling reveals a role of TPRXs in human zygotic genome activation 的文章。该研究绘制了人类卵子向早期胚胎转变过程中的翻译图谱，发现了一组重要的调控人类合子基因组激活和早期胚胎发育的关键转录因子，首次报道了人类与小鼠在卵子向早期胚胎转变过程中，翻译水平动态变化存在物种差异。该研究为人类早期生命探索、胚胎质量评估、生殖疾病研究提供了新方向，为提高生殖健康水平和预防出生缺陷奠定了重要基础。

专利申请与授权 2022年，山东大学申请专利2447件，其中，申请国内发明专利2258件、国际发明专利57件、实用新型专利120件、外观设计专利12件；山东大学专利授权2586件，其中，国内发明专利授权2194件、国际发明专利授权115件、实用新型专利授权254件、外观设计专利授权23件。

【基础研究】

自然科学基金 2022年，山东大学自然科学领域各类基金项目实到经费58524.87万元，新上项目1255项，立项经费52328.18万元。

国家自然科学基金 2022年度，山东大学国家自然科学基金项目实到经费43709.74万元。山东大学共申报国家自然科学基金项目3045项，获批立项项目609项（含海外优青26项），立项直接经费34617.18万元（另有间接经费5775.97万元）。获批国家杰出青年科学基金项目6项，立项数较2021年度翻一番，优秀青年科学基金项目12项，人才项目首次覆盖国家自然科学基金委所有9个学部；获批重大和重点项目共33项，创历年新高。

山东省自然基金 2022年，山东大学省级自然科学基金项目实到经费14815.13万元。山东大学组织申报省级自然基金1795项，获批立项646项，立项经费17711万元。其中，山东省自然科学青年项目328项，获资助经费4915万元，面上项目获得立项145项，获资助经费1450万元；优秀青年基金项目获得立项23项，获资助经费1150万元；杰出青年基金项目获得立项16项，获资助经费1600万元；重大基础研究项目获得立项18项，获资助经费2789万元；创新发展联合基金项目获得立项14项，获资助经费760万元。

【应用研究与高技术研究】

高新技术 2022年，高新技术类项目实到经费98190.68万元。各级政府高新技术项目立项622项，立项经费120769.87万元。

国家科技计划 国家级及部委级高新技术项目实到经费60201.83万元。新立项541项，立项经费81645.87万元。山东大学牵头国家重点研发计划项目17项，国家其他部委共建项目1项；主持国家重点研发计划及科技基础资源调查专项课题51项。牵头项目和主持课题获批国拨总经费36812万元。

国家重点研发计划 山东大学获批立项国家重点研发计划项目17项，其中，青年科学家项目2项、国际科技创新合作项目4项，项目获批国拨总经费17050万元。主持承担国家重点研发计划课题（山东大学科研人员参加外单位牵头的项目）50项，获批国拨经费17942万元。

国家其他科技计划项目 山东大学获批国家发展改革委、教育部、国家密码管理局共建项目1项，科技基础资源调查专项课题1项，获批国拨总经费1820万元。

地方政府科技计划项目 地方政府高新技术项目实到经费37988.85万元。地方政府高新技术项目新立项81项，立项经费39124.00万元，其中，山东大学主持立项的山东省重大科技创新工程项目6项、科技示范工程1项，获批立项经费共计9250万元，驻鲁高校服务山东项目实现山东大学纵向项目单项立项经费新突破，徐现刚和陈玉国团队分别获批经费13953万元和12092万元。

【科技成果转化】 2022年，山东大学科技成果转化年度完成转化经费20568.5万元，合同签订86项，合同金额13786.50万元。实施转让与许可的专利数达到223件，注重打造专利群的氛围增强。

【科技创新平台建设】 截至2022年底，山东大学现有政府主导类科研平台（自然科学类）共计210个，其中，国家级科研平台15个、部委级科研平台40个、省级科研平台155个。

全国（国家）重点实验室建设 晶体材料国家重点实验室聚焦国家在功能晶体材料领域的重要战略需求，2022年度实验室承担国家重大工程供货任务，立项经费达亿元以上，为实现重大工程关键材料批量供货，实验室加强与地方政府对接，启用章丘晶体材料中试基地空间，已完成部分设备的安装调试工作。

微生物技术国家重点实验室 强化协同攻关能力体系建设，加强领军人才引育工作，2022年度2名欧洲科学院院士依托实验室获国家级领军人才项目支持，另引育5名国家级人才；实验室聚焦产业创新需求，持续推进创新链与产业链的精准对接，实验室已与青岛啤酒、华熙生物、齐鲁制药、华大基因、安琪酵母等头部企业形成了良好的合作基础。

新建全国重点实验室 山东大学作为依托单位之一，与济南二机床集团有限公司共建的金属成形高端装备与先进技术全国重点实验室、与徐州工程机械集团有限公司共建的高端工程机械智能制造全国重点实验室通过了科技部组织的第一批全国重点实验室重组评审，获批立项建设。

全国重点实验室重组工作 山东大学作为第一依托单位牵头建设的地下工程灾害防控与安全建造全国重点实验室通过教育部新建全国重点实验室预审，进入科技部第二批国重重组评审答辩序列；山东大学作为依托单位之一，与南京医科大学共建的生殖医学与子代健康全国重点实验室、与石家庄以岭药业股份有限公司共建的络病学术创新转化全国重点实验室也进入了科技部第二批国重重组评审答辩序列。

科研平台新增情况 2022年，山东大学获批立项建设省部级以上科研平台43个，其中，国家级科研平台3个、部委级科研平台2个、省级科研平台38个。

【**学科建设**】首轮"双一流"建设，新增2个国家"双一流"建设学科。准确把握国家第二轮"双一流"精神，分两个层次谋划布局4个优势学科领域和8个特色学科领域。5个学科进入ESI全球排名前1‰，19个学科进入ESI全球排名前1%，25个学科进入国际主流学科排名前100。

【**大学科技园建设**】2022年，山东大学国家大学科技园，按照"学科＋产业"特色模式，加快凝聚创新资源，提升科技创新支撑能力，促进经济社会高质量发展。以落实山东大学服务山东战略为核心，科学谋划、精心设计，统筹推进科技园体系建设。围绕科技园核心功能定位，探索环山东大学周边及市地建设大学科技园区的建设模式，布局建设济南长清、德州、淄博科技园；与禹城市、东平县进一步深化合作，二个分园园区高质量发展已进入实质性实施阶段。

国家大学科技园中心园区 2022年，园区投入5000万元孵化器新药创制研发平台完成，山东大学创新药物研究院药剂和化药实验室实现从"校园"到"园区"的转型升级；园区运营主体百廿公司逐步实现规范化运行，完成组织架构搭建、管理制度建立、项目入园孵化管理等重大事项决策。

山东省国家转移人才培养体系 协同山东省技术市场协会及黄河科创联盟，围绕技术转移和成果转化，共同组织开展中级技术经纪人培训班，200余人取得结业证书。

山东省工业技术研究院获批山东省专利技术转移转化试点单位 2022年，专利服务团队有效支撑服务了国家专利金奖1项；引进德国史太白智能制造技术转移中心落户山东工研院，成为国内唯一与史太白智能制造研究所直接签约的科研机构。受山东省科技厅委托作为承办单位组织了2022中德科技创新合作大会、2022年建设中国·山东博士后创新创业大赛等重大活动与赛事。2022年度推动建设创新与转化应用平台6家，申报国家级、省部级创新人才项目13人次，获批7人次。截至2022年11月底，培育科技型中小企业入库企业9家；培育高新技术企业6家，培育企业就业人数新增317人；培育企业总利税3500万元；服务企业数量达到41家。

【**科技人才培养与队伍建设**】

2022年度山东大学国家自然科学基金杰出青年一览表

序号	姓名	院所单位	人才称号
1	贾春江	化学与化工学院	国家科学基金获得者
2	王守宇	空间科学与物理学院	
3	于 晓	基础医学院	
4	史全岐	空间科学与物理学院	
5	高 峰	控制科学与工程学院	
6	杨建益	数学与交叉科学研究中心	

2022 年度山东大学科技部科技创新领军人才一览表

序号	姓名	院所单位	人才称号
1	熊胜林	化学与化工学院	科技创新领军人才
2	颜军昊	生殖医学研究中心	

2022 年度山东大学国家自然科学基金优秀青年一览表

序号	姓名	院所单位	人才称号
1	肖　鹏	基础医学院	国家优秀青年科学基金获得者
2	吴长生	微生物技术研究院	
3	秦　伟	物理学院	
4	彭珍玲	数学与交叉科学研究中心	
5	郑昭科	晶体材料研究院	
6	张群姿	经济学院	
7	李佳硕	威海前沿交叉科学研究院	
8	刘冰玉	基础医学院	
9	张　涛	公共卫生学院	
10	陈　良	材料学院	
11	元　辉	控制科学与工程学院	
12	邢相洋	控制科学与工程学院	

2022 年度山东大学全球高被引学者一览表

序号	姓名	院所单位	学科领域
1	戴　瑛	物理学院	交叉学科
2	冯金奎	材料科学与工程学院	
3	张茂杰	国家胶体材料工程技术研究中心	
4	熊胜林	化学与化工学院	
5	张进涛	化学与化工学院	
6	黄柏标	晶体材料研究所	
7	刘　宏	晶体材料研究所	
8	李同兴	控制科学与工程学院	数学
9	魏乐义	软件学院	计算机科学
10	张　宁	山东大学前沿交叉科学研究院（威海）	交叉学科

2021 年度山东大学中国高被引学者一览表（2022 年公布）

序号	姓名	院所单位	学科领域
1	武传松	材料科学与工程学院	材料科学与工程
2	尹龙卫	材料科学与工程学院	
3	赵国群	材料科学与工程学院	
4	刘俊霞	法学院	法学

续表

序号	姓　名	院所单位	学科领域
5	王　霞	公共卫生学院	公共卫生与预防医学
6	席　波	公共卫生学院	
7	曹枫林	护理与康复学院	护理学
8	陈代荣	化学与化工学院	化学
9	孙　頔	化学与化工学院	
10	熊胜林	化学与化工学院	
11	杨　剑	化学与化工学院	
12	郑利强	化学与化工学院	
13	赵宝祥	化学与化工学院	
14	刘汝涛	环境科学与工程学院	环境科学与工程
15	高宝玉	环境科学与工程学院	
16	岳钦艳	环境科学与工程学院	
17	张　建	环境科学与工程学院	
18	刘战强	机械工程学院	机械工程
19	邓建新	机械工程学院	
20	龚瑶琴	基础医学院	生物学
21	林　平	经济学院	应用经济学
22	刘　宏	晶体材料研究所	材料科学与工程
23	黄柏标	晶体材料研究所	
24	薛冬峰	晶体材料研究所	化学
25	于浩海	晶体材料研究所	物理学
26	张怀金	晶体材料研究所	
27	李同兴	控制科学与工程学院	数学
28	王　琦	齐鲁交通学院	交通运输工程
29	李春霞	前沿交叉科学青岛研究院	化学
30	魏乐义	软件学院	软件工程
31	王传新	山东大学第二医院	临床医学
32	杨其峰	山东大学齐鲁医院	
33	张　运	山东大学齐鲁医院	
34	张　宁	山东大学前沿交叉科学研究院（威海）	应用经济学
35	夏光敏	生命科学学院	生物学
36	苗俊英	生命科学学院	
37	王金星	生命科学学院	
38	张举仁	生命科学学院	
39	陈子江	生殖医学研究中心	临床医学
40	彭实戈	数学学院	数学
41	李术才	土建与水利学院	土木工程
42	韩俉颖	外国语学院	外国语言文学

续表

序号	姓名	院所单位	学科领域
43	宋爱民	微电子学院	电子科学与技术
44	赵明文	物理学院	物理学
45	陈峰	物理学院	
46	戴瑛	物理学院	
47	马衍东	物理学院	
48	卢建仁	信息科学与工程学院	光学工程
49	娄红祥	药学院	药学
50	刘新泳	药学院	
51	张娜	药学院	
52	翟光喜	药学院	
53	Daniel A.Bell	政治学与公共管理学院	政治学

【科技合作与交流】

科技开发与技术咨询 2022年度，山东大学科技开发实到经费74142.84万元，横向科研项目新立项1700项，合同额98165.96万元。100万元以上项目310项（其中，立项金额1000万元以上17项、500万元以上45项）。

校地、校企合作 2022年，推动山东大学—华药启创核医学分子影像研究院、山东大学—山东基舜新材料产业研究院、山东大学—华特拓疆海洋装备研究院、山东大学—德普电气新能源与储能控制创新研究院、山东大学—远大医药放射药物研究院、山大达能低碳绿氢产业技术研究院等78个校地、校企共建平台签约，其中合同额达到1000万元以上的合作协议15个。

优化"山东大学科技成果直通车行动"方案 在济南、烟台、淄博、泰安、枣庄等地举办近10场活动，累计30余场活动。实施"政策送上门，服务送到家"活动，在齐鲁医院、基础医学院进行宣讲。与济南科技局、泰安市科技局、高青县、山东能源集团、烟台万华等几十家大型企事业单位多次进行交流，推进项目落地运行。参加第二十四届高交会（深圳）、第十五届百名专家淄川行等多场重大展示活动。依托利用山东省委组织部和江苏镇长团等形式，积极开展科技挂职工作，同时，鼓励科研人员到企业进行兼职，2022年，累计派出挂职及兼职人员300余人。

（山东大学 任敏利）

中国海洋大学

【概述】 中国海洋大学现有全日制在校生32000余人，其中，本科生16000余人、硕士研究生13000余人、博士研究生2600余人。教职工3896人，其中，专任教师2009人，博士生导师505人，正高级专业技术人员735人，副高级专业技术人员960人，中国科学院院士7人、中国工程院院士9人。学校拥有教学和科学考察船舶3艘，包括5000吨级新型深远海综合科考实习船"东方红3"船、3500吨级海洋综合科学考察实习船"东方红2"船、300吨级的"天使1"号科考交通补给船，形成了自近岸、近海至深远海并辐射到极地的海上综合流动实验室系统，具备了一流的海上现场观测能力。学校是青岛海洋科学与技术试点国家实验室的主要依托单位，主持其中"海洋动力过程与气候""海洋药物与生物制品"2个功能实验室的工作，作为骨干力量参与其他6个功能实验室的建设。学校地球科学、植物学与动物学、工程技术、化学、材料科学、农学、生物学与生物化学、环境学与生态学、药理学与毒理学、微生物学10个学科（领域）名列美国ESI全球科研机构排名前1%。获国家技术发明奖一等奖1项、二等奖3项，国家自然科学二等奖2项，国家科学技术进步奖二等奖11项；"十三五"以来，主持国家级各类项目1400余项，获省部级科技奖励60项，被SCI、EI、ISTP等三大收录系统收录论文23000余篇；申请发明专利2962件，授权发明专利1364件，其中国际发明专利29件。

【科技项目与经费】 2022年，学校年度到账科技经费9.11亿元，连续两年突破9亿元大关，续写了学校新一轮一流大学建设和"十四五"时期事业发展乘势而上的新篇章。基础研究2022年内获批国家自然科学基金各类项目208项，首次突破200项大关，创学校历史新高，获批项目经费超1.8亿元，项目资助率近全国2倍，稳居一流大学建设高校前列。解决国家重大战略需求能力显著增强。获批牵头承担国家重点研发计划项目10项，另主持其他国家重点研发计划项目下设课题23个，合同额共计近2.3亿元。服务地方经济发展和成果转化累计获批省市各类项目220项，经费达2.21亿元。其中，服务山东重点建设项目"重要设施养殖鱼类优良种质创制与规模化苗种培育关键技术开发及应用"获批经费8642万元。获山东省自然科学基金数首次破百，达127项，经费数同比增长34%，项目数和经费数均创学校历史新高。签订社会服务合同414项，合同额达1.78亿元，到账经费1.35亿元，连续5年突破1.3亿元大关，以技术服务赋能产业升级，驱动区域经济高质量发展。拓展创新与行业头部企业合作模式，与海尔集团、华熙生物、威高集团等共组建3个联合研究中心和5个联合实验室，合同额达4400余万元。

【科技成果】 包振民院士荣获中国工程院设立的中国工程界最高奖项—第十四届光华工程科技奖，同时获2022年度山东省科学技术最高奖；崔洪芝教授获2021年度青岛市科学技术最高奖；刘勇教授获2022年"科学探索奖"，是学校历史上首位获得该奖项的科学家；毛相朝教授获中国青年科技奖。学校主持获得山东省科学技术奖项目奖7项，其中一等奖3项、二等奖4项。其中获科学技术进步奖一等奖3项，是由工程学院刘勇教授主持完成的成果"新型海上结构物多尺度设计分析与运维保障关键技术及应用"、水产学院艾庆辉教授主持完成的成果"花鲈精准营养研究及绿色高效人工配合饲料开发与应用"和工程学院刘贵杰教授主持完成的成果"大型现代化深远海养殖装备设计制造及智慧运维保障关键技术及应用"；获自然科学二等奖2项，水产学院战文斌教授主持完成的成果"牙鲆高效免疫的细胞与分子基础研究"、海底科学与探测技术教育部重点实验室于胜尧教授主持完成的成果"大陆俯冲带深熔—花岗岩成因及其深部动力学机制"；获科学技术进步奖二等奖2项，分别是食品科学与工程学院牟海津教授主持完成的成果"海洋高值化工程酶的开发及功能食品的生物制造"、海洋地球科学学院邢磊副教授主持完成的成果"非常规高精度地震探测关键技术及应用"。学校首次斩获海洋科学技术奖特等奖、海洋工程科学技术奖特等奖各1项，并获海洋工程科学技术奖一等奖2项。学校教师以第一作者或通讯作者在 PNAS 和 Nature Climate Change、Nature Geoscience、Nature Communications 等上发表高水平论文25篇，是2021年度的1.6倍。学校2项成果入选中国海洋与湖沼十大科技进展，分别为海洋生命学院张玉忠教授作为第一完成人的成果"海洋微生物独特的代谢过程与环境适应的分子机制"以及物理海洋教育部重点实验室赵玮教授作为第一完成人的成果"'南海立体观测网'的构建与信息保障应用取得重要突破"。环境科学与工程学院、山东省海洋环境地质工程重点实验室贾永刚教授领衔的研究团队完成的研究成果"国际首套全海深海底沉积物力学特性原位测试装置研制成功"入选中国地质学会2022年度十大地质科技进展。

【一流学科建设】 实施《中国海洋大学"十四五"学科建设规划》，落实"特色登顶、工科跨越、生命提升、文科繁荣、基础夯实、交叉突破"等方面的举措，根据山东省教育厅《关于进一步做好普通本科高校学科梯队建设工作的通知》，协调相关部门、学科，制定了《中国海洋大学高水平学科建设方案》，实施包括重点建设学科、培育建设学科、扶持储备学科在内的学科梯队建设计划，为优化学科布局奠定良好基础。组织相关部门制定学院建设指标体系，整理了相关学院各指标现有情况和"十四五"末指标预估情况，为推进校院两级管理体制机制改革提供支撑。

【科研成果转化】 2022年，承担横向项目373余项，合同额超过1.5亿元，到账经费超过1.3亿元；技术转让（许可）14项，合同金额187.5万元。其中，与青岛中石大新能源科技有限公司合作，将光－电催化海水制氢技术小试成果进行中试放大，共同研发高效和高稳定性的海水制氢技术，争取打造校企合作新形式，为海洋新能源开发利用提供技术支撑；与中海油北京研究中心合作开展海洋油气开发项目生态保护修复措施有效性评估研究，探索油气开发领域与海洋生态保护领域交叉融合，解决海上油气开发海域使用生态监测指标体系不合理、生态评估体系待优化、效果评估实施流程不规范的难点问题；与海尔集团公司签约推进科技成果转化，依托信息学部、工程学院与海尔集团公司组建海大－海尔工业智能与数据科学联合实验室、海大－海尔数字家庭联合实验室、海大－海尔智慧能耗检测与节能技术联合实验室、海大－海尔智能家电协同创新设计联合实验室、海大－海尔低碳与智慧能源联合实验室，合同金额3852万元；依托医药学院与华熙生物科技股份有限公司共建功能糖组学创新中心，合同金额1000万元；依托食品学院组建中国海洋大学－山东威高健康营养有限公司特医食品联合研究中心和中国海洋大学－山东哲成生物科技有限公司高尿酸血症与痛风食品联合研究中心，合同金额600万元；强化与青岛市西海岸新区的科技合作，助力校城融合发展，争取西海岸新区"高校校长基金"600万元。学校服务区域经济社会发展能力制定了《中国海洋大学科技成果转移转化管理办法》，进一步激发成果转化活力。举办以"云游科普 你我同行"为主题的科技活动周活动，累计3000余人在线参与观看，展示学校在科技创新领域的优秀成果、持续彰显学校在海洋科学普及中的重要作用。

【科技创新平台建设】 与崂山实验室融合互动发展，获批崂山实验室"十四五"重大项目及前沿探索项目经费合同金额近1.7亿元。推进海洋、农业领域全国重点实验室筹建，联合申报"海洋食品加工与安全控制全国重点实验室"成功获批，实现历史性突破。推进科研基地建设，培育基础学科、新兴产业、学科交叉领域增长新动能，海洋物理高端科学仪器教育部工程研究中心获批立项建设，实现了学校在高端科学仪器领域科研平台的重大突破；首次在海洋科学、生物学学科获批山东省基础科学研究中心，获批山东省工程研究中心1个，青岛市工程研究中心2个，青岛市重点实验室2个，青岛市技术创新中心1个；海水养殖教育部重点实验室、海洋生物遗传学与育种教育部重点实验室再次获优秀。

【科技人才培养与队伍建设】 高层次科技人才项目3人获得国家杰出青年科学基金资助，5人获得国家优秀青年科学基金（含海外）资助，学校首次在食品学科获批国家杰青，在交叉学部获批国家优青；1人入选国家火炬计划；2人入选国家级科技领军人才，在药学领域首次入选，国家级高层次科技人才布局日臻完善；获批山东省杰青人才项目4项、优青人才项目5项。学校首批创新交叉团队培育计划重点领域创新团队启动资助，强化实施有组织的科学研究。举办三期"中国海洋大学前沿交叉学术论坛"，围绕国家重大需求和经济社会发展的重大前沿问题开展学术研讨，促进交叉融合。

【科技合作与交流】 获批国家重点研发计划中挪政府间国际合作项目，取得学校极地科学领域国际合作突破。获批"十三五"科技体制改革以来学校首项中美政府间合作项目，为学校开展中美科技国际合作探索了新路径。林霄沛教授领衔的"第二次黑潮及周边海域国际合作研究"（CSK-2计划）被正式接受为联合国"海洋十年"国际大科学计划，助推全球海洋可持续发展、助力海洋命运共同体建设。

【重点成果选介】
海洋微生物独特的代谢过程与环境适应的分子机制（入选2022年度中国海洋与湖沼十大科技进展）研究海洋微生物代谢过程与分子机制，对于更好地认识和利用海洋微生物资源具有重要意义。研究成果于2022年度发表在 *Nature Communications*（5篇）、*Plant Physiology* 和 *Environ Microbiol* 上。

"南海立体观测网"的构建与信息保障应用取得重要突破（入选2022年度中国海洋与湖沼十大科技进展） 该成果以40套自主研发的实时与自容深海潜标为主体，有机整合我国海洋系列天基遥感卫星，以及国产长航程水下滑翔机等多样化观测装备，构建了国际上规模最大、海地空天一体化的区域海洋观测系统——"南海立体观测网"，实现了南海复杂多变的海洋环境全天候、全海域长期连续实时观测；为南海重大演训任务水下环境安全保障及亚洲第一深水导管架平台"海基一号"安装施工的海洋环境信息保障做出重要贡献。2022年4月，习近平总书记视察中国海洋大学三亚海洋研究院，听取了关于上述工作的汇报，相关情况得到新华社、新闻联播等中央媒体集中报道。

国际首套全海深海底沉积物力学特性原位测试装置研制成功（入选中国地质学会2022年度十大地质科技进展） 该团队围绕深海超高压力（100MPa）下海底超软土力学参数精准测试这一国际难题，攻克了深海环境条件下传感器静水压力自平衡滤除、多量程探头智能组合施测、同步传动行程放大贯入、声学正交频分复用和超短基线万米通信定位技术等系列"卡脖子"技术，研发国际首套全海深海底沉积物力学特性原位测试装置，实现了万米深海沉积物土力学性质原位精准测试，贯入阻力测试精度可达0.02kPa。实际应用于我国大洋多金属结核矿区、稀土矿区、海斗深渊区海底土力学测试，使我国成为首个具有全海深土力学原位测试能力的国家。该成果基于国家重点研发计划深海关键技术与装备重点专项，由中国海洋大学、大连理工大学、山东拓普液压气动有限公司、自然资源部第一海洋研究所、深圳市智慧海洋科技有限公司、国家深海基地管理中心、苏州南智传感科技有限公司、青岛海洋地质研究所、中国人民解放军91053部队等单位共同完成。

（中国海洋大学 尹文月）

中国石油大学（华东）

【概述】 2022年，中国石油大学（华东）进入国家"双一流"建设高校行列。学校总占地面积5000余亩，建筑面积130万余平方米，发展形成了"两校区一园区"（青岛唐岛湾校区、古镇口校区以及东营科教园区）的办学格局。学校建有研究生院，有地球科学与技术学院，石油工程学院，化学化工学院，机电工程学院，储运与建筑工程学院，材料科学与工程学院，石大山能新能源学院，海洋与空间信息学院，控制科学与工程学院，青岛软件学院，计算机科学与技术学院，理学院，经济管理学院，外国语学院，文法学院，马克思主义学院，体育教学部等16个教学学院（部），以及荟萃学院、国际教育学院、远程教育学院和继续教育学院。学科专业覆盖石油石化工业的各个领域，石油主干学科总体水平处于国内领先地位。有14个博士学位授权一级学科，3个博士学位授权自主设置二级学科，9个博士授权自主设置交叉学科，2种博士专业学位授权类别；33个硕士学位授权一级学科，1个硕士学位授权二级学科，15个硕士专业学位授权类别，59个本科招生专业；11个博士后流动站。拥有矿产普查与勘探、油气井工程、油气田开发工程、化学工艺、油气储运工程等5个国家重点学科，以及地球探测与信息技术、工业催化等2个国家重点（培育）学科。工程学、化学、材料科学、地球科学、计算机科学、环境与生态学、社会科学总论等7个学科领域进入ESI全球学科排名前1%，其中工程学进入ESI全球学科排名前1‰。地质资源与地质工程、石油与天然气工程2个一级学科入选国家"双一流"建设计划。地质资源与地质工程、石油与天然气工程、化学工程与技术、安全科学与工程、地质学、地球物理学等6个一级学科进入教育部第四轮学科评估全国前十名。学校是石油石化行业科学研究的重要基地，在基础理论研究、应用研究等方面具有较强实力，在10多个研究领域居国内领先水平和国际先进水平。现有重质油国家重点实验室、海洋物探及勘探开发装备国家工程研究中心、非常规油气开发教育部重点实验室、油气加工新技术教育部工程研究中心、石油石化新型装备与技术教育部工程研究中心等34个国家级及省部级科研平台。

【科研项目与经费】 2022年，学校纵向科研项目立项302项，包括国家重点研发计划项目4项、课题4项，财政经费4450万元。首次获批基础科研条件与重大科学仪器设备研发专项项目、战略性科技创新合作重点专项项目；国家自然科学基金项目109项（含重点类项目5项），立项数连续六年超百项，资助直接经费首次破亿元，达到1.2亿元。获批我国矿业工程领域首个国家自然科学基金基础科学中心项目"超深特深层油气钻采流动调控"，经费6000万元。学校签订横向科研合同1122项，其中500万元以上项目5项。到位科研经费8.53亿元。

【科技成果】 2022年，学校获得省部级科技成果奖励83项；授权专利1234件，其中，国际专利40件、国内发明专利994件。1人获山东省专利奖优秀发明家奖。学校作为第一署名单位发表三大检索论文3639篇，其中，SCI收录1788篇，EI收录1826篇，CPCI-S收录25篇。

【一流学科建设】 2022年，学校入选国家新一轮"双一流"建设高校，地质资源与地质工程、石油与天然气工程2个学科入选新一轮"双一流"建设学科。合并实施"双一流"建设与"石油石化学科筑峰计划"，高规格组织深层油气重点实验室建设论证会，为深层油气重点实验室实质性建设及申报国家重点实验室提供了重要支撑；严格预算管理，完成2022年度"双一流"引导专项国拨经费5700万元执行任务。高质量组织完成2023年度"双一流"引导专项6888万元申报工作，优化资金申报额度分配方式，扩大学科分配自主权，一次性全额通过教育部专家组、第三方评审机构的评审；高标准完成"双一流"建设监测数据填报。

【科技成果转化】 2022年，学校签订成果转化类项目合同39项，转化额2172.44万元，其中，专利权转让20件，转化额557.1万元；专利实施许可18件，转化额1495.34万元；软件著作权实施许可1件，转化额120万元。到位成果转化收入812.04万元。学校技术转移中心在山东省级技术转移服务机构绩效评价中，以排名第一的成绩获评优秀等级。

【科技创新平台建设】 学校牵头新建的深层油气全国重点实验室攻坚克难终获推荐，与中国石油大学（北京）共同申报重组的重质油全国重点实验室、作为依托单位参与申报重组的化学品安全全国重点实验室、申报新建的油气管网高效利用与多介质灵活输运全国重点实验室等3个实验室获推荐；智能油田教育部工程研究中心、海上丝路海洋资源环境组网观测技术自然资源部技术创新中心、石油化工节能降碳技术与装备山东省工程研究中心等3个省部级科研平台获批建设；中国－沙特石油能源"一带一路"联合实验室获国家重点研发计划项目资助；3个山东省重点实验室以优秀成绩通过绩效评估，获山东省专项经费支持；黄河三角洲生态保护和高质量发展研究院入选山东省高校服务黄河国家战略特色项目（一类）。截至2022年底，学校在建国家及上级部门重点科研机构已达125个。

【学科建设】 实施"通用基础学科提升计划"，总结验收首轮"通用基础学科提升计划"，接续实施新一轮提升计划，推进海洋物探及勘探开发装备国家工程研究中心、高端化工与能源材料研究中心、黄河三角洲生态保护与高质量发展研究院、青岛软件学院等高端平台建设。2022年，新增立项各类学科设备172台（套），总计11187.58万元，其中，高层次人才学科配套设备85台（套）（2003.03万元），重点平台建设设备87台（套）（9184.55万元）。化学、地球科学学科ESI排名进入全球前1‰，进入ESI全球前1‰学科数达到3个，且前1%学科排名持续提升。

【大学科技园建设】 2022年，青岛园区一期完工交付使用，推动"环石大"创新经济圈建设。园区聚焦科技成果转化，构建全方位创新服务体系，吸引知名企业、研发机构、校友资源、服务机构等来青入园，实现校企深度融合，协同发展打造"环石大"创新经济业态。截至2022年底，有36个项目意向落户青岛园区，其中，26家为与学校相关的企业、教师实验室等机构，为服务学校内涵式发展提供有力支撑。在原有"生态谷"园区基础上，东营"科创未来城"园区正式投入使用，重点引进高端装备、智能制造、生物技术、新材料等优质项目，形成集产业链、创新链、产学研、孵化器、加速器、资本运营等多方资源融合的创新发展服务平台，入驻企业和项目团队总量达到94个，获批入选国家级众创空间、国家级小型微型企业创业创新示范基地。

【人才培养与队伍建设】 实施"光华学者计划"人才引育工程，面向海内外著名高校和科研机构等招聘教师和师资博士后108人，新增国家级重点人才工程入选者6人、山东省重点人才工程入选者25人，其中，国家杰出青年科学基金获得者1人，长江学者讲席学者1人，国家重点研发计划首席科学家1人，国家优秀青年科学基金获得者4人。勘查技术与工程专业教师团队入选第二批"全国高校黄大年式教师团队"，1人获中国青年科技奖，1人获中华国际科学交流基金会杰出工程师奖，2人获中国石油和化学工业联合会青年科技突出贡献奖。

【科技合作与交流】

国内科技合作与交流 服务能源行业及地区经济发展，签署合作协议24项。推进重要合作协议签订，与驻地政府、中石油、中石化、中海油、国家管网及下属企业等签署战略合作协议，与东方物探共建国家油气地球物理勘探技术创新中心，与东营区人民政府共建黄河三角洲生态保护和高质量发展研究院，与中石油昆仑数智、歌尔股份公司共建青岛软件学院。推进协议落实落地，围绕深地深海油气资源利用等重大战略需求，与中石油、中石化、中海油、东软集团联合共建智能油田研究中心，与东软共建的工业互联网与智能软件公共实训基地获批山东省新旧动能转换示范类公共实训基地，与中石化经纬公司合作共建产教融合研究院。教育发展基金会在山东省社会组织评估中获评5A级社会组织，募集资金900余万元，获国家财政捐赠配比资金1117万元。在基金会中基透明指数（FTI）评价中连续6年获评全国第一。

国际科技合作与交流 与亚琛工业大学、惠灵顿维多利亚大学等11所国际知名高校和高等教育机构新建合作伙伴关系，签署战略合作协议25项，累计与49个国家和地区的217所高校和高等教育机构建立了合作交流关系。执行"高等学校学科创新引智基地"（简称国家111计划）6项，获批科技部高端外国专家引进计划10项，获批5项国家留学基金委创新型人才国际合作培养项目，其中，促进俄乌白国际合作培养项目和国别区域问题研究项目均为首次获批，实现了学校文科领域公派项目"零"的突破。获批并执行2项教育部对台交流项目、1项教育部王宽诚教育基金项目。410人次参加国家公派项目、境外学术交流等各类大学生国际交流活动，其中81人获国家公派项目资助。举办"第五届国际过程控制与优化学术前沿论坛""第八届中国过程安全会议"等6场国际学术会议，开展第三届国际教育周活动，邀请境外知名专家390余人面向全校师生开设云端讲座225次，线上授课4000余学时。

高水平学术交流 举办"黄岛讲坛"8期，邀5位中外院士，主题覆盖领域继续扩大。举办"卓青沙龙"24期，邀30余位国家杰青、长江学者等知名专家来校指导。举办高水平学术会议12场，开办学术报告、讲座等300余场。学校科协获评青岛市科协系统先进集体。孙宝江获山东海洋强省建设突出贡献奖先进个人（山东省仅98人），刘建林获第七届中国科普作家协会优秀科普作品银奖（学校首次）。

[中国石油大学（华东） 单宝来]

山东师范大学

【概述】 学校有千佛山和长清湖两个校区，总占地面积近 3850 亩，建筑面积约 135 万平方米。设有 1 个国家级虚拟仿真实验教学中心、1 个国家级实验教学示范中心、1 个省部共建高等学校协同创新中心、1 个教育部重点实验室、1 个教育部工程研究中心、1 个教育部人文社科重点研究基地、7 个山东省重点实验室、1 个山东省工程实验室、1 个山东省大数据实验室、6 个山东省工程技术研究中心、4 个山东省社科理论重点研究基地、1 个山东省重点新型智库、5 个山东省高等学校协同创新中心（其中 1 个示范中心）、7 个山东省高等学校实验教学示范中心、9 个山东省"十三五"高等学校科研创新平台、2 个山东省中华优秀传统文化传承基地、1 个山东省社会科学普及教育基地、1 个地方高校学科创新引智基地、2 个山东省国际合作基地、2 个山东省与特定国家或区域交流合作研究中心、4 个山东省外事研究与发展智库等 70 余个国家级省部级研究培训机构。图书馆建筑面积 6.44 万平方米，馆藏纸质书刊 342.8 万余册、电子书刊 141 万余册，数据库和学习科研平台 206 个。学校学科门类齐全，现有 22 个学院（部），67 个招生本科专业，13 个博士后科研流动站，15 个博士学位授权一级学科、1 个博士专业学位授权点，35 个硕士学位授权一级学科，19 个专业学位授权点，覆盖十大学科门类，学科、专业学位数量居省属高校前列。有 1 个国家重点学科、1 个国家重点（培育）学科。7 个学科进入基本科学指标数据库（ESI）学科排名前 1%。6 个学科进入山东省高水平学科建设行列，其中 2 个学科入选"高峰学科"建设项目；另有 1 个学科入围山东省高水平学科培育学科建设行列。13 个学科在全国第四轮学科评估中进入 B 类等次，为山东省属高校最好成绩。24 个学科上榜 2022 软科中国最好学科排名，其中，6 个学科居省内第一，6 个学科列省属高校第一。在全球自然指数排行榜中，连续 6 年名列山东省属高校第 1 位、中国内地高校第 38 位。学校有 9 个国家级特色专业建设点、40 个国家级一流本科专业建设点、11 个山东省一流本科专业建设点，6 个专业（群）获批山东省高水平应用型立项建设重点专业（群），2 个专业（群）获批山东省教育服务新旧动能转换专业对接产业项目，7 个专业通过师范类专业二级认证。学校科研实力雄厚，"十二五"以来，主持承担国家 863 计划、国家 973 计划、国家重点研发计划、国家自然科学基金、国家社会科学基金等项目 1100 项。

【科技项目与经费】 2022 年，学校承担各级各类纵向项目 200 项，立项经费 10263 万元，到账经费 10505 万元，纵向经费立项经费和到账经费均首次突破 1 亿元，分别同比增长 33% 和 48%。国家级项目 83 项，到账经费 5519 万元。国家重大（重点）项目 4 项，其中，国家自然科学杰出青年科学基金 1 项、国家重点研发计划项目课题 1 项、国家自然科学基金联合基金重点项目 1 项、国家重点研发计划政府间国际科技创新合作项目 1 项。另外获批省部级项目 99 项，到账经费 3962 万元。省重大科技创新工程课题 6 项，省自然科学基金项目 81 项（包括省重大基础研究项目 1 项、省优青 4 项、联合基金 3 项），省软科学研究项目 5 项。其他项目 18 项，到账经费 782 万元。

【科技成果】 2022 年度，获得省科学技术奖 9 项，包括山东省科学技术青年奖 1 项、山东省科学技术进步奖一等奖 1 项、山东省科学技术奖二等奖 7 项（其中 6 项为第一完成单位），获奖结构进一步优化，获奖数量居省属高校首位。此外，3 位教授获第十二届山东省青年科技奖，获奖人数位居全省高校前列。为学校学科建设、人才建设、学校综合实力等方面提供了强有力的科技支撑，也为今后申报国家级奖项奠定了坚实基础，创造了先决条件。与此同时，科技论文产出增长明显。2022 年，学校作为第一单位发表 SCI、EI 收录论文 911 篇，其中 B 级以上高水平论文 315 篇。

【科技成果转化】 2022 年，学校印发《山东师范大学横向科研项目管理办法补充规定》（山东师大校字〔2022〕114 号），进一步规范横向科研项目管理，提升学校社会服务水平和规模。年度横向课题和成果转化经费累计到账 4900 万元，其中，横向课题合同额 2692.48 万元，到账经费 2137.481 万元。新增申请专利数 173 件，新增授权专利数 304 件，新增软件著作权 89 件，年度科技成果转化项目数 18 项。

【科研创新平台团队建设】 2022 年，获批立项建设 2 个山东省高等学校黄河流域生态保护和高质量发展协同创新中心、4 个山东省高校实验室，4 个山东省高校特色实验室。国家级大平台的申报"两条腿"走路，在化学成像材料与技术省部共建国家重点实验室培育建设的基础上，融入当前全国重点实验室重组体系建设。布局省部级平台建设，为国家级平台申报提供支撑，最终实现"国家级—省部级—校级"三级、架构完善的平台体系。获批山东师范大学自然科普工作室等10个山东省科普专家工作室，3项项目获山东省科普示范工程资助；申报并获批第三批山东省高等学校科技成果转化和技术转移基地。

【科技人才培养与队伍建设】 学校现有8名双聘院士，54人次入选国家"万人计划"、长江学者（含青年）、国家杰青等国家级人才项目（工程）；22人获全国模范教师等国家级荣誉称号，96人次享受国务院政府特殊津贴；2个教师团队获评"全国高校黄大年式教师团队"。7人7次当选全国党代会代表，5人12次当选全国人大代表，5人10次当选全国政协委员。学校领导连续五届当选山东省委委员。49人次入选山东省泰山系列人才工程，其中，5人次入选山东省泰山学者攀登计划、2人入选山东省泰山学者优势学科领军人才支持计划、1人入选山东省泰山产业领军人才、21人次入选山东省泰山学者特聘教授、20人入选山东省泰山学者青年专家。25人次入选齐鲁文化名家、齐鲁文化英才、省杰青等人才项目。54人次获山东省有突出贡献的中青年专家、山东省社会科学突出贡献奖、山东省社会科学学科新秀奖称号。

（山东师范大学　张怀远）

山东农业大学

【概述】 山东农业大学校园占地面积5340.13亩，建筑面积118.13万平方米，教学科研仪器设备总值9.73亿元，图书馆藏图书295万册、电子图书183万册。学校现有学生34546人，其中，本科生28967人，博士、硕士研究生5579人，继续教育类学生23925人。现有教职工2531人，其中教授、副教授1067人，中国科学院院士1人，中国工程院院士2人，长江学者特聘教授1人，青年长江学者2人，国家杰出青年科学基金获得者6人，国家优秀青年科学基金获得者3人，国家"万人计划"领军人才4人，国家"百千万人才工程"入选者11人，国家有突出贡献的中青年专家7人，全国专业技术杰出人才1人，国家级教学名师4人，其他国家级领军人才6人。另有，长江学者和创新团队发展计划创新团队2个；国家级教学团队3个；山东省"一事一议"引进顶尖人才1人；泰山人才工程专家70余人，其中，泰山学者优势特色学科人才团队领军人才1人，泰山学者攀登专家5人、特聘专家21人、青年专家29人，泰山产业领军人才20人。学校拥有12个博士后科研流动站，12个一级学科博士点，26个一级学科硕士点，15个专业学位授权类别；2个国家重点学科，2个农业农村部重点学科，21个省级重点学科；1个省"高峰学科"、4个省"优势特色学科"，1个省培育学科；1个省一流学科"高峰计划"建设学科，4个省一流及培育学科，农林学科连续6年入选QS世界大学学科排行榜400强，5个学科进入ESI全球排名前1%。有1个国家重点实验室、3个国家工程研究中心、2个国家工程技术研究中心；1个农业农村部综合性重点实验室，6个农业农村部专业性（区域性）重点实验室，2个农业农村部农业科学观测实验站，1个国家农产品加工技术研发专业中心，1个国家小麦改良分中心，1个农业农村部农产品质量安全监督检验测试中心，1个科技部、教育部新农村发展研究院，1个国家小麦育种栽培技术创新基地，1个黄淮海区域玉米技术创新中心，1个国家林业和草原局定位观测研究站，1个国家林业和草原局重点实验室；7个农业农村部、人社部、科技部、教育部培训基地；1个省级技术创新中心，8个省级协同创新中心，4个省级重点实验室，14个省级高校重点实验室，13个省级工程技术研究中心，4个省级国际合作研究中心，2个省级工程实验室，2个省级人文社科研究基地，2个省级新型智库，1个省级科教基地，5个省级培训基地，1个省级培训示范基地，1个省级社会科学普及教育基地，1个省级科协科普教育基地。学校有90个本科专业，9个国家级特色专业，16个国家一流本科专业建设点，26个省级一流本科专业建设点；5门国家级精品课程，10门国家级一流本科课程，57门省级一流本科课程，2门国家级双语示范课程，5门国家级精品资源共享课；2个国家级人才培养模式创新实验区，3个国家级实验教学示范中心，1个国家级虚拟仿真实验教学示范中心，2个国家虚拟仿真实验教学项目，1个国家大学生校外实践教育基地，1个全国高校实践育人暨创新创业基地，1个省级大学生创业孵化示范基地。改革开放以来，学校获得包括国家技术发明奖一等奖在内的国家级科技成果奖38项，省部级以上科技成果奖400多项。获得国家级教学成果奖8项，其中，国家级教学成果特等奖1项、一等奖2项，省级以上教学成果奖 103 项。建校以来，培养了以中国科学院院士李振声、印象初、朱兆良，中国工程院院士束怀瑞、山仑、于振文、李玉、李培武，国际欧亚科学院院士唐克丽，欧洲科学院院士时玉舫，4 位"长江学者"，12 位国家杰青等为杰出代表的各类优秀人才 27 万余人。

【科技项目与经费】 2022 年，新上各级各类项目 880 项。纵向项目立项经费约 3.4 亿元，到位经费约 2.36 亿元；横向项目到位经费约 7600 万元。

自然科学类 新立项国家重点研发计划项目 3 项、课题 2 项；国家自然科学基金项目 72 项；省自然科学基金项目 107 项，其中，重大基础研究项目 1 项、省杰青 2 项、优青 3 项；省重大科技创新工程项目 1 项；省农业良种工程项目 2 项；省重点研发计划（竞争性创新平台）项目 4 项；中央引导地方科技发展专项资金项目 3 项；新增省现代农业产业技术体系副首席专家 10 人。

社会科学类 新增教育部人文社科基金项目 4 项，山东省社科规划项目 6 项，山东省人文社会科学课题 6 项，山东省社会科学普及应用研究项目 2 项，山东省金融应用重点研究项目 2 项，山东省重点研发计划（软科学）2 项，山东省教育科学规划课题 2 项。

【科技成果】 2022 年，山东农业大学获各级各类研究成果奖 30 项。自然类科技奖励 2 项，其中，山东省科学技术进步奖一等奖 1 项，山东省自然科学奖二等奖 1 项。社科类成果奖 28 项，其中泰安市社科优秀成果一等奖 10 项。

【重点成果选介】

苹果化肥减量提质增效绿色生产关键技术创新与应用 该项目阐明了果实二次膨大期根层氮素适量稳定供应协同实现养分高效利用与优质丰产的生理机制，为氮肥减量提质增效技术研发提供了理论依据。创制了实现根层氮素稳定供应的系列肥料和装备，集成了"一稳二调三优化"苹果化肥减量提质增效绿色生产技术，创新了技术推广服务模式，进行了大面积推广应用。

【基础研究】 2022 年，学校主持或参与基础研究类项目 183 项，经费 5178.5 万元。其中，国家自然科学基金项目 76 项，经费 3375.5 万元。2022 年，发表学术论文 2218 篇，其中，被 SCI 收录论文 1339 篇。在 Nature Plants、Molecular Plant、Advanced Energy Materials 等国际著名学术期刊发表学术论文数十余篇，最高影响因子达 29.698。

【应用研究与高技术研究】 2021 年，学校主持或参与应用研究类项目 559 项，经费 2.78 亿元。其中，主持山东省重点研发计划 7 项，经费 3593 万元。授权专利 399 件，其中发明专利 214 件。获植物新品种权 12 个，审（认）定新品种 19 个。

【一流学科建设】 6 个省立项高水平及培育学科重点建设指标均有新突破。在第五轮学科评估中，作物学首次进入 A 等级，取得历史性突破。作物学、园艺学学科列入教育部"十四五"期间重点支持计划。农林学科再次入选 QS 世界大学学科排行榜 200 强，ESI 全球排名前 1% 学科增至 5 个，其中，植物与动物科学首次进入前 1‰、为 0.945‰，农业科学接近前 1‰、为 1.413‰，生物及生物化学首次进入前 1%，工程学、分子生物学与遗传学均接近前 1%。

【科技成果转化】 与宁夏生产力促进中心深化合作关系，签订宁夏技术转移联盟入盟协议，与宁夏科技转移研究院共同开展线上技术成果对接，4 项项目达成合作意向。完成山东农业农村厅 2022 年度农业主推技术推荐工作。组织推荐 2022 年度粮油生产主导品种 6 项，主推技术 5 项。完成"青年创新创业联盟"科创资源供给库征集工作。完成 2022 年度农业技术推广成果优选计划申报推荐工作，申报项目分获一等、二等、三等奖各 1 项。完成山东省科技厅征集可转化重大科技成果，共征集 11 项成果。组织参加 2022 高密小麦文化节，并在文化节现场展示学校小麦基础研究、品种和栽培技术等成果。参加全国学会科技赋能泰安乡村振兴高端论坛暨首届农业科技成果推介会，相关专家积极推介小麦新品种、设施蔬菜关键技术。参加第六届世界智能大会"推动高校科技成果转化，促进科技经济融合发展"论坛（线上）。参加科创中国（淄博）高校技术交易大会。

【科技创新平台建设】 国家级平台建设方面，积极统筹谋划，成功重组小麦育种全国重点实验室，顺利融入新一轮国家科技创新基地布局。组织召开土肥资源高效利用国家工程研究中心建设启动会，推动中心完善建设和运行机制，打造高水平国家级科技创新平台。拓展共建国家级平台，与黄三角农高区共建盐碱地综合利用国家技术创新中心，与河南农业大学共建小麦国家技术创新中心，协同创新保障粮食安全。新增 2 个农业农村部重点实验室和 2 个部省共建重点实验室、1 个国家种质资源库、1 个省工程研究中心、3 个省高校协同创新中心。2 个省高校工程研究中心获批，14 个实验室入选省高校实验室建设体系名单。

【科技人才与队伍建设】 按照"双一流"建设和一流农业大学建设要求，公开招聘 149 人，其中，博士 122 人，硕士 27 人；专任教师 104 人，辅导员（含研究生辅导员）27 人，管理岗 4 人，教辅岗 14 人。专任教师 104 人中达到学校引进人才五层次以上占比在 70% 以上。大力推进"人才强校"战略，坚持优秀人才"一人一策""一事一议"，1 名国家级海外引才计划入选者顺利备案入职，3 名省部级重点人才工程入选者达成全职聘用协议，引进海外优秀青年人才 12 人、校聘教授以上层次人才 22 人。2 人成功申报国家"万人计划"领军人才，2 人成功申报青年拔尖人才，3 人成功申报神农青年英才。1 人获齐鲁杰出人才提名奖，1 人获山东优秀发明家奖；2 人入选泰山学者特聘专家，15 人入选泰山学者青年专家。

（山东农业大学　万　千）

曲阜师范大学

【概述】 2022 年，曲阜师范大学完成曲阜校区扩建省"十四五"重大教育工程。学校拥有 ESI 世界前 1% 学科 5 个（工程学、化学、数学、计算机科学、材料科学），山东省一流学科 6 个（工程学、数学、中国史、化学、物理学、中国语言文学），山东省高水平学科 4 个（其中，教育学为高峰学科，体育学、中国史、数学为优势特色学科），17 个学科入选软科 2020 中国最好学科排名，教育学学科位居全国前 10%。设有博士一级学科 11 个，博士专业学位授权类别 1 个；硕士一级学科 28 个，硕士专业学位授权类别 15 个，博士后流动站 11 个，本科招生专业 69 个，形成了涵盖文、理、工、法等十大学科门类的综合性学科专业体系。建有国家级一流本科专业建设点 28 个，国家级一流本科课程 3 门，国家虚拟仿真实验教学中心 2 个，国家级精品资源共享课程 1 门，国家级特色专业建设点 6 个，国家级综合改革试点专业 1 个，国家级大学生校外实践基地 1 个。建有山东省重点实验室 2 个，山东省协同创新中心 5 个，省级工程技术研究中心 6 个，山东省高校重点实验室和特色实验室 8 个，山东省"十三五"高校人文社科研究基地 2 个，省级重点智库 1 个，教育部、国家体育总局、山东省政府在学校设有省部级研究基地 8 个。

【科研项目与经费】 学校获批各类纵向项目 100 余项，经费近 4000 万元，其中，国家自然科学基金 34 项，山东省自然科学基金 54 项，"长期氮添加下植物-土壤-微生物交互对北方森林土壤碳循环的影响机制"项目获国家自然科学基金重点项目资助，实现学校国家自然科学基金重点项目的历史性突破。

【科技成果】 学校获批省部级以上科研奖励 9 项，其中，"切换系统的切换规则与控制器设计"研究成果获教育部高等学校科学研究优秀成果奖（科学技术）二等奖，"光催化材料的表界面构筑及催化增强机制研究""随机非线性系统的稳定性分析和控制问题研究""切换系统的建模分析与控制理论研究"等 3 项成果获山东省自然科学奖二等奖；发表高水平 SCI 论文 1000 余篇，其中，在 Nature、AEMS、IEEE TCYB、IEEE TNNLS、Angewandte Chemie 等国际顶级学术期刊发表多篇重要学术成果。学校参与北京谱仪 BESIII 实验并完成了世界上最精确的正反科西超子衰变不对称性测量工作，相关成果发表在国际权威学术期刊 Nature 上，实现学校首次在 Nature 发表学术成果；获授权专利 206 件，其中，国际发明专利 2 件，国内发明专利 154 件。

【应用研究与高技术研究】

新型多功能材料领域 "量子级金刚石制备及优化生产技术"通过改善铁镍触媒体系，采用高温高压技术，可控制备金刚石内部 NV 色心缺陷类型与分布，获取含目标氮空穴缺陷的金刚石单晶，开发满足量子探测、量子计算与量子通信的金刚石产品。该技术已经实现成果转化，在省内企业搭建了生产线。"新型超硬材料研制"项目通过利用高温高压技术，实现高端功能性金刚石单晶与超硬复合材料的制备及物性调控，开发金刚石单晶中高纯度、长相干时间、浓度可控的 N-V 中心的工艺技术，为 N-V 中心的可控制备与拓宽 N-V 中心的应用提供关键的技术储备。该技术将在极端高压条件下材料的物性测量技术领域得以实施应用。

超快微纳光子生物检测领域 "基于微纳米结构材料的表面增强拉曼散射效应（SERS）的光纤传感研究"利用反应离子刻蚀技术与有序胶体掩膜相结合的手段，高通量制备有序三维微纳米光纤探针，实现了基于 SERS 的液相有害分子的在线、远程、快速痕量检测；研制了多套激光微纳加工系统，实现了分辨率为 30nm 左右的多种金属微纳结构加工和金属微纳结构的增减材复合制造；利用飞秒激光光镊技术获得了纳米精度的银、金微纳结构，实现了金微纳结构的单激光束增减材复合制造；研发多波长激光选区熔化成形制造和金属复合材料原位制造技术，所研制的金属激光3D打印设备已在3D打印义齿应用方面实施成果转化。

医养健康领域　"智能康复与卫生护理研发"项目聚焦"健康中国"国家战略和"精准医疗"大科学计划，瞄准疾病遗传与临床大数据等生命与健康大数据开展智能计算相关理论和算法研究，定位于利用人工智能和数据挖掘方法在生命与健康方面的重大研究，为理解生物的生长发育、基因调控、基因功能、疾病诊疗等重要生物机制提供理论依据和借鉴，在疾病相关小分子靶点预测研究方面达到国际领先水平。智能康复与卫生护理机器人在卧床病人智能检测与护理技术方面居国内领先水平，合作开发的部分产品填补了国内空白，并远销英国和土耳其。

生态保护及生态修复领域　"陆生野生动植物资源调查"项目在呼伦湖流域、黄河中下游流域、南四湖、山东省重点河流湖泊等区域广泛开展，为地方生态保护政策制定提供科学数据支撑。学校开展了大量水体、废弃矿山等区域的微生物、植物及动物的全生态链修复工作，其中"淡水贝类/乌鳢青虾人工繁育技术"项目在南水北调东线二期工程及南四湖等水体生态修复方面发挥重大作用，产生了显著的生态效益和社会效益。"栓皮栎育苗水培扦插快繁技术"项目响应国家"双碳"战略，提升栓皮栎"高值碳汇树"生态价值和工业"基础原料树"价值，同山东省栓皮栎产业技术研究院有限公司合作，建成6000多平方米栓皮栎工厂化育苗中心，每年向社会供应市场紧缺的优质高成活率栓皮栎橡树种苗100多万株，蒙古栎、槲栎、槲树、枹栎、岩栎等优良种苗50多万株。

空间探测领域方面　学校"大口径晶体空间退偏器技术"项目通过对已有晶体型退偏器进行优化设计，克服常规晶体退偏器光斑分裂严重等问题，实现了理论上的完美退偏效果，通过对常规晶体加工工艺的改进，研制出适用于空间环境应用的大口径晶体器件，产品的退偏度达98%以上。学校"区块链天文研究平台"项目利用区块链在天文大数据储存与传播方面的优势，整合国内天文的智力资源、数据资源、计算资源，构建了门槛低、水平高、覆盖广的业余天文研究平台。可以激发业余研究者，尤其是中学生对天文科学的兴趣，培养业余研究者的国际视野与理性思维，为职业科学研究培植生力军。该平台已经在合作单位展开试用推广。

决策支持系统应用领域　数据集成与仿真平台以现代作战推演为目的，系统采用GIS技术和规则设计技术，实现覆盖陆、海、空、天、电全域联合作战仿真。通过构建大规模装备数据库，实现战役级、战术级推演。版本平台可以完成作战筹划、作战组织、兵力指挥、效能评估的全流程推演，已交付合作企业推广使用。高点视频感知解析算法及应用平台针对公安领域重点检测的场景进行目标分析，通过深度学习与计算机视觉技术检测人群密度、危险行为、可疑车辆、横幅、违法游行、违法广告、区域入侵、翻墙盗窃、危险地段人身安全、违规建筑非法施工、非法开采、破坏公共设施、船只管理、列车和烟火等场景，实现高点摄像机的视频目标检测。本系统将现有的普通摄像头赋予智能，大大减少了工作人员的工作量，同时使公安高点视频监控系统更加高效和准确。该系统现已部署在威海市公安局实施。

网络通信安全领域　"无线传感网中保护位置隐私的匿名通讯技术方法"项目提出基于候选区域的代理源节点选择机制，选择代理源节点代替真实源节点发送消息，保护源节点的位置隐私，结合剩余能量的最短路由算法，提出了一种新的匿名通信方案和一种基于身份加密的可控匿名通信方法，解决了匿名通信系统中PKI所带来的固有开销和安全性缺陷，以及匿名性的不可控性问题。"基于公私钥密码机制的安全匿名通信协议"项目全面挖掘网络通信安全和隐私保护技术的产业价值为导向，向企业转让基于身份加密的可控匿名通信方法和一种新的基于公私钥密码机制的安全匿名通信协议，协助企业建成带有隐私保护的安全通信系统，每年向社会供应市场紧缺的带隐私保护的安全通信服务100万次。

智能制造领域　"医药产业园污水处理厂智能控制系统研发"项目通过分析日照市医药产业园污水处理厂工艺和进水负荷的动态变化特性，为污水处理厂过程控制系统的建立提供数据支持；通过研发数据自动采集系统，设计进水提升环节、生化处理环节和化学除磷环节的智能控制方案，研发出高性能智能控制器，提高了全厂自动化水平，实现污水处理厂优化运行与节能降耗。"PET瓶一体化智能装备研发"项目采用集成化控制策略，进行PET瓶生产流程工艺优化和一体化设备研发升级。通过对PET瓶注塑、吹瓶过程中温度、应力、时间、应力等重要工艺参数的优化与控制，研发出一套具有自主知识产权的能够自动进行注塑、吹塑、检测、灌装一体化的PET瓶智能生产装备，已经实现PET瓶生产及灌装的集成化、自检化和连续化。

【平台建设】学校获批14个省部级以上科研创新平台，获批数量与历年科研平台建设总数持平。其中，湿地生态与生物多样性保育获批山东省高校实验室，量子信息与功能材料、催化转化与清洁能源、复杂系统先进控制理论与应用、数据安全与智能计算获批山东省高校重点实验室，大数据分析与供应链创新获批山东省高校特色实验室，区块链应用技术工程中心、智能控制与机器人研究中心获批山东省高等学校工程研究中心和山东省工程研究中心，智慧康养大数据发展创新实验室获批山东省大数据发展创新平台；学校技术转移中心被认定为山东省技术转移服务机构单位、山东省高等学校科技成果转化和技术转移基地，在山东省科技厅及济宁市科技局组织的技术转移服务机构年度考核中，学校技术转移中心被评定为优秀等级；为落实黄河流域生态保护和高质量发展国家重大战略，学校组织论证成立黄河生态研究院，联合北京、甘肃、陕西、河南等5省市10所科研院所组建山东省黄河流域湿地生态与生物多样性保育协同创新中心，以及黄河流域资源集约利用与产业高质量发展协同创新中心。

【科技人才与队伍建设】 学校引进优秀青年人才82人、海外优秀青年博士9人，重点培养青年学术带头人16人。2人获批国家领军人才，省级配套支持150万元；12个自然科学类青年教师科研团队获山东省高校青年创新团队发展计划项目资助。以高层次人才队伍和创新团队建设为重点，坚持培养和引进同时谋划、同步发力，持续推进人才引育创新，构建"金字塔式"人才梯队。新增泰山学者特聘专家3人、青年专家7人，特聘专家数量位居省属高校第一。为规范人才激励机制，精准做好重点人才配套支持，发布《长江学者奖励计划和泰山学者工程配套支持与管理办法》。

【科技合作与交流】 学校与海外9个国际科研组织展开科研合作，分别在天文学、凝聚态物理、物理化学、智能控制、生物学、生态学等领域开展了深入的科研合作项目。学校参与中国科学院国家天文台主持的"基于FAST大科学装置的国际研究网络"项目，与美国、澳大利亚、墨西哥、德国等科研组织合作共同执行"国际大科学计划培育专项"，联合开展射电天文领域的科学研究，旨在有效提升FAST观测能力。与葡萄牙科英布拉大学合作，创建理论和计算化学科研团队，开展了新的理论计算方法和反应动力学的研究，得到了国际学术界的高度关注；国内合作，学校与国内企事业单位积极开展科技合作并签订横向合同89项，专利技术转让合同36件。

（曲阜师范大学 武 楠 朱年磊）

山东中医药大学

【概述】 学校现有中医学、中药学、中西医结合3个博士后科研流动站，1个教育部重点实验室，1个国家中医心血管疾病临床医学研究分中心，3个国家级区域中医诊疗中心，6个国家中医药管理局三级重点实验室，2个国家中医药管理局重点研究室，2个全国学术流派传承工作室，拥有国家中医临床研究基地、国家重大新药创制平台（山东）中药单元平台。现有山东省重点实验室、山东省新型研发机构、山东省工程技术研究中心等省级科研创新平台33个。"十四五"以来，共承担厅局级以上科研课题298项，其中，国家级项目76项，以第一完成单位获得山东省科学技术进步奖一等奖3项。

【科研项目与经费】 2022年，组织国家重点研发计划、国家自然科学基金、省重点研发计划（重大创新工程）等27批次（554项）纵向科研计划项目申报工作，获科研立项147项，资助经费总额6875.333万元。牵头申报并获批国家重点研发计划项目1项，资助金额1500万元；作为参与单位获批国家重点研发计划项目子课题4项，国家科技基础资源调查专项子课题1项；获国家自然科学基金立项33项，资助金额1346万元；获批教育部人文社会科学研究规划基金项目1项，获批山东省社会科学规划研究项目1项；获国家中医药管理局科技司委托项目2项；获批山东省重点研发计划（重大科技创新工程、乡村振兴科技创新提振行动计划、软科学）6项；组织申报省自然科学基金项目127项（含联合基金5项），立项37项（含联合基金5项），其中省优青项目1项。

【科研成果与选介】 2022年，学校作为主要完成单位，获得厅局级以上奖项53项，其中，获得山东省科学技术进步奖一等奖2项、二等奖5项，中华中医药学会著作奖2项，取得创新性突破。另外，作为专利权人获得发明专利授权50件，比2021年度增加9件。共发表SCI高水平收录论文772篇，按照JCR分区，Q1区论文225篇，Q2区论文255篇，Q3区论文211篇，影响因子大于10的27篇，其中最高达24.83。学校入选省新一轮科技成果转化综合试点单位。2022年，学校承办2022中国针灸学会年会，大会主题为"新时代针灸，高质量发展"；配合举办第316期泰山科技论坛——"后疫情时代康养照护发展论坛"、第324期泰山科技论坛——"针灸的国际化传播与文化调适论坛"暨山东针灸学会第五次会员代表大会；完成第四届科普创作大赛，连续第三年获得优秀组织奖及各类奖项19项；完成2022年度齐鲁最美科技工作者、山东省科普专家工作室、第十二届山东省青年科技奖的推荐、遴选等工作,学校贾新华荣获"2022年齐鲁最美科技工作者";完成学校"2022年全国科技工作者日实施方案"的起草及组织协调、总结工作。

基于阳气亢逆创新病机的高血压病证结合诊疗体系的建立及转化应用　在高血压病中医病机理论、诊疗方法、中药制剂、生物学机制和风险管控等方面,取得重要理论创新和技术突破:创新性提出高血压病阳气亢逆病机理论,形成高血压病证结合理法方药诊疗体系,研制抗高血压中药新制剂4个品种,开展随机对照多中心大样本临床试验,获取了循证医学证据;突破传统社区管理框架,建立以职业人群为示范的高血压风险预警及健康管理新模式;首次提出了"代谢-RASS-内皮功能三紊乱"是高血压病阳气亢逆的发病病理基础,精细解构了中医证候与中药方剂的互作网络。项目获得9件发明专利和20件软件著作权,发布专家共识1项;发表论文116篇,其中SCI收录论文39篇,总影响因子超过160。形成的理法方药知识体系在国内27家三级甲等医院和266家基层社区卫生机构广泛应用,累计培训基层医生1703名,覆盖社区1863136人,累计使用100667人次,临床疗效卓越。相关研发技术在山东沃华医药科技有限公司等企业单位推广应用产生间接效益,2020—2021两年的应用总销售额达8.86亿元,新增销售额1.04亿元,新增利润1699.58万元,新增利税5047.77万元。该项目经济效益和社会效益显著,对我国及山东省高血压防治、新旧动能转换具有重要意义。

瘀毒理论指导下肺系疾病证治体系的创建与应用　项目组提出"肺生血""肺为血脏",颠覆了教科书中的传统观点,丰富了对造血器官的认识,填补了中医基础理论的空白;并以此为基础,明确了肺瘀、肺毒的内涵,指出毒邪伏络为肺系疾病顽恶难愈的核心病机,构建了瘀毒理论指导下的肺系疾病证治体系,形成多项成果转化。在瘀毒理论指导下,形成科研成果转化7项。项目组将经验协定方形成院内制剂——肺维康颗粒,用于肺脾肾脏腑亏虚、兼瘀毒未清者的治疗。肺维康颗粒随山东赴英国联合工作组前往英国,助力世界新冠疫情防控。在项目建设期间,先后制定国家级、省级行业标准、指南、共识等33项,五年内直接经济效益达209856.81万元。

中医脑病泛髓一体化防治关键技术体系构建及应用　项目组提出"泛髓理论",首次构建"预警—干预—靶向"泛髓一体理论模型,旨在强调脑、骨、齿、骨髓等的功能联系与诊治一体化,突破西医学对人体器官系统的认知模式,从全新维度重构人体的功能系统组合。基于髓的生化和病机特点,形成"填精益髓""归液生髓""理血活髓"等脑病治髓三法,突破以西医疾病分类为主导的中医脑病方药配伍规律研究模式,对中风、老年痴呆、骨质疏松等中医髓相关疾病进行跨病种共性用药规律的关联规则分析,形成治髓方药六大共性配伍法则,创建"三法相须,六则相合"的脑病三维治髓体系。脑病治髓法则写入全国中医药行业高等教育"十四五"规划教材——《中医内科学》,形成《泛髓论》专著1部,研制治髓核心方药3个,成果在省内9家三级甲等医院临床应用及推广,"中风病病前状态泛髓干预技术"列入山东省首批中医治未病特色技术。牵头组建全国首个中医髓病专委会,形成脑齿骨同治联盟,在全国率先开展中医髓病学研究及推广,推动中医髓理论创新成果在脑病防治领域的应用,研发上市解郁合欢方、天麻健脑方2种保健产品,2020年、2021年两年度累计实现销售收入36593.10万元,利税14196.01万元。

【科研管理】　制订《科研经费"包干制"使用管理办法(试行)》《关于调整学术道德与学术诚信领导小组的通知(校字〔2022〕68号)》。按照省教育厅《关于开展高校科研诚信专项整治活动的通知》文件要求,学校召开科研诚信教育大会,组织开展签署科研诚信承诺书活动、存量论文自查工作等。持续提升经济社会服务能力。2022年,横向课题立项44项,合同金额为1361.8万元,比2021年增加556.5万元。超过100万元的横向课题2项,分别是"金银花口服液技术开发""心速宁胶囊治疗房颤与心律失常性心肌病药理机制研究"。密切开展鲁澳中医药合作。2022年,继续选派第二批8名学生赴澳门科技大学攻读中西医结合和中药学博士,为鲁澳中医药产业研究院的建设储备高水平青年科技人才。2022年12月,学校和澳门科技大学埃尔文内尔博士生物物理与创新药物实验室(诺奖实验室)建立了山东海洋中药分部。

【重点学科与科研创新平台建设】　2022年,完成2个山东省重点实验室和4个山东省工程技术研究中心的年度绩效目标填报和年度绩效报告撰写工作,完成2019年度山东省名老中医药专家传承工作室验收工作,共5个工作室顺利通过验收。组织完成首批科研创新团队聘期考核工作。聘期考核工作严格按照《首批科研创新团队建设管理办法(试行)》考核标准进行。按照分类评价、定性与定量结合管理办法完成科创团队聘期考核,19支团队全部合格,完成科创团队代表性成果收集工作和《首批科研创新团队建设工作总结》撰写。梳理学校70个厅局级以上平台及相关团队、人员信息,为推动平台实体化运行奠定基础。

教育部重点实验室　中医药经典理论重点实验室。

国家中医药管理局三级科研实验室　中药质量分析实验室、微循环实验室、细胞生物学实验室、中药制剂实验室、视觉分析实验室、辅助生殖技术实验室。

国家中医药管理局重点研究室　中医学术流派重点研究室、高血压病血脉理论及应用研究室。

国家中医药管理局中医学术流派传承工作室　齐

鲁内科时病学术流派传承工作室、齐鲁伤寒学术流派传承工作室。

国家中医药管理局名老中医药专家传承工作室 国医大师张灿玾传承工作室、张珍玉名老中医药专家传承工作室、张鸣鹤名老中医药专家传承工作室、尚德俊名老中医药专家传承工作室、郑惠芳名老中医药专家传承工作室、焦中华名老中医药专家传承工作室、丁书文名老中医药专家传承工作室、王国才名老中医药专家传承工作室、程益春名老中医药专家传承工作室、姜兆俊名老中医药专家传承工作室、林慧娟名老中医药专家传承工作室、周翠英名老中医药专家传承工作室、尹常健名老中医药专家传承工作室、单秋华名老中医药专家传承工作室、姜建国名老中医药专家传承工作室、侯玉芬名老中医药专家传承工作室、隗继武名老中医药专家传承工作室、邵念芳名老中医药专家传承工作室、冯建华名老中医药专家传承工作室、张志远名老中医药专家传承工作室、董建文名老中医药专家传承工作室、宋爱莉名老中医药专家传承工作室、李峰名老中医药专家传承工作室。

国家中医药管理局技术服务中心 中药原料质量检测技术服务中心。

山东省重点实验室 中医药基础研究重点实验室、中西医结合眼病防治重点实验室。

山东省高校重点实验室 中西医结合眼病防治技术重点实验室、中药资源学重点实验室、中西医结合肿瘤防治重点实验室、中医心血管病重点实验室、天然药物重点实验室、中药制剂重点实验室、中医药经典理论重点实验室、针灸作用规律和应用研究重点实验室、海洋中药重点实验室、中医药免疫调控融合创新重点实验室、创新中药关键技术重点实验室、道地药材重点实验室、心血管病中医诊疗研究与转化应用重点实验室、中医经典名方重点实验室、肝脏象与情志病特色实验室、中医药数字人文文科实验室。

山东省中医药重点实验室 特色灸疗防治疾病机制研究实验室、针灸作用规律和转化研究实验室、中医药免疫交叉创新实验室、中药饮片分子鉴定与生物评价实验室、中医药优势病种研究实验室。

山东省工程实验室 山东省中药药效物质发现与纯化工程实验室。

山东省工程研究中心 山东省中医智慧诊疗装备工程研究中心。

山东省工程技术研究中心 山东省中医经方工程技术研究中心、山东省中药材良种选育工程技术研究中心、山东省中药炮制工程技术研究中心、山东省中医药组学工程技术研究中心、山东省视觉智能工程技术研究中心、山东省中医药转化医学工程技术研究中心。

山东省高校协同创新中心 中医药抗病毒协同创新中心、中医经典名方协同创新中心、中医药文化协同创新中心、中药质量控制与全产业链建设协同创新中心、黄河流域心血管病中医精准治疗及产业化协同创新中心、黄河流域特色中药生态保护与高质量发展协同创新中心。

【**科研队伍建设**】 2022年,学校有教职医护员工3900余人,其中,博士生导师236人、硕士生导师1011人。荣获国家"国医大师"荣誉称号者4人,"全国名中医"5人,"岐黄学者"5人,"青年岐黄学者"6人,全国中医药杰出贡献奖获得者2人,国家973计划首席科学家1人,全国优秀教师8人,全国中医药高等学校教学名师2人,第五批全国中医临床优秀人才15名,泰山学者攀登计划专家2人,泰山学者特聘专家11人,泰山学者产业领军人才1人,泰山学者青年专家19人,省部级有突出贡献的中青年专家25人,享受国务院政府特殊津贴专家53人,山东省中医药杰出贡献奖获得者9人,山东省名老中医(药)专家17人,山东省名中医(药)专家140人,山东省中医药高层次人才培育项目学术领军人物6名。有全国高校黄大年式教师团队2个,山东省优秀教学团队6个,山东省十大优秀创新团队1个,山东省高校"青创人才引育计划"建设团队14个。《山东中医药大学学报》坚持守正创新,立足齐鲁医派特色,开设"《神农本草经》与经方应用研究"专栏;《山东中医杂志》继续开设"山东郑氏妇科学术经验系列研究",同时开设了"尹常健辨治现代肝病临证系列研究"专栏。在《山东中医药大学学报》封二、封三、以图文并茂的形式刊登了"山东中医药大学科研创新团队介绍"。与相关公司签订"精准推送服务"协议,建立中医药期刊英语摘要标准化语料库,申请录入国际数据库。与万方、维普、超星几大数据库签订收录合作协议,以进一步扩大期刊影响力。两刊连续入围中国科技核心期刊,入选2022年度中国高校科技期刊建设示范案例库—优秀科技期刊。《山东中医药大学学报》获批山东省高等学校期刊高质量发展建设项目1项。

(山东中医药大学 李 捷)

山东理工大学

【概述】 2022年，山东理工大学获批山东省一等奖两项，是2018年以来再次获批一等奖，一等奖数量并列省属高校第一；获批教育部二等奖一项，是2014年以来再次获得教育部科技奖；实现国家级平台突破，获批国家知识产权信息服务中心（山东省仅此1个）；成果转化获得突破性进展，两项成果以1.4亿元评估价值以作价入股方式实现转化，一项专利转让价首次突破300万元；在国际著名出版社Springer出版学术专著1部；推进了科技体制改革，完成科技成果评价系列文件制定、科技成果转化与知识产权管理系列文件制度的制定、修订、发布。

【科研项目与经费】 2022年，学校获批国家级项目52项，其中，国家自然科学基金44项，国家重点研发计划项目1项，国家重点研发计划项目课题2项，国家重点研发计划项目子课题1项，中国科学院重大项目1项，国家级军工项目4项。获批省部级项目（主持）138项，其中，山东省自然科学基金136项，位列省属高校第二。全年到账经费2.54亿元，其中，纵向9129万元，横向8857万元，其他7429万元。

【科研成果与奖励】 2022年，学校获批国家级项目52项，其中，国家自然科学基金44项[面上项目10项，青年科学基金项目30项，国际（地区）合作与交流项目2项，数学天元基金项目1项，专项项目1项]，国家重点研发计划项目（政府间联合项目）1项，国家重点研发计划项目课题2项，国家重点研发计划项目子课题1项，中国科学院重大项目1项，国家级军工项目4项。获批省部级项目（主持）138项，其中，山东省自然科学基金136项（重大基础类项目1项、省杰青项目1项、省优青项目3项、面上项目52项、青年基金项目79项），位列省属高校第二。山东省中央引导地方科技发展专项资金项目2项。16个团队获批省高校青创科技计划团队。2022年签订横向科研合同、协议520余项，合同额8900余万元，其中，1000万元以上重大横向科研课题3项，100万元以上的横向科研课题12项。2022年，到账经费2.54亿元，其中，纵向9129万元，横向8857万元，其他7429万元。2022年，主持或参与省政府奖及国家级协会奖33项，发表SCI论文975篇，EI论文100篇，中文核心论文261篇，非检索外文期刊57篇；出版专著11部，获批国内授权发明专利349项、国外授权发明专利48项。

【科研条件和科研基地建设】 学校教学科研仪器设备总值7.67亿元。拥有国家级（虚拟仿真）实验教学示范中心2个、国家级工程实践教育中心4个、国家重点实验室分实验室1个、国家工程技术研究中心（含分中心）3个、国家地方联合工程研究中心2个、国家制造业创新中心分中心1个、教育部工程研究中心1个、中央与地方共建实验室21个，设有全国重点职教师资培训基地。拥有山东省课程思政教学研究示范中心、实验教学示范中心等省级教学类平台28个，山东省重点实验室、工程技术研究中心等省级科技类研究平台30个，山东省社科理论重点研究基地（山东省齐文化研究基地）等省级社科类研究平台18个。山东工程技术研究院、全国高校思想政治理论课教师信息库设在学校。

【科技人才与队伍建设】 学校大力实施人才优先精准发展战略，坚持引育并举，获评山东省人才工作先进单位。现有专任教师2197人，其中，教授327人、副教授823人，具有博士学位教师1333人。拥有双聘院士、海外院士、长江学者、国家重点人才工程专家、国家"万人计划"领军人才、国家有突出贡献的中青年专家、国家百千万人才或国家级人才34人；山东省"一事一议"引进顶尖人才、享受国务院政府特殊津贴人选、中科院"百人计划"、教育部新世纪优秀人才支持计划人选、泰山系列人才、山东省有突出贡献中青年专家、省级教学名师等省部级人才90人；特聘教授76人。

【科研成果转化与推广】 成功果转化取得突破，科技成果转化16项，其中，专利转让12件，单项专利转让价首次突破300万元；专利独占许可2件；2件专利以作价入股的方式进行转化，经省产权交易中心挂牌交易，成交金额高达1.4亿元。培养成果转化人才50人。

【重点学科建设】 学校坚持立德树人根本任务，实施"以学生为中心"的教学范式改革，建立"教"与"学"支持系统，高质量培养"五有"高素质应用型人才。学校主持国家级新工科项目3项，获国家级教学成果二等奖、省级教学成果特等奖等省级以上教学成果奖58项。拥有国家级一流本科专业建设点25个、特色专业5个，首批教育部"卓越计划"试点专业3个；国家级一流本科课程7门、精品课程5门、精品资源共享课3门、双语示范课程1门；国家级规划教材33部；国家级教学团队2个。深化创新创业教育改革，大红炉众创空间获批科技部国家备案众创空间。学生在"互联网+""挑战杯"等重大赛事中获省级以上奖励12000余项。毕业生就业率和就业质量居省属高校前列，第三方评估机构调研显示，用人单位及毕业生满意度高，获评山东省普通高校毕业生就业工作先进集体。深化研究生教育培养模式改革，获批省研究生教育质量提升计划项目190项，荣获省优秀博士、硕士学位论文97篇，获省级研究生优秀成果奖108项，获评山东省研究生教育管理与学科建设先进单位。

【科技合作与交流】 学校与加拿大蒙特利尔大学工学院代谢工程实验中心联合申报的"基于动态代谢组学技术的生物丁醇代谢调控机理研究"项目获批立项，实现学校国际科研合作新突破；空间站工程空间应用系统科学实验项目公布，学校生命与医药学院曹忠红领衔申报的"空间微重力和辐射环境对涡虫再生的影响及作用机制探索"项目获批立项；学校牵头申报的"可用于新冠病毒凝血检测的微流体器件制造技术"项目获得国家重点研发计划"政府间国际科技创新合作"重点专项立项，学校首次获批国家重点研发——政府间国际科技创新合作重点专项；学校专家教授河口科技行暨产学研合作对接交流会在东营市河口区举办；学校牵头实施的国家重点研发计划"政府间科技创新合作"中国和南非政府联合研究专项"可用于新冠病毒凝血检测的微流控体器件制造技术"项目启动会成功举行；学校共同承办的第390期2022年泰山科技论坛——智能交通高峰论坛在线上举办；2022泰山科技论坛——人工智能与大数据技术应用论坛在校成功举行；2022年，偏微分方程理论与计算国际会议在学校举行；学校牵头举办山东省自然科学基金重大基础研究项目"跨尺寸高分辨微系统一体化高效加工关键问题研究"项目启动会。中国工业与应用数学学会（CSIAM）图论组合及应用专业委员会2022学术年会在学举行；由学校主办、生命与医药学院承办的生物合成与转化国际会议暨泰山科技论坛举行；学校机械工程学院张磊安教授领衔的风能高端装备团队与东方电气风电股份有限公司，签订150米级风电叶片测试设备产学研合作协议，合同总额达1290万元。

（山东理工大学 张传滨）

山东建筑大学

【概述】 学校拥有国家级特色专业、教育部地方高校本科专业综合改革试点专业5个，国家级一流专业14个，7个本科专业通过工程教育认证（专业评估）。拥有国家级精品资源共享课程、双语示范课程、教育部马工程重点教材"精彩一课"5门，国家一流课程4门，国家课程思政示范课程1门，国家课程思政教学名师1人和团队1个；获批新工科国家级教研项目2项，2020年度获批教育部教育信息化教学应用实践共同体项目1项（全国共6所高校，山东省唯一）；获批国家级虚拟教研室建设试点1个。拥有1个博士后科研流动站、1个博士人才培养项目、17个硕士学位授权一级学科、17个硕士专业学位类别、64个二级学科培养方向，拥有硕士研究生推免资格。拥有1个国家级实验教学示范中心、2个国家级虚拟仿真实验教学中心、2个国家级工程实践教育中心、1个国家级大学生校外实践教育基地。馆藏图书398万余册，其中印本图书198万余册、电子图书200余万册。《山东建筑大学学报》入选"RCCSE中国核心学术期刊"，影响力指数等主要期刊评价指标持续位居全国建筑工程类地方高校学报、山东省省属理工类高校学报前列。现有教职员工2217人，其中，专任教师1686人，具有博士学位人数919人，占专任教师总数的54.5%。拥有日本工程院院士、俄罗斯自然科学院院士、中国科学院院士、中国工程院院士（含双聘）9人，长江学者、新世纪百千万人才工程国家级人选、山东省"一事一议"引进顶尖人才、泰山学者优势特色学科人才团队领军人才、泰山学者特聘专家、山东省"外专双百计划"专家、山东省有突出贡献的中青年专家等省级以上高层次人才87人次，国家教学名师、全国模范教师、全国优秀教师、省级教学名师、省优秀教师、省教书育人楷模、省高校师德标兵等57人，1个教育部创新团队等31个省部级教学科研团队，其中"土木结构安全与防灾"教师团队获批"山东省高校黄大年式教师团队"；"建筑结构移位与加固改造"团队是山东省属高校唯一土木工程方向教育部创新团队。学校是全国唯一服务国家特殊需求绿色建筑博士人才培养高校，山东唯一土建类专业全部通过国家专业评估（认证）高校，山东省首个国家产教融合项目实施高校。学校ESI工程学学科居全球前1‰，拥有建筑学和土木工程2个山东省一流学科，建筑学列入山东省高水平优势特色学科建设学科。拥有1个共建国家工程研究中心、1个教育部重点实验室、1个国家文物局重点科研基地、3个山东省协同创新中心、2个山东省重点实验室、8个山东省工程技术研究中心、3个山东省工程实验室（工程研究中心）、6个山东省高校重点实验室、1个国家文物学会研究基地、2个山东省高校人文社科研究基地（新型智库）、1个山东省非物质文化遗产研究基地、1个山东省政法委研究基地等重点科研创新平台30个。其中，乡土文化遗产保护国家文物局重点科研基地是山东省高校唯一国家文物局重点科研基地。

【科技项目与经费】 2022年，学校编制《"十四五"科研创新与社会服务发展规划》，出台了《山东建筑大学国家社科基金项目及其经费管理办法（试行）》《山东建筑大学关于部分省级财政科研项目经费试行"包干制"的实施办法》《山东建筑大学科研项目安全风险管理办法（试行）》；修订了《山东建筑大学科研与学科建设奖励办法》《山东建筑大学自主设置非实体科研机构管理办法（草案）》等。撰写的《推进科研分类评价 激发科技创新活力 驱动学校高质量发展》获评山东省教育厅2022年度教育综合改革和制度创新十大典型案例。加强成果培育和成果登记指导，指导服务教师开展科技成果登记25项。学校基础科学研究能力不断提升，发表SCI、SSCI、CSSCI和EI等高质量论文1650篇，其中，ESI高被引论文24篇、热点论文1篇。发明专利授权数量再创学校新高，获国内授权专利424件。成果转化制度体系和转化流程已经形成，激励政策成效显现，成果转化数量和质量大幅提高，签订科技成果转化合同30个，合同金额521万元。2022年度科技活动经费超过2.9亿元，科研到账经费1.53亿元，较2021年增长24.39%。新增国家重点研发计划"政府间国际科技创新合作"重点专项1项，立项经费300万元；新增国家重点研发计划课题1项，子课题2项，立项经费504.1万元；获批国家自然科学基金项目20项，立项经费720万元；获批山东省自然科学基金项目50项，立项经费679万元；山东省优秀青年科学基金项目（海外）1项，资助经费60万元；其他政府、企事业单位委托类科研项目440项，到账金额8398.66万元。

【科技成果（含重点成果推介）】 2022年，学校作为第一完成单位获得山东省技术发明奖二等奖1项、山东省科学技术进步奖二等奖2项，作为主要完成单位获得山东省科学技术进步奖二等奖1项、山西省科学技术进步奖三等奖1项。获行业协会科技进步奖8项；获山东省省优秀法学成果奖4项，山东省软科学优秀科技成果奖11项。发明专利授权数量创造学校新高，全年授权国内专利424件，其中发明专利247件。

既有建筑地下增层关键技术 该成果由学校贾强教授作为第一完成人主持完成，相关技术在济南商埠区历史建筑原位地下增层、济南天主教修女会院和济南宏济堂移位地下增层等多项工程中得到了应用，在保护既有建筑的同时提升了使用功能，该成果取得了显著的经济效益和社会效益，成果评价达到国际先进水平。成果获得2022年度山东省技术发明奖二等奖。

智慧物流分拣流程关键技术研发及应用 该成果由学校聂秀山教授主持完成，在关键技术、设备产品等方面实现了重大技术创新和突破，促进了传统物流行业的转型升级，推动了我国物流产业的智能化进程，实现了计算机、机电、控制等学科的交叉融合，培养了一批交叉学科的高水平人才，产生了显著的经济效益和社会效益。成果获得2022年度山东省科学技术进步奖二等奖。

基于大集群埋管与多能互补的复合地源热泵系统关键技术及应用 该成果由学校崔萍教授参与完成，本成果属于建筑节能领域，取得了基于大集群埋管与多能互补复合地源热泵系统关键技术的突破，项目成果经评价整体技术达国际先进水平，其中理论模型达国际领先水平。成果获知识产权38件（发明专利9件、软件著作权8件、实用新型专利21件），主编参编国家标准、行业标准4部，参编英文专著2部，出版地源热泵技术手册及研究报告各1部，发表论文100余篇，获中国建筑学会建筑设计奖2项。研究成果近两年成功用于200余项地源热泵系统工程，经济效益6.598亿元，减排CO_2约21.94万吨/年，节能减排效益显著，示范引领了复合地源热泵技术的推广应用，促进了浅层地热能学科发展与行业技术进步。成果获得2022年度山东省科学技术进步奖二等奖。

【基础研究】 学校基础研究能力不断提升，发表SCI、SSCI、CSSCI和EI等高质量论文1650篇（其中，SCI收录论文760篇、SSCI收录论文85篇、EI收录论文784篇，CSSCI源期刊论文21篇）；ESI高被引论文24篇，热点论文1篇。在Nature发表*Phytocytokine signalling reopens stomata in plant immunity and water loss*，本论文为山东建筑大学首次第一作者和通讯作者单位在国际著名期刊Nature上发表长篇研究性论文，取得历史性突破。

自然科学基金 新增国家自然科学基金20项，立项金额720万元；新增山东省自然科学基金50项（含省优青项目1项），立项金额679万元。

山东省优秀青年基金项目（海外）新增1项，立项金额60万元。

【应用研究与高技术研究】 2022年，新增国家重点研发计划"政府间国际科技创新合作"重点专项项目1项、国家重点研发计划课题1项、国家重点研发计划子课题2项、国家社科基金2项、国家艺术基金青年人才项目1项。新增山东省"一事一议"项目1项、山东省重点研发计划课题2项、山东省高等学校青创团队科技计划11项、其他11项；教育部人文社科项目9项、山东省社科规划项目9项、山东省重点研发计划软科学项目3项、山东省教育科学规划课题6项。

【科技成果转化】 2022年，成果转化制度体系和转化流程已经形成，激励政策成效显现，成果转化数量和质量大幅提高，签订科技成果转化合同30个，转化专利30件，软件著作权2件，合同金额521万元，到账金额238万元。组织编制"科技成果推介项目汇编"，与技术成果交易中心（济南）签订了科技成果转化协议，与临沂市公共资源交易有限公司签订了科技成果转化合作协议；联合山东省科技成果转化服务平台、山东省科技成果转化促进会、第十五届百名专家淄川行暨科技成果引进洽谈会、齐鲁科创大走廊高校创新创业联盟等平台和机构开展成果推介工作，持续推进科技成果转化。在省级技术转移服务机构绩效评估中考核优秀；入选山东省第二轮科技成果转化综合试点单位名单。获得省级以上领导批示2件、其他批示7件。

国家标准《建筑施工起重机附着系统技术规程》学校为该标准主编单位，2022年2月25日，由中国工程建设标准化协会发布，于2022年7月1日起实施，标准号为T/CECS 1027—2022。该标准结合国内外先进成果和工程应用，并通过试验和理论研究，给出了极限状态设计表达式、载荷组合及载荷计算方法、附着装置分析方法，创新提出了附着系统柔度计算方法、附着杆计算长度确定方法，总体达到国际先进水平，具有重要的理论意义和工程指导价值。

【科技创新平台建设】 与中国林科院共建新序列林木生物质低碳高效利用国家工程研究中心；建筑结构加固改造与地下空间工程教育部重点实验室顺利通过验收；与山东华城城建设计工程有限公司、山东经典重工集团股份有限公司和山重建机有限公司共同申报，获批流域水质模拟与污染控制山东省工程研究中心（牵头）、装配式钢结构房屋智能制造山东省工程研究中心（参与）和挖掘机械智能控制山东省工程研究中心（参与）；获批高校重点实验室1个、高校实验室1个、高校特色实验室3个、高校文科实验室2个。成立山东建筑大学黄河流域生态保护和城乡高质量发展研究院；与山东省凯麟环保设备股份有限公司共建山东建筑大学－凯麟智能制造研究院，获企业建设经费300万元。与山东军地信息技术集团有限公司合作共建获批山东省软件工程技术中心。和玫德集团进行产研合作，达成1000万元合作意向。

【学科建设】 工程学学科ESI全球前1%排名持续提高；建筑学学科和土木工程学科列入山东省一流学科；开展建筑学山东省高水平学科（优势特色学科）建设和年度绩效评价；搭建"雁阵式"学科建设体系，确定了5个高水平建设学科、9个优势特色建设学科、8个基础建设学科和8个规划建设学科。

【科技人才培养与队伍建设】 引进高层次人才12名特聘为校内教授/副教授，其中，柔性引进发达国家院士2人，省级以上人才1人；引进优秀博士84人，博士后流动站新增14名博士后研究员，其中，流动站自主招收7人，工作站联合招收7人，人才"蓄水池"功能初显；获批省级及以上人才称号人才12人次，其中，材料工程学院翟同广教授获批长江学者讲席学者，土木工程学院宋在湑（韩国首尔大学教授）获批国家外国专家项目，实现学校自主培养获批国家项目"零"的突破；陈飞勇院士顺利获批山东省引进顶尖人才"一事一议"项目；3人获批泰山学者青年专家、1人获批泰山学者特聘专家（全职）、1人获批山东省海外优青、1人获批山东省"外专双百计划"专家。

【科技交流与合作】 2022年，学校先后举办建筑规划"中美线上论坛"、世界入海口城市合作发展大会"流域生态保护和高质量发展国际学术论坛"、泰山学术论坛"人工智能与软件新技术前沿论坛"、泰山科技论坛"黄河流域生态保护与乡村社区高质量发展"等；学校先后与济南水务集团有限公司、瀚高基础软件有限公司、麒麟软件有限公司、山东华鉴工程检测有限公司、济南龙山炭素有限公司、中正信造价咨询有限公司、鸣启数字科技有限公司等知名企业开展合作，建立产学研合作实践基地、大学生就业创业见习基地、大学生实习基地等。学校与枣庄市签订校地战略合作框架协议，对学校进一步加快服务地方经济社会发展，促进学校学科建设、起到积极的推动作用。

（山东建筑大学　李广惠）

山东科技大学

【概述】 学校在青岛、泰安、济南三地办学，总占地面积3500余亩，建筑面积145万平方米，固定资产总值40亿元，教学科研仪器设备总值9.71亿元。学校设有教学单位34个、科研单位5个。有博士后科研流动站9个、博士学位授权一级学科10个、硕士学位授权一级学科31个、硕士专业学位类别19个、本科专业97个。有国家重点（培育）学科1个，山东省高水平学科4个，山东省一流学科5个，另有省市级重点学科19个，工程学、数学、化学、材料科学、地球科学、计算机科学、环境与生态学7个学科进入ESI全球排名前1%。有省部共建国家重点实验室培育基地1个，国家地方联合工程研究中心2个，国家工程实验室1个，省部级及青岛市实验室（基地）和工程（技术）研究中心118个。现有全日制本科在校生30600余人、研究生9800余人。现有教职工3200余人，其中正高级职称人员380余人。现有两院院士4人，聘任院士12人，日本工程院外籍院士1人，长江学者、国家杰青、百千万人才工程等国家级人才工程人选25人，享受国务院政府特殊津贴人员50人。有泰山学者优势特色学科人才团队领军人才2人，泰山学者攀登计划专家、特聘专家及青年专家50人，山东省有突出贡献的中青年专家17人。现有全国模范教师3人，全国优秀教师6人，国家教学名师1人，山东省教学名师17人。现有国家级教学团队1个、国家级课程思政教学团队1个，省级教学团队8个。现有教育部创新团队2个，山东省高校创新团队2个，山东省高等学校青创科技计划创新团队41个，人才引育计划创新团队24个。现有国家级一流本科专业建设点26个，特色专业、综合改革试点专业8个，通过工程教育认证专业16个；国家级一流本科课程10门，课程思政示范课程1门，精品视频公开课、资源共享课、精品课程10门，教学成果奖5项，实验教学示范中心、虚拟仿真实验教学中心、工程实践教育中心5个，人才培养模式创新实验区1个，大学生校外实践教育基地1个。现有省级一流本科专业建设点15个，品牌特色专业18个，高水平应用型立项建设专业群9个，教育服务新旧动能转换专业对接产业项目5个，一流本科课程75门，课程思政示范课程18门，精品课程58门，教学成果奖141项，课程思政教学研究示范中心1个，实验教学示范中心5个，人才培养模式创新实验区2个，新旧动能转换行业（专项）公共实训基地1个。"十三五"以来，学校承担国家级科研项目700余项、省部级项目1200余项。获得省部级以上科研奖励300余项，其中获国家科学技术进步奖二等奖2项、国家技术发明二等奖2项。授权国家发明专利2800余项。《山东科技大学学报（自然科学版）》是全国中文核心期刊、中国科技核心期刊。学校科技园是科技部、教育部共同认定的"国家大学科技园"和"高校学生科技创业实习基地"，学校为教育部确定的首批高等学校科技成果转化和技术转移基地。学校与23个国家和地区的120多所高校和研究院所建立了交流与合作关系，入选国家"高等学校学科创新引智计划"（简称国家111计划），每年在校外籍专家教师百余人。拥有教育部批准的非独立法人中外合作办学机构1个、中外合作办学项目5个，在校生规模1800余人。有来自60多个国家的留学生500余人。

【科技计划项目与经费】 2022年，科研立项1565项（纵向695项、横向779项、成果转化83项、军工8项），其中，国家级134项（国家自然科学基金100项）、省部级209项。计划与合同经费53010.51万元，其中，纵向项目经费13505.34万元、横向项目经费32022.87万元、成果转化项目经费6577.3万元、军工项目经费905万元。实到经费32757.88万元，其中，纵向项目经费10914.95万元、横向项目经费18759.13万元、成果转化项目经费2983.6万元、军工项目经费100.2万元。

【科技成果】

奖励申报 ① 2022年共获各类科技奖励100项，其中省部级以上奖励61项。以第一完成单位获山东省科学技术科技进步奖一等奖1项、二等奖3项，自然科学奖二等奖2项，技术发明奖二等奖1项；高等学校科学研究优秀成果奖（科学技术）科技进步奖二等奖1项；山东省专利二等奖1项。②组织科技成果登记38项，完成线上线下公示36次，开展专家遴选评审、申报书指导、模拟答辩等活动8次。

专利申请及授权 国内发明专利公开（公告）申请1266件、发明授权专利663件，其中，国内539件、国际124件。申请实用新型及外观设计授权专利405件、软件著作权578件。

【平台建设】 推进省部共建矿山岩层智能控制与绿色开采国家重点实验室跻身国家重点实验室体系，学校成立由主要领导任组长的全国重点实验室申报建设工作专班，多次组织召开省部共建国家重点实验室建设工作领导小组专题会议，讨论国家重点实验室重组和共建工作，及时了解国家重点实验室重组最新政策、工作部署、有关部门动态等；主动加强与中国矿业大学、中国矿业大学（北京）、山东大学等优势高校和科研院所的合作交流，争取更多的资源和条件参与到全国重点实验室建设布局行列中。2022年，学校作为牵头单位申报各级各类科研平台33项，其中，申报教育部重点实验室1个、山东省技术创新中心1个、山东省高等学校实验室体系8个、山东省高等学校黄河流域生态保护和高质量发展协同创新中心2个、山东省大数据发展创新平台4个、青岛市技术创新中心10个、青岛市重点实验室2个、青岛市工程研究中心2个、山东省数据开放创新应用实验室3个。参与申报各级各类科研平台10个。2022年，学校新获批建设省部级科研平台17个、厅局级科研平台9个。其中，获批智能光电器件与计量技术山东省工程研究中心1个，山东省社科理论重点研究基地1个，山东省高等学校文科实验室3个，绿色低碳能源化工等高校工程研究中心2个，控制科学与智能技术山东省高校实验室1个，空区治理与生态修复等山东省高校重点实验室6个，岩土工程大数据智能分析技术山东省高校特色实验室1个，黄河流域脆弱生态保护修复技术协同创新中心等山东省高等学校黄河流域生态保护和高质量发展协同创新中心2个，青岛市海洋土木工程材料与结构重点实验室等厅局级科研平台9个。组织完成学校教育部工程研究中心、教育部重点实验室、自然资源部海洋测绘重点实验室年度报告提交工作；完成学校7个山东省重点实验室的年度报告编制和上报工作；组织完成学校6个山东省重点实验室、1个青岛市重点实验室评估工作；组织学校7个省重点实验室、1个省技术创新中心的年度绩效评价工作；山东省沉积成矿作用与沉积成矿重点实验室顺利通过评估并获得良好成绩；完成学校交叉科研平台建设评估工作。山东省智能无人系统技术创新中心获山东省2022年度中央引导地方科技发展资金100万元支持；青岛市海洋耐磨蚀材料重点实验室获2022年度中央引导地方科技发展专项计划50万元资金支持；山东省冲击地压防治智能化技术及装备工程实验室获奖励扶持资金50万元，智能光电器件与计量技术山东省工程研究中心获奖补资金20万元，青岛市地下空间智慧开发工程研究中心、青岛市近海环境监测与污染防治装备工程研究中心分别获区发展改革局资金支持10万元。完成"山东省高等学校协同创新计划——新一代人工智能技术协同创新中心"项目绩效评价；组织开展山东科技大学科技评审专家征集工作，建成科技评审专家库（153人）；完成高等教育事业统计、高等教育质量检测等各级各类统计中关于科研平台数据的提报工作。

【科技成果转化】 2022年，学校科技成果转化工作再创新高，签订科技成果转化合同83项，转化科技成果104项，合同经费6577.3万元；到账经费已达2983.6万元。技术转移工作品牌彰显：①公开征集"校长基金"项目22项，立项11项，共资助400万元。其中，成果转化类项目7个，资助340万元；技术转移类项目4个，资助60万元。立项后，研究院在融资、公司选址、资金使用等方面持续提供服务工作。②推进省科技成果转化改革综合试点任务和省专利技术转移转化专项计划，"注重科技成果分级分类管理、完善对高价值专利的培育和转化"等4项经验入选省科技厅印发的《2021年度省属高校、院所科技成果转化综合试点典型案例汇编》并在全省推广。③组织技术推广活动64次，其中，线上35次，线下29次，推介学校科技、专利成果910余项，达成合作意向55项，形成了紧扣需求、形式多样、线上线下互补的科技成果宣传推广模式。

【学科工作】

学科规划管理 ①完成2021年度省教育厅"高水平大学和高水平学科"建设项目考核、2021年度省财政厅开展的预算项目支出绩效评价、2022年度"高水平大学和高水平学科"建设预算绩效运行监控等工作。②完成2022年度"双高"建设预算绩效运行监控、2023年"双高"建设经费预算和绩效目标编制工作，切实保证资金使用效益。③组织控制科学与工程、安全科学与工程2个学科申报山东省一流学科建设"811"项目，加快推进一流学科建设，打造学科高峰。④积极落实学位授权点建设5年规划，持续推进新一轮博士点培育工作。组织法学等5个山东省精准培育博士授权点完成《博士学位授权点精准培育建设工作承诺书》。召开4次学位点建设专项工作推进会议并组织3次学位点申报专项培训，大力推进法学、马克思主义理论、数学、地质学、力学、材料科学与工程、资源与环境（专业学位）等7个学位点博士点培育工作，7个学位点在科学研究、师资队伍、人才培养、对外交流等方面均取得明显进步。⑤完成法学、数学、地理学、地质学、力学、材料科学与工程、电气工程、信息与通信工程等8个学位点合格评估专家论证工作，邀请了两院院士、学科评议组专家等全国知名专家对学校8个学位点进行考核指导，8个学位点全部通过合格评估。⑥深化学部制改革，出台《山东科技大学学部运行管理办法》，成立学部学术委员会，分别召开3个学部工作会议，印发《山东科技大学学部青年学者沙龙管理办法》，组织开展学部青年学者沙龙43期。⑦完成《山东科技大学高水平大学和高水平学科建设项目资金管理与绩效考评办法》初稿撰写并于近期出台。⑧学科内涵不断提升，学校共有15个学科上榜2022软科世界一流学科排名，有4个学科进入世界百强，上榜学科数量保持在省属高校第2名，在全国高校位列57名。

加快构建现代学科体系　①积极落实《山东科技大学学科建设"十四五"发展规划》，按照规划稳步开展各项工作，组织各学院精准制定《2022年学科建设任务书》，明确建设任务与工作重点，确保各项任务如期完成。②开展山东科技大学博士一级学科发展水平调研工作，按照"一科一策"的原则，精准指导博士授权学院发展。③制定山东科技大学学科优化调整方案（讨论稿），推动构建现代学科体系。④对接国家、区域经济社会发展需求，做好拟引进教师学科方向审核工作。组织各学位点完成学科方向凝练与学科队伍调整工作，增设环境与生态管理、智能制造技术与系统、能源与环境经济等新兴学科方向27个，现有学科与山东省"十强"产业实现了紧密对接。⑤获批化学硕士学位授权一级学科并完成建设规划论证工作，学校基础学科得到进一步加强，学科布局进一步优化。⑥开展2022年度学校博士、硕士学位授权学科和专业学位授权类别动态调整工作，拟增设生物学硕士学位一级学科，力争完成基础学科硕士点布局，调整方案已上报省学位办。⑦按照《研究生教育学科专业目录（2022年）》，开展学位授权点对应调整工作，艺术硕士专业学位授权类别调整为设计和音乐两个硕士专业学位授权类别，调整方案已上报省学位办。⑧围绕黄河战略、海洋强国、碳达峰碳中和等国家战略，完成生态环境安全、碳中和科学与工程、海洋技术与装备、储能科学与工程等4个交叉学科自主设置工作，进一步推动学科深入交叉融合。⑨深化学部制改革，分别召开3个学部工作会议研讨学部发展事项，依托学部开展了省811计划申报、高水平学科考核、学科建设经费分配、三级教授评议、学位点精准培育、重点项目申报等工作，制定学部年度工作事项清单，组织开展学部（学科群）青年学者沙龙42期，发挥学部在学科建设的统筹引领作用。

【国家大学科技园建设】

完成校属企业改革、加强校属企业管理　①截至2022年8月，50家校属企业已全部完成改革任务。其中，保留管理4家、脱钩剥离5家、工商注销40家、延缓注销1家。整理完成校属企业改革纪实34套，撰写工作纪要131份，最终形成《校属企业体制改革工作总结》。②构建以学校股东决策为纲，以国有资本管理为目，纲举目张的管理体系。拟稿完成《关于调整校属企业资本关系的方案》。就科技成果作价入股设立学科性公司的相关事宜与拟投资单位及个人多次探讨，对投资金额和方式、股东退出条件等16条内容进行了约定，并达成投资协议。

发挥国家级平台优势、提升创新创业引领作用　①举办各类双创活动20场，累计服务企业120家次。培育专精特新企业3家，新培育高新技术企业3家，累计培育高新技术企业45家次，科技型中小企业23家。新入驻大学生创业团队11个、科技企业24家，在园企业达到197家。园区企业青岛星科瑞升信息科技有限公司获得千万元融资，并获得2021年青岛市科学技术进步奖一等奖。②举办技术经纪人培训班，加强技术经纪人队伍建设。完成科技成果标准化评价6项，共认定合同626份，认定总额5.18亿元。完成高水平科技成果转化77项，技术交易额共1.08亿元，其中学校技术转让与技术许可合同75项，技术交易额为0.57亿元。③国家大学科技园成功入选"2022年第五批省级专家服务基地""中央引导地方科技发展专项资金项目"等7项省市级专项项目。科技园泰安分园，年内入驻10家企业。

加强内涵建设、全面提升管理能力和水平　①建立"一讲、二建、三查"园区安全管理体系，加强园区安全文化建设。开展多形式的安全主题宣传活动4次及应急知识培训活动3次。制定、完善园区安全管理制度、应急预案10余项。与园区用户签订安全责任书52份。定期组织安全大检查，确保园区安全稳定。②完成科技园东部配套服务区建设、园区道路修缮、"知味酒店"升级改造等6项提质增效工程及园区20余项基础维修工程，多措并举助推园区高质量发展。

（山东科技大学　孙开师　宗成国）

山东交通学院

【概述】　山东交通学院现有全日制在校学生25000人，在职教职员工约1900人。图书馆藏书约220万余册，电子期刊140万余册，教学科研仪器设备总值约4.2亿元。学校是山东省高等教育应用型人才培养特色名校立项建设单位，山东省应用型本科高校建设首批支持单位，山东省与交通运输部共建高校。近年来充分发挥学校优势和特色，聚焦学校发展与行业区域发展关键共性技术、现代工程技术需求的结合点，为交通强国战略、海洋强国战略交通强省建设、新旧动能转换重大工程等提供有力支撑。

【科技项目与经费】 2022年，学校立项纵横向项目674项，科研经费到账总金额1.48亿元。2022年，获批省部级及以上项目立项40项，纵向项目到账经费873.88余万元。2022年，学校横向项目新立项539项，横向项目共计到账经费1.39亿元。

【科研成果】 2022年，学校获省部级科技奖励2项（山东省科学技术进步奖一等奖1项、山东省技术发明奖二等奖1项）。发表高水平论文234篇，其中，1篇入选ESI高被引论文；出版一级学术专著28部。授权各类专利501件，其中，发明专利293件、实用新型、外观设计专利208件，取得软件著作权87件。

【科技成果转化与社会服务】 2022年，学校与山东高速集团、山东省路桥集团、交通运输部水运科学研究所、中国重汽集团等企事业单位围绕关键技术需求与难题联合开展技术研发攻关和成果转化；以优异成绩获批山东省新一轮科技成果转化综合试点单位，被省教育厅认定为山东省高等学校科技成果转化和技术转移基地。技术开发合同登记认定211项，合同额超8700万元，应用型高校建设效果显著。

【科研平台与智库建设】 2022年，学校获批市厅级科研平台12个，其中，省级平台1个、市厅级平台11个，科研平台获批数量创历史新高。联合浪潮集团共同建立山东智慧交通研究院，三链协同的科研平台体系建设更加完善。发起黄河流域高校交通运输科技创新联盟。联合长安大学、兰州交通大学等高校共同申报的"黄河流域交通发展协同创新中心"获批山东省高等学校服务黄河流域生态保护和高质量发展协同创新中心，"黄河流域交通可持续发展重点实验室"获批山东省高等学校重点实验室，彰显了学校主动服务国家重大战略担当作为。

【学科与专业建设】 学校设有19个学院（部），开设57个本科专业和2个硕士专业，涵盖工、管、理、经、文、艺、法七大学科门类。学校现有1个山东省高水平学科（优势特色学科），4个省级重点学科；2个国家级特色专业，4个国家级一流本科专业建设点；7个省级特色专业，22个省级一流本科专业建设点；3个专业通过工程教育认证，5个省级高水平应用型建设专业（群）；1个山东省教育服务新旧动能转换专业对接产业项目，3个省高校实验教学示范中心。

【科技人才培养与队伍】 学校有专任教师中副高级以上专业技术职务人员近630人，具有博士学位的490余人，硕士学位近900人，研究生导师170余人。学校现有长江学者奖励计划特聘教授1人，国家"万人计划"领军人才2人，享受国务院政府特殊津贴者6人，山东省有突出贡献的中青年专家4人，省部级优秀教师15人，15人入选省部级重点人才工程；13个团队获省高等学校青年创新团队发展计划。

【科技交流活动】 2022年，学校利用"线上线下结合"的形式，主办和承办了"山东交通运输智库论坛""中巴'一带一路'交通物流高端论坛""先进智能海事安全与技术会议"，各类成长论坛、博士论坛等高层次学术会议，邀请校内外知名专家组织和开展学术交流活动，举办各类学术讲座、报告54场次，学校整体科研氛围和学术环境大幅提升，充分激发广大教师和科研人员积极性，在行业内的知名度和影响力更加彰显。

（山东交通学院 黄玉娟 许振峰 申 杰）

济南大学

【概述】 济南大学校园占地243万平方米，校舍建筑面积104万余平方米，固定资产总值30.8亿元，教学科研仪器设备总值6亿元。图书馆建筑面积6.3万平方米，纸质藏书及电子文献800余万种（册），中外现刊及电子期刊3万余种。现设26个学院，建有3个博士后科研流动站、5个一级学科博士学位授权点、25个一级学科硕士学位授权点、22个硕士专业学位培养类别。学校每年本科招生专业80个左右，学科专业涵盖经济学、法学、教育学、文学、历史学、理学、工学、医学、管理学和艺术学等10个门类。全日制在校本科生、研究生、留学生38000余人。现有专任教师2304人，其中，教授385人、副教授880人，具有博士学位的1332人。现有全职院士5人、双聘院士8人，国家杰出青年科学基金获得者、国家高层次人才特殊支持计划、教育部教学指导委员会委员、国家优秀青年科学基金获得者、百千万人才工程、教育部新世纪优秀人才等国家级高层次人才31人，泰山学者攀登专家1人、泰山学者特聘专家16人、泰山产业领军人才9人、泰山学者青年专家23人，国家级和省部级有突出贡献专家20人，享受国务院政府特殊津贴专家11人。全国优秀教师、山东省优秀教师7人，国家级、省级教学名师17人，国家级、省级教学团队7个。学校建有山东省高水平学科5个（其中，高峰学科1个、优势特色学科3个、高水平培育学科1个），省一流建设学科4个、省一流培育建设学科1个、省重点学科14个；7个学科进入ESI全球排名前1%，9个学科进入软科世界一流学科排行榜。建有包括省部共建协同创新中心、教育部工程研究中心、国家"高等学校学科创新引智计划"（"111计划"）引智基地、教育部国别与区域研究中心、国家专利导航项目研究和推广中心、省级协同创新中心、省级重点实验室、省级工程实验室、省级工程技术研究中心、省级人文社科研究基地等在内的省部级以上研究平台59个。学校入选全国首批深化创新创业教育改革示范高校、山东省首批省级双创示范基地。建有国家级一流本科专业建设点20个、国家级特色专业4个、国家卓越工程师教育培养计划依托专业6个、通过工程教育认证专业9个、师范类二级认证专业1个、山东省一流本科专业建设点22个、山东省品牌特色专业16个、山东省高水平应用型专业（群）9个、山东省教育服务新旧动能转换专业对接产业项目立项专业（群）5个、山东省现代产业学院2个。8个师范类专业纳入教育部免试认定中小学教师资格改革范围，入选教育部—联合国儿童基金会"中国融合教育推进：教师专业能力提升项目"试点院校。国家级一流本科课程、国家级精品课程、国家级双语示范课、国家级精品视频公开课、国家级精品资源共享课21门，山东省一流本科课程、山东省精品课程107门。国家级、省级实验教学示范中心6个，国家级工程实践教育中心4个，国家虚拟仿真实验教学项目1个。获国家级教学成果奖二等奖3项、省级教学成果奖109项，山东省课程思政教学研究示范中心1个，有省级课程思政示范课程12门。在"挑战杯"全国大学生课外学术科技作品竞赛、中国大学生创业计划竞赛、中国国际"互联网+"大学生创新创业大赛、全国大学生数学建模竞赛等各项科创赛事中，共获得省部级以上奖励9347项，其中，国家一等奖369项、二等奖1046项。获得中国青少年科技创新奖4项，"小平科技创新团队"1个。学校坚持开放式办学理念，积极扩大与海外教育机构的合作与交流，通过学者互访、学术交流、合作办学等多种方式与美、英、德、法、加、澳、俄、日、韩、新等国家和地区的120余所高校建立了校际合作关系。学校为教育部来华留学质量认证通过高校，国家留学基金委"创新型人才国际合作培养项目"立项实施单位；在金融学、机械工程、网络工程、环境工程4个专业举办中外合作办学项目，并与国外多所大学合作举办双学位、交换生、本硕连读、博士联培等多种形式的校际合作培育及出国留学项目，培养具有国际化视野的高素质人才。学校建有山东省外事研究与发展智库3个、山东省国际合作研究基地1个，先后获批国家级引智项目2个、省级引智项目5个，在刚果（布）恩吉阿比大学建有孔子学院1所，成立有冰岛研究中心、非洲法语区研究中心和加勒比地区研究中心等3个国别与区域研究中心。

【科技项目与经费】 2022年，科技项目经费共计15749万元；横向项目到账经费6260万元；承担各类纵向科技项目187项（不含军工项目），纵向科技经费总计8966.61万元。其中，国家级科技项目立项58项（国家自然科学基金项目55项，立项直接经费2480.7万元；国家重点研发计划子课题3项，立项经费399.61万元）；省部级科技项目96项（山东省自然科学基金78项，立项经费1245.5万元；山东省重点研发计划8项，立项经费918.9万元；其他省部级项目11项，立项经费1172.5万元），国防科研经费304.377万元。

【科技成果（含重点成果）选介】 2022年，济南大学教师以第一完成人获山东省科学技术进步奖一等奖1项、二等奖3项，山东省自然科学奖二等奖1项。参与获得山东省科学技术进步奖一等奖1项、二等奖4项，山东省自然科学奖二等奖1项。获教育部高等学校科学研究优秀成果奖二等奖1项，山东省专利奖二等奖1项。被SCI、EI及CPCI-S收录的论文共有1266篇，其中，SCI收录论文969篇，一区论文342篇；根据2022年度中国科学院文献情报中心期刊分区表，一区论文342篇，二区论文259篇；被EI收录的论文有297篇；中国科技期刊卓越行动计划入选期刊26篇文章。获得各类知识产权授权550件，其中，授权发明专利474件、实用新型68件、外观设计8件。

谷胱甘肽原料药与制剂关键技术及产业化 该项目是济南大学与金城生物、浙江大学、重庆药友合作完成，构建了谷胱甘肽高效表达菌株与集成发酵智能装备；开发了絮凝铜盐-串联碟片分离技术，解决了谷胱甘肽铜盐颗粒细、难分离的难题；创新了梯度膜分离纯化谷胱甘肽提取液技术，解决了不同分子量发酵产物难分离的难题。实现了不稳定谷胱甘肽的高效分离纯化，粗品纯度由小于40%提高到90%以上；开发了谷胱甘肽优势晶型和无氧梯度冻干技术，提高了谷胱甘肽制剂质量。项目研究达到国际领先水平，已获授权发明专利9件，主持制定国家标准2项，该项目已在国内外多家单位推广应用，经济效益和社会效益显著。

复杂环境下输电线路通道智能防护关键技术及装备产业化　该项目针对线路通道"信息获取难、隐患检测难、处置反馈难"的电力行业"三难"痛点，项目授权专利32件、软件著作权7件，牵头制定团体标准1项。通过项目推广，产品已在全国除港澳台之外的所有31个省（自治区、直辖市）进行了应用。自2015年以来，项目产生了巨大的经济效益，仅直接经济效益就超10亿元。

可操控适配体分子识别机制与精准生物分析应用基础研究　该项目针对传感界面构建及光电分析的关键基础科学问题，联合贵金属纳米材料、功能核酸探针、可编程DNA纳米结构等工具，构筑快响应传感界面，探究界面传感机制，提出基于可操控核酸适配体的光电生物传感新方法。建立基于G-四联体/血红素复合物的无标记电化学信号传导新机制，提出基于等温核酸扩增耦联G-四联体DNAZyme的低背景电化学适配体传感新策略，实现食源性致病菌及抗生素的灵敏、特异、低成本检测，解决了酶/电活性标记物型电化学传感器成本高、假阳性及操作步骤烦琐等难题；构筑基于多聚腺嘌呤自组装的快响应纳米传感界面，建立基于等离子体共振耦合效应的纳米界面传感新原理，提出快速、便携的多组分标志物SERS同时检测新方法，解决了现有检测技术分析周期长、准确性差、通量低的瓶颈问题；建立特定引物功能核酸探针的一般性设计原则，探究目标物抗生素与核酸适配体的分子识别机理，建立目标物循环和酶循环多重信号放大新原理，提出灵敏、便携、成本低、适于现场的食品样品抗生素电化学检测新方法。

黄河三角洲水土资源特征与精准生态利用研究　该项目针对黄河三角洲淡水资源短缺和土壤盐渍化等问题，提出了"时空优化、以咸替淡、咸淡交替、水盐平衡"的研究思路，解决淡水资源短缺的问题，降低地下水位，阻控土壤盐渍化的发生机制。该成果授权发明专利5件、实用新型专利3件、软件著作权6件，发表论文50余篇（SCI/EI收录论文23篇），培养硕士、博士研究生8名。

【基础研究】　2022年，济南大学完成2项山东省自然科学基金省属高校优秀青年人才联合基金项目等基础研究项目。

氧气电化学制备双氧水　该项目围绕氧气电化学合成双氧水领域的关键科学问题，合理设计和构建出具有优异的电合成H_2O_2性能的电催化材料。项目相关工作得到了国际同行的认可，研究结果以论文和专利形式发表，其中，发表学术论文30余篇。申请发明专利15件，授权7件；获得国家自然科学基金面上项目和济南市"新高校20条"自主培养创新团队；积极参加国内外学术会议，并多次做学术报告。培养研究生15名，其中博士生2名。

利用生物质合成二氧化钛/贵金属复合材料及其光催化性能的研究　该项目提出利用微生物还原贵金属离子，并以此为模板合成光催化剂，在回收贵金属的同时能够合成具有优异可见光催化性能的光催化剂。项目不仅为制备具有复杂结构的等离激元光催化剂提供了一种有前途的简单绿色方法，而且将废物转化为有价值的能量收集材料体系，实现了真正的变废为宝。项目相关工作得到了国际同行的认可，研究结果以论文和专利形式发表，其中发表学术论文16篇，授权发明专利4件；积极参加国内外学术会议，并多次做学术报告。培养研究生5名，其中博士生1名。

【应用研究与高技术研究】　2022年，济南大学完成1项国家重点研发计划课题、4项国家重点研发计划子课题等应用研究与高技术研究项目。

利用赤泥制备低成本硫铝酸盐水泥基材料及其应用技术　为解决硫铝酸盐水泥生产成本较高的问题，采用赤泥、脱硫石膏等固废作为原材料，制备了富铁的$C_4A_3-xF_x-C_2S-C_6AF_2$低成本新体系硫铝酸盐水泥，揭示了赤泥中碱金属离子对主矿相C_4A_3和铁相形成、结构和水化活性调控的影响机制，以及赤泥中铁元素对主矿相C_4A_3和新体系水泥组成与性能的影响；攻克了新体系熟料工业生产关键技术，阐明了脱硫石膏和硬石膏复合与低成本硫铝水泥熟料的协同水化效应，开发了熟料与石膏等外加组分的复合应用技术；该水泥基材料已实现产业化和工程示范，具有低成本、高抗蚀和耐冲刷的特性，应用效果良好。经计算，该水泥熟料烧成温度下降了50℃，每吨熟料煤耗降低了10kg，水泥生产成本最高降低幅度达46%，经济效益显著。

利用农作物秸秆制备木塑建筑装饰板的研究与应用　针对我国秸秆资源数量大、种类多、分布广以及大宗综合利用困难的问题，通过研究微刻蚀与生物相溶剂交联偶联技术对秸秆纤维与聚合物基体界面的影响规律，揭示植物纤维与聚合物界面形成机理，攻克了黏结技术瓶颈，有效改进了秸秆木塑复合板防水结构，制备了具有自主知识产权的秸秆木塑建筑装饰板材。该板材具有质轻、高强、装饰性好、耐腐蚀性强、环保等特性，为秸秆的大宗综合利用开辟了一条新的路径。此外，通过研究麻纤维与秸秆纤维混杂增强技术，构筑网络互锁结构，实现了秸秆纤维木塑板材力学性能的显著提升。研制的秸秆木塑板材可应用于地板的底层和中层、墙板、橱柜板等产品中，开发了系列产品，应用效果良好。

基于自供能蓄热式热解的热带农林废弃物高效清洁利用技术联合研发与示范　通过研究农林废弃物的物化性质与其在蓄热式自供能裂解反应器中的反应行

为及与热解油组成的内在联系，并结合热解油的性质，评估其潜在的应用价值，研究成果阐明了农林废弃物的物性数据与热解油性质和组成的内在关联规律，开发出热解油向高值化产品转化的技术路线，并建立了适用于热解油高效转化的催化体系，实现其向特定精细化学品的定向转化，同时阐明出热解油的聚合机制，创新性提出了热解油制备高强度碳材料的方法，降低了反应过程的成本。

固废协同互补制备硫铝系高活性粉体材料的高通量动态匹配重构技术研究 以实现固体废弃物两级跃迁和全产业链协同开发的创新理念，固废协同互补利用完成特性与价值重构是前提，实现协同互补必须有关键技术手段作支撑。通过开展 FactSage 多元系统矿物体系优化方法研究、体系匹配优化研究、关键控制技术研究和不同固废组合的适应性研究，建立了根据原料成分变化实时优化矿物组成和原料配比的高通量动态匹配技术，突破了固废成分复杂多变特性的根本限制，从源头实现固废物理、化学成分的重构，奠定固废协同互补利用的理论与方法基础，为高性能的硫铝系高活性粉体材料制备开拓全新的原料途径。

村镇既有建筑修复加固与维护关键技术研究与材料研发 通过 PVA 改性硫铝酸盐水泥基材料的组成优化设计，确定了 PVA 改性硫铝酸盐水泥加固混凝土和 PVA 改性硫铝酸盐水泥防水修补砂浆的基本组成，提高了砖与硫铝酸盐水泥之间的黏结性能，解决了砖混结构吸水性强导致的修补材料脱落问题；开展纳米改性聚合物硫铝酸盐水泥基自清洁防水涂料研究，通过多元组分与结构调控，构建了具有优良防腐性能的有机－无机基体层，在此基础上通过纳米－硅氧烷基复合材料构建界面黏结性能良好的防涂鸦表层，赋予建筑外墙自清洁防水能力。研究成果在河北省沧州市献县商林乡水牛店村建筑修补加固中得以应用，取得了良好的效果，为宜居乡镇建设提供性能优异、成本低廉的材料，助力"乡村振兴战略"。

【一流学科建设】

扎实推进"双高"建设 召开济南大学高水平学科建设推进会，实施学校领导"包干制""大学科"计划等机制，编制下发《济南大学"双高"建设2022年度目标任务细化表》，全力推进"双高"建设任务落实。扎实做好省财政厅绩效评价考核工作组进校考核评价工作，5个学科在山东省高水平学科考核中成绩优秀。药理学与毒理学学科首次进入ESI全球排名前1%，进入ESI全球排名前1%的学科达到7个，材料科学、化学、工程学等学科ESI全球排名持续提升，9个学科进入软科世界一流学科排行榜。

健全完善学科发展体系 按照"重点建设一批、接续培育一批、扶持储备一批"的工作思路，科学确定高水平学科梯队建设计划，进一步完善学科建设布局，重点建设材料科学与工程、化学工程与技术、计算机科学与技术、应用经济学4个省高水平学科，培育水利工程、社会学、土木工程、生物学、物理学5个校重点建设学科，扶持储备心理学、中国语言文学、数学、机械工程、控制科学与工程、马克思主义理论6个基础学科，邀请专家教授进校对高水平学科梯队建设计划进行审核论证。扎实编制《济南大学高水平学科建设方案》和《济南大学高水平学科建设任务书》，加快推进学科内涵建设，着力构建多学科相互支撑、协调发展、重点突出、梯次分明的"雁阵式"学科发展体系。

认真做好学位点培育建设工作 科学制定学位点培育建设计划，扎实做好学位点精准培育建设工作，学位点建设质量不断提升。紧抓学位授权点动态调整机遇，新增公共管理学硕士学位一级学科授权点。材料与化工、计算机科学与技术、应用经济学、社会学4个学位点成功入选省博士学位授权点精准培育建设项目，入选数量位居省属高校前列。扎实做好艺术专业学位授权点的调整申报工作，学校将由1个艺术硕士专业学位授权点调整为音乐、美术与书法、设计3个硕士专业学位授权点，进一步优化学科布局和学位授权体系。

推进"揭榜制"学科重大课题建设 聚焦"精准支持重点学科主干方向""着力打造高水平学科团队"等目标任务，加快推进学科重大课题建设，提升学科服务经济社会发展能力。组织第二批学科重大课题立项评审、签订建设任务书。系统总结实施过程中的经验和做法，制定《学科重大课题立项管理暂行办法》。立项课题在组建高水平团队、打造高层次平台、培养高素质人才、产出高级别成果等方面的引领作用成效显著，为推进高水平大学和高水平学科建设提供了有力支撑。

【科技成果转化】

2022年，签订技术合同320项，技术合同额10768余万元，横向项目到账经费6260万元。实现科技成果转化82项，其中，作价入股3项，合同金额1000万，到账999万元，科技成果转化数量达到历史新高。与企业共建产业技术研究院23个，学校和共建企业共约有150人参与研究院的运行与建设工作。

【科技创新平台建设】

省级工程研究中心建设方面，获批建设智能感知与机器人应用山东省工程研究中心。山东省高等学校实验室体系建设方面，获批建设4个山东省高校实验室，5个山东省高校重点实验室，2个山东省高校特色实验室。在山东省高等学校黄河流域生态保护和高质量发展协同创新中心认定方面，申报的3个协同创新中心全部获批建设。依托学校信息科学与工程学院，获批建设1个山东省数据开放创新应用实验室。山东省高校工程研究中心方面，学校2个山东省高校工程研究中心第一批获批建设。

【大学科技园建设】 截止至2022年底，济南大学科技园签约入驻企业86家，培育科技型中小企业信息库入库企业15家，引育高新技术企业10家，培育济南市专精特新中小企业1家、山东省专精特新中小企业1家、济南市瞪羚企业1家。2022年2月，通过"济南市中小微企业活动券服务机构"认定；3月，获批"济南市小型微型企业创业创新示范基地"；12月，获济南市《关于加快驻济高校科技成果转化 深化市校融合发展战略的若干政策措施》（简称新高校20条）项目扶持，科技园党支部被认定为济南市两新组织党建工作示范点。2022年，科技园入驻企业新增申请发明专利15件、实用新型专利9件，获得授权发明专利5件、实用新型专利17件；产值达9960万元，纳税突破330万元。济南合元新材料科技有限公司总经理潘奇伟荣获天桥区"优秀科技工作者"称号；山东润涵新材料科技有限公司总经理秦韵涵荣获天桥区"青年创新先锋"称号，该公司荣获2022年度中央引导地方科技发展资金项目支持。

【科技人才培养与队伍建设】 制订出台《关于开展2022年专业技术职务（岗位）评聘工作的通知》（济大校办字〔2022〕5号）、《关于印发〈济南大学人才引进工作实施办法〉的通知》（济大校字〔2022〕25号）、《关于印发〈济南大学产业教授选聘及管理办法〉的通知》（济大校字〔2022〕37号）、《关于印发〈济南大学2022年专业技术职务（岗位）评聘管理办法〉的通知》（济大校字〔2022〕66号）、《关于印发〈济南大学学术教授、副教授聘任暂行办法〉的通知》（济大校字〔2022〕67号）、《关于聘任王林申等183人相应专业技术职务（岗位）的通知》（济大校字〔2022〕94号）、《关于公布付雪平等8人专业技术职务任职资格的通知》济大校字〔2022〕95号、《关于聘任于欣等55人相应学术职务的通知》（济大校字〔2022〕96号）。

【科技合作与交流】 学校持续推进校地技术转移中心、产业技术研究院等成果转化平台工作，在省内外新建设浙江嘉兴南湖、滨州邹平等6家技术转移中心。已建设的济南大学昆山技术转移中心，派驻专任中心管理人员，围绕校企产学研合作、人才培养、人才项目申报、平台搭建等内容进行一系列工作：走访对接了约40家企业，挖掘了近30个技术需求；省市人才项目申报，1人获批昆山双创人才，1人进入最终答辩，1人获批江苏省科技副总，推荐1人进入昆山博士后流动站并获得国家博士后基金面上项目支持；推动校企建立济南大学－宏嘉焊锡联合培养研发中心及人才培养基地，联合企业申报获批JITRI－鼎镁新材料联合创新中心；牵线企业签订技术开发合同8项，其中1项获得江苏省省级项目立项，到账经费约300万元，获批昆山祖冲之铜π计划，在昆山市在建的48家技术转移中心年度绩效考核中获得优秀成绩。年度新建济南大学平邑产研院、环翠乡村振兴产研院、莘县古城镇农业产研院、东平产研院4家校地产研院，获得产研院到账运行经费434.5万元，服务地方和企业获批科研、人才计划项目和科技创新平台20项，获批经费603万元；联合申报各级项目、获批国家级、省部级和地市级人才计划和创新平台共23项；推荐到地方挂职或企业兼职45人，构筑起校地产研院之间、校地产研院与企业之间"双循环"运行格局，具有"济大特色"和"济大范式"的"产业技术研究院集群"，为服务地方贡献济大力量。推进校企合作研究院建设，与山东省第一地质矿产勘查院、内蒙古汉恩生物科技有限公司、济南脑科医院、山东大行新材料集团有限公司、浙江河海中控信息科技有限公司等省内外企业建设校企研究机构23家，校企双方投入科技人员近150人次，从事各类科技研发工作。济南市"新高校20条"资助项目名单中，学校12个科技项目获批立项，立项总经费700万元，位列驻济高校第3位、驻济省属高校第2位，获批科技项目包括自主培养创新团队3项、引进创新团队1项、科研带头人工作室4项、产业创新载体4项。

（济南大学　王　众）

青岛大学

【概述】 青岛大学设有34个学院和医学部，招生本科专业79个，涵盖哲学、经济学、法学、教育学、文学、历史学、理学、工学、医学、管理学、艺术学、交叉学科等12个学科门类。现有10个博士后流动站，14个一级学科博士点，3种博士专业学位类型；41个一级学科硕士点，28种硕士专业学位类型。拥有国家重点学科2个，山东省重点学科20个，山东省一流学科8个。入选山东省属高校高水平大学"冲一流"建设高校和 1 个高峰学科、4 个优势特色学科、3 个培育学科；工程学、临床医学、化学、材料科学、神经科学和行为学、药理学与毒理学、生物学与生物化学、计算机科学、分子生物与遗传学、环境与生态学、社会科学、农业科学共 12 个学科相继进入全球排名前 1%。拥有省部共建国家重点实验室 1 个、协同创新中心 1 个、国家地方联合工程研究中心 1 个、国家示范性国际科技合作基地 1 个、高等学校学科创新引智基地 1 个、国家级国际联合研究中心 1 个、教育部工程研究中心 1 个。省部级重点实验室、工程研究中心、协同创新中心、人文社科研究基地共 38 个。

【科技项目与经费】 2022 年，获批国家级项目 191 项，资助经费逾 1.3 亿元，其中，国家自然科学基金 159 项，国家重点研发计划课题 10 项、子课题 3 项，资助经费 3408.8 万元。获批山东省自然科学基金 199 项，含省海外优青 1 项、省优青 6 项，资助经费 2862 万元，主持青岛市科技惠民专项 2 项。2022 年，学校科技经费总量突破 3.7 亿元，其中，纵向项目经费到账 1.83 亿元，横向项目经费到账 1.35 亿元，科技平台与人才团队建设经费逾 0.5 亿元。2022 年，学校多项重要科研指标创历史新高，特别是国家级项目立项经费与横向项目到账经费首次实现双双突破亿元关口，学校科研事业全面、迅速增长，步入了科技引领发展的快车道。

【重点科技项目选介】
鲆鲽类主要经济性状形成的遗传基础与调控机制研究 该项目为国家重点研发计划课题，批准经费 400 万元。针对鲆鲽类优良品种选育过程中遗传基础和调控机制研究比较薄弱的问题，课题开展研究，课题筛选、鉴定与解析鲆鲽类抗病、抗逆、性别、品质和生长性状相关的分子标记、关键基因和调控元件，构建育种资源数据库和分析平台，用于鲆鲽类良种培育，提升种质创新的能力和水平，为鲆鲽类养殖业发展提供重要理论支撑。

光电功能高分子试剂的可控聚合及宏量制备 该项目为国家重点研发计划课题，批准经费 363 万元。高分子光电材料普遍存在制备批次间差异显著的问题。在基础科研中，该问题可以通过采用多批次、小投料量聚合反应筛选出最佳批次的高分子材料的方法予以规避，但是，为了实现质量可控的高分子光电材料试剂的批量制备，该问题可通过建立分子量高度可控、链缺陷得到充分抑制的可控聚合方法予以全面解决。项目系统研究单体浓度、聚合反应温度与时间、催化剂配体类型、反应介质溶剂等条件对高分子分子量及其多分散度的影响，利用凝胶渗透色谱跟踪检测反应过程中的分子量变化规律，通过核磁共振分析，定量检测高分子中的链缺陷，构建链缺陷与反应条件之间的关联。研究发现，与小分子光电功能材料类似，共轭高分子在实验室中通常的制备量仅为 0.1～1.0g，而作为试剂产品，其聚合反应的制备规模必须达到百克级别。相对于小分子化合物，高分子在溶液中会表现出链缠结效应，其溶液通常具有更高的黏度，甚至呈现凝胶化现象，导致其分子量对反应体系的大小、搅拌速度、介质传热等条件更加敏感。项目针对每一种典型的高分子试剂（包括 PM6、PBDB-T、P3HT、PFN 等），通过逐步放大的方式，获得用于制备百克级光电功能高分子试剂的可控聚合工艺条件。

【科技合作与交流】 2022 年，学校与地方政府、企业共建科技合作基地、工程技术中心、校企联合研发中心等平台，联合开展技术攻关，推动科研人员进企业、进车间、进社区，催生科技合作的重大成果。与海尔、海信、山东土地城乡融合发展集团有限公司、山东达因海洋生物制药股份有限公司、中海油能源发展股份有限公司等近 300 家企业开展深度产学研合作，在服务地方、成果转化方面取得显著成效，科技合作规模和质量进一步提升，经费数量创历史新高。2022 年，学校签订横向科技合作协议 336 项，其中，千万元以上项目 6 项、百万元以上 27 项、服务青岛行政区域内企事业单位 107 项，累计合同经费 2.46 亿元，较 2021 年增长近 0.5 亿元；横向到账经费 1.35 亿元，首次实现科技合作到账经费突破亿元关口。2022 年，学校新增获批国际合作项目 5 项，累计在研 18 项，联合发表论文 1000 余篇。学校与中国营养学会联合组织承办了第七届海峡两岸暨港澳营养学科大会，与中国环境诱变剂学会和亚洲环境诱变剂学会联合举办了中国环境诱变剂学会学术大会，脑科学与神经疾病研究院举办了国际脑功能及脑疾病研究新进展—青岛论坛（第一届）等系列国内国际学术交流活动。

【科技成果与转化】 2022 年，学校师生发表 SCI 收录论文 4924 篇，中国卓越期刊论文 128 篇。其中，ESI 高被引论文数 582 篇，较 2021 年增加 149 篇，热点论文 50 篇。自然指数排名列国际 277 位，国内排名第 74 位，较上年前进 12 位。2022 年，学校获省部级科技奖励 7 项、青岛市科学技术进步奖一等奖 2 项、中纺联科学技术进步奖一等奖 2 项。学校实施系列改革举措加快推动更多优质高端科研项目和科技成果转化落地，开展科技成果转化综合改革试点工作，出台改革试点方案，探索建立高价值科技成果库，开展产学研对接，简化科技成果转化资产评估程序，提高成果转化效率。通过直接转让、实施许可、作价入股等方式，完成 91 项成果转化，其中百万级以上项目 9 项。成果转化合同额 3732.9 万元，到账额 2419.3 万元。

【重大科技成果选介】

纺织产业方向　夏延致团队在无机／有机复合阻燃纤维素纤维技术、房宽峻教授团队在棉织物印染废水深度处理方面经济效益和社会效益显著，分别获得2022年度中纺联科学技术进步奖一等奖。谭业强教授团队在功能性低碳材料研究方面成果突出，荣获首届山东省科学技术青年奖。田明伟教授团队在低强高透磁性纤维关键技术及功能纺织新产品研发方面效益明显，荣获2022年度中纺联和青岛市科学技术进步奖二等奖。许长海教授团队在高耐碱高耐氧漂分散染料制备及应用关键技术研发方面应用广泛，项目自2016年以来与蓬莱嘉信染料化工股份有限公司合作，2022年，技术成熟转至该企业，获得横向科研经费1000万元，已突破高耐碱高耐氧漂分散染料三原色瓶颈，建成年产2000吨分散染料生产线，直接经济效益达到超过1.8亿元。

人民生命健康方向　李长贵教授团队建立了中华痛风遗传资源库与数据库，完成了痛风病遗传机制、关键致病机理研究及新型动物模型构建；首创痛风规范化诊疗体系、早期预警体系及同质化诊疗推广平台，研发了尿酸检测仪，该成果获得教育部科学技术进步奖二等奖。牛海涛教授团队研发5G远程腹腔镜手术装备关键技术与示范应用，解决了国外手术机器人系统技术垄断带来的"卡脖子"问题，自主研发"妙手"手术机器人系统，成果2022年获得青岛市科学技术进步奖一等奖。毕赛教授团队在等温信号放大体系的构建及生物分析与纳米诊疗中的应用研究，李冰教授团队在新型肿瘤标志物的筛选和肿瘤靶向治疗研究，魏丽丽在基于人工智能的妊娠糖尿病高危人群全程干预体系的建立以及姜彦教授团队在鼻内镜下鼻眼相关视功能障碍性疾病的基础与临床研究方面都取得重要进展，相关成果分别获省自然科学奖和科学技术进步奖二等奖。董蒨教授指导团队国际首创研发具有独创性的生鲜猪肝祛毒方法和祛毒猪肝系列食品，相关技术获得12个国家26件发明专利，其中技术核心专利获第二十三届中国专利优秀奖。

系统＋学科集群方向　于金鹏教授团队经过长期深入研究，突破了传统反步控制的局限性，创新性地提出了基于指令滤波反步的非线性系统自适应控制新方法，并形成了系统性的研究成果，该成果获得2022年度山东省自然科学奖二等奖。王继荣教授团队和中车工业研究院等单位的专家共同完成的成果以企业需求为导向，运用机构学最新理论设计机器人机构、研制高效永磁同步直驱电机、数据驱动柔性智能控制等关键技术，打破了国外技术垄断，提高了生产过程可控性，成功应用于东软载波等相关企业。该成果于2022年获得青岛市科学技术进步奖一等奖。计晓斐研究团队开发了一种基于GPU片上的数据处理方法，该成果专利价值资产评估值792.85万元，已按照评估值作价入股成立了学科性公司，并获得山东产业技术研究院200万元股权投资及500万元海豚计划项目投资，公司今年已取得600万元合同订单。陈道炼教授团队采用单级多输入集成逆变技术研发的风光储供电系统产品，将具有体积和重量小、变换效率高、成本低、可靠性高等优良性能，将比传统的风光储微网供电系统的性能优越得多。该成果2022年度与深圳古瑞瓦特新能源有限公司达成成果转让协议，转化费用240万元。郭磊博士团队开发了基于信号增益放大的保温层下无源无线腐蚀监测传感器制备技术及自动化监测技术。该成果得到中海油发展有限公司的认可，已在其FPSO采油平台上进行安装使用，技术转化收入502.46万元。

【科技创新平台建设】　2022年，学校新增各级科技创新平台33个，其中，教育部工程研究中心1个、省级工程研究中心1个、市厅级平台31个；学校整合自动化学院、医学部、附属医院等创新资源，申报机器人智能交互技术教育部工程研究中心，获批立项建设，这是学校首次获批教育部工程研究中心，中心深化科教融合，着力人工智能领域关键核心技术攻关，开展科技成果转化与技术转移，为机器人产业赋能升级；学校在民用飞机智能化研究领域取得重大进展，跨学院、跨学科组建大团队申报民用飞机智能化试验验证工程研究中心，获批认定为山东省工程研究中心，团队致力于服务国家大飞机战略，努力实现在新材料、新能源、电子与信息化、自动化控制与人工智能、大数据与智能制造等领域的科技创新；国家高分子杂化材料创新引智基地（简称国家111计划）以良好成绩通过验收。青岛大学威海创新研究院获批山东省第一批新型研发机构，2021年、2022年连续两年在山东省科技厅组织的考核中成绩为优秀。

【大学科技园建设】　青岛大学科技园是经山东省科技厅、教育厅批准的首批省级大学科技园，被认定为崂山区首批区级科技企业孵化器、青岛市级科技企业孵化器，并获"山东省双创示范基地"称号。发挥大学科技园服务成果转化的平台赋能作用，努力提高科技园和孵化器建设使用效益，园区空间有效使用率90%以上；大学生创业、项目合作、成果转化等占总企业数65%以上、开展合作项目12个。2022年，园区顺利通过市级科技企业孵化器和省级科技园的验收。

【产业技术研究院建设】　2022年，青岛大学产业技术研究院建设启动，定位于"对接校地、汇聚信息、统筹合作、引导供需、招才引智"总体目标，聚焦纺织、生命健康、新能源新材料、新一代信息技术、时尚艺术等五大产业板块，产研院陆续建成了概念验证中心、沉浸式体验中心、技术经纪人服务中心等实体创意空间。产研院将以整合全校项目、成果、专家、团队等资源为纽带，推动学科链与产业链交互融合，搭建政府、科研单位、企业相互支持的新型合作平台，推进高水平科研项目和高质量科技成果落地转化，打造产业发展互动新模式、新生态。

【科技人才培养与队伍建设】 2022年，引进人才182人，其中，国家级人才11人，培育入选长江学者讲席学者奖励计划1人、泰山学者特聘专家2人、泰山学者青年专家17人。引进两院外籍院士1人、双聘两院院士2人、海外院士和国家级人才（含柔性）8人。学校专任教师总数2602人，教师队伍中博士占比70%，有国（境）外学习工作经历人员占比34%。26名学者入选2022中国高被引学者榜单，位居中国高校第53位。在站博士后人数802人，累计获批各类博士后基金1098项。拥有全国高校黄大年式教师团队1个、教育部创新团队1个。

【学科建设】 学校加强学科顶层设计，努力打造点上有高峰、面上有高原的学科生态，加快实施学科集群发展战略和学科交叉融合发展战略，学科建设事业取得新成绩。新增社会科学和农业科学2个学科进入全球排名前1%，进入全球前1%的学科总数达到12个，列国内高校40位。17个学科入选2022软科世界一流学科排行榜，居全球399位。

（青岛大学 宋媛媛）

烟台大学

【概述】 烟台大学现设23个学院、66个研究院所、24个硕士学位授权一级学科，14个硕士专业学位授权类别，58个本科招生专业，涵盖文、理、工、法、农、医、经、管、教、艺10个学科门类。全日制在校本科生、研究生、留学生共3万余人，本科生源跨我国内地30个省（自治区、直辖市）和港澳台地区，另有成人高等教育学生4万余人。现有中国工程院院士1人，长江学者、国家级教学名师等国家级人才12人，享受国务院政府特殊津贴专家11人，教育部"新世纪优秀人才"支持计划人选4人，泰山学者22人，省有突出贡献的中青年专家13人，省教学名师8人，省自然科学杰出青年基金获得者6人，齐鲁文化英才1人，省社会科学突出贡献奖获得者1人，省社会科学学科新秀奖获得者1人，泰山产业领军人才、省属高校优秀青年人才联合基金计划获得者等其他省部级以上人才21人，教育部高等学校教学指导委员会委员3人，山东省本科教育教学指导委员会委员34人。现有国家技术转移中心2个，教育部重点实验室1个，国家民委民族理论政策研究基地1个，国家知识产权培训基地1个。入选国家知识产权试点高校，获批山东省高校科技成果转化和技术转移基地。省基础科学研究中心1个，省技术创新中心1个，省级重点实验室1个，省高等学校协同创新中心4个，其中，山东省高校示范协同创新中心1个。省人大常委会地方立法研究服务基地1个，省理论建设工程重点研究基地1个，省高校人文社科研究基地2个，省高校文科实验室2个，省铸牢中华民族共同体意识研究基地1个，省级工程技术研究中心8个，省泰山学者种业人才团队支撑计划1个，省高校优秀科研创新团队1个，省国际（港澳台）科技合作平台1个，省级研究院1个，省软科学研究基地1个，省非物质文化遗产研究基地2个，省级大学科技园和省级科技企业孵化器1个。法学进入教育部第四轮学科评估B类学科和中国最好学科排名前20%，数学进入世界一流学科排名前400。与烟台经济技术开发区共建烟台大学开发区科教园区，与知名企业共建药学院、核装备与核工程学院和数字创新学院，与知名企业共建专业34个。与自贸区烟台片区共建"自贸区海洋知识产权中心"新型智库平台，作为主要单位推进共建烟台先进材料与绿色制造山东省实验室、中国科学院药物创新研究院环渤海药物高等研究院、山东苹果·果业产业技术研究院、烟台大学（威海临港区）技术转移中心。发起成立烟台数字经济产教联盟、烟台设计产业联盟、烟台市物联网行业协会等行业组织，主动对接烟台市八大战略性新兴产业，构建政产学研用融合创新发展生态。以现有35个校级文科科研机构为基础，整合建设山东省知识产权研究院、中韩（烟台）产业园发展研究中心等智库，连续多年获评"烟台发展突出贡献单位"。

【科技项目与经费】 2022年，学校获批国家自然科学基金32项，资助经费1215万元；获批省部级项目74项，其中，省自然科学基金杰出青年基金项目1项、重大基础研究项目1项，首次获批省重点研发计划（科技军民融合）项目和中央引导地方科技发展资金项目；理工科纵向科研项目到账经费11367.5万元，横向科研项目到账经费8131.4万元。

【科技成果】 2022年，学校发表高水平学术论文1360篇；授权职务专利342件，其中发明专利208件；组织学术报告175场次，其中"两校名师讲堂"系列报告20场次。获批省部级科学技术奖7项，其中第一完成单位5项（山东省自然科学奖二等奖3项、山东省科学技术进步奖二等奖2项）。药学院创新中药研究与开发团队获得"烟台市最美科技工作者"称号。1人荣获中国技术市场协会第11届"金桥奖先进个人"荣誉称号。

【重点成果选介】

中国首个抗抑郁1类化学新药——若欣林®获批上市 基于烟台大学与绿叶制药"科产教"融合与"产学研"合作一体化平台，由烟台大学分子药理和药物评价教育部重点实验室科研团队主持研发的国家1类创新药——盐酸托鲁地文拉法辛缓释片（商品名：若欣林®）获国家药品监督管理局批准上市。该药是中国首个自主研发并拥有自主知识产权的用于治疗抑郁症的化药1类创新药，其上市实现了国产药在该治疗领域的重大创新性突破，标志着我国在高失败率的中枢神经系统创新药研制领域正走向世界前沿。

卫星群智计算及应用服务平台 该项目由烟台大学、北京邮电大学、山东省海洋资源与环境研究院承担完成，提出3种空间服务协同场景，设计空间服务协同框架，利用空间服务协同算法保证服务质量；提出多空间群智感知任务分配技术，应用于"北邮一号"卫星。该成果的应用与卫星遥感智能检测技术，已搭建基于卫星遥感的海上溢油智能监测平台，应用于绿潮和赤潮监测、溢油应急监测等。

【一流学科建设】 学校引进博士8人，培育国家级人才和泰山学者青年专家各1人。牵头获山东省科学技术进步奖二等奖1项，参与获省部级一等奖2项。新立项科研项目61项，其中，纵向项目7项、横向项目54项；发表高水平论文148篇，参编专著1部，获授权发明专利20件。山东省一流学科材料科学学科新增泰山学者青年专家2人，烟台市"双百计划"人才1人，获山东省海外优青人才项目3项、山东省高等学校青创引育计划创新团队项目1项。"材料科学"学科进入ESI全球前1%。2022年度发表高水平论文211篇；获批国家自然科学基金13项，省自然科学基金10项；年度科研经费总量突破2700万元；获批山东省高等学校特色实验室2个。

【科技成果转化】 学校完成"四技"合同认定登记156项，技术交易总额7242.1万元。专利技术成果转移转化24件，向合作单位派出省科技厅备案的"科技特派员"27名，学校科技处作为省级技术转移服务机构在2022年度山东省科技厅绩效评价中获评优秀。

【科技创新平台建设】 2022年，分子药理和药物评价教育部重点实验室通过评估，山东省新能源汽车电驱技术创新中心顺利通过年度考核，山东省基础科学研究中心培育基地（药学）建设稳步推进，山东省化学工程与过程重点实验室顺利完成年度建设任务。学校新增山东省工程研究中心、山东省高等学校黄河流域生态保护和高质量发展协同创新中心、山东省高等学校特色实验室等高层次科技创新平台14个。学校牵头成立"黄河流域食物资源安全与国民健康科创联盟"，主办"黄河流域食物资源安全与国民健康科创联盟成立大会暨首届高端学术论坛"，《光明日报》、央视网等30余家主流媒体宣传报道。

【学科建设】 2022年，学校制定并论证了高水平学科建设方案，确定以药学、法学、数学学科为重点建设学科，率先实现博士点突破，化学工程与技术、材料科学与工程、物理学、计算机科学与技术4个学科为培育建设学科，机械工程、生物工程、民族学、中国语言文学、土木工程、马克思主义理论6个学科为扶持储备学科，逐步构建基础与应用相互促进，文理工多学科相互支撑、交叉渗透、协调发展、梯次分明的"雁阵式"学科格局。新增核科学与技术一级学科硕士学位点，填补了省内涉核类学位点的空白。材料科学学科新入列ESI全球前1%，药理学与毒理学、工程学、化学3个学科稳定在ESI全球前1%行列。自然指数排名居国内高校第130位，全球学术排名530位。软科世界大学学术全球排名939位、全国排名153位，并列省属高校第8位，学科建设保持"省队"前列。

【大学科技园建设】 2022年，科技园新增在孵企业7家，在园企业32家；截至2022年12月底，收入6459.35万元，研发投入659.76万元，上缴利税107.95万元，拥有有效知识产权105件。开展产学研合作的院所6家，吸收社会资金投入额度80万元，带动企业研发投入增量134.33万元。建立三校科技园科技成果资源库，其中包含13件发明专利。

【科技人才培养和队伍建设】 2022年，学校引进俄罗斯科学院院士、国家火炬计划入选者1人，全职引进北大清华知名法学教授2人，新增全职国家级人才4人、泰山学者等省级人才11人，完成学校"152"人才工程考核46人。引进青年博士235人，其中，双一流高校毕业183人，海外留学经历66人，引进博士数量居硕士学位授予高校首位，年度安排人才专项资金1.82亿元。与烟台先进材料与绿色制造山东省实验室、绿叶制药集团合作引进博士10人。柔性引进客座教授9人、兼职教授2人、创新创业导师7人，3个科普专家工作室获批省首批科普工作室。深化绩效工资分配改革，实行协议工资制36人，新增2名百万年薪人才。

【科技合作与交流】 2022年，学校克服疫情不利影响，搭建科技成果供需对接的"双向"桥梁；通过办公系统、QQ群、微信群等多种方式发布企业技术需求625项，达成众多科技合作协议。新立项横向科技项目317项，服务山东省内518家企业。学校与山东省海洋资源与环境研究院共建烟台大学蓝碳研究中心等25个科研创新平台（含5个智库平台）。推动各类产学研合作、技术服务等共计153项，聘任兼职教授119人。与烟台市科技创新促进中心对接2022年烟台市科技型中小企业科技创新需求46项。

（烟台大学 安兴爽）

潍坊学院

【概述】 潍坊学院占地1543亩，校舍建筑面积84.3万平方米，馆藏图书317.85万册、数字资源41.5TB。学校建有高标准的大型体育运动场和4万平方米的现代化多功能体育馆，建有国内同类院校领先水平的校园网，是中国教育和科研计算机网（CERNET）潍坊地区城市节点单位、全国教育信息化理事会常务理事单位。现设26个教学单位、71个本科专业，涉及理、工、文、经济、管理、农、法、历史、教育和艺术十大学科门类。有国家级特色专业和教育部综合改革试点专业3个，省级一流专业建设点13个，省级特色专业、高水平应用型立项建设专业、应用型人才培养发展支持计划专业、卓越工程师培养专业、成教品牌专业等30个；有国家级一流课程2门，省级一流课程、精品课程、双语教学示范课程、成教特色课程等99门，省级教学团队5个，国家级大学生校外实践教育基地、省级实验教学示范中心、省级人才培养模式创新实验区、省级大学生创业孵化示范基地4个，校外教学实践基地690个，与潍柴、歌尔、天瑞重工等企业合作建设5个现代产业学院，其中，潍柴产业学院入选省首批现代产业学院，歌尔科技产业学院入选首批潍坊市现代产业学院；开展教育部"国培计划"特殊教育骨干教师培训项目，承担国家教育体制改革试验区试点项目6项。学校现有光学、区域经济学2个省级重点学科和民俗文化学省文化艺术科学重点学科。建有多光子纠缠与操纵、生物化学与分子生物学省高校重点实验室，光纤传感与光电信息省工程技术研究中心、蔬菜种植装备智能化省工程实验室、现代蔬菜种业省高校协同创新中心、省级工业设计中心、省民俗文化产业开发研究基地、省高校人文社科研究基地和中华优秀传统文化传承基地等19个省级科研创新平台和29个市级科研创新平台。建有量子信息技术研究院、机器视觉与模式识别研究所、新能源汽车技术研究所、法治乡村研究中心、北海文化研究院、潍坊金融财政研究院、节能研究院等62个研究院所，公开出版学术期刊《潍坊学院学报》。学校现有教职工2105人，其中，专任教师1554人，高级职称人员741人，博士生、硕士生导师150余人。有俄罗斯工程院院士、国家人才支持计划入选人员、享受国务院政府特殊津贴专家、教育部教学指导委员会委员、全国普通高校毕业生就业创业指导委员会委员、全国优秀教师、泰山产业领军人才、省市有突出贡献的中青年专家等59人次。学校面向全国29个省（自治区、直辖市）招生，现有全日制在校生25000余人，其中本科生22600余人。广泛开展合作办学，与国内多所高校交流合作，同20多个国家和地区的80多所高校建立了友好交流与合作关系，接收30余个国家的留学生来校学习。

【科技项目与科技成果】 2022年，学校获批市级以上纵向科技项目65项，其中，国家级项目3项、省部级项目34项；承担横向科研项目509项，项目合同经费31634万元，其中，合同金额100万元以上的项目达到147项，"系列高压柱塞泵设计开发"项目经费达730万元。学校获得市级以上科技奖励11项；获得授权专利58件，其中，国内发明专利44件，国外发明专利6件，实用新型和外观设计专利8件；获得软件著作权69件；9件发明专利和计算机软件著作权以转让形式实现应用。发表学术论文243篇，其中，被SCI、EI等收录149篇，出版专著2部。

【基础研究】

四维全同步荧光光谱非常规溢油识别及风化规律的研究 该项目针对非常规油中的UCM组分的分离和解析难度，通过增维的荧光光谱检测和解析发展出一套适合非常规油的荧光检测技术，即多维全同步荧光光谱技术。该项目的支持下发表科研论文5篇，获批专利1件。该方法通过深入广泛的研究，有望在原油炼制的在线检测、芳烃相关的多尺度地球化学勘察、环境检测的污染源追踪溯源、尾矿尾水的排放检测、溢油检测监控等领域体现出其独特的价值。

基于概率语言向量术语集的群决策理论与方法 该项目基于概率语言向量术语的表述模型，研究多粒度群语言决策问题的理论与方法，系统地构建相应的群决策理论和技术框架，成果应用到多个领域的实际的群决策问题。

【应用研究与高技术研究】

面向辅助驾驶的不良天气场景交通标志牌识别问题研究 该项目以不良天气下拍摄的图像为主要处理对象，以提高低质图像的自然清晰度为科学目标，从大气散射与图像成像机理出发并以交通标志牌识别为例研究实际应用中迫切需要解决的关键理论和技术问题，研究探索不良天气情况下基于图像信息恢复的相关理论和统一框架。课题项目资助发表高质量论文8篇，授权美国发明专利1件、中国发明专利4件、登记软件著作权2件，形成一套拥有自主知识产权的不良天气图像分析理论和方法。该研究对于认识不良天气与图像的成像机制之间的关系提供了重要的启示性线索，并为探讨不良天气场景下的目标检测识别奠定了坚实的工作基础。该成果具有一定的普适性，可以应用到无人驾驶、视频监控、场景恢复等领域，为提高可观测性和增强人机交互创造良好的外部条件。

银鲑的营养需求及其环境友好饲料的研发 该项目解决了银鲑仔稚鱼发育阶段营养生理和微颗粒饲料制备技术，通过益生菌、中草药、抗菌肽的添加剂配伍，研发出可提高银鲑抗应激、免疫力，提升肉质的饲料添加剂，并应用到饲料中起到功能性饲料的作用。

【科技成果转化】 2022年，登记技术合同230项，认定技术交易金额16606万元；获批山东省高校科技成果转化和技术转移基地；学校省级技术转移服务机构年度绩效评价获评优秀等次并获专项奖补。技术成果转化服务机构建设19人次获得国家技术经纪人资格证书；推荐省高校成果转移转化专员3人；加强与省内外科技服务机构交流学习，了解先进地区科技成果转化专业化运作的实践经验，管理人员职业素养和服务能力提升明显。科技成果转化改进企业人才引进和人才共享模式，探索搭建技术熟化、小试中试等研发平台，努力建设研究方向明确、研发流程高效成熟的研发管理体系，着力形成融合产业、市场、资金等在内的全要素科技成果转化生态体系。

【科技创新平台建设】 学校现有科学研究和技术开发机构60个，其中，省级工程技术研究中心1个、省级工业设计中心1个、省级中外合作研究中心1个、山东省高校重点实验室2个、省高校协同创新中心1个、省级工程实验室2个、省高校工程研究中心2个、省高校特色实验室3个、省数据开放创新应用实验室（第一批）1个。潍坊市重点实验室及技术研究中心、工程研究中心28个，校级科学研究和技术开发机构18个。新获批机器人视觉感知与控制、磁悬浮高速电机设计制造及其控制2个山东省高校工程研究中心，光量子信息与调控、园艺作物精准栽培与种质创新、光量子信息与调控3个山东省高校特色实验室，统计建模与数据分析、新型能源转化材料及器件研发与应用、水生态安全与环境工程、农业数字化种植应用、机械装备智能感知与优化设计、近海岸工程等6个潍坊市重点实验室和高性能智能化制造及检测1个潍坊市工程研究中心。

【学科建设】 2022年，经省教育厅高水平学科专家进校论证，遴选出与地方经济社会发展优势产业更密切契合的3个重点建设学科，4个培育建设学科、5个扶持储备学科，突出学科与区域优势产业契合度，构建"雁阵式"学科体系。

【科技合作与交流】 2022年，学校推进潍坊学院科教产融合创新中心建设，着力突出校企联合研发、协同育人、共推产业发展的特色，布局先进制造、智能装备、绿色化工、现代农业等产业发展方向，集中设置了12个校企共建联合研发机构，吸引企业投入研发经费近亿元，其中，与山东宇鹤智能科技有限公司、山东尚科环境工程有限公司、山东日科化学股份有限公司、山东赛马力发电设备有限公司、山东大艾姜山农业科技有限公司、潍坊佳诚数码材料有限公司等专精特新企业共建的技术创新中心、联合实验室，研发投入均达到千万级别。与潍坊市政府外事办公室联合成立潍坊RCEP研究院；推动省市共建潍坊学院落地，设立潍坊企业家学院。参与政府部门科技创新发展调研、座谈，为科技创新推动地方经济社会、科技事业实现高质量发展建言献策。

（潍坊学院　蔡月梅）

聊城大学

【概述】 聊城大学是山东省属综合性大学。学校拥有硕士、学士学位授予权,具有硕士研究生推免资格,并与海内外诸多高校合作培养博士学位研究生,现设25个学院,9个研究院所,26个硕士学位授权一级学科,14个硕士专业学位类别,2022年本科招生专业79个,学科专业涵盖哲学、经济学、法学、教育学、文学、历史学、理学、工学、农学、管理学、艺术学、医学等十二大学科门类。2022年,学校加快建设高水平应用型大学,推动学术科研筑峰强特,推动高层次人才扩量增效,推动产学研用深度融合,大力构建与服务国家、省重大战略和产业关键核心技术需求深度融合的内涵式发展新格局。

【科技项目与经费】 2022年,学校新增各级科技项目232项,新增科技项目经费3800余万元。

南太平洋岛国种养技术研究与示范 该项目属于科技部国际合作项目,总经费200万元,执行期3年。项目旨在利用聊城大学教师的专业技能,根据汤加生态环境条件,筛选适宜汤加种植的农作物:大豆品种2~3个,玉米品种1~2个;筛选蔬菜种类10~14类,每个种类筛选适宜品种2~3个;根据汤加农林副产品下脚料资源,筛选适宜的平菇、木耳等食用菌营养料配方3~4个;根据汤加周年环境条件和农业环境条件,制定农作物规范化技术规程2项、蔬菜栽培技术规程10项、畜禽规范化养殖技术规程2项,录制相应技术规范视频课程14项。

畜禽种质资源精准鉴定——驴驼种分子身份证构建 该项目属于国家种业攻关项目,执行期5年,已到账经费83万元。2021年7月9日,中央全面深化改革委员会第二十次会议,审议通过了《种业振兴行动方案》。农业农村部依据国家《种业振兴行动方案》,由全国畜牧总站在全国遴选畜禽种业专家共同承担此项目,学校驴遗传育种团队承担了"驴驼种分子身份证构建"项目。

软糖等功能性食品中营养素包埋技术 该项目属于企业技术委托开发横向课题,项目开发周期1年,项目总经费80万元。项目采用符合食品添加的复配改性包衣材料制备、营养素原料颗粒改性及微胶囊包埋等工艺技术集成,生产高含量高稳定性的营养素包埋颗粒,使得目标营养素在食品加工过程中有效隔绝高温高湿等不利因素,在货架期内保持标称含量。

【科技成果及选介】 2022年,学校教师获得第十二届山东省青年科技奖1项,中国发明协会2022年度发明创业奖创新奖二等奖1项。1人入选2022年度全球高被引科学家榜单。授权发明专利36件。发表学术论文2000余篇,其中,被SCI、EI、ISTP收录1200余篇。参与和主持国家、地方、团体标准27项。

禽主要细菌性病原噬菌体研究与推广 该研究建立了禽大肠杆菌、沙门氏菌等主要致病菌菌种库及噬菌体库,有效降低了畜牧养殖中抗生素的投入和使用,为控制抗生素在动物源性食品中的残留问题和细菌耐药性升高问题提供了解决方案,实现经济效益1000余万元。荣获山东省农业科技转化促进会科技兴农奖。

带有驱动容错单连杆柔性机械臂系统的自适应模糊事件触发控制 该研究针对具有执行器故障的单连杆柔性关节机器人系统,对其有限时间跟踪控制问题进行深入探索。该成果发表在期刊 *IEEE Transactions on Cybernetics*(SCI一区,TOP期刊)上。

双靶点抗真菌药物研究 该研究通过将COX-2抑制剂(SE抑制剂)分别与CYP51抑制剂以结构融合的方式设计合成了不同系列新型酰胺唑类化合物,它们在体内外的抗真菌及抗耐药真菌方面均表现出了优异活性,并对其作用机制进行了研究。该项成果为新型抗真菌药物的研发开辟了新思路。相应成果分别发表在 *Journal of Medicinal Chemistry*(SCI一区,TOP期刊)和 *European Journal of Medicinal Chemistry*(SCI一区,TOP期刊)上。

东海自由生活海洋线虫 该著作由科学出版社出版,系统论述了自由生活海洋线虫分类研究的方法和分类系统,鉴定描述东海自由生活线虫292种,包括19个新种,该书的出版填补了我国东海该类群生物多样性研究的国内空白,丰富了国际线虫分类学研究的内容和信息,为我国海洋生物多样性保护和生物资源开发利用提供了基础资料和科学支撑。

单宁酸防腐层助力提升锌离子电池稳定性 该项研究提出了一种简单、低成本地在锌负极上制备锌——单宁酸防腐膜的方法,该成果发表在 *Nano Energy*(SCI一区,TOP期刊)上。

化学修饰和缺陷化学协同效应实现$SrTiO_3$陶瓷材料高储能性能 该研究采用Bi^+、Na^+离子掺杂$SrTiO_3$陶瓷,利用化学修饰和缺陷化学协同效应实现了$SrTiO_3$陶瓷材料高储能性能,该成果发表在 *Chemical*

Engineering Journal（SCI 一区，TOP 期刊）上。

含隔离网络的隔热型橡胶基电磁屏蔽泡沫材料 该研究利用静电自组装工艺将碳纳米管包覆在天然橡胶的胶乳粒子的表面，再与可膨胀微球混合，模压发泡获得具有新型"海岛"结构的橡胶基电磁屏蔽泡沫材料，材料在防屏蔽干扰、防红外侦查及隔热领域具有潜在的应用，成果发表在 *Chemical Engineering Journal*（SCI 一区，TOP 期刊）上。

基于石墨烯/并五苯单晶异质结构的超快灵敏自供电光电探测器 该研究利用大气环境升华技术制备了高质量的并五苯单晶，将其与高迁移率的石墨烯耦合构筑异质结，实现了 105 A/W 的高响应度，通过构筑非对称构型实现了器件的自驱动探测，该成果发表在 *Advanced Science*（SCI 一区，TOP 期刊）上。

一种新型的超细 Ru 纳米颗粒嵌入的有序介孔碳复合材料 该研究利用三联吡啶钌制备了含有丰富的钌纳米簇和单原子的多孔氮掺杂碳复合材料，使其在碱性和中性条件下均表现出优异的析氢和肼氧化催化活性，通过理论计算揭示了析氢反应是通过纳米粒子和单原子协同完成，而肼氧化反应则发生在单原子上，系列成果发表在 *Nano Energy*（SCI 一区，TOP 期刊）、*Chemical Engineering Journal*（SCI 一区，TOP 期刊）和 *Carbon*（SCI 二区，TOP 期刊）等国际期刊上。

一种基于单一发光体及单一共反应剂的双电位比率型电化学发光传感器 该研究发现在鲁米诺－过氧化氢这一发光体系中，以 DNA 双链为模板制备的钯纳米簇一方面可以猝灭鲁米诺在高电位下的阳极发光；另一方面可以促进鲁米诺在低电位下产生阴极发光，该成果发表在 *Analytical Chemistry*（SCI 一区，TOP 期刊）上。

【学科建设】 2022 年，学校遴选培育 5 个"冲一流"学科、7 个"强特色"学科，打造优势特色学术高地。化学、工程学、材料科学、计算机科学入围 ESI 全球排名前 1%。5 个学科进入 2022 年度软科世界一流学科榜单。自然指数排名居山东省属高校第 7 位、全国高校第 149 位。

【科技创新平台建设】 2022 年，学校新增山东省工程研究中心 1 个、山东省高等学校实验室（体系）7 个、山东省高等学校工程研究中心 2 个、山东省数据开放创新应用实验室 1 个。中国－太平洋岛国应对气候变化合作中心落户学校。作为共建单位，成功申报大分子药物与规模化制备全国重点实验室。生物制药及规模化制备现代产业学院获批山东省现代产业学院。

【科技人才培养与队伍建设】 2022 年，学校引进长江学者、杰青等高层次人才 3 人，4 人入选泰山学者青年专家计划，3 人入选山东省重点扶持区域引进急需紧缺人才项目，1 人入选外国青年人才计划，获批山东省高校青创团队计划 10 个、青创引育计划 3 个，博士学位教师和副高级以上教师实现"双千"突破。"聊城大学打造高水平师资队伍全链条式引育模式"案例获得山东省副省长阅签、人力资源和社会保障厅厅长阅批，《大众日报》以《用好四个"镜头" 精准靶向施策——聊城大学打造高水平师资队伍全链条式引育模式》为题进行了报道。

【科技成果转化】 2022 年，学校获批"山东省第二批高等学校科技成果转化和技术转移基地""山东省科技成果转化综合试点"，转移转让科技成果 18 项，总金额 122.82 万元。第二批 70 名高层次人才作为"科技副总"进驻企业，3 名"科技副总"依托挂职企业入选山东省重点扶持区域引进急需紧缺人才项目，15 名"科技副总"协助企业获批山东省科技型中小企业创新能力提升工程暨聊城市科技助力中小企业攀登计划项目。与聊城市政府按照"1+1+N"模式建设聊城大学科技园，将学校科教智力资源与市场优势创新资源紧密结合，加速培育地方经济发展新动能。

【学术交流】 2022 年，举办了"全省先进材料产业链创新发展推进会暨 2022 山东省材料大会"等 13 场高层次学术会议；邀请 23 名国内外专家学者做客"聊大讲坛"，其中，中国科学院院士 2 名、中国工程院院士 1 名、长江学者特聘教授 6 名。

（聊城大学 刘 冰）

临沂大学

【概述】 学校占地约 6000 亩，在沂水、费县设分校区，校舍面积 114 余万平方米，国有资产总值 46.72 亿元，其中教学科研仪器设备资产总值 5.44 亿元。设有 26 个学院、5 个校级研究机构、5 个教辅机构和 5 个直属机构。与临沂市人民政府共建临沂大学医学院，在临沂市蒙阴岱崮镇成立山东省高校首个实体建制的临沂大学乡村振兴学院。在招本科专业76个，涵盖十一大学科门类，其中，国家级一流本科专业建设点11个、省级一流本科专业建设点24个，2个工程教育类专业和2个师范类专业通过认证。现有国家级一流课程5门、国家级精品资源共享课2门，省级一流课程40门、省级思政课"金课"2门、省级"课程思政"示范课程6门。建有国家级虚拟仿真实验教学示范中心1个、山东省实验教学示范中心3个。获得国家教学成果奖2项、省级教学成果奖34项；获得省级及以上讲课比赛一等奖5项、二等奖10项、三等奖20项。获批山东省创新创业典型经验高校、教育部卓越小学教师培养计划实施院校。设有4个硕士授权一级学科、11个硕士专业学位授权类别。化学学科入选山东省高水平学科培育学科、进入ESI全球前1%。建有2个省重点实验室、2个省工程实验室、4个省工程技术研究中心、1个省大数据产业创新中心、2个省高校工程技术中心、1个省高校协同创新中心、1个省社科理论重点研究基地。获批教育部全国普通高校中华优秀传统文化（柳琴戏）传承基地。在沂蒙文化、教师教育、肿瘤诊疗、智慧物流、资源环境与现代农业、新能源新材料、古生物学等学科领域形成了比较优势和鲜明特色。在 Nature、Science 及 Nature 子刊发表系列研究论文，"自然指数"曾两度跃居全国高校前十。面向全国招生，全日制在校生42000余人，其中，硕士研究生410余人、本科生30800余人、留学生150余人。现有教职工2747人，其中，专任教师2127人，具有博士学位教师800余人。现有省部级以上人才64人，有博士生导师71人、硕士生导师436人。获批山东省高校黄大年式教师团队2个、山东省优秀研究生导学团队1个、省级教学团队9个。建有全国高校思政课名师工作室、山东高校思想政治理论课首批教学名师工作室、山东省首批科技领军人才创新工作室，入选教育部创新团队支持计划、山东省高校优势学科人才团队，获批山东省高等学校青创人才引育计划建设团队13个、青创科技计划创新团队14个。

【科研项目与经费】 2022年，学校科研总经费9353.36万元。获批各级各类纵向项目157项，立项经费共计3248.75万元；作为依托单位获批纵向项目136项，立项总经费2281.75万元，省部级以上项目94项。国家级重点计划项目取得突破，获批国家重点研发计划子课题1项、国家自然科学基金重点项目子课题1项。横向课题新立项226项，立项经费11180.357万元，同比增长73.49%，到账经费6104.61万元，同比增长67.18%，合同金额及到位经费再创历史新高。

【科技成果】 2022年，发表SCI、EI、CSCD、中文高水平论文616篇；获批山东省自然科学奖二等奖1项，其他社会科技奖励9项；获授权发明专利106件、实用新型专利124件、软件著作权11件；出版专著8部；获批市级地方标准2项、团体标准2项，年度授权发明专利数量再创新高，获批山东省专利技术转移转化项目实施单位专项补助100万元。与临沂市公共资源交易中心签订了技术成果交易合作协议，搭建技术成果交易平台。

【科技成果转化】 2022年，临沂大学专利及技术转让15件，到账经费40.25万元。

【高水平学科建设】 2022年，遵循"两高两有"工作方针，完成了山东省高水平学科培育学科绩效考核，共投入3300万元经费用于化学高水平培育学科建设，实现《山东省高等学校高水平学科建设任务书》年度建设目标，基本达到省高水平学科的标准要求。推进控制科学与工程、马克思主义理论等龙头学科进入山东省高水平学科培育学科行列的建设。学校工程学科首次进入ESI全球排名前1%。临沂大学共有化学、工程学2个学科进入ESI全球排名前1%，较2021年，学校ESI全球排名提升51个位次。

【科技创新平台建设】 2022年，新增省级创新团队7个，新增科研平台20个，其中，省级平台5个、厅级科研平台12个、市级科研平台3个。

【学科建设】 2022年，地理学通过国务院学位委员会审议，新增为一级学科硕士学位授权点。学校已有5个硕士授权一级学科和11个专业学位授权类别。根据《山东省教育厅关于进一步做好普通本科高校学科梯队建设工作的通知》（鲁教高函〔2022〕6号），学校确定了化学、控制科学与工程、马克思主义理论3个重点建设学科，数学、地理学、教育学、畜牧学4个接续培育学科，药学、生物医学工程、土木工程、生物学、中国语言文学5个扶持储备学科的"雁阵式"高水平学科建设体系，制定了《临沂大学高水平学科建设方案》并通过省专家审核论证。

【大学科技园建设】 2022年10月21日，经山东省科学技术厅及山东省教育厅同意，依托临沂高新区建设的临沂山东省大学科技园落地。

【科技人才与队伍建设】 2022年，学校引进人才156人，其中，柔性引进国家级人才6人、省部级人才14人。

【科技合作与交流】 2022年，组织300余名教授博士到政府部门、企事业、行业协会、社区等单位挂职，开展技术服务工作。选派了21名教授博士通过兰山区"百名博士进企业"活动到临沂新程金锣肉制品集团有限公司等21家企业任"科技副总"，9名教授博士到山东新港生物科技有限公司等9家企业任企业科技特派员。有26名博士、教授与临沂市中信信息技术有限公司等26家企业进行联合申报2022年度山东省科技型中小企业创新能力提升工程项目，其中山东中牧兽药有限公司等5个项目获批立项。推进校企联合科研机构建设，建设临沂大学－奥德集团氢能研究院、临沂大学－临沂蔚蓝秸秆新能源研究院、临沂大学睿云软件人工智能遥感技术应用研究所等12个校企联合科研机构。

（临沂大学　张鑫鑫）

滨州学院

【概述】 2022年，滨州学院坚持创新驱动发展，对接交通强国、黄河流域生态保护和高质量发展国家战略，聚力实施三大核心任务、十大工程、百项重点工作，实施科技创新能力提升工程，入围省级重点现代产业学院1个，获批黄河流域湿地生态保护与盐碱地治理协同创新中心，新增泰山学者1人，工程教育专业认证、国家级一流专业建设点实现突破，顺利实现省市共建，学校科技事业发展取得新业绩。

【科技项目与经费】 2022年，立项高层次科研项目41项，其中，"十四五"国家重点研发计划课题子课题1项，国家自然科学基金4项，省部级科研项目26项；立项横向课题156项，到账科研经费3876.7万元，其中，纵向课题经费1126.1万元，横向课题经费2750.6万元。

【科技成果与转化】 2022年，发表高质量论文133篇，其中，发表SCI、EI收录论文104篇。出版学术著作18部；授权国家发明专利84件、国外发明专利6件。依托山东省技术转移服务机构，主动推动科研成果技术转化。先后牵头5场次120余家单位参与科技成果合作洽谈交流，完成科技成果转化75项，当年到账总金额1555.4万元。省级技术转移服务机构年度绩效评价考核优秀，获得补助资金50万元。

【学术交流】 2022年，克服疫情影响，采用线上线下结合的方式，承办泰山科技论坛、渤海科技论坛等国际性和全国性会议10场次。举办滨州学院"黄河三角洲大讲堂"和"航空大讲堂"40场，邀请校外专家到校作学术报告27场。

【学科建设】 2022年，学校围绕航空特色和优势发展领域，实施《滨州学院学科强基筑峰工程》，制定高水平学科建设方案并通过省教育厅专家组审核论证，设置生态学、交通运输工程、航空宇航科学与技术3个重点建设学科，形成学校高峰学科（重点建设）、优势特色学科（培育建设）、重点学科（扶持储备）3层次"345""雁阵式"学科建设体系。生态学、系统科学、机械、电子信息、材料与化工等13个培育学位点达到硕士学位授权点申请基本条件。

【科技创新平台与创新团队】 2022年，围绕航空特色和优势发展领域，实施《滨州学院特聘岗位计划》，发挥青年科研骨干"头雁"作用，开展科研创新平台和团队建设。获批山东省高等学校服务黄河流域生态保护和高质量发展协同创新中心1个，获批山东省高等学校重点实验室1个、山东省高等学校特色实验室3个，获批滨州市工程研究中心3个、山东省工信厅实验室1个。获批泰山学者青年专家1人、山东省高等学校青创计划团队4个。

（滨州学院　刘京涛　冯　璐）

济宁学院

【概述】 济宁学院占地1721亩，校舍建筑面积60.18万平方米。有全日制普通本专科在校生24155人。设有18个教学单位，50个本科专业、22个专科专业，涵盖经济学、法学、教育学、文学、历史学、理学、工学、管理学、艺术学等九大学科门类。图书馆现有纸质藏书197万册、电子图书103万余册、电子期刊243万册、订购电子资源数据库41个。学校拥有完善的现代化教学设施和实验设备,教学科研仪器设备总值1.83亿元。学校"智慧校园"建设全国领先,教育教学信息化、智慧化建设跻身山东省属高校前列,被中国教育技术协会授予全国首家"智慧校园建设示范校"。"5G+智慧教育"项目入选教育部、工业和信息化部应用试点,"智慧教室"建设成果被山东省教育厅评为信息化应用典型案例,入选第二批山东省智慧教育示范区(校)创建培育单位。2022年,认真落实《中共济宁学院委员会济宁学院2022年工作要点》,以高质量应用型本科高校建设为主线,实施"工作全面提升年"行动,促进学校科研事业发展。

【科研项目与经费】 获批科研立项157项,其中,纵向项目118项、横向项目39项。科研到账经费1036万元,科研经费到账金额首次突破千万元。获批国家自然科学青年基金项目2项、国家社科基金后期资助项目1项、省部级项目20项、市厅级科研项目48项。

【学科平台建设】 学校制定了《济宁学院高水平学科建设方案》,按照"重点建设一批、接续培育一批、扶持储备一批"的工作思路,构建起多学科相互支撑、协调发展、重点突出、梯次分明的"雁阵式"学科专业发展体系,确定了3个重点建设学科、4个培育建设学科、5个扶持储备学科。"曲阜师范大学-济宁学院研究生联合培养基地"顺利通过教育厅考核验收。"能源转化与纳米催化实验室"获批山东省高校特色实验室、"中华优秀传统文化数字化传播和服务实验室"入选山东省高校获批实验室;"靶向抗肿瘤药物研究中心""生物能源研究中心"获批山东省高校工程研究中心;"阿胶产业绿色技术协同创新中心"获批山东省高等学校服务黄河流域生态保护和高质量发展协同创新中心;"生物能源创新团队"获批2021年度山东省高校青年创新团队,"深部构造区巷道动力灾害防控创新团队"获批立项。

【科技成果】 发表论文200余篇,其中,核心期刊130余篇,SCI、EI、SSCI收录论文118篇,出版专著2部。授权发明专利31件,同比增长15%。获得济宁市第32次社会科学优秀成果奖18项。自然指数排名进入中国大陆地区高校TOP 200,省内高校排名第15名。

Self-supported bimetallic phosphides with artificial heterointerfaces for enhanced electrochemical water splitting(论文) 化学化工与材料学院李继森教授课题组在前期研究的基础上,设计合成具有丰富界面的双金属磷化物基电催化剂,并用于电解水性能研究,为新型电解水产氢催化剂的开发和利用开辟了新途径。研究成果 *Self-supported bimetallic phosphides with artificial heterointerfaces for enhanced electrochemical water splitting* 发表在催化领域重要刊物 *Applied catalysis B:environment*(中科院一区,影响因子24.319)上,李继森教授为独立通讯作者,学校为独立通讯单位。[Applied catalysis B:environment,2022(304):120914]

Seeded growth of gold copper janus nanostructures as a tandem catalyst for efficient electroreduction of CO_2 to C2+ products(论文) 学校化学化工与材料学院郑逸群博士课题组与湖南大学黄宏文教授团队合作,通过合成具有异质结构的金-铜纳米颗粒作为纳米催化剂,有效实现了在低过电位条件下的电化学催化CO_2还原,所得产物中二碳产物的选择性可达67%以上。相关的机理研究表明金纳米颗粒表面的CO溢出增强了铜纳米颗粒表面的CO密度和覆盖率,从而加速了C-C键的耦合。研究成果 *Seeded growth of gold-copper janus nanostructures as a tandem catalyst for efficient electroreduction of CO_2 to C2+ products* 发表在国际知名材料学期刊 *Small*(中科院分区工程技术一区TOP期刊,影响因子13.281)上。郑逸群博士为第一作者,学校为第一完成单位。[Small,2022(18):2201695]

Deep eutectic solvent with Lewis acid for highly efficient biohydrogen production from corn straw(论文) 生物质预处理是破坏生物质天然抗降解屏障的必要途径。学校工程学院陈雪博士团队提出了一种新的$AlCl_3$辅助水溶液低共熔溶剂预处理促进玉米秸秆酶解和生物产氢的方法。$AlCl_3$在氯化胆碱/甘油/$AlCl_3$预处理玉米秸秆过程中发挥了重要作用,在暗发酵过程中累积产氢量最高可达114.80mL/g总固体。工作提供了一种在温和条件下将木质纤维素生物质转化为生物氢的有效方法。研究成果 *Deep eutectic solvent with Lewis acid for highly efficient biohydrogen production from corn straw* 发表在期刊 *Bioresource Technology*(中科院一区,影响因子11.889)上,陈雪博士为第一作者,学校为第一完成单位。[Bioresource technology,2022(362):127788]

【人才培养与队伍建设】 学校实施"百名卓越人才"支持计划,坚持引育并举不断壮大高层次人才队伍。有教职工1307人,其中,博士171人、硕士683人,正高级职称83人、副高级职称312人。兼职研究生导师51人,享受国务院政府特殊津贴专家5人,山东省教学名师5人,山东省有突出贡献的中青年专家3人,济宁市有突出贡献的中青年专家11人。现有省级教学团队3个,省高校黄大年式教师团队2个,省高校优势学科人才团队1个,省高校青年创新团队6个。

2022年度，引育博士及以上高层次人才37人，柔性引进国内外知名专家、企业高级专业技术人员33人，其中，长江学者1人、国家重点人才工程领军人才1人、"万人计划"领军人才2人、"泰山学者"特聘教授2人、省突贡专家2人、省级教学名师2人、齐鲁文化名家1人。设立人才培养及青年教师发展基金，投入专项资金支持高层次人才开展教科研工作。1个团队获批山东省高校青年科技创新团队。人才培育实现历史性突破，1人获评山东省泰山学者青年专家，1人获评山东省泰山产业领军人才。

【服务地方】 主动服务黄河国家战略，获批省高校服务黄河国家战略特色项目1个、省高等学校黄河流域生态保护和高质量发展协同创新中心1个、省教育科学"黄河流域生态保护和教育高质量发展"教育教学专项3项。与泗水县、兖州区签订了战略合作协议。与37家本地大型企业建立战略合作关系，与24家企事业单位签订技术合同。新增产学研基地2处。获批山东省科技厅新一轮科技成果转化综合改革试点和济宁市高价值专利培育项目，达成专利转让4件。发挥智力优势，入选省市智库、专家库92人次，选派第一书记等23人次，服务地方经济社会发展。学校被济宁市委市政府授予2021年度支持济宁发展突出贡献单位。

强化校企校地合作、服务地方发展 学校推进校地融合发展，与泗水县人民政府、兖州区人民政府签署战略合作协议和人才共享协议；与济宁能源发展集团签署战略合作协议，与济宁能源发展集团、盛源控股、山东新能船业等多家企业联合成立了现代港航产业学院，同时成立了新能源船舶制造研究中心、盛源研究中心、金融与法治研究中心等多家研究中心。学校与晶导微电子、曲阜信多达、山东科源生化、山东骏舒新材料等大型企业签署产学研合作协议，在曲阜信多达智能科技有限公司和山东晶导微电子股份有限公司挂牌设立产学研基地，与山东科源生化有限公司共建成立山东省科源生化高端试剂研究院。学校与山东明晓化学科技有限公司、江西依瓦塔光电科技有限公司等39家企事业单位签订技术合同，合同金额1200万元以上，累计到账经费729.075万元。学校推动科技成果转化工作，济南鼎信专利商标代理事务所、青岛发思特专利商标代理有限公司济宁分公司分别达成了知识产权服务协议，在专利申请以及科技成果转移转化上为学校提供技术和资源支持；同时通过科技成果转化促进地方经济社会发展，获批山东省科技厅新一轮科技成果转化综合改革试点，获批济宁市高价值专利培育项目，与山东安立泰泵业股份有限公司、桂林宝龙达新材料有限公司共计达成专利转让4项，到账金额17万元。

利用学科专业优势、开展社会服务 学校对接黄河战略发展需求，选派科技副职开展科技创新，以"人才＋项目＋平台"模式服务地方经济社会发展，东阿县检验检测中心在学校建立聊城市第一批"人才飞地"专家工作站，聘请学校高层次人才32人作为科技创新团队成员，1人入选山东省高端智库人才，学校帮助东阿县当地企业获得山东省重点扶持区域引进急需紧缺人才项目，为当地企业争取100万元经费支持；围绕阿胶产品检测、产品研发、项目开发等产业技术先后为东阿县建成国家级中小企业服务示范平台、山东省博士后创新实践基地、聊城市工程研究中心等科技平台；利用化工学科优势，选派菏泽市巨野县科技副职，协助分管科技、人才和工业经济。依托海林环保公司获批山东省科技型中小企业创新能力提升工程项目和菏泽市科技计划项目，并获得2022年度菏泽市杰出人才。发挥桥梁纽带作用，协助博士团队与科源生化共建高端试剂研究院，签订技术合同1项，2022年度到账100万元；联合诺明康药物研究院有限公司及济宁市高新区共同建立的济宁学院靶向药物研究院，2022年，完成了阿司匹林肠溶片等4个药物的关键技术研究，获得授权发明专利2项。与上海医药工业研究院、山东大学、中科院上海药物研究所等高校和科研院所合作，组建了一支一流的应用型科技创新团队，获批山东省教育厅靶向抗肿瘤药物工程研究中心项目1项。

（济宁学院 胡彦营）

泰山学院

【概述】 2022年，学校获批山东省高等学校科技成果转化和技术转移基地。学校现有15个二级学院，54个本科专业，其中，国家级一流本科专业建设点4个，省级一流本科专业建设点12个，2个专业通过师范类本科专业二级认证，涵盖文学、理学、工学、历史学、教育学、管理学等学科门类。学校拥有国家级领军人才、教学名师、全国模范教师、国务院政府特殊津贴专家、泰山学者、省突出贡献中青年专家、省教学名师等高层次人才33人，省青年创新团队9个，省高校黄大年式教师团队2个。先后建成省级重点学科、重点实验室等省级科创平台17个。先后获得国家级项目73项，其中，国家自然科学基金52项。省部级项目375项，省部级科研成果获奖20项、市厅级科研成果获奖855项。"十三五"以来共承担国家自然科学基金、国家社会科学基金等国家级科研项目36项，师生先后在"挑战杯"全国大学生科技创新竞赛等赛事中获国家级奖励480余项、省级奖励1300余项。推进校企合作，合作专业（方向）16个。围绕区域产业需求，坚持T形产业学院建设理念，建设与龙头企业紧密融合，政府、行业和其他企业参与的产业学院6个，人工智能产业学院获批省级现代产业学院。

【学科与平台建设】 以学科建设为龙头，统筹专业建设、学位点建设、师资队伍建设、条件建设等工作，制定《泰山学院学科梯队建设实施方案》，遴选了3个重点建设学科、4个培育建设学科、5个扶持储备学科。完成各学科建设任务书优化和山东省高等学校校级高水平学科建设的论证及申报工作，学科建设布局日益优化。获批山东省高等学校实验室3个、山东省社科理论重点研究基地1个、山东省高等学校工程研究中心1个、山东省高等学校成果转化和转移基地1个、山东省高等学校服务黄河流域生态保护和高质量发展协同创新中心1个、中国旅游研究院山岳旅游研究基地1个，科研平台基地立项获新突破。获批山东省高等学校青年创新团队1个，修订《泰山学院优秀科研创新团队建设计划实施方案》，11支校级科研团队获批立项，科研团队建设工作稳步推进。

【科研项目与成果】 2022年，获批国家级项目7项、省部级项目17项、市厅级项目172项。取得各类科研成果728余项，其中，被SCI、EI、SSCI、CSSCI收录论文166篇，授权专利46项（发明专利32项），出版著作类成果49部。获山东省社会科学优秀成果奖（学科新秀奖）1项、泰安市社会科学优秀成果奖35项、泰安市科学技术奖一等、二等、三等奖各1项。其中，《泰山编年通史》入选"十四五"国家重点图书出版专项规划项目，"农业秸秆生物质全组分的高值化炼制"项目入选科创中国资源环境领域十大先导技术榜，"临夏树莓发酵果汁加工关键技术研究与新产品开发"项目获批中央引导地方科技发展资金项目。

【科技合作与服务】 2022年，学校新立项技术开发、技术转让、技术咨询和技术服务等横向科研项目500多项，到账横向经费超过1亿元。面向地方经济发展征集服务地方团队119个，培育服务地方高水平应用团队19个，修订完善成果转化管理办法，加大激励力度，提高教职工成果转化积极性，专利成果转化11项，获批"山东省高等学校科技成果转化和技术转移基地"，服务地方能力进一步提高。

【学术交流】 2022年，学校举办"第八届中国图学大会—数字赋能·图领未来""泰山科技论坛暨智慧文旅发展研讨会""2022年世界名山研究与山岳文旅融合发展国际会议""2022年第二届光学与图像处理国际学术会议""第八届中国图学大会""泰山科技论坛暨智慧文旅发展研讨会""山东省大数据与人工智能交叉学科创新发展研讨会（第二届）""山东社科论坛2022·新时代泰山文化传承创新研讨会"8场大型学术会议及线上线下学术报告近30场，其中，"第八届中国图学大会－数字赋能·图领未来"和"泰山科技论坛暨智慧文旅发展研讨会"获批为2022年度泰山科技论坛。

（泰山学院 高钦秋）

青岛农业大学

【概述】 2022年，青岛农业大学实施学科组织重构优化工程，精准培育学位授权点，农业工程、草学、食品科学与工程、作物学4个学科获山东省博士点精准培育学科；持续推进高水平学科建设，在学科评估中取得历史性突破；推进"十四五"学科规划"分层建设攻坚行动"，8个学科入选2022软科中国最好学科排名，4个学科入选2022软科世界最好学科排名，新增工程学、环境科学与生态学两学科进入全球ESI学科排名前1%；实施高水平平台建设整合系列工程，聚焦服务黄河重大国家战略，组建31支科研团队、遴选11支优势学科团队开展科研攻关，举办服务黄河重大国家战略学科团队建设（种业领域）学术论坛，签订共建盐碱地农业研究生培养基地协议，入选国家盐碱地农业科技创新联盟副理事长单位。提升基础研究、应用研究组织化科研力度，立项国家自然科学基金61项，首次获批国家自然科学基金杰出青年科学基金项目，获批国家自然科学基金联合基金重点支持项目2项、教育部人文社会科学研究一般项目6项，获批国家农业科学莱阳观测实验站等省部级平台5个，完成各类成果转化31项。推进"科技特派员行动计划"，开创研究生科技特派员先例，学校600余名科技特派员活跃在各地农业农村现代化主战场，把论文写在充满希望的田野上；实施对外交流融合拓展工程，积极践行"一带一路"倡议，首次获批教育部2022年度"汉语桥"线上团组交流项目、科技部线上出国（境）培训项目，发起成立"一带一路"中国农机企业家发展联盟，获批"一带一路"南南合作农业教育科技创新联盟中非现代农业技术交流示范和培训联合中心。拓展"外事＋"教育对外开放新模式，首次获批国家留学基金委促进与俄乌白国际合作培养项目，获批动物医学专业"5+0"本科双学位中外合作办学项目。

【科技项目与经费】 2022年，青岛农业大学科研立项课题728项，科研项目经费2.62亿元。获批科技部国家重点研发项目3项，项目经费2300万元，首次获批国家重点研发计划青年科学家项目；获批国家自然科学基金61项，首次获批国家自然科学基金杰出青年科学基金项目，立项数和总经费均为历年来最高；获批教育部人文社科项目6项，其中年度规划项目立项数居省属高校第2位。

国家自然科学基金立项再次取得突破 学校18个单位申报国家自然科学基金项目452项，获批立项61项，其中，国家杰出青年科学基金项目1项、联合基金重点支持项目2项、面上项目27项、青年科学基金项目31项，资助直接经费3293万元。立项数列省属院校第7位，直接经费在全省省属高校排在第5位。

山东省自然科学基金 申报221项，获批立项85项，其中，山东省杰出青年科学基金项目1项、山东省优秀青年科学基金项目1项、面上项目45项、青年科学基金项目38项，为学校首次同年度获批山东省杰青和优青项目资助。

【科研成果及选介】 2022年，学校组织申报获得地厅级及以上各类科研奖励34项，其中，获省部级奖励17项，包括全国农牧渔业丰收奖二等奖2项、山东省科学技术进步奖二等奖4项、山东省专利奖二等奖1项、全国高等学校科学研究优秀成果奖（科学技术）二等奖1项、天津市科学技术进步奖二等奖1项、辽宁省科学技术进步奖二等奖1项、江西省科学进步奖三等奖1项、第十二届山东青年科技奖2项；厅局级奖励21项，包括青岛市科学技术进步奖一等奖1项，青岛市科学技术进步奖二等奖3项，青岛市第36次社会科学成果奖一等奖1项、二等奖3项、三等奖13项等。发表高水平科研论文1160篇，获授权专利405件，包括授权发明专利262件，升级新品种审定4件，修订制定标准35件，相关知识产权数量和质量持续稳定增长。

设施蔬菜土肥水协同调控绿色生产关键技术创新与应用 该项目从土—肥—水—作物互馈调节、智能装备—精准技术—高效产品系统耦合等方面进行了研究与应用，建立了适合我国设施蔬菜绿色高效生产的土肥水协同调控关键指标，揭示了水肥利用率低与土壤退化的根本原因，突破了水肥智能化管理的关键装备技术，开发了智能管理模型，创建了水肥技术—智能装备—肥料产品"三位一体"的设施蔬菜水肥全自动精准托管模式，实现了节水减肥50%以上。该成果2022年度获得山东省科学技术进步奖二等奖。

北方茶优质抗逆生产关键技术创新及应用 该项目在研究茶树响应极端气温、干旱及土壤障碍等生理生态机制基础上，创新了北方茶优质抗逆生产关键技术，制定了系列技术标准并进行了大面积推广应用，创造了显著的经济效益、生态效益和社会效益。该成果获2022年度山东省科学技术进步奖二等奖。

水肥精准调控关键技术与智能装备研发及应用 水肥精准调控技术是现代农业优质高产的关键组成部分，也是推动产业提质增效转型升级的核心技术手段。长期以来我国水肥调控精度差，管理粗放、水肥利用率低。从作物信息感知、传输、分析决策入手，突破了土壤养分快速检测、作物水分无创检测、农业专用微流控芯片、复杂环境信息可靠传输、水肥最优调控、封闭式水肥循环灌溉、营养元素科学配比、系统集成与智慧管理等8项关键技术，研制了系列水肥精准调控系统与装备，开展了大规模应用示范推广。该成果2022年度获得山东省科学技术进步奖二等奖。

花生黄曲霉毒素绿色防控技术及应用 发明了超临界二氧化碳等离子体杀菌清洗装置，花生米AFB1降解率达到97.88%；阐明了解淀粉芽孢杆菌抑制黄曲霉菌生长、产毒和毒素消除机理，研制出以解淀粉芽孢杆菌为主要发酵菌种，花生粕自动化固态发酵降解黄曲霉毒素技术及装备，花生粕AFB1降解率达到97.84%，实现了黄曲霉毒素消除技术和装备的革新。该成果获2022年度山东省科技进步奖二等奖。

【科技成果转化】 2022年，学校实施《关于推动黄河流域生态保护和高质量发展的实施方案》，强化学科团队服务战略的科技创新策源地作用，成功入选国家盐碱地农业科技创新联盟副理事长单位。学校千余名师生组成的科技服务团队在黄河三角洲盐碱地上不断耕耘，为黄河三角洲盐碱地量身定制综合利用技术，先后成立了39支科技服务团，建立了5个田间地头实验室，以及东营青农黄河三角洲盐碱地综合利用及生态农业研究中心、东营青岛农大农业技术产业研究院等研究基地。2022年，国家盐碱地综合利用技术创新中心以及与黄河三角洲农业高新技术产业示范区管委会共建的"青岛农业大学黄河三角洲盐碱地农业研究生联合培养基地"等系列国家级、省级重大创新基地均顺利获批，组织服务黄河流域生态保护和高质量发展工作交流会暨共建盐碱地农业研究生培养基地签约仪式，举办服务黄河重大国家战略学科团队建设（种业领域）学术论坛，重点推进了空天地一体化盐碱地智慧农业平台及耐盐碱作物育种平台建设，开展耐盐碱农作物品种选育及核心技术攻关。学校在黄河滩示范推广盐碱地改良、上农下渔、无土栽培、稻鸭共生、耐盐林果、粮油栽培等6种生产模式为主的盐碱地生态农业综合利用模式，为黄河重大国家战略、乡村振兴贡献青岛农大的方案和力量。学校推行"区域研究院+"模式，已经建设了黄河三角洲盐碱地高效生态农业产业技术研究院、青岛农业大学西海岸现代农业研究院等11处区域性研究院，把"大学"办到产业第一线，搭建了接地气的平台，实现"接轨本地需求，成果本土转化"，形成了以区域研究院创新发展为特色的科技成果转化和社会服务新格局。当年新增成果技术转移转化项目371项，合同额达1.43亿元，到位经费6792.7万元。完成科技成果转化31项，转化金额1827.9万元，超额完成全年工作目标；有9件建言献策成果被市级以上领导、政府部门批示或采纳。融入国家区域重大战略部署，围绕学术学科建设布局科技平台、培育成果。学校推进"科技特派员行动计划"实施，学校科技特派员数量已经居全省各单位之首，开创了研究生科技特派员的先例。2022年，学校贯彻落实党的二十大提出的"教育、科技、人才"三位一体高质量发展的重要指示和要求，通过"建团队、压任务、见成效"等措施，科技特派员人员达到600人，撬动了社会资源600余万元向学校汇聚，实现"双600+"的亮点，特派员工作为黄河国家重大战略、乡村振兴战略、粮食安全战略的全面实施贡献着青岛农大的智慧和力量。2022年，在《科技日报》、人民网、学习强国等多家主流媒体刊发50余篇新闻报道，扩大学校服务社会的影响力。

【科研平台建设】 2022年，学校获批新增地厅级及以上平台23个，其中，省部级创新平台5个，包括农业农村部重点实验室（部省共建）2个、国家林业和草原局重点实验室1个、国家农业科学观测试验站1个、农业农村部学科群重点实验室1个；厅级级创新平台18个，其中，山东省教育厅高等学校实验室体系10个、山东省高校工程研究中心2个、青岛市重点实验室2个、青岛市技术创新中心1个、青岛市发展改革委工程研究中心1个、山东省大数据发展创新平台1个和山东省畜牧兽医局马属动物遗传资源基因库1个等。由山东省教育厅组织遴选的山东省高等学校实验室体系建设名单中，由青岛农业大学组织申报建设的10个山东省教育厅高校实验体系项目全部顺利获批。其中，水产抗病免疫与分子育种和园艺作物基因组设计高校实验室获批山东省高等学校实验室，盐碱地智能农机装备重点实验室获批山东省高等学校重点实验室，动物生殖调控与种质创新等7个实验室获批山东省高等学校特色实验室，乡村治理与发展文科实验室获批学校首个山东省高等学校文科实验室。截至2022年12月31日，建有国家级科技创新平台（研发与培训基地）11个，省部级科技创新平台（重点实验室、协同创新中心、工程实验室）37个，山东省人文社会科学研究基地3个，地厅级科技创新平台（省教育厅实验室体系、重点实验室、市工程技术中心和市科技创新基地等）67个。

【学科建设】

聚焦重点突破，精准培育学位授权点 2022年，青岛农业大学紧扣博士学位授权点申报这一主要矛盾，①攻克重点难点，与人事处、科技处、国际合作交流处等一道，协助相关学科引进方向带头人及学科骨干，着力解决申报学科的职称、博导资格等问题，补短板、增实力，提升核心竞争力；②加密工作调度，启动定期汇报调度机制，学校主要领导亲自调度，通过逐个调研、集中反馈等推进申报进度，提高申报质量；③加强宣传汇报，积极对接学科领域内知名专家，主动汇报交流，鼓励各学科主办承办学术会议，提升学科影响力；④开展研究研判，深入研读最新版学科专业目录调整情况，调研分析竞争态势，开展专题辅导、专家论证、点对点解答，引导各学科抢抓机遇、凸显特色。组织完成风景园林学和艺术专硕对应调整。2022年度，农业工程、草学、食品科学与工程、作物学4个学科获山东省博士点精准培育学科，获批数量位居省属高校第二；9个学科达到博士点申报条件，4个学科达到硕士点申报条件，为"十四五"学科建设规划实施积蓄了动能。

强化内涵建设，提高学科建设整体水平 夯实内涵建设这一根本，①推进学科分层建设，根据山东省高水平学科建设要求，将14个硕士点一级学科划分为重点建设学科、培育建设学科和扶持储备学科，制定了校级高水平学科建设方案，明确了学科分层2025年、2030年及2050年建设目标，细化年度任务，形成了一套顶层设计明确、细化任务具体、体系完备的分层建设实施方案。②加强"双高"绩效考核。任务指标纳入学校二级单位综合考核，顺利完成山东省财政厅、教育厅组织的"双高"年度绩效评价、中期预算执行情况和绩效目标考核。③组织"811"项目申报。在全校范围内统筹人才、项目、奖励、平台等资源，完成了推荐水产学科申报山东省一流学科建设计划备选学科工作。④优化建设和考核机制。修订学科建设考核指标体系，进一步优化学科考核评价机制，充分激发学院办学活力；启动学科带头人遴选工作，健全校—院—学科三级协调联动组织体系，进一步提升学科建设组织化能力。在教育部第五轮学科评估中，水产学科达 B−，农业工程、食品科学与工程、园艺学达 C+，均实现了学科评估新突破；8 个学科入选 2022 软科中国最好学科排名，4 个学科入选 2022 软科世界最好学科排名；工程学、环境科学与生态学进入全球 ESI 前 1% 学科，ESI 前 1% 学科达 5 个，位列省属高校前列。

【科技人才培养与队伍建设】

强化顶层指导设计，构建精准引育机制 2022 年，计划引进 111 人，截至 2022 年 12 月 15 日，组织完成了 7 批次人才引进学校考察会议，101 人通过学校考察，确定到校 87 人，其中教师岗 55 人。教师队伍结构持续优化，引进的 55 名专任教师中，博士 51 人，占比 92.7%；15 人具有高级职称，占比 27.3%；16 人具有海外背景，占比 29.1%；毕业于全球 TOP200、自然指数排名前 100 名的高校与科研院所、国内双一流建设高校的博士、硕士 40 人，占比 72.7%。专任教师中博士学位教师占比 66.45%。招聘助理教授 2 名，聘任特聘教授 4 名、客座教授 12 名；加强思政工作队伍建设，选优配齐专职辅导员，2022 年，计划招聘硕士辅导员 22 人、博士辅导员 10 人，2022 年 7 月，完成了 2022 年度公开招聘辅导员工作，引进博士辅导员 10 人、硕士辅导员 21 人，31 名辅导员均已入职；扎实做好人才推荐工作，组织了国家高层次人才特殊支持计划、长江学者奖励计划、泰山学者等高层次人才项目的选拔和推荐工作。2022 年，引育国家杰出青年基金获得者、国家高层次人才特殊支持计划等国家级人才 6 人，泰山学者、山东省杰青、海外优青等省级人才 20 人次，作物种质资源创新与利用教师团队获批第二批全国高校黄大年式教师团队，获批山东省高等学校"青创人才引育计划"立项建设团队 10 个；举办青年人才高峰论坛，搭建引才聚才平台，协助草业学院成功举办 2022 年泰山学术论坛"黄河流域生态保护和高质量发展专题"暨草地高质量发展学术研讨会。会议聚焦国内外草业新技术、新模式和新业态，采用线上线下相结合的方式，邀请国内外 20 余所高校与科研院所的 32 位草学领域知名专家代表做会议报告，线上 1800 余名专家学者及研究生参加了本次学术研讨会，对推动草学学科发展，深度服务黄河重大国家战略提供了重要指导和借鉴。

完善教育评价体系，创新人才发展机制 出台了《〈青岛农业大学专业技术岗位设置与聘用工作实施办法（试行）〉补充规定》，完成了 2022 年度越层级岗位聘用工作，经个人申请、专家组评议、岗位聘用工作委员会审议、学校研究，22 人聘用在教授四级岗位，46 人聘用在副教授三级岗位，10 人聘用在讲师三级岗位；3 人聘用在辅助系列正高级四级岗位，6 人聘用在辅助系列副高级三级岗位，3 人聘用在辅助系列中级三级岗位；实施优秀人才特支计划，开展了第一次优秀人才特支计划申报和评审，有 89 人获得支持。其中，特聘教授 1 人，拔尖人才 20 人，骨干人才 33 人，青年人才 17 人，其他优秀青年博士 18 人。修订人才队伍建设工作年度考核指标与评分标准，扎实做好 2022 年度人才队伍建设考核工作；按照《关于完善高校绩效工资内部分配办法的指导意见》要求，2021 年 12 月出台了《青岛农业大学绩效工资实施意见（试行）》，已于 2022 年 1 月起实施。完善了《青岛农业大学绩效工资实施意见（试行）》，拟出台《青岛农业大学关于绩效工资实施意见的补充规定》。

完善师资培训计划，提升人才综合素质 2022 年，获批访学资助 11 人，选派 14 人参加国内外访学研修，10 名教职工考取了博士研究生，14 名教职工进站进行博士后研究，定向培养的博士中有 9 名教师获得博士学位回校工作。出台了《青岛农业大学教职工攻读博士研究生管理办法（修订）》。开展了 2022 年度高校教师岗前培训和教师资格认定工作，有 74 名教职工报名了 2022 年度山东省高等学校教师岗前培训，97 名教职工通过教师资格认定并获得教师资格证书。

【科技合作与交流】 2022 年学校开展"学校＋校友会＋基金会"大平台建设，实现了社会资源持续向学校汇聚，支持学校高质量发展。

科技特派员制度建设实现新突破 2022 年，学校科技特派员入选国家服务团，首次组建服务国家战略的科技特派员团队，首次形成了国家、省、市、校科技特派员服务四级联动的新局面。学校科技特派员数量已经位居全省各单位之首，注册人数达到 600 余人，同时开创了研究生科技特派员的先例。2022 年，通过"建团队、压任务、见成效"等措施，新建 20 支科技特派员团队，撬动了社会资源 600 余万元向学校汇聚，实现"双 600+"的亮点。

组织化统筹校企合作 通过"固存量，加增量"等的组织化、系统化的举措，先后组织学院与多家企业开展合作交流和成果转化。与科技处协同完成科技成果转移转化 31 项，转移转化金额 1827.9 万元，推动完善了 3 处区域研究院建设，新建 7 处示范基地。学校连续两届获山东省农业科技成果转化促进会科技兴农奖。

改善绩效考核评价机制 2022 年，社会服务的新闻报道取得良好成效，《人民日报》、学习强国、省新闻联播等持续关注学校社会服务工作，《科技日报》连续 3 年关注和报道学校特派员服务春耕工作。持续加强科技交流，不断提升科技协作交流水平，结合党史学习教育推动活动，进行有特色、有影响、有实效的科技活动，做到融合发力、良性互促，统筹协调做到"两促进，两提高"。先进工作典型获批青岛市文化科技卫生"三下乡"活动优秀个人荣誉称号。

精准服务黄河国家战略 在服务黄河国家战略

14 年的基础上，学校首次组建了 11 支服务黄河科技特派员团队，活跃在黄河战略主战场。协调推进学校黄河战略。组织召开学校深度服务黄河国家战略推进会，3 个学院分别汇报了服务黄河国家战略取得的阶段性成效，9 个职能部门和 15 个学院提交了书面汇报材料。多次参与或组织了学校赴农高区考察调研活动，精准对接黄河高质量发展需求。深化与黄三角农高区合作。组织召开农高区和学校服务黄河流域生态保护和高质量发展工作交流会，签订了共建青岛农业大学盐碱地农业研究生培养基地协议，与黄三角农高区、山东省土地发展集团签订了战略合作框架协议，搭建校企合作新平台，为黄河流域生态保护和高质量发展提供青岛农大解决方案。

（青岛农业大学 黄 毅）

青岛理工大学

【概述】 青岛理工大学现辖市北、黄岛、临沂 3 个校区，占地面积约 217.15 万平方米，校舍建筑面积约 110.68 万平方米。图书馆藏书约 260.1 万册。教学科研仪器设备总值约 5.72 亿元。学校与国（境）外 90 余所知名高校建立了校际交流和合作关系，获批 4 个中外合作办学本科项目。与国内 277 个地方政府、企业、高校和科研院所在人才培养、科学研究、社会服务等领域全方位合作。建校近 70 年来，为国家培养了 24 万名科学工程技术和管理方面的人才；服务国家战略，一批攻关研究成果应用于高原列车、C919 大飞机、北京冬奥会、探月工程、天问一号、黄河流域生态环境保护等重大项目；助推山东省产业高质量发展，在胶东国际机场、沿海高铁、跨海大桥、海底隧道等重大工程建设中提供科技和人才支撑。学校履行社会责任，支持沂蒙革命老区发展，2006 年，设立临沂校区，设置老区经济社会发展急需的专业，培养应用型工程技术人才，现有在校生 8588 人，累计培养各类人才 27558 人，为革命老区发展做出了理工贡献，体现了理工担当。

【科技项目与经费】 2022 年，科研总经费 22439.43 万元，其中，纵向科研经费 6177 万元，社会服务经费 16262.43 万元，军工项目经费 986.4 万元。获批各类纵向项目 168 项，社会服务项目 1187 项；100 万元以上的横向科研项目 22 项，200 万元以上的横向科研项目 14 项。

【科研成果】 2022 年，获批山东省高等学校青年科技创新团队 4 项；入选国家"万人计划"科技创新领军人才 1 人，获得山东省第十二届青年科技奖 1 人、青岛市青年科技奖 3 人，入选西海岸新区 2022 年度最美科技工作者 1 人。获科研奖励自然科学类 41 项、人文社科类 30 项。获中国专利优秀奖 1 项，连续三届获中国专利优秀奖；获山东省专利一等奖和三等奖各 1 项，连续三届获山东省专利一等奖，体现了高水平专利培育效果。获山东省科技奖励 6 项（第一单位 5 项），其中一等奖 3 项（第一单位 2 项），居省属高校首位。获青岛市科技奖励 10 项（第一单位 7 项），其中，一等奖 4 项（第一单位 3 项），居驻青高校首位。高质量成果快速提升，ESI 学科排名新突破，发表 SCI、EI、SSCI、CSSCI 收录论文合计 1390 篇，其中，SCI 收录论文 919 篇，SSCI 收录论文 61 篇、CSSCI 收录论文 19 篇；出版学术著作 38 部；授权国内发明专利 268 件，较 2021 年增长 23.5%；授权国外发明专利 255 件，为 2021 年的 3.4 倍，高价值专利快速增长，首次获日内瓦国际发明展金奖。

【应用研究与高技术研究】 学校依托自身的学科优势，在海洋环境混凝土和防腐材料、高端装备与智能制造、水污染控制与废水资源化、大型钢结构建筑及抗震、大型地下工程与灾害防治、城市公共安全、城市规划与建筑设计等研究领域均已形成自己的特色和优势。

土木与建筑领域 该领域依托山东省混凝土重点强化建设实验室、山东省结构工程重点学科、山东省防灾减灾与防护工程重点学科、山东省混凝土结构耐久性工程技术研究中心、青岛理工大学 BIM 中心、青岛市建材行业中心，在新型建筑结构体系、沿海混凝土结构耐久性、建筑节能技术与设备、太阳能大型热泵集中供热供冷等可再生能源装置与建筑一体化应用等方面形成了自己的特色和优势，并在新型墙体材料、高强钢筋、高性能混凝土等新型节能、绿色建材等方面也形成了系列配套技术与产品。该领域研究成果在胶州湾海底隧道、胶州湾跨海大桥、青岛胶东国际机场、青岛地铁等国家重大基础设施建设中得到广泛应用。

机械设计与制造领域 该领域依托教育部工业流体节能与污染控制重点实验室、山东省余热利用与节能装备技术重点实验室、山东省高校机械设计与制造重点实验室、山东省高校机械装备摩擦学与故障智能监测重点实验室、冶金炉渣高效资源化利用国家地方联合工程研究中心、快速制造国家工程研究中心－青岛示范中心、青岛市3D打印工程研究中心，形成了摩擦学与表面工程、机械结构动态特性分析与测控、机械无损检测与故障诊断、大阻尼复合材料等多个研究方向。该领域已与中车集团四方车辆股份公司、中国工程物理研究院总体工程研究所、宝山钢铁集团有限公司、莱芜钢铁集团公司等大型企业建立了广泛的产学研合作关系。

能源与环境装备领域　该领域依托山东省能源与环境装备重点强化建设实验室、山东省冶金节能减排工程技术研究中心、青岛市新能源与节能技术重点实验室、青岛市能源与装备工程技术研究中心，针对节能、环保设备及相关领域中的重大技术问题，进行基础理论和应用研究，形成了流体控制与节能技术、装备结构动态特性分析与环境噪声控制和过程控制及信息管理系统三大特色研究方向。在油田、冶金、民航等领域取得了系列成果。该领域研究成果在青岛钢铁集团、青岛奥帆中心、青特集团有限公司、莱芜钢铁集团有限公司等大型国有企业应用。

环境工程领域　环境工程学科是学校最早创建的学科之一，2017年，获批国家发展改革委城镇污水处理与资源化国家地方联合工程研究中心，学校在水处理理论与新技术、水资源系统管理与污水资源化、固体垃圾处理等研究上形成了自己的优势，该领域依托的山东省暖通与热泵重点强化实验室、青岛市新型环保技术重点实验室、山东省市政工程重点学科，在给水排水系统分析及优化技术、水处理理论与新技术、水资源系统管理与污水资源化、海水源热泵研发等研究方向上具有明显优势，在山东省内甚至国内都有一定影响。该领域研究成果应用于青岛市团岛污水处理厂、海泊河污水处理厂、李村河污水处理厂等城市民生工程。

地下空间开发与利用领域　该领域组建青岛市地下空间工程研究中心和青岛市地下空间产业技术创新战略联盟。根据产业需求、地下空间开发技术发展方向以及承担单位已有的工作基础和优势，在城市地下空间开发地质环境及资源禀赋研究、城市地下资源可持续发展规划理论与技术研究、城市地下空间关键建造技术研究、城市地下空间开发的社会与经济研究方面开展工作。重点在以下5个方向的研究和产业化工作：①地下公共设施；②地下交通；③地下市政工程；④地下特种工程；⑤能源地下结构新技术。该领域研究成果广泛应用于三峡工程、青岛地铁等国家重大基础设施建设。

公共安全领域　该领域依托山东省城市灾变与预防控制工程技术研究中心，以国家"十五"科技攻关重点课题"城市公共安全综合试点（青岛）""青岛市公共安全应急指挥视频监控系统"和"崂山森林防火监控系统"等一批重大项目为切入点，初步建立起对城市（企业）危机与安全灾害进行预防监测、预报预警、应急反应和善后处理等一整套功能完备的管理、运行和保障体系。已经在森林防火、水利防汛、公共场所、边防、海港、道路交通、人防、危险源管理等领域中实施。学校自主研发的"崂山森林防火监控系统"，已在崂山森林防火中使用多年，在减少森林火灾中发挥了较大作用。

CIM基础平台　学校CIM基础平台项目建设，开展"CIM+"应用场景，围绕国土空间、城市更新、在地设计、建筑结构、建筑环境等方向，依托数字底座和智能中枢，赋能营商环境优化、社会高效治理、民生幸福体验、城市品质提升、区域协同发展，开展工程建设项目审批制度改革、城市智能建设、房地产市场管理、人居环境营造、城市公共安全保障等应用建设，提升对城市建设的信息化、数字化、智能化监管水平，为数字政府建设等创造新价值，通过开放应用接口等形式，支持其他业务系统的应用开发，推动应用场景综合集成、高效协同。构建数字孪生的智慧城市底座，对城市信息化各类数据进行"多渠道"采集、"全领域"融合，通过对城市物理空间对象和数据关系精细建模，实现城市运行各环节数据有序汇集、直观展示和精准化关联，并与现有相关业务系统无缝衔接，掌控城市全局信息和空间运行态势，为城市规划、工程建设、公共管理、公共服务、城市治理、公共安全、应急指挥、交通运输等领域管理和运行提供支撑，推动城市"规、建、管、运、服、检"全流程决策信息化、智能化、数字化和科学化，对城市智慧化治理和科学化决策乃至整个城市的数字化进程具有重要作用。

【一流学科建设】　学校持续实施"基础学科培育""优势学科＋"计划。土木工程在软科中国最好学科排名中，稳居省属高校首位；学校工程学学科进入ESI全球排名前3‰，材料科学学科列全球第1039位，稳居ESI前1%，实现了2个学科进入全球前1%的重大突破。拥有1个高峰学科、1个优势特色学科。制定《一流本科专业建设实施方案（2021—2025）》；新增国家一流专业5个、省级14个，省级及以上一流专业占招生专业的58%；通过国际实质等效认证专业8个。依托优势学科，结合专业动态调整，布局新工科和新文科。新建设供应链管理、网络空间安全、网络与新媒体等3个新工科、新文科专业。精准培育学位点，加强学位点建设与学科评估、专业学位点评估联动。拥有博士一级学科2个，专业学位1个；硕士一级学科21个，专业学位16个。

【科技成果转化】　2022年，专利成果转化71件，转化经费712.4万元。学校社会服务经费14558.53万元，100万以上的社会服务项目22项。2项发明专利作价200万元，入股青岛前瞻科技公司进行成果转化。与青岛华新华义齿技术有限公司签订450万元技术开发合同，研制人机协同智能化义齿制造产线及数字化追溯系统。与即墨区科技局、汉格斯特（青岛）新能源有限公司共建"青岛即墨智能制造科技产业园"。对接西海岸新区科技局、校城融合办公室等部门以及半岛科创联盟、柠檬科技、海尔、高新区创新平台等，建立友好互信合作关系；为西海岸新区遴选16名科技专员，主动对接服务企业；制作学校科技成果转化专题宣传视频，借助"云端研发"模式举办了"校企联合新技术发布&对接会——青岛理工大学专场"，探索开启了学校深化校地校企合作及促进学校科技成果转移转化的线上对接新模式。科技处（成果转化办公室）获得"2022年度山东省科技金桥奖先进集体"荣誉称号，为学校首次获此荣誉；入选省级技术转移服务机构，省科技厅绩效评价获评优秀。

【科技创新平台建设】 学校拥有国家实验教学示范中心、国家地方联合工程中心、学科创新引智基地等6个国家级教学科研平台，拥有教育部、山东省工程研究中心、山东省重点实验室等34个省部级科研平台和4个协同创新中心；设有山东省高校蓝色经济区工程建设与安全示范协同创新中心、山东省高校水污染控制与资源化示范协同创新中心、山东省高校激光绿色智能制造技术与装备协同创新中心、山东省高校滨海城乡建设工程材料性能提升与绿色建造技术协同创新中心、快速制造国家工程研究中心－青岛示范中心、海尔－理工博士后工作站研发基地、山东省高校大学生创业教育研究基地等。2022年，获批理工类政府批建科研平台20个，其中，省级科研平台2个，平台获批数量创历史新高。"海洋环境混凝土技术"学科创新引智基地（国家"111计划"）作为地方高校首批建设基地，顺利通过科技部、教育部验收并获得5年滚动支持；山东省余热利用及节能装备技术重点实验室通过验收并获省科技厅经费立项支持；青岛市机械设计与制造重点实验室通过评估并获评优秀。

【学科建设】 学校拥有本科、硕士、博士完整的人才培养体系，涵盖理、工、经、管、文、法、艺等七大学科门类，拥有2个一级学科博士后科研流动站、2个博士学位授权一级学科，1个专业博士授权学科点，21个硕士学位授权一级学科，16个专业硕士学位点，63个本科专业；全日制在校生33635人。土木工程获批省高峰学科，机械工程获批省优势特色学科。工程学、材料学ESI全球排名前1%；34个专业入选省级以上一流本科专业建设点，其中20个专业获批国家级一流本科专业建设点。2022年，新增国家级和省级一流本科专业建设点16个，荣获省教学成果奖20项，省级现代产业学院1个。

【大学科技园建设】 学校构建起了"教育教学—实习实训—实践孵化"三位一体的创新创业工作体系，逐步凝练出"一轴双驱""一体两翼"创业孵化育人理念，2022年，荣获首批国家级创新创业教育实践基地建设单位，为大学生创新创业实践高质量发展不断注入新动力。

【科技人才培养与队伍建设】 学校有教职工2594人，其中，专任教师1783人，具有博士学位的883人，高级专业技术人员929人。有全职日本工程院外籍院士1人，俄罗斯工程院外籍院士2人，俄罗斯自然科学院外籍院士3人，英国皇家学会工艺院院士1人；长江学者特聘教授、国家杰青、国家级工程人才等12人，国家有突出贡献的中青年专家、国家优青等7人，其他国家级高层次人才34人；泰山学者特聘教授、山东省有突出贡献中青年专家等省级人才75人。学校深入推进科技创新团队建设，重点在产业推进、建筑规划设计、智慧城市工程建设、创意文化、环境能源5个板块领域，组织了26个高水平的科技成果转化团队，取得了系列成果和较大的社会效益和经济效益。

【科技合作与交流】 2022年，3月学校联合半岛科创联盟、柠檬科技共同举办了"校企联合新技术发布&对接会——青岛理工大学专场"，本次对接会借助"云端研发"新模式。4月，科技处与学校科技发展集团召开科技成果转化先行区试点工作推进会，与会双方对科技成果先行区试点实施细则及企业提升科研能力进行了深入交流；学校机械与汽车工程学院孙树峰教授团队与斯洛伐克科希策技术大学Peter Pavol Monka教授联合申报的"飞秒激光超声磨粒复合加工硬脆材料微细结构化表面研究"项目名列其中，学校首次获批该类型国际合作研究及交流项目，有力促进学校与斯洛伐克的科技交流与合作。5月，中国工程院院士、西安交通大学教授卢秉恒一行受邀到机械与汽车工程学院调研指导工作，对学院近年来的发展建设成果表示祝贺，结合自身专业领域和科研经历，对学院人才培养、科学研究等方面提出了宝贵意见和建议；发展规划与学科建设处和人文社科处联合举办了2022年度青岛理工大学人文社会科学学科工作会暨转型发展服务区域经济研讨会。6月，学校在西海岸新区校区现代教育技术中心召开融合创新工作座谈会；青岛理工大学、即墨区科技局、汉格斯特（青岛）新能源有限公司签订共建协议，确定联合打造"青岛即墨智能制造科技产业园"，成立青岛理工智能与洁净精密制造研究院。7月，由中国社会科学院马克思主义研究院主办，中国社会科学院马克思主义研究院马克思主义中国化研究部、中国社会科学院大学马克思主义学院和青岛理工大学马克思主义学院共同承办的"中国共产党百年奋斗的成功经验与马克思主义中国化学术论坛"隆重召开；由全国量子物理青年学者研讨会组织委员会主办，青岛理工大学、中国工程物理研究院研究生院、深圳大学、合肥师范学院等单位共同承办的第六届全国量子物理青年学者研讨会在青岛举行。8月，学校主办的黄河流域生态环境保护联合创新中心成立大会暨第一届黄河流域生态环境保护学术研讨会在青岛胜利召开；泰山学术论坛"高端装备润滑技术前沿"专题暨2022东部摩擦学学术论坛在山东省青岛市西海岸新区成功举办，会议由山东省教育厅、中国机械工程学会摩擦学分会主办，青岛理工大学、中国科学院兰州化学物理研究所青岛研究发展中心、烟台先进材料与绿色制造山东省实验室、济南大学、山东省机械工程学会承办。9月，由山东省科学技术协会主办，山东环境科学学会、青岛理工大学、山东环境科学学会环境风险与健康专业委员会承办的"2022年泰山科技论坛——生态环境保护与健康学术研讨会"在学校召开。11月，学校在西海岸新区主校区举办新发展阶段社会工作高质量发展学术研讨会暨青岛理工大学社会工作专业办学二十周年交流会；11月，在青岛市科学技术协会的指导下，由青岛市力学学会主办、青岛理工大学承办的"2022年多功能材料与计算力学学术研讨会"在青岛理工大学西海岸新区主校区举办；由国家住房和城乡建设部科技与产业化发展中心主办，青岛理工大学和山东建筑大学协办的2022年信用体系研讨会召开。12月，山东省社科类社会组织学术月系列论坛暨山东省对外经济学会2022年度年会，"山东省全方位融入RCEP与中日韩经济合作发展战略论坛"通过线上形式举行。

（青岛理工大学　郁　斐）

鲁东大学

【概述】 鲁东大学现设25个学院、71个研究院（所）、61个本科招生专业，有1个博士后科研流动站、1个服务国家特殊需求博士人才培养项目、21个一级学科硕士点、20个专业硕士学位类别。学校大力实施人才强校战略，师资队伍素质不断提升，现有专任教师1803人（外籍5人），其中，二级教授29人、三级教授58人、四级教授167人，具有博士学位的科研人员994人。拥有发达国家院士、国家"万人计划"专家等国家级人才称号专家70人次，山东省杰青、泰山学者等省级人才称号专家99人次。在校生3万余人。

【科技管理政策】 学校制定出台了《鲁东大学横向科研项目管理暂行办法》、《鲁东大学纵向科技项目管理暂行办法》（鲁大校发〔2022〕1号）、《鲁东大学科技创新平台管理暂行办法》（鲁大校发〔2022〕2号）、《鲁东大学专利管理暂行办法》（鲁大校发〔2022〕3号）4个基础性管理文件，加强和规范学校科技管理，激发创新创造活力。坚持科技创新质量、绩效、贡献为核心的评价导向，制定《鲁东大学2022年度自然科学研究（服务地方）工作考评指标体系》，印发了《鲁东大学自然科学（服务社会）类科研项目、成果及奖励业绩认定办法》（鲁大校发〔2022〕18号），加大高层次项目、高水平成果在职称评聘、岗位考核、绩效分配中的权重，激发教师创新活力。

【科技项目与经费】 学校新增各级各类纵向科技项目130项，立项经费3764.31万元。新增国家自然科学基金等国家级项目35项、省自然科学基金等省部级项目54项、厅局级项目29项、其他项目12项。获批国家重点研发计划"政府间国际科技创新合作"重点专项1项，实现学校国家重点研发计划项目"零"的突破；获批国家重点研发计划子课题2项、后勤保障部重大项目子课题1项、省重大重点项目课题5项、省优青项目2项（含海外优青1项）。

【科技成果及选介】 学校以第一署名单位发表SCI、EI高水平论文365篇，其中，一区46篇，TOP期刊105篇。以第一育种单位获批刺参"华春1号"水产新品种1项，以第一专利权人或独立专利权人申请专利220件，授权国内发明专利122件、实用新型专利57件、外观设计专利5件，授权国际发明专利17件（含首次获得美国授权发明专利1件），促成32件专利完成开放许可备案，达成开放许可专利5件。学校以第三完成单位获得山东省科学技术进步奖一等奖1项；以第四完成单位获得海洋科学技术奖一等奖1项；"一种帕金森患者书写辅助装置"项目获得"中国好技术"称号，入选B类项目库。滕瑶教授被中共烟台市委宣传部、烟台市科协技术协会、烟台市科技局授予"烟台最美科技工作者"称号。

【科技创新平台团队建设】 黄河三角洲资源环境安全保障协同创新中心获批山东省高校服务黄河重大国家战略特色项目；获批建设牡蛎种质创制与高效养殖山东省工程研究中心；围绕服务黄河重大国家战略与经济社会高质量发展需求，获批黄河流域关键带水文过程与黄河三角洲生态保护协同创新中心、黄河中下游宠物传染病时空传播与公共卫生协同创新中心2个省高校协同创新中心；获批建设海岸与近海工程安全实验室、黄河三角洲生态系统碳循环与生态固碳实验室2个省高校实验室，滨海湿地生态修复与生物保育重点实验室、新能源高效转化与储存材料设计重点实验室、先进功能材料重点实验室3个高校重点实验室，黄河口水沙过程与滨海生态环境实验室1个高校特色实验室；面向区域经济发展需求，获批2个省高校工程研究中心、1个省数据开放创新实验室、1个省大数据发展创新平台、1个市工程研究中心。围绕服务黄河重大国家战略的优势特色学科、新兴交叉学科和重点科研方向，有组织地合作开展科研攻关，获批立项7个具有突出创新能力和发展潜力的省高校青年科研创新团队，优化重组34个校级科技创新平台。

【科技成果转移转化】 制定实施《服务黄河流域生态保护和高质量发展行动方案（2022—2025年）》，与自然资源部海洋咨询中心、国家海洋信息中心、中国海洋工程咨询协会、山东省地质矿产勘查开发局、重庆巫山、威海文登、滨州博兴、临沂沂南、中核集团等地方政府、行业龙头企业、高校院所举行线上线下合作交流洽谈会近百场，校地、校企共建创新平台（技术联盟）5个，6名教师被烟台市委人才办选聘为企业科创顾问，开展技术开发、技术服务工作。学校承担社会委托科研项目268项，专利（技术）转化54件，全年实现到账经费10115.07万元，横向科研收入首次突破亿元。学校科技成果转移转化中心在省级技术转移服务机构绩效评价中获得优秀等次，学校被授予中国技术市场协会科技金桥奖先进集体奖，被山东省科技厅批准为新一轮科技成果转化综合试点单位，被烟台市委市政府授予"支持烟台发展突出贡献单位"称号。

（鲁东大学 程开元）

齐鲁工业大学（山东省科学院）

【概述】 齐鲁工业大学（山东省科学院）[以下简称工大（科学院）]下设16家独立创新研究机构，分布在济南、青岛、济宁、菏泽4个城市，主要研究领域涉及信息、海洋、生物与新医药、生态与环境、新材料、新能源及高效节能、智能制造、现代分析测试和管理科学等，重点开展基础与应用基础研究、重大关键共性技术、前沿技术和社会公益研究。有国家超算济南中心、省部共建国家重点实验室、国家工程技术研究中心、省部共建国家地方联合工程实验室等国家级平台10个，省部级重点平台120余个，参与2家国家实验室建设。建有山东省科学院博士后科研工作站。拥有大型仪器设备千余台（套），建筑面积142万平方米，图书馆藏书280万册，电子图书479万册。

【科研重点与计划】 2022年，工大（科学院）获得自然科学类研发经费合同额12.41亿元，到位经费10.46亿元。新增一批国家重点研发计划项目、省重大基础研究项目、省重点研发计划（重大科技创新工程）项目。

【科研成果】 2022年，以第一完成单位获得省科学技术进步奖一等奖2项、省自然科学奖二等奖1项、省技术发明奖二等奖1项、省科学技术进步奖二等奖4项，作为参与单位获得省科学技术进步奖一等奖1项、省自然科学奖二等奖1项、省技术发明奖二等奖1项、省科学技术进步奖二等奖6项。获得省专利奖一等奖1件、二等奖2件，舒明雷研究员荣获山东省优秀发明家奖。申请专利1038件，其中，国际专利32件，国内发明专利923件，国内实用新型专利74件、外观设计专利9件。授权专利1398件，其中，国际专利97件、国内发明专利1172件、国内实用新型专利201件、国内外观设计专利25件。发表高水平论文1564篇，出版专著9部。

【基础性研究】

国家自然科学基金计划 2022年，工大（科学院）有69项课题列入国家自然科学基金计划，其中，面上项目17项、青年科学基金项目50项、外国专家青年项目1项、国家自然科学基金重点项目1项。

山东省自然科学基金 2022年，工大（科学院）有128项省自然科学基金项目获得资助，经费2409万元，其中，联合基金5项，面上项目54项，青年基金项目63项，优青项目3项，海外优青1项，重大基础研究项目2项。

内部基础研究项目　2022年，实施"强化基础研究行动计划"，投入2015万元，支持"智能物联网关键基础理论研究"等190项基础研究类项目，包括先导项目1项、培新基金98项、培优基金75项、培英基金16项。

【应用研究与高技术研究】　新列省级以上应用及高新技术计划项目196项，其中，在新一代信息技术、现代海洋、高端装备、医养健康和新能源新材料等高技术研究领域承担了"海气交互关键层大剖面综合同步观测浮标研制与应用示范""深海药物先导化合物心血管保护活性评价新技术研究""高精度在线甲烷浓度及碳同位素检测仪的研发"等17项国家重点研发计划项目（课题）；"水下作业系统通信定位一体化装备关键技术研究及示范应用""智能凿岩机器人关键技术研发及产业化""超算互联网关键技术研发与应用""固体废物综合整治和资源化循环利用关键技术研发与应用"等44项项目列入省重大科技创新工程等山东省重大科技专项。

【学科建设】　计算机科学与技术入选山东省高峰学科建设学科，轻工技术与工程入选山东省优势特色学科建设学科。化学、工程学、材料科学、农业科学、环境学及生态学等5个学科稳定进入ESI学科排名全球前1%。13个学科上榜软科中国最好学科排名榜单，其中，计算机科学与技术学科位于全国前13%，连续3年居山东省属高校首位。

【科研成果转化及产业化】　2022年，荣获中国科技金桥奖"突出贡献集体奖"等5项，获得山东省科技金桥奖"先进集体奖"等7项，获中国产学研合作创新与促进奖6项。2022年6月，由中国科技评估与成果管理研究会、国家科技评估中心和中国科学技术信息研究所共同发布的《中国科技成果转化2021年度报告（高等院校与科研院所篇）》显示，工大（科学院）科技成果转化合同额6.248亿元，居全国高校31位；技术转让、许可、作价入股合同金额2.221亿元，居全国第12位。2022全年科技成果转让、许可、作价投资合同额超过2.568亿元，其中转让、许可合同额0.16亿元；布局14个专利群，经评估价值为24069.8万元，以作价投资的方式新成立企业12家，增资企业2家，其中山东科创集团引导和推动成立7家作价入股企业。工大（科学院）支持山东科创集团做强做大，科创集团控参股企业120余家，其中国家科技型中小企业68家，国家级高新技术企业54家，国家级专精特新"小巨人"11家，省级瞪羚企业22家，省级专精特新企业30家，省级研发平台36个。

【科研平台建设】　2022年，国家超级计算济南中心实现500公里长距IB调度网络互连，登顶世界最新IO500榜单，成功入列鹏城实验室网络，参与共建崂山实验室传感器研发中心，国家重点实验室开展绿色低碳战略的基础与应用基础研究，启动评估重组工作。启动建设山东省基础科学研究中心（计算机科学），在全省首个揭牌，召开第一届学术委员会，聚焦省优势和需求，以高标准开展系列化基础理论研究和前沿科学探索。作为主体建设单位，新获批2家省工程研究中心、8家省高校实验室、3家省高校服务黄河流域生态保护和高质量发展协同创新中心等重点科技平台，参与建设1家省重点实验室，聚焦山东省科技战略需求，规划高能级平台布局。

【科技人才培养与队伍建设】　持续推进人事制度改革，全方位改革职称评聘制度，推进"齐鲁科教英才工程"，新增省级及以上人才35人，其中，国家级人才3人；引进各类人才121人，专任教师中博士比提高到69.3%。根据中共山东省委教育工委、山东省教育厅《关于公布2021年高校党委书记人才工作项目评估结果的通知》（鲁教工委字〔2022〕4号），齐鲁工业大学（山东省科学院）评估结果为"好"等次。激光研究所被评为"2021年度山东省人才工作表现突出单位"。

【大学科技园建设】　齐鲁工业大学（山东省科学院）大学科技园坐落于德州，占地20000平方米。2022年，在北京建设科创飞地，有效承接一线城市科技成果转化，以企业形式落地园区。与中北大学德州产业技术研究院、德州学院等高校院所签署战略合作协议。发挥山东省科创集团基金平台优势，完成对杭州和壹基因、和智信、智感生物等项目的投资考察及尽调工作。大学科技园已入驻企业9家，累计完成德州市本土企业股权投资7000万元，对接省外重点项目20余个，正在开展项目现场考察、落地选址等工作。

【科技合作与交流】　2022年，与7个市县区共同立项校（院）地产学研协同创新基金项目24项，其中，工大（科学院）支持经费830.5万元，地方政府支持经费1360万元，企业研发投入4835万元，为工大（科学院）带来技术服务收入合同额3039万元。制定了"服务我省地市的活动方案"，依托校（院）科创资源和人才优势，与山东省16地市科技局和工信局联系，积极践行和地方政府的战略合作协议，征集发布企业技术需求近1000项，组织专家参加潍坊、济南等地双创大赛；依托成熟成果转化平台"[向市果]系列项目路演"组织光电学部专题技术成果路演活动，依托山科集团山东知识产权运营中心举办科技成果路演活动；依托国家超算济南中心强大算力和大数据分析能力，服务国家气象预报、省环境、公安和国安等部门，不断提升社会服务能力。发挥优势学科资源优势，深化与德州市产学研合作，由工大（科学院）牵头与德州市政府共建德州科技成果转化（中试）基地，征集校（院）项目30项，立项支持3项在德州中试基地转化，项目总投资2880万元。联系省内龙头企业和链主企业及地方代表性企业，结合工大（科学院）特色学科和科研方向，与华熙生物、浪潮等龙头企业签署产学研协议，通过管理的山东科创集团平台，积极对接山东环保集团、山东高速集团、山东黄金集团、山东省土地发展集团、山东能源集团，组织专家积极揭榜大企业"揭榜挂帅"项目。获批国合预算经费6700多万元，其中，国际科研合作项目2200多万元。积极组织国际科技合作项目申报，完成5类部级国际合作项目申报14项，获批中国－乌克兰政府间科技交流项目1项。获山东省国际科技合作创新创业共同体"国际先进科技成果产业化项目"支持12项。完成2022年度科教产融合试点工程国合项目立项工作，立项29个项目。获批国家级外国专家项目10项，获批因公出国（境）培训项目3项，获批省"外专双百"计划项目4项，获批高层次外国专家齐鲁行项目1项，获批济南市泉城高端外专项目1项，申报外国专家工作室5个。2位专家分获"中国政府友谊奖"及"齐鲁友谊奖"荣誉称号。推进国际科技合作平台建设，新建海外国际合作与交流平台——塞尔维亚技术研发中心；新建三个联合研究平台——中德电化学&催化与可持续发展技术联合研究中心、中俄功能材料与绿色能源联合实验室、新一代信息技术联合研究中心。山东省与乌克兰交流合作研究中心加入山东省外事研究与发展智库联盟，并被教育厅评为全省12家优秀国别区域研究中心之一，获批外事研究课题1项。顶尖科学家工作室依托科教产项目落实经费支持，获批济南市海外引才项目1项。中乌院获批中央引导地方科技发展资金项目1项，获济南市2022年度"新高校20条"项目1项。积极推进国际化办学工作，新增14所海外合作院校。

【科研成果选介】

数据驱动的制造过程优化关键技术研究及应用 该项目首次提出了一种符合典型制造过程特点的群智能制造过程优化体系架构；首创了多目标制造网络群智能优化模型；创新提出了一种数据驱动的制造过程优化方法；突破了复杂制造过程全流程多目标优化关键技术。获发明专利8件，申请发明专利6件，获得软件著作权5件，制定国家标准2部，被三大检索收录的论文21篇。形成了数据驱动的制造过程优化理论技术，指导研发了制造过程优化管控平台。截至2021年12月，联合著名软件企业进行平台推广，累计销售收入5611万元，并在装备制造、增材制造、化工、玻纤等典型行业的多家行业龙头企业成功示范应用，累计新增产值28.7亿元，新增利润2.5亿元，实现了制造全流程一体化联动优化，提升了生产经营优化的敏捷性和准确性。该项目关键技术的研发和推广应用，成为推动企业"两化"深度融合的切入点，促进了我国制造企业新一代工业生产技术的发展，对提升我国企业核心竞争力具有重要的现实意义。该项目获得2022年度山东省科学技术进步奖一等奖。

大宗淀粉高值化加工创新技术及产业化应用 该项目通过创新淀粉分子链段结构分子重排、酶法靶向定位、复合变性等技术，首创了健康食品专用的缓释糖功能性淀粉的分支酶靶向定位技术，破解了传统化学方法的酸溶剂用量大、时间长、环境污染等技术难题；创新了淀粉基食品包装膜的专用母料和专用增强剂的制备技术，开发出系列新型淀粉基抗菌活性食品包装膜；构建了淀粉熔融挤压后分子取向技术，在国内外率先制备出服役性能接近传统塑料制品的高性能淀粉基食用材料；创建了淀粉络合刻蚀三维网络／线性糊精分级技术，在国内外率先制备出性价比高的淀粉基载体／检测材料，实现了淀粉高值化加工技术升级。授权发明专利27件，发表SCI收录论文93篇，其中，ESI高被引论文3篇、ESI热点论文2篇，影响因子10以上的论文2篇。2019—2021年项目产业化实现新增产值20.86亿元，新增利润2.54亿元。该项目获得2022年度山东省科学技术进步奖一等奖。

数字图像内容安全与保护关键理论研究 该项目研究团队在数字图像内容安全与保护领域展开了科学研究，提出了基于码分复用算法的强鲁棒信息隐藏方法，从根本上实现了隐秘信息的安全保护与可控安全，首次提出了基于不变矩的数字图像安全保护方案，显著提升了数字图像传输的安全性与可信性。该项目发表SCI收录论文160余篇，其中，保护ESI高被引论文5篇，JCR一区论文20余篇，论文被引用2000次以上；获授权发明专利15件，研发各类设备和软件系统6套。项目成果在国家超级计算济南中心等重要单位进行了公益性推广应用，获得了显著的社会效益。该项目获得2022年度山东省自然科学奖二等奖。

高效二次电光晶体材料及其激光调制技术 该项目团队针对全固态激光材料和技术应用需求，以新型电光调制器为目标，开展了实用型二次电光晶体及其激光调制技术研发和应用推广。国内首创制备出一系列高质量器件级钽铌酸钾单晶，并利用该材料开发了超低电压驱动的激光偏转器、激光开关等二次电光调制器件。技术成果填补了我国在二次电光晶体材料和二次电光调制技术领域的空白。相关技术授权发明专利10件、其他知识产权8件，为单位创造直接经济效益2000余万元。相关技术产品已应用到国内外多家产学研单位的产品和科研领域，为相关单位新增销售收入近4000万元，新增税收400余万元。该项目获得2022年度山东省科学技术发明奖二等奖。

系列大气探测激光雷达关键技术及应用 该项目整体技术处于国内领先、国际先进水平，其中，大气气溶胶激光雷达技术通过作价入股完成成果转化，技术估值 1200 万元，成立山东山科神光科技有限公司；极区大气探测激光雷达技术完成了跟跑、并跑到领跑的跨越式发展。项目已授权专利 10 件，发表学术论文 19 篇，其中 SCI/EI 收录论文 15 篇，软件著作权登记 4 件，企业标准 1 项。近两年累计创造经济效益超 5000 万元，提高了大气探测研究与服务保障的能力。该项目获得 2022 年度山东省科学技术进步奖二等奖。

高性能分布式光纤陆海智慧勘察系统关键技术、装备及应用 项目研究团队创新提出了高性能分布式光纤陆海智慧勘察关键技术，打破了国际垄断，带动了光纤传感技术在相关产业发展。该项目获授权发明专利 29 件，其中，美国、法国等国际专利 5 件；发表 SCI、EI 收录论文 54 篇。研究成果经专家鉴定认为整体技术达到国际先进水平。完成单位近两年成果转化收入 2201.33 万元，累计新增销售额 17.94 亿元、新增利润 2.64 亿元、新增税收 6352.23 万元。该项目获得 2022 年度山东省科学技术进步奖二等奖。

面向工业互联网的云/网/边/端多层次数据安全关键技术及应用 项目瞄准上述问题，攻克并建立了面向"云/网/边/端"架构的工业互联网多层次数据安全技术体系，解决了现场级工业数据安全协同防护、工业网络流量数据全向安全防御、云模式下私有工业数据安全存储及计算、多用户海量工业云数据安全可靠协作学习等难题，并将成果应用于石油化工等产业领域，构建了石化行业数据安全应用生态。项目获发明专利 16 件、软著 35 件，发表高水平论文 46 篇，成果整体达国际先进水平，新华社、《中国工业报》等国家级媒体报道了项目成果。该项目获 2022 年度山东省科学技术进步奖二等奖。

面向智能电网的工业网络安全防护管控关键技术与应用 项目研究团队研发了智能电网安全防护管理平台，突破了智能电网 NB-IoT 终端自主可控安全加密、跨域认证、应用代码安全审计技术，首次提出了控制程序篡改取证技术、编程平台组态数据和应用代码管控技术，解决了跨域异构多元终端自主可控的安全认证与可信检测、攻击意图识别困难、攻击响应自动化水平低等问题。获授权发明专利 25 件、软件著作权 16 件，发表论文 62 篇，论文成果得到 7 位中国、欧洲、美国科学院院士的正面评价与引用，项目研发的网络传输安全和接入平台、工业网络入侵检测系统、工控编程平台应用层细粒度管控与取证系统、工业网络安全智能应急响应系统等成果近两年产生经济效益超 2 亿元，为保障智能电网安全和国家工业网络安全提供了重要技术支撑。该项目获得 2022 年度山东省科学技术进步奖二等奖。

[齐鲁工业大学（山东省科学院） 尹　奥　华栋梁　宋亚会]

山东第一医科大学（山东省医学科学院）

【概述】 2022 年，山东第一医科大学（山东省医学科学院）获得上级自然科学类项目立项 695 项，其中，国家级项目 126 项、省部级项目 307 项；获上级科研经费 26660.4 万元，包括国家级项目 7696 万元。获得上级社会科学类项目 123 项，其中，国家级项目 2 项、省部级项目 4 项；获人文社科类研究经费 98.2 万元，其中国家级项目 40 万元。北京大学山东脑科学与类脑研究院（山东脑科学与类脑研究院）获批山东省新型研发机构；获批山东省工程研究中心 3 个、山东省高等学校工程研究中心 2 个；获批山东省中医药重点实验室 2 个、济南市临床医学研究中心 1 个、山东省高等学校实验室 11 个、山东省数据开放创新应用实验室 2 个。组织完成国家卫生健康委重点实验室的年度评估和"十三五"评估工作；完成 10 个省级重点实验室年度报告工作；完成"十三五"山东省高等学校人文社会科学研究平台建设材料汇报；组织开展山东省工程研究中心、山东省工程实验室优化整合（第一批）申报工作；组织徐涛院士工作站的年度绩效评价上报工作，启动校（院）生物样本库建设。完善科研经费管理制度建设，出台了《山东第一医科大学（山东省医学科学院）科研项目结余经费管理办法》[校（院）字〔2022〕9 号]；补充完善了《山东第一医科大学（山东省医学科学院）科研经费"包干制"管理办法（试行）》，出台《山东第一医科大学（山东省医学科学院）科研经费"包干制"管理办法补充规定》。强化科研诚信制度建设。为树立良好的科研作风学风，弘扬科学家精神，出台了《山东第一医科大学（山东省医学科学院）学术不端行为查处办法》，强化学术不端行为的制度监督与惩戒，在制度上根除学术不端滋生的土壤。

【科技项目与经费】 组织申报自然科学类上级项目

2733项。其中，国家重点研发计划7项，国家自然科学基金项目1319项（集中接收1291项）；共组织申报人文社科类上级项目327项；获得上级自然科学类项目立项695项，获得上级社会科学类项目123项。科研经费获自然科学类科研经费26660.4万元；获人文社科类研究经费98.2万元，其中，国家级项目40万元，省部级项目16万元，厅局级项目13万元，横向课题29.2万元。项目结题验收完成自然科学类科研项目结题验收172项；完成人文与社会科学类科研项目结题验收78项。过程管理提交各类进展绩效报告362项。另外，完成校（院）青年科学基金培养资助计划评审工作，自然科学类申报685项，立项140项；社会科学类申报86项，立项40项。

【科技成果】 获得何梁何利基金科学与技术进步奖1项，省科学技术青年奖1项，省科学技术发明奖一等奖1项，省科学技术进步奖一等奖2项、二等奖4项，省自然科学奖二等奖1项，中华医学科技奖三等奖2项，华夏医学科技奖三等奖1项。共发表SCI收录论文1244篇，总影响因子8133.39，其中，影响因子10以上的121篇，5～10的566篇。强化知识产权的保护和管理，引导科研成果转化，共获得发明专利授权168件。

【重点成果选介】 山东第一医科大学附属眼科研究所史伟云教授荣获何梁何利基金科学与技术进步奖，其团队科研成果"新型角膜供体材料的关键技术创新与临床应用"荣获山东省科学技术发明奖；抗疫英雄白晓卉被追授于山东省科学技术青年奖；于金明团队科研成果"肺癌放疗联合分子靶向和免疫治疗的关键机制与临床应用"、王光彬团队科研成果"基于多模态磁共振成像评价神经系统变性疾病的关键技术与应用"均荣获山东省科学技术进步奖一等奖。

【基础研究】 2022年，有526个项目在国家和省基础研究领域获得立项。

国家层面 "乳康饮调控Hippo-YAP信号通路招募γδT细胞治疗三阴性乳腺癌的作用""Hippo信号分子Lats1对CD4+T细胞GATA3表达的调节作用及机制研究""TL1A通过DR3受体诱导RIPK3依赖的气道上皮细胞程序性坏死促进哮喘气道重塑的机制研究""p120调控VE-cadherin/β-catenin囊泡运输定位及STING溶酶体降解在VILI过程中病毒防御的双重作用及机制"等113项项目获得国家自然科学基金资助。其中，张福仁团队"麻风菌逃逸人免疫防御致持续感染的机制研究"项目，获得国家自然科学基金重点项目资助。吴英杰团队"生长激素与核受体交叉机制在代谢平衡和抗衰老中的作用研究"、高聆团队"发现器官发育和代谢稳态中具备信号分子功能的新型代谢物和初步鉴定已知代谢物作为信号分子的新功能"、杜怡峰团队"痴呆的临床队列研究—痴呆危险因素及药物治疗干预方法的研究"等项目，获得国家重点研发计划项目资助。

省级层面 "超分辨显微成像揭示氧化石墨烯对活细胞中线粒体膜损伤机制研究""基于金纳米棒免疫传感器动态检测标志物谱用于急性缺血性卒中超早期诊断的研究""脉络丛上皮细胞靶向调控TrxR对脑缺血后神经元的保护作用""基于多靶点协同干预策略的硫酸软骨素纳米硒抗阿尔兹海默病的分子机制研究"等267项项目获得山东省自然科学基金资助。李宝生团队"基于影像病理基因组学的食管鳞癌放化疗敏感性和预后预测模型研究"获得山东省自然科学基金重大基础研究项目资助；刘东海团队"基于人诱导多能干细胞分化的窦房结样心肌模型的衰老相关病态窦房综合征致病基因鉴定及其病理机制的研究"获得山东省优秀青年科学基金项目（海外）资助；杨成雄"色谱分析"、陈启鑫"基于细胞器水平的药物学研究"等项目获得山东省自然科学优秀青年基金资助。

【应用研究与高技术研究】 2022年，有25个项目在国家级和省级应用研究与高技术研究方面获得立项。

国家层面 陈娜团队"基于多组学数据及人工智能的癌症mRNA疫苗设计与构建"、吴英杰团队"心血管、代谢性疾病等基因修饰动物模型研发"、王谢桐团队"严重产后出血围分娩期临床管理研究"项目获得国家重点研发计划项目资助。另外，陈娜团队"基于多组学数据及人工智能的癌症mRNA疫苗设计与构建"项目，获得科技部外专局重点项目资助。

省级层面 史伟云团队"组织工程角膜和皮肤载体功能化修饰关键技术研发与临床应用"、宋伟团队"类器官构建及器件化融合功能关键技术研发与应用"、师彬团队"三维正脊数字化关键技术与人机协同智能装备研发"、李胜团队"循环肿瘤细胞精准检测系统的研发与应用"、卢志明团队"全自动一体化多重病原核酸检测系统研发及产业化"等项目获得山东省重大科技创新工程项目资助；王珊团队"基于微针的靶向药物程序释放系统在女性生育力改善中的应用研究"获得山东省中央引导地方科技发展资金项目资助；张春清团队"组织工程壳聚糖水凝胶肝脏类器官体外构建及基础应用研究"获得山东省自然科学基金重点项目资助；孙晓的"乏氧激活型磁共振纳米探针的构建与生物应用"、于长斌的"多智能体群智系统与新冠无人检测系统"获得山东省优秀青年科学基金项目（海外）资助。

【科技成果转化】 2022年，学校（院）及附属医院、二级院所共新申请专利380件，申请中专利277件，新授权专利100件，托管专利8件，转让、许可专利17件，金额92万元。学校本部及附属医院、二级院所签订各类"五技"服务合同135件，合同总额2786.614万元，同比较少25.98%。其中，已完成技术合同认定121件，合同认定总额2706.634万元，认定率达97.13%，同比增长2.98个百分点。学校本部、附属医院及二级院所完成各类非"五技"服务收入7421.76万元，缴纳各类税费1349.38万元。依托校（院）教学、科研、平台和人才等各项优势，搭建医药卫生产业研发和转化平台，章丘大学科技园区北区建筑物总体使用率为91%，与2021年同期数据相比减少了0.59%。中南区建筑物总体使用率80.08%。精准医学孵化器入孵企业累计31家，其中，在孵企业19家，比同期增加4家；已毕业企业12家，比同期数据增加3家。入孵企业山东仁济生物科技有限公司申报并立项高新技术企业。创业导师13人、常驻服务团队人员24人。创业团队和企业吸纳就业人数362人，其中大学毕业生128人。入孵企业总收入1.5626亿元，纳税744.78万元，其中完成章丘上缴税收288.99万元。山东省多能干细胞库按照中国医药生物技术协会的最新建库要求对实验室的设备、人员管理制度进行了革新，在原卫生厅文件指导下，按照要求开展了胎盘源多能干细胞的存储工作，2022年1—10月新增细胞存量新增810份，受新冠疫情影响，较2021年度同时期846份减少4.26%，实现技术服务收入1903.12万元，实现税金缴纳73.53万元。

【科技创新平台建设】 2022年，联合申报全国重点实验室1个，教育部重点实验室2个，北京大学山东脑科学与类脑研究院（山东脑科学与类脑研究院）获批山东省新型研发机构；批复国家临床医学研究中心山东省分中心1个、山东省工程研究中心3个、山东省高等学校工程研究中心2个、山东省高等学校实验室11个、山东省中医药重点实验室2个、山东省卫生健康委重点实验室7个、山东省数据开放创新应用实验室2个。完成国家卫生健康委重点实验室的年度评估和"十三五"评估工作；完成10个省级重点实验室年度报告工作；完成"十三五"山东省高等学校人文社会科学研究平台建设材料汇报；组织开展山东省工程研究中心、山东省工程实验室优化整合（第一批）申报工作；组织徐涛院士工作站、省级科研平台的年度绩效评价工作，启动校（院）生物样本库建设。为加强对科研实验室安全风险的研判和预判，深入贯彻落实上级对安全工作的决策部署，开展科研实验室安全隐患排查和自查自纠工作，保障科研实验室安全运行。

【学科建设】 2022年，围绕校（院）发展规划和年度工作要点，推进实施"135"工程，以冲击"双一流"为引领，积极谋划学科建设路径和措施，获得上级学科建设资金5800万元，其中，"双高"建设资金5500万元，济南市市校融合战略工程项目资金300万元。"双高"建设资金3000万元用于支持校级高水平学科建设，2500万元用于校（院）人才建设，市校融合战略工程项目300万元用于特色学院、实训基地、实训平台等3个立项项目建设。大学和学科社会影响力持续增强，新增2个学科进入ESI排名全球前1%，校（院）ESI前1%学科总数达到8个，创历史新高，学科数量居独立医学院校第7位（并列）。新增1个学科临床医学进入ESI全球排名前1‰，位列内地独立医学院校第8位。校（院）ESI全球排名首次进入全球前1000名。制定学科建设五年发展规划，开展校（院）学科梯队建设工作，召开校级高水平学科建设审核论证会，举办"高水平大学与一流学科建设"专题报告会。2022年度共向上级申报推荐学科平台及学科项目30个，其中，"811"计划省一流学科1个，国家中医药管理局高水平中医药重点学科1个，黄河流域生态保护和高质量发展协同创新中心3个，"十四五"山东省中医药重点学科9个，"十四五"省医药卫生重点学科18个，教育评价改革项目库项目2项。已获批"十四五"山东省中医药重点学科8个、医药卫生重点学科16个。

【科技人才培养与队伍建设】 学校（院）参加"山东－荷兰国际人才线上交流会""智荟齐鲁"全球博士对接洽谈会，举办2022国际青年学者论坛及组织开展"云招聘"等引才活动，积极吸引海内外优秀人才。2022年，新增院士1人；组织校级人才评价会2次，评价高层次人才67人，已到岗39人；柔性引进国家级人才8人；通过公开招聘引进优秀博士177人。2022年，附属眼科研究所史伟云当选俄罗斯自然科学院外籍院士；附属内分泌代谢病医院宋勇峰获第十七届中国青年科技奖，实现学校在该领域"零"的突破；附属省立医院周香香、附属肿瘤医院陈大卫获批国家高层次人才特殊支持计划（亦称国家"万人计划"）青年拔尖人才。省级人才项目方面，校（院）有50位优秀人才入选2021年度泰山学者人才工程，其中，攀登专家2人、特聘专家7人、青年专家41人，较上年度获批人数增长4倍多，占全省获批人数的1/10以上；8人获省优青项目（其中海外优青6人）；3人当选第十二届山东省青年科技奖；获批了2021年度山东省高等学校青年创新团队发展计划14项，其中，"青创人才引育计划"项目立项7项，"青创科技支持计划"项目立项7项，合计获批经费1335万元。

【科技合作与交流】 2022年，获批及在研项目23项，获经费资助3278万元。其中，获批国家重点研发计划政府间国际科技创新合作重点专项1项、高端外国专家引进计划2项，首次申报的济南市泉城高端外专项目个人项目1项已完成实地考察。1人获批2022年国家公派高级研究学者、访问学者、博士后项目；2人获批2022年度山东省教育系统政府公派出国留学项目；1人获批2022年度山东省"省校联合培养计划"，1人获批山东省教育外事干部公派出国留学项目；4名在读研究生获批国家建设高水平大学公派研究生项目；89人获批2022年度校（院）公派出国留学基金项目。2022年，申报科技部高端外国专家项目2项、科技部援外项目5项、教育部"春晖计划"10项、济南市泉城高端外专项目1项、济南市泉城友谊奖2项等。组织推荐1名专家参与外文局兰花奖评选，3名外国专家参与齐鲁友谊奖的评选。校（院）作为数字健康领域全省唯一单位，积极支持和参与友好省州活动，并获得广泛认可。校（院）被指定为2023年第十一次友好省州峰会系列活动数字健康领域的组织者和召集人，负责活动的主题和方案策划。

随着各国疫情防控措施的变化，有15个团组15人次执行因公出国访学等任务。设立校（院）短期交流项目管理办法，首批立项口腔医学院、护理学院、内分泌与代谢病研究所分别赴韩国延世大学、意大利"路易吉·万维特里"坎帕尼亚大学、法国巴黎西岱大学进行短期交流的3个项目，资助经费40万元，项目执行期为两年。开辟留学资讯栏目，深入挖掘资源，为学生提供荷兰伊拉斯姆斯大学医学中心2022年度硕士、博士研究生招生项目、西交利物浦大学、宁波诺丁汉大学等中外合作办学高校硕士研究生项目；日本上智大学硕士预备课程项目。

开拓国际合作伙伴，在疫情严峻形势下，通过线上方式积极与法国、德国、英国、葡萄牙、荷兰、意大利、西班牙、俄罗斯、哈萨克斯坦、乌克兰、马来西亚、韩国等国家的高校和中法教育交流协会、日中文化交流中心等国际组织开展深入交流，推动双方在学生联合培养、师生互派、学术交流、合作办学等方面开展合作。与法国亚眠市政府、亚眠大学共同举办"第二届ACESF大健康科学家论坛"，期间与亚眠大学签署合作备忘录，并与中法教育交流协会开展健康领域产学研战略合作。参加第四届ACESF高等教育应用论坛暨高等教育创新合作峰会，校（院）领导在大会上做"有组织的科研及其机制创新"主旨报告。与俄罗斯莫斯科国立口腔医科大学签署合作框架协议和关于促进合作项目的补充协议，双方商定在教学科研人员的交流互访、学生交流互换、科学研究和学术交流等方面开展合作。法国中法教育协会会长一行来校（院）访问交流，双方就开展健康领域产学研战略合作签署合作备忘录。引入线上国际课程。与中国教育国际交流协会合作，首次引进牛津大学等高校的机器学习和人工智能入门和行为经济学，作为公共选修课程面向本科生开设。引入国际名校如剑桥大学、哈佛大学、曼彻斯特大学、新加坡国立大学等寒暑假短期线上学习项目，丰富学生学习资源。

[山东第一医科大学（山东省医学科学院） 刘　帅　于锡巧]

哈尔滨工业大学（威海）

【概述】 哈尔滨工业大学（威海）[以下简称哈工大（威海）]现有在编教职936人（专任教师621人，教授116人、副教授266人），设有11个学院，1个教学部，42个本科专业（含9个新工科专业和1个中外合作办学专业），共享哈工大27个博士点和39个硕士点，单独设有船舶与海洋工程、海洋科学两个一级学科硕士点。有全日制在校生12000余人，本科生10855人、硕士研究生1100余人、博士研究生300余人，非全日制工程硕士100余人。拥有8个山东省重点学科，6个山东省特色专业，海洋科学一级学科获批山东省高水平学科建设，船舶与海洋工程和海洋科学是哈工大985工程重点建设学科，材料科学、工程学、数学、物理、化学、计算机科学、环境工程等学科为哈工大相应学科领域进入ESI全球前1%行列做出了重要贡献。拥有国家级、省部级和市级以上科研平台、重点实验室或研究中心30余个。先进焊接与连接国家重点实验室在哈工大（威海）建立分支机构，对海监测与信息处理工业和信息化部重点实验室、海洋工程材料及深加工技术国际联合研究中心获批国家级科研平台，新一代海空天对海观测技术综合试验平台获批国家"双一流"建设项目，成为工业和信息化部首个"双一流"高校学科基础设施建设项目。

【科技项目与经费】 2022年，哈工大（威海）科研经费达3.1亿元，师均50万元，其中，横向项目193项，到账经费9199.6万元，项目金额100万元以上项目60项；纵向项目310项，到账经费16680.5万元；基础研究类项目105项，到账经费1538.86万；计划类项目205项，到账经费15141.63万元。

【科技成果】 2022年，哈工大（威海）取得各类科研成果超百余项。发表SCI收录646篇、SSCI收录23篇、EI收录906篇、CPCI收录21篇。海洋科学与技术学院程喜全副教授以第一作者兼通讯作者在国际著名期刊 ACS Nano（影响因子为15.88）上发表题为《构筑环境友好的"油单通道"Janus膜用于油水分离》（Constructing environmental-friendly "oil-diode" Janus membrane for oil/water separation）的前瞻性文章；材料科学与工程学院李宇杰教授研究团队与香港理工大学徐宾刚教授合作，开发出一种机械性能优异、对锌枝晶有显著抑制效果，且具备宽工作温区（-40℃～60℃）的功能性多组分水凝胶电解质。该团队还研究了其搭配 $Zn_3V_2O_8$ 正极材料在水系锌离子电池中的电化学性能，相关成果发表在国际知名学术期刊 Advanced Functional Materials（中科院一区，影响因子18.808）上；材料科学与工程学院檀财旺教授课题组在金属与热塑复合材料激光连接领域取得重要进展，提出了一种金属与碳纤维增强热塑复合材料大差异材料连接过程中简便有效的界面调控手段。相关成果以《诱导氢键强化钛合金/碳纤维增强热塑复合材料激光连接界面》（Enhanced interfacial bonding strength of laser bonded titanium alloy/CFRTP joint via hydrogen bonds interaction）为题发表在复合材料顶刊 Composites Part B：Engineering（中科院一区TOP期刊，影响因子9.078）上。该工作得到了国家高速列车创新中心研发计划、国家自然科学基金、山东省优青、哈工大青年拔尖人才等基金的资助；姜永远教授课题组在物理学权威国际期刊 Physical Review Applied 发表题为 Functional acoustic metamaterial using shortcut to adiabatic passage in acoustic waveguide couplers 的研究论文，该研究受到国家自然科学基金、山东省自然科学基金的资助；机器人所黄博教授团队在机器人领域权威顶级期刊 IEEE Transactions on Robotics 发表题为 Dynam-SLAM：an accurate, robust stereo Visual-Inertial SLAM method in dynamic environments 的研究论文。IEEE Transactions on Robotics 为机器人学领域公认的国际顶级期刊之一，要求论文在理论及工程实践上均能为机器人学发展做出重要贡献，其每年全球发文量80～100篇，代表了机器人领域先进的重大进展，定位与规划方面的里程碑著作多数发表在该期刊上；汽车工程学院智能电动车辆研究所在电力电子领域权威顶级期刊发表新能源车用电机模拟器相关多篇文章，授权多项发明专利，解决了电机模拟器高速动态频域目标跟踪和控制精度问题。其中，题为 Improving dynamic accuracy of the electric motor emulator at high speed via mimo design method 的研究论文发表在 IEEE Transactions on Power Electronics 上。题为 A novel All-digital resolver-to-digital conversion system based on numerical synchronous integration 的研究论文被 IEEE Transactions on Industrial Electronics 录用；海洋工程学院橡胶复材所在摩擦磨损领域权威期刊 Wear 和 Tribology International 发表多篇文章，揭示了苛刻服役条件下航空轮胎胎面材料的高速摩擦磨损及粘滑机制。其中，题为 Thermo-mechanical-abrasive coupling analysis of solid rubber tire under high-speed rolling 的研究论文被 Wear 录用。题为 High-speed tribological properties of eucommia ulmoides gum/natural rubber blends：experimental and molecular dynamics simulation study 的研究论文发表在 Tribology International 上；2022年，哈工大（威海）计算机科学与技术学院初佃辉教授作为第一完成人联合山东众阳健康科技集团有限公司等单位共同完成的项目"智能化医养融合服务平台关键技术及应用"获得山东省科学技术进步奖一等奖；山东省计算中心（国家超级计算济南中心）、国网山东省电力公司电力科学研究院、哈尔滨工业大学（威海）等共同完成的项目获得山东省科学技术进步二等奖，计算机科学与技术学院王巍老师参与。人文社科方面，2022年，哈工大（威海）获得威海市第二十四次社会科学优秀成果奖一等奖1项、二等奖3项、三等奖2项。哈工大（威海）现有国内发明专利600余件，2022年，实现授权国内发明专利246件。

【基础研究】 2022年，获国家自然科学基金资助27项，获资助金额1367万元；获山东省自然科学基金资助25项，获资助金额320万元。获哈工大原创前沿探索基金资助2项，获资助金额80万元。跟踪科学前沿、解决急需重大科学问题为目标，经过不断培育建设，材料科学与工程学院张洪涛教授团队获2022年度国家自然科学联合基金重点项目资助，资助金额290万元。实现了多电弧即时耦合焊接过程的质量、效率和工艺性能的全方位提升，为船舶海工结构水下高效焊接技术的研发提供了全新独到的思路。

【应用研究与技术研究】 2022年，哈工大（威海）获评国家重点研发计划7项，其中，项目牵头2项，承担课题2项，参与课题3项。信息科学与工程学院孙明健教授牵头的"诊疗装备与生物医用材料"专项，"动脉粥样硬化多模态精准诊疗一体化技术研究及样机研制"项目，为哈工大（威海）首个牵头申报的国家重点研发计划（非国合）项目；参与山东省内科技计划项目申报，2022年，牵头或参与申报山东省内项目82项，其中参与山东省重创新工程3项，立项3项。参与山东省科技型中小企业创新能力提升工程项目20项，立项6项。参与山东省中央引导地方科技发展资金项目4项，立项2项。参与哈尔滨工业大学—中国广核集团先进核能与新能源研究院自主探索预研项目5项，山东省高等学校青年创新团队发展计划4项。山东省融办"鲁融杯"牵头1项，参与2项；2022年，发布人文社科相关通知41项，牵头申报项目88项，其中，立项工业和信息化部党的政治建设研究中心2022年度课题2项，立项哈尔滨工业大学哲学社会科学高质量发展行动计划科研项目3项，立项2022年度山东省社会科学规划研究项目申报公告1项、威海市社科重点研究课题2项。

【科技创新平台建设】 哈工大（威海）现有市级以上科研平台77个，其中，国家级（含分支机构）6个、省部级35个、市级平台36个。2022年，哈工大（威海）成功申报工业和信息化部重点实验室、山东省重点实验室各1个，山东省高校重点实验室1个，威海市重点实验室4个。

【科技成果转化】 2022年，哈工大（威海）技术转移中心获评山东省金桥奖优秀组织奖，加入山东省技术经纪服务联盟（发起单位）、获省级技术转移备案机构绩效考评优秀。2022年，技术转移中心签署技术合同187项，达成合同额12166.96万元；完成技术合同认定80项，认定技术交易额7466万元。其中，与山东省内企业合作78项，服务山东省企业60家，达成技术交易额5370.5万元。涉及技术领域主要包括新材料、高端装备制造、新一代信息技术，现代海洋等。2022年度实现专利转让9件。

【科技人才队伍建设】 2022年，哈工大（威海）申报各位专家或人才称号42人次。其中，获批哈尔滨工业大学青年拔尖教授2人，山东省泰山产业领军人才3人，威海市校地合作人才资助计划14人，推荐各类专家13人，中国产学研百佳科技创新团队1个。

【科技合作与交流】 为提升哈工大科研成果转化的数量与质量，哈工大（威海）围绕自身学科特色，组织开展更具针对性、专业高效的科技交流活动。2022年，哈工大（威海）开展多样技术对接交流活动，坚持哈工大一校三区统一规格原则，与国内若干行业领军企业开展对接，包括中国航天科技集团、山科集团、山东高速、华为、广泰空港、光威复材等，深度摸排山东省强势龙头企业，完成企业合作库初步模板。通过山东省（科技厅、工信厅、教育厅等）、威海市（科技、海洋、工信、高区科技、环翠科技）、行业协会（汽车、机器人等）发布技术成果350余项，组织对接活动14次，校内参与对接人数超60人。

[哈尔滨工业大学（威海） 王亚琦]

德州学院

【概述】 德州学院占地面积132.8万平方米，校舍建筑面积68.9万平方米，教学科研仪器设备总值2.6亿元，馆藏图书240.7万册、电子图书149万册。现设有22个二级学院、3个研究院、1个中外合作办学机构。设有70个本科专业，面向全国22个省（自治区、直辖市）招生。全日制本专科在校生23000余人，招收联合培养硕士研究生和学历留学生230余人。现有专任教师1497人，其中，博士、硕士学位教师1200余人，高级职称532人，兼职博士、硕士研究生导师174名。拥有享受国务院政府特殊津贴、全国优秀科技工作者、教育部高校教学指导委员会委员、泰山学者、省青年科技奖获得者、省突出贡献科学家、省有突出贡献的中青年专家、省教学名师等省级以上高层次人才37人，获批山东省高校黄大年式教师团队2个，山东省高等学校青创人才引育计划建设团队、青创科技计划创新团队10个。学校推进学科、学位点、专业、课程一体化建设，形成了以文理为基础，工科为重点，着力打造师范教育和"健康+"等应用型专业集群的学科专业结构。建有教育部高校国别和区域研究中心、省重点实验室、省工程研究中心、省院士工作站、省大数据发展创新平台、省重点学科、省文化艺术科学重点学科、省高校重点实验室、省高校工程研究中心、省高校实验室体系、省高校服务黄河流域生态保护和高质量发展协同创新中心、省高校人文社科研究基地、省外事研究发展智库、省中华优秀传统文化传承基地等省级及以上科研平台、重点学科等26个。学校先后成立了乡村振兴研究院、医养健康研究院、德州地域文化研究中心、"一勾勾"文化传承基地、黄河流域工业气体污染防治联合研究院、黄河流域生物交叉技术与应用协同创新中心等平台，强力服务国家重大战略需求。与德州市签署《城校融合发展合作框架协议》等6份协议，全面推进城校融合发展，校企建设现代产业学院7个，建山东省硅单晶半导体材料与技术重点实验室、太阳能核心部件与储能技术山东省工程研究中心、新型药用辅料与缓控释制剂山东省工程研究中心、山东省猪群健康大数据与智能监测工程实验室、山东省智慧农业及食品安全追溯大数据产业创新中心、山东省集成电路用功能材料及其拓展应用工程研究中心等省级科研平台7个，市级工程实验室（研究中心）15个。近五年，获批国家自然科学基金、国家社科基金、教育部人文社科项目、山东省自然科学基金、山东省社科基金等各类纵向科研项目357项，开展横向技术合作课题860余项；先后在国内外高层次学术期刊发表高水平论文519篇，出版专著122部，授权专利334件，获得省部级科研奖励18项。

【科技项目与经费】 2022年，德州学院获批各级各类纵向课题142项，获批国家级项目9项，其中，国家自然科学基金项目7项，国家自然科学基金重点/面上项目合作项目1项；国家自然科学基金面上项目合作项目1项；获批省部级项目21项，山东省自然科学基金17项，省高校"青创科技支持计划"项目2项；市厅级项目109项，到账各类科研经费1亿余元。

【科技成果及选介】 2022年，德州学院教师作为第一作者发表CSSCI、SCI、SSCI收录的国内外高水平论文77篇；申请PCT国际专利18件。荣获市厅级以上科研奖励17项，国家一级学会中国有色金属工业协会二等奖3项，中国石油和化学工业联合会三等奖2项，中国纺织工业联合会优秀奖1项，中国商业联合会三等奖1项。

美国发明专利[Endophytic fungus from Gingko, metabolite product and use there of（一株银杏内生真菌及其代谢产物产品和应用）] 该发明从银杏树皮中分离到了一株具有抗宫颈癌和抗细菌活性的银杏内生真菌层生镰刀菌，研究发现其发酵液的乙酸乙酯提取物在体外不仅对宫颈癌具有治疗活性，而且在抗大肠杆菌和金黄色葡萄球菌活性检测中也显示了较明显的抑制作用，具有制备新的抗宫颈癌或抗菌产品的潜在用途。

中国石油和化学工业协会科学技术进步奖（典型代表性大宗有机颜料提质升级关键技术创新与应用） 该项目由德州学院牵头，联合天津大学、天津城建大学、宇虹颜料股份有限公司联合申报。项目针对传统有机颜料生产工艺污废水排放量大、产品性能低且高端化应用率低等问题，构建了典型代表性大宗有机颜料产品提质升级关键技术创新体系，在有机颜料低端产品性能提质升级、高端化应用和生产废水源头降污减排等方面取得了突破性成果。技术成果已在山东、浙江、天津等省市推广应用，产品应用于高端喷绘油墨、塑料、涂料、高性能激光复印和打印机的有机光导体的载流子产生材料，替代了进口产品。

Advanced Science（IF=17.5），*Near-infrared-responded high sensitivity nanoprobe for steady and visualized detection of albumin in hepatic organoids and mouse liver* 该工作开发了一种基于荧光共振能量转移（FRET）的蛋白质定量和可视化纳米探针，该探针荧光强度在不同的液体环境下对白蛋白浓度具有稳定的线性响应，检测范围广。以白蛋白为肝细胞标志物，成功用于胆管细胞分化和肝类器官生成的定量和可视化检测，为类器官和活体可视化检测提供了一种重要传感检测方法。

Bioresource Technology（IF=11.889），*Promotion of methane production by magnetite via increasing acetogenesis revealed by metagenome-assembled genomes* 该研究探讨了磁铁矿纳米颗粒和$V_3O_7 \cdot H_2O$纳米管在不同发酵阶段对甲烷产生的促进作用，研究发现磁铁矿纳米颗粒促进了葡萄糖分解和乙酸的积累，而$V_3O_7 \cdot H_2O$纳米管延缓了葡萄糖的分解。研究证明导电性可能不是DIET的关键因素，且金属氧化物纳米材料对甲烷产生的影响具有不同的策略。

Carbohydrate Polymers（IF=10.723），*Preparation and characterization of bioplastics from silylated cassava starch and epoxidized soybean oils* 该工作系统地研究了硅烷偶联剂在淀粉与环氧大豆油之间的偶联作用，利用硅烷化淀粉与环氧大豆油通过溶液流延法合成了生物塑料，改性后降解塑料的热稳定性显著提高，拉伸强度从5.78MPa提高到9.29MPa。合成的降解塑料可用于代替石油基塑料，用于包装材料。

【科技创新平台建设】 2022年，新获批省部级及以上科研平台8个，包括1个教育部国别和区域研究中心（东盟研究中心）、2个山东省高校工程研究中心、3个教育厅高校实验室体系实验室、1个山东省大数据发展创新实验室、1个山东省高等学校服务黄河流域生态保护和高质量发展协同创新中心，学校省级及以上平台已达22个。

【学科建设】 制（修）定学科建设与科研相关文件，体制机制不断优化，简政放权，提高效率；健全以学术委员会为核心的学术管理体系和组织架构；加强了对教学科研单位学术分委员会工作的指导和监督，先后对12个单位学术分委员会的工作开展情况进行了督查。学术委员会及4个专委会开展活动16次，组织评审了项目和团队的校内推荐。

【科技人才培养与队伍建设】 2022年，德州学院获"德州最美科技工作者"称号1人，在职教师攻读博士学位37人。学校申报的"自供电增强拉曼特性研究——增强拉曼前沿交叉研究创新团队""时变阶次非线性时滞系统的输出反馈控制问题研究——智能信息与控制工程科技创新团队"获批山东省高等学校青创科技计划创新团队。德州学院共有省级科研创新团队10个。

【科技合作与交流】 开展了建校51周年"校庆日"系列学术活动，举办"德州学院社科讲堂暨德州市社科论坛"和"黄河流域生态保护和高质量发展"主题系列学术报告会。举办青年教师科研能力提升报告会、青年教师学术沙龙等系列活动。学校承办了泰山科技论坛等近10场高水平学术会议。先后邀请73位国内外知名专家学者为学校师生讲学、指导，开展学术报告会90余场。

（德州学院　李　英）

菏泽学院

【概述】 菏泽学院现有4个校区，总占地面积1436亩，建筑面积59万余平方米，教学科研仪器设备总值2亿元。学校建有现代化的教学楼、学生公寓、图书馆、实验大楼、工程实训中心、艺术演播中心、各类报告厅、体育场馆等。图书馆馆藏丰富，纸质图书220万册、期刊800余种、电子图书252万册、数据库44个。校园环境优美，春华园、秋实园、芳华园、牡丹园、银杏林等景观园分布错落有致、各具特色，亭台水榭、鲜花绿树交相辉映、赏心悦目，是读书治学的理想园地。建校以来，已向社会培养输送了20万名高素质人才；学校设有21个教学单位，拥有64个本科专业，涉及文学、历史学、经济学、法学、理学、工学、农学、教育学、管理学、艺术学十大学科门类。拥有山东省文化艺术重点学科1个，山东省工程实验室、工程（技术）研究中心4个，山东省高校实验室、工程研究中心、协同创新中心6个，山东省高校人文社科研究基地和省非遗研究基地等6个。形成九大应用型专业群和十大跨学科平台，拥有化学工程与工艺等省高水平应用型专业群5个，生物工程等省一流本科专业8个，省级卓越工程师培养计划专业项目2个，省一流本科课程18门，省课程思政示范课程4门，省精品课程、双语教学示范课程23门。面向29个省（自治区、直辖市）招生，全日制本专科在校生2.6万余人。学校在职教职工1713人，其中，专任教师1223人，具有硕士学位教师728人、博士学位教师304人，高级职称教师近500人。拥有教育部高等学校教学指导委员会委员、国培计划专家5人，省本科教育教学指导委员会委员、山东省教学名师等8人，获批省高等学校人才引育计划团队、青创科技计划团队、青创人才引育计划建设团队等3个。聘用泰山学者特聘专家等高水平专家15人、海智专家51人。常年聘用高水平大学教师和地方高水平人才200人左右担任兼职教师，"双师型"教师679人。学校推进"质量立校"战略，创新构建"一体两翼三经五纬"育人模式，聚焦"立德树人"任务，达成"又红又专"目标，形成"三全育人"格局、"四维协同"机制、"五育并举"体系的"一二三四五"育人方略。推进协同育人，校企共建成立5个现代产业学院，强化应用型人才培养；积极开展就业创业教育，支持学生参与各类竞赛，每年学生获省级以上学科竞赛奖励600多项；学生就业和升学质量稳步提升，近几年毕业生就业率稳定在90%以上；学校实施"科研强校"战略，围绕区域经济社会发展，提高科研创新应用效能。学校"科研强校"战略，校地校企共建了菏泽乡村振兴学院、牡丹研究院、非遗文化研究院、黄河研究院、生命科学研究院、药物研究院、高端化工研究院、人工智能研究院等科研平台。"十三五"以来，教师发表论文被SCI、EI、SSCI收录523篇，出版著作111部；获批国家自然科学基金、国家社科基金等国家级项目17项，省部级项目123项，获批专利665件（发明专利104件）；获得省部级科研奖励、省高校优秀科研成果奖20项。学校实施"开放活校"战略，加强与国外高水平大学、科研院所的深度合作，开辟与"一带一路"沿线国家高校合作新领域，国际友好学校达到81所。加入了泰中教育联盟和"中俄（山东）教育国际合作联盟"，加强"海智工作站"建设。建立中外合作办学新机制，实施研究生联合培养。开展国（境）外访学、学术交流和对外汉语教学等工作。促进校地校企合作发展，推动产教融合项目建设，积极与合作企业共建新型产业学院。推进理事会、基金会、校友会建设，加强与社会各界的联系与合作，在扩大开放中不断拓展发展空间。学校秉承"修德、笃学、求是、创新"校训精神，按照学校"十四五"事业发展规划，推进实施"四大战略""十大工程"，走内涵式高质量发展道路，加快推动学校向应用型转型发展。

【科技项目与经费】 2022年，学校获省级以上科技项目21项，其中，国家级项目4项，省部级项目17项；获得科研经费330万元。学校全年投入科技项目经费

1880万元。

【科技成果】 2022年，获得市厅级以上科技成果奖励14项；发表论文138篇；获得国家授权专利103件，其中发明专利33件。

【应用研究与高技术研究】 先后与曹县、成武县、定陶区和鄄城县签订了融合发展战略合作协议，制定并实施《菏泽学院选派挂职"科技副总"管理暂行办法》，选派171名高水平教师到企业挂职科技副总。开展科技扶贫及科教助农工作，8人次获批企业特派员。开展百名博士教授走基层活动，先后到山东哈维药业有限公司、大树集团等企业对接交流，同双创街控股签署战略合作协议，同菏泽市中医医院签署了研发中药新药协议，提升了科研水平和服务能力。

【科技创新平台建设】 2022年，优化机构设置，对内设研究机构由原20家调整为16家。新增科研平台，获批2个高校特色实验室、山东省高校工程研究中心1个、菏泽市重点实验室1个。与山东大树达孚特膳食品有限公司签订了联合共建山东大健康研究院的协议书，协议约定企业每年投入1000元，连续3年，用于合作科研。组织黄河文化研究课题、创作申报，获批省部级课题1项、厅级课题7项，1项动画策划案入围北京电影学院学院奖；黄河文化研究院重点项目——文献纪录片《黄河归故》拍摄稳步开展。

【科技人才培养与队伍建设】 2022年，新增硕士研究生导师13人，硕士生导师共有68人；新增在读联合培养硕士8人，有在读硕士生21人。落实《山东省关于加强省内教育扶贫协作的指导意见》，主动开展做好协作对接工作。推进落实省教育厅和菏泽市共建菏泽学院协议，不断深化省内6所重点高校对口帮扶工作，主动对接，将帮扶工作项目化、具体化，推进学校内涵建设和高质量发展。开展科技扶贫及科教助农工作，新增山东省企业科技特派员备案8名，参与科技特派员创新创业共同体产业服务团3个。开展百名博士教授走基层活动，先后到山东哈维药业有限公司、大树集团等企业对接交流，同双创街控股签署战略合作协议，同菏泽市中医医院签署了共同研发重要新药协议。参加菏泽市科技人才进校园讲科普活动，帮助青少年增强对科学技术的兴趣和爱党爱国情怀。

【学术交流】 2022年，开展线上线下学术交流活动50余场次。强化督促课题管理，完成全年各项课题的立结项、中期检查和变更管理。加强学术道德建设，营造求真务实的学术氛围，开展科研重点领域廉政问题专项整治工作、项目评审和学科建设中存在的不正之风问题专项整治工作、领导干部挂虚名问题专项整治工作、科研诚信专项整治活动。开展科研诚信学习教育，组织科研诚信宣讲和学术道德宣讲、座谈等活动，做好成果鉴定，进行各类科研信息统计，完成了本年度人才引进成果鉴定工作。

（菏泽学院　刘　学）

科研院所科技发展
KEYAN YUANSUO KEJI FAZHAN

中国科学院海洋研究所

【概述】 中国科学院海洋研究所（以下简称海洋所）始建于1950年8月1日，是新中国第一个专门从事海洋科学研究的国立机构，是中国海洋科学的发源地。70多年来在国内海洋基础研究领域做出了许多奠基性和开创性的工作，引领了全国海洋科学的发展，是国内规模最大、综合实力最强的综合海洋研究机构之一。

【科研重点与计划】 2022年，海洋所对标对表习近平总书记"四个率先"和"两加快一努力"目标要求，认真贯彻落实院党组决策部署，聚焦主责主业，狠抓工作落实，持续强化"定位""定标""定事""定策"，以"强基础、抓攻关、聚人才、促改革"为主线，深入推进实施"十四五"规划重点任务，攻坚克难，真抓实干，加快推进原始创新和关键核心技术攻关，按照"陆海统筹、近海大洋统筹、科学与技术统筹、科学与社会发展统筹"的发展思路，积极推进海洋大科学研究中心建设，深入实施"一四四"规划，克服新冠疫情影响，致力于综合性海洋科学基础研究和技术研发，立足近海环境演变与生物资源可持续利用的理论创新与关键技术的综合交叉与系统集成，拓展深海环境与战略性资源探索的先导性研究，重点在海洋生物资源认知创新、技术突破与绿色发展，中国近海生态系统演变机制与生态灾害防控，热带西太平洋环流变异及其对气候、环境的影响，深海极端环境探测和生命过程研究方面取得重大突破，同时重点培育西太平洋地质演化及其资源环境效应、海洋生物整合组学创新与应用、海洋生物多样性与系统进化、海洋环境腐蚀与生物污损控制技术等学科方向。

【科研成果】 2022年，海洋所深入实施"十四五"规划，积极争取承担了一批国家重大科技任务，产出了一批重要创新成果，研究所科技创新实力显著增强。承担的科技部重点研发计划、基金委重大项目、中国科学院先导专项等重大科技任务进展顺利，新获批国家自然科学基金项目69项并再次实现创新群体项目突破。荣获各类科技奖项16项，其中山东省自然科学奖一等奖1项（2022年山东省唯一）、科学技术进步奖一等奖1项，海洋科学技术奖特等奖1项、一等奖3项，山东省海洋科技创新奖一等奖2项，中国腐蚀与防护学会科学技术奖一等奖1项等。发表SCI收录论文521篇，出版专著11部，其中，JCR1区330篇，*Nature Communications*、*PNAS*等 Nature Index 文章26篇。在《2022年中国科技论文统计报告》中，海洋所居中国发表高水平国际期刊论文研究机构第8位，居国际论文被引用篇数较多的研究机构第13位。《海洋湖沼学报（英文）》影响因子再创新高，达到1.554。牵头制定国家标准2项，授权专利118件。

【科技合作与成果转化】 2022年，海洋所科技成果转移转化面向国家重大需求和国民经济主战场，聚焦区域重大产业需求，研发推广产业关键共性技术，以项目为抓手，"立足山东，两翼并举"，与辽宁、天津、山东、江苏、浙江、福建、广东等地企业开展项目合作，努力推动产业升级和经济、社会可持续发展。与企业签订横向合同201项，技术合同额8404.22万元。集成并示范推广现代海洋农业技术20万亩以上；直接在产业一线工作的高层次人才超过100人；为200余家企业提供了技术服务，有效推动了产业提质增效和升级发展。2022年，海洋所组织参与开展产学研活动总共15次，实地调研各类企业30余家，参加人数超过200人，推介/发布成果100余项。作为协办单位，组织参与2022健康海洋可持续发展对接会和2022支撑"双碳"目标高端装备及智能制造领域对接会。通过视频和线下相结合的方式作主题报告，并与现场企业进行互动交流，来自国内高校、科研院所和企业的近100名代表参加对接会。积极组织参与古镇口海洋科学城高校院所创新成果发布与新技术产业化应用大会暨青岛海洋国际合作古镇口论坛、2022青岛国际海洋科技展览会等，并提供多项会议路演项目。

海洋所依托企业，以项目为抓手，大力推进科技成果转移转化，在海洋仪器装备、海洋信息技术获取、海洋生物医药和制品方面部署了产业化项目6项。开展了深海质谱研制关键技术研发，研制了探测深度可达4500米的深海在线质谱仪，用于深海原位探测；研制的中科海开拓系列深水可视化可控柱状取样器再次实现成套转化，为深海科学探测提供强力设备支撑。同时，基于大数据和人工智能的海洋生态环境健康评估研究，围绕大数据及人工智能技术在近海生态系统健康评估研究中的方法建立及应用等问题，开展了近海生态环境大数据研究方法、近海生态系统健康评估与情景分析等多项工作。发挥海洋所技术优势和企业产业优势，协同发力推动成果转化取得良好社会效益和生态效益。与青岛世海生科药业有限公司合作开展海参活性肽加工技术与制品开发。与青岛恒海盛海洋科技有限公司开展海水直接进样ICP-MS测试微量元素技术开发。与青岛亿海丰环境科技有限公司等联合开展赤潮治理合作。与青岛蔚海明祥科技有限公司联合开展船载投弃式水下滑翔机研发，为海洋仪器设备研发和快速产业化应用提供支持。与青岛蓝谷药业公司联合开展慢性肾病海洋创新中药临床前研究，为获得临床批件提供科学数据等。与东营市相关公司合作，进行公司所属区域的海岸带生态农牧场总体规划与建设，开展耐高温刺参苗种繁育与健康养殖技术创新以及黄河三角洲特色贝类全产业链模式开发等。与渤海水产股份有限公司开展对虾现代育种技术研发，应用现代育种技术开展耐高盐、高成活率、生长速度快的抗逆高产品种选育，为大水面、高盐度的养殖提供良种支撑。与山东蓝色海洋科技股份有限公司联合开展"现代化海洋生态牧场升级计划"。针对现代化海洋生态牧场建设面临的共性关键技术难题开展联合科技攻关，海洋所通过与企业强强合作，构建了环境友好型对虾工厂化养殖先进模式，实现全程智能化管理与自动化运行，为产业示范了一种高效、稳定、环境友好、保障安全的养殖模式，促进了新旧动能转换和水产养殖业的健康持续发展。

海洋所联合中国计量科学研究院、美国Sea-Bird公司、德国Contros公司、挪威Aanderaa公司、北京劳雷海洋仪器有限公司等国内外著名机构共同组建青岛海洋观测技术研发与评测中心，中心包括海洋传感器评价与测试实验、海洋观测装备研发平台和海洋观测设备运维基地。中心聚焦海洋观测装备产业提质增效，打造海洋调查服务支撑，海洋观测装备创新研究、测试、成果转化，海洋装备制造全产业链支撑保障体系，提高国家海洋观测装备服务共享能力，助力国家海洋强国建设。联合全国70家相关高校、科研院所和企业建立了全国性产业平台——硬壳蛤产业联盟，从基础研究、遗传育种、苗种繁育、中间培育、池塘养殖、加工、销售和餐饮等关键环节加强和完善硬壳蛤产业链，促进国内硬壳蛤产业的持续健康发展，带动产业增加值20亿元。

【科技人才培养与队伍建设】 2022年，海洋所积极开展引才引智，结合全国重点实验室建设和研究所的"十四五"科技规划中主攻方向，整理需求、确定引才列表、发布引才通知，规范引才制度与流程，加大海洋所人才政策的宣传力度，获国家引才计划长期项目、山东省顶尖人才、院百人计划等10人次，其中获批国家火炬计划1人、山东省引进顶尖人才一事一议1人，推荐院百人计划5人，引进山东省海外优青2人。

海洋所加强人才自主培养，获批人才培养类项目32人次，其中入选国家"万人计划"青年拔尖人才1人、中国科学院青促会优秀会员1人、泰山学者特聘专家2人、青年专家8人、山东省青年科技奖1人、首届青岛市海洋英才1人、青岛市青年科技奖1人。实施优秀博士后资助、汇泉青年学者、青促会、研究组副组长等所级人才计划，统筹汇泉青年学者和院级青促会政策衔接，自主部署青年人才资助计划32人次。年内新进站博士后68人，出站44人。

海洋所是国务院学位委员会首批批准的博士、硕士学位授予单位和中国科学院博士研究生重点培养基地，具有博士研究生导师审定权。现有博士研究生导师120人，其中1人次获得中国科学院优秀导师奖，2人次获得中国科学院朱李月华优秀教师奖。2022年，毕业博士研究生96人，就业率95.83%。在读研究生620人，其中博士267人、硕士353人。有117人次分别获得中国科学院大学三好学生（93人次）、优秀学生干部（12人次）、三好学生标兵（6人次）以及优秀毕业生（6人次）；35人次分别获得国家奖学金（13人次）、中国科学院院长奖（3人次）、地奥奖学金（2人次）、刘瑞玉海洋科学奖（8人次）、朱李月华优秀博士生奖（2人次）、山东省优秀博士学位论文奖（2人次）、山东省优秀硕士学位论文奖（2人次）、山东省研究生创新成果奖一等奖（1人次）、山东省研究生创新成果奖二等奖（1人次）、山东省研究生创新成果奖三等奖（1人次）；获得国家留学基金委资助联合培养公派项目5人，攻读博士学位公派项目2人；获得国科大资助国际合作培养计划公派项目2人。

【科研平台建设】 2022年，海洋所持续加强科研平台建设，推动领域创新要素集聚优化，提升海洋科技创新能力，获批山东省海洋国际标准创新中心、青岛市海洋生物多样性与保护重点实验室、青岛市海洋防腐防污新材料工程研究中心、青岛市海洋牧场技术创新中心和青岛市深海极端环境探测与生命过程研究技术创新中心。入选首批"科创中国"创新基地。成功构建国际首个深海现场原位光谱实验室，成功研制出国际首套深海多通道拉曼光谱探测系统，搭载自主研发的深海坐底长期观测系统，2020—2022年期间3次布放于南海冷泉，成功实现冷泉、热液系统中流体、固体、气体等不同相态目标物的长期原位监测与现场实验并常态化运行。牵头组建山东省海洋国际标准创新中心，整合包括香港多所大学和内地重要涉海机构的科技和人才资源，在海洋科学、技术与装备领域，创新研发海洋国际标准，建设中国海洋国际标准创新平台和孵化基地，为国家海洋国际谈判、海洋调查、海洋观测、战略性资源勘探、生物多样性评估与养护、国际大科学计划和国际合作等提供科学依据和标准保障。获批青岛市海洋生物多样性与保护重点实验室，开展青岛沿岸、中国近海及深海大洋的生物多样性研究与保护，打造成为组织高水平基础和应用基础研究、共性和关键技术研究、聚集和培养优秀科技人才、开展学术交流和科技合作的重要载体。

"科学"号作为海洋科考大国重器，十年来先后执行 50 多个深远海航次，安全航行 2100 余天，累计航程 30 多万海里，装备的"发现"号 ROV 完成超 300 个潜次，支撑了 420 余项课题研究，为国家海洋科研从浅海走向深海、从近海走向大洋提供了重要的科研支撑平台。2022 年，"科学"号交付运行十周年之际，成功入选由国家文物局、中央广播电视总台、中央网信办联合开展的"见证新时代"主题活动，并作为 20 件核心见证物之一入选央视《见证新时代》特别宣传。"十四五"科教基础设施项目"深远海资源保藏与环境模拟研究中心"正式立项，该项目围绕海洋经济发展和海洋强国建设需求，聚焦以国家重大科技基础设施"科学"号考察船为核心的深海科技创新平台体系短板，建设深海科考实验研究与岸基保障平台，将为国家海洋科学研究和新兴产业发展提供公共服务平台，支撑国内深海战略和深海科技创新，实现由"深海进入""深海探测"向"深海开发"阶段跨越。

海洋大数据中心 该中心持续提升数据计算和存储服务能力，构建了"一站式"人工智能基础服务平台，提供海洋 AI 数据标注、模型训练、超参调优、模型部署服务，构建了 5 套海洋生物识别和分类预训练模型。不断加强海洋大数据资源体系建设，建立统一数据资源目录，新增自主观测数据资源 14.7TB、国际共享数据资源 139TB。研发了海洋浮标延时和实时自动化质控系统，以及海洋温盐数据质量控制系统 CODC-QC。发布数据产品/数据集 320 个，年访问量超过 9.4 万次，支撑科研项目 12 个，注册数据集 DOI、CSTR 科学标识 153 条。新建中国海四维变分同化预报数据可视化专题系统，为近海海洋环境安全保障、近海防灾减灾提供支撑。

国家海洋腐蚀防护工程技术研究中心 该中心自主研发的浪花飞溅区腐蚀的复层矿脂包覆防腐蚀技术，打破了国外技术垄断，建立了国产化的中试生产线，实现产业化转化，在 7.5 米超大直径海上风电基础防腐项目中应用成功，在国际上属于首次。2022 年，中心共承担国家自然科学基金等各类在研科研项目 83 项，其中新增 24 项，总经费 5992 万元；发表论文 118 篇，其中影响因子 10 以上论文 24 篇；申请授权专利共计 46 件，其中授权专利 24 件；获得山东省科学技术进步奖二等奖 1 项，海洋科学技术奖二等奖 1 项，山东省腐蚀与防护学会科学技术奖 1 项，山东省腐蚀与防护学会青年创新人才奖励 4 项，中国腐蚀与防护学会优秀博士学位论文指导教师奖及 2022 年度"中国科学院优秀导师"奖各 1 项。完成腐蚀防护技术的示范应用 10 多项，取得了一系列基础研究成果和关键防护技术突破。全职引进德国杜伊斯堡-埃森大学水生生物系教授、原主任 Wolfgang Sand，已经到岗工作；新增国家火炬计划入选者 1 名，山东省优青入选者 2 名。

海洋生态养殖技术国家地方联合工程实验室 该实验室育成国审新品种 2 个，育成国际首个三倍体牡蛎新品种长牡蛎"前沿 1 号"，在国内牡蛎产业中心乳山的年养殖面积超过 35 万亩，年养殖产量超过 30 万吨，已成为三倍体牡蛎产业的主导品种。育成国际首个耐高盐对虾新品种凡纳滨对虾"渤海 1 号"，将从种业源头有力支撑"盐田虾"产业的发展，养殖产量和经济效益显著提升。2021 年度，海洋生态养殖技术国家地方联合工程实验室投入科研项目 112 项，其中国家级项目 69 项、省级项目 31 项、企业委托项目 12 项，累计投入科研经费 2291 万元，年度内共荣获省部级奖励 4 项。

海洋生物制品开发技术国家地方联合工程研究中心 该中心构建了海洋活性物质发掘利用及新型海洋生物制品的技术创新体系，实现海洋生物资源高效、综合、多元化开发利用。2022 年，中心参与制定国家标准 1 项，主持制定团体标准 1 项；科研成果获得山东省海洋科技创新奖一等奖 1 项；开发了新型壳寡糖基铜制剂、植物抗逆诱导剂、牡蛎活性肽肝病全营养配方食品等生物制品 5 个，获得国家保健食品证书 1 个。针对植物根结线虫生活环境复杂隐蔽、危害严重难以防治的问题，中心研制了新型海洋生物源杀线虫剂，活性显著高于阳性对照威百亩，获批开展新农药登记试验，为新农药的创制奠定了基础。

【**国际交流与合作**】 2022 年，海洋所继续推动"印-太交汇区多圈层相互作用（I3PCC）"国际大科学计划，加强与海委会西太分会的沟通合作，组织系列双边、多边研讨会交流会 10 余场，推动计划的落地实施。联合发起"海洋负排放（ONCE）"国际大科学计划。在中国驻印尼大使馆参赞、印尼科学院副院长见签下，海洋所与印尼国家研究创新署海洋研究中心签署中印尼副总理级高级别对话合作机制首次会议海上合作项目"印尼海洋生态牧场建设项目实施方案"，此实施方案的签署标志着中印尼海洋牧场项目正式开启了合作新阶段。建成中印尼海洋科学联合实验室，并设计运行联合实验室网站。根据海洋所部署，有重点、有计划的拓展国际合作项目渠道，深度参与项目申报，新增国际合作及国际人才项目 17 项，总经费约 1200 万元。继续深化与国际组织的合作交流，王凡研究员任"西北太平洋海洋环流与气候试验（NPOCE）"国际合作计划主席，海洋所作为创始成员加入中国与葡语国家海洋研究联盟（China-Portuguese Speaking Countries Ocean Research Alliance）、全球水产养殖可持续发展联盟（Global Sustainable Aquaculture Advancement Partnership, GSAAP）。

（中国科学院海洋研究所 付 佳）

中国科学院青岛生物能源与过程研究所

【概述】 中国科学院青岛生物能源与过程研究所（以下简称青岛能源所）是由中国科学院、山东省人民政府、青岛市人民政府三方共建并纳入中国科学院"知识创新工程"管理序列的国立科研机构。2006年7月开始筹备建设，2009年11月通过共建三方验收。2011年8月中国科学院与青岛市人民政府签署建设研究所"二期"协议。2017年3月青岛能源所与大连化物所融合发展全面启动。2017年10月中国科学院批准依托大连化物所、青岛能源所等单位参与，筹建中国科学院洁净能源创新研究院。2019年6月中国科学院、山东省、青岛市三方签署共建协议，以青岛能源所为依托筹建山东能源研究院。2020年12月青岛新能源山东省实验室挂牌筹建，形成了青岛能源所、山东能源研究院、青岛新能源山东省实验室"三位一体"发展新格局。

青岛能源所坚持创新驱动与需求牵引相结合、原始创新与集成创新并重，聚焦新能源与先进储能、新生物、新材料领域，开展战略性、基础性、前瞻性和系统集成重大创新研究，突破领域前沿科学难题和核心关键技术，提供重大创新成果和系统解决方案，在满足国家和区域重大需求方面发挥不可替代作用，不断为国家和区域经济社会发展做出重大贡献。

青岛能源所"十四五"规划明确提出使命定位与发展目标，凝练出先进生物质能源转化与利用、HN材料生物合成技术、新型电化学电源三大主攻方向，以及泛能源大数据理论与智慧系统等4项新兴前沿方向及未来技术。成立规划战略与发展改革领导小组，统筹谋划发展和改革创新，围绕"强基础、抓攻关、聚人才、促改革"，每月组织一次专题讨论，明确研究所发展定位、发展方向和发展策略。

青岛能源所积极贯彻落实院工作会议、夏季党组扩大会议及中科院党组重大决策部署。制定《落实院2022年度重点工作任务分工》《贯彻落实夏季党组扩大会部署重点任务分工方案》《落实院人才工作"39条"任务清单》，启动青岛能源所"强基"计划。坚决落实企业清理工作，完成7家非主业企业股权退出以及3家主业企业划转工作。

【科研创新平台】 2022年，青岛能源所推进建制化组群建设，结合"十四五"发展规划重点发展领域，通过所内组建和聘请战略科学家领衔新建两种模式，实施"项目—平台—人才"一体化布局。共建有10个管理部门、2个支撑部门，组建了6个研究室、8个组群、29个研究组，形成研究所—研究室/中心（组群）—研究组的科研组织体系。拥有中国科学院生物燃料重点实验室、中国科学院生物基材料重点实验室等20个省部级创新研发平台；山东省品牌国际科技合作基地等6个国际科技合作平台。

【科技人才培养】 2022年，青岛能源所设有生物学、化学工程与技术两个博士后流动站，生物学、材料科学与工程、化学工程与技术、材料与化工（专业学位）共4个一级学科博士培养点；生物与医药、材料与化工2个专业硕士学位培养点，形成了涵盖生物、化学、化工、材料等领域的学科培养体系。共有在学研究生223人（其中硕士生97人、博士生126人），在站博士后119人，留学生22人。

截至2022年底，青岛能源所共有在职职工374人，其中科技人员309人、科技支撑人员42人；研究员及正高级工程技术人员72人、副研究员及高级工程技术人员165人；全所进入创新岗位291人。共有国家海外高层次人才引进计划入选者12人（新增4人）；国家杰出青年科学基金3人（新增0人），国家优秀青年科学基金1人（新增0人），国家级人才计划6人（新增0人）；中国科学院人才计划入选者15人（新增1人）。

【科研成果】 2022年，青岛能源所共有在研项目1095项（包括新增项目106项），其中，主持（或承担）国家自然科学基金重点项目2项（新增0项）、面上项目79项（新增26项）、青年基金项目90项（新增21项）、联合基金项目3项（新增3项）、企业创新发展联合基金重点支持项目1项（新增0项）；主持或承担国家重点研发计划61项（新增7项项目或课题）；主持（或承担）（科技部、国家自然科学基金委、财政部和中国科学院）重大仪器研制项目1项；主持（或承担）中国科学院战略性先导科技专项课题7项（新增1项）、院重点部署项目3项（新增0项）。

全年共发表论文477篇（SCI收录论文438篇，占比92%），ESI高被引论文85篇，热点论文7篇；自然指数全院排名25位；5个学科进入ESI全球前1%。专利申请242件，授权219件。获2022年度山东省技术发明奖二等奖1项，青岛市科学技术进步奖一等奖1项，第四届山东省专利奖山东省发明家1项，科技部首届全国颠覆性技术创新大赛总决赛优胜奖1项、优秀奖1项、中国科学院第二届"率先杯"未来技术创新大赛决赛优胜奖1项。

【科研成果转化】 2022年，青岛能源所建立重大产业化项目协调推进机制，实现生物基绿色增塑剂、二代生物柴油、锂离子电容器、模压石墨复合双极板、低阶煤多效提质技术及装备等十余个项目进入中试阶段。与企业开展深度合作，签订横向合同78项，总金额2.15亿元，同比增长233%，其中转让、许可合同额8380万元，同比增长652%。

2022年，青岛能源所取得了一系列科研成果，一是针对传统石油基邻苯类增塑剂因健康毒害亟待被替代问题，开发出新产品"新一代高性能生物基增塑剂反式乌头酸酯"，获科技部首届全国颠覆性技术创新大赛总决赛优胜奖（中国科学院共4项），与企业达成5700万元非独家技术许可合作。二是面向国防安全对高HN材料的紧迫需求，在航天科技集团、兵器工业集团研建百吨级生产线；两种二代材料产业化落地、一种三代材料完成典型装备验证，相关技术通过军委科技委综合评估"整体水平国际领先"。三是完成大容量特种性能固态锂电池的研制，提升工程化型号制备能力；交付兆瓦级深海能源基站，实现千米海试布放；相关技术获青岛市科学技术进步奖一等奖。

【国际交流与合作】 2022年，青岛能源所积极开拓国际交流合作，主办"纳米孔材料合成与表征国际研讨会""第四届中－日清洁能源研讨会暨中－日－韩先进动力与储能电池论坛"等国际学术会议；成为国际能源署生物燃料任务中方代表机构，参与策划全球生物燃料大科学计划。与德国ThinkTank氢能协会签署合作备忘录，启动筹建全球首个氢能全产业链检测认证实验室。

（中国科学院青岛生物能源与过程研究所　丁　娜　王　鑫）

中国科学院烟台海岸带研究所

【概述】 中国科学院烟台海岸带研究所（以下简称烟台海岸带所）是由中国科学院与山东省、烟台市共同筹建的资源环境领域的国家级研究机构。2006年筹建，2009年12月通过验收，正式成为中国科学院序列的研究所。该研究所以"认知海岸带规律，支持可持续发展"为使命，面向陆海统筹海岸带综合治理体系建设的国家战略需求，聚焦环境过程与生态安全保障，打通生态修复与资源利用，实现绿色可持续发展，为"坚持陆海统筹、发展海洋经济、建设海洋强国"的国家战略实施提供战略科技支撑与综合示范应用。在海岸带环境综合治理、生态修复与资源利用等方面取得具有国际影响力的系统性和原创性成果，成为海岸带科学与技术领域不可替代的"国家队"和国内一流、国际知名的科研机构。

【科研重点与计划】 2022年，烟台海岸带所围绕全球气候变化和人类活动影响下海岸带陆海相互作用与资源环境演变，重点开展了海岸带生态环境安全、资源保育利用与可持续发展等研究，以服务于国家和地方海岸带资源利用、环境保护、生态建设、农业生产和减灾防灾。烟台海岸带所在全面分析"十三五"以来取得成绩和面临的机遇与挑战的基础上，对标国家重大科技需求，强化顶层设计，组织制定并完成"十四五"规划编制，于9月底顺利获批。"十四五"期间，将主攻海岸带环境污染新认知、综合防控与治理技术，典型河口及海岸带生态保护与生物资源高效利用两个方向，布局海岸带生态系统固碳增汇关键技术，科学认知模型与大数据驱动的海岸带多圈层耦合模拟与综合管理两个新兴前沿方向。

【科研项目与科研成果】 2022年，烟台海岸带所共有在研项目371项（包括新增项目109项），其中国家级项目123项（新增28项）、省市级项目99项（新增30项）。新增科技部基础资源调查专项1项、课题1项，牵头承担国家重点研发计划项目2项、课题8项（新增2项），承担国家自然科学基金项目69项（新增18项，NSFC－山东联合基金1项）。全年共发表论文479篇，其中SCI收录论文367篇、第一单位177篇，篇均被引28.45。申请专利50件，授权专利91件，申请软件登记7件，主持发布实施国家标准3项，实施专利许可2件。获省部及行业奖励10项，其中曾呈奎海洋科技奖1项、山东省科学技术进步奖二等奖1项。2部图书入选2022年度海洋优秀科技图书。

【科研成果选介】 2022年，烟台海岸带所强化重大项目的区域场景驱动，形成以"黄河三角洲—渤海—长岛"为代表的陆海交汇关键带生态环境监测、生态系统演变与生态修复、生物资源利用和海岸带综合管理的体系化成果，其中互花米草治理技术进一步推广应用，服务地方生态修复、黄河三角洲生态保护与修复以及盐碱地综合利用工作进一步得到中央级媒体关注。评估了国内滨海湿地、堤坝、水稻田等生态系统的防灾减灾功能与经济价值，指出中国的近海湿地在抵御台风方面的显著作用，成果入选《地球大数据支撑可持续发展目标报告（2022）》。

环境监测方法研发与设备应用 烟台海岸带所在手性印迹表面增强拉曼散射（SERS）检测技术、防污损传感器、荧光探针和分子印迹技术等领域取得重要进展，项目"基于手性分子印迹的表面增强拉曼散射检测策略用于绝对对映体区分"相关研究成果发表于2022年度的《自然·通讯》。海水营养盐5项、海水二氧化碳等生态环境监测设备示范应用进一步提升，在海洋牧场、海洋科考船等应用领域实现了常规化监测。

生物资源利用与盐碱地综合利用协同攻关 以生物改良和种植结构优化为基础，优化发酵条件制备木霉菌肥，建立玉米秸秆生物炭和硝化抑制剂碳氮耦合地力提升技术，筛选耐盐丰产绿肥品种并配套丰产技术，建立了轻中度盐碱地"生物－有机－无机"协同多肥源土壤培肥技术体系。以菊芋为盐碱地代表作物，建立解磷菌施用优化种植、块茎提取菊糖、茎叶提取绿原酸及制备青贮饲料以及菊糖结构修饰提升生物活性循环利用技术，构建了种植改土－植株全组分利用－活性成分衍生化的菊芋高质高值利用新模式。

【科研平台建设】 2022年，烟台海岸带所设有中国科学院海岸带环境过程与生态修复重点实验室（下设海岸带环境过程实验室、海岸带环境工程技术研究与发展中心、海岸带信息集成与战略规划研究中心）、海岸带生物学与生物资源利用重点实验室（下设海岸带生物学与生物资源保护实验室、海岸带生物资源高效利用研究与发展中心）、山东省海岸带环境过程重点实验室、山东省海岸带环境工程技术研究中心，研究所还拥有中国科学院牟平海岸带环境综合试验站、中国科学院黄河三角洲滨海湿地生态试验站、黄河三角洲盐碱地农田生态系统观测研究站、中国科学院烟台产业技术创新与育成中心，500吨级"创新一"科学考察船等科研平台。

烟台海岸带所强化资源配置与能力提升，参与中国科学院"十四五"科教基础设施项目"碳汇监测技术与国产装备研发能力提升"，获批建设滨海湿地代表性生态系统监测平台，将"创新一"近海综合科考开放航次与国家基金委黄河口重大问题科考航次的实施有机协同起来。烟台海岸带所在2022年科技部大型科研仪器开放共享考核评价、山东省技术转移服务机构绩效评价中皆获评"优秀"，被授予"山东海洋强省建设突出贡献奖先进集体"称号。

【科技合作与交流】 烟台海岸带所为中国海洋工程咨询协会海岸科学与工程分会、中国太平洋学会海岸管理科学分会、中国海洋湖沼学会海洋生物技术分会、中国海洋湖沼学会海岸带可持续发展分会、"未来地球海岸国际计划"首席国际项目办公室的依托单位。2022年，烟台海岸带所加强知识产权，推进所地合作，为地方提供科技支撑。与烟台市政府积极沟通协商，"二期建设"项目持续推进，获批烟台市扇贝育种重点实验室。积极发挥中国科学院烟台产业技术创新与育成中心作用，推动烟台市－中国科学院合作通道建设，举办中国科学院服务烟台产业链"云对接"系列活动，促进了中国科学院资源与烟台产业链的深度合作。组织与30多家政府机构、企业对接交流，突出与万华等行业头部企业合作，年内实现横向经费额超1500万元，在山东省技术转移服务机构中获评优秀。顺利完成海岸科学与工程分会换届工作，新参与"海洋负排放（ONCE）"国际大科学计划。

【科技人才培养与队伍建设】 2022年，烟台海岸带所按照"定事""定人"的原则，初步确定学科组群的组织模式，将分散的力量向学科组群集聚，加强组群在两个核心方向的重大任务争取工作。烟台海岸带所共有在职职工228人，其中科技人员160人、科技支撑人员35人（研究员及正高级工程技术人员42人，副研究员及高级工程技术人员62人）；全所进入创新岗位203人。

烟台海岸带所是国务院学位委员会批准的博士、硕士学位授予权单位之一，研究生教育工作依托中国科学院大学，设有环境科学与工程、海洋科学2个专业一级学科博士研究生培养点，地图学、地理信息系统、环境科学、环境工程、海洋化学和海洋生物学6个专业二级学科硕士研究生培养点，共有在学研究生196人（硕士生104人、博士生92人），留学生5人。

（中国科学院烟台海岸带研究所　杨少丽）

中国农业科学院烟草研究所

【概述】 中国农业科学院烟草研究所（以下简称烟草所）始建于1958年，1959年4月增名"山东省烟草研究所"，1987年经国家科委批准增挂"中国烟草总公司青州烟草研究所"牌子，受中国农业科学院、中国烟草总公司和山东省政府领导，主要开展烟草农业科学研究和成果转化工作。中国烟草遗传育种研究（北方）中心成立于1999年，为非独立法人科研事业机构，挂靠烟草所。烟草所下设4个职能部门、8个研究室（中心）、1个青州科技服务中心、1个《中国烟草科学》编辑部、1个实体公司（青岛农特生物科技有限责任公司）；建有23个国内创新平台和5个国际合作平台；青岛中烟种子有限责任公司、上海烟草集团有限责任公司原料研究一室等科技成果转化平台也设在烟草所。截至2022年底，烟草所在职职工205人，其中科研人员161人；具有博士学位人员105人，占比65%；45岁以下中青年科研人员占比超70%。具有烟草行业学科带头人2人、中国农业科学院院级英才5人、青年泰山学者2人、青岛市拔尖人才2人，所级和团队级人才24人、35岁以下青年学术带头人28人。

【科技创新】 2022年，烟草所深入学习贯彻习近平新时代中国特色社会主义思想和党的二十大精神，聚焦"四个面向""国之大者"，按照"高起点谋划、系统性设计、全方位合作、开放型机制"工作思路，聚焦世界一流学科和一流科研院所的"两个一流"建设目标。面向世界农业科技前沿，研制硫化铜手性纳米农药，可通过烟草叶面气孔进入细胞，靶向烟草病毒，通过光剪切杀灭烟草病毒，成果以封面形式发表于国际顶尖期刊 Nature Catalysis，影响因子40.7。建立起一套适应于烟草的高效多基因编辑系统，实现烟草T0代植株高达95.2%纯合突变，解决了栽培烟草编辑效率低的技术"瓶颈"。建立可用于烟草的不依赖Cas9核酸酶的新型基因编辑体系，实现中国自主知识产权的Cas12核酸酶在栽培烟草稳定转化株系中高达43.8%的编辑效率，解决了基因编辑技术禁止在烟草商业化育种中应用的"卡脖子"难题。面向种业振兴与盐碱地综合利用国家重大需求，国家烟草种质资源中期库资源保存数量达到6233份，居世界首位。收集保存菊科、藜科、禾本科、豆科等耐盐植物资源1001份，筛选耐盐油料作物资源32份。首次从中重度盐碱地、深海、极地和盐湖中鉴定和保藏菌株2041株，其中具有耐盐碱、杀菌、除草和杀虫活性菌株300余株。培育了烟碱含量为0.05%～1.00%的系列低烟碱烟草品系，并进行了可饲性评价研究，为烟草的饲用开发提供了参考。创制了可合成抗癌、平喘、抗高血压药用价值的二萜类天然活性物质的烟草种质材料。通过全基因组模块育种、航天诱变育种，成功选育了8个烤烟新品系并通过了专家鉴评。面向现代农业建设主战场，研发了有机物料还田、耕层优化与土壤培育等关键技术，构建了烟区生态环境维护与提升综合技术体系，化肥氮减施14.3%，化学农药用量降低85.3%。提出了烟草生物质废弃物全面高值化利用技术和策略，实现废弃烟草生物质转化为高价值化学品。通过对里氏木霉菌株改造，实现高果胶生物质的有效降解，为生物质资源的绿色高值化深加工提供了解决方法。建立了烟草育苗生长监测和环境监控分析模型，创建了基于物联网的精准化、智能化烟草育苗技术体系。开发多功能微生物菌肥等新型绿色投入品9个，先后授权发明专利11件，在山东重要经济作物和全国85%烟草产区开展示范，入选国家"火花技术"，获2022年中国产学研合作创新奖。面向人民生命健康，贯彻大食物观战略，组织撰写《以大食物观构建粮食安全大格局、科技赋能开辟大食物来源新途径》，应邀参加全国政协召开的践行"大食物观"专家协商会并交流发言。植物分子医药生物合成产业化应用获得新突破，完成了烟草瞬时表达系统的优化，获得了高效表达并可完成动物蛋白糖基化修饰的烟草底盘系统，首次探索了利用植物瞬时表达系统表达小分子多肽的技术方法，完成了2种动物疫苗的表达和纯化。构建了关键气味的高效鉴定技术体系，可广泛应用于烤烟、雪茄烟、香薰植物等质量预测模型构建、香气成分与品质评价、特殊气味关键贡献物质鉴定等。

【科研立项】 2022年，烟草所承担了中国农业科学院科技创新工程专项和中央级公益性科研院所基本科研业务费专项，重点实施了中国烟草总公司绿色防控重大科技项目、基因组计划与生物育种重大科技项目及其他行业相关课题。2022年累计新增各类纵向项目56项，其中国家自然科学基金项目4项、中国烟草总公司科技项目21项；首次获批山东省重点研发计划项目1项，获得中国农业科学院"青年创新专项"2项、山东省中央引导地方科技发展资金项目 1 项、青岛市科技惠民示范专项项目 1 项。

【科技成果】 2022 年，烟草所以第一单位发表论文 145 篇，JCR 学科排名前 5% 期刊论文 16 篇，影响因子高于 8 的论文 27 篇，比 2021 年增长 80%，创历史新高。专利数量和质量双提升，获授权发明专利 63 件，授权国外专利 9 件，出版著作 4 部。主持获得中国烟草总公司科学技术进步奖二等奖、齐鲁农业科技奖二等奖、中国产学研合作创新奖各 1 项，共同获得国家烟草专卖局科学技术进步奖 3 项、中国烟草总公司标准创新贡献奖 2 项。

【创新平台】 2022 年，国家野外科学即墨观测实验站、农业农村部合成生物学重点实验室、青岛市滨海盐碱地资源挖掘与生物育种重点实验室、青岛市农业微生物种业技术创新中心获批复建设，国家烟草种质资源中期库（青岛）、国家农业环境微生物种质资源库（山东）进入首批国家种质资源库。在"中央级高校和科研院所等单位重大科研基础设施和大型科研仪器开放共享评价考核"中，烟草所获得"优秀"等次。全国烟草病虫害监控预警平台被评为 2021 年度院农业科研信息化典型案例。青岛试验基地入选青岛市科普示范工程，并获批即墨区科协科普活动奖补项目。宣城试验基地获批农业农村部宣城科研试验基地。国家现代农业科技示范展示基地（宣州）获得安徽省 50 万元的示范展示经费支持并顺利通过验收。

【成果转化】 2022 年，烟草所与山东中烟、福建省局、龙江工业等签订战略合作协议，与山东省局、山东中烟联合共建"工商研融合创新科技园"。与四川省凉山州政府和四川省局共同签订中国凉山安宁河现代农业硅谷烟草产业技术创新中心战略合作框架协议，力争打造成为世界级优质烟叶科技研发高地；与福建省局、山东中烟签订共建福建雪茄烟联合创新中心协议；与四川中烟筹建润甜香品类原料开发联合实验室；与蒙昆公司共建"冬虫夏草"品牌原料联合研究中心。与蔚蓝生物股份有限公司共同开展微生物菌剂、畜禽疫苗等产业化研发。与山东明途信达科技集团有限公司等企业共同推进新型饲用烟草产业化进程。与海尔集团开展合作，共同推进与古巴雪茄烟的合作事宜。继续开展四川省凉山彝族自治州越西县促农增收、巩固扶贫成果对口帮扶工作。依托覆盖全国烟区的服务"三农"支撑体系，80 余名专家深入烟叶生产一线开展技术服务和推广工作，制定实施"田间课堂"行动方案，累计培训 10000 余人次。

【人才培养】 2022 年，烟草所新引进青年英才所级人才 1 名，柔性引进优青 1 名；2 人入选院农科英才，2 人入选院青创专项，1 人入选泰山青年专家，1 人获评青岛市青年科技奖。公开应届博士毕业生和博士后出站人员 14 名。完善创新团队首席接续机制，2 名 45 岁以下青年科学家接任团队首席。完成 1 名所长助理选拔任用工作，分两批完成 7 个科研部门、13 名处级领导人员选拔任用工作。新提拔的 13 名处级领导人员，均为博士研究生，平均年龄 41.93 岁，4 名"85 后"。选派 2 名青年干部到上级部门挂职锻炼。2 名博士后入选院博士后"优农计划"，9 名博士后分获中国博士后基金会面上项目资助、山东省博士后创新项目资助和青岛市应用项目研究资助。在读博士研究生、硕士研究生、外国留学生 150 余人，1 名研究生获得国家奖学金，2 名研究生被评为 2022 年度北京市优秀毕业生，2 名导师被评为中国农科院优秀导师。

【合作交流】 2022 年，烟草所深化拓展国际合作，与中俄人文合作发展中心、米丘林国立农业大学等 6 家俄罗斯机构签署了"青岛中俄未来农业研究院"共建协议，围绕中俄粮食安全、生态安全和农业可持续发展制定了《青岛中俄未来农业研究院学科中期（2023—2028 年）发展规划》，组织召开了第一次青岛中俄未来农业研究院最高学术委员会会议。参加"2022 年烟草科学研究合作中心（CORESTA）国际线上会议"，并在"农学及烟叶整体性与植病遗传学组"会议上做了"基于机器学习的密集烘烤过程烟叶失水率预测模型对比"的学术报告。与荷兰瓦赫宁根大学植物育种系、英国约克大学等以视频会议的方式开展了交流研讨。

（中国农业科学院烟草研究所　孟　鹤）

中国水产科学研究院黄海水产研究所

【概述】 2022 年，中国水产科学研究院黄海水产研究所（以下简称黄海所）在农业农村部和中国水产科学研究院的领导下，坚持"四个面向"，坚持渔业科技自立自强，认真落实全国农业工作会议和全国渔业渔政工作会议精神，激发科研活力、创新发展机制、提升科技创新能力，着力强化国家渔业战略科技力量，打好科研翻身仗，推动全所高质量发展，全年各项工作顺利完成并取得显著成效。2022年，黄海所共主持、承担各级各类科研课题479项，在研课题合同总经费6.59亿元，年累计到位经费1.79亿元，留所经费1.32亿元。主持国家重点研发计划项目13项、国家重点研发计划课题15项。新上各类科研项目（课题）203项，合同总经费1.95亿元。全年共有54个项目（课题）通过验收，12个项目获得阶段性现场验收。有序开展国家重点研发计划"蓝色粮仓科技创新"重点专项项目的综合绩效评价工作。获国家授权专利122件（其中发明91件）；发表论文437篇，其中SCI或其他英文期刊收录论文255篇；出版专著15部；制修订并获颁布标准21项，其中国家标准2项、行业标准16项、地方标准3项；新获批水产新品种3个。

【科研成果】 2022年，黄海所培育的大菱鲆"多宝2号"、凡纳滨对虾"海兴农3号"（第二完成单位）、罗氏沼虾"南太湖3号"（第二完成单位）通过国家新品种审定。"对虾新种质创制与繁育关键技术"入选中国农业农村重大科技成果新技术，"参—虾（蟹）—藻"多营养层次生态养殖技术、工厂化养殖尾水净化治理技术入选山东省农业主推技术。

项目"半滑舌鳎和斑石鲷分子育种技术创建及新品种创制与应用"获第六届中国水产学会范蠡科学技术奖特等奖；"刺参'参优1号'育繁推技术体系建设及产业化示范"获2022年度青岛市科学技术进步奖一等奖；"黄渤海鱼类早期资源评价与保护研究"获2022年度海洋科学技术奖二等奖。在极地海洋浮游植物的适应性进化机制、鱼类性别决定与分化的分子机制、肠道微生物在半滑舌鳎抗弧菌病性状形成中的调控机制等方面取得重要进展，研究成果发表在 Nature Ecology & Evolution、Genome Research、Microbiome 等国际知名期刊上。"碳汇渔业""食物网结构与生物资源补充""深远海养殖装备与技术"等系列成果在《渔业科学进展》期刊以专刊形式发表。

【科研平台】 2022年，黄海所新批复的平台有海水养殖生物育种与可持续产出全国重点实验室、青岛市对虾种业关键技术重点实验室、青岛市深远海养殖装备与绿色养殖技术创新中心等；扎实推进青岛海洋科学与技术试点国家实验室海洋渔业科学与食物产出过程功能实验室、深蓝渔业工程联合实验室建设；组织完成山东长岛近海渔业资源国家野外观测研究站建设期自评估及国家海洋水产种质资源库自评工作；作为农业农村部海洋渔业可持续发展学科群"群主"依托单位，牵头推动海洋渔业相关学科13个部级重点实验室重组建设；稳步推进国家渔业资源环境青岛观测实验站、山东省重点实验室等科研平台建设与运行。

【国际合作与交流】 2022年，黄海所举办了2022全球渔业可持续发展论坛、中国—墨西哥渔业科技国际合作工作推进会等多双边国际会议；完成基里巴斯驻华大使戴维·蒂阿博等外事来访接待工作；联合国粮食及农业组织（FAO）水产养殖生物安保与微生物耐药参考中心获批复。积极推动农业农村部"一带一路"海水养殖技术培训基地工作，推动涉渔国际人力资源能力建设，组织举办农业农村部2022年"扬帆出海"人才培训工程——亚太地区海水养殖技术培训班；16人次专家在国际主要渔业科学组织履约履职；协助举办联合国粮食及农业组织亚太渔业委员会特设工作组会议、执行委员会会议。支撑服务中韩渔委会和中韩海洋生物资源专家组会议，做好黄渤海区海洋伏季休渔秩序调查、第四届中韩联合增殖放流以及黄渤海区渔业安全生产相关工作；开展渔业信息搜集与分析，为上级主管部门对外渔业决策提供重要参考。

【科研成果转化】 2022年，黄海所"四技服务"登记数400余项，成果转化收入达3601万元，实现20%增长目标；办理技术合同认定153个，合同总额3802万元。所企攻关合作显著增强，百万元合作项目6项，其中与荣成楮岛水产有限公司单项合作经费达506万元。

以"蓝梦科技展风采·乡村振兴在行动"为主题，开展为期1个月的政策宣贯、科普宣传、技术培训、科技下乡等科技周系列活动，共有2000余人参与；强化专利转化，承担省级专利转化专项项目1项、专利转化19项。首次联合政府推动地方乡村振兴建设，承办宁德市科技活动周系列活动，依托海水鱼产业技术体系助力大黄鱼"一县一业"工程，与宁德市霞浦县共建"刺参南移养殖产学研合作开放实验室"，推动当地打造乡村振兴新样板，2人获首届"全国乡村振兴青年先锋""风筝都最美科技工作者"称号。潍坊渔业产业技术研究院注册成功，承担多项地方政府及企业项目，经费约1000万元，突破了北方文蛤池塘中间培育、南美白对虾种虾的规模化培育等多项技术，全力支撑潍坊贝贝双百亿产业带发展。所属基地与所办企业联合开展了对虾苗种繁育与养殖、海参生态增养殖等工作，逐步探索出基地与所办企业融合的联动互利发展模式。

【科技人才培养】 2022年，黄海所推进"人才强所"战略，有计划、有步骤地培养推荐各级优秀科技人才，1人入选山东省泰山学者特聘专家，2人入选山东省泰山学者青年专家，1人获山东省青年科技奖，1人入选农业农村部神农青年英才，1人获青岛市青年科技奖，

1人入选青岛市现代海洋英才，1个团队荣获山东海洋强省建设突出贡献奖先进集体。研究生、博士后培养质量进一步提升，1人入选山东省博士后创新人才支持计划人选，3人获中国博士后科学基金面上二等资助。

【海洋渔业生物种质资源库】 2022年，黄海所充分发挥海洋渔业生物种质资源库的国家库效能，摸清已入库海洋渔业生物资源"家底"，编制"十四五"收集保藏规划。种质资源库信息化管理平台建设、大型仪器共享中心实验室建设及科普宣传有序推进，获批"山东省海洋哺乳动物科普工作室"，《黄渤海鲸类的研究与保护》获第五届山东省科普创作大赛科普平面类二等奖。

（中国水产科学研究院黄海水产研究所 赵付文）

山东省农业科学院

【概述】 山东省农业科学院（以下简称省农科院）是省政府直属的综合性、公益性省级农业科研单位，是国家农业科技黄淮海创新中心和山东省农业科技创新中心承建单位。拥有11个部门、21个研究单位和17处有指导关系的分院，并设有1处博士后科研工作站。现有在职职工2030人，专业技术高级岗位859人，博士742人。拥有中国工程院院士1人，农业科研杰出人才8人，省泰山系列人才工程人选40人，省有突出贡献中青年专家19人，享受国务院政府特殊津贴专家88人。全院国有资产总值21.14亿元，已保存粮食作物、经济作物、绿肥牧草、药用植物、蔬菜等种质资源4.8万份，稳定遗传材料6万余份，合计10.8万份。图书资料50万册（卷），拥有2个中外文电子文献数据库，编辑发行《山东农业科学》等6种科技期刊，其中3种入选中文核心期刊。

自1978年全国科学大会以来，全院共取得各级各类科技成果2045项，省部级以上奖励923项，其中国家技术发明奖一等奖1项、二等奖6项，国家科学技术进步奖特等奖1项、一等奖1项、二等奖33项。自1982年实行品种审（认）定以来，共有845个品种通过了国家或省审（认）定。全省种植面积过千万亩的小麦、玉米、花生、果树四大类作物中，省农科院育成的品种均占主体地位。这些品种和成果的大面积推广应用，为促进粮食增产、农业增效、农民增收做出了重要贡献。面向支撑引领现代农业产业重大科技需求，重点建设八大学科群，主要研究领域涵盖山东乃至黄淮海区域农业发展所需的粮食作物、果树、蔬菜、畜禽、蚕桑、资源环境、植物保护、农产品质量安全、农产品精深加工、农业微生物、农业生物技术、信息遥感技术、农业机械、营养与健康、农业机器人、花卉遗传育种等44个学科方向。建有国家级和省部级创新平台99个，其中国家级平台5个、部级平台48个、省级平台46个，数量居全国省级农科院前列。同国际玉米小麦改良中心、国际半干旱热带作物研究所等10多个国际组织和60多个国家或地区的科研机构、高等院校建立了科技合作关系。与俄罗斯、日本、印尼、英国、德国等国家的科研机构和国际半干旱热带作物研究所、欧盟药敏试验委员会、国际生物应用中心东亚中心等国际组织建立23个联合实验室；与苏丹、埃及、波兰等国家的科研机构成立6个联合研发中心。自2008年省农科院成为科技部国际科技合作基地，已建有11个山东省引智技术示范推广基地。

【科研项目与经费】 2022年，省农科院全年新立项科研项目800余项，国拨立项经费达7.53亿元（含院农业科技创新工程经费9000万元）。其中，赵振东院士团队获国家农业重大科技项目立项支持，国拨经费1.3亿元，创省农科院单项科研项目经费新高。主持承担的国家重点研发计划部省联动项目"黄淮玉米大豆复合种植丰产增效技术研发与集成示范"，总立项经费3190万元；承担的国家重点研发计划项目"花生绿色优质丰产高效智慧生产体系研建和应用"等课题7项，总立项经费2815万元。国家自然科学基金项目立项33项，资助经费1300余万元，总经费创历史新高。承担山东省农业良种工程项目11项，总经费4900余万元。主持山东省重点研发计划（科技示范工程）项目1项，总经费2300万元。截至2022年底，省农科院共有国家现代农业产业技术体系岗位专家25名、综合试验站站长18名；省现代农业产业技术体系岗位专家2名，省产业体系首席专家11名、岗位专家47名、综合试验站站长9名。

【科技成果与奖励】 2022年，省农科院获得各级各类科技奖励102项，其中，部省级科技奖25项，主持获得山东省科学技术进步奖一等奖、山东省专利奖一等奖、全国农牧渔业丰收奖一等奖各1项，赵振东院士荣获首届国际种业科学家。全院知识产权数量再创新高，新获授权专利 476 件，其中发明专利 362 件；新获软件著作权 115 件；新获植物新品种权 47 件，通过审（鉴/认）定品种 53 个，通过登记品种 34 个；通过认定国家、行业、地方标准 22 项；发表论文 690 篇，其中 SCI/EI 收录论文 328 篇；出版著作 20 部。

【学术交流】 2022 年，省农科院建立科技进展报告制度，与舜耕论坛和青年沙龙两个线下学术交流平台互相补充，全力推进全院学术交流的常态化、制度化和规范化。2022 年度全院举办舜耕论坛 63 期，其中主题论坛 3 期、专家讲坛 60 期，青年沙龙 72 期，举办"2022 泰山科技论坛——黄河流域现代农业高质量发展"等高层次学术交流活动 6 次。

【科研平台建设】 2022 年，省农科院申报项目"养分资源高效利用全国重点实验室"（牵头）、"小麦育种全国重点实验室"（第二申报单位）获批建设，实现了争取国家重点实验室工作的历史性突破。"国家盐碱地综合利用技术创新中心"（第三共建单位）获科技部批复。新增农业农村部学科群重点实验室 6 个（牵头 5 个、参与 1 个），国家野外观测站 1 个，省工程研究中心 1 个，省农科院牵头承建的农业农村部学科群重点实验室已达到 13 个，居省级农科院首位。"山东省农作物种质资源库二期（抗旱耐盐碱作物种质资源中期库）"等 5 个农业投资类建设项目完成农业农村部立项储备。

【重点成果选介】
荷斯坦牛特色种质培育关键技术研发与应用 现代种业是基础性、战略性核心产业。该项目针对荷斯坦牛育种和生产中存在的关键问题，在消除遗传缺陷、培育 A2-β-酪蛋白群体、提高繁殖力、增强高海拔低氧适应能力、减少牛奶过敏原等方面取得了重要突破。培育出无特定遗传缺陷和致死基因、A2-β-酪蛋白基因、高繁殖力、高原低氧适应、无 β-乳球蛋白过敏原的奶牛系列特色核心种质资源。生产和推广特色奶牛冻精 387 万剂，约占全国 8%、山东省 32%。开发出 A2-β-酪蛋白乳制品 4 款，获中国和欧盟有机双认证，零售占全国 44.1%，社会效益和生态效益显著。项目实现了理论创新、关键技术突破，大力推动了种质自主培育和国产化进程，提升了竞争力，引领现代奶牛种业新发展。该项目获 2022 年度山东省科学技术进步奖一等奖。

一种副猪嗜血杆菌的检测技术 该专利技术是针对现有副猪嗜血杆菌检测方法烦琐且临床样品检出率低的技术难题研发，满足了科研院所及动保、养殖企业快速准确检测副猪嗜血杆菌的需求。该快速检测技术作为团队自主研发的多种副猪嗜血杆菌疫苗的一个重要检测和筛选工具，是疫苗研发过程中的重要技术之一。该专利创新了检测试剂盒成分的配制，避免了副猪嗜血杆菌分离培养鉴定的烦琐过程，大大降低了漏检率，缩短了检测时间，达到国际领先水平。该项技术获 2022 年度山东省专利奖一等奖。

【科技人才引进与队伍建设】 2022 年，省农科院实施创新人才及团队引进工程（"333"工程）、齐鲁农科英才培育工程（"3237"工程），完善人才引培政策，设立 1 亿元人才发展专项基金，聚天下英才而用之。在全国首创"第一所长""产业研究员"制度，聘任 18 名院士和 21 名专家担任"第一所长"，发挥顶尖专家定向把关、领衔攻关作用；聘任 50 名知名企业高管等担任"产业研究员"，推动企业与院所融合互动、协同创新。2020 年以来，围绕急需紧缺学科引进高层次人才 43 名、海外高端人才（含外籍院士 3 名）共 12 名、优秀博士 200 名。"3237"工程已遴选出院士培养计划人选 3 名、领军人才培养计划人选约 20 名、学科带头人培养计划人选约 30 名、青年拔尖培养计划人选约 50 名。

【科技成果转化】 2022 年，省农科院在省级层面建立山东省农业科技成果转移转化中心，在市级层面依托各分院建设 17 处成果转移转化分中心，在县级层面建设县域工作站，形成纵向联动、横向联通的"省－市－县"三级农业科技成果转化体系；组建全省第一支农业科技成果技术经理人队伍，建立完善院所两级成果转化与推广工作机构，组建了一支由 3 名专职技术经理人、25 名兼职技术经纪人及 84 名专职人员组成的成果转化队伍，全程服务科研人员成果转化。在全国首创农业科技成果价值评估机制，连续两年举办成果拍卖会，敲响山东农业科技成果拍卖"第一槌"，61 项成果成功竞拍，涵盖粮油、果蔬、畜禽、植保、加工、农机等多个领域，总成交额过 2 亿元，7 项成果拍卖过千万元。其中，布鲁氏菌活疫苗（粗糙型）生产经营权转让成交额达到 6000 万元；猪繁殖与呼吸综合征新型弱毒疫苗转让成交额达到 4050 万；"矮杰"甜樱桃矮化砧木新品种转让成交额达到 1250 万元，创国内果树品种转让费纪录。

【国际与国内合作】 2022 年，省农科院与德国、意大利等国家高水平创新机构共建 4 处联合实验室，与塞内加尔、老挝、以色列等"一带一路"沿线国家科研机构建立长期合作关系，与农业农村部共同组织实施中国-FAO-苏丹南南合作项目，以线上线下形式召开国际科技合作交流会 12 场，选派 8 名青年科研人员到剑桥大学、康奈尔大学、新加坡国立大学等高校访学研修。全职引进的 2 名专家入选国家级重点海外人才项目，引进的外籍院士获省齐鲁友谊奖。院院、院地、院企合作务实推进,高质量实施与中国农科院创新工程协同创新任务,与黑龙江、新疆、西藏等兄弟省院签订战略合作协议。举办全省农科院系统贯彻落实习近平总书记"给农业插上科技的翅膀"重要指示精神工作交流会,凝聚科技引领农业高质量发展合力。

强化75家产研院的建设管理,新上项目51项,立项总金额4.08亿元。探索科产研融合新模式,与农业龙头企业等机构共建24家科企创新联合体。

(山东省农业科学院 隋 洁)

山东省科学技术情报研究院

【概述】 山东省科学技术情报研究院(以下简称省情报院)始建于1959年4月,系山东省科学技术厅直属的公益一类正处级事业单位,是山东省唯一的省级综合性科技情报研究机构,主要承担科技信息搜集、整理及研究工作,建设管理省科技文献信息资源共享平台、科技报告服务系统;面向社会提供科技信息服务;管理科技档案,编纂全省科技年鉴和科技史志。

【科研重点与计划】 2022年,省情报院完成山东省科技厅重点调研课题3项,获批省软科学计划重大项目1项、重点项目1项、一般项目1项。

【科研成果】 2022年,省情报院围绕国家科技创新和省委、省政府重点工作要求,提供高质量战略科技支撑服务,报告"我省研发投入强度分析"获省委主要领导批示;《今日科技快讯》《技术创新跟踪专报》等内刊获厅主要领导批示87次;政务信息工作获省政府办公厅表彰,荣获"政务信息工作成绩突出单位"。

【科研改革与体制管理】 2022年,省情报院强化顶层设计,出台《关于党建引领科技情报事业高质量发展的实施意见》,制定《情报院改革创新三年行动计划(2022—2024)》。规范内部管理,完成党委委员补选、支部换届和考核;成立6支研究团队,建立全院全员研究机制;重构部门、资源、文献服务和工作报告体系,形成"三位一体"工作布局。加强制度建设,制(修)定各项规章制度37项并形成制度汇编。压实岗位职责,调整党委和院领导班子以及13个工作领导小组成员分工,编印《工作任务及岗位职责》。

加强干部队伍建设,重视科技人才的培养选拔和任用,制(修)定《中层干部选拔及任期管理办法》《青年人才成长计划》《职工教育与培训办法》等制度,执行《事业单位领导人员管理暂行规定》,实现谈心谈话全覆盖;年度职称评聘和岗位竞聘成效显著,职级晋升27人,引进高学历人员4名,进一步优化了知识结构。做好人员编制和事业单位法人登记等业务,完成年度用编进人计划,调整人员5人,按规定完成法人变更及年报公开的工作。

【科技情报服务】 2022年,省情报院继续做好科技情报战略决策、支撑服务,研究报告获省委主要领导、获省委办公厅、省政府办公厅采纳推荐21篇;编发《今日科技快讯》共74期,获厅主要领导批示68期;编发《技术创新跟踪专报》共12期,获厅主要领导批示11期;编发《科技创新动态》共3期;撰写电子化学品等产业专题分析报告6篇,为省科技厅领导及多个业务处室提供科技情报服务。

【科技文献服务】 2022年,省情报院积极发挥省科技文献共享服务平台的核心作用,完成省文献共享平台升级改版和资源优化,在持续开设抗击疫情专栏基础上,新增"黄河流域生态保护和高质量发展"文献信息专栏;新增用户7071个、新增文献使用量20.8万余篇,访问量达37.8万次;编制《省科技文献资源建设年报》;组织召开全省科技文献与科技报告线上培训会,参与培训人员达8000余人。

【科技档案管理】 2022年,省情报院继续做好省科技厅业务处室科技计划档案的接收、整理、加工和存储工作。系统梳理2013-2020年省科技计划项目档案1.5万项,制定《科技档案数字化工作方案》,完成4500个项目(约90万页)的档案数字化工作。

【科技报告工作】 2022年,省情报院进一步优化科技报告采集加工管理系统,受理审核科技报告4700篇,向国家汇交1200篇,向科技部汇交累计数量居全国第二,省级科技报告共享数量居全国第三;完成科技报告服务系统优化升级,首次编制完成《科技计划科技报告呈交与服务分析报告(2014—2021)》。

【科技鉴志编纂】 2022年,省情报院完成《山东科技年鉴》2021出版和2022编纂工作;开展"山东科技发展历史经验研究"并获省软科学计划重大项目立项；扩大科技年鉴交换范围，寄送相关单位《山东科技年鉴》达450余册。

【科技宣传服务】 2022年，省情报院承担省科技厅视频拍摄及后期制作处理等工作，全年拍摄重大会议活动77次，总时长3100分钟，制作短视频10部，下载山东卫视等平台视频资料440余部。

【人才支撑服务】 2022年，省情报院年内累计有10名干部参与承担"稳经济督导服务""第一书记""四进"等省派重要任务和专班工作。院主要负责人带队赴威海参加"稳经济督导服务"，2人赴泗水任"第一书记"，1人赴潍坊参加"四进"工作，1人赴威海参加电厂督导服务。省情报院做好选派干部后勤保障、关心关爱外派人员，组织召开"第一书记"座谈会，及时为选派干部落实工作经费和工作补贴，做好走访慰问工作。

【科技计划项目过程管理】 2022年，省情报院承担省重大科技创新工程过程管理工作。完成各类科技计划项目指南评价435项、省重点研发计划等项目评审600余项，现场考察167次。配合开展项目评审，完成516份项目资料、2000余份专家评审表的整理工作，编印《省重大工程工作简报》共5期。

【社会公益服务】 2022年，省情报院印发《志愿服务活动方案》，开展各类文明创建活动。党员带头构建"基金+队伍"公益品牌，连续6年举行"文明基金"捐款活动；多次赴舜泺社区党支部开展双报到，参与社区防疫和科普宣传，捐赠防疫物品；组织开展"慈心一日捐""帮助特殊儿童""拥军助学"等志愿服务活动；积极参加抗击疫情义务献血活动，6人献血1400 mL。"党建引领'双报到'齐心协力解难题"获推省直"双报到"优秀实事项目；省情报院获省科技厅推荐，申报"中华慈善奖"。弘扬文明风尚，设立"形象墙"，省情报院首次举行文化建设研讨会，形成核心文化理念。

（山东省科学技术情报研究院　董振宇）

山东省海洋资源与环境研究院

【概述】 2022年，山东省海洋资源与环境研究院（简称省海洋资环院）坚持以习近平新时代中国特色社会主义思想为指导，贯彻落实党的十九大、二十大精神，按照省委、省政府关于统筹推进疫情防控常态化和经济社会发展的各项指示要求以及省自然资源厅党组的工作安排，扎实推进党的建设和重点任务攻坚。全年共申报项目40项，立项18项，参与国家级科研项目1项，结题验收5项，7项科技成果经评价达到国内领先水平。获得山东省海洋与渔业科学技术科技创新奖2项、山东省海洋与渔业科学技术青年科技奖1项，山东水产学会最美水产科技工作者1人、山东省海洋科技创新奖4项。发表论文60篇，其中SCI收录论文14篇；出版专著2部；授权专利30件，其中发明专利12件；登记软件著作权57件；颁布实施省地方标准2项。

【科研重点与计划】

海洋碳汇研究与产业平台建设 2022年，省海洋资环院充分依托和发挥山东省海洋碳汇咨询委员会、专家委员会等高端智库优势，打造山东省海洋碳汇科技创新平台和智库高地，全面支撑海洋碳汇各项工作。发挥黄渤海蓝碳监测和评估研究中心等平台的重要作用，强化与自然资源部海洋减灾中心、华东师范大学河口海岸学国家重点实验室等多家单位的战略合作，以及省海洋生态修复重点实验室的科研能力，发挥省海洋资环院牵头海洋碳汇产业联盟重要作用。依托山东开展首批国家标准化创新发展试点契机，结合山东省实际，衔接国家海洋碳汇标准体系，构建地方特色的山东省海洋碳汇标准体系，开展海洋碳汇调查评估、海洋碳汇项目方法学等"卡脖子"技术攻关，全面支撑山东省海洋碳汇交易，实现海洋碳汇资源到资产转变；立足山东省蓝碳资源家底不清等突出问题，系统开展全省典型蓝碳生态系统碳储量核算评估，编制《山东省典型蓝碳生态系统碳储量核算评估报告》，摸清省内典型蓝碳生态系统资源布局和碳储量家底，全面助力山东省"双碳"目标；试点开展海洋生态修复项目增汇效果评估，探索将碳汇指标纳入海洋生态修复项目保护修复体系，提升山东省碳汇能力和潜力。

黄河流域生态保护和高质量发展 2022年，省海洋资环院开展黄河口典型生态系统、黄河调水调沙资源环境影响、海水入侵和海水盐渍化等专项预警监测工作，评估黄河流域生态状况变化趋势，为黄河口综合管控和可持续发展提供技术支撑；开展黄河口生态系统生物多样性本底调查工作，高水平建设好黄河口海草床野外观测站，为黄河三角洲生态保护和修复提供支撑；全力支撑山东省互花米草三年防治攻坚行动，开展黄河三角洲互花米草防治监测评估。

海洋综合治理能力不断提升 2022年，省海洋资环院开展全省海洋生态预警监测，掌握山东海洋生态环境资源现状，完成《2022年山东省海洋生态状况报告》；积极对接支撑长岛创建海洋类国家公园；开展区域型海域使用后评估试点与示范，探索构建区域型海域使用后评估指标体系；探索构建针对不同类型项目用海生态监管工作机制；技术支撑全省海洋经济运行监测与评估；加强赤潮、溢油等海洋生态灾害卫星遥感监测能力。

海洋新兴及传统产业升级壮大 2022年，省海洋资环院围绕"海上粮仓"建设重大需求，技术支撑现代渔业研究做大做强。巩固充实海洋牧场、海洋生物种质资源新品种繁育、健康养殖、水产品质量安全、水生动物营养、海洋生物医药等传统优势学科，开展海水养殖容量调查评估研究；持续推进海水淡化与综合利用产业关键技术攻关与标准体系构建；大力开展科技创新与对接服务，保障全省海洋与渔业事业高质量发展。

【科研成果（含重点成果）选介】

互花米草现状调查、试点治理和效果评估 2022年，省海洋资环院落实《山东省黄河流域生态保护和高质量发展规划》和山东省委海洋委重点工作中"实施互花米草等外来物种入侵治理行动计划"的要求，技术牵头全省互花米草治理工作，开展山东省2022年度互花米草现状调查、试点治理技术研究、全省治理效果评估工作。选取5—6月、9—10月遥感影像，结合现场勘查、无人机核查等手段确定各地互花米草的治理面积及治理成效，对刈割＋翻耕、挖掘深埋、化学治理等治理方法开展跟踪调查与效果评估工作，技术指导全省沿海7地开展互花米草治理工作，保障山东省互花米草治理工作的有序开展。研究团队对互花米草的治理方法进行试点研究和技术改进，建立适应山东省省情的互花米草治理方法，在莱阳、乳山、昌邑等地试点推广，治理成效明显。在互花米草治理工作中取得的技术经验得到国家林草局的推广和借鉴。

蓝碳调查评估与标准体系建设 2022年，省海洋资环院组建成立涵盖海草床、盐沼湿地、海藻场、贝类、藻类等山东省主要海洋碳汇类型的研究团队，全面碳储量调查评估技术、碳汇监测计量方法和固碳增汇技术、增汇路径和交易机制等关键技术研发，大型海藻碳汇机制研究及盐沼湿地空天地海一体化精准监测技术方法取得进展。成功举办山东省海洋碳汇科技创新论坛。黄河口海草床养护观测站获批建设，为海草床固碳机制、演变趋势和修复恢复提供技术支撑。稳步推进海洋碳汇标准体系建设，完成全省海洋碳汇标准体系框架编制；海草床生态系统碳储量调查评估等7项海洋碳汇领域地方标准获得立项，基于全省碳普惠体系建设框架的《海草床碳汇项目核算方法学》完成编制。圆满完成海洋碳汇调查评估与碳汇监测试点各项任务，基本掌握全省试点区域蓝碳生态系统状况和蓝碳碳储量资源。

海水工厂化养殖余热循环利用技术研究与应用 2022年，省海洋资环院研制了以海水工厂化养殖尾水为热源的智能热泵机组2套，分别在烟台开发区天源水产有限公司、山东东方海洋科技股份有限公司莱州分公司建立了2处示范企业，年处理能力达到6000 m³。刺参工厂化育苗尾水余热回收利用率达到75%，完全替代燃煤锅炉；与燃煤锅炉相比，升温海水费用降低36%以上。集成创新了生态化氮磷净化技术，开展了耐盐碱水生植物、沙蚕－益生菌耦合和生物絮团原位净化水质研究；建立了水质生态处理与资源化利用示范企业1家，形成一种适用于海水池塘的"参贝菜"生态型多营养层次综合种养新模式，对氨氮、亚硝氮吸收率分别达89.2%和97.6%，实现海水工厂化循环水养殖的尾水达标排放和循环利用率提升。

山东省市级海洋经济核算体系构建与应用 该成果紧密结合山东省海洋强省建设战略部署，建立市级海洋经济统计调查体系，采用多源融通的海洋经济数据采集体系，研究确立市级海洋生产总值核算方法体系。建立山东省海洋经济活动单位名录库，入库各类涉海经营主体81065个，涉海经营主体规模比第一次全国海洋经济普查增长5.3倍。形成山东省市级海洋生产总值核算剥离系数集。在全国首次实现覆盖7地市、涵盖886个海洋产业小类、区分涉海经营主体规模的，共计7406个剥离系数的完整计算，为实现市级海洋经济核算奠定重要基础。编制首个市级海洋生产总值核算实施方案，该方案填补了市级海洋经济统计核算制度短板，实现了山东省海洋经济统计监测从业务化到制度化质的提升。该成果获2022年度山东省海洋科技创新奖管理与公共服务类一等奖。

不同形态重金属及哈维氏弧菌对海洋经济贝类的毒性效应与分子机制 该项目系统解析了中国蛤蜊神经系统对无机汞暴露的响应特征及分子机制，明确了有机砷化合物在栉孔扇贝体内的生物转化及毒理效应，揭示了紫贻贝对弧菌胁迫的应答机制，科学支撑了海洋环境风险评价和水生生态系统安全性评价，提升了海洋科研支撑生态保护与高质量发展的能力。该成果发表论文16篇，其中SCI收录论文9篇，编写专著1部，制定山东省地方标准2项，授权专利3件，登记软件著作权3件，经山东省海洋发展研究会组织鉴定为国内领先水平。成果被山东省海洋局海洋科技与对外合作处、潍坊市海洋发展研究院和滨州市海洋发展研究院等涉海科技管理部门应用于山东省海洋生态环境质量评价、风险评估、水生生态系统安全性评价等工作，社会效益和生态效益显著。

基于氮排放的海水池塘生态养殖容量的研究 该项目在调查黄三角池塘不同生态位生物资源的基础上，研究不同生态位生物对氮元素利用效率，使用已有的研究成果和数学模型，评估黄三角池塘生态养殖容量，并构建适宜于当地池塘的"以石斑鱼为主的鱼虾贝参藻"短期生态生产系统，达到充分发挥池塘生产潜力、提高材料利用效率、促进当地水产养殖业转型升级的目的。构建了珍珠龙胆石斑鱼工厂化养殖示范基地2960 m^2和池塘养殖示范基地168亩，授权发明专利2件。

海洋功能蛋白肽和功能糖的开发及产业化 该项目针对海参生殖腺等内脏、鱼皮、鱼鳞，低值海藻类等海洋生物资源开发利用程度低的问题，开展了低值海洋生物资源及副产物高值化开发利用，攻关多元化高质产品关键生产技术。创建了海洋功能蛋白肽、功能糖的现代化、规模化工程制备工艺技术；在明晰功能活性和构效关系的基础上，以功能蛋白肽、功能糖为原料，设计制备海洋功能性食品8种、医用生物材料12种、化妆品2种，其中7种实现产业化生产，并建立了标准化生产技术体系和质量控制体系；成果在烟台新时代健康产业有限公司等企业进行了产业化示范，取得了良好的经济效益和社会效益。7件国家发明专利完成成果转移转化。该成果获2022年度山东省海洋科技创新奖技术开发类一等奖。

【科研管理与体制改革】 省海洋资环院转隶到省自然资源厅后，科研重心随之向海洋和环境学科转移，聚焦海洋资源与环境领域重大研究热点，构建多学科交叉融合的创新体系，同时传统学科的建设继续跟进，科研能力也日益增强。2022年，省海洋资环院不断提升科学化管理水平，积极跟踪申报的自然基金等各类项目的审批立项进程，组织科研工作顺利开展。为更好地管理在研项目进度，积极与项目负责人进行沟通，及时督查进展情况，确保项目及时结题。同时，加强项目经费管理和有效使用，实时更新支出情况，认真执行项目下达部门科研经费管理办法，严格按照预算进行科研经费的使用和管理，确保专款专用。

【科研平台建设】 2022年，省海洋资环院新增水产品质量安全控制与精深加工联合实验室、山东省生物多样性养护观测站——黄河口海草床生态系统养护观测站、山东省海洋碳汇产业联盟、山东海洋经济监测评估中心等7个科技创新平台。

国家海洋卫星山东数据应用中心 国内首个省级海洋卫星多星源、多类型数据一体化独立运行服务平台——山东省海洋卫星数据服务平台正式上线运行。拓展海洋卫星应用范围，遥感监测山东管辖海域水色情况，开展冬季渤海海冰监测和山东海域溢油监测。提取山东省海洋保护地人类活动变化情况矢量图斑，制作遥感监测专题图，提交山东省空天地一体化自然资源监测监管系统。编制2022年海洋卫星遥感应用、生物栖息地、河口悬浮泥沙等遥感监测方案及《省级海洋卫星应用技术中心评估工作报告》。自然资源卫星建设体系项目"多模型北太平洋秋刀鱼卫星遥感渔情预报技术研究及示范应用"完成验收工作。

黄渤海蓝碳监测和评估研究中心 该中心圆满完成海洋碳汇监测评价试点各项任务。全面启动全省海草床、滨海湿地和海藻场等蓝碳资源分布调查，初步摸清山东省蓝碳资源布局和碳储量家底。开展黄河三角洲盐沼湿地碳汇监测、挑河口滨海湿地碳储量调查、长岛庙岛和荣成月湖海草床生态系统碳储量调查评估、长岛海藻场碳储量调查等试点工作，基本掌握全省试点区域蓝碳生态系统状况和蓝碳储量资源。编制《长岛蓝碳经济发展行动方案》，推进蓝碳产业发展，实现碳资源到碳资产的转变。

【科技人才培养与队伍建设】 2022年，省海洋资环院通过公开招聘，引进硕士12名、国家级高层次人才2名，进一步壮大人才队伍，完善人才梯队，增强人才建设的稳定性、长期性和连续性；新增6个省级创新团队"省现代农业贝类产业技术体系创新团队——环境监测与产品质量控制岗""省现代农业藻类产业技术体系创新团队——经济岗""省现代农业鱼类产业技术体系创新团队——加工与质量控制岗""省现代农业刺参产业技术体系创新团队——增殖岗""省现代农业刺参产业技术体系创新团队——营养与饲料岗""省现代农业藻类产业技术体系创新团队——加工与质量控制岗"，3人次获得烟台市高层次人才，1人次获得山东省海洋与渔业科学技术奖青年科技奖，1人次获得最美水产科技工作者，联合培养16名研究生取得硕士学位。实行全员聘任，择优聘用，85人参加专业技术人员岗位竞聘，其中竞聘到正高级岗位13人、副高级岗位28人。

【科技咨询与服务】 2022年，省海洋资环院科技服务于黄河流域生态保护和高质量发展，技术指导沿海7地市互花米草治理，有效遏制互花米草快速蔓延趋势，防治方法和治理经验被编入国家林草局牵头编制的《关于加强互花米草防治的调研报告》。连续13年开展黄河调水调沙生态环境影响监测工作，为处理黄河泥沙、实施黄河流域生态补水起到重要的参考作用。依靠技术支撑省委重点任务，落实2022年山东省海洋生态预警监测工作，完成包括近海生态趋势性调查监测、典型生态系统现状调查等12项任务。全年共采集样品1万余个，获取监测数据15万余个。编制《2021

年山东省海洋生态状况报告》，提交2022年山东省海洋生态预警监测简报、专报等各类信息产品30余期。开展浒苔绿潮预警监测，围绕赤潮、浒苔、水母、互花米草等海洋生态灾害，编制信息产品13期。完成2022年度山东省"四上"涉海单位名录核实与更新以及沿海7市海洋生产总值2021年度初步核算和2020年度初步核实。开展山东省海洋卫星数据和产品制作及应用服务，处理全省优于2米分辨率影像60万平方千米，海洋遥感业务产品2000余幅，业务产品季度更新。技术牵头2022年山东省生态环境监测工作，开展春夏秋冬4个大面航次监测工作。全年累计外业监测动用船只80余船次，航程7000余海里，获取监测数据20万余组。作为全省水产品质量安全监督抽查和风险监测牵头单位，完成季度及全年数据审核、汇总和通报起草工作，完成山东省水产品质量安全检测能力验证、样品复检工作，共审核汇总71373个监测数据，编制上报材料70余份。接受院校及企业委托，完成种质鉴定、放流苗种和许可证等方面500余个样品的检验检疫工作。

积极参与驻地新冠疫情防控工作，为社区捐赠口罩、消毒液等防疫物资，帮助解决受疫情影响村镇的农产品滞销问题。联系开发区福莱山街道"双对接"，开展"健康科普进社区"活动，与区青少年宫共建海洋科普基地。积极履行社会责任，利用"互联网＋科普"新模式开展网络直播课3场；开展"爱心一日捐"活动，累计捐款30800元；开展"第一课堂"海洋科普大讲堂9场，累计赠送爱心图书文具300余部（件）；举办海洋日、地球日、赠书促学、义务献血等志愿服务活动10余次；选派6人次参加基层项目，扎根基层、服务群众；举办"海水鱼类种业发展研讨会暨健康养殖技术培训会""全省牡蛎养殖环境调控技术研讨会""全省海洋碳汇技术培训班""全省农产品质量安全检测技术培训班"等，培训技术人员和渔民等700余人。在年度工作公众评价满意度调查中均获得满意评价。

【科技合作与交流】 2022年，省海洋资环院承办"东北亚海洋经济创新发展论坛之海洋生态经济发展论坛""泰山科技论坛""山东省海洋碳汇科技创新论坛"省级以上大型学术论坛3次，通过高水平论坛、邀请知名专家学者讲学、开展继续教育、外出深造、学术交流等方式组织600余人次参加线上线下培训，充实省海洋资环院科研人员的知识体系，达到开阔眼界、引发思考、创新思维的效果。积极与省生态环境厅、烟台黄渤海新区管委会、长岛生态文明综合试验区管委、烟台市海洋发展和渔业局、烟台市生态环境局等单位对接，系统谋划推进海洋碳汇全产业链工作。开展仿生刺参礁体幼苗采集试验，研发刺参生态礁，与滨州海洋发展研究院刺参综合试验站合作投放苗种40000头，有效增加滨州海区种质资源的丰度。签订山东省海洋工程技术协同创新中心建设任务书2个，完成速食海胆汤、高品质海参肽制备技术及产品开发横向课题2个，赋能产业提质升级。

（山东省海洋资源与环境研究院　胡顺鑫　高继庆
田秀慧　孙春晓　陈丽竹　刘财礼）

山东省水利科学研究院

【概述】 山东省水利科学研究院（以下简称省水科院）建于1957年10月，为山东省水利厅所属公益二类事业单位，下设6个综合管理部门、14个业务所室，业务范围以基础研究和应用研究为主。主要职责是承担水利发展相关理论研究及应用研究工作；承担水资源、水土保持、农村水利、水利移民、节约用水、安全生产等相关技术支撑工作；承担水利科普、科技信息搜集整理与利用等公益工作；承担水利行业相关成果转化、科技推广、技术开发、咨询服务工作。2022年，在厅党组的领导下，院党委团结带领全体干部职工，坚持"科研立院、开发强院、人才兴院"的发展思路，紧紧围绕全省水利中心任务，踔厉奋发、勇毅前行，科研、开发工作取得新成绩，为全省水利高质量发展提供了坚实的科技支撑。顺利通过省文明委复查，继续保持"省级文明单位"称号。在济南市历下区年度知识经济创新工作中获得表彰奖励。在2022年度省科技厅组织的省属科研事业单位绩效考核中业绩突出，被核定为"优秀"等次。

【科技项目】 2022年，省水科院在列省部级科研项目11项，其中，国家重点研发计划专题1项、华水重点实验室开放基金项目1项、省自然科学基金项目5项、省流域中心工程带科研项目4项。新获准立项省级以上科研项目6项，其中，国家自然科学基金联合基金课题1项、省重点研发计划（重大科技创新工程）课题1项、省自然科学基金项目1项、省重点研发计划

（软科学）项目 1 项以及省应急管理科技创新计划项目 2 项。牵头承担完成的国家重点研发计划项目"滨海城市海水淡化综合利用技术研究及应用"顺利通过科技部综合绩效评价，中国科学院重点实验室开放基金项目"水动力条件对典型城市内河水环境的影响研究"、省自然基金科学项目"城市化进程中济南泉域岩溶地下水水文地球化学演化特征及其水环境响应"以及 7 项省级水利科研与技术推广项目顺利通过专家验收。

【科技成果】 2022 年，省水科院共有 16 项成果获得了科学技术奖，其中，项目"一种涂塑复合钢管的连接结构及其连接方法"获省专利奖三等奖，项目"黄河三角洲贝壳堤生态系统植被恢复理论及关键技术"获中国水土保持学会科学技术奖二等奖，项目"河湖水系连通生态模型、规划方法和工程实践"获中国水科院科学技术应用成果奖二等奖；"黄河河口地区水资源利用与水生态修复技术"等 5 项成果获齐鲁水利科学技术进步奖一等奖，"供水结构变化下大中型水库群多目标适应性调控研究"等 2 项成果获齐鲁水利科学技术进步奖二等奖，"泰沂山区水土保持生态文明示范区建设综合技术研究与示范"等 6 项成果获齐鲁水利科学技术进步奖三等奖。完成了"无土栽培作物需水规律研究"等 5 项成果科技登记。"流域水土流失阻控及面源污染防治关键技术""果树水肥一体化高效节水集成技术"2 项成果列入《2022 年全国水利先进实用技术重点推广指导目录》。获准授权专利 136 件，其中发明专利 23 件、实用新型专利 113 件，登记软件著作权 72 件；发表学术论文 51 篇，其中 SCI 收录论文 3 篇；出版科技专著 4 部。主持编制了《水安全评价指南》（DB37/T 4499—2022）、《农村供水水厂等级评价导则》（DB37/T 4566—2022）、《滤水模压混凝土板现场制作质量控制规范》（DB37/T 4502—2022）3 项地方标准，均已发布实施。

【技术服务】 2022 年，省水科院充分利用技术、人才和资源优势，克服新冠疫情的不利影响，重点围绕"雨水工情自动测报"项目管理、中央环保督察涉水问题整改技术支撑、最严格水资源管理制度考核、引黄需求研究与超载治理、水旱灾害普查、水土保持规划实施情况评估、全国重要饮用水源地达标评估、县域节水型社会达标评估、农村供水综合技术支撑、高标准农田建设规划编制、取用水管理专项整治行动、水利安全生产综合技术支撑、大中型水库移民稽查与监测评估、水利工程管护效果评估、大型水库整治方案修编等重点工作，积极为各级水行政主管部门提供技术咨询服务。依托设计、施工、监理、检测等方面资质，积极参与市场竞争，承揽技术开发任务，在有效弥补差额事业单位经费不足的同时，为全省重点水利工程建设提供了有力的科技支撑和优质的技术服务。

【科技人才培养和队伍建设】 2022 年，省水科院在职职工 205 人，其中正高级专业技术人员 45 人（含二级研究员 5 人）、副高级专业技术人员 55 人、中级专业技术人员 72 人。3 人获颁"山东惠才卡"，1 人当选济南市优秀科技工作者，1 人获省"青年优秀工程师"称号，2 人获"安全隐患排查竞赛优秀个人"称号。公开招聘博士 1 人、硕士 3 人，联合培养硕士研究生 4 名；依托博士后科研工作站，引进博士后研究人员 4 人。院农村饮水安全技术服务团队获省第九届"优秀工程师团队"称号，院饮水安全科普工作室被省科协、省科技厅认定为第一批山东省科普专家工作室。

（山东省水利科学研究院　郭　磊）

山东省海洋科学研究院

【概述】 山东省海洋科学研究院（以下简称省海科院）为省政府直属正厅级事业单位，挂青岛国家海洋科学研究中心牌子，业务上接受省科技厅、省农业农村厅和省海洋局等部门的指导，主要承担海洋科技战略研究、服务协调中央驻鲁海洋机构、承担海洋应用技术研发、开展海洋科技合作交流等职能。作为山东众多涉海科技力量中的一员，组建以来，坚持以习近平新时代中国特色社会主义思想为指导，深入贯彻落实省第十二次党代会精神，以改革促融合，以融合促发展，在体制机制改革、科研创新和服务支撑方面主动作为，取得积极成效。省海院拥有海洋种质资源研究所、海水养殖研究所、海洋食品与医药研究所、海洋资源开发与利用研究所、海洋生态环境研究所和海洋装备研究所 6 所研究所，建有山东省海水养殖病害防治重点实验室、山东省智慧海洋牧场技术重点实验室、山东省海水健康养殖工程技术研究中心、山东省大型海藻保护与应用工程技术中心、山东省海洋科技成果转移转化中心等科研平台 10 个。2022 年，在职职工 146

人，专业技术人员119人，高级职称69人，具有硕博士111人。

【科研重点与计划】 2022年，省海科院共承担各类科研项目48项，科研合同经费共计1396万元。项目包括国家重点研发计划、国家现代农业产业体系、中国工程院院地合作项目、中国工程科技发展战略山东研究院咨询研究项目、中央引导地方科技发展资金项目、山东省自然科学基金、山东省农业良种工程项目、山东省重点研发计划、山东省农业重大应用技术创新项目和山东省现代农业产业技术体系等项目。

【科研成果】 2022年，省海科院主持的项目"四种海水鱼繁殖生物学研究与规模化养殖关键技术创新及应用"获山东省海洋科技创新奖一等奖、项目"虾类高效保鲜与储运技术研究"获山东省农业技术推广成果优选计划二等奖，参与的项目"水产重要动物病害生态防控关键技术创新与应用"获江苏省科学技术奖三等奖，刺参"鲁海2号"获国家审定水产新品种。2022年，省海科院共发表论文60篇，其中发表SCI收录论文29篇；获得授权专利35件，其中发明专利31件、实用新型专利4件、国际专利3件，软件著作权11件；新申请发明专利29件、软件著作权9件。

【基础研究】 2022年，省海科院不断加强基础科学研究，夯实海洋科技服务基础。大泷六线鱼全基因组序列信息相关工作取得新突破，首次获得大泷六线鱼染色体水平的全基因组序列信息和构建了大泷六线鱼的遗传连锁图谱；PRMT1调控大泷六线鱼抗菌炎症反应的特征解析取得新进展，制备PRMT1重组蛋白多克隆抗体，利用RT-qPCR检测了大泷六线鱼在感染不同类型细菌后脾脏组织PRMT1的表达水平动态特征等；首次鉴定定位于肝胰腺的致病性弧菌毒素的结合蛋白——LvFABP，并证实其参与了急性肝胰腺坏死病的发生；TGF β信号通路介导刺参（Apostichopus japonicus）色素沉着研究取得重要进展，探明了刺参中TGF β信号通路成员，包括7个配体、6个受体和1个R-Smad；温度对镉在太平洋牡蛎体内蓄积及排出的影响获得新发现，该成果发表在 Comparative biochemistry and physiology 上；硒化物对文蛤体内镉代谢影响的机制研究取得新进展，发现Cd^{2+}影响文蛤体内蛋白转录修饰，差异基因KEGG注释结果表明有机硒与无机硒在文蛤重金属代谢中作用机制以及途径不相同。

【应用研究与高技术研究】 2022年，省海科院依托山东省鱼类产业技术体系首席团队在山东威海、日照、滨州开展了海马的良种选育、苗种培育和养殖技术等相关研究，聚焦海马养殖产业中存在的种质、营养需求及病害防控等诸多问题，建设全省区域性海马人工养殖产业集群，推进海马养殖产业标准化、规范化和可持续发展，提升了养殖海马的附加值，助力打造山东特色的海马规模化养殖与品牌培育的乡村振兴科技示范样板；鱼类免疫防病产品领域，研制出1种海分枝杆菌灭活疫苗，测试疫苗免疫保护率达75%以上；开展传染性造血器官坏死病毒G蛋白卵黄抗体的研制及其特性研究，为鱼类病害的有效防控提供绿色产品支持；开展功能海洋生物蛋白肽利用研究，建立鳀鱼蛋白肽的可控酶解技术，获得了分子量主要集中分布在2000—180Da的高含量高活性的功能海洋生物蛋白肽，开发增免促生长的刺参饲料1种，产品已在企业投入生产，实现了海洋生物蛋白肽在水产动物营养中的应用创新，有效推进了水产养殖业"减抗/替抗"工作开展；研发多元化虾类加工产品，以盐田虾为原料，采用调味增香、低温真空浸味、酶解耦合发酵等技术，显著提升了产品的质构特性和营养品质，建立了高膨度鲜脆虾片、高蛋白松软烤虾和低盐虾头酱等虾类加工工艺3套，开发了冻干虾仁、虾肉蔬果干混配产品、芝士虾球、鲜脆虾片、宝宝鲜虾片、南极磷虾风味酱、风味盐田虾干、即食松软烤盐田虾仁、低盐虾头酱9个系列虾类多元化产品；针对目前贝类苗种中间培育存在的问题，联合山东潍坊龙威实业有限公司、山东得和明兴生物科技有限公司开展以文蛤、菲律宾蛤蜊为代表的贝类苗种池塘中间培育技术研究，为打造北方滩涂贝类特色种业及苗种培育基地，推动滩涂贝类增养殖产业升级，提升滩涂贝类苗种质量和市场竞争力提供了技术支撑；首次以氧化镨纳米颗粒为光吸收材料，突破材料制备、动态组装等机制及核心技术，开发出新型太阳能界面蒸发器，实现了光热转换、水的运输和隔热保温三重功力集于一身，具有高效、环保、低成本的特点，在海水淡化、海水化学资源提取分离方面具有广阔的应用前景，该项研究已申报国家发明专利。

【科研成果转化及产业化】 2022年，省海科院聚焦黄河流域生态保护及高质量发展战略深入实施，着力提升参虾养殖等重点产业链技术创新和成果转化能力。培养1名国家贝类产业技术体系岗位专家、5名山东省现代农业产业技术体系海洋领域首席专家全部落户省海科院，构建了面向产业一线的技术服务体系，有力支撑全省现代海洋渔业高质量发展。获批国内第一个低盐刺参国家审定新品种"鲁海2号"，配套自主选育刺参新品种"鲁海1号"并示范推广，实现经济效益约2.4亿元。参虾循环养殖、参虾蛤多营养级生态绿色养殖等技术，在全省三年累计推广规模10.7万亩，实现产值43.7亿元。

2022年，省海科院以技术开发、咨询服务方式转化科技成果16项，合同成交额819.62万，同比增长

10倍。其中，技术开发项目占比六成，以科技发展规划、本底调查、资源普查和渔药开发等项目为主。制定《院科技成果转化及收益分配实施暂行办法》，成果转化类收益最高80%由项目完成团队和研究所负责分配。省海科院不断提升机构专业化服务能力，确定专职机构职责，成立工作专班，加大技术转移人才培养使用力度，初步建立"部门＋研究所"两级专业化人才队伍。成果评价第三方机构建设取得初步成效，提升成果转移转化标准化、标准研制与技术评审等专业能力，联合青岛市高新技术产业促进中心研制海洋可再生能源、生物医药领域科技成果评价团体标准，获批"青岛市科技成果标准化评价机构"资质。

【科研管理与体制改革】 2022年，省海科院以制度改革为抓手，推进科技成果转化取得新突破。推进改革部署和任务举措落地，对标现代科研院所治理体系要求，完善人事财务、项目管理、经费使用、成果转化及收益等制度，建立科学的分类考核机制，改革创新职称评聘办法，成立青年科研基金配套基金，为科研人员"松绑＋减负＋赋能"，加快探索释放与新时期科研发展相适应的科研管理体系。获批全省新一轮科技成果转化综合试点单位。"盘活闲置资产，建设海洋科技孵化器"作为国有资产管理典型经验，被省财政厅通报表扬。牵头编制山东省海洋科技成果转移转化中心重组建设方案并获省科技厅批复同意，有力服务全省海洋创新创业生态体系建设。

【科研平台建设】 2022年，省海科院拥有山东省海水养殖病害防治重点实验室、山东省海水健康养殖工程技术研究中心、山东省大型海藻保护与应用工程技术中心和山东省海洋科技成果转移转化中心等科研平台10个，其中省级以上科研平台5个。省海科院紧扣海洋强国战略以及海洋强省重大战略，以科技创新支撑海洋产业发展为目标，集聚培养海洋科技领域高水平研究队伍，开展海洋科学重大问题与关键技术研究，推动海洋多学科交叉融合与科技成果应用转化，实现海洋科学研究与应用技术协调并重发展，构建产学研紧密结合的海洋科技研发创新体系，切实推进科研平台建设。协同推进山东省海水养殖病害防治重点实验室、山东省海水健康养殖工程技术研究中心和山东省大型海藻保护与应用工程技术中心等原有平台和2022年获批新建山东省智慧海洋牧场技术重点实验室、青岛市近海生态修复与安全保障重点实验室建设，不断完善省海科院科技平台建设工作，提升在海洋领域技术攻关能力，助力全省海洋产业高质量发展。聚焦区域特色海洋产业，推进山东省海洋科技成果转移转化中心（创新创业共同体）重组。开展示范基地建设，推进即墨田横深远海养殖苗种繁育基地、胶州上合海洋产业研究院两大中试与产业化基地建设，加强重大技术示范。

【科技人才培养与队伍建设】 2022年，省海科院引导各研究所围绕院总体部署和各自职责职能，稳步推进研究院学科发展和团队建设。结合院现有科技资源，不断凝练研究主线，各创新单元逐渐形成。围绕海洋生物种质资源、海水健康、海洋食品与医药、海洋资源开发与利用、海洋生态和海洋装备等方向，形成水产种质资源收集保存与评价、海洋健康养殖、海洋功能食品与生物制品、海水资源综合利用与海洋化工、海藻资源养护和海洋装备设计与研发等14个创新团队。省海科院具有国家现代产业技术体系岗位专家1人、试验站站长1人，山东省现代农业技术产业体系首席专家5人、副首席1人、岗位专家6人。全国先进工作者、泰山产业领军人才、山东省先进工作者、山东省有突出贡献的中青年专家、青岛市专业技术拔尖人才等10余人。享受国务院政府特殊津贴3人。拥有一支学历结构、职称结构、年龄结构布局合理、敬业精神强、业务水平较高的科研队伍。省海科院从高质量推进单位改革和发展出发，选拔任用处级干部，实现全院干部年轻化、专业化。选派8名干部参加"第一书记""四进"等重点任务，培养锻炼优秀青年干部敢于担当的魄力。建立科学合理的分类评价和考核机制，改革创新职称评聘办法，开展专业技术人员聘任工作。根据改革发展需要引进双一流高校毕业博士研究生5名。落实职称评审"直通车"，争取各类荣誉称号，为科研人员成长成才创造条件。

【科技咨询与服务】 2022年，省海科院发挥海洋科学科研优势，积极开展科技服务，聚焦地方和产业需求，在科普宣传、灾害防治、资源普查、发展规划、海洋牧场等方面，做好科技服务工作。为提升国民海洋意识，省海科院全年共组织接待各类中小学、党政机关和企业参观海洋科普展馆500余人次，前往驻地各小学进行宣讲。为全省涉海企业提供10余次技术培训，累计培训1000余人次，赠送科普图书1000余册，有效推动了全省海洋产业水平提升。山东省海科院海洋生物资源利用科普工作室获批省科协及省科技厅第一批山东省科普专家工作室，黄渤海水产种质资源保护利用科学传播专家团队入选年度中国水产学会科学传播专家团队。聚焦水产预制菜产品研发和水产苗种疫病监测需求，省海科院与滨州市海洋发展研究院共建滨州市水产品加工研发平台和海洋渔业重点实验室，助力产业转型升级和提质增效，推进科技与产业的创新融合发展。积极发挥山东省现代农业产业技术体系的产业指导作用，采用"线上＋线下"结合的方式举办健康养殖与病害防治技术等培训讲座，累计培训人员1000余人次。

省海科院开展渔业应急服务，先后组织专家开展蓬莱海域刺参异常死亡事件、东口网箱养殖刺参病害情况、海上网箱养殖许氏平鲉疾病暴发、乳山及岚山牡蛎死亡率高、胶州湾多棘海盘车暴发、山东省南部沿海浒苔防治、荣成海域突发的海带灾害调查等工作，形成的相关建议或解决方案被省直部门或地方政府采纳，有效减轻了灾害影响，助力地方渔业发展。为加快推动滩涂贝类增养殖产业提档升级，助力现代渔业向高附加值、全产业链方向发展，2022年5月，省海科院邀请包振民等专家召开潍坊滩涂贝类绿色增养殖研讨会，对莱州湾滩涂半人工采苗、规模化养殖和高值化养殖模式选择、生产设备机械化改良、国家级海洋牧场建设等关键性问题给出科学的指导和建议，并形成《关于潍坊滩涂贝类高质量发展的专家建议》，有力推动区域产业提质升级。

【科技合作与交流】 2022年，省海科院发挥海洋学科优势特点，以需求为导向，打造"海科＋烟台""海科＋滨州""海科＋企业"科技合作新模式，相继建设长岛海洋生态文明研究中心、滨州市水产品加工研发平台，加强与青岛海检集团、山东港口集团合作，构建起面向产业一线的技术服务体系，有力支撑全省现代海洋渔业高质量发展。开发了鱼腹康、鱼肠安、杀鲑气单胞菌疫苗、许氏平鲉养殖疫苗等中草药制剂和疫苗，有效取代抗生素药物，得到市场广泛认可，大幅降低水产养殖病害损失。开展鲑鳟鱼精深加工技术研究，对口支援甘肃地区，加快科技创新成果在当地应用示范。

（山东省海洋科学研究院　王　馨　王　健　李　乐
潘　雷　孙晓春）

山东省淡水渔业研究院

【科技项目】 2022年，山东省淡水渔业研究院（以下简称淡水院）共承担农业农村部、国家重点研发计划、省自然科学基金委、省科技厅、省财政厅、省农业农村厅等各级科技项目27项，其中新上项目4项。

【科技成果及选介】 2022年，淡水院获得山东省海洋与渔业科学技术奖科技创新类3项、青年科技奖1名。发表学术论文36篇，其中SCI收录论文6篇；授权专利31件，其中发明专利9件、实用新型专利22件。

稻渔综合种养关键技术研究与示范　该项目率先开展了稻－克氏原螯虾、稻－中华绒螯蟹综合种养系统生态效应研究，首次定量查明了稻虾、稻蟹系统中植物、动物、人工饵料、有机碎屑等虾蟹食物源组成及贡献率，证明了系统内天然饵料基本满足虾蟹生长；查明了稻虾、稻蟹系统水环境因子季节性变化规律，揭示了系统自然资源有效利用、维持渔农产量稳定、水域污染控制生态学机理及效应。项目研发出适宜山东省东营、滨州、淄博、济宁等不同黄河流域盐碱地的稻虾、稻蟹、稻鳖、稻鳅4种稻渔综合种养模式及配套技术，获得了稻虾、稻蟹系统资源利用、污染减量、密度调控、种间残食等重要种养技术参数，为稻虾和稻蟹种养技术规范制定、盐碱地渔农综合利用提供了基础数据。项目研究了水生植物、配合饲料、动物性饵料等对中华绒螯蟹养殖过程食性、生长、生理生化和肠道微生物的影响，发现不同投喂会导致蟹肠道、养殖水体和沉积物中微生物群落组成不同、相同细菌群落的相对丰度不同，明确了蟹肠道菌群多样性和丰度不受投喂方式和性别影响。发现喜旱莲子草是幼蟹重要的植食性饵料，明确其最佳混合饲料投喂配比有利用幼蟹生长、消化及脂肪积累，增强抗氧化和免疫能力。项目首次构建了稻渔生态系统Ecopath模型，率先揭示了稻渔综合种养系统营养结构和能量流动规律，为稻渔综合种养技术研发和模式构建提供了理论依据，经济效益、生态效益和社会效益显著。该成果技术水平达到国际领先，获2022年度山东省海洋与渔业科技创新奖一等奖。

莲藕、克氏原螯虾、泥鳅立体生态种养技术研究　该项目研究了莲藕、克氏原螯虾、泥鳅立体生态种养模式，分析了浮游植物和浮游动物的种类、多样性指数、生物量、丰度、均匀度等指标，揭示了藕渔生态种养系统环境效应。建立了适于山东省自然条件的莲藕－克氏原螯虾、莲藕－泥鳅、莲藕－克氏原螯虾－泥鳅3种模式，并形成相关配套技术体系，示范推广5730亩，经济效益和生态效益显著。制订山东省地方标准3项，授权发明专利、新型实用专利各1件，发表论文2篇。该成果技术水平达到国内领先，获2022年度山东省海洋与渔业科技创新奖三等奖。

淡水养殖沉积环境的综合治理关键技术研究　该项目在对南四湖不同时期渔业水域及鲤鱼和加州鲈等鱼类池塘养殖系统沉积环境质量状况调查研究基础上，查明了不同养殖水体与沉积环境条件下沉积物－水界面的营养物质迁移规律；集成微生态底质改良、鲤鱼扰动、滤食性鱼类净化和水生植物转化吸收等技术，形成了淡水养殖沉积环境生态调控技术体系，创新构建了沉积物质移除与资源再利用相结合的养殖沉积环境综合治理模式2个，为淡水池塘养殖环境调控、内陆水域沉积环境治理和水域生态系统养护提供了科技支撑。发表论文5篇，授权实用新型专利2件，形成了《淡水池塘养殖水环境生态调控技术规程》，研究成果在山东济宁、泰安和临沂等地示范推广810亩，技术水平达到国内领先，获得了良好的生态效益、经济效益和社会效益。

【科技平台建设】 2022年，淡水渔业种质资源库山东分库建设项目启动，建设期为2年。山东省水生动物疫病监控中心改扩建项目已基本竣工。此外，国家级水产良种（罗非鱼）场、国家大宗淡水鱼类产业体系济南综合试验站等国家级科技创新平台，农业农村部黄河下游渔业资源环境科学观测实验站、山东省淡水渔业监测中心（渔业污染事故鉴定站）、山东省盐碱地渔业工程技术研究中心、山东省淡水渔业研究院水产品质检中心、山东淡水水产引种育种中心等省部级科技创新平台均运行正常，持续发挥着科技创新和技术示范推广作用。

【科技支撑与服务】

编制规划及项目论证 2022年，淡水院受有关部门委托，编制了《沂南县澳柯玛东汶河大桥对沂南汶河马口鱼国家级水产种质资源保护区影响专题论证报告》、《沂南县东汶河丹山闸下游护险工程对沂南汶河马口鱼国家级水产种质资源保护区影响专题论证》、《济宁市南四湖渔业绿色高质量发展规划（2021—2035年）》和《东平县商老庄乡集中连片内陆养殖池塘标准化改造和尾水治理项目实施方案》，承担"龙角山水库生态调查"等任务，为有关企业编制了《水产绿色健康养殖"五大行动"推广示范基地项目实施方案》。

技术支撑服务 2022年，淡水院组织科技人员开展了利用乡村坑塘发展渔业生产情况专题调研，形成调研报告，编制技术要点，省农业农村厅据此发布了《关于鼓励发展乡村坑塘渔业的通知》，组建了山东省乡村坑塘治理与渔业融合发展专家指导组，淡水院8名科技人员入选。承办了"东阿黄河鲤杯"黄河流域生态保护和渔业高质量发展知识技能竞赛（线上答题）活动，全省沿黄9市25个县区农业农村和渔业主管部门干部职工积极参与，共有3000多人次参与答题。制订了《2022年山东省水生动物疫病监测计划实施方案》，完成21种海淡水鱼类、6种甲壳类的13种重点疫病的监测检测；承担山东省环渤海地区南美白对虾传染性肌肉坏死病应急监测任务抽样检测工作。参加省厅无公害农产品公益性认定工作，审核材料近300份；向社会提供水产品质量安全检验检测服务，共监测各类样品58批次，保障水产品质量安全。

人员培训及技术服务 2022年，淡水院通过党支部科技下乡等多种方式，组织科技人员为多个合作社、企业提供浮动草床、海洋牧场、人工鱼礁建设等技术指导服务。选派人员参加省妇女创业发展服务中心、东营市妇联等主办的"巾帼助农——黄河流域高质量发展淡水养殖技术培训班"以及菏泽市农业农村局举办的"基层农技人员市级培训班"等，全年共培训基层技术人员和养殖户等1200多人次。

【产学研结合】 2022年，淡水院与相关院校企业联合成立黄河三角洲现代渔业产业研究院，落实黄河流域生态保护和高质量发展国家战略，被《大众日报》官方账号报道。与烟台大学海洋学院共建教学科研基地，共同促进渔业科技人才培养。积极参与基层人才挂职研修工作，朱永安同志受省人社厅等5部门通报表扬。参加上海海洋大学研究生院招生工作，招收硕士研究生5名。

（山东省淡水渔业研究院 董 俊）

山东省中医药研究院

【概述】 山东省中医药研究院（以下简称省中医药研究院）是一所有着60多年悠久历史的省属中医药科研单位，隶属于山东省卫生健康委员会（山东省中医药管理局）。前身是成立于1958年的山东省中医药研究所，2003年与原山东省针灸科学研究所合并组建而成。2022年，在职职工145人，其中高级专业技术人员80人，硕士及以上人员99人（博士26人），硕士、博士生导师18人次。享受国务院政府特殊津贴专家11人，获得全国中医药杰出贡献奖1人、全国消除疟疾工作先进个人1人、山东省中医药杰出贡献奖2人，拥有全国中医药创新骨干人才、全国中医药特色技术传承人才、省突出贡献中青年专家、省名中医药专家、省中医药高层次人才培育项目学术带头人、齐鲁卫生与健康领军人才及杰出青年人才等近30人。

省中医药研究院是国家重大新药创制平台共建单位、博士后实践创新基地、省级研究生联合培养基地和山东省医养健康产业协会中医药传承创新联盟主席单位，拥有中药药理三级实验室、中药制剂三级实验室、中药蜜制与制炭炮制技术与原理重点研究室等9个国家中医药管理局重点实验室和学科平台，山东省现代中药制剂研究重点实验室、山东省经典名方开发工程研究中心、山东省传统中医芳疗的现代化研究与开发工程研究中心等7个省级及19个厅局级重点实验室和学科平台，具备较为完善的科研支撑体系。

【科研重点与计划】 2022年，省中医药研究院在中药资源、炮制加工、院内制剂、新药研发、经典名方、大健康产品、药理毒理、质量评价、成分提取、金氏脉学、中医基础、针灸理论和政策研究等方面进行系统研究。新上各级计划课题43项，包括中央转移支付资金项目1项；省部级项目7项，其中山东省外专双百计划项目1项、山东省科技型中小企业创新能力提升工程项目3项、山东省自然科学基金青年基金项目1项、山东省自然科学基金联合基金项目2项；厅局级项目35项，其中齐鲁医派中医学术流派传承项目1项、全省中医药调研课题3项、山东省卫生健康政策研究课题5项、山东省中医药科技计划项目13项、山东省人文社会科学课题项目1项、济南市科技型中小企业创新能力提升工程项目2项、山东省医务职工科技创新计划项目1项、山东省中医药新产品研发推广项目2项、山东省中医药特色疗法项目3项、省医药卫生科技发展计划项目1项、"新高校20条"项目3项。

【科研成果】 2022年，省中医药研究院共验收和鉴定科研项目23项，获得各级科学技术奖励19项，其中中国民族医药学会科学技术奖二等奖1项，山东省卫健委2022年度全省中医药调研课题三等奖4项、优秀奖2项，山东中医药科学技术奖二等奖1项、三等奖3项，山东软科学优秀科技成果奖三等奖1项，山东省体卫融合试点项目2021年度优秀成果1项，中国技术创业协会科技创业贡献奖1项，山东省技术市场协会科技金桥奖优秀项目二等奖1项，山东省中药行业科学技术奖二等奖2项、三等奖2项。新取得发明专利授权8件，计算机软件著作权5件，维护专利19件，成功转让国家发明专利1件。

【国家继续教育】 2022年，省中医药研究院主办了国家继续教育项目"中药创新药物的研究开发策略"，该项目围绕"传承、创新、发展"主题，特邀中国医学科学院教授杜冠华、北京中医药大学教授倪健、中国中医科学院副院长（研究员）杨洪军、天津药物研究院研究员张铁军、中国中医科学院研究员郭兰萍、南京中医药大学教授陆兔林、浙江大学教授范骁辉、北京市药品检验研究院主任药师郭洪祝、中国中医科学院研究员詹志来等14位知名专家通过线上线下结合的培训形式进行了专题学术报告，为参会人员奉上了一场精彩纷呈的学术盛宴。全省各级医疗、教学、科研机构以及中医药企业相关人员400余人参加了会议。

【研究生教育】 2022年，省中医药研究院作为山东省研究生联合培养基地，培养山东中医药大学硕士研究生9名，通过学位论文答辩并取得硕士学位的研究生9名。

【学术交流】 2022年，由省科技厅、省卫生健康委指导，省中医药研究院主办的中国（山东）—巴基斯坦传统医药创新合作会议在济南国际人才创新中心成功举办。会议以线上、线下相结合的方式举行，邀请了澳大利亚科学院院士Charles Mackay、巴基斯坦木尔坦Bahauddin Zakariya大学Muhammad Fawad Rasool教授、巴基斯坦Punjab大学药学院Furqan Khurshid Hashmi教授、中国工程院院士肖伟、国际欧亚科学院院士杜冠华、国医大师王新陆、中国中医科学院青蒿素研究中心副主任王继刚、泰山学者田景振等国内外知名专家学者，围绕传统医药抗击新冠等领域进行9场专题讲座，累计有超过4.5万人参加线上会议。该会议展示了中巴两国传统医药悠久的历史、科学的理论、独特的技艺和良好的效果，为大力弘扬传统医药文化，助力中巴健康走廊建设，推动两国传统医学领域交流合作，更好地将中医药抗疫经验推广到"一带一路"沿线国家奠定了基础。

【科研人才队伍建设】 2022年，省中医药研究院新成立李晓宇麝香酮"脑心同治"创新团队；济南市科技局2022年度"新高校20条"项目扶持省中医药研究院引进封亮中药"脑心同治"新药研发与评价创新团队、王继刚"青蒿素联合疗法"中药新药研发创新团队，扶持设立王平山东道地中药材抗病毒研究科研带头人工作室，总经费270万元。

【科技咨询与服务】 2022年，省中医药研究院充分发挥其在中医药科研领域的优势，为中医药产业机构提供科技服务。与慈诺中医药科技（山东）集团有限公司、济南市中医医院、山东康众宏医药科技开发有限公司、山东省文登整骨医院、山东省医药生物技术研究中心以及宁波芳香码头生物科技有限公司等13家单位签订技术服务合同，累计合同金额为269.63万元。

【重点平台建设】 2022年，省中医药研究院再次遴选为国家中医药管理局中药炮制技术传承基地。获批3个山东省科普专家工作室、1个中药目标成分（群）高效制备济南市工程研究中心、1个山东省黄河流域道地药材生态保护与开发重点实验室、3个山东省中医药重点学科（中医诊断学、针灸学、中药炮制学）。

2022年，省中医药研究院新增一个山东省工程研究中心——传统中医芳疗的现代化研究与开发工程研究中心。该中心于2022年5月获山东省发展和改革委员会批准，中心基于传统芳疗技术及山东省悠久的用香文化和丰富的芳香中药资源，以市场为导向、典籍为指南、现代研究方法为依托，围绕传统中医芳疗的应用特点和现代研究存在的问题，重点在传统芳香辟秽中药治疗"疫病"现代作用机理、传统芳疗法在情志及脾胃疾病中的应用开发、芳香中药提取物质量评价标准建立3个方向上开展工作。该中心的获批，对于开展传统芳疗现代创新研究以及提升省中医药研究院中医药产业自主创新能力具有重要的意义，中心的建设将助力于推动齐鲁香文化的传承发展，为人民群众健康提供更好的保障。

（山东省中医药研究院　徐　男　张　娜　张华铮
殷晓雪　刘桂霞　袁　敏）

山东省计量科学研究院

【概述】　2022年，山东省计量科学研究院（以下简称省计量院）坚持以习近平新时代中国特色社会主义思想和党的二十大精神为行动指南，深入学习贯彻习近平总书记关于科技创新的重要论述，始终坚持"科技兴院、人才强院"发展理念，强化科技创新支撑引领作用，不断提高科技创新能力水平。探索创新机制，优化出台《院科研经费管理办法》，召开院科技创新工作大会，为47项科研项目提供经费支持，激发创新活力；创新平台建设领域，组建国家市场监管技术创新中心管理委员会和技术委员会，2个专业工程研究中心被省发展改革委认定为山东省工程研究中心，召开山东省轨道交通产业计量测试中心专家委员会会议暨计量测试联盟成立大会，打造新增长极；创新驱动下，省计量院科研成果斐然，获山东省科学技术进步奖二等奖1项、中国轻工业联合会科学技术进步奖一等奖1项、中国（国际）传感器创新创业大赛三等奖1项、山东软科学优秀科技成果奖3项，完成国家标准规范制修订5项、地方标准规范制修订28项，获授权专利160件（其中发明专利7件）。

【计量业务】　2022年，省计量院面对严峻复杂的国内外形势，围绕全省经济社会发展需要，以技术支撑与应用为事业发展赋能增效。全年新建社会公用计量标准14项，总数达到401项；建有国防区域最高计量标准39项；法定机构授权检定校准项目1482项，实验室认可检测校准项目1373项，实验室资质认定项目545项，能力资质继续保持全国同行前列。作为技术审查机构，完成技术审查任务863项；完成省级监督抽查任务5项。作为主导实验室，组织全省实验室比对5项，参加国家总局实验室比对及能力验证活动（含测量审核）18项，返回结果均为满意。2022年，省计量院继续保持标准物质研制方面的领先优势，全年新研制标准物质33项，总数达237项。全年业务工作量同比增长8%，其中，经营收入同比增长4%，强制检定及型评工作量同比增长17.43%；为企业减免费用8000余万元。

【科研项目】　2022年，省计量院申报的市场监管总局科技计划项目"大气环境监测仪器在线智慧计量系统研究"获批立项，"双碳背景下石油炼制产业计量现状及发展趋势研究"等51项山东计量测试学会科技项目获批立项；承担"卡尔·费休库仑法微量水分测定仪检定规程"等国家标准和计量技术规范修订项目16项（第一起草单位6项）、"'两高'行业监测用计量器具配备和管理总则"等山东省地方标准和计量技术规范制修订项目21项（均为第一起草单位）。

【科技成果】　2022年，省计量院承担完成的项目"离子色谱创新技术体系的国产应用替代及系列标准建立"获山东省科学技术进步奖二等奖；项目"钻石检验及质量评价关键技术及应用"获中国轻工业联合会科学技术进步奖一等奖（第一位）；项目"5G-V2X车路协同专用终端"获第6届中国（国际）传感器创新创业大赛决赛三等奖；"新旧动能转换形势下电能计量监管新模式的研究"等3项项目获山东软科学优秀科技成果奖二等奖1项、三等奖2项；"温湿度仪表计量关键技术研究及应用"等15项项目获山东计量测试学会科学技术奖；项目"检验检测机构业务和财务信息化融合体系的构建"获山东省认证认可协会认证认可科学技术奖一等奖。

"接触（触针）式表面轮廓测量仪检测方法研究"等21项山东计量测试学会科技计划项目通过验收。组织完成"EDXRF检测珠宝贵金属的关键技术研究"等3个横向课题的验收。起草的《测量、控制和实验室用电气设备的安全要求 第19部分：电动控制阀门执行器的特殊要求》等12项国家标准、"电冰箱能效（性能）测量装置校准规范"等3项国家计量技术规范（第一起草单位1项）、"接触（触针）式表面轮廓测量仪"等28项山东省地方计量技术规范（第一起草单位20项）、"动态汽车衡（非现场用）通用技术条件"等4项团体标准（其中第一起草单位2项）发布实施。

全年获授权专利160件（发明专利7件），软件著作权登记68件，研制标准物质33项。获山东省杰出工程师、山东省青年优秀工程师各1人、山东省杰出工程师团队1个，获济南市优秀科技工作者、济南市青年创新先锋各1人，获直接颁发类山东省惠才卡1人，评审颁发类山东省惠才卡3人，新增全国计量技术委员会委员2人、山东省计量技术委员会委员3人，入选山东省市场监督管理局计量人才专家库专家71人、《工业计量》杂志第一届青年编委5人。

【科技平台建设】 2022年，省计量院共建有国家衡器中心等5个国家中心、颗粒物采样器等14个国家型式评价实验室、山东省计量检测重点实验室、山东省标准物质工程技术研究中心，2个省工程研究中心等科技创新平台。省计量院立足全省社会经济发展实际，围绕高新技术产业、战略性新兴产业和优势产业检测需求，积极推动高端计量技术服务平台建设。获批建设的国家市场监管技术创新中心（大气环境监测装备及溯源技术）组织召开了成立大会，组建了国家市场监管技术创新中心管理委员会和技术委员会；申报的"电能计量装置可靠性评价工程研究中心""超声流量仪表工程研究中心"被省发展改革委认定为山东省工程研究中心；召开了山东省轨道交通产业计量测试中心专家委员会会议暨计量测试联盟成立大会。

国家市场监管技术创新中心 为满足大气环境监测质量基础建设和环保产业升级发展需求，提高国内大气环境监测仪器自主创新能力和持续发展能力，2022年7月，国家市场监管技术创新中心（大气环境监测装备及溯源技术）成立大会在济南举行。山东省是大气环境监测装备产业集群地，拥有生产企业近30家，产品类型200多种，产品占据全国大气环境监测装备企业总量的近50%，居全国同行业龙头位置，产业优势明显。国家市场监管技术创新中心（大气环境监测装备及溯源技术）落户山东省，将发挥本省环境监测仪器装备产业集群地优势，助推全国相关产业高质量发展，在环境监测仪器国产化替代等方面做出贡献。

山东省工程研究中心 2022年，省计量院牵头申报的"电能计量装置可靠性评价山东省工程研究中心"和与青岛积成电子股份有限公司共建的"超声流量仪表山东省工程研究中心"双双被认定为山东省工程研究中心。省工程研究中心是根据科教强省和现代化经济体系建设的战略需求，以提高自主创新能力、增强"十强"产业核心竞争力、服务国家和省重大战略任务、支撑保障新旧动能转换重大工程实施为目标而设立的创新联合体，是山东省创新体系的重要组成部分。两个工程研究中心通过认定，进一步丰富了省计量院科技创新平台类型，院创新体系得到进一步完善。

电能计量装置可靠性评价山东省工程研究中心主要针对国产仪器仪表可靠性较低的现状，开展电能计量装置可靠性评价和失效分析，促进设计和工艺改进，提升电能计量装置的可靠性，推动电能计量装置产业的高质量发展。超声流量仪表山东省工程研究中心以常压气体流量超声波检测技术、蒸汽流量超声波测量技术、燃气表能量测量及在线超声测量方法等为研究重点，着力提升超声波计量技术水平，加快超声波流量仪表的研发及国产化进程。两个中心将围绕创新产业链深度融合开展核心技术攻关、关键工艺试验、重大装备研制、标准制定、人才培养、成果转化等研发活动。省计量院将不断完善省工程研究中心研发设施和条件，切实提升创新支撑能力。

山东省轨道交通产业计量测试中心 2022年9月，山东省轨道交通产业计量测试中心专家委员会会议暨计量测试联盟成立大会在济南召开。会议采用线上线下相结合的方式，来自全省各地市计量技术机构、高等院校、科研单位和轨道交通行业的专家委员及联盟单位代表参加了会议。该中心设有铁路专用量具计量实验室、工程与机械计量实验室、热工计量实验室、衡器计量实验室、力学与声学计量实验室、电子与电磁计量检测实验室、电器计量检测实验室、化学与光学计量实验室8个专业实验室。着眼于解决轨道交通领域专用计量器具的量值溯源难题，研究相关测量方法，建立完善的量值传递体系；通过关键参数测量技术研究和计量科技创新服务，逐步实现检测能力覆盖建设施工、机车车辆、加工设备、维修维护等环节的产品及配套设备，及其设计和制造过程中诸多方面的测量需求。

【学术交流】 2022年，省计量院累计参加各类学术交流活动180余人次，先后主办了"第七届全国衡器计量技术委员会换届会议""国家市场监管技术创新中心（大气环境监测装备及溯源技术）成立大会""山东省轨道交通产业计量测试中心专家委员会会议暨计量测试联盟成立大会"等学术会议，受邀参加了第19届国际流量测量学术会议等国内外学术交流活动，组织参加了中关村检验检测认证产业技术联盟国际合作专委会举办的线上"数字技术与计量"专题报告会等学术会议。

【计量科普】 2022年，省计量院成功入选首批国家市场监管总局全国计量文化和科普资源创新基地，获评2021—2025年首批全国科普教育基地，是省内唯一入选的计量技术机构；坚持"计量科普融入科技创新、计量科普融入企业发展、计量科普融入百姓生活"的科普工作思路，面向不同群体，通过举办主体科普讲座、免费检测咨询、科普进社区、科普进校园等，积极宣传计量科技知识，提升科普效果。

全国计量文化和科普资源创新基地 2022年10月，国家市场监管总局公布了首批全国计量文化和科普资源创新基地名单，省计量院成功入选，并且在全国入选的两家省级计量技术机构中排名第一。此次入选，是继取得"科普双百工程——三星级山东省科普教育基地""中国计量测试学会科普教育基地""山东省科普教育基地""济南市科普教育基地""全国科普教育基地"称号后，省计量院再获计量科普工作的殊荣。

科技创新工作大会 2022年10月，省计量院召开了主题为"科技创新走在前、计量事业开新局"的科技创新工作大会。会议期间，为山东省计量检测重点实验室学术委员会和院科技创新委员会委员颁发聘书，为科研工作获奖人员和团队颁发奖励；邀请了3名专家为全院人员做了碳计量、数字计量和科研管理等方面的讲座；在科技工作交流研讨中，对《院"十四五"发展规划》《智慧计量专项规划（2021—2035年）》进行了解读和讨论。

线上平台直播活动 为深入普及产业计量理念，分享交流产业计量经验，促进计量测试与产业深度融合，展现国家产业计量测试中心开展产业计量技术研究和测试服务的成果，8月5日至9月23日，国家市场监管总局组织了以"携手促产业，云上话计量"为主题，涉及新材料、新能源、航空航天等八大类别的线上平台直播活动。8月12日，省计量院国家节能家电产业计量测试中心参与了新材料/新能源专场直播活动，以"节能家电支撑'双碳'战略 计量创新重塑产业格局"为主题，从能源环境问题与产业发展的协调统一、节能家电产业计量测试中心建设的社会需求与基础、中心运行对于产业的引领及典型服务案例5个方面对节能家电产业建设的相关情况进行了研究分析和科普推广，围绕产业发展需求和瓶颈问题，以计量杠杆撬动产业发展的痛点，助力节能家电产业创新和高质量发展，线上实时观看人数达3300人，取得了良好的科普宣传效果。

"计量服务中小企业"系列线上公益课程 为积极响应国家助力中小企业发展的政策号召，全国科普日期间，省计量院配合省市场监管局工作安排，创新性地将"服务中小企业发展"作为关注重点，结合不同行业、领域的计量工作需求和发展难点，首次多量推出"计量服务中小企业"系列线上公益课程视频。视频共16个，涵盖长度、力学、化学、流量、医学等多个计量专业类别，由相关计量技术委员会专家和院中青年专家主讲，内容丰富翔实、深入浅出，将计量科普推广工作更加聚焦到重点领域、基层企业所需，深刻践行了"我为群众办实事"实践活动。视频自院网站上线以来，点击观看总量近8000次，传播范围不断扩大，切实营造了计量促进产业和行业发展，服务中小企业纾困解难的良好氛围。

"5·20世界计量日"科普活动 2022年5月20日，第23个世界计量日的主题是"数字时代的计量"。为科普计量文化、弘扬计量精神，惠及民生百姓，省计量院开展了"5·20世界计量日"免费检测、咨询及科普活动，活动在省计量院常态化计量惠民服务窗口"计量超市"举行，开展的免费项目包括眼镜、黄金珠宝等检测，测量血压、心率等现场互动体验项目也吸引了许多市民的积极参与，市民们还参观了"计量超市"的各个科普展厅并领取了计量科普知识宣传彩页和画册。山东省市场监管局志愿服务队也来到活动现场，开展了志愿服务活动。

为加强计量科学知识普及，助力疫情防控宣传，省计量院组织工作人员赴千佛山社区核酸检测点现场发放了计量与民生、计量科普常识等宣传彩页和《计量在我身边》科普画册。活动共提供免费检测、咨询50余次，发放计量科普材料百余份，工作人员耐心细致地检测和讲解，进一步加强了与社会公众之间的沟通交流，广受好评和赞扬。

"大数据与智慧计量"主题讲座 2022年2月，省计量院举办了计量大讲堂，邀请中国计量科学研究院首席计量师贺青研究员通过线上会议做了"大数据与智慧计量"主题讲座。实施"智慧计量"建设是把握新一轮科技革命和产业变革新机遇的战略选择，是落实省计量院"十四五"规划信息化建设发展任务的具体举措，省计量院将加大物联网、互联网、区块链等相关技术在计量工作中的应用，以"互联网+"的创新理念和创新技术为手段，通过测量器具智能化、测量数据系统化，提升计量检测智能化、智慧化水平。

（山东省计量科学研究院 赵 伟 王 娜 曹 丛 李凤霞 曹瑞基）

山东省科学院生物研究所

【概述】 山东省科学院生物研究所（以下简称生物所）成立于1978年，省级公益二类事业单位，秉承前沿、创新、发展的理念，以服务山东经济、促进社会发展为宗旨。生物所设有分析生物化学、药物筛选、食品生物技术、工业微生物、微生物药物5个专业研究室，主要从事传感器及生物智能制造、药物活性筛选与毒性评价、食品加工技术、工业微生物发酵工艺、海洋微生物药物方面的基础、共性关键技术及应用示范研究。拥有山东省生物传感器重点实验室、生物检测技术山东省工程研究中心、山东省人类疾病斑马鱼模型与药物筛选工程技术研究中心、国家海参加工技术研发分中心（威海）、山东省海洋功能食品技术创新中心、山东省生物传感器技术研究推广中心和山东省院士工作站共7个省级实验室平台。生物所积极开展国际交流合作，与加拿大、美国、澳大利亚、法国、英国、德国、乌克兰、以色列、俄罗斯等国家和地区的学术机构建立了良好的合作关系。生物所认真贯彻落实中央、省委和校（院）党委的决策部署，强化理论学习，坚定理想信念，不断推进学习型党组织建设，在干部职工中践行社会主义核心价值观，倡导科学家精神，开展精神文明创建活动，激发科研人员的创新活力，先后被省总工会、省委、省直机关工委授予"省级文明单位""省直机关文明单位""青年文明号""模范职工之家""职业道德建设标兵集体"等荣誉称号。

生物所科研办公面积7000平方米以上，在职职工72人，其中，正高级专家13人、博士38人、国务院政府特殊津贴专家1人、泰山学者特聘专家（兼）3人、泰山学者青年专家2人、泰山学者产业领军人才1人、山东省有突出贡献的中青年专家1人、省优青1人、省重点扶持区域急需紧缺人才3人。建所以来共取得科研成果240余项，发表论文1060余篇，授权国家发明专利251件，制定国家标准、行业标准、团体标准等20余项，获得国家级新产品4项、国家新药证书2个、农业农村部登记新农药7项。获得国家技术发明奖2项、国家科学技术进步奖2项、省部级科学技术进步奖40余项、厅局级奖励60余项。

【科教融合】 2022年，生物所学科建设工作稳步有序推进，积极参与制定轻工技术与工程专业、生物学专业相关方向学术硕士研究生培养方案及生物与医药专业硕士研究生培养方案。招收硕士研究生41人；积极开展硕士研究生导师遴选及招生资格审核认定工作，新增硕士研究生导师3人，共有硕士研究生导师39人。在读研究生管理方面，制定了研究生－导师双向选择及培养方案，完成了开题报告、中期筛选及进展汇报。共有15人顺利完成硕士研究生培养并取得硕士学位。

【科研项目及成果】 2022年，生物所新增各类纵向科研项目42项，总经费3493.25万元；新增技术服务合同62项，横向收入总计857万元；新增R&D经费合计4350.25万元。发表学术论文89篇，其中SCI收录论文62篇、EI收录论文3篇；新增授权发明专利32件（其中国际发明专利3件），实用新型专利1件；申请省部级以上科技奖励4项，荣获中国发明协会发明创业创新奖二等奖1项、山东中医药科学技术奖三等奖1项以及其他各类科技奖励6项。

【科研平台】 2022年，山东省生物检测技术工程实验室通过优化整合，成立生物检测技术山东省工程研究中心；获批黄河流域特色生物产业技术协同创新中心；与华熙生物、港熙生物等龙头企业共建研发平台2个。

【科技人才】 2022年，生物所新增各类人才称号专家5人，省级以上人才2人（泰山产业领军人才1人、泰山学者青年专家1人）；省重点扶持区域急需紧缺人才3人。

【科技成果转化】 2022年，生物所实现成果转化4383万元。其中，以知识产权（作价4380万元）与山科创新股权投资有限公司合作成立智感生物（山东）有限公司，注册资金5000万元。新增技术服务合同62项，到位经费487.6万元，其他技术性收入到账369.4万元，横向收入总计857万元。

【科技交流与合作】 2022年，生物所申报国际合作项目9项，其中国家级2项、省部级2项、教育部2项、校（院）3项，其中2项科教产国合项目获得立项。申报泉城友谊奖1项。选派1名科研骨干赴澳大利亚弗林德斯大学访学。参与组建山东省国际合作创新创业共同体，建立国际、国内"政产学研金服用"的沟通渠道和平台。

（山东省科学院生物研究所 蔡 雷 齐 君 盛文龙）

山东省食品发酵工业研究设计院

【概述】 山东省食品发酵工业研究设计院(以下简称省食品发酵院)创建于1963年,是山东省唯一的集食品发酵工程技术研究、检测、设计为一体的综合性专业研究开发事业单位,上级主管部门是山东省轻工业协会,2015年12月,山东省人民政府办公厅出台《山东省人民政府办公厅关于印发机械等5个工业协会改革实施方案的通知》鲁政办字〔2015〕248号,撤销山东省轻工业协会等5个工业协会事业单位建制,相应调整所属企事业单位,省食品发酵院整建制移交省国资委管理。2018年6月,山东省机构编制委员会出台《关于核定齐鲁工业大学(挂省科学院牌子)领导职数等事项的批复》鲁编〔2018〕21号,将该院整建制移交齐鲁工业大学(省科学院)管理。2019年7月,省食品发酵院党委整建制由山东国投资委转移到齐鲁工业大学(山东省科学院)管理。2021年10月,省食品发酵院与齐鲁工业大学(山东省科学院)食品科学与工程学院组建齐鲁工业大学(山东省科学院)食品科学与工程学部,实施科教融合一体化运行,实现了领导班子一体化、管理机构一体化、人事考核一体化、财务管理一体化,在科研团队融合方面走出重要一步,科教产协同育人能力明显提高,已经成为山东省食品科学领域重要的科学研究、人才培养基地。省食品发酵院配备3500 m^2 的实验室及相关研发检测设备247余台(套),2022年筹集资金70余万元,招标采购叠加式全温培养箱、PCR仪、液相色谱分离层析仪等仪器设备17台(套)。截至2022年底,省食品发酵院已先后获得国家级和省部级科学技术进步奖75项,其中获国家科学技术进步奖二等、三等奖4项,省部级科学技术进步奖二等奖以上奖励30多项;拥有有效发明专利54件,制定国家标准、行业及企业标准几十项,在国内外核心期刊发表论文550余篇。另外,在国家食品企业质量安全检测技术示范中心、山东省食品发酵行业技术中心、山东省饮料行业协会秘书处、山东省乳制品工业协会秘书处设在该院。2022年,省食品发酵院连续第20年获得省直机关精神文明建设委员会授予的"省直文明先进单位"称号。

【科研重点与计划】 2022年,省食品发酵院的主要业务为食品与生物科学研究、食品安全和质量控制以及科技合作交流、研究生培养、面向社会提供相关咨询服务,为食品行业发展提供技术支撑。重点研究领域包括微生物新型发酵技术、天然新型食品添加剂及功能食品基料生产技术、农副产品精深加工及高值高效生物转化技术、特殊用途(医用食品)功能食品生产技术及香精香料生产技术等。十几年来,省食品发酵院在国内率先实现了黄原胶、衣康酸、葡萄糖异构酶、人工培养冬虫夏草、赤藓糖醇、D-核糖、可得然胶等生物聚合物、DHA(二十二碳六烯酸)、葡萄糖酸钠、果蔬深加工制品等技术的产业化。

【科研成果】 2022年,省食品发酵院承担纵向科研课题20项,其中,国家重点研发计划"绿色生物制造"重点专项、省重点研发计划(重大创新工程)等在研结转课题8项;国家自然科学基金青年基金项目"植物乳杆菌对肠道色氨酸-芳香烃受体通路的影响机制研究"、省重点研发计划(乡村振兴科技专项)"甘薯全产业链高值高效关键技术创新与示范"、省自然科学基金项目"具有芳香烃受体激活能力乳杆菌的筛选及其色氨酸代谢机制研究"、科教产融合重大创新专项"健康食品开发关键技术及产业化示范"等7项科技项目获得立项,项目经费共计1478.8万元;济南市科技发展计划、科教产融合试点等5项科研项目完成课题结题验收。省食品发酵院全年共为13家企业提供科技成果转化、技术开发及服务等业务,签署"阿洛酮糖制备及其产业化项目""年产15万吨柠檬酸项目""年产1000吨功能性益生菌""薄荷等香型烟用微胶囊开发与应用研究"等各类技术合同11项、专利权转让合同2项,累计合同金额687万元,收入到账401.8万元。疫情期间,科研人员先后多次往返于企业与单位之间,推介科研成果,探讨成果转化,获得企业一致好评,省食品发酵院以实际行动响应校(院)"一流社会服务""一流社会声誉"的行动计划。

【科技奖励与重点成果选介】 省食品发酵院在新型发酵食品、传统发酵食品、食品加工、农副产品深加工、香精香料等研究领域一直处于国内领先地位,发酵工程和食品工程一直是该院的发展重点。2022年,省食品发酵院获得授权国内发明专利9件、国际发明专利4件,申请发明专利14件;发表论文23篇,其中SCI收录论文16篇。

赤藓糖醇 省食品发酵院自2000年起致力于赤藓糖醇生物制造技术的研究,是中国最早开展赤藓糖醇

生产技术研究的科研单位之一，2008年成功实现了工业生产转化。近两年来，省食品发酵院在赤藓糖醇生产过程中制糖工艺、糖原料培养基、菌株筛选、提取工艺等领域取得突破性进展，先后与保龄宝生物股份有限公司、浙江华康药业股份有限公司、山东香驰健源生物科技有限公司等企业进行了科技成果的转让。

系列微生物多糖　微生物多糖主要包括可得然胶、韦兰胶、小核菌多糖、结冷胶、普鲁兰多糖、黄原胶等，主要应用于食品、医药、日化、农业、石油开采等领域，省食品发酵院研发的系列微生物多糖发酵技术已获国家发明专利授权8件，发表相关研究论文10余篇，曾荣获国家科学技术进步奖、山东省科学技术进步奖等多项成果奖励。项目"生物聚合物开发关键技术及其在石油开采中的应用"获2021年度山东省科学技术进步奖二等奖。

3-羟基丁酮　一种应用广泛的食用香料和重要的化合物，能够广泛应用于食品、化工、医药、烟草等领域。生物法生产3-羟基丁酮技术，产品绿色、安全，纯度达99.5%以上，质量及成本具有明显的市场竞争力。

四甲基吡嗪（Tetramethylpyrazine，TMP）　一种应用广泛的食用香料，是芝麻香型白酒的主体香基。TMP在医药行业又称川芎嗪，具有扩张血管、改善微循环及抑制血小板集聚等作用，临床应用广泛。项目研究以糖质为原料，通过微生物转化生成TMP，提取获得高纯度结晶型TMP产品。该工艺具有反应条件温和、产品绿色安全、成本低和环保等优点。

【科研成果产业化】　2022年，省食品发酵院积极促进科技成果的转化，充分利用自身工程研究及设计方面的优势，完成的成果多数实现了工业化生产。与吉林协联生物科技有限公司、山东蔚蓝生物科技有限公司、山东金宸生物科技有限公司、山东巧媳妇食品集团有限公司、点滴（南京）生物科技有限公司、浩宇集团有限公司等企业签订技术转让开发等合同13项，合同额687万元。

【科研平台建设】　2022年，省食品发酵院已有平台包括国家食品企业质量安全检测技术示范中心、山东省食品发酵工程行业技术中心（与齐鲁工业大学共建）、山东省食品产业创新发展研究院、山东省淀粉生物基材料与绿色制造重点实验室（与山东寿光巨能金玉米开发有限公司合作）、山东省特殊医学用途配方食品质量控制工程技术研究中心（与食品药品研究院合作）；新增平台包括淀粉基材料及功能淀粉衍生物山东省工程研究中心、食品科学与技术山东省高等学校重点实验室。

【科技人才培养与队伍建设】　2022年，省食品发酵院坚持把人才工作和人才队伍建设作为重要的任务来抓，营造有利于优秀人才健康成长和发挥才能的工作机制和环境。在未获批引进博士名额的背景下，柔性引进国家级专家2名。高层次专家的柔性引进，为省食品发酵院开展基础研究和应用基础研究提供了技术支撑，对该院科研工作的发展和更好地服务社会起到助推作用。按照省委和校（院）党委的要求，为帮助巩固拓展脱贫攻坚成果，全面推进乡村振兴，省食品发酵院选派1名省派第一书记，进驻德州临邑县唐家村，依托自身技术优势及产业资金，利用当地农副产品资源，引入啤酒酿造技术，打造精酿啤酒"醉美梨城"品牌，销售范围覆盖全镇，辐射临邑县，同时通过产业链延伸，有效带动了快递、物流、餐饮、酿酒、包装等相关产业的发展，解决了富余劳动力10余人，实现了集体增收、农民增富的双赢局面，推动派驻村庄走入了乡村振兴的"快车道"。

（山东省食品发酵工业研究设计院　贺强之）

山东省农业科学院作物研究所

【概述】　山东省农业科学院作物研究所（以下简称作物所）始建于1959年3月，是从事小麦、大豆、甘薯、谷子、高粱等主要作物种质资源、遗传育种、诱变育种、栽培生理、农业气象与生态、谷物营养与质量安全、植物新品种测试和成果应用的社会公益性事业单位，全国农业百强研究所、全国文明单位、山东省一类科研院所、山东省产学研合作创新突出贡献科研单位和山东省科技兴农先进集体。

【科研项目与经费】　2022年，作物所新上科研项目54项，立项总经费1.75亿元，全年到位经费3487.3万元。其中，获批国家农业重大科技项目1项、国家重点研发计划项目课题1项、国家现代农业产业技术体系岗位6项、国家现代农业产业技术体系综合试验站2项、国家自然科学基金项目3项、省自然科学基金项目3项、山东省现代农业产业技术体系岗位5项、中国博士后科学基金面上项目1项、省良种工程项目

2项，省乡村振兴科技创新提振行动项目2项。

【科研成果】 2022年，作物所获得成果奖励10项。其中，项目"小麦播前播后二次镇压抗逆高效技术推广"获山东省农业技术推广成果优选计划三等奖；项目"微量元素在小麦玉米抗逆丰产和营养强化中的作用研究与应用"和"小麦优质绿色生产关键技术集成与应用"获山东省农业科学院科技进步奖二等奖；参与申报的项目"优质专用甘薯绿色轻简高效生产技术集成与推广应用"获全国农牧渔业丰收奖一等奖、项目"糯玉米新品种选育及产业技术开发与推广应用"和"黄河三角洲冬小麦抗逆节水增效生产关键技术研究与推广"获全国农牧渔业丰收奖二等奖、项目"抗条锈病高产小麦新品种'川农19'及系列品种的选育与应用"获四川省科学技术进步奖二等奖、项目"优质小麦品种试验评价及配套技术集成推广"获山东省农业技术推广成果优选计划二等奖。授权专利40件（国际发明专利4件）；获批农业行业标准3项，制定团体标准13项、地方标准1项；审定/登记作物品种11个；授权软件著作权4件、植物新品种权6件；发表论文53篇（其中SCI收录论文23篇），出版著作1部。

【科研平台建设】 2022年，作物所与日本建立科研合作，建成中日小麦发育生物学与遗传育种联合实验室；国家级平台小麦育种全国重点实验室重组获科技部批复，该实验室是与山东农业大学联合申报组建；济南市小麦遗传改良重点实验室获批立项建设，该实验室是与山东鲁研农业良种有限公司联合申报。山东省小麦技术创新中心通过省科技厅组织的绩效评估，获良好等次；山东－苏丹现代农业研究中心、中国－澳大利亚小麦品质联合实验室等国际科研平台，小麦玉米国家工程研究中心、农业农村部黄淮北部小麦生物学与遗传育种重点实验室等国内科研平台运转顺利。

【科技成果转化与推广】 2022年，作物所科技成果转化到账金额1356.21万元，新签订成果转让合同总金额突破2500万元，其中大豆新品种"齐黄39"生产经营权许可合同金额1000万元。"济麦22"夏收面积1631万亩，位列全国第一；"济麦44"以930万亩位居全国第三。"济麦60"在东营垦利专家测亩产460.98公斤，创盐碱地高产典型。在山东省农业农村厅组织的全省小麦高产竞赛中，"济麦5198"在山东招远实打亩产881.8公斤，"济麦70""济麦44"在山东滕州实打亩产分别为846.04公斤、801.72公斤，"济麦5789"在山东桓台实打亩产823.71公斤，"济麦22"在菏泽曹县实打亩产818.22公斤。此外，"济麦44"还创造了亩产808.6公斤的超强筋小麦全国单产纪录。"济麦60""齐黄34"作为"十三五"重大科技成果，受邀参展由农业农村部科教司主办的全国农业高新技术成果交易活动。

组织开展"舜耕科技""科技壮苗"等技术服务活动，累计培训农民11余万人次；举办"齐鲁粮油"+"鲁农科"小麦新品种云观摩会，全网直播观看量突破203万人次；组织召开"齐黄34"推广大会，直播视频点击观看量154.6万人次。新增招远科技成果转移转化中心、商河酿酒高粱试验示范基地两处成果转化平台。积极参加省"四进"工作组、省派"加强农村基层党组织建设"工作队，下沉生产一线，助力乡村振兴；在院科技支撑乡村振兴"三个突破"工作中，选派22名同志挂职担任乡镇"第一镇长"、园区"第一主任"、企业"科技副总"等，重点打造招远市"优质中强筋小麦全产业链"和费县"优质鲜食甘薯全产业链"两个所长样板工程。

【科技人才队伍建设】 2022年，作物所聘请1名院士为"名誉所长"，引进优秀博士3人、优秀硕士2人，1名博士后入选山东省博士后创新人才计划，支持出国研修1人。1人荣获"首届国际种业科学家奖"，1人获"全国农业技术推广贡献奖"，1人获"神农青年英才"称号，1人获聘"国家小麦产业技术体系副首席科学家"，1人入选"泰山学者攀登计划"，1人入选"泰山产业领军人才"，1人入选"泰山学者青年专家"，16人入选院"3237"人才培养计划；1人获"直机关青年理论学习标兵"称号，1人获DUS测试先进个人，1人获山东省科普讲解大赛兼职组三等奖，1人获全省科技特派员绩效评价优秀人员。

【科技交流与国际合作】 2022年，作物所组织召开以"表型组学与作物精准育种技术"为主题的泰山科技论坛，邀请了相关领域专家做专题报告，为传播新技术，交流新思想，启迪新思维，再谋新发展起到了积极的推动作用。举办"舜耕论坛"2次，"双月论坛"2次，"青年沙龙"1次，组织所团队内部交流会6次。与荷兰瓦赫宁根大学作物系统分析中心联合研究成果发表在一区TOP期刊 *Agricultural Systems* （IF=6.765）；与日本农业生物资源研究所合作论文已投稿于 *PNAS* （IF=12.779）。

【公益科普】 2022年，作物所科普工作室被列为2022年省科普示范工程项目，获批"第一批山东省科普专家工作室""全国首批科学家精神教育基地"，科普基地先后接待师生3500余人，获批济南市少先队校外实践教育基地，为青少年了解作物生长提供专业环境；联合省科协主办《科普总动员》栏目，与山东电视台合作录制"亲近耕地"等系列科普节目8期，制作发布科普视频9个。

（山东省农业科学院作物研究所　戴海英　孙琳琳）

山东省产品质量检验研究院

【概述】 山东省产品质量检验研究院（以下简称省质检院）始建于1980年，拥有8个国家级质检中心、5个省级质检中心、1个省工程实验室和1个省重点实验室，是中国合格评定国家认可委员会（CNAS）认可的国家级实验室和中国国家认证认可监督管理委员会（CNCA）批准的认证机构，也是山东省内检测范围最广、综合实力最强的专业化、科研型公共检测服务平台。省质检院一直深入贯彻落实"科技兴检"战略，聚焦市场监管中心工作与经济社会发展大局，坚持以检促研、以研带检，围绕家用净化产品、家具、可穿戴产品、氢燃料电池、太阳能、纳米材料等日用消费品领域和新能源新材料领域，累计牵头国家重点研发计划国家质量基础设施项目1项，承担国家质量基础设施课题5项和国家质量基础设施子课题7项，承担山东省重点研发计划重大科技创新工程、山东省新旧动能转换重大产业攻关项目、市场监管总局科技计划项目等省部级项目26项。

【科研重点与计划】 2022年，省质检院在儿童用品、食品安全、绿色发展、氢燃料电池等社会重点关注的日常消费领域和重点发展领域进行系统研究，在此基础上，新立项科研项目9项，其中，国家重点研发计划项目1项，国家市场监督管理总局立项2项，省科技厅、省市场监督管理局等单位立项6项。省质检院将结合现有检测基础，发挥试验装备齐全、技术经验丰富的优势，围绕新一代信息技术、先进制造技术、现代交通技术、新材料技术、生物技术、现代服务业技术等新旧动能转换关键核心技术，聚焦乡村振兴、海洋强省、面向人民群众生命健康、碳达峰碳中和等重大战略，开展技术能力建设和研究，为加快山东省建设绿色低碳高质量发展先行区，提供强有力的科研技术支撑。

【科研成果及选介】 2022年，省质检院"成品油快速检测体系构建与关键技术创新"项目获得山东省科学技术进步奖二等奖，《绿色包装评价方法与准则》被国标委列为国家重点标准并获得中国标准创新贡献奖二等奖，团体标准《玩具造型粘土和凝胶》被列入工业和信息化部2022年团体标准应用示范项目，获山东省发展改革委批复成立山东省数字能源技术工程研究中心，被国家市场监管总局认定为市场监管总局科技成果转化基地。参与制修订国家标准6项、地方标准1项、团体标准23项，参编著作2部，获得授权发明专利18件、实用新型专利109件，发表论文98篇（其中发表SCI/EI收录论文8篇、中文核心收录论文11篇）。

重点产品质量快速检测技术　该项目以打造全国领先的产品质量快速检测技术输出平台、推动市场监管模式创新为切入点，在国内首次攻克了成品油、车用尿素、电线电缆等产品快速检测技术瓶颈，创新引入了大数据智能对比识别方法，建立了"1+N"快速检测技术开发模式、重点产品关键质量指标和禁限用物质体系，研制了车载移动实验室，推动山东以快速检测支撑靶向监管的创新模式走在全国前列。该项目获得了2项国家标准、10项地方标准和21项团体标准，在全国完成了5万余批次的快速检测标准应用，并在第二轮中央环保督察、第三届中国国际进口博览会以及2022年冬奥会期间发挥了重要的技术保障作用。

家用环境净化产品关键性能及安全性检测技术研究　该项目作为国家重点研发计划国家质量基础设施重点专项，针对社会和市场监管重点关注的家用空气净化产品和净水产品，从"材料—部件—整机"全链条开展卫生安全性、可靠耐久性和净化性的性能研究。建立了全产品链、全使用周期的8项卫生安全检测技术，形成覆盖全面、针对性强的13项性能评价方法，设计研制了6套具有自主知识产权的检测配套辅助设备，形成7项标准、2套认证规范，建立了家用环保产品NQI质量提升解决方案并应用推广，同时立项发布IEC国际标准1项。项目成果在多家检测机构和企业转化应用，助力行业产品质量提升，带来显著间接经济效益。

【科研管理】 2022年，省质检院围绕服务政府市场监管和经济社会高质量发展，通过制度和规划建设，持续优化科技创新环境，不断加强重点项目的立项申报工作以及科研团队、科研平台的建设，有效提升了科研项目、标准制定和科技奖励的层次与水平。修订了《科研管理办法》和《科研经费管理办法》，制定了科研、标准化三年行动计划，组织国家质量基础设施项目申报专题辅导，提报国家质量基础设施项目（课题）3项，成功立项国家质量基础设施课题1项。

【科研平台建设】 2022年，省质检院建有国家级平台10个，包括包装、食品、节能、消防、石油化工、装饰装修材料、体育用品、输配电8个国家质检中心、1个工业和信息化部产业技术基础公共服务平台、1个博士后科研工作站；建有省部级平台18个，包括1个省重点实验室、1个省工程实验室、1个检测研发公共服务基地等。新增2个创新平台，分别为国家市场监管总局科技成果转化基地和山东省数字能源技术工程研究中心。

国家市场监管总局科技成果转化基地 经国家市场监管总局广泛征集、专家评审、现场复核，省质检院被认定为市场监管总局科技成果转化基地。该基地是由市场监管总局设立、依托市场监管部门技术机构建设，以服务市场监管事业和国家经济社会发展需求为导向的科技成果转移转化公共服务平台。省质检院始终坚持"创新驱动能力提升、科技赋能成果转化、转化带动服务升级"，将检测技术、检测装备等研发成果以技术转让、技术合作等方式进行转化，在成品油快速检测、家用环境净化产品关键评价、生态塑料安全评价等方面签订技术服务合同1200余份，取得了较好的经济效益和社会效益，为市场高效监管、产业提档升级和民生安全消费提供了有力的技术支撑。省质检院将以该基地建设为契机，以新能源、降解塑料、电线电缆、消费品为重点，针对市场监管和行业发展质量基础设施中存在的问题和短板，整合人财物等资源，进一步加强科技成果转化工作。

山东省数字能源技术工程研究中心 2022年，经省发展改革委批准成立，以构建完整的数字能源生态为目标，纵向通过源网荷储云实现数字能源产业链，横向通过风光水火等能源供给，搭建以清洁能源为主导的更加清洁、低碳、安全、高效的多能互补一体化能源生态体系。省质检院作为国家节能产品质量检验检测中心承担单位，充分利用人才、技术、装备等方面的优势来建设山东省数字能源技术工程研究中心，通过云计算及大数据等互联网技术的运用，实现项目运行效果评价方式由传统现场测试向立体化、多元化的在线综合测试评价的转变，加快建立涵盖用能效率、碳排放水平、安全性及稳定性等多个动态因子的能源供给侧、能源消费测数字评价体系，为推动节能减排和生态文明建设提供强劲有力的技术支撑。

【科技人才队伍建设】 2022年，省质检院在职职工697人，其中博士11人，硕士165人，一线科研技术骨干中研究生学历人员占44.7%。拥有高级专业技术人员121人，年内新培养泰山学者青年专家1人、"山东惠才卡"专家5名，在石油化工、环境保护及生态修复、绿色建材家居等领域柔性引进了国家级高层次人才3人、省级高层次人才1人，在土壤和肥料智能检测系统关键技术研究、危险废物鉴别关键技术研究等领域搭建了以专家领军的科研项目研发创新团队，加快推进了团队融合和人才资源共享。

【科技合作与交流】 2022年，省质检院加强了与中国计量科学研究院、中国标准化研究院、中国检验检疫科学研究院、中国家用电器研究院、上海人工智能研究院、山东省科学院等科研院所，与德国国际合作机构（GIZ）、德国莱茵TÜV集团等机构或企业的交流合作。

1月，省质检院作为全国能源基础与管理标准化技术委员会节能检测分技术委员会秘书处，以线上方式顺利组织召开了该分技术委员会2021年度年会，来自中国计量科学研究院、中国标准化研究院资源与环境分院、中国家用电器研究院、九阳股份有限公司、中国电力科学研究院、山东建筑大学、中国质量认证中心等单位的29名委员和专家参加会议。会议对节能分委会2017—2021年工作进行了总结，指出了未来将进一步做好节能检测标准的制修订工作，为提高国家节能标准化工作的整体水平，推进国家节能减排工作做出贡献。

3月，省质检院与德国国际合作机构（GIZ）、德国莱茵TÜV集团、安徽省质检院就中德政企合作战略联盟项目"提高新能源汽车高压零部件能效与安全性"组织召开了线上研讨会，与会代表就前期项目进展情况和下一步工作计划进行了讨论，进一步推动了新能源汽车高压零部件能效与安全性合作检测实验室的建设，为新能源、新材料等四新产业高质量发展提供基础支撑。

12月，省质检院与中国检验检疫科学研究院联合申报的"十四五"国家重点研发计划国家质量基础设施专项"吸入性应激辨识技术及儿童用品限量研究"经科技部批准，正式立项。此项目旨在突破儿童用品监管中面临的技术难点，推出一系列新技术、新方法和新数据，为实现"精准辨别、精确评估、精细管理"提供技术支撑，课题成果将对发现多种儿童用品中的风险隐患、更加有效地保护儿童健康起到良好的促进作用。

（山东省产品质量检验研究院 刘 潇）

山东省海洋化工科学研究院

【概述】 2022年，山东省海洋化工科学研究院（以下简称海科院）作为省级新型研发机构，不断进行体制机制创新，提高管理运行水平，通过院企合作，挖掘市场需求，凝练技术关键，开展高水平科研项目开发，不断开拓院企双赢的服务模式。海科院深耕海洋精细化工产业，持续加大科技开发力度，增加研发投入，加快人才培养，在项目立项、人才队伍建设、科技开发、院企合作等方面取得了长足的进步，在2022年度综合绩效评价中获评优秀等次。

【科技项目】 2022年，海科院共承担各级各类科技项目12项，其中国家重点研发计划项目2项，包括"高性能电驱动离子膜制备技术及应用示范"和"高性能碱性聚电解质膜及连续制备工艺"；省级重大科技创新工程项目4项，包括"基于工业级连续流反应技术的化工装备系统研究及产业化应用""面向绿色化工的均相离子交换膜技术""先端功能单体及材料研发与典型应用开发""海淡浓盐水高倍浓缩单价选择性电渗析膜材料"；省自然科学基金项目"多维氮化碳/两亲性蒜素交联网络聚合物复合涂层的制备及防污机理研究"1项；市科技发展计划项目2项，包括"四溴双酚A双（2,3-二溴-2-甲基丙基）醚制备关键技术及应用开发"和"海洋牧场专用自抛光防污涂料的应用开发研究"。在承担上级计划项目的同时，开展自主研发项目3项，包括"溴化SBS制备工艺开发"、"养殖网箱大蒜素防污涂料的设计制备及应用研究"和"低分子量溴化聚苯乙烯制备工艺开发"。此外，全年开展多项对外合作研发项目，其中，与印度RAJ ORGOCHEM PRIVATE LIMITED公司就卤水提溴开展深入合作，在疫情影响下，项目组多次通过视频会议等线上方式与印方公司进行沟通交流，完成了溴素生产的设计工作，配合印方完成了设备采购及车间安装，并指导印方开展试车工作。

2022年，海科院共组织申报各级科研计划项目6项，其中省重大科技创新工程项目1项、省自然科学基金计划项目1项、中央引导地方科技发展资金项目1项、外国专家项目1项、市科技发展计划项目2项。截至2022年底，申报项目已获批4项，其中"多维氮化碳/两亲性蒜素交联网络聚合物复合涂层的制备及防污机理研究"被列入2022年省自然科学基金、"海淡浓盐水高倍浓缩单价选择性电渗析膜材料"被列入2022年山东省重大科技创新工程、"高性能电驱动离子膜制备技术及应用示范"被列入2022年山东省外国专家项目、"单价选择性膜材料的开发及其在海水资源综合利用中的应用研究"被列入2022年潍坊市科技发展计划。在推动科技发展方面，海科院以科技创新为突破口和发力点，紧密围绕新旧动能转换重大工程，聚焦现代海洋化工、高端化工、绿色化工等重点领域，突出现代海洋化工产业应用技术研发，带动现代海洋化工产业链强链、补链、延链，加快发展新产业、新业态，引领海洋化工产业转型升级，通过对产业的辐射带动，对海洋化工行业技术升级起到了积极作用。

【科技成果】 2022年，海科院共有5项科研项目通过验收，其中省重大科技创新工程项目2项，分别是"先端功能单体及材料研发与典型应用开发"和"面向绿色化工的均相离子交换膜技术"，综合绩效评价结果均为优秀；潍坊市科技发展计划项目"海洋产业技术协同创新中心建设"1项；自立课题2项，分别是"织物用环保水性阻燃涂层胶的配方设计与应用研究"和"两亲性丙烯酸氟硅锌防污涂料的设计制备及应用研究"。组织申报并被受理发明专利7件；获得授权专利8件，其中发明专利6件，分别是"一种本质阻燃水性聚氨酯及其制备方法""一种4-氟吡啶-2-胺的制备方法""一种缓释食用盐及其制备方法""一种高纯度亚溴酸钠水溶液的制备方法""一种双羟基高磷氮含量阻燃功能单体及其制备方法""一种单价选择性阳离子交换膜的制备方法"。全年发表科技期刊学术论文5篇，其中SCI期刊收录论文1篇，中文核心期刊收录论文1篇。

【科技成果转化及产业化】 2022年，海科院为主开发的2项技术成果分别在山东天维膜技术有限公司和潍坊科麦化工有限公司得到应用转化，相关成果为企业增加了2.1亿余元的产值，实现新增利税超过5650万元。其中，与山东天维膜技术有限公司共同开发的均相电渗析膜新方法和电渗析器装置，单台装置装配膜面积超过1000平方米，实现了电渗析组器的大型化；通过复式电极设计，避免了传统电渗析装置因倒极而导致电极寿命短问题。开发了以均相电渗析装置为主的过程工业废水资源化新工艺，实现了含酸、碱、盐废水的分离精制和浓缩，提升了资源化利用水平，减少了废水废渣排放。建成了电渗析均相离子膜及其膜组器生产线，电渗析膜产能达到35万平方米/年，电渗析器产能达到2000台/年。上述项目产品已广泛应用于粘胶纤维、湿法冶金、金属加工、煤化工、石油炼化、化工等领域的废弃物资源化利用及复杂工业废水处理工程100多个，设备运行稳定，维护方便，取得了显著的经济效益和社会效益，在海洋化工领域推广应用前景广阔。与潍坊科麦化工有限公司共同开发了DAAM生产新工艺，项目开发了高选择性、高稳定性的酸催化体系合成DAAM工艺和连续高效的精馏技术，突破了多杂质分离工艺，创造性地解决了关键杂质残留影响，实现连续化稳定的工业生产，解决了水性功能单体长期依赖进口的局面，项目工艺处于国际先进水平，产品质量达到国际领先。

海科院自主开发了养殖网箱防污涂料、低分子量溴化聚苯乙烯、甲基八溴醚、溴化SBS、阻燃水性聚氨酯5个新产品，其中养殖网箱防污涂料和阻燃水性聚氨酯已进入市场深度调研测试阶段，上述项目的推广应用，对于推动本地区经济建设和行业科技发展做出了积极贡献。

【科技创新平台建设】 2022年，海科院现有山东省海洋精细化工重点实验室、山东省溴系特种功能阻燃材料工程实验室、山东省溴化技术及应用工程技术研究中心、山东省荷电膜工程技术研究中心、山东省阻燃开发及应用工程技术研究中心和山东省海洋精细化工中试基地6处省级技术平台，拥有山东省海洋化工科学研究院检验检测中心、山东蓝海生产力促进中心和潍坊海洋化工企业服务中心3处对外技术服务平台，具有较高的科研开发、分析检测及成果转化能力。海科院在不断巩固完善原有研发平台基础上，通过加强平台建设，进一步增强了平台功能，带动团队和人才发展，提升了技术服务水平和能力，同时为相关企业提供项目研发、技术培训、检测等各类技术服务，为当地科技进步起到了积极的作用。

山东省海洋化工科学研究院检验检测中心　2022年，该中心完成了重新申请资质认定工作，取得了检验检测机构资质认定证书，认证涵盖了基本无机化工产品、食品、危险化学品检测等领域，包括34个非食品产品301个参数和25个食品产品282个参数。同时，中心具备了水及废水、生活饮用水及海水等的检测能力，逐步向综合检测机构迈进。中心全年创新研制检测方法60余项，引导海洋化工企业主导或参与制修订海洋化工国家标准、行业标准、地方标准、团体标准60余项；开展标准咨询、指导、验证、宣贯、研讨等活动70余次，为海洋化工企业培养标准化人才近100人。主导制定并发布《食用海盐原料盐》《食品加工海盐》等4项团体标准，补充和完善了盐业标准体系中的食盐产品标准，凸显出山东省盐行业的特点和优势，促进了本省食盐行业的高质量发展。

溴系列特种功能材料山东省工程研究中心　2022年，海科院重新整合了溴系列特种功能材料山东省工程研究中心，获山东省发展改革委批复建设。该中心主要以海（卤）水为主要研究对象，从事海（卤）水化学元素高效提取及深度综合利用共性关键技术的应用开发，开展海洋精细化学品及新材料的研发与应用开发两大涉海专业领域研究与工程开发，逐步培育组建在国内外具有较强技术影响力和明显专业特色的技术团队，研发能力逐步提高。其中不同盐水体系下溴元素先进分离与高效高值精深加工、定位定量溴化技术与工程应用和均相系列荷电膜材料研究及装备开发，已逐步发展成为实验室的优势和特色专业。中心聚焦防火阻燃、防污防腐、先进分离等海洋溴系列特种功能材料的功能设计、合成表征及共性关键技术应用研究，建立健全海洋溴系列特种功能材料合成实验室、精细化工实验室、应用评价试验中心、工程模拟试验中心和综合测试中心等基础研发环境。建设具有海洋新材料与精细化工特色、产研高度结合融合，重点解决科技创新工程4个接力环节"基础理论研究—实验室研究—中试放大及验证实验—产业化生产"中的第三棒缺位或接力不足技术问题，兼具技术研发、应用开发、性能检测和技术转化孵化功能的综合开发创新平台，为海洋开发和高优产业发展发挥引领支撑作用。

潍坊市离子膜材料科学与技术重点实验　2022年，海科院申报潍坊市离子膜材料科学与技术重点实验，获潍坊市科技局批复建设。实验以离子膜材料科学与技术领域的关键科学问题为研究对象，以学科建设为龙头，以技术建立为依托，以科学研究为基础，继续保持实验室在离子膜材料领域的优势地位，通过多学科交叉，将离子膜材料与其他先进技术交叉融合，建设并运行好优势突出、特色分明、功能齐备、共享高效的重点实验室，实验室主要进行离子膜材料的基础研究和产业化开发，以及在传统产业工艺改造（节能减排）、污染的治理、水资源循环利用等多方面需求的开发，对于实现经济可持续发展，解决国家多方面重大需求有着重大的作用，为国内开发具有自主知识产权的离子膜及其制备技术提供科学依据，为全国离子膜材料产业发展提供技术支撑。

【科技人才培养与队伍建设】 2022年，海科院以创新能力、实践能力等关键能力和团队合作精神的培养为主线，不断健全完善人才引进政策，建成了院校企深度联合的、开放式的人才培养体系，培养了一批面向海洋化工领域前沿科技的人才，努力建设具有国际领先水平和影响力的高端领军型与高素质应用型人才队伍。建立并强化了"协同创新体"人员学术评价、绩效考核与激励约束制度，促成竞争择优、绩效导向的科学合理的激励竞争机制，充分调动了引进人才的积极性和主动性，不断加强人才队伍建设。以团队建设为基础，培养和引进高水平人才3人，开展了多种形式的产学研合作，有效提升了实验室整体研究水平。通过各种形式的培训交流，不断提高研究人员的研究技能和解决复杂技术问题的能力，提高了科研人员的主观能动性和工作效率，促进了科研成果质量的明显提高。

2022年，海科院派出的事业编制人员坚守在基层，深入企业挖掘行业难点痛点，凝练企业共性关键技术，为海洋化工重点企业提供技术支持，兼职人员以企业技术难题为突破口，扎根科研一线，为海洋化工行业企业发展贡献力量。

【技术咨询与服务】 2022年，海科院依托院内科技创新与服务平台，不断扩大科技协作，助力企业发展，全年共为80余家企业提供包括高企申报、知识产权服务、人员培训、样品检测、技术开发和技术咨询等服务活动，为10余家企业提供包括项目申报指导、项目验收鉴定和知识产权管理等方面的技术服务20余项；利用现有人员、技术、仪器设备为相关企业进行海洋精细化工行业的项目检测、产品检测、技术培训、产品标准制定等方面的多种技术服务，取得了良好的效果，受到服务企业的一致好评。2022年，海科院为相关行业企业开展各类技术培训200余人次，为当地企业提供海洋精细化工产品的质量检测服务超过4500余项次，这些服务对相关行业及企业的技术进步和区域经济发展做出了积极贡献。

【科技合作与交流】 2022年，海科院继续坚持走出去、请进来的工作做法，积极与国内外知名大学、科研院所、重点企业等开展多种形式的科研合作，在产学研用结合方面取得了良好的交流、互动、联合、促进效果。该院致力打造新型研发机构运作模式，积极加强科技协作，对接高端技术，围绕潍坊新兴产业培育和传统产业转型升级，研发精准对接企业需求，借助现有平台为潍坊市海洋化工重点企业提供各类技术服务。在院企合作方面，与山东大地盐化集团有限公司签订协议，共建盐化工产品高端技术联合研发中心，在盐化工高端技术领域开展深入技术合作；与潍坊义德换热设备有限公司签订协议共建制溴装备与节能技术联合实验室，共同在制溴装备与节能环保领域开展深入合作。与山东天维膜技术有限公司签订全面技术合作协议，成功协助其争取国家重点研发计划1项、山东省重点研发计划1项、市科技发展计划1项、外国专家项目1项，为该公司在科技规划、产学研合作、项目申报、财政经费支持等方面提供了良好支撑。通过多种形式的院企、院校协作，促进产业转型升级，为海洋化工产业强链补链提供强有力的技术支持。

聘请国内知名专家到海科院进行学术讲座5人次，组织参加国内学术会议25人次，分别与北京工商大学和中国海洋大学相关教授签订技术合作协议，为海科院发展提供智力支持。依托重点实验室的各类资源，开展项目合作研发及中试试验等技术服务10余次，对相关行业及企业的技术进步和区域经济发展做出了积极贡献。与中国科学院化学所、中国科技大学、中国海洋大学、北京理工大学、北京工商大学以及中国阻燃协会等多所院校及行业协会进行了包括人才培养、科研项目等在内的广泛技术交流和科技合作。在加强产学研合作方面积极融入产学研协同创新体系，发挥自身优势，积极寻求建立与其他企业、高校以及科研机构的创新联盟，不断提高技术创新能力。

（山东省海洋化工科学研究院 钟世强）

山东省红十字会备灾救护中心

【概述】 山东省红十字会备灾救护中心（以下简称中心）是省红十字会直属公益一类事业单位，承担备灾救灾物资的储运分发，群众性应急救护知识培训，救护师资、救护员的培训与管理，救护培训基地建设与管理等。2022年，中心获"山东省红十字应急救护工作先进单位""首届全省红十字应急救护师资教学技能大赛特别贡献奖"，年度事业单位绩效考核再次被评为优秀等次。

【"关爱生命 救在身边"活动】 2022年，山东省红十字会以"救在身边"为主题，以"生命教育"为主线，大力开展红十字应急救护知识培训，联合健康中国行动山东推进办、省教育厅、省交通厅等12个部门启动"关爱生命 救在身边"活动。联合省交通厅等8个部门启动山东省交通医疗急救箱伴行计划，联合省交通厅印发《关于加快推动交通运输领域应急救护技能普及的通知》。2022年，全省各级红十字会完成救护知识普及1838.6万人次，其中进校园普及862.4万人次、进社区普及937.2万人次、进机关普及7.9万人次、进农村普及7.3万人次、进企业普及23.8

万人次；完成特殊行业、重点人群救护员、初级救护员、"心肺复苏+AED"等持证培训总人数114508人，其中进校园培训21980人、进社区培训10121人、进机关培训12214人、进农村培训2189人、进企业培训50168人，其他培训17836人；推进全省公共场所配置AED累计达5600台以上。全省累计完成持证救护培训210余万人次，圆满完成《健康中国行动（2019—2030年）》提出的"到2022年取得急救培训证书的人员达到1%"的目标，向着2030年达到3%的目标踔厉奋进。

【**培训基地与师资队伍建设**】 2022年，全省建成红十字应急救护培训基地达70个，其中国家级基地7个、省级基地23个，建成景区红十字救护站43个。举办服务黄河流域生态保护和高质量发展专题师资培训班13期，新训师资390名，参加总会师资提高班8期，共计80人，全省注册师资1139名。按照"有能力、有精力、有情怀"的标准培养师资，积极探索"救护培训+思政"的工作模式，将思想政治教育融入师资培训全过程，有机融入习近平总书记关于红十字事业的重要论述、社会主义核心价值观、健康中国行动等内容，增加研讨交流、分组PK、救护演练、评选优秀学员等环节，坚持效果导向，烘托"红色"氛围，增强师资参与救护培训工作主动性和自豪感。

【**应急救护师资教学技能大赛**】 2022年，全省红十字应急救护比赛被列为省委省直机关工委重点支持的赛事之一，中心成功组织承办"首届全省红十字应急救护师资教学技能大赛"。大赛分为市级初赛、省级复赛、决赛3个阶段，包括救护实操（心肺复苏、创伤救护）和救护教学两部分，全省236名选手参加，15名选手获个人单项奖，6名选手荣获"优秀师资"称号，东营市红十字会荣获团体一等奖。通过以赛促学、以赛促训、以赛促干，提高了全省救护师资教学水平和能力，展示了师资热情和积极向上的精神风貌。

【**全国红十字应急救护大赛**】 2022年8月，第六届全国红十字应急救护大赛复赛阶段，山东省代表队经过激烈的角逐，在全国32支队伍中脱颖而出，以第六名的成绩进军决赛。9月在杭州举行总决赛，山东队以第三名的成绩获得大赛团体二等奖，5名队员均获个人奖项，创造了省代表队历届参赛最好成绩，为山东赢得了荣誉。

【**"最美红十字救护员"评选**】 2022年，为培育和践行社会主义核心价值观，宣传褒扬群众性自救互救感人事迹，展示红十字应急救护工作成效，首次联合健康中国行动推进办、省广电局组织开展年度"最美红十字救护员"评选活动，按照"施救科学、成效明显、事迹突出、影响广泛"的评选原则，经组织申报、材料审核、联席会初审、专家评议、网上公示等环节，66个急救案例（救护员）参与评选，赵源垄、管延伟、蒋伟等10名同志被评为山东省2022年度"最美红十字救护员"，其中3名救护员代表被推荐参与中国红十字会全国年度"寻找最美救护员"活动。

【**备灾仓储管理**】 2022年，省红十字会备灾仓库积极推进二级库创建计划，加强软硬件投入，推进信息化建设，规章制度健全，管理严谨细致安全，物资发放及时到位，备灾管理水平不断提高。2022年接收中国红十字会、中国红十字基金会代储家庭箱、家庭包、帐篷、棉被、防疫物资等2.2万件（箱），物资价值480余万元。向省内发放疫情防控物资7批次5715件，价值120.3万元；发放救助物资5批次5778件，价值210.7万元。

（山东省红十字会备灾救护中心　吕　凌　邓　琳）

责任编辑：董芙蓉

区域科技发展
QUYU KEJI FAZHAN

济 南 市

【概述】 2022年,在山东省科技厅指导下,济南市科技局大力实施创新驱动发展战略,着力打造高能级创新平台,加快集聚高端创新要素,全面激发企业和人才创新活力,聚力提升科技创新策源能力,为加快建设新时代社会主义现代化强省会提供坚实支撑。在全球科研城市百强名单中列第36位,相较2021年提升了21个位次;在国家创新型城市中排第13位,在全国城市创新能力百强榜中排第16位,均较2021年提升1个位次。

【高新技术及其产业】

高端新兴产业培育成果突出 2022年,神思电子技术股份有限公司面向线路安全防护、智慧营业厅、智慧园区、智慧餐饮等典型场景,研究复杂应用场景全天候远距离入侵检测低误报、视频模型自适应训练学习与在线升级、视频空间动态建模与语义解析等技术,在广域纵深多目标高后果区同步追测技术方面取得突破,达到国内领先水平。济南国科医工科技发展有限公司成功研制出三激发光、双激光、单激光等系列流式细胞仪产品,其中三激光十色流式细胞仪已达国外先进医用流式细胞仪技术水平,研制开发5款相关试剂并获得注册备案。济南邦德激光股份有限公司开展高柔性工业机器人自动化生产线关键技术研究及示范,将计算机数控技术、先进光学系统以及高精度和自动化的工件定位结合,关键产品性能达到了国际领先水平。山东非金属材料研究所突破了大容量预聚设备传质传热控制技术等工艺关键技术,建成100吨/年PBO纤维数字化示范生产线,PBO复合材料天线罩已应用于北斗导航系统,抗弹复合材料已应用于我国新一代装甲装备的正面复合装甲、多功能内衬,实现了PBO纤维国产化自主保障。

【科技计划】

加强市级科技计划管理 2022年,济南市共下达高新技术企业财政补助、企业研究开发补助财政"一事一议"重大项目、"揭榜挂帅"项目、科创济南政策扶持资金等各类市级科技计划38批,安排项目7196项,安排资金13.78亿元。争取中央引导地方科技发展专项资金、省重大创新工程、省农业良种工程等国家级、省级资金15.01亿元。

深化科技计划体系改革 济南市组织实施2022年度济南市科技计划"揭榜挂帅"项目,针对济南市企业急需解决的、依靠企业自身力量又无法突破的关键技术问题,建立起了济南市企业界出题、全国科技界答题的新机制。2022年,市科技局面向全国发布15项"揭榜挂帅"榜单,包括北京科技大学、华中科技大学、山东大学等8所国内知名高校,中国科学院深圳先进技术院、山东省科学院新材料研究所、山东大学微生物技术国家重点实验室等6家科研院所,以及天津、湖北武汉、浙江嘉兴、广东深圳及阳江等地的多家外地企业及外商独资企业等29个单位参与揭榜。最终,15项"揭榜挂帅"榜单全部成功揭榜,有效助力破解制约高质量发展的难题,多个项目形成较好示范带动效应。"济南有序推进科技计划项目'揭榜挂帅'"被《国家创新型城市创新能力评价报告(2022)》收录为全国创新发展典型经验案例。

【科技创新资源与能力建设】

加快建设中国科学院济南科创城 2022年,落地"中科系"科研院所10余家,集聚科研人员超2000人。大科学装置建设取得突破进展,电磁推进地面超高速试验设施一期已投入使用,创造了大质量超高速电磁推进技术的世界最高速度纪录,将为我国电磁驱动及相关领域的研究开发、成果转化和产业化创造有利条件。全国首家环境领域国家级基础科学中心"大气霾化学"基础科学中心落户,大气环境模拟系统已开工建设,将为中国大气污染预测防治提供科技支撑。建成启用占地7100平方米的世界一流基因编辑技术平台,植物基因编辑核心工具获得两项专利授权,填补国内空白,并在国内首次实现技术出口。成立规模62亿元的齐鲁科学城科创投资基金,依托基金纽带作用,推动"中科系"先进成熟技术落地转化。

高标准构建实验室体系 2022年,济南市加快建设合肥国家实验室济南基地,参与研发并成功发射世界首颗量子微纳卫星"济南一号"。泉城省实验室、微生态生物医学、粒子科学与应用技术省实验室等3家省实验室组建了由院士等专家领衔的科研团队70余个。开展国家重点实验室重组工作,新获批5家全国重点实验室。新获批省级重点实验室10家,累计达112家,新备案市重点实验室97家,国家、省、市三级实验室体系初见雏形。

高水平建设新型研发机构 2022年,济南市支持已建成的新型研发机构开展关键技术研发和产业化，成功发射微厘空间低轨卫星导航增强系统S3/S4试验卫星，济南成为国内首个完成了商业航天通信、导航、遥感3个重要领域全面布局的城市。AMS数据中心跻身全球第三，粒子物理和热科学科研团队初步形成。山河超级计算平台综合算力处于国际前列，存储系统位列当前全球超算IO500榜单榜首。新备案省级新型研发机构14家，总数达71家，居全省第一。

科技成果转移转化持续加速　2022年，积极推动济南科技成果"1+6+N"平台建设，全年挂牌各类成果项目1908项，挂牌金额23.29亿元，成交金额8.11亿元。全市技术合同成交达614.52亿元，同比增长28%。高质量建设黄河技术转移中心，成功举办绿色科技成果对接活动，推动沿黄九省节水节能领域科研创新成果落地转化。深入实施市校融合发展，完善"新高校20条"政策体系，新支持项目129项。与山东大学联合打造"中国晶谷"，成立建设项目工作专班，推动晶体材料产业创新发展。

【农业与社会发展】

农业科技创新能力进一步提升　2022年，济南市组织全市农业科技型企业积极申报省重大科技创新工程等计划，共立项12项，支持经费4200万元。持续抓好科技特派员工作，对2019年度首批科技特派员示范基地项目进行综合绩效评价，23家科技特派示范基地顺利通过综合绩效评价。组建了生姜、黄瓜、草莓、番茄等4个科技特派员创新创业共同体产业服务团，围绕当地特色产业发展科技需求，开展定点帮扶、农业科技成果转化、技术培训、专家基层行等活动。

社会民生科技创新成效显著　2022年，济南市组织实施一批社会民生领域科技计划项目，2022年立项社会民生专项18项、临床医学计划75项、市级临床医学研究中心3家。开展社会治理与智慧社会创新中心建设，获批科技部"社会治理与智慧社会科技支撑"重点专项"面向社会治理复杂系统的体系设计方法与应用研究"项目，项目总经费2900万元。积极推进生物产业科技创新，引导支持企业持续加大研发投入，2022年全市生物医药企业研发投入达到43亿元，重点企业研发投入占比超过10%。全市新取得药品注册批件50个，占全省的38%；新取得2～3类医疗器械批件168个，占全省的33%；通过一致性评价53个，占全省的21%；均居全省首位。齐鲁制药首个Ⅰ类新药小分子靶向ALK阳性非小细胞肺癌治疗药物伊鲁克片已进行上市申报，预计2023年6月获批上市。山东新创生物科技有限公司的国家生物Ⅰ类新药"注射用戈氏梭菌芽孢冻干粉"顺利完成Ⅰ期临床试验，正在开展Ⅱ期临床试验。山东珅诺基药业独家生产的中药Ⅰ类创新药淫羊藿素原料药（适用于肝癌一线）获批上市，实现了济南市Ⅰ类创新药"零"的突破。

【科技成果与奖励】　2022年，济南市获山东省科学技术奖90项，其中，山东省科学技术青年奖5项，山东省自然科学奖二等奖16项，山东省技术发明奖一等奖3项、二等奖4项，山东省科技进步奖一等奖17项、二等奖44项，山东省国际科学技术合作奖1项。

【政策法规与环境建设】

完善高新技术企业培育体系　2022年，济南市制定《济南市科技型中小企业创新能力提升工程实施办法》，进一步推动科技型中小企业强化创新意识、提升创新能力、促进创新转化。市科技局、市财政局、市税务局联合制定《济南市企业研究开发财政补助实施办法》，优化创新生态，引导企业加大研发投入，激发企业创新创造活力，加快推进企业科技创新能力提升，安排2021年度市级企业研究开发财政补助资金1.48亿元。

完善重大创新平台体系　2022年，济南市制定《济南市重点实验室管理办法》，完善实验室体系，引导支持驻济高校、院所和企业建设国家重点实验室，推动省实验室取得一批高水平科研成果，优化提升省重点实验室，梯次化培育市级重点实验室。加强济南市重点实验室（以下简称市重点实验室）建设管理，发挥市重点实验室在强化基础研究、应用基础研究、支撑产业发展方面的重要作用。

【民营科技企业发展】

企业创新主体地位不断增强　2022年，济南市建立高新技术企业及技术先进型服务企业联合培育、认定、后续管理全周期闭环工作机制，组织7613家企业进入国家科技型中小企业库，高新技术企业预计突破5700家。实施科技型中小企业创新能力提升工程，争取省级项目335项，立项数、资金额均为全省第一。聚力开展核心技术攻关，建立研发费用补助多部门联合审核机制，引导企业加大研发投入，拨付省市两级2021年度企业研究开发财政补助4.44亿元。2022年申报省重大科技创新工程项目立项23项，争取省级财政经费2.42亿元，获批项目和争取资金数连续四年居全省首位。

【科技合作与交流】

科技开放招引工作成效显著　济南市持续强化双招双引，紧紧围绕科技创新领域开展招商工作，2022年引入山东海锋生物工程有限公司等24个高科技产业化项目，总注册资金（投资）73亿元左右，引入山东产研中德医疗科技有限公司等10个外资项目，累计到账4582万美元。吸引国内外知名高校院所、科研机构或企业在济设立研发或成果转移转化机构18家，累计总数达215家。新备案省级院士工作站10家。

国际科技合作交流不断深化　2022年，济南市布局建设海外科技孵化器5家，立项支持海外研发机构30家。海外孵化器和海外研发机构在欧美亚、日韩的网状布局初步形成，使济南市企业国际合作与交流大幅拓展，取得了显著成效。举办系列国际科技合作交流活动推动跨国合作精准化，成功举办"2022对话山东—德国·山东产业合作交流会"系列活动，通过重点技术推介深化中德科技合作。举办"先端医疗＆大健康"云论坛，采取线上主题演讲的形式，围绕先端医疗＆大健康领域推动中日科技创新合作与科技成果技术交流。举办"海聚历下·济南历下国际会议月"系列活动，中国（山东）—巴基斯坦传统医药疫病防治联盟成立。

加强黄河流域重点城市科技合作交流 2022年，济南市推动山东省技术成果交易中心与西安电子科技大学签订科技成果转化协议，打造西安电子科技大学（济南）成果转化平台，征集优秀的科技成果项目进行专场招商推介活动。完成与内蒙古、宁夏签署合作共建协议，在新疆设立黄河技术转移中心喀什分中心。山东产研院与中国科学院山西煤化所合作，成功将高通量石墨烯导热膜产业化、吨级煤沥青基负极材料中试技术开发等项目落地山东。

【科普工作】

全力推动科普工作，迎接全国人大检查 2022年，济南市成立并及时更新济南市全民科学素质工作领导小组。加快构建党委领导、政府主导、部门协同、社会参与的大科普工作格局。6月10日，全国人大常委会执法检查组对山东省、济南市科普工作情况以线上会议形式进行检查。与会领导对济南市科普工作总体情况表示满意。

强化科普赋能疫情防控、脱贫攻坚和乡村振兴 2022年，济南市充分发挥科普在科学防疫、精准扶贫、乡村振兴中的重要作用。通过各类媒体及时发布疫情科普文章，推送防疫科普知识。按照"科普资源下沉、人才下沉、服务下沉"的原则，积极组织实施"济南市乡村振兴专家服务行动"，组建农业科技专家团队，常年开展农业专业技术培训指导。

组织开展2022年科技活动周 济南市紧扣"走进科技，你我同行"活动主题，线上线下相结合举办"落幕"的科技活动周。突出宣传《中华人民共和国科学技术普及法》《中华人民共和国科学技术进步法》，配合全国人大及科技部，就"相关法律落实情况及对科普事业发展的看法"在济南组织参与线上问卷调查活动——"科普法治建设，请您发声"。组织线上科普有奖答题活动，活动中体现科普法治建设、科技发展战略、生物多样性保护等科普主题。组织多场科普进社区、进学校线上线下讲座。举办济南科普讲解大赛、科普微视频科普作品评优推介等多项赛事活动，特别鼓励新型研发机构、重点实验室的高层次人才讲科普，参赛范围涉及超导量子芯片、人工神经网络、植物基因编辑、超级计算机、区块链、泉水直饮、透明质酸等多个领域，既有前沿技术也有亲民话题，引发社会广泛关注。

强化科普资源供给和服务 2022年，济南市专职、兼职科普人员和注册科普志愿者达2万人，拥有国家级科普基地6家，省级科普基地21家，专用科普场馆4处，科技博物馆4处，青少年科技馆2处，各级各类科普场馆年均参观人数超过500万人次。大力创建社区科普大学，分校已达150多所，覆盖了市区80%以上的街道，累计授课3.6万课时，受众达87万人次。全市建成社区科普体验中心58处、科普广场6处。同时，在各类官方媒体以及今日头条、腾讯视频等公共网络平台，向公众发布新颖、权威的科普资源，实现科普内容跨媒体、跨终端传播。

（济南市科技局　李明强　纪　元　刘　倩　袁振峰）

青 岛 市

【概述】

2022年，青岛市科技局深入学习贯彻党的二十大精神，加快实施创新驱动发展战略，推进高水平科技自立自强，构建高质量科技供给体系，全力打造国际化创新型城市。在科技部国家创新型城市创新能力指数榜单中，青岛蝉联全国78个创新型城市前十强。在世界知识产权组织《2022年全球创新指数报告》榜单中，青岛前进19位，升至全球第34位、全国第9位，连续三年成为全国进位最快的城市。

【高新技术及其产业】

高新技术企业培育 2022年，青岛市出台《实施"沃土计划"加快培育科技型企业三年行动方案》，整合项目、平台、金融等职能，统筹推进科技型企业培育，建立覆盖企业全生命周期的政策服务体系，形成"科技型中小企业—高新技术企业—上市高新技术企业"发展梯队，国家科技型中小企业达7050家，高新技术企业达6680家、占全省的25%，上市高新技术企业达43家，高新技术企业队伍规模持续发展壮大。科技企业"领头羊"加快涌现，137家企业入选省科技领军企业和省科技"小巨人"企业，居全省首位。

高新区"一区多园"园区培育 2022年，统筹推动青岛高新区"一区多园"发展，印发《青岛国家高新区分园区（培育）实施方案》，引导李沧区、胶州市、平度市、莱西市等培育建设分园区，率先在全国实现国家高新区全域覆盖。实施园区培育计划，布局9个园区共23个项目，促进高新区"一区多园"优势互补、错位协同发展。推动青岛高新区入选中国园区科创联盟首批10家成员单位之一。支持黄岛区、崂山区入选2022年度山东省科技创新强县名单。

科技创新产业园区打造 2022年，出台《青岛市科技创新产业园区实施细则》，打造首批4家都市科技创新园和专业科技产业园，构建科技产业微生态。

强化产业关键技术攻关 2022年，青岛市强化产业关键技术攻关。围绕产业链部署创新链，实施"强链"计划，支持"链主"企业承担省重大科技示范工程，总支持资金4.8亿元，其中"国芯万屏"项目支持资金近2亿元。获批北方首个国家重点研发计划部市联动项目，推动科学仪器产业技术创新。制定重点产业链三年行动方案，编制科技支撑实体经济振兴三年行动计划，推动科技赋能产业发展。

推动重点科技项目落地 2022年，青岛市面向经济主战场，狠抓科技大项目。推进中国科学院高端轴承示范基地拿地开工，加快国产高端轴承产业化。引进高端数字芯片领军企业算能科技研发中心落户，打造算能科技北方业务总部。推动物元12英寸封装试验线开工建设，开展12英寸晶圆高通量、高产量工艺研发和产业化。一汽解放商用车研究院完成新一代高端重卡商务舱样车试制。支持阿斯利康吸入气雾剂项目落地，纳入市科技计划项目扶持。2022年，高新技术产业产值累计占规模以上工业产值62.2%，高出全省平均水平13.92个百分点。

【**科技计划**】 2022年，为贯彻落实青岛市"1+3"重点工作，加快推进国际化创新型城市建设，落细落实"硕果计划""沃土计划""海创计划"等政策措施，强化科技创新高质量供给，青岛市科技局经过2021年科技计划管理改革、2022年科技计划体系优化，形成现行的科技计划体系，由8个一级专项、28个二级专项组成。

"战略科技力量提升"专项，集聚国家力量，为科技发展提供源动力；聚焦产业和企业，设置"产业集群培育""海洋科技创新""未来产业培育"3个一级专项，在优势产业和未来产业重点发力，支持企业创新发展，同时在"未来产业培育"专项中设立青岛市自然科学基金，加大对（应用）基础研究的支持力度；结合青岛市城市定位和"十四五"规划，特色鲜明重点突出的实现点上突破，设立"科技成果转化""创新生态营造""科技惠民示范"3个一级专项；为进一步提升科技创新对各行业领域的服务能力，设立"科技服务与能力提升专项"。建立更加完善的科技创新体系，对创新全过程进行系统设计。

现行科技计划体系坚持以市场为导向、产业为中心，面向青岛市企业和产业发展的重大需求，围绕产业链开展"强链""补链"，将普惠性政策向重大科技项目、科技资源主动布局转变，将创新资源向企业集聚；突出问题导向和目标导向，把科技资源进一步聚焦到海洋特色、未来产业等方向，推动重点领域项目、平台、人才、资金一体化配置；探索多途径资金支持方式，给予重大项目组合资金支持。

【**科技金融服务**】 2022年，青岛市围绕高企上市组织专题培训、对接沙龙等科技金融专题活动11场，参与机构超过220家次。投保贷联动业务累计发放贷款450笔，贷款金额24.2亿元，59家投资、银行、保险机构和企业获得补助和贴息资助。进一步扩大科技信贷"白名单"企业数量至7759家，通过"白名单"制度年内已引导商业银行投放贷款911亿元，累计助力企业获得信贷2382亿元。编印科技金融政策汇编、科技政策百问百答，编写科技金融简报11篇。强化与专业机构合作，在市北新金融产业园挂牌市科技金融服务中心市北分中心，促进科技金融服务工作做细做实。

【**科技创新资源与能力建设**】

强化国家战略科技力量 2022年，青岛市围绕国家战略需求，推动崂山实验室获批运行，打造海洋领域"国之重器"。吸气式发动机关键部件热物理试验装置加快建设，可行性研究报告获国家批复。"科学号"科考船完成十年十次跨赤道海洋科考，推动我国深海探测与研究能力跨入世界先进国家行列。新增省重点实验室15家、市重点实验室119家。建设新能源山东省实验室，成立燃料电池工程研究中心、泛能源大数据中心等科研平台，加快打造能源科技创新高地。

建设高端科技创新平台 2022年，青岛市支持国家高速列车技术创新中心开展下一代列车轻量化关键技术研发，突破轨道交通关键核心技术；新获批高速磁浮运载、电子测量仪器等6家省技术创新中心，总数达30家。中国科学院、山东省、青岛市三方共建的山东能源研究院建成即将投用，助力绿色低碳高质量发展。科技部批复海尔建设工业大脑国家新一代人工智能开放创新平台，加快工业制造智能化转型。新增7家省级新型研发机构、30家市级新型研发机构，完善新型研发机构发展梯队。

【**农业与社会发展**】

生物医药及医疗器械 2022年，青岛市生物医药及医疗器械产业实现营收477.2亿元（按行业代码统计），100家重点规模以上企业营收257.4亿元，同比增长12.4%，产业整体发展态势良好。一是建立健全工作推进机制。建立了"5个1"工作机制，即1个行动计划、1张图谱、1份招商名录、1组项目清单、1组支撑平台。邀请行业专家编制并印发《青岛市生物医药及医疗器械产业链高质量发展三年行动方案》，明确产业发展方向。绘制了生物医药、生物创新药、化学药物、现代中药、高端医疗器械在内的青岛市生物医药及医疗器械产业链全景图，每个链条分别列举国内代表企业、青岛企业、在建项目、突破方向。梳理确定了易邦动物疫苗国家产业创新基地等37个总投资603.6亿元的重点在建项目和8个总投资144.2亿元的储备项目清单，建立常态化调度机制。成立专注康复产业项目落地的生物医药产业基金，将医疗器械行业协会、生物医药商会纳入专班成员。二是培育行业重点企业。通过建平台、强政策、助研发等方式，全力支持企业发展。建平台：获批第四批国家区域医疗中心（北大人民医院国家区域医疗中心），推进国家创伤医学中心科创基地建设，获批建设省内唯一企业P3实验室，实施"蓝色药库"开发计划，培育新药研发项目30余项，2～3年内冲击临床批件项目近10项，推进I类抗肿瘤新药BG136研发。强政策：落实《青岛市进一步支持生物医药高质量发展若干政策》，指导高新区出台促进医疗医药产业集聚发展的若干政策，制定支持专业园区发展政策，覆盖新药研发、产业化、项目投资、市场销售等产业链各环节。助研发：累计支持研发项目13项，支持资金近5000万元，获得III类医疗器械5个，干细胞药物和I类抗肿瘤新药分别进入临床III期和II期。全市生物医药类高新技术企业达到426家，年主营业务收入过10亿元企业7家。三是招引行业引领项目。组建专业招商团队，先后赴北京、深圳、武汉等地外出招商10余次，对接国药集团、武汉库伯特等企业30余家，累计签约引进项目20余个，总投资近150亿元。建设首家康复孵化器，已引进签约入驻项目15个。开工建设一批。20个市级在建重点项目均已开工建设。其中，海尔生物安全科创产业园项目全部主体封顶，蔚蓝生物国家动保工程中心项目已竣工投产。签约落地一批。总投资逾22亿元的阿斯利康吸入气雾剂生产基地在高新区奠基、区域总部项目正式揭牌，总投资30亿元的海尔大健康项目将使青岛市在高端放射治疗设备制造的特定领域，跻身国际一流，并拉动产业链上下游向青岛集聚。储备建设一批。2023年产业链重点建设项目23个、储备项目8个，总投资近750亿元。四是全力打造特色专业园区。加快建设总占地面积4630亩的高新区青岛生物医药及医疗器械产业专业园区，分为医疗器械片区和康复医疗片区。聚焦"2+2+1"细分领域，即"生物创新药和罕见病药物+体外诊断（IVD）和先进治疗设备+康复医疗"，已确定重点招商项目18个，重点建设项目32个，计划通过5年时间将专业园区打造成为国际知名的特色生物药创新基地、医疗器械全链融合发展先导区，推动青岛市成为康复产业地标和具有国际影响力的"中国康湾"。到2026年，园区营收规模将突破160亿元，年均增速将超过20%，2028年，园区营收将突破400亿元。

科技惠民 2022年，青岛市加强医疗卫生技术攻关，开展创新方法或临床应用研究项目24项。紧急启动应急攻关项目，开辟绿色通道，仅用8天完成项目立项，调剂200万元支持汉唐生物和简码基因开展新冠病毒快检产品、设备研发及产业化，为疫情防控提供科技支撑。汉唐生物获批全省首个新冠抗原检测试剂，简码基因的核算快检产品可将检测时间缩短在1小时以内。同时，实施重大惠民工程项目。组织开展孤独症谱系障碍区域综合防控体系项目，为青岛市约45万0～6岁儿童筛查孤独症谱系障碍，构建孤独症预防—筛查—诊断—干预网络，减轻孤独症家庭负担。提升青岛市临床医学诊疗技术和创新水平，签订了13家市级临床医学研究中心建设方案，积极推进中心建设，儿童健康疾病中心儿童创伤接诊量6000余例居全省首位。同时，围绕全市优势学科和地方多发病，新布局中医肺病、耳鼻喉领域临床医学研究中心2家。2022年，青岛市共有国家级临床医学研究中心分中心4家，省级临床医学研究中心3家、市级临床中心15家（含入库培育2家）。聚焦城市品质，在碳达峰碳中和、公共安全、食品安全、社会安全、生态环保、资源综合利用、节能减排等领域开展技术攻关和应用示范，立项科技惠民项目23项，包括智慧空港监管等5个行业亟须解决的技术问题，解决一批行业共性问题。加强农业科技攻关，组织实施生物育种、智慧农业与机械装备等方向一批现代农业关键技术攻关。

乡村振兴 青岛市加强政策资金支持乡村振兴工作。2022年组织开展农业科技惠民项目20项，支持资金1000万元。在2022年科技惠民示范专项中，单列10项科技特派员计划，共计500万元。针对青岛市经济薄弱地区产业发展科技需求，重点支持科技特派员开展成果转化或技术服务，统筹各类科技资源组建创新创业共同体，进一步加速农业新技术、新产业、新业态、新模式等在农村基层落地转化，辐射带动当地及周边区域特色产业快速发展，提升特色产业规模效益，增加村集体收入，带动农民增收致富。加强科技特派员工作力度。全面推行科技特派员制度。加强科技特派员队伍建设，新认定第八批科技特派员256人，截至2022年，全市科技特派员队伍超过1000名。获批新组建山东省科技特派员创新创业共同体产业服务团8个，全市产业服务团达到12个。针对青岛市经济薄弱地区产业发展科技需求，组织科技特派员项目10项。持续开展对口支援和科技培训服务工作。2022

年开展陇南玫瑰现代农业产业示范基地建设等 4 项对口支援项目。选派 30 名科技服务人员赴陇南、定西开展科技指导服务，已指导服务当地农民 2000 余人次以上，培育致富带头人 300 余人。其中，定西食用菌团队，研发选育"鲁甘 001 号"和"鲁甘 003 号"两个新品种，完成新品种的科技成果转化，集成了适合当地的大球盖菇、香菇栽培技术 2 个，累计推广应用超过 1000 亩，已经带动当地相关产业产值 300 万元。

【科技成果与奖励】 2022 年，青岛市科学技术奖共授予 120 个项目（人选），在市科技进步奖中创新设置科技成果转化卓越贡献个人（团队）类，主要奖励在推动产学研合作和科技成果转化工作中起关键作用、做出突出贡献的产业化实施者。2022 年度青岛市共有 80 个项目（人选）获得山东省科学技术奖，占全省获奖总数的 37.6%。其中，中国海洋大学包振民院士获山东省科学技术最高奖。青岛市获奖的涉海项目共 13 项，较 2021 年增长 18%，全省涉海项目中青岛市牵头完成项目占比达 90% 以上。

【科技成果转化】 2022 年，青岛市深化制度创新，出台《实施"硕果计划"加快促进科技成果转移转化的若干政策措施》及 16 项配套细则，"真金白银"推动成果就地交易转化应用。2022 年，技术合同成交额 395 亿元，同比增长 23%。获批全省唯一科技成果评价改革综合试点城市，树立以质量、绩效、贡献为核心的评价导向。80 个项目获省科学技术奖，占全省 1/3 以上，120 个项目获市科学技术奖。制定推进高校院所科技成果转化工作方案，支持青岛大学实施"服务青岛行动计划"，本地转化成果 177 项，同比增长 30%；本地技术合同成交额 8210.5 万元，同比增长 102%。

【政策法规与环境建设】 2022 年，邀请行业专家编制并印发《青岛市生物医药及医疗器械产业链高质量发展三年行动方案（2022—2024 年）》，明确生物医药产业发展方向。印发《青岛市标杆孵化器管理办法》，评定首批 4 家引领型、3 家成长型标杆孵化器，7 家标杆孵化器当年新增入孵企业 95 家，入驻企业营业收入 61.8 亿元，带动就业 2385 人。印发《青岛市科技创业孵化财政资金股权投资运行管理办法（试行）》，探索以"财政股权投资＋无偿补助"的创新资金支持方式，推动建立标杆孵化器持股孵化，形成项目库和资金池共建共享、标杆孵化器领投、专业基金管理团队运营的支持孵化器持股孵化的模式。先后出台《关于加快打造引领型现代海洋城市助力海洋强国建设的意见》《引领型现代海洋城市建设三年行动计划（2021—2023 年）》《青岛市支持海洋经济高质量发展 15 条政策》《关于支持生物医药产业高质量发展若干政策措施》《关于支持"蓝色药库"开发计划的实施意见》《青岛市关键技术攻关及产业化示范类项目管理暂行办法》《实施"海创计划"加快推进涉海科技企业创新发展的若干举措》等政策文件，为海洋生物医药产业发展提供了有力政策保障。出台《实施"沃土计划"加快培育科技型企业三年行动方案（2022—2024 年）》，持续开展创新型高成长企业孵化培育。印发《青岛国家高新区分园区（培育）实施方案》，出台《青岛市科技创新产业园区实施细则》，打造一流科技产业园区。出台《实施"硕果计划"加快促进科技成果转移转化的若干政策措施》及 16 项配套细则，"真金白银"推动成果就地交易转化应用。联合青岛市财政局出台《青岛市自然科学基金项目管理办法（试行）》，支持青年科研人员开展基础研究和应用基础研究，激发科技人才积极性、创造性；联合青岛市妇联等出台《青岛市关于支持女性科技人才发挥更大作用的措施》，激发女性科技人才创新活力。强化顶层设计，高标准编制国际化创新型城市《青岛市打造国际化创新型城市五年规划（2022—2024 年）》和《青岛市打造国际化创新型城市三年行动方案（2022—2024 年）》，明晰发展方向，找准发展路径。编印科技金融政策汇编、科技政策百问百答，编写科技金融简报 11 篇。

【民营科技企业发展】 2022 年，青岛市通过多元化方式引导企业设立研发机构，新增备案 1363 家，总数超 2300 家；新获批省级技术创新中心 6 家，总数达 30 家；新建市级技术创新中心 403 家，总数 953 家，90% 以上市级技术创新中心依托企业主体建设，推动规模以上工业企业研发机构覆盖率由 41% 提升至 72%。全国首创"云端研发"模式，借助互联网和大数据手段，近 4000 家企业建立云上研发中心，推送创新资源 13500 余项，线上线下产学研对接近 1500 次，为企业解决难题、转化成果 970 项。青岛市广泛开展惠企政策宣传解读、辅导培训，确保政策应知尽知、红利应享尽享。通过网络新媒体、政策入园区等手段，组织 24 场次惠企政策宣贯活动，服务企业 5000 余家，联合财政、税务、专家开展线上直播辅导，覆盖 59.4 万人次，受到企业广泛好评。聚焦稳经济增长、保市场主体，年初提前下达科技资金 3.57 亿元，惠及企业 1681 家，帮助困难企业渡过难关。享受研发费用加计扣除企业首次突破万家，同比增长 37.5%，加计扣除总额超过 310 亿元，同比增长 56.5%。

【科技人才支撑】

完善科技人才政策体系 2022 年，联合市财政局出台《青岛市自然科学基金项目管理办法（试行）》，支持青年科研人员开展基础研究和应用基础研究，激发科技人才积极性、创造性；联合市妇联等出台《青岛市关于支持女性科技人才发挥更大作用的措施》，激发女性科技人才创新活力。

培育产业领军人才及团队 2022年，青岛市靶向产业引才育才，入选市级科技人才工程59人、省级以上科技人才工程65人，带动航空航天、人工智能等新兴产业发展。2家单位入选国家首批科学精神专题实践教学基地。海尔德国有限公司获批省级离岸创新创业基地。举办2022年青岛市科技活动周，线上线下10万余人共享科技盛宴。11次入选"外国专家眼中最具吸引力的中国城市"十强，排名升至全国第5位。

强化外国专家引进 2022年，青岛市克服疫情不利影响，通过全职引进、柔性合作等方式，积极引进外国专家开展科技创新与交流合作。深化科技部外国人工作管理改革试点，2022年，办理外国人工作许可5162件，居全省首位。

【科技合作与交流】

强化国际科技合作基地提质增效 2022年，青岛市共有国家、省、市三级国际科技合作基地138家，其中，国家级18家，省级5家，市级115家。2022年，青岛市对符合条件的29家国合基地展开了评估，其中优秀5家。对三年内市级国合基地进行全面评估，并对评估优秀的18家基地予以360万元奖补。

加强国家级重点平台建设 2022年，青岛市现有国家级重点平台3家，分别是中国—上海合作组织技术转移中心、中国－泰国轨道交通"一带一路"联合实验室、中国－沙特石油能源"一带一路"联合实验室。2022年科技部国家重点研发计划政府间国际科技创新合作重点专项获立项支持10项。

设立青岛市国际科技合作计划专项 青岛市针对日韩、上合组织国家等重点国别，2022年共立项支持8项关键技术攻关项目，在医疗器械、智能制造、新材料、新一代信息技术等领域开展关键技术攻关，通过与境外机构合作，实现技术升级和国产替代。获批2022年度"中韩青年科学家交流计划"中国青年科学家赴韩工作交流项目2项，占全国1/5。成功举办2期线上出国（境）培训班，分别是借鉴新加坡开放式创新体系助力科技成果转化、科技企业培育与园区建设两个专题。

【海洋科技平台建设】

打造梯次发展的实验室体系 2022年，青岛市强化源头创新，建设以崂山实验室为顶层，全国、省、市重点实验室为支撑的"金字塔"体系。2022年新增智慧海洋牧场、深海矿产开发2家海洋领域省重点实验室，瞄准重点方向新布局海洋领域市重点实验室新增23家，初步形成梯次衔接、特色鲜明的海洋领域实验室体系。

布局重大科技基础设施 2022年，青岛市坚持"成熟一项、启动一项"，预研布局一批需求牵引、应用导向的海洋重大科技基础设施。建成全球领先的超算大科学装置，3项成果入围2021年"戈登贝尔奖"，助力透明海洋、数字孪生、蓝色生命等大科学计划的实施。建成全球最大规模的深远海科考船队，集合全国13家单位37艘科考船及"蛟龙号"等800多台（套）船载设备，累计共享船时超5000天。推动全国首个标准浅海试验场、"观澜号"卫星等一批重大科技基础设施建设。

集聚海洋高端研发机构 2022年，青岛市规划古镇口海洋科教创新区，哈工程青岛创新基地等6所高校院所已建成启用。强化与中国科学院合作，统筹中国科学院13家涉海科研机构科技创新资源，推进中国科学院海洋大科学中心建设。引进中国气象局青岛海洋气象研究院，建设国家级海洋气象产学研用综合示范基地。与清华大学共建中国海洋工程研究院，打造海洋工程领域重大科技创新平台。

【海洋科技攻关】

紧盯前沿布局海洋关键技术 2022年，青岛市围绕海洋领域重点产业、重点领域"卡脖子"技术，充分发挥有组织科研创新示范，加快推进关键核心技术攻关。2022年在海洋高端装备、海水淡化等重点领域超前谋划，立项支持"舰船轻型燃气轮机综合试验平台研发与产业化""国产化海水淡化陶瓷超滤膜技术及产业化应用研究"等海洋产业关键技术攻关项目23项，支持金额4600万元；通过实施"海创计划"，不断推动项目、资金、政策等各类创新要素向企业汇聚，使企业成为技术创新决策、研发投入、项目组织和成果转化的主体。

实施重大示范工程项目 2022年，青岛市出台首个海洋科技创新示范工程管理办法，支持海洋重大创新产品研发和重大创新成果示范应用。2022年，支持"鱿鱼生物资源精深加工及医用材料关键技术开发与产业化示范""集群式深远海养殖渔场一体化构建技术与集成示范"两项海洋科技创新示范工程，支持金额2000万元，拉动社会资本科研投入过亿元。实施"深远海工业化大型养殖装备"重点研发计划，获国家支持经费2665万元，"深蓝1号"网箱三文鱼深远海养殖试验成功，"深蓝2-1号""深蓝2-2号"网箱及中央综合管理平台开工建造。深化部、市联动，推进全省唯一"深远海大型养殖装备平台与智慧养殖模式"项目，推动深远海养殖、智慧港口、海洋物联网山东省重大科技示范工程在青岛市实施，打造一批海洋示范引领工程。

突破一批引领性技术 2022年，青岛市围绕高水平海洋科技自立自强，青岛市前瞻性布局原创性、引领性科技攻关，持续涌现出一批突破性成果。全球首艘10万吨大型养殖工船"国信1号"投入运行；万米级无人自主"海燕"水下滑翔机下潜深度刷新世界纪录；HM2000型浮标成为唯一获国际Argo组织认可的国产化浮标；青岛港首创全自动化集装箱码头智能管控系统，全球装卸效率最快；中国首艘自主航行集装箱商船"智飞"号正式交付运营；我国建造规模最大、重量最重的圆筒型浮式生产储卸油装置（FPSO）成功启航；国内首个抗肿瘤海洋药物BG136进入临床试验；2021年、2022年，全市高校院所、企业主导和参与培育的水产新品种16个，占国内新认定品种比例超40%；凸显青岛在海洋领域科技创新的引领示范作用。

【海洋科技成果转化】

创新成果转化新机制 2022年，青岛市深入实施"硕果计划"，出台16项配套细则，强化制度创新，从科技成果供给、需求、服务、保障4个方面入手，促进就地交易、转化和应用。2022年海洋技术合同成交额达40.80亿元，同比增长28.22%。推动中国海洋大学获批海洋种业中心、海洋装备研发平台2项驻鲁高校服务山东重点建设项目，总经费6.9亿元。支持青岛海洋药物研究院牵头"蓝色药库"开发计划，3个海洋新药临床批件即将获批，与青啤合作转化"王子海藻苏打水"，年产值过亿元。

打造海洋创新联合体 2022年，青岛市完善产学研合作机制，着力打造龙头企业牵头、高校院所支撑、各类要素深度融合的创新联合体。依托中船海洋装备研究院、中国海洋大学建设山东省船舶产业创新创业共同体，引入山东省海洋集团重组山东省海洋科技成果转移转化中心（共同体），培育海洋科技企业31家。搭建青岛市海洋监测装备创新创业共同体，以海洋技术入股形式培育科技企业5家，社会融资1.6亿元。

培育产业发展"助推器" 2022年，青岛市积极引育新型研发机构，强化科学研究、技术创新、研发服务和成果转化等功能。推进特种食品研究院建设，集聚上下游企业10余家；推进青岛海洋食品营养与健康创新研究院建设，孵化7家海洋生物公司，与30余家企业开展技术合作，研发100余款新产品，上市销售30余款；支持青岛国实科技集团依托崂山实验室，在整合资源、招商引资、对接产业、引进人才等方面发挥重要平台作用。依托半岛科创联盟建设"海洋科技成果转化服务平台"，以市场化机制开展项目路演和对接活动，为海洋科研成果在本地落地转化打开"通路"。

（青岛市科技局 肖 强）

淄 博 市

【概述】 2022年，淄博市成功获科技部批复开展国家创新型城市建设，获批"国家火炬淄博临淄精细化工特色产业基地"，张店区、周村区成功入选2022年山东省科技创新"十强县"。全市高新技术企业达到1374家，科技型中小企业达到1822家，规模以上高新技术产业产值占规模以上工业产值比重达到48.42%。全市研发经费投入达到119.43亿元，同比增长16.4%，占GDP比重达到2.86%，较2021年增加0.07个百分点。淄博绿色化工与功能材料山东省实验室成功获批建设，3家众创空间获批国家级众创空间，新增省级新型研发机构（备案）8家，新增省级院士工作站和国家重点人才工程专家工作站6家、省技术创新中心1家、省级技术转移服务机构2家。

【区域创新】 2022年，淄博市成功获科技部批复开展国家创新型城市建设，制定了《淄博市人民政府关于高质量推进创新型城市建设的意见》，全面启动国家创新型城市建设。积极打造区县域创新高地，桓台县列入省科技厅推荐申报国家创新型县名单，张店区、周村区成功入选2022年山东省科技创新"十强县"，占全省总数的1/5。

【政策体系】 2022年，出台了《淄博市科研诚信管理办法》《淄博市重点实验室管理办法》《关于促进科学研究和技术服务业高质量发展的措施》《关于进一步优化科技计划项目评审的实施方案》《关于进一步强化质效管理优化科技资源配置的实施意见》《关于进一步推动科技信贷支持科技型中小企业科技研发的若干措施》，联合发布了"淄博人才金政50条"，搭建"科技企业云平台"，打造全方位政策体系和服务机制。

【科技型企业】 2022年，淄博市实施高新技术企业"双培育"工程和科技型中小企业创新能力提升工程，全市高新技术企业达到1374家，科技型中小企业达到1822家。90项项目成功立项山东省科技型中小企业创新能力提升工程，获省级扶持资金3145万元，立项数量和资金均居全省前3位。全市96家企业、3个团队报名参加山东省中小微企业创新竞技行动，16个项目在决赛中胜出,并有 5 家企业晋级国家大赛。

【**高新技术产业**】 2022 年,淄博市 914 家企业纳入年度高新技术产业产值统计范围,全市规模以上高新技术产业产值占规模以上工业产值比重达到 48.42%。

【**关键核心技术**】 2022 年,淄博市 8 家企业实施的创新项目获得省重点研发计划(重大科技创新工程)立项扶持,扶持资金 9328 万元;5 个牵头项目获山东省科学技术奖,数量居全省第 3 位,其中,东岳未来氢能的"高性能氢燃料电池质子膜"项目获技术发明奖特等奖。

【**研发投入**】 2022 年,淄博市研发经费投入达到 119.43 亿元,同比增长 16.4%,占 GDP 比重达到 2.86%,较 2021 年增加 0.07 个百分点。

【**创新平台**】 2022 年,出台《淄博市重点实验室管理办法》,含氟功能膜材料国家重点实验室获山东省自然科学基金氟硅材料联合基金连续三年 1000 万元支持;淄博绿色化工与功能材料山东省实验室成功获批建设;淄博产研院设立 5 亿元的淄博产研创业投资基金(母基金)和 3 亿元的山东产研股权投资母基金,构建"创新平台+概念验证+创投基金+成果落地"的全链条创新创业模式。新增省级新型研发机构(备案)8 家,新增省级院士工作站和国家重点人才工程专家工作站 6 家,省技术创新中心 1 家。

【**科技人才**】 10 人入选 2022 年度泰山产业领军人才工程,其中,创新类人选 6 人、创业类人选 4 人。优化升级《淄博英才计划实施办法》,30 人通过实地考察环节,其中科技创新人选 22 人,科技创业人选 8 人。实施"331"引智工程,引进外国专家 310 余人次,实施国家、省、市各级引智项目 54 个,争取国家级、省级引智项目资金 555 万元。

【**孵化载体**】 2022 年,淄博市制定《关于扶持科技企业孵化载体创新发展的意见》,山东大学生物医药研究院等 3 家众创空间获批国家级众创空间,山东省生物医药科技企业孵化链条入选全省首批科技企业孵化链条试点建设名单。

【**科技战略咨询**】 2022 年,淄博市引入以中国科学院为代表的顶尖创新团队,整合本地"科技副总"、龙头企业技术核心等共同组成产业顾问团,促进中国科学院"双百工程"在淄博首先落地。正式发布了《淄博市聚氨酯产业发展报告》《淄博市光伏材料产业发展报告》《淄博市新能源汽车材料产业发展报告》。

【**企业创新能力评价体系**】 2022 年,淄博市建立了由创新能力指标、成长经营指标及辅助指标等 3 个一级指标和 20 个二级指标组成的指标体系,筛选 3000 家创新能力较强、研发活动较活跃的企业进行了评价,确定 100 家创新发展标杆企业。

【**科技金融**】 2022 年,淄博市联合市财政局出台《关于进一步推动科技信贷支持科技型中小企业科技研发的若干措施》,积极落实科技成果转化贷款政策,为 359 家科技型中小企业提供科技成果转化贷款 496 笔,贷款金额 16.77 亿元,同比增长 29.60%,其中风险补偿备案金额 16.77 亿元;49 家科技型中小企业获得科技成果转化贷款贴息补助 393.6 万元。

【**产学研合作**】 2022 年,淄博市实施"科技副总"赋能行动,制定《"揭榜挂帅·全球引才"产业引才工作方案》,开展"名城名校合作行"系列活动。先后组织"与山东大学校地合作系列活动""哈工大—淄博市智能装备产业项目对接洽谈会""华中科技大学对接交流会""科技合作名校直通车系列活动——淄博·成都专场"对接洽谈会等多场综合性对接活动,累计达成合作意向 40 个,现场签约合作项目 15 项;新选聘"科技副总"127 名,总人数达到 490 人次;"揭榜挂帅"累计发布企业技术难题 79 项,21 项项目已实现揭榜。

【**科技示范工程**】 2022 年,淄博市推进"氢进万家"科技示范工程和"氢能园区关键技术集成与示范"项目实施,已建成加氢站 6 座,运营氢燃料公交车 200 辆、氢燃料冷藏车 50 辆。加速推进全市智能网联汽车产业创新发展,集技术研发、整车制造、关键零部件配套、自动化检测、测试应用等于一体的无人驾驶产业生态初步形成。成功获批"国家火炬淄博临淄精细化工特色产业基地",全市国家火炬特色产业基地达到 6 家。

【**技术服务**】 2022 年,淄博市新增 2 家省级技术转移服务机构,总数达到 8 家,数量居全省第 2 位;完成技术合同登记成交额 305.41 亿元,技术交易额 5.07 亿元。

【**农业科技**】 2022 年,山东中以现代智慧农业有限公司等 4 家企业项目获省级财政支持 2020 万元。组建小麦、番茄、苹果等产业专家服务团,开展实地技术指导 59 次、科技培训 13 次,服务 700 余人次。

(淄博市科技局 王 刚)

枣 庄 市

【概述】 2022年，枣庄市科技系统深入落实习近平总书记关于科技创新的重要论述和对山东工作的重要指示要求，聚焦"工业强市、产业兴市"战略和"6+3"现代产业体系建设，大力实施创新驱动发展战略，纵深推进创新链产业链资金链人才链"四链"深度融合，交出了在砥砺中奋进、在转型中赶超的崭新答卷。成功创建全省唯一的国家可持续发展议程创新示范区，新增省级以上科技平台19个、高新技术企业132家，创年增量历史新高；全市研发投入同比增长19.6%，增幅居全省第3位，扭转了在全省各市被动落后的局面。全市规模以上高新技术产业产值同比增长13.2%，高于全省9.12个百分点，居全省第1位；全市规模以上高新技术产业产值占规模以上工业产值比重达到47.04%，较2021年全年提高4.41个百分点，增幅高于全省2.91个百分点，居全省第3位，占比提高幅度连续三年保持3个百分点以上。全市科技创新质量和效益全面提升，在全省创新体系中的地位和创新对全市高质量发展的支撑能力得到明显增强。

【科技创新发展形成新格局】

高位推动科技创新 2022年，枣庄市高规格成立国家可持续发展议程创新示范区创建工作领导小组，市委书记、市长任组长，全面加强对创新示范区建设工作的组织领导和统筹协调，构建起了市委统筹、部门配合、上下联动的科技工作新格局，为全市科技创新提供强力政治保障。

统筹谋划科技发展 2022年，枣庄市高标准编制发布"十四五"科技创新规划，明确了未来一个时期高水平创新型城市和科技强市建设目标，吹响了科技强市新突破的号角。

创新投入逐年加大 枣庄市在财政压力较大的情况下，市级财政科技投入连年增长，2022年达到6139万元，是2017年的5倍多；各区（市）财政科技投入屡创新高，枣庄高新区、市中区2022年科技创新发展资金分别达到10995万元、2057万元，居全市前列。

【科技创新综合实力稳步提升】 2022年，枣庄市科技系统齐心协力，共克时艰，科技创新工作取得新突破。

坚持党建引领、服务先行 枣庄市把深入学习习近平新时代中国特色社会主义思想和党的二十大精神作为主题主线，深入开展党史学习教育，在全市科技系统组织开展"五全五帮·助企创新"行动，举办了"科技为民办实事""干部下沉千企帮包服务"等系列活动，打造形成"班墨枣庄·匠心科技"服务品牌。

坚持系统推进、重点突破 枣庄市明确提出"系统推进、重点突破、全面提升"的工作思路和"全面增强科技创新综合实力"的总目标，政策、企业、平台、人才、项目协同推进，以新型研发机构为代表的科技创新工作走在全省前列，全社会研发投入工作扭转落后局面；国家科技型中小企业达到835家，新增174家，是历史上最多的一年，超额完成700家的全年目标任务；成果转化、平台建设、人才引进等目标全部超额完成。

坚持争事一流、唯旗是夺 国务院批复同意枣庄市建设国家可持续发展议程创新示范区，是全省唯一示范市、全国唯一以"创新引领乡村振兴可持续发展"为主题的国家示范区。新增国家级科技平台2个、省级科技平台17个，新增数量历年最多；泰和科技、中材锂膜等4家企业入选山东省科技领军企业榜单，康力医疗、威达重工等15家企业入选山东省首批科技"小巨人"企业榜单。

【国家示范区建设取得重大突破】 2022年7月10日，国务院印发《关于同意枣庄市建设国家可持续发展议程创新示范区的批复》，同意枣庄市以"创新引领乡村可持续发展"为主题建设国家可持续发展议程示范区。省委书记李干杰、省长周乃翔分别做出批示，副省长凌文同志主持召开山东省创建国家可持续发展议程创新示范区领导小组工作会议，省政府出台《关于支持枣庄市建设国家可持续发展议程创新示范区的若干政策》。市委常委会和市政府常务会议专题研究示范区建设工作，研究起草《枣庄市国家可持续发展议程创新示范区建设实施方案（2022—2024）》，示范区建设工作有序推进。

【科技创新支撑能力逐步增强】

坚持抓创新，首先抓投入 2022年，枣庄市争取省级科技研发补助经费2371万元，市级科技创新发展资金达到3656万元，集中财力支持重大科技创新，全社会研发投入和研发投入强度实现双提升。

坚持抓攻关，首先抓需求 2022年，枣庄市聚焦全市"6+3"产业技术需求和"卡脖子"技术难题，组织实施106项重大科技创新工程项目，中材锂膜项目列入山东省重大科技创新工程，一批关键核心技术实现重大突破。

坚持抓产业，首先抓园区　2022年，枣庄市集成政策、集聚资源、推进改革，大力促进枣庄高新区高质量发展，上半年成功入选科技部"十百千万"专项行动首批实施单位（全国58家，山东共7家）。

【企业创新主体地位大力提升】

完善科技型企业梯次培育体系，壮大科技企业队伍　2022年，枣庄市推荐244家科技型企业申报国家高新技术企业，首批154家通过专家评审，通过率达90.6%，市外整体搬迁高新技术企业2家，全市高新技术企业总数有望突破400家。

全面落实优惠政策，有效降低企业创新成本　2022年，枣庄市推荐300余家企业申报省级财政企业研发投入财政补助、中小微企业升级高企财政补助、科创贷贴息，兑现落实市级奖补资金2771.2万元，对104家高新技术企业、2个国家级孵化平台、14家科技型中小企业给予资金奖励；为150家科技型中小企业落实科技成果转化贷款备案6.8亿元，同比增长55%。

大力支持企业研发活动，提升主体创新能力　2022年，枣庄市前三季度累计完成研发投入33.65亿元，规模以上工业企业有研发活动企业达到456家，占比49.14%，环比提升3.6个百分点，首次达到全省平均水平。29项自主创新及成果转化计划项目中，企业牵头承担的有25项，企业已经成为科技创新主战场的"第一主角"。

【科技服务民生措施更加有力】　2022年，枣庄市围绕生命健康、种业创新、绿色发展等方面，持续加大创新支持，让人民群众切实提升科技创新获得感。

聚焦医养健康　2022年，支持枣庄市中医医院建设国家、省区域医疗中心，组织实施重特大疾病防治科技示范项目，重点攻克一批"卡脖子"技术和国产化替代产品，"光子计数能谱CT深硅探测模块关键技术攻关及产业化""心率变异性监测指导脑梗死患者进行康复训练与远红外治疗的临床应用研究"等科技攻关项目实现较大突破。

聚焦乡村振兴　2022年，枣庄市坚持从农村最需要的技术支持入手，选派300余名科技特派员，服务全市每一个乡镇，开展现场和线上服务199次，受益群众2518人次。集中科研力量突破种业创新，"石榴全产业链智慧化生产关键技术集成创新与应用示范""绿色高效智能肉鸡工厂化养殖关键技术创新与应用示范"等2个项目列入2022年度省重点研发计划（乡村振兴科技创新提振行动计划）。

聚焦绿色技术创新　2022年，枣庄市着力破解低碳技术、能源利用等方面的技术难题，积极组织申报国家级和省级科技创新工程重点研发计划"碳达峰碳中和关键技术研究与示范"重点专项，3个项目列入《2022年山东省绿色低碳技术成果目录》。

【科技创新平台体系日臻完善】

筑牢科技创新根基　2022年，枣庄市提升原始创新能力，加快布局重点实验室体系，已建设山东省重点实验室2家、市重点实验室283家，在加强基础研究、应用基础研究等方面发挥了重要作用。积极争取省科技厅支持，加快培育创普斯（台儿庄）新能源材料工业应用与物联网国家（省）重点实验室等建设，2022年9月向省科技厅呈报了筹建报告。

支撑"6+3"产业转型升级　2022年，枣庄市推荐3家企业申报山东省技术创新中心，山东省煤基化工新材料技术创新中心获省科技厅批复建设。布局建设市级技术创新中心217家，会同市委宣传部推荐山东当康文化传播有限公司申报第五批国家文化和科技融合示范基地，龙头企业、链主企业关键领域技术创新供给能力不断增强。

培育新的创新点和经济增长点　2022年，枣庄市大力发展新型研发机构，构建完成"1+10+N"创新创业共同体创新体系，建成省级新型研发机构24家、市级新型研发机构18个，以北理工鲁南研究院、山东德萨大数据股份有限公司、滕州华数智能制造研究院、枣庄北航机床创新研究院有限公司、浙大山东工研院为代表的新型研发机构逐渐发力，参与、承担省级以上重点研发计划项目16项，累计研发经费投入1.21亿元，共突破关键技术4项，解决技术难题8个，制定国际、国家或行业标准9个。中建材科创院领衔的山东省无机功能材料与智能制造创新创业共同体，成立股份制核心运营机构——枣庄共同体管理服务有限公司，"气凝胶复合保温材料项目产业化"落地持续推进。推动山东吉利欣旺达动力电池有限公司获批省锂电产业创新创业共同体，市科技信息研究所列入国家知识产权信息公共服务网点。

【科技人才创新环境逐步优化】

大力推进科技人才项目"揭榜挂帅"工作机制　2022年，枣庄市支持各类科技创新主体围绕"6+3"现代产业集群开展"揭榜攻关"，发布第二批科技人才"揭榜挂帅"项目榜单30个，单项榜单金额最高1250万元，总金额达8055万元。

认真落实《外国人来山东工作便利化服务若干措施》　2022年，枣庄市对外国人才的吸引力不断增强，年内新增外国专家54人，2人分别入选国家和省外国专家项目，1人获省政府"齐鲁友谊奖"荣誉。

积极推荐申报国家和省高层次人才工程　2022年，枣庄市1人入选科技部高层次人才特殊支持计划创业领军人才，6人入选泰山产业领军人才工程，2个海外高层次人才工作站建成运行，在省科技厅对全省首批期满验收的10个海外高层次人才工作站中，枣庄市威智医药海外高层次人才工作站被评价为3个"优秀"工作站之一。

2023年是贯彻党的二十大精神开局之年，是落实"十四五"规划承上启下的关键之年，也是市委确定的"重点工作突破年"。全市科技系统将深入贯彻习近平新时代中国特色社会主义思想和党的二十大精神，树牢"保十争五奔前三"的争先意识，践行"严真细实快"的工作作风，全面落实中央和省、市委经济工作会议部署，深度聚焦国家创新型城市和国家可持续发展议程创新示范区建设，着力打造战略科技力量，着力强化关键核心技术攻关，着力提升企业创新主体地位，着力扩大科技合作开放，着力壮大科技人才队伍，纵深推进科技体制改革，深入实施创新驱动发展战略，优化提升科技创新体系整体效能，全力推动枣庄市科技创新工作走在前，为高质量经济发展提供硬核支撑。

（枣庄市科技局　杜益宏）

东 营 市

【概述】 2022年，东营市坚定不移实施黄河重大国家战略、创新驱动发展战略，召开了高规格全市科技创新大会，全面启动高水平国家创新型城市建设。创新能力不断增强，在97个国家创新型城市中排名第61位，在全国城市创新能力百强榜中排名第69位。高能级创新平台载体取得重大突破，国家盐碱地综合利用技术创新中心获批，为全省第3家、全市第1家；新增国家级科技企业孵化器1家、众创空间3家，新增数量创近年来新高。创新活跃度攀升，有研发活动的规模以上工业企业占比达到36.65%，提高9.07个百分点；每万名就业人员中研发人员数达106.4人，居全省第5位。

【高新技术及其产业】 2022年，东营市实施科技型中小企业、高新技术企业"双倍增"计划，建立县区、开发区包联督导机制，强化高新技术企业税收优惠、研发费用加计扣除等政策落实，助力科技型企业发展壮大。全市科技型中小企业、高新技术企业分别发展到1092家、681家，同比分别增长29.7%、47.4%。全市高新技术产业产值同比增长7.44%，占规模以上工业总产值比重为38.07%。

【科技计划】 2022年，东营市建立重大关键技术项目储备库，主动对接国家、省重大科技项目布局，牵头组织实施省"盐碱地草牧业""合成生物"科技示范工程，争取省重大关键技术攻关项目、中央引导资金项目、省科技型中小企业创新能力提升工程等43项，争取上级各类资金2.4亿元。启动实施"揭榜挂帅"，发布高端化工等8个领域25家企业技术需求29项，榜单金额共7170万元，9项项目签订了合作意向，3项项目处于自主研发阶段。聚焦盐碱地综合利用、油气勘探领域，争取省自然科学基金3项，启动设立市级自然科学基金项目。

【科技创新资源与能力建设】 2022年，东营市加快规模以上工业企业研发机构全覆盖，有研发机构的规模以上工业企业占比达80%，有研发活动的规模以上工业企业同比增长40%。加强产业创新平台建设，建成稀土催化研究院等8家高能级平台，稀土催化研究院布局了总投资55亿元的9个产业链上下游项目，青科大广饶橡胶研究院成功转化湿法炼胶等橡胶领域成果25项，成为夯实产业创新发展的"硬支撑"。加快园区创新平台建设，黄三角农高区成功创建国家盐碱地综合利用技术创新中心，为全省第3家、全市首家；东营高新区争创国家高新区进程加快，省政府批复同意东营高新区扩区调区，并优先支持升级国家高新区。推动创新孵化载体规模不断扩容，新增国家级科技企业孵化器1家、众创空间3家，市级科技企业孵化器2家、众创空间5家。

【农业与社会发展】 2022年，东营市农业科技攻关步伐加快，新建设市级农业科技园区8家，涵盖了盐碱地综合利用、现代渔业、设施农业等领域。加强农业领域科技攻关，争取省良种工程、乡村振兴科技创新提振行动计划等8项，获得省财政资金6040万元。农业科技服务效能提升，实施科技特派员行动计划，成立了水稻、大豆、牧草等7支科技特派员产业服务团，开展农业实用技术培训47次、技术指导207次，培训农业科技人员数量2933人次，解决产业发展关键问题27个。科技赋能社会发展进步，广泛征集水治理、大气治理、碳减排等领域先进技术成果，9项入选《山东省绿色低碳技术成果目录》，位居全省第一。组织编制了《2022年东营市绿色低碳技术成果目录》，18项技术成果入选，促进绿色低碳先进适用技术推广应用。出台《东营市临床医学研究中心管理办法》，新建市级临床医学研究中心7家。

【科技成果与奖励】 2022年，东营市开展"十校百企"科技成果直通车、山东大学东营行、科技企业高校行等科技对接活动，累计推介山东大学、中国石油大学等15所高校科技成果58项，31个项目达成合作意向。技术转移转化体系更加健全，山东石油化工学院创建省技术转移人才培养基地，实现技术转移人才本土培养，培育省级技术转移服务机构2家、省级科技成果转化中试示范基地3家，市级技术转移服务机构5家，全市技术合同成交额达134.1亿元，同比增长近30%。东营区获2022年度山东省技术转移先进县（市、区）绩效评价优秀等次。完善科技成果转化贷款风险补偿机制，科技成果转化贷款6.76亿元，同比增长42%。4家企业入选省科技厅"科创板"上市企业培育库重点优选级企业。全市9个项目获得省科学技术奖励。

【政策法规与环境建设】 2022年，东营市印发实施《关于深入实施创新驱动发展战略建设高水平国家创新型城市的意见（讨论稿）》，开启高水平国家创新型城市建设新征程。印发了《关于改革完善市级财政科研经费管理的实施意见》，试行"揭榜挂帅"等科技项目组织形式。印发《东营市科技特派员管理办法》，加强和规范科技特派员的管理，提高农业科技服务效能。印发《东营市自然科学基金项目管理办法（试行）》，启动设立市级自然科学基金。印发实施《关于进一步优化市级科研经费支出管理的试行办法》，充分激发科研创新活力，营造健康有序的科研生态环境。

【科技合作与交流】 2022年，东营市联合清华大学、烟台大学承办中国化工学会第一届微化工技术年会，邀请费维扬、韩布兴、徐春明、钱旭红等4位院士参会，吸引集聚清华大学、中国科学院等66所知名高校的专家学者。推动校企交流合作，面向全市200余家企业开展走访调研活动，征集、筛选企业技术需求及难题60余项、高校院所先进技术成果300余项，为校企精准对接奠定基础。组织企业赴济南、临沂、聊城等8地市9所高校开展"科技企业高校行"活动，组织举办山东大学、中国石油大学（华东）等高校技术成果发布交流活动5期。强化与院士的沟通交流，新增山东省院士工作站1家，全市总数达到29家。

【绿色低碳发展】 2022年，东营市深化与中国科学院、省农科院等高院院所的科技合作，支持中国科学院烟台海岸带所滨海湿地试验站开展湿地生态监测、滨海湿地生态修复与治理研究，实施"盐碱地农田—湿地生态协同保护修复与保育技术研发"科技攻关与示范项目。征集水治理、大气治理、碳减排等领域先进技术成果，编制了《2022年东营市绿色低碳技术成果目录》，其中，有9项技术成果入选《2022年山东省绿色低碳技术成果目录》，占全部63项技术成果的1/7，位居全省第一。

（东营市科技局　柴延兴）

烟 台 市

【概述】 2022年，烟台科技围绕市委、市政府中心工作，以科技创新强市建设为统揽，深入贯彻落实《关于科技创新强市三年行动方案》，统筹推进科创平台建设、实体经济发展、增进民生福祉、科技创新生态等重点环节，各项工作有序推进，科技创新供给能力全面提升。连续入选"魅力中国—外籍人才眼中最具吸引力的中国城市"。在科技部直属单位中国科技信息研究所发布的《国家创新型城市创新能力评价报告2022》中，烟台市排名上升了8个位次，在全国97个创新型城市中排26位。

【高新技术及其产业】 2022年，出台《烟台市高新技术企业补助实施细则（试行）》，积极引导符合条件的企业申报高新技术企业，全年共组织916家企业申报高新技术企业。前三季度，全市高新技术产业产值同比增长7.3%；累计占规模以上工业比重62.38%，超出全省平均值14.55个百分点。全市新增高新技术企业371家，总数达到1913家，居全省第3位；备案国家科技型中小企业3221家，居全省第3位。

【科技计划】 2022年，烟台市新上国家和省各类科技计划项目400余项，获得支持资金8.3亿元。主要包括国家自然科学基金项目106项，资金4444万元；山东省自然科学资金项目221项，资金2896万元；山东省中央引导地方科技发展资金项目20项，资金1840万元；省重点研发计划（重大科技创新工程项目）22项，资金1.4亿元。共安排烟台市科学技术发展计划201项，资金6057万元。其中，重大科技创新类项目20项，资金3000万元；科技创新促进乡村振兴类项目27项，资金700万元；社会民生公益类项目30项，资金580万元；校（院）地合作创新类项目35项，资金580万元；科技型中小企业创新竞技项目52项，资金660万元；基础研究类项目26项，资金265万元。

【科技创新资源与能力建设】

创新平台建设 2022年，烟台市新增山东省实验室1家、省重点实验室1家、国家级众创空间等孵化载体4家、院士工作站7家、省技术创新中心4家、省新型研发机构8家、省级创新创业共同体1家。另有11家在管理期内的引进共建科创平台。先进材料省实验室一期15栋建筑全部封顶，八角湾国际科创中心孵化基地一期8800平方米已正式启用。新药创制省实验室获得省政府批复筹建，完成了理事会召开和事业单位法人注册。

创新服务体系建设 2022年，出台《烟台市科技企业孵化器和众创空间管理办法》，促进科技孵化载体健康发展，市级以上科技企业孵化器29家、众创空间25家、大学科技园3家，科技孵化载体面积达81万平方米。深入实施科技报告制度，收录共享国家级、省级和市级科技报告803份。扎实开展大型科学仪器设备和科技文献共享服务工作，截至2022年底全市入网大型科学仪器设备1371台（套），总价值约8.27亿元，向全市836家中小微企业和88家服务单位发放省市补贴2079.67万元；科技文献共享服务140万次，下载文献12万余篇。

积极开展科技信贷风险补偿工作，缓解科技型中小企业融资难、融资贵的问题。全年，累计帮助592家（次）企业获贷约34.26亿元，居全省第一，平均贷款年利率约4.21%。2022年，为348家科技型中小企业发放市级信贷补贴1761.78万元，并首次为134家企业争取了省级贴息资金1034.6万元。

【农业与社会发展】 2022年，烟台获批省级以上农村领域项目20项，经费5993万元，项目总量和资金总量均居全省第1位。组织实施市科技创新发展计划乡村振兴类项目27项，经费700万元。栖霞获批建设省级农业高新技术产业开发区，全市省级农高区数量达到3家，居全省第1位。龙口市顺利通过国家创新型县（市）建设验收；福山区、莱山区获批省创新型十强县，各获1000万元资金支持。成功举行"全市科技特派员创新创业共同体产业服务团工作部署视频会"，制定产业服务团工作方案，35名科技特派员获山东省科技特派员绩效评价优秀等次，数量居全省第1位。

获批社会发展领域省级以上项目6项，补助资金5201万元；组织实施社会民生公益类项目30项，补助资金580万元。印发《烟台市临床医学研究中心管理办法》，规范临床中心认定和管理。确定创新药和医疗器械研发补助项目18项，补助资金6173.527万元。绿叶制药自主研发的一类新药"若欣林®"正式获得上市批准，成为近两年烟台市批准上市的第3个一类新药，2个医疗器械获批三类医疗器械注册证。

【科技成果与奖励】 2022年，烟台市共登记各类科技成果178项。2022年度山东省科学技术奖，全市24项成果榜上有名，其中17项由烟台市牵头，一等奖以上奖励6项，约占全省的1/7；全省特等奖3项，烟台市获2项，占全省的2/3，其中，获得的技术发明奖特等奖，实现了烟台市近5年来"零"的突破；全省定向奖励项目5项，烟台市获3项，占全省的3/5。

【政策法规与环境建设】 2022年，烟台市制定科技奖励制度、科技成果评价、科研诚信、高企管理、成果转化等一系列科技改革政策法规，完善产学研深度融合机制。印发了《烟台市规模以上工业企业建立研发机构补助实施细则》，科技、财政、税务3部门联合出台了《烟台市企业研究开发财政补助实施办法》，引导和支持企业建立研发机构、加强研发投入，充分激发企业创新活力；制定《关于鼓励和规范烟台市社会力量设立科学技术奖的意见（试行）》，解决取消地市级政府科技奖励后的奖励体系缺位问题，逐步满足基层科研人员对科技奖励的需求；科技、人社、行政审批3部门联合出台《关于赋予中国（山东）自由贸易试验区烟台片区"外国人来华工作许可"行政审批权限的实施方案》，进一步提高了服务效能；出台《烟台市技术转移服务机构管理办法》《烟台市科技成果转移转化补助（奖励）资金管理实施细则》（烟科〔2022〕33号），鼓励支持各类科技服务机构建设。全社会研发投入总量达到173.19亿元，同比增长20.7%，增幅居全省第2位。创新驱动发展和科技创新能力提升成效明显，获省政府督查激励。

【民营科技企业发展】 2022年，烟台市完善以民营企业为主体的创新体系，打造"科技型中小企业—高新技术企业—科技领军企业"梯次培育机制，高新技术企业和科技型中小企业数量均创历史新高。27家企业入选山东省科技领军企业，57家企业入选首批山东省科技"小巨人"，数量均居全省第3位。8家企业获第十一届中国创新创业大赛山东赛区暨2022年"建行创业者港湾"山东省中小微企业创新竞技行动计划"科创之星"，34家企业获"优胜企业"奖，60家企业获"优秀企业"奖。4家孵化载体升级为国家级，新增3家市级孵化载体，全市孵化载体达到57家，在孵民营企业和团队达到1951家（个）。

【科技合作与交流】 2022年，烟台市组织明石集团成功举办中国·烟台微纳传感技术与智能制造院士论坛暨2022中国大学生机械工程创新创意大赛颁奖典礼，吸引9位院士、102所全国知名高校及科研机构的专家、学子参与，韩耀东副市长为烟台市"光电及磁性材料"产业链进行推介。推进山东（烟台）中日产业技术研究院建设，与日本科学技术国际交流中心共建中国事务所落户烟台，启动日本东京离岸育成中心试运营，开展"中日灯塔培训"品牌活动，举办云课堂、知识产权宣讲等活动60余次，培训技术经理人40名。采用"线上＋线下"相结合的方式举办了首届"空天海"先进技术融合发展主题论坛，吸引200余位行业代表、65家企业参加，发布最新科技成果30余项。市区联动，举办多场对接交流活动，邀请中国科学院沈阳自动化所、东北大学、西北工业大学、四川大学、烟台大学等专家团队与企业进行技术对接与项目合作。

【科普工作】 2022年，烟台市组织"走进科技，你我同行"主题科技活动周，通过科技大集、科技知识讲座、专家咨询、科普宣传栏、科普图书、明白纸等形式，开展了多种形式的科技宣传活动。据不完全统计，本届科技活动周全市共有123个单位3640人参加，公众参与11839人次，全市共制作宣传展板93个，印刷并发放各类科技宣传资料7000余份，开放科普基地4个，举办培训班、科技报告会、科普影视等各种活动16场（次），取得了很好的效果。烟台电视台等各类新闻媒体积极参与科技活动周的宣传报道。

【海洋科技】 2022年，烟台市围绕解决制约产业发展的关键核心技术，在海工装备、高技术船舶、现代渔业等领域，争取省级以上重大创新项目6项，补助资金3924万元；组织实施市级涉海科技计划项目25项，补助资金650万元。获得海洋领域省科学技术进步奖一等奖、二等奖各1项。召开山东省"深远海设施渔业科技示范工程"项目启动会，推动深入研究，完成年度绩效目标。获批建设山东省海工装备及材料创新创业共同体和山东省高端远洋渔船技术创新中心，全市海洋领域省级以上科技创新平台达到15家，海洋领域高新技术企业达到73家。

（烟台市科技局　王晓智　付东坤　王文龙）

潍　坊　市

【概述】 2022年，潍坊市深入贯彻落实习近平总书记关于科技创新重要论述和重要指示批示精神，坚持创新在现代化建设全局中的核心地位，坚持把科技自立自强作为高质量发展的战略支撑，统筹"技术、平台、企业、人才"一体化推进，科技创新质量和效益得到全面提升。

【高新技术及其产业】 2022年，潍坊市坚持把高新技术产业发展作为优化产业结构、促进转型升级和创新驱动发展的重要抓手，全面贯彻落实《高新技术企业认定管理办法》等政策文件，深入实施科技型企业"小升高"计划和高新技术企业"育苗造林"工程，大力培育高新技术企业。全市入库国家科技型中小企业评价系统企业2540家，居全省第4位。在电子信息、生物医药等技术优势领域，遴选一批创新基础好、发展潜力大的中小微企业，作为高新技术企业培育的后备力量。为2022年新认定的400家高企申请了省级补助4000万元。2022年全市有效期内的高新技术企业突破1800家，总数列全省第4位，主要分布先进制造、电子信息、生物与新医药等多个领域，群体规模优势初步形成。全市规模以上高新技术产业产值占规模以上工业总产值的比重达到57.31%，高于全省平均水平9.05个百分点。

【科技计划】 2022年，潍坊市研发投入总量达到149.98亿元，同比增长17.5%。全市有研发活动规模以上工业企业发展到1684家，同比增长76.2%；有研发活动规模以上工业企业占比达43.5%，增幅16.34个百分点。关键核心技术攻关项目获上级财政支持经费6.5亿元，项目数量和争取资金均占全省十强。潍柴研发的柴油机本体热效率突破52.28%，再次刷新世界纪录，天然气发动机本体热效率首次突破54.16%，成为全球热效率最高的热力机械。豪迈科技精细化工全连续流工艺及装备，打破国外垄断。天瑞重工的节能30%～50%磁悬浮鼓风机等系列产品，达到国际领先水平。奥新医疗的3.0T四肢关节磁共振产品，填补国内空白。

【创新平台建设】 2022年，潍坊市始终把创新平台建设作为激活创新资源、促进科技成果转化的有效载体，科技创新平台体系日趋完善。2022年8月27日，国家燃料电池技术创新中心在潍柴正式挂牌运营，牵头实施"氢进万家"科技示范工程。潍坊现代农业山东省实验室，引进各类科研人员近500人，建成六大公共平台和34个课题组，建设成效领跑全省。内燃机与动力系统全国重点实验室获批重组，累计形成各类标准33项、授权发明专利330项、获得省部级以上奖励33项。水动力平台列入崂山实验室核心平台建设计划，启动预研课题27项，形成专利45项，发表SCI收录论文20篇。歌尔股份有限公司牵头的山东省虚拟现实重点实验室、康华生物参与建设的山东省检验医学创新技术重点实验室获批建设，海化集团有限公司牵头的山东省海卤水资源高效利用技术创新中心、寿光市三木种苗有限公司牵头的山东省西甜瓜技术创新中心获批建设。新备案山东省院士工作站3家，新培育市级重点实验室138家。全市科技创新平台达到1911家，其中，国家级37家、省级299家、市级1575家，国家、省、市梯次合理、布局完善的平台体系逐渐形成。

【农业与社会发展】 2022年，潍坊市不断强化农村科技指导，充分发挥人才、平台、政策支持效能，积极争取上级资金、项目，争取中央引导地方科技发展资金项目5个，资金500万元，争取省农业良种工程、乡村振兴科技创新提振行动计划等各类省级项目19个，获批资金15316万元，其中潍柴雷沃申报省大型智慧农机装备科技示范工程，获批资金8932万元。支持鼓励山东吉青化工有限公司的"医用增塑剂绿色生物制造与应用关键技术"项目成功入选科技部2022年国家重点研发计划"绿色生物制造"重点专项。省科技特派员服务团全年开展培训33次，开展线上线下指导咨询服务300余次，培训农业科技人员3300余人次，新组建省级科技特派员产业服务团7个。

【科技成果与奖励】 2022年，潍坊市共有14项科技成果（个人）获省科技奖励。其中，歌尔股份姜滨获2022年度省科学技术最高奖，全省仅2人；歌尔股份饶轶、潍柴动力陈文淼获省科学技术青年奖，占全省获奖总人数的1/5；1人获省国际科学技术合作奖，占全省获奖总人数的1/4；星泰克微电子获省技术发明奖一等奖1项，潍柴动力、潍坊医学院等单位获省科学技术进步奖一等奖3项，诸城兴贸玉米等单位获省科学技术进步奖二等奖6项。另外，市科学技术奖评出最高奖1项，国际科学技术合作奖2项，新增设青年奖10项；自然科学奖和科学技术进步奖150项。

【知识产权】 2022年，潍坊市获批首批"国家知识产权强国建设试点城市"，被确定为首批知识产权纠纷快速处理试点地区。全市国内专利授权30191件，其中发明专利授权3917件，列全省第3位；每万人有效发明专利拥有量达到16.84件，较2021年底增长42.74%；新增注册商标2.9万件，列全省第4位。市知识产权保护中心发明专利授权量为1137件，同比增长31.1%。4个专利导航项目获批省专利导航项目，高新区、潍柴动力、盛瑞传动3家单位获批全省专利技术转移转化项目。在第四届省专利奖评选中，获奖总数居全省第3位，获奖数量创历史新高。新增4家国家知识产权示范企业、9家国家知识产权优势企业，总量列全省第3位。深入开展知识产权"入园惠企"活动，持续为创新型中小企业解决融资难、融资贵问题，专利权质押融资贷款笔数、数额均居全省前列。组织开展"2022年度知识产权行政保护""双打知识产权保护""蓝天"等系列专项行动，共处理专利纠纷行政裁决案件217件，查处专利商标违法案件341件。在全省率先出台《知识产权信用管理办法》，15件知识产权违法案件列入严重失信行为名单。推进知识产权保险工作，17家企业入保专利侵权责任险。积极申报山东省快速维权工作站17个，实现维权援助快速处理全覆盖。在2022年省知识产权保护检查评议中，潍坊获优秀等次。

【政策法规与环境建设】 2022年，潍坊市深入实施优化营商环境创新提升行动，建立优化营商环境"一号改革工程"提升创新创业活跃度指标体系和工作台账，"打造全方位、高质量科技创新服务体系"入选优化营商环境"揭榜挂帅"典型案例。优化市级科技计划申报系统，实现科技项目申报、评审、立项、评估和验收全流程管理。深入推进"互联网＋监管"，全年入库监管数据55条。完成2022年部门联合"双随机一公开"检查，检查企业28家，在外国人来华工作许可领域形成有效的风险分类监管机制。不断健全政策体系。出台了《潍坊市新型研发机构管理办法》《潍坊市科技计划项目科研诚信管理办法》《潍坊市"揭榜挂帅"科技项目实施办法（试行）》《潍坊市科技创新券管理办法》等惠企政策文件，现行有效文件达到21个。

【民营科技企业发展】 2022年，潍坊市共实施工业企业重点技术改造项目732项，本年完成投资510亿元；制造业技改投资增长14.2%。新增32家省级工业设计中心，总数达到80家，居全省第1位；新获"省长杯"工业设计大赛金奖1项，累计7项、居全省第1位；5家企业入选国家级和省级智能制造示范标杆，新增7家省级智能工厂、5家省级数字化车间；35种产品列入省首台（套）目录和名单。新增国家级工业产品绿色设计示范企业3家、省级绿色工厂8家。全市企业共入选世界500强1家、中国企业500强5家、中国制造业企业500强9家。新增国家级制造业单项冠军 3 家；新增省级制造业单项冠军 41 家，总数达到 123 家，新增数、总数均居全省第一，占全省单项冠军总数比例达到 14.4%。新增国家级专精特新"小巨人"企业 41 家、重点"小巨人"企业 2 家，省级专精特新中小企业 118 家，省级瞪羚企业 46 家。

【科技合作交流】 2022 年，潍坊市强化产学研合作交流，以"名校直通车"为抓手，深入对接重点高校院所创新资源，组织"2022 年'名校直通车'——陕西高校科技成果对接会""走进中科院——长春沈阳对接活动"等各类对接活动 9 次，对接 29 家重点高校院所专家 90 人次，达成各类意向协议 114 项，推动西安交大潍坊协同创新中心、合金材料技术开发等多个重点平台和技术攻关项目签约落地。以贯彻落实《关于加强和改进新时代潍坊人才工作的实施意见》和支持高端装备制造业、现代蔬菜种业、光刻胶等产业以及深圳（潍坊）科技工业园、先进光电芯片研究院等 13 项个性化政策落实落地为抓手，着力激发各类创新人才创新创造潜力，定期举办高端人才交流对接会、国际人才创新创业大赛等活动，持续加大科技领军人才团队引进力度。12 人入选国家级人才工程，新增数量全省第一。21 人入选泰山产业领军人才，9 人入选泰山学者青年专家，数量全省第一。新增院士工作站 3 家，总数 77 家。3 家单位入选省海外高层次人才工作站，数量全省第一。获批省离岸创新创业基地 3 家，省级以上外国人才工程 24 项。1 人荣获"齐鲁友谊奖"。引进外国专家 160 人，外国高端人才 13 人。

【科普工作】 2022 年，潍坊市科普工作围绕中心、服务大局，立足面向基层、服务发展、惠及群众，积极打造民生科普品牌，切实提高科普服务能力，推进全民科学素质整体水平不断提升。诸城市、昌乐县成功创建全国科普示范县，潍坊市入选"科创筑梦"助力"双减"科普行动全国试点城市。创新打造"科创筑梦"科普行动潍坊模式，组织开展创建认定一批科普教育基地，设计打造一批课后科普活动，培育壮大一批优秀科技教师，举办开展一批科技教育竞赛，征集汇聚一批校外科技教育资源，宣传推介一批优秀典型案例等特色鲜明的"六个一"活动。对社会公布推介科普教育基地（双减特色）93 家，编印科普教育基地导引 1000 册，为全市中小学校双向选择和学生参加科技实践活动提供场所平台。聚焦抓实科技志愿服务工作，开展科技志愿服务"智惠行动"。先后聘任 1125 名选调大学生（大学生村官）兼任科普宣传员，在国家科技志愿服务和科普中国平台实名注册科技志愿者、科普员总数达到 43.66 万名，科技服务组织 1203 个，开展活动 2600 项，分享传播科普文章 277 万次，位居全省前列。组织开展了以"喜迎二十大，科普向未来"为主题的 2022 年潍坊市全国科普日活动，3989 项科普活动在全市范围内先后开展，以实际行动助力科技创新和地方经济社会发展。

【海洋科技】 2022 年，潍坊市积极支持 SDL 实验室建设，水动力平台正式列入崂山国家实验室建设规划，成为国家实验室核心平台之一，推动平台联合山东大学、崂山实验室、潍坊市人民政府、山东省科技厅筹建山东大学潍坊研究院。积极推动山东海化集团有限公司建设山东省海卤水资源高效利用技术创新中心。成功举办了 SDL 科学实验室展示暨潍坊市海洋动力装备企业协同创新对接交流活动和"才聚鸢都·双百行动"校地合作对接会（生物医药专场）等活动，加快创新链与产业链深度融合，进一步提升全市海洋产业科技创新能力。

（潍坊市科技局　崔玉尧）

济 宁 市

【概述】 2022 年，济宁市牵头承担全省"智慧化工园区科技示范工程"，获批省生物基材料技术创新中心，9 项成果荣获省科学技术奖，创新型城市创新能力综合评价排名进位幅度全国第 4 位、全省第 1 位，曲阜市入选省技术转移先进县市、邹城市获批省级农高区，顺利通过国家首批创新型县市验收。研发经费增幅等 10 项工作居全省第 1 位，高新技术企业、技术交易等 20 项工作走在全省前列，科技文化融合、科技人才招引等经验在全省推广，科技服务企业、引领产业的能力水平显著增强。济宁市产研院争取山东产研院资金支持 2900 万元，联合山东产研院、各县市区共同成立产业基金，总规模 7.7 亿元。引进落地高科技产业化项目 8 项，促成企业与高校院所等合作项目 12 项。

【高新技术及其产业】 2022 年，济宁市建立高企挖潜"五张清单"，梳理 1151 家科技型中小企业、2339 家规模以上企业、863 家攀登企业、17748 家近五年新增市场主体、4247 家知识产权授权企业，构建"种子高企—准高企—高企"梯次培育体系，国家科技型中小企业信息库入库企业1471家，推荐748家企业参加高新技术企业申报，同比增长19.68%。举办高企认定及政策解读培训会，通过线上线下等形式，累计开展培训23余次，受益范围覆盖1000余家企业、3500余人次。争取山东省中小微企业升级高新技术企业补助资金3050万元，为82家企业发放国家高新技术企业奖补资金820万元。将高企招引纳入年度招商引资考核，指导各县（市、区）赴创新资源聚集地区和支持政策落后地区开展现场对接，全市招引落地高企102家。

【农村社会发展科技工作】 2022年，济宁市获批省科技厅乡村振兴提升行动计划项目4项，数量居全省第3位。32名科技特派员被评为省级优秀科技特派员，7个服务团获批省科技特派员创新创业共同体产业服务团。新注册科技特派员124人，引导特派员深入农村服务农民和农业企业，培训农民1000人，推广新技术、新品种110余项，为农业企业解决技术难题130余项。参与全市生态保护、食品安全、精致城镇建设、生物医药等10多个领域重大政策、重点规划的制定工作。

【成果转化与区域创新】 2022年，济宁市培训技术经纪人100余人，山东理工职业学院获全省唯一优秀省级以上技术转移人才培养基地。实行市县企三级联动和大额技术合同台账推进机制，全市技术合同成交额为191.45亿元，目标完成率为111.35%，技术交易额目标完成率为133.50%。曲师大技术转移中心获批省级技术转移服务机构，济宁中科先进技术研究院获批山东省机电设备制造中试示范基地，曲师大、济宁医学院、济宁学院入选全省科技成果转化综合试点，曲阜市成功创建山东省技术转移先进县市，评选认定5家市级科技成果转化示范基地和10家科技成果转化中试基地。扩大"成果贷"覆盖面，合作银行为全市科技型中小企业提供了280笔科技成果转化贷款，计入科技成果转化贷款风险补偿备案金额11.98亿元。山东华力机电等5项项目获省科技成果股权投资，数量居全省第2位。市科技局荣获2022年度省技术市场金桥奖先进集体表彰。

【科技规划与资源配置】 2022年，济宁市在高端装备、高端化工2个领域破题突围，推动实施重力储能控制系统开发等重点项目36项，启动实施省"智慧化工园区"科技示范工程，济宁市"1+N"协同创新体系经验做法在《光明日报》《经济日报》推广宣传。启动实施"工程机械智慧施工关键技术研究及应用"等"全球揭榜"项目8项，入库"高压柔性输氢管道设计制造及产业化关键技术研究"等具备全市优势特色、对产业发展有较大带动作用的"全球揭榜"备选项目34项。储备重大关键技术和科技创新平台建设项目347项，53项"231+1"产业关键技术攻关项目列入市级重点研发计划立项支持，辰欣药业"抗肿瘤一类新药研究和产业化"等6项项目获批省级重点创新项目。金诺种业等3项项目入围省农业良种工程种业企业创新能力提升项目，润农农业等4项项目入围省乡村振兴提振行动计划项目，久裕农业高山蔬菜生态栽培领域项目获省科技成果转移转化资金补助。

【科技合作与交流】 2022年，济宁市推动大院大所招引落地，制定《大院大所招引工作认定办法》《引进大院大所共建创新载体补助资金管理办法》，分县区组织开展招引现场会6场，推动上海交通大学等50家大院大所在济宁设立实体化运作的创新载体。梳理企业技术需求492项、发布推送高校院所技术成果1020项，开展新材料、高端装备、节能环保3个产业领域线上产学研对接会，开展中国（济宁）先进碳材料产业发展高峰论坛、2022济宁·西安大院大所招引暨产学研合作对接活动、山东省高端装备产业创新发展论坛等产学研对接活动15场，合作高校院所达到261家，签约落地项目52项，签约项目研发投入达到10.35亿元。推进攀登企业产学研合作，863家攀登企业中，有753家与高校院所建立产学研合作关系，占攀登企业数量的比重为87.25%。其中与"中字头""国字号"大院大所建立合作的企业有620家，占比71.84%。

【科技人才工作】 2022年，济宁市争取重点科技人才项目，王振华等2人入选国家重点人才工程，徐小波等11人入围泰山产业领军人才工程，入选数创历年新高。永生重工等3个项目入选省"外专双百计划"。小松山推等7个专家入选省海外工程师支持计划。曲阜天博获批国家外国高端人才项目，外聘韩国专家朴济民获批"齐鲁友谊奖"。打造科技人才平台，新认定辰欣药业等"人才飞地"10家，山东金人电气等市级海外高层次人才工作站3家，济宁中科智能公司等市级科技人才创新实践基地15家。新建山东鑫隆管业、山东良福制药2家院士工作站，明升新材料获批省海外高层次人才工作站，市国际人才交流中心获批全省首家"一带一路"国际人才交流中心区域中心。引育科技创新人才，延揽院士等高端人才团队23人，引进外国人才150人。遴选东宏管业王贵宾等市级创新领军人才16人，完成市"赢在济宁"高层次人才创业大赛推荐工作，推荐创业企业类28个、创业团队类348个。

【政策法规与环境建设】 2022年，出台《济宁市科技体制改革三年攻坚行动计划》，济宁市"文化和科技深度融合试点"典型经验作为山东地方改革案例推荐至中央改革办，"强化'四项举措'塑强科技引擎"典型经验被省委改革办专报刊发。入选全国"科创跟随城市",成为全省位列榜单的6个地市之一。成功获批省级农业高新技术产业开发区,成为全省批准设立的4个农高区之一。

（济宁市科技局　李春菊　张守元）

泰 安 市

【概述】 2022年,泰安市研发投入占GDP比重达2.42%,居全省第8位,连续8年超过全省平均水平。全市新增高新技术企业182家,总量达到704家,连续5年保持35%以上的增速。高新技术产业产值同比增幅、规模以上高新技术产业产值占规模以上工业总产值的比重均居全省前列。泰安市首家省级技术创新中心——山东省农业微生物技术创新中心通过备案,实现"零"的突破。岱岳区被评为2022年山东省科技创新强县,为全省首批入选的10个科技创新强县之一。泰山区、岱岳区被评为山东省技术转移先进县。

【高新技术及其产业】 2022年,泰安市高新技术企业新增182家,总量达到704家。7家高新技术企业跻身山东省科技领军企业行列,居全省第7位;38家企业入选首批科技"小巨人"企业,居全省第6位。通过政策引导、项目带动等方式,指导1024家企业分9批加入国家科技型中小企业库,全市"创新50强"企业实现营业收入实现稳健增长。全市规模以上工业企业实现高新技术产业产值占规模以上工业总产值的比重达到61.18%,超过全省平均水平12.92个百分点,居全省第4位。

【科技计划】 2022年,泰安市研发投入占GDP比重达2.42%,120余项项目获省级以上科研项目立项,立项资金突破3亿元。其中,"安惠万家"燃气安全科技示范工程获省政府审批,资金7400万元;中康国创申报的"针织物扩幅式液氨处理和平幅连续染色关键技术与装备研发及工程示范"项目争取资金支持7850万元;4项项目获得2022年度省乡村振兴科技创新提振行动计划立项支持,总经费达1764万元,居全省第3位;32项项目入选2022年山东省科技型中小企业创新能力提升工程（第一批）,立项金额总计1310万元,项目数、资金数均居全省第5位。

【科技创新资源与能力建设】

创新平台建设、创新服务体系建设　2022年,泰安市组建全国重点实验室1家,认定组建市级重点实验室44家,累计76家;获批省技术创新中心1家（泰安市首家）,组建市技术创新中心77家;新增备案省级新型研发机构2家,累计14家,备案市级新型研发机构2家;组建市级创新创业共同体3家,累计4家。制定规模以上工业企业研发机构建设备案工作方案,已分两批备案规模以上工业企业研发机构374家。泰山创新谷搭建了集"研究院、孵化器、中试基地、技术交易、产业化"于一体的一站式孵化链,累计引进包括国际院士、国家级人才工程专家等高水平研发团队79个,建设创新平台22家,注册成立公司111家,授权专利75项,制定行业标准2项,孵化企业实现总产值2.35亿元。

【农业与社会发展】 2022年,泰安市重新启动实施13项市级农业良种项目。选派第十六批科技特派员63人,累计选派1215人;组建7支科技特派员创新创业共同体产业服务团,总数达到13支,涉及畜禽、蔬菜、林果、水产等多个领域,构建了科技特派员服务基层的新格局。开展农业科技培训,培训农民702人次。省科技特派员管理系统注册人数达669人。

【科技成果与奖励】 2022年,泰安市获省科技奖励3项,其中,山东省科学技术进步奖二等奖2项,山东省科学技术青年奖1人。评选泰安市青年科技创新奖6人;泰安市科技进步奖100项,其中一等奖10项、二等奖30项、三等奖60项。

【政策法规与环境建设】 2022年,出台《泰安市人民政府关于推进国家创新型城市建设的实施意见》,启动国家创新型城市创建工作。编印《2022版科技创新政策汇编》,开展"我为企业办实事"工作,组织实施重点科研项目绩效评价,科技管理服务更加精细。2022年全市技术合同登记2899项,成交额95.85亿元,同比增长37.44%,技术合同认定技术交易额11.02亿元,比2021年增长73.54%。办理贷款备案304笔,授信14.03亿元,发放贷款11.42亿元;24家企业获得198万元贴息支持。

【民营科技企业发展】 2022年,山东省碧蓝生物科技有限公司牵头建设的山东省农业微生物菌种资源开发应用技术创新中心入选省技术创新中心，为泰安市首家省级技术创新中心。

【科技合作与交流】 2022年，泰安市推动与山东大学、齐鲁工业大学（山东省科学院）的深入合作，举办山东大学—泰安市人民政府战略合作签约暨山东大学科技成果直通车（泰安站）活动和齐鲁工业大学（山东省科学院）"千名专家进企业——泰安行"活动；邀请山东大学来泰安市开展精准对接，推介优秀科技成果30余项，实地考察泰安企业8家，达成合作意向3项。2022年，入选省级人才工程8人、国家级人才工程3人。

【科普工作】 2022年，编印了《泰安市企业研发费用会计核算指导手册》，实行研发活动直通车。组织收看2022年全省高新技术企业认定工作动员暨政策宣讲会，举办了2期2022年高新技术企业申报线上视频培训会，观看直播累计达1000余人次。按照2022年全国科技活动周安排，泰安市科技局以泰山区邱家店镇王林坡村为会场开展"走进科技·你我同行"科普讲座活动，在泰安市金兰观光牧场开展"科技助力奶业'喝'护你我健康"科普知识进农场活动。荣获"走进科技、你我同行"2022年山东省科普讲解大赛优秀组织奖。

（泰安市科技局　孟现忠）

威　海　市

【概述】 2022年，威海市科技工作坚持科技工作围绕产业干、围绕企业转，紧紧围绕国家创新型城市建设，充分发挥科技部门创新组织者作用，聚焦科技自立自强，在投入、人才和创新组织模式上进行探索突破，推动全市科技创新工作"在全省重大创新布局中有分量，在全省创新第一方阵中有位置"，成为全省科技工作会议上唯一一家典型发言的地市。威海市成功获批国家创新型城市，高规格召开全市科技创新大会，加快建设高水平国家创新型城市，在全国创新型城市百强中居第33位。威海市政府与省科技厅签订《战略合作框架协议》《关于支持威海高新区创新发展战略合作框架协议》，从7个方面对威海给予支持。荣成市通过首批国家创新型县验收，环翠区获评山东省科技创新强县。威海海洋高新技术产业园争创国家农业高新技术产业示范区扎实推进，规划和方案已上报省政府。全社会研发投入83.27亿元，占GDP比重达到2.48%，规模以上工业企业中有研发活动的占比60.91%，每万名就业人员中研发人员全时当量为118.38人年。国家科技型中小企业发展到2325家，增长24.3%，国家高新技术企业发展到1376家，增长31.2%，企业创新指数居全省第1位；高新技术产业产值占规模以上工业总产值比重达到69.05%，高新技术产业固定资产投资占工业固定资产投资比重达到62.0%。

【科技计划】 2022年，威海市到位上级无偿资金超过4亿元，一系列重大创新项目获批实施。支持国核示范承担实施省"核动未来"科技示范工程，获批支持哈工大（威海）"海空天立体化观测项目"二期。获批省重大科技创新工程6项、省乡村振兴科技创新提振行动项目4项、省农业良种工程种业企业创新能力提升项目1项、省科技型中小企业创新能力提升工程项目63项。立项实施冷冻鱿鱼食品包装机、扇贝生开壳取柱、路亚仿真饵自动化涂装流水线等3个第二批海洋领域"揭榜挂帅"项目，加快"机器代人"。

突出"大创新"布局，威海市重点围绕技术、产品、平台、模式等一体化创新，遴选新产品新技术创新项目、重大平台创新项目，以及工艺、管理、品牌、模式创新项目，实施140项市级重点科技创新项目，年度实现投资28.59亿元，授权专利306件、申请专利578件、引进人才427人、形成新产品497个、实现经济效益10.5亿元。

【高新技术及其产业】 2022年，威海市实施"科技型中小企业—高新技术企业—科技领军企业"梯次培育工程，国家科技型中小企业、国家高新技术企业保持快速增长，国家科技型中小企业发展到2325家，增长24.3%；国家高新技术企业发展到1376家，增长31.2%，获评省科技"小巨人"企业35家、省科技领军企业15家。在第十一届中国创新创业大赛山东赛区中，获评优胜企业（团队）31家、科创之星11家，在6个竞赛领域荣获3个冠军、3个亚军，居全省第1位。4家企业获第十一届中国创新创业大赛优秀企业。新增1家国家级科技企业孵化器，总数达9家，5家孵化器入选省品牌科技企业孵化器，华田智能装备科技企业孵化链条入选首批山东省科技企业孵化链条试点。获批省文化和科技融合示范基地（领军企业类）1家。全年高新技术产业产值占规模以上工业总产值比重达69.05%，居全省第1位，比全省平均水平高20.79个百分点；高新技术产业固定资产投资占工业固定资产投资比重达62.0%，居省第2位，比全省平均水平高12.1个百分点。

【创新载体】 2022年，威海市抢抓重点产业未来发展方向，整合创新资源，谋划设计布局国家级、省级高能级创新平台，打造引领发展的核心支撑力量。积极在医用材料、碳纤维、核能3个领域争创国家级重大创新平台并获得省科技厅大力支持。威海先进医用材料与高端医疗器械山东省实验室于2022年3月获省政府批复建设，是全省已获批的9家省实验室之一，年内组织召开第一届理事会第一次会议，完成事业法人注册、建设团队入驻，初步确定研发团队67人，凝练部署重大研究课题和关键技术项目7项，其中"基于DNA步行纳米机器的肿瘤标志物蛋白核酸一体化分析系统"等3项项目获得省科技厅资金支持。获批建设山东省海洋养殖创新创业共同体，将打造成为支撑全市海洋产业向养殖生态化、生产智能化、产品高值化方向转型升级的核心平台。获批先进核能、儿童药物2家省级技术创新中心、海洋电子信息与智能无人系统省级重点实验室、5家省级新型研发机构，全市各类创新平台总数达到1237家，其中国家级27家、省级380家。

以郭永怀高等技术研究院（威海市产业技术研究院）为龙头的"1+4+N"创新平台体系，进一步创新思路、创活模式，有效实现体系竞合再深化、成果产出再突破、产业赋能再提升，为全市产业高质量发展提供了有力支撑。平台体系扩容提质，现有平台单位25家，延伸设立创新机构157家，17家入选省级新型研发机构，全市共9家获优秀等次的新型研发机构全部来自"1+4+N"，每家获100万元奖励。产业赋能精准有力，各平台围绕专业特色及人才优势，全年常态化、精准化开展平台走进企业、企业走进平台"双走进"活动600余次，与企业达成合作35项，解决企业技术需求121项。新孵化企业59家，累计获批国家高新技术企业34家、国家科技型中小企业95家、规模以上企业3家、省级专精特新企业6家。人才梯队全面夯实，平台体系院士25人，国家级、省级领军人才87人，博士424人，青年人才占比接近50%，有效形成"头雁"为引领、"强雁"为主体、"雏雁"为基础的人才梯队。

【创新链体系建设】 2022年，威海市聚焦全市重点产业集群和优势产业链，体系化布局建设医药医疗器械、碳纤维复合材料、船舶与海工装备、专用汽车、信创（新一代信息技术）、高效新能源、海洋生物、钓具等8条创新链，形成与企业"共同凝练科技需求、共同设计研发任务、共同组织科技攻关、共同推动科技成果转化"的"4个共同"新模式，实现6个转变，支撑产业现代化和高质量发展。一是组织模式由虚变实。由"喊在嘴上"变为"抓在手上"，通过设立8个创新链，将原本虚化、泛化的创新链，变为有专班负责的实体化创新链。二是运行机制由条块分割变跨科室重组。局系统按干部所学专业、擅长领域进行双向选择，突破科室局限，优选43名干部跨科室（单位）组建8个创新链工作专班，调动全系统干部的能动性，实现科室与专班的"优势互补"。三是创新资源由分散变集聚。梳理挖掘11所驻威高校的153个研发团队，包括186名博士生导师、571名教授在内的1319名高校教师，并优选聘任25位首席科学家，精准匹配到8条创新链上，促成团队与企业开展产学研协同技术攻关合作153项。四是科研攻关由粗放变精准。按照"4个共同"工作思路，组织专家团队与企业共同凝练出107项重大关键技术，精准分为四大类，包括"卡脖子"技术49项、链条式技术22项、体系化技术21项、有裂变前景的颠覆性技术15项，为每一类技术制定推进策略提供个性化跟踪服务，其中7项获国家立项支持，10项获省级重大项目立项支持。五是服务企业由被动变主动。把原本企业和高校之间自发低效的对接，变为有组织的高效精准对接，共为300余家骨干创新企业提供个性化服务400多次。在智能快递物流、碳纤维及复合材料等领域布局了10家由龙头骨干企业牵头、高校院所支撑、产业链上下游企业参与的"体系化、任务型"创新联合体，实现一体化研发。六是布局产业由紧盯当下变顶层设计谋划未来。对颠覆性和有裂变潜质的技术项目，进行"专题研究、专项论证、重点推进"，加速技术成果落地并产业化，推动传统产业蝶变升级、新兴产业裂变发展、未来产业前瞻布局。

"拨投贷保"联动，撬动更多社会资本支持创新，威海市谋划设计"拨投贷保"联动支持科技创新专项政策，联合财政、金融、银保监局及各大金融机构开展政策创新，由科技部门建立"卡脖子"攻关项目库，对入库企业提供支持。一是由财政资金择优给予一定补助。二是政府基金按程序对入库项目进行股权投资，对基金运行单位考评时按实际投资额的1.5～2.0倍予以确认。三是银行设计"卡脖子攻关贷"专属信贷产品，提供额度不超过2000万元、无须抵质押物、期限不超过3年、利率不超过基准利率的专项贷款，对新增贷款余额给予不超过0.6%的风险补助资金。四是保险机构设计"卡脖子研发损失险"，对投"保"企业给予不超过保费总额50%的财政补贴。通过政策设计，可以全面调动各方积极性，实现骨干企业"研发有钱投""意外有保险"，加快突破一批核心技术，产出一批硬核产品，更好支撑产业现代化。全力扩大金融支持，运用科技成果转化贷款风险补偿和贴息政策，持续引导金融机构发放科技成果转化贷款，为274家企业发放科技成果转化贷款17.83亿元，同比增长98%。为科技企业争取到股权投资5000多万元。

【科技人才】

主动引进培育国内高端人才 2022年，威海市紧扣全市重点产业和优势领域，以高端创新平台为载体，以科技攻关项目为依托，引进培育高层次领军人才和高水平创新创业团队，增强对产业发展的引领支撑，共入选省级以上人才项目43人（项），第四届"创业齐鲁·共赢未来"高层次人才创业大赛胜出16人，居全省第一。发挥驻威高校"动力源""主阵地"的作用，鼓励高校科研人员在威创（领）办企业或者与本地企业开展产学研合作、推动成果落地转化，全年支持校地合作人才21人，累计培养校地合作人才111人，人才团队所在项目累计入选国家级、省级项目113项，获知识产权267项，为企业破解技术难题134项。

主动引进服务海外高层次人才 2022年，威海市加快山东省外国专家驿站建设，首批建成6家分站，启动海外联络站建设计划，加快形成统筹兼顾的驿站工作体系，有针对性地征集匹配外国人才资源，组织线上对接交流活动32场，促成合作11项，帮助专家解决各类问题120余项，优化外国人才在威创新创业服务，让外国专家更加深入了解威海、爱上威海。8月31日，由山东省科学技术厅、威海市人民政府主办的2022年高层次外国专家齐鲁行暨山东省海外工程师创新合作大会在威海成功举行，线上线下200余人参加会议，在线同步收看人数达10.4万人次，签署技术、项目合作协议11个。15位外国专家获得威海友谊奖，1位外国专家获得齐鲁友谊奖。

【创新服务】 2022年，威海市积极推动科学普及，8月20日，以"走进科技，你我同行"为主题的2022年山东科技活动周启动仪式在威海市举办，广泛宣传展示重大科技创新发展成果，举办了科技创新综合展和实物展、海洋智能装备现场展演等系列活动，展示了近40项海洋与空天环境相结合的创新应用类产品，让市民与现代科技零距离互动。全市开展科技活动周系列科普宣传活动累计30余场，惠及公众3000余人次。深化科创资源开放共享，加强科技云平台服务，发布研究开发、知识产权、技术交易等服务事项500余项，累计形成各类科技服务订单1500余个。加大文献、科研仪器共享力度，整合共享中外科技论文、专利、标准等科技文献资源超3亿篇，推进科研仪器资源共享，入网会员单位1900余家，入网仪器1700余台（套），原值12亿元。

【科技成果与奖励】 威海市共获2022年度山东省科学技术奖励5项，其中省科学技术进步奖一等奖1项、省科学技术进步奖二等奖3项、省国际科学技术合作奖1项。迈世腾科技（山东）有限公司外国专家尹晃锡获山东省国际科学技术合作奖，为全市首次获此奖项。完善成果转化服务体系，获批开展省科技成果评价改革试点，起草制定科技成果分类评价规范地方标准，参与全省科技成果评价第三方机构行业联盟建设，规范引导第三方机构开展评价。支持建设成果转化中试基地，破解成果转移转化难题，获批省海洋功能食品中试示范基地1家。

【科技合作与交流】

国内科技合作与交流 2022年，威海加强国内科技交流合作，以需求为导向，推动产学研合作不断走深走实。梳理"企业技术需求""高校可产业化成果"两张清单，调研梳理170项技术需求，在线开展科技成果发布活动65场，发布成果1500多项，组织专家与企业"云端互动""面对面"对接洽谈。主动融入黄河流域生态保护和高质量发展国家战略，加强与黄河流域、胶东经济圈科技创新资源的对接，组织参加第六届陕西国际科技创新创业博览会，赴西安、兰州等地高校院所开展对接交流。组织举办名校直通车走进哈工大暨威海科技创新合作大会，邀请10余所高校院所近100位专家参加，现场签约合作项目12项。推进中国科学院威高研究发展计划、齐鲁工业大学（山东省科学院）产学研协同创新基金项目实施，支持企业与高校院所联合开展协同创新，全年达成产学研合作100项。推动技术成果转移转化，新备案省级技术转移服务机构2家，全年完成技术合同登记2529项，技术合同成交额达169.62亿元。

国际科技合作与交流 2022年，威海加强国际科技交流合作，打造国际创新特色品牌，持续引进海外创新资源。6月14日，组织举办第十九届中欧膜技术创新合作大会，邀请中国工程院院士哈尔滨工业大学马军教授，欧洲膜学会名誉主席恩瑞克德里奥利等10多位国内外知名专家线上线下参会，千余人次通过直播方式在线收看，4项项目现场签约、6项项目进行现场推介，同步开展膜产业招商对接平行会议。加强对韩交流合作，吸引更多高端人才和优质项目，组织举行第五届中韩创新大赛，韩国赛区评出一等奖1名、二等奖2名、三等奖3名、优秀奖24名，中国赛区评出一等奖1名、二等奖2名、三等奖3名。开展中韩科技创新合作对接活动11场次、中韩高端人才线上对接会16次，已促成6家韩国大学、科研机构与威海市单位达成合作意向，促成3家韩国企业与威海市企业开展技术合作，促成3位韩国技术专家与威海市单位达成合作意向。积极参与韩国（山东）进口商品博览会，遴选中韩优质科创企业参展，打造了创新孵化展区。

（威海市科技局　修鹏远）

日 照 市

【概述】 2022年，日照市坚持以习近平新时代中国特色社会主义思想为指导，全面贯彻党的二十大精神，深入实施"创新兴市"发展战略，以创建国家创新型城市为抓手，创新资源不断集聚，区域综合科技创新水平稳步提升。全市R&D经费支出达68.21亿元，占国内生产总值（GDP）的3.09%，居全省第2位。年内净增高新技术企业214家，总数达到706家，居全省第9位。全年认定登记技术合同2064项，技术合同成交额113.73亿元，同比增长20%。日照市成功入列建设国家创新型城市，再次跻身全国城市创新能力百强榜。五莲县入选首批山东省科技创新强县。

【科技专项】 2022年，日照市新增市级以上项目62项，其中省级项目36项。12项项目入选省重点研发计划项目，24家企业入选省科技型中小企业创新能力提升工程，共争取省级财政资金6374万元，市级财政配套支持950万元，在研科技计划项目达到232项，总投资额2.72亿元，有效带动了全市产业链创新发展。

【研发投入】 2022年，日照市R&D经费支出达68.21亿元，占生产总值（GDP）的3.09%，居全省第2位。全市规模以上工业企业中有研发活动的企业498家，占纳统规模以上工业企业总数的55.5%，居全省第5位。全社会每万名就业人员中研发人员数64.6人/年，居全省第10位。

【高新技术产业】 2022年，日照市做好高新技术产业统计论证工作。全年318家企业纳入规模以上工业高新技术产业产值统计，较2021年新增企业86家；2022年全市实现规模以上工业高新技术产业产值1126.20亿元，占全市工业总产值的比重为28.50%，较2021年提高12.56个百分点，改变了2018年以来高新产值占比连续下降的局面。协助市商务局做好高新技术产业投资项目论证工作，需论证项目34项，其中25项项目立项投资额5000万元以上、具有1个以上Ⅰ类知识产权、主导产品行业代码符合《山东省高新技术产业统计目录》。

【科技型企业】 2022年，日照市贯彻落实《关于加快培育高新技术企业的若干意见》，建立市、区县（功能区）联动服务高新技术企业培育机制，深度挖掘创新基础好、发展潜力大的科技型企业，按照初创期、成长期和成熟期3类企业列出清单，一企一策，加强培育。2022年全市高新技术企业数量达到710家，增长44.30%，总量前进1个位次、居全省第9位。市级首次认定高企奖励资金"免申即享"，对237家企业落实奖励资金2370万元。组织296家企业获省企业研究开发财政补助2430万元。组织58家企业（团队）参加省中小微企业创新竞技行动计划，其中28家企业（团队）通过网上初评进入现场晋级赛，通过率居全省第2位，其中山东奥莱电子科技有限公司获数字经济强基专题"科创之星"，日照市科技局获优秀组织奖。

完善"初创企业—科技型中小企业—高新技术企业—创新型领军企业"科技型企业梯次培育体系。部署实施科技型中小企业扩容计划，整合形成省、市、县（区）三级联动的企业技术创新支持和政策引导体系，引导中小企业"应评尽评"。2022年，科技型中小企业入库数量达到1064家，首次突破千家大关，增长53.8%，增幅居全省第1位。开展企业创新能力评价工作，山东美正生物科技有限公司、小派科技（日照）有限公司等17家企业获评"科技引领高成长性企业"；日照金禾博源生化有限公司、山东五征集团有限公司获评省科技创新领军企业，日照市华业玻璃有限公司、日照市七星汽车部件股份有限公司等14家企业获评省科技"小巨人"企业。

【农业科技】

加强种业科技创新 2022年，日照市东港区林果科技创新中心引进吉林农业大学专家成果，实施蓝莓新品种和新技术成果转化，杂交培育的"禾沃1号""禾沃2号""禾沃3号"3个蓝莓新品种已申请植物新品种权。日照金枫园林科技有限公司与省林科院、山东农业大学等高校院所合作，建立栎类植物联合科研基地和木兰科植物杂交选育基地，选育"传奇""鸿运当头""金色王子"3个栎类品种已获得国家林草局植物新品种权证书。莒县桃树研究所新培育3个品种在农业农村部登记。山东志昌农业科技发展股份有限公司、山东纪华家禽育种有限公司、日照市御园春茶业股份有限公司加大科技创新力度，增强创新内生动力，各自承担的新品种选育项目列入省农业良种工程"隐形冠军"种业企业扶持项目，共获省资助900万元。

组织实施重点科技计划项目　2022年，日照组织五征集团联合中国农业大学、省农业机械科学研究院，研究创新技术项目，申报实施省重大关键技术攻关项目"饲草加工关键技术装备研发与应用"获省立项资助945万元；五征集团实施的省重大科技创新项目"粮食作物低损智能收获装备、智能高地隙多功能田间管理装备"研制完成，经专家综合评价，技术水平达到国内先进。组织实施"茶树抗寒新品种选育推广"等10项农业创新项目，开展科技创新和成果转化应用与示范，带动当地及周边区域特色产业快速发展。

农业科技园区建设　2022年，日照市岚山农高区、东港国家农业科技园高标准建设农业科技创新平台和示范区，加强与山东农业大学、山东省农科院等专家团队创新合作，引进先进技术成果，建设科技成果转化示范基地10处。"蚕桑产业高效生态融合发展关键技术创新及示范""南美白对虾全产业链绿色高效技术模式开发与应用示范"2项项目入列省乡村振兴科技创新提振行动计划，获省资助952万元，项目实施辐射示范带动周边及全市农业技术提升。

【**海洋科技**】　2022年，日照市开展现代海洋产业链有关调研活动。按照"抓两头、带中间"的发展思路，前端推进水产养殖种业，后端推进培育精深加工、冷链物流，中间推动水产养殖转型升级，推进中国科学院海洋研究所、中国海洋大学、黄海水产研究所专家加强联系，引进转化先进技术成果，加强技术攻关，推动水产养殖产业全链条、高质量发展。

【**创新平台**】

争创省级创新平台　2022年，海汇集团有限公司、山东迈尔医疗科技有限公司、山东万通液压股份有限公司3家企业获批建设山东省技术创新中心，增幅居全省第1位。北方奇异果（日照）技术研究院等4家单位获批备案省新型研发机构，新增数量居全省第7位。1家省新型研发机构评价为优秀等次，获得扶持资金100万元。山东省深远海绿色养殖技术创新中心通过省科技厅中期验收。

市级创新平台组建与管理　2022年，日照市制定《关于加强科创平台运行管理的通知》，对纳入管理的128家科创平台实行常态化管理，21家平台获得优秀称号。对2020年批准筹建的20家市级重点实验室进行验收评价，18家单位认定为日照市重点实验室。新组建11家日照市重点实验室。印发《日照市技术创新中心管理办法》，"揭榜挂帅"筹建2022年市技术创新中心，8家单位成功竞榜。

高能级产学研平台建设　2022年，日照产业技术研究院注册落地，日照市人民政府与山东产业技术研究院签订共建日照产业技术研究院合作协议，到2027年山东产业技术研究院在日照市落地50项高科技项目，投资额5亿元。推动山东大学日照智能制造研究院升级山东大学日照研究院事宜，经过多轮磋商，已准备签订合作协议；全力推进与崂山国家实验室、上海交通大学三方共建崂山国家实验室日照海洋智能装备与演进技术平台，已经多次磋商，形成合作协议初稿；深化与齐鲁工业大学合作，与山东省科技创新集团多次互访交流，推动日照市在省级财政资金股权投资等领域实现新跨越；理顺现有上海交通大学、东南大学等高校研究院、技术转移中心管理体制，完成现有高校研究院、技术转移中心考核细则细化签订，提升现有机构效能，强化成果策源能力；推荐山东睿德科技成果转化公司成功备案为2022年度山东省省级技术转移服务机构。日照城投集团有限公司被列为山东省第一批生态环境科技成果转移转化基地试点单位。

【**科技合作与招商**】　2022年，促成市内102家企业与115余所高校院所、企业的166个专家团队达成合作180项。一是积极组织第七届创新挑战赛。连续4年获批举办中国创新挑战赛（山东日照）。以大赛为依托组织"高校专家进日照"技术对接10场，专家成果推广项目路演3次，帮助企业出具42份技术解决方案。二是举办2022年山东省院士专家科技合作专题对接会。邀请国内钢铁制造、人工智能领域20余名知名院士、专家参加，设低碳循环和智能制造分会场，签署成立省人工智能学会专家科技服务团——岚山站，签订《北科——日照钢铁共性技术协同中心共建协议》《日照海洋工程用钢联合研发中心共建协议》。三是举办"名校合作直通车"活动。围绕海工装备、智能制造、新一代信息技术、绿色化工、新材料等领域成果，与日照市10余家企业负责人进行线上对接交流。四是举办长三角地区科技项目线上对接会。发布对接"纳米涂层技术的开发""用新型柔性传感技术构建元宇宙的基础设施"等新能源、新材料、新一代信息技术领域优质项目12项。

牵头全市生物医药产业招商引资工作。制定生物医药产业招引工作方案，明确招引方向，赴潍坊、深圳等地对接卡罗斯医疗器械等项目。推进招引项目10个，其中已立项纳统5个，争取到位资金6.65亿元，超额完成任务目标。

【**科技人才**】

高层次人才引育取得新突破　2022年，日照市5项项目入选国家人才计划、8项项目入选省泰山人才计划，1人入选省海外工程师，1人入选省政府齐鲁友谊奖。

加强外国人来华工作服务体系建设　2022年，落实《外国人来日照工作便利化服务若干措施》、全面推行外国专家服务"一窗联办"模式、与韩中经济文化友好协会合作共建"中韩合作交流中心"，积极推进外国人来华工作管理服务体系，《人民日报》和科技部

《中国国际人才交流》杂志给予专门报道。在全省率先出台外国人才创新券制度，对首次成功引进外国人才的市场主体进行资金补贴，降低其引才成本，激发各类市场主体引才积极性，先后发放外国人才创新券27个，兑现市财政资金52.57万元。5名外国专家入选2022年度国家级高层次人才计划，入选数量是2021年的2.5倍，增量和增速均居全省第7位，创历史最好水平。为来自美国、德国、韩国、日本、俄罗斯等29个国家的外国专家发放226个B类以上外国人来华工作许可，居全省第7位；发放A类高端人才工作许可20个，比2021年同期增长66.6%，其中博士10人，比2021年同期增长100%。

【科技奖励】 2022年，日照市农业科学研究院等3个单位参与的"北方茶优质抗逆生产关键技术创新及应用"等3项项目获2022年山东省科学技术进步奖二等奖。

【科技服务】

日照市探索建立服务企业创新长效机制 贯彻落实《日照市企业科技专员选派工作实施方案》，选派54名科技专员下沉一线服务49个科技型企业，工作成效明显，建成省级科技创新平台6个，成功合作申报省、市级科技（人才）项目8项，解决企业技术难题32项，开发工业新产品11个，招引落地生物医药新项目1项，申报发明专利25个。该项工作在厅市会商座谈会上得到厅长唐波的表扬，经验做法在《大众日报》、省科技厅网站等宣传报道。

加强科技特派队伍建设 2022年，日照创新实施"特派员服务团＋科技特派员＋乡村科技员＋示范基地"服务模式，选派40名科技特派员组成山东省科技特派员创新创业服务团队7个，围绕日照市特色产业开展技术服务。全年已培训基层科技人员1100余人次，对接解决技术难题80余项，引进推广新品种30个。

发挥日照市科技文献公共服务平台科研资源保障作用，开展用户培训，全年培训企业技术人员1000余人，发展新用户1021人，文献下载量2万篇，居全省第5位，有力地支撑了全市科技创新工作大局，文献服务经验做法被科技部网站、学习强国刊发。推进仪器入网和创新券使用。发动全市中小企业在省大型仪器设备共享网上注册，全市1064家在库科技型中小企业已注册会员单位1010家，入网率94.9%，居全省第2位；共享大型科学仪器设备495台，新系统重新入网率117%，居全省第3位；25家中小微企业使用创新券273张，同比增长26.4%，使用张数居全省第7位；获得省财政补助金额63.5万元，同比增长76%，居全省第10位。

【科技金融】 2022年，出台《关于开展投贷联动助推科创企业落地日照发展的实施意见》，注册成立规模10亿元的日照科新创业投资基金，与建设银行、日照银行、市融资担保公司等9家机构合作开展投贷联动业务，以"小股权＋大债权"方式，撬动社会资金促进科技创新，加速战略性新兴产业项目落地，壮大产业集群。"日照市探索投贷联动机制 激活科创企业发展一池春水"案例被科技部《科技工作情况》及《中国科技金融》刊发推广。"日照市探索投贷联动模式激发科创企业发展活力"被《山东科技简报》刊发。促成61家科技型中小企业与10余家商业银行合作，申请科技成果转化贷款3.04亿元，37家已完成备案金额1.68亿元。盛鼎高新材料有限公司、三三智能科技（日照）有限公司2家企业分别获得省科技股权投资基金1500万元、1800万元支持。

【技术合同认定登记】 2022年，日照市强化对技术合同认定登记工作的宣传，多途径、多渠道开展宣传技术合同认定登记相关优惠政策，激发企事业单位申报积极性，全年认定登记技术合同2064项，技术合同成交额113.74亿元，同比增长20%，落实16家企业技术交易补助资金121.92万元。

【山东黄海科技创新研究院】 2022年，日照市新招引落地企业3家，科研院所2家，入驻企业达到15家，科研院所与技术转移机构达到10家。完成软件定义卫星研究院等科技成果评价单位项目24项和个人项目5项。特钢共同体省级绩效评价良好，获批省拨资金800万元；"特钢高端装备制造产业专利导航"课题获山东省知识产权事业发展中心立项，获省级财政资金扶持20万元；引进毛新平院士团队主持申报的"山东省钢铁工业绿色发展技术路径研究"课题被中国工程科技发展战略山东研究院列为"山东省科技创新工程战略咨询研究专项"，获省财政资金扶持50万元。研究院联合岚山区园区发展有限公司签订《日照市岚山区岚钢壹号股权投资基金合伙企业合伙协议》，成立岚钢壹号股权投资基金，开展成果转化和科技型企业培育孵化，首期规模6000万元。组建工业互联网技术创新中心、软件技术创新中心2个研发平台，搭建黄海产业数字化协同创新服务平台，集聚创新要素资源及服务商，为服务商提供企业对接平台，为企业提供全面的服务解决方案。组织开展第七届中国创新挑战赛、山东省院士专家科技合作专题对接会暨泰山科技论坛、"助推企业发展，加快培育上市"研讨会等重要论坛会议。

（日照市科技局 张同对）

临 沂 市

【概述】 2022年，临沂市共培育国家科技型中小企业1809家，新增高新技术企业485家，总量达到1602家；高新技术产业固定资产投资累计占工业固定资产投资的比重达到30.5%，高新技术产业产值占规模以上工业总产值的比重达到43.37%，较2021年提高1.09个百分点；新组建省技术创新中心3个，新备案院士工作站4个，批准建设市级技术创新中心30个、市级企业重点实验室30个；大力推广科技攻关"揭榜制"，帮助企业成功争取省级以上计划项目90余项、扶持资金3.58亿元；获省科学技术青年奖1项。临沂市获批建设国家创新型城市，首次承办国家级科技赛事——中国创新挑战赛。在人力资源社会保障部、科技部五年一次的表彰中，临沂市科技局被授予"全国科技管理系统先进集体"。

【高新技术及其产业】

实施科技型中小企业创新能力提升工程 2022年，临沂市引导人才、技术、资金等创新要素向企业集聚，支持企业加大开发投入，开展技术研发，提升自主创新能力，到2022年底，全市共培育国家科技型中小企业1809家，同比增长37.67%。

实施高新技术企业培育工程 2022年，临沂市利用高新技术企业挖掘培育系统，实现"精准发现、精准培育、精准申报、精准服务"，积极推动科技型中小企业升级高新技术企业，全年共组织召开工作推进会、业务培训会2次，共培训1000余人次。加强政策引导，对新认定为高新技术企业的中小微企业一次性奖补10万元，全年共对389家中小微企业发放奖补资金3890万元；共培育认定高新技术企业893家，新增485家，总量达到1602家，同比增长43.42%。

实施科技孵化能力提升工程 2022年，临沂市通过培育辅导、增强配套服务、引进专业运营团队等方式，创新培育孵化模式，加快打造了一批管理专业、运营规范、配套齐全、源头孵化能力强的孵化载体。龙湖软件园成为临沂市第一个国家级专业化科技企业孵化器，临沂职业学院"红色·丝路"众创空间成为全省第一个由职业院校建设运营的国家级众创空间，依托临沂高新区建设的开放式大学科技园被认定为首批省级大学科技园，临沂市科技创业园科技企业孵化链条被纳入全省第一批试点建设单位。全市共有科技孵化载体80个，其中，国家级科技企业孵化器4家、省级12家，国家级众创空间9家、省级9家。

【科技计划】

加强重大科技项目实施 2022年，临沂市聚焦产业技术需求，实施重大关键技术攻坚行动，采取"公开竞争""定向委托""揭榜挂帅"等方式，在战新产业及机械、冶金、医药等产业领域，帮助企业实施省级以上计划项目90余项、获扶持资金3.58亿元，其中，中央引导地方科技发展资金项目16项、创历史新高。罗欣药业集团股份有限公司成功研发的"替戈拉生片"正式获批上市，成为临沂首个国家1类创新药、山东省首个国家1类化学创新药、中国首款自研的钾离子竞争性酸阻滞剂（P-CAB），填补了国产P-CAB药物治疗领域空白；"甲壳素绿色制备及系列化高值产品研发"（实施单位：卫康生物集团、中国科学院海洋研究所等）、"新型霉菌毒素降解酶研发与应用"（实施单位：山东隆科特酶制剂有限公司、中国农科院等）等项目获2022年省重大科技创新工程支持。加快推进科技示范，"绿色宜居"科技示范工程项目扎实推进，山东晟昌新材料有限公司成功建成世界首台（套）可饰面胶合板连续平压生产线；"绿色肥料与土壤健康产品"科技示范工程项目成功获得省重大专项支持，助力肥料产业转型升级。

加强科技计划项目监管 2022年，制定了《临沂市科技局关于省级重点研发计划项目进行全过程监督管理的有关规定（征求意见稿）》，对2018—2021年实施到期的35项省重大科技创新工程项目进行绩效评价，其中，综合绩效评价11项，年度绩效评价24项，提高了项目组织实施质量和财政资金使用效益。

【科技创新资源与能力建设】

加强新型研发机构建设 2022年，临沂市紧紧围绕全市重点产业领域，全面统筹，分类指导，扎实推进不同主体、不同模式、政产学研金服用融合发展的新型研发机构建设。临沂新港木业新材料科技研究院、临沂市医养健康产业研究院、临沂市钢铁产业协同创新中心等3家机构成功备案省级新型研发机构。天河超算淮海分中心、浙江大学（临沂）现代农业研究院、临沂阿帕数字技术有限公司等3家新型研发机构在年度绩效评价中获优秀等次，每家获100万元奖励资金。

加强企业研发平台建设 2022年，临沂市加强国家级平台建设，金正大养分资源高效利用全国重点实验室成功获批。加强省级平台建设，磁性材料技术创新中心（承建单位：山东春光磁电科技有限公司）、纸盒灌装机械（承建单位：山东碧海机械科技有限公司）、工程机械智能化（承建单位：山东临工工程机械有限公司）等3家技术创新中心被认定为省级技术创新中心，至此，全市共有省级技术创新中心9家。启动市级科技创新平台建设工程，共批准组建市级技术创新中心30家、重点实验室30家。

【农业与社会发展】

农业科技成果持续转化 2022年，临沂市从种质保护与创新、基因挖掘、育种技术等基础、前沿性研究，到新品种选育、良种繁育与示范应用，实施全产业链育种科技攻关，全年新增省级项目6项，获批资金2318万元，其中农业良种工程1项[浙江大学山东（临沂）现代农业研究院"小分子异形种子高通量全自动微创取样关键技术研究与装备研发"]，获扶持资金441万元；乡村振兴科技创新提振行动计划2项（蒙阴泰航食品有限公司"桃智能化生产关键技术研究与应用示范"、山东中平药业有限公司"金银花关键技术创新与应用示范"），获扶持资金777万元；种业企业创新能力提升1项（山东中农天泰种业有限公司"玉米高效生物育种平台构建和重大品种培育"），获扶持资金1000万元；种业企业研发后补助2项（郯城县精华种业有限公司"精华3号"、山东 寿果业发展有限公司"金如意山楂"），获扶持资金100万元。临沂大学获评山东省首批生态环境科技成果转移转化基地试点。

民生科技加快推进 临沂市组织开展2022年新冠疫情防控科技攻关专项，在生物医药、防疫设备、软件平台等领域立项项目40项，组织开展2022年临沂市重点研发计划（医学类）项目的申报工作，在内科、外科、中医及医技等领域共立项145项。

【科技成果与奖励】

科技成果转化成效明显 2022年，临沂市在全省率先开展科技成果评价标准化研究，制定发布《应用类科技成果评价规范》，组织开展了科技成果第三方评价改革，被确定为省科技成果评价改革试点单位。加强技术转移机构和人才队伍建设，新认定省级技术转移服务机构2家、市级技术转移人才培养基地1家、备案市级技术转移服务机构2家，培训技术经纪人200余名。加快推进技术成果转化，全年共登记技术合同3167项，技术合同成交额156.58亿元、同比增长49.01%，交易额16.08亿元。

认真做好省科学技术奖提名工作 2022年，临沂市共获省科学技术奖励6项，其中，省科学技术青年奖1项、省自然科学奖二等奖2项、省科学技术进步奖二等奖3项。鲁南制药集团股份有限公司中药制剂共性技术国家重点实验室副主任关永霞获得山东省首届科学技术青年奖，成为全市首个获得此项荣誉的科技工作者。"高压下富氮含能材料及奇异电子特性研究"（临沂大学牵头完成）、"等温信号放大体系的构建及生物分析与纳米诊疗应用"（青岛大学、青岛科技大学、临沂大学联合完成）等2项成果获省自然科学奖二等奖；"设施蔬菜土肥水协同调控绿色生产关键技术创新与应用"（史丹利农业集团股份有限公司参与完成）、"水肥精准调控关键技术与智能装备研发及应用"（临沂市农业技术推广中心参与完成）、"中药制剂上市后质量再评价关键技术创新与应用"（鲁南厚普制药有限公司参与完成）等3项成果获省科学技术进步奖二等奖。

【知识产权】

激励、促进知识产权创造 2022年，推进实施《临沂市"十四五"知识产权保护和运用规划》，起草《知识产权强市建设纲要（2021—2035年）》，修订《临沂市专利奖励办法》，对全市知识产权工作进行了全面谋划和系统部署。培育国家知识产权示范企业4家、优势企业13家，山东省知识产权示范企业18家，知识产权贯标认证企业39家。有效发明专利拥有量5597件，同比增长18.3%；每万人口高价值发明专利拥有量2.38件，同比增长45.1%。河东区、临沭县获批国家知识产权强国建设试点示范县，临沂市知识产权保护中心、临沂高新技术创业服务中心获批山东省首批专利导航服务基地，鲁南制药集团股份有限公司发明专利荣获第二十三届中国专利奖银奖。

强化知识产权保护 临沂市出台了《2022年全市知识产权行政保护工作实施方案》《2022年全市知识产权保护工作要点》《关于强化知识产权协同保护的意见》《关于加强知识产权人民调解工作的意见》《临沂市知识产权纠纷仲裁与调解对接机制》等政策文件。市知识产权局诉调对接站揭牌成立，获批设立国家海外知识产权纠纷应对指导中心山东分中心临沂工作站。开展商标、专利、地理标志、展会、绿色低碳领域及冬奥会知识产权保护专项行动，查处知识产权违法案件706起，办理专利行政裁决案件58起，开展行政调解协议司法确认12起，列入严重违法失信名单10起。开展知识产权"蓝天"行动，对13家专利代理机构、382家商标代理机构、20家地标使用企业实施监督抽查。加强海外知识产权纠纷应对指导，支持24家社会组织开展涉外风险防控体系建设，办理海外知识产权纠纷应对指导案件5起。加强知识产权跨区域协同保护，参与沿黄9省地理标志和12省市知识产权行政保护跨区域协作执法7次。加强地理标志保护，平邑金银花、临沭柳编被评为省级地理标志产品保护示范区，莒南花生、苍山大蒜、平邑金银花、临沭柳编入选省重点地理标志保护清单。

实施专利导航工程　2022年，起草并组织实施《临沂市高价值专利培育实施方案》，实现全市有效发明专利增幅超18%，高价值发明专利增幅超45%。组织项目参加省"2022中国·山东新旧动能转换高价值专利培育大赛"，荣获二等奖1项、优胜奖1项。获批省级、国家级专利导航服务基地，印发《临沂市专利导航项目管理办法》，开展市级专利导航项目督导、审查调研，成功验收4项省级专利导航项目和10项市级专利导航项目，组织实施省市级专利导航项目16项。充分发挥知识产权诉调对接站作用，处理知识产权案件1754件。开展专利代理服务业奖励工作，奖励4家代理机构及11名代理师，奖励资金37万元。

【政策法规与环境建设】　2022年，制定了《临沂市"十四五"科技创新规划的通知》(临政字〔2022〕18号)、《临沂市建设国家创新型城市三年行动计划(2022—2024)》(临政字〔2022〕98号)等规划性文件，指导全市科技创新工作。出台了《关于全面加快科技创新推动工业经济高质量发展的实施意见》(临政办字〔2022〕103号)、《关于进一步推进校地企深度融合发展的若干措施》(临办发〔2022〕19号)、《科技研发创新2022年行动计划》(临政办字〔2022〕89号)等科技创新政策措施，加快汇集科技创新资源，促进科技成果转化，增强经济高质量发展的科技支撑力。

深化科技体制机制改革　2022年，临沂市深化科技管理体制改革，成立了市委科技创新委员会及办公室，构建起由市委、市政府主要领导任双主任的科技管理体系，统筹全市科技创新工作。出台了《关于深化科技体制改革的若干措施》(临科创委办发〔2022〕1号)，从强化战略科技力量、构建关键核心技术攻关新体制新模式、形成科技赋能高质量发展的新机制新通道、深化科技评价机制改革、优化科技创新生态等5个方面，推进科技改革攻关，激发企业创新活力。

推进科技与金融融合发展　2022年，按照《临沂市科技成果转化贷款风险补偿操作指南》，将放贷银行扩大到所有商业银行，单户企业纳入风险补偿的科技成果转化贷款年度余额提高到2000万元，进一步缓解科技型中小企业融资难的问题。全年共为77家科技型中小企业争取科技成果转化贷款4.34亿元。与11家金融机构合作，为417家企业发放科技贷款107.72亿元。设立科技创新券月通报制度，共为56家企业兑现省级创新券补助65.66万元。

【产学研合作】

加强国内科技合作与交流　2022年，临沂市开展技术需求征集活动，共征集企业技术需求216项，组织参加产学研对接活动14次；征集高校科研院所科技成果信息469项，其中，中国科学院科技成果115项，上海应用技术大学、上海大学、济南大学等科技成果300余项；引导企业签订产学研合作项目272项，其中，围绕黄河流域生态保护和高质量发展战略签订合作项目33项、安全生产领域合作项目26项，破解技术难题236项；新增备案院士工作站4家，对接院士及团队等高层次专家团队30余人。引导企业与"长三角"区域高校院所开展产学研合作，共有35项项目落地；建成海英特电源技术有限公司苏州、深圳研发中心，罗欣药业集团股份有限公司上海科创飞地3个科技创新离岸平台。

国际科技合作得到强化　2022年，临沂市推动山东中科智能设备有限公司与俄罗斯自然科学院王志坚院士及其团队进行项目对接合作，成功备案山东省院士工作站；指导山东卫展生物医药科技有限公司对接欧洲自然科学院中国区代表王乔华院士；引导生物药物研究类企业与欧亚科学院凌沛学院士及团队进行项目对接。组织鲁南制药集团股份有限公司、罗欣药业集团股份有限公司等15家企业参加迪拜世博会山东展区展览。

【科技人才队伍建设】

高层次人才引育工作成效明显　2022年，临沂市加强高层次科技人才管理。组织开展了全市海外高层次人才座谈会和人才大走访活动。积极培育高层次科技创新人才，成功入选国家级科技人才工程5人，成功入选2022年度省泰山产业领军人才工程人才7人，6人在第四届省级高层次人才创业大赛（第二期）胜出。成功举办2022年度"创业沂蒙·共赢未来"高层次人才创新创业大赛，"以赛代评"，选出优胜人选41人，认定沂蒙创新创业领军人才26名，发放人才补助奖励资金760万元。支持企业在北上广深等科技创新高地设立"人才飞地"，开展2022年度"临沂市人才飞地"申报评选活动，新批准设立市级"人才飞地"10家。

承办第七届中国创新挑战赛（山东临沂）　2022年，临沂市承办了第七届中国创新挑战赛，共征集技术需求142项，开展技术需求发布、对接沙龙等活动40余场，吸引中国科学院、清华大学、中国农科院、中国海洋大学等高校院所的50多个团队揭榜，达成意向合同协议46项。

加快海外智力引进步伐　2022年，临沂市组织参加了深圳论坛暨第二十届国际人才网上交流大会等合作交流活动，累计引进外国专家81人次，其中，入选国家级海外高层次人才计划4项、省"外专双百"人才项目2项、省海外工程师3人，获2022年山东省政府齐鲁友谊奖1项。

【科普工作】　2022年，临沂市政府印发《临沂市"十四五"全民科学素质行动规划纲要实施方案》，指导

13个县区编制实施方案。科普设施规范建设成效显著。指导郯城、临沭成功创建全国科普示范县，市科技馆、天宇自然博物馆、南亩春耕中医药文化科技园入选第一批2021—2025年全国科普教育基地，市农科院科普工作室、徐明举果树科普工作室被命名为山东科普专家工作室，支持6个县区新建户外科普设施6处。科普品牌活动影响广泛。开展全国科普日系列活动7973项，居全省第一；开展"科普同心、协作抗疫"应急防疫科普行动，及时推送每日科普等科普知识，制作发放135万枚主题核酸检测贴；打造沂蒙云科普直播间、"线上科技馆"品牌，点击量达380万人次。助力"双减"科普行动落地见效。深入实施青少年科普教育330工程，组织开展了首届临沂市青少年科技节、杨利伟"航天思政课"云直播等活动，联合有关单位开展科普创作大赛、科普讲解大赛、防震减灾科普知识手抄报大赛等活动，50万人次参与。举办青少年科技创新市长奖、青少年科技创新大赛、青少年高校科学营等，参赛人数近万人。临沂市农科院、临沂市航模运动协会发起农业知识进校园、主题科学实验秀进校园活动。郯城县科协打造"科普郯城"直播间，开展"三点半科学课堂"活动，参与人数达5.6万人次。

（临沂市科技局 李 振）

德 州 市

【**概述**】 2022年，德州市科技局在市委、市政府的坚强领导下，坚定不移实施创新驱动发展战略，持续推进科技体制改革，以国家创新型城市建设为总抓手，不断提升区域科技创新能力。2022年德州市创新能力指数40.34，居103个国家创新型城市第70位。进入全国城市创新能力百强榜，在参评的288个地级市中，德州市列第82位，较2021年上升17个位次。

【**高新技术及其产业**】 2022年，德州市高新技术企业数量增长207家，较2021年增长43.6%，高新技术企业总数达到681家；国家科技型中小企业达到968家，较2021年增长32.6%；高新技术产业产值同比增长7.81%，列全省第4位；高新技术产业产值累计占规模以上工业产值比重47.39%，列全省第10位；高新技术产业固定资产投资累计占工业固定资产投资的比重51.1%，列全省第7位。

【**科技计划**】
积极支持企业申报省级重大科技项目 2022年，德州市6个项目获省重大科技创新工程项目立项，争取资金8822万元。发挥农业大市的优势，以食品科技创新为战略支撑点，积极争取山东省基础农产品绿色高值化科技示范工程项目，力争在德州市打造具有全国推广价值的农业科技创新示范区。

启动市级重大科技创新工程项目"揭榜挂帅" 2022年，德州市设立重大科技创新工程专项资金，围绕主导产业，面向社会公开发榜，年布局10项市级重大科技创新项目，每项项目市财政最高支持500万元。

【**科技创新资源与能力建设**】
强化顶层设计，完善政策体系 2022年，德州市编制了1个建设方案，《德州建设国家创新型城市实施方案（2022—2024年）》（德政办字〔2022〕34号），围绕3年建设期做好顶层设计。出台了1项综合政策，《关于进一步优化创新生态支持高水平建设国家创新型城市的若干措施》（德政字〔2022〕28号），深入借鉴深圳、济南、合肥等先进地市的经验做法，加大对科技创新的支持力度（简称《科创十条》）。制定了23项配套实施细则，围绕政策中的十条具体措施，分别制定了《德州市重大科技创新工程管理办法》等23个配套实施细则，明确了支持对象和支持方式，增强了政策的针对性和可行性。

强化组织领导 2022年，德州市委、市政府高度重视科技创新工作，2021年市委成立科技创新委员会，统筹谋划全市科技创新工作。2022年，市委召开人才工作会议、制造业强市大会，田卫东书记多次就人才工作做出安排部署，2022年12月市委、市政府召开全市科技创新大会，对省市科技奖获奖单位和个人进行公开表彰，田卫东书记对科技创新工作做出专门部署，提出以国家创新型城市为总抓手，全力争取3件大事，做好6个方面的工作。

深入推进科技体制改革 2022年，德州市试点出台了《关于完善市级财政科研经费管理机制的实施意见》，提出赋予科研人员科研经费自主权等31条改革措施，着力激发人才创新创造活力。健全项目实施机制，实行定向委托、"揭榜挂帅"等项目组织形式。

提升科技创新平台能级 2022年，德州市将科技创新平台建设作为聚人才、聚资源的重要桥梁。国家体育高端装备技术创新中心建设取得新进展，建设方

案被推荐至科技部。省级新型研发机构新增4家，总量达到20家。山东省体育健康产业创新创业共同体加快建设，今年获授权专利8件，开展科技攻关项目22项。山东省硅单晶半导体材料与技术重点实验室搭建了12英寸硅材料研发平台，投资2.6亿元在北京建立研发中心，12英寸硅片实现批量生产。全市新增省级以上科技创新平台32家，总量达到372家。

【农业与社会发展】

启动山东省科技示范工程项目 2022年，德州市科技局委托齐鲁工业大学教授崔波教授团队组成"实施方案编制组"开展方案编制修改工作。

推动国家高端体育装备技术创新中心建设 2022年，德州市科技局将该项工作列为2022年度德州市政府与山东省科技厅的厅市会商事项，2022年6月6日《国家高端体育装备技术创新中心建设方案》由省政府和国家体育总局联合推荐至科技部。

大力开展乡村人才培训 一是持续举办"乡村振兴特种种植技术及深加工培训"培训班。开展10期"乡村振兴特种种植技术及深加工培训"培训班，共邀请专家13人，累计参与培训人数500余人。二是推动农村科技特派员开展培训工作。12个县（市、区）共推荐61名农村科技特派员进入省科技厅农村科技特派员遴选申报系统，全市农村科技特派员累计达377名，涉及农业、林业、种植业、养殖业等多个领域，2022年以来，全市有229名科技特派员开展科技培训、种植技术服务、现场指导等工作2346场次，有力促进德州市农业科技创新。

【科技成果与奖励】

德州市3项项目获得2022年度省科技奖。泰山体育产业集团有限公司"高端仿生人造草坪关键技术开发及产业化"、山东希成农业机械科技有限公司"马铃薯机械化低损收获分选关键技术及应用"、宇虹颜料股份有限公司"基于偶氮酞菁类基础性有机颜料关键技术创新与绿色化生产体系构建"3项项目获得省科学技术进步奖二等奖。

2022年，德州市转移转化科技成果204项，技术合同成交额87.58亿元，较2021年增长34.2%。为30家科技型中小企业兑现科技成果转化项目补助282.89万元。为87家企业提供131笔科技成果转化贷款，备案金额4.49亿元，有力推动科技成果在德州市转移转化。

【科技合作与交流】

持续深化科技合作 2022年，德州市与山东大学签订战略合作框架协议；与齐鲁工业大学（山东省科学院）共建"一院一园一基地"；积极对接京津冀国家技术创新中心，全力争取来德设立德州分中心；全市75家企业与京津冀高校院所建立合作关系；加强与沿黄省份的科技合作，希森马铃薯集团入选鲁甘科技协助项目，在甘肃省陇南市建立3个原种繁育基地。

加大科技人才引育力度 2022年，德州市全面推进产才深度融合，科技人才引育工作取得显著成效。6人入选国家、省高层次人才；全市引进外国专家66人；3人入选海外工程师；泰山体育获批省海外高层次人才工作站。设立市级高层次人才事业编制周转池，首批引进15名高层次青年人才。此外，推荐申报的国家引才引智示范基地项目，已被省科技厅推荐至科技部。

（德州市科技局　赵　阳）

聊 城 市

【概述】 2022年，面对严重疫情冲击和艰巨繁重的科技工作任务，聊城市科技系统广大干部职工坚决贯彻落实市委、市政府部署要求，敢担当、善作为、勇拼搏，全市科技创新工作实现了"点"的突破、"量"的增加和"质"的提升。省对市综合考核科技领域总分列考核小组第2名；全社会研发投入占生产总值的比重达到3.06%，列全省第3位；较2021年提高0.14个百分点，提高幅度列全省第2位。全市高新技术产业产值占规模以上工业产值的比重达到51.9%，超出全省3.7个百分点，比2021年提高3.65个百分点，提高幅度列全省第3位。

【高新技术及其产业】 2022年，聊城市开展科技型企业梯次培育，累计申报高新技术企业370家，为历年最多。全年新增高新技术企业201家，增幅列全省第1位，全市高新技术企业总量达到612家。科技型中小企业评价入库数量达842家，是2021年的1.4倍。聊城市在全省高新技术企业高质量发展推进工作座谈会上做典型发言。4家企业入围省科技领军企业，12家企业入围省科技"小巨人"企业。成功承办第七届中国创新挑战赛（聊城）高端装备制造产业赛，促成产学研意向合作19项，合作金额超过1200万元。

【科技计划】 2022年，聊城市争取金帝精密机械"大兆瓦风电机组轴承保持器研究及应用"等6项省重点研发计划支持5300余万元、泰一新能源"低温高倍率圆柱形磷酸铁锂电池研制"等37项省科技型中小企业创新能力提升工程、73项省自然科学基金，全年共争取省资金支持1.36亿元，创历史新高。制定《重点研发计划政策引导类项目实施细则》《科技助力中小企业攀登计划实施办法》等政策，立项支持市级重点研发计划26项、政策引导项目125项、中小企业攀登计划31项。

【科技创新资源与能力建设】

创新平台体系更加完善 2022年，聊城市实施规模以上工业企业研发机构有效覆盖行动，深挖优势产业和龙头企业创新资源，阳谷广诺电子获批省级新型研发机构，波米公司获批建设山东省显示与集成电路用聚酰亚胺材料重点实验室，积极融入全省"1313"实验室体系。聊城大学成为大分子药物与规模化制备全国重点实验室共建单位，获科技部批准。强化创新平台后备力量培育，组建31家市级重点实验室、24家技术创新中心、2家临床医学研究中心。

科技园区载体加速布局 2022年，聊城市坚持高起点定位，高标准谋划，聊城大学科技园获批建设聊城山东省大学科技园，成为鲁西地区唯一的省级大学科技园，同时，以市政府名义出台《关于建设聊城大学科技园的意见》，加强孵化载体建设，阳谷电子商务产业园获批国家级众创空间。高新技术创业服务中心孵化效能持续提升，被认定为山东省中小企业公共服务示范平台、聊城市中小企业公共服务示范平台，获得国家科技企业孵化器良好（B类）评价，较2021年提升一个等级，大学生创业基地获得科技部优秀（A类）评定。

创新服务全面展开 2022年，聊城市牵头做好新能源汽车产业链提升工作，协同中通客车制定了《新能源汽车产业链发展路径》，组织开展了"诊链"和"亲清会客厅"活动。制定出台《聊城市创新券使用管理办法》《聊城市新型研发机构管理暂行办法》《聊城市科技助力中小企业攀登计划实施办法》等一系列支持创新发展的政策。狠抓政策落实，发放科技成果转化贷款78笔，贷款金额达到3.15亿元，较2021年增长38%，获得省级财政贴息补助170余万元。65家中小微企业使用创新券636张，获省级补助143.8万元，创新券政策使用情况列全省第2位。科技文献共享服务平台文献获取量达到29893篇，列全省第3位，获评山东省优秀服务站。

【农业与社会发展】 2022年，聊城市科技强农惠民更加有力。积极开展农业关键技术攻关，实施"优质、高产、多抗小麦新品种选育及产业化"等6项农业良种工程项目和"土壤改良PGPR微生物肥料研制与应用"等5项重点研发项目。组建市级乡村振兴科技示范基地25家。强化农业高层次人才引育，在肉鸡、食药用菌、香瓜、圆铃大枣等领域获批4家省科技特派员创新创业共同体产业服务团。泰山产业领军人才王长法获得期满评估优秀等次。30人获批2022年度省级企业科技特派员。推动农业科技园区建设，建设市级农业科技园区4家。

【科技成果与奖励】 2022年，聊城市强化成果登记宣传引导，细心指导有需求的单位和个人严格按照有关程序和要求进行登记，全年共登记科技成果24项。指导临清、荏平做好山东省技术转移先进县绩效评价工作。获批山东省科学技术进步奖二等奖1项、山东省技术市场金桥奖一等奖1项、先进组织奖1项、先进个人奖2项、中国技术市场金桥奖1项。获得中央引导资金支持项目1项。2家公司备案为省级技术转移服务机构。全力推进技术合同认定登记工作，登记技术合同829项，技术合同成交额147.363亿元，技术交易额5.37亿元。

【知识产权】 2022年，聊城市专利授权量12136件，同比增长10.3%，高于全省6.5个百分点；其中发明专利授权量952件，同比增长3.5%；全市PCT国际专利申请9件，同比增长12.5%，高于全省8.3个百分点。截至2022年12月底，全市发明专利拥有量3273件，同比增长20.7%；每万人口发明专利拥有量达到5.50件，较2021年底提高0.94件。1—12月全市首次通过知识产权贯标认证企业104家；开展专利权质押融资113笔，共计11.1亿元。按照"保存量、提增量"的思路，超额完成省对市高价值专利考核指标；争取省级专利导航项目及资金分别列全省第2位、第3位。

2022年国家知识产权局济南代办处聊城工作站、国家海外知识产权纠纷应对指导中心山东分中心聊城工作站、中国（山东）知识产权维权援助中心聊城分中心相继批复成立。市委、市政府将知识产权保护工作纳入全市高质量发展综合绩效考核，并列为市政府年度重点督查评议事项，市委常委会和市政府常务会议专题研究部署知识产权保护工作，相继出台《聊城市强化知识产权保护工作方案》《聊城市"十四五"知识产权发展规划》《关于进一步加强知识产权保护工作的通知》等政策文件，持续完善全市知识产权保护体系建设，逐步构建起知识产权大保护工作格局。2022年聊城市市场监管局开展了"铁拳""蓝天"、地理标志保护、奥林匹克标志保护等各类专项行动，查办商标专利行政处罚案件227件，专利行政裁决案件121件，因故意侵犯知识产权列入市场监管严重违法失信名单14人，营造了打击知识产权侵权假冒行为的强大声势。

【政策法规与环境建设】 2022年，聊城市推动科技政策体系不断完善，出台《聊城市重点研发计划政策引导类项目实施细则》《聊城市新型研发机构管理暂行办法》《聊城市"十四五"科技创新规划》《聊城市科技局2022年落实黄河流域生态保护和高质量发展战略工作实施方案》《聊城市省级以上科学技术奖配套奖励实施细则（试行）》等文件，修改完善《聊城市科技创新政策汇编》。加强行政规范性文件制定和监督管理，严格落实规范性文件制定有关要求和程序，将公平竞争审查列入规范性文件必审环节，全年完成4份规范性文件备案审查。狠抓科研诚信建设，全年共处理违反科研诚信人员22人、涉事公司1家，建立科研诚信严重失信行为数据库并同步通报。

为贯彻落实《山东省人民政府关于印发2022年"稳中求进"高质量发展政策清单（第一批）的通知》（鲁政发〔2021〕23号）和《科技部办公厅关于营造更好环境支持科技型中小企业研发的通知》（国科办区〔2022〕2号）等文件精神，进一步优化中小企业创新生态，提升企业自主创新能力和核心竞争力，依据《聊城市重点研发计划管理暂行办法》，制定出台了《聊城市助力中小企业攀登计划实施办法》《关于推进科技型企业科创板上市的若干措施》，修订了《聊城市企业研究开发财政补助实施办法》。按照政策规定为236家科技型企业争取省研发补助资金1382万元，落实91家企业市级研发补助经费847万元，落实1项省重大创新工程项目市级奖补经费100万元。

【民营科技企业发展】 2022年，聊城市开展"上云用数赋智"行动，企业上云累计突破1.3万家；新增省级智能工厂、数字化车间、智能制造场景13家。建成"一综一专"工业互联网标识解析二级节点。加快数字经济项目建设，16项项目入选省数字经济重点项目，培育省级数字经济园区5家。实施省级技术创新项目71个，新增省级"一企一技术"研发中心3家、工业设计中心18家；新增省级技术创新示范企业6家，服务型制造示范企业4家；2项创新成果入选山东省企业管理创新成果奖。实施"育苗扶壮""热带雨林"培育行动，新增省级以上专精特新企业128家、单项冠军25家、创新型中小企业541家。

【科技合作与交流】
产学研合作深入推进 2022年，聊城市开展"落实黄河战略赋能制造业强市"产学研合作系列活动，先后同国科大、西安交大、西北工业大学等高校院所开展对接，对33个产学研合作项目进行支持。2项联合院士开展的研发项目入选省重点研发计划。获批科技部常规性科技援助项目1项。坚持柔性用才，聘任聊城大学70名高层次人才挂职聊城市70家企业"科技副总"，与聊城大学签署《"科技副总"协同创新项目基金协议》，省委改革办将聊城市"科技副总"改革典型上报中央深改委。联合聊城产业技术研究院组建由174位专家组成的制造业强市科技专家顾问团，围绕产业链开展一系列摸科技需求、解技术难题等工作。

人才集聚能力持续提升 2022年，聊城市获泰山产业领军人才3人、国家外国人才项目2人、省海外工程师3人、省政府齐鲁友谊奖1人。用好外国智力资源，印发《市级外国专家项目评选办法》。高标准举办2022年"外国专家建言会暨外国人才联谊活动""齐鲁国际讲堂走进江北水城"等活动。首次实现外国人来华工作许可、工作类居留许可证件"一次办好"，全年新增外国专家75人，超额完成省对市考核期许目标值任务。聘请乌克兰2位专家为聊城市首批外籍科技特派员。助力大学生就业，招聘科研助理岗位152人，完成省定任务量的304%，列全省第2位。

【科普工作】 2022年，聊城市以"走进科技，你我同行"为主题，于7月23—30日在全市范围内举办聊城市科技活动周系列活动。7月23日，由聊城市委、聊城市人民政府主办，聊城市委宣传部、聊城市科技局、聊城市科协、东昌府区人民政府承办的2022年聊城市科技活动周启动仪式在聊城市市民文化活动中心成功举办。通过展板、展台、产品等向广大市民展现全市科技创新成果，活动精彩纷呈，引得与会嘉宾驻足观看。指导县市区各部门结合工作职能和实际，开展形式丰富的活动，促进大众了解、体验、分享科技创新成果和科普惠民成就，不断推进全市科技进步与创新。

（聊城市科技局　常晓非　崔明贝）

滨 州 市

【概述】 2022年，滨州市聚焦"科创品质更强"，做强科创平台、做优科创服务、做好成果转化，支撑黄河流域生态保护和高质量发展，持续强化科技进步对经济发展的贡献度。成立全省首个实体化运行的市级科技创新委员会，建立由市委书记、市长任主任的"双主任"顶格协调机制，分设企业、高校、金融、党政4个界别专项创新委员会，逐步构建全社会一体化推进科技创新的"全域科创"大格局。2021年度全社会研发投入经费历史上首次突破100亿元大关，成为全省第7个研发投入过百亿元的市；研发投入占GDP比重达到3.49%，列全省第1位，实现"两连冠"；规模以上工业企业研发活动占比达到65%，列全省第1位。新增高新技术企业168家，总量达到560家。国家科技型中小企业达到1087家，比2021年增长47.89%，增幅列全省第2位，获省科技厅通报表扬。2022年9月，滨州市科学技术局被省委、省政府授予"人民满意的公务员集体"荣誉称号。滨州市入选2022年度山东省创新驱动发展和科技创新能力提升成效明显地方名单。

【高新技术产业】 2022年，滨州市立足培植创新创造主力军，实施科技型企业梯次培育三年行动，完善科技型中小企业—高新技术企业—创新型领军企业链条式梯次培育体系。高新技术产业产值增长7.35%，占规模以上工业产值的比重达40.88%。全年分三批申报高新技术企业341家，通过认定241家，新增168家，比2021年增长42.85%，总量达到560家。国家科技型中小企业评价信息库入库1087家，比2021年增长47.89%，增幅列全省第2位，受到省科技厅通报表扬。广泛发动参加第十一届中国创新创业大赛（山东赛区）暨山东省中小微企业创新竞技行动，7家企业获"优胜企业（团队）"、3家企业获"科创之星"，1家企业获得全国创新创业大赛"优胜企业"。3家企业获评山东省科技领军企业、17家企业获评山东省科技"小巨人"企业。

【科技人才】 2022年，滨州市链接科技部人才中心高层次人才资源库，成功获批科技领军人才（滨州）创新驱动中心。1人入选国家级重点人才计划，2名外国专家入选外国专家项目，2名专家入选泰山产业领军人才项目，1人被山东省政府授予齐鲁友谊奖，获奖等次和数量均创历史新高。共争取国家、省项目资金410万元，申请市级人才建设项目资金199万元，其中5项省级以上重大科技计划项目补助179万元，2项齐鲁友谊奖补助20万元。新引进外国高端人才和专业人才27人，组织开展外国专家申报各类项目工作，获批科技部高端外国专家引进计划1项。持续做好外国高端人才和专业人才的资金补助工作，共申请外国人才补助资金12.1万元。落实科研助理岗位128个，获省科技厅通报表扬。

【科技成果】 2022年，科技成果登记107项，滨州企事业单位参与的6项科技成果获山东省科学技术进步奖，其中一等奖2项、二等奖4项。滨州市开展科技成果转化贷款风险补偿工作，共发放科技成果转化贷款406笔，涉及277家科技型中小企业，金额15.6亿元，较2021年增长129%，有效帮助科技企业纾困解难、缓解疫情冲击。

【农业科技】 2022年，滨州市将科技特派员工作作为助力乡村振兴战略的重要抓手，激发全市科技特派员服务热情、创新服务理念、提升服务能力、拓展服务领域，深入农村基层，开展各类技术指导、咨询服务活动，切实把创新动能扩散到田间地头，不断提升农业科技创新水平。印发《滨州市农社领域科技创新政策引导计划项目管理办法》，启动实施市科技特派员助力乡村振兴行动计划项目，涉及农作物种植、食用菌及果菜栽培、畜禽水产养殖等农业技术领域立项30项。组建羊、家禽、玉米、中草药、对虾、贝类6个山东省科技特派员创新创业共同体滨州市产业服务团，截至2022年底，全市共有9个省科技特派员产业服务团。联合县（市、区）科技主管部门组织科技特派员开展培训和现场指导服务160余场次，培训指导服务种养户2700余人次。阳信亿利源清真肉类有限公司"肉牛绿色高效智能工厂化关键技术创新应用与示范"项目列入2022年度省重点研发计划（乡村振兴科技创新提振行动计划），补助资金455万元。

【社会科技】 2022年，滨州市科学技术局印发《滨州市农社领域科技创新政策引导计划项目管理办法》，启动实施市社会发展科技创新计划项目，涉及医养健康、食品药品安全和生态环境保护等社会发展领域立项49

项。开展临床医学研究中心备案工作，滨州医学院附属医院备案为山东省免疫疾病与痛风临床医学研究中心分中心，截至2022年底，全市共备案省临床医学研究中心分中心6家。

【创新平台建设】 2022年，滨州市共有30类省级以上科创（人才）平台共389家。在全市"十强产业"重点领域布局建设省级重点实验室7家、市级重点实验室51家。山东省医疗健康纺织材料重点实验室引进泰山人才1人、培育科技型企业3家；山东省先进铝基材料与技术重点实验室组织实施汽车轻量化高性能铝材开发与应用项目7项。印发《滨州市新型研发机构备案管理办法》，新备案省级新型研发机构4家、市级新型研发机构9家，省市新型研发机构累计达到33家，覆盖全市9县（市、区）7个产业领域。3家省级新型研发机构绩效获"优秀"等次，获奖补资金300万元。14家省级新型研发机构共承担或参与省级以上研发项目21项，突破关键技术、转化重大成果156项，形成关键核心技术、新工艺、新产品40余项，培养博士、专业技术人才100余人，服务企业150余家，带动行业新增收入60亿元。批准筹建生物基橡胶滨州市技术创新中心等5家市级技术创新中心，涉及合成材料制造、生物育种、新能源新材料、生物与新医药、高效生态农业等领域。印发《滨州市科技成果转化中试示范基地备案管理办法》，山东省兽用生物制品中试示范基地获批山东省科技成果转化中试示范基地。山东省兽用生物制品中试示范基地依托山东绿都生物科技有限公司，重点开展畜禽用疫苗研究与产业化、动物疫病快速检测试剂盒研究与产业化、食品安全检测技术研究与产业化等方面的科技创新工作。

【科技合作交流】 2022年，滨州市深化与京津高等院校、科研院所的对接合作，累计举办四期"渤海科创汇"系列活动，举办200人的对接活动6场、中小型活动200余场次，共签订产学研合作协议788项，引进12家科技服务机构落户滨州。

【技术转移转化】 2022年，滨州市备案市级技术转移服务机构11家，构建覆盖县（市、区）的"1+N"线下技术转移服务体系，全市登记技术合同成交额141.6亿元，比2021年增长44.93%。邹平市、博兴县成功创建山东省技术转移先进县。滨州学院科研处获省级技术转移服务机构绩效评价优秀等次，获奖补资金50万元。

【科技服务】 2022年，滨州市科学技术局开展"科技政策落实年"活动。着力提升科技政策供给精准度、宣贯知晓度、兑现便利度。获批山东省科技型中小企业创新能力提升工程项目19项，省财政补助资金710万元。落实省中小微企业升级高新技术企业财政补助资金1450万元；341家企业获得2022年省企业研究开发财政补助2720万元；争取省科技型中小企业创新竞技行动计划补助资金69.58万元。落实高新技术企业认定市级奖补资金、省科技型中小企业创新能力提升工程项目市级配套资金、市级企业研究开发财政补助资金共计3589.56万元，以"真金白银"激发企业创新活力。2022年，滨州市持续优化"十面张网"行动，编印《滨州市高新领域科技惠企政策摘要（2022年版）》，深化开展科技服务"对标诊断"活动，围绕科技攻关、企业创新、政策供给、成果转化、招才引智、产学研合作等成立6支专项服务队，"面对面"推送政策、现场"诊断开方"，持续优化科技领域营商环境。滨州市科技文献服务云平台注册用户达5396个，累计为科研人员提供免费科技文献10万余篇，下载量连续两年在全省排在第1位。连续两年被山东省科技情报院评为优秀服务站，入网科学仪器设备1148台（套）。滨州市在全省率先实施"科普惠民"活动，开展专家走基层、科普宣讲、科普讲座、科技培训等活动213场，惠及群众6万人以上，让科普知识更好地惠及民生，为更好助力乡村振兴、建设更高水平富强滨州贡献科技力量。组织参加2022年文化科技卫生"三下乡"活动，捐赠价值15000元的防疫物资。7月23—29日，在全市牵头举办以"走进科技，你我同行"为主题的2022年滨州市科技活动周及启动仪式。从科普人员、科普场地、科普经费、科普媒体、科普活动以及科普中的创新创业等6个方面开展科普统计调查，共协调市、县两级100多家单位，汇集数据6000余条。

（滨州市科技局　杨雪瑞　乔忠民）

菏 泽 市

【概述】 2022年，在菏泽市委、市政府的正确领导下，在省科技厅的大力支持下，菏泽市科技局坚决围绕落实上级决策部署和市委市政府工作要求，认真学习贯彻党的二十大精神，深入实施创新驱动发展战略，为实现突破菏泽、后来居上做出了积极贡献。

【**高新技术及其产业**】

组织实施科技计划项目 2022年，聚焦菏泽市"231"特色产业体系重大关键技术需求，积极调动市内骨干企业、科研单位和高层次专业技术人才团队申报省级重点项目的积极性，强化组织实施菏泽市科技创新突破计划，共评选出山东优路通汽配有限公司"能源专用车智能线控底盘"等10项科技计划项目，每项给予财政支持资金50万元，项目内容涵盖生物医药、高端化工、高端装备、新材料、现代高效农业等重点产业领域，可有效推动菏泽市产业朝高质量发展方向迈进。全年共组织实施各类科技计划450余项，投入资金超过1亿元。其中，为帮助东明石化将UPC原油催化裂解制烯烃技术转化落地，积极组建申报专班成功向省厅争取了烯烃新材科技示范工程获批，获得省级资金支持4000万元。本示范工程总投资约136.3亿元，实施后年实现销售收入约120亿元，年均净利润约17亿元，年均可给国家和地方上缴税金约20亿元，具有较好的经济效益，为菏泽市高端化工产业转型升级、高质量发展贡献科技力量。

研发水平不断提升 在研发投入占地区生产总值比重方面，2021年，菏泽市全社会研发经费30.32亿元，占全省比重为1.56%，同比增长17.43%，高于全省平均增速1.81个百分点，增速居全省第8位，比2020年前进了2个位次；在每万名就业人员中研发人员数及提高幅度方面，2021年菏泽市每万人就业人员中研发人员全时当量为18.85人年；比2020年提高6.90人年；每万名就业人员中研发人员增速为57.71%，高于全省平均增速26.08个百分点；在规模以上工业企业中有研发活动企业占比及提高幅度方面，2021年菏泽市规模以上企业中研发单位711家，比2020年增加295家，同比增长70.91%。研发单位占规模以上工业企业的比例为32.06%，占比增幅为47.03%，比全省高26.16个百分点。

科技成果转化能力不断提高 2022年，菏泽市组织集中评价了山东步长制药股份有限公司的"宣肺败毒颗粒研究及产业化应用"等345项科技成果，对菏泽市农业科学院的"花生全程轻简化高产高效生产技术创制应用"等336项成果进行了科技成果登记；东明县畜牧服务中心的"粮改饲关键技术研究与转化应用"等7项科技成果荣获省科技金桥奖二等奖，菏泽市科技局和市高新区科技创新部荣获优秀组织奖；鼓励企业进行技术合同登记，全市合同登记额经省审核后达98.53亿元，比2021年增长22.09%。大力推广科技成果转化贷款风险补偿备案和贴息政策，2022年全市累计备案科技成果转化贷款105笔，贷款备案总额超4.3亿元；开展2022年度科技成果转化贷款贴息申报工作，组织8家完成科技成果转化贷款还本付息的企业成功获得贴息补助，合计48.59万元。

【**科技创新体系逐步完善**】 2022年，菏泽市逐步完善中原技术市场平台建设，自上线以来菏泽市各县区注册企业共349家，中原技术市场平台累计发布技术成果22196项、发布技术需求2222项、入驻专家2102名、入驻服务商273家、提供服务产品397条，为全市科技工作做出了重要贡献。菏泽市牡丹产业技术研究院获批新型研发机构备案，推动东明石化和山东高端化工研究院成功联合申报山东省烯烃新材料重点实验室，中食都庆生物技术有限公司获批海外高层次人才工作站。山东省生物工程技术创新中心被山东省科学技术厅评估为优秀等次，并获市长批示表扬。菏泽市地方特色中药材高效生产与研究重点实验室等216家菏泽市重点实验室、菏泽市高速铁路产品制动材料技术创新中心等51家菏泽市技术创新中心获批建设，束怀瑞院士山东葵丘实业有限公司协同创新中心等7家院士协同创新中心获得新认定。菏泽市山东锐华氟业有限公司院士工作站等3家院士工作站获得省科技厅优秀等次，院士合作工作经验被山东省委改革办推介到中央改革办作为改革创新典型案例加以推广。启迪之星菏泽科技企业孵化链条获批山东省首批15家孵化链条之一。启迪之星（菏泽）国家级众创空间、番茄智造空间国家级众创空间获得山东省品牌众创空间。

【**高新技术企业加快培育**】

深入实施科技型企业梯次培育 2022年，菏泽市持续壮大高新技术企业队伍，以科技型企业梯次培育为主要突破点，组织开展菏泽市高新技术企业培育库入库工作，库内企业达到230家；组织入库科技型中小企业达到701家，推荐247家企业申报高新技术企业认定，209家企业获得科技部公示，菏泽市有效期高新技术企业447家，圆满完成了省对市高新技术企业考核指标。2022年高新技术产业产值2131.9亿元，同比增长8.85%，累计占规模以上工业产值的35.81%，比上一年度提高1.23个百分点。

积极落实各项财税政策 2022年，菏泽市组织140家高新技术企业、2家科技企业孵化器申请2021年中小升高财政补助资金，共获得补助1125万元；会同财税部门组织586家企业落实2022年前三季度企业研究费用加计扣除资金17.23亿元，70家高新技术企业落实2022年企业所得税减免2.75亿元；山东摩信新材料科技有限公司等4家企业获得2021年山东省中小微企业创新竞行动计划优胜企业支持资金65.88万元。积极落实科技型中小企业各项支持政策，山东优路通汽配有限公司等7家科技型中小企业列入2022年山东省第一批科技型中小企业创新能力提升工程项目名单，获得项目资金280万元。246家企业获得2022年山东省企业研究开发补助1779万元。

广泛进行科技政策宣传培训　菏泽市联合市财政局、市税务局分县区巡回举办2022年高新技术企业认定及科技创新优惠政策专题培训班，邀请高新技术企业评审相关专家针对高新技术企业认定管理办法和相关优惠政策进行授课，共培训12场次，800余人次，基本实现县区培训全覆盖，为实现全市高质量发展提供了有力的政策支持。

【科技人才合作深入开展】

积极开展产学研合作　2022年，菏泽市推进完善产学研高度融合的科技合作体系，组织召开"名校合作直通车"科技交流座谈会等活动，大力协调省人才交流协会、山东省国际科技合作创新共同体为菏泽双龙冶金有限公司等14家有人才需求的企业积极解决人才需求难题，成效显著。全年共组织55家企业和36所高校院所开展线上线下科技交流活动69次，成功签约科技合作协议及项目22项，引进高层次团队8个。

强化科技人才队伍建设　2022年，菏泽市刘倩、彭继先两位泰山人才期满评估优秀，全市7人入选泰山产业领军人才，全市泰山产业领军人才达到43人。积极组织实施海外人才项目，1人入选国家海外高层次人才工程，实现了菏泽市在这一领域"零"的突破；另有1位外国专家入选国家高端外国专家引进计划，1位外国专家入选山东省海外工程师支持计划。积极组织外国专家评选表彰工作，10位外国专家入选2022年市政府牡丹友谊奖，1位外国专家入选2022年度省政府齐鲁友谊奖；依法取得外国人来华工作许可（不含延期）、外国人才签证的外国高端人才和外国专业人才共计41人，超额完成省对市的考核指标。

【科技支撑乡村振兴力度加大】　2022年，牡丹省级农高区以园区重点工程建设为依托，加大特色产业培育优势主导产业，通过牡丹传承创新产业园项目引进外资2000万美元并完成2022年度外资纳统工作。积极组织省良种工程项目申报，山东科源种业有限公司的"优质、抗病、营养高效特色小麦新品种选育及产业化开发"等两项目获省良种工程支持，这是自2018年以来菏泽市重获良种繁育攻关领域省科技项目支持；组织菏泽市康普生物科技有限公司以"牡丹全产业链高值高效关键技术创新与示范"为课题申报省乡村振兴科技创新提振行动计划，获399万元资金支持；批复建设了14家乡村振兴创新创业共同体，其中由山东稻香村食品工业有限公司牵头的"菏泽市乡村振兴农产品烘焙产业创新创业共同体"等7家为重点建设单位。针对牡丹、芦笋等菏泽市特色优势农业产业，共组建了18个科技特派员产业服务团，成为全省拥有服务团最多的地级市，服务范围覆盖全市各个县区。

【社会科技全面提升】　2022年，菏泽市积极开展科技活动周等科普系列活动，在以"走进科技，你我同行"为主题的2022年菏泽市科技活动周启动仪式上，市县科技局、宣传部、科协、公安局等部门负责同志以及科技卫生服务专家、志愿者、社会各界群众等300余人参加，举办了科技政策宣传、公安科技装备展以及医疗卫生专家义诊等各类活动，现场发放各类科技明白纸、宣传册12000余份。择优选派4名选手参加山东省第二届科普讲解大赛，菏泽市科技局连续两年获得省科技厅颁发的优秀组织奖。顺利完成了对菏泽市18家涉及人类遗传资源事项的年度核查工作，组织市立医院和市中医院成功申报了省儿童健康与疾病临床医学研究中心核心成员单位并完成备案工作。着力实施科技情报工作，2022年完成科技查新350项，推送产业资讯6400条；科技文献共享服务平台累计服务企业350余家，服务用户2200余户；创新券兑付补助资金252万元；"基于知识图谱的竞争情报服务平台建设与应用"被评为2022年山东省科技情报奖一等奖；研究课题"基于人工智能的牡丹品种识别系统研究"获评菏泽市科学技术进步奖二等奖；菏泽市科技信息所荣获2022年度山东省科技情报工作先进集体、2022年度山东省科技文献共享服务平台优秀工作站。

（菏泽市科技局　杨　茜）

责任编辑：许　青

科技成果和奖励

2022年度山东省科学技术奖励情况

【概述】 2022年度山东省科学技术奖励共计授奖213项（人），其中，授予中国海洋大学包振民、歌尔股份有限公司姜滨省科学技术最高奖；授予山东财经大学李娜等10人省科学技术青年奖；授予"太平洋西边界流"成果省自然科学奖一等奖、"高压下富氮含能材料及奇异电子特性研究"等35项成果省自然科学奖二等奖；授予"全新全氟磺酸聚合物合成及增强网络与高性能氢燃料电池质子膜制备""抗体－药物偶联（ADC）新药研发核心关键技术及其应用"等2项成果省技术发明奖特等奖，"耐深腐蚀光刻胶（DeePR）的研究与产业化"等6项成果省技术发明奖一等奖，"过程监测感知驱动的复杂产品装配维修可视化诱导技术及应用"等11项成果省技术发明奖二等奖；授予"氯化氢催化氧化制氯成套技术及其产业化"成果省科学技术进步奖特等奖，"12μm小像元、高性能红外焦平面芯片及器件关键技术与应用"等36项成果省科学技术进步奖一等奖，"空间站机械臂高可靠伺服系统"等105项成果省科学技术进步奖二等奖；授予艾瑞克·莫斯卡瓦等4名外国专家省国际科学技术合作奖。

【授奖项目特点】 2022年度省科技奖授奖项目主要呈现3个特点：一是奖励质量进一步提高。自2019年度奖励改革以来，山东省科技奖受理的提名数持续上升，从2019年度的694项，攀升到2022年度的1098项。相比提名数量，授奖数量明显下降，2022年度授奖项目数为197项，较2021年度的299项减少了35%，总体获奖率由43%减少至18%，切实贯彻了国家科技奖励制度改革"控制奖励数量、提高奖励质量"的总体原则。二是奖励结构持续优化。与前三年度各奖种平均占比相比，2022年度自然科学奖项目数占比从12%增加到18%，技术发明奖占比从5%增加到10%，科技进步奖占比从83%下降到72%，特别是2022年度共产生技术发明奖特等奖、一等奖共8项，明显高于前三年度2.3项的平均值，充分体现山东省科技创新正不断向创新链上游迈进。三是奖励导向作用更加显著。2022年度授奖项目中，电子信息技术、高端装备、生物医药、新能源、新材料、高端化工六大领域表现出较强的创新实力，总占比达到60%以上。企业技术创新主体作用显著加强，在应用研究和技术开发类项目中，企业牵头或参与的达123个，占比达到78.3%，较2021年度的73.6%提升明显，创新主体地位更趋稳健。

【奖励改革措施】 按照科技部批复的《山东省科学技术奖励改革试点实施方案》要求，主要实施了以下改革举措：一是调整奖励设置。经全国评比达标表彰工作协调小组同意，在奖种设置上，增设省科学技术青年奖，进一步发现和激励青年科技人才；在等级设置方面，新设特等奖，取消三等奖，提高奖励质量，加大对做出重大贡献的科技成果和人才团队激励力度。同时，商省财政厅对新设奖种和等级的奖金标准进行了明确。二是完善提名和分类评审机制。坚持"破四唯"和"立新标"并举，在全国率先制定各奖种提名标准，突出贡献导向、一线导向，引导提名者从科学、技术、经济、社会、文化5个方面价值来综合评价成果价值，严把提名"入口关"。深入实施分类评审制度，按照基础研究、应用研究和技术开发、社会公益研究等不同类型创新活动的人才和成果特点，分别制定完善评审标准。自然科学奖坚持"小同行"评审，首次引入海外专家评审；发明奖、进步奖突出创新质量和实际贡献，在与产业应用结合紧密的领域增加行业专家和企业专家比重，严把奖励评审"质量关"。三是探索实施定向奖励。在全国率先探索定向奖励制度，出台《山东省科学技术奖定向奖励实施办法（试行）》，对完成重大科技任务、解决山东省经济社会发展重大需求的科技人员和团队，定向增加奖励名额。通过梳理近年来山东省承担国家和省重大科研任务情况，瞄准支撑山东省经济高质量发展的重点高新技术领域成果，特别是在带动力强、示范性好的产业链领航企业中找准定向目标，经现场考察论证，对2名人选和5项成果实施定向奖励。

山东省科学技术最高奖
（2人）

包振民　中国海洋大学教授、中国工程院院士，海洋生物遗传学与育种教育部重点实验室主任，兼任中国动物学会副理事长、贝类学分会主任委员，中国水产流通与加工协会水产种业分会会长。长期从事水产遗传育种研究，系统评价了我国扇贝种质资源，完成多种贝类基因组精细图谱，阐明其重要经济性状的遗传基础和生长发育调控机制；突破系列低成本、高通量水产生物组学前沿技术，率先开发出"液相芯片"，技术水平国际领先；建立了水产生物分子育种平台，育成系列扇贝良种，引领水产种业科技发展。荣获全国五一劳动奖章、全国优秀科技工作者、改革开放40年渔业科技突出贡献人物等荣誉，获国家技术发明奖二等奖1项、国家科学技术进步奖二等奖3项、省部级科技奖励一等奖6项、光华工程科技奖和全国创新争先奖。

姜　滨　歌尔股份有限公司董事长、歌尔技术委员会主任，正高级工程师，兼任歌尔国家企业技术中心主任、中国电子元件行业协会轮值理事长等职务。长期从事电子信息关键技术研究和产业化工作，带领团队突破了交互技术、显示技术、终端技术等虚拟现实关键共性核心技术，实现中高端虚拟现实产品全球70%市场份额；突破衍射光波导、Pancake折叠光路等微纳光学领域关键技术，填补国内产业化空白；攻克传感器芯片设计及封装测试等核心技术，实现了MEMS、ASIC芯片的自主可控；攻克智能制造关键难点，打造基于全生命周期的数字化智能分析机制，由"歌尔制造"走向"歌尔智造"，生产效率超过行业平均水平的10倍。个人累计授权专利181项，其中发明专利88项。荣获全国劳动模范、中国电子信息行业杰出企业家、齐鲁杰出人才提名奖、山东省行业领军企业家等荣誉，获山东省科技进步奖一等奖、北京市技术发明奖一等奖等省部级一等奖4项。

山东省科学技术青年奖
（10人）

李　娜　1982年生，山东财经大学统计与数学学院副院长、教授、博士生导师。长期从事随机优化问题的相关研究工作，在随机最优控制方面，提出了"放松补偿子"方法、设计了强化学习算法等解决了随机线性二次问题；在随机微分博弈方面，构建了自相似结构的新型随机微分方程、创建了Hamilton系统分离原理等解决了广义微分博弈问题，并应用到金融、医学、工程等多个领域。主要成果发表在国际控制论三大顶级期刊等高水平期刊，受到美国国家工程院院士、欧洲科学院院士等国际著名学者的广泛引用及肯定评价，并在中国数学年会等重要会议上报告。入选"长江学者奖励计划"青年学者，荣获山东省教育系统优秀共产党员，山东省高校优秀青创团队带头人等荣誉，获山东省教学成果奖二等奖3项等。

谭业强　1985年生，青岛大学教授、博士生导师。依托生物多糖纤维成形与生态纺织国家重点实验室，紧密围绕国家海洋强国战略，开展了海洋生物基纤维新材料的系统研究，建立了海洋生物基材料成型加工新方法，发展了生物基高分子复合体系流变理论模型，研制出多类型海洋生物基功能新材料；突破了材料工程化应用关键技术，有力助推了山东省材料、纺织等相关产业新旧动能转换和可持续发展。近年来主持完成国家自然科学基金、山东省杰青等科研项目，在 Advanced Materials、Angewandte Chemie International Edition 等国内外权威期刊上发表SCI收录论文80余篇，发明专利23项。入选"长江学者奖励计划"青年学者，获山东省技术发明奖二等奖、教育部霍英东青年教师奖一等奖、中国分析测试协会科学技术奖二等奖、中国流变学青年奖和山东省青年科技奖等奖项。

李　娜　1981年生，山东师范大学教授、博士生导师、执行院长。主要从事活细胞中活性物质的荧光检测成像和癌症的高效治疗相关基础研究工作，发展了系列新型纳米荧光探针，在细胞水平上建立了多种癌症相关活性分子实时、动态、高特异性的多色荧光传感新方法，为研究癌症发生发展提供重要信息；发展了系列基于金硒键的纳米荧光探针用于生物标志物的高保真成像，极大地提高了癌细胞检测的准确性，为癌症的早期诊断、治疗及预后提供了依据；制备了系列精确靶向的功能纳米探针，实现了肿瘤的精准高效治疗。主持国家自然科学基金优秀青年基金、山东省自然科学基金杰出青年基金等多项国家级和省部级课题。入选"长江学者奖励计划"青年学者，荣获泰山学者青年专家、齐鲁最美青年等荣誉，获国家自然科学奖二等奖、山东省自然科学奖二等奖、山东省自然科学奖一等奖各1项。

白晓卉 1980年生，山东第一医科大学附属省立医院（山东省立医院）临床医学检验部副主任、主任技师、研究员、博士生导师。长期从事遗传性耳聋的研究，在山东省率先开展遗传性疾病的基因检测工作，并完成了一系列分子诊断基因研究工作。自新冠疫情发生以来，白晓卉同志一直奋战在抗疫一线，作为领队先后辗转于北京、新疆、河南、山东等疫情一线战场，曾率队创造了48小时改造核酸检测实验室的"山东速度"。为国家重点研发计划（973计划）学术骨干，作为项目负责人承担国家自然科学基金3项、中国博士后科学基金2项、省级课题4项，发表SCI收录论文50余篇。荣获泰山学者青年专家，齐鲁卫生与健康领军人才培育工程杰青人才、山东省抗击新冠疫情先进个人等荣誉。2022年3月20日，白晓卉同志在省直支援威海核酸检测工作中因突发疾病抢救无效，不幸去世，享年42岁。被追授全国三八红旗手、山东五一劳动奖章、齐鲁时代楷模、全省道德模范等荣誉。

崔琳琳 1983年生，山东大学第二医院生殖医学科主任、教授、主任医师。主要研究辅助生殖后代远期健康以及亲代生殖相关病理因素的传代影响和机制，研究成果证实了辅助生殖后代的代谢谱偏移，阐明了亲代病理改变，如肥胖、多囊卵巢综合征和早发性卵巢功能不全，对后代生殖和代谢健康的影响，并通过机制研究定位了关键风险因素，为制定辅助生殖和生殖障碍人群及后代的健康管理策略提供了重要理论依据，也为辅助生殖技术安全性的持续提升提供了切入点。主持国家自然科学基金面上项目、青年项目、山东省重点研发项目等国家级和省部级课题11项，在 *JAMA network open*、*Diabetologia* 等SCI收录及核心期刊发表论文20余篇，参编专著7部。荣获泰山学者青年专家、山东省齐鲁卫生与健康杰出青年人才等荣誉，获山东省自然科学奖一等奖、国际生殖协会联盟（IFFS）年会最佳论文奖等奖项。

李大鹏 1986年生，山东省地质科学研究院科技创新中心主任、研究员。长期致力于岩浆过程与金属矿床成矿作用研究，他和所在团队通过成矿理论和勘查方法创新，在鲁西实现金、铁、岩盐等找矿重大突破，在胶东成功实施"中国岩金第一见矿深钻"发现了我国迄今埋藏最深金矿体；在岩浆/硫-氧化物演化与成矿、火山岩型铁矿叠加成矿、嫦娥五号月球样品研究等方面的创新成果，对推动我国成矿理论发展和有效保障资源安全做出重大贡献。主持国家自然科学基金项目3项、其他国家和省重点项目10余项，发表学术论文60余篇，合作出版专著4部。荣获泰山学者青年专家、自然资源部科技领军人才、全国最美自然守护者、中国青年地质科技奖金锤奖、自然资源部杰出青年科技人才、李四光优秀学生奖、山东省优秀共产党员、山东青年五四奖章、齐鲁最美职工等荣誉，获省部级科技奖励7项，其中一等奖3项。

饶轶 1983年生，歌尔股份有限公司光电事业群总经理、总工程师，正高级工程师。主要从事虚拟/增强现实光学领域研究，在微纳结构衍射光波导技术、Pancake折叠光路技术、自由曲面技术等领域实现技术创新和突破。攻克母模设计、纳米压印、激光切割等核心量产工艺，建成国际上首条衍射光波导产品生产线；创新设计多种Pancake折叠光路方案，有效降低VR产品厚度，并在国内率先实现折叠光路光学模组产业化；通过自由曲面光学注塑元件端到端制造技术，建立光学注塑元件完整闭环的核心制造能力，实现自由曲面测试、分析及面型补正，突破行业瓶颈。美国加州大学伯克利分校博士，担任两个著名国际学术期刊的评审专家；个人累计申请专利96项，其中PCT国际发明专利19项、国内发明专利72项；发表学术论文50余篇，被引用次数超过1000次；入选国家人才工程，荣获山东省泰山产业领军人才等荣誉。

陈文淼 1983年生，潍柴动力股份有限公司执行总裁、副总设计师、副总工程师兼未来技术研究院院长，潍柴青年科学家，正高级工程师。长期致力于动力系统控制和新能源动力系统的研究和产业化工作，主持攻克了满足国六排放标准的柴油机排放一致性控制、精确燃烧控制、进排气瞬态控制等关键技术难题；主持开发了具有自主知识产权、满足道路国六及非道路四阶段排放法规的柴油机电控系统并实现量产，打破了国外技术垄断，累计推广超过200万套；主持攻克了商用车用燃料电池动力系统构型、能量分配控制策略等关键技术难题；主持开发了（30~200）kW系列化燃料电池发动机产品并批量配套商用车，推动了我国新能源行业的发展。荣获国家百千万人才工程"有突出贡献中青年专家""泰山产业领军人才""蓝色汇智双百人才""史绍熙人才奖"等荣誉，获省部级以上科技奖励6项，其中国家科学技术进步奖一等奖1项，省部级特等奖1项、一等奖2项。

关永霞 1980年生，中药制药共性技术国家重点实验室常务副主任，鲁南制药集团中药研发中心主任，山东中医药大学硕士生导师，正高级工程师。长期奋斗在中药制药技术创新与产业化应用一线，参与组建了中药制药共性技术国家重点实验室，完成了2个中药新药的开发及产业化，构建了"设计—工艺—装备—质控"完整的现代中药生产体系，为山东省医药科学技术创新、医养健康产业发展做出了重要贡献。发表论文60余篇、授权专利23件（PCT专利5件）。获山东省科学技术进步奖一等奖2项、其他科技奖励9项，荣获山东省五一劳动奖章等荣誉。

岳彦博 1982年生，力博重工科技股份有限公司创新研究院总工程师。长期从事高端智能矿山带式输送机研究，突破复杂地形下长距离大运力带式输送系统空间转弯、重载起动、功率平衡、安全保障等行业"卡脖子"技术难题，开发自主知识产权的复杂地形下长距离大运力物料输送高端装备，并实现产业化应用，推动山东省绿色矿山输送高端装备产业链不断延链、补链、强链。荣获中国有色金属学会杰出青年工程师、山东青年五四奖章等荣誉，获国家科技进步奖二等奖等2项省部级以上科技奖励。

山东省国际科学技术合作奖
（4人）

艾瑞克·莫斯卡瓦（Eric Moskwa） 德国籍，德国莱茵科斯特有限公司总经理，德国史太白智能制造技术转移中心主任，山东莱茵科斯特智能科技有限公司技术总监、董事。与山东莱茵科斯特智能科技有限公司在智能制造技术和职业教育方向开展合作，引入德国先进的智能制造柔性生产实训系统研发技术，建设中德智能制造技术公共服务平台，推动智能制造行业技术提升；引入德国双元制职业教育体系和德国领先的"跨企业培训中心"建设模式，创新"政府搭建—校企融合—机构运营"产教融合理念和模式，为区域经济发展提供了具备国际领先水平的工业智能制造技术转移中心和人才实训基地。荣获齐鲁友谊奖、泰山产业领军人才、淄博市重大科学技术国际合作成果奖等荣誉。

亨利·珂伦（Henry Curran） 爱尔兰籍，爱尔兰国立大学（高威）化学系终身教授，爱尔兰皇家科学院院士，英国皇家化学学会会士，爱尔兰国家自然科学基金能源领域专家组主席，爱尔兰国家能源·气候·环境研究院能源研究领域首席科学家，国际燃烧学会主席团成员，燃烧学研究领域顶级国际会议组委会成员，欧盟科学基金评审委员会委员。与山东赛马力发电设备有限公司合作开展低碳燃料内燃机发电系统方向的研究，成功合作了1项国家级、3项省级科技计划项目，带领团队研发工业可燃气综合能源动力系统和生物质微电网关键技术，对现有生物质能资源进行全面开发和利用，为山东省的能源改革、动能转换和经济社会发展提供高质量、新形式、绿色生态的新动力。荣获爱尔兰国立大学（高威）颁发的校长奖、爱尔兰皇家化学学会颁发的波义耳·希金斯金奖等荣誉，发表学术论文300多篇，总被引用次数超26000次，h-因子为84，ESI高被引论文超过50篇。

尹晃锡（Yun Hwang Suk） 韩国籍，迈世腾科技（山东）有限公司总经理，浙江工业大学磁电功能材料研究所客聘研究员，曾先后作为首席专家任职于韩国SY电信、韩国Coilmaster，创办韩国MUSEM技术有限公司、韩国MST TECH有限公司。长期从事新型电子器件研制，攻克了电磁干扰控制技术、电磁偏移控制技术、电感下降控制技术、多感核集成技术等行业技术瓶颈。与迈世腾科技（山东）有限公司在新型电子元器件及新型电子专用材料领域开展研究合作，研制成功软磁电功能材料，生产的部分电感器及变压器产品已涵盖OLED和QLED两大显示技术领域，扩大了公司产品的应用领域和市场占有率，有力增强了我国高清显示技术的国际竞争力。荣获泰山产业领军人才、威海友谊奖等荣誉。

曹义海 瑞典籍，瑞典卡罗林斯卡医学院终身教授，中国工程院外籍院士、欧洲科学院院士、美国国家发明科学院院士及美国医学与生物工程院院士。长期致力于促进瑞典与中国，特别是山东省的学术交流和合作，在抗血管治疗肿瘤、肥胖、糖尿病及心血管疾病等方面与省内学者做了大量交流工作，通过加强与山东大学齐鲁医院、青岛大学附属医院及山东第一医科大学附属眼科医院等单位的合作，推动其在抗血管生成肿瘤药物开发、缺血性心肌病的治疗、新型抑制眼底血管增生和纤维化的药物研发等方面取得重大突破，研究成果共发表SCI收录论文20余篇（篇均IF达12），其中大部分研究成果与山东大学齐鲁医院合作取得，培养20余位省内博士、博士后和访问学者。在新冠疫情之际，组织参加多次探讨会，提出新的治疗理念和治疗策略，与山东大学齐鲁医院团队合作开展科技部重点研发计划"贝伐单抗治疗重型及危重型新型冠状病毒肺炎联合科研攻关"项目，为新冠肺炎的临床治疗提供新的方案。积极参与省内学科发展、学术交流及科研合作等工作,为推进中瑞两国在创新、科技领域的合作,提升中国的医学学术地位做出了重要贡献。曾获泉城友谊奖、山东大学杰出校友奖等荣誉。

山东省自然科学奖

2022年度山东省自然科学奖一等奖项目(1项)

编号	项目名称	完成人	完成单位
ZR2022-1-1	太平洋西边界流	胡敦欣、王凡、张林林、马晓慧、胡石建、臧楠、荆钊、王富军、林霄沛、陈朝晖	中国科学院海洋研究所、中国海洋大学

太平洋西边界流 热带西太平洋是我国从近海走向大洋的门户,是影响我国气候变化的关键海域,而决定其海洋环境变化的核心动力因素是西边界流。受观测限制,人类对太平洋西边界流的认识长期停留在二维阶段,对其三维结构和变异规律知之甚少。项目通过30多年的海上调查研究,发现了热带太平洋西边界流之下存在的三支次表层反向潜流,系统揭示了其整体结构、水团属性和动力学机制,将对西太平洋环流的认识从二维推进到三维阶段。率先实现了西边界强流区6000米深海潜标长期连续观测,发现了西边界潜流强劲的季节内振荡等多尺度变异规律,阐明了中尺度涡影响西边界潜流变化的物理过程。首次揭示了海洋中尺度涡与大气的相互作用对西边界流的调控机制,修正了对大尺度西边界流动力学的理论认知,对提高气候系统预测能力具有重要意义。

热带太平洋西边界潜流是半个多世纪以来有关西太平洋环流的重大发现,被国际学术界明确标注于世界大洋环流版图,开辟了西太平洋环流研究的全新方向。以此为基础,胡敦欣院士领衔8个国家、19个研究机构的科学家成功发起由我国牵头的第一项海洋领域国际合作计划"西北太平洋海洋环流与气候实验——NPOCE"。该项目是我国海洋学研究由近海挺进大洋过程中的代表性成果,为中国西太平洋环流研究实现由跟踪向引领的历史性跨越做出了卓越贡献。

2022年度山东省自然科学奖二等奖项目(35项)

编号	项目名称	完成人	完成单位
ZR2022-2-1	高压下富氮含能材料及奇异电子特性研究	王晓丽、李建福、林海青	临沂大学、北京计算科学研究中心
ZR2022-2-2	微构件弹性力学与力电耦合性能尺寸效应	周慎杰、王炳雷、孔胜利、李安庆、齐鲁	山东大学
ZR2022-2-3	二维材料的非线性光学效应和磁性	郝霄鹏、何京良、赵明文、吴拥中、徐金龙、杜淼、赵刚、侯佳、李先磊	山东大学
ZR2022-2-4	新型微纳异质结构构筑及其气湿敏效应增强机制	张冬至、薛庆忠、王东岳、夏伯锴	中国石油大学(华东)
ZR2022-2-5	等温信号放大体系的构建及生物分析与纳米诊疗应用	毕赛、岳淑珍、周宏、张书圣	青岛大学、青岛科技大学、临沂大学
ZR2022-2-6	疾病分子标志物的生化分析及临床应用	张春阳、马飞、王黎娟、胡娟	山东师范大学
ZR2022-2-7	细胞内氧化还原活性小分子的荧光探针设计及原位成像研究	王栩、解希雷、李勇、焦晓云	山东师范大学
ZR2022-2-8	电极界面限域功能化调控与机制	张进涛、马厚义、马继臻、王月青、李康、鹿可	山东大学
ZR2022-2-9	杂原子α位sp^3碳氢键的选择性氧化官能化	刘磊、娄红祥、刘希功、王岗、谢智宇	山东大学
ZR2022-2-10	纳米/单原子催化剂的表界面结构调控与催化反应过程强化机制	潘原、陈晨、林燕、孙凯安、柳云骐	中国石油大学(华东)、清华大学
ZR2022-2-11	光催化材料的表界面构筑及催化增强机制研究	颜廷江、姜在勇、王绪绪、陈嘉川	曲阜师范大学、齐鲁工业大学、福州大学
ZR2022-2-12	受约束的正倒向随机系统控制理论及金融应用	聂天洋	山东大学
ZR2022-2-13	可压缩Euler方程及其相关问题的整体解	于慧敏、黄飞敏、王勇、李天虹	山东师范大学
ZR2022-2-14	图论中基于边赋权的相关理论及其应用	杨玉军、吴叶舟	烟台大学、浙江大学
ZR2022-2-15	随机系统的稳定性与优化	张维海、侯婷、蔺香运、赵勇、马宏基	山东科技大学

续表

编号	项目名称	完成人	完成单位
ZR2022-2-16	复杂介质电磁反散射问题的理论和算法	曲风龙、杨家青	烟台大学、西安交通大学
ZR2022-2-17	二阶偏微分方程有限体积元算法的构造、实现及理论研究	毕春加、杨旻、陈传军	烟台大学
ZR2022-2-18	Langlands纲领下自守L-函数的解析性质及应用	张德瑜、翟文广	山东师范大学
ZR2022-2-19	可操控适配体分子识别机制与精准生物分析应用基础研究	黄加栋、王玉、刘素	济南大学
ZR2022-2-20	昆虫翅发育分子机制研究	刘庆信、张青、周紫章、孙小涵、丁燕	山东农业大学、南京大学
ZR2022-2-21	同源重组是RNA病毒快速进化的驱动力	何成强、丁乃峥、何洪彬、何梅	山东师范大学
ZR2022-2-22	牙鲆高效免疫的细胞与分子基础研究	战文斌、唐小千、邢婧、绳秀珍、迟恒、刘富国	中国海洋大学
ZR2022-2-23	蛋白质翻译后修饰在抗肿瘤药物耐药分子机制中的研究	王允山、魏光伟、王琴、王玉丽、刘小艳、丰茂晓、崔浩然、任一丹、焦沁连	山东大学
ZR2022-2-24	脑卒中神经损伤机制及干预新策略研究	孙保亮、张宗勇、孙景懿、杨明峰、袁慧、毛蕾蕾、王莹、范存东、侯亚军	山东第一医科大学（山东省医学科学院）
ZR2022-2-25	海洋环境中腐蚀微生物的快速检测方法研究	张盾、万逸、戚鹏、王毅、杨治庆	中国科学院海洋研究所
ZR2022-2-26	大陆俯冲带深熔-花岗岩成因及其深部动力学机制	于胜尧、张建新、李三忠、刘永江、李玺瑶	中国海洋大学、中国地质科学院地质研究所
ZR2022-2-27	复杂非线性系统的自适应指令滤波反步控制	于金鹏、赵林、林崇、于海生	青岛大学
ZR2022-2-28	数字图像内容安全与保护关键理论研究	马宾、李晓龙、李健、王春鹏、王晓雨、李琦、付勇	齐鲁工业大学、北京交通大学
ZR2022-2-29	随机非线性系统的稳定性分析和控制问题研究	解学军、刘亮	曲阜师范大学
ZR2022-2-30	切换系统的建模、分析与控制理论研究	宗广灯、赵旭东、孙海滨	曲阜师范大学、渤海大学
ZR2022-2-31	网络化动态系统的鲁棒滤波、控制与故障诊断理论	盛立、何潇、周东华、朱延正、高明	中国石油大学（华东）、清华大学、山东科技大学
ZR2022-2-32	复杂网络化系统控制、优化与估计诊断理论研究	刘帅、李岳炀、钟麦英	山东大学、济南大学、山东科技大学
ZR2022-2-33	纳米多孔材料的研制及其储能行为研究	冯金奎、边秀房、刘帅、安永灵	山东大学
ZR2022-2-34	海洋石油水下装备健康管理理论及系统	蔡宝平、刘永红、谢旻、刘增凯、冯强、纪仁杰、张彦振	中国石油大学（华东）、香港城市大学、北京航空航天大学
ZR2022-2-35	煤自燃逐级氧化与危险区域精准辨识理论及高效防控方法	胡相明、夏同强、亓冠圣、史波波、吴明跃、王德明、张茜、赵艳云	山东科技大学、中国矿业大学

山东省技术发明奖

2022年度山东省技术发明奖特等奖项目（2项）

编号	项目名称	完成人	完成单位
FM2022-T-1	全新全氟磺酸聚合物合成及增强网络与高性能氢燃料电池质子膜制备	张永明、张恒、王丽、邹业成、王振华、魏刚、于洋洋、苏璇、张尊彪、孔亮、闫先名、曹原	山东东岳未来氢能材料股份有限公司
FM2022-T-2	抗体-药物偶联（ADC）新药研发核心关键技术及其应用	房健民、黄长江、姜静、姚雪静、李红文、徐巧玉、沈琳、郭军、苏晓红、王文祥、李壮林、朱梅英、黄开胜、刘英、李新芳	荣昌生物制药（烟台）股份有限公司、烟台迈百瑞国际生物医药股份有限公司、北京大学肿瘤医院

全新全氟磺酸聚合物合成及增强网络与高性能氢燃料电池质子膜制备氢能已被纳入我国能源体系，成为具有重大战略意义的新能源。在氢能开发利用过程中，氢燃料电池发电系统是关键所在，其心脏是全氟质子膜，此前被美、日等国家垄断，成为我国发展氢能和氢能高效利用的核心卡脖子难题。技术团队发明的质子膜打破了国外垄断，性能国际领先，取得了奔驰和美国福特公司的全面技术认证。在国家五部委启动的氢燃料电池汽车示范行动中，成为所有参与单位的签约产品。主要发明如下：①高分子量、高导电质

子密度的多元聚合质子聚合物及其合成技术；②植入式功能S-PTFE无纺微米孔径强化网络技术；③非迁移大分子自由基淬灭剂、全新多维度、交联型高性能、长寿命燃料电池复合质子膜。

本项目授权专利32项，其中发明专利27项（PCT专利3项）、实用新型专利5项，形成了适用于不同应用场景的氢燃料电池质子膜成套技术。本项目发明的DMR100x系列产品已经在北汽福田、宇通客车、北京亿华通等单位实现在公交、物流、重卡、叉车等不同车型的规模装车运营，平稳、安全、可靠、环保，单车最长行驶里程超过11万公里，累计行驶里程超过2000万公里。建成了全球最完善的产业链，为我国新能源和新能源汽车的发展创造了极为有利的发展条件，也为我国实现双碳目标做出了重大贡献。有力支撑了我国氢能和燃料电池产业的发展。

抗体-药物偶联（ADC）新药研发核心关键技术及其应用 抗体-药物偶联（ADC）药物是全球抗肿瘤新型生物药物研发的难点，研发门槛高，核心关键技术长期被欧美控制。目前，国际现有的ADC药物采用的是传统偶联方式，存在偶联率低、药品不均一、有效性较差等缺点。如何建立稳定有效的偶联方式、构建新靶点抗体和开发安全的细胞毒素，是国内外开发新一代ADC药物面对的挑战。主要发明如下：①国内首次构建了ADC药物研发和产业化集成创新技术体系；②国际首创了新型ADC药物定点偶联桥接"Py"连接子；③发明了一种新型双功能细胞毒素；④自主攻克了抗HER2单抗缀合物研发核心关键技术；⑤自主开发了5款国家1类生物新药。

授权发明专利11项（含美国专利2项）。成功应用于"维迪西妥单抗""RC88""RC108""RC118""0ba01"等新药的研发，其中"维迪西妥单抗"于2021年获批上市并纳入医保，转让美国西雅图基因亚洲区（除日本、新加坡）以外的全球开发和商业化权益，协议总额达26亿美元，打破了中国制药企业单品种海外授权交易的最高纪录。成功应用于ADC药物合同研发、定制生产（CDMO）服务平台建设，签订合同112项，合同额3.1亿元，推动了8款ADC药物进入临床，发挥了显著的辐射带动作用，极大推动了我国生物制药行业的发展。近三年项目完成单位销售额达到17.6亿元，利润4.9亿元，经济效益显著。

2022年度山东省技术发明奖一等奖项目（6项）

编号	项目名称	完成人	完成单位
FM2022-1-1	耐深腐蚀光刻胶（DeePR）的研发与产业化	SAM SUN、王安栋、于凯	潍坊星泰克微电子材料有限公司
FM2022-1-2	混粉气雾化快凝磁性磨料制备与难加工曲面磁粒光整关键技术装备	赵玉刚、张桂香、赵国勇、李伟、殷凤仕、高跃武、成增典、成希革、孟建兵、张海云、徐纪凤、岳杨、陈琳、张桂冠、邓曰明	山东理工大学、湖南骅骝新材料有限公司、山东新华医疗器械股份有限公司、山东英格格瓷四砂泰山磨料有限公司、深圳市金瑞凯利生物科技有限公司、山东华成集团有限公司
FM2022-1-3	轻量化高性能构件微孔发泡成型关键技术与装备开发及应用	赵国群、王桂龙、管延锦、张磊、王家昌、鲁韶磊、董桂伟、潘涵遇、张明磊、土国琪、张爱敏、刘学栋、赵海滨、牟玥、王磊磊	山东大学、青岛海信模具有限公司、福建鑫瑞新材料科技有限公司
FM2022-1-4	合成橡胶连续液相混炼关键技术开发及产业化应用	王梦蛟、王正、贾维杰、袁嵩、宋建军、刘坤、邢涛、周天明、刘震、周宏斌、和富金、刘峰、王曙光、巴孟晨、刘国	怡维怡橡胶研究院有限公司、益凯新材料有限公司、赛轮集团股份有限公司
FM2022-1-5	城市轨道交通盾构高效智能掘进与运营保障成套材料及工程应用	李树忱、陈健、冯现大、雷丽、周磊生、李秀东、赵宇、商金华、袁超、种记鑫、刘日成、张转转、王长柱、赵世森、万泽恩	山东大学、山东高速交通建设集团股份有限公司、中铁十四局集团有限公司、中铁十局集团有限公司、济南大学、中国矿业大学、济南轨道交通集团有限公司、山东宏禹工程科技有限公司
FM2022-1-6	新型角膜供体材料的关键技术创新与临床应用	史伟云、周庆军、高华、谢立信、王婷、李宗义、阮庆国、李素霞、段豪云、韦超、赵龙、张晋南、翟嘉洁、张斌、张尚	山东第一医科大学附属眼科研究所、深圳艾尼尔角膜工程有限公司、广东佳悦美视生物科技有限公司、拜欧迪赛尔（成都）生物科技有限公司、赛克赛斯生物科技股份有限公司

2022年度山东省技术发明奖二等奖项目（11项）

编号	项目名称	完成人	完成单位
FM2022-2-1	过程监测感知驱动的复杂产品装配维修可视化诱导技术及应用	陈成军、郑帅、翟伟伟、武殿梁、张庆海、霍胜军、王爱玲、李东年、官源林、于春雨	青岛理工大学、西安交通大学、青岛鹏海软件有限公司、上海交通大学、青岛檬豆网络科技有限公司
FM2022-2-2	电动四足机器人关键技术及应用	荣学文、范永、陈腾、李彬、李贻斌、陈彬、张国腾、柴汇、谢爱珍、张辰	山东大学、山东交通学院、齐鲁工业大学、山东优宝特智能机器人有限公司

续表

编号	项目名称	完成人	完成单位
FM2022-2-3	深层复杂环境定向钻井井眼优快延伸关键技术装备及应用	刘永旺、陶兴华、史玉才、索忠伟、王甲昌、张东清、刘湘华、赵国山、于广海、白彬珍	中国石油大学（华东）、中国石油化工股份有限公司石油工程技术研究院、中国石油化工股份有限公司西北油田分公司、中石化经纬有限公司胜利定向井公司、德州联合石油科技股份有限公司
FM2022-2-4	架空输电线路全程自主巡检机器人关键技术及应用	张峰、曹雷、郭锐、李振宇、李恩、孟海磊、孙晓斌、王吉岱、贾娟、李鹏	国网智能科技股份有限公司、中国科学院自动化研究所、山东科技大学、国网山东省电力公司菏泽供电公司、国网安徽省电力有限公司超高压分公司
FM2022-2-5	环保涂布热升华转移印花纸	张凤山、刘燕韶、刘金刚、李晓亮、周景蓬、马厚悦、王比松、李全胜、张金芝、李俊杰	山东华泰纸业股份有限公司、中国制浆造纸研究院有限公司、沧州意达花纸印刷材料有限公司
FM2022-2-6	高效二次电光晶体材料及其激光调制技术	王旭平、刘冰、邱程程、吕宪顺、杨舒童、禹化健、魏磊、杨玉国、陈芙迪	山东省科学院新材料研究所、济南晶众光电科技有限公司、山东山科智晶光电科技有限公司
FM2022-2-7	高频调制双频高压智能控制系统及超低耗高效脱气脱水装备应用	刘新福、王优强、刘春花、郝忠献、郝爱刚、刘峰、魏松波、王建峰、王德祥	青岛理工大学、中国石油大学（华东）、中国石油天然气股份有限公司勘探开发研究院、胜利油田鲁胜石油开发有限责任公司五分公司
FM2022-2-8	临海油气管道安全保障关键技术研究与应用	曹宇光、张士华、甄莹、杨宝山、孙晓瑜、李民强、史永晋、崔希君、孙永泰、郑震生	中国石油大学（华东）、中石化胜利石油工程有限公司钻井工艺研究院、中国石油化工股份有限公司胜利油田分公司海洋采油厂
FM2022-2-9	地下工程支护粉尘污染防治关键装备及成套技术	陈连军、程卫民、刘国明、马官国、高波、潘刚、聂文、刘兆霞、崔向飞、孙振姣	山东科技大学、山东威特立邦矿山设备有限公司、山东亚瑞特机电工程科技有限公司
FM2022-2-10	既有建筑地下增层关键技术	贾强、张鑫、刘华军、范夕森、夏风敏、李安起、王继国、刘国辉、谭天乐、亓勇	山东建筑大学、山东建筑大学工程鉴定加固研究院有限公司、山东建固特种专业工程有限公司
FM2022-2-11	降血脂药物辛伐他汀的绿色全生物合成技术	吕雪峰、黄雪年、梁波、梁雅静、王敏	中国科学院青岛生物能源与过程研究所

山东省科学技术进步奖

2022年度山东省科学技术进步奖特等奖项目（1项）

编号	项目名称	完成人	完成单位
JB2022-T-1	氯化氢催化氧化制氯成套技术及其产业化	华卫琦、罗务习、易光铨、孙康、周波、衡华、宋明焱、宰章伟、王峤、刘鹏、徐长宝、翁浩凌、初乃波	万华化学集团股份有限公司、万华化学（宁波）有限公司、烟台万华化工设计院有限公司、华陆工程科技有限责任公司

氯化氢催化氧化制氯成套技术及其产业化 万华化学集团股份有限公司组织3家单位，历经9年攻关，在氯化氢催化氧化制氯技术研究上，取得重要理论创新与技术突破：研制了高活性、高机械强度、稳定性好的铜系催化剂，解决了氯化氢氧化转化率低、催化剂高温下易发黏难流化、机械强度与稳定性难平衡的三大难题；创新开发了基于Deacon机制的氯化氢氧化制氯流化床反应工艺及核心装备，解决了反应温度控制不当或散热不及时，极易造成的反应体系不稳定、转化率低、催化剂失活等技术难题；突破了流化床反应器大规模工程化放大难题，开发了单套24万吨/年的氯化氢催化氧化流化床反应器和成套工艺技术包。

获发明专利53件，获授权30件，形成了氯化氢催化氧化制氯产业化技术体系，使我国成为世界上第二个掌握氯化氢催化氧化核心技术、首个实现"铜系催化剂+流化床工艺"大规模产业化的国家，截至2018年12月，该项目技术贡献新增MDI量14.9万吨，技术贡献收入25亿元，利税15亿元。2019年以来，理论技术推广应用，推动MDI突破产能和产量瓶颈（100%技术贡献度），实现新增收入174亿元、新增利税81亿元。该技术对多个涉氯行业建立绿色循环发展路径具有普遍适用性，未来将在聚氨酯、氟硅化工等行业进行大面积推广，为我国化工行业走绿色循环高质量发展道路树立了典范，有利于推动世界化工行业节能减排降碳，对我国政府实现"双碳"承诺目标具有积极意义。

2022年度山东省科学技术进步奖一等奖项目（36项）

编号	项目名称	完成人	完成单位
JB2022-1-1	12μm小像元、高性能红外焦平面芯片及器件关键技术与应用	王宏臣、董珊、王水根、陶俊伟、王树伦、李兵伟、陈文祥、王鹏、梁华锋、尚在飞、李聪科、康萌萌	烟台睿创微纳技术股份有限公司、烟台艾睿光电科技有限公司
JB2022-1-2	智能化医养融合服务平台关键技术及应用	初佃辉、孙钊、刘志中、涂志莹、胡鑫、樊昭磊、李春山、苏欢、夏勇、丁建睿、吴军、高希余、李涛、桑波、巩玉强	山东众阳健康科技集团有限公司、哈尔滨工业大学（威海）、河南理工大学、威海天鑫现代服务技术研究院有限公司
JB2022-1-3	数据驱动的制造过程优化关键技术研究及应用	耿玉水、姜雪松、杨良、汪东升、丁香乾、吴晓明、魏威、王新刚、王海霞、边静、刘祥志	齐鲁工业大学、清华大学、中国海洋大学、山东山大华天软件有限公司、山东省计算中心（国家超级计算济南中心）、浪潮通用软件有限公司
JB2022-1-4	面向云数智关键应用的分布式融合存储	李辉、张凯、孙斌、王恩东、张立强、李强、施培任、钟戟、王永海、张在贵、周方方、胥猛猛、李雅明、李雪生、刘希猛	浪潮电子信息产业股份有限公司、浪潮（北京）电子信息产业有限公司、苏州浪潮智能科技有限公司、济南市社会治安综合治理服务中心
JB2022-1-5	医学影像智能分析关键技术及应用	郑元杰、丁艳辉、徐卫志、肖伟、焦万珍、季加富、王红、贾伟宽、侯素娟、隋晓丹、张少霆、杨杰、丛蕾、赵艳娜、盖新亭	山东师范大学、山东第一医科大学附属省立医院、上海商汤科技有限公司、上海交通大学、山东中医药大学附属医院
JB2022-1-6	千万吨级工作面高可靠性安全开采保障技术及装备	张强、陈洪月、王亚军、苗继军、崔锐、田莹、袁智、刘波、刘亚、苏金鹏、刘欣、顾颉颖、宋振铎、崔建明、张润鑫	山东科技大学、中国煤矿机械装备有限责任公司、辽宁工程技术大学、浙江中煤机械科技有限公司、国家能源集团乌海能源有限责任公司、山东思科赛德矿业安全工程有限公司、山东能源重装集团恒图科技有限公司、国能蒙西煤化工股份有限公司棋盘井煤矿、陕煤集团神木红柳林矿业有限公司、北斗天地股份有限公司
JB2022-1-7	大容量开关磁阻电机及其在重型电动螺旋压力机中的应用	熊立新、边敦新、赵至友、贾明全、张存山、李存贺、于镇玮、张明魁、张鑫、程建军、朱光明、田江涛、冯超、刘晓燕、马宏昌	山东理工大学、青岛宏达锻压机械有限公司、山东科汇电力自动化股份有限公司、淄博桑德机械设备有限公司、山东铭仁重型机械股份有限公司
JB2022-1-8	大型现代化深远海养殖装备设计制造及智慧运维保障关键技术及应用	刘贵杰、刘富祥、巩庆涛、谢迎春、夏广印、于敬东、郭福元、王新宝、滕瑶、江文亮、辛晓军、张玉钦、徐超、路懿平	中国海洋大学、烟台中集蓝海洋科技有限公司、青岛森科特智能仪器有限公司、鲁东大学、中集海洋工程研究院有限公司、烟台中集来福士海洋工程有限公司
JB2022-1-9	新型节能冰箱自适应精准调控关键技术创新及产业化	马坚、高天雷、朱小兵、郭慧媛、李晓峰、姜波、刘浩泉、李春阳、王铭、赵拿锋、陈建全、程学丽、姬立胜	海尔智家股份有限公司、中国农业大学、青岛海尔电冰箱有限公司、山东省人工智能研究院
JB2022-1-10	重型商用车燃气发动机关键技术及应用	谭旭光、李卫、李军银、王志坚、潘家营、赵云昆、贾德民、王德成、徐帅卿、朱涛、袁承志、吕顺、周伟伟、任志军、满新江	潍柴动力股份有限公司、昆明贵研催化剂有限责任公司、天津大学、中国重汽集团济南动力有限公司、潍柴西港新能源动力有限公司
JB2022-1-11	千吨级碳纳米管产业化关键技术创新与高端碳纳米管基关键材料开发	何燕、李岩、楚电明、白文娟、张永毅、左阳、洪元、耿磊、刘治明、李少龙、迟百宏、唐元政、徐瑾、张达、张传琪	青岛科技大学、山东大展纳米材料有限公司、青岛国轩电池有限公司、中国科学院苏州纳米技术与纳米仿生研究所、航天恒星科技有限公司
JB2022-1-12	输变电设备状态智能感知与大数据评估技术及规模化应用	辜超、杨祎、盛戈皞、林颖、雍军、齐波、李程启、杜修明、王峰、吕俊涛、李勇、白德盟、李红云、郑文杰、邢海文	国网山东省电力公司电力科学研究院、上海交通大学、山东电工电气集团有限公司、国网山东省电力公司、中国电力科学研究院有限公司、南瑞集团有限公司、华北电力大学、山东鲁软数字科技有限公司、重庆大学
JB2022-1-13	全氟乙烯基高端基础材料产业化关键技术创新和全链条生产体系重构	陈越、王汉利、王军、韩淑丽、王英龙、孟烨桥、隋晓媛、韩桂芳、殷鸿尧、胡庆喜、付师庆、刘志伟、周鹏飞、孟章富、李彤	山东东岳高分子材料有限公司、山东华夏神舟新材料有限公司、青岛科技大学、四川大学
JB2022-1-14	大尺寸铌酸锂单晶薄膜制备关键技术及产业化	胡卉、陈峰、胡文、薛冬峰、朱厚彬、王磊、贾曰辰、陈昆峰、张秀全、卢霏	山东大学、济南晶正电子科技有限公司
JB2022-1-15	对虾育种技术创新及新品种培育和产业化	相建海、李富花、刘小林、于洋、张晓军、黄皓、李义军、张荣安、张成松、陈锚、李诗豪、袁剑波、柳承璋	中国科学院海洋研究所、西北农林科技大学、渤海水产股份有限公司、海南东方中科海洋生物育种有限公司
JB2022-1-16	新型海上结构物多尺度设计分析与运维保障关键技术及应用	刘勇、张国志、方辉、陈飞翔、任灏、李华军、金瑞佳、元国凯、刘晓、耿宝磊、王洪庆、姜云鹏、李爱军、赵洋、杨荣辉	中国海洋大学、中交第二航务工程局有限公司、中国能源建设集团广东省电力设计研究院有限公司、交通运输部天津水运工程科学研究所

续表

编号	项目名称	完成人	完成单位
JB2022-1-17	滨海深部金属矿产资源智能开采关键技术与装备	战凯、刘再涛、张元生、何玉龙、刘旭、王辉、郭鑫、刘广成、金枫、施升涛、吕潇、杨皓翔、刘冠洲、孙卫东、马朝阳	山东黄金矿业（莱州）有限公司三山岛金矿、矿冶科技集团有限公司、北京北矿智能科技有限公司、北矿机电科技有限责任公司
JB2022-1-18	高砷复杂金精矿绿色高效利用关键技术	曲胜利、李东波、董准勤、李兵、杨洪英、梁彦杰、张俊峰、彭园敏、南君芳、邹琳、栾会光、颜杰、李锋、刘元辉、陈涛	山东恒邦冶炼股份有限公司、中国恩菲工程技术有限公司、中南大学、东北大学、河南中原黄金冶炼厂有限责任公司、国投金城冶金有限责任公司
JB2022-1-19	高性能混凝土结构火安全及其可恢复性关键技术	肖建庄、苗吉军、董毓利、肖绪文、朋改非、余江滔、张家江、刘才玮、谢青海、齐朋、张大山、高皖扬、李凌志、刘延春、于科	青岛理工大学、同济大学、华侨大学、北京交通大学、应急管理部四川消防研究所、中建八局第一建设有限公司
JB2022-1-20	海洋构筑物耐久性设计与长寿命运维关键技术	金祖权、赵霞、王胜、万小梅、陈世波、张小影、范宏、纪小红、熊传胜、赵铁军、朱庆军、李哲、姜玉丹、李师财、王潇舣	青岛理工大学、中国科学院海洋研究所、青建集团股份公司、潍坊东方钢管有限公司
JB2022-1-21	液化场地高桩码头震害防控与韧性提升关键技术	唐亮、凌贤长、邢东亮、苏雷、刘正滨、吕卫清、李奉利、黄腾、苏建光、覃杰、傅晓蕾、邵长明、陈平山、刘波、陈宏伟	山东港口青岛港集团有限公司、哈尔滨工业大学、青岛理工大学、中交第四航务工程局有限公司、中国铁建港航局集团有限公司、中交第四航务工程勘察设计院有限公司、山东省港口集团有限公司、山东港湾建设集团有限公司、中铁十七局集团有限公司
JB2022-1-22	改扩建高速公路路基差异沉降智能感知、预警与精细化控制及应用	崔新壮、李晋、张军辉、来逢波、付伟、潘为刚、金青、薛志超、邹宗民、姜福强、张涛、张光桥、闫志平、张炯、左坤	山东交通学院、山东大学、山东高速基础设施建设有限公司、长沙理工大学、山东高速建设管理集团有限公司、中交第二公路勘察设计研究院有限公司、山东省路桥集团有限公司、山东高速工程建设集团有限公司、山东省公路桥梁建设集团有限公司、山东恒泰工程集团有限公司
JB2022-1-23	荷斯坦牛特色种质培育关键技术研发与应用	黄金明、仲跻峰、戴蕴平、李莲、鞠志花、王秀革、高运东、邢光东、王金鹏、刘文浩、姜强、高立国、杨春红、魏晓超、高亚平	山东省农业科学院畜牧兽医研究所、江苏省农业科学院、中国农业大学、山东奥克斯畜牧种业有限公司、南京农业大学、山东视界牧业有限公司
JB2022-1-24	花鲈精准营养研究及绿色高效人工配合饲料开发与应用	艾庆辉、麦康森、梁萌青、张璐、张春晓、谭北平、徐玮、鲁康乐、马学坤、年睿、程镇燕、李燕、王珺、谭朋、张彦娇	中国海洋大学、通威股份有限公司、中国水产科学研究院黄海水产研究所、广东粤海饲料集团股份有限公司、集美大学、青岛七好营养科技有限公司、青岛玛斯特生物技术有限公司、山东新希望六和集团有限公司
JB2022-1-25	苹果化肥减量提质增效绿色生产关键技术创新与应用	姜远茂、葛顺峰、王金星、傅国海、李莉、丁方军、姜翰、朱占玲、王灵敏、王雁峰、朱西存、周璇、王芬、刘双喜、张序	山东农业大学、全国农业技术推广服务中心、陕西枫丹百丽生物科技有限公司、山东农大肥业科技有限公司、新洋丰农业科技股份有限公司
JB2022-1-26	基于阳气亢逆创新病机的高血压病证结合诊疗体系的建立及转化应用	李运伦、蒋海强、齐冬梅、马传江、马承珠、李超、杨雯晴、王怡斐、王小明、朱立俏、焦华琛、吕文海、丁书文	山东中医药大学、山东中医药大学附属医院、山东心之初健康管理有限公司
JB2022-1-27	整合药理模式下中医药抗肿瘤研究及临床应用	孙长岗、庄静、于海洋、陈大全、刘丽娟、周超、刘存、李华瑶、高春迪、马笑然、姚燕、张文峰、王嘉	潍坊医学院、天津中医药大学、烟台大学
JB2022-1-28	基于ERAS理念下肺癌微创诊疗关键技术的研究及其推广应用	田辉、李树海、鲁铭、岳韦名、李林、高存、司立博、程传乐、孙振国、马征、亓磊	山东大学齐鲁医院
JB2022-1-29	基于心脏骤停调查的救治质量改进关键技术与体系的建立和应用	徐峰、陈玉国、潘畅、王甲莉、庞佼佼、郑佳琪、边圆、马静静、王纯奕、张建波、郑雯、袁秋环、徐同辉、曹盛川	山东大学齐鲁医院
JB2022-1-30	肺癌放疗联合分子靶向和免疫治疗的关键机制与临床应用	于金明、陈大卫、周彩存、邢力刚、王海永、任胜祥、蒋涛、吴萌、魏玉春、贺科文、刘兆芸	山东省肿瘤防治研究院、上海市胸科医院
JB2022-1-31	基于多模态磁共振成像评价神经系统变性疾病的关键技术与应用	王光彬、高飞、王姗姗、巩涛、张新娟、邵赛、张泽文、刘玉波、陈欣、史宏璐、Richard A.E. Edden	山东第一医科大学附属省立医院（山东省立医院）、The Johns Hopkins University School of Medicine
JB2022-1-32	脑胶质瘤全程化精准诊疗技术体系建立和推广应用	李刚、薛皓、邓林、赵荣荣、申杰、张平、郭兴、钱明禹、王劭博、邱伟、郭小凡、张宗璞、陈子航、王会志、徐建业	山东大学齐鲁医院

续表

编号	项目名称	完成人	完成单位
JB2022-1-33	瘀毒理论指导下肺系疾病证治体系的创建与应用	张伟、朱雪、田梅、罗毅、刘学、邱占军、陈宪海、张心月、韩健、卢绪香、孟兆青、贾新华、臧国栋、何荣、田丽	山东中医药大学附属医院、山东宏济堂制药集团股份有限公司、山东宏济堂中药研究院有限公司
JB2022-1-34	谷胱甘肽原料药与制剂关键技术及产业化	郑庚修、杨修亮、高令峰、赵叶青、徐志南、李江涛、张正君、荣金雷、张成国、刘敬	济南大学、山东金城生物药业有限公司、浙江大学、重庆药友制药有限责任公司
JB2022-1-35	大宗淀粉高值化加工创新技术及产业化应用	崔波、郭丽、孙纯锐、袁超、隋洁、刘鹏飞、邱洪伟、方奕珊、高伟、金征宇、吴正宗、干福良、卢璐、于滨、高世军	齐鲁工业大学、诸城兴贸玉米开发有限公司、山东寿光巨能金玉米开发有限公司、江南大学、山东省农业科学院

注：JB2022-1-36 为专用项目，不公开。

2022 年度山东省科学技术进步奖二等奖项目（105 项）

编号	项目名称	完成人	完成单位
JB2022-2-1	空间站机械臂高可靠伺服系统	付成伟、曲丽伟、张海涛、张宇峰、徐晓伟、李杰、邱庆林、高娜、王飞飞、黄炳偲	山东航天电子技术研究所
JB2022-2-2	智慧物流分拣流程关键技术研发及应用	聂秀山、王春涛、陶鹏、刘兴波、姜天信、王少华、彭远斌、郭杰、徐庆帮	山东建筑大学、山东新北洋信息技术股份有限公司
JB2022-2-3	面向工业互联网的云/网/边/端多层次数据安全关键技术及应用	杨明、汪付强、吕英胜、王鑫、陈振娅、穆超、张翰林、王智民、秦增亮、吕家亮	山东省计算中心（国家超级计算济南中心）、青岛大学、万达集团股份有限公司、北京六方云信息技术有限公司、山东创恩信息科技股份有限公司
JB2022-2-4	高性能分布式光纤陆海智慧勘察系统关键技术、装备及应用	尚盈、王晨、杨旭、王英英、倪家升、宋志强、孔祥贵、许人东、沈韦韦、万家平	山东省科学院激光研究所、山东大学、山东泰山资源勘查有限公司、启东中远海运海洋工程有限公司、江苏亨通海洋光网系统有限公司
JB2022-2-5	面向智能化服务的复杂虚拟环境构建与人体特征识别关键技术及应用	周元峰、李峰、孙涛、朱锦雷、张彩明、马龙、郝兴伟、许野平、贾广胜、范林海	山东大学、神思电子技术股份有限公司、山东出版数字融合产业研究院有限公司
JB2022-2-6	面向智能电网的工业网络安全防护管控关键技术与应用	赵大伟、徐丽娟、刘冬兰、彭海朋、王巍、王睿、张昊、刘新、王子博、杨淑棉	山东省计算中心（国家超级计算济南中心）、国网山东省电力公司电力科学研究院、哈尔滨工业大学（威海）、北京邮电大学
JB2022-2-7	直接接入750千伏、1000千伏电网换流变压器关键技术及应用	王明胜、杨仁毅、刘光辉、王进、韩克俊、王磊、杨帅、栾兰、何东欣、杨伟光	山东电力设备有限公司、山东输变电设备有限公司、山东电工电气集团有限公司、国网山东省电力公司电力科学研究院、国家电网有限公司直流中心、山东大学、国网新疆电力有限公司超高压分公司
JB2022-2-8	北京新机场线全自动驾驶市域车辆研制	梁君海、王学亮、齐凯文、鲍腾飞、刘海波、王升晖、王振显、杨伟东、邢孟哲、党鹏飞	中车青岛四方机车车辆股份有限公司
JB2022-2-9	典型食材存储系统关键技术的研发与产业化	韩丽丽、鲍雨锋、赵元晖、钱苏昕、胡哲、晏刚、张月、王国庆、王美艳	海信（山东）冰箱有限公司、中国海洋大学、西安交通大学
JB2022-2-10	重型商用车驱动桥总成关键技术及应用	纪建奕、杨朝会、纪奕春、刘宗强、刘本友、于吉龙、马长城、纪国清、纪文涛、高明臣	青特集团有限公司、青岛青特众力车桥有限公司、北京福田戴姆勒汽车有限公司
JB2022-2-11	高精度大型风电叶片模具绿色智能制造技术研究及产业化	李义全、邹美帅、贾玉玺、黄尚洪、张旭锋、陈万康、李瑞盈、张驰、刘晓彬、李晓	北玻院（滕州）复合材料有限公司、北京理工大学鲁南研究院、山东大学、山东奥卓新材料有限公司
JB2022-2-12	高端轴向柱塞泵/马达数字化设计与制造关键技术	童桂英、徐尚武、石运序、高培鑫、徐立强、王喜光、侯志刚、徐英黎、张磊、刘德庆	烟台大学、烟台艾迪液压科技有限公司
JB2022-2-13	重大技术装备用超高压大流量电液比例伺服二通插装阀的开发及应用	王振华、魏建华、李世振、陶钧、冯瑞琳、张田民、王景海、李斌、刘兆化、苏秀莲	山东泰丰智能控制股份有限公司、浙江大学、中国第二重型机械集团德阳万航模锻有限责任公司
JB2022-2-14	重载装备用高性能滚子轴承关键技术及产业化	燕敬祥、温保岗、张士玉、张旭、庞桂兵、黄宇宁	山东凯美瑞轴承科技有限公司、大连工业大学
JB2022-2-15	离子色谱创新技术体系的国产应用替代及系列标准建立	崔鹤、崔成来、许爱华、张彬彬、张习志、乐胜锋、张恩来、宋卫得、张文皓、法芸	青岛海关技术中心、青岛盛瀚色谱技术有限公司、山东省计量科学研究院、北京市科学技术研究院分析测试研究所(北京市理化分析测试中心)、中国科学院青岛生物与能源过程研究所、日照海关综合技术服务中心

续表

编号	项目名称	完成人	完成单位
JB2022-2-16	系列大气探测激光雷达关键技术及应用	王章军、陈超、李先欣、周斌、王睿、黄文涛、李辉、庄全风、潘新、张锋	山东省科学院海洋仪器仪表研究所、国家海洋局北海海洋工程勘察研究院、中国极地研究中心（中国极地研究所）、山东省海洋仪器仪表科技中心有限公司
JB2022-2-17	高适应性自稳定桥架型起重机关键技术及应用	马昕、仉健康、张梦华、李靖、田新诚、韩吉超、沈兰华、史海红、范开英、赵连远	山东大学、山东丰汇设备技术有限公司、中国电建集团山东电力建设第一工程有限公司
JB2022-2-18	超深井稠油藏开发地面机采关键设备创制及产业化应用	肖文生、崔俊国、薛鹏、沈建新、潜凌、王海文、董维彬、吴苗法、梅连朋、谭利萍	中国石油大学（华东）、胜利油田高原石油装备有限责任公司、武汉市江汉石油机械有限公司、中国石油天然气股份有限公司塔里木油田分公司
JB2022-2-19	温湿分控热回收智慧中央空调关键技术及产业化	何明顺、邓玉平、张文强、顾晓宇、刘洋、陈林、孙鹏飞、孙超、李亚军、李标	青岛海信日立空调系统有限公司
JB2022-2-20	新一代中央空调节能变频关键技术研究及产业化	邵海柱、时斌、耿焱、贾新旭、张锐钢、顾超、毛守博、王海胜、侯庆渠	青岛海尔空调电子有限公司
JB2022-2-21	智能持续精准控烟恒风量技术在吸油烟机产品上的应用	孟永哲、高军、张云鹏、吴相田、陈文海、陈兆钦、石文、管国虎、曹昌盛	青岛海尔智慧厨房电器有限公司、同济大学
JB2022-2-22	高压电能直接计量关键技术开发及应用	邓文栋、刘志军、雷民、王晓龙、谢建国、张加海、代燕杰、岳长喜、艾兵、张发忠	烟台东方威思顿电气有限公司、中国电力科学研究院有限公司、山东大学、国网山东省电力公司营销服务中心（计量中心）、国网四川省电力公司营销服务中心、国网冀北电力有限公司物资分公司
JB2022-2-23	三代核电厂防火封堵及柔性密封材料研制	门书卉、刘晓强、关晓波、徐雪莲、许达、龚巍、赵起超	烟台金润核电材料股份有限公司、上海核工程研究设计院有限公司
JB2022-2-24	复杂条件下百万千瓦机组电厂特种结构关键设计技术及应用	徐俊祥、孙文、孙旭、柯世堂、李旭、杨庆义、亓乐、陈德文、郝倩、徐士倩	山东电力工程咨询院有限公司、南京航空航天大学
JB2022-2-25	配电网接地故障辨识与处置关键技术及应用	张林利、张世栋、薛永端、梁永亮、李建修、孙勇、刘合金、刘洋、王峰、苏国强	国网山东省电力公司电力科学研究院、中国石油大学（华东）、山东大学、珠海许继电气有限公司、东方电子股份有限公司、积成电子股份有限公司
JB2022-2-26	促进大规模新能源消纳的电网功率平衡能力评估与优化关键技术及应用	杨明、胥明凯、李鹏、瞿寒冰、王孟夏、于光远、于一潇、尹爱辉、秦昌龙、刘晓	国网山东省电力公司济南供电公司、山东大学、国网山东省电力公司、国电南瑞南京控制系统有限公司、北京清大科越股份有限公司、积成电子股份有限公司
JB2022-2-27	分布式储能系统优化控制及核心装备研发与应用	王瑞琪、安树怀、张祯滨、郭光华、董政、杨勇、魏振、刘继彦、田崇翼、刘雷	国网山东省电力公司青岛供电公司、国网山东综合能源服务有限公司、山东大学、山东鲁软数字科技有限公司智慧能源分公司、山东建筑大学
JB2022-2-28	高品质轴承钢洁净化生产平台关键技术研发及推广应用	许荣昌、刘成宝、张新房、王毅、陈良、孙宗辉、韩杰、邵正伟、刘春伟、何毅	山东钢铁股份有限公司、北京科技大学
JB2022-2-29	溴素和缩合剂全利用绿色合成头孢活性酯技术及产业化	孟宪强、张希诚、孙旭、邢桂铭、蔡会敏、赵奇、李佳、周衡、孙兴、侯乐伟	山东金城医药化工有限公司、济南大学
JB2022-2-30	水处理剂连续化、智能化制备关键技术及应用示范	程终发、王东海、齐晓婧、刘全华、万振涛、高灿柱、姚娅	山东泰和水处理科技股份有限公司
JB2022-2-31	特高压输电铁塔用高强高韧Q420系列角钢的开发和工业化实施	王长生、徐德录、赵宪明、尚振军、张忠峰、肖立军、陈亚倩、曾四宝、申勇峰、李光	石横特钢集团有限公司、东北大学、北京国网富达科技发展有限责任公司
JB2022-2-32	高端仿生人造草坪关键技术开发及产业化	徐培明、王伟、宗传永、李兴德、时延虎、孙永昌、卞志勇、范晓树、卞青峰、张亚彬	泰山体育产业集团有限公司、乐陵泰山人造草坪产业有限公司、山东泰山体育工程有限公司、济南大学、山东泰山体育用品工程技术研究中心有限公司、山东体育学院、山东万亿体育健康服务有限公司
JB2022-2-33	基于偶氮酞菁类基础性有机颜料关键技术创新与绿色化生产体系构建	吕东军、陈都方、张天永、费学宁、陈雪、陈玉婷、曹凌云、李彬、陈都民、田亚琴	宇虹颜料股份有限公司、德州学院、天津大学、天津城建大学
JB2022-2-34	生物质协同重油供氢焦化联产生物焦炭技术	刘东、娄斌、宋林花、袁辉志、陈坤、徐海、师楠、杜辉、曹永刚、郭爱军	中国石油大学（华东）、山东清源集团有限公司、山东方宇润滑油有限公司、中国石油化工股份有限公司齐鲁分公司

续表

编号	项目名称	完成人	完成单位
JB2022-2-35	生物活性物研发及功能美妆产品产业化	杨素珍、王婷、李燕、魏英勤、陈建英、陈玉荣、邵丽、徐振上、汪俊卿、马来记	山东福瑞达生物股份有限公司、齐鲁工业大学、山东省药学科学院、上海应用技术大学
JB2022-2-36	海洋高值化工程酶的开发及功能食品的生物制造	牟海津、朱常亮、付晓丹、郁东兴、胡炜、王明丽、孔青、幸自强、李宁	中国海洋大学、尚好科技有限公司、威海迪普森生物科技有限公司、好当家集团有限公司、南京益纤生物科技有限公司、蓬莱京鲁渔业有限公司
JB2022-2-37	非常规高精度地震探测关键技术及应用	邢磊、方栋梁、刘怀山、李倩倩、王玮、徐向、叶鑫、尉佳、刘雪芹、马瑜宏	中国海洋大学、中石化重庆涪陵页岩气勘探开发公司、山东省地质调查院、青岛海洋地质研究所、哈尔滨工程大学
JB2022-2-38	复合型水质处理系统在电热水器上的研究与应用	赵小勇、郑涛、蔡想周、刘洋、孙强、杜方林、姚菲菲、王军、王建飞、王圣贤	青岛经济技术开发区海尔热水器有限公司、青岛海尔智能技术研发有限公司
JB2022-2-39	硫磺回收装置绿色开停工关键技术开发与应用	刘爱华、刘增让、许金山、徐翠翠、王凯强、徐永昌、刘剑利、陶卫东、燕京、马丽霞	中国石油化工股份有限公司齐鲁分公司、山东齐鲁科力化工研究院股份有限公司
JB2022-2-40	地质模式约束的深层砂砾岩体储层智能预测与高效勘探	罗红梅、张立强、杨培杰、王长江、颜世翠、马骥、王庆华、王守军、张志敬、张景涛	中国石油化工股份有限公司胜利油田分公司勘探开发研究院、中国石油大学（华东）
JB2022-2-41	陆相复杂油气藏高精度三维动态表征关键技术及软件平台	王延光、束青林、张宪国、韩宏伟、刘浩杰、杨宏伟、林承焰、王跃刚、陈雨茂、卢宁	中国石油化工股份有限公司胜利油田分公司物探研究院、中国石油大学（华东）、中国石油化工股份有限公司胜利油田分公司滨南采油厂
JB2022-2-42	多要素生态地球化学关键技术研究与评价体系创新及应用	代杰瑞、杨丽原、吕建树、喻超、董健、赵西强、蔡青、庞绪贵、任文凯、王增辉	济南大学、山东省地质调查院、山东师范大学
JB2022-2-43	大断面强采动综放沿空煤巷破坏机制与锚索桁架控制系统	张广超、何富连、王春耀、陈冬冬、李小平、王振、栾恒杰、陶广哲、陈淼、何文瑞	山东科技大学、中国矿业大学（北京）、兖矿能源集团股份有限公司、兖州煤业鄂尔多斯能化有限公司、晋能控股煤业集团马道头煤业有限责任公司
JB2022-2-44	面向多尺度空间的多源数据融合精细三维建模关键技术及应用	李彩林、姚吉利、郭宝云、郑顺义、王志勇、刘丽峰、逯跃锋、王晓南	山东理工大学、武汉中观自动化科技有限公司
JB2022-2-45	农田土壤污染修复与管控关键技术及示范	成杰民、陈庆锋、骆永明、慕金波、涂晨、张志军、赵长盛、杜金辉、刘玉真、韦婧	山东师范大学、中国科学院烟台海岸带研究所、滨州中裕食品有限公司、山东省环境保护科学研究设计院有限公司、山东省分析测试中心
JB2022-2-46	山东省富铁矿协同勘查关键技术与深部找矿突破	王怀洪、李秀章、朱裕振、杨洋、周明磊、沈立军、郝兴中、陈磊、张心彬、孙超	山东省煤田地质规划勘察研究院、山东省地质调查院、山东大学
JB2022-2-47	面向国家市场监管的成品油快速检测体系构建与关键技术创新	邹惠玲、夏攀登、郑金凤、吕玉平、杜伯会、宋春风、白亚昊、滕云、仇士磊	山东省产品质量检验研究院[国家石油化工产品质量检验检测中心（山东）]、广东省惠州市石油产品质量监督检验中心[国家石油石化产品质量检验检测中心（广东）]、北京化工大学、济南弗莱德科技有限公司、北京安科慧生科技有限公司
JB2022-2-48	深层油气勘探与开发井筒工程风险防控技术及工业化应用	许玉强、管志川、张波、曹立虎、宋琳、罗方伟、席传明、王天博、陈明、宋洵成	中国石油大学（华东）、中国石油天然气股份有限公司塔里木油田分公司、中国石油集团安全环保技术研究院有限公司、中国石油天然气股份有限公司新疆油田分公司、中石化胜利石油工程有限公司钻井工艺研究院
JB2022-2-49	自主可控的自然资源智能精准监测关键技术研究与应用	张立国、靳奉祥、周成虎、李民、何亚文、郭斌、骆剑承、王健、闫金凤、王志勇	山东科技大学、山东省国土测绘院、中国科学院地理科学与资源研究所、中国石油大学（华东）、苏州中科天启遥感科技有限公司
JB2022-2-50	深部缓倾斜厚大金矿床安全绿色智能化开采关键技术研究与应用	杨晓东、宋卫东、景泮印、付建新、孟祥凯、谭玉叶、栾伟杰、曹帅、孙延波、王兴亚	山东黄金矿业（莱州）有限公司焦家金矿、北京科技大学
JB2022-2-51	黄河三角洲水土资源特征与精准生态利用研究	徐征和、庞桂斌、傅新、王云辉、徐晶、李栋、王海霞、丛鑫、张双	济南大学、滨州市引黄灌溉服务中心、滨州市城乡水务发展服务中心

续表

编号	项目名称	完成人	完成单位
JB2022-2-52	滨海严酷地质条件地下结构高耐久抗浮关键技术及应用	白晓宇、张明义、李翠翠、闫君、闫楠、于龙涛、张同波、张昌太、许永亮、方翔	青岛理工大学、青建集团股份公司、中国建筑第五工程局有限公司、中铁建设集团有限公司、山东省核工业二四八地质大队、青岛业高建设工程有限公司、中基久瑞岩土工程有限公司
JB2022-2-53	基于大集群埋管与多能互补的复合地源热泵系统关键技术及应用	王恩琦、崔萍、赵强、李慧、于明志、张文科、冯晓梅、李金花、韩乃锋、姚海清	山东建筑大学、山东亚特尔集团股份有限公司、山东方亚新能源集团有限公司、中国建筑科学研究院有限公司、济南大学、山东中瑞新能源科技有限公司
JB2022-2-54	超低能耗建筑全产业链技术体系构建与规模化应用	王昭、李迪、端木琳、李震、李壮贤、韩飞、孙涌、李军伟、杨友波、房海波	山东省建筑科学研究院有限公司、大连理工大学、中建八局第二建设有限公司、青岛科瑞新型环保材料集团公司、荣华建设集团有限公司、山东美诺邦马节能科技有限公司、中德生态园被动房建筑科技有限公司
JB2022-2-55	富水弱胶结地层盾构隧道下穿敏感构筑物施工关键技术与应用	王渭明、王有旗、路林海、吕显州、朱连臣、孙捷城、马国松、张旭海、李大成	山东科技大学、中铁二十五局集团第五工程有限公司、济南交通发展投资有限公司
JB2022-2-56	工程结构防灾分析理论与灾后鉴定加固技术及工程应用	王培军、宋杰、赵国栋、许清风、姜丽萍、刘梅、周生展、刘芳州、陈玲珠、成勃	山东大学、上海市建筑科学研究院有限公司、山东省建筑科学研究院有限公司、青岛城建集团有限公司
JB2022-2-57	新一代列车控制与信息服务网络（TCSN）关键技术及系统研制	徐燕芬、薛树坤、赵婧、段胜才、朱游龙、姜仕军、尹光辉、彭兴伟、徐东超、孟祥振	中车青岛四方车辆研究所有限公司
JB2022-2-58	复杂场景下特需任务道路交通保障关键技术及应用	王雯雯、胡永利、刘雪莉、尹宝才、张四海、韩锋、周书旺、陈晓明、郑杰群、苏士斌	青岛海信网络科技股份有限公司、北京工业大学、山东省人工智能研究院
JB2022-2-59	基于中继卫星的星船天基通信技术及应用	王永、张伟、丁国栋、张浩、曲晓云、童亚钦、王晓东、于常永、康旭辉、陈晖照	山东航天电子技术研究所
JB2022-2-60	耐低温广适高产大花生新品种花育33号	迟晓元、陈娜、陈明娜、潘丽娟、王通、杨珍、于树涛、许静、谢宏峰、禹山林	山东省花生研究所、辽宁省沙地治理与利用研究所
JB2022-2-61	禽脑脊髓炎、鸡痘二联活疫苗的开发与应用	范根成、李慧姣、杜元钊、毛娅卿、吴涛、蒋桃珍、王红、王嘉、楚电峰、张青	青岛易邦生物工程有限公司、中国兽医药品监察所
JB2022-2-62	智能化玉米联合收获机关键技术及产业化应用	曹树坤、徐祥谦、曹翀、徐蕾、宋翔文、王现美、徐立章、郭和甲、张小伟	山东金大丰机械有限公司、济南大学、江苏大学
JB2022-2-63	马铃薯机械化低损收获分选关键技术及应用	李学强、梁希成、魏忠彩、孙永佳、苏国梁、孟鹏祥、王法明、王金梅、盖金星、陈刚	山东希成农业机械科技有限公司、山东理工大学、山东思代尔农业装备有限公司、山东省农业机械科学研究院
JB2022-2-64	农业生物质热化学转化关键技术及应用	李志合、易维明、杨双霞、陈雷、王丽红、王绍庆、张安东、李宁、孙来芝、徐攀	山东理工大学、山东省科学院能源研究所、山东禄禧大盛环保科技有限公司
JB2022-2-65	设施蔬菜土肥水协同调控绿色生产关键技术创新与应用	梁斌、李俊良、陈清、吕昊峰、于舜章、董静、高进华、刘磊、陈英超、桑卫民	青岛农业大学、中国农业大学、山东省农业技术推广中心、寿光市农业农村局、史丹利农业集团股份有限公司、山东老刀网络科技有限公司、山东圣大节水科技有限公司
JB2022-2-66	北方茶优质抗逆生产关键技术创新及应用	丁兆堂、范凯、丁仕波、申加枝、李玉胜、王玉、王兆顺、王会、郭新送、黄刚	青岛农业大学、山东省农业科学院、日照市农业科学研究院、山东农大肥业科技有限公司、青岛德地得农化科技服务有限公司
JB2022-2-67	水肥精准调控关键技术与智能装备研发及应用	马德新、李莉、孟繁佳、员玉良、张淼、白雪峰、郝凤琦、王纪国、毕彩虹	青岛农业大学、中国农业大学、山东丰田节水器材股份有限公司、山东省计算中心（国家超级计算济南中心）、日照市农业技术服务中心、临沂市农业技术推广中心
JB2022-2-68	花生黄曲霉毒素绿色防控技术及应用	杨庆利、邢福国、吴薇、王明清、朱英莲、于丽娜、赵海燕、于春娣、唐娟、赵方圆	青岛农业大学、中国农业科学院农产品加工研究所、山东省花生研究所
JB2022-2-69	杨树优异种质资源挖掘与新品种选育及应用	李善文、安新民、姚俊修、董玉峰、毛秀红、张锋、孟宪伟、王雷、吴德军、张志毅	山东省林业科学研究院、北京林业大学、冠县国有毛白杨林场、宁阳县国有高桥林场

续表

编号	项目名称	完成人	完成单位
JB2022-2-70	特色果蔬绿色精准保鲜关键技术及产业化	陈蕾蕾、周庆新、杨相政、裘纪莹、李喜宏、王达、陈相艳、陈秀兰、贾连文、王军华	山东省农业科学院、中华全国供销合作总社济南果品研究院、山东大学、寿光蔬菜产业控股集团有限公司、天津捷盛东辉保鲜科技有限公司、山东宝源生物科技股份有限公司
JB2022-2-71	国审多类型抗虫棉新品种选育与应用	王宗文、韩宗福、申贵芳、李汝忠、孙国清、王桂峰、孔凡金、段冰、邓永胜、赵逢涛	山东省农业科学院、中国农业科学院生物技术研究所
JB2022-2-72	果品质量数字化表征与智能化控制技术装备应用	宋烨、刘燕德、郑晓冬、闫新焕、刘雪梅、赵恒、宋来庆、周大森、王华、姜延泉	中华全国供销合作总社济南果品研究院、华东交通大学、山东本然生物科技有限公司、山东省烟台市农业科学研究院、齐鲁泉源供应链有限公司、北京京东乾石科技有限公司、山东东方红信息科技有限公司
JB2022-2-73	中药饮片智能包装关键技术及应用	盛振文、王桂云、蒋博文、彭晓华、罗山、陈寿、王素琴、何静、孙兴云、杨晨	山东协和学院、深圳市通产丽星科技集团有限公司
JB2022-2-74	神经母细胞瘤关键致病机理与小儿肿瘤精准治疗新技术的创研与应用	鹿洪亭、陈鑫、周显军、李富江、贺静、高强、孙健、尉嘉斌、杨槟伊	青岛市妇女儿童医院、青岛大学附属医院
JB2022-2-75	中国人群遗传性远端肾小管酸中毒基因型和表型特点暨致病新机制	邵乐平、董冰子、赵向忠、郎艳华、张瑞晓、高延霞、蔡琰、尤青青、孙艳	青岛市市立医院、青岛大学附属医院、山东大学齐鲁医院（青岛）
JB2022-2-76	新型肿瘤标志物的筛选和肿瘤靶向治疗新策略	李冰、杨丽娜、褚现明、高美华、滕蕾、李雪霞、许晓慧	青岛大学
JB2022-2-77	基于人工智能的妊娠期糖尿病高危人群全程干预体系的构建及应用	魏丽丽、李沛、王静远、谷如婷、韩磊、李倩倩、姜云霞、郭小靖、王丝瑶	青岛大学附属医院、线粒体（北京）科技有限公司
JB2022-2-78	鼻内镜下鼻眼相关视功能障碍性疾病的基础与临床研究	姜彦、梁霞、张继生、李志远、李娜	青岛大学附属医院、山东天顺药业股份有限公司
JB2022-2-79	中医脑病泛髓一体化防治关键技术体系构建及应用	刘伟、王兴臣、魏盛、英振昊、朱文浩、李鑫、吕翠、张国丽、宗建成	山东中医药大学第二附属医院、山东中医药大学、山东中医药大学附属医院、淄博市中医医院、山东省分析测试中心、山东第一医科大学附属肿瘤医院、青岛琛蓝健康产业集团有限公司
JB2022-2-80	中医药改善高龄IVF结局的关键技术与应用	孙振高、连方、相珊、宋景艳、刘卓、吴海萃、孙金龙、韩乐天、郭颖	山东中医药大学附属医院
JB2022-2-81	化瘀清热利湿法免疫调控治疗深静脉血栓关键技术创新及推广应用	王彬、侯玉芬、李霞、苗秀明、张云虹、郝清智、张玉冬、褚楚、郭强、魏然	山东中医药大学附属医院、山东省医学科学院基础医学研究所、山东中医药大学
JB2022-2-82	中医温通法预防乳腺癌发生与转移的关键技术与应用	李静蔚、刘晓菲、宋爱莉、孙子渊、孙小慧、陈翰翰、朱建敏、董妍伶、时光喜、王蕾	山东中医药大学附属医院
JB2022-2-83	骨质疏松性脊柱骨折中西医结合诊疗康复关键技术及临床应用	王卫国、史晓林、黄宏兴、吕文学、鹏鹏、年健、刘喆、汲长蛟、陈德强、赵明华	山东中医药大学附属医院、山东中医药大学、浙江中医药大学附属第二医院、广州中医药大学第三附属医院
JB2022-2-84	真实世界数据统计分析策略的构建及在医药卫生中的推广应用	王素珍、石福艳、孔雨佳、安洪庆、王清华、王永吉、王强、丁子琛、韩梅	潍坊医学院、北京康特瑞科统计科技有限责任公司
JB2022-2-85	基于环境污水监测的人类肠道病毒区域性流行遗传变异与重组规律	陶泽新、徐爱强、林小娟、王海岩、刘尧、纪峰、王素婷、陈鹏、刘晓林	山东省疾病预防控制中心
JB2022-2-86	卵巢癌生物学行为的分子调控机制	张辉、张露、崔晶、董瑞芬、高敏、卢雪	山东大学齐鲁医院、山东第一医科大学第一附属医院（山东省千佛山医院）
JB2022-2-87	"七步法"模式化腹腔镜肝切除治疗肝脏肿瘤技术体系的建立与推广应用	靳斌、王伟、刘崇忠、杜刚、刘泽阳、翟翔宇、马德林、王建磊	山东大学
JB2022-2-88	恶性肿瘤分子诊断关键技术创新及临床应用	杜鲁涛、王佳谊、唐博、张成鹏、张一、杨帆、李娟、李培龙、张骁、马丽芳	山东大学、上海市胸科医院、广西医科大学第一附属医院、山东康华生物医疗科技股份有限公司
JB2022-2-89	慢性乙型肝炎患者核苷（酸）类似物停药管理及预后预测	王磊、李涛、刘峰、张立新、王岩、薛艳、叶茜	山东大学

续表

编号	项目名称	完成人	完成单位
JB2022-2-90	肿瘤个体化放射治疗关键技术研究及应用	朱健、李宝生、周琦超、牛四杰、高希占、侯震、李振江、仇清涛、于海宁、白曈	山东省肿瘤防治研究院、福建自贸试验区厦门片区Manteia数据科技有限公司、济南大学、南京大学医学院附属鼓楼医院
JB2022-2-91	恶性肿瘤免疫调节新机制及精准治疗策略研究及推广	孟祥姣、黄召勤、邓刘福、赵汉玺、侯玉柱、赵凯凯、石焕、高敏、蒋力扬	山东省肿瘤防治研究院、山东第一医科大学附属省立医院、上海交通大学、西安交通大学
JB2022-2-92	绝经后女性骨关节炎发病机制与治疗新靶点的探索及应用	徐进、张秀娟、孔磊、王燕、张雯雯、周艳满	山东第一医科大学附属省立医院（山东省立医院）
JB2022-2-93	腹腔镜治疗疝病技术体系的建立与应用推广	张光永、闫治波、李波、李健文、王明刚、胡三元、仲明惟、程玉刚、李临川、乐飞	山东第一医科大学第一附属医院（山东省千佛山医院）、山东大学齐鲁医院、上海交通大学医学院附属瑞金医院、首都医科大学附属北京朝阳医院
JB2022-2-94	一种深度学习颅脑核磁共振加速成像和诊断技术开发及其产业化应用	高文源、吴益华、叶泽轩、胡予鑫、付天豪、孙思远、韩敏、刘智鸿	山东颐邦齐鲁医生集团管理有限公司、颐邦（北京）智能科技有限公司、宽腾（北京）医疗器械有限公司
JB2022-2-95	中药制剂上市后质量再评价关键技术创新与应用	林永强、林林、郭东晓、汪冰、魏霞、焦阳、栾永福、许丽丽、崔伟亮、刘洪超	山东省食品药品检验研究院、鲁南厚普制药有限公司、山东步长制药股份有限公司、山东沃华医药科技股份有限公司、荣昌制药（淄博）有限公司、瑞阳制药股份有限公司
JB2022-2-96	基于数字化的新产品研发及智能制造关键技术集成研究及应用	尹花、董建军、胡淑敏、余俊红、邢磊、常宗明、刘明丽、胡孝丛、贺扬、张翠	青岛啤酒股份有限公司
JB2022-2-97	以"药物临床应用"为导向的精神神经药理学评价体系的建立与应用	田京伟、傅风华、王洪波、刘万卉、孙考祥、叶亮、杜广营、李春梅、于昕、王爱萍	烟台大学、山东绿叶制药有限公司
JB2022-2-98	食品中痕量成分精准检测关键技术创新与应用	刘ger明、张艳侠、郭志谋、宿书芳、王骏、薛霞、郑红、公丕学、梁鑫淼、祝建华	山东省食品药品检验研究院、中国科学院大连化学物理研究所
JB2022-2-99	FVIII、PCC及Fg等凝血因子类新产品开发及产业化关键技术研究与应用	庞广礼、马山、仲立军、师秀梅、营长永、朱孟沼、冯卫国、李斌、郑志华	山东泰邦生物制品有限公司、山东省妇幼保健院
JB2022-2-100	化学药品杂质检测关键技术体系构建及应用	徐玉文、郭常川、刘杰、牛冲、聂延君、窦艳丽、文松松、陈真、张爱均、郑静	山东省食品药品检验研究院、山东明仁福瑞达制药股份有限公司、山东宏济堂制药集团股份有限公司、寿光富康制药有限公司、道中道（菏泽）制药有限公司

注：JB2022-2-101至JB2022-2-105为专用项目，不公开。

（山东省科学技术厅政策法规与科技体系建设处）

科技管理系统先进集体和先进个人

全国科技管理系统先进集体名单

山东省科学技术厅战略规划处
青岛市科学技术局资源配置与管理处
滕州市科学技术局
烟台市莱山区科学技术局
临沂市科学技术局

全国科技管理系统先进工作者名单

李　群　济南高新技术产业开发区管理委员会发展改革和科技经济部副部长
路　航　青岛市科学技术局科技企业服务处一级主任科员
董　梅（女）　泰安高新区科技创新部部长
高玉国　潍坊市科学技术局党组书记、局长

（山东省科学技术厅政策法规与创新体系建设处）

责任编校：李绮斌

科技统计
KEJI TONGJI

表1 2022年山东省科学研究和技术服务业事业单位机构、人员和经费概况

指标	机构数（个）	从业人员年末人数（人）	科技活动人员（不含外聘的流动学者和在读研究生）（人）	本科及以上学历（人）	经费收入总额（万元）	科技活动收入（万元）	经费内部支出总额（万元）	科技经费内部支出（万元）
总计	268	30502	25372	22343	1862969	1440160	1902135	1480176
1.按机构所属地域分布								
山东省	268	30502	25372	22343	1862969	1440160	1902135	1480176
济南市	90	12958	10548	9466	811779	572623	848736	598180
历下区	28	3167	2605	2362	266737	134702	258202	143161
市中区	10	1319	784	716	62120	35728	66300	31583
槐荫区	8	558	440	387	29948	18624	33353	22055
天桥区	6	617	518	468	31062	28586	29580	26843
历城区	15	3801	3426	3037	217996	183527	227150	187597
济阳区	2	87	82	79	9287	8889	4690	4186
平阴县	1	16	16	9	342	342	342	342
济南高新技术产业开发区	20	3393	2677	2408	194289	162224	229119	182413
青岛市	56	7977	6965	6360	582930	478252	575305	499611
市辖区	1	122	122	118	473	473	2884	2884
市南区	8	2275	1719	1564	153177	110761	148109	107160
市北区	5	338	298	221	17944	16705	18187	16353
黄岛区	2	247	173	146	12758	9912	15077	12723
崂山区	13	2810	2552	2368	199961	179665	200154	182293
李沧区	5	358	356	300	17000	14991	15430	13966
城阳区	9	605	553	535	46649	19931	37713	29833
即墨区	8	1090	1069	993	128211	119852	131616	128778
青岛高新技术产业开发区	4	120	113	108	6124	5332	5709	5196
莱西市	1	12	10	7	633	630	428	425
淄博市	15	711	573	497	17422	15602	19950	16978
市辖区	8	343	282	251	7784	7102	9152	8519
张店区	6	362	285	241	9637	8500	10697	8359
周村区	1	6	6	5	1	1	100	100
枣庄市	3	100	94	74	1696	1679	1767	1741
薛城区	2	63	59	39	1292	1275	1363	1356
滕州市	1	37	35	35	404	404	405	385

续表

指标	机构数（个）	从业人员年末人数（人）	科技活动人员（不含外聘的流动学者和在读研究生）（人）	本科及以上学历（人）	经费收入总额（万元）	科技活动收入（万元）	经费内部支出总额（万元）	科技经费内部支出（万元）
东营市	9	205	197	174	6244	5822	4811	4368
市辖区	3	114	114	102	4005	4005	3198	2801
东营区	2	38	33	28	1342	1002	1077	1051
垦利区	4	53	50	44	897	814	537	517
烟台市	18	1799	1739	1560	164361	159773	167903	161859
市辖区	1	62	62	61	2487	1971	2345	1685
芝罘区	5	381	354	307	14905	13485	14896	13594
福山区	3	630	597	530	29563	27675	29628	25887
莱山区	4	434	434	396	20008	19361	21445	21219
蓬莱区	2	61	61	42	1747	1657	2914	2807
烟台高新技术产业开发区	2	113	113	109	44722	44695	47368	47361
烟台经济技术开发区	1	118	118	115	50929	50929	49307	49307
潍坊市	10	1046	909	772	61809	47665	60073	43171
市辖区	1	113	94	69	4194	3300	4231	3831
潍城区	2	124	111	84	5342	5270	5551	4024
寒亭区	1	147	111	91	4423	4055	4090	2391
坊子区	1	440	440	414	31981	31981	29631	29629
奎文区	2	57	57	50	1201	1137	1202	1138
寿光市	2	147	78	54	13371	625	13977	767
昌邑市	1	18	18	10	1297	1297	1392	1392
济宁市	9	1472	1351	900	69048	60600	72355	58433
市辖区	1	118	112	95	3100	2748	3071	2688
任城区	4	543	436	347	24158	19519	23584	19773
兖州区	1	737	737	401	34958	31501	36381	31460
微山县	1	20	17	11	600	600	433	424
济宁高新技术产业开发区	1	29	29	26	6032	6032	8751	3962
邹城市	1	25	20	20	200	200	136	127
泰安市	8	1095	797	705	48556	33526	50457	33197
泰山区	7	738	610	523	28045	25531	29808	25307
岱岳区	1	357	187	182	20511	7995	20648	7890
威海市	12	432	304	260	9320	5597	10568	6862
市辖区	4	253	153	143	4694	2212	4787	2569
环翠区	3	35	34	33	846	530	1199	1192
文登区	2	58	53	44	1250	1228	2052	1567

续表

指标	机构数（个）	从业人员年末人数（人）	科技活动人员（不含外聘的流动学者和在读研究生）（人）	本科及以上学历（人）	经费收入总额（万元）	科技活动收入（万元）	经费内部支出总额（万元）	科技经费内部支出（万元）
荣成市	2	69	59	35	2225	1593	2225	1453
乳山市	1	17	5	5	305	34	305	81
日照市	11	792	445	347	30667	10580	31293	11773
市辖区	5	313	193	178	8541	6363	8896	6950
东港区	6	479	252	169	22126	4217	22396	4824
临沂市	6	863	588	501	30279	25860	30619	23614
市辖区	2	159	129	106	5227	4894	4542	4164
兰山区	2	552	307	246	21922	17905	24972	18345
河东区	1	95	95	94	738	669	1065	1065
莒南县	1	57	57	55	2392	2392	41	41
德州市	5	144	125	101	5792	2665	5155	2025
市辖区	1	111	92	76	4262	1158	3987	886
德城区	1	6	6	6	98	87	98	98
齐河县	1	9	9	9	269	257	204	175
禹城市	2	18	18	10	1163	1163	866	866
聊城市	4	261	179	137	7392	5447	7119	5167
市辖区	4	261	179	137	7392	5447	7119	5167
滨州市	6	284	265	243	6404	5922	6715	6087
市辖区	6	284	265	243	6404	5922	6715	6087
菏泽市	6	363	293	246	9273	8548	9310	7110
市辖区	3	133	117	95	3374	3276	3804	3171
牡丹区	2	97	97	85	2102	1969	1765	1765
菏泽经济技术开发区	1	133	79	66	3797	3303	3742	2175
2. 按机构所属隶属关系分布								
中央部门属	22	5223	4643	4187	353478	305170	356800	327623
中国科学院	4	2116	2116	1899	120159	118565	120926	118369
非中央部门属	246	25279	20729	18156	1509492	1134989	1545335	1152553
省级部门属	84	13525	11096	9647	846380	653195	847953	634413
副省级城市属	33	4016	2996	2691	315484	178822	323937	206660
地市级部门属	77	5167	4281	3657	269193	233949	271074	224198
3. 按机构从事的国民经济行业分布								
科学研究和技术服务业	268	30502	25372	22343	1862969	1440160	1902135	1480176
研究和试验发展	180	22480	19295	17193	1468451	1161607	1499104	1194327
专业技术服务业	43	6408	4603	3806	345283	236761	349594	243291

续表

指标	机构数（个）	从业人员年末人数（人）	科技活动人员（不含外聘的流动学者和在读研究生）（人）	本科及以上学历（人）	经费收入总额（万元）	科技活动收入（万元）	经费内部支出总额（万元）	科技经费内部支出（万元）
科技推广和应用服务业	45	1614	1474	1344	49235	41791	53438	42559
4. 按机构服务的国民经济行业分布								
农、林、牧、渔业	41	3850	3379	2859	182366	168533	180313	165351
农业	14	1491	1376	1173	72799	67493	74292	68413
林业	6	309	299	254	11623	10865	11626	10864
畜牧业	2	200	193	152	9642	8596	9986	8868
渔业	7	1107	806	686	56523	53783	56259	52906
农、林、牧、渔专业及辅助性活动	12	743	705	594	31779	27796	28149	24300
制造业	35	4004	3558	3068	317240	174609	294503	201791
农副食品加工业	1	34	34	29	773	773	630	630
食品制造业	2	241	230	225	26946	8221	21396	20710
纺织业	1	25	22	13	1132	724	1102	540
皮革、毛皮、羽毛及其制品和制鞋业	1	18	12	7	333	183	360	192
家具制造业	1	9	9	7	172	28	240	175
造纸和纸制品业	1	52	35	32	582	273	676	270
文教、工美、体育和娱乐用品制造业	1	14	14	11	571	340	586	394
化学原料和化学制品制造业	5	362	331	286	11090	10164	11776	8893
医药制造业	4	715	599	530	39320	36707	42557	38381
化学纤维制造业	2	41	32	15	535	535	606	499
黑色金属冶炼和压延加工业	1	57	57	55	2392	2392	41	41
专用设备制造业	4	599	544	473	34613	30932	32045	29044
汽车制造业	1	40	38	35	2260	2080	825	644
铁路、船舶、航空航天和其他运输设备制造业	2	174	174	147	7782	7782	7580	7580
计算机、通信和其他电子设备制造业	4	417	221	178	119161	12412	93875	15707
仪器仪表制造业	3	541	541	494	37858	29501	37986	35867
其他制造业	1	665	665	531	31720	31562	42225	42225
建筑业	2	108	77	69	3848	3047	3832	2439
房屋建筑业	2	108	77	69	3848	3047	3832	2439
交通运输、仓储和邮政业	2	351	311	300	27263	23244	22549	22261
铁路运输业	1	77	77	77	8997	5169	6215	6215
道路运输业	1	274	234	223	18266	18075	16333	16046
信息传输、软件和信息技术服务业	6	590	532	523	32219	30212	32515	27793
软件和信息技术服务业	6	590	532	523	32219	30212	32515	27793

续表

指标	机构数（个）	从业人员年末人数（人）	科技活动人员（不含外聘的流动学者和在读研究生）（人）	本科及以上学历（人）	经费收入总额（万元）	科技活动收入（万元）	经费内部支出总额（万元）	科技经费内部支出（万元）
租赁和商务服务业	1	15	9	8	32	3	926	256
商务服务业	1	15	9	8	32	3	926	256
科学研究和技术服务业	162	19185	15886	14098	1148660	957748	1215229	981038
研究和试验发展	82	9661	9154	8404	683443	649961	715704	668265
专业技术服务业	46	8519	5769	4822	438208	282585	466801	287575
科技推广和应用服务业	34	1005	963	872	27009	25203	32724	25198
水利、环境和公共设施管理业	9	841	782	712	41752	37191	45675	38924
水利管理业	1	204	199	188	13251	12427	15451	14629
生态保护和环境治理业	7	524	470	450	23826	20450	25534	20028
公共设施管理业	1	113	113	74	4676	4314	4689	4267
教育	1	55	55	53	2414	2188	2428	2202
教育	1	55	55	53	2414	2188	2428	2202
卫生和社会工作	7	1353	633	515	85050	22019	85085	20035
卫生	7	1353	633	515	85050	22019	85085	20035
文化、体育和娱乐业	1	97	97	95	19921	19864	16413	15846
文化艺术业	1	97	97	95	19921	19864	16413	15846
公共管理、社会保障和社会组织	1	53	53	43	2204	1501	2669	2240
国家机构	1	53	53	43	2204	1501	2669	2240
5.按机构所属学科分布								
自然科学领域	35	6897	6166	5296	420501	389671	466174	424728
信息科学与系统科学	5	688	656	637	12995	10998	25383	21588
物理学	4	982	970	818	49817	49059	62276	58741
化学	4	477	347	299	16942	15202	17055	15367
地球科学	14	4348	3899	3267	322666	299816	340651	311801
生物学	8	402	294	275	18081	14597	20810	17231
农业科学领域	56	6476	5943	5011	330957	307060	325969	303124
农学	28	4236	4041	3446	226330	208166	223561	207098
林学	10	460	449	352	16853	15588	16955	15705
畜牧、兽医科学	5	441	428	351	23907	22454	23044	21497
水产学	13	1339	1025	862	63867	60852	62409	58824
医学科学领域	21	2775	1902	1667	189730	122538	197266	126429
基础医学	4	397	290	256	16013	11250	16827	12777
临床医学	3	650	222	213	59361	7465	58802	9190
预防医学与公共卫生学	3	475	293	206	15930	9438	18405	6905

续表

指标	机构数（个）	从业人员年末人数（人）	科技活动人员（不含外聘的流动学者和在读研究生）（人）	本科及以上学历（人）	经费收入总额（万元）	科技活动收入（万元）	经费内部支出总额（万元）	科技经费内部支出（万元）
药学	9	1090	938	836	91533	88106	96433	91341
中医学与中药学	2	163	159	156	6894	6278	6800	6216
工程科学与技术领域	131	13185	10234	9330	860516	563388	853784	572792
工程与技术科学基础学科	20	1323	935	857	59692	46761	75137	48052
信息与系统科学相关工程与技术	4	442	381	366	16643	15586	16526	15821
自然科学相关工程与技术	11	1296	951	854	134296	104094	130945	89268
测绘科学技术	4	788	527	469	61345	42538	63308	37307
材料科学	9	597	579	531	27756	26954	26791	25968
冶金工程技术	2	89	57	55	3819	2392	1466	41
机械工程	7	308	232	174	11427	8920	11087	8106
动力与电气工程	2	318	315	306	14721	14721	32409	32377
能源科学技术	5	1030	1022	927	89187	87355	77589	76513
核科学技术	1	66	61	61	3810	3573	2054	1550
电子与通信技术	7	925	763	674	154495	39272	128779	49332
计算机科学技术	8	594	509	495	36368	33824	34378	28898
化学工程	8	647	543	482	42453	10429	40496	25869
产品应用相关工程与技术	7	191	146	132	5891	5831	5795	5614
纺织科学技术	2	48	41	18	1467	1059	1436	814
食品科学技术	4	191	180	173	5423	4424	5480	4773
土木建筑工程	4	629	156	145	22408	3992	26922	7670
水利工程	1	204	199	188	13251	12427	15451	14629
交通运输工程	2	351	311	300	27263	23244	22549	22261
航空、航天科学技术	1	72	72	45	7256	7256	6824	6824
环境科学技术及资源科学技术	12	1557	1143	1054	72821	49233	76680	51133
安全科学技术	4	581	485	436	15315	11687	16344	11688
管理学	6	938	626	588	33410	7817	35340	8284
社会、人文科学领域	25	1169	1127	1039	61266	57504	58943	53104
艺术学	2	70	70	63	3158	2926	3173	2981
考古学	1	97	97	95	19921	19864	16413	15846
经济学	1	15	9	8	32	3	926	256
社会学	4	427	394	383	19490	17566	19567	17081
图书馆、情报与文献学	16	505	502	437	16251	14956	16436	14737
教育学	1	55	55	53	2414	2188	2428	2202

续表

指标	机构数（个）	从业人员年末人数（人）	科技活动人员（不含外聘的流动学者和在读研究生）（人）	本科及以上学历（人）	经费收入总额（万元）	科技活动收入（万元）	经费内部支出总额（万元）	科技经费内部支出（万元）
6.按机构从业人员规模分								
≥1000人	1	1182	1182	988	81169	76845	78879	76338
500～999人	8	5679	4904	4106	307041	271292	329230	289610
300～499人	10	3663	2849	2634	269003	207692	280176	212177
200～299人	17	4333	3098	2803	346023	167007	345772	197122
100～199人	62	8680	7063	6260	511696	406316	534926	429580
50～99人	62	4326	3908	3564	254830	226729	236647	195457
30～49人	38	1506	1326	1117	48989	43792	49745	41578
20～29人	26	614	579	478	26847	25054	29075	22539
10～19人	30	423	375	310	12306	10561	13272	11515
0～9人	14	96	88	83	5066	4873	4416	4260

注：提交级别为0国家级；从事的国民经济行业代码（BA17）为73～75；法人性质（BA29）为1事业独立法人（机构类别BA20为1～5）。

表2 2022年山东省科学研究和技术服务业事业单位人员概况

计量单位：人

指标	从业人员	科技活动人员（不含外聘的流动学者和在读研究生）	女性	外聘的流动学者	非本单位在读研究生	离退休人员
总计	30502	25372	9401	4560	3327	15242
1.按机构所属地域分布						
山东省	30502	25372	9401	4560	3327	15242
济南市	12958	10548	3997	784	963	6131
历下区	3167	2605	1104	112	626	2462
市中区	1319	784	286	28	0	888
槐荫区	558	440	210	14	98	195
天桥区	617	518	164	19	0	343
历城区	3801	3426	1344	66	172	1996
济阳区	87	82	16	64	4	0
平阴县	16	16	3	1	0	4
济南高新技术产业开发区	3393	2677	870	480	63	243
青岛市	7977	6965	2671	3116	1918	3222
市辖区	122	122	17	40	7	2
市南区	2275	1719	714	41	803	1086
市北区	338	298	126	29	0	208
黄岛区	247	173	61	52	36	1
崂山区	2810	2552	1032	175	691	1074
李沧区	358	356	144	25	21	245
城阳区	605	553	190	414	148	13
即墨区	1090	1069	342	2301	206	516
青岛高新技术产业开发区	120	113	39	39	6	77
莱西市	12	10	6	0	0	0
淄博市	711	573	206	44	7	382
市辖区	343	282	126	32	6	46
张店区	362	285	79	9	0	336
周村区	6	6	1	3	1	0
枣庄市	100	94	27	57	13	74
薛城区	63	59	17	12	0	74
滕州市	37	35	10	45	13	0
东营市	205	197	47	44	9	9
市辖区	114	114	21	0	0	6
东营区	38	33	18	6	0	2

续表

指标	从业人员	科技活动人员 （不含外聘的流动学者和 在读研究生）	女性	外聘的流动学者	非本单位在读研究生	离退休人员
垦利区	53	50	8	38	9	1
烟台市	1799	1739	662	133	321	666
市辖区	62	62	28	10	15	0
芝罘区	381	354	147	2	0	308
福山区	630	597	192	5	60	254
莱山区	434	434	187	60	183	96
蓬莱区	61	61	14	0	0	8
烟台高新技术产业开发区	113	113	50	26	63	0
烟台经济技术开发区	118	118	44	30	0	0
潍坊市	1046	909	368	65	5	321
市辖区	113	94	39	0	0	144
潍城区	124	111	36	17	0	64
寒亭区	147	111	15	0	0	0
坊子区	440	440	234	35	0	0
奎文区	57	57	23	0	0	30
寿光市	147	78	15	13	5	81
昌邑市	18	18	6	0	0	2
济宁市	1472	1351	375	5	15	1311
市辖区	118	112	20	0	0	27
任城区	543	436	168	0	15	355
兖州区	737	737	170	0	0	929
微山县	20	17	4	0	0	0
济宁高新技术产业开发区	29	29	11	0	0	0
邹城市	25	20	2	5	0	0
泰安市	1095	797	287	11	20	857
泰山区	738	610	207	11	20	282
岱岳区	357	187	80	0	0	575
威海市	432	304	100	143	25	87
市辖区	253	153	47	89	0	17
环翠区	35	34	21	13	0	0
文登区	58	53	11	41	25	20
荣成市	69	59	19	0	0	50
乳山市	17	5	2	0	0	0
日照市	792	445	172	7	14	547
市辖区	313	193	112	2	0	12

续表

续表

指标	从业人员	科技活动人员（不含外聘的流动学者和在读研究生）	女性	外聘的流动学者	非本单位在读研究生	离退休人员
东港区	479	252	60	5	14	535
临沂市	863	588	173	110	15	1067
市辖区	159	129	49	2	0	150
兰山区	552	307	84	1	0	917
河东区	95	95	37	53	15	0
莒南县	57	57	3	54	0	0
德州市	144	125	52	9	0	117
市辖区	111	92	40	0	0	112
德城区	6	6	2	0	0	5
齐河县	9	9	3	5	0	0
禹城市	18	18	7	4	0	0
聊城市	261	179	70	5	0	125
市辖区	261	179	70	5	0	125
滨州市	284	265	97	27	2	101
市辖区	284	265	97	27	2	101
菏泽市	363	293	97	0	0	225
市辖区	133	117	30	0	0	119
牡丹区	97	97	33	0	0	48
菏泽经济技术开发区	133	79	34	0	0	58
2．按机构所属隶属关系分布						
中央部门属	5223	4643	1739	448	1714	2383
中国科学院	2116	2116	841	102	1176	726
非中央部门属	25279	20729	7662	4112	1613	12859
省级部门属	13525	11096	4467	236	1048	9108
副省级城市属	4016	2996	985	2760	121	1382
地市级部门属	5167	4281	1475	414	116	2193
3．按机构从事的国民经济行业分布						
科学研究和技术服务业	30502	25372	9401	4560	3327	15242
研究和试验发展	22480	19295	7355	3781	3224	10760
专业技术服务业	6408	4603	1571	409	18	4201
科技推广和应用服务业	1614	1474	475	370	85	281
4．按机构服务的国民经济行业分布						
农、林、牧、渔业	3850	3379	1325	72	396	2728
农业	1491	1376	544	37	171	1154
林业	309	299	120	0	0	231

续表

指标	从业人员	科技活动人员（不含外聘的流动学者和在读研究生）	女性	外聘的流动学者	非本单位在读研究生	离退休人员
畜牧业	200	193	69	10	5	252
渔业	1107	806	316	5	213	618
农、林、牧、渔专业及辅助性活动	743	705	276	20	7	473
制造业	4004	3558	1145	729	255	2202
农副食品加工业	34	34	21	3	9	1
食品制造业	241	230	67	312	0	117
纺织业	25	22	8	0	0	137
皮革、毛皮、羽毛及其制品和制鞋业	18	12	5	0	0	34
家具制造业	9	9	2	0	0	29
造纸和纸制品业	52	35	11	0	0	68
文教、工美、体育和娱乐用品制造业	14	14	7	0	0	50
化学原料和化学制品制造业	362	331	94	6	20	97
医药制造业	715	599	282	12	50	56
化学纤维制造业	41	32	12	0	0	64
黑色金属冶炼和压延加工业	57	57	3	54	0	0
专用设备制造业	599	544	224	2	0	338
汽车制造业	40	38	9	18	6	1
铁路、船舶、航空航天和其他运输设备制造业	174	174	36	139	0	1
计算机、通信和其他电子设备制造业	417	221	76	40	0	754
仪器仪表制造业	541	541	155	6	167	455
其他制造业	665	665	133	137	3	0
建筑业	108	77	25	5	0	83
房屋建筑业	108	77	25	5	0	83
交通运输、仓储和邮政业	351	311	81	23	0	2
铁路运输业	77	77	16	18	0	0
道路运输业	274	234	65	5	0	2
信息传输、软件和信息技术服务业	590	532	139	116	370	86
软件和信息技术服务业	590	532	139	116	370	86
租赁和商务服务业	15	9	3	0	0	0
商务服务业	15	9	3	0	0	0
科学研究和技术服务业	19185	15886	5919	3598	2230	9404
研究和试验发展	9661	9154	3593	3223	1469	3373
专业技术服务业	8519	5769	2000	155	685	5734
科技推广和应用服务业	1005	963	326	220	76	297

续表

指标	从业人员	科技活动人员（不含外聘的流动学者和在读研究生）	女性	外聘的流动学者	非本单位在读研究生	离退休人员
水利、环境和公共设施管理业	841	782	345	8	4	280
水利管理业	204	199	76	4	4	143
生态保护和环境治理业	524	470	234	4	0	17
公共设施管理业	113	113	35	0	0	120
教育	55	55	30	0	0	33
教育	55	55	30	0	0	33
卫生和社会工作	1353	633	320	9	72	364
卫生	1353	633	320	9	72	364
文化、体育和娱乐业	97	97	38	0	0	29
文化艺术业	97	97	38	0	0	29
公共管理、社会保障和社会组织	53	53	31	0	0	31
国家机构	53	53	31	0	0	31
5.按机构所属学科分布						
自然科学领域	6897	6166	1993	2193	955	3580
信息科学与系统科学	688	656	160	12	0	51
物理学	982	970	230	164	9	77
化学	477	347	196	0	0	128
地球科学	4348	3899	1270	1999	856	3252
生物学	402	294	137	18	90	72
农业科学领域	6476	5943	2486	208	575	4195
农学	4236	4041	1774	177	294	2760
林学	460	449	162	1	1	385
畜牧、兽医科学	441	428	156	25	67	358
水产学	1339	1025	394	5	213	692
医学科学领域	2775	1902	943	233	244	601
基础医学	397	290	134	10	66	151
临床医学	650	222	118	9	45	34
预防医学与公共卫生学	475	293	149	0	13	224
药学	1090	938	443	170	120	97
中医学与中药学	163	159	99	44	0	95
工程科学与技术领域	13185	10234	3484	1919	1503	6035
工程与技术科学基础学科	1323	935	322	303	71	302
信息与系统科学相关工程与技术	442	381	89	101	33	34
自然科学相关工程与技术	1296	951	304	64	12	990
测绘科学技术	788	527	179	6	0	683

续表

指标	从业人员	科技活动人员（不含外聘的流动学者和在读研究生）	女性	外聘的流动学者	非本单位在读研究生	离退休人员
材料科学	597	579	265	78	39	67
冶金工程技术	89	57	3	54	0	307
机械工程	308	232	48	27	20	354
动力与电气工程	318	315	83	232	15	1
能源科学技术	1030	1022	397	82	384	50
核科学技术	66	61	13	11	0	0
电子与通信技术	925	763	232	29	174	1282
计算机科学技术	594	509	159	161	430	87
化学工程	647	543	160	347	7	282
产品应用相关工程与技术	191	146	39	226	0	0
纺织科学技术	48	41	12	0	0	201
食品科学技术	191	180	78	12	68	132
土木建筑工程	629	156	61	0	16	114
水利工程	204	199	76	4	4	143
交通运输工程	351	311	81	23	0	2
航空、航天科学技术	72	72	10	50	0	1
环境科学技术及资源科学技术	1557	1143	512	88	183	677
安全科学技术	581	485	73	2	0	197
管理学	938	626	288	19	47	129
社会、人文科学领域	1169	1127	495	7	50	831
艺术学	70	70	36	0	0	93
考古学	97	97	38	0	0	29
经济学	15	9	3	0	0	0
社会学	427	394	185	0	0	272
图书馆、情报与文献学	505	502	203	7	50	404
教育学	55	55	30	0	0	33
6. 按机构从业人员规模分						
≥1000 人	1182	1182	547	32	98	692
500～999 人	5679	4904	1694	181	1345	3042
300～499 人	3663	2849	1123	1983	53	1496
200～299 人	4333	3098	1119	317	496	2660
100～199 人	8680	7063	2545	747	715	3988
50～99 人	4326	3908	1510	408	402	1883
30～49 人	1506	1326	493	287	95	965
20～29 人	614	579	189	197	79	320

续表

指标	从业人员	科技活动人员（不含外聘的流动学者和在读研究生）	女性	外聘的流动学者	非本单位在读研究生	离退休人员
10～19人	423	375	146	304	35	159
0～9人	96	88	35	104	9	37

注：提交级别为 0 国家级；从事的国民经济行业代码（BA17）为 73～75；法人性质（BA29）为 1 事业独立法人（机构类别 BA20 为 1～5）。

表3　2022年山东省科学研究和技术服务业事业单位从业人员按工作性质分

计量单位：人

指标	从业人员	科技活动人员（不含外聘的流动学者和在读研究生）	科技管理人员	课题活动人员	科技服务人员	生产经营活动人员	其他人员
总计	30502	25372	3874	18476	3022	2581	2549
1.按机构所属地域分布							
山东省	30502	25372	3874	18476	3022	2581	2549
济南市	12958	10548	1608	7897	1043	1460	950
历下区	3167	2605	404	1914	287	238	324
市中区	1319	784	115	610	59	445	90
槐荫区	558	440	77	319	44	0	118
天桥区	617	518	59	405	54	0	99
历城区	3801	3426	585	2471	370	191	184
济阳区	87	82	15	67	0	3	2
平阴县	16	16	4	12	0	0	0
济南高新技术产业开发区	3393	2677	349	2099	229	583	133
青岛市	7977	6965	1054	5041	870	285	727
市辖区	122	122	35	80	7	0	0
市南区	2275	1719	183	1235	301	0	556
市北区	338	298	91	140	67	0	40
黄岛区	247	173	21	131	21	17	57
崂山区	2810	2552	279	2097	176	218	40
李沧区	358	356	70	245	41	0	2
城阳区	605	553	121	295	137	45	7
即墨区	1090	1069	235	720	114	0	21
青岛高新技术产业开发区	120	113	17	91	5	5	2
莱西市	12	10	2	7	1	0	2
淄博市	711	573	87	430	56	42	96
市辖区	343	282	46	187	49	22	39
张店区	362	285	38	240	7	20	57
周村区	6	6	3	3	0	0	0
枣庄市	100	94	30	59	5	1	5
薛城区	63	59	27	30	2	0	4
滕州市	37	35	3	29	3	1	1
东营市	205	197	39	148	10	7	1
市辖区	114	114	25	89	0	0	0
东营区	38	33	7	21	5	5	0

续表

指标	从业人员	科技活动人员（不含外聘的流动学者和在读研究生）	科技管理人员	课题活动人员	科技服务人员	生产经营活动人员	其他人员
垦利区	53	50	7	38	5	2	1
烟台市	1799	1739	306	1090	343	0	60
市辖区	62	62	8	54	0	0	0
芝罘区	381	354	32	278	44	0	27
福山区	630	597	102	284	211	0	33
莱山区	434	434	80	285	69	0	0
蓬莱区	61	61	10	36	15	0	0
烟台高新技术产业开发区	113	113	26	83	4	0	0
烟台经济技术开发区	118	118	48	70	0	0	0
潍坊市	1046	909	147	738	24	63	74
市辖区	113	94	38	50	6	0	19
潍城区	124	111	27	74	10	7	6
寒亭区	147	111	19	92	0	10	26
坊子区	440	440	28	412	0	0	0
奎文区	57	57	22	33	2	0	0
寿光市	147	78	11	61	6	46	23
昌邑市	18	18	2	16	0	0	0
济宁市	1472	1351	124	843	384	2	119
市辖区	118	112	5	77	30	0	6
任城区	543	436	70	348	18	0	107
兖州区	737	737	35	384	318	0	0
微山县	20	17	6	6	5	0	3
济宁高新技术产业开发区	29	29	5	16	8	0	0
邹城市	25	20	3	12	5	2	3
泰安市	1095	797	100	629	68	202	96
泰山区	738	610	90	452	68	98	30
岱岳区	357	187	10	177	0	104	66
威海市	432	304	63	179	62	100	28
市辖区	253	153	25	126	2	100	0
环翠区	35	34	12	21	1	0	1
文登区	58	53	22	28	3	0	5
荣成市	69	59	3	0	56	0	10
乳山市	17	5	1	4	0	0	12
日照市	792	445	70	318	57	248	99
市辖区	313	193	14	173	6	78	42

续表

指标	从业人员	科技活动人员（不含外聘的流动学者和在读研究生）	科技管理人员	课题活动人员	科技服务人员	生产经营活动人员	其他人员
东港区	479	252	56	145	51	170	57
临沂市	863	588	65	477	46	32	243
市辖区	159	129	30	76	23	0	30
兰山区	552	307	17	272	18	32	213
河东区	95	95	16	74	5	0	0
莒南县	57	57	2	55	0	0	0
德州市	144	125	47	61	17	0	19
市辖区	111	92	30	48	14	0	19
德城区	6	6	6	0	0	0	0
齐河县	9	9	2	6	1	0	0
禹城市	18	18	9	7	2	0	0
聊城市	261	179	41	130	8	82	0
市辖区	261	179	41	130	8	82	0
滨州市	284	265	66	187	12	6	13
市辖区	284	265	66	187	12	6	13
菏泽市	363	293	27	249	17	51	19
市辖区	133	117	9	96	12	0	16
牡丹区	97	97	12	85	0	0	0
菏泽经济技术开发区	133	79	6	68	5	51	3
2.按机构所属隶属关系分布							
中央部门属	5223	4643	514	3480	649	262	318
中国科学院	2116	2116	146	1701	269	0	0
非中央部门属	25279	20729	3360	14996	2373	2319	2231
省级部门属	13525	11096	1567	8122	1407	790	1639
副省级城市属	4016	2996	588	2193	215	946	74
地市级部门属	5167	4281	809	2924	548	513	373
3.按机构从事的国民经济行业分布							
科学研究和技术服务业	30502	25372	3874	18476	3022	2581	2549
研究和试验发展	22480	19295	2974	14314	2007	1414	1771
专业技术服务业	6408	4603	619	3142	842	1119	686
科技推广和应用服务业	1614	1474	281	1020	173	48	92
4.按机构服务的国民经济行业分布							
农、林、牧、渔业	3850	3379	519	2453	407	7	464
农业	1491	1376	202	1034	140	2	113

续表

指标	从业人员	科技活动人员（不含外聘的流动学者和在读研究生）	科技管理人员	课题活动人员	科技服务人员	生产经营活动人员	其他人员
林业	309	299	36	237	26	0	10
畜牧业	200	193	21	137	35	0	7
渔业	1107	806	112	573	121	0	301
农、林、牧、渔专业及辅助性活动	743	705	148	472	85	5	33
制造业	4004	3558	434	2801	323	235	211
农副食品加工业	34	34	5	27	2	0	0
食品制造业	241	230	58	87	85	0	11
纺织业	25	22	5	15	2	0	3
皮革、毛皮、羽毛及其制品和制鞋业	18	12	3	8	1	0	6
家具制造业	9	9	1	8	0	0	0
造纸和纸制品业	52	35	2	22	11	0	17
文教、工美、体育和娱乐用品制造业	14	14	8	6	0	0	0
化学原料和化学制品制造业	362	331	50	254	27	22	9
医药制造业	715	599	53	506	40	3	113
化学纤维制造业	41	32	5	27	0	5	4
黑色金属冶炼和压延加工业	57	57	2	55	0	0	0
专用设备制造业	599	544	53	452	39	26	29
汽车制造业	40	38	15	17	6	0	2
铁路、船舶、航空航天和其他运输设备制造业	174	174	20	154	0	0	0
计算机、通信和其他电子设备制造业	417	221	32	177	12	179	17
仪器仪表制造业	541	541	82	439	20	0	0
其他制造业	665	665	40	547	78	0	0
建筑业	108	77	14	50	13	0	31
房屋建筑业	108	77	14	50	13	0	31
交通运输、仓储和邮政业	351	311	26	256	29	0	40
铁路运输业	77	77	10	44	23	0	0
道路运输业	274	234	16	212	6	0	40
信息传输、软件和信息技术服务业	590	532	106	421	5	22	36
软件和信息技术服务业	590	532	106	421	5	22	36
租赁和商务服务业	15	9	2	6	1	3	3
商务服务业	15	9	2	6	1	3	3
科学研究和技术服务业	19185	15886	2558	11344	1984	2314	985
研究和试验发展	9661	9154	1547	6875	732	222	285
专业技术服务业	8519	5769	759	3854	1156	2083	667

续表

续表

指标	从业人员	科技活动人员（不含外聘的流动学者和在读研究生）	科技管理人员	课题活动人员	科技服务人员	生产经营活动人员	其他人员
科技推广和应用服务业	1005	963	252	615	96	9	33
水利、环境和公共设施管理业	841	782	99	614	69	0	59
水利管理业	204	199	29	162	8	0	5
生态保护和环境治理业	524	470	51	381	38	0	54
公共设施管理业	113	113	19	71	23	0	0
教育	55	55	17	34	4	0	0
教育	55	55	17	34	4	0	0
卫生和社会工作	1353	633	79	406	148	0	720
卫生	1353	633	79	406	148	0	720
文化、体育和娱乐业	97	97	11	47	39	0	0
文化艺术业	97	97	11	47	39	0	0
公共管理、社会保障和社会组织	53	53	9	44	0	0	0
国家机构	53	53	9	44	0	0	0
5.按机构所属学科分布							
自然科学领域	6897	6166	653	4597	916	344	387
信息科学与系统科学	688	656	83	550	23	14	18
物理学	982	970	84	795	91	7	5
化学	477	347	17	278	52	130	0
地球科学	4348	3899	433	2755	711	174	275
生物学	402	294	36	219	39	19	89
农业科学领域	6476	5943	982	4341	620	7	526
农学	4236	4041	712	2985	344	7	188
林学	460	449	62	333	54	0	11
畜牧、兽医科学	441	428	52	331	45	0	13
水产学	1339	1025	156	692	177	0	314
医学科学领域	2775	1902	291	1365	246	19	854
基础医学	397	290	72	201	17	0	107
临床医学	650	222	15	192	15	0	428
预防医学与公共卫生学	475	293	43	124	126	0	182
药学	1090	938	109	761	68	19	133
中医学与中药学	163	159	52	87	20	0	4
工程科学与技术领域	13185	10234	1721	7448	1065	2208	743
工程与技术科学基础学科	1323	935	173	710	52	337	51
信息与系统科学相关工程与技术	442	381	92	284	5	59	2
自然科学相关工程与技术	1296	951	261	609	81	305	40

续表

指标	从业人员	科技活动人员（不含外聘的流动学者和在读研究生）	科技管理人员	课题活动人员	科技服务人员	生产经营活动人员	其他人员
测绘科学技术	788	527	139	294	94	182	79
材料科学	597	579	58	489	32	11	7
冶金工程技术	89	57	2	55	0	32	0
机械工程	308	232	36	135	61	19	57
动力与电气工程	318	315	56	259	0	0	3
能源科学技术	1030	1022	60	898	64	0	8
核科学技术	66	61	9	52	0	3	2
电子与通信技术	925	763	102	630	31	156	6
计算机科学技术	594	509	96	388	25	27	58
化学工程	647	543	128	297	118	53	51
产品应用相关工程与技术	191	146	62	56	28	42	3
纺织科学技术	48	41	9	30	2	0	7
食品科学技术	191	180	18	157	5	0	11
土木建筑工程	629	156	23	125	8	471	2
水利工程	204	199	29	162	8	0	5
交通运输工程	351	311	26	256	29	0	40
航空、航天科学技术	72	72	12	60	0	0	0
环境科学技术及资源科学技术	1557	1143	177	811	155	294	120
安全科学技术	581	485	51	209	225	26	70
管理学	938	626	102	482	42	191	121
社会、人文科学领域	1169	1127	227	725	175	3	39
艺术学	70	70	10	45	15	0	0
考古学	97	97	11	47	39	0	0
经济学	15	9	2	6	1	3	3
社会学	427	394	70	309	15	0	33
图书馆、情报与文献学	505	502	117	284	101	0	3
教育学	55	55	17	34	4	0	0
6.按机构从业人员规模分							
≥1000人	1182	1182	257	794	131	0	0
500～999人	5679	4904	337	3779	788	191	584
300～499人	3663	2849	397	2183	269	104	710
200～299人	4333	3098	400	2332	366	971	264
100～199人	8680	7063	1239	5071	753	1074	543
50～99人	4326	3908	677	2765	466	141	277

续表

指标	从业人员	科技活动人员（不含外聘的流动学者和在读研究生）	科技管理人员	课题活动人员	科技服务人员	生产经营活动人员	其他人员
30～49人	1506	1326	319	842	165	60	120
20～29人	614	579	110	411	58	11	24
10～19人	423	375	98	252	25	21	27
0～9人	96	88	40	47	1	8	0

注：提交级别为0国家级；从事的国民经济行业代码（BA17）为73～75；法人性质（BA29）为1事业独立法人（机构类别BA20为1～5）。

表4 2022年山东省科学研究和技术服务业事业单位科技活动人员按学历和职称分

计量单位：人

指标	科技活动人员（不含外聘的流动学者和在读研究生）	学历					职称			
		博士	硕士	本科	大专	其他	高级职称	中级职称	初级职称	其他
总计	25372	5480	8719	8144	1685	1344	8736	8084	3675	4877
1. 按机构所属地域分布										
山东省	25372	5480	8719	8144	1685	1344	8736	8084	3675	4877
济南市	10548	1982	4146	3338	603	479	3750	3234	1547	2017
历下区	2605	617	927	818	148	95	1232	818	313	242
市中区	784	136	283	297	48	20	328	185	80	191
槐荫区	440	109	134	144	34	19	174	148	72	46
天桥区	518	37	265	166	29	21	183	213	64	58
历城区	3426	709	1335	993	171	218	1065	1198	599	564
济阳区	82	24	28	27	3	0	27	23	21	11
平阴县	16	0	1	8	2	5	6	3	1	6
济南高新技术产业开发区	2677	350	1173	885	168	101	735	646	397	899
青岛市	6965	2485	2417	1458	348	257	2555	2323	833	1254
市辖区	122	27	41	50	4	0	23	12	6	81
市南区	1719	872	406	286	78	77	702	648	89	280
市北区	298	30	112	79	21	56	62	100	60	76
黄岛区	173	12	101	33	13	14	7	34	36	96
崂山区	2552	949	942	477	135	49	940	795	535	282
李沧区	356	87	75	138	30	26	106	122	12	116
城阳区	553	158	189	188	18	0	273	113	48	119
即墨区	1069	324	502	167	41	35	411	453	33	172
青岛高新技术产业开发区	113	26	46	36	5	0	31	46	14	22
莱西市	10	0	3	4	3	0	0	0	0	10
淄博市	573	27	170	300	48	28	184	183	120	86
市辖区	282	22	85	144	30	1	81	89	61	51
张店区	285	2	84	155	18	26	100	93	58	34
周村区	6	3	1	1	0	1	3	1	1	1
枣庄市	94	12	25	37	12	8	31	16	11	36
薛城区	59	0	8	31	12	8	19	16	11	13
滕州市	35	12	17	6	0	0	12	0	0	23
东营市	197	54	43	77	12	11	81	73	15	28
市辖区	114	11	26	65	12	0	39	56	11	8

续表

指标	科技活动人员（不含外聘的流动学者和在读研究生）	学历					职称			
		博士	硕士	本科	大专	其他	高级职称	中级职称	初级职称	其他
东营区	33	6	15	7	0	5	15	8	1	9
垦利区	50	37	2	5	0	6	27	9	3	11
烟台市	1739	361	549	650	99	80	627	632	280	200
市辖区	62	16	44	1	1	0	16	44	2	0
芝罘区	354	25	110	172	16	31	142	128	33	51
福山区	597	45	193	292	59	8	209	220	110	58
莱山区	434	158	122	116	14	24	192	153	49	40
蓬莱区	61	1	8	33	4	15	7	18	34	2
烟台高新技术产业开发区	113	46	42	21	2	2	36	23	5	49
烟台经济技术开发区	118	70	30	15	3	0	25	46	47	0
潍坊市	909	162	317	293	79	58	138	166	51	554
市辖区	94	13	30	26	6	19	41	35	9	9
潍城区	111	13	8	63	10	17	5	6	10	90
寒亭区	111	0	9	82	20	0	19	46	10	36
坊子区	440	127	229	58	23	3	33	26	0	381
奎文区	57	0	21	29	6	1	10	19	4	24
寿光市	78	9	18	27	13	11	27	30	14	7
昌邑市	18	0	2	8	1	7	3	4	4	7
济宁市	1351	79	257	564	172	279	360	411	225	355
市辖区	112	0	15	80	13	4	25	44	25	18
任城区	436	58	166	123	56	33	185	160	71	20
兖州区	737	1	61	339	95	241	137	189	111	300
微山县	17	1	1	9	6	0	0	0	0	17
济宁高新技术产业开发区	29	4	10	12	2	1	3	13	13	0
邹城市	20	15	4	1	0	0	10	5	5	0
泰安市	797	98	205	402	84	8	306	324	98	69
泰山区	610	98	187	238	81	6	227	223	93	67
岱岳区	187	0	18	164	3	2	79	101	5	2
威海市	304	72	78	110	28	16	87	88	74	55
市辖区	153	61	40	42	8	2	74	40	29	10
环翠区	34	1	16	16	1	0	3	17	4	10
文登区	53	9	15	20	5	4	5	11	16	21
荣成市	59	1	6	28	14	10	5	16	24	14
乳山市	5	0	1	4	0	0	0	4	1	0
日照市	445	19	116	212	69	29	114	173	87	71

续表

续表

指标	科技活动人员（不含外聘的流动学者和在读研究生）	学历					职称			
		博士	硕士	本科	大专	其他	高级职称	中级职称	初级职称	其他
市辖区	193	6	49	123	12	3	52	78	39	24
东港区	252	13	67	89	57	26	62	95	48	47
临沂市	588	76	117	308	53	34	266	161	90	71
市辖区	129	5	32	69	9	14	78	28	12	11
兰山区	307	0	38	208	41	20	105	99	60	43
河东区	95	51	27	16	1	0	46	22	14	13
莒南县	57	20	20	15	2	0	37	12	4	4
德州市	125	7	38	56	15	9	38	43	24	20
市辖区	92	5	31	40	13	3	37	39	16	0
德城区	6	0	3	3	0	0	0	0	0	6
齐河县	9	0	1	8	0	0	0	1	5	3
禹城市	18	2	3	5	2	6	1	3	3	11
聊城市	179	4	63	70	15	27	32	48	59	40
市辖区	179	4	63	70	15	27	32	48	59	40
滨州市	265	21	89	133	17	5	97	87	74	7
市辖区	265	21	89	133	17	5	97	87	74	7
菏泽市	293	21	89	136	31	16	70	122	87	14
市辖区	117	1	37	57	9	13	48	44	17	8
牡丹区	97	19	30	36	12	0	7	48	42	0
菏泽经济技术开发区	79	1	22	43	10	3	15	30	28	6
2.按机构所属隶属关系分布										
中央部门属	4643	1890	1413	884	250	206	1891	1502	718	532
中国科学院	2116	1060	538	301	144	73	795	662	463	196
非中央部门属	20729	3590	7306	7260	1435	1138	6845	6582	2957	4345
省级部门属	11096	2209	3844	3594	708	741	4195	3778	1426	1697
副省级城市属	2996	592	1138	961	208	97	755	840	212	1189
地市级部门属	4281	408	1235	2014	387	237	1455	1451	742	633
3.按机构从事的国民经济行业分布										
科学研究和技术服务业	25372	5480	8719	8144	1685	1344	8736	8084	3675	4877
研究和试验发展	19295	5048	6830	5315	1219	883	6848	6096	2558	3793
专业技术服务业	4603	166	1383	2257	383	414	1530	1615	806	652
科技推广和应用服务业	1474	266	506	572	83	47	358	373	311	432
4.按机构服务的国民经济行业分布										
农、林、牧、渔业	3379	804	1029	1026	269	251	1392	1148	483	356

续表

指标	科技活动人员（不含外聘的流动学者和在读研究生）	学历					职称			
		博士	硕士	本科	大专	其他	高级职称	中级职称	初级职称	其他
农业	1376	399	399	375	95	108	615	501	120	140
林业	299	29	67	158	31	14	137	71	72	19
畜牧业	193	58	49	45	10	31	58	69	8	58
渔业	806	234	242	210	82	38	329	300	148	29
农、林、牧、渔专业及辅助性活动	705	84	272	238	51	60	253	207	135	110
制造业	3558	554	1333	1181	305	185	1167	1056	515	820
农副食品加工业	34	4	18	7	5	0	1	9	0	24
食品制造业	230	42	80	103	5	0	157	50	17	6
纺织业	22	0	9	4	5	4	8	9	2	3
皮革、毛皮、羽毛及其制品和制鞋业	12	0	2	5	5	0	7	3	0	2
家具制造业	9	0	0	7	2	0	3	2	0	4
造纸和纸制品业	35	0	5	27	3	0	13	22	0	0
文教、工美、体育和娱乐用品制造业	14	0	0	11	2	1	5	5	2	2
化学原料和化学制品制造业	331	67	143	76	34	11	99	158	52	22
医药制造业	599	69	246	215	57	12	288	154	116	41
化学纤维制造业	32	0	7	8	5	12	3	1	4	24
黑色金属冶炼和压延加工业	57	20	20	15	2	0	37	12	4	4
专用设备制造业	544	16	270	187	22	49	122	208	171	43
汽车制造业	38	3	14	18	3	0	9	8	5	16
铁路、船舶、航空航天和其他运输设备制造业	174	64	42	41	13	14	61	45	54	14
计算机、通信和其他电子设备制造业	221	14	25	139	36	7	60	69	9	83
仪器仪表制造业	541	178	247	69	20	27	232	238	36	35
其他制造业	665	77	205	249	86	48	62	63	43	497
建筑业	77	2	35	32	3	5	49	5	7	16
房屋建筑业	77	2	35	32	3	5	49	5	7	16
交通运输、仓储和邮政业	311	24	191	85	11	0	112	118	32	49
铁路运输业	77	14	39	24	0	0	32	12	17	16
道路运输业	234	10	152	61	11	0	80	106	15	33
信息传输、软件和信息技术服务业	532	203	184	136	9	0	137	124	56	215
软件和信息技术服务业	532	203	184	136	9	0	137	124	56	215
租赁和商务服务业	9	0	1	7	1	0	0	2	0	7
商务服务业	9	0	1	7	1	0	0	2	0	7
科学研究和技术服务业	15886	3700	5335	5063	962	826	5271	5101	2307	3207
研究和试验发展	9154	2776	3519	2109	431	319	3064	2733	1356	2001

续表

指标	科技活动人员（不含外聘的流动学者和在读研究生）	学历					职称			
		博士	硕士	本科	大专	其他	高级职称	中级职称	初级职称	其他
专业技术服务业	5769	758	1525	2539	459	488	1971	2141	769	888
科技推广和应用服务业	963	166	291	415	72	19	236	227	182	318
水利、环境和公共设施管理业	782	72	287	353	45	25	338	249	118	77
水利管理业	199	17	52	119	11	0	100	72	27	0
生态保护和环境治理业	470	55	224	171	13	7	199	156	76	39
公共设施管理业	113	0	11	63	21	18	39	21	15	38
教育	55	0	12	41	2	0	34	16	1	4
教育	55	0	12	41	2	0	34	16	1	4
卫生和社会工作	633	115	238	162	69	49	195	226	130	82
卫生	633	115	238	162	69	49	195	226	130	82
文化、体育和娱乐业	97	3	57	35	1	1	20	22	20	35
文化艺术业	97	3	57	35	1	1	20	22	20	35
公共管理、社会保障和社会组织	53	3	17	23	8	2	21	17	6	9
国家机构	53	3	17	23	8	2	21	17	6	9
5. 按机构所属学科分布										
自然科学领域	6166	1483	1939	1874	386	484	1866	1739	761	1800
信息科学与系统科学	656	86	403	148	14	5	68	104	281	203
物理学	970	136	293	389	99	53	100	134	76	660
化学	347	66	72	161	29	19	108	130	72	37
地球科学	3899	1093	1042	1132	239	393	1488	1306	314	791
生物学	294	102	129	44	5	14	102	65	18	109
农业科学领域	5943	1482	1792	1737	452	480	2248	1882	694	1119
农学	4041	1063	1293	1090	279	316	1529	1222	397	893
林学	449	35	79	238	56	41	190	99	89	71
畜牧、兽医科学	428	141	109	101	17	60	139	187	16	86
水产学	1025	243	311	308	100	63	390	374	192	69
医学科学领域	1902	330	765	572	164	71	713	615	342	232
基础医学	290	83	95	78	27	7	123	113	27	27
临床医学	222	88	88	37	9	0	69	95	56	2
预防医学与公共卫生学	293	14	98	94	44	43	74	85	48	86
药学	938	113	402	321	81	21	371	282	170	115
中医学与中药学	159	32	82	42	3	0	76	40	41	2
工程科学与技术领域	10234	2013	3795	3522	632	272	3481	3475	1747	1531
工程与技术科学基础学科	935	100	373	384	73	5	328	319	155	133
信息与系统科学相关工程与技术	381	154	130	82	13	2	90	106	35	150

续表

指标	科技活动人员（不含外聘的流动学者和在读研究生）	学历					职称			
		博士	硕士	本科	大专	其他	高级职称	中级职称	初级职称	其他
自然科学相关工程与技术	951	211	366	277	65	32	314	277	136	224
测绘科学技术	527	4	263	202	37	21	206	236	68	17
材料科学	579	137	292	102	13	35	138	227	148	66
冶金工程技术	57	20	20	15	2	0	37	12	4	4
机械工程	232	17	54	103	25	33	73	77	36	46
动力与电气工程	315	122	125	59	7	2	120	80	14	101
能源科学技术	1022	423	344	160	94	1	311	272	425	14
核科学技术	61	23	21	17	0	0	23	19	15	4
电子与通信技术	763	182	300	192	62	27	337	318	66	42
计算机科学技术	509	105	197	193	13	1	110	86	53	260
化学工程	543	74	188	220	50	11	218	152	71	102
产品应用相关工程与技术	146	17	52	63	14	0	20	51	25	50
纺织科学技术	41	0	11	7	7	16	11	10	6	14
食品科学技术	180	90	37	46	7	0	119	34	3	24
土木建筑工程	156	2	79	64	11	0	78	38	22	18
水利工程	199	17	52	119	11	0	100	72	27	0
交通运输工程	311	24	191	85	11	0	112	118	32	49
航空、航天科学技术	72	5	18	22	13	14	6	25	30	11
环境科学技术及资源科学技术	1143	217	382	455	32	57	434	451	158	100
安全科学技术	485	1	63	372	38	11	124	207	84	70
管理学	626	68	237	283	34	4	172	288	134	32
社会、人文科学领域	1127	172	428	439	51	37	428	373	131	195
艺术学	70	5	21	37	2	5	28	26	9	7
考古学	97	3	57	35	1	1	20	22	20	35
经济学	9	0	1	7	1	0	0	2	0	7
社会学	394	144	137	102	10	1	191	130	25	48
图书馆、情报与文献学	502	20	200	217	35	30	155	177	76	94
教育学	55	0	12	41	2	0	34	16	1	4
6. 按机构从业人员规模分										
≥1000人	1182	398	310	280	76	118	467	356	113	246
500～999人	4904	1468	1259	1379	411	387	1557	1461	737	1149
300～499人	2849	565	1370	699	135	80	885	847	474	643
200～299人	3098	606	1250	947	202	93	1202	1194	417	285
100～199人	7063	1360	2417	2483	411	392	2535	2201	1030	1297
50～99人	3908	789	1377	1398	215	129	1481	1311	498	618

续表

指标	科技活动人员 (不含外聘的流动学者 和在读研究生)	学历					职称			
		博士	硕士	本科	大专	其他	高级职称	中级职称	初级职称	其他
30～49人	1326	134	449	534	139	70	354	417	234	321
20～29人	579	76	172	230	55	46	141	161	114	163
10～19人	375	75	90	145	37	28	96	114	49	116
0～9人	88	9	25	49	4	1	18	22	9	39

注：提交级别为0国家级；从事的国民经济行业代码（BA17）为73～75；法人性质（BA29）为1事业独立法人（机构类别BA20为1～5）。

表5 2022年山东省科学研究和技术服务业事业单位经费收入

计量单位：万元

指标	经费收入总额	科技活动收入	政府资金	财政拨款	承担政府科研项目收入	其他	非政府资金	技术性收入	国外资金	生产经营活动收入	其他收入
总计	1862969	1440160	1140172	925814	185272	29085	299988	273563	247	266124	156686
1.按机构所属地域分布											
山东省	1862969	1440160	1140172	925814	185272	29085	299988	273563	247	266124	156686
济南市	811779	572623	418830	343752	69223	5854	153793	147455	67	182772	56384
历下区	266737	134702	90273	66972	23282	20	44429	43257	0	113053	18981
市中区	62120	35728	34561	34511	0	50	1168	296	0	22100	4291
槐荫区	29948	18624	14750	11102	3626	23	3874	3785	0	0	11323
天桥区	31062	28586	10038	8925	613	500	18548	18548	0	0	2476
历城区	217996	183527	138418	105933	28124	4362	45108	41101	0	21557	12912
济阳区	9287	8889	3673	3468	206	0	5215	5215	0	222	176
平阴县	342	342	323	323	0	0	19	0	0	0	0
济南高新技术产业开发区	194289	162224	126793	112520	13373	900	35431	35251	67	25839	6226
青岛市	582930	478252	381423	288137	76485	16802	96828	84566	181	40716	63963
市辖区	473	473	0	0	0	0	473	473	0	0	0
市南区	153177	110761	87607	60843	22977	3787	23154	19206	4	4	42413
市北区	17944	16705	11684	9085	421	2178	5020	4787	0	0	1239
黄岛区	12758	9912	5909	0	5600	309	4003	4003	12	2846	0
崂山区	199961	179665	139182	103303	32338	3541	40483	37724	164	14484	5811
李沧区	17000	14991	14285	9867	4182	236	706	652	0	170	1839
城阳区	46649	19931	10374	2603	2259	5512	9557	9352	0	22544	4174
即墨区	128211	119852	110335	100422	8674	1239	9517	4455	0	28	8331
青岛高新技术产业开发区	6124	5332	1418	1384	34	0	3914	3914	0	639	153
莱西市	633	630	630	630	0	0	0	0	0	0	3
淄博市	17422	15602	14511	13406	1006	99	1091	1091	0	858	962
市辖区	7784	7102	6026	5109	917	0	1076	1076	0	510	172
张店区	9637	8500	8485	8297	89	99	15	15	0	348	790
周村区	1	1	0	0	0	0	1	1	0	0	0
枣庄市	1696	1679	1423	1423	0	0	256	256	0	0	17
薛城区	1292	1275	1275	1275	0	0	0	0	0	0	17
滕州市	404	404	148	148	0	0	256	256	0	0	0
东营市	6244	5822	4173	3126	539	508	1648	258	0	381	41
市辖区	4005	4005	2615	2129	86	400	1391	0	0	0	0

续表

指标	经费收入总额	科技活动收入	政府资金	财政拨款	承担政府科研项目收入	其他	非政府资金	技术性收入	国外资金	生产经营活动收入	其他收入
东营区	1342	1002	874	874	0	0	127	127	0	309	31
垦利区	897	814	684	122	454	108	130	130	0	72	10
烟台市	164361	159773	156436	132023	22670	1743	3337	2428	0	1722	2866
市辖区	2487	1971	1971	1636	150	185	0	0	0	511	4
芝罘区	14905	13485	12839	12771	68	0	646	173	0	0	1421
福山区	29563	27675	26892	17383	8106	1404	783	370	0	1184	704
莱山区	20008	19361	17653	13984	3669	0	1708	1686	0	0	647
蓬莱区	1747	1657	1529	1008	367	154	127	127	0	0	90
烟台高新技术产业开发区	44722	44695	44630	44535	95	0	65	65	0	27	0
烟台经济技术开发区	50929	50929	50922	40707	10215	0	7	7	0	0	0
潍坊市	61809	47665	46592	42134	3316	1143	1073	648	0	13126	1018
市辖区	4194	3300	2952	2952	0	0	348	0	0	0	894
潍城区	5342	5270	5199	2230	2109	860	71	0	0	71	0
寒亭区	4423	4055	4055	4055	0	0	0	0	0	309	59
坊子区	31981	31981	31876	30753	1123	0	105	100	0	0	0
奎文区	1201	1137	1137	1104	0	33	0	0	0	0	64
寿光市	13371	625	434	100	84	250	191	191	0	12746	0
昌邑市	1297	1297	940	940	0	0	357	357	0	0	0
济宁市	69048	60600	36671	32163	4508	0	23929	21553	0	255	8193
市辖区	3100	2748	2748	2748	0	0	0	0	0	255	97
任城区	24158	19519	15721	11289	4432	0	3797	1422	0	0	4640
兖州区	34958	31501	11370	11294	76	0	20131	20131	0	0	3457
微山县	600	600	600	600	0	0	0	0	0	0	0
济宁高新技术产业开发区	6032	6032	6032	6032	0	0	0	0	0	0	0
邹城市	200	200	200	200	0	0	0	0	0	0	0
泰安市	48556	33526	26722	24513	352	1858	6804	5716	0	4955	10074
泰山区	28045	25531	23564	22924	352	288	1968	880	0	987	1527
岱岳区	20511	7995	3159	1589	0	1570	4836	4836	0	3969	8547
威海市	9320	5597	5453	4645	758	50	144	144	0	2772	951
市辖区	4694	2212	2209	1750	459	0	3	3	0	2482	0
环翠区	846	530	530	530	0	0	0	0	0	290	26
文登区	1250	1228	1087	738	299	50	141	141	0	0	21
荣成市	2225	1593	1593	1593	0	0	0	0	0	0	632
乳山市	305	34	34	34	0	0	0	0	0	0	271

续表

续表

指标	经费收入总额	科技活动收入	政府资金	财政拨款	承担政府科研项目收入	其他	非政府资金	技术性收入	国外资金	生产经营活动收入	其他收入
日照市	30667	10580	9004	7654	1349	0	1576	1475	0	14775	5312
市辖区	8541	6363	4887	4887	0	0	1475	1475	0	577	1602
东港区	22126	4217	4116	2767	1349	0	101	0	0	14199	3710
临沂市	30279	25860	17917	14871	2896	150	7943	7057	0	1855	2565
市辖区	5227	4894	4171	4171	0	0	723	393	0	0	333
兰山区	21922	17905	10710	10700	10	0	7195	6639	0	1855	2162
河东区	738	669	644	0	494	150	25	25	0	0	69
莒南县	2392	2392	2392	0	2392	0	0	0	0	0	0
德州市	5792	2665	2015	794	841	380	650	0	0	12	3115
市辖区	4262	1158	1158	317	841	0	0	0	0	0	3104
德城区	98	87	87	87	0	0	0	0	0	0	11
齐河县	269	257	257	257	0	0	0	0	0	12	0
禹城市	1163	1163	513	133	0	380	650	0	0	0	0
聊城市	7392	5447	5020	4242	287	490	427	427	0	1593	352
市辖区	7392	5447	5020	4242	287	490	427	427	0	1593	352
滨州市	6404	5922	5894	5412	483	0	28	28	0	12	471
市辖区	6404	5922	5894	5412	483	0	28	28	0	12	471
菏泽市	9273	8548	8088	7519	560	10	460	460	0	321	404
市辖区	3374	3276	3276	3112	154	10	0	0	0	0	98
牡丹区	2102	1969	1892	1539	354	0	76	76	0	0	133
菏泽经济技术开发区	3797	3303	2920	2868	52	0	384	384	0	321	173
2.按机构所属隶属关系分布											
中央部门属	353478	305170	233045	166002	55487	11555	72126	63678	169	40628	7680
中国科学院	120159	118565	97020	55430	37590	4000	21546	18160	164	266	1327
非中央部门属	1509492	1134989	907127	759812	129785	17530	227862	209886	79	225496	149006
省级部门属	846380	653195	476332	399261	69963	7107	176863	163793	0	64238	128947
副省级城市属	315484	178822	160477	135492	22480	2505	18344	18059	67	133891	2771
地市级部门属	269193	233949	220499	195664	22054	2781	13450	10143	0	21391	13853
3.按机构从事的国民经济行业分布											
科学研究和技术服务业	1862969	1440160	1140172	925814	185272	29085	299988	273563	247	266124	156686
研究和试验发展	1468451	1161607	945837	754579	175511	15747	215771	192177	181	182271	124573
专业技术服务业	345283	236761	161900	148884	3911	9105	74862	72806	0	81820	26702
科技推广和应用服务业	49235	41791	32436	22352	5851	4233	9356	8581	67	2033	5411

续表

指标	经费收入总额	科技活动收入	政府资金	财政拨款	承担政府科研项目收入	其他	非政府资金	技术性收入	国外资金	生产经营活动收入	其他收入
4.按机构服务的国民经济行业分布											
农、林、牧、渔业	182366	168533	136623	108818	25390	2415	31911	27911	4	1664	12169
农业	72799	67493	48927	41893	4802	2232	18567	15094	0	72	5233
林业	11623	10865	10030	10010	20	0	834	834	0	0	759
畜牧业	9642	8596	7399	5988	1411	0	1197	725	0	0	1046
渔业	56523	53783	44631	31348	13120	162	9152	9152	4	0	2741
农、林、牧、渔专业及辅助性活动	31779	27796	25636	19579	6037	20	2161	2106	0	1592	2391
制造业	317240	174609	127837	88123	31644	8070	46772	43002	0	125297	17335
农副食品加工业	773	773	0	0	0	0	773	773	0	0	0
食品制造业	26946	8221	6930	706	867	5357	1291	1291	0	17649	1077
纺织业	1132	724	0	0	0	0	724	491	0	0	408
皮革、毛皮、羽毛及其制品和制鞋业	333	183	115	115	0	0	68	68	0	0	150
家具制造业	172	28	0	0	0	0	28	28	0	0	144
造纸和纸制品业	582	273	0	0	0	0	273	273	0	0	308
文教、工美、体育和娱乐用品制造业	571	340	340	340	0	0	0	0	0	0	232
化学原料和化学制品制造业	11090	10164	6387	5332	400	656	3777	2687	0	115	811
医药制造业	39320	36707	22567	19334	3233	0	14139	14139	0	0	2613
化学纤维制造业	535	535	535	535	0	0	0	0	0	0	0
黑色金属冶炼和压延加工业	2392	2392	2392	0	2392	0	0	0	0	0	0
专用设备制造业	34613	30932	17199	14926	2273	0	13733	13733	0	459	3223
汽车制造业	2260	2080	1870	0	1795	75	210	210	0	170	11
铁路、船舶、航空航天和其他运输设备制造业	7782	7782	6124	237	5887	0	1659	1659	0	0	0
计算机、通信和其他电子设备制造业	119161	12412	12286	3627	7608	1052	126	54	0	106747	1
仪器仪表制造业	37858	29501	19533	11414	7189	930	9969	7593	0	0	8356
其他制造业	31720	31562	31560	31560	0	0	2	2	0	158	0
建筑业	3848	3047	3047	3047	0	0	0	0	0	0	801
房屋建筑业	3848	3047	3047	3047	0	0	0	0	0	0	801
交通运输、仓储和邮政业	27263	23244	5928	4450	1478	0	17316	17316	0	0	4019
铁路运输业	8997	5169	1475	0	1475	0	3694	3694	0	0	3828
道路运输业	18266	18075	4453	4450	3	0	13622	13622	0	0	191
信息传输、软件和信息技术服务业	32219	30212	26511	17404	8157	950	3701	3441	0	824	1183
软件和信息技术服务业	32219	30212	26511	17404	8157	950	3701	3441	0	824	1183

续表

续表

指标	经费收入总额	科技活动收入	政府资金	财政拨款	承担政府科研项目收入	其他	非政府资金	技术性收入	国外资金	生产经营活动收入	其他收入
租赁和商务服务业	32	3	0	0	0	0	3	3	0	0	28
商务服务业	32	3	0	0	0	0	3	3	0	0	28
科学研究和技术服务业	1148660	957748	790989	658790	114548	17651	166759	149185	176	137637	53275
研究和试验发展	683443	649961	576067	477147	90028	8893	73894	62329	176	11925	21557
专业技术服务业	438208	282585	191647	160601	23632	7413	90938	85680	0	125392	30231
科技推广和应用服务业	27009	25203	23276	21042	889	1345	1927	1176	0	319	1487
水利、环境和公共设施管理业	41752	37191	20846	19485	1361	0	16345	16227	67	0	4561
水利管理业	13251	12427	1416	1143	273	0	11011	10981	0	0	824
生态保护和环境治理业	23826	20450	15116	14028	1088	0	5335	5246	67	0	3375
公共设施管理业	4676	4314	4314	4314	0	0	0	0	0	0	362
教育	2414	2188	2186	2186	0	0	3	0	0	0	226
教育	2414	2188	2186	2186	0	0	3	0	0	0	226
卫生和社会工作	85050	22019	20241	17547	2694	0	1778	1077	0	0	63031
卫生	85050	22019	20241	17547	2694	0	1778	1077	0	0	63031
文化、体育和娱乐业	19921	19864	4464	4464	0	0	15400	15400	0	0	57
文化艺术业	19921	19864	4464	4464	0	0	15400	15400	0	0	57
公共管理、社会保障和社会组织	2204	1501	1501	1501	0	0	0	0	0	702	0
国家机构	2204	1501	1501	1501	0	0	0	0	0	702	0
5.按机构所属学科领域分布											
自然科学领域	420501	389671	306180	255409	42398	8373	83491	72356	12	18376	12454
信息科学与系统科学	12995	10998	8194	2506	2832	2856	2804	2799	0	1825	172
物理学	49817	49059	45366	41850	2506	1010	3693	3621	0	495	263
化学	16942	15202	12001	10451	1550	0	3201	3201	0	1095	646
地球科学	322666	299816	230925	194400	32707	3819	68890	58571	0	12115	10736
生物学	18081	14597	9695	6201	2805	689	4903	4164	12	2846	638
农业科学领域	330957	307060	259139	208039	45187	5913	47921	41183	4	1664	22233
农学	226330	208166	173704	142297	25656	5751	34461	28270	0	1664	16500
林学	16853	15588	14687	14647	40	0	901	882	0	0	1265
畜牧、兽医科学	23907	22454	19923	13638	6285	0	2531	2004	0	0	1454
水产学	63867	60852	50825	37457	13206	162	10027	10027	4	0	3014
医学科学领域	189730	122538	101562	93223	7325	1014	20976	19447	0	690	66502
基础医学	16013	11250	11112	10049	1040	23	139	131	0	0	4763
临床医学	59361	7465	5737	3460	2276	0	1729	1027	0	0	51896

续表

指标	经费收入总额	科技活动收入	政府资金	财政拨款	承担政府科研项目收入	其他	非政府资金	技术性收入	国外资金	生产经营活动收入	其他收入
预防医学与公共卫生学	15930	9438	8557	8405	153	0	881	881	0	0	6492
药学	91533	88106	70788	65987	3810	991	17318	17229	0	690	2737
中医学与中药学	6894	6278	5368	5322	46	0	910	178	0	0	616
工程科学与技术领域	860516	563388	432747	328876	90251	13621	130640	124537	231	245393	51735
工程与技术科学基础学科	59692	46761	30391	28713	1629	50	16370	16316	0	9879	3052
信息与系统科学相关工程与技术	16643	15586	12801	2758	9142	900	2785	2525	0	1023	34
自然科学相关工程与技术	134296	104094	97699	79782	17917	0	6395	6395	0	23641	6562
测绘科学技术	61345	42538	37673	37252	421	0	4865	4865	0	17816	992
材料科学	27756	26954	13879	11960	1264	656	13075	11985	0	437	365
冶金工程技术	3819	2392	2392	0	2392	0	0	0	0	1427	0
机械工程	11427	8920	6254	3992	2187	75	2666	2666	0	518	1989
动力与电气工程	14721	14721	14332	14000	332	0	389	208	0	0	0
能源科学技术	89187	87355	74033	55100	18598	335	13322	13157	164	0	1832
核科学技术	3810	3573	3573	3468	106	0	0	0	0	222	14
电子与通信技术	154495	39272	27383	13572	12688	1122	11890	9514	0	106524	8699
计算机科学技术	36368	33824	29646	20190	9251	205	4178	3973	0	1283	1262
化学工程	42453	10429	6928	448	1123	5357	3501	3501	0	30684	1340
产品应用相关工程与技术	5891	5831	5363	3560	1313	490	468	367	0	42	18
纺织科学技术	1467	1059	335	335	0	0	724	491	0	0	408
食品科学技术	5423	4424	1972	1809	163	0	2452	2452	0	0	999
土木建筑工程	22408	3992	2427	2427	0	0	1565	174	0	17707	709
水利工程	13251	12427	1416	1143	273	0	11011	10981	0	0	824
交通运输工程	27263	23244	5928	4450	1478	0	17316	17316	0	0	4019
航空、航天科学技术	7256	7256	5600	0	5600	0	1656	1656	0	0	0
环境科学技术及资源科学技术	72821	49233	36004	28187	3669	4148	13228	13208	67	11197	12391
安全科学技术	15315	11687	11627	11627	0	0	60	60	0	1897	1731
管理学	33410	7817	5091	4104	705	282	2726	2726	0	21097	4496
社会、人文科学领域	61266	57504	40544	40268	111	165	16960	16041	0	0	3762
艺术学	3158	2926	2926	2926	0	0	0	0	0	0	232
考古学	19921	19864	4464	4464	0	0	15400	15400	0	0	57
经济学	32	3	0	0	0	0	3	3	0	0	28
社会学	19490	17566	16649	16416	111	122	917	0	0	0	1924
图书馆、情报与文献学	16251	14956	14318	14275	0	43	637	637	0	0	1295

续表

续表

指标	经费收入总额	科技活动收入	政府资金	财政拨款	承担政府科研项目收入	其他	非政府资金	技术性收入	国外资金	生产经营活动收入	其他收入
教育学	2414	2188	2186	2186	0	0	3	0	0	0	226
6. 按机构从业人员规模分											
≥1000人	81169	76845	62864	43774	16091	3000	13980	11596	0	0	4325
500～999人	307041	271292	205545	153673	47872	4000	65747	61825	169	21682	14068
300～499人	269003	207692	186392	176490	7604	2298	21301	14660	0	4414	56896
200～299人	346023	167007	102625	80306	19994	2325	64382	63739	0	156900	22116
100～199人	511696	406316	336240	263278	61201	11762	70075	60127	79	69479	35901
50～99人	254830	226729	178969	154096	23803	1071	47759	47426	0	9931	18170
30～49人	48989	43792	36881	30074	5194	1613	6911	5261	0	2245	2952
20～29人	26847	25054	17610	14300	1425	1885	7444	7211	0	822	971
10～19人	12306	10561	8778	6220	1655	903	1783	1114	0	627	1119
0～9人	5066	4873	4267	3604	434	230	606	606	0	24	169

注：提交级别为 0 国家级；从事的国民经济行业代码（BA17）为 73～75；法人性质（BA29）为 1 事业独立法人（机构类别 BA20 为 1～5）。

表6 2022年山东省科学研究和技术服务业事业单位经费支出

计量单位：万元

指标	经费内部支出总额	科技经费内部支出	日常性支出	人员劳务费	其他日常性支出	资产性支出	仪器与设备支出	非基建的科学仪器与设备支出	基建的仪器设备支出	土建费	资本化的计算机软件支出	专利和专有技术支出	生产经营支出	其他支出
总计	1902135	1480176	1119773	569767	550007	360403	216210	198197	18014	138725	3801	1667	269430	152529
1.按机构所属地域分布														
山东省	1902135	1480176	1119773	569767	550007	360403	216210	198197	18014	138725	3801	1667	269430	152529
济南市	848736	598180	471610	228314	243296	126570	117977	109840	8137	5575	1954	1064	178819	71737
历下区	258202	143161	126787	57481	69306	16374	15562	14801	761	162	208	442	88307	26735
市中区	66300	31583	29363	21532	7831	2220	2002	1012	990	163	43	13	28954	5763
槐荫区	33353	22055	19583	10497	9086	2472	2161	2041	120	101	0	210	1941	9358
天桥区	29580	26843	23143	13177	9966	3699	3564	3133	431	135	0	0	12	2725
历城区	227150	187597	175962	80789	95173	11635	6341	5210	1131	4658	607	29	28190	11363
济阳区	4690	4186	2146	1304	842	2040	2039	2039	0	0	0	1	284	220
平阴县	342	342	341	316	25	1	1	1	0	0	0	0	0	0
济南高新技术产业开发区	229119	182413	94285	43217	51068	88128	86307	81603	4704	357	1095	369	31132	15574
青岛市	575305	499611	392264	193123	199141	107347	55789	50013	5776	49671	1535	352	26512	49183
市辖区	2884	2884	1846	1127	718	1038	1038	1038	0	0	0	0	0	0
市南区	148109	107160	99028	56254	42773	8133	6805	5564	1241	1142	127	59	7145	33803
市北区	18187	16353	15989	8562	7427	364	220	220	0	0	142	3	10	1823
黄岛区	15077	12723	9922	3498	6424	2802	2263	2263	0	538	0	0	1293	1061
崂山区	200154	182293	140502	70701	69801	41791	27213	23422	3791	13886	575	118	13207	4654
李沧区	15430	13966	13227	9572	3655	739	640	632	8	0	99	0	1	1464
城阳区	37713	29833	27075	5674	21401	2758	2630	2621	9	0	13	115	4526	3355

续表

指标	经费内部支出总额	科技经费内部支出	日常性支出	人员劳务费	其他日常性支出	资产性支出	仪器与设备支出	非基建的科学仪器与设备支出	基建的仪器设备支出	土建费	资本化的计算机软件支出	专利和专有技术支出	生产经营支出	其他支出
即墨区	131616	128778	79511	35263	44248	49267	14532	13934	598	34105	580	50	9	2829
青岛高新技术产业开发区	5709	5196	4870	2337	2534	326	319	319	0	0	0	7	321	192
莱西市	428	425	295	135	160	130	130	0	130	0	0	0	0	3
淄博市	19950	16978	14924	9388	5536	2054	1991	590	1401	53	7	3	1077	1895
市辖区	9152	8519	7239	3522	3717	1280	1217	494	723	53	7	3	582	52
张店区	10697	8359	7585	5813	1772	774	774	96	678	0	0	0	495	1843
周村区	100	100	100	53	47	0	0	0	0	0	0	0	0	0
枣庄市	1767	1741	1447	1349	98	294	282	248	33	0	5	7	11	16
薛城区	1363	1356	1286	1248	38	70	60	60	0	0	5	5	1	6
滕州市	405	385	161	101	60	224	222	188	33	0	0	2	10	10
东营市	4811	4368	4194	2679	1515	175	132	132	0	22	20	0	443	0
市辖区	3198	2801	2801	1969	831	0	0	0	0	0	0	0	397	0
东营区	1077	1051	970	615	355	81	59	59	0	22	0	0	26	0
垦利区	537	517	423	95	329	94	74	74	0	0	20	0	20	0
烟台市	167903	161859	69932	41823	28109	91927	15961	15769	192	75840	108	18	2351	3693
市辖区	2345	1685	1649	1154	495	36	36	36	0	0	0	0	301	359
芝罘区	14896	13594	12563	9297	3266	1031	351	159	192	679	0	0	0	1302
福山区	29628	25887	24738	12789	11949	1149	1145	1145	0	0	0	4	2043	1699
莱山区	21445	21219	20089	13484	6606	1130	1085	1085	0	0	30	14	0	226
蓬莱区	2914	2807	1674	866	808	1133	480	480	0	653	0	0	0	108
烟台高新技术产业开发区	47368	47361	6482	2647	3834	40879	7001	7001	0	33800	78	0	8	0
烟台经济技术开发区	49307	49307	2737	1586	1151	46570	5863	5863	0	40707	0	0	0	0

续表

指标	经费内部支出总额	科技经费内部支出	日常性支出			资产性支出	仪器与设备支出			土建费	资本化的计算机软件支出	专利和专有技术支出	生产经营支出	其他支出
				人员劳务费	其他日常性支出			非基建的科学仪器与设备支出	基建的仪器与设备支出					
潍坊市	60073	43171	28234	10697	17536	14938	12973	12943	30	1953	10	2	16129	774
市辖区	4231	3831	3764	216	3548	67	67	47	20	0	0	0	1	400
潍城区	5551	4024	3566	1390	2176	457	457	457	0	0	0	0	1388	139
寒亭区	4090	2391	1998	1972	27	393	393	393	0	0	0	0	1678	21
坊子区	29631	29629	16218	5184	11034	13411	12001	12001	0	1399	9	2	2	0
奎文区	1202	1138	1137	1021	116	1	1	1	0	0	0	0	0	64
寿光市	13977	767	729	466	263	38	38	28	10	0	0	0	13060	150
昌邑市	1392	1392	821	450	371	571	16	16	0	553	1	0	0	0
济宁市	72355	58433	52906	19923	32983	5528	2849	2417	432	2457	120	102	8213	5709
市辖区	3071	2688	2407	1551	456	281	49	49	0	232	0	0	251	132
任城区	23584	19773	16107	11722	4386	3665	1440	1440	0	2226	0	0	0	3811
兖州区	36381	31460	30941	5114	25827	519	511	511	0	0	8	0	3169	1752
微山县	433	424	415	349	66	9	9	9	9	0	0	1	0	9
济宁高新技术产业开发区	8751	3962	2920	681	2239	1042	840	408	432	0	101	101	4789	0
邹城市	136	127	116	106	10	11	0	0	0	0	11	0	5	5
泰安市	50457	33197	27971	19363	8608	5226	2197	1342	855	3029	0	0	14037	3222
泰山区	29808	25307	20081	14599	5482	5226	2197	1342	855	3029	0	0	2314	2188
岱岳区	20648	7890	7890	4764	3126	0	0	0	0	0	0	0	11724	1035
威海市	10568	6862	5810	3811	1999	1052	1022	492	530	30	0	0	2218	1489
市辖区	4787	2569	2317	1614	703	252	252	252	0	0	0	0	2218	0
环翠区	1199	1192	952	437	516	240	240	240	0	0	0	0	0	7
文登区	2052	1567	1006	534	473	560	530	0	530	30	0	0	0	485

续表

指标	经费内部支出总额	科技经费内部支出	日常性支出	人员劳务费	其他日常性支出	资产性支出	仪器与设备支出	非基建的科学仪器与设备支出	基建的仪器与设备支出	土建费	资本化的计算机软件支出	专利和专有技术支出	生产经营支出	其他支出
荣成市	2225	1453	1453	1180	274	0	0	0	0	0	0	0	0	772
乳山市	305	81	81	47	34	0	0	0	0	0	0	0	0	224
日照市	31293	11773	10949	8928	2021	824	694	395	299	0	42	89	15174	4346
市辖区	8896	6950	6400	5734	665	550	550	313	237	0	0	0	1026	921
东港区	22396	4824	4550	3194	1355	274	144	82	62	0	42	89	14148	3424
临沂市	30619	23614	21020	15993	5027	2595	2595	2595	0	0	0	0	1407	5597
市辖区	4542	4164	4077	3347	730	87	87	87	0	0	0	0	0	378
兰山区	24972	18345	15891	11830	4061	2454	2454	2454	0	0	0	0	1407	5219
河东区	1065	1065	1011	805	206	54	54	54	0	0	0	0	0	0
营南县	41	41	41	11	30	0	0	0	0	0	0	0	0	0
德州市	5155	2025	1829	1032	797	196	153	111	42	40	0	4	15	3114
市辖区	3987	886	880	724	156	6	6	6	0	0	0	0	0	3101
德城区	98	98	98	92	6	0	0	0	0	0	0	0	0	0
齐河县	204	175	88	25	64	87	43	1	42	40	0	4	15	13
禹城市	866	866	763	191	572	103	103	103	0	0	0	0	0	0
聊城市	7119	5167	4089	2977	1112	1079	1021	1021	0	55	1	3	1527	425
市辖区	7119	5167	4089	2977	1112	1079	1021	1021	0	55	1	3	1527	425
滨州市	6715	6087	5718	4533	1185	369	345	187	158	0	0	25	27	601
市辖区	6715	6087	5718	4533	1185	369	345	187	158	0	0	25	27	601
菏泽市	9310	7110	6880	5835	1045	230	230	103	127	0	0	0	1470	729
市辖区	3804	3171	2989	2329	660	182	182	55	127	0	0	0	0	633
牡丹区	1765	1765	1765	1626	139	0	0	0	0	0	0	0	0	0

续表

指标	经费内部支出总额	科技经费内部支出	日常性支出	人员劳务费	其他日常性支出	资产性支出	仪器与设备支出	非基建的科学仪器与设备支出	基建的仪器与设备支出	土建费	资本化的计算机软件支出	专利和专有技术支出	生产经营支出	其他支出
菏泽经济技术开发区	3742	2175	2126	1880	246	49	49	49	0	0	0	0	1470	97
2. 按机构所属隶属关系分布														
中央部门属	356800	327623	282642	138957	143685	44981	26976	21967	5009	16909	916	180	19061	10116
中国科学院	120926	118369	110412	59562	50850	7957	6660	6660	0	811	428	59	234	2323
非中央部门属	1545335	1152553	837131	430810	406321	315422	189235	176230	13005	121815	2885	1487	250369	142413
省级部门属	847953	634413	536770	256343	280427	97644	73313	71403	1910	22151	1149	1030	105278	108262
副省级城市属	333937	206660	108806	56922	51884	97855	74656	69433	5223	22104	993	102	105470	11807
地市级部门属	271074	224198	125458	83476	41983	98740	22142	19365	2777	76225	219	155	34329	12548
3. 按机构从事的国民经济行业分布														
科学研究和技术服务业	1902135	1480176	1119773	569767	550007	360403	216210	198197	18014	138725	3801	1667	269430	152529
研究和试验发展	1499104	1194327	866595	455447	411147	327733	185233	170897	14336	138115	3302	1082	182148	122629
专业技术服务业	349594	243291	215735	92655	123081	27555	26366	24470	1897	404	317	468	80148	26156
科技推广和应用服务业	53438	42559	37443	21665	15778	5115	4611	2830	1781	205	182	117	7135	3745
4. 按机构服务的国民经济行业分布														
农、林、牧、渔业	180313	165351	149801	93653	56148	15550	7882	6640	1242	7485	121	62	1729	13233
农业	74292	68413	63679	42422	21257	4735	1760	1633	127	2949	6	21	25	5854
林业	11626	10864	10194	4514	5680	670	549	305	244	121	0	0	0	762
畜牧业	9986	8868	7889	4937	2953	979	339	339	0	640	0	0	0	1118
渔业	56259	52906	46959	24880	22079	5947	3485	2772	713	2349	110	3	1235	2119
农、林、牧、渔专业及辅助性活动	28149	24300	21080	16901	4180	3220	1749	1591	158	1428	5	39	468	3381
制造业	294503	201791	144577	61972	82605	57215	54929	52097	2832	1976	44	266	80063	12649

续表

指标	经费内部支出总额	科技经费内部支出	日常性支出	人员劳务费	其他日常性支出	资产性支出	仪器与设备支出	非基建的科学仪器与设备支出	基建的仪器与设备支出	土建费	资本化的计算机软件支出	专利和专有技术支出	生产经营支出	其他支出
农副食品加工业	630	630	541	254	288	89	89	89	0	0	0	0	0	0
食品制造业	21396	20710	18631	1946	16684	2079	2079	2079	0	0	0	0	0	687
纺织业	1102	540	540	314	226	0	0	0	0	0	0	0	0	562
皮革、毛皮、羽毛及其制品和制鞋业	360	192	192	160	32	0	0	0	0	0	0	0	0	158
家具制造业	240	175	175	152	23	0	0	0	0	0	0	0	0	65
造纸和纸制品业	676	270	270	215	56	0	0	0	0	0	0	0	0	406
文教、工美、体育和娱乐用品制造业	586	394	394	350	44	0	0	0	0	0	0	0	0	192
化学原料和化学制品制造业	11776	8893	7197	4976	2221	1697	1561	357	1204	135	0	0	1371	1512
医药制造业	42557	38381	34388	8519	25869	3992	3686	3586	100	41	0	266	21	4155
化学纤维制造业	606	499	413	320	93	86	86	86	0	0	0	0	47	61
黑色金属冶炼和压延加工业	41	41	41	11	30	0	0	0	0	0	0	0	0	0
专用设备制造业	32045	29044	19037	12644	6393	10007	9985	9143	842	0	22	0	861	2139
汽车制造业	825	644	636	322	313	8	8	0	8	0	0	0	0	181
铁路、船舶、航空航天和其他运输设备制造业	7580	7580	4696	1610	3087	2884	2346	2346	0	538	0	0	0	0
计算机、通信和其他电子设备制造业	93875	15707	14572	3049	11523	1135	1135	457	678	0	0	0	77764	404
仪器仪表制造业	37986	35867	28243	16405	11838	7625	6360	6360	0	1262	3	0	0	2118
其他制造业	42225	42225	14612	10725	3886	27613	27594	27594	0	0	19	0	0	0
建筑业	3832	2439	2376	1842	534	63	63	63	0	0	0	1	0	1393
房屋建筑业	3832	2439	2376	1842	534	63	63	63	0	0	0	1	0	1393
交通运输、仓储和邮政业	22549	22261	19369	9546	9823	2892	2884	2884	0	0	8	0	12	276
铁路运输业	6215	6215	5875	2695	3180	341	333	333	0	0	8	0	0	0

续表

指标	经费内部支出总额	科技经费内部支出	日常性支出			资产性支出				资本化的计算机软件支出	专利和专有技术支出	生产经营支出	其他支出
				人员劳务费	其他日常性支出		仪器与设备支出						
								非基建的科学仪器与设备支出	基建的仪器与设备支出	土建费			
道路运输业	16333	16046	13495	6851	6644	2551	2551	2551	0	0	0	0	12	276
信息传输、软件和信息技术服务业	32515	27793	22298	9585	12713	5495	5492	4502	990	0	0	3	1370	3352
软件和信息技术服务业	32515	27793	22298	9585	12713	5495	5492	4502	990	0	0	3	1370	3352
租赁和商务服务业	926	256	256	147	109	0	0	0	0	0	0	0	0	575
商务服务业	926	256	256	147	109	0	0	0	0	0	0	0	0	575
科学研究和技术服务业	1215229	981038	708581	358142	350439	272457	138866	126563	12304	128990	3518	1083	176243	57948
研究和试验发展	715704	668265	427860	211302	216559	240405	108286	102154	6131	128487	2971	662	17687	29752
专业技术服务业	466801	287575	259202	133253	125950	28373	27359	22065	5293	284	419	311	153586	25640
科技推广和应用服务业	32724	25198	21518	13588	7930	3680	3222	2343	879	219	129	110	4970	2556
水利、环境和公共设施管理业	45675	38924	36171	19127	17044	2753	2638	2201	436	0	73	42	1001	5751
水利管理业	15451	14629	14500	2769	11731	129	79	79	0	0	8	42	0	822
生态保护和环境治理业	25534	20028	17440	12657	4783	2588	2533	2097	436	0	55	0	940	4567
公共设施管理业	4689	4267	4231	3701	530	36	26	26	0	0	10	0	61	362
教育	2428	2202	2202	1808	394	0	0	0	0	0	0	0	0	226
教育	2428	2202	2202	1808	394	0	0	0	0	0	0	0	0	226
卫生和社会工作	85085	20035	17745	10510	7236	2290	1942	1822	120	101	38	210	8917	56132
卫生	85085	20035	17745	10510	7236	2290	1942	1822	120	101	38	210	8917	56132
文化、体育和娱乐业	16413	15846	14445	2076	12369	1401	1401	1401	0	0	0	0	0	567
文化艺术业	16413	15846	14445	2076	12369	1401	1401	1401	0	0	0	0	0	567
公共管理、社会保障和社会组织	2669	2240	1953	1360	593	287	115	25	90	173	0	0	0	429
国家机构	2669	2240	1953	1360	593	287	115	25	90	173	0	0	0	429

科技统计 349

续表

指标	经费内部支出总额	科技经费内部支出	日常性支出	人员劳务费	其他日常性支出	资产性支出	仪器与设备支出	非基建的科学仪器与设备支出	基建的仪器与设备支出	土建费	资本化的计算机软件支出	专利和专有技术支出	生产经营支出	其他支出
5. 按机构所属学科领域分布														
自然科学领域	466174	424728	320776	161506	159270	103952	62294	57390	4904	39888	1574	196	22517	18929
信息科学与系统科学	25383	21588	20246	13730	6516	1343	597	495	103	218	510	17	2410	1385
物理学	62276	58741	24992	15793	9199	33749	29193	29193	0	4440	115	0	1622	1913
化学	17055	15367	13718	11571	2147	1649	1649	1411	237	0	0	0	1089	599
地球科学	340651	311801	245045	112362	132683	66756	30411	25848	4563	35230	938	178	16098	12752
生物学	20810	17231	16776	8050	8726	455	444	443	0	0	11	1	1298	2281
农业科学领域	325969	303124	272488	144448	128040	30636	21857	20567	1290	8481	234	64	2435	20410
农学	223561	207098	184608	93753	90855	22490	16987	16654	333	5372	109	23	1139	15324
林学	16955	15705	14997	8713	6284	708	578	334	244	121	10	0	61	1189
畜牧、兽医科学	23044	21497	20211	12480	7731	1286	616	616	0	640	5	25	0	1547
水产学	62409	58824	52672	29502	23170	6152	3676	2963	713	2349	110	17	1235	2350
医学科学领域	197266	126429	76907	32946	43962	49522	14989	14722	267	33942	116	476	9592	61245
基础医学	16827	12777	11218	8307	2911	1559	1559	1559	0	0	0	0	168	3882
临床医学	58802	9190	7755	2508	5248	1435	1109	989	120	101	16	210	8917	40695
预防医学与公共卫生学	18405	6905	6472	4353	2119	434	411	411	0	22	0	0	0	11499
药学	96433	91341	46509	13993	32516	44832	10647	10500	147	33841	78	266	506	4586
中医学与中药学	6800	6216	4953	3785	1168	1263	1263	1263	0	0	0	0	0	583
工程科学与技术领域	853784	572792	398761	199982	198780	174030	115379	103827	11553	56252	1868	532	234487	46505
工程与技术基础学科	75137	48052	35942	17482	18460	12110	11769	9642	2127	70	109	162	24771	2314
信息科学系统科学相关工程与技术	16526	15821	14307	6964	7343	1515	1339	346	993	173	0	3	254	451
自然科学相关工程与技术	130945	89268	28257	18622	9635	61011	17334	16275	1059	42824	766	87	28121	13556

续表

指标	经费内部支出总额	科技经费内部支出	日常性支出	人员劳务费	其他日常支出	资产性支出	仪器与设备支出	非基建的科学仪器与设备支出	基建的仪器与设备支出	土建费	资本化的计算机软件支出	专利和专有技术支出	生产经营支出	其他支出
测绘科学技术	63308	37307	37203	16010	21193	104	80	80	0	0	9	15	21152	4849
材料科学	26791	25968	15246	8789	6458	10722	10552	9515	1038	135	29	5	173	650
冶金工程技术	1466	41	41	11	30	0	0	0	0	0	0	0	853	573
机械工程	11087	8106	7101	4702	2399	1005	1005	257	748	0	0	0	481	2500
动力与电气工程	32409	32377	2412	1724	689	29965	29801	29801	0	0	163	0	0	32
能源科学技术	77589	76513	51158	22341	28817	25355	14052	14052	0	10909	394	0	0	1076
核科学技术	2054	1550	1344	1017	327	206	205	205	0	0	0	1	284	220
电子与通信技术	128779	49332	41599	19929	21671	7733	6448	6448	0	1262	23	1	75997	3450
计算机科学技术	34378	28898	23372	11659	11713	5526	5402	4321	1081	0	11	113	1430	4051
化学工程	40496	25869	22424	4421	18003	3445	3445	3435	10	0	0	0	13361	1266
产品应用相关工程与技术	5795	5614	4749	1605	3144	866	552	292	260	110	101	103	67	114
纺织科学技术	1436	814	814	577	237	0	0	0	0	0	0	0	0	622
食品科学技术	5480	4773	4648	2470	2178	125	120	120	0	0	5	0	20	687
土木建筑工程	26922	7670	3638	2908	729	4032	4008	208	3800	0	24	0	18658	595
水利工程	15451	14629	14500	2769	11731	129	79	79	0	0	8	42	0	822
交通运输工程	22549	22261	19369	9546	9823	2892	2884	2884	0	0	8	0	12	276
航空、航天科学技术	6824	6824	4136	1312	2825	2687	2149	2149	0	538	0	0	0	0
环境科学技术及资源科学技术	76680	51133	47383	31211	16172	3750	3533	3096	436	0	218	0	19922	5625
安全科学技术	16344	11688	11083	7333	3750	606	374	374	0	232	0	0	3150	1506
管理学	35340	8284	8036	6581	1454	249	249	249	0	0	0	0	25783	1272
社会、人文科学领域	58943	53104	50841	30886	19955	2263	1692	1692	0	163	9	400	400	5440
艺术学	3173	2981	2948	2288	659	34	34	34	0	0	0	0	0	192

续表

指标	经费内部支出总额	科技经费内部支出	日常性支出			资产性支出				资本化的计算机软件支出	专利和专有技术支出	生产经营支出	其他支出
				人员劳务费	其他日常性支出		仪器与设备支出	非基建的科学仪器与设备支出	基建的仪器设备支出	土建费				
考古学	16413	15846	14445	2076	12369	1401	1401	1401	0	0	0	0	0	567
经济学	926	256	256	147	109	0	0	0	0	0	0	0	95	575
社会学	19567	17081	16880	13477	3403	201	201	201	0	0	0	0	305	2181
图书馆、情报与文献学	16436	14737	14109	11090	3020	628	56	56	0	163	9	400	0	1699
教育学	2428	2202	2202	1808	394	0	0	0	0	0	0	0	0	226
6. 按机构从业人员规模分														
≥1000 人	78879	76338	75152	27234	47917	1187	1187	1000	186	0	0	0	671	1870
500～999 人	329230	289610	236118	121549	114569	53492	49647	45339	4308	3077	691	77	29493	10127
300～499 人	280176	212177	153054	69344	83710	59123	22588	21934	654	35723	527	285	20129	47871
200～299 人	345772	197122	140829	71599	69230	56294	55566	50924	4642	289	293	146	130249	18400
100～199 人	534926	429580	286252	148697	137555	143328	55761	51905	3856	86709	634	224	66197	39148
50～99 人	236647	195457	161275	89035	72240	34182	21119	20300	819	10809	1497	756	14922	26268
30～49 人	49745	41578	37464	27098	10366	4114	2831	1352	1479	1257	19	8	2083	6084
20～29 人	29075	22539	17645	8902	8743	4894	4430	2664	1766	197	112	155	5307	1229
10～19 人	13272	11515	9574	5196	4378	1941	1306	1046	260	623	2	10	312	1445
0～9 人	4416	4260	2411	1113	1298	1849	1775	1733	42	40	27	7	68	88

注：提交级别为 0 国家级；从事的国民经济行业代码（BA17）为 73～75；法人性质（BA29）为 1 事业独立法人（机构类别 BA20 为 1～5）。

表7　2022年山东省科学研究和技术服务业事业单位科研基建与固定资产

计量单位：万元

指标	科研基建	按经费来源分					年末固定资产原价	科研房屋建筑物	科研仪器设备	
		政府资金	企业资金	事业单位资金	国外资金	其他资金				进口
总计	156738	145257	4	10491	0	986	2785725	773569	1549863	368232
1．按机构所属地域分布										
山东省	156738	145257	4	10491	0	986	2785725	773569	1549863	368232
济南市	13713	8469	0	5243	0	0	988113	289933	532226	117221
历下区	923	506	0	417	0	0	296141	58801	198187	24571
市中区	1153	1153	0	0	0	0	52663	991	8327	596
槐荫区	221	0	0	221	0	0	49694	22413	26425	6193
天桥区	567	82	0	484	0	0	48772	30991	15312	1558
历城区	5789	5469	0	321	0	0	309336	112454	144407	28815
济阳区	0	0	0	0	0	0	1065	0	337	0
平阴县	0	0	0	0	0	0	287	101	13	0
济南高新技术产业开发区	5061	1261	0	3800	0	0	230155	64182	139218	55488
青岛市	55448	54377	1	1068	0	2	1219450	278290	784811	179884
市辖区	0	0	0	0	0	0	3793	0	3793	0
市南区	2383	1944	0	436	0	2	378300	76890	233254	101818
市北区	0	0	0	0	0	0	31910	1650	16408	98
黄岛区	538	538	0	0	0	0	45458	0	43210	2564
崂山区	17676	17044	1	631	0	0	381236	88734	254454	43073
李沧区	8	8	0	0	0	0	24991	13312	11082	0
城阳区	9	9	0	0	0	0	60706	50	47544	51
即墨区	34703	34703	0	0	0	0	279420	91479	169419	31091
青岛高新技术产业开发区	0	0	0	0	0	0	13055	5975	5267	1189
莱西市	130	130	0	0	0	0	580	200	380	0
淄博市	1454	1454	0	0	0	0	48207	5782	36260	17596
市辖区	776	776	0	0	0	0	26457	1521	22642	11553
张店区	678	678	0	0	0	0	21705	4262	13610	6043
周村区	0	0	0	0	0	0	45	0	9	0
枣庄市	33	33	0	0	0	0	1443	285	92	21
薛城区	0	0	0	0	0	0	1410	285	59	21
滕州市	33	33	0	0	0	0	33	0	33	0
东营市	22	22	0	0	0	0	7303	602	5681	753
市辖区	0	0	0	0	0	0	6064	535	5048	753
东营区	22	22	0	0	0	0	845	67	282	0
垦利区	0	0	0	0	0	0	394	0	352	0

续表

指标	科研基建	按经费来源分					年末固定资产原价	科研房屋建筑物	科研仪器设备	进口
		政府资金	企业资金	事业单位资金	国外资金	其他资金				
烟台市	76032	75862	0	170	0	0	246286	112473	82223	23662
市辖区	0	0	0	0	0	0	5059	0	5059	4289
芝罘区	872	702	0	170	0	0	53780	3768	5145	0
福山区	0	0	0	0	0	0	36756	11862	19435	1004
莱山区	0	0	0	0	0	0	49891	25364	23980	9033
蓬莱区	653	653	0	0	0	0	10944	8154	2072	0
烟台高新技术产业开发区	33800	33800	0	0	0	0	79608	63324	16284	9336
烟台经济技术开发区	40707	40707	0	0	0	0	10249	0	10249	0
潍坊市	1982	1953	0	10	0	20	42996	6790	19596	5839
市辖区	20	0	0	0	0	20	6452	0	570	0
潍城区	0	0	0	0	0	0	2629	247	2305	0
寒亭区	0	0	0	0	0	0	14900	1430	6243	635
坊子区	1399	1399	0	0	0	0	12323	1955	8160	4016
奎文区	0	0	0	0	0	0	60	0	41	0
寿光市	10	0	0	10	0	0	3740	763	1931	1189
昌邑市	553	553	0	0	0	0	2891	2395	347	0
济宁市	2889	664	0	1262	0	964	78118	34645	26144	380
市辖区	232	232	0	0	0	0	7564	4697	1946	0
任城区	2226	0	0	1262	0	964	35192	18584	12459	277
兖州区	0	0	0	0	0	0	30678	11364	7074	0
微山县	0	0	0	0	0	0	141	0	124	103
济宁高新技术产业开发区	432	432	0	0	0	0	309	0	309	0
邹城市	0	0	0	0	0	0	4233	0	4233	0
泰安市	3884	1225	0	2659	0	0	40624	14228	14015	8035
泰山区	3884	1225	0	2659	0	0	31173	14228	13331	8035
岱岳区	0	0	0	0	0	0	9451	0	684	0
威海市	560	557	4	0	0	0	25267	6378	7671	1854
市辖区	0	0	0	0	0	0	19201	5129	3541	344
环翠区	0	0	0	0	0	0	360	0	242	0
文登区	560	557	4	0	0	0	3669	249	3420	1510
荣成市	0	0	0	0	0	0	1862	1000	292	0
乳山市	0	0	0	0	0	0	175	0	175	0
日照市	299	237	0	62	0	0	32911	4971	14563	4077
市辖区	237	237	0	0	0	0	15038	1187	12569	3548
东港区	62	0	0	62	0	0	17873	3784	1994	529
临沂市	0	0	0	0	0	0	16976	3145	10600	2374

续表

续表

指标	科研基建	按经费来源分					年末固定资产原价	科研房屋建筑物	科研仪器设备	进口
		政府资金	企业资金	事业单位资金	国外资金	其他资金				
市辖区	0	0	0	0	0	0	2878	1750	1036	0
兰山区	0	0	0	0	0	0	12448	1395	7914	2374
河东区	0	0	0	0	0	0	171	0	171	0
莒南县	0	0	0	0	0	0	1479	0	1479	0
德州市	82	82	0	0	0	0	4058	2985	1068	0
市辖区	0	0	0	0	0	0	2613	2418	195	0
德城区	0	0	0	0	0	0	5	0	0	0
齐河县	82	82	0	0	0	0	427	67	360	0
禹城市	0	0	0	0	0	0	1013	500	513	0
聊城市	55	38	0	17	0	0	21111	11443	5967	2398
市辖区	55	38	0	17	0	0	21111	11443	5967	2398
滨州市	158	158	0	0	0	0	3483	605	1763	38
市辖区	158	158	0	0	0	0	3483	605	1763	38
菏泽市	127	127	0	0	0	0	9379	1014	7183	4100
市辖区	127	127	0	0	0	0	2403	920	1037	0
牡丹区	0	0	0	0	0	0	633	0	574	113
菏泽经济技术开发区	0	0	0	0	0	0	6343	94	5573	3988
2.按机构所属隶属关系分布										
中央部门属	21918	21918	0	0	0	0	926096	203167	643063	141227
中国科学院	811	811	0	0	0	0	337159	99864	227354	88798
非中央部门属	134820	123339	4	10491	0	986	1859629	570402	906801	227004
省级部门属	24060	18870	0	5190	0	0	1151602	344474	540102	130728
副省级城市属	27327	23090	0	4237	0	0	264143	84221	132769	39395
地市级部门属	79002	77838	0	180	0	984	312069	127131	129052	45680
3.按机构从事的国民经济行业分布										
科学研究和技术服务业	156738	145257	4	10491	0	986	2785725	773569	1549863	368232
研究和试验发展	152451	141473	4	9990	0	984	2225623	658178	1218541	262864
专业技术服务业	2301	2301	0	0	0	0	507552	109042	291499	91784
科技推广和应用服务业	1987	1483	0	502	0	2	52550	6349	39823	13583
4.按机构服务的国民经济行业分布										
农、林、牧、渔业	8727	5436	0	3291	0	0	337011	129690	131484	34163
农业	3076	416	0	2659	0	0	80247	41051	30957	8363
林业	365	365	0	0	0	0	7485	3155	2193	148
畜牧业	640	640	0	0	0	0	52238	4825	4210	29
渔业	3062	3062	0	0	0	0	156356	56944	81186	24606

续表

指标	科研基建	按经费来源分					年末固定资产原价	科研房屋建筑物	科研仪器设备	进口
		政府资金	企业资金	事业单位资金	国外资金	其他资金				
农、林、牧、渔专业及辅助性活动	1585	954	0	631	0	0	40686	23716	12939	1018
制造业	4808	3062	0	1746	0	0	358659	89924	246519	72586
农副食品加工业	0	0	0	0	0	0	1021	0	817	0
食品制造业	0	0	0	0	0	0	51661	266	44296	0
纺织业	0	0	0	0	0	0	1882	1650	119	28
皮革、毛皮、羽毛及其制品和制鞋业	0	0	0	0	0	0	339	201	70	0
家具制造业	0	0	0	0	0	0	1142	105	27	0
造纸和纸制品业	0	0	0	0	0	0	924	303	123	49
文教、工美、体育和娱乐用品制造业	0	0	0	0	0	0	755	690	66	0
化学原料和化学制品制造业	1339	855	0	484	0	0	18298	7529	9009	5090
医药制造业	141	141	0	0	0	0	90405	42562	45285	22623
化学纤维制造业	0	0	0	0	0	0	173	0	14	0
黑色金属冶炼和压延加工业	0	0	0	0	0	0	1479	0	1479	0
专用设备制造业	842	842	0	0	0	0	67739	18980	44677	30857
汽车制造业	8	8	0	0	0	0	868	0	843	0
铁路、船舶、航空航天和其他运输设备制造业	538	538	0	0	0	0	34827	0	32579	1941
计算机、通信和其他电子设备制造业	678	678	0	0	0	0	34133	2039	32094	6043
仪器仪表制造业	1262	0	0	1262	0	0	41118	15600	23126	2929
其他制造业	0	0	0	0	0	0	11897	0	11897	3026
建筑业	0	0	0	0	0	0	17833	127	296	70
房屋建筑业	0	0	0	0	0	0	17833	127	296	70
交通运输、仓储和邮政业	0	0	0	0	0	0	43178	29916	12252	0
铁路运输业	0	0	0	0	0	0	1881	0	1587	0
道路运输业	0	0	0	0	0	0	41297	29916	10664	0
信息传输、软件和信息技术服务业	990	990	0	0	0	0	86030	1592	82699	139
软件和信息技术服务业	990	990	0	0	0	0	86030	1592	82699	139
租赁和商务服务业	0	0	0	0	0	0	116	0	71	0
商务服务业	0	0	0	0	0	0	116	0	71	0
科学研究和技术服务业	141294	135506	4	4797	0	986	1763726	478985	1024705	254229
研究和试验发展	134618	133247	4	383	0	984	1025229	321255	589004	108053
专业技术服务业	5577	1350	0	4227	0	0	719129	153551	423926	146024
科技推广和应用服务业	1098	909	0	187	0	2	19367	4179	11775	151
水利、环境和公共设施管理业	436	0	0	436	0	0	43700	2121	30271	4016
水利管理业	0	0	0	0	0	0	5678	964	2919	714
生态保护和环境治理业	436	0	0	436	0	0	31408	1109	27143	3197

续表

指标	科研基建	按经费来源分					年末固定资产原价	科研房屋建筑物	科研仪器设备	
		政府资金	企业资金	事业单位资金	国外资金	其他资金				进口
公共设施管理业	0	0	0	0	0	0	6614	48	209	104
教育	0	0	0	0	0	0	137	0	0	0
教育	0	0	0	0	0	0	137	0	0	0
卫生和社会工作	221	0	0	221	0	0	125537	41012	20617	3030
卫生	221	0	0	221	0	0	125537	41012	20617	3030
文化、体育和娱乐业	0	0	0	0	0	0	2664	201	912	0
文化艺术业	0	0	0	0	0	0	2664	201	912	0
公共管理、社会保障和社会组织	262	262	0	0	0	0	7133	0	38	0
国家机构	262	262	0	0	0	0	7133	0	38	0
5.按机构所属学科分布										
自然科学领域	44792	44054	0	738	0	0	863367	186648	611358	168328
信息科学与系统科学	321	0	0	321	0	0	17005	8	14292	7115
物理学	4440	4440	0	0	0	0	35138	6222	26326	4020
化学	237	237	0	0	0	0	34395	7184	26574	17390
地球科学	39793	39376	0	417	0	0	750540	172389	518924	135193
生物学	0	0	0	0	0	0	26288	844	25242	4610
农业科学领域	9771	6128	0	2659	0	984	503294	192971	185151	45890
农学	5705	2062	0	2659	0	984	267520	123142	91356	20222
林学	365	365	0	0	0	0	15529	3409	2442	252
畜牧、兽医科学	640	640	0	0	0	0	58740	7454	7675	57
水产学	3062	3062	0	0	0	0	161506	58966	83679	25359
医学科学领域	34209	33988	1	221	0	0	342469	157773	114380	53496
基础医学	0	0	0	0	0	0	20439	8130	10409	3109
临床医学	221	0	0	221	0	0	90297	24002	12491	2754
预防医学与公共卫生学	0	0	0	0	0	0	24624	8905	7646	1202
药学	33988	33988	1	0	0	0	189944	107063	77755	43473
中医学与中药学	0	0	0	0	0	0	17164	9673	6079	2958
工程科学与技术领域	67804	60925	4	6873	0	2	1062313	234289	636056	100518
工程与技术科学基础学科	2197	2191	4	0	0	2	131234	29316	62834	10160
信息与系统科学相关工程与技术	1166	1166	0	0	0	0	12348	0	5041	0
自然科学相关工程与技术	43883	43252	0	631	0	0	97580	15757	54854	7203
测绘科学技术	0	0	0	0	0	0	44528	0	29172	492
材料科学	1173	689	0	484	0	0	69840	19684	48576	31721
冶金工程技术	0	0	0	0	0	0	2668	0	1479	0
机械工程	748	686	0	62	0	0	12497	650	10575	6043
动力与电气工程	0	0	0	0	0	0	4112	0	4032	0

续表

续表

指标	科研基建	按经费来源分					年末固定资产原价	科研房屋建筑物	科研仪器设备	进口
		政府资金	企业资金	事业单位资金	国外资金	其他资金				
能源科学技术	10909	10909	0	0	0	0	84002	35219	43349	4794
核科学技术	0	0	0	0	0	0	505	0	327	0
电子与通信技术	1262	0	0	1262	0	0	68453	19443	45839	2929
计算机科学技术	1081	1081	0	0	0	0	85319	1592	81788	139
化学工程	10	0	0	10	0	0	67880	1406	56608	2772
产品应用相关工程与技术	370	183	0	187	0	0	1955	0	1473	103
纺织科学技术	0	0	0	0	0	0	1969	1650	129	28
食品科学技术	0	0	0	0	0	0	7169	1332	5371	2488
土木建筑工程	3800	0	0	3800	0	0	32465	4597	1529	0
水利工程	0	0	0	0	0	0	5678	964	2919	714
交通运输工程	0	0	0	0	0	0	43178	29916	12252	0
航空、航天科学技术	538	538	0	0	0	0	32964	0	30716	1597
环境科学技术及资源科学技术	436	0	0	436	0	0	128163	26789	72149	12230
安全科学技术	232	232	0	0	0	0	33452	12736	11427	0
管理学	0	0	0	0	0	0	94356	33239	53618	17107
社会、人文科学领域	163	163	0	0	0	0	14282	1889	2918	0
艺术学	0	0	0	0	0	0	1092	698	394	0
考古学	0	0	0	0	0	0	2664	201	912	0
经济学	0	0	0	0	0	0	116	0	71	0
社会学	0	0	0	0	0	0	5802	877	288	0
图书馆、情报与文献学	163	163	0	0	0	0	4470	112	1253	0
教育学	0	0	0	0	0	0	137	0	0	0
6. 按机构从业人员规模分										
≥1000 人	186	186	0	0	0	0	126090	58455	35975	7717
500～999 人	7385	7385	0	0	0	0	723121	166554	506351	141336
300～499 人	36377	36056	0	321	0	0	448360	128732	221909	54178
200～299 人	4932	1131	0	3800	0	0	319308	124070	159220	50559
100～199 人	90565	84381	0	5200	0	984	837709	233082	441149	72108
50～99 人	11629	11192	0	436	0	0	226920	38681	119640	24722
30～49 人	2736	2731	4	0	0	0	58756	15630	35587	12230
20～29 人	1963	1307	0	654	0	2	27003	4001	19775	2722
10～19 人	883	804	0	79	0	0	15001	4086	8887	2650
0～9 人	82	82	0	0	0	0	3455	279	1371	10

注：提交级别为 0 国家级；从事的国民经济行业代码（BA17）为 73～75；法人性质（BA29）为 1 事业独立法人（机构类别 BA20 为 1～5）。

表8 2022年山东省科学研究和技术服务业事业单位科学仪器设备

指标	科学仪器设备数量（台/套）	单台原值≥100万元	科学仪器设备原值（万元）	单台原值≥100万元
总计	217758	2002	1549863	747141
1.按机构所属地域分组				
山东省	217758	2002	1549863	747141
济南市	72016	723	532226	234855
历下区	24982	216	198187	90352
市中区	1105	14	8327	4251
槐荫区	2394	42	26425	9371
天桥区	2615	24	15312	4583
历城区	25245	172	144407	46835
济阳区	170	0	337	0
平阴县	28	0	13	0
济南高新技术产业开发区	15477	255	139218	79462
青岛市	81415	928	784811	428506
市辖区	2087	0	3793	0
市南区	29627	227	233254	119048
市北区	1112	26	16408	8056
黄岛区	1798	17	43210	26443
崂山区	24114	333	254454	136915
李沧区	3575	21	11082	5167
城阳区	3514	91	47544	20976
即墨区	14870	203	169419	109784
青岛高新技术产业开发区	699	10	5267	2118
莱西市	19	0	380	0
淄博市	4114	79	36260	15592
市辖区	2634	52	22642	8647
张店区	1479	27	13610	6945
周村区	1	0	9	0
枣庄市	120	0	92	0
薛城区	113	0	59	0
滕州市	7	0	33	0
东营市	1007	6	5681	637
市辖区	631	6	5048	637
东营区	316	0	282	0
垦利区	60	0	352	0

续表

指标	科学仪器设备数量（台/套）	单台原值≥100万元	科学仪器设备原值（万元）	单台原值≥100万元
烟台市	36792	120	82223	33919
市辖区	831	6	5059	1384
芝罘区	1366	6	5145	943
福山区	24475	32	19435	9972
莱山区	8741	24	23980	6080
蓬莱区	64	0	2072	0
烟台高新技术产业开发区	1085	29	16284	8996
烟台经济技术开发区	230	23	10249	6545
潍坊市	5816	34	19596	5683
市辖区	385	0	570	0
潍城区	26	21	2305	2295
寒亭区	1872	8	6243	1616
坊子区	2870	4	8160	1640
奎文区	52	0	41	0
寿光市	469	1	1931	133
昌邑市	142	0	347	0
济宁市	4586	22	26144	9312
市辖区	657	0	1946	0
任城区	3605	3	12459	920
兖州区	55	8	7074	6089
微山县	20	1	124	103
济宁高新技术产业开发区	40	0	309	0
邹城市	209	10	4233	2200
泰安市	2732	22	14015	3835
泰山区	2697	19	13331	3373
岱岳区	35	3	684	462
威海市	1718	5	7671	617
市辖区	614	5	3541	617
环翠区	164	0	242	0
文登区	606	0	3420	0
荣成市	186	0	292	0
乳山市	148	0	175	0
日照市	2640	24	14563	4062
市辖区	2089	23	12569	3892
东港区	551	1	1994	170
临沂市	982	24	10600	6544

续表

续表

指标	科学仪器设备数量（台／套）	单台原值≥100万元	科学仪器设备原值（万元）	单台原值≥100万元
市辖区	378	0	1036	0
兰山区	318	23	7914	5065
河东区	285	0	171	0
莒南县	1	1	1479	1479
德州市	265	1	1068	350
市辖区	142	0	195	0
齐河县	8	1	360	350
禹城市	115	0	513	0
聊城市	1008	8	5967	2152
市辖区	1008	8	5967	2152
滨州市	635	1	1763	195
市辖区	635	1	1763	195
菏泽市	1912	5	7183	884
市辖区	1149	0	1037	0
牡丹区	212	0	574	0
菏泽经济技术开发区	551	5	5573	884
2.按机构所属隶属关系分组				
中央部门属	68480	747	643063	342593
中国科学院	37430	244	227354	104142
非中央部门属	149278	1255	906801	404549
省级部门属	75805	752	540102	240482
副省级城市属	17384	200	132769	68608
地市级部门属	42926	216	129052	47075
3.按机构从事的国民经济行业分布				
科学研究和技术服务业	217758	2002	1549863	747141
研究和试验发展	182681	1400	1218541	586405
专业技术服务业	29253	534	291499	139770
科技推广和应用服务业	5824	68	39823	20967
4.按机构服务的国民经济行业分布				
农、林、牧、渔业	46059	134	131484	49584
农业	29145	34	30957	5124
林业	312	0	2193	0
畜牧业	1862	0	4210	0
渔业	11504	85	81186	41754
农、林、牧、渔专业及辅助性活动	3236	15	12939	2706
制造业	25476	425	246519	132529

续表

续表

指标	科学仪器设备数量（台/套）	单台原值≥100万元	科学仪器设备原值（万元）	单台原值≥100万元
农副食品加工业	175	1	817	140
食品制造业	2928	81	44296	19231
纺织业	102	0	119	0
皮革、毛皮、羽毛及其制品和制鞋业	29	0	70	0
家具制造业	15	0	27	0
造纸和纸制品业	124	0	123	0
文教、工美、体育和娱乐用品制造业	42	0	66	0
化学原料和化学制品制造业	1708	20	9009	3620
医药制造业	4930	86	45285	18507
化学纤维制造业	9	0	14	0
黑色金属冶炼和压延加工业	1	1	1479	1479
专用设备制造业	4373	86	44677	34945
汽车制造业	44	3	843	648
铁路、船舶、航空航天和其他运输设备制造业	918	19	32579	26687
计算机、通信和其他电子设备制造业	2048	72	32094	15210
仪器仪表制造业	6750	23	23126	4811
其他制造业	1280	33	11897	7252
建筑业	213	0	296	0
房屋建筑业	213	0	296	0
交通运输、仓储和邮政业	1486	20	12252	4730
铁路运输业	22	3	1587	1150
道路运输业	1464	17	10664	3580
信息传输、软件和信息技术服务业	8933	50	82699	53554
软件和信息技术服务业	8933	50	82699	53554
租赁和商务服务业	29	0	71	0
商务服务业	29	0	71	0
科学研究和技术服务业	128215	1292	1024705	490840
研究和试验发展	76080	715	589004	296663
专业技术服务业	47936	565	423926	191755
科技推广和应用服务业	4199	12	11775	2422
水利、环境和公共设施管理业	3941	49	30271	8519
水利管理业	554	3	2919	523
生态保护和环境治理业	3291	46	27143	7996
公共设施管理业	96	0	209	0
卫生和社会工作	2454	32	20617	7385
卫生	2454	32	20617	7385

续表

指标	科学仪器设备数量（台/套）	单台原值≥100万元	科学仪器设备原值（万元）	单台原值≥100万元
文化、体育和娱乐业	908	0	912	0
文化艺术业	908	0	912	0
公共管理、社会保障和社会组织	44	0	38	0
国家机构	44	0	38	0
5.按机构所属学科分布				
自然科学领域	52729	769	611358	351551
信息科学与系统科学	2156	23	14292	8274
物理学	3571	65	26326	12264
化学	3061	48	26574	9088
地球科学	40410	612	518924	317775
生物学	3531	21	25242	4150
农业科学领域	62724	192	185151	63000
农学	46014	103	91356	20353
林学	456	0	2442	0
畜牧、兽医科学	3921	3	7675	757
水产学	12333	86	83679	41890
医学科学领域	12360	197	114380	45308
基础医学	1955	15	10409	2953
临床医学	808	23	12491	5769
预防医学与公共卫生学	625	7	7646	1037
药学	8479	144	77755	33845
中医学与中药学	493	8	6079	1704
工程科学与技术领域	87719	843	636056	287164
工程与技术科学基础学科	9684	74	62834	16895
信息与系统科学相关工程与技术	1123	2	5041	374
自然科学相关工程与技术	3228	94	54854	27467
测绘科学技术	3529	43	29172	14167
材料科学	4579	93	48576	37135
冶金工程技术	1	1	1479	1479
机械工程	684	28	10575	7323
动力与电气工程	1488	5	4032	1149
能源科学技术	11268	63	43349	12292
核科学技术	169	0	327	0
电子与通信技术	9029	51	45839	11391
计算机科学技术	9543	49	81788	53427
化学工程	6153	103	56608	22062

续表

续表

指标	科学仪器设备数量（台/套）	单台原值≥100万元	科学仪器设备原值（万元）	单台原值≥100万元
产品应用相关工程与技术	807	1	1473	103
纺织科学技术	107	0	129	0
食品科学技术	815	5	5371	1041
土木建筑工程	1487	0	1529	0
水利工程	554	3	2919	523
交通运输工程	1486	20	12252	4730
航空、航天科学技术	473	17	30716	26443
环境科学技术及资源科学技术	12826	110	72149	24038
安全科学技术	3491	9	11427	1103
管理学	5195	72	53618	24020
社会、人文科学领域	2226	1	2918	119
艺术学	59	0	394	0
考古学	908	0	912	0
经济学	29	0	71	0
社会学	288	0	288	0
图书馆、情报与文献学	942	1	1253	119
6.按机构从业人员规模分				
≥1000人	8709	37	35975	7188
500～999人	53091	581	506351	272093
300～499人	19717	308	221909	136159
200～299人	50175	218	159220	65399
100～199人	55927	608	441149	193500
50～99人	19460	146	119640	52370
30～49人	4975	51	35587	11751
20～29人	3843	38	19775	6143
10～19人	1695	14	8887	2190
0～9人	166	1	1371	350

注：提交级别为0国家级；从事的国民经济行业代码（BA17）为73～75；法人性质（BA29）为1事业独立法人（机构类别BA20为1～5）。

表9　2022年山东省科学研究和技术服务业事业单位课题概况

指标	课题数合计（个）	R&D课题（个）	课题经费内部支出（万元）	政府资金（万元）	R&D课题经费（万元）	课题人员折合全时工作量（人年）	R&D课题人员折合全时工作量（人年）
总计	8217	6921	460016	337447	404502	16760.5	14265.2
1. 按地域分布							
山东省	8217	6921	460016	337447	404502	16760.5	14265.2
济南市	3102	2375	168844	129214	141456	6909.6	5282.5
历下区	1281	1029	33956	24434	30697	1834.3	1507.4
市中区	274	273	6304	5651	6304	376.3	368.3
槐荫区	107	107	3157	3157	3157	364.1	364.1
天桥区	160	131	5711	740	3224	260.1	178.7
历城区	1021	632	45268	35446	30670	2442.4	1470
济阳区	23	21	3348	1551	3289	126	116
平阴县	2	1	12	12	10	11	9
济南高新技术产业开发区	234	181	71088	58224	64106	1495.4	1269
青岛市	3708	3337	221071	145341	201380	5759.3	5342.5
市辖区	3	3	2884	0	2884	80	80
市南区	1677	1528	62529	47167	58617	1455.8	1381.3
市北区	22	19	931	893	314	140	128
黄岛区	45	44	5807	3718	5802	145	142
崂山区	1446	1259	113019	69455	98530	2312.1	2074.3
李沧区	86	76	3903	3760	3645	244.3	216.8
城阳区	113	110	7771	1792	7733	415.4	405.4
即墨区	220	210	20986	18486	20904	852.4	807.9
青岛高新技术产业开发区	96	88	3242	71	2949	114.3	106.8
淄博市	47	44	3167	2951	2882	265.4	248.1
市辖区	22	21	1422	1382	1420	149	148
张店区	24	23	1646	1469	1462	114.4	100.1
周村区	1	0	100	100	0	2	0
枣庄市	10	10	1391	1391	1391	106	106
薛城区	8	8	1219	1219	1219	57	57
滕州市	2	2	172	172	172	49	49
东营市	19	18	346	250	316	95	91
市辖区	5	5	124	77	124	53	53
东营区	7	7	115	90	115	25	25
垦利区	7	6	107	83	77	17	13

续表

指标	课题数合计（个）	R&D课题（个）	课题经费内部支出（万元）	政府资金（万元）	R&D课题经费（万元）	课题人员折合全时工作量（人年）	R&D课题人员折合全时工作量（人年）
烟台市	636	535	16769	15354	15059	1038.8	937.9
市辖区	14	14	590	290	590	40.9	40.9
芝罘区	37	30	798	698	548	116.9	98.3
福山区	96	93	2260	2260	2146	265	258
莱山区	405	324	8662	7697	7622	453.5	393.7
蓬莱区	22	14	1094	1094	824	25.5	12
烟台高新技术产业开发区	30	29	2884	2837	2849	77	76
烟台经济技术开发区	32	31	481	479	479	60	59
潍坊市	97	89	27195	26866	23748	536	469
市辖区	28	28	238	238	238	93	93
潍城区	7	5	2499	2489	795	90	60
坊子区	50	45	23897	23897	22165	273	241
寿光市	10	9	409	89	398	69	64
昌邑市	2	2	153	153	153	11	11
济宁市	127	116	5635	3842	4703	455.9	410.2
市辖区	1	1	30	0	30	4	4
任城区	108	99	3342	3302	2646	351.4	317.4
兖州区	13	11	1743	76	1507	66.5	54.8
微山县	2	2	414	414	414	7	7
济宁高新技术产业开发区	2	2	100	50	100	17	17
邹城市	1	1	6	0	6	10	10
泰安市	122	88	5085	4256	3708	542.5	417.5
泰山区	115	81	4318	4256	2941	476.5	351.5
岱岳区	7	7	767	0	767	66	66
威海市	95	95	1804	794	1804	213.3	213.3
市辖区	56	56	636	636	636	134	134
环翠区	5	5	145	145	145	20.8	20.8
文登区	34	34	1024	14	1024	58.5	58.5
日照市	39	39	3231	2779	3231	158.7	158.7
市辖区	5	5	516	516	516	36	36
东港区	34	34	2715	2263	2715	122.7	122.7
临沂市	78	68	1234	933	1170	193.6	177.1
市辖区	18	18	765	765	765	108	108
兰山区	14	13	287	3	283	19.4	17.4

续表

指标	课题数合计（个）	R&D课题（个）	课题经费内部支出（万元）	政府资金（万元）	R&D课题经费（万元）	课题人员折合全时工作量（人年）	R&D课题人员折合全时工作量（人年）
河东区	39	30	141	124	82	54.1	39.6
莒南县	7	7	41	41	41	12.1	12.1
德州市	24	9	1388	1375	930	81	45
市辖区	21	7	580	567	167	62	29
齐河县	1	0	45	45	0	3	0
禹城市	2	2	763	763	763	16	16
聊城市	34	30	815	278	801	126	116
市辖区	34	30	815	278	801	126	116
滨州市	47	44	1450	1274	1449	157.1	151.1
市辖区	47	44	1450	1274	1449	157.1	151.1
菏泽市	32	24	589	550	473	122.3	99.3
市辖区	8	3	177	177	102	66	48
牡丹区	21	18	360	321	319	45.1	40.1
菏泽经济技术开发区	3	3	52	52	52	11.2	11.2
2. 按隶属关系分布							
中央部门属	3519	3145	184936	126124	165372	4104.3	3877.5
中国科学院	1927	1709	70620	57946	65716	2128.9	2047.9
非中央部门属	4698	3776	275080	211322	239129	12656.2	10387.7
省级部门属	3239	2488	122401	105356	99959	6352.8	4834.5
副省级城市属	400	355	77075	58591	76210	2090.3	1914.9
地市级部门属	644	586	28820	23231	26018	2374.4	2181.1
3. 按课题来源分布							
国家科技项目	2189	2075	126141	111592	121399	4177.9	3888
地方科技项目	2791	2398	107476	94970	96108	5935.5	4869.6
企业委托科技项目	1322	823	46862	2693	31839	2014.2	1432
自选科技项目	1037	978	125805	107620	120883	3037.9	2855.7
国际合作科技项目	21	17	605	568	519	41.2	27.5
其他科技项目	857	630	53127	20004	33754	1553.8	1192.4
4. 按课题活动类型分布							
基础研究	2210	2210	99430	91327	99430	3522.2	3522.2
应用研究	2128	2128	97898	70257	97898	4388.8	4388.8
试验发展	2583	2583	207174	152678	207174	6354.2	6354.2
研究与试验发展成果应用	583	0	28520	17782	0	1391	0
技术推广与科技服务	713	0	26995	5403	0	1104.3	0

续表

指标	课题数合计（个）	R&D课题（个）	课题经费内部支出（万元）	政府资金（万元）	R&D课题经费（万元）	课题人员折合全时工作量（人年）	R&D课题人员折合全时工作量（人年）
5.按课题所属学科分布							
自然科学领域	2622	2218	182743	138160	161402	4339.2	3966
信息科学与系统科学	28	25	708	405	657	110.3	90.5
物理学	145	134	23005	19325	22281	834.2	813.7
化学	160	126	3181	2590	3094	208.2	187.9
天文学	2	2	2	2	2	7	7
地球科学	2054	1724	128205	91019	109318	2642.6	2366.4
生物学	233	207	27642	24820	26050	536.9	500.5
农业科学领域	2265	1818	80269	58778	64101	4410.2	3360.9
农学	1446	1109	51768	36954	38032	3206.8	2367.3
林学	42	30	564	459	506	233.7	159.7
畜牧、兽医科学	205	146	7231	7105	5615	301.5	227.1
水产学	572	533	20706	14259	19948	668.2	606.8
医学科学领域	515	406	23905	14960	17399	1527	1332.3
基础医学	123	123	4276	3757	4276	275.4	275.4
临床医学	55	53	1651	1172	1491	223.4	216.9
预防医学与公共卫生学	37	37	1152	1099	1152	179.6	179.6
军事医学与特种医学	2	2	89	0	89	11	11
药学	220	132	14591	7771	9426	657.4	510.2
中医学与中药学	78	59	2147	1161	967	180.2	139.2
工程科学与技术领域	2483	2168	169595	122150	158431	5973	5225.3
工程与技术科学基础学科	140	93	839	638	690	341.2	179.1
信息与系统科学相关工程与技术	128	112	12475	5133	9271	533.5	323.5
自然科学相关工程与技术	454	440	24797	19012	24655	998.2	977.7
测绘科学技术	26	26	989	484	989	61.3	61.3
材料科学	300	272	7288	4761	7045	726	699.7
矿山工程技术	4	4	297	287	297	18.5	18.5
冶金工程技术	4	4	26	26	26	7.2	7.2
机械工程	49	48	2236	456	2011	212.5	207.5
动力与电气工程	51	48	31220	29144	31173	227.4	216.4
能源科学技术	162	154	19909	16305	19556	271.6	266.9
核科学技术	22	21	1404	1402	1384	56.2	54.2
电子与通信技术	53	47	21754	13748	20031	287.7	251.5
计算机科学技术	246	237	12333	10961	11983	718.3	686.3

续表

指标	课题数合计（个）	R&D课题（个）	课题经费内部支出（万元）	政府资金（万元）	R&D课题经费（万元）	课题人员折合全时工作量（人年）	R&D课题人员折合全时工作量（人年）
化学工程	44	38	4690	1277	2467	158.3	88.3
产品应用相关工程与技术	27	25	1084	925	1075	189.5	184.2
纺织科学技术	12	9	88	10	64	55.3	45.3
食品科学技术	116	75	4205	3678	3785	237.1	193.8
土木建筑工程	4	3	107	100	62	17.1	14.1
水利工程	29	26	577	392	491	62	54.2
交通运输工程	130	110	6353	1218	6091	102	97.6
航空、航天科学技术	28	27	4174	3787	4169	100.6	97.6
环境科学技术及资源科学技术	353	258	12004	7728	10410	456.1	384
安全科学技术	4	4	163	116	163	19	19
管理学	97	87	586	564	543	116.4	97.4
社会、人文科学领域	332	311	3504	3399	3169	511.1	380.7
马克思主义	26	26	126	126	126	17.8	17.8
哲学	12	12	59	59	59	8.6	8.6
宗教学	11	11	83	83	83	8.1	8.1
文学	8	8	39	39	39	5.6	5.6
艺术学	6	6	33	33	33	21.5	21.5
历史学	7	7	23	23	23	6.9	6.9
考古学	11	11	134	134	134	44	44
经济学	118	117	816	816	798	116.7	110.7
政治学	15	15	87	87	87	9.6	9.6
法学	10	9	62	48	49	8.9	8.1
社会学	43	39	993	993	904	84.3	57.8
民族学与文化学	23	23	120	120	120	16.6	16.6
图书馆、情报与文献学	21	7	814	798	602	123	29.9
教育学	19	18	4	0	0	24	20
统计学	2	2	91	20	91	15.5	15.5
6.按课题技术领域分布							
非技术领域	1140	1043	29899	27244	27292	1167.1	1021.4
信息技术	537	488	31397	17968	29008	1547.4	1344.2
生物和现代农业技术	3018	2382	124573	94502	105055	5622.2	4428.8
新材料技术	326	295	7257	5757	6927	693.2	669.9
能源技术	510	502	64457	57952	64199	1079.4	1066
激光技术	45	39	18088	17970	15948	744.2	700.2

续表

指标	课题数合计（个）	R&D课题（个）	课题经费内部支出（万元）	政府资金（万元）	R&D课题经费（万元）	课题人员折合全时工作量（人年）	R&D课题人员折合全时工作量（人年）
先进制造与自动化技术	240	227	9949	7205	9572	560.9	536.5
航天技术	30	29	5917	3736	5912	167.5	164.5
资源与环境技术	1647	1313	116967	75873	98649	2639.7	2310.4
其他技术领域	724	603	51512	29239	41942	2538.9	2023.3
7. 按课题的社会经济目标分布							
环境保护、生态建设及污染防治	756	598	30578	18557	26428	1142.4	983.6
环境一般问题	136	122	3875	3550	3686	170.9	161.2
环境与资源评估	173	127	9068	4362	7949	244	207.4
环境监测	192	141	5346	3209	4210	246.3	204.9
生态建设	83	62	5116	3108	3956	139.4	104.8
环境污染预防	66	58	4619	2134	4260	151.2	131.8
环境治理	86	73	2229	1907	2098	100.5	91.4
自然灾害的预防、预报	20	15	325	288	269	90.1	82.1
能源生产、分配和合理利用	604	549	67180	58434	64659	1269.6	1204.9
能源一般问题研究	28	23	1132	512	1006	56.3	54.7
能源矿产的勘探技术	14	14	628	49	628	23	23
能源矿物的开采和加工技术	7	6	579	540	579	28.7	21.7
能源转换技术	38	38	29407	29396	29407	137.7	137.7
能源输送、储存与分配技术	13	11	503	381	481	22.7	22.2
可再生能源	440	414	32913	26288	30914	753.8	728.6
能源设施和设备建造	13	5	174	119	143	31.6	13.6
能源安全生产管理和技术	4	4	4	4	4	1.6	1.6
节约能源的技术	41	32	1762	1146	1476	209.5	198.4
能源生产、输送、分配、储存、利用过程中污染的防治与处理	6	2	79	0	22	4.7	3.4
卫生事业发展	455	403	24830	15687	17609	1484.1	1314.2
卫生一般问题	7	7	197	192	197	11.3	11.3
诊断与治疗	237	207	19054	10838	12076	880.8	738.5
预防医学	16	14	507	117	501	58.8	58
公共卫生	28	26	1591	1589	1590	167.4	166.7
营养和食品卫生	20	14	494	460	338	21.7	14.7
药物滥用和成瘾	2	2	121	121	121	5.1	5.1
社会医疗	7	7	240	202	240	14.9	14.9
卫生医疗其他研究	138	126	2625	2168	2546	324.1	305
教育事业发展	22	20	20	14	11	38.4	27.4

续表

指标	课题数合计（个）	R&D课题（个）	课题经费内部支出（万元）	政府资金（万元）	R&D课题经费（万元）	课题人员折合全时工作量（人年）	R&D课题人员折合全时工作量（人年）
教育一般问题	20	19	8	5	3	33	26
非学历教育与培训	1	0	4	0	0	4	0
其他教育	1	1	9	9	9	1.4	1.4
基础设施以及城市和农村规划	183	153	13994	6425	11391	434.2	305
交通运输	130	109	6904	1470	6585	115.8	105.8
通信	20	19	5703	4083	4132	217	117
广播与电视	1	0	10	10	0	3	0
城市规划与市政工程	15	15	539	205	539	77.1	77.1
农村发展规划与建设	7	2	622	621	42	18.2	2.2
交通运输、通信、城市与农村发展对环境的影响	10	8	216	36	93	3.1	2.9
基础社会发展和社会服务	427	380	27050	18896	24576	1412.7	1155.7
社会发展和社会服务一般问题	41	33	2402	1186	2205	183.6	140.6
社会保障	1	0	1258	1258	0	50	0
公共安全	54	49	1291	1104	1251	136	110
社会管理	7	6	615	615	615	15.3	14.5
政府与政治	4	2	18	17	16	16.5	2.5
遗产保护	12	11	156	154	154	44.2	44
文艺、娱乐	4	4	27	27	27	19	19
传媒	1	1	8	8	8	0.9	0.9
科技发展	215	190	16012	11325	15045	694	582
国土资源管理	5	5	169	74	169	10.5	10.5
其他社会发展和社会服务	83	79	5094	3129	5086	242.7	231.7
地球和大气层的探索与利用	1756	1521	112246	85219	97536	2359.3	2166.9
地壳、地幔海底的探测和研究	151	141	11702	10970	11296	310	288.4
水文地理	23	18	919	281	764	48.1	39.1
海洋	1550	1333	98786	73642	84694	1896.8	1741.7
大气	24	21	336	282	279	29.4	22.7
地球探测和开发其他研究	8	8	503	45	503	75	75
民用空间探测及开发	12	11	623	161	620	25.1	25
空间探测一般研究	5	4	451	12	449	17.8	17.7
卫星服务	6	6	149	149	149	4.8	4.8
空间探测和开发其他研究	1	1	23	0	23	2.5	2.5
农林牧渔业发展	2481	1986	109133	84018	91008	4909.4	3772.2
农林牧渔业发展一般问题	188	118	5424	5038	3937	387	265.9

续表

指标	课题数合计（个）	R&D课题（个）	课题经费内部支出（万元）	政府资金（万元）	R&D课题经费（万元）	课题人员折合全时工作量（人年）	R&D课题人员折合全时工作量（人年）
农作物种植及培育	1165	963	55575	45298	48111	2625.9	2097.2
林业和林产品	18	13	400	315	382	133.7	95.5
畜牧业	201	138	6517	6382	4698	286.9	208.1
渔业	482	442	18658	12623	17931	520.9	464.4
农林牧渔业体系支撑	385	294	20512	13387	15480	853.8	593.9
农林牧渔业生产中污染的防治与处理	42	18	2047	976	470	101.2	47.2
工商业发展	945	733	41433	31184	37858	2413.2	2069.2
促进工商业发展的一般问题	17	14	689	641	678	20.7	15.8
产业共性技术	109	103	9391	5878	7655	422.4	377.1
食品、饮料和烟草制品业	68	49	2527	1933	2433	156.1	140.6
纺织业、服装及皮革制品业	8	5	55	12	31	26.9	16.9
化学工业	172	75	1460	777	1131	135.4	81.6
非金属与金属制品业	69	59	925	304	881	60.2	56.5
机械制造业（不包括电子设备、仪器仪表及办公机械）	63	62	16136	15533	15911	702.9	697.9
电子设备、仪器仪表及办公机械	37	37	633	502	633	45.5	45.5
其他制造业	21	18	248	54	236	44.8	36.6
建筑业	2	2	29	0	29	2.1	2.1
信息与通信技术（ICT）服务业	69	63	2943	1288	2694	144.6	129.6
技术服务业	289	229	5833	3815	4989	617.5	436.9
金融业	1	1	1	1	1	0.5	0.5
房地产业	1	1	66	0	66	5	5
商业及其他服务业	9	8	335	298	334	23.5	22.5
工商业活动中的环境保护、污染防治与处理	10	7	163	148	157	5.1	4.1
非定向研究	468	468	8992	8401	8992	702	702
自然科学领域的非定向研究	109	109	5592	5536	5592	311.1	311.1
工程与技术科学领域的非定向研究	36	36	1618	1084	1618	116.2	116.2
农业科学领域的非定向研究	6	6	19	19	19	4.6	4.6
医学科学领域的非定向研究	29	29	243	242	243	64.5	64.5
社会科学领域的非定向研究	288	288	1519	1519	1519	205.6	205.6
其他民用目标	68	60	6167	2152	6047	295.1	267.1
国防	40	39	17771	8299	17766	275	272
8.按课题合作形式分布							
独立完成	6512	5465	367717	279566	325745	12148.7	10387.8
与境内独立研究机构合作	544	448	31480	20219	27593	1532.5	1254.7

续表

指标	课题数合计（个）	R&D课题（个）	课题经费内部支出（万元）	政府资金（万元）	R&D课题经费（万元）	课题人员折合全时工作量（人年）	R&D课题人员折合全时工作量（人年）
与境内高等学校合作	309	277	17879	9981	15898	991.3	889.4
与境内注册其他企业合作	614	524	30989	16506	23757	1523.7	1219.5
与境外机构合作	61	55	3099	2980	2993	139.2	124.2
其他	177	152	8852	8196	8516	425.1	389.6
9.按课题服务的国民经济行业分布							
农、林、牧、渔业	2341	1890	100870	78102	85290	4457.2	3447.3
农业	1394	1087	68798	53293	56287	3171.5	2412.8
林业	26	19	367	287	331	152.5	119
畜牧业	157	107	5042	4916	3640	224.2	157
渔业	532	486	20312	14732	19517	533.7	480.6
农、林、牧、渔专业及辅助性活动	232	191	6351	4874	5516	375.3	277.9
采矿业	15	13	574	456	566	58.5	55.4
煤炭开采和洗选业	1	0	6	6	0	3	0
石油和天然气开采业	2	2	11	9	11	2.4	2.4
黑色金属矿采选业	3	3	92	92	92	6.7	6.7
有色金属矿采选业	5	5	341	285	341	29.3	29.3
非金属矿采选业	1	1	3	3	3	1	1
开采专业及辅助性活动	3	2	121	60	118	16.1	16
制造业	1009	768	84244	53657	69579	3422.2	2844.7
农副食品加工业	123	81	3208	2743	2692	169.7	133.6
食品制造业	27	17	1801	1274	1231	64.9	48.1
酒、饮料和精制茶制造业	20	17	489	287	484	37.2	36
纺织业	12	12	132	70	132	31.7	31.7
纺织服装、服饰业	4	4	74	56	74	19.8	19.8
造纸和纸制品业	1	1	70	0	70	6	6
石油、煤炭及其他燃料加工业	17	17	701	676	701	42.6	42.6
化学原料和化学制品制造业	73	54	4808	1213	2478	232.8	156.7
医药制造业	285	165	16001	8162	10586	713	538.6
化学纤维制造业	5	4	33	29	33	21.2	20.9
橡胶和塑料制品业	5	5	197	185	197	11.5	11.5
非金属矿物制品业	17	16	670	348	670	38.8	31.8
黑色金属冶炼和压延加工业	7	7	36	36	36	11.8	11.8
有色金属冶炼和压延加工业	9	7	96	96	61	13.2	11.9
金属制品业	19	14	15041	14517	15005	556.2	553.9

续表

指标	课题数合计（个）	R&D课题（个）	课题经费内部支出（万元）	政府资金（万元）	R&D课题经费（万元）	课题人员折合全时工作量（人年）	R&D课题人员折合全时工作量（人年）
通用设备制造业	40	36	1128	253	1017	164.4	154.8
专用设备制造业	84	76	4142	3978	3822	136.8	122.5
汽车制造业	30	23	1520	807	1233	89.8	72.8
铁路、船舶、航空航天和其他运输设备制造业	49	47	6460	4035	6451	216.8	212.8
电气机械和器材制造业	42	39	1682	1410	1651	67.7	62.2
计算机、通信和其他电子设备制造业	57	50	14560	7181	12785	377.3	330.5
仪器仪表制造业	66	63	4364	4286	3971	176.1	166.1
其他制造业	12	9	6910	1896	4081	214.1	59.6
废弃资源综合利用业	4	3	113	113	113	6.8	6.5
金属制品、机械和设备修理业	1	1	6	6	6	2	2
电力、热力、燃气及水生产和供应业	52	35	3231	947	1951	77.9	59
电力、热力生产和供应业	37	21	2255	110	1036	49.3	33.4
燃气生产和供应业	5	5	703	696	703	11.5	11.5
水的生产和供应业	10	9	272	141	212	17.1	14.1
建筑业	8	7	390	100	345	36	33
房屋建筑业	4	4	304	55	304	23.7	23.7
土木工程建筑业	4	3	86	45	41	12.3	9.3
交通运输、仓储和邮政业	123	105	5590	1089	5339	76.3	72.1
铁路运输业	10	10	4325	984	4325	35	35
道路运输业	111	93	1243	82	991	32.3	28.1
水上运输业	1	1	10	10	10	7	7
管道运输业	1	1	12	12	12	2	2
信息传输、软件和信息技术服务业	222	208	13548	10884	13231	615.9	552.8
电信、广播电视和卫星传输服务	1	0	10	10	0	3	0
互联网和相关服务	26	24	2072	1160	2067	67.8	53.8
软件和信息技术服务业	195	184	11466	9714	11164	545.1	499
金融业	2	2	10	10	10	1.1	1.1
货币金融服务	1	1	2	2	2	0.2	0.2
资本市场服务	1	1	8	8	8	0.9	0.9
房地产业	1	1	106	0	106	4.9	4.9
房地产业	1	1	106	0	106	4.9	4.9
租赁和商务服务业	7	3	482	171	225	17	7
商务服务业	7	3	482	171	225	17	7
科学研究和技术服务业	3837	3379	230127	176788	209486	6801	6120.5

续表

指标	课题数合计（个）	R&D课题（个）	课题经费内部支出（万元）	政府资金（万元）	R&D课题经费（万元）	课题人员折合全时工作量（人年）	R&D课题人员折合全时工作量（人年）
研究和试验发展	2249	2249	161729	139436	161729	3872.3	3872.3
专业技术服务业	1497	1099	66207	35593	46104	2515.6	2041.2
科技推广和应用服务业	91	31	2191	1759	1653	413.1	207
水利、环境和公共设施管理业	388	315	14908	10017	12624	582.8	507.5
水利管理业	16	14	108	33	81	22.1	20.3
生态保护和环境治理业	371	300	14678	9861	12420	555.7	482.2
公共设施管理业	1	1	123	123	123	5	5
居民服务、修理和其他服务业	1	0	3	3	0	15	0
居民服务业	1	0	3	3	0	15	0
教育	24	23	209	204	170	35.4	34.4
教育	24	23	209	204	170	35.4	34.4
卫生和社会工作	142	138	3184	3128	3175	415.9	410.9
卫生	142	138	3184	3128	3175	415.9	410.9
文化、体育和娱乐业	22	16	274	271	183	78.6	65
文化艺术业	18	15	265	262	181	70.6	63
体育	3	0	8	8	0	6	0
娱乐业	1	1	2	2	2	2	2
公共管理、社会保障和社会组织	23	18	2267	1619	2223	64.8	49.6
国家机构	19	17	2200	1564	2190	52	46.6
社会保障	1	0	13	0	0	0.8	0
群众团体、社会团体和其他成员组织	3	1	55	55	33	12	3

注：提交级别为0国家级；从事的国民经济行业代码（BA17）为73～75；法人性质（BA29）为1事业独立法人（机构类别BA20为1～5）。

表10　2022年山东省科学研究和技术服务业事业单位课题经费内部支出按活动类型分

计量单位：万元

指标	课题经费内部支出	基础研究	应用研究	试验发展	R&D成果应用	科技服务
总计	460016	99430	97898	207174	28520	26995
1.按机构所属地域分布						
山东省	460016	99431	97898	207174	28520	26995
济南市	168844	15196	24910	101350	17696	9692
历下区	33956	4655	6716	19327	1567	1691
市中区	6304	445	5805	54	0	0
槐荫区	3157	577	1738	842	0	0
天桥区	5711	522	524	2177	128	2360
历城区	45268	6930	4268	19471	9872	4726
济阳区	3348	0	20	3269	59	0
平阴县	12	0	0	10	0	2
济南高新技术产业开发区	71088	2067	5839	56200	6069	913
青岛市	221071	62591	58608	80181	5670	14022
市辖区	2884	0	2295	589	0	0
市南区	62529	23765	12902	21950	646	3267
市北区	931	0	259	55	617	0
黄岛区	5807	1552	0	4250	0	5
崂山区	113019	23390	38804	36336	3916	10573
李沧区	3903	195	387	3064	142	115
城阳区	7771	248	854	6630	38	0
即墨区	20986	13267	1578	6060	25	57
青岛高新技术产业开发区	3242	174	1529	1246	288	5
淄博市	3167	179	547	2156	102	183
市辖区	1422	179	104	1137	2	0
张店区	1646	0	443	1019	0	183
周村区	100	0	0	0	100	0
枣庄市	1391	0	0	1391	0	0
薛城区	1219	0	0	1219	0	0
滕州市	172	0	0	172	0	0
东营市	346	141	114	61	30	0
市辖区	124	79	0	45	0	0
东营区	115	25	90	0	0	0
垦利区	107	37	24	16	30	0
烟台市	16769	4271	2762	8026	673	1038
市辖区	590	290	301	0	0	0

续表

指标	课题经费内部支出	基础研究	应用研究	试验发展	R&D成果应用	科技服务
芝罘区	798	2	307	239	183	67
福山区	2260	77	801	1268	114	0
莱山区	8662	3687	940	2994	337	704
蓬莱区	1094	202	81	542	5	265
烟台高新技术产业开发区	2884	7	287	2555	35	0
烟台经济技术开发区	481	6	45	428	0	1
潍坊市	27195	14370	6359	3020	2571	877
市辖区	238	0	22	216	0	0
潍城区	2499	0	10	785	1704	0
坊子区	23897	14370	6125	1670	867	865
寿光市	409	0	49	349	0	11
昌邑市	153	0	153	0	0	0
济宁市	5635	1079	1319	2306	664	268
市辖区	30	0	30	0	0	0
任城区	3342	832	240	1574	664	32
兖州区	1743	241	1049	218	0	236
微山县	414	0	0	414	0	0
济宁高新技术产业开发区	100	0	0	100	0	0
邹城市	6	6	0	0	0	0
泰安市	5085	194	213	3301	633	744
泰山区	4318	194	213	2534	633	744
岱岳区	767	0	0	767	0	0
威海市	1804	240	669	895	0	0
市辖区	636	66	76	494	0	0
环翠区	145	0	0	145	0	0
文登区	1024	174	593	257	0	0
日照市	3231	195	765	2271	0	0
市辖区	516	0	412	104	0	0
东港区	2715	195	353	2167	0	0
临沂市	1234	132	186	852	6	58
市辖区	765	0	0	765	0	0
兰山区	287	116	164	3	0	5
河东区	142	17	22	44	6	53
莒南县	41	0	0	41	0	0
德州市	1388	113	707	110	428	30
市辖区	580	0	57	110	383	30
齐河县	45	0	0	0	45	0

续表

指标	课题经费内部支出	基础研究	应用研究	试验发展	R&D成果应用	科技服务
禹城市	763	113	650	0	0	0
聊城市	815	30	507	264	6	8
市辖区	815	30	507	264	6	8
滨州市	1450	380	181	889	0	0
市辖区	1450	380	181	889	0	0
菏泽市	589	319	52	102	41	75
市辖区	177	0	0	102	0	75
牡丹区	360	319	0	0	41	0
菏泽经济技术开发区	52	0	52	0	0	0
2．按机构所属隶属关系分布						
中央部门属	184936	62657	49880	52836	5232	14332
中国科学院	70620	23026	23761	18929	971	3933
非中央部门属	275080	36774	48018	154338	23288	12663
省级部门属	122401	30001	25704	44254	13181	9261
副省级城市属	77075	1981	8487	65743	649	216
地市级部门属	28820	1517	3152	21349	2339	464
3．按课题来源分布						
国家科技项目	126141	49117	29096	43186	3439	1303
地方科技项目	107476	22149	24824	49136	9698	1670
企业委托科技项目	46863	2195	8409	21234	4909	10115
自选科技项目	125805	23321	21653	75909	3724	1199
国际合作科技项目	605	134	20	366	75	11
其他科技项目	53127	2515	13896	17344	6676	12697
4．按课题所属学科分布						
自然科学领域	182743	77694	40976	42733	6844	14497
信息科学与系统科学	708	205	221	232	1	51
物理学	23005	3686	1193	17402	724	0
化学	3181	657	1234	1203	0	87
天文学	2	2	0	0	0	0
地球科学	128205	55593	31350	22375	4989	13898
生物学	27642	17551	6978	1521	1131	462
农业科学领域	80269	8057	12236	43808	10959	5209
农学	51768	2251	8731	27050	9260	4476
林学	564	20	154	333	48	9
畜牧、兽医科学	7231	1697	1244	2674	1233	384
水产学	20706	4089	2108	13751	419	340

续表

指标	课题经费内部支出	基础研究	应用研究	试验发展	R&D成果应用	科技服务
医学科学领域	23905	4879	3895	8626	5451	1055
基础医学	4276	2239	1207	831	0	0
临床医学	1651	905	373	213	160	0
预防医学与公共卫生学	1152	234	854	64	0	0
军事医学与特种医学	89	0	89	0	0	0
药学	14591	1266	1018	7142	4156	1009
中医学与中药学	2147	236	355	376	1134	46
工程科学与技术领域	169595	8182	39058	111190	5200	5965
工程与技术科学基础学科	839	58	558	74	64	84
信息与系统科学相关工程与技术	12475	853	2636	5783	1369	1834
自然科学相关工程与技术	24797	397	10370	13889	7	134
测绘科学技术	989	366	301	322	0	0
材料科学	7288	909	1986	4150	184	59
矿山工程技术	297	10	287	0	0	0
冶金工程技术	26	0	0	26	0	0
机械工程	2236	434	1049	529	225	0
动力与电气工程	31220	159	73	30941	40	7
能源科学技术	19909	224	5606	13726	119	234
核科学技术	1404	24	20	1341	20	0
电子与通信技术	21754	30	442	19559	1723	0
计算机科学技术	12333	1397	6609	3976	350	0
化学工程	4690	142	761	1565	0	2223
产品应用相关工程与技术	1084	30	732	313	0	9
纺织科学技术	88	0	27	37	6	18
食品科学技术	4205	109	1029	2648	267	153
土木建筑工程	107	0	6	56	45	0
水利工程	577	12	363	116	81	4
交通运输工程	6353	589	586	4916	125	137
航空、航天科学技术	4174	0	0	4169	0	5
环境科学技术及资源科学技术	12004	2330	5041	3040	575	1019
安全科学技术	163	0	146	17	0	0
管理学	586	109	433	0	0	44
社会、人文科学领域	3504	618	1733	817	66	269
马克思主义	126	93	33	0	0	0
哲学	59	59	0	0	0	0
宗教学	83	62	21	0	0	0
文学	39	34	5	0	0	0

续表

续表

指标	课题经费内部支出	基础研究	应用研究	试验发展	R&D成果应用	科技服务
艺术学	33	33	0	0	0	0
历史学	23	22	1	0	0	0
考古学	154	154	0	0	0	0
经济学	816	27	769	2	0	18
政治学	87	20	67	0	0	0
法学	62	28	21	0	0	13
社会学	993	4	709	191	0	89
民族学与文化学	120	77	43	0	0	0
图书馆、情报与文献学	814	5	34	563	66	146
教育学	4	0	0	0	0	4
统计学	91	0	30	61	0	0
5．按课题技术领域分布						
非技术领域	29899	19703	4656	2933	178	2429
信息技术	31397	3613	12570	12825	1962	427
生物和现代农业技术	124573	28057	25523	51475	12212	7306
新材料技术	7257	1730	1348	3849	229	101
能源技术	64457	532	15146	48522	101	158
激光技术	18088	191	268	15489	2140	0
先进制造与自动化技术	9949	800	1823	6949	299	78
航天技术	5917	0	0	5912	0	5
资源与环境技术	116967	40343	30813	27492	5100	13218
其他技术领域	51512	4462	5751	31728	6299	3271
6．按课题的社会经济目标分布						
环境保护、生态建设及污染防治	30578	7318	11075	8035	1230	2921
环境一般问题	3875	1913	1113	660	31	158
环境与资源评估	9068	2371	3214	2363	151	968
环境监测	5346	983	1218	2010	481	655
生态建设	5117	1584	930	1442	214	947
环境污染预防	4619	136	3121	1003	261	98
环境治理	2229	228	1445	425	69	62
自然灾害的预防、预报	325	103	34	132	23	33
能源生产、分配和合理利用	67180	710	14512	49437	419	2102
能源一般问题研究	1132	26	693	288	0	126
能源矿产的勘探技术	628	192	90	346	0	0
能源矿物的开采和加工技术	579	79	0	500	0	0
能源转换技术	29407	48	190	29169	0	0
能源输送、储存与分配技术	503	8	193	280	22	0

续表

指标	课题经费内部支出	基础研究	应用研究	试验发展	R&D成果应用	科技服务
可再生能源	32913	251	12789	17874	193	1806
能源设施和设备建造	174	0	8	135	19	13
能源安全生产管理和技术	4	0	2	2	0	0
节约能源的技术	1762	103	549	825	155	131
能源生产、输送、分配、储存、利用过程中污染的防治与处理	79	3	0	19	30	27
卫生事业发展	24830	4657	4214	8738	6290	931
卫生一般问题	197	5	192	0	0	0
诊断与治疗	19054	1644	2257	8175	6164	814
预防医学	507	418	73	10	0	6
公共卫生	1592	587	931	73	0	2
营养和食品卫生	494	50	162	125	81	75
药物滥用和成瘾	121	20	101	0	0	0
社会医疗	240	45	0	195	0	0
卫生医疗其他研究	2625	1888	498	161	45	34
教育事业发展	20	0	11	0	0	9
教育一般问题	8	0	3	0	0	5
非学历教育与培训	4	0	0	0	0	4
其他教育	9	0	9	0	0	0
基础设施以及城市和农村规划	13994	649	5123	5620	197	2406
交通运输	6904	473	929	5183	197	122
通信	5703	22	4070	40	0	1571
广播与电视	10	0	0	0	0	10
城市规划与市政工程	539	112	118	309	0	0
农村发展规划与建设	623	0	0	42	0	581
交通运输、通信、城市与农村发展对环境的影响	216	42	6	46	0	123
基础社会发展和社会服务	27050	2635	6130	15811	2009	465
社会发展和社会服务一般问题	2402	108	247	1850	84	113
社会保障	1258	0	0	0	1258	0
公共安全	1291	195	741	315	18	22
社会管理	615	30	585	0	0	0
政府与政治	18	0	16	0	0	2
遗产保护	156	154	0	0	0	1
文艺、娱乐	27	27	0	0	0	0
传媒	8	8	0	0	0	0
科技发展	16012	1549	3031	10465	648	319
国土资源管理	169	68	64	36	0	0
其他社会发展和社会服务	5094	496	1446	3144	0	8

续表

指标	课题经费内部支出	基础研究	应用研究	试验发展	R&D成果应用	科技服务
地球和大气层的探索与利用	112246	52436	25536	19564	4296	10414
地壳、地幔海底的探测和研究	11702	10004	832	460	105	301
水文地理	919	128	632	4	137	19
海洋	98786	42007	24060	18627	4052	10040
大气	336	259	12	9	2	55
地球探测和开发其他研究	503	38	0	465	0	0
民用空间探测及开发	623	60	124	437	0	2
空间探测一般研究	451	12	0	437	0	2
卫星服务	149	48	101	0	0	0
空间探测和开发其他研究	23	0	23	0	0	0
农林牧渔业发展	109133	22650	19385	48973	11108	7017
农林牧渔业发展一般问题	5424	313	861	2764	922	565
农作物种植及培育	55575	15726	12612	19773	6409	1054
林业和林产品	400	240	4	138	10	8
畜牧业	6517	1573	1082	2043	1472	348
渔业	18658	3086	1959	12885	455	272
农林牧渔业体系支撑	20512	1467	2859	11154	1245	3787
农林牧渔业生产中污染的防治与处理	2047	245	9	216	594	982
工商业发展	41433	1995	7671	28193	2859	716
促进工商业发展的一般问题	689	0	116	562	5	5
产业共性技术	9391	514	3135	4007	1725	11
食品、饮料和烟草制品业	2527	92	274	2067	38	56
纺织业、服装及皮革制品业	55	0	30	1	6	18
化学工业	1460	97	422	611	61	268
非金属与金属制品业	925	250	125	506	0	44
机械制造业(不包括电子设备、仪器仪表及办公机械)	16136	70	217	15624	225	0
电子设备、仪器仪表及办公机械	633	83	189	362	0	0
其他制造业	248	26	93	117	0	12
建筑业	29	0	23	6	0	0
信息与通信技术(ICT)服务业	2943	633	1200	862	101	149
技术服务业	5833	228	1609	3153	698	145
金融业	1	1	0	0	0	0
房地产业	66	0	66	0	0	0
商业及其他服务业	335	2	39	293	0	1
工商业活动中的环境保护、污染防治与处理	163	0	136	22	0	5
非定向研究	8992	5942	3050	0	0	0
自然科学领域的非定向研究	5593	4748	844	0	0	0

续表

指标	课题经费内部支出	基础研究	应用研究	试验发展	R&D成果应用	科技服务
工程与技术科学领域的非定向研究	1618	530	1088	0	0	0
农业科学领域的非定向研究	19	9	10	0	0	0
医学科学领域的非定向研究	243	202	41	0	0	0
社会科学领域的非定向研究	1520	453	1066	0	0	0
其他民用目标	6167	201	772	5074	112	7
国防	17771	179	295	17292	0	5
7. 按课题合作形式分布						
独立完成	367717	89189	80628	155928	17944	24028
与境内独立研究机构合作	31480	4061	3379	20154	3434	453
与境内高等学校合作	17879	2445	4275	9178	1925	56
与境内注册其他企业合作	30989	1348	6110	16298	4892	2340
与境外机构合作	3100	1619	599	776	95	11
其他	8852	768	2907	4840	230	106
8. 按课题服务的国民经济行业分布						
农、林、牧、渔业	100870	23605	18722	42963	10323	5257
农业	68798	16997	14992	24298	8077	4434
林业	367	0	38	293	30	6
畜牧业	5042	1329	748	1562	1191	211
渔业	20312	4002	2408	13107	465	330
农、林、牧、渔专业及辅助性活动	6351	1278	535	3703	558	277
采矿业	574	137	385	44	6	2
煤炭开采和洗选业	6	0	0	0	6	0
石油和天然气开采业	11	0	9	2	0	0
黑色金属矿采选业	92	71	15	6	0	0
有色金属矿采选业	341	4	301	37	0	0
非金属矿采选业	4	4	0	0	0	0
开采专业及辅助性活动	121	58	60	0	0	2
制造业	84244	3794	8434	57350	9793	4873
农副食品加工业	3208	209	757	1726	305	211
食品制造业	1801	9	63	1160	299	271
酒、饮料和精制茶制造业	489	6	31	446	0	5
纺织业	132	0	89	43	0	0
纺织服装、服饰业	74	0	0	74	0	0
造纸和纸制品业	70	0	0	70	0	0
石油、煤炭及其他燃料加工业	701	70	15	616	0	0
化学原料和化学制品制造业	4808	179	515	1784	60	2271
医药制造业	16001	1774	1592	7220	5062	354

续表

指标	课题经费内部支出	基础研究	应用研究	试验发展	R&D成果应用	科技服务
化学纤维制造业	33	7	26	0	0	0
橡胶和塑料制品业	197	46	0	151	0	0
非金属矿物制品业	670	136	207	327	0	0
黑色金属冶炼和压延加工业	36	0	1	36	0	0
有色金属冶炼和压延加工业	96	51	0	10	35	0
金属制品业	15041	17	382	14605	0	37
通用设备制造业	1128	443	338	236	59	52
专用设备制造业	4142	193	1002	2627	265	56
汽车制造业	1520	205	712	316	277	10
铁路、船舶、航空航天和其他运输设备制造业	6460	22	120	6309	0	10
电气机械和器材制造业	1682	124	317	1211	6	25
计算机、通信和其他电子设备制造业	14560	136	644	12005	1775	0
仪器仪表制造业	4364	30	1011	2931	393	0
其他制造业	6910	25	613	3443	1258	1571
废弃资源综合利用业	113	113	0	0	0	0
金属制品、机械和设备修理业	6	0	0	6	0	0
电力、热力、燃气及水生产和供应业	3231	107	856	988	25	1254
电力、热力生产和供应业	2255	53	769	214	25	1194
燃气生产和供应业	703	52	49	602	0	0
水的生产和供应业	272	2	37	173	0	60
建筑业	390	0	271	74	45	0
房屋建筑业	304	0	248	56	0	0
土木工程建筑业	86	0	23	18	45	0
交通运输、仓储和邮政业	5590	133	272	4933	114	137
铁路运输业	4325	45	73	4207	0	0
道路运输业	1243	78	199	714	114	137
水上运输业	10	10	0	0	0	0
管道运输业	12	0	0	12	0	0
信息传输、软件和信息技术服务业	13548	1790	7193	4248	68	249
电信、广播电视和卫星传输服务	10	0	0	0	0	10
互联网和相关服务	2072	423	891	753	5	0
软件和信息技术服务业	11466	1367	6302	3495	64	239
金融业	10	0	10	0	0	0
货币金融服务	2	0	2	0	0	0
资本市场服务	8	0	8	0	0	0
房地产业	106	0	106	0	0	0
房地产业	106	0	106	0	0	0

续表

指标	课题经费内部支出	基础研究	应用研究	试验发展	R&D成果应用	科技服务
租赁和商务服务业	482	160	4	61	256	1
商务服务业	482	160	4	61	256	1
科学研究和技术服务业	230127	64472	53519	91495	6804	13837
研究和试验发展	161729	51597	39147	70986	0	0
专业技术服务业	66207	12666	14065	19373	6635	13468
科技推广和应用服务业	2191	210	307	1136	168	369
水利、环境和公共设施管理业	14908	3072	6594	2958	1087	1198
水利管理业	108	24	14	44	26	0
生态保护和环境治理业	14678	3048	6581	2792	1060	1198
公共设施管理业	123	0	0	123	0	0
居民服务、修理和其他服务业	3	0	0	0	0	3
居民服务业	3	0	0	0	0	3
教育	209	44	103	23	0	39
教育	209	44	103	23	0	39
卫生和社会工作	3184	659	1416	1100	0	10
卫生	3184	659	1416	1100	0	10
文化、体育和娱乐业	274	183	0	0	0	91
文化艺术业	265	181	0	0	0	84
体育	8	0	0	0	0	8
娱乐业	2	2	0	0	0	0
公共管理、社会保障和社会组织	2268	1273	13	937	0	44
国家机构	2200	1240	13	937	0	9
社会保障	13	0	0	0	0	13
群众团体、社会团体和其他成员组织	55	33	0	0	0	22

注：提交级别为 0 国家级；从事的国民经济行业代码（BA17）为 73～75；法人性质（BA29）为 1 事业独立法人（机构类别 BA20 为 1～5）。

表 11　2022 年山东省科学研究和技术服务业事业单位 R&D 人员

计量单位：人

指标	R&D 人员	研究人员	女性	按工作量分		按学历分			
				R&D 全时人员	R&D 非全时人员	博士毕业	硕士毕业	本科毕业	其他
总计	23466	16611	8243	16101	7365	7856	7813	5842	1955
1.按机构所属地域分布									
山东省	23466	16611	8243	16101	7365	7856	7813	5842	1955
济南市	8098	5358	2843	6299	1799	1999	3151	2238	710
历下区	2140	1681	785	1704	436	609	743	587	201
市中区	499	418	184	447	52	130	204	161	4
槐荫区	434	324	149	346	88	108	147	129	50
天桥区	240	188	59	211	29	36	104	86	14
历城区	2696	1816	1064	2036	660	714	1052	683	247
济阳区	130	94	12	77	53	69	37	21	3
平阴县	10	9	3	9	1	0	1	8	1
济南高新技术产业开发区	1949	828	587	1469	480	333	863	563	190
青岛市	10005	7382	3421	5702	4303	4708	2900	1796	601
市辖区	169	80	17	122	47	27	68	70	4
市南区	2149	1805	902	1488	661	1169	444	320	216
市北区	213	148	83	157	56	30	81	59	43
黄岛区	237	65	68	173	64	41	120	67	9
崂山区	2825	2073	1110	2121	704	1108	1047	505	165
李沧区	340	203	134	229	111	93	76	120	51
城阳区	679	499	182	313	366	154	182	331	12
即墨区	3261	2410	876	1003	2258	2029	832	300	100
青岛高新技术产业开发区	132	99	49	96	36	57	50	24	1
淄博市	390	286	149	356	34	27	140	163	60
市辖区	248	163	102	217	31	25	88	109	26
张店区	140	123	47	137	3	2	51	53	34
周村区	2	0	0	2	0	0	1	1	0
枣庄市	152	115	36	105	47	40	43	59	10
薛城区	63	57	17	57	6	0	4	49	10
滕州市	89	58	19	48	41	40	39	10	0
东营市	142	110	40	98	44	48	26	53	15
市辖区	57	50	15	51	6	6	7	37	7
东营区	33	23	18	26	7	6	15	7	5
垦利区	52	37	7	21	31	36	4	9	3
烟台市	1359	1030	571	1042	317	482	438	292	147
市辖区	62	62	28	53	9	16	44	1	1

续表

指标	R&D人员	研究人员	女性	按工作量分		按学历分			
				R&D全时人员	R&D非全时人员	博士毕业	硕士毕业	本科毕业	其他
芝罘区	166	135	65	137	29	22	53	66	25
福山区	294	250	117	258	36	38	138	82	36
莱山区	554	416	240	414	140	280	138	118	18
蓬莱区	27	10	9	10	17	1	6	16	4
烟台高新技术产业开发区	148	49	81	62	86	45	33	7	63
烟台经济技术开发区	108	108	31	108	0	80	26	2	0
潍坊市	713	360	314	586	127	160	271	174	108
市辖区	94	93	39	94	0	13	30	26	25
潍城区	111	71	36	101	10	13	8	63	27
坊子区	412	125	220	308	104	125	213	50	24
寿光市	78	57	13	69	9	9	18	27	24
昌邑市	18	14	6	14	4	0	2	8	8
济宁市	527	418	177	429	98	78	199	172	78
市辖区	12	4	2	0	12	0	5	7	0
任城区	398	366	152	353	45	57	158	118	65
兖州区	62	18	7	49	13	1	21	35	5
微山县	14	2	4	7	7	1	1	7	5
济宁高新技术产业开发区	21	19	11	15	6	4	10	4	3
邹城市	20	9	1	5	15	15	4	1	0
泰安市	698	470	261	537	161	85	184	369	60
泰山区	511	404	181	417	94	85	166	205	55
岱岳区	187	66	80	120	67	0	18	164	5
威海市	238	205	52	127	111	90	73	70	5
市辖区	138	125	43	99	39	61	37	36	4
环翠区	24	15	9	15	9	14	6	4	0
文登区	76	65	0	13	63	15	30	30	1
日照市	191	127	55	165	26	11	53	73	54
市辖区	36	27	15	36	0	1	7	15	13
东港区	155	100	40	129	26	10	46	58	41
临沂市	344	241	93	179	165	77	114	122	31
市辖区	125	106	45	125	0	6	32	64	23
兰山区	72	48	11	14	58	0	36	30	6
河东区	90	60	34	38	52	51	26	13	0
莒南县	57	27	3	2	55	20	20	15	2
德州市	50	46	28	48	2	5	26	10	9
市辖区	32	30	18	32	0	3	23	5	1
禹城市	18	16	10	16	2	2	3	5	8

续表

续表

指标	R&D人员	研究人员	女性	按工作量分		按学历分			
				R&D全时人员	R&D非全时人员	博士毕业	硕士毕业	本科毕业	其他
聊城市	169	134	65	154	15	4	61	66	38
市辖区	169	134	65	154	15	4	61	66	38
滨州市	236	211	84	192	44	21	75	134	6
市辖区	236	211	84	192	44	21	75	134	6
菏泽市	154	118	54	82	72	21	59	51	23
市辖区	61	46	10	42	19	1	22	32	6
牡丹区	42	42	19	40	2	19	23	0	0
菏泽经济技术开发区	51	30	25	0	51	1	14	19	17
2. 按机构所属隶属关系分布									
中央部门属	5478	4178	2124	4046	1432	2442	1600	967	469
中国科学院	3123	2428	1248	2054	1069	1611	773	426	313
非中央部门属	17988	12433	6119	12055	5933	5414	6213	4875	1486
省级部门属	7406	5515	2900	5596	1810	2141	2697	1945	623
副省级城市属	4862	3136	1394	2084	2778	2315	1350	914	283
地市级部门属	3027	2332	1107	2481	546	399	963	1182	483
3. 按机构从事的国民经济行业分布									
科学研究和技术服务业	23466	16611	8243	16101	7365	7856	7813	5842	1955
研究和试验发展	20503	14727	7307	14037	6466	7406	6684	4671	1742
专业技术服务业	1808	1154	595	1293	515	150	675	814	169
科技推广和应用服务业	1155	730	341	771	384	300	454	357	44
4. 按机构服务的国民经济行业分布									
农、林、牧、渔业	2892	2352	1146	2505	387	785	930	894	283
农业	1354	1109	574	1173	181	388	388	429	149
林业	213	201	95	178	35	29	61	108	15
畜牧业	168	140	69	148	20	58	49	36	25
渔业	621	495	249	597	24	227	200	151	43
农、林、牧、渔专业及辅助性活动	536	407	159	409	127	83	232	170	51
制造业	2894	1667	844	2235	659	571	1078	913	332
农副食品加工业	34	18	21	17	17	4	18	7	5
食品制造业	224	126	66	137	87	42	80	95	7
纺织业	8	4	4	8	0	0	4	3	1
造纸和纸制品业	35	17	11	35	0	0	5	27	3
化学原料和化学制品制造业	246	206	42	201	45	58	107	61	20
医药制造业	380	169	210	380	0	68	149	113	50
化学纤维制造业	32	23	12	22	10	0	7	8	17
黑色金属冶炼和压延加工业	57	27	3	2	55	20	20	15	2

续表

指标	R&D人员	研究人员	女性	按工作量分		按学历分			
				R&D全时人员	R&D非全时人员	博士毕业	硕士毕业	本科毕业	其他
专用设备制造业	297	158	108	224	73	14	162	100	21
汽车制造业	44	28	6	27	17	9	18	15	2
铁路、船舶、航空航天和其他运输设备制造业	220	135	46	131	89	93	70	48	9
计算机、通信和其他电子设备制造业	227	100	78	212	15	24	23	139	41
仪器仪表制造业	465	356	120	351	114	166	218	56	25
其他制造业	625	300	117	488	137	73	197	226	129
建筑业	24	15	3	10	14	1	9	9	5
房屋建筑业	24	15	3	10	14	1	9	9	5
交通运输、仓储和邮政业	92	79	11	90	2	22	58	12	0
铁路运输业	52	39	7	50	2	13	31	8	0
道路运输业	40	40	4	40	0	9	27	4	0
信息传输、软件和信息技术服务业	526	382	102	445	81	220	144	156	6
软件和信息技术服务业	526	382	102	445	81	220	144	156	6
科学研究和技术服务业	15964	11242	5715	10023	5941	6095	5131	3514	1224
研究和试验发展	11558	7961	4174	7319	4239	4806	3761	2158	833
专业技术服务业	3648	2813	1337	2182	1466	1095	1128	1061	364
科技推广和应用服务业	758	468	204	522	236	194	242	295	27
水利、环境和公共设施管理业	357	318	164	275	82	59	186	96	16
水利管理业	98	80	30	40	58	16	50	32	0
生态保护和环境治理业	259	238	134	235	24	43	136	64	16
教育	50	20	26	50	0	0	12	38	0
教育	50	20	26	50	0	0	12	38	0
卫生和社会工作	616	485	225	417	199	101	235	191	89
卫生	616	485	225	417	199	101	235	191	89
文化、体育和娱乐业	44	44	4	44	0	1	25	18	0
文化艺术业	44	44	4	44	0	1	25	18	0
公共管理、社会保障和社会组织	7	7	3	7	0	1	5	1	0
国家机构	7	7	3	7	0	1	5	1	0
5.按机构所属学科分布									
自然科学领域	7210	5186	2273	4090	3120	3353	2105	1238	514
信息科学与系统科学	555	179	129	522	33	77	370	94	14
物理学	910	474	206	716	194	142	282	343	143
化学	275	211	134	215	60	66	64	97	48
地球科学	5158	4134	1668	2368	2790	2966	1269	633	290
生物学	312	188	136	269	43	102	120	71	19
农业科学领域	5205	3862	2276	4237	968	1457	1664	1462	622

续表

续表

指标	R&D人员	研究人员	女性	按工作量分		按学历分			
				R&D全时人员	R&D非全时人员	博士毕业	硕士毕业	本科毕业	其他
农学	3877	2791	1738	3071	806	1046	1253	1068	510
林学	239	216	101	200	39	35	63	122	19
畜牧、兽医科学	361	298	148	335	26	141	103	77	40
水产学	728	557	289	631	97	235	245	195	53
医学科学领域	1947	1265	897	1546	401	419	711	512	305
基础医学	343	220	135	266	77	94	96	73	80
临床医学	270	199	109	188	82	81	112	55	22
预防医学与公共卫生学	252	191	69	165	87	13	83	113	43
药学	877	486	469	758	119	168	334	226	149
中医学与中药学	205	169	115	169	36	63	86	45	11
工程科学与技术领域	8563	5812	2529	5717	2846	2480	3129	2453	501
工程与技术科学基础学科	705	525	175	290	415	136	304	213	52
信息与系统科学相关工程与技术	392	201	81	372	20	175	125	85	7
自然科学相关工程与技术	758	572	180	572	186	200	311	213	34
测绘科学技术	66	58	4	61	5	2	49	15	0
材料科学	465	310	160	378	87	170	220	65	10
冶金工程技术	57	27	3	2	55	20	20	15	2
机械工程	202	143	41	185	17	21	59	92	30
动力与电气工程	323	126	87	75	248	126	127	61	9
能源科学技术	1376	936	519	930	446	583	463	200	130
核科学技术	56	29	8	56	0	26	19	11	0
电子与通信技术	666	447	187	526	140	184	265	163	54
计算机科学技术	637	429	133	358	279	95	168	371	3
化学工程	505	280	108	360	145	74	177	212	42
产品应用相关工程与技术	319	148	55	72	247	116	104	86	13
纺织科学技术	27	23	8	17	10	0	6	6	15
食品科学技术	154	122	66	80	74	90	29	28	7
土木建筑工程	103	103	29	98	5	1	53	41	8
水利工程	98	80	30	40	58	16	50	32	0
交通运输工程	92	79	11	90	2	22	58	12	0
航空、航天科学技术	118	46	20	68	50	34	46	29	9
环境科学技术及资源科学技术	993	739	446	793	200	323	290	312	68
安全科学技术	12	4	2	0	12	0	5	7	0
管理学	439	385	176	294	145	66	181	184	8
社会、人文科学领域	541	486	268	511	30	147	204	177	13
艺术学	45	32	29	35	10	4	21	20	0

续表

指标	R&D人员	研究人员	女性	按工作量分		按学历分			
				R&D全时人员	R&D非全时人员	博士毕业	硕士毕业	本科毕业	其他
考古学	44	44	4	44	0	1	25	18	0
社会学	327	315	182	327	0	142	119	58	8
图书馆、情报与文献学	75	75	27	55	20	0	27	43	5
教育学	50	20	26	50	0	0	12	38	0
6. 按机构从业人员规模分									
≥1000人	1182	818	547	794	388	398	310	280	194
500～999人	4530	3338	1663	3091	1439	1886	1348	830	466
300～499人	4104	2708	1363	2032	2072	2134	1292	536	142
200～299人	2578	1607	981	1961	617	723	1034	636	185
100～199人	5721	4093	1935	4471	1250	1328	2069	1781	543
50～99人	3114	2434	1059	2375	739	770	1009	1104	231
30～49人	1108	861	384	831	277	218	406	378	106
20～29人	577	427	162	302	275	166	202	156	53
10～19人	505	285	130	208	297	218	130	123	34
0～9人	47	40	19	36	11	15	13	18	1

　　注：提交级别为0国家级；从事的国民经济行业代码（BA17）为73～75；法人性质（BA29）为1事业独立法人（机构类别BA20为1～5）。

表12 2022年山东省科学研究和技术服务业事业单位R&D人员折合全时工作量

计量单位：人年

指标	R&D折合全时工作量	研究人员	按活动类型分		
			基础研究	应用研究	试验发展
总计	19381	13014	4977	5621	8783
1.按机构所属地域分布					
山东省	19381	13014	4977	5621	8783
济南市	7088	4677	1561	2450	3077
历下区	1921	1542	599	743	579
市中区	477	415	77	378	22
槐荫区	397	286	119	247	31
天桥区	226	179	83	24	119
历城区	2216	1459	561	586	1069
济阳区	120	93	0	9	111
平阴县	9	9	0	0	9
济南高新技术产业开发区	1722	694	122	463	1137
青岛市	7668	4852	2430	2265	2973
市辖区	125	80	0	73	52
市南区	1753	1334	955	481	317
市北区	160	145	0	154	6
黄岛区	218	65	89	0	129
崂山区	2502	1810	390	1122	990
李沧区	278	154	52	27	199
城阳区	491	416	38	261	192
即墨区	2025	761	859	99	1067
青岛高新技术产业开发区	116	87	47	48	21
淄博市	368	280	5	50	313
市辖区	229	157	5	41	183
张店区	137	123	0	9	128
周村区	2	0	0	0	2
枣庄市	106	86	0	0	106
薛城区	57	57	0	0	57
滕州市	49	29	0	0	49
东营市	106	85	67	27	12
市辖区	54	46	47	0	7
东营区	27	22	6	21	0
垦利区	25	17	14	6	5
烟台市	1205	923	357	225	623

续表

指标	R&D 折合全时工作量	研究人员	按活动类型分		
			基础研究	应用研究	试验发展
市辖区	53	53	50	3	0
芝罘区	146	107	14	72	60
福山区	258	248	18	60	180
莱山区	489	348	263	65	161
蓬莱区	16	10	7	3	6
烟台高新技术产业开发区	135	49	1	4	130
烟台经济技术开发区	108	108	4	18	86
潍坊市	652	315	186	188	278
市辖区	94	93	0	33	61
潍城区	107	60	0	15	92
坊子区	362	93	186	92	84
寿光市	75	55	0	34	41
昌邑市	14	14	0	14	0
济宁市	465	378	170	55	240
市辖区	4	1	0	4	0
任城区	372	341	152	19	201
兖州区	55	10	8	32	15
微山县	7	2	0	0	7
济宁高新技术产业开发区	17	17	0	0	17
邹城市	10	7	10	0	0
泰安市	554	455	24	81	449
泰山区	434	389	24	81	329
岱岳区	120	66	0	0	120
威海市	219	194	51	42	126
市辖区	134	116	31	17	86
环翠区	22	15	0	0	22
文登区	63	63	20	25	18
日照市	170	122	14	63	93
市辖区	36	27	0	30	6
东港区	134	95	14	33	87
临沂市	257	192	30	42	185
市辖区	125	106	0	0	125
兰山区	41	29	14	24	3
河东区	74	44	16	18	40
莒南县	17	13	0	0	17
德州市	48	46	6	22	20
市辖区	32	30	0	12	20

续表

指标	R&D折合全时工作量	研究人员	按活动类型分		
			基础研究	应用研究	试验发展
禹城市	16	16	6	10	0
聊城市	164	131	4	30	130
市辖区	164	131	4	30	130
滨州市	199	180	31	61	107
市辖区	199	180	31	61	107
菏泽市	112	98	41	20	51
市辖区	51	42	0	0	51
牡丹区	41	41	41	0	0
菏泽经济技术开发区	20	15	0	20	0
2. 按机构所属隶属关系分布					
中央部门属	4669	3457	1734	1623	1312
中国科学院	2577	1829	966	943	668
非中央部门属	14712	9557	3243	3998	7471
省级部门属	6239	4807	1961	2100	2178
副省级城市属	3439	1318	692	562	2185
地市级部门属	2694	2188	209	413	2072
3. 按机构从事的国民经济行业分布					
科学研究和技术服务业	19381	13014	4977	5621	8783
研究和试验发展	17072	11408	4775	4572	7725
专业技术服务业	1408	1010	101	711	596
科技推广和应用服务业	901	596	101	338	462
4. 按机构服务的国民经济行业分布					
农、林、牧、渔业	2621	2191	448	551	1622
农业	1216	1046	170	239	807
林业	191	174	0	101	90
畜牧业	156	112	44	36	76
渔业	603	495	168	159	276
农、林、牧、渔专业及辅助性活动	455	364	66	16	373
制造业	2434	1495	212	531	1691
农副食品加工业	24	17	0	0	24
食品制造业	138	91	17	70	51
纺织业	8	4	0	8	0
造纸和纸制品业	35	17	0	0	35
化学原料和化学制品制造业	226	179	29	115	82
医药制造业	380	169	60	88	232
化学纤维制造业	28	12	0	28	0
黑色金属冶炼和压延加工业	17	13	0	0	17

续表

续表

指标	R&D折合全时工作量	研究人员	按活动类型分		
			基础研究	应用研究	试验发展
专用设备制造业	228	133	8	79	141
汽车制造业	36	24	0	6	30
铁路、船舶、航空航天和其他运输设备制造业	208	126	30	9	169
计算机、通信和其他电子设备制造业	218	91	0	9	209
仪器仪表制造业	360	347	68	119	173
其他制造业	528	272	0	0	528
建筑业	14	11	0	0	14
房屋建筑业	14	11	0	0	14
交通运输、仓储和邮政业	91	79	3	7	81
铁路运输业	51	39	0	2	49
道路运输业	40	40	3	5	32
信息传输、软件和信息技术服务业	486	373	99	329	58
软件和信息技术服务业	486	373	99	329	58
科学研究和技术服务业	12780	8077	3828	3763	5189
研究和试验发展	9389	5579	2890	2380	4119
专业技术服务业	2797	2084	889	1180	728
科技推广和应用服务业	594	414	49	203	342
水利、环境和公共设施管理业	301	259	25	216	60
水利管理业	65	63	8	19	38
生态保护和环境治理业	236	196	17	197	22
教育	50	20	50	0	0
教育	50	20	50	0	0
卫生和社会工作	553	458	261	224	68
卫生	553	458	261	224	68
文化、体育和娱乐业	44	44	44	0	0
文化艺术业	44	44	44	0	0
公共管理、社会保障和社会组织	7	7	7	0	0
国家机构	7	7	7	0	0
5.按机构所属学科分布					
自然科学领域	5493	2961	2305	991	2197
信息科学与系统科学	551	165	68	253	230
物理学	788	435	117	29	642
化学	224	192	71	41	112
地球科学	3650	1986	1871	633	1146
生物学	280	183	178	35	67
农业科学领域	4487	3328	868	904	2715
农学	3275	2351	571	544	2160

续表

续表

指标	R&D 折合全时工作量	研究人员	按活动类型分		
			基础研究	应用研究	试验发展
林学	213	189	7	107	99
畜牧、兽医科学	347	270	105	90	152
水产学	652	518	185	163	304
医学科学领域	1799	1170	680	443	676
基础医学	308	187	230	50	28
临床医学	238	198	111	127	0
预防医学与公共卫生学	233	181	79	86	68
药学	837	456	128	129	580
中医学与中药学	183	148	132	51	0
工程科学与技术领域	7087	5108	911	3036	3140
工程与技术科学基础学科	545	405	68	265	212
信息与系统科学相关工程与技术	378	201	90	261	27
自然科学相关工程与技术	633	509	49	163	421
测绘科学技术	62	57	6	42	14
材料科学	408	252	64	150	194
冶金工程技术	17	13	0	0	17
机械工程	194	139	76	23	95
动力与电气工程	258	96	0	13	245
能源科学技术	1194	838	54	577	563
核科学技术	56	29	0	9	47
电子与通信技术	547	429	77	180	290
计算机科学技术	547	394	87	373	87
化学工程	371	251	0	171	200
产品应用相关工程与技术	117	74	16	11	90
纺织科学技术	23	12	0	23	0
食品科学技术	107	82	23	10	74
土木建筑工程	100	100	30	62	8
水利工程	65	63	8	19	38
交通运输工程	91	79	3	7	81
航空、航天科学技术	110	46	0	0	110
环境科学技术及资源科学技术	857	664	217	380	260
安全科学技术	4	1	0	4	0
管理学	403	374	43	293	67
社会、人文科学领域	515	447	213	247	55
艺术学	39	21	39	0	0
考古学	44	44	44	0	0
社会学	327	315	80	247	0

续表

指标	R&D折合全时工作量	研究人员	按活动类型分		
			基础研究	应用研究	试验发展
图书馆、情报与文献学	55	47	0	0	55
教育学	50	20	50	0	0
6.按机构从业人员规模分					
≥1000人	833	528	190	91	552
500～999人	3777	2643	1150	1271	1356
300～499人	3025	1173	1314	461	1250
200～299人	2266	1482	395	630	1241
100～199人	4973	3655	882	1877	2214
50～99人	2801	2217	739	865	1197
30～49人	935	773	174	193	568
20～29人	448	319	34	145	269
10～19人	286	195	83	88	115
0～9人	37	29	16	0	21

注：提交级别为 0 国家级；从事的国民经济行业代码（BA17）为 73～75；法人性质（BA29）为 1 事业独立法人（机构类别 BA20 为 1～5）。

表 13　2022 年山东省科学研究和技术服务业事业单位 R&D 经费内部支出按活动类型和经费来源分

计量单位：万元

指标	R&D 经费内部支出	按活动类型分			按经费来源分			
		基础研究	应用研究	试验发展	政府资金	企业资金	国外资金	其他资金
总计	965213	259862	253693	451658	766299	63837	224	134853
1.按机构所属地域分布								
山东省	965213	259862	253693	451658	766299	63837	224	134853
济南市	337375	58789	81942	196644	259360	23240	0	54775
历下区	83019	20489	28561	33969	55702	4281	0	23036
市中区	16108	3003	12719	386	15123	0	0	985
槐荫区	12218	4751	5422	2045	10892	0	0	1326
天桥区	12432	4305	1544	6583	6627	3016	0	2789
历城区	117510	23590	20970	72950	92180	3833	0	21498
济阳区	3539	0	20	3520	1511	2026	0	2
平阴县	203	0	0	203	179	0	0	25
济南高新技术产业开发区	92345	2652	12705	76988	77146	10084	0	5114
青岛市	404131	130122	139474	134534	311871	36259	224	55777
市辖区	2884	0	2539	345	0	0	0	2884
市南区	99313	38093	33019	28201	83960	8766	148	6439
市北区	4443	0	4388	55	4112	0	0	331
黄岛区	12153	4132	0	8021	6262	382	0	5509
崂山区	143623	31573	80114	31935	104356	19602	76	19589
李沧区	11952	824	3681	7448	7932	687	0	3333
城阳区	17358	710	8153	8494	3568	4521	0	9269
即墨区	107661	54195	5109	48357	100853	826	0	5982
青岛高新技术产业开发区	4745	595	2472	1678	828	1476	0	2441
淄博市	10115	281	1612	8223	7772	1228	0	1115
市辖区	5839	281	491	5067	4589	1211	0	39
张店区	4176	0	1121	3055	3083	17	0	1076
周村区	100	0	0	100	100	0	0	0
枣庄市	1394	0	0	1394	1394	0	0	0
薛城区	1219	0	0	1219	1219	0	0	0
滕州市	174	0	0	174	174	0	0	0
东营市	2064	1228	746	89	1660	0	0	404
市辖区	901	856	0	45	540	0	0	361
东营区	737	43	694	0	694	0	0	43
垦利区	425	329	52	44	425	0	0	0

续表

指标	R&D经费内部支出	按活动类型分			按经费来源分			
		基础研究	应用研究	试验发展	政府资金	企业资金	国外资金	其他资金
烟台市	117378	43816	9701	63861	109362	2951	0	5065
市辖区	1685	1378	307	0	1384	301	0	0
芝罘区	6589	1426	2485	2678	4761	0	0	1828
福山区	10196	51	806	9339	6960	0	0	3236
莱山区	16311	8232	3543	4537	13722	2589	0	0
蓬莱区	908	344	306	257	908	0	0	0
烟台高新技术产业开发区	45524	13	628	44882	45464	60	0	0
烟台经济技术开发区	36166	32373	1626	2168	36165	1	0	0
潍坊市	29036	15299	9202	4535	27678	0	0	1358
市辖区	238	0	13	225	238	0	0	0
潍城区	2763	0	274	2489	2489	0	0	274
坊子区	23886	15299	7166	1421	23884	0	0	2
寿光市	757	0	358	400	128	0	0	629
昌邑市	1392	0	1392	0	939	0	0	453
济宁市	24632	6761	3708	14163	18610	7	0	6015
市辖区	30	0	30	0	0	0	0	30
任城区	19267	6414	2629	10223	14812	0	0	4455
兖州区	1507	241	1049	218	76	0	0	1431
微山县	414	0	0	414	414	0	0	0
济宁高新技术产业开发区	3308	0	0	3308	3308	0	0	0
邹城市	106	106	0	0	0	7	0	99
泰安市	17526	91	1899	15537	10596	0	0	6930
泰山区	16759	91	1899	14769	10596	0	0	6163
岱岳区	767	0	0	767	0	0	0	767
威海市	3120	675	481	1964	2472	95	0	553
市辖区	1951	113	112	1726	1951	0	0	0
环翠区	145	0	0	145	145	0	0	0
文登区	1024	562	369	94	376	95	0	553
日照市	4108	432	1540	2136	3241	0	0	866
市辖区	753	0	587	166	753	0	0	0
东港区	3355	432	953	1970	2488	0	0	866
临沂市	2914	1312	657	945	1784	16	0	1114
市辖区	838	0	0	838	838	0	0	0
兰山区	1078	386	626	66	3	0	0	1074
河东区	958	926	31	1	902	16	0	40
莒南县	41	0	0	41	41	0	0	0

续表

指标	R&D经费内部支出	按活动类型分			按经费来源分			
		基础研究	应用研究	试验发展	政府资金	企业资金	国外资金	其他资金
德州市	1125	113	839	173	1025	0	0	100
市辖区	262	0	89	173	262	0	0	0
禹城市	863	113	750	0	763	0	0	100
聊城市	4862	30	507	4325	4325	0	0	538
市辖区	4862	30	507	4325	4325	0	0	538
滨州市	2932	538	676	1719	2737	0	0	195
市辖区	2932	538	676	1719	2737	0	0	195
菏泽市	2501	375	709	1417	2412	41	0	48
市辖区	1417	0	0	1417	1417	0	0	0
牡丹区	375	375	0	0	285	41	0	48
菏泽经济技术开发区	709	0	709	0	709	0	0	0
2．按机构所属隶属关系分布								
中央部门属	275581	110914	97706	66962	218552	31190	224	25615
中国科学院	112331	42078	47144	23109	92407	17517	224	2182
非中央部门属	689632	148948	155988	384696	547747	32646	0	109238
省级部门属	313247	85199	106124	121925	239340	11447	0	62460
副省级城市属	149678	16755	16772	116151	130980	7323	0	11375
地市级部门属	153720	37438	13390	102892	138141	3550	0	12029
3．按机构从事的国民经济行业分布								
科学研究和技术服务业	965213	259862	253693	451658	766299	63837	224	134853
研究和试验发展	885895	250012	217183	418700	720552	58731	224	106389
专业技术服务业	54315	7290	26774	20251	30456	1787	0	22071
科技推广和应用服务业	25003	2559	9736	12707	15291	3319	0	6393
4．按机构服务的国民经济行业分布								
农、林、牧、渔业	122489	10487	28536	83466	92706	13019	0	16765
农业	56287	5957	13480	36849	33445	11388	0	11453
林业	6003	0	2637	3366	5324	0	0	679
畜牧业	8024	1804	1493	4728	6256	110	0	1658
渔业	37364	689	10576	26100	34207	1105	0	2053
农、林、牧、渔专业及辅助性活动	14811	2038	350	12424	13473	416	0	922
制造业	100119	9147	21913	69060	55192	10036	0	34891
农副食品加工业	343	0	0	343	0	343	0	0
食品制造业	10358	1566	4515	4277	1300	0	0	9058
纺织业	215	0	215	0	0	0	0	215
造纸和纸制品业	270	0	0	270	0	270	0	0
化学原料和化学制品制造业	5458	188	2224	3047	3647	1269	0	541

续表

指标	R&D经费内部支出	按活动类型分			按经费来源分			
		基础研究	应用研究	试验发展	政府资金	企业资金	国外资金	其他资金
医药制造业	17834	4734	3162	9937	7065	7274	0	3494
化学纤维制造业	390	0	390	0	116	0	0	274
黑色金属冶炼和压延加工业	41	0	0	41	41	0	0	0
专用设备制造业	7146	219	2308	4619	3782	0	0	3364
汽车制造业	642	0	145	496	238	404	0	0
铁路、船舶、航空航天和其他运输设备制造业	7132	110	90	6931	6750	382	0	0
计算机、通信和其他电子设备制造业	14257	0	1121	13136	7571	94	0	6592
仪器仪表制造业	21729	2330	7743	11656	10377	0	0	11352
其他制造业	14306	0	0	14306	14306	0	0	0
建筑业	388	0	0	388	55	0	0	333
房屋建筑业	388	0	0	388	55	0	0	333
交通运输、仓储和邮政业	9689	86	2557	7046	3522	4396	0	1772
铁路运输业	4621	0	1730	2891	1001	1879	0	1741
道路运输业	5069	86	828	4155	2521	2518	0	30
信息传输、软件和信息技术服务业	23068	3682	10869	8517	21280	389	0	1399
软件和信息技术服务业	23068	3682	10869	8517	21280	389	0	1399
科学研究和技术服务业	674791	221139	175496	278155	569193	35549	224	69826
研究和试验发展	556029	178818	125969	251243	484311	23157	76	48485
专业技术服务业	105214	40644	45195	19375	75481	12039	148	17546
科技推广和应用服务业	13548	1678	4333	7538	9400	353	0	3795
水利、环境和公共设施管理业	13329	1516	7197	4617	6800	0	0	6529
水利管理业	2461	255	687	1520	123	0	0	2338
生态保护和环境治理业	10868	1261	6510	3097	6677	0	0	4191
教育	2202	2202	0	0	2202	0	0	0
教育	2202	2202	0	0	2202	0	0	0
卫生和社会工作	15157	7623	7125	409	11370	448	0	3339
卫生	15157	7623	7125	409	11370	448	0	3339
文化、体育和娱乐业	3665	3665	0	0	3665	0	0	0
文化艺术业	3665	3665	0	0	3665	0	0	0
公共管理、社会保障和社会组织	314	314	0	0	314	0	0	0
国家机构	314	314	0	0	314	0	0	0
5.按机构所属学科分布								
自然科学领域	288042	135272	66484	86286	227512	12821	148	47561
信息科学与系统科学	15565	30	5626	9908	3433	244	0	11888
物理学	28961	8939	1471	18552	25750	1030	0	2182
化学	9904	1135	4418	4351	3499	2864	0	3541

续表

指标	R&D经费内部支出	按活动类型分			按经费来源分			
		基础研究	应用研究	试验发展	政府资金	企业资金	国外资金	其他资金
地球科学	217117	114793	52107	50217	188047	8313	148	20611
生物学	16495	10375	2861	3258	6785	371	0	9339
农业科学领域	225937	34677	48461	142799	184746	16403	0	24788
农学	163433	28670	28714	106049	127930	15189	0	20315
林学	6265	6	2689	3569	5561	0	0	703
畜牧、兽医科学	18267	4817	6453	6997	16440	110	0	1717
水产学	37972	1184	10605	26184	34815	1105	0	2053
医学科学领域	96921	21277	13208	62436	79920	9154	0	7848
基础医学	12316	7690	2593	2033	10105	0	0	2211
临床医学	6099	2654	3445	0	2712	448	0	2939
预防医学与公共卫生学	4528	1106	3013	409	4143	0	0	386
药学	67761	4709	3059	59994	57870	8676	0	1216
中医学与中药学	6216	5119	1097	0	5090	30	0	1097
工程科学与技术领域	334085	59085	115489	159511	253958	25459	76	54592
工程与技术科学基础学科	14109	1243	5897	6969	12342	785	0	981
信息与系统科学相关工程与技术	11752	1665	5397	4691	8851	1502	0	1399
自然科学相关工程与技术	63421	33650	4499	25271	60629	1503	0	1289
测绘科学技术	266	43	170	53	223	0	0	43
材料科学	7735	1137	2828	3770	4007	935	0	2794
冶金工程技术	41	0	0	41	41	0	0	0
机械工程	6849	4124	1339	1387	3283	404	0	3163
动力与电气工程	31635	0	115	31520	31120	515	0	0
能源科学技术	65636	1844	44762	19030	56366	9194	76	0
核科学技术	1513	0	20	1494	1511	0	0	2
电子与通信技术	33856	2462	9091	22303	14343	403	0	19110
计算机科学技术	24733	3089	12354	9290	24216	517	0	0
化学工程	13172	0	7478	5694	1372	769	0	11031
产品应用相关工程与技术	4208	948	136	3124	2848	821	0	539
纺织科学技术	489	0	489	0	0	0	0	489
食品科学技术	2985	1579	299	1107	670	704	0	1611
土木建筑工程	1452	361	758	333	12	0	0	1440
水利工程	2461	255	687	1520	123	0	0	2338
交通运输工程	9689	86	2557	7046	3522	4396	0	1772
航空、航天科学技术	6644	0	0	6644	6262	382	0	0
环境科学技术及资源科学技术	25339	6105	12401	6833	19029	2589	0	3721
安全科学技术	30	0	30	0	0	0	0	30

续表

指标	R&D经费内部支出	按活动类型分			按经费来源分			
		基础研究	应用研究	试验发展	政府资金	企业资金	国外资金	其他资金
管理学	6070	495	4184	1391	3187	41	0	2842
社会、人文科学领域	20229	9552	10052	625	20164	0	0	65
艺术学	673	673	0	0	673	0	0	0
考古学	3665	3665	0	0	3665	0	0	0
社会学	13064	3011	10052	0	13061	0	0	3
图书馆、情报与文献学	625	0	0	625	563	0	0	62
教育学	2202	2202	0	0	2202	0	0	0
6. 按机构从业人员规模分								
≥1000人	59270	6140	5330	47800	48786	3369	0	7115
500～999人	194088	58850	75254	59984	159100	15597	224	19167
300～499人	140098	72265	21249	46584	127153	428	0	12517
200～299人	123259	15695	21418	86146	75584	23586	0	24090
100～199人	276692	67738	69929	139025	223371	6681	0	46639
50～99人	125995	32140	47595	46260	99228	8084	0	18683
30～49人	21274	3559	5213	12503	16035	2348	0	2891
20～29人	14994	1109	4334	9551	9772	2613	0	2609
10～19人	6604	1579	3371	1655	4843	619	0	1142
0～9人	2938	787	0	2152	2428	510	0	0

注：提交级别为0国家级；从事的国民经济行业代码（BA17）为73～75；法人性质（BA29）为1事业独立法人（机构类别BA20为1～5）。

表14 2022年山东省科学研究和技术服务业事业单位R&D经费内部支出按经费类别分

计量单位：万元

指标	R&D经费内部支出	日常性支出	人员劳务费	其他日常性支出	资产性支出	土建费	仪器与设备支出	资本化的计算机软件支出	专利和专有技术支出
总计	965213	707054	379813	327241	258159	120970	134588	1952	649
1.按机构所属地域分布									
山东省	965213	707054	379813	327241	258159	120970	134588	1952	649
济南市	337375	266036	142994	123042	71339	5267	65549	373	150
历下区	83019	76234	39659	36575	6785	162	6601	22	0
市中区	16108	14230	12787	1443	1878	0	1854	24	0
槐荫区	12218	10724	7132	3592	1494	91	1303	0	100
天桥区	12432	9280	6434	2846	3153	0	3153	0	0
历城区	117510	108298	52427	55871	9213	4658	4432	94	29
济阳区	3539	1502	1160	342	2038	0	2037	0	1
平阴县	203	203	178	25	1	0	1	0	0
济南高新技术产业开发区	92345	45567	23218	22349	46778	357	46169	232	21
青岛市	404131	317145	160367	156777	86986	47249	38057	1335	344
市辖区	2884	1846	1127	718	1038	0	1038	0	0
市南区	99313	91504	51773	39732	7809	1142	6487	125	54
市北区	4443	4329	3921	409	114	0	104	9	1
黄岛区	12153	9414	3314	6100	2739	538	2201	0	0
崂山区	143623	114144	57833	56311	29479	13635	15166	561	118
李沧区	11952	11281	8082	3199	671	0	577	94	0
城阳区	17358	14766	4523	10243	2592	0	2464	13	115
即墨区	107661	65357	27747	37609	42304	31935	9787	534	50
青岛高新技术产业开发区	4745	4505	2048	2456	241	0	234	0	7
淄博市	10115	8526	4874	3652	1589	53	1532	4	1
市辖区	5839	5011	1740	3271	828	53	770	4	1
张店区	4176	3415	3081	334	762	0	762	0	0
周村区	100	100	53	47	0	0	0	0	0
枣庄市	1394	1358	1319	39	35	0	33	0	2
薛城区	1219	1219	1218	1	0	0	0	0	0
滕州市	174	139	101	38	35	0	33	0	2
东营市	2064	1889	1409	480	175	22	132	20	0
市辖区	901	901	722	180	0	0	0	0	0
东营区	737	656	614	42	81	22	59	0	0

续表

指标	R&D经费内部支出	日常性支出		资产性支出				
			人员劳务费	其他日常性支出		土建费	仪器与设备支出	资本化的计算机软件支出	专利和专有技术支出
垦利区	425	332	74	258	94	0	74	20	0
烟台市	117378	40198	25073	15126	77180	62433	14620	108	18
市辖区	1685	1649	1154	495	36	0	36	0	0
芝罘区	6589	5559	4360	1198	1031	679	351	0	0
福山区	10196	9719	6454	3265	477	0	473	0	4
莱山区	16311	15372	9545	5828	939	0	894	30	14
蓬莱区	908	253	93	160	655	653	2	0	0
烟台高新技术产业开发区	45524	5144	1880	3264	40379	33300	7001	78	0
烟台经济技术开发区	36166	2503	1586	917	33663	27800	5863	0	0
潍坊市	29036	18547	5980	12567	10489	1953	8525	10	2
市辖区	238	216	189	27	23	0	23	0	0
潍城区	2763	2763	1301	1462	0	0	0	0	0
坊子区	23886	14028	3575	10453	9858	1399	8448	9	2
寿光市	757	719	466	254	38	0	38	0	0
昌邑市	1392	821	450	371	571	553	16	1	0
济宁市	24632	19924	12751	7173	4707	2226	2280	101	101
市辖区	30	30	10	20	0	0	0	0	0
任城区	19267	15602	11309	4293	3665	2226	1440	0	0
兖州区	1507	1507	303	1204	0	0	0	0	0
微山县	414	414	349	66	0	0	0	0	0
济宁高新技术产业开发区	3308	2266	681	1585	1042	0	840	101	101
邹城市	106	106	100	7	0	0	0	0	0
泰安市	17526	14778	11414	3363	2749	1700	1049	0	0
泰山区	16759	14010	10842	3169	2749	1700	1049	0	0
岱岳区	767	767	572	195	0	0	0	0	0
威海市	3120	2311	1293	1018	809	30	779	0	0
市辖区	1951	1699	1106	593	252	0	252	0	0
环翠区	145	145	48	97	0	0	0	0	0
文登区	1024	468	139	328	556	30	526	0	0
日照市	4108	3778	2883	895	330	0	327	0	3
市辖区	753	505	442	63	248	0	248	0	0
东港区	3355	3273	2441	832	81	0	79	0	3
临沂市	2914	2773	1846	927	141	0	141	0	0
市辖区	838	751	347	404	87	0	87	0	0
兰山区	1078	1078	791	287	0	0	0	0	0

续表

续表

指标	R&D经费内部支出	日常性支出	人员劳务费	其他日常性支出	资产性支出	土建费	仪器与设备支出	资本化的计算机软件支出	专利和专有技术支出
河东区	958	904	698	206	54	0	54	0	0
莒南县	41	41	11	30	0	0	0	0	0
德州市	1125	1016	393	623	109	0	109	0	0
市辖区	262	256	202	54	6	0	6	0	0
禹城市	863	760	191	569	103	0	103	0	0
聊城市	4862	3887	2812	1075	976	38	935	1	3
市辖区	4862	3887	2812	1075	976	38	935	1	3
滨州市	2932	2563	2258	306	369	0	345	0	25
市辖区	2932	2563	2258	306	369	0	345	0	25
菏泽市	2501	2326	2147	179	176	0	176	0	0
市辖区	1417	1290	1263	27	127	0	127	0	0
牡丹区	375	375	275	100	0	0	0	0	0
菏泽经济技术开发区	709	661	609	52	49	0	49	0	0
2.按机构所属隶属关系分布									
中央部门属	275581	233371	121828	111543	42210	16645	24610	782	173
中国科学院	112331	104781	56342	48439	7550	811	6259	426	54
非中央部门属	689632	473683	257985	215698	215949	104325	109979	1170	476
省级部门属	313247	264048	140885	123163	49200	20811	28129	129	131
副省级城市属	149678	84086	41805	42281	65591	19784	44998	807	2
地市级部门属	153720	71690	48190	23500	82030	62586	19085	211	148
3.按机构从事的国民经济行业分布									
科学研究和技术服务业	965213	707054	379813	327241	258159	120970	134588	1952	649
研究和试验发展	885895	640854	345677	295177	245042	120917	122037	1671	416
专业技术服务业	54315	44974	22834	22140	9341	0	9110	113	118
科技推广和应用服务业	25003	21227	11303	9924	3776	53	3441	168	115
4.按机构服务的国民经济行业分布									
农、林、牧、渔业	122489	109442	71449	37993	13048	6155	6724	111	57
农业	56287	52951	33924	19027	3335	1619	1700	1	16
林业	6003	5338	3486	1852	665	121	545	0	0
畜牧业	8024	7046	4937	2109	979	640	339	0	0
渔业	37364	32256	19338	12919	5108	2349	2647	110	3
农、林、牧、渔专业及辅助性活动	14811	11851	9765	2086	2961	1428	1494	0	39
制造业	100119	84882	40164	44718	15237	1841	13378	1	17
农副食品加工业	343	343	135	209	0	0	0	0	0

续表

指标	R&D经费内部支出	日常性支出	人员劳务费	其他日常性支出	资产性支出	土建费	仪器与设备支出	资本化的计算机软件支出	专利和专有技术支出
食品制造业	10358	8279	1836	6442	2079	0	2079	0	0
纺织业	215	215	90	125	0	0	0	0	0
造纸和纸制品业	270	270	215	56	0	0	0	0	0
化学原料和化学制品制造业	5458	4298	3509	788	1160	0	1160	0	0
医药制造业	17834	16448	6687	9761	1386	41	1328	0	17
化学纤维制造业	390	379	320	59	11	0	11	0	0
黑色金属冶炼和压延加工业	41	41	11	30	0	0	0	0	0
专用设备制造业	7146	6067	4644	1423	1079	0	1079	0	0
汽车制造业	642	634	322	311	8	0	8	0	0
铁路、船舶、航空航天和其他运输设备制造业	7132	4252	1323	2929	2879	538	2341	0	0
计算机、通信和其他电子设备制造业	14257	13579	2960	10620	678	0	678	0	0
仪器仪表制造业	21729	18632	9597	9035	3097	1262	1836	0	0
其他制造业	14306	11446	8516	2930	2860	0	2859	1	0
建筑业	388	340	264	76	48	0	48	0	1
房屋建筑业	388	340	264	76	48	0	48	0	1
交通运输、仓储和邮政业	9689	6873	3832	3042	2816	0	2808	8	0
铁路运输业	4621	4356	2010	2345	265	0	257	8	0
道路运输业	5069	2518	1821	696	2551	0	2551	0	0
信息传输、软件和信息技术服务业	23068	17573	7508	10065	5495	0	5492	0	3
软件和信息技术服务业	23068	17573	7508	10065	5495	0	5492	0	3
科学研究和技术服务业	674791	456668	236301	220368	218123	112883	103014	1756	471
研究和试验发展	556029	349535	172327	177208	206495	112790	91969	1577	158
专业技术服务业	105214	96354	57724	38629	8860	53	8530	73	205
科技推广和应用服务业	13548	10780	6249	4531	2768	40	2515	106	108
水利、环境和公共设施管理业	13329	10985	7079	3906	2344	0	2289	55	0
水利管理业	2461	2461	2152	310	0	0	0	0	0
生态保护和环境治理业	10868	8524	4928	3596	2344	0	2289	55	0
教育	2202	2202	1808	394	0	0	0	0	0
教育	2202	2202	1808	394	0	0	0	0	0
卫生和社会工作	15157	14109	9135	4974	1048	91	835	22	100
卫生	15157	14109	9135	4974	1048	91	835	22	100
文化、体育和娱乐业	3665	3665	2076	1590	0	0	0	0	0
文化艺术业	3665	3665	2076	1590	0	0	0	0	0
公共管理、社会保障和社会组织	314	314	198	116	0	0	0	0	0
国家机构	314	314	198	116	0	0	0	0	0

续表

指标	R&D经费内部支出	日常性支出	人员劳务费	其他日常性支出	资产性支出	土建费	仪器与设备支出	资本化的计算机软件支出	专利和专有技术支出
5. 按机构所属学科分布									
自然科学领域	288042	219274	116165	103109	68768	37639	30095	844	190
信息科学与系统科学	15565	14711	9411	5301	853	218	597	21	17
物理学	28961	20665	13213	7452	8297	4440	3783	74	0
化学	9904	9411	7966	1445	493	0	493	0	0
地球科学	217117	158360	77679	80681	58757	32981	24854	750	173
生物学	16495	16127	7896	8231	368	0	367	0	1
农业科学领域	225937	201625	109527	92098	24312	7151	16887	214	59
农学	163433	146130	75044	71085	17304	4042	13141	104	18
林学	6265	5596	3693	1904	668	121	547	0	0
畜牧、兽医科学	18267	17050	10907	6143	1217	640	553	0	25
水产学	37972	32850	19883	12967	5122	2349	2647	110	17
医学科学领域	96921	51746	28041	23705	45175	33432	11526	100	117
基础医学	12316	10757	7878	2879	1559	0	1559	0	0
临床医学	6099	5703	2334	3369	396	91	205	0	100
预防医学与公共卫生学	4528	4298	3613	686	230	0	208	22	0
药学	67761	26035	10431	15603	41727	33341	8290	78	17
中医学与中药学	6216	4953	3785	1168	1263	0	1263	0	0
工程科学与技术领域	334085	214356	109301	105056	119728	42748	75905	793	282
工程与技术科学基础学科	14109	10893	5978	4915	3216	30	2927	101	158
信息与系统科学相关工程与技术	11752	10525	4895	5630	1227	0	1224	0	3
自然科学相关工程与技术	63421	16681	9594	7087	46740	29917	16820	2	1
测绘科学技术	266	248	232	16	18	0	18	0	0
材料科学	7735	7160	5443	1717	575	0	567	4	3
冶金工程技术	41	41	11	30	0	0	0	0	0
机械工程	6849	5855	3722	2133	995	0	995	0	0
动力与电气工程	31635	1680	1181	499	29956	0	29792	163	0
能源科学技术	65636	50509	22217	28292	15128	10909	3838	380	0
核科学技术	1513	1310	989	321	203	0	202	0	1
电子与通信技术	33856	30719	12226	18493	3137	1262	1875	0	1
计算机科学技术	24733	19207	9133	10074	5526	0	5402	11	113
化学工程	13172	9779	2845	6935	3393	0	3393	0	0
产品应用相关工程与技术	4208	3769	1277	2492	439	92	344	1	3

续表

指标	R&D经费内部支出	日常性支出	人员劳务费	其他日常性支出	资产性支出	土建费	仪器与设备支出	资本化的计算机软件支出	专利和专有技术支出
纺织科学技术	489	489	353	136	0	0	0	0	0
食品科学技术	2985	2948	1671	1278	37	0	32	5	0
土木建筑工程	1452	1341	1138	203	112	0	87	24	0
水利工程	2461	2461	2152	310	0	0	0	0	0
交通运输工程	9689	6873	3832	3042	2816	0	2808	8	0
航空、航天科学技术	6644	3961	1235	2726	2683	538	2145	0	0
环境科学技术及资源科学技术	25339	22057	14589	7468	3282	0	3189	94	0
安全科学技术	30	30	10	20	0	0	0	0	0
管理学	6070	5821	4579	1242	249	0	249	0	0
社会、人文科学领域	20229	20053	16780	3273	175	0	175	0	0
艺术学	673	639	615	24	34	0	34	0	0
考古学	3665	3665	2076	1590	0	0	0	0	0
社会学	13064	12922	11658	1264	142	0	142	0	0
图书馆、情报与文献学	625	625	623	2	0	0	0	0	0
教育学	2202	2202	1808	394	0	0	0	0	0
6. 按机构从业人员规模分									
≥1000 人	59270	58270	21117	37153	1000	0	1000	0	0
500～999 人	194088	169935	93154	76781	24154	2999	20420	663	72
300～499 人	140098	89831	44638	45192	50268	33552	16196	483	36
200～299 人	123259	85058	47333	37725	38201	289	37690	218	4
100～199 人	276692	161447	90330	71117	115244	71731	43065	334	114
50～99 人	125995	106883	61278	45606	19112	10637	8094	127	254
30～49 人	21274	18244	13001	5244	3029	1094	1932	0	3
20～29 人	14994	10987	5734	5253	4007	62	3690	101	154
10～19 人	6604	5129	2595	2534	1475	606	857	2	10
0～9 人	2938	1269	634	636	1669	0	1644	24	1

注：提交级别为 0 国家级；从事的国民经济行业代码（BA17）为 73～75；法人性质（BA29）为 1 事业独立法人（机构类别 BA20 为 1～5）。

表15 2022年山东省科学研究和技术服务业事业单位R&D经费外部支出

计量单位：万元

指标	R&D经费外部支出	对境内研究机构支出	对境内高等学校支出	对境内企业支出	对境内其他单位支出	对境外机构支出
总计	57370	13299	5283	34573	2350	1865
1.按机构所属地域分布						
山东省	57370	13299	5283	34573	2350	1865
济南市	18930	5027	1542	10275	1130	956
历下区	2212	701	845	644	0	21
市中区	471	0	11	253	208	0
历城区	2714	245	556	977	0	935
济南高新技术产业开发区	13533	4081	130	8401	922	0
青岛市	32591	7920	3253	19521	989	909
市南区	3409	1363	1534	511	0	0
市北区	55	0	0	55	0	0
黄岛区	1146	0	0	212	926	9
崂山区	5845	2254	1253	2295	43	0
李沧区	61	0	0	61	0	0
城阳区	159	0	52	87	20	0
即墨区	21916	4303	414	16300	0	900
东营市	355	0	0	197	158	0
东营区	265	0	0	197	68	0
垦利区	90	0	0	0	90	0
烟台市	544	213	229	69	34	0
芝罘区	57	15	14	0	28	0
莱山区	59	12	7	34	6	0
烟台高新技术产业开发区	195	150	45	0	0	0
烟台经济技术开发区	234	36	163	35	0	0
泰安市	62	4	57	1	0	0
泰山区	62	4	57	1	0	0
日照市	140	0	100	0	40	0
东港区	140	0	100	0	40	0
临沂市	4748	135	103	4511	0	0
市辖区	80	0	0	80	0	0
兰山区	14	2	11	2	0	0
河东区	254	133	92	29	0	0
莒南县	4400	0	0	4400	0	0
2.按机构所属隶属关系分布						
中央部门属	7451	3596	2787	1025	43	0

续表

指标	R&D经费外部支出	对境内研究机构支出	对境内高等学校支出	对境内企业支出	对境内其他单位支出	对境外机构支出
非中央部门属	49919	9702	2496	33549	2307	1865
省级部门属	17276	4590	925	9884	922	956
副省级城市属	21364	4324	162	15751	228	900
地市级部门属	5793	213	643	4745	192	0
3.按机构从事的国民经济行业分布						
科学研究和技术服务业	57370	13299	5283	34573	2350	1865
研究和试验发展	51654	13143	4747	29592	2307	1865
专业技术服务业	59	2	11	3	43	0
科技推广和应用服务业	5657	154	525	4979	0	0
4.按机构服务的国民经济行业分布						
农、林、牧、渔业	6302	1743	2136	2417	6	0
农业	719	126	360	232	0	0
林业	776	242	235	300	0	0
渔业	3409	1363	1534	511	0	0
农、林、牧、渔专业及辅助性活动	1399	12	7	1374	6	0
制造业	4473	0	0	4473	0	0
黑色金属冶炼和压延加工业	4400	0	0	4400	0	0
计算机、通信和其他电子设备制造业	73	0	0	73	0	0
建筑业	115	0	11	105	0	0
房屋建筑业	115	0	11	105	0	0
信息传输、软件和信息技术服务业	1695	460	611	625	0	0
软件和信息技术服务业	1695	460	611	625	0	0
科学研究和技术服务业	44785	11096	2526	26954	2344	1865
研究和试验发展	42408	10946	2390	25162	2066	1844
专业技术服务业	1918	2	11	1634	251	21
科技推广和应用服务业	459	148	125	158	28	0
5.按机构所属学科分布						
自然科学领域	27741	6680	1516	16666	1016	1865
信息科学与系统科学	2136	264	555	1317	0	0
物理学	935	0	0	0	0	935
化学	21	0	0	0	0	21
地球科学	23448	6416	961	15082	90	900
生物学	1201	0	0	267	926	9
农业科学领域	5483	1878	2228	1302	74	0
农学	1240	261	453	458	68	0
林学	776	242	235	300	0	0
水产学	3467	1376	1541	545	6	0

续表

指标	R&D经费外部支出	对境内研究机构支出	对境内高等学校支出	对境内企业支出	对境内其他单位支出	对境外机构支出
医学科学领域	297	150	45	102	0	0
药学	297	150	45	102	0	0
工程科学与技术领域	23849	4591	1494	16504	1261	0
工程与技术科学基础学科	1841	0	414	1427	0	0
信息与系统科学相关工程与技术	200	0	0	200	0	0
自然科学相关工程与技术	14608	4117	293	9234	965	0
冶金工程技术	4400	0	0	4400	0	0
机械工程	140	0	100	0	40	0
动力与电气工程	61	0	0	61	0	0
电子与通信技术	161	0	20	141	0	0
计算机科学技术	1858	460	611	788	0	0
产品应用相关工程与技术	57	15	14	0	28	0
食品科学技术	52	0	32	0	20	0
土木建筑工程	471	0	11	253	208	0
6. 按机构从业人员规模分						
≥1000人	3	2	1	0	0	0
500～999人	6764	3476	2495	793	0	0
300～499人	21778	4546	555	15777	0	900
200～299人	1068	122	303	435	208	0
100～199人	6789	1124	1117	2608	975	965
50～99人	17918	4014	265	12698	942	0
30～49人	157	0	0	157	0	0
20～29人	2090	15	14	1965	96	0
10～19人	228	0	120	68	40	0
0～9人	577	0	414	73	90	0

注：提交级别为0国家级；从事的国民经济行业代码（BA17）为73～75；法人性质（BA29）为1事业独立法人（机构类别BA20为1～5）。

表16 2022年山东省科学研究和技术服务业事业单位专利

指标	专利申请受理数（件）	发明专利（件）	专利授权数（件）	发明专利（件）	国外授权（件）	拥有有效发明专利总数（件）	专利所有权转让及许可数（件）	专利所有权转让及许可收入（万元）
总计	4384	3008	4069	2414	199	10557	182	1079
1.按机构所属地域分布								
山东省	4384	3008	4069	2414	199	10557	182	1079
济南市	1938	1383	1771	1010	77	4213	80	276
历下区	786	547	769	438	25	1850	52	129
市中区	60	42	24	17	0	63	0	0
槐荫区	60	56	50	24	0	154	0	0
天桥区	155	95	116	58	4	177	4	0
历城区	451	342	499	333	44	1361	17	147
济阳区	9	4	5	0	0	5	0	0
济南高新技术产业开发区	417	297	308	140	4	603	7	0
青岛市	1210	947	1338	985	82	4130	61	371
市辖区	4	4	44	41	0	67	0	0
市南区	250	175	248	160	18	1081	26	298
市北区	14	11	14	11	0	54	0	0
黄岛区	26	20	10	7	0	27	0	0
崂山区	545	466	612	509	42	1616	16	56
李沧区	69	33	113	47	7	335	13	2
城阳区	46	37	45	26	8	109	6	15
即墨区	236	185	241	178	7	821	0	0
青岛高新技术产业开发区	20	16	11	6	0	15	0	0
莱西市	0	0	0	0	0	5	0	0
淄博市	81	32	103	28	0	54	0	0
市辖区	38	14	20	4	0	24	0	0
张店区	43	18	74	21	0	27	0	0
周村区	0	0	9	3	0	3	0	0
枣庄市	12	5	10	3	0	15	2	200
薛城区	8	1	7	0	0	5	0	0
滕州市	4	4	3	3	0	10	2	200
东营市	23	12	20	9	0	53	0	0
市辖区	9	3	9	3	0	42	0	0
东营区	5	1	5	1	0	5	0	0
垦利区	9	8	6	5	0	6	0	0
烟台市	342	201	251	128	3	766	9	203
市辖区	9	9	3	3	0	6	0	0

续表

指标	专利申请受理数（件）	发明专利（件）	专利授权数（件）	发明专利（件）	国外授权（件）	拥有有效发明专利总数（件）	专利所有权转让及许可数（件）	专利所有权转让及许可收入（万元）
芝罘区	111	47	54	21	2	76	2	173
福山区	73	27	73	24	1	124	5	30
莱山区	100	69	119	78	0	555	2	0
蓬莱区	2	2	1	1	0	4	0	0
烟台高新技术产业开发区	17	17	0	0	0	0	0	0
烟台经济技术开发区	30	30	1	1	0	1	0	0
潍坊市	53	46	31	21	2	89	0	0
市辖区	6	6	9	6	1	50	0	0
潍城区	9	8	1	0	0	0	0	0
寒亭区	8	3	8	3	0	14	0	0
坊子区	16	16	3	3	1	3	0	0
寿光市	12	11	8	7	0	18	0	0
昌邑市	2	2	2	2	0	4	0	0
济宁市	203	146	144	96	9	242	26	0
市辖区	16	0	16	0	0	0	0	0
任城区	84	53	65	53	7	188	26	0
兖州区	95	85	55	35	2	45	0	0
微山县	0	0	1	1	0	2	0	0
济宁高新技术产业开发区	2	2	2	2	0	2	0	0
邹城市	6	6	5	5	0	5	0	0
泰安市	81	33	107	30	20	378	2	30
泰山区	40	19	74	24	20	369	2	30
岱岳区	41	14	33	6	0	9	0	0
威海市	58	40	34	18	2	59	0	0
市辖区	26	12	21	7	1	47	0	0
环翠区	7	4	4	3	1	4	0	0
文登区	24	24	8	8	0	8	0	0
乳山市	1	0	1	0	0	0	0	0
日照市	40	17	38	12	0	60	0	0
市辖区	7	1	6	0	0	10	0	0
东港区	33	16	32	12	0	50	0	0
临沂市	145	59	65	23	1	280	0	0
市辖区	69	32	12	12	0	261	0	0
兰山区	25	8	19	4	0	11	0	0
河东区	48	16	33	6	1	7	0	0

续表

续表

指标	专利申请受理数（件）	发明专利（件）	专利授权数（件）	发明专利（件）	国外授权（件）	拥有有效发明专利总数（件）	专利所有权转让及许可数（件）	专利所有权转让及许可收入（万元）
莒南县	3	3	1	1	0	1	0	0
德州市	49	37	26	12	3	20	0	0
市辖区	32	28	24	10	3	10	0	0
齐河县	7	7	2	2	0	10	0	0
禹城市	10	2	0	0	0	0	0	0
聊城市	41	25	14	6	0	14	0	0
市辖区	41	25	14	6	0	14	0	0
滨州市	53	11	56	16	0	155	2	0
市辖区	53	11	56	16	0	155	2	0
菏泽市	55	14	61	17	0	29	0	0
市辖区	15	8	18	6	0	17	0	0
牡丹区	5	5	11	11	0	11	0	0
菏泽经济技术开发区	35	1	32	0	0	1	0	0
2.按机构所属隶属关系分布								
中央部门属	832	686	976	727	69	3159	40	349
中国科学院	422	375	432	343	2	1782	14	208
非中央部门属	3552	2322	3093	1687	130	7398	142	731
省级部门属	2034	1354	2029	1189	117	5279	111	309
副省级城市属	357	268	261	120	1	548	3	5
地市级部门属	699	346	528	183	8	966	8	202
3.按机构从事的国民经济行业分布								
科学研究和技术服务业	4384	3008	4069	2414	199	10557	182	1079
研究和试验发展	3513	2545	3376	2102	180	9845	167	859
专业技术服务业	636	310	489	173	14	441	0	0
科技推广和应用服务业	235	153	204	139	5	271	15	220
4.按机构服务的国民经济行业分布								
农、林、牧、渔业	701	373	729	380	63	2639	43	173
农业	275	151	316	175	40	1330	20	62
林业	65	30	23	21	0	218	0	0
畜牧业	12	11	27	19	5	129	1	1
渔业	156	95	213	110	17	642	22	110
农、林、牧、渔专业及辅助性活动	193	86	150	55	1	320	0	0
制造业	631	441	563	370	31	1731	62	10
农副食品加工业	5	5	5	5	0	5	0	0
食品制造业	20	20	22	16	10	67	3	0
纺织业	0	0	0	0	0	12	0	0

续表

续表

指标	专利申请受理数（件）	发明专利（件）	专利授权数（件）	发明专利（件）	国外授权（件）	拥有有效发明专利总数（件）	专利所有权转让及许可数（件）	专利所有权转让及许可收入（万元）
造纸和纸制品业	0	0	0	0	0	1	0	0
化学原料和化学制品制造业	49	42	27	21	4	84	5	0
医药制造业	188	115	166	91	6	480	10	3
黑色金属冶炼和压延加工业	3	3	1	1	0	1	0	0
专用设备制造业	98	45	129	58	3	205	4	0
汽车制造业	14	6	15	9	0	15	0	0
铁路、船舶、航空航天和其他运输设备制造业	31	23	14	9	0	36	0	0
计算机、通信和其他电子设备制造业	17	15	8	3	0	33	0	0
仪器仪表制造业	163	128	168	149	8	783	40	6
其他制造业	43	39	8	8	0	9	0	0
建筑业	1	0	6	1	0	47	0	0
房屋建筑业	1	0	6	1	0	47	0	0
交通运输、仓储和邮政业	114	58	95	42	0	100	0	0
铁路运输业	10	8	1	1	0	3	0	0
道路运输业	104	50	94	41	0	97	0	0
信息传输、软件和信息技术服务业	260	248	132	124	0	406	7	16
软件和信息技术服务业	260	248	132	124	0	406	7	16
科学研究和技术服务业	2486	1810	2335	1421	102	5299	69	873
研究和试验发展	1441	1259	1366	1029	85	3958	48	285
专业技术服务业	848	433	811	298	12	1084	10	201
科技推广和应用服务业	197	118	158	94	5	257	11	387
水利、环境和公共设施管理业	150	56	187	59	3	218	0	0
水利管理业	98	36	137	22	2	102	0	0
生态保护和环境治理业	49	19	48	35	1	114	0	0
公共设施管理业	3	1	2	2	0	2	0	0
卫生和社会工作	41	22	22	17	0	117	1	9
卫生	41	22	22	17	0	117	1	9
5.按机构所属学科分布								
自然科学领域	805	634	730	532	48	1907	19	235
信息科学与系统科学	73	50	32	26	0	75	3	5
物理学	60	55	12	9	0	11	0	0
化学	38	27	71	52	3	217	5	8
地球科学	559	438	542	377	41	1264	8	219
生物学	75	64	73	68	4	340	3	3
农业科学领域	992	610	1110	611	101	3611	58	320
农学	611	410	684	388	63	2440	35	209

续表

续表

指标	专利申请受理数(件)	发明专利(件)	专利授权数(件)	发明专利(件)	国外授权(件)	拥有有效发明专利总数(件)	专利所有权转让及许可数(件)	专利所有权转让及许可收入(万元)
林学	71	34	26	24	0	221	0	0
畜牧、兽医科学	97	44	150	78	21	249	1	1
水产学	213	122	250	121	17	701	22	110
医学科学领域	305	196	216	120	3	568	9	10
基础医学	26	15	18	12	0	19	0	0
临床医学	23	16	7	7	0	104	1	9
预防医学与公共卫生学	8	4	6	3	0	8	0	0
药学	224	137	173	87	3	363	7	0
中医学与中药学	24	24	12	11	0	74	1	1
工程科学与技术领域	2274	1562	2010	1150	47	4455	92	468
工程与技术科学基础学科	267	118	254	55	0	131	0	0
信息与系统科学相关工程与技术	108	105	75	59	0	107	0	0
自然科学相关工程与技术	260	187	179	117	4	572	4	0
测绘科学技术	43	33	28	25	0	35	0	0
材料科学	105	87	108	79	4	236	18	230
冶金工程技术	3	3	1	1	0	1	0	0
机械工程	38	22	31	17	0	39	0	0
动力与电气工程	20	19	5	2	0	8	0	0
能源科学技术	297	274	278	238	6	873	10	24
核科学技术	9	4	5	0	0	5	0	0
电子与通信技术	169	133	182	155	8	829	17	26
计算机科学技术	226	214	116	96	1	400	7	16
化学工程	21	21	69	56	10	102	0	0
产品应用相关工程与技术	105	76	52	31	0	85	1	172
纺织科学技术	0	0	0	0	0	12	0	0
食品科学技术	23	22	20	19	5	74	3	0
土木建筑工程	2	1	5	1	0	45	0	0
水利工程	98	36	137	22	2	102	0	0
交通运输工程	114	58	95	42	0	100	0	0
航空、航天科学技术	20	14	8	5	0	14	0	0
环境科学技术及资源科学技术	180	70	178	82	0	588	2	0
安全科学技术	66	16	74	17	0	24	0	0
管理学	100	49	110	31	7	73	0	0
社会、人文科学领域	8	6	3	1	0	16	4	47
图书馆、情报与文献学	8	6	3	1	0	16	4	47

6. 按机构从业人员规模分

续表

指标	专利申请受理数（件）	发明专利（件）	专利授权数（件）	发明专利（件）	国外授权（件）	拥有有效发明专利总数（件）	专利所有权转让及许可数（件）	专利所有权转让及许可收入（万元）
≥1000 人	143	137	173	143	17	781	13	147
500～999 人	821	652	825	583	48	2235	38	349
300～499 人	371	234	268	122	9	441	0	0
200～299 人	636	371	747	395	18	1954	18	30
100～199 人	1337	885	1254	693	76	3179	73	69
50～99 人	653	432	529	313	25	1434	27	98
30～49 人	150	85	130	69	5	295	2	200
20～29 人	126	102	71	54	0	115	5	172
10～19 人	117	84	48	25	1	91	6	15
0～9 人	30	26	24	17	0	32	0	0

注：提交级别为 0 国家级；从事的国民经济行业代码（BA17）为 73～75；法人性质（BA29）为 1 事业独立法人（机构类别 BA20 为 1～5）。

表17 2022年山东省科学研究和技术服务业事业单位论文、著作及其他科技产出

指标	科技论文（篇）	国外发表（篇）	科技著作（种）	形成国家或行业标准数（项）	集成电路布图设计登记数（件）	植物新品种权授予数（项）	软件著作权数（件）	新药证书数（件）
总计	8822	4514	235	265	0	90	1204	1
1.按机构所属地域分布								
山东省	8822	4514	235	265	0	90	1204	1
济南市	2927	1186	77	179	0	50	640	1
历下区	1279	585	30	92	0	5	255	0
市中区	42	5	4	1	0	0	71	0
槐荫区	223	106	1	0	0	0	13	0
天桥区	172	39	9	1	0	0	36	0
历城区	755	299	25	33	0	45	121	1
济阳区	10	9	0	0	0	0	8	0
平阴县	2	0	0	0	0	0	0	0
济南高新技术产业开发区	444	143	8	52	0	0	136	0
青岛市	3906	2682	86	54	0	8	286	0
市辖区	0	0	0	2	0	0	0	0
市南区	1669	1220	26	30	0	0	55	0
市北区	25	4	1	3	0	0	0	0
黄岛区	73	73	0	2	0	0	4	0
崂山区	1221	960	19	7	0	0	116	0
李沧区	89	26	3	4	0	8	34	0
城阳区	83	29	2	1	0	0	11	0
即墨区	679	354	34	2	0	0	60	0
青岛高新技术产业开发区	67	16	1	0	0	0	6	0
莱西市	0	0	0	3	0	0	0	0
淄博市	117	23	5	8	0	0	1	0
市辖区	53	16	0	1	0	0	0	0
张店区	64	7	5	7	0	0	1	0
枣庄市	21	0	11	0	0	0	2	0
薛城区	16	0	11	0	0	0	2	0
滕州市	5	0	0	0	0	0	0	0
东营市	32	13	1	1	0	0	8	0
市辖区	7	2	1	1	0	0	0	0
东营区	7	0	0	0	0	0	6	0
垦利区	18	11	0	0	0	0	2	0
烟台市	729	381	22	4	0	2	77	0

续表

指标	科技论文（篇）	国外发表（篇）	科技著作（种）	形成国家或行业标准数（项）	集成电路布图设计登记数（件）	植物新品种权授予数（项）	软件著作权数（件）	新药证书数（件）
市辖区	19	19	0	0	0	0	0	0
芝罘区	92	5	3	0	0	0	0	0
福山区	212	38	14	3	0	2	67	0
莱山区	255	181	4	0	0	0	8	0
蓬莱区	9	1	0	0	0	0	1	0
烟台高新技术产业开发区	67	67	0	1	0	0	1	0
烟台经济技术开发区	75	70	1	0	0	0	0	0
潍坊市	127	59	1	0	0	1	15	0
市辖区	42	0	0	0	0	1	4	0
潍城区	6	0	0	0	0	0	0	0
寒亭区	5	0	0	0	0	0	6	0
坊子区	65	58	1	0	0	0	5	0
奎文区	3	0	0	0	0	0	0	0
寿光市	5	1	0	0	0	0	0	0
昌邑市	1	0	0	0	0	0	0	0
济宁市	179	37	5	1	0	6	10	0
市辖区	19	0	1	0	0	0	2	0
任城区	94	32	4	0	0	6	0	0
兖州区	66	5	0	0	0	0	6	0
济宁高新技术产业开发区	0	0	0	1	0	0	2	0
泰安市	233	40	9	1	0	12	44	0
泰山区	198	36	8	1	0	12	36	0
岱岳区	35	4	1	0	0	0	8	0
威海市	115	56	0	3	0	1	3	0
市辖区	46	4	0	3	0	1	0	0
环翠区	44	36	0	0	0	0	3	0
文登区	24	16	0	0	0	0	0	0
乳山市	1	0	0	0	0	0	0	0
日照市	108	5	0	3	0	1	2	0
市辖区	28	0	0	1	0	0	2	0
东港区	80	5	0	2	0	1	0	0
临沂市	109	5	14	0	0	1	71	0
市辖区	69	0	1	0	0	1	57	0
兰山区	35	3	13	0	0	0	4	0
河东区	5	2	0	0	0	0	8	0
莒南县	0	0	0	0	0	0	2	0
德州市	51	0	2	0	0	1	0	0

续表

指标	科技论文（篇）	国外发表（篇）	科技著作（种）	形成国家或行业标准数（项）	集成电路布图设计登记数（件）	植物新品种权授予数（项）	软件著作权数（件）	新药证书数（件）
市辖区	42	0	2	0	0	1	0	0
禹城市	9	0	0	0	0	0	0	0
聊城市	21	0	0	9	0	0	11	0
市辖区	21	0	0	9	0	0	11	0
滨州市	60	12	1	2	0	0	34	0
市辖区	60	12	1	2	0	0	34	0
菏泽市	87	15	1	0	0	7	0	0
市辖区	29	0	0	0	0	7	0	0
牡丹区	28	14	0	0	0	0	0	0
菏泽经济技术开发区	30	1	1	0	0	0	0	0
2．按机构所属隶属关系分布								
中央部门属	2964	2221	57	42	0	0	199	0
中国科学院	1702	1511	12	4	0	0	36	0
非中央部门属	5858	2293	178	223	0	90	1005	1
省级部门属	3451	1393	99	147	0	54	588	1
副省级城市属	894	398	29	34	0	6	136	0
地市级部门属	1120	213	48	28	0	30	146	0
3．按机构从事的国民经济行业分布								
科学研究和技术服务业	8822	4514	235	265	0	90	1204	1
研究和试验发展	7830	4362	186	189	0	90	1037	1
专业技术服务业	822	79	45	65	0	0	125	0
科技推广和应用服务业	170	73	4	11	0	0	42	0
4．按机构服务的国民经济行业分布								
农、林、牧、渔业	1690	592	51	57	0	35	304	1
农业	667	224	31	19	0	22	131	0
林业	135	15	3	2	0	13	11	0
畜牧业	53	22	2	0	0	0	2	1
渔业	607	279	13	18	0	0	100	0
农、林、牧、渔专业及辅助性活动	228	52	2	18	0	0	60	0
制造业	704	256	11	90	0	0	91	0
农副食品加工业	2	0	0	0	0	0	0	0
食品制造业	60	30	1	0	0	0	0	0
纺织业	1	0	0	2	0	0	0	0
皮革、毛皮、羽毛及其制品和制鞋业	5	0	0	0	0	0	0	0
造纸和纸制品业	24	0	0	0	0	0	0	0
化学原料和化学制品制造业	111	50	2	3	0	0	0	0

续表

指标	科技论文（篇）	国外发表（篇）	科技著作（种）	形成国家或行业标准数（项）	集成电路布图设计登记数（件）	植物新品种权授予数（项）	软件著作权数（件）	新药证书数（件）
医药制造业	253	84	5	28	0	0	50	0
化学纤维制造业	1	0	0	0	0	0	0	0
黑色金属冶炼和压延加工业	0	0	0	0	0	0	2	0
专用设备制造业	86	10	1	28	0	0	19	0
汽车制造业	3	0	0	0	0	0	0	0
铁路、船舶、航空航天和其他运输设备制造业	14	0	0	0	0	0	0	0
计算机、通信和其他电子设备制造业	9	2	1	28	0	0	0	0
仪器仪表制造业	135	80	1	1	0	0	20	0
建筑业	2	0	3	2	0	0	0	0
房屋建筑业	2	0	3	2	0	0	0	0
交通运输、仓储和邮政业	145	22	7	1	0	0	25	0
铁路运输业	8	0	0	0	0	0	1	0
道路运输业	137	22	7	1	0	0	24	0
信息传输、软件和信息技术服务业	160	75	2	21	0	0	140	0
软件和信息技术服务业	160	75	2	21	0	0	140	0
科学研究和技术服务业	5632	3395	153	84	0	55	549	0
研究和试验发展	3561	2276	97	43	0	55	354	0
专业技术服务业	1963	1074	51	31	0	0	162	0
科技推广和应用服务业	108	45	5	10	0	0	33	0
水利、环境和公共设施管理业	189	57	6	1	0	0	95	0
水利管理业	50	3	4	0	0	0	72	0
生态保护和环境治理业	136	54	2	1	0	0	23	0
公共设施管理业	3	0	0	0	0	0	0	0
教育	6	0	1	0	0	0	0	0
教育	6	0	1	0	0	0	0	0
卫生和社会工作	265	117	0	9	0	0	0	0
卫生	265	117	0	9	0	0	0	0
文化、体育和娱乐业	28	0	1	0	0	0	0	0
文化艺术业	28	0	1	0	0	0	0	0
公共管理、社会保障和社会组织	1	0	0	0	0	0	0	0
国家机构	1	0	0	0	0	0	0	0
5.按机构所属学科分布								
自然科学领域	2628	1834	79	16	0	0	190	0
信息科学与系统科学	26	8	2	0	0	0	36	0
物理学	33	18	1	0	0	0	2	0
化学	135	93	6	3	0	0	0	0
地球科学	2182	1517	69	7	0	0	148	0

续表

指标	科技论文（篇）	国外发表（篇）	科技著作（种）	形成国家或行业标准数（项）	集成电路布图设计登记数（件）	植物新品种权授予数（项）	软件著作权数（件）	新药证书数（件）
生物学	252	198	1	6	0	0	4	0
农业科学领域	2264	832	75	73	0	90	374	1
农学	1316	464	52	50	0	77	212	0
林学	145	17	3	2	0	13	12	0
畜牧、兽医科学	160	68	6	2	0	0	49	1
水产学	643	283	14	19	0	0	101	0
医学科学领域	820	381	15	36	0	0	60	0
基础医学	84	58	0	0	0	0	0	0
临床医学	187	90	0	8	0	0	0	0
预防医学与公共卫生学	50	18	0	1	0	0	0	0
药学	343	170	5	25	0	0	50	0
中医学与中药学	156	45	10	2	0	0	10	0
工程科学与技术领域	2867	1447	56	140	0	0	578	0
工程与技术科学基础学科	288	31	7	28	0	0	80	0
信息与系统科学相关工程与技术	88	36	0	1	0	0	43	0
自然科学相关工程与技术	277	158	7	7	0	0	25	0
测绘科学技术	37	3	1	0	0	0	20	0
材料科学	222	168	2	30	0	0	17	0
冶金工程技术	0	0	0	0	0	0	2	0
机械工程	27	4	2	0	0	0	0	0
动力与电气工程	23	15	0	0	0	0	1	0
能源科学技术	585	539	0	0	0	0	14	0
核科学技术	10	9	0	0	0	0	8	0
电子与通信技术	150	80	3	31	0	0	20	0
计算机科学技术	133	90	2	22	0	0	159	0
化学工程	86	19	1	2	0	0	0	0
产品应用相关工程与技术	0	0	0	5	0	0	27	0
纺织科学技术	2	0	0	2	0	0	0	0
食品科学技术	39	25	1	1	0	0	0	0
土木建筑工程	39	3	3	1	0	0	10	0
水利工程	50	3	4	0	0	0	72	0
交通运输工程	145	22	7	1	0	0	25	0
环境科学技术及资源科学技术	410	202	7	1	0	0	42	0
安全科学技术	108	5	5	2	0	0	5	0
管理学	148	35	4	6	0	0	8	0
社会、人文科学领域	243	20	10	0	0	0	2	0
艺术学	30	0	5	0	0	0	0	0

续表

续表

指标	科技论文（篇）	国外发表（篇）	科技著作（种）	形成国家或行业标准数（项）	集成电路布图设计登记数（件）	植物新品种权授予数（项）	软件著作权数（件）	新药证书数（件）
考古学	28	0	1	0	0	0	0	0
社会学	123	7	3	0	0	0	0	0
图书馆、情报与文献学	56	13	0	0	0	0	2	0
教育学	6	0	1	0	0	0	0	0
6.按机构从业人员规模分								
≥1000人	304	159	8	9	0	39	33	0
500～999人	2437	1868	42	30	0	0	146	0
300～499人	927	455	37	33	0	0	121	0
200～299人	1038	432	32	62	0	2	176	0
100～199人	2300	831	64	78	0	32	483	0
50～99人	1292	539	30	34	0	8	158	1
30～49人	255	115	18	4	0	9	35	0
20～29人	94	23	2	4	0	0	25	0
10～19人	160	84	2	9	0	0	26	0
0～9人	15	8	0	2	0	0	1	0

注：提交级别为0国家级；从事的国民经济行业代码（BA17）为73～75；法人性质（BA29）为1事业独立法人（机构类别BA20为1～5）。

科技大事记
KEJI DASHIJI

2022 年山东省科技大事记

1 月

6 日　省科技厅组织召开山东省生物医药产业创新发展座谈会。会议对《山东省创新药物与高端医疗器械引领行动计划（2020—2022 年）》实施以来全省生物医药产业科技创新工作取得的成绩给予充分肯定，全面分析了当前全省生物医药产业创新发展面临的形势，省科技厅党组成员、副厅长于洪文出席会议并讲话。省卫生健康委、省药科院负责同志，各市科技局分管领导、社发科（处）主要负责同志，荣昌生物、凤凰制药、罗欣药业、新创生物等企业代表参加会议并发言。

7 日　省科技厅党组书记、厅长唐波到山东师范大学第二附属中学（建大校区）开展了题为"奇妙化学与人类世界"的科普讲座。

11 日　省科技厅在济南组织召开 2021 年度"科创联盟"工作总结会。会议听取了黄河科创联盟、省会经济圈科创联盟、半岛科创联盟和鲁南科创联盟各秘书长单位 2021 年度工作总结，共同研讨了 2022 年度重点工作任务。

12 日　省科技厅召开机关 2021 年度述职工作会议。会议听取各处室 2021 年度工作完成情况及 2022 年工作思路打算，分析工作中存在的问题，扎实做好 2022 年科技创新工作。省科技厅党组书记、厅长唐波出席会议并讲话，厅一级巡视员丁书良主持会议。

14 日　省科技厅党组召开 2021 年度履行全面从严治党主体责任述职会议。听取党组成员履行全面从严治党主体责任情况报告和直属机关党委书记抓基层党建工作述职报告。省科技厅党组书记、厅长唐波主持会议并讲话，厅党组成员、厅机关部分处室主要负责同志参加会议。

△　省科技厅召开 2021 年度基层党组织书记抓基层党建述职评议考核会议。厅党组成员、副厅长、直属机关党委书记于洪文主持会议并讲话，厅二级巡视员、直属机关党委副书记许勃出席会议，机关党委委员、机关纪委委员，以及部分基层党组织书记参加会议。

△　省科技厅印发《山东省科技成果转化中试示范基地备案管理办法（试行）》。

17 日　省科技厅印发《关于进一步优化科技服务推进科技政策扎实落地的若干措施》。

19 日　省科技厅召开党史学习教育总结会议。深入贯彻落实习近平总书记关于开展党史学习教育的系列重要讲话和指示批示精神，贯彻落实中央、省委党史学习教育总结大会精神，对全厅党史学习教育进行全面总结，巩固拓展成果，推动学习教育常态化、长效化。厅党组书记、厅长唐波出席会议并作党史学习教育总结讲话，省委党史学习教育第十四巡回指导组刘鲁生组长一行到会指导，厅一级巡视员于书良主持会议，厅领导班子成员出席会议，机关四级调研员及以上、直属单位班子成员参加会议。

△　省科技厅党组召开党史学习教育专题民主生活会。省委党史学习教育第十四巡回指导组组长刘鲁生，成员房菲、荣光到会指导。厅党组成员参加会议，驻厅纪检监察组、办公室、人事处、机关党委负责同志列席会议。

20 日　2022 年全省科技工作会议在济南召开。会议全面贯彻党的十九大和十九届历次全会精神，深入落实习近平总书记关于科技创新的重要论述和对山东工作的重要指示要求，学习贯彻中央经济工作会议、中央人才工作会议、全国科技工作会议、省委十一届十四次全会和省委经济工作会议、省委人才工作会议精神，总结 2021 年科技工作，分析当前形势，交流分享经验，部署安排 2022 年重点工作任务，全面推进全省科技创新工作走在前。省科技厅党组书记、厅长唐波作《奋战新征程　建功新时代　全力推进全省科技创新工作求突破走在前》工作报告，厅一级巡视员于书良主持会议。

28 日　中国工程院外籍院士联谊座谈会举办。活动由中国工程院主办，中国工程院国际合作局、山东省科学技术厅等共同承办。中国工程院秘书长陈建峰、省科技厅党组书记、厅长唐波出席活动，与来自 13 个国家的 42 位外籍院士进行线上联谊交流，省科技厅党组成员、副厅长潘军及相关业务处室负责同志参加活动。

2 月

10 日　省科技厅、省财政厅联合印发《山东省重点研发计划（科技示范工程）项目管理暂行办法》。

24日　省科技厅召开审计工作部署会议。会议安排全省科技创新政策落实及资金绩效和省科技厅2021年度预算执行审计工作。省科技厅党组书记、厅长唐波，省审计厅党组成员、副厅长、审计组组长李宁出席会议并讲话。审计组副组长邵东主持会议，并宣读了审计工作纪律和审计主要内容。

25日　省科技厅召开党风廉政建设会议。深入学习贯彻十九届中央纪委六次全会、全省2022年动员大会及省纪委十一届七次全会精神，总结、部署全厅党风廉政建设和反腐败工作，持续推进党风廉政建设和反腐败工作向纵深发展。厅党组书记、厅长唐波，厅党组成员、省纪委监委驻厅纪检监察组组长王红梅分别讲话，厅党组成员、副厅长、厅机关党委书记于洪文主持会议。

3月

2日　省科技厅党组书记、厅长唐波到山东省协同创新中心（北京）调研科技人才工作。省科技厅党组成员、副厅长潘军，山东人才发展集团党委书记、董事长王卫中，山东省人才发展集团党委副书记、总经理张祝秀参加调研。

3日　省科技厅举办"严真细实快　作风大提升"主题演讲比赛。巩固深化党史学习教育成果，进一步改进作风，强化模范机关建设，充分展示科技系统青年干部精神风貌。

8日　省科技厅召开女干部座谈会，厅党组书记、厅长唐波，厅党组成员、省纪委监委驻厅纪检监察组组长王红梅参加会议并讲话，厅党组成员、副厅长、厅机关党委书记于洪文主持会议。

30日　省科技厅党组书记、厅长唐波主持召开厅科技人才工作领导小组2022年第一次会议，专题研究科技人才工作。会议传达学习了科技部人才工作领导小组第一次会议精神，研究省科技厅2022年度人才工作品牌创建事项，讨论山东省"十四五"科技人才发展规划。

4月

22日　省科技厅、省财政厅联合印发《山东省科技型中小企业创新能力提升工程项目实施办法》。

5月

11日　山东省科学技术厅、山东省财政厅、国家税务总局山东省税务局联合修订印发《山东省企业研究开发财政补助实施办法》。

16日　山东省先进核能技术创新中心揭牌成立。威海市与国家电投战略合作项目工作推进联席会议暨山东省先进核能技术创新中心揭牌仪式举行。中国工程院院士王坚、侯保荣出席活动。国家电投集团党组书记、董事长钱智民，省科技厅党组书记、厅长唐波，威海市委书记张海波出席活动并讲话。

△　山东省科学技术厅、山东省财政厅、山东省卫生健康委员会、山东省药品监督管理局联合印发《山东省临床医学研究中心管理办法（2022年修订）》。

17日　省科技厅印发《山东省科学技术奖定向奖励实施办法（试行）》。

20日　省科技厅召开第十一届中国创新创业大赛山东赛区暨2022年"建行创业者港湾"山东省中小微企业创新竞技行动计划实施方案发布及政策宣讲会，介绍"行动计划"实施情况，解读大赛内容及相关支持政策。

26日　第二十届中国国际人才交流大会在云端开启。省科技厅组织参加，省科技厅党组成员、副厅长潘军，厅有关处室、单位负责同志集体观看开幕式。

30日　2022年山东省科学技术厅智力援助送教上门培训班在日喀则开班。省科技厅党组成员、副厅长潘军，日喀则市科技局党组书记、副局长贡桑分别致辞。

6月

1日　省科技厅召开党组扩大会议传达学习省第十二次党代会精神。会议要求，全厅上下要认真学习贯彻省第十二次党代会精神，进一步把思想认识统一到党代会精神上来，凝聚到落实大会提出的目标任务和工作部署上来。

6日　山东科技代表团拜访了澳门大学，促进双方优质创新资源对接，完善科技交流合作机制。厅党组书记、厅长唐波会见了澳门大学副校长葛伟，代表团出席了鲁澳中医药产学研合作签约仪式。

7日　山东科技代表团在澳门开展科技交流合作活动。省科技厅党组书记、厅长唐波率团拜访了澳门科技大学、澳门山东商会和澳门科学技术发展基金，访问了澳门经济及科技发展局，考察了澳门青年创业孵化中心。

8日　省科技厅在菏泽市举办2022年度第一期全省县（市、区）科技局长培训班。省科技厅党组成员、副厅长于洪文，厅二级巡视员许勃分别出席开班式和结业式并讲话，菏泽市委常委、副市长王昌华出席开班式并致辞。

9日　2022年高层次外国专家齐鲁行暨中国（山东）－巴基斯坦传统医药创新合作会议在济南举行。活动由省科技厅、省卫健委指导，省中医药研究院主办，济南市历下区人民政府承办，通过线上线下结合方式开展。省科技厅党组成员、副厅长潘军，省卫健委党组成员、副主任张立祥，巴基斯坦药品管理局行政长官、政策委员会秘书长阿西姆出席会议并致辞。

12日 "612蓝色药库共同梦想"学术研讨会在青岛召开。省科技厅党组书记、厅长唐波，青岛市委常委、副市长耿涛，中国工程院院士管华诗，中国海洋大学校长于志刚出席开幕式并致辞，国际欧亚科学院院士、"蓝药人才"技术总师杜冠华介绍"蓝色药库"开发情况。中国海洋大学副校长魏志强主持开幕式。

14日 "深远海设施渔业"科技示范工程启动会在烟台召开。省科技厅党组书记、厅长唐波，烟台市政府副市长韩耀东出席会议并讲话。省科技厅党组成员、副厅长于洪文主持会议并宣读"深远海设施渔业"科技示范工程领导小组成员名单，韩耀东代表烟台市政府为上海交通大学付世晓教授颁发"技术总师"聘书。

△ 山东省科学技术厅、山东省财政厅联合印发《山东省重点研发计划资金管理办法》。

△ 省科技厅印发《山东省大学科技园管理办法》。

19日 "智慧港口"科技示范工程项目启动会在青岛召开。省科技厅党组书记、厅长唐波，省交通运输厅党组书记、厅长孟庆斌，省港口集团党委书记、董事长霍高原出席会议并讲话。孟庆斌为山东省港口集团高级别专家张连钢颁发"技术总师"聘书。

20日 省科技厅党组书记、厅长唐波到中国—上海合作组织技术转移中心调研。参观了中国—上海合作组织技术转移中心技术转移转化区、成果展示区、创新服务区，详细了解了在智慧医疗、智能制造、现代农业、新能源、绿色环保等领域的成果转化情况。

△ 2022年山东省院士专家科技合作专题对接会在青岛举行。对接会由山东省科学技术厅和青岛市人民政府主办，青岛市委组织部、青岛市科技局、胶州市人民政府承办。省科技厅党组书记、厅长唐波，青岛市委常委、副市长耿涛出席会议并致辞。

22日 山东省科技创新大会在济南召开。深入学习贯彻习近平总书记关于科技创新的重要论述，总结成绩，表彰先进，研究部署我省科技创新工作。省委书记李干杰出席会议并讲话，省委副书记、省长周乃翔主持。会上，宣读了《山东省人民政府关于2021年度山东省科学技术奖励的决定》，决定授予中国人民解放军海军潜艇学院笪良龙、鲁南制药集团股份有限公司张贵民省科学技术最高奖；授予"抗噪声量子操作的基础研究"成果省自然科学奖一等奖、37项成果二等奖、7项成果三等奖；授予"磁悬浮离心鼓风机综合节能系统开发与应用"成果省技术发明奖一等奖、5项成果二等奖、5项成果三等奖；授予"全自动化集装箱码头关键技术研究与应用"等37项成果省科学技术进步奖一等奖、97项成果二等奖、109项成果三等奖；授予艾米莉亚·卡米莉娅、拉杰夫·库玛·瓦什尼2名外国专家省国际科学技术合作奖。

28日 省公安厅与省科技厅举行"科技兴警"协同工作机制合作协议签约仪式。副省长、省公安厅厅长范华平出席签约仪式并讲话。省科技厅党组书记厅长唐波出席签署仪式。省科技厅副厅长于洪文、省公安厅副厅长修春清代表双方签署合作协议。

29日 省科技厅召开庆祝建党101周年暨"两优一先"表彰大会，隆重表彰了一批优秀共产党员、优秀党务工作者和先进基层党组织，省科技厅党组书记、厅长唐波以"筑牢廉政根基、坚守忠诚担当，奋力推进全省科技创新工作求突破走在前"为题讲授专题党课，厅领导班子成员、厅机关全体干部和直属单位中层以上干部参加会议。

30日 "济南国家新一代人工智能创新发展试验区"科技示范工程项目启动会在济南召开。省科技厅党组书记、厅长唐波，国家新一代人工智能社会实验总体专家组组长苏竣教授，济南市委常委、副市长孙斌出席会议并讲话。会议由省科技厅党组成员、副厅长梁恺龙主持，会议宣读了"济南国家新一代人工智能创新发展试验区"科技示范工程领导小组成员名单，孙斌为清华大学智库中心副主任汝鹏教授、山东财经大学刘培德教授颁发"技术总师"聘书，为山东财经大学刘政敏教授颁发"技术副总师"聘书。

△ 省科技厅党组书记、厅长唐波，党组成员、副厅长梁恺龙一行到中科院济南科创城、博科集团实地调研。

7月

4日 山东省碳达峰碳中和专项——绿色宜居科技示范工程项目启动会在临沂召开。省科技厅党组书记、厅长唐波，临沂市委书记任刚出席会议并讲话。临沂市市长侯晓滨出席会议并为中国林业科学研究院于文吉研究员颁发"技术总师"聘书。会议由省科技厅党组成员、副厅长于洪文主持。

5日 山东省"基于铝基的交通轻量化"科技示范工程项目启动会在滨州召开。省科技厅党组书记、厅长唐波，滨州市委副书记、市长李春田出席会议并讲话，省科技厅二级巡视员许勃主持会议，滨州市委常委、副市长屈跃宽为苏州大学（魏桥）新材料应用研究院院长长海博文教授颁发"技术总师"聘书。滨州市委书记宋永祥陪同相关活动。

6日 山东省"盐碱地草牧业"科技示范工程启动会在黄三角国家农高区召开。省科技厅党组书记、厅长唐波，东营市市长、黄三角国家农高区管委会主任陈必昌出席会议并讲话，一级巡视员于书良主持会议。东营市副市长孙永为中国科学院植物所景海春研究员颁发"技术总师"聘书。

12日 省科技厅党组书记、厅长唐波到青岛市调研科技创新工作。

17日　山东省科学技术厅、山东省财政厅联合印发《山东省自然科学基金项目经费管理办法》。

△　山东大学零磁医学研究院学术论坛暨第十五期齐鲁医院多学科交叉论坛在济南举办。省科技厅党组书记、厅长唐波，山东大学校长李术才，中国科学院院士房建成等共同为山东省零磁医学重点实验室揭牌。山东省零磁医学重点实验室是全国首个获批建设的零磁医学省重点实验室。

18日　省科技厅召开厅党组落实全面从严治党专题会议，主要内容是由驻厅纪检监察组通报上半年日常监督检查中发现的问题及廉政风险，研究加强纪律作风和党风廉政建设措施，进一步推进我厅全面从严治党向纵深发展。厅领导班子成员、各处室单位主要负责同志参会。

19日　省科技厅组织开展年轻干部廉政教育专题党课活动，邀请省委党校党的学说史教研室主任张书林教授授课。

△　山东省"智慧化工园区"科技示范工程启动会在济宁市召开。省科技厅党组书记、厅长唐波，济宁市委书记、市人大常委会主任林红玉出席活动并讲话。省科技厅二级巡视员许勃主持会议，济宁市委副书记、市长于永生为华东理工大学教授、博士生导师冯恩波教授颁发"技术总师"聘书。

20日　山东省"国家可持续发展议程创新示范区—创新引领乡村可持续发展"科技示范工程启动会在枣庄召开。省科技厅党组书记、厅长唐波，枣庄市委书记陈平出席会议并讲话。枣庄市市长张宏伟出席会议并为北京师范大学张九天研究员颁发"技术总师"聘书。会议由省科技厅党组成员、副厅长于洪文主持。

21日　省科技厅与威海市政府在威海签署厅市会商战略合作框架协议以及支持威海高新区创新发展战略合作框架协议，有效集成厅市创新资源，形成创新合力，共同推进高水平创新型省份建设和高水平科技自立自强。

26日　省科学技术厅一级巡视员于书良同志带领相关专家赴重庆市执行2022年智力援助项目，并考察推进鲁渝科技协作等工作。

29日　省科技厅与日照市政府在日照签署厅市会商战略合作框架协议，建立厅市工作联动机制，帮助日照市解决科技创新关键核心技术难题，共同推进高水平创新型省份建设和高水平科技自立自强。省科技厅党组书记、厅长唐波，日照市委书记、市人大常委会主任张惠出席签约仪式并致辞，日照市委副书记、市长李在武主持签约仪式。省科技厅党组成员、省创新发展研究院党组书记、院长刘峰，日照市委常委、副市长贾刚分别代表双方签署协议。

8 月

1日　省科技厅党组书记、厅长唐波赴新疆考察调研，出席黄河科创联盟新疆天山运营中心揭牌、新疆—山东科技交流合作座谈会以及山东省科技援疆工作座谈会，到中国科学院新疆理化技术研究所、石河子大学等单位考察对接科技合作工作。

11日　省科技厅印发《2022年度山东省技术转移先进县（市、区）绩效评价方案》。

13日　2022年山东省科普讲解大赛在济南举办。省科技厅二级巡视员董守义出席决赛并致辞。来自省内各行各业的60名选手同台比拼，经过半决赛和决赛的激烈角逐，最终决出一等奖3名、二等奖6名、三等奖10名、优胜奖12名，山东省教育厅等10家部门和单位获"优秀组织奖"，一二三等奖获得者被聘为山东省科普讲解团成员。

15日　省科技厅召开科技人才工作领导小组2022年第2次会议，传达学习有关会议精神，研究部署科技人才相关工作。厅党组书记、厅长、厅科技人才工作领导小组组长唐波主持会议并讲话。

16日　省科技厅召开2022年上半年工作总结暨模范机关建设推进会议，听取各处室、单位上半年工作完成情况，分析存在问题，推动完成2022年重点工作任务，加快推进模范机关建设。省科技厅党组书记、厅长唐波出席会议并讲话，厅一级巡视员于书良主持会议。

△　黄河流域协同科技创新合作座谈交流会在济南召开。会上，山东省科技厅与宁夏回族自治区科技厅签署新一轮科技合作框架协议，进一步加强鲁宁两省区科技交流合作，促进东西部创新资源跨区域双向流动，推动两省区科技合作走深走实。山东省副省长凌文出席签约仪式，宁夏回族自治区人民政府副主席吴秀章出席座谈会并讲话。山东省科技厅党组书记、厅长唐波，宁夏回族自治区科技厅党组副书记、厅长徐龙分别代表双方签署协议。山东省政府副秘书长王健主持会议。

20日　以"走进科技，你我同行"为主题，由省科技厅、省委宣传部、省科协、威海市政府主办，威海市科技局、环翠区政府承办的2022年山东科技活动周启动仪式在威海蓝贝海洋科学中心举行。副省长凌文出席启动仪式并讲话。省科技厅厅长唐波、威海市市长孔凡萍出席启动仪式并致辞。

21日　第十一届中国创新创业大赛山东赛区暨2022年"建行创业者港湾"山东省中小微企业创新竞技行动计划新能源、新能源汽车、节能环保领域及黄河流域生态保护专题现场晋级启动仪式在济南章丘举行。

25日　2021年度省乡村振兴科技创新提振行动计划项目推进会在潍坊寿光召开。省科技厅一级巡视员于书良出席会议并讲话，有关市科技局分管负责同志、主管科（处）负责同志、项目承担单位负责人、项目负责人以及农村科技处负责同志参加了会议。

26日 第十一届中国创新创业大赛山东赛区暨2022年"建行创业者港湾"山东省中小微企业创新竞技行动计划颁奖大会在威海召开。省科技厅二级巡视员许勃、威海市副市长孙付春出席会议并致辞。

31日 2022年高层次外国专家齐鲁行暨山东省海外工程师创新合作大会在威海举行。本次活动由山东省委人才工作领导小组办公室指导，山东省科学技术厅、威海市人民政府主办，作为第二届山东人才创新发展大会暨第十二届"海洽会"系列活动，通过线上线下结合方式开展。科技部外国专家服务司二级巡视员蒋德华、省科技厅副厅长潘军、威海市政府副市长孙付春、韩中科学技术合作中心首席代表徐幸我、中国国际人才交流协会驻日本总代表邝马华（线上）出席大会并致辞；中国国际人才交流中心一级巡视员刘永志、中国人才研究会理事、寰球人才交流中心主任倪凯出席大会并作主旨演讲。

△ 在鲁海外工程师恳谈会在威海市举办。来自德国、法国、韩国、日本、新加坡等国的9名在鲁海外工程师代表参加会议，省科技厅党组成员、副厅长潘军主持会议并讲话，科技部外专司、科技人才交流中心有关处室同志出席会议并发言。

9月

1日 科技人才进园区（枣庄高新区站）暨锂电产才论坛活动举行。

7日 省科技厅在济南召开全省高新技术企业高质量发展推进工作座谈会，深入了解我省高新技术企业培育、发展等情况，共同探讨推进高新技术企业数量、质量双提升的思路和措施，助力全省经济高质量发展。省科技厅二级巡视员许勃出席会议并讲话。

8日 省科技厅党组书记、厅长唐波带队在济南实地调研重点科技工作进展情况，并召开推进工作专题座谈会。济南市委常委、副市长孙斌等陪同调研。

△ 2022年庆中秋外国专家茶话会在济南举行。茶话会由省科技厅（省外国专家局）主办，省科技厅党组成员、副厅长潘军，山东人才集团党委副书记、总经理张祝秀对出席茶话会的外国专家致以节日的亲切问候和美好祝福，并为各位专家赠送了象征团圆与友谊的精美月饼。

14日 2022年高层次外国专家齐鲁行暨山东省人工智能国际高端技术研讨会在济南举行。活动由省科技厅指导，省国际科技合作创新创业共同体主办，作为第二届山东人才创新发展大会暨第十二届"海洽会"系列活动，以线上线下结合方式开展。中国国际科技合作协会会长姚为克、中国驻乌克兰前科技参赞李谦如、中国驻白俄罗斯前科技参赞李长华受邀参加活动，省科技厅党组成员、副厅长潘军，山东高速集团总经理王其峰出席活动并致辞。

15日 第三届中国国际文化旅游博览会、首届中华传统工艺大会在济南拉开帷幕。"文旅拥抱科技 科技赋能文旅"是本届展会的最大亮点之一，省科技厅聚力打造的文化数字化展区－科技创新展馆亮相。

△ 全省科技合作和外国专家工作会议在烟台召开。会议主要目的是学习贯彻习近平总书记关于科技创新的重要论述，传达学习全国科技外事工作、外国专家工作会议精神，研究部署下一步重点工作和任务，加快推进全省科技创新工作"走在前、开新局"。省科技厅党组书记、厅长唐波出席会议并讲话，省科技厅党组成员、副厅长潘军主持会议，烟台市副市长韩耀东出席会议并致辞。

△ 省人大常委、九三学社山东省委专职副主委宋尚桂一行到省科技厅开展专题调研，围绕相关重点调研课题进行了座谈交流，省科技厅一级巡视员于书良参加座谈。

19日 省科技厅印发《山东省科技企业孵化载体管理办法》。

20日 2022中德科技创新合作大会在山东大厦成功举办，山东省副省长凌文出席大会并致辞。省科技厅厅长唐波为德国史太白（山东·慕尼黑）智能制造技术转移中心揭牌，省科技厅副厅长梁恺龙主持大会。

21日 省科技厅印发《山东省支持培育技术转移服务机构管理办法》。

23日 依托省委省直机关工委组织的线上"省直机关新任党支部书记培训班"，厅直属机关党委组织开展我厅新任党支部书记暨党务干部培训，主要内容为党支部建设、发展党员、党费收缴使用管理、"灯塔—党建在线"网络平台维护管理等，厅机关及直属单位50余人参加。

△ 省科技厅印发《山东省省级创业类人才项目股权投资实施细则（试行）》。

24日 全省科研单位人才工作推进会议在济南召开。会议深入学习贯彻习近平总书记关于人才工作的重要论述和中央人才工作会议精神，认真落实省委人才工作会议要求，总结工作，交流经验，全力推动全省科研单位人才工作走在前、开新局。副省长凌文出席会议并讲话。省委组织部副部长、省委人才工作领导小组办公室常务副主任龚文东，省政府副秘书长、省政府办公厅党组成员王健，省科技厅党组成员、副厅长潘军出席会议。

30日 省科技厅印发《山东省科技计划项目撤销与终止管理暂行办法》。

10月

10日 省科技厅印发《山东省农业科技园管理办法》。

△ 山东省科研诚信建设联席会议第一次会议在济南召开。省科研诚信建设联席会议召集人、省科技厅党组书记、厅长唐波主持会议并讲话。联席会议副召集人、山东社科院党委书记、院长袁红英和联席会议成员等有关同志出席会议。

△ 齐鲁国际讲堂走进江北水城暨海外高端制造业专家聊城行活动在聊城举办。活动以"聚集天下高层次人才，推动水城高质量发展"为主题，由山东省科学技术厅、聊城市人民政府主办，启动仪式由聊城市副市长王刚主持。聊城市委副书记、市长张百顺，省科技厅党组成员、副厅长潘军出席并致辞。

13日 省科技厅召开会议，传达学习党的十九届七中全会精神，并集体观看年轻干部严重违纪违法警示教育片，全厅党员干部及公职人员130余人参加。

16日 中国共产党第二十次全国代表大会在北京隆重开幕，习近平总书记代表十九届中央委员会向大会作报告。省科技厅党员干部群众270余人集中观看了开幕盛况，在外援派干部、离退休老干部等也密切关注大会盛况，通过电视、网络、广播等方式积极收听收看。

18日 省科技厅、省财政厅联合印发《山东省创新券使用管理办法》。

19日 省科技厅组织开展贯彻党的二十大报告精神意识形态领域专题培训，邀请省民族宗教委政策法规处（监督检查处）处长徐中林授课。厅二级巡视员许勃主持并讲话，厅机关及事业单位干部100余人参加。

20日 第二届内地与澳门产学研合作路演对接会在澳门举办，省科技厅组织省内多家企业、高校院所参加相关活动，取得丰硕成果。

25日 由省科技厅指导、齐鲁工业大学（省科学院）主办的"2022年鲁澳中药质量分析技术交流会"在济南举行。中国工程院院士、国家中医药管理局副局长、中国中医科学院院长黄璐琦，省科技厅党组成员、副厅长梁恺龙，齐鲁工业大学（山东省科学院）党委副书记刘永波出席会议有关活动。

26日 民建山东省委副主委丁保国一行到我厅就科技支持民营企业发展等工作开展调研座谈。

11 月

2日 省科技厅举办2022年政务信息工作培训班，邀请省政府办公厅信息舆情室负责同志授课，省科技厅二级巡视员许勃主持工作并讲话。

8日 省科技厅组织开展贯彻党的二十大精神黄河重大国家战略专题培训，邀请山东省宏观经济研究院高福一副院长授课。厅党组成员、副厅长、厅直属机关党委书记于洪文主持并讲话，厅机关及事业单位近100人参加。

9日 2022年度山东省科技领军企业和首批科技"小巨人"企业名单发布。

11日 山东省重特大疾病"防诊控治康"科技示范工程项目启动会在山东大厦举行。省科技厅党组书记、厅长唐波，省卫生健康委党组书记、主任马立新（线上）出席活动并讲话。技术总师、中国工程院院士于金明、齐鲁制药总裁李燕，省政协副主席、省立医院院长赵家军，齐鲁医院院长陈玉国等项目牵头、参与单位主要负责同志，省科技厅、省卫生健康委、济南市科技局有关负责同志参加会议。会议由省科技厅党组成员、副厅长于洪文同志主持。

14日 省科技厅印发《山东省国际科技合作基地管理办法》。

16日 省科技厅党组书记、厅长唐波带队到淄博市调研科技创新工作和园区建设情况。淄博市委常委、副市长宋振波，市科技局党组书记、局长熊欣等陪同调研。

△ 省科技厅印发《山东省技术转移人才培养基地管理办法》。

17日 省委宣讲团成员、省科技厅党组书记、厅长唐波赴威海开展党的二十大精神宣讲和稳经济基本盘督导服务活动。

12 月

2日 省科技厅开展党的二十大精神宣讲活动。厅党组成员、副厅长、直属机关党委书记于洪文主持会议并作宣讲报告，传达学习党的二十大精神，并对贯彻落实党的二十大精神提出要求。

7日 山东省科技厅、重庆市科技局通过视频连线形式召开2022年鲁渝科技协作联席会议，谋划新时期两省市科技协作工作，打造鲁渝科技协作"升级版"。

9日 召开全省科技统计工作座谈会。会议通报了全省科技统计工作情况，围绕科技统计工作中的难点堵点以及下步工作举措进行了深入交流，研究部署了科技统计重点工作任务。厅党组成员、副厅长梁恺龙出席会议并讲话。

△ 省科技厅印发《山东省海洋高新技术产业开发区建设工作指引》。

21日 省科技厅印发《山东省科技成果分类评价工作指引（试行）》。

28日 召开厅科技人才工作领导小组2022年第4次会议，专题研究有关科技人才工作。厅党组书记、厅科技人才工作领导小组组长唐波主持会议并讲话，厅党组副书记、厅长孙海生参加会议。会议研究了《全方位加强青年科技人才培养引进使用的若干措施》《山东省科技人才评价综合改革试点方案》。

29日 省科技厅印发《山东半岛国家自主创新示范区自主创新行动方案（2023—2025年）》。

附 录
FULU

山东省科学技术厅
（山东省外国专家局）
内设机构及主要领导名单

（2022 年 12 月 31 日）

厅领导

党组书记：唐　波
党组副书记、厅长：孙海生
党组成员、省纪委监委驻省科技厅纪检监察组组长：王红梅
党组成员、副厅长，直属机关党委书记：于洪文
党组成员，山东省海洋科学研究院党组书记、院长：李储林
党组成员、副厅长：潘　军
党组成员，山东省创新发展研究院党组书记、院长：刘　峰
党组成员、副厅长：梁恺龙
一级巡视员：徐茂波
二级巡视员、直属机关党委副书记：许　勃
二级巡视员：董守义
重大专项办公室主任、二级巡视员：王洪国

办公室
（省国防动员委员会科技动员办公室）

主任：苏学锋

人事处

处长、一级调研员：祝恩元

直属机关党委

专职副书记：李　涛

政策法规与创新体系建设处

处长：高光雨

资源配置与管理处

处长、一级调研员：于　浩

基础研究处

处长、一级调研员：王钟伟

科技合作处

处长、一级调研员：张兴旺

成果转化与区域创新处
（国家自主创新示范区建设指导办公室）

处长、一级调研员：王宝立

高新技术发展及产业化处

处长：韩绍华

农村科技处

处长、一级调研员：李百东

社会发展科技处

处长：李连文

海洋科技处

处长：郭怀芳

引进智力与出国培训管理处
（科技人才工作处）

处长：王　婷

外国专家服务处

处长：汲进梅

（山东省科学技术厅人事处）

山东省市、县科技局领导名单

（2022 年 12 月 31 日）

济南市科技局

党组书记、局长，市外国专家局局长：陈西武
党组副书记、副局长：高冬梅
党组成员、副局长：王　芳
党组成员、正处级领导干部：李明强
正处级领导干部（班子成员）：何文红
党组成员、正处级领导干部：申洪柱
一级巡视员：吕建涛
二级巡视员：刘德志
二级巡视员：张　宾
副局级领导干部：王　东
一级调研员：李海波
济南市与中科院合作项目建设推进组副组长：彭文博
济南科技创新促进中心主任：张振敏
济南科技创新促进中心正处级领导干部：王庆河
历下区科技局局长：祝伟东
市中区科技局局长：于　阳
槐荫区科技局局长：王　剑
天桥区科技局局长：耿玉远
历城区科技局局长：郑　静
长清区工信局（科技局）局长：方宝军
章丘区工信局（科技局）局长：郭伟宏
济阳区科技局局长：崔吉勇
莱芜区科技局局长：陶务杰
钢城区工信局（科技局）局长：李　明
平阴县工信局（科技局）局长：刘　勇
商河县科技局局长：郑元新
高新区管委会发展改革和科技经济部部长：杨兴存
莱芜高新区科技创新部部长：朱忠卫

青岛市科技局

党组书记、局长：朱铁一
党组成员、中科院青岛生物能源与过程研究所党委副书记：吴绪永
党组成员、副局长：徐凌云
党组成员、副局长：刘学辉
党组成员、副局长：于炳波
二级巡视员：宋长虹
副巡视员：管崇亮
青岛市市南区科学技术局局长：焦　栋
青岛市市北区科学技术局局长：夏进科
青岛市李沧区科学技术局局长：李　杨
青岛市崂山区科技创新委员会主任：吕良宝
青岛市西海岸新区工业和信息化局（科技局、大数据局）局长：隋俊昌
青岛市城阳区科学技术局局长：纪玲玲
青岛市即墨区科学技术局局长：吴　强
胶州市科技和工业信息化局局长：周兆和
平度市工业和信息化局局长：乔　宁
莱西市科学技术协会主席：孙学广
青岛市高新区管委会科技创新部副部长（主持工作）：王　磊
青岛市蓝谷管理局科技创新部部长：刘玉龙

淄博市科技局

党组书记、局长，市外国专家局局长：熊　欣
党组成员、副局长，三级调研员：赵晓煜
副局长：赵秀秀
党组成员、副局长：张明光
党组成员，四级调研员：胡　冰
党组成员，人事科科长，四级调研员：吴晓娟
二级巡视员：于秀栋
一级调研员：张旭东
二级调研员：臧金强
二级调研员：吴建虹
三级调研员：李　伟
张店区科技局局长：崔文姝
淄川区科技局局长：张红军
博山区科技局局长：魏　猛
周村区科技局局长：石志丹
临淄区科技局局长：孙贤才
桓台县科技局局长：毛　芹
高青县科技局局长：张金强
沂源县科技局局长：徐统智
高新区科工局局长：田金宁
经济开发区工科局局长：陈　宁

文昌湖旅游度假区经发局局长：李军卫

枣庄市科技局

党组书记、局长：祝世峰
党组成员、副局长、二级调研员：杨升光
党组成员、副局长：胡艳营
副局长：沈长遐
党组成员、四级调研员、办公室主任：杜益宏
枣庄市科技信息研究所所长：曹瑞民
滕州市科技局党组书记、局长：杨青霖
薛城区科技局党组书记、局长：王　滨
山亭区科技局党组书记、局长：张　颖
市中区科技局党组书记、局长：王秀兰
峄城区科技局党组书记、局长：顿星芳
台儿庄区科技局局长：马伊娜
枣庄高新区科技局党组书记、局长：冯　振

东营市科技局

党组书记、局长：张晓慧
副局长：郭乃利
党组成员、副局长：高　琼
党组成员、副局长：徐自文
党组成员、副局长，市外国专家局局长：王富杰
四级调研员：王新俊
市科技创新服务中心主任：李春祥
东营区科技局局长：郝康康
河口区科技局局长：陈永锋
垦利区科技局局长：石卫红
广饶县科技局局长：刘培海
利津县科技局局长：尹　晨

烟台市科技局

党组书记、局长：李　杰
二级调研员：王培学
三级调研员：许　博
科技创新促进中心主任：王艳莉
党组成员、副局长：王晓智
党组成员、副局长：姜　雪
芝罘区科技局党组书记、局长：范开玮
福山区科技局党组书记、局长：于新磊
莱山区科技局党组书记、局长：曲　悦
牟平区科技局党组书记：曲学林
蓬莱区科技局党组书记：吴长城
海阳市科技局党组书记、局长：孙晓波
莱阳市科技局党组书记、局长：刘东刚
栖霞市科技局党组书记：李一锋
龙口市科技局党组书记、局长：任　武
招远市科技局党组书记、局长：姜　涌
莱州市科技局党组书记、局长：方向东
经济技术开发区经济发展和科技创新局党委书记、局长：姚光磊
高新技术产业开发区科技创新部党组书记、部长：李胜江

潍坊市科技局

党组书记、局长：高玉国
党组成员、副局长，市科技创新促进中心主任：刘　煜
副局长：安卫红
党组成员、副局长：董书礼
党组成员、副局长：卢芳芳
副县级干部、外国专家局局长：周　锴
二级调研员：李振忠
四级调研员：丁　映
奎文区科技局局长：都松强
潍城区科技局局长：陈　磊
坊子区科技局局长：乔仕杰
寒亭区科技局局长：孙会信
青州市科技局局长：段忠勇
诸城市科技局局长：荆晓丽
寿光市科技局局长：付翠敏
安丘市科技局局长：王　磊
昌邑市科技局局长：王金华
高密市科技局局长：李祥法
临朐县科技局局长：李富华
昌乐县科技局局长：王秀臻
高新区科技局局长：聂绍俊
滨海区经济运行和科技商务局局长：宋作忠
保税区经发局副局长（主持日常工作）：郎咸梅
峡山区科技局局长：张　恂
经济区经发局局长：孙　龙

济宁市科技局

党组书记、局长：龚　标
二级调研员：李连习
党组副书记、副局长：徐西胜
党组成员、副局长：马红卫
党组成员、副局长：苏　振
科技系统机关党委专职副书记：王　萍
任城区科技局局长：陆书华
兖州区科技局局长：张景林
曲阜市科技局局长：任　勤
邹城市科技局局长：乔凡英

泗水县科技局局长：张　宁
微山县科技局局长：王金斗
鱼台县科技局局长：杨景春
金乡县科技局局长：程树民
嘉祥县科技局局长：魏　芳
汶上县科技局局长：马洪联
梁山县科技局局长：李光振
济宁高新区管委会副主任、科技创新局局长：罗会涛
济宁经济开发区经济发展局局长：秦　峰
济宁太白湖区经济发展局局长：赵红雨

泰安市科技局

党组书记、一级调研员：杨建全
局长：柳桂敏
二级巡视员：张庆云
党组副书记、三级调研员：梁晨阳
党组成员、副局长：王东之
党组成员、泰山科学技术研究院党总支书记、院长：韩庆东
党组成员、副局长：何　青
党组成员、副局长：孙迎胜
党组成员、四级调研员：李华定
二级调研员：陈书林
三级调研员：陈吉霞
泰山区科技局党组书记：谭培生
泰山区科技局局长：曹　磊
岱岳区科技局党组书记、局长：张洪进
新泰市科技局党组书记、局长：何　新
肥城市科技局党组书记、局长：张　鹏
宁阳县科技局党组书记、局长：张之合
东平县科技局党组书记、局长：李　健
泰安高新区科技创新部部长：董　梅

威海市科技局

党组书记、局长：谭远国
党组成员、副局长：赵　静
党组成员、副局长：王军伟
党组成员、山东生产力促进中心主任：夏国强
副局长：姜　新
党组成员、副局长，市外专局局长：王君秋
党组成员、威海市科技创新发展中心主任：姜松波
四级调研员：夏海敬
党组成员、四级调研员：李世强
四级调研员：刘　俊
环翠区科技局局长：王　波
文登区科技局局长：刘　军
荣成市科技局局长：姜晓萍
乳山市科技局局长：辛　丽
高新区科技创新局局长：蒋延传
经济技术开发区科技创新局局长：陈　琳
临港区科技创新局局长：许大海
综合保税区经济发展局局长：于远洋
南海新区科技金融局局长：徐海航

日照市科技局

党组书记、局长：夏　平
党组成员、市科技创新服务中心主任：徐若菲
党组成员、副局长、市外国专家局局长：刘相鸿
党组成员、副局长：潘　宁
副局长：王洪霞
东港区科技局党组书记：姜　平
岚山区科技局局长：朱绍岐
莒县科技局局长：魏书军
五莲县科技局党组书记：代梅芳
日照经济技术开发区经济发展局党委委员、局长：秦　峰
日照高新区创新创业研究院院长：周存兰

临沂市科技局

党组书记、局长：徐文明
党组成员、副局长：胡俊保
党组成员、副局长：姜良友
党组成员、四级调研员：刘　鸣
党组成员、副局长（挂职）：汪　源
党组成员、副局长：陶　园
党组成员（挂职）：董双蕾
二级调研员：王　永
二级调研员：成少忠
三级调研员：谢　莹
副县级干部：王晨光
兰山区科技局局长：刘玉存
罗庄区科技局局长：贾世云
河东区科技局党组书记：贺连献
河东区科技局局长：孙家春
郯城县科技局局长：杨双宝
兰陵县科技局党组书记：羿艳飞
兰陵县科技局局长：张　伟
莒南县科技局局长：陈会全
沂水县科技局局长：郭一磊
蒙阴县科技局局长：武传友
平邑县科技局党组书记：徐常永
平邑县政协副主席、科技局局长：吴庆民
费县科技局局长：马兆龙

沂南县科技局局长：孙国安
临沭县科技局党组书记：王顶明
临沭县科技局局长：王光娟
高新技术产业开发区科技创新办公室党组书记、主任：胡德礼
经济技术开发区科技创新局局长：王　蕊
临港经济开发区高新技术企业（孵化）服务中心主任：朱明磊

德州市科技局

党组书记、局长：井为民
党组成员、副局长、三级调研员：王秀勇
党组成员、副局长：耿　欣
二级调研员：时建强
党组成员、副县级干部：田晓静
党组成员、副局长：赵向阳
四级调研员：刘金刚
德城区科学技术局局长：郢建成
禹城市科学技术局局长：王志辉
乐陵市科学技术局局长：石　宁
宁津县科技和工业和信息化局科技局局长：王　磊
齐河县科学技术局局长：王宗财
陵城区科学技术局局长：贾洪哲
临邑县科学技术局局长：麻红让
平原县科技服务中心主任：王同凯
武城县科技和工业信息化局局长：范忠新
夏津县科学技术局局长：孙凤军
庆云县科学技术局局长：孔义群
天衢新区经信科技部部长：孙光明

聊城市科技局

党组书记、局长：王相东
二级调研员：李　旭
党组成员、副局长：袁余成
副局长：魏　丽
党组成员、副局长：和学勇
党组成员、高新技术创业服务中心主任：李东磊
东昌府区科学技术局党组书记：田焕芝
临清市科学技术局党组书记、局长：高士奎
冠县工业和信息化局党组书记：张伟国
冠县工业和信息化局局长：张奎宁
莘县科学技术局党组书记：孙　伟
阳谷县科技服务中心党组书记、主任：王守峰
东阿县科学技术局党组书记、局长：曲华锋
茌平区科学技术局党组书记、局长：赫明书
高唐县科学技术局党组书记、局长：叶　红
经济技术开发区经济发展部部长：周厚君
高新技术产业开发区科技创新发展部部长：崔　琰
江北水城旅游度假区经济发展局局长：姜振涛

滨州市科技局

党组书记：孟　霄
局长、市外国专家局局长：李朝晖
党组副书记：邢红辉
党组成员、副局长：刘东芳
党组成员、副局长：吕肇华
滨城区科学技术局党组书记，四级调研员：李　勇
沾化区科学技术局党组书记：王　明
惠民县科学技术局党组书记、局长，外国专家局局长：宓洪江
阳信县商务和科学技术局党组书记、局长，外国专家局局长：李建峰
无棣县科学技术局党组书记、局长，外国专家局局长：王秀丽
博兴县科学技术局党组书记、局长：郑永平
邹平市科学技术局党组书记、局长：李　勇
滨州经济技术开发区科技中心主任：张军波
滨州高新区科学技术局局长：王妮娜
滨州北海经济开发区管委会副主任，经贸发展局局长：李景民

菏泽市科技局

党组书记、副局长：柏立新
局长：田兴学
党组副书记、副局长：徐　静
党组成员、副局长：彭金俭
党组成员、副局长：路　鹤
牡丹区科技局党组书记、局长：张　伟
定陶区科技局党组书记：张同庆
定陶区科技局局长：邵光儒
曹县科技局党组书记、局长：刘向东
成武县科技局党组书记、局长：訾述标
单县科技局党组书记、局长：刘守民
巨野县政协副主席、县科技局局长：孟海燕
巨野县科技局党组书记：张　新
郓城县科技局党组书记：李逢官
郓城县科技局局长：徐　婧
鄄城县科技局党组书记、局长：沈　欣
东明县科技局局长：李　灿
东明县科技局党组书记：房世杰
鲁西新区科技创新服务中心主任：李炜喆

2022年山东省获得国家杰出青年科学基金资助人员名单

项目名称	负责人	项目类型	依托单位
海洋食品酶工程	毛相朝	国家杰出青年科学基金	中国海洋大学
海洋多尺度过程观测与机理研究	陈朝晖	国家杰出青年科学基金	中国海洋大学
海洋岩土力学与海底工程	陈旭光	国家杰出青年科学基金	中国海洋大学
奇特核实验及相关理论研究	王守宁	国家杰出青年科学基金	山东大学
稀土催化材料	贾春江	国家杰出青年科学基金	山东大学
地月空间环境	史全岐	国家杰出青年科学基金	山东大学
并网变流器集约化设计与精益化调控	高峰	国家杰出青年科学基金	山东大学
胰岛稳态与跨膜信号转导	于晓	国家杰出青年科学基金	山东大学
结构生物信息学	杨建益	国家杰出青年科学基金	山东大学
减数分裂	张亮然	国家杰出青年科学基金	山东师范大学
葫芦科作物功能基因组学	张忠华	国家杰出青年科学基金	青岛农业大学
长寿命水工钢筋混凝土	金祖权	国家杰出青年科学基金	青岛理工大学

2022年山东省出台的重要科技政策和法规

山东省人民政府关于支持黄河三角洲国家农业高新技术产业示范区高质量发展的意见

鲁政字〔2022〕118号

各市人民政府，各县（市、区）人民政府，省政府各部门、各直属机构，各大企业，各高等院校：

经省政府同意，现就支持黄河三角洲国家农业高新技术产业示范区（以下简称黄三角国家农高区）高质量发展，制定如下意见。

一、目标要求

以习近平新时代中国特色社会主义思想为指导，全面贯彻党的十九大和十九届历次全会精神，深入落实习近平总书记对山东工作的重要指示要求，完整、准确、全面贯彻新发展理念，统筹实施创新驱动发展战略、乡村振兴战略、黄河流域生态保护和高质量发展战略，紧紧锚定"走在前列、全面开创""三个走在前"总遵循、总定位、总航标，按照《中共山东省委关于深入学习贯彻习近平总书记重要讲话精神扎实推动黄河流域生态保护和高质量发展的决定》（鲁发〔2021〕20号）部署要求，整合全省要素资源，全方位支持推动黄三角国家农高区高质量发展。力争到2025年把黄三角国家农高区建设成为以盐碱地农业技术创新为引领的全国农业创新高地、农业科技服务业为重点的高新技术产业基地、农业"新六产"为支撑的乡村振兴示范样板，探索可复制可推广的盐碱地综合利用新模式，为推动盐碱地区农业农村现代化做出农高区贡献。

二、加快提升自主创新能力，打造盐碱地综合利用先行示范区

1. 推动建设国家盐碱地综合利用技术创新中心等一批科技创新平台。聚焦盐碱地综合利用、耕地质量与综合产能提升、耐盐碱植物育种等领域，推动建设一批国家和省级技术创新中心、重点实验室、产业创新中心、科技企业孵化器等创新创业平台，快速提升黄三角国家农高区项目承接能力和成果转化能力。2022—2025年，从省级科技创新发展资金中安排资金，支持黄三角国家农高区创新平台建设、人才培育引进。〔省科技厅牵头，省发展改革委、省教育厅、省财政厅、省农业农村厅、东营市政府（黄三角国家农高区管委会）分工负责，以下各项分工责任单位均包含东营市政府（黄三角国家农高区管委会），不再单独列出〕

2. 实施一批重大科技项目。争取科技部、中国科学院支持，落实部院省联动支持机制，实施一批国家重点研发计划、战略先导专项等科技项目。支持涉及盐碱地创新利用的省科技示范工程、重大科技创新工程等科技项目，在黄三角国家农高区布局实施。落地实施一批现代种业提升工程、农业科技创新能力条件建设类项目，在2022—2025年中央预算内投资农业建设专项资金安排上予以支持。立项实施盐碱地农业标准化项目，支持黄三角国家农高区研究制定盐碱地农业国家标准。（省科技厅牵头，省发展改革委、省财政厅、省农业农村厅、省市场监管局分工负责）

3. 聚集一批高端科教资源。加强与国内外高校、科研单位合作，在黄三角国家农高区建设科教试验基地，布局建设重大科研、教育基础设施。支持盐碱地综合利用技术创新中心与高校联合培养研究生，建立博士后创新实践基地、博士后科研工作站。（省教育厅牵头，省发展改革委、省科技厅、省人力资源社会保障厅分工负责）

4. 招引一批高层次人才。面向全球招引高层次人才，遴选符合条件的人才，通过引进顶尖人才"一事一议"、使用省级高层次人才周转编制、申报泰山学者等人才工程给予支持。引进人才享受东营市人才优惠政策。（省委组织部牵头，省委编办、省教育厅、省科技厅、省工业和信息化厅、省人力资源社会保障厅分工负责）

三、培育壮大盐碱地特色产业，打造现代农业强省突破的标杆

5. 加快发展盐碱地特色种业。争取设立盐碱地生物资源与评价利用重点实验室，加强耐盐碱作物育种联合攻关和良繁基地建设，选育推广耐盐碱小麦、大豆、水稻、牧草、中草药等作物新品种，推行商业化育种机制，构建育繁推一体化特色种业链条。（省科技厅、省农业农村厅牵头，省发展改革委分工负责）

6. 建设特色产业园区。争取农业农村部在黄三角国家农高区设立国家盐碱地生物农业试验示范区。建设盐碱地特色种业产业园、大健康及功能性食品产业园、农业智能装备制造产业园、生物技术与制造产业园，支持盐碱地农业领域重点项目优先纳入省级重点项目库，当地政府、园区出台优惠政策吸引企业、项目入园，加快培育科技型中小企业，打造盐碱地特色产业集群。（省农业农村厅、省科技厅牵头，省发展改革委、省工业和信息化厅分工负责）

四、支持农业科技交流合作，打造全省现代农业开放发展的前沿阵地

7. 加快开放融合发展。积极参与"一带一路"建设，加强与国内外科研机构、高等院校和央企、跨国公司之间的交流合作，举办盐碱地综合利用科技创新会议交流、成果展览等活动。支持创建"科创中国"试点园区，加快推动山东自贸试验区与黄三角国家农高区开展联动创新。（省政府外办牵头，省科协、省科技厅、省商务厅、省农业农村厅分工负责）

8. 深化产学研合作。鼓励国内外高端人才团队到黄三角国家农高区创新创业，支持高校、科研院所、新型研发机构以科技成果入股企业，按规定实施期权、技术入股、股权等多种形式的奖励。（省教育厅牵头，省科技厅、省人力资源社会保障厅分工负责）

五、推进农业农村现代化，打造科技支撑乡村振兴样板

9. 科技赋能乡村振兴。创新科技示范推广模式，加快培育高素质农民，发展盐碱地绿色生态高效农业，培育壮大特色产业。优先承担农村改革试点任务，探索农业合作经济组织新模式，开展省级乡村旅游建设，打造乡村振兴齐鲁样板。（省农业农村厅牵头，省科技厅、省文化和旅游厅分工负责）

10. 发展绿色生态高效循环农业。推广应用节水、减肥、降药等新技术新产品，推进畜禽粪污资源化利用，创建省级生态文明建设示范区。加快打造耐盐功能粮食、道地药材、牧草、畜禽、果蔬等盐碱地特色农产品品牌和区域公用品牌，构建具有较高知名度和影响力的盐碱地农业品牌体系。（省农业农村厅牵头，省生态环境厅、省市场监管局、省畜牧局分工负责）

六、强化体制机制改革创新，优化高质量发展环境

11. 推进体制机制改革创新。围绕黄三角国家农高区发展需求，主动改革创新，量身定制个性化政策，形成政策洼地效应。财政资金测算到黄三角国家农高区，由东营市政府下达。支持黄三角国家农高区在设施农业用地、农业科研用地等用地政策方面先行先试。（省科技厅、省财政厅、省自然资源厅牵头）

12. 加大财政资金支持。黄三角国家农高区实行独立一级财政管理体制，强化省市帮扶。2022—2026年，对区内省市分享的财力，通过转移支付方式予以全额补助。省级在定额补助以及农林水利、重大科技创新、产业发展等方面，继续对黄三角国家农高区给予重点倾斜；对今后新出台的教育、社会保障、医疗卫生等重大民生政策，原则上执行省内中部地区补助政策；对自身财力无法满足"三保"支出的缺口部分，通过县级基本财力保障机制补助资金给予定向补助。东营市每年给予财力性转移支付资金支持，用于黄三角国家农高区建设发展。（省财政厅牵头，省发展改革委、省科技厅、省农业农村厅分工负责）

13. 创新金融支持政策。支持黄三角国家农高区设立创新和产业引导基金，建立市场化投融资平台。当地政府、园区出台优惠政策吸引企业合作、投资，推动企业涉农板块拓展业务空间。支持银行、保险等金融机构在黄三角国家农高区设立分支机构，扩大业务规模，创新农业科技特色金融服务。（省地方金融监管局牵头，人民银行济南分行、山东银保监局分工负责）

14. 创新干部管理机制。加强领导班子和干部队伍建设，对重要专业管理岗位，允许黄三角国家农高区面向全国进行招聘。（省委组织部、省人力资源社会保障厅牵头）

15. 与东营市一体化融合发展。东营市政府将黄三角国家农高区发展规划、产业培育、乡村振兴、基础配套、社会事务等纳入东营市一体化布局，优势互补、协同发展，构建市、区融合一体化发展格局。

16. 建立协同推进机制。积极争取支持，按照部省共建机制形成黄三角国家农高区建设推进机制。省委科技创新委员会定期召开会议，研究解决黄三角国家农高区重大事项，有关成员单位选派干部到黄三角国家农高区挂（任）职，帮助开展工作。（省委组织部、省科技厅牵头）

山东省人民政府
2022 年 6 月 25 日

山东省人民政府办公厅关于完善科技成果评价机制的实施意见

鲁政办字〔2022〕99 号

各市人民政府，各县（市、区）人民政府，省政府各部门、各直属机构，各大企业，各高等院校：

为深入贯彻《国务院办公厅关于完善科技成果评价机制的指导意见》（国办发〔2021〕26 号）精神，健全完善科技成果评价体系，树立以创新质量、绩效、贡献为核心的科技评价导向，推动科技成果高质量供给和转化应用，经省政府同意，结合山东省实际，提出如下实施意见。

一、坚持正确的科技成果评价导向

（一）全面准确评价科技成果的多元价值。根据科技成果不同类型和评价目的，有针对性地评价科技成果的科学、技术、经济、社会、文化"五元"价值，解决指标单一化、标准定量化、结果功利化的问题。探索建立"五元"价值评价的工具和模型，制定通用的评价标准、流程，在电子信息、医学、现代农业等领域制定符合科学规律和行业特色的评价指标体系。（省科技厅牵头）

（二）破解成果评价中的"唯论文、唯职称、唯学历、唯奖项"问题。深入开展"四唯"清理专项行动，在科研项目绩效评价、科技奖励、人才计划评审和职称评聘中突出代表性成果评价，在高等院校、科研机构、公立医院、国有企业绩效考核（评价）等活动中突出创新能力评价考核，全面纠正单纯重数量指标、轻质量贡献等不良倾向。对具有重大学术影响、取得显著应用效果、为经济社会发展和国家安全作出突出贡献的高质量成果，提高其考核评价权重。鼓励制定作者贡献清单，实行责任制署名，科学确定个人、团队和单位在成果产出中的贡献。（省科技厅、省教育厅、省人力资源社会保障厅牵头，省委组织部、省科协、省卫生健康委、省国资委配合）

二、构建政府、社会组织、企业、投融资机构等主体参与的多元评价体系

（三）深化财政科技项目成果评价改革。深入推进科技计划项目管理改革，建立标准化绩效评价体系，提高科技成果评价权重。对财政支持的科技重大专项项目，将科技成果评价纳入综合绩效评价。完善重大科技成果技术成熟度评价标准，开展技术成熟度评价，探索开展技术尽调。发挥科技成果评价报告增信作用，将科技成果评价报告作为省级科技计划项目立项、过程管理以及绩效评价的重要依据。健全重大科技计划项目知识产权管理流程，建立专利申请前评估制度，加大高质量专利转化应用绩效的评价权重。（省科技厅

（四）大力推进市场化评价。制定加强技术交易市场建设政策措施，发挥济青烟国家科技成果转移转化示范区带动作用，支持山东省技术成果交易中心等与北京、上海等技术交易机构深度合作，建设高水平区域性技术交易市场，完善协议定价、挂牌交易、拍卖、资产评估等多元化市场交易定价办法，大力推广"评估—担保—贷款—投资—交易"模式。依托山东省科技成果转化服务平台等载体，建立完善省级技术交易信息发布机制，依法推动技术交易、科技成果、技术合同登记等信息数据互联互通。加强技术转移服务体系建设，完善技术转移服务机构备案管理办法，促进专业化、市场化、规范化发展。完善技术经纪人队伍建设措施，制定评价人员认定服务指引，畅通职称评审渠道，依托技术转移人才培养基地建立以技术经纪人为主体的评价人员培养机制，鼓励技术转移机构和技术经纪人全程参与发明披露、评估、对接谈判等工作。（省科技厅牵头）

（五）引导第三方评价机构健康发展。发挥行业协会、学会、研究会和专业化评价机构等作用，组建科技成果评价联盟，共同制定行业标准指南，推动评价诚信体系和制度建设。制定科技成果评价规范地方标准，支持第三方专业机构贯标。鼓励评价机构专业化发展，在细分技术领域内培养熟悉行业特征、了解产业发展的专业评价机构。搭建省级科技成果评价信息服务平台，引导中介服务行业规范有序发展。（省科技厅牵头，省科协配合）

（六）鼓励金融投资机构参与评价。建立完善科技成果评价与金融机构、投资公司联动机制，引导金融投资机构从成果研发投入、技术成熟度、技术创新水平、预期效益和潜在风险等方面，对成果潜在经济价值、市场估值、发展前景等进行商业化评价，提早介入研发活动。鼓励引导金融投资机构建立以知识产权、人力资本为核心的科创企业评价体系，开发信用评价模型和科技信贷、知识产权质押等产品和服务。依托创新创业共同体建立科技金融增信平台，加大成果转化支持。支持济南市开展科创金融改革试验，加快设立科技支行或科技专营机构，探索外部投贷联动等模式，搭建"科技创业者港湾"，为企业提供"金融＋孵化＋产业＋辅导"一站式综合服务。（省科技厅牵头，省市场监管局、省地方金融监管局、人民银行济南分行配合）

三、完善科技成果分类评价机制

（七）科学实施分类评价。发布科技成果分类评价工作指引，按照基础研究、应用研究、技术开发与产业化等不同成果类型，规范科技成果评价主体、内容、方法和形式，形成符合科技规律的多元化分类评价机制。基础研究类突出原创导向，以同行评议为主，探索引入国际"小同行"评价，全面推行代表作评价。应用研究类以行业用户和社会评价为主，重点评价成果的创新性、成熟度、可靠性、应用场景等。技术开发和产业化类以最终用户、市场和第三方评价为主，重点评价成果市场价值、产学研合作成效、技术创新与集成能力、对经济社会发展贡献等。（省科技厅牵头）

（八）建立全周期评价机制。开展科研项目立项前评估，重点评估产业发展需求度、技术先进性与可行性、预期成效和潜在价值等指标。选择部分科技重大专项项目开展重大成果研发过程回溯和阶段性评估，合理评价成果研发过程性贡献，将阶段性评估结果作为绩效评价的重要依据。探索在科技计划项目验收3年后开展成果后评估，对取得重大经济或社会效益的给予持续支持。对重大科技创新平台和3年以上科技项目推行中长期评价，以年度进展报告加强事中监管，不以短期结论和研发成败论英雄。（省科技厅牵头，省财政厅配合）

（九）创新评价技术方法。加强评价理论和方法研究，利用大数据、人工智能、区块链等技术手段，开发智能化评价技术工具。综合运用概念验证、技术预测、知识产权评估、创新创业大赛等方式，推广标准化评价和"以赛代评"。依托山东省科技成果转化服务平台，建设集成果库、需求库、案例库和评价工具方法库于一体的信息服务平台，实现与各类技术交易市场联通。（省科技厅牵头）

四、强化科技成果评价应用

（十）拓宽成果转化应用场景。推动财政性资金支持形成的成果进入成果库，规范入库科技成果范围、标准、流程及运用推广等内容，定期发布成果推广清单。完善企业、高等学校、科研院所等科研人员职务科技成果披露制度，科研人员职务科技成果经评价后在一定范围公开，增加职务科技成果对接社会资本的机会，促进科技成果从"论文"走向"市场"。定期发布新应用场景目录，加快建设成果转化中试示范基地，实施重大科技成果产业化应用示范工程。建设黄河流域技术转移中心，跨区域开展科技成果交易，促进成果优先在黄河流域转化应用。（省教育厅、省科技厅、省卫生健康委牵头）

（十一）体系化推进科技奖励改革。调整优化科技奖励制度，规范提名制度和流程，优化奖励项目，提高奖励质量，奖励真正作出创造性贡献的科学家和一线科研人员。建立省科技奖与国家、省重大科研任务衔接机制，探索定向奖励机制。鼓励和规范社会科技奖励发展，培育高水平社会科技奖。修订《山东省科学技术奖励办法》。（省科技厅牵头，省人力资源社会保障厅、省司法厅配合）

（十二）优化成果评价生态。将科技成果转化绩效作为核心要求，纳入高等院校、科研机构、国有企业创新能力评价，鼓励建立科技成果评价与转化负面清单。健全科技成果转化有关资产评估管理机制，明确国有无形资产管理的边界和红线，发挥网上技术交易平台作用，优化成果转化管理流程，探索网上成果转化渠道。制定激励创新、宽容失败政策措施，开展科技成果转化尽责担当行动，深化科研人员职务科技成果所有权或长期使用权试点。完善成果评价监督机制，将失信行为纳入科研诚信管理信息系统。（省科技厅牵头，省教育厅、省财政厅、省卫生健康委、省国资委配合）

各级科技行政部门牵头做好科技成果评价工作，各有关部门、单位要强化责任意识，在本意见制定半年内完成有关制度制修订，广泛开展政策宣传解读，推动政策落实落地，营造良好创新氛围，为科技强省建设作出积极贡献。

山东省人民政府办公厅

2022年9月8日

山东省人民政府关于印发山东省高新技术产业开发区管理办法的通知

鲁政字〔2022〕205号

各市人民政府，各县（市、区）人民政府，省政府各部门、各直属机构，各大企业，各高等院校：

现将《山东省高新技术产业开发区管理办法》印发给你们，请认真贯彻执行。

山东省高新技术产业开发区管理办法

第一章 总 则

第一条 为规范本省行政区域内高新技术产业开发区（以下简称高新区）管理，根据《国务院关于促进国家高新技术产业开发区高质量发展的若干意见》（国发〔2020〕7号），结合本省实际，制定本办法。

第二条 本办法所称高新区，包括国家高新区和省高新区。本办法第二至四章仅适用于省高新区。

第三条 高新区要以实现高质量发展为方向，创新发展体制机制，提升科技创新能力，打造国际一流的创新创业生态，建设创新驱动发展示范区、高质量发展先行区。

第二章 认 定

第四条 优先支持纳入《中国开发区审核公告目录》且产业基础好、创新能力强、引领带动作用突出的开发区创建高新区。

第五条 申请认定高新区应具备以下条件：

（一）基础条件。应为国务院批准或国务院授权有关部委批准设立、省政府批准或经省政府授权有关部门批准设立的各类园区以及其他经省政府有关部门认定合规的园区；符合所在地国土空间规划和"三线一单"生态环境分区管控要求，与城市基础设施和公共服务设施有机衔接；土地利用结构和用地布局合理，发展空间充分，基础设施配套完备，四至范围明确；面积一般不超过10平方公里（确有特殊情况的不超过15平方公里），组成区块不超过3个，且单一区块不得跨越乡级行政区划单位。

对于形成一定产业规模、拥有列入省级及以上政府重大项目清单或中长期发展规划项目的区域，可适当放宽条件。

（二）产业条件。产业绿色、高效发展，有特色主导产业。主要经济指标增速高于全省平均水平，万元工业增加值能耗、主要污染物排放指标低于全省平均水平；高新技术产业集聚度高，高新技术产业产值占园区工业总产值50%以上；龙头骨干企业和高新技术企业竞争力较强，科技型中小企业蓬勃发展，科技型企业梯次培育机制完善。

（三）科创条件。上一年度研发投入强度为全省平均水平两倍以上，发明专利申请数及授权数增速高于全省平均水平，具有较好的产学研和国际合作基础。科技创新人才和团队、省级以上企业研发机构、公共服务平台集聚发展。拥有科技企业孵化器、众创空间、风投机构、科技中介等创新创业载体和服务机构，科技金融产业融合程度较高。

（四）支持条件。所在地设区的市政府重视园区建设，把园区建设作为实施创新驱动发展战略重要支撑。园区管理机构科学精简高效，符合全省开发区体制机制改革有关规定，设有专门负责科技创新工作的内设机构，能够为创新创业和产业发展提供优质服务。

第六条 申请认定高新区应提交以下材料：

（一）设区的市政府关于申请认定高新区的请示。

（二）园区战略发展规划、产业发展规划，规划环境影响报告书（含跟踪评价报告书）及其审查意见。

（三）园区符合国土空间规划和"三线一单"生态环境分区管控要求情况，选址位置、规划面积、四至范围、界址点坐标（2000 坐标系，txt 格式）等。

（四）园区管理机构设置方案。

（五）上一年度科技、经济指标等相关材料。

（六）所在地设区的市政府对园区的支持政策及措施。

第七条 申请认定高新区工作程序。

（一）设区的市政府向省政府报送申请认定高新区的请示。

（二）省政府批转省科技厅会同省发展改革委、省自然资源厅、省生态环境厅等有关部门办理。

（三）省科技厅牵头组织专家考察，征求有关部门意见，提出审核办理意见后报请省政府审定。

（四）省政府认定批复。

第八条 高新区统一命名为"市名或县（市、区）名＋高新技术产业开发区"，挂同名牌子及"火炬"标识。

第三章 调 区

第九条 高新区现区域无法满足发展需要，或区块布局零乱、不符合城市发展总体要求，或所在地政府对国土空间规划和"三线一单"生态环境分区管控要求有重大调整，或因被国家重点项目占用无法利用的，可申请调区。

第十条 申请调区应具备以下条件：

（一）调区后园区的选址合理，四至范围明确，建设用地比例不低于调区前的建设用地比例，发展规划科学，功能分区合理，符合所在地国土空间规划和"三线一单"生态环境分区管控要求。

（二）受地形或其他条件的限制确实不能相连的，调区后的区块不超过 3 个。

（三）调区原则上不得扩大高新区原面积，涉及扩大原面积的，须同时符合扩区条件。

第十一条 申请调区应提交以下材料：

（一）设区的市政府关于申请调区的请示。

（二）调区后战略发展规划、产业发展规划，规划环境影响报告书（含跟踪评价报告书）及其审查意见。

（三）调区后符合国土空间规划和"三线一单"生态环境分区管控要求情况，选址位置、规划面积、调区前后的四至范围、界址点坐标（2000 坐标系，txt 格式）等。

（四）调区后管理机构设置方案。

（五）上一年度科技、经济指标等相关材料。

第十二条 申请调区工作程序参照第七条。

第四章 扩 区

第十三条 规范高新区扩区工作，支持发展水平较高的高新区整合区位相邻、产业相近的园区。

第十四条 申请扩区应具备以下条件：

（一）发展水平较高但发展空间受限。上一年度主要科技指标、经济指标增速高于所在地设区的市发展水平；在上一年度全省开发区综合评价中排名前三分之二；土地开发率达到 80% 以上；土地集约利用成效明显，土地集约利用程度在全省开发区评价中排名前三分之二。

（二）拟扩区块具备充分发展空间。拟扩区块已建成面积不得超过该区块的 20%，基础设施较为完备，有入驻项目储备；拟扩区块主要用于高新技术产业发展、创新创业载体建设、制造业、高新技术产业和生产性服务业项目用地不低于扩区规划面积的 60%，工业项目建筑密度不低于 30%。

（三）扩区后园区布局集中且符合要求。扩区后园区四至范围明确，符合所在地国土空间规划和"三线一单"生态环境分区管控要求，发展规划科学，功能分区合理；扩区范围规模合理，布局集中，扩区后一般不超过 10 平方公里（确有特殊情况的不超过 15 平方公里），组成区块不超过 3 个；扩区后园区建立统一管理机构、实行集中管理。

第十五条 申请扩区提交材料参照第十一条，工作程序参照第七条。

第五章 管 理

第十六条 高新区的建设发展要坚持党的领导，所在地设区的市承担高新区建设发展的主体责任，省科技厅负责高新区归口管理，省政府有关部门按照职责分工，对高新区进行指导和支持。

第十七条 省科技厅会同省政府有关部门拟定并组织实施全省高新区总体发展规划和专项计划，并对实施情况进行监督和检查。省政府及其有关部门和设区的市政府在各自的职责范围内，可依法将高新区内经济管理权限授权高新区管理机构办理。

第十八条 高新区所在地设区的市应规范高新区管理机构设置，要制定实施支持高新区建设和发展的具体措施，优先保障高新区产业发展用地，适度提高建设用地比例。同时综合考虑高新区吸纳就业和常住人口规模，提高基础设施建设比重，支撑产城融合发展。

第十九条 高新区要聚焦主责主业，深化体制机制改革，完善组织架构配置，建立精简高效的管理体制和运行机制。实行"一区多园"管理的高新区，要切实强化管委会对分园区的日常管理和政策延伸覆盖。

第二十条 省科技厅建立动态管理机制，定期组织高新区综合发展水平评价。对综合评价结果排名靠前的高新区，统筹各类资金、政策等手段加大支持力度；对综合评价结果较差的，以约谈方式予以警告，责令限期整改；对整改不力的，按照规定的权限和程序予以处理。

第六章 附 则

第二十一条 本办法自印发之日起施行。

山东省人民政府办公厅
2022年10月28日

山东省人民政府办公厅印发关于支持枣庄市建设国家可持续发展议程创新示范区的若干政策的通知

鲁政办字〔2022〕157号

各市人民政府，各县（市、区）人民政府，省政府各部门、各直属机构，各大企业，各高等院校：

《关于支持枣庄市建设国家可持续发展议程创新示范区的若干政策》已经省政府同意，现印发给你们，请认真贯彻执行。

关于支持枣庄市建设国家可持续发展议程创新示范区的若干政策

为深入学习贯彻习近平新时代中国特色社会主义思想，全面贯彻落实党的二十大精神，认真落实习近平总书记对山东工作的重要指示要求，按照《国务院关于支持山东深化新旧动能转换推动绿色低碳高质量发展的意见》（国发〔2022〕18号）和《国务院关于同意枣庄市建设国家可持续发展议程创新示范区的批复》（国函〔2022〕71号）有关要求，加快推进枣庄市国家可持续发展议程创新示范区（以下简称创新示范区）建设，实现创新示范区建设目标任务，制定以下政策。

一、支持科技创新发展

1.加快关键技术攻关和科技成果转化应用。发挥省级科技创新发展资金作用，采取"一事一议"定向支持形式，统筹创新示范区项目、平台、人才一体化推进，连续三年，每年给予不低于1亿元的资金支持。加强高层次科技创新平台布局，支持围绕锂电新能源等领域建设省级创新创业共同体；支持建设技术创新中心、企业技术中心、制造业创新中心、重点实验室、"一企一技术"研发中心、临床医学研究中心（分中心）、国际科技创新基地、博士后科研工作站、院士工作站等国家或省级科技平台，构建全链条式科技创新体系。（省科技厅牵头，省发展改革委、省工业和信息化厅、省人力资源社会保障厅按职责分工负责）

2.加大人才支持力度。支持创新示范区探索建立符合自身发展战略需求的顶尖人才"直通车"机制，实行"一人一策"。通过事业育才、政策聚才、柔性引才等模式，聚集一批领军人才和青年科技人才。支持制定与创新驱动相适应的人才政策，在国家有关法规政策范围内，允许突破身份限制，跨行业、跨部门合理流动。组织100家以上单位参加"百校千企"人才对接活动。支持省属企事业单位与创新示范区重点单位按照有关规定进行双向人才交流；支持省属高校、科研机构派员到创新示范区挂职科技副职。支持围绕重点产业、乡土人才开展特色职称评审。支持创建"科创中国"试点城市；举办"泰山科技论坛""海智专家枣庄行"等活动，支持枣庄市开展可持续发展议程创新研究；支持实施科学素质提升行动，支持"科创筑梦"助力"双减"科普行动试点城市。（省委组织

部、省科技厅、省工业和信息化厅、省人力资源社会保障厅、省科协按职责分工负责）

二、支持乡村振兴发展

3. 积极推进产业转型。支持发展智慧农业，建设智慧农业应用基地。支持加快现代种业攻关，建设特色产业技术研究院。支持建设特色农产品全国交易中心，推动峄城石榴、山亭长红枣、滕州马铃薯等争创国家级地理标志保护产品示范区。支持创建国家农业标准化示范区、"峄城石榴"国家现代农业全产业链标准化示范基地、国家和省级现代农业产业园。支持创建乡村振兴齐鲁样板示范片区、衔接乡村振兴集中推进区、农业绿色发展先行县。加强县域商业体系建设，补齐县域商业基础设施建设短板，引导商品交易市场转型升级。支持创建闲置品循环链集聚区，推动枣庄市全国废旧物资循环利用体系重点城市建设。支持设立中国（枣庄）跨境电子商务综合试验区，申建综合保税区、保税物流中心，推动大型出口型制造业企业设立区域机构。支持"陆海联动、海铁直运"模式改革，开行中欧班列（齐鲁号）。（省农业农村厅〔省乡村振兴局〕牵头，省发展改革委、省科技厅、省工业和信息化厅、省财政厅、省交通运输厅、省商务厅、省市场监管局按职责分工负责）

4. 支持智慧乡村建设。支持数字乡村建设，发展乡村物联网，推进基础设施数字化转型。发展特色高效数字农业，培育"互联网+订单农业"，推动智慧农业应用示范。支持建设农产品质量安全追溯体系。发展农村电子商务，加强与国内龙头电子商务平台的战略合作，优先支持申报国家电子商务示范基地，推动知名直播平台优先选址枣庄市设立直播供应链基地。支持枣庄市美丽乡村示范片区建设，打造具有鲁南风貌的宜居宜业美丽乡村示范样板。支持乡村治理现代化建设，加快构建"多网融合、一网统筹"的网格化服务管理体系，支持创建国家、省级乡村治理示范县（镇、村）。支持建设第一次全国自然灾害风险普查成果应用试点，创建国家级、省级综合减灾示范县（市、区）、示范社区。支持智慧文旅试点建设，培育具有鲜明特色的原创IP。支持创建国家旅游休闲城市、旅游休闲街区和5A级旅游景区，建设大运河国家文化公园、台儿庄运河文化生态保护实验区、台儿庄古城文化产业园博物馆集群等，加强"鲁风运河"文化旅游目的地宣传推广。（省委政法委、省委网信办、省工业和信息化厅、省农业农村厅、省商务厅、省文化和旅游厅、省应急厅按职责分工负责）

三、支持城乡融合发展

5. 加强基础设施建设。科学推进棚户区改造，稳步发展保障性租赁住房，有效解决住房困难。支持建设全国一体化工业大数据中心省级区域中心；推动"双千兆"网络协同发展，提升5G和千兆光网覆盖范围及服务能力，建设农村寄递物流体系，县级以上城区大规模部署10GPON设备；按需部署NB-IoT基站，争创千兆城市。支持滕州经济技术开发区、枣庄高新区、枣庄经济开发区创建省级工业互联网园区。加快推进京杭运河枣庄段二级航道整治工程，支持薛微、滕微等航道建设。支持枣庄机场、滕州通用机场和薛城港区铁路专用线建设；加快建设临沂至滕州、台儿庄连接线高速公路，规划建设泰安至枣庄高速（枣庄段）；支持G518线、S322线等国省道新（改）建。支持创建国家级深化农村公路管理养护体制改革试点市和省级交通强国"四好农村路"试点市。支持打造建设国家文化公园风景道，建设鲁风运河观光道。在枣庄市高速公路收费政策上予以倾斜。（省交通运输厅牵头，省工业和信息化厅、省住房城乡建设厅、省商务厅、省通信管理局、省邮政管理局按职责分工负责）

6. 加大教育资源供给力度。支持创建乡村教育振兴先行区，全省遴选20所优质学校开展结对帮扶；省级教育转移支付资金分配给予积极倾斜，支持提升枣庄市乡村学校办学条件。支持建设智慧教育示范区，实现"千兆进校、百兆进班"，建成优秀课程共享资源库向城乡教师免费开放。支持教师队伍建设，省培计划指标分配给予适当倾斜，实施教师教育协同创新项目，遴选骨干教师参加挂职研修。支持开展技能型社会职业教育体系建设试点。支持建设中国职业教育博物馆和职业体验馆；支持建设国家等级图书馆等。支持枣庄职业学院、枣庄科技职业学院辐射联动辖区符合条件的中职学校，举办初中后五年制高等职业教育。加大教育资源供给力度，支持省内外高校在创新示范区建设研发机构。支持枣庄学院转型建设应用型本科高校。（省教育厅牵头，省财政厅、省文化和旅游厅按职责分工负责）

7. 加强全民健康体系建设。支持健康城市建设，创建国家区域医疗中心，深化省级区域中医医疗中心建设。支持开展公立医院综合改革等医药卫生体制改革试点、申报深化医改真抓实干督查激励项目。支持深化县域医共体建设和基层卫生健康综合改革，在县级疾控机构、妇幼保健机构标准化建设等方面给予倾斜。优化乡村医疗卫生机构布局，选建一批县域医疗服务次中心和社区医院。根据基层岗位需求和编制情况，优先安排公费医学生培养计划。支持面向乡村拓展远程医疗和巡回医疗服务，打造医防融合慢性病管理试点样板县。优先推荐创建国家体育消费试点（示范）城市，鼓励引导高水平体育赛事项目落户枣庄市；支持创建国家、省级体育产业示范基地（单位、项目）；丰富全民健身服务，支持建设4个体育公园。支持打造"枣救助"社会救助品牌，统筹相关资金为符合条件的特困老年人家庭实施适老化改造。（省卫生健康委牵头，省发展改革委、省民政厅、省财政厅、省体育局按职责分工负责）

四、支持绿色低碳发展

8. 推动能源与产业体系绿色低碳转型。支持探索生态产品价值实现机制，引导更多行业企业参与全国碳排放权交易，开展重点产品全生命周期碳足迹核算。支持集聚发展锂电产业，实施"百乡千村"绿色能源发展行动，创建绿色能源发展标杆乡镇、标杆村。支持节能减排、绿色低碳技术研发推广、碳排放权服务，对绿色储能技术研发、新能源发电等项目在项目核准（备案）等方面给予倾斜。对符合条件的重大项目，在能耗、煤耗方面优先给予省级收储指标支持。支持开展气候投融资工作，建设重点项目库。对符合条件的低碳及新能源技术研发应用、低碳产品生产以及节能改造等项目，优先提供金融服务。（省发展改革委、省科技厅、省生态环境厅、省地方金融监管局、省能源局按职责分工负责）

9. 推进低碳创新园区示范建设。对于入选国家级和省级的绿色工厂、绿色园区、绿色产品、绿色供应链及零碳园区的企业、园区，积极落实财政激励政策，支持打造绿色低碳技术供给高地。对符合条件的园区、企业事业单位开展近零碳排放、碳达峰碳中和示范建设，给予优先推荐。支持举办乡村振兴与绿色低碳融合发展峰会、重大论坛等活动。（省发展改革委、省工业和信息化厅、省财政厅、省生态环境厅、省能源局按职责分工负责）

10. 加强生态环境优化。指导制定实施历史遗留矿山生态修复治理计划。支持争取中央财政资金，实施农村生活污水治理项目。支持清洁能源综合利用，建设农村有机废弃物资源化利用中心，提升乡村人居环境水平。支持枣庄市创建生态文明建设示范区、绿水青山就是金山银山实践创新基地、"无废城市"。支持开展环保管家、"环境医院"等生态环境治理模式试点。在分配重点生态功能区转移支付资金时，对枣庄市予以积极支持。支持开展生物多样性调查观测和生物多样性观测站建设。支持枣庄古枣林、峄城石榴等农业文化遗产的挖掘保护和传承利用。支持开展排污权有偿使用、交易和碳排放权指标有偿调配使用试点。支持探索创新流域横向生态补偿机制。（省生态环境厅牵头，省财政厅、省自然资源厅、省住房城乡建设厅、省农业农村厅、省能源局按职责分工负责）

五、支持可持续发展投入

11. 强化财政支持。加大省级财政转移支付规模，创新示范区建设期内保持每年递增，重点支持绿色产业、基础设施、生态环境、社会事业等建设；完善资源枯竭城市转移支付办法，统筹中央补助资金，考虑枣庄市常住人口、城市面积、生态环保及财政困难程度等因素，在资金分配上积极予以支持。对枣庄市符合条件的项目，在中央预算内投资争取上加大倾斜支持力度；争取中央加大公益性建设项目投资比例，省有关部门给予项目资金倾斜支持；省级统筹科技、产业、人才、涉农等方面的资金，支持枣庄市聚集创新资源推进实施农业基础能力提升、城乡经济新动能培育、城乡融合发展推进、乡村生态建设提速和科技创新支撑等行动。（省财政厅牵头，省发展改革委、省有关职能部门按职责分工负责）

12. 实施专项支持。优先在创新示范区布局国家、省重大项目，支持行业龙头企业根据发展战略规划和当地政策，积极参与创新示范区园区建设、项目投资，引导各类贴息贷款和专项资金给予重点支持。支持做好专项债券项目储备、谋划、申报工作，争取将更多项目纳入财政部、国家发展改革委审核通过的项目清单，省财政结合财力状况、债务风险水平、债券资金需求等因素积极予以支持。鼓励社会资本、金融机构及国有企业投资参与，引导金融机构加大对低碳项目、绿色转型项目的支持力度，积极促进创新示范区农业价值资源实现。对绿色低碳、战略性新兴产业重点项目给予积极支持。纳入省重大项目、省新旧动能转换优选的项目，在专项债争取等方面给予支持。（省发展改革委、省财政厅牵头，省国资委、省地方金融监管局按职责分工负责）

13. 加强金融支持。优化金融资源配置，支持银行、保险机构设立分支机构、各类投资基金。鼓励金融机构创新服务模式，开发符合创新示范区特点的金融产品。支持企业发行企业债券、绿色债券。发挥省属政府性融资担保机构作用，加大对支小支微担保业务的支持力度。支持建设普惠金融"征信一体化"平台，鼓励金融机构在商业可持续的基础上简化信贷审批流程，加大信贷支持力度。省级创业投资引导基金、省级股权投资引导基金等向创新示范区重点倾斜。支持与济南市科创金融改革试验区、青岛市财富管理金融综合改革试验区、临沂普惠金融服务乡村振兴改革试验区等交流联动，推动乡村金融要素集聚和城乡融合发展，探索金融支持创新示范区建设新路径。（省地方金融监管局牵头，省财政厅按职责分工负责）

六、支持体制机制创新

14. 加强组织领导。建立健全工作协调机制，定期研究创新示范区建设重大事项和政策措施。探索建立政策保障、要素配置、考核激励工作体系，为创新示范区建设提供制度性保障。设立对口支援协作机制，省直部门、省内高校院所、有关地市，围绕创新示范区五大行动开展对口支援协作；强化宣传工作，做好新闻发布、舆论引导，展示山东形象，讲好中国故事。[创新示范区建设相关部门（单位）及枣庄市]

15. 强化体制机制保障。赋予创新示范区更大改革自主权，在科技创新、价值实现、绿色低碳等领域优先开展探索实践。支持创新示范区在碳汇交易、农村集体经营性建设用地入市、农村集体产权制度改革等方面先行先试。在创新示范区内复制推广国家级新区、国家自主创新示范区和全面创新改革试验区的部分政策措施，省体制机制改革试点优先安排在创新示范区。按照"土地要素跟着项目走"要求，保障创新示范区合理建设用地需求，省市县三级共同做好创新示范区内绿色产业、基础设施、城乡融合、科技创新等项目用地保障。〔创新示范区建设相关部门（单位）及枣庄市〕

建设国家可持续发展议程创新示范区意义重大，省直有关部门要凝聚共识，强化服务，按照职责分工认真落实各项政策，积极争取国家支持。按照"政策从优"原则，今后我省出台的政策优于本政策相关规定的，创新示范区普遍适用。

山东省人民政府办公厅
2022 年 12 月 9 日

山东省人民政府关于加快推进新时代科技强省建设的实施意见

鲁政字〔2022〕225 号

各市人民政府，各县（市、区）人民政府，省政府各部门、各直属机构，各大企业，各高等院校：

为深入贯彻落实习近平总书记关于科技创新的重要论述和对山东工作的重要指示要求，进一步强化教育、科技、人才在全面建设社会主义现代化国家的基础性、战略性支撑作用，加快科技强省建设，提出如下实施意见。

一、总体要求

以习近平新时代中国特色社会主义思想为指导，全面贯彻党的二十大精神，锚定"走在前、开新局"，大力实施科教强鲁人才兴鲁战略、创新驱动发展战略，坚持"四个面向"，加快科技自立自强，努力争当国家高水平科技自立自强"排头兵"，将山东省打造成为全国重要的区域创新高地和科技创新策源地，为建设科技强国贡献力量。

到 2027 年，全社会研发经费投入大幅增加，投入强度达到 2.8%，科技创新综合实力显著提升。"使命导向"的战略科技力量体系加速形成，原始创新能力大幅提高。战略科学家、科技领军人才、青年科学家队伍持续壮大，具有山东特色的新时代人才集聚高地加速隆起。企业创新主体地位进一步强化，全省高新技术企业突破 4 万家，力争达到 5 万家，国家科技型中小企业信息库入库企业突破 5 万家，力争达到 6 万家，规模以上高新技术产业产值占规模以上工业产值的比重达到 53% 左右。创新资源配置更加高效，科技治理体系和治理能力现代化水平显著提升，经济社会发展创新力显著增强，关键核心技术攻关新型举国体制的山东路径基本形成。

二、搭建高水平创新平台，培育国家战略科技力量

1. 建立使命驱动、任务导向的实验室体系。深入实施实验室体系重塑攻坚行动，加快构建"1313"四级实验室体系。建立实验室重大科研任务直接委托制和"军令状"责任制，推动实验室跨单位、跨体制组建核心团队开展协同攻关，产出一批原创性、战略性重大创新成果。（省科技厅牵头）

2. 推动产业创新平台提质升级。持续加大对省级创新平台的培育力度，争创一批国家技术创新中心、制造业创新中心、产业创新中心、临床医学研究中心等国字号创新平台。支持新型研发机构建立与省重大战略目标任务对接机制。支持创新创业共同体高标准、规范化建设，打造具有山东特色和全国影响力的创新联合体。支持龙头企业牵头建设专业化小试中试平台基地，鼓励各市高标准建设中试示范基地。（省科技厅牵头，省发展改革委、省工业和信息化厅配合）

3. 加快重大科技基础设施布局建设。组织实施省重大科技基础设施预研项目，在科创资源富集区域集中布局重大科技基础设施和跨领域、跨学科的前沿交叉研究平台。加快航空发动机试验装置等已纳入国家布局的重大科技基础设施建设并发挥作用，推动更多重大科技基础设施纳入国家布局。完善重大科技基础设施共建、共管和共享机制，探索"装置＋园区＋集群"模式，加快构建区域协同创新网络。（省发展改革委、省科技厅按职责分工负责）

三、打好关键核心技术攻坚战，提高创新链整体效能

4. 加强应用导向的基础研究。持续开展基础研究十年行动，以应用研究带动基础研究，完善基础研究、应用基础研究和产业技术协同攻关机制，强化共性基础技术供给。支持地方政府、行业主管部门、高校院所、行业龙头骨干企业等与省自然科学基金设立联合基金，发挥国家自然科学基金区域创新发展联合基金作用，着力解决创新发展中的重大科学、关键核心、前沿技术问题。扎实推进省级基础科学研究中心建设，支持数学、化学等优势领域争创国家基础学科研究中

5. 强化关键核心技术攻关。实施国产化替代科技攻坚行动，每年组织实施100项左右重大科技创新工程项目，重点突破产业"卡脖子"技术难题，全面增强产业链供应链自主可控能力。持续实施"技术攻关＋产业化应用"科技示范工程，推动产业链创新链深度融合。强化人工智能、量子科技、虚拟现实、先进核能、生物医药与高端医疗器械等新兴产业技术攻关布局，壮大一批战略性创新型产业集群。（省科技厅牵头，省发展改革委、省工业和信息化厅配合）

6. 创新重大科研任务组织方式。强化由政府主导、技术总师负责的有组织的科研活动。建立行业部门、产业界、专家智库等多方参与的项目指南形成机制，完善常态化指南发布申报机制，提升科研攻关的精准性、科学性、实效性。深入推进"揭榜挂帅"项目遴选制度、"赛马式"资助制度、"里程碑式"考核制度。（省科技厅牵头）

四、强化科技创新战略支撑，加快绿色低碳高质量发展先行区建设

7. 强化黄河安澜与绿色发展科技支撑。加强黄河流域生态环境保护与修复、气候变化风险应对等重点领域科研攻关，构筑黄河安澜及生态安全技术体系。强化绿色低碳技术供给，制定科技支撑碳达峰碳中和方案，推动绿色技术银行在山东省布局建设。加快枣庄国家可持续发展议程创新示范区建设，为全省绿色低碳转型发展作出示范。（省科技厅牵头，省自然资源厅、省生态环境厅配合）

8. 强化乡村振兴科技支撑。深入实施农业良种工程和种业企业创新能力提升行动，培育一批突破性新品种。制定农业关键核心技术攻关实施方案，突破一批产业技术瓶颈。高标准建设黄河三角洲农业高新技术产业示范区。积极发挥农业科技园区作用，建强现代农业产业技术体系。深入实施科技创新助力乡村振兴行动，打造科技支撑乡村振兴、促进共同富裕的"齐鲁样板"。（省科技厅牵头，省农业农村厅配合）

9. 强化陆海统筹科技支撑。发挥崂山实验室等重大创新平台载体作用，集聚全球优质创新资源，打造世界一流的海洋科学中心。以海洋重大战略需求和海洋应用场景为导向，加快推动陆域优势技术向海洋拓展。启动海洋高新区建设，支持有条件的园区创建海洋领域国家高新区、国家农高区。（省科技厅牵头）

五、强化企业科技创新主体地位，壮大创新创造生力军

10. 强化科技型企业梯次培育。聚焦专业化、平台化、一体化，培优做强50家品牌孵化载体。开展未来产业科技园建设试点，培育一批前沿领域科技企业。建立覆盖企业全生命周期的普惠性创新政策体系，推行企业创新积分制，为科技型企业定制化提供科技政策服务，推动科技型中小企业快速成长为高新技术企业、专精特新企业、科技领军企业。（省科技厅牵头，省教育厅、省工业和信息化厅、省财政厅配合）

11. 实施企业技术创新能力提升行动。深入实施科技型中小企业创新能力提升工程，每年支持1000家左右科技型中小企业强化产学研协同创新。深入推进政府采购支持首台（套）推广应用试点。支持科技领军企业牵头创建国家重大创新平台，产业链领航企业联合高校、科研院所和行业企业共建产业创新中心。鼓励大型企业科技设施、科研数据、技术验证环境与中小企业共享共用，培育聚集一批中小型科技企业，形成大中小企业融通发展的创新型产业集群。（省发展改革委、省科技厅、省工业和信息化厅、省财政厅按职责分工负责）

12. 推动国有企业创新示范。鼓励国有企业聚焦"十强产业"，与全球行业领军企业全面对标发展，持续加大研发投入，打造原创技术策源地。通过定向委托、签军令状等多种方式，支持有能力的国有企业承担国家和省重大科技项目。鼓励国有企业建设应用基础研究中心、新型研发机构。创新国有创投企业考核方式，引导省属企业将培育发展高新技术企业和科技型中小企业情况作为考核参考指标。（省科技厅、省财政厅、省国资委按职责分工负责）

六、激发人才创新活力，打造高水平人才集聚高地

13. 强化科技人才梯次培育。深入实施领军人才"筑峰计划"，加强战略科学家和顶尖人才培育。实施战略科学家跃升计划，支持战略科学家承担国家和省重大科研任务，牵头组建重大科技创新平台。实施山东省科技菁英计划，在省重大科技项目中设立技术副总师，大力培养45岁以下青年科技领军人才。持续实施高校毕业生集聚、卓越工程师培育等专项行动。（省委组织部、省科协、省教育厅、省科技厅、省人力资源社会保障厅按职责分工负责）

14. 实施科教协同育人计划。加快建立对接产业链、服务创新链的学科专业体系。以"双一流"和"高水平大学"建设高校为主体，建设10个左右山东省科教融合协同育人联合体。瞄准前瞻性、颠覆性技术创新领域，大力推进跨学科研究，布局一批新工科、新医科、新农科、新文科专业，培养一批学科交叉人才。（省教育厅牵头，省委组织部、省科技厅配合）

15. 大力吸引海外高层次人才。深入实施海外工程师、省优秀青年科学基金项目（海外）等人才计划，通过事业育才、政策聚才、柔性引才等模式，加快海外高层次科研人才集聚。加快布局国际联合实验室、离岸创新创业基地等，建立人才工作海外联络站，面向全球大力引进高层次科研人才和项目经理、产业投资人等科技服务人才。（省科技厅牵头）

16. 强化人才服务保障。支持济南市、青岛市集中优势联合创建国家吸引和集聚人才平台，打造具有山东特色的"2+N"人才集聚雁阵格局。培育壮大省

高层次人才服务联盟，完善省市"人才卡"服务协同机制，推动建立强有力的人才服务保障体系。推动各市实施品质活力城市、人才友好型城市建设，不断优化人才发展生态。（省委组织部、省科技厅、省人力资源社会保障厅按职责分工负责）

七、强化区域协同创新，构筑具有全国影响力的科技创新中心

17．加快打造区域科技创新中心。全力创建国家区域科技创新中心，打造黄河流域原创策源地。推动山东半岛国家自主创新示范区与郑洛新、西安等国家自主创新示范区联动发展。鼓励高新区、大学科技园等各类科技园区建设伙伴园区，开展异地孵化、飞地园区等多层级合作。发挥黄河科技创新联盟作用，促进人才、资本、信息、技术等创新要素高效融通。（省科技厅牵头）

18．加强科技开放合作。多方位多渠道开展国际科技合作，深度参与"一带一路"科技创新行动，打造科技创新国际交流合作新高地。加强友好省州科技交流合作，打造中日科技创新合作大会等活动品牌。支持科研院所、重点企业设立海外研发中心，布局一批联合研发机构。深化与京津冀、长三角、粤港澳等区域创新合作，强化与大院名校战略合作，围绕央企、世界500强企业产业链加快布局创新链，推动高端创新资源集聚山东。（省科技厅牵头）

19．推动全域创新发展。加快建设山东半岛创新型城市群，支持济南市建设高水平引领型国家创新型城市，青岛市建设国际化创新型城市标杆。发挥省会、半岛、鲁南科创联盟作用，推动三大经济圈创新发展。支持高新区优先承接科技创新、产业促进、对外开放等领域改革试点任务，推动有条件的省高新区升级为国家高新区。强化科技创新强县财政激励，打造一批具有引领性的全国创新型县（市）。引导支持欠发达区域围绕产业链关键环节强化创新要素供给，加快产业转型升级。（省科技厅牵头，省财政厅配合）

八、强化技术要素市场化配置，加速推动科技成果转移转化

20．构建市场化成果转化体系。加强省技术产权交易平台建设，建立覆盖全省、标准统一、资源共享的技术市场体系。提高科技成果转化在高校院所绩效评估中的比重，加快推动省属高校、科研院所全部建立专业化技术转移机构。支持企业与高校、科研院所共建科技成果转化联合体，加速推动科技成果转化落地。培育一批技术转移人才培养基地，加强高端技术经纪人队伍建设。（省科技厅牵头，省财政厅、省教育厅配合）

21．推动创业投资发展。吸引聚集国内知名创投机构及其投资企业，培育一批省级创业投资集聚区和创业投资综合服务基地。发挥省新旧动能转换基金等各级政府引导基金作用，与国内一线创业投资机构合作设立子基金，对于投资省内种子期、初创期的科技项目在收回实缴出资后可让渡全部收益。支持行业骨干企业、社会资本建设科技企业孵化器，采取"孵化+投资"的模式，直接对在孵科技企业进行创业投资。深入挖掘优质科创企业上市后备资源，开展综合性培育培训服务，推动符合条件的企业到科创板、创业板和北交所上市。（省发展改革委、省科技厅、省财政厅、省地方金融监管局按职责分工负责）

22．创新科技金融模式。推动济南市加快科创金融改革试验区建设。搭建科技型企业增信平台，探索"数据增信+产业信任"模式，为科技型中小企业融资提供支撑。探索设立科创保险特色机构，为科技型企业项目研发、产品推广提供风险补偿。持续完善科技成果转化贷款风险补偿机制，打造"鲁科贷"服务品牌。（省科技厅、省地方金融监管局、人民银行济南分行、山东银保监局按职责分工负责）

九、深化科技创新治理改革，持续优化全过程创新生态

23．深化科技评价综合改革。加快推进科技成果评价改革，构建"五元"价值评价体系。深化科技奖励改革，建立多元分类评奖机制。扎实开展科技人才评价改革，构建有利于科技人才潜心研究和创新的评价体系。建立财政资助科研项目形成知识产权的声明制度，实施重大科研项目知识产权全流程管理。（省科技厅牵头，省教育厅、省人力资源社会保障厅、省市场监管局配合）

24．深化科研经费管理改革。在人才类、基础研究类、软科学类科研项目中逐步全面推行经费"包干制"。建立项目、平台、人才、资金等创新资源一体化配置机制。强化绩效评价结果运用，将结果作为科技项目调整、后续支持的重要依据。探索以财政资金无偿资助与股权投资相结合的方式支持重大科技项目实施，通过阶段性持有股权、适时退出实现财政资金良性循环和保值增值。（省科技厅牵头，省财政厅配合）

25．强化科学普及和宣传教育。深入实施重点人群科学素质提升行动和科普重点工程，打造科学素质建设"齐鲁样板"。推动全省各类创新平台定期向公众开放，遴选支持一批省级科普基地。将科学家精神和科研诚信教育列入高校院所学生培养、科研人员培训的重要内容。加大企业家创新事迹宣传力度，培育创新型企业家队伍。（省科协、省科技厅、省工业和信息化厅按职责分工负责）

十、强化创新支撑保障，加快科技政策落地见效

26．强化组织领导和统筹协调。健全省委科技创新委员会工作机制，强化党对科技创新工作的全面领导。全面贯彻落实《中华人民共和国科学技术进步法》，推动修订《山东省科学技术进步条例》。各市要强化主体责任，制定配套政策措施，推动各项任务落实落地。建立完善科技创新政策宣传和督查机制。（省

27. 强化要素保障。将研发投入情况与科技资源配置紧密挂钩，引导市、县（市、区）、高校院所和企业加大有效研发投入。将科技创新类重大项目、重大平台用地纳入国土空间规划统筹用地布局，对纳入省重大项目清单的省级以上重点科技创新项目新增用地实行省级统筹保障。（省科技厅牵头，省发展改革委、省自然资源厅配合）

山东省人民政府
2022年11月23日

（山东省科学技术厅政策法规与创新体系建设处）

责任编校：姜常梅　许　青

索引
SUOYIN

关键词索引

> **说　明**
>
> 1. 本索引采用关键词索引，以信息条目的标题、摘要或正文中出现的具有检索意义的词汇作为索引标目。
> 2. 本索引基本按汉语拼音音序排列，首字相同时，以第二字排序，以此类推。以数字开头的排在最前面。
> 3. 索引标目后面的数字表示内容所在页码，数字后面的字母a、b分别表示该页的左、右栏。
> 4. 特载、科技统计、大事记和附录栏目不列入索引范围。

0～9

1+6+N	252a
"1+N+N"	56a
"135"工程	203a
1类创新药	23a
2022年度山东省各市技术合同登记情况	33
2022年度山东省科学技术奖励	289a
《2022年高素质农民培育实施方案》	54a
2022年全省及各市高新技术产业主要指标	19
2022年重大科技创新项目立项情况	30
《2022年山东省海洋生态状况报告》	226a
2022全球渔业可持续发展论坛	221b
2022泰山科技论坛	223a
3—羟基丁酮	240a
5·20世界计量日	237b

A

A2-β-酪蛋白乳制品	223a
艾瑞克·莫斯卡瓦	106b

B

巴黎西岱大学	204a
百名卓越人才	188b
百万吨CO_2驱油封存示范应用技术	70b
北冰洋中全新世海冰融化新机制	27a
北斗星动能	20a
北方锂都	109a
倍择瑞® 令畅	105a
滨海湿地生态修复与生物保育重点实验室	198a
拨投贷保	271b
渤海科创汇	138a
布鲁氏菌活疫苗（粗糙型）	223b

C

C4A3-xFx-C2S-C6AF2低成本新体系硫铝酸盐水泥	175b
CIM基础平台	195b
CO_2驱油注采耦合扩大波及机理研究	71a

CSK-2 计划	155b	储能材料用聚甘油及优级聚甘油酯	137b
采出水注汽锅炉资源化利用技术	71b	传统中医芳疗的现代化研究与开发工程研究中心	235a
参优 1 号	221a	创新型人才国际合作培养项目	174b
产业研究员	223b	"创新一"科学考察船	218a
超深特深层油气钻采流动调控	156b	春晖计划	204a
超声流量仪表山东省工程研究中心	236a	刺参"鲁海 1 号"	230b
赤藓糖醇	239b	刺参"鲁海 2 号"	230a
稠油化学复合驱冷采工业示范应用	69a		

D

大豆新品种"齐黄 39"	241a	低渗致密油藏地质工程一体化开发关键技术	70b
大数据与智慧计量	237b	第二届 ACESF 大健康科学家论坛	204b
大型科学仪器开放共享暨创新券	32a	第二十三届中国（寿光）国际蔬菜科技博览会	53a
代谢-RASS-内皮功能三紊乱	164a	第七届海峡两岸暨港澳营养学科大会	178b
丹酚酸 A 片	125b	第一所长	223b
淡水贝类/乌鳢青虾人工繁育技术	162a	电能计量装置可靠性评价山东省工程研究中心	236a
淡水养殖沉积环境的综合治理	232b	对虾工厂化养殖先进模式	214a
淡水渔业种质资源库山东分库	233a	多宝 2 号	221a
稻渔综合种养关键技术	232a		

F

FPSO 采油平台	179b	副研究员	42a
泛髓理论	164a	副猪嗜血杆菌的检测技术	223a

G

刚果（布）恩吉阿比大学	174b	国家海洋卫星山东数据应用中心	227a
高端制造装备用高品质稀土特殊钢关键技术	65b	国家衡器中心	236a
高峰学科	158a、159a	国家级创新型产业集群	21a
高生物利用度姜黄素用于肿瘤全营养配方食品	139b	国家级孵化载体	45a
高效多基因编辑系统	219a	国家级知识产权信息公共服务网点	39b
高效二次电光晶体材料及其激光调制技术	200b	国家技术创新中心	21a
高新技术企业	45a	国家可持续发展议程创新示范区	25a
高性能磷酸铁锂储能电池产业	111b	国家农业环境微生物种质资源库（山东）	220a
工商研融合创新科技园	220a	国家市场监管技术创新中心（大气环境监测装备及溯源	
工业 AGV	112a	技术）	236a
"工业大脑国家新一代人工智能开放创新平台"	20a	国家市场监管总局科技成果转化基地	243a
宫城师	126b	国家现代农业科技示范展示基地（宣州）	220a
《关于鼓励发展乡村坑塘渔业的通知》	56a	国家烟草种质资源中期库（青岛）	220a
光华学者计划	157a	国家自然科学基金	30a
国家高校知识产权信息服务中心	39b	国家自然科学基金委—山东联合基金项目	30a
国家海洋腐蚀防护工程技术研究中心	215a	国内规模较大的基于 DCS 的自动化控制系统	140b

H

"海科+企业"科技合作新模式	232b	核能供暖"山东模式"	61b
海马人工养殖	230b	鸿鹄T150	113b
海兴农3号	221a	后疫情时代康养照护发展论坛	163b
海洋大数据中心	215a	互花米草现状调查	226a
海洋动力过程与气候	153b	互花米草治理技术	218a
海洋功能蛋白肽	227a	花生黄曲霉毒素绿色防控	191b
海洋科技孵化器	231a	华春1号	197b
海洋科普展馆	231b	化临床医学研究中心	24a
海洋生态养殖技术国家地方联合工程实验室	215b	黄渤海蓝碳监测和评估研究中心	227b
海洋生物制品开发技术国家地方联合工程研究中心	215b	黄河归故	209a
		黄河流域脆弱生态保护修复技术协同创新中心	171a
海洋水下采油树系统关键技术研究与工程化应用	132b	黄河流域交通可持续发展重点实验室	173b
海洋碳汇研究与产业平台建设	225a	黄河流域食物资源安全与国民健康科创联盟	181b
海右名家	127a	黄河流域特色生物产业技术协同创新中心	238b
海智工作站	208b	黄河流域协同创新中心	147b
汉格斯特智能制造产业园	142a	黄河三角洲国家农业高新技术产业示范区	22a
汉语桥	191a	黄河三角洲现代渔业产业研究院	233b
翰林院洪金植院士	133b		

J

机器人视觉感知与控制	183b	技术市场	33a
基础研究实验室平台体系	31b	济麦22	241a
基于4K应用的流媒体聚合分发平台	78b	济南市专利导航服务基地	99b
基于5G的流媒体多屏分现系统	78b	济南一号	100a
基于AI地震资料自动化处理技术	71b	济阳页岩油效益勘探开发关键技术	70a
基于FAST大科学装置的国际研究网络	163b	架空输电线路全程自主巡检机器人关键技术及应用	99b
基于超薄近终形异型坯的高强韧海工H型钢关键工艺技术	64a	溅射薄膜工艺压力传感器	107a
极限薄规格钢板生产关键技术	65a	《今日科技快讯》	224a
《技术创新跟踪专报》	224a	金桥工程	131b
技术创新中心	31b	晶优3GW高效光伏	120b
技术服务合同成交额	33a	精密坐标镗	110a
技术开发合同成交额	33a	肼氧化反应	185a
		军用支援特种装备研究及产业化	143a

K

抗逆高产良种选育	214a	科技金融	36a
科技报告	32b	科技领军企业	45a
科技部政府间国际科技创新合作重点专项	38b	科技小巨人企业	45a
科技副总	259a、259b、282b	科技型中小企业	45a
《科技计划科技报告呈交与服务分析报告（2014—2021）》	224b	科技壮苗	53b
		科沃饲生物	141b

"科学"号考察船	215a	昆山祖冲之铜 π 计划	177b
颗粒物采样器	236a		

L

蓝贝·创享汇	104b	炼钢全过程吹氩冶金关键工艺技术	64b
蓝碳调查评估与标准体系建设	226a	量子级金刚石制备及优化生产技术	161b
朗进科技	124a、125a	临沂大学－奥德集团氢能研究院	187b
崂山森林防火监控系统	195b	领域类国家技术创新中心	45a
崂山实验室	21a	柳琴戏	186a
李晓宇麝香酮"脑心同治"创新团队	234b	颅内血管狭窄球囊扩张导管	121a
锂光医智大	110a	鲁融杯	206a
利特纳米	118b	洛匹那韦/利托那韦复方片	134b
利用发电锅炉协同治理焦化 VOCs 废气技术	66a	驴驼种分子身份证构建	184a
莲藕、克氏原螯虾、泥鳅立体生态种养技术	232b		

M

MC−150IS 履带反击式移动破碎站	117a	保护作用	202b
脉络丛上皮细胞靶向调控 TrxR 对脑缺血后神经元的		酶／电活性标记物	175a

N

纳米－硅氧烷基	176a	南太平洋岛国种养	184a
纳米可控高通量血液透析膜制备及其滤器产业化（威高）	121a	难采稠油多元热复合开发矿场试验	69b
		农村用能"山东特色"	62a
耐深腐蚀光刻胶（DeePR）	115b	农技推广体系建设	53b
耐温抗盐型生物杂多糖提高采收率技术	71a	农业科技成果技术经理人	223b
南海立体观测网	26a、154b	农业科技成果价值评估机制	223b
南极磷虾基因组学研究	27a	农业科技进步贡献率	21a
南太湖 3 号	221a	诺伯特	135a

P

PET 瓶一体化智能装备研发	162b	苹果化肥减量提质增效绿色生产关键技术	160a
鹏城实验室	199b	普通稠油微生物复合驱油技术	70b

Q

齐鲁友谊奖	200a	青岛中俄未来农业研究院	220b
气体辅助化学降黏开发技术	72a	氢进万家	20a、61b、75b、259b、266a
青岛海洋观测技术研发与评测中心	214a	氢能产业"山东典范"	61b
青岛海洋科学与技术试点国家实验室	27a	氢能全产业链检测认证实验室	217b
青岛即墨智能制造科技产业园	196a、196b	区域研究院＋	192a
青岛市海洋生物多样性与保护重点实验室	214b	取魏兹曼科学研究所	37a
青岛市近海生态修复与安全保障重点实验室	231a	全国红十字应急救护大赛	247b

索引

全国计量文化和科普资源创新基地	82b、237a	全省规模以上高新技术产业产值	19a
全国农牧渔业丰收奖	135a	全省海洋领域国家杰青	25b
全国重点实验室	21a、45a	全省海洋领域授权专利	28b
全节点高密度地震技术	69b	全省技术合同成交额	33a
全省高新技术产业固定资产投资	19a	全省涉海科技项目	28b

R

RCCSE 中国核心学术期刊	167b	日内瓦国际发明展金奖	194b
人工智能油藏地球物理技术	71b	若欣林	181a
人体呼出气检测仪	108b		

S

Shakoopi Abdul Rauf	107b	山东省农业科学院	222a
$SrTiO_3$ 陶瓷材料	184b	山东省农业科学院作物研究所	240a
三下乡	53a	山东省齐文化研究基地	166b
山大基因	148a	山东省全方位融入 RCEP 与中日韩经济合作发展战略	
山东大学—华特拓疆海洋装备研究院	153a	论坛	197b
山东哈维药业	209b	山东省生物多样性养护观测站	227a
山东建筑大学－凯麟智能制造研究院	169b	山东省省级技术转移服务机构名单	35
《山东科技年鉴》	224b	山东省食品发酵工业研究设计院	239a
山东脑科学与类脑研究院	201a、203a	山东省市级海洋经济核算体系	226b
山东苹果·果业产业技术研究院	180b	山东省数字能源技术工程研究中心	242a
《山东省"十四五"海洋科技创新规划》	25a	山东省水利科学研究院	228a
山东省产品质量检验研究院	242a	山东省现代农业产业技术体系	53b
山东省淡水渔业研究院	232a	《山东省医疗卫生机构临床研究规范管理试点工作实施	
山东省轨道交通产业计量测试中心	236b	方案》	67a
山东省国家技术转移机构目录	34	山东省智慧海洋牧场技术重点实验室	231a
山东省海科院海洋生物资源利用科普工作室	231b	山东省中医药研究院	233a
山东省海洋哺乳动物科普工作室	222b	山东省重点研发计划（软科学）	29b
山东省海洋国际标准创新中心	214b	山东省自然科学基金	30b
山东省海洋化工科学研究院	244a	山东微熔科技有限公司	129b
山东省海洋化工科学研究院检验检测中心	245a	山东—以色列科技合作项目	38b
山东省海洋科学研究院	229a	深海现场原位光谱实验室	214b
山东省海洋卫星数据和产品制作	228a	深海在线质谱仪	213b
山东省海洋资源与环境研究院	225a	深海坐底长期观测系统	214b
山东省红十字会备灾救护中心	246a	深远海资源保藏与环境模拟研究中心	215a
山东省计量科学研究院	235a	《神农本草经》	165b
山东省科学技术情报研究院	224a	生物检测技术山东省工程研究中心	238b
山东省科学院生物研究所	238a	省国际科学技术合作奖	289a
山东省科源生化高端试剂研究院	189a	省级创新创业共同体	45a
山东省壳寡糖工程技术研究中心	128a	省级科技创新发展资金	45a
《山东省林科院科技奖励奖金管理办法》	55a	省级以上高新区合计新增注册企业	21a
《山东省能源保障网建设行动计划》	61a	省级知识产权信息公共服务网点	39b
山东省农业关键核心技术攻关实施方案	53b	省技术创新中心	21a、45a

省技术发明奖	289a	实验动物管理	32a
省科技创新发展资金	29a	《食品安全国家标准食品中叶酸的测定》关键技术	82b
省科技文献共享服务平台	224b	食品中痕量成分精准检测关键技术	82b
省科学技术进步奖	289a	世界透明质酸谷	102a
省科学技术青年奖	289a	数字赋能·图领未来	190b
省科学技术最高奖	289a	双600+	192a、193b
省实验室	45a	双靶点抗真菌药物	184b
省现代农业技术体系创新团队	227b	"双碳"大会暨第四届山东省创新驱动发展大会	37b
《省重大工程工作简报》	225b	水力压裂用减阻携砂一体化压裂液技术	72b
省重点实验室	45a	水驱油藏注采联动耦合调控技术	72b
省自然基金中医药联合基金	68a	舜耕论坛	223a
省自然科学奖	289a	四技服务	221b
胜利油田高温高盐油藏化学驱提高采收率技术	70a	四甲基吡嗪	240a
《实施"沃土计划"加快培育科技型企业三年行动方案》	253b		

T

T形产业学院	190a	碳纤维复合材料输变电设施研究与应用技术	71a
TISC机构	39b	特色奶牛冻精	223a
碳纤维抽油杆超深井技术	70b	天使1	153a

U

UHMWPE	140a

V

$V_3O_7·H_2O$	207b

W

往复式蓄热燃烧VOCs处理装备	131b	"维科杯"OFweek	136a
威海神舟信息技术研究院	123a	维权援助组织设立知识产权维权援助工作站	39b
微粉连续浸出器	106b	潍坊市离子膜材料科学与技术重点实验	245b
微生物多糖	240a		

X

系列高压柱塞泵设计开发	182b	新型储能"山东样板"	62a
现代化海洋生态牧场升级计划	214a	新型角膜供体材料的关键技术创新与临床应用	202a
[向市果]系列项目路演	199b	新型太阳能界面蒸发器	230b
小麦育种全国重点实验室	223a、241a	溴系列特种功能材料山东省工程研究中心	245b
心肺复苏+AED	247a	虚拟仿真	166b
新型OLED高透高平导电基板	108b	絮凝铜盐-串联碟片分离技术	174b

Y

烟台市扇贝育种重点实验室	218b
研究员	42a
盐化工产品高端技术联合研发中心	246b
盐酸基全钒液流储能电池	116b
盐酸托鲁地文拉法辛缓释	114a
养分资源高效利用全国重点实验室	223a
"一带一路"海水养殖技术培训基地	221b
"一勾勾"文化传承基地	206b
一区多园	254a
一株银杏内生真菌及其代谢产物产品和应用	207a
引育留	134b
印尼海洋生态牧场建设项目实施方案	215b
硬壳蛤产业联盟	214a
优质鲜食甘薯全产业链	241b
优质中强筋小麦全产业链	241b
油田注汽锅炉及单井加热炉绿色达标排放技术	71b
油田作业过程安全风险智能分析与管控技术	71b
有国家级工程技术研究中心	21b
有中国科学院生物燃料重点实验室	216b
诱导氢键强化钛合金／碳纤维增强热塑复合材料激光连接界面	205a
禹城模式	130b
云／网／边／端	201a

Z

兆瓦级深海能源基站	217b
赵振东院士团队	222b
珍珠龙胆石斑鱼工厂化养殖	227a
知味酒店	172b
《志愿服务活动方案》	225b
制溴装备与节能技术联合实验室	246b
智谷（国际）·众创空间	101b
智荟齐鲁	203b
智慧教室	188a
智慧山东黄河	59a
智慧物流分拣流程关键技术	168b
智能化医养融合服务平台关键技术及应用	205b
智能长效分层注采关键技术	72a
中巴"一带一路"交通物流高端论坛	173b
中俄（山东）教育国际合作联盟	208b
中国·山东博士后创新创业大赛	150b
中国工业与应用数学学会（CSIAM）	167b
中国好技术	197b
中国康湾	104a
中国科学院海洋大科学研究中心	27b
中国科学院海洋研究所	213a
中国科学院青岛生物能源与过程研究所	216a
中国科学院生物基材料重点实验室	216b
中国科学院烟台海岸带研究所	217a
中国农业科学院烟草研究所	219a
中国水产科学研究院黄海水产研究所	220a
中国政府友谊奖	200a
中科天问光伏组件	128b
中美线上论坛	169b
中药创新药物的研究开发策略	234a
重大科技创新工程项目	45a
重点产品质量快速检测技术	242b
猪繁殖与呼吸综合征新型弱毒疫苗	223b
主板上市挂牌企业	21b
住鲁海洋界院士	26a
注射用 BG136	103a
专利申请和授权	38a
准噶尔盆地胜利探区勘探开发关键技术	70a
《淄博市重点实验室管理办法》	259a
自然指数	186a
最美红十字救护员	247b
作物所科普工作室	241b

CONTENTS

Special Issues

Fight for the new milestone. New era to be accomplished. Comprehensive promotion of all-provincial technological innovation in breakthrough and advancement. —Report on the Science and Technology Work Conference of Shandong Province in 2022 ·· 3

Speech at the Work Summary Meeting in the First Half of 2022 and Conference on Promotion of Organ Construction of Department of Science and Technology of Shandong Province ·· 10

Overview of Science and Technology Work in Shandong Province in 2022 ················· 13

Management of Science and Technology

High Technologies and Industries ·· 19
Science and Technology Work of Rural Development ··· 21
Science and Technology Work of Social Development ·· 23
Marine Science and Technology Work ·· 25
Resources and Capability of Science and Technology Innovation ····························· 29
Cooperation and Exchanges of Science and Technology ·· 37
Intellectual Property ··· 38
Talentsof Science and Technology ·· 41
Foreign Experts Affairs ·· 43
Constructions for Policies, Laws and Regulations, and Environments ····················· 44
Popularization of Science and Technology ·· 47

Science and Technology Development of Industry

Agricultural Science and Technology ··· 53

Forestry Science and Technology 54
Animal Husbandry Science and Technology 55
Piscatorial Science and Technology 56
Water Conservancy Science and Technology 57
Science and Technology of Yellow River 58
Industrial Science and Technology 59
Energy Science and Technology 61
Electric Power Science and Technology 62
Metallurgy Science and Technology 64
Health and Hygiene Science and Technology 66
Traditional Chinese Medical Science and Technology 67
Pharmaceutical Science and Technology 68
Petroleum Science and Technology 69
Auto Industry Science and Technology 73
Electronic Information Science and Technology 76
Transportation Science and Technology 77
Radio and Television Science and Technology 78
Science and Technology in Market Regulation Administration 80
Science and Technology in Medical Products Administration 83
Grain Science and Technology 85
Postal Science and Technology 86
Construction Science and Technology 86
Surveying and Mapping Science and Technology 87
Environmental Protection Science and Technology 89
Science and Technology of Emergency Management 89
Meteorological Science and Technology 90
Science and Technology of Disaster Prevention and Reduction 93

Science and Technology Development in High-Tech Industrial Development Zones

Jinan Innovation Zone 99
Qingdao National High-tech Industrial Development Zone 102
Zibo National New & Hi-tech Industrial Development Zone 106
Zaozhuang National High-tech Industrial Development Zone 108

Agricultural High-tech Industry Demonstration Area of the Yellow River Delta of
　　Shandong Province ⋯ 112
Yantai High-tech Industrial Development Zone ⋯ 114
Weifang National Hi-tech Industrial Development Zone ⋯ 115
Jining National High-Tech Industrial Development Zone ⋯ 117
Taian Hi-tech Zone ⋯ 119
Weihai Torch Hi-tech Science Park ⋯ 120
Laiwu National Hi-tech Industrial Development Zone of Jinan City ⋯ 124
Linyi National High-tech Zone ⋯ 127
Dezhou National Hi-tech Industries Development Zone ⋯ 129
Dongying High-tech Industrial Development Zone ⋯ 130
Rizhao Hi-tech Industrial Development Zone ⋯ 133
Liaocheng High-tech Industrial Development Zone ⋯ 134
Binzhou High-Tech Industrial Development Zone ⋯ 137
Heze Luxi New Area ⋯ 139
Qingdao Blue Valley High-Tech Industrial Development Zone ⋯ 141
Weifang Hi-tech Industrial Development Zone, Shouguang ⋯ 142

Science and Technology Development in Universities

Overviews of Science and Technology Development of Universities ⋯ 147
Shandong University ⋯ 148
Ocean University of China ⋯ 153
China University of Petroleum ⋯ 156
Shandong Normal University ⋯ 158
Shandong Agricultural University ⋯ 159
Qufu Normal University ⋯ 161
Shandong University of Traditional Chinese Medicine ⋯ 163
Shandong University of Technology ⋯ 166
Shandong Jianzhu University ⋯ 167
Shandong University of Science and Technology ⋯ 170
Shandong Jiaotong University ⋯ 172
University of Jinan ⋯ 173
Qingdao University ⋯ 177
Yantai University ⋯ 180

Weifang University ······ 182
Liaocheng University ······ 184
Linyi University ······ 185
Binzhou University ······ 187
Jining University ······ 187
Taishan University ······ 189
Qingdao Agricultural University ······ 190
Qingdao University of Technology ······ 194
Ludong University ······ 197
Qilu University of Technology (Shandong Academy of Sciences) ······ 198
Shandong First Medical University & Shandong Academy of Medical Sciences ······ 201
Harbin Institute of Technology, Weihai ······ 204
Dezhou University ······ 206
Heze University ······ 208

Science and Technology Development in Research Institutes

Institute of Oceanology, Chinese Academy of Sciences ······ 213
Qingdao Institute of Bioenergy and Bioprocess Technology, Chinese Academy of Sciences ······ 216
Yantai Institute of Coastal Zone Research, Chinese Academy of Sciences ······ 217
Institute of Tobacco Research of CAAS ······ 219
Yellow Sea Fisheries Research Institute, Chinese Academy of Fishery Sciences ······ 220
Shandong Academy of Agricultural Sciences ······ 222
Shandong Institute of Scientific and Technical Information ······ 224
Shandong Marine Resource and Environment Research Institute ······ 225
Water Resources Research Institute of Shandong Province ······ 228
Marine Science Research Institute of Shandong Province ······ 229
Shandong Freshwater Fisheries Research Institute ······ 232
Shandong Academy of Chinese Medicine ······ 233
Shandong Institute of Metrology ······ 235
Biology Institute of Shandong Academy of Sciences ······ 238
Shandong Food Ferment Industry Research & Design Institute ······ 239
Crop Research Institute, Shandong Academy of Agricultural Sciences ······ 240
Shandong Institute for Product Quality Inspection ······ 242

Shandong Ocean Chemical Industry Scientific Research Institute ·············· 244
Disaster Preparedness and First Aid Training Center of RCSC Shandong Branch ······ 246

Science and Technology Development of Regions

Jinan City ··· 251
Qingdao City ·· 253
Zibo City ··· 258
Zaozhuang City ··· 260
Dongying City ··· 262
Yantai City ·· 263
Weifang City ·· 265
Jining City ·· 267
Taian City ··· 269
Weihai City ·· 270
Rizhao City ··· 273
Linyi City ··· 276
Dezhou City ··· 279
Liaocheng City ·· 280
Binzhou City ·· 283
Heze City ··· 284

Science and Technology Achievements and Awards

Overview of Shandong Provincial Science and Technology Awards in 2022 ············ 289

Science and Technology Statistics

Table 1. Basic Statistics on Organization, Personnel, and Funds of Public Institutions of Scientific Research and Technical Services of Shandong Province in 2022 ··· 307
Table 2. Basic Statistics on Personnel of Public Institutions of Scientific Research and Technical Services of Shandong Province in 2022 ···································· 314
Table 3. Employed Persons of Public Institutions of Scientific Research and Technical Services of Shandong Province in 2022 by Work Natures ························ 321

Table 4. Personnel Engaged in Scientific and Technological Activities of Public Institutions of Scientific Research and Technical Services of Shandong Province in 2022 by Educational Background and Professional Title ·················· 328

Table 5. Income of Public Institutions of Scientific Research and Technical Services of Shandong Province in 2022 ·················· 335

Table 6. Expenditure of Public Institutions of Scientific Research and Technical Services of Shandong Province in 2022 ·················· 342

Table 7. Scientific Research Infrastructure and Fixed Assets of Public Institutions of Scientific Research and Technical Services of Shandong Province in 2022 ·················· 352

Table 8. Scientific Instruments of Public Institutions of Scientific Research and Technical Services of Shandong Province in 2022 ·················· 358

Table 9. Basic Statistics on Projects of Public Institutions of Scientific Research and Technical Services of Shandong Province in 2022 ·················· 364

Table 10. Intramural Expenditure on Projects of Public Institutions of Scientific Research and Technical Services of Shandong Province in 2022 by Types of activities ·················· 375

Table 11. R&D Personnel of Public Institutions of Scientific Research and Technical Services of Shandong Province in 2022 ·················· 385

Table 12. Full-time Equivalent of R&D Personnel of Public Institutions of Scientific Research and Technical Services of Shandong Province in 2022 ·················· 391

Table 13. Intramural Expenditure on R&D of Public Institutions of Scientific Research and Technical Services of Shandong Province in 2022 by Types of Activities and Sources of Funds ·················· 397

Table 14. Intramural Expenditure on R&D of Public Institutions of Scientific Research and Technical Services of Shandong Province in 2022 by Types of Funds ·················· 403

Table 15. External Expenditure on R&D of Public Institutions of Scientific Research and Technical Services of Shandong Province in 2022 ·················· 409

Table 16. Patents of Public Institutions of Scientific Research and Technical Services of Shandong Province in 2022 ·················· 412

Table 17. Papers, Works and Other Scientific Outputs of Public Institutions of Scientific Research and Technical Services of Shandong Province in 2022 ·················· 418

Chronicle of Science and Technology

Shandong Provincial Chronicle of Science and Technology in 2022 ·················· 427

Appendix

Principal Leaders Directory of Department of Science & Technology of of Shandong Province and Shandong Provincial Administration of Foreign Experts Affairs 435

Leaders Directory of Science and Technology Bureaus of Shandong Provincial Cities and Counties 436

Important Science and Technology Policies and Regulations Issued by Shandong Province in 2022 440

Index

Keyword Index 455